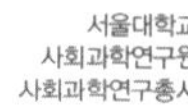

행동 다양성

Behavioral Diversity

The Long History *of* Evolutionary Anthropology

진화인류학의 오랜 역사

박한선 지음

에이도스

일러두기

- 모든 전문용어는 널리 통용되는 말을 우선했다. 통용되는 용어의 합의가 없는 경우는 서울대 인류학과 진화인류학 교실에서 흔히 쓰는 용어를 사용했다.
- 각 인물의 원어명과 생몰 연도는 해당 인물을 가장 자세하게 설명하는 부분에만 제시했다. 전체 이름을 모두 제시하고, 이후에는 통상적으로 쓰이는 이름만 간략하게 제시했다. 그러나 필요한 경우(스미스 등 흔한 이름이나 '볼'처럼 혼동되는 경우)에는 자세하게 제시했다.
- 필요한 경우에는 중요 단어에 원어를 병기했다. 최초에 등장하는 경우에만 제시하고, 이후에는 되도록 국문으로만 제시했다. 그러나 한 번에 책을 처음부터 다 읽는 경우가 많지 않을 것이므로, 필요한 경우에는 여러 번 원어를 병기했다.
- 개별 주제가 반복되지 않도록 하였다. 그러나 필요한 경우에는 적절한 수준에서 간결하게 반복 설명하여 자연스럽게 읽을 수 있도록 하였다.
- 이 책은 인종, 민족, 성 그리고 인간 다양성에 대한 역사적 관점의 변화 과정을 다루고 있다. 따라서 여기에는 과거에 널리 받아들여졌으나 오늘날에는 사실이 아니거나 편향적이라고 평가되는 이론과 아이디어가 포함되어 있다. 이는 역사적 · 과학적 담론에 어떤 영향을 미쳤는지 비판적으로 검토하고, 이를 통해 오늘날 진화인류학의 형성에 미친 영향을 이해하는 데 목적이 있다. 아리스토텔레스로부터 시작하여, 이 책에 언급된 일부 학자의 인종차별적 · 성차별적 주장은 저자의 개인적 견해를 반영하지 않으며, 어떤 형태의 편견, 차별, 또는 고정관념을 지지하거나 정당화하려는 의도가 전혀 없음을 분명히 밝힌다.
- 이 책은 창조론을 다루지 않는다. 그러나 저자는 구교와 신교를 막론하고, 천지창조에 관한 종교적 설명이 부여하는 풍성한 신앙적 가치에 대해서 전혀 반박하지 않는다. 저자는 진화에 관한 과학적 진리가 인간성의 기원에 관한 계시적 진리와 충돌하지 않는다는 교회의 입장을 지지한다. 참고로 6장 1절에 제시한, 교황 요한 바오로 2세가 '과학 아카데미에 보낸 메시지'를 참고하기 바란다.
- 참고문헌은 가급적 Vancouver(superscript, brackets, only year in date) 서식을 따라 정리했고, 장마다 참고문헌을 제시했다. 일부 참고문헌은 각주에 별도로 표기하였다. 같은 출처에서 근거한 내용이 여러 문장에 연속해서 기술될 경우, 마지막에만 출처 번호를 달았다. 또한, 진화인류학을 전공하는 통상적인 연구자

행동
다양성

라면 알고 있을 만한 수준의 기초적 정보에 관해서는 부연을 하거나 참고문헌을 달지 않았다. 각주 등에 제시한 연구자의 학력이나 이력에 대해서는 웬다 트레바탄이 편집한 『The international encyclopedia of biological anthropology, 2018』을 주로 참고했고, 최근 연구자는 소속 기관의 홈페이지 등을 확인했다. 필요한 경우에는 각주에 직접 참고문헌을 제시했다. 학계에서는 흔히 알려진 사실이지만, 좀처럼 출처를 제시할 수 없는 정보, 예를 들면 마고 윌슨과 마틴 데일리가 부부라거나 리처드 알렉산더가 은퇴 후 말 농장을 운영한다는 류의 내용에 대해서는 따로 출처를 달지 않았다.

- 이 책에서는 대략 17세기부터 19세기 중반까지를 근대 초기로, 19세기 초반부터 20세기 중반까지를 근대로 분류했다. 이는 흔히 16세기부터 18세기 중반을 근대 초기로, 그리고 18세기 중반부터를 근대로 나누는 일반적인 과학사의 기준과는 다른 것이다. 시대 구분의 기준은 연구자, 그리고 연구 목적에 따라 상이할 수밖에 없다. 이 책의 근대 시기 기준에 관해서는 5장 서문에 제시했다.
- 이 책은 한국을 포함하여 동아시아의 체질, 생물, 진화인류학의 역사나 연구 성과, 그간의 흐름 등에 관해서는 거의 다루지 않는다. 일부 일본 학자의 연구에 관한 언급이 있으나, 주로 서구 사회에서 활동한 일본 국적의 학자다. 이에 대해서는 각주의 자료를 참고하기 바란다. 해당 주제에 관해서는 저자가 과문하지만, 각주의 자료를 참고할 수 있을 것이다.[•]
- 이 책은 서울대학교 사회과학연구원, 2022년 사회과학연구총서 지원사업의 지원을 받아 세상에 나올 수 있었다. 또한, 서울대학교 신임교수 연구 정착금 지원 과제(2023, 과제번호 200-20230117), 재단법인 한마음재단(2023, 과제번호 0448A-20230060)의 지원을 받아 연구가 진행될 수 있었다. 깊이 감사드린다.

• 박순영. "일제 식민통치하의 조선 체질인류학이 남긴 학문적 과제와 서구 체질인류학사로부터의 교훈". 《비교문화연구》. 2004;10(1):191-220.; 박순영. "일제 식민주의와 조선인의 몸에 대한 '인류학적' 시선". 《비교문화연구》. 2006;12(2):57-92.; 전경수. 『경성학파의 인류학』. 서울: 서울대학교출판문화원; 2024. (특히 7장).; 박한선. "체질, 생물, 진화: 인류학 분과 명칭의 변화". 《해부·생물인류학》. 2024;37(4):201-213.; 이병훈. "진화론은 어떻게 한국에 유입되었는가". 《한국진화학회지》. 2022;1(1):1-22.; Low M. Physical Anthropology in Japan: The Ainu and the Search for the Origins of the Japanese. *Current Anthropology*. 2012;53(S5):S57-S68.; Morris-Suzuki T. Debating racial science in wartime Japan. *Osiris*. 1998;13:354-75.

차례

우리에게 주어진 은혜대로 받은 은사가 각각 다르니 혹 예언이면 믿음의 분수대로,
혹 섬기는 일이면 섬기는 일로, 혹 가르치는 자면 가르치는 일로, 혹 위로하는 자면 위로하는 일로,
구제하는 자는 성실함으로, 다스리는 자는 부지런함으로, 긍휼을 베푸는 자는 즐거움으로 할 것이라.
사도 바울, 『로마서』 12장 6~8절(개역개정), 기원후 57년 전후

어느 사물을 봐도 저것(彼)이 아닌 것이 없고, 이것(是)이 아닌 것도 없다.
장자(莊子), 『장자』 내편(內篇), 〈제물론(齊物論)〉, 기원전 4세기 중후반

나는 이 다양성만큼 아름답고 정당한 것은 없다고 생각한다. 세상에 똑같은 두 의견이 없듯,
똑같은 두 머리카락이나 두 곡식알도 없다. 가장 보편적인 성질은 곧 다양성이다.
몽테뉴, 『수상록(隨想錄, Essais)』, 1588년

나는 다른 이의 의견을 맹목적으로 따르는 사람이 아니다.
나는 내 마음을 항상 자유롭게 유지할 수 있도록 노력해왔다. 사실과 어긋난다면,
아무리 좋아하는 가설이라도 곧바로 버리려고 애썼다(어쩔 수 없이 모든 주제에 대해 가설을 세우곤 하지만).
찰스 다윈, 『찰스 다윈의 생애와 서한: 회고록을 포함하여
(The life and letters of Charles Darwin, including an autobiographical chapter)』, 1876년[1•]

체질인류학은 인간진화생물학이 될 때에만 인간-문화 관계에 대한 생산성 있는
설명 틀을 제시하는 데 기여할 수 있다.
박순영, "일제 식민통치하의 조선 체질인류학이 남긴 학문적 과제와
서구 체질인류학사로부터의 교훈", 2004년[••]

• '나의 정신과 성격이 만들어진 때를 돌아보며(recollections of the development of my mind and character)' 제하의 장.

•• 박순영. "일제 식민통치하의 조선 체질인류학이 남긴 학문적 과제와 서구 체질인류학사로부터의 교훈". 《비교문화연구》. 2004; 10(1):191-220.

들어가는 말

진화인류학은 자연 세계의 복잡다단한 적응 과정을 이해하고, 이를 통해 인간성의 본질을 설명하는 학문이다. 인간이 변화무쌍한 환경 속에서 어떻게 생존하고 번성할 수 있었는지 주목한다. 진화적 관점에서 적응은 단순히 유전적 신체 변이뿐만 아니라, 환경적 자극에 따른 비유전적 행동 형질까지 포함된다. 그리고 행동은 개체와 집단의 생존과 번식에 매우 큰 영향을 미친다.

진화인류학의 하위 분야인 진화행동인류학은 진화행동과학의 하위 분야이기도 한데, 생명체가 주어진 환경에 대해 어떻게 행동적 측면에서 적응했는지를 분석하는 학문 분야다. 예전에는 특히 종(種) 보편적 적응 행동에 초점을 맞추고 연구했다. '보편적 적응(universal adaptation)'이란 특정 종의 모든 개체가 공유하는 형질(形質)을 말한다.

진화인류학자들은 그동안 인간종(*Homo sapiens*)에서 공통으로 나타나는 신체적·행동적 형질을 규명해왔다. 해당 패턴이 종 내에서 어떻게 유지되고 전수되는지에 관한 연구를 통해, 종 내 개체가 생존과 번식에 유리한 방식으로 어떻게 적응해왔는지를 설명했다. 이러한 보편적 적응 현상은 환경적 압력 속에서 종 내 여러 개체가 유사한 방식으로 진화해왔음을 이해할 수 있도록 돕는다. 인간 사회 내에서 나타나는 보편적 행동 패턴은 오랜 진화 과정을 거치면서 겪은 생물학적, 문화적, 사회적, 생태적 도전에 대한 적응적 대응의 산물로 볼 수 있다.[2,3]

자연선택은 개체 간의 차이가 시간이 지남에 따라 점차 감소하는 방향으로 작용한다. 이는 생존과 번식에 유리한 형질이 선택되는 과정이다. 자연선택의 원리를 아주 단순하게 적용하면 대강 이렇다. 적응적 이점을 가진 개체가 더 많은 후손을 남기며, 이렇게 유리한 형질이 세대를 거쳐 퍼진다. 결과적으로 개체군 내에서 생존과 번식에 유리한 형질이 점차 고정되고, 이 형질을 공유하는 개체가 많아짐에 따라 개체 간의 차이는 점점 줄어든다. 반면, 생존과 번식에 불리한 형질을 가진 개체는 상대적으로 적은 수의 후손을 남기거나 도태된다. 시간이 지나면 그 형질은 점차 사라진다.

인간의 행동도 마찬가지다. 행동은 유전자와 환경의 복잡한 상호작용에 의해 형성된다. 이러한 상호작용은 시간이 지나면서 인간 행동의 진화적 변화를 끌어내며, 특정한 환경적 조건에서 적응적 행동 패턴이 고정된다. 만약 환경이 일정하게 유지된다면, 행동에 영향을 미치는 유전적 변이는 점차 감소하고, 그 결과 집단 내 개체의 행동적 표현형은 점점 더 안정적으로 수렴할 것이다. 고전 진화심리학에서는 이러한 가정을 바탕으로 개체 간 형질의 차이가 미미할 것이라고 상정한다. 인류가 공통된 진화적 압력을 받으며 적응했기 때문에, 생존과 번식에 유리한 행동적 형질이 모든 개체에 걸쳐 천편일률적으로 나타난다는 것이다. 행동에 관한 유전적 변이가 지속해서 감소하면서, 행동 다양성은 줄어들고, 인간 행동의 공통 패턴이 광범위하게 나타난다고 전제했다.[2-4]

그러나 이러한 접근은 실제 현실에서 관찰되는 다양무궁한 행동 양상을 충분히 반영하지 못한다. 인간 사회, 아니 자연의 세계 어디서나 개체 간, 집단 간 행동 양상이 천차만별이다. '우리 집 개는 이런데, 너희 집 개는 저렇고…' 등의 대화를 나눠본 사람이라면 공감할 것이다. 같은 종, 같은 품종, 심지어 같은 어미에게서 태어난 한배 새끼들도 다 개성이 남다르니 말이다.

▣

차이를 식별하는 심리적 능력은 생존과 번식에 유리하다. 이런 능력은 민감도의 차이는 있겠지만, 인간뿐만 아니라 감각 능력을 갖춘 거의 모든 동물에게서 보편적으로 나타나는 속성이다. 하지만 이와 같은 보편적 특징은 역사적으로 타 집단 구성원을 '이방인'으로 규정하는 예기치 못한 결과를 낳았다. 이른바 '다른 인간'을 접할 기회는 신석기 이전에는 매우 드문 일이었을 것이다.

슬라브족(Slave)의 어원은 '말하는 사람'이며, 북미 데네족(Dene)의 족명이 가진 뜻은 그저 '사람'이다. 북극권 이누이트족(Inuit)의 이누이트라는 말 역시 '사람들'이라는 뜻이다. 아프리카 반투족(Bantu)의 족명도 '사람들'이라는 의미다. 북미 체로키족은 스스로 아니유뉘야(Aniyunwiya)라고 칭했는데,

'진정한 인간'이라는 뜻이다. 즉 '우리'는 사람이었다. 그러니 다르게 생기고, 다르게 말하고, 다르게 행동하는 사람은 '우리'가 아니었고, 따라서 '사람'도 아니었다.

오랜 세월에 걸쳐서 인간의 보편성과 다양성을 다루려는 수많은 시도가 있었다. 고대 그리스부터 시작해 지금에 이르기까지, 이른바 '보편성과 다양성'은 진화인류학, 아니 인간을 다루는 거의 모든 학문 분야에서 가장 핵심적 주제 중 하나일 것이다. 아마 호미닌이 자신과 남을 인식하게 되면서부터 이러한 궁금증이 시작되었을 것이다.

- 왜 저 사람은 나와 다른가?
- 왜 옆 부족 사람은 우리와 다른 관습을 가지는가?
- 왜 어떤 사람은 다른 사람과 다르고, 그러면서도 서로 닮았는가?

어떤 의미에서 초기 인류학은 이러한 인간의 차이 식별 모듈(difference detection module)에 기반하여 발전해 왔다. 인류학의 문을 연 이들은 주로 신체적 특징, 언어적 차이, 문화적 전통, 사회와 관습의 양상을 근거로 집단 간 차이를 설명하는 데 집중했다. 초기 탐험가는 색다른 이국적 특성에 유독 주목했는데, 아마 그런 것을 좋아하니까 탐험가가 되었을 것이다. 이들이 가져온 초기 민족지 자료를 분석하는 과정에서 '우리'와 '그들'을 구분하는 이분법적 틀이 주된 프레임으로 작동하였다.

이는 집단 차이를 영속불변의 것으로 오해하고, 줄을 세워 집단을 선우후열(先優後劣)하는 부작용을 낳았다. 우리와 그들은 처음부터 달랐고, 지금도 다르며, 앞으로도 다를 것이라는 순진한 원시적 심성을 반영한 것이다.

한편으로는 인간성의 오만가지 속성이 단 하나로 만류귀종(萬流歸宗)한다는 역설적 안티테제도 낳았다. 그러나 눈에 보이는 차이는 그러면 무엇 때문이라고 할 것인가? 그래서 이러한 안티테제는 '차이=퇴화'로 속단하게 하였다.

어떤 이는 순수성을 막기 위해 혼혈을 금지하자고 하였고, 어떤 이는 퇴화한 이를 얼른 계몽해야 한다고도, 계몽할 수 없으면 제거하자고도 하였다. 일원론(monogenism)이나 다원론(polygenism)은 서로 입장이 정반대인 것 같지만, 사실 알고 보면 이명동실(異名同實)이다.

▣

이러한 와중에서도 점차 데이터는 쌓였고, 그러다 1857년에 다윈의 진화 이론이 등장했다. 그간 축적된 데이터를 하나의 통일된 원칙으로 꿰어낼 수 있는 매우 강력한 이론적 틀이었다. 그리고 150여 년이 지났다. 진화인류학은 이제 인류 전체에 내재한 보편적 형질과 다양한 환경적 요인에 의해 형성된 이질적 형질 사이의 차이를 차근차근 규명해내고 있다. 사실상 기존의 고식적 체질인류학의 여러 이론과 가설은 이제 들여다볼 필요도 없다. 그런데 왜 이런 책을 쓰는 것인가? 종전 이후의 연구 흐름을 다룬, 책의 7장과 8장만 읽으면 되는 것 아닐까? 굳이 그리스 시대까지 거슬러 올라가고, 철 지난 인종 이론이나 퇴행 이론을 언급하는 이유가 무엇인가?

앞의 여러 장에서 과거 그리스 시절부터 시작된 인간의 다양성에 관한 여러 이론을 비교적 자세하게 설명했다. 국내에 이러한 학문사를 다룬 책이 전무했기에 '그래도 한 권은 있어야 할 것'이라는 생각으로 정리한 것이다. 사실 외국에도 인간의 다양성에 관한 학문사 자체를 자세히 다룬 책은 드물다. 비판적 고찰을 다룬 글만 넘쳐나는데, 비판의 대상(즉 잘못된 가설이나 이론)에 관한 설명은 생략하는 경우가 흔하다.

아마 그들과 우리의 학문적 토양이 다르니 그럴 것이다. 필요하면 그리스어든, 라틴어든, 독일어든 원서를 읽으면 될 테니 말이다. 그러나 한국의 실정은 이와 다르니, 진화인류학을 전공하겠다는 학생들은 대개 배경 지식 하나 없이 입문하는 경우가 흔하다. 과거에 어떤 이론이나 가설이 있었는지, 그것이 왜 있었는지, 그리고 왜 엉뚱한 것인지 도무지 제대로 알지 못한다. 그러니 과거의 실수를 답습하며, 이미 수 세기 전에 폐기된 가설을 가지고 '자신만의 독창적 가설'을 찾아냈다고 득의양양하게 연구실을 찾곤 한다. 연구는 흐름이다. 전후맥락을 알지 못하면, 자신이 어디에 있는지 알지 못하고, 그러면 어디로 가고 있는지도 알 수 없다.

▣

진화적 관점에서 종 전체의 적응을 단일한 개체 수준으로 환원하는 것은 옳은 일이 아니다. 한 종 내에서도 다양한 적응 체계가 공존할 수 있으며, 여러 체계는 개체의 행동에 독립적으로 영향을 미칠 수 있다. 인간을 포함한 생명체가 보여주는 신체적 다양성과 마찬가지로, 행동적 형질에서도 높은 수준의 적응적 다양성이 있다. 이러한 행동적 형질은 환경적 조건에 따라 서로 다른 적응적 가치를 지닐 수 있다. 특정한 상황에서 하나의 행동 전략이 유리할 수 있지만, 다른 상황에서는 또 다른 전략이 더 적합할 수 있다.

이미 폐기된 단선론적 정향진화 이론에 따르면 모든 생물은 단일한 오메가 포인트, 즉 종극점(終極點)을 향하여 돌진한다. 종 혹은 집단, 개체의 차이는 단지 진화라는 경주에서 상대적인 순위를 나타내는 것뿐이라는 주장이다. 하지만 그렇다면, 개체 간 행동 차이는 결국 우열(優劣)의 차이란 말인가? 어떤 행동은 더 '발전'된 것이고, 다른 행동은 좀 '지체'된 행동이며, 그것이 우리가 목격하는 행동 다양성의 원인이 되는가? 아니, 우리 집 말썽꾸러기 비글은 도대체 언제가 되어야 아랫집의 교양있는 보더콜리처럼 진화할 것인가?

그러나 진화는 목적성이 없는 과정이다. 따라서 단일한 행동 패턴의 고정화를 통해 모든 이의 행동이 비슷해지는 일은 일어나지 않는다. 아무리 오랜 시간이 흘러도 마찬가지다. 우리가 매일매일 다른 사람, 다른 집단과 만나면서 생생하게 경험하는 일이다. 다양한 생태적, 사회적 압력 속에서 행동적 전략이 복잡하게 상호작용하고, 이를 통해서 어지럽게 얽힌 진화적 현상이 일어난다.[3,5]

▣

과거 행동생물학과 진화생태학의 일부 학파에서는 개체 간 행동 차이를 진화적 과정에서 발생하는 부수적 결과 혹은 환경적 변화나 생리적 요인에 의해 무작위적으로 나타나는 현상으로 취급하는 경향이 있었다. 행동 다양성은 적응적 중립 현상으로 간주되며, 생존과 번식에 큰 영향을 미치지 않는 부차적 변동에 불과하다는 것이다.

하지만 이러한 개체 간의 다양한 차이를 단순히 '잡음'으로 치부하는 것은 적절하지 않다. 예를 들어, 특정 환경에서는 공격적 행동이 적응적일 수 있지만, 다른 환경에서는 협력적 행동이 더 유리할 수 있다. 행동적 차이는 단일한 최적 행동 패턴이 존재하지 않는 역동적 환경 속에서 개체가 다양한 방식으로 생존과 번식에 적응하는 전략으로 이해해야 한다. 행동적 다양성은 단순한 변동이나 비체계적인 혼란이 아니다. 다양한 환경적 조건 속에서 다양한 행동 패턴이 안정적으로 유지되도록 진화할 수 있는 여러 유전학적, 분자생물학적 기전이 밝혀져 왔다.

그러나 진화인류학적 관점에서 개체 간 행동 차이에 관한 연구는 아직 걸음마 단계에 머물러 있다. 지금까지는 주로 특정 종이나 집단의 보편적 행동 패턴을 규명하는 데 초점을 맞추었다. 이러한 경향은 동물행동학과 진화심리학, 진화행동생태학 연구에서 공통으로 나타난다. 이들 분야에서 이루어진 초기 연구의 주된 목적은 종 내에서 나타나는 공통된 행동적 특징이나, 기껏 나아가봐야 성이나 연령에 따른 몇 가지 행동 변이를 파악하는 정도에 그쳤다. 아마 그게 더 긴요했을 것이다.

▣

종이나 집단에 관한 충분한 행동 데이터가 축적된 후에야 개체 간 차이에 대한 진화적 분석이 조심스럽게 이루어지기 시작했다. 진화적 적응 연구의 전형적 경향으로, 먼저 종 전체의 형질을 분석한 후에 개체 수준에서의 미세한 변이를 연구하는 것이다.

체질인류학 역시 이러한 경향을 따르고 있다. 먼저 여러 인류 집단 내에서 공유되는 보편적 행동 양상을 확인하고, 이를 통해 인간의 진화적 적응을 이해하는 데 주력했다. 비록 이 과정에서 '인종' 간 차이에 관한 연구에 집착한 불행한 과거도 있었지만, 여전히 소위 '한 집단' 내에는 높은 수준의 보편성이 있다고 가정했다. 우리와 그들을 구분하고, 그 차이를 과도하게 부풀리면서도, 여전히 집단 내에 속하는 개체 간 차이는 미미(微微)하다는 가정, 누가 봐도 논리적으로 옳지 않은 가정에 기반한 연구였다.[3,6]

인간의 신체적 형질에 대해서는 집단 간 차이에 근거한 의학적 접근이 이제 유효하지 않다. 개별 환자의 여러 상태를 다양한 검사를 통해 확인하고, 이를 통해 개별 진단을 내리고, 개별 질병에 알맞은 개별 치료를 제공한다. 특정 연령이나 성, 집단에 속한다고 해서 개별 진단 과정을 생략하고 죄다 똑같이 치료한다면 분명 좋은 결과를 얻기 어려울 것이다.

하지만 예외가 있다. 바로 인간의 행동적 다양성에 관한 것이다. 우리는 개체 간 행동 차이보다는 집단 간 행동 차이에 대하여 더 깊은—그러나 의미 있는 결론을 얻을 수 없는—호기심을 보인다. 아마도 내집단 선호, 외집단 혐오의 본능적 심리 모듈이 작동하기 때문일 것이다. 외집단에 속하는 개체를 지금처럼 자주 접하는 것은 긴 진화사를 통틀어 초유의 사건이니 말이다. 19세기 말, 호주 서부에 살던 애버리지니 중 한 명은 자신이 평생 만났던 사람을 다 합쳐도 20명이 안 된다고 했단다. 호주에서 들었던 이야기다.

그러나 최근 들어 개체 간 행동 차이에 관한 학문적 관심이 높아지고 있다. 개체 간 차이를 단순한 변이로 간주하던 기존의 시각에서 벗어나 적응적 결과로서 해석하려는 인류학적 시도다. 아울러 이러한 분위기는 행동의 보편성과 다양성이라는 상반된 개념을 통합하려는 시도로 이어지고 있다. 이제 개체 간 행동적 다양성은 개체 내·외부의 생태적 조건에 대한 다차원적 복수 반응 패턴으로 여겨진다. 이러한 시대적 흐름은 아직 미미하지만, 여러 학문 분야에 광범위한 영향을 미칠 엄청난 잠재력을 지니고 있다.

예를 들어, 의료인류학에서는 개체 간 차이를 이해함으로써 특정 질병이나 건강 상태에 대한 개체 간 반응 차이를 더 잘 설명할 수 있게 된다. 이를 통해 개인 맞춤형 치료법을 개발하는 데 이바지할 수 있을 것이다. 또한, 신경인류학자는 인간 뇌의 발달과 기능이 행동 다양성을 어떻게 반영하는지에 관한 중요한 이론을 제안할 수 있을 것이다. 더 나아가, 진화정신병리학에서는 정신장애의 진화적 기원을 이해하는 데 있어 중요한 역할을 할 수 있을 것이다. 이를 통해 정신장애가 어떻게 적응적 과정의 일부로 진화해왔는지, 그리고 그 과정에서 개체의 정신적 차이가 어떻게 발현되는지 설명할 수 있을지도 모른다.[7,8] 무엇보다도 '인간이 무엇인지'에 관한 질문을 넘어서, '과연 내가 누구인지'에 관한 궁극적 질문, 그동안 누구도 제대로 대답하지 못했던 질문에 그럴듯한 답을 줄 수 있을지 모른다.

■

우리의 삶은 오랜 진화적 역사와 다양한 생태적 환경의 산물이다. 그러나 가장 중요한 역사, 그리고 가장 중요한 환경은, 같은 길을 걷는 또 다른 우리 자신이다. 과거 인류의 생존과 번식에 지대한 영향을 미쳤던 환경적 요인—기후, 지리, 식생 등—은 이제 우리의 적합도를 결정하는 가장 중요한 요소가 아니다. 오늘날 우리의 삶을 행복하거나 불행하게 만드는 가장 즉각적이면서도, 가장 중대한 요인은 바로 '다른 사람'이다.

호모 사피엔스는 유전적으로 매우 유사한 단일종, 속(屬) 내 유일종이다. 동시에 각자 천차만별의 행동을 하는 요상한 종이다. 굳이 정신장애의 높은 유병률을 예로 들지 않더라도, 백인백색, 천인천색의 인간성을 누구나 일상의 경험을 통해 잘 알고 있을 것이다.

철학자 장 폴 사르트르(Jean-Paul Sartre, 1905~1980)는 '타인은 지옥이다(L'enfer, c'est les autres)'라고 말한 바 있다. 삶의 고통은 타인에게서 비롯된다. 그러나 그 타인에게서, 삶의 기쁨 또한 비롯된다. 다르지만 같은 존재, 같지만 다른 존재, 이들이 바로 우리의 삶에서 행·불행을 결정하는 가장 중요한 요인이다. 돌아보면, 나를 울게 한 것도 타인이었고, 나를 웃게 한 것도 타인이었다. 인간의 숙명이다. 그러나 언젠가 그저 '숙명'으로 받아들일 것이 아니라, 그 '이유'와 '해결책'을 찾아낼 수 있을지 모른다.

▣

행동 다양성에 관한 연구는 진화인류학 분야에서도 여전히 신생 영역이다. 체계적으로 정립되지 않았고, 심지어 연구의 범위도 명확하지 않다. 또한, 이론적 개념의 틀도 전(前) 패러다임 상태에 머물고 있고, 연구 방법에 관한 입장도 중구난방이다.

이 책에서는 이러한 문제를 조금이라도 해결하기 위해, 먼저 서구 과학사에서 인간 행동의 다양성에 대한 관점이 어떻게 나타났는지를 시간 순서대로 다루었다. 특히 체질인류학과 생물인류학, 진화인류학의 발전 과정을 개괄하여 인간 개체의 신체적 및 행동적 다양성에 관한 연구의 역사를 살피고자 했다. 역사적으로 인간의 다양성은 의학의 주요 연구 주제였기 때문에, 이와 관련된 의학사도 함께 다룬다.

책 전반에 걸쳐서 보편성과 다양성이라는 키워드를 중심으로, 고대 그리스에서 시작해 로마 시대, 중세, 근대, 그리고 현대에 이르기까지 인간의 신체적 및 행동적 다양성에 대한 인식이 어떻게 변화해 왔는지를 시대적 흐름에 따라 조망한다. 고대 그리스와 로마 시대에는 인간의 닮음과 다름을 철학적 관점에서 이해하려고 했으며, 중세에는 기독교적 세계관이 다양성 이해를 위한 종교적 준거로 작용했다. 근대에 들어서는 과학적 연구 방법론이 등장하면서 인간 다양성에 관한 체계적인 인류학적 연구가 이루어졌고, 현대에 이르러서는 진화생물학과 진화인류학의 발전을 통해 인간 행동의 다양성과 보편성에 관한 증거 기반의 정교한 진화적 연구가 가능해졌다. 이 과정을 짚어나가면서 지난 수천 년간 신체 다양성뿐 아니라 행동 다양성을 어떻게 인식하고 연구해 왔는지에 대한 학문적 흐름을 이해할 수 있을 것이다. 그리고 책의 후반부에서는 동물과 인간의 행동 다양성을 분류하는 핵심적인 최신 모델을 진화적 관점에서 간결하게 검토할 것이다. 물론 최신이라지만, 아직 초보적 수준이다.

다시 말하지만, 행동 다양성은 단순히 우연한 변이가 아니다. 환경적 및 사회적 요인에 대한 적응적 반응으로 진화해 온 복잡한 과정의 결실이다. 따라서 이러한 다양성이 특정 조건에서 어떻게 형성되고, 적응적 가치를 지니게 되었으며, 세대를 거쳐 유전적 및 문화적 방식으로 어떻게 고정되었는지를 묻는 것은 매우 중요한 인류학적 질문이다.

▣

비슷한 주제가 여러 장에 걸쳐 반복되며, 동일한 주제가 시대에 따라 나누어져 다루어지기도 한다. 시대순으로 구성한 서술 방식에 따라 피할 수 없는 일이다. 그러나 이러한 반복은 단순한 중복이 아니라, 시대마다 인간 행동과 다양성에 대한 새로운 관점을 더 깊이 논의하고, 각 시대의 특수성을 반영하여 차별화된 이해를 얻을 수 있게 할 것이다. 철학적, 과학적, 사회적 맥락에서 해당 연구 주제가 어떻게 변화하고 발전했는지를 좀 더 명확하게 이해할 수 있기를 바란다.

모든 주제를 세세하고 깊이 있게 다루지 못했다. 필자의 지식이 충분하지 않고, 책의 분량도 한계가 있기 때문이다. 특히 행동생태학에 조금 많은 분량을 할애했고, 일부 독자는 의학에 관한 내용이 많다고 생각할 수도 있다. 필자의 개인적 학문 배경과 관심사에 의한 것이기도 하며, 최근 연구 트렌드를 반영한 것이기도 하다. 그러나 해부학, 생태학 그리고 인류학의 역사 자체가 착종복잡(錯綜複雜)하게 얽혀 있으므로 불가피한 일이다. 원래부터 인간의 다양성에 관심을 가진 직업군은 전통적으로 의사였고, 체질인류학은 사실상 의학의 한 분야로 시작했다. 물론 의학, 인류학, 심리학, 생물학, 생태학, 행동과학 모두가, 한편으로는 행동을 연구하는 학문이다. 서로 비슷하면서도 서로 다른 개성을 가지고 연구를 진행하고 있다. 경계가 모호한 상황에서 모든 영역에 똑같은 비중을 두고 글을 쓰는 것은 어려운 일이다.

이 분야를 처음 전공하는 학생에게는 이 책이 작은 도움이 되리라 믿는다. 필자가 이 분야를 처음 공부할 무렵, 여러 이론이나 가설이 도대체 어떤 배경에서 나타난 것인지, 여러 연구 방법은 도대체 누가 언제부터 어떤 계기로 시작한 것인지 알기 어려웠다. 개인적으로 이 책, 저 책 들춰보면서 오래도록 혼란스러운 시간을 보내야 했다. 시대의 흐름을 따라가며 인간 행동에 대한 다양한 학문적 접근을 살펴보는 과정은 여러 학문 분야 간의 상호 연관성을 이해하는 데 큰 도움이 될 것이다. 각 세부 주제에 관한 좋은 책은 이미 많이 출판되어 있으므로, 이 책에서는 전체적 흐름을 잡을 수 있도록 노력했다.

이 책은 일반 대중을 위한 입문서라기보다는 체질인류학, 생물인류학, 진화인류학 혹은 신경인류학이나 진화의학 등을 전공하려는 학생이나 연구자를 위한 학술서다. 해당 분야를 연구하는 초보 연구자에게, 인간 행동의 진화에 관한 심화된 여러 지식을 통합할 수 있도록 돕는 것이다. 그러나 문화인류학, 심리인류학, 행동생물학, 임상심리학, 성격심리학, 행동생태학, 뇌인지과학, 정신의학, 인지고고학, 과학철학, 신경철학 등 인간 행동과 관련된 다양한 학문 분야에 속한 연구자에게도 참고 자료로서 충분한 가치가 있으리라 믿는다. 예전부터 구상 중이던 책이었는데, 서울대학교 사회과학연구원의 감사한 지원을 받아 겨우 출판할 수 있었다. 추가하고 싶은 내용도 많고, 손보고 싶은 부분이 많다. 앞으로 재삼 증보할 것을 약속한다.

사실 우리나라에서 이 분야를 연구하는 학자는 손에 꼽는다. 전공하려는 학생도 많지 않다. 진화인류학 교실은 단 하나 있을 뿐이다. 게다가 국내에 소개된 진화인류학 관련 책은 주로 특정 유명 저자나 대중적으로 인기 있는 일부 이론에 편중되어 있다. 그러나 대중적 인기가 학문적 중요성과 비례하는 것은 아니다. 졸저지만, 서울대학교 진화인류학 교실의 몇몇 연구원을 떠올리면서, 그들의 학문적 시작을 위해 도움이 될 책을 쓴다는 느낌으로 집필했다.

▣

좋은 일을 해도 황당무계한 욕을 먹고, 좋은 글을 써도 악성 댓글이 달리고, 좋은 사람도 영 인정받지 못하는 세상이다. 바로 우리가 사는 인간 세상이 그렇다. 게다가 진화인류학은 창조와 진화라는 영원한 종교적 갈등의 정중앙에 있는 학문일 뿐 아니라, 인종주의와 사회생물학 논쟁을 둘러싼 세기적 갈등과도 깊이 관련된 학문 분야다. 게다가 최근에는 정치적 올바름 문제와도 복잡하게 얽히며 고통스러운 논쟁을 일으키기도 한다. 진화, 성, 번식, 친족, 인종, 혐오, 차별에 이르기까지 그 어떤 진화인류학적 주제라도, 맥락에서 탈락(脫落)하여 삐딱하게 생각하면 이상하게 들릴 수 있다.

하지만 역설적으로 '스릴' 넘치는 학문 분야다. 조용하고 안락하게 연구하고 싶은 학자라면, 절대 권하고 싶지 않다. 아니면 오로지 협력과 공감의 진화에 관한 '말랑말랑한' 연구만 하든지 말이다. 인간의 역사 자체가 혐오와 증오, 차별의 역사였고, 진화인류학의 역사도 예외는 아니다. 인간성의 본질이 그렇게 어두운 것을 어찌할까?

다만, 과학적 회의주의에 입각하여 날것 그대로의 휴머니티, 그 불편한 '진실(truth)'을 알고 싶은 학생이라면, 이 책이 조금이라도 도움이 될 것이다. 인간성의 진화적 본질은, 그것이 선한 것이든 혹은 악한 것이든 그 자체로 '사실(fact)'이다. '인간은 이래야 혹은 저래야 한다'는 수많은 거친 주장이 난무하며 서로 치고받고 싸우는 어지러운 세상이다. 이러한 아수라 속에서도 '인간은 이렇다'라는 과학적 진실을 알고 싶은 용감한 학생이라면 진화인류학을 전공하기 권한다. 인간과 세상을 '평가(平價, judgment)'하려는 것이 아니라, '설명(說明, explanation)'하려는 소수의 지성인 말이다.

히포크라테스부터 시작하여 수많은 학자의 이야기가 이 책에 등장한다. 서로 고함만 질러대고, 멱살만 잡아대는 지적 야만의 세상, 탈진실의 난장판에서 한 발 떨어져, 컴컴한 동굴 속의 작은 구멍으로 살짝 비치는 진실의 미광(微光), 사실의 일각(一角)을 찾아가던 선학들이다.

아쉽게도 지금은 그런 길을 걸으려는 젊은 학생이 드물다. 경제적으로 불안정하고, 사회적 명성을 얻기에도 난망한 분야다. 선배 교수님께도 여쭤보았지만, 지금까지 '진화'나 '인류학'을 전공한 학자 중에서 제힘으로 치부에 성공한 이를 찾지 못했다. 게다가 다윈을 포함하여 이런저런 논란을 겪어보지 않는 진화인류학자도, 내가 알기로는, 별로 없다. 부와 명성은커녕, 밥 대신 욕만 안 먹어도 천만다행이다. 확정 이익을 보장하는 의대와 법대로만 우르르 향하는 세대, 작은 잠재적 손해도 감수하지 않는 세상, 조금이라도 자랑할 것이 있으면 부리나케 SNS에 올리는 시대다. 게다가 한국은 진화인류학의 대척지(對蹠地, antipode) 아닌가? 그러니 이런 '척박한 사회생태학적 환경' 속에서 굳이 진화인류학을 전공하겠다면, 분명 두고두고 적합도에 막대한 손해를 가져올 '부적응적 행동'임에 틀림없다. 그러나 우리나라에 단 한 명이라도 그런 용맹을 가진 학생이 있다면 이 졸저가 작은 도움이 될 수 있기를 바란다.

> 미래의 삶에 있어서는, 누구나 서로 상충하는 막연한 가능성 사이에서 자기 스스로 판단해야만 한다.•

• 찰스 다윈. 다윈이 존 포다이스(John Fordyce)에게 보낸 편지에서. 『찰스 다윈의 생애와 서한: 회고록을 포함하여』. 1879년. 편지의 맥락은 사후 세계에 관한 것이지만, 새로운 분야를 개척하려는 연구자에게도 적용될 수 있을 것이다.

후주

1. Darwin C. *The life and letters of Charles Darwin: including an autobiographical chapter*. London: J. Murray; 1887.

2. Tooby J, Cosmides L. On the universality of human nature and the uniqueness of the individual: The role of genetics and adaptation. *J Pers*. 1990;58(1):17–67.

3. 박한선. "행동: 인간의 행동은 왜 이렇게 다양한가—행동 다양성의 진화". In: 『휴먼 디자인: 진화가 빚어낸 인간의 뇌, 마음, 행동, 그리고 사회와 문화』. 서울: 서울대학교출판문화원; 2023. p. 303–68.

4. Tooby J, Cosmides L. Evolutionary psychology: Conceptual foundations. In: *The handbook of evolutionary psychology*. 2005. p. 5–67.

5. MacDonald K. Evolution, culture, and the five-factor model. *J Cross Cult Psychol*. 1998;29(1):119–49.

6. Davies NB, Krebs JR, West SA. *An introduction to behavioural ecology*. John Wiley & Sons; 2012.

7. Park H. Evolutionary approaches toward psychiatry. *J Korean Neuropsychiatr Assoc*. 2014;53(6):347–57.

8. Park H, Pak S. Research methodologies of evolutionary psychiatry. *J Korean Neuropsychiatr Assoc*. 2015;54(1):49–61.

1.
보편성과 다양성

내가 입증하고자 했던 것 중 하나는, 소위 '야만적 사고'와 '문명적 사고' 사이에 본질적 단절이 없다는 점이다. 두 사고는 종류가 아니라, 정도에서만 차이가 난다.
클로드 레비-스트로스, 『야생의 사고(La Pensée Sauvage)』, 1962

인류학은 우리가 미처 상상하지 못했던 것을 경이와 놀라움으로 받아들이고, 주의 깊게 관찰하고 기록할 수 있는 개방적 태도를 요구한다.
마거릿 미드, 『블랙베리 윈터: 나의 어린 시절(Blackberry Winter: My Earlier Years)』, 1972

◈

인류학의 역사는 인류의 보편성(universality 혹은 unity)과 다양성(diversity)에 관한 체계적 연구의 역사라고 할 수 있다.[1] 인류학이 학문으로서 본격적으로 자리 잡기 시작한 것은 18세기부터였지만, 인류의 보편성과 다양성 간의 대립과 갈등은 그보다 훨씬 이전부터 존재해 왔다. 이러한 대립의 역사는 서구 학문이 태동하던 시기까지 거슬러 올라가며, 서구 문화의 형성 과정에서도 이 두 개념은 서로 경합하며 중요한 역할을 했다.

고대 그리스 시대부터 서구 철학과 과학은 인류의 보편성을 강조하는 경향이 강했다. 아리스토텔레스 등의 철학자는 인간의 본성, 도덕적 행동, 그리고 사회적 질서를 하나의 통합된 체계 내에서 설명하려 했으며, 이를 통해 인류가 일정한 원칙과 규칙에 따라 살아가야 한다고 했다.[2] 이러한 보편성의 개념은 이후, 서구 학문에서 인간 사회와 자연 세계에 대한 다양한 규칙을 설명하는 기반이 되었다. 특히 아리스토텔레스는 목적론(teleology)을 통해 모든 사물은 고유한 존재 목적이 있으며, 인간도 사회적 동물로서 그 목적을 추구한다고 하였다. 플라톤(Plato) 역시 인간의 이성적 본성과 도덕적 이상을 강조하며, 정의와 질서를 통한 사회의 조화를 추구해야 한다고 주장했다. 스토아 철학은 모든 인간이 이성에 의해 인도되며, 이성은 자연의 법칙과 일치한다고 주장했다. 인간은 인종, 국적, 계급을 초월하여 모두 같은 본성을 가진다는 보편주의적 관점이 널리 퍼졌다.

그러나 인류의 다양성에 대한 논의도 있었다. 헤로도토스는 자신의 저서, 『역사(Histories)』에서 다양한 민족의 풍습과 생활 방식을 기술하며, 인류의 다양성에 관한 초기 기록을 남겼다.[3] 아리스토텔레스 역시 기후와 지리적 차이가 인간의 성격과 사회 제도에 영향을 미친다고 주장했다.[4] 그러나 이러한 다양성에 관한 인식 수준은 중세에 이르기까지 유럽과 그 주변 세계를 크게 넘지 못했다. 하지만 서구 학문이 크게 발전하면서, 특히 제국주의와 탐험의 시대에 접어들면서 다른 지역, 다른 문화와 접촉하게 된 유럽인들은 인류의 다양성에 주목하게 되었다. 각 지역의 문화적·사회적 차이는 인간 사회의 본질에 대한 새로운 질문을 제기했다.[5] 인류의 보편적 형질과 그 안에서 나타나는 문화적, 신체적, 정신적 다양성 사이의 복잡한 관계가 서구 학문의 중요한 주제로 부상했다. 다시 말해서 인류학의 역사는 인류가 공유하는 보편적 형질과 문화적, 신체적 다양성 사이의 긴장과 갈등을 연구하는 과정이라 할 수 있으며, 이는 서구 학문이 걸어온 중요한 축 중 하나였다.

역사 초기부터 인류는 '다른' 사람에 관한 관심이 많았다.[6] 소위 '이방인(the Others)'은 보통 다른 지역에 거주하는 사람을 지칭했다. 예를 들어, 아시아인이나 아프리카인, 또는 북유럽의 야만인처럼 지리적으로나 문화적으로 이질적인 집단이 이방인으로 간주되었다. 심지어 야수나 괴물, 즉 인간과 닮은 부분이 있지만 동물에 더 가까운 존재로 여겨지기도 했다.

다른 지역에 사는 사람을 이방인으로 보는 시선은 고대 그리스와 히브리 전통에서 쉬지 않고 지속되었다. 고대 그리스인은 다른 민족을 주로 '야만인'으로 간주했다. 문화적으로나 지리적으로 이질적인 집단을 통칭했다. 이러한 시각은 그리스인의 정복과 교역 활동, 전쟁의 결과로 형성된 것이다. 당시 그리스인은 전쟁 포로나 노예 상인을 통해 불평등한 관계 속에서 외부인을 접촉하게 되었다. 소위 야만인은 아시아인, 아프리카인뿐 아니라 북쪽의 민족까지 다양한 이민족을 포괄했다.[7]

한편, 히브리 전통에서는 신앙적 차이를 통해서 이방인과의 구분 짓기를 더욱 분명히 했다. 이와 같은 종교적 구분은 아브라함 계통의 종교—즉, 유대교, 기독교, 이슬람교—가 전파되면서 더욱 강화되었다. 누구나 자신의 신앙 체계를 기준으로 세계를 바라보았고, 신앙을 공유하지 않는 이방인은 신의 축복에서 제외된 자, 혹은 잘해야 구원이 필요한 자로 생각했다. 따라서 이방인은 단순히 지리적으로 먼 지역에 사는 사람이 아니라, 종교적으로도 '다른' 존재로 여겨졌다. 이는 이후 서구 세계의 사상과 관점에 깊은 영향을 미쳤다.[8]

하지만 지리적, 문화적, 언어적 차이는 긴 세월에 걸쳐 서로 깊이 얽혀 있었으며, 서로 영향을 주고받으며 복잡한 방식으로 다양한 집단의 정체성을 형성했다. 따라서 당시 사람들은 이러한 요인이 어떻게 하나의 인류를 여러 집단으로 나누게 되었는지 납득할 만한 합리적 설명을 제시할 수 없었다. 종교적 설명은 이를 신화적 서사로 풀어냈다. 아브라함계 종교에서 말하는 인간의 타락은 인류의 다양성을 설명하는 핵심적 내러티브였다. 최초의 인류가 에덴동산에서 추방되었고, 그 후손은 세계 곳곳으로 흩어지면서 더는 보편적 순수성을 유지하지 못하고 다양한 형태로 변해갔다는 식이다. 지역적, 문화적, 언어적, 종교적 차이는 인간의 타락과 죄악의 결과로 여겨졌다.[9] 각기 다른 지역에서 나타나는 신체적 특징이나 방언과 같은 언어적 특징, 문화적 관심 등 행동적 특징은 타락한 인간 본성의 산물이었다. 따라서 외모나 언어, 문화적 차이는 쉽게 기형이나 미개, 질병, 심지어 신의 형벌로 간주되었다.

하지만 폭넓게 관찰되는 다양성에도 불구하고, 인류의 보편성에 대한 믿음은 여전히 강력하게 유지되었다. 다른 지역, 언어, 문화에서 나타나는 모든 차이를 인간 본성의 타락으로 설명하려는 시도가 역설적으로 보편적 인간 본질에 관한 믿음을 유지하는 데 기여했기 때문이다. 따라서 당시 사람들은 인류의 다양한 모습을 보면서도, 인류 전체가 근본적으로 하나라는 믿음을 쉽게 버리지 않았다. 종교적 서사는 이러한 이중적인 관점을 견지할 수 있는 신학적 근거를 제시했다.[10]

초기 인류학자에게도 비슷한 경향이 나타났다. 인류학은 타자에 관한 관심에서 시작했다. 처음에는 소위 이방인을 먼 거리에서 관찰하며, 다름을 강조하는 기술, 즉 이국적 특성을 기술하는 것이 일반적이었다. 특정 집단이나 문화를 분석할 때, '우리'와 '그들'을 명확히 구분하는 데 초점을 맞췄다. 특히 체질인류학 분야에서는 인류 집단 간의 신체적 차이를 이른바 '과학적이고 객관적인' 기준으로 분류하려는 시도가 두드러지게 나타났다. 이러한 시도는 키, 피부색, 두개골 형태 등 다양한 신체적 특징을 통해 인간 집단 간의 다양성을 강조하는 방향으로 전개되었다. 신체적 차이에 주목해 인간 집단의 다양성에 천착한 접근법은 역설적으로 인간의 생물학적 보편 형질에 대해 깊이 이해할 수 있도록 하였다. 그러나 유전과 문화, 사회, 환경 등 복잡하게 일어나는 상호작용을 충분히 반영하지 못했고, 사람들은 오로지 '차이'에 주목했다.

현대 인류학은 이러한 고립적이고 정적인 관점에서 벗어나, 인간 개체 간의 상호작용을 통해 사회적, 생물학적, 문화적 차이를 분석하는 개방적이고 역동적인 방향으로 나아가고 있다.[11] 앞서 말한 대로 현대 진화인류학은 인간의 신체적 형질뿐 아니라, 행동과 심리적 형질의 진화적 기원을 연구하며, 다양한 환경적·사회적 요인이 인간의 행동에 어떻게 영향을 미쳤는지에 관해 다차원적 관점에서 연구한다. 오늘을 살아가는 인류학자들은 사회적 영역(개인과 집단 간 신뢰·사회적 네트워크·규범과 관습의 내재화 등), 문화적 영역(전통 의례·예술·신화·지역별 전승 방식 등), 언어적 영역(방언의 다양성·의미 변동·커뮤니케이션 패턴의 변화 등), 생물학적 영역(유전적 다양성·생리적 반응·진화적 적응 등), 경제적 영역(시장 구조·소득 및 부의 불평등·소비 패턴의 변화 등), 정치적 영역(권력 분산·정책 결정 메커니즘·체제 혁신 등), 기술적 영역(디지털 혁신·자동화·네트워크 통신의 발달 등), 정신적 영역(개인의 인지 편향·감정 조절·정서적 반응 등), 인지적 영역(정보 처리 방식·상징적 사고 체계 등), 사회정서적 영역(감정의 사회적 전염·상호 조절 등), 환경적 영역(기후 변화·생태계의 불안정성·자원 분포 등), 역사적 영역(과거의 사회적 갈등·제국주의 영향·문화적 충돌 등) 등 구체적인 변수들이 서로 복합적으로 상호작용하는 가운데, 미시적(개인·가족·소규모 집단 등), 중간적(경제 조직·종교 및 지역 공동체·국가 수준의 사회 구조 등), 거시적(보편적 사회 구조·초국가적 공동체 등) 차원에서 나타나는 문화 전통의 계승과 변용, 경제 체계의 재편 및 분배 구조의 전환, 정치권력과 체제의 변동, 언어의 다변화와 진화, 유전자 및 생물학적 적응 기전의 변이, 과학과 기술의 여러 영향, 인간 심리와 행동 양상의 초공간적 변화, 인간-자연 관계의 재구성과 생태적 위기 등 다양한 적응적·부적응적 현상을 종합적으로 분석하고 이해함으로써, 공시적·통시적 차원에서 인간성의 복잡한 역동성을 해석하는 새로운 연구 방향을 모색하고 있다.

이는 단순히 인간 개체와 집단 간의 차이를 고정된 이분법적 시각에서 바라보는 것이 아니라, 집단 간 혹은 집단 내 상호작용을 통해 형성되는 사회적·문화적·언어적·생물학적 정체성의 역동적 변화 양상을 포착하려는 것이다. 관계적 다양성(Relational Diversity)이라는 개념은 전통적으로 이방인을 고립된 타자로 규정했던 시각에서 벗어나, 사회 구성원 간의 상호작용과 물리적·사회적 근접성을 통해 새롭게 형성되는 사회적 의미와 진화적 적응 과정을 심도 있게 탐구하는 연구 접근법이다. 이 개념은 단순히 개별 변수들의 집합이 아니라, 다양한 집단 간의 관계와 상호작용 네트워크 내에서 발생하는 복잡한 다양성의 양상을 포괄적으로 이해하고자 하는 시도를 담고 있다. 특히, 관계적 다양성은 개인과 집단 간의 접촉, 교류 및 상호 의존성이 어떻게 사회적 정체성, 문화적 관습, 그리고 생물학적 적응 기전에 영향을 미치는지를 분석하며, 이를 통해 고정된 이분법적 구분을 넘어서서 보다 유동적이고 상호 연관된 사회적 현실을 해석할 수 있도록 돕는다. 바로 보편성과 다양성을 하나로 통합하려는 야심 찬 시도다.

그러면 고대 그리스에서 시작된 인류학적 연구의 기원을 살펴보자.

후주

1. Brown DE. Human universals, human nature & human culture. *Daedalus* 2004;133(4):47–54.
2. Owens J. The grounds of universality in Aristotle. *Am Philos Q* 1966;3(2):162–9.
3. Rawlinson HC, Wilkinson JG. *The history of Herodotus*. London: D. Appleton & Co.; 1861.
4. Lloyd GER. *Aristotle: the growth and structure of his thought*. Cambridge: Cambridge University Press; 1968.
5. Striffler S. Anthropology and imperialism: Past, present, future. *Dialect Anthropol* 2024;48(2):243–8.
6. Leistle B. Otherness as a paradigm in anthropology. *Semiotica* 2015;2015(204):291–313.
7. Lewis DM. *Greek slave systems in their eastern Mediterranean context, c. 800–146 BC*. Oxford: Oxford University Press; 2018.
8. Klein C, Bullik R, Streib H. Implicit and Explicit Attitudes toward Abrahamic Religions. Comparison of Direct and Indirect Assessment [Internet]. In: Streib H, Klein C, editors. *Xenosophia and Religion. Biographical and Statistical Paths for a Culture of Welcome*. Cham: Springer International Publishing; 2018. p. 231–53. Available from: https://doi.org/10.1007/978-3-319-74564-0_8
9. Lovat T, Crotty R. An Introduction to the Abrahamic Religions. In: *Reconciling Islam, Christianity and Judaism: Islam's Special Role in Restoring Convivencia*. Dordrecht: Springer; 2015. p. 3–9.
10. Stocking GW. *Bones, Bodies, Behavior: Essays on Biological Anthropology*. Madison: University of Wisconsin Press; 1988.
11. Augé M. *A sense for the other: The timeliness and relevance of anthropology*. Stanford: Stanford University Press; 1998.

2. 고대 그리스:
행동 다양성 연구의 태동

인간은 만물의 척도다.
프로타고라스(Protagoras),• 『플라톤의 테아이테토스(Theaetetus)』, 약 기원전 390년

같은 강에 두 번 발을 담글 수 없다. 강도 같지 않고, 인간도 같지 않기 때문이다.
헤라클레이토스(Heraclitus),•• 『플라톤의 크라튈로스(Cratylus)』, 약 기원전 500년

대체로 인간의 체격과 기질(disposition)은 그들이 사는 지역의
특성과 기후에 대응하여 형성된다는 것을 알 수 있다.
히포크라테스,『공기, 물, 장소에 대하여』, 약 기원전 400년경

• 고대 그리스의 소피스트 철학자로 원래 짐꾼이었다. 객관적·절대적 진리는 없으며, 모든 것은 주관적·상대적이라고 주장했다. 플라톤은 이러한 명제가 명제 스스로 자신을 부인하는 화용론적 모순을 가진다고 하면서 비판했다. 책에 관한 더 자세한 내용은 다음을 참고하기 바란다. 천병희 역. 『테아이테토스』. 서울: 숲; 2017.

•• 기원전 535년경 이오니아 지역 에페소스에서 태어난 것으로 알려져 있다. 만물유전(萬物流轉, Panta Rhei) 사상을 주장했는데, 모든 것이 끊임없이 변화한다는 것이다. 이는 이데아론과 대비되는 주장으로, 훗날 플라톤은 헤라클레이토스를 비판했다. 책에 관한 더 자세한 내용은 다음을 참고하기 바란다. 『크라튈로스』. 김인곤, 이기백 역. 서울: 아카넷; 2021.

◈

기본적으로 고대 그리스 시대에는 인간의 보편성에 대한 믿음이 깊게 자리 잡고 있었다. 인간의 본성이 보편적이며, 모두가 일정한 규칙과 원리 아래에 놓여 있다는 사상이 지배적이었다. 본성이 본질적으로 같다고 생각했기 때문에, 모든 사람이 비슷한 방식으로 세상을 이해하고 경험한다고 여겼다. 당시의 일반적 견해는 인간이 자신을 창조한 신들과 특별한 관계를 맺고 있다는 것이었다. 신들은 인간의 확장된 모습이고, 다시 이렇게 만들어진 신들은 인간에게 거의 유일무이한 위치를 부여하였다.[1] 인간은 신을 닮았으므로, 뭔가 남다른 특징을 가진 사람이 있다면, 그건 그가 신에게서 멀어졌다는 증거였다.

하지만 일부 그리스 철학자들은 인간이 자연으로부터 유리된 개체가 아니라 자연 세계와 긴밀하게 연결되어 있으며, 이 상호작용 속에서 인간의 체질과 성격도 영향을 받는다고 생각하기 시작했다. 다양한 식민지를 건설하고, 무역 등을 통해 외부인과 접촉하면서 다양성에 관해 관심을 가지는 사람들이 생겨났다.

그리스 철학은 '인간에게는 공통된 이성(理性)과 본성이 있다'는 보편주의적 시각이 좀 더 강한 편이다. 예컨대 플라톤이나 아리스토텔레스 같은 대표 철학자들은 '보편적 이성' 혹은 '보편적 형상(form)'을 상정해, 인간에게 공통으로 적용되는 원리나 목적이 있다고 보았다. 플라톤은 이데아(형상)라는 초월적 실재를 설정하고, 모든 구체적 대상이나 인간의 개별 행위는 이 이데아를 공유함으로써 가치 판단의 기준을 얻는다고 하였고, 아리스토텔레스는 인간 고유의 합리적 영혼과 목적론적 세계관을 주장하였다. 인간이라면 누구나 이성(logos)이 있다는 것이다.

고대 그리스의 지리적 세계가 이오니아해를 넘어 동방 세계와 흑해 지역으로 점차 확장되고, 다양한 사회와 문화를 접할 기회가 많아지면서, 그리스인들은 이전보다 더 폭넓게 서로 다른 제도와 관습, 법을 인식하게 되었다. 소피스트들은 노모스(nomos, 관습·법)와 퓌시스(physis, 자연)의 구분을 강조하면서, 인간이 만들어낸 법과 규범은 시대·장소에 따라 상대적이라고 주장했다. 대표적인 소피스트 중 한 명인 프로타고라스(Protagoras)는 진리나 도덕적 기준이 절대적이지 않으며, 각 개인이나 사회적 맥락에 따라 달라질 수 있다고 주장했다.

그렇다면 보편적 인간 원형 위에 덧붙여진 수많은 다양성은 어디서 기인하는 것일까? 고대 그리스 시대의 인간 다양성에 관한 사고는 인간의 신체적 및 정신적 형질의 다양성이 자연환경에 의해 결정된다는 믿음에서 출발했다. 이후 이러한 생각은 수천 년 동안 서양 의학과 철학, 인류학의 발전에 중대한 영향을 미쳤다. 특히 의학은 '차이'를 찾아야 정확한 진단을 할 수 있으므로, 다양성의 원인에 관한 여러 주장을 제기하기 시작했다. 그 대표적 인물이 바로 히포크라테스였다.

히포크라테스는 자신의 저서 『공기, 물, 장소에 대하여』에서 기후, 물, 지리적 조건이 사람들의 체질과 성격 형성에 큰 영향을 미친다고 주장했다. 자연환경의 변화가 인간의 신체적·정신적 차이를 만들어내는 주요 요인으로 작용한다고 보았는데, 이러한 관점은 당시 의학과 철학에 큰 영향을 주었다. 한편, 아리스토텔레스는 『동물사(History of Animals)』에서 인간과 동물의 신체적·심리적 형질을 비교하면서 환경이 생명체의 행동과 생리적 변화에 미치는 영향을 연구했다. 아리스토텔레스는 생명체가 환경과 상호작용하며 진화하는 과정에서 체질적 형질이 형성된다고 보았다. 이러한 시각은 인간을 포함한 생명체의 특성을 자연환경과 연관 지어 이해하는 체질인류학적 사고의 기초를 마련했다. 또한, 테오프라스토스는 『성격론』에서 인간의 성격이 도덕적 및 환경적 요인에 의해 형성된다고 주장하며, 인간 행동을 사회적 맥락에서 분석했다. 인간 성격에 관한 최초의 정신병리학적 언급이다.

고대 그리스의 인간관 중 일부는 인간과 환경 간의 상호작용을 이해하는 체질인류학의 중요한 학문적 기반이라고 할 수 있다. 이 장에서 우리는 고대 그리스의 자연 철학적 관점이 어떻게 체질인류학의 철학적 기반을 형성하게 되었는지, 그리고 인간과 환경 간의 복잡한 상호작용을 이해하려는 초기 시도가 후대 학문에 어떤 영향을 미쳤는지를 살펴볼 것이다.

1. 히포크라테스

히포크라테스(Hippocrates, 기원전 460년경~370년경)는 고대 그리스의 의학자로, '서양 의학의 아버지'로 널리 알려져 있다. 당시에는 생소했던 과학적 사고방식을 적극적으로 도입해 질병의 원인을 단순히 신의 벌이나 초자연적인 원인으로 돌리기보다는 체계적으로 관찰하고 근거에 토대를 두고 설명하려 했다. 히포크라테스와 제자들은 질병의 증상과 진행 과정을 면밀하게 기록하고, 이를 바탕으로 당시로서는 혁신적인 치료법을 제시한 것으로도 유명하다. 이후 서구 의학의 기초를 형성한 과학적 의학의 시작이었다. 의학과 주술이 구분되지 않던 시대에 최초의 전환점이 나타난 것이다.[2]

히포크라테스는 인간의 다양성에 관해서도 의학적 관점에서 독특한 주장을 펼쳤다. 기원전 4세기에 집필된 『히포크라테스 전집(Corpus Hippocraticum)』은 히포크라테스 혹은 히포크라테스학파의 여러 가르침을 집대성한 약 60개의 의학 관련 문헌의 모음으로, 철저한 관찰과 증거에 기반한 과학적 접근을 강조하고 있다.[2,4] 이런 탓에 『히포크라테스 전집』은 당대 의학의 기본 틀을 마련하는 데 중요한 역할을 한 것으로 평가받는다. 특히 이 저작은 여러 의학적 주제를 광범위하게 아우르는데, 그 안에는 사람들의 신체적·정신적 상태가 그들이 사는 곳의 기후와 환경 요인에 의해 어떻게 달라지는지에 대한 논의가 포함되어 있어 이목을 끈다. 『히포크라테스 전집』에 따르면, 여러 유럽인과 아시아인의 신체적 혹은 정신적 차이의 원인은 환경적 차이에 기인한다.[3] 기후나 환경의 차이를 통해 한 지역의 사람들이 왜 다른 지역의 사람들과 신체적으로나 성격적으로 다른지를 설명하려 한 것이다. 이 과정에서 히포크라테스는 인간의 체질

과 성격이 온도, 습도, 계절 등의 요소에 의해 영향을 받는다고 주장했다.[5]

『히포크라테스 전집』에 포함된 『공기, 물, 장소에 대하여(On Airs, Waters, and Places)』는 히포크라테스가 직접 저술한 것으로 추정되는데, 제목에서 말하는 것처럼 공기와 물, 장소가 미치는 영향을 강조하고 있다. 환경이 인간의 건강과 신체적 특징에 어떤 영향을 미치는지를 설명하는 최초의 문헌 중 하나다. 특히 이 저작은 기후와 지리가 인간의 체질과 건강 상태에 미치는 영향을 분석하는 데 중점을 두고 있다.

예를 들어, 특정 지역의 기후는 그곳에 사는 사람들의 체질과 건강에 큰 영향을 미치며, 이는 질병 발생에도 영향을 준다.[6] 따라서 더운 기후와 습한 환경에서 사는 사람은 한랭한 지역에 사는 사람과는 신체적·정신적으로 다른 특성을 보인다. 다른 한편 물의 질과 성분도 사람의 체질과 건강에 중요한 요인이다. 물의 성질은 질병을 예방하거나 유발하는 요소로 작용한다.

『공기, 물, 장소에 대하여』 첫 장에서 히포크라테스는 이렇게 말한다.[7]

> 우선 한 해의 계절을 고려해보라. 각 계절이 어떤 영향을 미치는지 생각하라. 모든 계절이 같지 않으니, 계절의 변화는 서로 아주 다르다. 또한, 뜨겁고 차가운 바람을 고려하라. 모든 곳에 공통된 바람도 있고, 지역마다 다른 바람도 있다. 또한, 물의 특성도 고려하라. 물의 맛과 무게가 모두 다르듯이, 물의 특성도 서로 다르다. 또한, 낯선 마을에 방문한 자는 마을의 위치를 고려하라. 바람, 그리고 해가 뜨는 방향에 따라 영향력이 달라지니 말이다. 북쪽인지 남쪽인지, 해가 뜨는 곳인지 해가 지는 곳인지에 따라 다르도다. 주민이 쓰는 물도 주의 깊게 생각해보라. 습지에서

> 나오는 부드러운 물인지, 높은 암반 지역에서 나오는 거친 물인지, 요리에 쓰기 나쁜 짠물인지 말이다. 또한, 주민들이 사는 땅도 고려해보라. 물이 없는 벌거벗은 땅인지, 숲이 우거진 축축한 땅인지, 움푹 파인 고립된 땅인지, 춥고 높은 땅인지 말이다. 또한, 주민의 생활 습관과 삶의 목표도 고려하라. 음식과 술을 즐기는지, 게으르게 살아가는지, 운동과 노동을 좋아하는지, 과음과 과식을 멀리하는지 고려하라.

이어서 11장까지 기후와 지리, 계절적 조건에 따라 걸리기 쉬운 질병에 대해 자세하게 기술하고 있다. 히포크라테스는 풍토병의 개념을 제시하여 특정 질병이 특정 지역에서 더 빈번하게 발생하는 이유를 설명하려 했다.[5] 현대 역학에서 사용되는 개념을 이미 수천 년 전에 제시한 것이다. 기후나 지리적 조건이 건강과 질병 발생에 중요한 역할을 한다는 견해는 오늘날의 공중보건 연구에서도 여전히 중요하게 다루어지고 있다.[6]

인류학적으로 흥미로운 부분은 12장부터다. 아시아와 유럽의 여러 민족에 관해서 신체적 본성과 문화적 관습을 환경 조건에 따라 비교한다.[7] 예를 들면 12장에서 다음과 같이 말한다.

> 나는 아시아와 유럽이 어떻게 여러 면에서 서로 다른지, 각 민족의 신체적 형태가 어떻게 다른지 이야기할 것이다. 그들은 서로 다르며, 닮지 않았다. 모든 것을 말하려면 긴 이야기가 되겠지만, 가장 크고 분명한 차이점에 관해서 이야기할 것이다. 아시아는 유럽에 비해서 모든 것이, 즉 땅에서 나오는 산물과 그 지역에 사는 사람이 매우 다르다. 아시아에서는 모든 것이 훨씬 크고, 아름답다. 나라는 더 온화하고, 주민의 성격은 더

부드럽고 친절하다. 이러한 차이는 계절의 기온이 다르기 때문이다. 아시아는 해가 뜨는 동쪽 중앙에 있으므로, 추위와 열기로부터 자유롭다. 과도하게 우세한 기후 없이 계절에 따라 기온이 크게 다르지 않으면, 성장이 촉진되고 온화함이 나타나기 때문이다. 모든 아시아 지역이 이런 것은 아니지만, 너무 덥지도 너무 춥지도 않은 지역에서는 과일이 많이 자라며, 나무도 많고, 기후가 온화하고, 하늘과 땅과 물이 맑다. 열기에 의해 타지도 않고, 가뭄으로 마르는 일도 없으며, 추위에 고통받는 일도 없다. 비와 눈이 충분히 내리고, 계절마다 과일이 풍부하게 자라며, 씨앗을 뿌리면 작물이 잘 자라며, 야생 식물도 역시 그렇다. 사람들은 야생에서 나는 과일도 먹고, 일부는 더 적당한 땅에 옮겨 키운다. 기르는 가축도 건장하고, 아름다운 새끼를 많이 낳는다. 주민들도 배불리 먹고, 외모가 출중하며, 키가 크고, 다들 체구와 형태가 비슷하다. 그들이 사는 곳은 봄과 같다. 이들은 늘 쾌락이 지배하는 곳에서 살기 때문에, 다른 나라 사람과는 달리 대담한 용기, 고통에 대한 인내, 노력하는 근면함, 높은 수준의 영혼이 생겨나지 못한다. 이러한 이유로 야생 동물의 형태도 다양하게 나타난다. 내 생각으로는 이집트인과 리비아인이 바로 이에 해당한다.

반면에 23장에서는 이렇게 말한다.

유럽의 다른 인종은 체구와 외모가 서로 다르다. 계절의 변화가 빈번하고, 심하며, 여름이 덥고, 겨울이 춥고, 비가 많이 오기 때문이다. 가뭄과 바람이 잦으므로 다양한 변화가 일어나고, 이는 정액의 생성에 영향을 미친다. 여름과 겨울이 같지 않고, 비 오는 날씨와 가문 날씨가 같지 않

표 1 히포크라테스의 『공기, 물, 장소에 대하여』에서 서술된 아시아와 유럽의 신체적 및 문화적 차이 요약

구분	아시아	유럽
지리적 특성	· 넓고 아름다움 · 온화함	· 빈번한 기후 변화와 더운 여름 · 추운 겨울
기후의 영향	· 동쪽 중앙 위치 · 추위와 열기로부터 안전 · 계절 차이가 적고 물산이 풍부함	· 자주 발생하는 가뭄과 바람 · 변화무쌍한 기후 변화 · 척박한 기후
주민의 성격	· 부드럽고 친절함 · 대담한 용기와 고통에 관한 인내 부족	· 거칠고 비사교적 · 용감하며 다혈질
경제 활동	· 농작물, 가축 재배에 유리한 환경	· 농작물, 가축 재배에 불리
사회 구조	· 왕에 의한 전제 정치 · 주민은 노예와 같은 신분	· 왕이 아닌 개개인의 자유에 기반한 사회
정신적 특성	· 나태 · 쾌락	· 근면 · 용기

으니, (그때마다 생겨나는 정자의 손상으로 인해) 사람들이 서로 다르고, 성향도 다르다. 그래서 유럽인은 거칠고 비사교적이며 다혈질이다. 자주 흥분하는 마음으로 인해 거칠고 비사교적이며, 온화함이 사라지므로 유럽인은 아시아인보다 더 용감하다. 항상 비슷한 기후는 나태함을 일으키고, 변덕스러운 기후는 몸과 마음에 고된 근면함을 일으킨다. 쉬고 노는 이는 겁쟁이가 되고, 고통스럽게 노력하면 용감한 사람이 된다. 그래서 유럽인은 아시아인보다 나은 것이다. 제도의 차이도 있다. 유럽인은 아시아인과 달리 왕에 의해 통치받지 않는다. 아시아인의 영혼은 노예가 되었고, (왕과 같은) 다른 이를 위해서 자발적으로 위험을 감수할 리 없다. 그러나 자유로운 사람은 다른 이가 아니라 그들 자신을 위해 위험을 감수한다. 그리고 위험을 무릅쓰고 그것에 맞서기 위해 나아간다. 왜냐하면, 그

들 자신이 승리의 보상을 만끽할 수 있으며, 유럽의 제도가 그러한 용기를 북돋도록 이바지하기 때문이다.

유럽인과 아시아인에 관한 히포크라테스의 주장에 동의하는 사람은 많지 않을 것이다. 요점은 그가 환경이 사람의 성향을 결정한다고 믿었다는 것이다. 척박한 환경을 이기기 위해 건강한 정신이 나타나고, 온화한 환경에서 나태한 정신이 나타난다는 그의 주장은 지금까지도 널리 통용되는 속설이지만, 과학적 근거는 빈약하다(〈표 1〉).

심지어 히포크라테스는 스키타이인(Scythians)에 속하는 사우로마태족(Sauromatae) 여성이 세 명의 적을 살해할 때까지는 처녀성을 버리지 않으며, 소녀 시절에 오른쪽 가슴을 달군 구리로 지져서 유방의 발달을 의도적으로 제한한다고 했다. 그래야 힘과 능력이 오른쪽 어깨와 팔로 이동하며 강한 힘을 가지게 된다는 것이다.[3]

참고로 사우로마태족은 기원전 6세기에서 기원후 4세기까지 유럽 동부와 아시아 서부의 스텝 지대에 살았던 유목민족이다. 주로 흑해 북부와 카스피해 서부 지역에 걸쳐 살았으며, 오늘날의 우크라이나와 러시아 남부에 해당하는 지역에서 활동했다. 그리스와 로마의 고대 문헌에 종종 등장하며, 특히 전사적 성향과 여성 전사로 유명했다. 그리스의 역사가 헤로도토스는 사우로마태족의 여성이 남성과 함께 말을 타고 싸웠으며, 이들이 어릴 때부터 전투 기술을 연마했다고 기술했다. 실제로 사우로마태족 여성의 무덤에서는 무기와 함께 묻힌 여성들의 유해가 발견되었는데, 이들이 전투에 참여했음을 보여주는 고고학적 증거다.[8] 하지만 히포크라테스의 언급은 과학적 사실로 보기는 어렵다. 아마도 그리스인이 사우로마태족을 바라보는 편협한 시각을 반영한 과장된 이야기로 추정된다.

『히포크라테스 전집』에 등장하는 여러 이야기는 의심스러운 점이 많지만, 아무튼 그는 '환경결정론' 혹은 '생태결정론'에 입각하여 개인과 집단의 신체적·정신적 특징 및 병리적 소견까지도 예측할 수 있다고 믿었다. 특정 지역의 기후와 지리적 조건이 성격, 건강, 병리적 특징에 영향을 미친다고 본 것이다.

히포크라테스는 본성과 관습의 상호작용에 관해서도 흥미로운 이야기를 하고 있다. 생물학적 환경뿐만 아니라 문화적 요인도 인간의 성격과 신체에 커다란 영향을 미친다고 주장하는 대목이다. 문화적 관습이 본성적 형질로 획득되어 굳어질 수 있다는 것이다.[3] 라마르크가 획득형질의 유전 가설을 제안하기 무려 24세기 전의 일이다.

예를 들어 14장에서 다음과 같이 이야기한다.

> 여러 나라 사이의 작은 차이는 넘어가겠지만, 본성과 관습에 따른 큰 차이에 관해서 이야기하겠다. 먼저 편두족에 관해 말해보자. 그러한 머리를 닮은 다른 인종은 없다. 처음에는 (어린 시절에 머리를 누르는) 관습이 머리를 길게 만든 주원인이었다. 그러나 지금은 자연이 그러한 관습을 받아들여 만들어낸다. 편두족은 머리가 길수록 고귀한 사람으로 여겨진다. 그래서 아이가 태어나면 부드러운 머리뼈를 손으로 눌러 모양을 만들고 끈이나 장치를 이용하여 둥근 머리를 길게 늘인다. 즉 처음에는 강제로 이룬 관습의 결과였다. 그러나 시간이 지나자 자연이 이를 대신했다. 정자는 몸의 모든 부분에서 나오며, (정자의) 건강한 부분은 건강한 몸의 부분을 담고, (정자의) 건강하지 못한 부분은 건강하지 않은 몸의 부분을 담

기 때문이다. 그래서 부모가 대머리면 자식도 대머리이며, 푸른 눈을 가진 부모는 푸른 눈을 가진 자식을 낳고, 사시를 가진 부모는 사시를 가진 자식을 낳는 것이다. 몸의 다른 형태가 (자식에게) 그대로 이어진다면, 왜 긴 머리를 가진 부모가 긴 머리를 가진 자식을 낳지 않겠는가?

이 부분은 인간의 신체적 특징이 문화적 관습과 유전적 요인의 상호작용으로 변화할 수 있다는 주장을 담고 있다. '편두족(macrocephali)'의 머리가 길어진 이유를 설명하면서, 처음에는 관습적으로 아이의 머리를 눌러 길게 만들었으나, 시간이 지나면서 그러한 관습이 자연에 영향을 미쳐 후대로 이어진다고 본 것이다. 처음에는 외부적 요인, 즉 문화적 관습이 신체 변화를 주도하지만, 이후에는 그러한 변화가 자연의 일부가 되어 유전적으로 전달된다는 이야기였다.

히포크라테스의 주장은 어떤 의미에서는 진화적 변화에 관한 가장 초기의 논의다. 부모의 신체적 특징이 자식에게 그대로 전달된다는 일반적 인식에서 출발해, 문화적 요인이 자연에 영향을 미치고 다시 이러한 변화가 다음 세대로 이어진다는 것으로 라마르크가 제시한 획득형질의 유전 가설과 매우 유사한 개념이다. 과장해서 말하자면, 히포크라테스는 라마르크주의의 철학적 기초를 이미 마련했다고 볼 수 있다.

이러한 히포크라테스의 혜안은 19세기 후반 프란츠 보아스의 이민자 두개골 연구와도 연결된다. 보아스는 20세기 초, 유럽 등지에서 미국으로 이주한 이민자들의 두개골 형태를 체계적으로 연구하면서, 인간의 신체적 특징이 고정된 것이 아니라 환경적 요인에 따라 변화할 수 있음을 보여주고자 했다. 그는 이민자들이 원래 살던 고향의 환경과 미국이라는 새로운 환경 사이의 차이가 신체 형질에 어떤 영향을 미치는지 비교 연구했다. 이를 통해 이민자 세대와 그 자손의 두개골 형태가 미국에 정착한 후 달라졌다는 것을 보여주었다. 보아스는 두개골 형태의 변화가 유전적 요인에 의한 것이 아니라, 환경적 요인에 의해 발달했다고 주장했다.[9]

보아스의 연구는 당시 인류학과 생물학에서 인종적 본질주의를 반박하는 데 중요한 기여를 했다.[10] 두개골 형태 등의 신체적 특징도 고정된 유전적 요소가 아니라, 환경적 요인과 사회적 변화에 의해 유동적으로 변할 수 있다는 것이다. 환경적 요인과 더불어 본성의 중요성도 경시하지 않은 히포크라테스의 다른 주장과는 좀 거리가 있지만, 문화적 관습과 환경적 요인이 신체적 형질에 영향을 미칠 수 있다는 점에서는 히포크라테스의 주장과 일맥상통한다. 보아스의 연구가 진화인류학에 미친 광범위한 영향에 대해서는 6장에서 다시 다룬다.

▣

히포크라테스는 당시로서는 획기적인 환경결정론적 시각을 펼쳤다. 기후와 지리, 생활환경이 개인과 집단의 신체적·정신적 특성을 결정한다고 믿었으며, 문화적 관습이 '자연'에 반영되어 후대에 유전될 수 있다고도 보았다. 비록 지금의 관점에서 볼 때 오류와 과장이 많지만, 인간 다양성을 환경과 문화의 상호작용 결과로 이해하려 한 최초의 시도라는 점에서 의의가 있다. 수천 년 후에야 본격적으로 대두된 진화론, 생태학, 문화인류학 등에서 재조명된 핵심 개념의 원형을 제공한 셈이다.

2. 아리스토텔레스

아리스토텔레스(Aristotle, 기원전 384~322)는 히포크라테스보다 약 70년 이후에 태어났다. 히포크라테스는 주로 의학에 집중했으나, 아리스토텔레스는 더 넓은 범위의 자연 현상을 체계적으로 분류하고 연구했다. 과학, 철학, 언어학, 경제학, 정치학, 심리학 등 다양한 주제를 연구한 위대한 학자다. 여러 학문 분야가 상호 연관되어 있지만, 동시에 각각 독립적으로 연구할 수 있다는 점을 주장한 최초의 학자다. 반대로 말하자면 자연 현상을 개별적으로 연구하면서도 그것들이 서로 어떻게 연결되어 있는지를 이해하려고 했다.[11]

생명체의 특징, 운동의 원리, 자연 현상의 변화 등을 다양한 학문적 접근 방법을 통해 설명하려 했고, 이로 인해 과학 연구를 더 체계적이고 다차원적으로 발전시켰다. 특히 동물학에 관해 방대한 연구를 남겼는데, 이 중 가장 중요한 저작이 『동물사』다. 총 9권으로 구성되어 있으며, 당시로서는 매우 포괄적이고 체계적인 동물 분류학과 생물학적 관찰 결과를 담고 있다.[12]

1권부터 6권까지는 동물과 인간의 신체 부위를 매우 구체적으로 설명하고 있다. 아리스토텔레스는 두개골, 뇌, 얼굴, 눈, 귀, 코, 혀, 가슴, 배, 심장, 생식 기관, 치아, 팔다리, 내장 기관, 혈액, 골수, 젖 등 다양한 신체 기관에 대한 상세한 분석을 시도했다. 여기에는 척추동물과 무척추동물 모두 포함된다. 아리스토텔레스는 척추동물인 포유류, 조류, 어류뿐만 아니라 말벌, 꿀벌, 전갈, 개미, 메뚜기 등 무척추동물에 대해서도 철저한 관찰을 바탕으로 서술했다. 그의 관심은 단순히 외형적 관찰에 그치지 않고, 각 신체 부위에 관한 기능적 분석까지 포괄한다.

7권에서는 인간의 생식과 번식 과정에 초점을 맞췄다. 사춘기, 수태, 임신, 출산, 수유, 영아의 질병 등 인간 생애주기 전반에 걸친 변화를 설명했다. 특히 아리스토텔레스는 남성과 여성의 역할, 생식 기관의 기능, 임신 과정에서의 신체적 변화 등을 연구했다. 인간의 생식이 자연적 순환의 일부분이라는 점을 강조했으며, 이러한 생리적 과정을 다른 생물 종의 생식과 비교하며 인간이 자연의 연속성 속에 어떻게 위치하는지를 설명하고자 했다. 아리스토텔레스에 따르면, 남성의 정자는 생명의 잠재성을 부여하는 능동적 요소이며, 여성의 자궁은 이 정자를 받아들여 생명을 발달시키는 수동적 환경이다. 자연적 순환을 통해 씨앗이 땅에 심겨 발아하듯이, 남성의 정자가 여성의 자궁에 들어가 발달과정을 시작한다는 것이다. 남성의 정자가 '형상'을, 여성의 자궁은 '물질'을 제공한다고 하였다.

8권에서는 동물의 행동과 특징, 그리고 이주, 질병, 기후의 영향 등을 다루고 있다. 아리스토텔레스는 동물이 환경에 어떻게 적응하는지, 계절의 변화에 따라 어떤 방식으로 행동하는지를 연구했다. 특정 동물이 기후 변화에 따라 이주하거나 겨울잠을 자는 것에 주목했으며, 건강과 질병이 환경적 요인에 의해 어떻게 영향을 받는지 분석했다. 아리스토텔레스는 기후와 환경 조건이 동물의 생리적 변화와 행동에 미치는 영향을 관찰하면서, 자연과 생물의 상호작용에 대해 논의하고 있다.

9권에서는 동물의 사회적 행동과 지능에 관해 다룬다. 동물이 본능적으로 서로 협력하고 사회 구조를 형성하는 모습에 대해 설명하는데, 특히 개미 등 사회성 곤충의 행동을 분석하는 부분이 이목을 끈다. 아리스토텔레스는 개미들이 군집을 이루고, 먹이를 나누며, 구조적인 생활 방식을 유지하는 것을 관찰하면서, 이들이 나름의 질서와 규율을 유지하는 점에서 사회적 지능을 보여준다고 지적한다. 동물이 단순히 본능적으로 움직이는 것이 아니라 나름의 지능적 행동을 한다고 언급한 점이 흥미를 자아낸다. 사실 『정치학(Politics)』 등 다른 저작에서는 인간과 동물의 지적 능력을 동일선상에서 다루지 않으며, 인간의 지능이 동물보다 우월하다고 보았다. 동물이 본능에 따라, 또는 제한된 지능으로 협력하기는 하지만, 인간만이 이성을 가지고 추상적 사고와 고차원적인 논리적 추론을 할 수 있다고 주장했다. 동물은 주로 감각과 욕구의 지배를 받지만, 인간은 공동선을 추구하는 규범과 법을 만든다는 것이다.[13,14]

『동물사』는 인간 사회의 다양한 인종이나 민족에 관한 책은 아니다. 대개 동물의 여러 형질을 설명하면서 인간의 보편적 특징을 비교하여 제시하는 정도다. 하지만 『동물사』에 언급된 내용을 통해서 우리는 아리스토텔레스의 생물학적 인간관을 엿볼 수 있다. 앞서 지적했듯이 동물의 신체와 행동을 인간의 신체적·정신적 특성과 연관 지어 설명하면서 인간이 가진 본성이 동물과의 연속선상에 있다고 말한다. 그러면서 인간과 동물의 마음은 본질적 차이가 있는 것이 아니라 양적인 차이가 있을 뿐이라고 주장한다. 인간과 동물 모두 심리적 형질을 공유하지만, 이러한 특성은 각 종에서 각각 다른 정도로 나타난다는 것이다. 이런 관점은 인간이 다른 동물과 공유하는 심리적 특성을 인정하고, 이를 바탕으로 인간의 형질을 설명하려는 초기 시도 중 하나로 볼 수 있다.[11]

예를 들어 『동물사』 8권에서 아리스토텔레스는 이렇게 말했다.[12]

> 인간에게서 분명하게 드러나는 심리적 특성이나 태도는 동물에서도 관

찰된다. 인간의 신체적 기관과 동물의 신체적 기관이 유사한 것처럼 말이다. 여러 동물에서 온화함, 사나움, 온순함, 난폭함, 용기, 소심, 자신감, 두려움, 고귀한 정직, 미천한 교활함 등이 관찰된다. 인간의 지능은 동물의 기민함과 짝을 이룰 것이다. 이러한 특징 중 일부는 인간과 동물 간에서 오직 양적 차이만 보인다.

이와 같은 아리스토텔레스의 비교·연속적인 관점은 당시의 일반적 생각과는 다르다. 인간을 동물과는 완전히 다른 존재로 분리하여 설명하기보다 인간과 동물 사이에 존재하는 공통된 형질을 인정하고, 이를 바탕으로 인간 본성을 설명하고자 했다. 오늘날 동물행동학이나 비교심리학의 기원을 찾는다면, 바로 아리스토텔레스의 업적에서 찾을 수 있을 것이다.[15]

또한, 9장에서는 성격의 성차에 관해서 아래와 같이 언급하고 있다.[12,13]

암수의 구분이 있는 모든 종에서, 자연은 두 성 간의 정신적 특성도 여러 동물에서 비슷한 방식으로 나눈다. 이러한 암수의 구분은 인간, 대형 동물, 포유동물에서 가장 분명하다. 포유동물의 경우, 암컷이 더 부드러운 성격이다. 더 쉽게 길들일 수 있고, 더 쉽게 애착을 느끼고, 잘 배운다. 예를 들어 라코니아 품종의 개는 암컷이 수컷보다 더 똑똑하다. … 곰과 표범을 제외하면, 모든 동물에서 수컷이 암컷보다 기운이 세다. … 암컷은 수컷보다 더 온화하고, 장난을 더 많이 치고, 복잡하며, 충동적이고, 양육에 더 큰 관심을 보인다. 반면에 수컷은 더 힘이 세고, 더 사납고, 더 단순하고, 덜 교활하다. 이러한 암수의 차이는 어느 동물이나 비슷하지만, 특히 성격이 발달한 동물, 인간에서 가장 두드러진다. … 인간의 성격은 다른 동물에 비해 더 완전하고 잘 다듬어졌으므로, 위에서 말한 여러 자질과 능력이 더 분명하게 나타난다. 따라서 인간의 여성은 남성보다 동정심이 많고, 눈물을 쉽게 흘린다. 질투심이 더 많고, 불평도 많다. 그래서 혼나거나 매 맞는 일도 더 많다. 더 쉽게 낙담하고, 절망을 더 잘 느끼며, 수치심을 많이 느끼고, 자존감도 떨어진다. 거짓말을 잘하고, 남을 더 많이 속이며, 기억력이 좋다. 더 정신을 쫑긋 세우며, 더 위축되고, 행동하기까지 더 우물쭈물하고, 밥을 덜 먹는다. 위에서 언급한 것처럼 인간의 남성은 더 용감하고, 직접 도움을 준다는 면에서는 더 온정적이다. 예를 들어 연체동물인 낙지의 경우 삼지창에 찔리면 수컷은 암컷을 돕지만, 암컷은 수컷을 돕지 않고 도망친다.

여기서 알 수 있듯이 아리스토텔레스는 인간을 포함하여 여러 동물에서 나타나는 성차를 심리적·행동적 형질로 설명하려 시도했다. 암컷과 수컷의 심리적 형질은 자연적으로 차이가 있는데, 암컷은 수컷보다 더 부드럽고 복잡하며, 양육에 더 큰 관심을 가진다. 반면, 수컷은 더 힘이 세고, 더 단순하며, 더 사나운 경향이 있다. 아리스토텔레스는 이와 같은 성차가 특히 고등 동물이나 인간에서 더 두드러진다고 하였다. 동물의 성차가 인간에게서도 그대로 나타난다고 보았으며, 이를 자연의 일부로 이해했다(〈표 2〉).

이러한 시각은 당시의 남녀관에 따른 것이지만, 아리스토텔레스의 여성에 대한 견해를 단순한 편견에서 비롯된 것으로 보아서는 곤란하다. 물론 『정치학』과 『니코마코스 윤리학(Nicomachean Ethics)』 등에 의하면 아리스토텔레스는 여성과 남성이 우월/열등의 관계로 나뉘어 있다고 생각했

표 2 **아리스토텔레스의 『동물사』에 나타난 남성과 여성 간 성차 비교**

	남성	여성
성격	· 용감하고 단순함 · 덜 교활함	· 동정심이 많고 복잡 · 쉽게 질투함
행동 특성	· 힘이 셈 · 사나움	· 온화 · 장난을 많이 침 · 충동적 · 양육에 관심이 많음
감정 반응	· 직접적으로 온정적 · 감정적 표현이 적음	· 눈물을 쉽게 흘림 · 더 쉽게 낙담하고 절망함
사회적 특성	· 높은 자존감 · 낮은 수치심	· 낮은 자존감 · 높은 수치심
기억력	· (열등한 기억력)	· 우수한 기억력
거짓말/기만	· 거짓말을 덜 함 · 남을 덜 속임	· 거짓말을 더 잘함 · 남을 속이는 경향이 강함
결정 및 행동	· 행동이 단순하고 직접적	· 우물쭈물함 · 더 신중함
식습관	· (많은 식사량)	· 적은 식사량

다.[16] 심지어 『동물의 발생(Generation of Animals)』에서는 여성을 '불완전한 남성(deformed male)'이라고 표현하기도 했다. 남성을 활동적 원리(형태를 주는 역할)로, 여성을 수동적 원리(물질을 주는 역할)로 간주하며, 이로 인해 남성이 생식 과정에서 더 '완벽'하거나 '완성된' 기여를 한다는 것이다.[17] 이러한 시각은 현대 생물학의 입장에서 보면 명백히 오류를 포함하고 있지만, 아리스토텔레스의 주장을 단순한 성차별적 관념으로만 이해하는 것은 아리스토텔레스의 철학적 의도를 충분히 포착하지 못한다. 그는 남성과 여성이 각기 고유한 역할을 수행함으로써 더 큰 선, 곧 공동체의 조화와 자연 질서의 유지를 실현한다고 보았다. 예를 들어, 여성은 생물학적 차원에서는 생식을 위한 역할을, 용기와 정의 등의 정치적 미덕보다는 배려와 온유

등 다른 미덕을 표현하는 역할을 한다. 아리스토텔레스는 성적 분업을 유지하는 것이 가족을 비롯한 복잡한 사회적 구조를 유지하는 데 필수적이라고 주장했다.[15] 어떤 의미에서는 현대 인류학의 성적 분업 가설이나 양육 동맹 가설과 유사하다.

아리스토텔레스의 주장은 남녀 간의 정치적 차이를 없애고자 한 플라톤의 주장과 대립한다. 플라톤은 『국가(The Republic)』에서 성차를 없애야 한다고 주장했다. 남성과 여성이 기본적으로 동등한 이성적 능력을 지녔으며, 따라서 사회적 역할도 성별에 따라 나뉠 필요가 없다고 주장했다. 특히 철인 군주(Philosopher-King)나 수호자 계급(Guardian Class)에 속한 남녀가 같은 교육을 받고, 동등한 기회를 얻어야 한다고 하였다.[18] 능력에 따른 사회적 계급의 차이가 더 중요하다는 것이다. 여성도 남성처럼 철학적 교육을 받을 수 있으며, 능력이 있으면 정치 지도자의 역할도 맡을 수 있다고 믿었다. 즉 남녀 간의 차이는 단지 육체적인 차이일 뿐, 같은 계급이라면 남성과 여성이 지닌 정신적 능력이나 정치적 역량이 차이가 없다는 것이다.[19]

반면에 아리스토텔레스는 『정치학』에서 플라톤의 남녀평등 사상을 강하게 비판했다. 그에 따르면 성별에 따른 역할 분담은 사회 구조의 핵심 요소이며, 남녀 간의 차이는 자연스러운 것이다. 남성과 여성의 신체적·심리적 차이를 강조한 아리스토텔레스는 남성이 더 이성적이고, 용감하며 지도자로서 적합하다고 판단했다. 반면, 여성은 더 감정적이며, 가정 내에서 양육과 집안 관리 역할에 더 적합하다. 가정은 사회의 기본 단위로 가정 내에서 남성과 여성의 역할 분담이 없으면, 사회 질서가 유지될 수 없다. 아리스토텔레스는 남녀가 각각의 본성에 맞는 역할을 맡는 것은 사회 질서를 조화롭게 하며, 성별에 따른 차이는 인간 사회의 필수적인

요소라고 주장했다.[20]

정리하면 플라톤과 아리스토텔레스 간의 주요 대립은 정치적 평등과 자연적 역할 분담에 관한 견해 차이에서 기인한다. 이는 지금도 현재진행형인 역사적 갈등이다.

하지만 아리스토텔레스는 인류의 여러 유형 혹은 인종이나 민족 등의 다양성에 대해서는 다루지 않는다. 다만, 동물의 이주 습관을 논의하면서 피그미족에 관한 흥미로운 내용을 언급한다. 두루미와 피그미족의 싸움을 이야기하면서, 이를 철새의 계절적 이동 그리고 동물의 행동 양식과 관련지어 서술하고 있다. 그러면서 피그미족에 관한 간략한 언급을 덧붙인다. 당시 사람들의 상상과 관찰이 결합된 형태로 보인다.[13]

> 어떤 생물은 이동한다. … 어떤 경우는 가까운 곳에서, 어떤 경우에는 세상의 끝에서 이주한다. 바로 두루미가 그렇다. 스키타이의 평원에서 출발하여 이집트 남부의 습지, 즉 나일강이 발원하는 곳으로 이동한다. 그리고 이곳에서 피그미족과 싸운다. 이 이야기는 허구가 아니다. 실제로 그들은 소인족이며, 그들이 타고 다니는 말도 역시 작다. 지하 동굴에서 생활하는 부족이다.

피그미족은 그리스 신화에 등장하는 작은 체구를 지닌 소인족이다. 실제로는 신화 같은 존재로 인식되었으나, 아리스토텔레스는 이를 자연 현상과 연결하여 설명했다. 당시 피그미족에 관한 이야기는 그리스인에게 이국적인 타자에 대한 서사로 기능했으며, 고대 그리스인이 가진 인류학적 사고의 한계라고 할 수 있다. 신화적 요소와 과학적 관찰을 혼합하여

기술하며, 그리스 중심주의에 입각한 민족적 편견과 지리적 무지를 드러낸 사례다.[21]

▣

아리스토텔레스는 동물을 인간과 연속선상에 놓고 비교분석하면서도, 인간을 이성을 지닌 특별한 존재로 구분했다. 『동물사』 등에서 신체와 행동을 기후환경적 요인과 연결하며, 다양한 생물학적 특성을 고찰했다. 인류의 민족적 다양성 자체를 구체적으로 탐구하진 않았으나, 피그미족 사례처럼 전설과 관찰을 결합해 이국적 집단에 대한 호기심을 표현했다. 아리스토텔레스의 관찰 중심의 접근 방식은 당대 기준으로 혁신적이었고, 이후에도 과학 전반에 큰 영향을 끼쳤다. 그러나 그 안에는 고대 그리스인의 편견과 한계도 함께 자리해 후대 철학 및 과학에 이중적 영향을 미쳤다.

3. 테오프라스토스

테오프라스토스(Theophrastus, 기원전 371~287)는 아리스토텔레스의 제자다. 아리스토텔레스 이후에 리케이온(Lykeion)을 맡아 제자를 가르쳤다. 그는 식물학을 위시해 생물학, 물리학, 윤리학, 형이상학 등 다양한 분야에 관심이 있었는데, 특히 식물학에 관한 탁월한 연구를 수행했다. 그래서 흔히 '식물학의 아버지'로 불린다.[22] 아마도 레스보스(Lesbos)에서 아리스토텔레스는 동물을 주로 연구하고, 테오프라토스는 식물을 주로 연구했던 것 같다.[23]

테오프라토스의 대표작인 『식물의 역사(Enquiry into Plants)』와 『식물의 원인(On the Causes of Plants)』은 당시 식물의 분류 체계를 발전시키는 데 크게 이바지했으며, 이를 통해 식물의 생리적 특성과 환경적 요인에 관한 체계적 연구가 시작되었다. 식물을 나무, 관목, 초본 등으로 구분하며, 이들이 자라는 지역의 기후나 토양 조건에 따라 특성이 어떻게 달라지는지를 설명했다. 또한, 테오프라스토스는 식물 생리학에 관한 중요한 연구도 진행했다. 식물의 생장 과정, 번식, 계절적 변화 등을 관찰하여 식물이 스스로 환경에 적응하는 방식에 대한 이론을 제시했다. 이 과정에서 뿌리, 줄기, 잎, 꽃, 열매 등 식물의 주요 부분의 기능에 관해 설명했다.[24,25]

흥미롭게도 테오프라스토스는 인간의 성격에 관해 다룬 『성격론(Characters)』을 저술했다. 이 책에서 인간의 행동 양상에 관해 주로 도덕적 측면을 위주로 30개의 유형을 제시한다. 가식꾼, 아첨꾼, 겁쟁이, 공연히 참견하는 사람, 눈치 없는 사람, 부끄러움을 모르는 사람, 낭설꾼, 구두쇠, 멍청이, 퉁명스러운 사람, 미신에 사로잡힌 사람, 감사할 줄 모르는 사람, 의심 많은 사람, 불쾌한 사람, 허영심 많은 사람, 수다쟁이, 성가신 사람, 무뢰한, 상냥한 사람, 무례한 사람, 불결한 사람, 조야한 사람, 인색한 사람, 거만한 사람, 허풍선이, 과두정의 집정자, 험담꾼, 탐욕스러운 사람, 만학도, 악한 사람 등이다(번역에 따라 달리 표현될 수 있다). 이 저작은 도덕적 훈계의 성격을 띠며, 당시 그리스 사회에서 흔히 볼 수 있는 인간 행동에 대한 윤리적 평가를 담고 있다.[26,27]

예를 들어 미신에 빠진 자에 대해서 이렇게 말한다.[26]

> 미신에 빠진 자는 분수대에서 손을 씻고, 신전에서 물을 뿌리며, 로렐 잎을 입에 넣고 하루를 보낸다. 길을 건너는 족제비를 만나면, 다른 사람이

그 길을 건너가거나, 또는 세 개의 돌을 길 건너로 던질 때까지 걷지 않는다. 쥐가 밀가루 봉지를 갉아 먹는다면, 신성한 법의 해석가에게 무엇을 해야 할지 물을 것이며, '구두장이에게 맡겨 꿰매라'라는 대답을 들으면 그 조언을 무시하고 자신의 길을 가며 제물로 이 악조(惡兆)를 풀어낼 것이다. 묘비 위를 밟지 않으며, 사체나 출산으로 더럽혀진 여성에게 가까이 가지 않을 것이며, 자신이 더럽혀지지 않는 것이 좋다고 주장할 것이다. 또한, 매달 넷째와 일곱째 날에는 하인들에게 포도주를 끓이라고 지시하고, 목련 화환, 향료, 그리고 스밀락스를 사러 나갈 것이다. 꿈을 꾸면, 해몽가, 예언자, 점쟁이들에게 어느 신이나 여신에게 기도해야 하는지 물어보러 간다. 만약 미쳐버린 사람이나 간질 환자를 보면, 몸서리치며 그자들의 가슴에 침을 뱉는다.

이러한 형식의 글은 비도덕적이거나 정신병리를 앓는 사람의 현상적 특징을 잘 기술하고 있다는 점에서 주목할 만하다. 중세에 이에 기초한 비슷한 책이 여러 번 쓰였다. 그러나 각 성격에 관한 기술이 피상적이며, 분류 기준이나 원인 등에 관한 제시가 없이 다소 우스꽝스럽게 묘사되고 있는 단점이 있다. 테오프라스토스의 언급을 알기 쉽게 요약하면 아래와 같다.[26,28]

- 위장하는 사람(the dissembler): 자신의 진정한 의도나 감정을 숨기고 다른 사람을 속이려는 사람.
- 아첨꾼(the toady): 자신의 이익을 위해 고위 인물에게 아부하는 사람.
- 수다쟁이(the chatterbox): 끊임없이 말하며 주변 사람들을 귀찮게 하는 사람.
- 시골뜨기(the country bumpkin): 세련되지 못하고 순진한 사람.

- 아부하는 사람(the obsequious man): 상대방에게 지나치게 아부하고 비굴하게 굴며 호감을 사려는 사람.
- 모든 감각을 잃은 사람(the man who has lost all sense): 현실 감각을 잃고 비이성적인 행동을 하는 사람.
- 말쟁이(the talker): 지나치게 많이 말하고 상대방에게 기회를 주지 않는 사람.
- 소문꾼(the rumour-monger): 남의 이야기를 과장하거나 헛소문을 퍼뜨리는 사람.
- 뻔뻔한 사람(the shameless man): 부끄러움을 모르고 사회적 규범을 무시하는 사람.
- 인색한 사람(the penny-pincher): 돈을 지나치게 아끼고, 지출을 극도로 꺼리는 사람.
- 불쾌한 사람(the repulsive man): 주변 사람들에게 거부감을 주는 행동을 하는 사람.
- 분별없는 사람(the tactless man): 상황에 맞지 않는 행동을 하여 남을 불편하게 만드는 사람.
- 지나치게 열성적인 사람(the overzealous man): 어떤 일에 지나치게 열성적이어서 다른 사람을 괴롭히는 사람.
- 둔한 사람(the obtuse man): 이해력이 부족하고 느리게 반응하는 사람.
- 자기중심적인 사람(the self-centered man): 자신의 이익만을 추구하며 타인을 고려하지 않는 사람.
- 미신을 믿는 사람(the superstitious man): 근거 없는 믿음이나 터무니없는 미신에 의존하는 사람.
- 고마움을 모르는 불평하는 사람(the ungrateful grumbler): 받은 도움에 감사

하지 않고 계속 불평하는 사람.

- 의심 많은 사람(the distrustful man): 모든 것을 의심하고 타인을 신뢰하지 못하는 사람.
- 무례한 사람(the offensive man): 공격적이고 타인에게 무례한 행동을 하는 사람.
- 불쾌한 사람(the disagreeable man): 대화나 행동에서 상대방을 불쾌하게 만드는 사람.
- 소인배(the man of petty ambition): 소소한 목표나 이익을 위해 지나치게 애쓰는 사람.
- 관대하지 못한 사람(the illiberal man): 너그럽지 않고 좁은 시야를 가진 사람.
- 잘난 체 하는 사람(the boastful man): 자신의 성과나 능력을 과시하는 사람.
- 거만한 사람(the arrogant man): 자신을 지나치게 높게 평가하고 타인을 경멸하는 사람.
- 겁쟁이(the coward): 위험을 무서워하고 도전을 회피하는 사람.
- 과두정에 집착하는 사람(the oligarchic man): 권력을 소수의 손에 집중시키고자 하는 사람.
- 늦게 배우는 사람(the late learner): 새로운 지식이나 기술을 배우는 데 시간이 오래 걸리는 사람.
- 험담하는 사람(the slanderer): 남의 평판을 훼손하는 거짓말을 하는 사람.
- 악당의 친구(the friend of villains): 비도덕적이거나 불법적인 행위를 하는 사람들과 어울리는 사람.
- 초라한 이익추구자(the shabby profiteer): 비양심적인 방법으로 이익을 추구하는 사람.

너무 삽화적인 느낌이지만, 사실 아리스토텔레스의 이론에 기반해서 인간의 구체적 성격 유형을 정리한 것이다. 아리스토텔레스는 『니코마코스 윤리학』에서 성격의 개념을 이론적으로 다루면서 개별 덕과 악덕을 분석하고, 이를 추상적 상황에 연관시켰다. 지적 덕(intellectual virtues)과 도덕적 덕(moral virtues)으로 덕을 나누며, 전자는 지혜(sophia), 이해력(intellect), 신중함(phronesis) 등이, 후자는 용기(courage), 절제(temperance), 정의(justice) 등이 속한다고 하였다. 그리고 이러한 여러 덕의 중용을 찾는 것이 중요하다고 하였다.[16] 반면 테오프라스토스는 이에 기반하여 더 생생하고 구체적인 사례를 제시한다. 앞서 제시한 성격 유형은 일상생활 속에서 관찰되는 실제 사람의 행동을 기반으로 한다. 다양한 성격은 주로 병리적 현상을 다루고 있다는 점에서, 임상적 측면에서 인간의 성격을 분류한 최초의 시도라고 할 수 있다.

테오프라스토스의 책 제목은 고대 그리스어로 'charaktēr'인데, 이 용어는 원래 동전 등에 찍는 각인이나 마크를 의미한다. 이러한 '각인'은 동전의 가치나 유형을 구별하는 데 사용되었다. 이 개념이 비유적으로 확장되어 인간의 성격이나 외형적 특징을 나타내는 데도 사용된다. 물리적 각인뿐만 아니라, 사람의 얼굴이나 신체적 특징, 말투 등을 통해 나타나는 특정한 개성이나 특성을 지칭하도록 그 의미가 확장되었다.[28]

아리스토텔레스 사후, 기원전 3세기 이후부터 로마 제국 시기까지 이어진 후기 페리파토스 학파(Later Peripatetics)의 학자들, 예를 들어 트로아스의 리콘(Lycon of Troas, 대략 기원전 299~225)•과 케오스섬의 아리스톤(Aristo of Ceos,

---

• 스트라톤은 시공간 개념과 원자론을 정립했고, 우주의 모든 현상이 신이 아니라 자연에 의해 좌우된다고 하였다. 그에 관한 자세한 이야기는 다음을 참고하기 바란다. Fortenbaugh W, White

대략 기원전 3세기 중반 활동)• 같은 인물은 테오프라스토스가 시작한 성격 묘사 전통을 계속 이어나갔다. 먼저, 리콘은 테오프라스토스와 스트라톤(Strato)의 뒤를 이어 리케이온 학파의 수장(scholarch)이 된 학자로, 뛰어난 웅변가이자 자연과학에 관심이 많았던 철학자로 알려져 있다. 흥미롭게도 프시케(ψυχή, 라틴어로 anima 혹은 spiritus)가 몸 전체에서 프네우마에 의해 작동된다고 하였는데, 이에 대해서는 다음 장에서 다룬다. 그는 테오프라토스와 비슷한 식으로 술꾼에 대해 묘사했다고 알려져 있다. 푸블리우스 루틸리우스 루푸스(Publius Rutilius Lupus, 기원후 25년경 활동)••가 라틴어로 번역하여 전해지고 있다.[29] 한편 케오스섬의 아리스톤은 리콘의 제자로 테오프라스토스의 성격 묘사 방식을 따르는 작품을 남겼다. 그의 『오만에서의 해방(On Relief from Arrogance)』이라는 저작은 일부만이 필로데무스(Philodemus)•••의 『악덕에 대하여(On Arrogance)』 제하의 저작에 그 요약본이 전해지고 있는데,[30] 전반적인 문체와 재치 있는 표현은 테오프라스토스의 것과 매우 유사하다.[28] 이렇게 테오프라스토스의 생각은 다양한 방식으로 변주되어 중세 유럽 사회로 이어졌다.

(앞 페이지에 이어서)

S. *Lyco of Troas and Hieronymus of Rhodes: Text, Translation and Discussion*. New Brunswick (NJ): Transaction Publishers; 2004.

• 리콘의 제자로 학파를 물려받았다. 그에 관한 자세한 이야기는 다음을 참고하기 바란다. Fortenbaugh W, White S. *Aristo of Ceos: Text, Translation, and Discussion*. New Brunswick (NJ): Transaction Publishers; 2006.

•• 미덕과 악덕을 묘사하는 수사학적 기법인 '성격 묘사(characterismos)'의 예로 일관된 흐름을 통해 술꾼의 하루를 따라가며 삶을 묘사하고 있는 것으로 알려져 있다. 이를 화가가 색을 쓰는 방식에 비유했다. 다음을 참고하기 바란다. Lupus, Publius Rutilius. In: *Encyclopædia Britannica*. 11th ed. 1911.

••• 에피쿠로스학파의 시인이다.

▣

테오프라스토스는 인간의 행동과 성격을 직접적이고 구체적인 사례로 풀어냄으로써, 고대 그리스 철학이 추상적으로 논의하던 덕과 악덕 개념을 일상의 시선으로 재조명했다. 사회 속 다양한 인간 유형을 생생하게 묘사함으로써, 성격이라는 개념을 독립된 연구 대상으로 다룰 수 있는 단서를 제공했다. 비록 지금 기준으로는 우스꽝스럽지만, 인간을 성격이나 행동으로 분류하려 한 시도는 여전히 다양한 방식으로 반복 변주되고 있다.

4. 요약

고대 그리스 사상가들은 인간과 자연의 상호작용을 깊이 연구하며 인간 본성에 대한 초기 이론적 틀을 제시했다. 히포크라테스는 환경적 요인이 인간의 체질과 성격을 형성하는 중요한 요소라고 주장하며, 기후와 지리적 조건이 건강과 질병 발생에 미치는 영향을 체계적으로 분석했다. 이러한 접근은 체질인류학의 기초를 이루었으며, 이후 서양 의학과 철학의 발전에 큰 영향을 미쳤다. 아리스토텔레스는 동물과 인간을 비교하면서 생명체가 환경과 상호작용하며 진화하는 과정을 설명하고, 인간을 동물계의 연속선상에서 이해하려 했다. 또한 인간과 동물 간의 심리적, 행동적 유사성을 강조하면서도 인간의 이성적 능력을 별도로 구분했다. 테오프라스토스는 인간의 성격을 도덕적 측면에서 체계적으로 분석했으며, 『성격론』은 인간 행동에 대한 최초의 분류 시도로 평가된다. 이들 연구는 단순히 도덕적 훈계를 넘어 인간 행동의 다양한 측면을 관찰하고 기록한 학문적 성취로 볼 수 있다. 고대 그리스의 자연 철학적 연구는 인간과 자연, 사회적 환경 간의 복잡한 상호작용을 이해하려는 초기 시도이며, 후대 학문에 지속적인 영향을 미쳤다. 특히 인류학, 생물학, 심리학 등 여러 분야에서 인간 본성에 대한 이해를 확장하는 중요한 기초가 되었다.

후주

1. Shapiro HL. The history and development of physical anthropology. *Am Anthropol.* 1959;61(3):371–9.

2. Kleisiaris CF, Sfakianakis C, Papathanasiou IV. Health care practices in ancient Greece: The Hippocratic ideal. *J Med Ethics Hist Med.* 2014;7.

3. Withington ET, Lonie IM, Chadwick J, Mann WN, Lloyd G. *Hippocratic writings.* London: Penguin UK; 2005.

4. Jouanna J. Disease as aggression in the Hippocratic corpus and Greek tragedy: wild and devouring disease. In: *Greek Medicine from Hippocrates to Galen.* Leiden: Brill; 2012. p. 81–96.

5. Bashford A, Tracy SW. Introduction: Modern airs, waters, and places. *Bull Hist Med.* 2012;86(4):495–514.

6. Jouanna J. Water, health and disease in the Hippocratic treatise airs, waters, places. In: *Greek Medicine from Hippocrates to Galen.* Leiden: Brill; 2012. p. 155–72.

7. 히포크라테스. 『히포크라테스 선집』. 여인석, 이기백 역. 파주: 나남; 2011.

8. Davis–Kimball J. Warrior Women of Eurasia [Internet]. Archaeology Magazine 1997;50(1). Available from: https://archive.archaeology.org/9701/abstracts/sarmatians.html

9. Boas F. Changes in bodily form of descendants of immigrants. *Am Anthropol.* 1940;42(2):183–9.

10. Blackhawk N, Isaiah Lorado Wilner. Rediscovering the World of Franz Boas [Internet]. New Haven: Yale University Press; 2018. Available from: http://www.jstor.org/stable/j.ctt22h6qn7

11. Lennox JG. The complexity of Aristotle's study of animals. In: *The Oxford Handbook of Aristotle.* Oxford: Oxford University Press; 2012. p. 287–305.

12. Aristotle. The History of Animals [Internet]. Cambridge: The Internet Classics Archive by Daniel C. Stevenson, Web Atomics; 2023 [cited 2024 Oct 29]. Available from: https://classics.mit.edu/

13. Aristotle. *History of animals.* Cambridge, MA: Harvard University Press; 1991.

14. López Gómez C. The animal intelligence according Aristotle. *Discusiones filosóficas.* 2009;10(15):69–81.

15. Connell SM. *Aristotle on sexual difference: Metaphysics, biology, politics.* Oxford: Oxford University Press; 2023.

16. Aristotle. *Nicomachean Ethics* (edited and translated by Roger Crisp). Cambridge: Cambridge University Press; 2014.

17. Aristotle. *Generation of Animals* (edited by Andrea Falcon and David Lefebvre). Cambridge: Cambridge University Press; 2017.

18. Annas J. *An introduction to Plato's Republic.* Oxford: Clarendon Press; 1981.

19. Smith ND. Plato and Aristotle on the nature of women. *J Hist Philos.* 1983;21(4):467–78.

20. Saxonhouse AW. Family, polity & unity: Aristotle on Socrates' community of wives. *Polity*. 1982;15(2):202–19.

21. Romm JS. *The edges of the earth in ancient thought: Geography, exploration, and fiction*. Princeton, NJ: Princeton University Press; 1994.

22. Hall M. *Plants as persons: A philosophical botany*. New York: SUNY Press; 2011.

23. Grene M, Depew D. *The philosophy of biology: An episodic history*. Cambridge: Cambridge University Press; 2004.

24. Huby P. *Theophrastus of Eresus. Sources for his life, writings, thought and influence: Commentary, Volume 2: Logic*. Leiden: Brill; 2006.

25. Sharples RW, Huby PM, Fortenbaugh WW. *Theophrastus of Eresus: Sources on biology*. Leiden: Brill; 1995.

26. 테오프라스토스. 『캐릭터』. 이은종 역. 서울: 주영사; 2014.

27. Fortenbaugh W, Gutas D. *Theophrastus of Eresus Commentary*, Volume 6.1: Sources on ethics. Leiden: Brill; 2010.

28. Diggle J. Theophrastus: *Characters*. Cambridge: Cambridge University Press; 2004.

29. Lupus PR. *P. Rutilii Lupi–De Figuris Sententiarum et Elocutionis*. Edited with prolegomena and commentary by E. Brooks. Leiden: Brill; 2018.

30. Tsouna V. *The ethics of Philodemus*. Oxford: Clarendon Press; 2007.

3. 로마:
지리적 인간관의 확장과 체액설

지리학은 단순히 땅과 바다를 묘사하는 데 그치지 않고, 각 지역의 자연조건, 거주민의 특성, 정치적 제도를 다루는 학문이다.

스트라본, 『지리학』, 서기 1세기 초

자연은 모든 사물의 어머니이다.

플리니우스, 『박물지』, 제2권, 서기 77년경

인체의 건강은 체액의 균형에 달려있다.

클라우디우스 갈레노스, 『자연적 능력에 관하여(On the Natural Faculties)』, 제1권, 서기 2세기 초반

◈

고대 그리스와 로마 시대의 체질인류학적 사상은 환경이 인간의 신체적 및 정신적 형질에 미치는 영향을 연구하는 데서 시작되었다. 그러나 그리스와 로마 학자들은 서로 다른 접근 방식을 취했다. 그리스 학자는 주로 기후와 지리적 요인이 인간의 성격과 생활 방식에 미치는 영향을 강조하며, 이를 통해 신체적 건강과 질병을 설명하고자 했다. 대표적으로 히포크라테스는 기후가 인간의 신체와 질병에 미치는 영향을 체계적으로 분석했다. 이러한 관점은 그리스 의학의 오랜 전통이었다.

로마 시대의 학자들은 그리스의 이론을 바탕으로 하면서도 로마 제국의 광대한 영토 확장에 따라 더 넓은 지리적 영역과 다양한 민족을 연구 대상으로 삼았다. 지중해를 넘어 유럽, 아프리카, 아시아까지 영토를 확장하면서, 이로 인해 다양한 문화와 민족과 접촉하게 되었다. 이러한 확장은 단순히 기후와 지리적 요인뿐만 아니라, 여러 사회적, 문화적 요인을 기록하고 분석할 기회였다. 피지배 민족의 생활 방식을 관찰하면서, 체질적 차이뿐만 아니라 법과 정치, 종교, 관습 같은 다양한 사회적 요인이 인간의 신체와 정신에 미치는 영향을 더 포괄적으로 연구하게 되었다.

스트라본은 로마 제국 전역의 광범위한 지리적 경계를 물리적 요소로 설명하면서 각 지역의 기후와 지형이 그곳에 사는 사람의 성격과 생활 방식에 어떻게 영향을 미치는지를 분석했다. 한편, 플리니우스는 로마 제국 내의 다양한 민족과 그들의 신체적, 사회적 특성을 방대하게 기록했는데, 특히 인간과 동물의 신체적 특징이 자연환경과 어떻게 상호작용하는지를 강조했다. 또한, 갈렌은 체액설을 바탕으로 인간의 건강과 성격이 체액의 균형에 의해 결정된다고 주장했다. 그는 히포크라테스의 이론을 발전시켜, 체액의 불균형이 질병을 유발한다는 점을 강조했으며, 체액의 조화를 유지하는 것이 건강을 유지하는 데 필수적이라고 보았다. 이에 더해서 기후와 지리적 요인이 체액의 균형에 미치는 영향을 설명하며, 인간의 성격과 건강이 환경에 따라 달라진다고 주장했다.

이 장에서 우리는 고대 그리스와 로마 학자들의 연구가 서양 의학과 인류학의 발전에 미친 깊은 영향을 살펴볼 것이다. 그리고 이들의 사상이 오늘날까지 어떤 방식으로 지속해서 영향을 미치고 있는지를 조망할 것이다.

1. 스트라본

그리스는 지중해와 흑해 연안을 따라 여러 식민지를 건설했으며, 이로 인해 남부 이탈리아, 시칠리아, 소아시아, 북아프리카 등 다양한 지역과 교류할 수 있었다. 스키타이 등 북쪽 유목민부터 이집트와 리비아 등 남쪽 열대 지역 민족에 대한 관찰을 바탕으로, 히포크라테스는 기후와 지형이 인간의 체질과 생활 방식에 미치는 영향을 논의했다.[1] 하지만 그리스인이 직접 교류한 도시 국가를 중심으로 이루어졌기 때문에, 그 범위는 상대적으로 제한적이었다.

그러나 시간이 지나면서 그리스의 지리적 지식은 크게 확장되었다. 히포크라테스 이후 약 300년이 지나 알렉산드로스 대왕의 동방 원정이 진행되면서, 그리스 세계는 새로운 문명을 만나게 되었고 지리적 세계관도 급격히 확대되었다. 알렉산드로스의 정복을 통해서 인도와 중동, 이집트 같은 광대한 지역과 문화에 관한 지식이 쌓였고, 그리스 학문과 지리학 연구의 범위를 더욱 넓히는 계기가 되었다.

이에 더해서 로마 제국의 성립과 발전을 통한 세계관의 확장은 전례 없이 전면적이고 광범위한 수준으로 이루어졌다. 로마 제국의 영토는 지중해 전역을 아우르며, 더 넓은 영역의 유럽, 아프리카, 아시아로 확장되었다. 정복과 통치를 통해 다양한 문화와 민족을 접하면서 그리스인의 지리적 지식과 세계관을 크게 넘어서게 된 것이다.

당시 그리스 출신의 로마 지리학자 스트라본(Strabo)은 확장된 제국의 지리적 경계를 넘어서 저작을 남겼다. 대표작인 『지리학(Geographica)』은 그리스와 로마 세계의 통합된 지리적 지식을 체계적으로 정리한 중요한 저서다. 지중해 세계뿐만 아니라, 유럽의 북쪽, 아시아의 동쪽, 아프리카 대륙의 남쪽까지 아우르는 방대한 지리적 정보를 포함해, 총 17권에 이르는 저작에 이를 집대성했다.[2]

스트라본은 고대 그리스의 지리학자, 철학자, 역사학자로, 기원전 64년경 폰투스의 아마세이아(Amaseia in Pontus)에서 태어났다. 폰투스 세도가의 후손으로 로마 시민권을 얻은 그는 젊은 시절 지중해 여러 지역을 여행하며 다양한 학문적 소양을 쌓았다. 특히 로마에서는 철학자 아테노도루스 카나니테스(Athenodorus Cananites)에게서 스토아 철학을 배웠으며, 이 경험은 그의 철학적이고 지리학적인 관점을 형성하는 데 큰 영향을 미쳤다. 한편, 스트라본은 로마가 공화정에서 제국으로 넘어가는 시기에 활동하며 거대 제국이 수집한 광대한 정보를 통해 지중해 세계뿐만 아니라 유럽, 아시아, 아프리카 지역에 대한 지리적 정보를 확보할 수 있었다.[2-4]

이집트, 쿠시(현재의 수단 북부와 이집트 남부에 있던 고대 왕국), 토스카나(이탈리아의 중부 지역), 에티오피아, 소아시아, 로마, 코린도 등 로마 제국 전역을 여행하면서 스트라본은 평생에 걸쳐 자료를 수집했다. 이 자료에 더해, 그는 호메로스, 헤로도토스, 아리스토텔레스 등 그리스의 고전적 저작의 정보를 종합했다. 이렇게 수집된 방대한 지리적 정보는 그리스어로 서술된 『지리학』에 담겼다. 이 책은 기원전 1세기 후반 또는 기원후 1세기 초에 걸쳐 저술되었다.

스트라본은 주로 물리적 지형과 정치적 특징을 결합하여 설명했다. 바다, 해협, 산맥 등 자연 지형이 지리적 경계를 정의하는 데 중요한 역할을 한다고 가정하고, 이를 바탕으로 국가와 도시의 위치 및 특징을 전개했다. 또한, '지리학(Geography)'과 '코로그래피(chorography)'를 분명하게 구분했다. '코로그래피'는 '장소'를 뜻하는 그리스어 'χῶρος(khōros)'와 '기술하다'를 뜻하는 'γράφειν(graphein)'을 합친 말로, 특정 지역의 정치적 경계와 도시 분포를 세밀하게 묘사하는 것을 말한다. 반면, 지리학은 더 광범위한 자연 지형, 예를 들어 바다, 강, 산 등이 땅의 경계를 어떻게 정의하는지에 초점을 맞췄다. 즉 코로그래피는 특정 지역, 도시, 혹은 소규모 지역의 지리적 특징뿐만 아니라 정치적, 문화적 요소를 다루는 저술 방식을 말한다. 비록 현대에는 이 용어가 잘 쓰이지 않지만, 오랜 역사를 통해서 특정 소지역의 인문지리학적 특징을 기술할 때 유용하게 사용되었다. 스트라본은 이러한 접근을 통해 인간 사회가 자연환경과 어떻게 상호작용하는지를 명확히 제시하려 했다.[3,5]

스트라본의 『지리학』은 숫자보다 사람에게 관심이 많은 독자를 고려하여 저술된 책이다. 그리스 천문학자 에라토스테네스(Eratosthenes, 기원전 276~194)의 방법론과 히파르쿠스(Hipparchus, 기원전 190~120)의 연구를 출발점으로 삼았지만, 천문 데이터와 해안 및 도로 측량을 결합한 에라토스테네스의 지도가 충분히 정확하지 않다고 판단했다. 참고로 에라토스테네스는 기원전 3세기의 그리스 수학자이자 천문학자로, 지구의 둘레를 매우 정확하게 계산한 것으로 유명한 학자다. 히파르쿠스는 기원전 2세기의 그리스 천문학자로, 별의 위치를 측정하고 천구 좌표계를 발전시킨 인물이다. 천체 관측과 삼각법을 결합해 지리적 위치를 정확하게 계산하는 방법을 개발했지만, 스트라본의 저술 목적에 충분한 방법론은 아니었다.

스트라본은 로마인들이 특정 지역의 천문 데이터보다는 그곳에 사는 주민, 문화, 정치 체계 등의 지역적 특성을 더 궁금해하리라 판단했다. 따라서 역사학자 폴리비오스(Polybius, 기원전 200~118)와 포시도니우스(Posidonius, 기원전 135~51)의 연구를 자신의 저작에 결합했다.[6] 폴리비오스는 역사적 사건의 원인과 결과, 그리고 그와 관련된 사람을 분석하는 방법을 제안한 헬레니즘 시대의 역사가다. 지중해 주변 지역(이탈리아, 그리스, 마케도니아, 이베리아, 북아프리카 등)을 광범위하게 탐험한 것으로 알려져 있으며, 주로 전쟁과 평화, 그리고 그 속에서 인간 행동의 역할에 대해 분석하면서 역사를 기술했다. 포시도니우스는 고대 그리스의 철학자, 천문학자, 지리학자, 역사가, 수학자로, 경험적 관찰을 바탕으로 자연 현상뿐만 아니라 인간의 문화, 정치, 종교적 관습까지 연구하여, 물리적 세계와 문화적 현상을 통합적으로 연구한 학자이다. 아울러 에라토스테네스 이후 두 번째로 지구 둘레를 측정하기 위해 시도한 사람으로 거의 정확한 수치를 구한 것으로 알려져 있다. 포시도니우스는 기후가 인간의 성격, 그리고 사회 발전에 영향을 미친다고 주장했으며, 갈리아 지역과 켈트족 사회를 연구했다.

스트라본의 저작에는 친 로마적인 관점이 뚜렷하게 드러나며, 로마인의 우월성이나 로마 제국의 확장에 관한 이야기가 많이 포함되어 있다는 단점이 있다. 물론 (자신이 그리스인이어서인지 몰라도) 그리스인의 우월성에 대해서도 자주 언급한다. 또한, 과거 기록에 지나치게 의존하여 당대 기준으로도 시대에 뒤떨어진 정보를 담고 있을 뿐 아니라, 직접 방문하지 않은 지역에 관한 2차 기술은 부정확한 것이 많다. 예를 들어 인도의 동물에 관한 부분에서는 금을 캐는 개미에 관해서 헤로도토스의 부정확한 언급을 가져다 쓰기도 했다. 헤로도토스는 『역사(The Histories)』 제3권에서 인도의 황금이 풍부한 사막에 사는 '여우 크기'의 털이 난 개미가 금을 캐낸다고 언급한 바 있다.[5,7,8] 이 개미는 땅속에 집을 짓고, 그리스 개미와 매우 흡사한 모양으로 굴을 파면서 금이 가득한 모래 더미를 토한다. 인도인은 이 모래를 채취하기 위해 사막으로 갈 때 세 마리의 낙타를 타고 가운데에 암컷 한 마리, 양쪽에 수컷 한 마리를 선두에 세워서 함께 달린다. 인도인은 개미가 더위를 피하고자 몸을 숨기는 가장 무더운 시간대에 가방에 모래를 가득 채우고 달아나지만, 개미들이 빠른 속도로 추격하므로 수컷 낙타 두 마리는 개미들에게 잡히고 만다. 그러나 암컷은 새끼를 다시 만나기 위해서 맹렬하게 달리므로 개미의 추격을 피할 수 있다는 이야기다. 터무니없는 기술이지만, 아마도 히말라야에 사는 마멋(땅다람쥐)이 황금이 포함된 모래를 표면으로 끌어올리는 이야기가 구전되면서 이러한 신화가 생겨났을 것으로 추정된다.[9]

스트라본은 『지리학』에서 고대 세계의 지리적 정보뿐만 아니라, 그곳에 사는 다양한 민족과 그들의 생활 방식, 성격, 사회 구조에 대해 중요한 기록을 남겼다. 스트라본은 인류를 인종 혹은 민족, 언어, 문화 등 세 기준으로 나누었는데, 이에 따라 야만인(barbarian)과 문명인(civilian)을 구분하여 기술한다.• 특히 야만인과 그렇지 않은 종족을 수사적으로 대립 기술하면서 야만인의 특성을 설명하고, 이 특성에 따라 여러 야만인 집단을 구분하면서 상세하게 기록하고 있다.[10]

예를 들어 이베리아반도의 북서부에 살았던 아르타브리족(Artabrians)을 비롯한 켈트족을 묘사하며, 이들이 로마의 정복으로 인해 비로소 법과 질서를 얻었다고 주장한다. 단순한 생활 방식을 따라 생활하며 주변 부족의 자원을 약탈하는 충동적이고 야만적인 민족이었지만, 로마가 이들을 제압하고 정착시키면서 약탈 대신 농업을 도입했다는 것이다. 그러면서 켈

• 중국 고전에서 '만(蠻)'은 주로 '남쪽 변방(남만)'을 가리키는 멸칭으로, '이(夷)', '융(戎)', '적(狄)' 등과 함께 오랑캐를 낮춰 부르는 용어였다. 따라서 야만(野蠻)은 들판에 사는 오랑캐라는 뜻이었다. 바바리안(barbarian)은 고대 그리스어 '바르바로이(βάρβαροι)'에서 비롯한다(바르바로스의 복수형). '바르바르'는 알아들을 수 없는 말을 하는 외부인이라는 뜻이다. 반면에 문명(文明)은 중국 고대 문헌에 간혹 등장하지만, 주로 글을 사용하는 예의 있는 문화 등을 뜻했다. 시빌리언(civilian)은 라틴어 시비스(civis), 즉 시민에서 기원한다. 공적 권리를 가진 공동체 구성원을 말한다. 계몽시대 이후 이 단어를 야만인과 반대되는 의미로, 교양이나 법, 도덕이 정착된 사회의 구성원이라는 의미로 쓰이게 되었다. 스트라본은 자신의 책에서 야만인에 관해서 바르바로이라는 용어를 사용했고, 이에 대비된 문명인은 헬레네스(그리스인, λληνες)라고 표현했다. 자세한 내용은 『지리학』 1권 2장 34절을 참고하기 바란다.

트족이 우유와 돼지고기를 좋아하고, 전사적이며, 화려한 장식을 좋아하고, 특히 싸움에서 매우 감정적이라고 썼다. 큰 무리를 이루어 싸우는 경향이 있다고도 하였다. 또한, 켈트족 사회에서 드루이드(Druids)라는 지배계층이 사회적, 종교적 문제의 해결자 역할을 맡아 분쟁을 중재했다고 언급하고 있다.

한편, 스키타이족은 가축과 함께 살며, 많은 시간을 말 위에서 보낸다고 쓰면서 이들의 유목 생활 방식을 강조했다. 게르만족은 군사적으로 강하지만, 법과 질서를 지키지 않는다고 하였고, 인도인은 농업에 의존하며 하천의 주기적 범람이 만들어낸 비옥한 땅 위에 풍요로운 문명을 형성했다고 썼다. 특히 인도의 금과 향료 등 풍부한 자원에 대해서도 언급했다. 에티오피아인은 더위로 인해 강한 체질을 가지게 되었고, 특히 피부색이 검게 변했다고 하였다. 소아시아인은 부유하고 사치스러우며, 농업과 상업이 흥하다고 하였다.

흥미롭게도 기후와 성격에 관한 언급이 눈에 띄는데, 북부의 민족(예를 들어 스키타이인, 게르만인)이 더 추운 기후에서 자라 강인하고 전사적인 성향을 보이고, 반면 남부 지역의 사람(이를테면 이집트인, 페니키아인)은 더 온화한 기후 덕분에 문명적이고 온순한 생활 방식을 채택했다고 이야기한다.[5,8]

▣

스트라본의 지리학은 고대 그리스의 전통적 세계관을 한층 넓힌 로마 제국 시대의 산물이었다. 다양한 문헌과 현지 자료를 종합해 체계화한 『지리학』은 단순한 지리적 사실을 기록하는 것을 넘어 각 민족의 관습과 삶의 양식을 생생하게 묘사함으로써 당시 세계관의 결정판 역할을 했다. 비록 친(親)로마적 편향과 제한된 관찰로 인해 부정확한 정보도 포함되었지만, 고대 지식인들이 인류 다양성을 어떻게 이해했고, 환경·역사·정치 체계를 어떤 관점에서 결합하려 했는지를 보여준다는 점에서 중요한 의미를 지닌다.

2. 대 플리니우스

대 플리니(Pliny the Elder) 혹은 가이우스 플리니우스 세쿤두스(Gaius Plinius Secundus)는 서기 23년(혹은 24년)경에 태어난 로마의 해군 제독이다. 그의 이름이 널리 알려진 것은 군인으로서의 업적보다는 바로 최초의 백과사전인 『박물지(Naturalis Historia)』를 집필한 업적 덕분이다. 『박물지』는 플리니우스의 방대한 학문적 호기심과 자연 세계에 관한 연구심을 반영하는 기념비적인 저작이다. 이 책은 지리, 식물, 동물, 광물, 의학, 천문학, 예술, 인류학 등 다양한 주제를 다루었으며, 그 방대한 양과 상세한 기술은 당시 지식의 총체를 기록한 백과사전이라 해도 과언이 아니다. 고대 세계의 지리적 특징과 우주에 대한 지식을 기록했는데, 각국의 지형과 도시, 천문학적 현상, 그리고 시간과 공간의 개념을 설명하면서 지구와 하늘의 구조에 대해 논했다. 또한, 식물의 종류와 용도, 약초의 의학적 효능에 대해 기록하고, 동물의 행동과 생태를 기술하며, 광물, 보석, 금속의 다양한 성질을 제시하고, 채굴 기술, 금속 가공, 보석의 가치 등 당시 사회에서 중요한 경제적·산업적 요소도 두루 아울러 다룬다. 이에 그치지 않고 당대의 예술 작품, 조각, 건축물 등을 기술하며, 여러 민족과 문화에 대한 정보를 망라했다. 정리하면 플리니우스는 『박물지』를 통해 세계에 대한 단순한 관찰에 그치지 않고 문화와 자연 세계를 종합적으로 분석하고 설명하며, 그 지식을 후대에 전하고자 했다.[11-13]

플리니우스는 어떤 의미에서 최초의 박물학자이자 생물학자, 지리학자, 인류학자라고 할 수 있다. 서기 79년 베수비오 화산 폭발로 인해 사망하기 전까지 플리니우스는 일생 동안 자연을 관찰하며 다양한 연구를 진행했다. 심지어 결혼도 하지 않았다.[14,15] 베수비오 화산이 폭발했을 당시, 플리니우스는 폼페이(Pompeii)와 헤르쿨라네움(Herculaneum) 등 인근 지역을 조사하고자 자신의 해군 함대와 함께 화산 폭발 현장으로 향했다. 아마도 폭발 현장을 직접 탐사하려다가 화산재와 유독 가스에 노출되어 변을 당한 것으로 추정된다.

『박물지』는 총 10부 37권으로 구성된 플리니우스의 유일한 유작이다. 전체는 각 부로 나뉘고, 각 부는 여러 권으로 구성된다. 각 권은 자연에 대한 다양한 주제를 다루며, 여기에는 지리학, 생물학, 식물학, 의학, 광물학, 천문학, 인류학, 예술 등 거의 모든 학문 분야를 망라한다.

제1권은 이 책의 서문으로, 플리니우스가 집필한 주제에 대한 개요와 함께, 참고한 저자의 목록을 다룬다. 아리스토텔레스, 헤로도토스, 테오프라스토스 등 고대의 여러 학자가 포함된다.

제2권은 천문학과 지구의 물리적 구조에 관해 설명한다. 이 책에서는 태양, 달, 별, 그리고 자연 현상에 대해 다룬다. 천문학적 주제뿐만 아니라, 지구의 물리적 특징들에 대해 논의했다. 여기에는 지진, 번개, 해일, 화산 등 자연재해에 대한 기록도 포함된다.

제3권에서 제6권까지는 지리학과 민족학을 다루며, 로마 제국 내외의 여러 지역과 민족을 설명한다. 각 지역의 자연환경, 경제적 자원, 사회적 특징을 기록했다. 특히 이탈리아, 스페인, 갈리아, 브리타니아, 아프리카 등 당시 알려진 세계의 다양한 지역과 그곳에 사는 사람들의 생활 방식을 상세히 묘사했다.

제7권은 인간의 생물학과 인류학에 대한 기록으로, 인간의 출생, 신체적 특징, 그리고 인간의 삶에 대한 다양한 고대의 관점을 소개한다. 인간의 출생과 관련된 미신, 고대 의학적 관점에서의 신체 기능, 그리고 인류가 살아가는 방식에 대해 논의했다.

제8권에서 제11권까지는 동물학, 특히 포유류, 조류, 어류, 곤충에 대한 기록이다. 동물의 생태, 행동, 그리고 인간의 삶에 미치는 역할에 대해 기술하고 있다. 플리니우스는 아리스토텔레스의 동물학적 연구를 참고하며, 특히 동물의 본능과 인간과의 상호작용에 대한 깊이 있는 분석을 시도했다.

제12권에서 제19권까지는 식물학과 농업에 대한 방대한 내용을 다루며, 농작물의 재배 방법에서 약용 식물에 대한 설명까지 두루 포괄한다.

제20권에서 제32권까지는 약학과 의학적 치료법에 대한 기록이다. 이 부분에서는 당시의 민간요법과 자연에서 얻을 수 있는 약초와 그 효능에 대해 자세히 설명한다. 식물, 광물, 동물 등 자연에서 얻을 수 있는 다양한 재료를 활용한 치료법과 그 효능을 기록했다.

제33권에서 제37권은 광물학과 금속, 그리고 예술에 관한 설명으로, 금, 은, 청동 등 금속의 사용과 그 가공법, 그리고 조각과 건축 예술의 발전사를 다룬다.[13,16,17]

플리니우스는 로마 제국 전역을 여행하거나 로마의 지식인들과 교류하며 다양한 정보를 수집했으며, 약 100명의 주요 고대 저술가의 저작을 참고해 『박물지』에 총 20,000개 이상의 사실적 기록을 담았다. 비록 오늘날의 과학적 기준으로 볼 때 상당수의 내용은 부정확하거나 신화적 요소가 포함되어 있긴 하지만, 당시로서는 매우 혁신적이고 체계적인 지식의 집합체였다. 플리니우스는 관찰을 중시했으며, 여건이 허락하면 실제 경험이나 실험을 통해 얻은 지식을 더 중요하게 기록하려고 노력했다.[13]

『박물지』의 목표 중 하나는 자연사(the natural history), 즉 생명(life)을 모두 망라하는 것이었다. 단순히 자연에 대한 관찰을 기록하는 것에 그치지 않고, 인간과 자연의 관계를 설명하며, 자연 속에서 인간의 삶을 연구하고자 했다. 범신론자였던 플리니우스에게 신은 인간을 위해 존재했으며, 그가 말하는 자연이나 생명은 바로 자연 속에 살아가는 인간의 삶을 뜻하는 것이었다. 말하자면 자연은 인간을 위해 창조되었고, 인간의 삶을 통해 자연의 목적을 이해할 수 있다는 목적론적 시각이다.[17] 목적론이란 모든 것이 특정한 목적을 위해 존재하며, 그 목적은 인간의 삶과 관련되어 있다는 철학적 견해를 말한다. 따라서 이에 따르면 인간 세계의 진정하고 환원 불가능한 특징은 목적론적 속성이라고 할 수 있다.[18] 플리니우스는 인간이 자연을 관찰하고 연구함으로써 그 목적과 본질을 깨달을 수 있다고 생각했다.

『박물지』는 중세 유럽에서 매우 중요한 학문적 자료로 오래도록 활용되었다. 특히 중세의 여러 학자는 이 책을 자연과학과 의학, 농업 등 다양한 분야에서 참고하였다. 뒤에서 언급할 세비야의 이시도르(Isidore of Seville)는 자신의 저작에서 이 책을 숱하게 인용했다.

13세기 독일의 학자이자 성직자인 알베르투스 마그누스(Albertus Magnus,

1200~1280)•도 식물학, 동물학, 광물학 등 여러 자연과학 분야에서 『박물지』를 참고하였다. 아리스토텔레스의 저술에 대한 중요한 주석을 남겼고, 자연 철학, 의학, 광물학, 점성술 등 다양한 분야를 연구했다. 아울러 비소를 발견한 학자이기도 하다. 13세기 프랑스의 과학자, 빈센트 드 보베이(Vincent of Beauvais)••도 『박물지』를 여러 면에서 참고해, 중세에 널리 읽혔던 『스페쿨룸 마이우스(Speculum Maius, 대거울)』라는 방대한 분량의 백과사전을 남겼다. 중세 유럽에서 지식과 학문을 체계적으로 정리한 백과사전이다. 자연과 교훈, 역사, 도덕 등 총 4부분으로 나뉘는데, 특히 『자연의 거울(Speculum Naturale)』이 플리니우스의 『박물지』에서 많은 부분을 참조했다.[19,20] 도미니크회 수사이자 사제, 철학자, 신학자인 토마스 아퀴나스(Thomas Aquinas, 1225~1274) 역시 자연 철학을 논할 때 플리니우스의 저작에서 많은 자료를 가져와 논증을 펼쳤다. 아리스토텔레스 철학을 기독교 교리와 융합시켜 이른바 토마스주의(Thomism)를 발전시킨 것으로 유명하며, 『신학대전(Summa Theologiae)』을 저술했다. 아퀴나스는 신앙과 이성이 서로 조화를 이룬다고 믿었으며, 진리를 이해하는 데 있어서 자연 이성과 신적 계시가 모두 필요하다고 생각했다.

르네상스 시대에 들어서도 이 책은 널리 읽혔다. 심지어 갈릴레오 갈릴레이(Galileo Galilei, 1564~1642)도 플리니우스의 저작을 참고하여 자신의 연구를 발전시켰다.[12,21]

플리니우스의 책은 천문학이나 수학, 지리학, 조각, 광물학, 예술, 보석학 등도 다루고 있지만, 여기서 가장 주목할 부분은 역시 생물학과 인류

• 독일 도미니크회 수사, 철학자, 과학자, 주교로, 중세의 철학자이자 사상가 중 한 명이다.

•• 프랑스 도미니크회 수도사이자 학자다.

학이다. 『박물지』는 민족학, 인체생리학, 동물학, 식물학, 농학, 원예학, 약리학 등을 두루 다루고 있다.[14] 특히 2부에 속하는 3권부터 6권은 지리학과 민족학을, 7권은 인류학과 인체생리학을 집중적으로 논의한다. 로마 제국이 지배하는 광대한 영토에서 수집된 다양한 정보를 활용했으며, 이를 통해 당시의 지식을 체계적으로 정리했다. 과거의 문헌뿐만 아니라 여행가, 군인, 상인들이 전해준 이야기를 바탕으로 방대한 생물학 및 인류학적 자료를 수집해 자신의 저작에 반영했다.

플리니우스의 작업은 그리스와 로마 시대에 축적된 민족지 전통을 이어받은 것이다. 사실 이미 수백 년 넘게 그리스 시대와 로마 시대를 거치며 다양한 저작, 그리고 구전으로 전해지는 민족지가 점점 방대해지기 시작했다. 지리적 영향력이 외부로 투사되면서 주로 '야만인'과 만나는 접경지대의 이야기가 쌓여갔다. 무역에 참여하는 상인이 이국에서 경험한 이야기, 그리고 외부인이 그리스와 로마를 여행하며 남긴 이야기다. 당시 그리스와 로마의 시민들은 문명의 변방에 있는 민족에 큰 호기심을 느꼈는데, 그래서 서사시와 서정시, 희곡, 의학서 등에서 이에 관한 이야기가 자주 등장한다.

대개의 민족지 기록은 서로 유사한 형식을 따랐다. 일반적으로 지역의 토지와 기후를 소개하는 것으로 시작된다. 그 후 농산물과 광물 자원에 대한 정보가 이어지며, 해당 지역 주민의 기원, 외모, 사회 제도에 대한 설명이 뒤따른다. 가옥의 형태, 혼인 관습, 종교, 교육, 전쟁과 같은 사회적 특징도 다룬다. 당시 사회에 대한 일종의 문화적 포착이다.[14] 예를 들어 플리니우스는 스키타이인이 사는 곳을 넘어 아시아 북부, 즉 리파이안 산맥(Riphaean mountains)을 지나야 만날 수 있다고 알려진 아림파에이인

(Arimphaei)에 관해서 이렇게 묘사한다.

> 그들은 숲에서 살며, 나무 열매를 먹고 산다. 긴 머리를 하는 것은 여성이나 남성 모두에게 부끄러운 일로 여겨진다. 관습은 온화한 편이며, 야만스러운 이웃 부족에게도 신성하고 올바른 사람으로 여겨진다. 같은 부족민뿐만 아니라 다른 곳에서 피신을 해온 이방인들에게도 마찬가지로 친절하고 관용적이다.

그러나 민족지 서술은 관찰된 사실을 넘어설 때도 많았으며, 상당수의 민족지는 오랜 전승과 이야기를 반복적으로 인용하는 경향이 있었다.• 이러한 기록의 저자들은 직접 현지를 방문하거나 현지인을 만나지 않고, 기존 문헌이나 전해들은 이야기를 기반으로 민족지를 작성하곤 했다. 그리스와 로마가 식민지를 확장하고 무역이 상당히 활성화되었음에도, 정확하지 않은 이야기가 확고부동한 진실로 자리 잡아, 설령 새롭게 관찰된 사실이 있다 해도 쉽사리 교정되지 않았다.[14]

예를 들어, 플리니우스는 중국인을 키가 크고, 붉은 머리카락과 파란

• 흥미롭게도 중국 고대 지리·신화서인 『산해경(山海經)』에도 이와 비슷한 내용이 발견된다. 예를 들어 〈해외남경(海外南經)〉 편에는 '삼수국(三首國)은 그곳의 동쪽에 있으니, 그 사람들은 머리가 세 개이고, 팔이 하나이며, 겨드랑이 부분에 붙어 있으며, 눈도 하나뿐이다'라고 하거나, 〈해내북경(海內北經)〉 편에는 '흑치국(黑齒國)은 서북쪽에 있다. 그 사람들은 키가 크고 피부가 검으며, 이도 검다'라고 하며, 〈해외동경(海外東經)〉 편에는 '일목민(一目民)은 그 남쪽에 위치하고, 그들은 눈이 하나뿐이며 움직임이 매우 적다'라고 적고 있다. 이 밖에 팔이 하나인 일비민(一臂民), 사람 얼굴을 한 새인 인면조(人面鳥), 다리가 유난히 길어서 매우 빨리 달리는 장고민(長股民), 눈이 세 개 달려 백 리 밖을 보는 삼목인(三目人), 깃털(날개)을 두르며 바다를 날아 건널 수 있는 사람이 사는 우국(羽國), 개 머리를 지닌 견수인(犬首人) 등의 이야기가 있다. 『산해경』에 관해서는 다음을 참고하기 바란다. 전발평, 예태일 저; 김영지, 서경호 역. 『산해경』. 서울: 안티쿠스; 2008.

눈을 가진 사람으로 묘사했고, 스키타이인, 켈트족, 독일인과 동일한 집단에 속한다고 했다. 또 다른 사례로, 헤로도토스는 인도의 인더스강 근처 산악 지역에 개의 머리를 가진 시노세팔리족(cynocephali)이 살고 있다고 전했다. 이들은 짐승의 가죽으로 만든 옷을 입고, 서로 짖으며 의사소통을 하며, 개보다 큰 이빨과 길고 구부러진 손톱을 가진 종족으로 묘사되었다. 이러한 터무니없는 민족지는 교정되지 않고 오래도록 확대 재생산되었다.[14,17]

그러나 플리니우스는 인간과 동물을 다른 방식으로 기술했고, 어떤 민족이 더 문명화되었거나 야만적이라는 주관적 평가도 거의 하지 않았다. 인종학적 내용은 간헐적으로 나타나며, 이러한 내용 사이에 특별한 순서나 연결이 표시되어 있지 않다. 다양한 인종과 그들의 풍습에 대한 설명이 책 곳곳에 산발적으로 등장한다. 인류의 여러 분류 체계를 묘사하긴 하지만 실제로는 제대로 적용하지 않았고, 심지어 특정 인종을 동물에 비유하기도 하였다.[14]

한편, 제7권에서 플리니우스는 인간의 '관습과 풍습'을 자세히 다루지 않겠다고 분명히 밝혔는데, 그 이유는 '관습이 사람의 집단 수만큼이나 많기 때문'이라고 설명했다. 인간 집단을 특정 문화적 구별이나 등급에 따라 나누기보다는, 각 사회의 고유성을 인정하려 했다. 다시 말해서 야만인이라는 개념을 문화적 차별을 위해 동원하지 않은 것이다.[22] 그래서 소위 '정상 종족'과 '괴물 종족'에 대해서만 기술한다. 그 중간은 없다. 그에게 인간은 모두 인간이고, 동물은 모두 동물이다. 인간을 문명인과 야만인으로 나눈 것이 아니라, 일부 종족을 특이한 신체를 가진 괴물로 기술한 것이 플리니우스의 독특한 관점이다.

앞서 말한 대로 플리니우스는 스토아 철학을 따랐으며, 이런 시각에서 자연에 존재하는 모든 것이 목적을 가지고 있다고 믿었다. 즉, 자연에 속한 모든 것이 필요하고 중요한 역할을 하며, 과학자는 경이로운 것뿐만 아니라 가장 평범한 것에서도 그 목적을 찾아야 한다고 생각했다. 그리하여 괴물이나 기이한 생명체뿐만 아니라, 우리가 일상적으로 접하는 작은 동식물에도 관심을 기울였다. 그는 자연의 모든 요소가 서로 연결되어 있으며, 그 어떤 것도 불필요하지 않다고 보았다.[23]

하지만 이른바 괴물 종족에 관한 언급은 일견 매우 괴이하다. 인도와 에티오피아에는 동물에 가까운 괴물 같은 종족이 산다고 언급했고, 이는 오래도록 유럽 사회에서 아프리카인과 아시아인에 관한 신비한 기대를 불러일으키는 원인이 되었다. 지구의 대척점에 살고 있다고 하는 발의 앞뒤가 반대인 사람들(antipodes)이나 남성과 여성이 한 몸에 있는 아프리카의 한 부족(androgini), 불을 만져도 아무렇지도 않은 인도의 종족(abarimon), 개의 머리를 한 인도의 사람들(cynocephali), 이미 늙은 상태로 태어나는 부족(macrobii), 커다란 한쪽 다리로 몸을 가리는 인도의 부족(sciopodes), 어깨에 눈이 있는 사람(blemmyae), 입이 없는 부족(astomi)이나 두루미와 싸우는 소인족(pygmaei), 130살이나 200살을 사는 중국의 부족(seres), 흰 머리로 태어나 늙으면서 검은 머리가 되는 부족(pandae) 등 문화적 우열보다는 기이한 생물학적 특징에 기반한 여러 종족에 관해 기술하고 있다.[17]

> 이 산맥에는 개의 머리를 가진 사람들이 살고 있다. 이들은 야생 짐승의 가죽을 입고 말 대신 개처럼 짖으며 소통한다. 이빨은 개의 것보다 크고, 발톱은 개의 것과 비슷하지만 더 길고 휘어 있다. 이들은 인더스강까

지 산맥에서 거주한다. 검은 피부를 가지고 있으며, 다른 인도인들처럼 매우 공정하다. 인도인들이 말하는 것을 이해할 수 있지만, 그들 자신은 말을 할 수 없다. 대신, 짖는 소리와 손짓, 손가락 신호로 소통한다. 인도인들은 그들을 칼리스트리라고 부르는데, 이는 그리스어로 '개 머리'를 뜻하는 시노세팔리(cynocephali)라는 말이다.

세레스인은 인간보다 훨씬 큰 키를 가지고 있다. 머리카락은 황금빛 붉은색이고, 눈동자는 푸르며, 목소리는 거칠다. 그들은 상인들과 말을 주고받지 않는다. 나머지 세부 사항은 로마의 상인들이 말하는 것과 일치한다. 강의 건너편에서 상인들은 판매할 상품 옆에 자신들의 요구 조건(교환을 원하는 물품 등)을 적어 놓고 물러선다. 그러면 세레스인들은 이 제안이 마음에 들면, 아무 말 없어 그것을 받아가며 거래를 성사시킨다. (만약 마음에 들지 않으면 물건을 그대로 두고 떠난다.)

아마도 이러한 기술은 구전 오류에 의한 것으로 보인다. 개의 머리를 한 종족은 비비(baboons), 즉 개코원숭이인 것으로 보이며, 머리 위까지 올린 복장을 한 사람을 보고 어깨에 눈이 있다고 했을지도 모른다. 한 발로 몸을 가리는 부족은 요가 자세를 취한 인도인일 수도 있다. 인간의 상반신과 염소 또는 말의 하반신을 가진 존재인 사티로스(satyr)는 아마 영장류의 일종일 것이다. 하지만 대 플리니우스의 터무니없는 기술이 이러한 괴물 같은 종족에 관한 대중적 전설이 오래도록, 심지어 지금까지도 어느 정도는 지속되는 근본 원인은 아닐 것이다. 외부 종족에 관한 인간의 보편적인 심리적 두려움이 더 중요한 원인이다. 이에 더해서 상상력, 그리

고 와전된 경험담과 만나 그럴듯한 추측으로, 그리고 강력한 집단적 믿음으로 굳어졌을 것이다.[14,24]

사실 외부 종족에 대한 상상의 기록은 플리니우스 이전부터 오랫동안 존재해왔다. 기원전 4세기 페르시아 궁정에서 일했던 의사 크테시아스(Ktesias, 기원전 5세기경)는 『인디카(Indica)』에서 한 발만 가지고 있는 종족에 대해 기록했다. 이들은 두 발 달린 생물보다 더 빨리 이동할 수 있으며 심지어 비가 오거나 태양을 피할 때 큰 발을 마치 우산처럼 사용했다고 한다.[25] 플리니우스도 이러한 이야기를 인용한 것으로 보인다. 참고로 크테시아스는 아케메네스 제국의 왕 아르타크세르크세스 2세(Artaxerxes II, 기원전 436~358)* 밑에서 의사로 일하며 여러 책을 저술한 인물이다. 『인디카(Indica)』와 『페르시카(Persica)』 제하의 책을 썼다. 전자는 인도의 기이한 생물과 지리를 담고 있는 책이며, 후자는 아시리아와 바빌로니아의 역사를 다룬 책인데, 지금은 일부만 전한다.[26] 한편, 바빌로니아의 왕 셀레우코스 1세의 대사이자 역사가였던 메가스테네스(Megasthenes, 약 기원전 290년경 사망)는 기원전 4세기 말과 3세기 초에 인도 찬드라굽타 마우리아 왕국의 궁정에 머물며 여러 기록을 남겼다.[27] 『인디카(Indica)』라는 책에서 메가스테네스는 매우 긴 수명을 자랑하는 히보리안스(Hyborians)와 코가 없는 종족에 대해 기록한 적도 있었다.[25] 앞서 말한 크테시아스의 책과 이름이 같다. 역시 지금은 전해지지 않는다.

중세 이후 괴물 종족에 관한 신학적 논쟁이 이어졌다. 사실 성서에도 이들의 존재를 암시하는 구절이 있다. 창세기에는 거인 종족의 이야기가,

---

* 성경에 등장하는 에스더의 남편, 아하수에로스 왕과 동일인물이다. 참고로 왕의 고위 관리가 유대인을 모조리 죽이려고 하자, 에스더의 용기로 이를 막아내었다.

이사야서에는 털 많은 인간에 관한 이야기가 실려 있다.• 기독교 신학자이자 철학자 성 아우구스티누스(Augustine of Hippo, 354~430)••는 『하나님의 도성(De Civitate Dei contra Paganos)』에서 이들은 인간이 아닐 수도 있고, 만약 인간이라면 아담의 후손이라고 생각했다. 해당 작품은 하느님의 도성과 세속적인 도성의 대조를 통해, 로마 제국의 몰락과 기독교 신앙의 관계를 다루고 있다.[28]

일부 중세 학자는 악마가 이교도의 영혼을 타락시켜서 외모가 변형된 것으로 생각했다. 12세기부터는 동방의 부유한 기독교 왕국을 지배하는 프레스터 존(Prester John) 신화•••가 대중적으로 널리 퍼지며, 그 왕국에 살고 있다는 기괴한 괴물에 대한 믿음이 더욱 강화되었다. 이 신화에 관한 첫 번째 언급은 1165년경부터 유럽의 군주들에게 보내진 것으로 알려진 한 편지에서 비롯되었는데, 초기에는 인도나 중앙아시아로, 그리고 이후에는 에티오피아로 간주되었다. 이슬람 세력을 견제하려던 유럽 군주는 이 왕국을 찾기 위해 많은 탐험가를 보냈으나 모두 실패했다.[25]

보편적 인간성에 대한 믿음은 오랜 시간 동안 인류 문명의 핵심적 개념

• "당시에 땅에는 네피림이 있었고 그 후에도 하나님의 아들들이 사람의 딸들에게로 들어와 자식을 낳았으니 그들은 용사라 고대에 명성이 있는 사람들이었더라."(창세기 6:4, 개역개정), "거기서 네피림 후손인 아낙 자손의 거인들을 보았나니 우리는 스스로 보기에도 메뚜기 같으니 그들이 보기에도 그와 같았을 것이니라."(민수기 13:33, 개역개정), "오직 들짐승들이 거기에 엎드리고 부르짖는 짐승이 그들의 가옥에 가득하며 타조가 거기에 깃들이며 들양이 거기에서 뛸 것이요."(이사야 13:21, 개역개정). 마지막 구절에서 '들양'은 KJV판 성경에서 '사티로스(satyrs)'로 표현된다. 주류 가설은 아니지만, 이 짐승이 개코원숭이일 것으로 추정한 주장도 있었는데, 근거는 찾을 수 없었다(Easton MG. *Illustrated Bible Dictionary*. 3rd ed. Edinburgh: Thomas Nelson; 1897).

•• 초기에는 마니교와 신플라톤주의에 영향을 받았으나, 기독교로 개종 후 신학과 철학을 새롭게 발전시켰다. 히포 레지우스(Hippo Regius)라는 도시에 살았다.

••• 중세 유럽에 전해지던 전설적인 기독교 국가의 왕이다. 인도, 중앙아시아, 혹은 에티오피아 등에서 거대한 영토와 막대한 부를 가진 기독교 왕국의 지배자로 전한다.

으로 자리 잡았다. 이는 모든 인간이 공유하는 공통된 본성 및 가치를 포함하는 개념으로, 인간 사회의 보편적 가치를 강조한다. 그러나 이러한 보편성이 균열되거나 와해되었을 때 발생하는 기형적 상태에 대한 두려움은, 이민족에 대한 기괴한 상상을 뒷받침하는 원동력으로 작용해 왔다. 특히 고대와 중세 유럽 사회에서 낯선 이를 비인간적이고 기형적인 존재로 묘사하는 경향은 어떤 근원적 공포에서 나온 것이다.

프랑스의 역사학자 프랑수아 아르토(François Hartog)는 '타인(the Other)'이라는 범주가 이미 고향이라는 범주를 바탕으로 대립적으로 형성되며, 따라서 로마의 다양한 인류학적 묘사는 로마인의 관점을 통해서 표현된 것이라고 주장한다.[29] 플리니우스는 이민족을 문화적 우열로 평가하는 것을 자제하려 했지만, 의도와 달리 다양한 종족의 기이한 신체적 형질을 기록함으로써 결과적으로 신체적 극단성에 대한 두려움을 자극하였다. 다시 말해 특이한 신체적 특징을 기술함으로써 종족 간 우열을 나누었던 것이다. 이로 인해 인간 사이의 신체적 차이는 여러 종족을 서열화하는 도구로 이용되기도 하였다.

▣

대 플리니우스가 『박물지』에서 광범위하게 수집·정리한 지식은 고대 그리스-로마 시기의 민족지 전통을 대규모로 결집한 결과였다. 한편, 그는 이민족이나 괴이한 종족을 주관적 '우열' 판단 없이 소개하려 했지만, 기괴한 외형 묘사나 전설 속 존재를 자세히 언급함으로써 낯선 타자에 대한 불안과 호기심을 동시에 자극했다. 『박물지』는 이후 중세 유럽 지식인 사회에서 오래도록 표준 참고서로 쓰이며, 자연사와 인류에 대한 무수한 통념과 신화를 고착시키는 동시에, 르네상스와 근대에 이르기까지 인간 다양성에 관한 관심과 연구를 계승·발전시키는 기반이 되었다.

3. 갈렌

클라우디우스 갈레노스(Κλαύδιος Γαληνός, Claudius Galenus), 즉 갈렌(Galen)은 서양 의학의 역사에서 매우 중요한 위치를 차지하는 인물이다.* 로마 제국이 지배하던 2세기 그리스 출신의 의사로, 의학적 이론을 체계화하는 데 큰 공헌을 했다. '클라우디우스'는 로마식 씨족 명이고, '갈레노스'는 그리스어 이름으로 보인다. 중세 내내 그의 이름은 자주 언급되었는데, 흔히 '갈렌'으로 줄여 불렸다. 어린 시절 소아시아에 있는 학문의 중심지 페르가몬(Pergamon)에서 태어나 플라톤주의와 페리파테스학파, 스토아학파, 에피쿠로스학파의 여러 학문을 공부하다가, 16세경 의학으로 진로를 바꾸어 로마와 알렉산드리아 등에서 활동했다. 철학자이자 의사이며, 당대 최고의 과학자로 12개의 뇌 신경 중 7개를 발견했고, 동맥이 혈액을 운반한다는 사실을 밝혔고, 심장의 판막을 설명했으며, 신경이 정보를 전달한다는 사실을 기술한 인물이다.[30]

체액설 외에도 해부학, 외과학, 심리학 등에 큰 영향을 미쳤다. 갈렌은 뇌가 신경계의 중심이며, 특히 운동과 감각 기능을 조절한다고 주장했다. 이는 당시 일반적으로 심장이 신경 기능을 담당한다는 믿음과는 상반된

---

* 그리스어로는 갈레노스, 라틴어로는 갈레누스, 영어로는 갈렌이다. 여기서는 대개 갈렌으로 통칭했다.

견해였다. 한편, 갈렌은 뛰어난 외과 의사로서 복잡한 외과 수술을 수행할 수 있었고, 부상, 골절 치료, 탈구 교정 등 다양한 수술 기법을 개발했다. 그의 외과적 기술은 특히 전장에서의 외상 치료에 매우 유용하게 적용되었다.[31-35]

갈렌의 의학적 업적은 1300년 넘게 서양 의학에 막대한 영향을 미쳤다. 갈렌의 가장 큰 업적은 바로 체액설이다. 히포크라테스가 제안한 네 가지 체액, 즉 혈액, 점액, 황담즙, 흑담즙이 신체의 균형과 건강을 유지하는 데 중요한 역할을 한다고 보았다. 히포크라테스의 주장을 발전시켜 체액 불균형이 질병을 일으킨다고 설명한 갈렌의 기질 이론은 중세부터 르네상스에 이르기까지 의학적 패러다임을 형성하는 데 크게 기여했다.[31] 한편, 갈렌은 체액이 감정과 성격에도 큰 영향을 미친다고 주장함으로써 신체적 건강과 정신적 건강 사이의 깊은 연관성을 강조했다. 이를테면, 혈액이 많으면 사람을 낙천적으로 만들고, 흑담즙이 많으면 우울하게 만든다는 식이다. 이처럼 체액의 상태가 성격과 감정에 영향을 미친다는 갈렌의 이론은 후에 성격 이론의 기초가 되었으며, 이는 중세를 지나 심지어 근대 초기까지 이어졌다.[31]

흥미롭게도 당시 로마에서는 인간 해부가 매우 어려웠으므로, 갈렌은 주로 바르바리원숭이(Barbary ape, *Macaca sylvanus*)를 해부하여 인간의 신체구조를 연구했다. 영장목(Primates) 구세계원숭잇과(Cercopithecidae)에 속하는 바르바리원숭이는 지금도 지브롤터에 서식하고 있다. 앞서 말한 아리스토텔레스의 『동물사』에 처음 등장한다. 사람의 팔과 닮았지만, 털이 뒤덮여 있고, 크고 손처럼 생긴 발, 그리고 아주 작은 꼬리를 가졌다고 기술하고 있다.[36] 실제로 바르바리원숭이는 인간과 매우 닮은 근골격 구조로 되어 있으며, 사람과 유사한 팔과 손을 가지고 있다. 게다가 꼬리가 짧거나 거의 없다는 점에서 다른 원숭이와 다르다. 알렉산드리아에서 시체 해부를 허가받지 못한• 갈렌은 바르바리원숭이가 인간과 닮았다고 생각했기 때문에 주로 이를 해부했다.[32] 갈렌은 인체와 유사한 영장류의 신체를 통해 인간의 장기와 기능을 이해하려 했다. 어떤 의미에서는 최초의 영장류 인류학자다.

갈렌은 기본적으로 자연의 모든 부분이 특정한 목적을 지닌다고 믿는 목적론적 관점을 갖고 있었다. 신체의 각 기관이 고유한 기능을 가지고 있으며, 이러한 기능적 질서는 신성한 계획의 일부라고 보았다. 종종 갈렌은 공개 해부를 하곤 했는데, 이는 지식을 널리 알리는 것뿐만 아니라, 해부 과정을 통해 자연의 신성한 질서를 증명하려는 목적도 있었다.[33]

한편 갈렌은 플라톤과 마찬가지로 마음이 이성(rational part)과 영(spiritual part), 그리고 욕구(appetitive part) 이렇게 세 부분으로 구성된다고 제안하면서 각각의 기능이 신체의 특정 기관과 연결되어 있다고 보았다. 이성은 뇌가, 영은 심장이, 그리고 욕구는 간에서 지배한다고 믿었다. 이러한 기능 국재화는 지금으로서는 터무니없지만, 당시로서는 혁신적인 생각이었다.

갈렌은 뇌가 이성의 중심이라고 주장했으며, 특히 감각 정보의 처리와 생각을 담당하는 기관으로 보았다. 이성은 인간의 사고, 지식, 기억, 상상력을 조절하는 핵심적 역할을 한다. 뇌는 신경계를 통해 온몸의 기능을 조절하는데, 이 과정에서 '정신의 프네우마(psychic pneuma)'가 중요한 역할을

• 로마는 기원전 150년경부터 인체 해부를 금지하고 있었다. 흥미롭게도 바르바리원숭이는 북아프리카 북부 해안 지역을 뜻하는 지명에서 기원하는데, 이 지명의 기원은 바르바로스, 즉 야만인이다.

한다고 생각했다. 프네우마는 신체를 움직이고 정신적 활동을 가능하게 하는 생명의 기운이다. 반면에 감정과 의지, 즉 '영'의 기능은 심장이 담당한다. 갈렌에 따르면 심장은 생명의 에너지를 공급하는 중심이며, 용기나 분노, 의지 같은 감정은 뇌가 아닌 심장에서 비롯된다.[37]

특히 심장은 '생명의 프네우마(vital pneuma)'가 존재하는 곳으로, 심장에서 발생하는 에너지가 전신으로 퍼져 생명 활동을 유지한다고 설명하였다. 이 개념은 심장이 감정을 지배한다는 플라톤과 아리스토텔레스의 오래된 철학적 전통을 이어받은 것이다.

반면 욕구와 관련된 기능은 간에서 비롯된다.[38] 간은 신체의 주요 대사기관으로, 성장과 생존, 그리고 쾌락과 즐거움 같은 본능적 욕구가 간에서 조절된다. 갈렌은 음식 섭취 등의 생리적 필요뿐만 아니라, 성적 욕구 등의 쾌락적 활동 역시 간의 기능과 밀접하게 관련되어 있다고 믿었다.

다시 말해 상상이나 기억, 지식, 생각, 감각 등은 이성(뇌)이 담당하고, 성장과 생존 등의 기능은 영(심장)이 담당한다. 즐거움, 쾌락 등은 생명력을 담당하는 욕구(간)가 맡는다. 그리고 이러한 작용의 통합을 프네우마가 담당한다는 것이다.[38]

갈렌의 가장 중요한 업적은 바로 기질 이론(temperament theory)이다. '기질'은 '섞는다'라는 의미의 라틴어 'temperare'에서 유래하는데, 갈렌은 이를 바탕으로 인간 신체와 심리의 작동 원리를 설명하고자 했다. 히포크라테스의 체액설(humorism)을 발전시켜 정립한 기질 이론은 저서 『체질에 관하여(De temperamentis)』에서 자세히 살펴볼 수 있다.[39]

기질 이론에 따르면 혈액은 간에서 생성된다. 음식을 소화하면서 간이 피를 만들어 전신으로 보내는 것이다. 따라서 혈액은 따뜻하고 축축하며 활기 넘치는 성질이 있다. 기운이 넘치면 얼굴이 붉어지는 현상이 그 증거이다. 하지만 너무 과도하면 열이 나거나 염증이 날 수 있다. 황담즙은 간에서 생성되는 담즙(bile)이다. 이른바 쓸개즙이다. 담즙은 소화 과정에서 중요한 역할을 하는데, 특히 지방 분해에 필수적이다. 갈렌은 열이 나거나 염증이 있으면 피부가 노랗게 변하는 현상을 보고 황담즙(yellow bile)이 과도해서 생기는 일이라고 생각했다. 흑담즙(black bile)은 비장에서 생성되는데, 비장은 혈액을 저장하거나 노폐물을 처리하는 역할을 역할을 한다. 흑담즙은 실제 관찰이 아니라 상상의 개념으로 판단되는데, 갈렌은 우울하고 무기력한 사람이 흑색의 변을 보거나 소화를 잘 시키지 못하는 증상의 원인을 흑담즙으로 생각했다. 점액(phlegm)은 주로 뇌와 호흡기 계통에서 생성된다. 갈렌에 따르면 겨울철에는 차갑고 축축한 기후 때문에 점액의 분비가 증가하는데, 점액은 체온을 낮추는 역할을 한다. 갈렌은 이 네 가지 체액이 균형(eucrasia)을 이룰 때 건강하고, 불균형(dyscrasia)은 질병을 낳는다고 보았는데,[32] 이미 히포크라테스는 『인간의 본질에 대하여(on the Nature of Man)』에서 이렇게 말한 바 있다.[40]

> 사람의 몸은 그 자체 속에 피와 점액과 황담즙과 흑담즙을 갖고 있으며, 이것들이 사람의 몸의 본질이고, 이것들로 인해 사람은 고통을 겪고 건강을 누린다. 그것들은 서로 힘이나 양에 있어 적도에 맞는 상태에 있고 최대한 섞이면 최대한 건강을 누린다. 하지만 이들 가운데 어떤 것이 더 적거나 더 많거나 혹은 몸속에서 다른 모든 요소와 혼합되지 못하고 분리되거나 하면 고통을 겪는다. 왜냐하면, 그것 가운데 어떤 것이 분리되어 단독으로 있게 될 때는 그것이 빠져나간 부분에 병이 날 뿐 아니라,

그것이 한꺼번에 몰려들어 자리 잡는 부분에도 과도하게 채워져서 통증과 고통이 초래될 수밖에 없기 때문이다. 그리고 어떤 체액이 감내할 수 있는 양을 넘어서 몸 밖으로 흘러나가게 되면 통증이 뒤따른다. 다른 한편, 그것이 몸속에 비워지거나 위치가 달라지거나, 다른 것과 분리되면, 앞서 언급한 것처럼 사람에게 이중의 통증을 초래한다. 그것이 빠져나간 부분과 그것이 넘치는 부분 때문에 말이다.

기질 이론의 원형은 고대 메소포타미아에서 시작되었을 가능성이 크다. 메소포타미아 문명은 신체 내부의 액체 상태가 건강과 질병을 좌우한다는 개념을 발전시켰으며, 이러한 사고방식은 이후 그리스 의학에 큰 영향을 미쳤을 것으로 보인다. 메소포타미아 의학 문헌에서 신체의 냉기, 열기, 건조함, 습기 등의 상태가 건강에 중요한 역할을 한다고 서술된 부분은 그리스 의학에서 체계화된 체액설(humorism)의 사상적 기초인지도 모른다. 아무튼, 네 가지 체액에 관해 의학적 이론을 분명하게 제시한 인물은 히포크라테스이며, 이를 확고하게 발전시켜 다양한 진단과 처방으로 펼쳐낸 인물은 갈렌이다.[41]

갈렌은 체액이 신체 내부에서 생성된다고 했지만, 그 생성과 유지에 영향을 미치는 중요한 외부 요인이 있다고 보았다. 특히 식단, 지리적 환경, 그리고 기후가 체액의 균형에 중요한 역할을 한다고 주장했다. 예를 들어, 특정한 기후나 환경에서 사람들이 경험하는 체액 불균형은 건강에 영향을 미친다는 것이다.

이러한 이론을 바탕으로, 갈렌은 계절에 맞는 행동 요법과 식단 처방, 그리고 사혈(phlebotomy) 같은 치료법을 권장했다. 사혈은 특히 혈액이 과도할 때 이를 제거하여 체액 균형을 유지하는 방법으로, 건강을 관리하기 위한 중요한 처방이었다. 환자의 체질, 나이, 성별, 그리고 질병의 종류에 따라 다양한 방식으로 해석되었다. 예를 들어, 열성 질환의 경우 갈렌은 혈액이 과다하게 생성된 상태로 보았다. 종종 환자의 맥박을 측정하여 사혈의 필요성을 판단했으며, 맥박의 강도와 속도에 따라 사혈량과 사혈 부위를 결정했다.[42]

식단과 약물 처방은 이보다는 좀 상식적이다. 예를 들어, 혈액이 과다한 사람에게는 차가운 성질의 음식, 즉 점액질을 늘리는 음식을 권장했으며, 흑담즙이 많은 사람에게는 가벼운 음식을 통해 담즙을 감소시키려 했다. 황담즙이 과다한 경우에는 쓴맛을 지닌 약초를 사용하여 이를 줄이려 했고, 점액이 과다한 경우에는 뜨거운 성질의 약물로 점액의 양을 줄이려 했다.[42]

정리하면 다음과 같다. 덥거나 차가운 두 성질과 마르거나 축축한 두 성질의 조합을 통해서, 뜨겁고 마른 불, 뜨겁고 축축한 공기, 차갑고 축축한 물, 차갑고 마른 땅의 네 요소가 나타난다. 불은 황담즙, 공기는 혈액, 물은 점액, 흙은 흑담즙과 연결된다. 또한, 각각은 담낭, 심장, 뇌, 지라에서 만들어지며, 여름, 봄, 겨울, 가을의 기후에 연결된다. 이는 다혈질(sanguine), 황담즙질(choleric), 흑담즙질(melancholic), 점액질(phlegmatic) 기질로 이어진다.[43,44] 이를 행동 다양성 측면에서 자세하게 살펴보자.

다혈질의 사람들은 혈액이 지배적인 체액이다. 대개 활기차고 낙천적인 성격이며, 에너지 넘치는 삶을 살아간다. 또한 새로운 경험을 좋아하고, 외향적이며 사교성이 뛰어나 다른 사람들과 쉽게 관계를 형성한다. 그러나 동시에 충동적일 수 있으며, 상황을 깊게 고민하기보다는 즉흥적으로 행동할 때가 많다. 현대 심리학에서 말하는 외향성(extraversion)과 유사하다.

담즙질은 황담즙이 많으며, 열정적이고 목표 지향적인 성격이다. 이들은 자신의 목표를 향해 끊임없이 노력하고, 도전적인 상황에서도 쉽게 포기하지 않는다. 이러한 성향은 리더십에 강한 면모를 보여주며, 다른 사람들을 이끄는 역할을 맡는 경우가 많다. 그러나 그만큼 감정적으로 격렬할 수 있으며, 때때로 화를 내거나 공격적인 태도를 보일 수도 있다. 현대 심리학에서 말하는 성취동기(achievement motivation) 혹은 목표 지향성(goal orientation)과 유사하다.

우울질은 흑담즙이 주된 체액으로, 신중하고 분석적인 성향을 가진다. 이들은 사려 깊고 계획적이며, 모든 일을 깊이 고민하는 경향이 있다. 종종 내성적이고 감정 표현을 자제하며, 복잡한 감정을 잘 다루지만, 우울해질 가능성도 크다. 이들의 성격은 예술적 감수성과 연결되며, 깊이 있는 사고와 창의력을 보여준다. 현대 심리학에서 말하는 성찰적 성향(reflective personality) 혹은 분석적 사고(analytic thinking)와 유사하다.

점액질은 감정을 겉으로 잘 드러내지 않고, 항상 평온한 상태를 유지하려는 경향이 있다. 따라서 스트레스 상황에서도 크게 동요하지 않으며, 주변 사람들에게 안정감을 준다. 그러나 지나치게 수동적이거나 무기력해 보일 수 있으며, 자신을 표현하는 데 어려움을 겪을 때가 있다. 현대 심리학에서 말하는 정서적 안정성(emotional stability)에 가깝다.

간단히 말해서 다혈질은 적극적이고, 점액질은 수동적이고, 황담즙질은 주도적이고, 흑담즙질은 내성적이다.[44] 갈렌의 이론은 각 개인의 성격적 경향을 체액의 균형과 연결해 설명하면서, 그들의 건강 상태와 기질을

표 3 갈렌의 기질 이론에 따른 성격 유형과 체액의 관계

기질 유형	지배 체액	성격적 특성	요소	장기	계절
다혈질	혈액	· 활기차고 낙천적, 외향적이고 사교성 강함, 새로운 경험을 좋아하고 충동적일 수 있음. · 감정을 쉽게 표현하고, 즉흥적이며, 새로운 자극에 대해 강한 흥미를 보임. · 모험을 추구하고 변화에 민감하며, 도전을 두려워하지 않음. · 충동적 행동이나 자제력 부족으로 이어질 수 있으며, 장기적인 계획을 세우거나 집중하는 능력이 부족할 때도 있음. · 행동적 변동성이나 감정적 기복으로 이어질 수 있음.	공기	심장	봄
담즙질	황담즙	· 열정적이고 목표 지향적, 리더십 강함, 도전적인 상황에서도 포기하지 않음. · 자신의 목표를 이루기 위해 강한 추진력을 보이며, 다른 사람을 이끄는 역할을 잘 수행함. · 때때로 화를 내거나 공격적인 태도를 보일 수 있음. · 상황을 빨리 판단하고 빠르게 결정하는 성향이 있어 즉각적인 성과를 추구하지만, 때로는 참을성 부족으로 문제를 겪기도 함.	불	담낭	여름
흑담즙질	흑담즙	· 신중하고 분석적, 내성적이며 감정 표현 자제, 예술적 감수성, 깊이 있는 사고와 창의력을 보임. · 내향성과 연결되어 있으며, 종종 감정적으로 불안정하거나 우울감에 빠질 수 있음. · 사회적 관계를 쉽게 맺지 않으며, 타인의 평가에 민감한 경향. · 완벽주의적 경향을 보이며, 특히 실패에 대한 두려움이 커서 새로운 도전에 소극적일 수 있음.	흙	지라	가을
점액질	점액	· 평온하고 내성적, 스트레스 상황에서도 동요하지 않음. · 주변 사람들에게 안정감을 주고 신뢰받는 인물로 인정받음. · 지나치게 수동적일 수 있으며, 자기표현에 어려움이 있을 수 있음. · 도전적인 상황에서도 적극적으로 나서기보다는 상황을 관망하는 경향.	물	뇌	겨울

진단하는 데 중요한 역할을 했다. 갈렌의 기질 이론은 이후 중세와 르네상스 시대의 의학적 사고에 큰 영향을 미쳤다(〈표 3〉). 또한, 현대의 성격 이론이나 행동 심리학에도 상당한 영향을 주었다. 이에 대해서는 8장에서

자세히 다룬다.

한편, 중세 이슬람 세계에서 가장 중요한 의사이자 철학자 중 한 명인 아비센나(Avicenna 혹은 Ibn Sina 980~1037)•는 자신의 저서, 『의학정전(The Canon of Medicine)』에서 기질 이론을 더욱 확장하고 심화시켰다. 갈렌, 히포크라테스, 아리스토텔레스의 의학 이론을 종합하고 이를 체계화했다. 심지어 인도와 중국 의학의 요소도 포함하고 있다. 약물의 효능과 용량을 과학적으로 테스트하는 접근법을 제시함으로써 현대 의학에서 임상 시험의 틀을 마련하는 데 이바지하기도 했다. 총 다섯 권으로 구성된 『의학정전』은 병의 원인, 증상, 진단, 치료법 등을 상세히 다루며, 유럽과 이슬람 세계에서 수 세기 이상 의학 교과서로 사용되었다. 르네상스 시기에도 유럽 대학의 의학 커리큘럼에 큰 영향을 미쳤다.

아비센나는 네 가지 체액(혈액, 점액, 황담즙, 흑담즙)의 균형이 인간의 건강과 성격을 결정하는 핵심 요소라고 보았으나, 갈렌의 이론에 더해 환경적 요인과 생활 습관을 중요한 변수로 고려했다. 체액의 균형을 설명하면서 기후, 계절, 지리적 위치, 식단, 그리고 개인의 일상적 행동이 체질에 미치는 영향을 강조했다. 이를테면 더운 기후에서는 황담즙이 과도하게 생성되어 신체의 열이 증가하고, 이로 인해 체온과 관련된 질병이 발생할 수 있다는 것이다. 반대로, 추운 기후에서는 점액이 많이 생성되어 신체가 냉각되고, 사람들은 무기력하거나 수동적인 성향을 보일 가능성이 크다. 계절 변화에 따라서 여름철에는 황담즙이 증가하여 열성 질환을 일으키고, 겨울철에는 점액이 증가하여 감기 등 호흡기 질환이 발생한다고 설명

• 페르시아 출신으로 철학, 과학, 의학, 시 등 다양한 분야에서 활동한 학자로, 240편이 넘는 학문적 저작을 남겼다. 본명은 '이븐 시나'지만, 서구에는 흔히 '아비센나'로 알려져 있다.

했다.[45,46]

다시 갈렌으로 돌아오자. 갈렌은 정신과 육체를 구분할 수 없다고 생각했다. 몸과 마음이 서로 나뉜다는 주장은 예나 지금이나 널리 받아들여지는 속설인데, 갈렌은 이에 반대하여 영혼은 신체의 여러 부분이 결합하여 나타난다고 주장했다. 갈렌은 자신의 저작 『기질을 따르는 영혼의 성품(Quod animi mores corporis temperamenta sequantur)』에서 영혼이 물질적 기반이며, 몸의 혼합물로 구성되거나 이러한 혼합물에 의해 영향을 받는다고 생각했다. 물질주의자로서 갈렌은 심리적 능력이 신체 혼합물을 초월하는 것이 아니라고 하였다. 그러면서 물질적 혼합물에 따른 심리적 상태, 즉 영혼에 관해서 당시 기준으로는 탁월한 설명을 제시하고 있다.[34]

물질적 기반을 통해 정신적 형질, 즉 영혼이 나타난다는 주장은 이후 심신일원론으로 반복되었다.[47] 고대 그리스 철학자, 특히 스토아학파는 이미 감정과 인식이 신체 일부임을 주장하면서 초기 심신일원론 사상을 제시했는데, 이는 아리스토텔레스와 성 아우구스티누스 등 여러 학자에 의해 발전되었다. 특히 르네 데카르트(René Descartes, 1596~1650)의 이원론적 접근법에 대한 대립 개념으로써 계속 생명력을 가지며 지속하였다. 대표적으로 바뤼흐 스피노자(Baruch Spinoza, 1632~1677)는 데카르트의 몸과 마음에 관한 이분법을 거부하고, 정신과 물질을 하나의 실체의 두 속성으로 보았다.

이에 대해서 좀 더 자세하게 살펴보자. 스피노자에 따르면, 모든 실체는 신의 표현이며, 정신과 물질은 동일한 실체의 다른 속성이라고 할 수 있다. 스피노자는 『에티카(Ethics, Demonstrated in Geometrical Order)』•에서 실체

• 라틴어 제목은 *Ethica: Ordine Geometrico Demonstrata*이다.

(substance), 속성(attribute), 그리고 양태(mode)의 개념을 사용하여 모든 것이 하나의 실체인 '신'에서 파생된다고 설명하고 있다. 실체는 자기 원인(causa sui, self-cause), 즉 그 존재와 본질이 외부에 의존하지 않고 스스로 존재하는 것이다. 범신론(pantheism)의 핵심이다. 속성은 실체의 본질을 구성하는 것으로, 실체가 자신을 드러내는 방식을 말한다. 이는 둘로 나뉘는데, 하나는 정신적 활동으로서의 사유 혹은 영혼이며, 다른 하나는 물질적 측면의 연장으로서의 공간적 확장을 말한다. 양태는 실체의 구체적 표현이나 특정한 상태를 말한다. 예를 들어 나무는 연장의 형태로, 정신은 사유의 양태로 존재한다는 것이다.[48] 스피노자에게 이러한 양태는 신의 본질에 따른 필연적 현상이다. 이를 통해서 자연과 신이 동일한 것으로, 그리고 신은 초월적 존재라기보다는 자연의 내재적 존재•로 생각했다.[49]

또한, 마음이 이성, 영, 욕구의 세 부분으로 나뉜다는 갈렌의 주장은 동물적 영혼과 신적 영혼을 나누는 경향, 그리고 삼중 뇌 이론(triune brain theory)을 비롯하여 정신적 기능의 위계를 나누는 경향으로 이어졌다. 폴 D. 맥린(Paul D. MacLean, 1913~2007)••에 의해 제안된 삼중 뇌 이론에 따르면, 파충류 뇌(Reptilian brain, reptilian complex)는 생존과 본능을, 포유류 뇌(Mammalian brain, limbic system)는 감정과 사회적 교류를, 신피질(Neocortex, neural cortex)은 복잡한 사고와 결정을 담당한다.[50] 갈렌이 말한 영혼의 분할과 정서, 이성, 본능의 개념을 연결 짓는 현대적 해석이라고 할 수 있다. 삼중 뇌 이론을 곧이곧대

• 20세기에 들어서 신경과학의 발전과 함께 심리적 현상이 뇌의 물리적 과정과 어떻게 연결되는지에 대한 이해가 깊어지면서 심신일원론은 더욱 구체화되었다.

•• 주로 예일 의대와 국립 정신건강연구소(NIMH)에서 활동하며 생리학과 정신의학의 관점에서 뇌의 진화를 연구했다. 변연계(limbic system)라는 이름을 처음 도입한 인물이다. NIMH 산하 '뇌 진화와 행동연구소(Laboratory of Brain Evolution and Behavior)'의 소장을 장기간 역임했다.

로 받아들일 수는 없지만, 여전히 심리학, 신경과학, 그리고 진화생물학의 개념적 이해에 큰 영향을 미치고 있다.

한편, 갈렌의 기질론에서 이어진 성격유형론은 20세기 초에 칼 융에 의해 소개된 심리 유형론에 큰 영향을 미쳤다. 융은 갈렌의 이론을 현대적으로 재해석하여 성격을 사고, 감정, 감각, 직관의 네 가지 기능으로 나누었다. 또한, 이에 더해서 개인의 성향을 외향성과 내향성의 두 가지 주요 태도로 구분했다.[51] 이에 대해서는 7장에서 다시 자세하게 다룬다.

▣

갈렌은 히포크라테스의 체액설을 한층 더 체계화하면서, 인간 행동이 신체 내부의 체액 상태에 직접 좌우된다는 점을 강조했다. 혈액·황담즙·흑담즙·점액 이 네 가지 체액의 균형이 무너지면 성격적·정서적 반응, 나아가 행동 양상까지 달라진다고 주장했다. 이는 곧 '몸의 변동이 마음과 행동으로 드러난다'는 심신일원론적 관점을 뒷받침해, 중세에서 르네상스에 걸쳐 의학과 심리학이 '행동의 생물학적 기원'을 찾도록 이끈 핵심 토대가 되었다.

4. 요약

고대 그리스와 로마 시대의 학자들은 기후와 지리적 환경이 인간의 신체적, 정신적 형질에 미치는 영향을 연구하면서, 체질인류학적 사고를 발전시켰다. 히포크라테스는 기후와 인간의 건강 및 성격 간의 관계를 체계적으로 설명하였으며, 그의 체액설은 신체와 정신의 균형을 설명하는 이론적 기초가 되었다. 이 전통을 이어받은 갈렌은 네 가지 체액(혈액, 점액, 황담즙, 흑담즙)의 균형이 신체와 정신의 건강을 결정한다고 주장하고, 기후와 식단이 체액의 균형에 중요한 역할을 한다고 보았다. 갈렌은 체액의 불균형이 질병을 유발한다고 지적하면서 이를 조절하기 위한 다양한 치료법을 제시했다.

또한, 로마 시대에는 로마 제국의 다양한 민족과 문화를 연구하면서 스트라본과 플리니우스 같은 학자들이 지리적 환경과 인간 특성 간의 관계를 더 넓은 범위에서 연구하였다. 스트라본은 로마 제국의 광대한 지역을 탐구하며, 지리적 특성이 인간의 성격과 생활 방식에 미치는 영향을 설명하였고, 플리니우스는 『박물지』에서 다양한 인간과 동물의 신체적 특징을 기록하며, 자연환경이 신체적 특성과 어떻게 상호작용하는지를 기술했다. 이들 연구는 고대의 의학과 인류학의 기초가 되었고, 후대의 학문에도 깊은 영향을 미쳤다.

후주

1. Jouanna J. Water, health and disease in the Hippocratic treatise airs, waters, places. In: *Greek Medicine from Hippocrates to Galen*. Leiden: Brill; 2012. p. 155–72.

2. Roller DW. *Hellenistic Geography from Ephorus Through Strabo*. Oxford: Oxford University Press; 2018.

3. Clarke K. *Between geography and history: Hellenistic constructions of the Roman world*. Oxford: Oxford University Press; 2000.

4. Dueck D. *Strabo of Amasia: a Greek man of letters in Augustan Rome*. London: Routledge; 2002.

5. Frankopan P. *Strabo's Geography: A Translation for the Modern World*. Princeton: Princeton University Press; 2024.

6. Mitchell R. Strabo's Geographica: A Grand Tour of the Ancient World [Internet]. Ancient Origins Reconstructing the Story of Humanity's Past. Available from: https://www.ancient-origins.net/history-famous-people/strabo-greek-geographer-0020282

7. Rawlinson HC, Wilkinson JG. *The history of Herodotus*. London: D. Appleton & Co.; 1861.

8. Hamilton HC, Falconer W. *The geography of Strabo*. London: HG Bohn; 1854.

9. Simons M. Himalayas offer clue to legend of gold-digging "ants." *The New York Times*. 1996;25:A5.

10. Dueck D, Lindsay H, Pothecary S. *Strabo's cultural geography: the making of a kolossourgia*. Cambridge: Cambridge University Press; 2005.

11. Wallace-Hadrill A. Pliny the Elder and man's unnatural history. *Greece & Rome*. 1990;37(1):80–96.

12. French R. *Ancient natural history: histories of nature*. London: Routledge; 2005.

13. Beagon M. *Roman nature: the thought of Pliny the Elder*. Oxford: Oxford University Press; 1992.

14. Murphy T. *Pliny the Elder's Natural History: The Empire in the Encyclopedia*. Oxford: Oxford University Press; 2004.

15. Doody A. *Pliny's Encyclopedia: The Reception of the Natural History*. 1st ed. Cambridge: Cambridge University Press; 2010.

16. Pliny the Elder. *Natural History*, translated by H. Rackham. Cambridge, MA: Harvard University Press; 1967.

17. Pliny the Elder. *Natural History*, 10 volumes (Loeb Classical Library Edition). 1st ed. Cambridge, MA: Harvard University Press; 1938.

18. Tugby M. *Teleology* (Elements in Metaphysics series). Cambridge: Cambridge University Press; 2024.

19. Bellovacensis V. *Speculum historiale*. Hermannus Liechtenstein; 1965.

20. N/A. Albertus Magnus. In: *Encyclopaedia Britannica*.

21. Findlen P. *Possessing nature: museums, collecting, and scientific culture in early modern Italy*. Berkeley: Univ of California Press; 1994.

22. Gian B. Conte. *Genres and readers: Lucretius, love elegy, Pliny's Encyclopedia*. Baltimore: The Johns Hopkins University Press; 1994.

23. Friedman JB. *The monstrous races in medieval art and thought*. New York: Syracuse University Press; 2000.

24. Garland R. *The eye of the beholder: Deformity and disability in the Graeco–Roman world*. London: Bristol Classical Press; 2010.

25. de Waal Malefijt A. Homo monstrosus. *Sci Am*. 1968;219(4):112–9.

26. Bigwood JM. Ctesias' "Indica" and Photius. *Phoenix*. 1989;43(4):302–16.

27. Stoneman R. *Megasthenes' Indica: a new translation of the fragments with commentary*. Routledge; 2021.

28. Augustine of Hippo. *The city of God against the pagans* (*De Civitate Dei contra Paganos*, RW Dyson, trans.; Original work published 413–426). Cambridge: Cambridge University Press; 2013.

29. Hartog F. *The mirror of Herodotus: the representation of the other in the writing of history*. Berkeley, CA: Univ of California Press; 1988.

30. Penke L, Denissen JJA, Miller GF. The evolutionary genetics of personality. *Eur J Pers*. 2007;21(5):549–87.

31. Singer PN, Rosen RM. *The Oxford Handbook of Galen*. Oxford: Oxford University Press; 2024.

32. Hankinson RJ. *The Cambridge Companion to Galen*. Cambridge: Cambridge University Press; 2008.

33. Kornu K. Enchanted nature, dissected nature: the case of Galen's anatomical theology. *Theor Med Bioeth* 2018;39(6):453–71.

34. Marechal P. Galen's constitutive materialism. *Ancient Philosophy*. 2019;39(1):191–209.

35. Yeo I. The concept of disease in Galen. *Korean Journal of Medical History*. 2003;12(1):54–65.

36. Aristotle. *History of animals*. Cambridge, MA: Harvard University Press; 1991.

37. Ochs S. *A history of nerve functions: from animal spirits to molecular mechanisms*. Cambridge: Cambridge University Press; 2004.

38. Lloyd G. Pneuma between body and soul. *J R Anthropol Inst*. 2007;13:S135–46.

39. Kalachanis K, Michailidis IE. The Hippocratic view on humors and human temperament. *Eur J Soc Behav*. 2015;2(2):1–5.

40. 히포크라테스. 『히포크라테스 선집』. 여인석, 이기백 역. 파주: 나남; 2011.

41. Nutton V. *Ancient medicine*. London: Routledge; 2012.

42. Singer PN, Van der Eijk PJ, Tassinari P. *Galen: Works on Human Nature, Volume 1: Mixtures* (De Temperamentis). Cambridge: Cambridge University Press; 2019.

43. Kagan J. *Galen's prophecy: temperament in human nature*. London: Routledge; 2018.

44. Merenda PF. Toward a four-factor theory of temperament and/or personality. *J Pers Assess*. 1987;51(3):367–74.

45. Finger S. *Origins of neuroscience: a history of explorations into brain function*. Oxford: Oxford University Press; 2001.

46. Siraisi NG. *Avicenna in Renaissance Italy: the Canon and medical teaching in Italian universities after 1500*. Princeton, NJ: Princeton University Press; 2014.

47. Strawson G. Realistic monism: why physicalism entails panpsychism. *J Conscious Stud*. 2006;13(10–11):3–31.

48. Nadler S. *Spinoza: a life*. Cambridge: Cambridge University Press; 2018.

49. Spinoza B de. *The ethics* (Ethica ordine geometrico demonstrata). Paris: Aegitas; 2017.

50. MacLean PD. *The triune brain in evolution: role in paleocerebral functions*. New York: Plenum Press; 1990.

51. Jung CG. *Psychological types*. Princeton: Princeton University Press; 2010.

4. 중세 유럽:
성서 기반의 인간 다양성

하나님께서는 많고 다양한 창조물을 만드셨다. 하나의 창조물에서 나타나지 않은 신의 선함의 표현이 다른 창조물을 통해 보완되도록 하기 위함이다. 신에게는 하나이며 분할되지 않은 선함이 창조물에는 다양한 방식과 정도로 나타난다.
토마스 아퀴나스, 『신학대전』 제1부, 문제 47, 조항 1, 1265년~1274년

이 섬에는 다섯 민족, 즉 잉글랜드인, 브리튼인, 스코틀랜드인, 픽트인, 그리고 라틴인이 각자의 언어로 살아가고 있지만, 모두가 하나님의 진리 연구에 전념하고 있다.
성 베다 베네라빌리스(Beda Venerabilis, 672/3~735),•
『영국 교회사(Historia Ecclesiastica Gentis Anglorum)』 제1권, 제1장, 731년

• '영국 역사학의 아버지(The Father of English History)'로 불리는 수도사, 학자, 작가다. 7세 때 몽크웨어마우스 수도원에 보내져 교육을 받았으며, 거의 평생을 수도원에서 기도, 학문, 성경 연구, 글쓰기 등에 전념하였다.

◈

유럽의 중세는 고대 그리스와 로마의 학문적 유산을 이어받아, 이를 기독교 신학과 철학을 중심으로 재해석하고 발전시키는 중요한 시기였다. 특히 기독교 신앙이 학문적 사고에 깊이 스며들면서, 고대의 자연 철학과 지리학, 생물학적 지식은 새로운 신학적 틀 안에서 재구성되었다. 이 과정에서 성서에 의한 세계관과 고대 이교적 지식을 통합하려는 시도가 이루어졌다. 예를 들어, 아리스토텔레스의 자연 철학은 고대 로마와 이슬람 학자들에 의해 보존되어, 12세기 이후 르네상스에 이르러 유럽으로 다시 전파되었다.[1] 그러나 아리스토텔레스의 이론은 고대 그리스 철학이었으므로, 기독교 교리와의 충돌이 불가피했다. 중세 철학자들은 아리스토텔레스의 이론을 기독교 신학과 조화시키는 작업을 시도했다. 대표적으로 토마스 아퀴나스는 아리스토텔레스의 철학을 기독교 신학에 통합하여, 인간의 이성과 신앙이 조화롭게 공존할 수 있다는 '이성의 자율성'을 강조했다.[2]

한편, 플리니우스와 스트라본의 지리학적 저작은 당시의 유럽 학자에게 중요한 참고 자료였으나, 기독교적 세계관과 충돌했다. 중세의 학자들은 세계의 중심에 예루살렘을 두고 그 주변으로 자연 세계가 펼쳐진다는 식으로 고대의 지식에 기독교적 해석을 덧붙여, 지리학적 세계관을 조정했다. 특히 그리스 자연 철학에서 시작된 천문학과 생물학은 기독교 신학의 틀 안에서 해석되고 확장되었다. 이러한 과정을 통해 중세 유럽에서 자연 철학과 과학은 기독교적 세계관 안에서 독특한 발전을 이루었다.[3]

이 과정에서 중요한 역할을 한 인물 중 하나가 바로 이시도루스 히스팔렌시스다. 이시도루스의 저서 『어원학』은 중세 지식 체계의 대표적 산물로 평가되는데, 고대 로마와 그리스에서 발전된 다양한 학문적 전통을 중세적 관점으로 통합한 백과사전이다. 이 책은 단순히 고대의 지식을 모아둔 자료가 아니라, 기독교적 관점에서 재해석되고 재구성된 지식의 체계를 제시한 것이 특징이다. 이시도루스는 지리, 생물학, 인류학, 역사 등 다양한 분야의 지식을 종합하여, 중세적 세계관을 반영한 지식의 체계를 완성했다.[4]

특히 이시도루스는 인간과 자연 세계의 다양성을 기독교적 관점에서 설명하고자 했다. 지리적 구분을 통해 인류를 다양한 인종으로 나누었으며, 각 인종이 어떤 지역에 분포하고 있는지 설명했다. 여기에는 고대 그리스와 로마의 학문적 전통에서 기인한 지리적, 인종적 개념이 녹아 있으며, 동시에 구약성서에 나오는 인류의 기원과 확산에 대한 설명이 덧붙여졌다. 또한, 다양하고 기이한 인간과 생명체에 대한 묘사를 통해, 당시 중세 사회가 자연과 인간의 다양성을 어떻게 인식했는지를 잘 보여주고 있다. 다시 말해서 이시도루스는 고대 그리스와 로마의 인종적 구분 방식을 구약성서의 서사와 연결하여, 인류의 기원을 보다 신성한 차원에서 설명하려 하였다.

이 장에서는 『어원학』을 중심으로, 중세 시대의 지리와 인종에 관한 개념이 어떻게 형성되었는지, 그리고 이러한 개념이 고대 지식의 유산을 어떻게 수용하고 재해석했는지 살펴볼 것이다. 이시도루스가 고대의 학문적 전통을 어떻게 통합하여 중세적 지식 체계로 발전시켰는지, 그리고 그가 기술한 인종적 구분과 괴상한 생명체에 대한 묘사가 중세 유럽의 자연과 인간의 다양성에 대한 인식을 어떻게 형성했는지 알아보자.

1. 히스팔렌시스

이시도루스 히스팔렌시스(Isidorus Hispalensis, Isidoro de Sevilla)•는 6세기경 스페인 세비야의 대주교를 지낸 학자다. 이시도루스는 로마와 그리스 시대의 광범위한 학문적 유산을 수집하고 정리하는 데 큰 공헌을 했으며, 고대의 여러 책을 기반으로 어원 백과사전, 즉 『어원학』을 편찬했다. 이 책은 당시 알려진 거의 모든 학문 분야에 대한 보편적 정보를 기독교적 관점에서 집대성한 작품이다. 총 20권, 448장으로 구성되어 있으며, 어원, 지리, 생물학, 의학, 수학, 역사, 철학 등 다양한 주제를 다루고 있다. 이시도루스는 자신의 새로운 주장을 펼치기보다는 로마 시대부터 전승되던 여러 작

• 히스팔렌시스는 그가 활동했던 스페인의 세비야(Seville)를 라틴어로 나타낸 말이며, 이시도루스는 그리스어 Ἰσίδωρος(Isídōros)에서 유래한 이름으로 당시 흔히 쓰이던 이름이다. 백과사전을 펴낸 업적으로 인해, 1722년 교황 이노센트 13세는 그를 '교회의 박사(Doctor of the Church)'로 선포했다. 천주교에서는 건전한 인터넷 사용을 위해서 '이시도루스의 전구(轉求, intercession)를 청한다'고 할 때도 있다. 전구란, 천주교에서 성인을 부르며 청하는 중보, 즉 간접적인 기도를 말한다.

품을 간결하게 요약, 정리하는 작업에 충실했다.[5]

『어원학』은 중세 유럽에서 널리 읽힌 세속적 지식의 보고로, 중세 초기부터 후기에 이르기까지 광범위하게 활용되었다. 성서 다음으로 가장 많이 필사된 서적 중 하나로, 갈리아와 아일랜드를 포함한 유럽 전역에 퍼져 나갔으며, 중세 유럽의 지식 전파에 결정적인 역할을 했다. 현재까지도 약 천 개 이상의 사본이 남아있는 것으로 알려져 있다. 『어원학』은 각 주제에 대한 기존 지식을 체계적으로 요약·정리했으며, 고대 그리스와 로마의 지식을 중세 유럽의 사고 체계와 통합하는 데 중추적인 역할을 했다. 중세 학자에게 고전 학문 및 기독교적 학문 전통을 연결하는 가교이자, 필수 참고서로서 중세의 스콜라 철학 발전에 기초가 되었다.[4,6]

『어원학』의 주요 출처는 수백 편이 넘는 고전 자료다. 이 책은 단순히 어원에 관한 이야기를 다루는 것을 넘어서, 세상에 대한 다양한 지식을 집대성한 작품이다. 인문학에서 자연과학에 이르기까지 다양한 분야를 아우른다. 문법, 수사학, 변증법과 같은 언어 예술뿐만 아니라 수학, 기하학, 음악과 같은 수리 및 음악 이론도 포함한다. 천문학과 의학 부문에서는 당시 알려진 천체의 움직임과 인간 신체에 관한 지식을 상세하게 기술하고 있으며, 법률과 교회의 구조 및 기능에 대해서도 자세히 설명한다. 더 나아가 이시도루스는 신, 천사, 성인에 대한 종교적 설명부터 언어, 국가, 가족, 군사 등 사회 구조와 제도에 이르기까지 인간 사회의 다양한 측면을 조명한다. 이단 종파 등 종교적 분쟁뿐만 아니라, 동물, 우주, 지구, 건물, 도로 등 자연과 인간이 만든 환경에 관한 설명도 포함해, 그 시대의 지식과 문화를 종합적으로 반영하고 있다. 농업, 전쟁, 선박, 의복, 음식, 도구 등 일상생활에 필수적인 요소에 대한 설명도 포함되어 있어, 중세의 생활 방식과

기술, 그리고 자연물의 이용 방법에 대해 이해할 때 꼭 필요한 자료다.[4]

특히 로마의 여러 문헌이 자주 인용되는데, 로마의 시인이자 지리학자 베르길리우스(Publius Vergilius Maro, 기원전 70~19), 정치인이자 작가 키케로(Marcus Tullius Cicero, 기원전 106~43), 그리고 앞서 언급한 플리니우스 등이 상당히 빈번하게 언급된다.[•] 물론 이 책에는 그리스의 아리스토텔레스와 피타고라스(Pythagoras, 기원전 570~495)도 언급되어 있다.[4] 하지만 이 책의 주요 출처는 성서다. 『어원학』 전반에 걸쳐서 200번 이상 인용된다.[6]

▣

히스팔렌시스의 『어원학』은 고대의 지식과 기독교 신앙을 종합한 백과사전으로, 중세 유럽 학문의 중요한 참고서가 되었다. 성서와 고전 문헌을 바탕으로 인간의 보편성과 사회적 다양성을 체계화하며, 후에 서구 학문 발전의 기초를 마련했다. 그러면 중세 시대의 성서 중심 세계관을 집대성한 『어원학』을 기반으로 인간 보편성과 다양성에 관한 당시의 견해를 중점적으로 살펴보자.

2. 인간과 징조들

인간에 관해 다루고 있는 부분은 11권이다. 특히 11권 1부, "인간에 대해

• 베르길리우스는 로마 제국의 기원을 서사시 형태로 다룬 『아이네이스(Aeneid)』로 유명한 인물이며, 키케로는 『의무론(De Officiis)』과 『우정론(Laelius de Amicitia)』을 통해서 중세 학자들에게도 많은 영향을 미친 인물이다.

서(De homine)"에서 광범위한 논의를 제시하며, 인체에 관해 고대와 중세의 의학적 지식을 집대성했다.• 첫머리에서 이시도루스는 자연(Natura)이 '태어나게 하다(nasci)'의 의미가 있다고 설명한다. 자연을 신성화하는 당시의 관념을 반영한 것이다. '자연을 하느님이라고 부르는 사람들이 있는데, 이는 자연이 모든 것을 창조하고 유지해왔기 때문이다'라고 언급하면서, 자연을 신적인 창조력과 동일시하였다. 그리고 창세기 2장 7절을 언급하면서 인간(Homo)은 흙(humus)으로 만들어졌지만, 이는 잘못된 표현이라고 지적한다. 인간은 영(soul, anima)과 몸을 모두 가지고 있으므로, 엄밀하게 말하면 인체(human being)만이 흙에서 유래했다는 것이다. 아울러 영(anima)이 바람을 의미하는 어원에서 비롯되었지만, 이러한 설명이 부적절하다고 지적한다. 아기는 어머니의 자궁에서도 이미 영을 갖고 있으므로 영이 마치 바람과 같이 외부에서 유입되는 것으로 보는 것은 잘못된 해석이라는 이야기다. 더 나아가 이시도루스는 요한복음 19장 30절을 언급하면서 영과 혼(spiritus)이 같은 말이라고 하였다. 예수가 십자가에서 죽으며 영혼을 하느님께 맡기는 장면을 인용하며, 그리스도의 죽음을 통해 영과 혼의 개념을 설명한다.•• 이시도루스는 이를 통해 영적 존재와 물리적 존재 간의 연결 고리를 설명하려고 시도했다.[4]

그러면서 의지(the will, animus)와 영의 차이, 마음(the mind, mens)과 기억(memoria),

---

• 제11권의 제목은 '인간과 징조들에 대하여(De homine et portentis)'이다. 필사본에 따라 11권 구성이 서로 다른데, 대개 1부부터 5부까지 〈인간에 대해서(De homine)〉, 〈발생에 대해서(De generatione)〉, 〈생리에 대해서(De menstruatione)〉, 〈변태에 대해서(De transformatis)〉, 〈징조들에 대해서(De portentis)〉 등으로 나눈다. 그리고 〈인간의 몸 각 부분에 대하여(De membris corporis humani)〉를 1부에 포함하곤 한다.

•• 한국어 성경(개역개정)과 영어 성경(NIV)에서 이 구절은 각각 '머리를 숙이니 영혼이 떠나가시니라(he bowed his head and gave up his spirit)'로 번역되어 있다.

이성(ratio), 감각(sensus), 생각(idea, sententia)에 관해서 세세하게 정의하고 있다. 예를 들면 다음과 같다.

> 몸을 살아나게 하는 것은 영이며, 영을 행하는 것이 의지이며, 영을 아는 것이 마음이며, 영을 다시 떠올리는 것이 기억이며, 영이 정확한 판단을 내리는 것이 이성이며, 영이 무엇을 느끼는 것이 감각이다. 의지는 감각하는 것을 느끼는 것이라고 할 수 있는데, 여기서 생각이라는 말이 시작되었다.

이러한 이시도루스의 설명은 이후 인간의 정신과 행동에 관한 다양한 서구 사상의 기본적 개념 형성에 큰 영향을 미쳤다.[4]

한편, 이시도루스는 몸이 나뉘면 그 구조가 손상되어 결국 소멸한다며(curruptum perire), 인간의 육체가 통합적인 구조를 유지해야만 그 기능과 생명을 유지할 수 있다고 하였다. 또한, 육신 혹은 살(flesh, caro)은 생명을 창조하는 능력이 있는 것으로 간주된다. 이시도루스는 특히 남성의 정자를 크레멘툼(crementum)이라고 칭하며, 이는 생명을 창조하는 매개체로서 부모를 '창조자(creators)'로 지칭하는 이유라고 하였다. 그리고 살이 네 가지 기본 요소로 구성되어 있다고 주장한다. 즉, 살 속에 존재하는 흙은 안정성과 구조를 제공하며, 호흡을 통해 들어오는 공기는 생명 유지에 필수적인 산소를 공급한다. 또한, 핏속에 있는 물은 영양분과 호르몬 등을 전달하는 매체 역할을 하며, 생명의 열을 담당하는 불은 에너지와 열을 제공해 생화학적 반응을 가능하게 한다. 즉 이러한 여러 요소의 조화가 살아있는 몸을 구성하며, 이는 생명력과 직접 연결된다.[4]

1부의 나머지 부분에서는 오감과 머리, 모발, 눈, 볼, 귀, 입, 목, 어깨, 팔, 손, 피부, 등, 골반, 허벅지, 무릎, 발, 내장, 혈관, 폐, 비장, 자궁, 소변, 월경 등에 관해서 자세하게 설명하고 있다. 예를 들어, 눈은 볼록한 형태를 지니고 있어 빛을 수용하며, 귀는 소리를 감지하는 구조로 되어 있다. 입과 목은 음식의 섭취와 소리의 발생에 필수적이며, 어깨와 팔, 손은 다양한 물리적 활동을 수행하는 데 중요하다. 내장은 소화와 영양분 흡수를 담당하고, 혈관은 온몸으로 산소와 영양소를 운반하는 역할을 한다. 폐와 비장, 자궁 등의 기관은 각각 호흡, 혈액 여과, 생식 등 중요한 기능을 수행한다. 소변과 월경은 신체의 폐기물 처리 과정을 담당한다는 식이다.[4]

15권은 〈인간의 여러 단계(De aetatibus hominum)〉를 다루고 있다. 영유아기(infantia), 유년기(pueritia), 청소년기(adolescentia), 청년기(iuventus), 장년기(gravitas), 노년기(senectus) 등으로 삶의 여러 단계를 나누고 있으며, 흥미롭게도 노년기의 마지막 시기를 세니움(senium)으로 따로 나누기도 한다. 이러한 주장은 이후 인간의 생애사를 구분하는 데 중요한 기준이 되었다. 필사본에 따라 조금씩 다르지만, 세분하면 다음과 같다.

- 영유아기(infantia): 언어 발달이 시작되기 전의 상태로 '말하지 못하는' 존재로 묘사된다.
- 유년기(pueritia): 소년은 순수함(puritas)을 상징하며, 아동기에서 성숙에 이르기 전의 상태를 나타낸다.
- 청소년기(adolescentia): 청소년은 번식할 수 있는 나이이며, 'adolescere'는 '성장하다'라는 뜻에서 비롯된 단어다. adultus의 복수형으로 사용되며, 생식 능력을 갖춘 시기를 나타낸다.

- 청년기(iuventus): 청년은 '도움이 될 수 있는 나이'를 의미하며, iuvare는 '돕다'라는 뜻에서 유래한 용어다.
- 장년기: 장년은 단순히 '더 늙었다'는 의미가 아니라, '덜 늙었다'는 의미로 사용된다. senior는 젊은이보다 나이가 많지만, 여전히 활동적인 사람을 의미한다.
- 노년기(senectus): 노인은 감각(sensus)의 저하가 발생하며, 이로 인해 신체적·정신적 기능이 약화한 상태를 나타낸다.

한편, 이시도루스는 남성(vir)과 여성(mulier) 간의 차이도 언급하며, 남성은 더 큰 힘(vis)을, 여성은 더 큰 부드러움(millities)을 가진다고 하였다. 아울러 신체적 특징으로는 여성(femina)의 넓적다리뼈(femur) 모양이 다르다고 언급하였다.[4]

인류학적으로 11권의 가장 흥미로운 부분은 바로 4부 "징조들에 대해서(De portentis)"다. 보통 징조란 자연법칙에 반하여 태어난 존재, 즉 비정상적인 것을 말한다. 그러나 이시도루스의 입장은 달랐다. 모든 자연 현상은 궁극적으로 신의 섭리에 따라 발생하며, 신의 계획안에서 벗어나는 일이 없다고 주장했다. 모든 것의 본질은 하느님의 뜻이므로 자연법칙에 어긋나지 않는다는 것이다.

다만 이러한 현상 중 괴상하고 기이하게 나타나는 일부의 현상은 미래에 일어날 일에 대해 미리 알려주는 징조라고 하였다. 이시도루스가 언급한 대표적인 예는 크세르크세스 대왕(Xerxes the Great)•과 알렉산더 대왕

• 크세르크세스는 페르시아 제국의 왕으로, 그리스 원정을 단행하였으나, 결국 실패했다.

(Alexander the Great)•에 관한 징조다. 이시도루스는 암말이 여우를 낳은 기이한 현상이 바로 크세르크세스 제국의 멸망을 예고하는 징조라고 해석했다. 여우는 지혜와 간교함의 상징이므로 제국의 몰락을 예견했다는 것이다. 다른 사례는 알렉산더 대왕의 암살에 대한 징조다. 다양한 동물의 모습을 가진 하반신과 죽은 상반신을 가진 아이의 탄생이 알렉산더 대왕의 죽음을 암시했다고 기록하고 있다.[4]

이시도루스는 기이한 인간과 생물을 언급하며, 이러한 기형적 존재의 다양성은 신의 섭리에 의해 허락된 것이라고 보았다. 당시 중세 세계관에서 이들은 여전히 자연적 존재로 간주되었지만, 인간의 규범과 질서에서 벗어난 특이한 존재였다. 그러나 이시도루스에게는 기이한 생물 역시 신의 뜻을 드러내는 존재였다. 이시도루스는 이들이 실제로 존재하는지에 대해 명확히 말하지 않았으나, 이를 통해 자연과 신의 섭리가 어떻게 작동하는지를 설명하고자 했다.

예를 들면 다음과 같다. 신장이 작은 인도의 피그미족(pygmaeus)에 대해 언급하면서 이들이 외부 침입자로부터 끊임없이 방어하는 삶을 살았다고 기술한다. 머리가 두 개 혹은 세 개인 사람, 개의 이빨을 가진 사람(cynodontes), 사자의 몸이나 소의 머리를 가진 사람, 가슴이나 이마에 눈이 있거나, 정수리에 귀가 있거나 좌우 내장의 위치가 반대인 사람, 여러 손가락이 하나로 합쳐진 사람, 어릴 때부터 치아나 수염, 흰머리가 나는 사람에 관한 언급도 있다. 남성과 여성이 절반씩 섞인 사람, 즉 헤르마프로디테스(hermaphrodites)는 성적 이분법을 넘어서 남성과 여성의 성적 특징을

• 알렉산더 대왕은 원정 후, 바빌론에 복귀해서 30대 초반의 나이에 갑자기 죽었다. 질병 혹은 암살 등 여러 주장이 있으나, 확실한 증거는 없다.

동시에 가진 존재로 묘사되었다. 성서 속 거인족, 즉 네피림(nephilim)에 대한 이야기도 포함되어 있다. 이시도루스는 이들이 천사와 인간 여성 사이에서 태어난 존재로, 신의 섭리에 따른 특별한 존재라고 보았다. 이 밖에도 개의 머리를 가진 사람(cynocephali)은 야수와 인간의 경계를 넘나드는 상상 속 생명체였다. 또한, 야생 동물의 고기만 먹고, 눈이 하나만 있는 인도의 부족(cyclopes), 가슴에 입과 눈이 달린 사람, 목이 없고 어깨에 눈이 달린 사람, 아랫입술이 튀어나와서 태양으로부터 얼굴을 덮어 보호하는 극동의 한 부족, 말을 하지 못해 몸짓으로 의사소통을 하는 사람, 귀가 너무 커서 몸을 전부 덮을 수 있는 스키타이인, 이마에 뿔이 있고, 매부리코를 가졌으며, 염소 같은 발을 가진 부족, 하나의 다리로 온몸을 가릴 수 있는 민첩한 에티오피아의 한 부족, 발바닥이 다리 뒤로 꼬여 있으며, 여덟 개의 발가락을 가진 리비아인(antipodes) 등을 언급하고 있다.[4]

앞서 언급한 것처럼 기이한 존재들에 대한 이시도루스의 묘사는 고대 자연과학자, 특히 플리니우스의 저작에 영향을 받은 것으로 보인다. 플리니우스도 『박물지』에서 비슷한 주제를 다루며, 생명체의 변형과 생성에 관한 여러 기이한 사례를 기록했다. 이러한 생각은 당시 중세인에게 생명체의 순환과 변화가 자연의 일부분이라는 인식을 심어주었으며, 기독교적 해석과 결합하여 점점 강화되었다.[4]

11권의 3부, "변태(De transformatis)" 부분에서는 생명체가 다른 종으로 변형되는 현상에 대해 다룬다. 여기에는 그리스 신화에서 율리시스(Ulysses)의 동료를 야수로 변형시킨 여성 마법사 키르케(Circe) 이야기도 등장한다. 이시도루스에 따르면 생명체 간의 변형은 비단 신화 속 사건에만 국한된 것이 아니라 실제 자연에서도 일어난다. 썩은 생명체에서 새로운 생명체가 생겨난다는 사실을 예로 들면서 이것이 변태의 일종이라고 설명한다. 송아지의 살이 부패하면 그 자리에서 꿀벌이 나오는 것, 말이 죽으면 사체에서 딱정벌레가 나오는 것, 노새에서 메뚜기가, 게에서 전갈이 나오는 등의 현상은 중세 유럽인에게 자연스럽게 받아들여졌다. 당대에 흔히 믿었던 자연발생설(abiogenesis)을 반영한 것이다. 이는 19세기 루이 파스퇴르(Louis Pasteur)가 생물속생설(biogenesis)을 증명할 때까지 생물 탄생에 관한 보편적 믿음으로 작동했다.

아무튼, 이시도루스의 변태론은 개별 생명체의 변화에 주목했으며, 그 변화가 신의 섭리에 따라 일어난다고 주장한다. 긴 시간에 걸쳐 서서히 축적되는 유전적 변화를 기반으로 생명체가 적응하고 새로운 종으로 발전해간다는 다윈의 자연선택 이론과는 물론 다르다. 그런데도 이시도루스의 변태 개념과 진화이론 사이에 일종의 사상적 연결 고리를 찾아볼 수 있다. 자연에서 생명체가 변화할 수 있다는 가능성을 인정했다는 점에서 생물학적 변화가 가능함을 인식한 것이다. 비록 이러한 변화는 신학적으로는 기적으로 간주되었지만, 생명체의 변화 가능성을 고려했다는 점에서 진화적 사고의 시초로 볼 수 있다. 또한, 이시도루스가 이야기한 자연 속 생명체의 상호 연결성은 모든 생명체가 공통 조상에서 기원하여 서로 연관되어 있다는 진화적 개념과도 상응하는 면이 있다.

▣

히스팔렌시스는 『어원학』을 통해 모든 자연 현상이 신의 섭리를 반영한다는 중세적 세계관을 체계화했다. 사람의 생애주기와 기형적 존재, 변태 사례를 하나의 자연 질서 속에 배치함으로써, 생명체의 다양성을 신이 부여한 뜻 안에서 설명했다. 특히 11권은 당대 인류학적 지식의 집약체이자, 중세 지식인에게 '자연 속의 인간'을 신학적으로 이해하는 틀을 제공하여 이후 서구 사상의 전개에 큰 영향을 미쳤다.

3. 중세의 지리관

『어원학』의 14권은 지리적 설명을 다루고 있는데, 중세 사회가 세계와 인간을 이해하는 방식을 엿볼 수 있는 중요한 단서다. 성서 기반의 지리적 구분을 통해 땅과 인간의 관계를 설명하고 있으며, 이는 중세 유럽에서 세계의 보편성과 다양성을 다루는 전형적 시각을 반영하고 있다. 중세 유럽은 기본적으로 신의 섭리 안에서 통합된 하나의 질서 속에서 세계를 보았으나, 동시에 각 지역의 실질적 특성에 따라 인간 사회와 문화를 달리 이해하려는 시도도 병존하였다.

이시도루스는 지리적 개념을 단순한 지형의 구분을 넘어 세계의 구조와 인간 존재의 특성을 설명하는 도구로 활용했다. 〈땅과 땅의 여러 부분(De terra et partibus)〉 제하의 14권에서 다음과 같이 세상을 설명하고 있다. 여기서 땅은 단순한 물리적 공간이 아니라, 신의 섭리와 인간의 삶이 맞물리는 공간이었다.

> 땅(earth; De terra)은 세계의 중앙에 위치하며, 하늘의 여러 부분과 등거리를 유지한다. … '테라(terra)'라는 말은 닳아 없어진 윗면(terere)을 뜻한다. 그 아래에는 흙(humus), 더 아래의 축축한 부분, 예를 들면 해저 등(humudus)이

> 있다. 땅(tellus)은 우리가 땅에서 무엇인가를 생산하여 가져가기(carry way; tollere) 때문에 붙은 이름이다. … 마른 땅(aridum)은 물과 구분하기 위한 말이다. 창세기 1장 10절에 이르기를 '하나님이 마른 땅(aridus)을 땅(earth)이라 부르셨다'라고 한다.•

아마도 이시도루스는 지구가 구형이라는 것을 알고 있었던 것으로 보인다. 사실 지구가 둥글다는 것은 아리스토텔레스 이후의 서구 학자에게는 상식이었다.[7] 한편 이시도루스는 〈지구의 표면(De orbe)〉에서 지구를 아시아, 유럽, 아프리카의 세 부분으로 나누었으며, 각 대륙의 지리적 특성과 위치에 대해서 상세히 설명하고 있다.

> 지구(globe, orbis)는 원의 둥근 모양에서 그 이름을 얻었다. 바퀴와 닮았기 때문이다. 작은 바퀴는 '작은 원판(small disk, orbiculus)'이라고 한다.•• 물론, 작은 원판을 감싸는 대양이 가장자리를 다시 원형으로 두르고 있다. 지구는 세 부분으로 나뉘는데, 각각 아시아, 유럽, 아프리카다. … 아시아는 동쪽에 위치하며 남북으로 펼쳐져 있다. 유럽은 북쪽에서 서쪽으로 펼쳐지며, 아프리카는 서쪽에서 남쪽으로 펼쳐진다. 그래서 유럽과 아프리카를 합쳐 지구의 절반, 그리고 아시아 홀로 지구의 절반을 차지한다. 그러나 유럽과 아프리카는 둘로 나뉘는데, 그 사이에 대양으로부터 지중해가 흘러 들어가기 때문이다. 즉 당신이 지구를 동서로 나눈다면,

---

• 한글 성경에는 '하나님이 뭍을 땅이라 부르시고(개역개정)', 영어 성경에는 'God called the dry land Earth(KJV)'로 쓰고 있다.

•• 지중해를 감싸는 원형의 육지

> 아시아가 동쪽에 있고 유럽과 아프리카가 서쪽에 있다.

여기서 이른바 T-O 지도(T-O map, orbis terrarium)라는 개념이 정립되었다. 중세적 세계관에서 각 지역은 특정 기후와 환경에 의해 인간의 성격과 생활양식에 영향을 미치는 것으로 여겨졌으며, 이는 지역 간의 차이뿐만 아니라 인간 사회의 보편성을 이해하는 데 중요한 요소로 간주되었다. 이시도루스는 『어원학』을 편찬하기 이전에 『사물의 본성에 관하여(De natura rerum)』 제하의 저작에서 이미 이런 초기 개념을 정리한 바 있다.[8] T-O 지도를 통해 중세 유럽은 세계를 하나의 통일된 체계로 이해했으며, 지리적 구분을 통해 인간 사회의 보편적 질서와 다양한 문화적 특성을 동시에 설명하려 하였다.

물론 이러한 세계관은 아메리카와 호주, 남극 등이 반영되지 않은 지구의 절반을 표상할 뿐이다. 비록 당시의 많은 학자가 땅은 구를 이룬다는 것을 알고 있었지만, 누구도 적도를 넘어선 땅, 즉 대척지(對蹠地, antipodes)에 이를 수 없다고 믿었다.[9] 대척지란 반대쪽으로 향한 발(ἀντίποδες)이라는 그리스어에서 유래한 말이다. 플라톤의 대화편, 『티마이오스(Timaeus)』에 이미 등장한 개념이다.[10]

> 만약 어떤 이가 세계를 둥글게 돌아다닌다면, 종종 이전 위치의 대척점에 있을 때, 같은 지점을 한번은 위로, 한번은 아래로 말할 것이다. 그러나 둥근 모양의 전체를 두고 하나는 위, 하나는 아래라고 말하는 것은 이치에 맞는 말이 아니다.

아리스토텔레스 이후 중세로 이어진 대척지 개념은 지리학적 상상력과 신학적 논의의 중요한 주제가 되었다. 교부철학자 대부분은 대척지 문제가 신앙의 문제라기보다는 지리의 문제라고 생각했지만, 동시에 대척지의 존재 여부가 인간의 기원과 신학적 가르침에 미치는 영향을 고민했다. 반대쪽을 향한 발이라는 개념은 발이 반대에 달린 자라는 뜻으로 와전되어 머리에 발이 달린 사람들로 묘사되거나, 앞서 언급한 바 있는 발의 앞뒤가 반대로 뒤틀린 리비아인으로 기술되기도 했다.[4] 이러한 상상적 존재는 중세적 세계관 내에서 어떤 식으로든 자연과 인간의 다양성을 설명하려는 시도로 이해할 수 있다.

성 아우구스티누스도 『신국론(De Civitate Dei)』에서 대척지에 사는 사람이 아담의 후손인지에 대해서 의문을 가진 바 있다.[11] 인간이 지구의 다른 쪽에서 번성할 수 있다는 개념에 대해 의구심을 표하며, 이를 신학적 관점에서 분석했다. 성 아우구스티누스는 대척지에 인간이 살고 있을 가능성을 부정하지는 않았으나, 그들이 아담의 후손일 수 있다는 주장은 받아들이기 어렵다고 보았다. 그러면서 지구의 한쪽에서 배를 타고 대양을 횡단하여 다른 쪽으로 갈 수 있다는 개념 자체를 불가능한 일로 간주했다. 『신국론』 16권, 9장에서 이렇게 말한다.[12]

> 그러나 반대편 지구에 사람이 산다는 이야기, 즉 우리의 해가 지면, 그들의 해가 뜨는 곳에 사람들이 있다는 주장은 어떤 근거도 없다. 이는 역사적 지식에 의한 것이 아니라 과학적 추측에 기반한 것이다. 즉 지구가 하늘의 오목한 부분에 매달려 있는데, 그래서 지구의 양쪽이 동일한 공간을 차지한다는 가정에 기반한 것이다. 그래서 그들은 지구의 아랫부분

도 거주할 수 있다고 말한다. 그러나 지구가 둥글다는 사실이 과학적으로 입증되어도, 그 다른 쪽에 물이 가득 차 있을 수도 있다. 만약 그러지 않는다고 해도 그곳이 살기에 적당하다는 것을 바로 인정할 수 있는 것도 아니다. … 어떤 사람이 배를 타고 광대한 대양을 건너 세계의 한쪽에서 다른 쪽으로 건너갔다는 것, 그래서 멀리 떨어진 지역의 주민도 첫 번째 인간(아담)의 후손이라는 주장은 어처구니없는 일이다.

그러나 이시도루스의 의견은 달랐다. 대양을 넘어 남쪽에는 태양의 열기로 인해 아직 알려지지 못한 네 번째 지역이 존재할 수 있다고 보았다. 대척인은 지구 반대편에 살며 우리와 같은 태양을 보지만, 우리의 해가 질 때 그들의 해가 뜬다고 상상했다.[4]

세계를 이루는 세 부분을 제외하고, 대양을 넘어 더 먼 남쪽 지역에 네 번째 부분이 존재한다. 이는 태양의 타는 열기로 인해서 우리에게 알려지지 않은 곳이다. 그곳에는 전설 속의 대척인(the legendary Antipodes)이 사는 것으로 알려져 있다. 즉 스페인 옆의 모로코, 그 옆에 누미디아(Numidia), 그 옆에 카르타고(Carthage), 그 옆에 게툴리아(Gaetulia),• 그 옆에 에티오피아가 있는데, 에티오피아를 넘어서면 태양의 열기로 불타는 곳이 있다.

클라우디우스 프톨레마이오스(Claudius Ptolemaeus 혹은 Ptolemy, 기원후 100~170년경)를 비롯한 서기 2세기경의 학자들은 남쪽에 있는 미지의 대륙, 즉 '테라

• 사하라 사막 북쪽, 아틀라스 산맥 남쪽 경계에 있는 지역

아우스트랄리스 인코그니타(Terra Australis Incognita)'가 존재한다고 믿었다.[13] 프톨레마이오스는 알렉산드리아의 수학자, 천문학자, 점성술사, 지리학자다. 지구 중심의 태양계 모델을 제시했고, 8,000개의 지리적 위치와 좌표를 기록한 것으로 유명하다. 자신의 저서 『지리학(Geographia)』에서 프톨레마이오스는 지구의 균형을 맞추기 위해 북쪽에 있는 대륙과 대응하는 거대한 남쪽 대륙이 있어야 한다고 가정했다. 이러한 믿음은 중세를 거치면서 지속해서 영향력을 미쳤다. 이시도루스에 의해 대척지라는 용어가 널리 쓰이기 시작했으나, 미지의 남쪽 땅이라는 개념 역시 혼용되었다. 이는 허구적 개념이자 실체적 개념이라는 자상모순적 속성을 지니고 있는데, 중세 지리학과 신학에서는 실존 세계와 기독교 세계를 월경할 수 있는 '어떤 곳(somewhere)'을 표상하며 사람들의 상상력을 자극하였다.[14] 중세 내내, 테라 아우스트랄리스 인코그니타는 아무도 가보지 못한, 그러나 실제로 존재하는 대륙으로 여겨졌으며, 이는 당시 지도에 반복적으로 등장했다. 특히 대항해 시대(the Age of Discovery)로 접어들면서 가슴 두근거리는 탐험의 동기가 되었다. 유럽인들은 미지의 남쪽 대륙을 발견하기 위해 다양한 탐험을 시도했고, 이는 궁극적으로 남반구에 대한 지리적 이해를 넓히는 계기가 되었다.[15] 포르투갈, 스페인, 네덜란드 탐험가들이 아프리카 남단, 아시아, 남아메리카를 거쳐 미지의 남쪽 땅을 찾으려고 벌였던 웅장한 시도는 대척지에 관한 오래된 믿음을 기반으로 하고 있었다.[•] 특히,

---

• 미지의 대척지를 둘러싼 이런 자가당착적 갈등은 남극, 해저 세계, 지구 속 세계, 달, 화성, 은하 등 서구 문화에 자주 등장해 온 미지의 지리적 개념뿐 아니라, 프로이트의 무의식, 파스퇴르의 미생물, 테슬라의 전기, 다윈의 진화 등 그 존재는 인정되나 직접 관찰이 어려운 과학적 대상을 바라보는 사회문화적 입장에서 반복 변주된다. 이는 한편으로는 오늘날 서구 사회에서 지구편평설이나 지적설계론 같은 비과학적 주장이 여전히 일정한 지지를 받는 사회문화적 배경이자, 한

17세기 네덜란드의 탐험가들은 호주 대륙의 일부를 발견하며 테라 아우스트랄리스의 실체를 찾았다고 믿었다.[16]

서기 1500년, 브라질이 발견되었을 때, 이 지역은 처음에는 '산타크루즈(Santa Cruz)'라는 이름으로 불렸다. 성 십자가의 축복을 받는 땅이라는 뜻이다. 그러나 그와 동시에 '대척인의 땅(Land of the Antipodes)'이라는 이름으로도 알려지게 되었다. 나중에 브라질에서 많이 생산된 파우-브라질(pau-brasil) 나무와 '남쪽의 땅'이라는 의미가 합쳐져 브라질리아 오스트랄리스(Brasiliae Australis)••라는 이름이 붙여졌다.[17] 이렇게 혼용된 지리 개념은 호주(Australia), 남극 등 남쪽의 여러 지역에도 사용되었다. 호주는 원래 네덜란드 탐험가에 의해 서부 해안이 발견된 후, '새로운 홀랜드(Nieuw Holland)'라는 이름이 붙여졌고, 제임스 쿡(Captain James Cook)이 동부 해안을 탐험한 후, 뉴 사우스 웨일즈(New South Wales)라는 이름을 얻기도 하였다. 그러다가 19세기 초반부터 현재의 이름이 제안되었고, 널리 받아들여졌다.[18-20] 대척지 개념은 '미지의 남쪽에 있는 땅'이라는 믿음과 결합해 지리적 상상력과 현실의 발견을 잇는 중요한 동기로 작용했다.

아무튼, T-O 지도는 중세 유럽의 세계관을 반영한 상징적인 지도로,

(앞 페이지에 이어서)

편으로는 실생활에 전혀 무익하지만, '미지의 어떤 것'을 찾으려는 순수과학 연구에 천문학적 세금을 투입하는 정책이 지지받는 역사적 이유이기도 하다. 반면에 동아시아에서는 군자불언괴력난신(君子不語怪力亂神)이라고 하여, 기괴한 일, 기이한 힘, 어지러운 현상, 신비한 대상 등에 대해서는 말하지 말라고 하였다. 이는 터무니없는 과학적 주장이 큰 지지를 받지 못하지만, 동시에 실익이 없는 연구, 미지의 세계를 향한 탐구를 궤이지관(詭異之觀)이라 하여 큰 가치를 부여하지 않는 태도로 이어졌다. 그러나 이수광이나 이익, 정약용, 이중환 등 조선 후기 실학자들은 성인소불도(聖人所不道)로 여겨지던 『산해경(山海經)』의 내용을 언급하며, 지리와 생물, 민족 등에 관해 전통적 지식 체계의 한계를 벗어나려고 시도하기도 했다.

•• 참고로 '브라질'이라는 이름은 파우-브라질 나무의 붉은색을 의미하는 포르투갈어 'brasa(불씨)'에서 유래한다. 당시 유럽에서 매우 귀중한 붉은 염료를 제공하는 자원으로 널리 사용되었다.

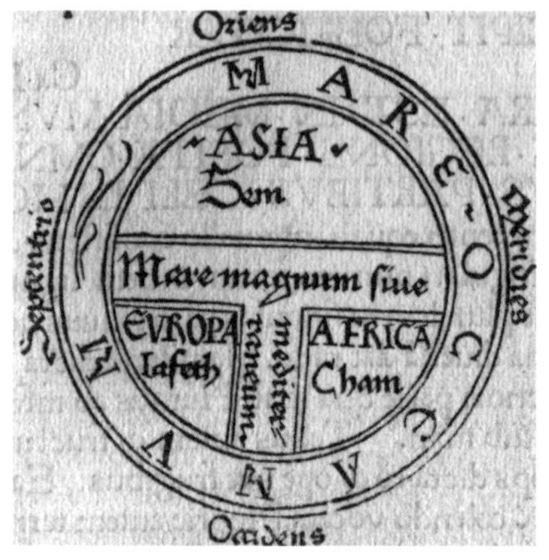

〈그림 1〉 이시도루스의 『어원학』 최초 인쇄본에서 제시된 T-O 지도(1472년 아우크스부르크에서 귄터 자이너(Günther Zainer, Guntherus Ziner)에 의해 처음 인쇄). 서양에서 가장 오래된 인쇄된 지도로 알려져 있다. 세 개의 알려진 대륙을 셈, 야벳, 함의 후손들이 거주하는 곳으로 표시하고 있다. '동쪽을 위로' 하여 표시하며, 예루살렘을 중심에, 낙원을 가장 동쪽에, 헤라클레스의 기둥을 가장 서쪽에 위치시키고 있다. 출처: Wikipedia contributors. T and O map by Guntherus Ziner (1472) [Internet]. Wikipedia, The Free Encyclopedia; Available from: https://ko.wikipedia.org/wiki/파일:T_and_O_map_Guntherus_Ziner_1472.jpg.

세 대륙을 나누는 기준이 명확하게 설정되어 있다(〈그림 1〉). 지중해는 유럽과 아프리카를 나누고, 돈강과 나일강은 아시아와 나머지 두 대륙을 구분하는 경계 역할을 한다. 이 세 가지 요소가 결합하여 T자 모양을 이루며, 세계를 둘러싼 대양(Oceanus)은 원형인 O자 모양을 형성한다. 일반적으로 T-O 지도에서는 세계의 중심에 예루살렘을 배치한다. 이는 기독교적 상징성을 반영한 것으로, 예루살렘이 세계의 영적 중심임을 강조하려는 의도였다. 또한, 지도는 동쪽을 상단에 두는 것이 일반적이었다. 이러면 아시아가 지도의 위쪽에 자리 잡게 되며, 유럽은 좌측 아래, 아프리카는 우측 아래에 위치한다. 아프리카의 끝, 즉 적도를 넘어서면 중세 사람들의 상상 속에 존재했던 대척지가 나타난다.[14,21]

T-O 지도와 달리 이시도루스가 언급한 육지의 모양을 강조한 V-in-square 지도는 아시아, 유럽, 아프리카 세 대륙의 배치를 다르게 표현하는 방식을 택했다. 이 지도는 이시도루스의 설명, 즉 '아시아는 동쪽에 위치하며 남북으로 펼쳐져 있고, 유럽은 북쪽에서 서쪽으로, 아프리카는 서쪽에서 남쪽으로 펼쳐진다'는 구성을 반영하여 만들어졌다. 이 구조는 사각

형 안에 아시아를 V자 모양으로 상부에 배치하고, V자의 좌측에 유럽, 우측에 아프리카를 배치했다(〈그림 2〉). 그러나 V-in-square 지도는 T-O 지도와 비교하면 널리 쓰이지 않았다. 그 이유는 유럽과 아프리카의 접점이 존재하지 않아 지리적으로 부자연스러운 느낌을 주었기 때문이다.[22]

T-O 지도는 중세 유럽의 세계관을 상징적으로 표현하는 데 중요한 역할을 했으며, 점차 마파 문디(Mappa Mundi)로 발전하였다. 마파 문디는 중세 시대에 제작된 여러 종류의 세계 지도를 통칭하는 용어로, '마파(Mappa)'는 라틴어로 헝겊을 의미하고, '문디(Mundi)'는 세계를 뜻한다. 이 지도들은 지리적 정확성보다는 종교적, 역사적, 철학적 상상력을 반영하는 데 중점을 두었다. 중세의 마파 문디는 종종 구약의 사건이나 교리, 역사적 인물의 여정 등을 강조하여, 지리적 정보보다 상징성과 교육적 메시지를 전달하는 데 사용되었다. 이후 이러한 지도의 개념은 발전하여, '마파'라는 단어 자체가 점차 오늘날 우리가 사용하는 '지도(map)'를 의미하는 말로 정착되었다.[23,24]

마파 문디는 다양한 변종이 있는데, 기본적으로 T-O 지도에 기반하고

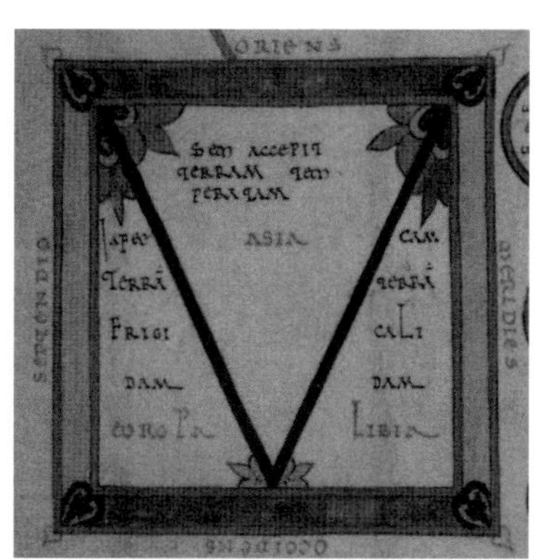

〈그림 2〉 방위(북, 남, 동, 서)가 정확하게 표시된 V-in-square 지도. 대륙들이 노아의 아들들과 그들의 기후(온화한 아시아, 추운 유럽, 더운 아프리카)로 구분되어 표기되어 있다(아프리카는 고전적 명칭인 리비아로 기술됨). 출처: Van Duzer, Chet(2012). "A Neglected Type of Medieval Mappamundi and Its Re-imaging in the Mare Historiarum(BnF MS Lat. 4915, Fol. 26v)", Viator. 43(2): 277-301.

있다. 흥미롭게도 T-O 지도와 클라임(clime)을 동시에 반영한 지도가 흔히 발견되는데, 여기서 클라임이란 고전적인 그리스-로마 지리학 및 천문학에서 말하는 지리적 위도에 따른 거주 구역의 분할을 말한다.[25] 아리스토텔레스는 『기상학(Meteorologica)』에서 지구의 기후를 총 다섯 개로 구분했다. 극지 기후대(arctic zone), 적도 기후대(equatorian zone), 그리고 남북 각각의 온대 기후대(temperate zone)이다.

> 지구에는 두 개의 거주 가능한 영역이 있다. 하나는 북쪽에, 다른 하나는 남쪽에 있다. 그 모양은 탬버린과 비슷하다. 지구의 중심에서 선을 그으면 북 모양으로 잘린다. 각 선은 두 개의 원뿔을 만드는데, 하나의 밑면은 열대 지역을 향하고, 다른 하나는 항상 보이는 원을 만들고, 꼭짓점은 지구의 중심을 향한다. 남쪽에 있는 두 개의 원뿔도 역시 이에 상응한다. 이 부분만이 거주할 수 있다.• 열대선을 넘어서면 누구도 살 수 없다. 그곳은 태양이 하늘의 정중앙에 있거나 그림자가 남쪽을 향하는 곳이다. 그리고 곰자리•• 아래에 있는 곳은 너무 추워서 역시 사람이 살 수 없다.

고대 그리스-로마 지리학과 천문학의 영향을 깊이 받은 클라임 개념은 중세의 마파 문디 제작에서 중요한 역할을 했다. 극지방과 적도 근처의 열대 지역이 인간이 살 수 없는 환경이라는 사상을 반영하며, 온대 기후대를 중심으로 인간 문명이 번성한다는 중세적 세계관을 강화했다.

• 온대 기후대를 말한다.

•• 북극성을 말한다.

▣

중세의 지리관은 인간 사회와 환경의 관계를 바라보는 중요한 기초를 마련했다. 이시도루스는 지구를 세 대륙으로 나누고, 각 대륙의 특성에 따라 인간의 행동 양상과 문화를 설명하려 했다. 각 지역의 기후와 환경이 인간의 성격과 삶의 방식을 어떻게 형성하는지를 다루었다. T-O 지도는 각 대륙의 상징적 의미를 통해 인간의 보편성과 다양성을 이해하려는 시도다. 특히 대척지와 같은 상상적 개념은 타 집단의 신체적, 문화적 특성의 차이를 설명하는 데 중요한 역할을 했으며, 행동 다양성에 대한 중세적 사고를 형성하는 데 기여했다.

4. 중세의 인종 개념

중세 시대의 인종 개념은 고대 그리스와 로마의 학문적 전통과 성서에 기반한 신학적 해석이 결합하면서 형성되었다. 고대 그리스와 로마의 학자들은 주로 지리적 요인과 환경에 따라 인류의 다양성을 설명하려 했다. 앞서 말한 대로 기후와 환경이 인간의 신체적, 정신적 특성에 영향을 미친다고 주장하며, 인종 간의 차이를 기후적 요인으로 해석했다. 그런데 이러한 설명은 중세에 이르러 성서적 해석과 결합하며 이상하게 변형되었다.

구약성서에 의하면 창세기는 총 다섯 톨레도트(toledot)로 나뉘는데, 대개 '족보는 이러하니라(these are the generations of…)'로 시작한다. 톨레도트는 히브리어로 '계보' 또는 '세대'를 의미하며, 창세기의 주요 구분을 나타낸다.

첫 번째 톨레도트는 천지창조 이야기, 두 번째 톨레도트는 하늘과 땅의 이야기, 그리고 아담의 톨레도트, 노아의 톨레도트, 셈, 함, 야벳의 톨레도트, 셈의 톨레도트 등으로 이어진다. 11장까지 총 네 개의 톨레도트가 전개되는데, 이를 창세기의 전반부인 원(原) 역사(primeval history) 부분이라고 한다. 여기서는 인간의 기원과 초기 역사, 대홍수, 바벨탑 사건 등을 다룬다. 12장부터는 족장사(patriarchal history) 부분이라고 하는데, 히브리족의 조상이 되는 아브라함과 야곱, 요셉의 이야기가 주를 이룬다. 톨레도트 구조는 히브리 민족의 기원을 설명하는 중요한 요소이며, 구약성서 전체의 구조를 이해하는 데 있어 핵심적 역할을 하고 있다.[26,27] 정리하면 다음과 같다.

- 첫 번째 톨레도트: 천지창조 이야기. 창세기 2:4에서 시작되며, 하늘과 땅의 창조와 인간의 창조 이야기를 다룬다. 하나님이 세상을 창조하고 인간을 그의 형상대로 만든 서사를 포함한다.
- 두 번째 톨레도트: 아담의 계보. 창세기 5:1에서 시작되는 이 부분은 아담과 그의 후손들의 계보를 기록하며, 노아로 이어진다. 인류의 확장과 각 세대의 생애가 중심이다.
- 세 번째 톨레도트: 노아의 계보. 창세기 6:9에서 시작하며, 대홍수 사건과 홍수 이후 노아의 가족 이야기를 다룬다. 하나님의 언약과 노아의 세 아들이 중심이다.
- 네 번째 톨레도트: 셈, 함, 야벳의 후손. 창세기 10장에서 시작되며, 셈, 함, 야벳의 후손들이 어떻게 세계로 퍼져 나갔는지 설명한다. 이는 다양한 민족의 기원을 다룬다.

- 다섯 번째 톨레도트: 족장들의 이야기. 창세기 11:27에서 시작되는 셈의 계보로, 아브라함, 이삭, 야곱의 족장사를 다룬다. 이 계보는 히브리 민족의 조상들을 설명하며, 구속사(救贖史)적 서사가 중심이다.

한편, 이시도루스에 따르면 역사기는 총 여섯 시대로 나뉘며, 그중 첫 번째 시대는 천지창조로 시작하여 노아의 홍수로 끝난다. 전승에 따르면, 노아는 500세에 셈(Shem), 함(Ham), 야벳(Japheth) 세 아들을 낳았고, 그가 600세가 되는 해에(전승 계산에 의하면 천지창조 후 약 2242년이 지난 시점) 홍수가 발생했다.

두 번째 시대는 홍수 이후 시작된다. 전승에 의하면, 노아의 아들 셈의 후손 중 한 인물인 아르박삿(Arphachshad; 아르바그세드라고도 함)이 100세에 태어났으며, 그 후손 중 일부는 갈대아(Chaldeans)의 기원을 이루게 되었다(전승에 따르면 천지창조 후 약 2244년경). 아르박삿는 이후 셀라(Shelah)를 낳았는데, 전통에 따르면 셀라의 후손이 사마리아인과 인도인의 기원을 암시한다고 전해진다(천지창조 후 약 2379년경). 또 셀라의 후손 중 한 인물인 에벨(Eber)은 "건너온 자"라는 뜻을 지니며, 이는 '아브라함'이라는 이름의 어원을 암시하기도 한다(에벨은 히브리인, 즉 후에 이스라엘 민족의 조상으로 전승된다). 또한, 에벨은 벨렉(Peleg)을 낳았다. 벨렉의 이름은 '분열'을 의미하는데, 이는 바벨탑 사건과 연관되어 언어가 분열되고 민족들이 온 세상으로 흩어졌음을 상징한다.

성서 전승에서는 노아의 세 아들이 각기 다른 민족 집단의 시조•로 여겨진다.[4]

• 성서에서 제시하는 여러 부족 및 이들이 지금의 어느 지역에 비정(比定, identification)되는지에 관해서는 다음을 참고하기 바란다. Aharoni Y, Avi-Yonah M, Rainey AF, Safrai Z. *The Carta Bible Atlas*. 5th ed. Jerusalem: Carta; 2015 (한글판은 아가페 출판사에서 출간했다.)

- 셈의 후손은 주로 메소포타미아와 서아시아, 즉 후에 아브라함과 이스라엘 민족으로 이어지는 계보를 형성하며, 엘람(오늘날 이란 남서부의 고대 왕국)과 앗수르(아시리아)의 기원을 포함한다.
- 함의 후손은 아프리카 및 가나안 지역, 즉 에티오피아의 쿠시족과 이집트를 의미하는 미스라임, 그리고 가나안 족속(예: 헷족, 아모리족 등)으로 전승된다.
- 야벳의 후손은 주로 북방과 서방, 즉 고대 유럽 및 흑해 주변, 그리스(야완) 및 아나톨리아의 일부 민족(예: 고멜의 후손으로 킴메르인, 스키타이인 등)으로 간주되었다.

각 시대를 정리하면 다음과 같다.

- 첫 번째 시대: 천지창조에서 노아의 홍수까지. 이는 창세기에서 이야기된 바대로, 천지창조 후부터 노아가 600살이 되기까지의 기간을 포함한다.
- 두 번째 시대: 노아의 홍수 이후에서부터 아브라함까지. 이 시기는 노아의 아들 셈이 아르박삿을 낳고, 그로부터 에벨까지 이어지는 족보로 구약성서에서 상세하게 제시된다.
- 세 번째 시대: 아브라함에서 다윗 왕까지. 이 시기는 아브라함의 자손들이 이스라엘 민족으로 형성되는 기간으로, 이스라엘 왕국의 시작을 상징한다.
- 네 번째 시대: 다윗 왕에서 바벨론 유수기(the Babylonian Exile)까지. 이시도루스는 이 시기를 유다 왕국의 멸망과 바벨론에서 포로로 지내던 시

기를 중심으로 서술했다.

- 다섯 번째 시대: 바벨론 유수기에서 예수 그리스도의 탄생까지. 이 시기는 구약의 마지막 부분을 다루며, 그리스도 탄생 이전까지의 유대인의 역사를 설명한다.
- 여섯 번째 시대: 예수 그리스도의 탄생부터 세상의 종말까지. 이 마지막 시대는 신약성서에 해당하며, 이시도루스는 인류의 구속과 종말을 향해 나아가는 과정으로 서술하였다.

성서의 네 번째 톨레도트, 이시도루스의 두 번째 시대를 노아의 세대(the Generations of Noah) 혹은 오리기네스 겐티움(Origenes Gentium)이라고 한다. 여기서는 창세기 10장에 기록된 노아의 후손을 통해 퍼져 나간 인류의 기원과 민족의 분포를 설명한다.* 오리기네스 겐티움은 라틴어로 국가의 기원이라는 뜻이다. 그러나 여기서 말하는 국가(nation)라는 말은 지금 쓰이는 국가와 같은 개념이 아니다. 정치적 단위로서의 국가가 아니라, 언어와 민족적 연합에 기반한 집단을 의미한다.[28,29] 히브리어의 'goyim(단수형 goy)'에서 유래한 말인데,** 처음에는 이스라엘인을 뜻하다가 점차 이방인(비유대인)을 뜻하는 말로 바뀌었다. 일반적으로 같은 언어를 사용하고, 같은 민족에 속한 사람들의 집단을 말한다. 단순히 정치적 경계가 아닌, 공통 언

- * 흔히 '민족의 표(Table of Nations)'라고 불린다. 약 70개의 족속(민족) 이름이 열거되어 있다. 이 계보는 문자 그대로의 혈연 계보라기보다는, 당시의 지리적 인식과 신학적 의미를 담은 문학적 산물이다. 예를 들어 '노아의 후손은 모두 한 뿌리에서 나왔다'는 인류 보편성의 메시지를 제시하면서, 이스라엘 민족이 모든 민족 중에서 특별한 위치를 차지한다는 층위적 메시지를 동시에 전달하고 있다.
- ** 히브리어 성서의 'goyim/goy/gowy' 등은 영어 성서에서 국가, 이교도(heathen), 이방인(gentile) 등으로 문맥에 맞게 다양하게 번역된다.

어와 문화를 공유하는 사람들의 민족 집단을 나타낸다.[30]

다양한 민족의 명칭은 전통적으로 노아와 그의 자손의 이름에서 유래했다고 전한다. 성경 전승에 따르면, 노아의 세 아들은 각각 후손을 통해 셈족(Semites), 함족(Hamites), 야벳족(Japhetites)이라는 민족 집단의 시조로 여겨진다(여기서는 개역개정 성경의 명칭을 기준으로 한다). 예를 들어, 셈의 아들 중 하나인 엘람(Elam)은 오늘날 이란 남서부에 위치한 고대 왕국 엘람을 의미하며, 이사야서 이후에는 바사(페르시아)로도 불린다. 엘람은 엘람족(Elamites)의 시조로 전해지며, 셈의 또 다른 후손인 앗수르(Ashur)는 북쪽에서 강력한 아시리아 제국(Assyrians)을 건설하여 이스라엘과 유다를 위협한 민족의 시조로 여겨진다. 한편, 함의 아들 구스(Cush)는 에티오피아와 수단 지역에 거주한 구스족(Kushites)의 조상으로 간주되며, 가나안(Canaan)에서는 가나안족(Canaanites)이 형성되었다. 또한, 가나안의 자손 중 헷(Heth)은 히타이트족(Hittites), 여부스(Jebus)는 여부스족(Jebusites), 아모리(Amorites)는 아모리족(Amorites)을 형성한 것으로 전해진다. 더불어, 셈의 증손자 에벨(Eber)은 후에 히브리인(Hebrews)의 조상으로 여겨지고, 함의 둘째아들 미스라임(Misrayim)은 히브리어로 이집트를 의미한다. 미스라임의 후손으로는 주로 이집트와 리비아 일대를 구성하는 여러 지파들, 즉 루딤(Ludim), 아나밈(Anamim), 르하빔(Lehabim), 납두힘(Naphtuhim), 바드루심(Pathrusim), 가슬루힘(Casluhim) 그리고 갑도림(Caphtorim) 등이 언급된다. 특히, 가슬루힘과 관련된 전승에서는 블레셋인(Philistines)이 이들로부터 기원했다고 하는데, 이는 고대 이집트인을 구성하는 민족의 한 분파로 여겨진다.[4]

구약 성서에 나오는 족보를 실제 역사적 민족이나 지역과 연결하려는 시도가 오랜 기간 동안 이어져 왔다. 예를 들어, 야벳의 후손으로 기록된 인물들, 즉 고멜(Gomer), 마곡(Magog), 마대(Madai), 야완(Javan), 두발(Tubal), 메섹(Meshech)은 여러 학자들에 의해 다음과 같이 해석된다. 일부 전승에 따르면, 고멜은 이란 동부 및 서아시아 대평원 지역의 고대 기마 유목민인 킴메르인(Cimmerians), 마곡은 스키타이인(Scythians)이나 북방 유목민과 연결되며, 마대는 메대인(Media)의 조상으로, 야완은 이오니아인(Ionians, 그리스 이오니아 지역의 민족)과 연결된다. 또한, 두발은 중남부 아나톨리아 지역의 고대 왕국이나 흑해 인근 부족(예: 타발(Tabal))과 연결하고, 메섹은 무스키(Muski) 또는 아나톨리아 북부의 민족과 연결해 해석하기도 한다. 더불어, 미탄니(Mittani)는 시리아 북부와 아나톨리아 지역에 존재했던 고대 국가로, 야벳 족보에 포함된 다른 민족들과 함께 전승되고 있다.[31-34]

고멜의 아들 아스그나스(Ashkenz)는 서부 유라시아 대초원의 기마 유목민인 스키타이인(Schthians)으로 해석되며, 리밧(Riphath)은 아나톨리아의 고대 산악 국가인 파플라고니아(Paphlagonia)와 연결하기도 한다. 또한, 도갈마(Togarmah)는 청동기 시대 아나톨리아의 한 도시국가, 즉 테가라마(Tegarama)와 관련된 민족으로 여겨진다. 한편, 야완의 후손 중 엘리사(Elishah)는 동부 지중해 지역에 존재했던 고대 국가 알라시야(Alashiya)를, 달시스(Tarshish)는 후대 전승에 따라 다시스인(미상의 민족)과 연관되며, 깃딤(Kittim)은 키프로스 남부의 왕국인 키티온(Kition), 도다님(Dodanim)은 그리스 북서부의 신탁 장소인 도도나(Dodona) 또는 한 섬인 로도스(Rhodes)의 정착민으로 해석된다.[32,35,36]

함의 아들 구스는 에티오피아와 수단 지역에 거주한 구스족(Kushites)의 시조로 전해지며, 함의 또 다른 아들인 미스라임(Misrayim)은 히브리어로 '이집트'를 의미하여 후에 그 후손들이 블레셋인과 연결된다는 전승이 있다. 또한, 함의 아들 붓(Put)은 고대 리비아 지역의 민족, 즉 리디아인(Lydians)

과 관련되어 해석되며, 가나안은 가나안 땅에 거주하던 원주민, 즉 가나안족을 형성한 것으로 전해진다. 구스의 후손 중 한 인물인 라아마(Raamah)는 스바(Sheba)와 드단(Dedan)을 낳았는데, 이들은 각각 아라비아 남부의 고대 사바족(Sabaeans)과 아라비아 북서쪽의 고대 아랍 왕국, 리얀(Lihyan)을 이루는 조상으로 전승된다. 한편, 구스의 또 다른 후손인 님롯(Nimrod)은 바벨, 에렉, 아카드 등 메소포타미아의 주요 도시들을 건설한 인물로 기록되는데, 시날 땅에서 바벨과 에렉, 악갓, 갈레를 시작하여 앗수르 지역에 이르기까지 여러 도시를 세웠다고 전해지나, 오늘날 이들 민족과 도시의 정확한 정체를 확정하기는 어렵다.[37,38] 앞서 언급한 바와 같이, 미스라임은 결국 블레셋족과 연결되는 것으로 간주된다. 또한, 가나안은 시돈(Sidon)과 헷(Heth)을 낳아, 각각 레바논의 한 도시인 시돈인과 고대 아나톨리아의 히타이트족으로 발전한 것으로 전해진다.

한편, 셈은 앞서 언급한 대로 엘람, 앗수르, 룻, 아람을 낳았다. 예를 들어, 엘람은 오늘날 이란 남서부에 위치한 고대 왕국 엘람의 시조로 전해지며, 후대 성경 문헌에서는 이 지역이 페르시아(바사)와도 연결되어 있다고 한다. 앗수르는 메소포타미아 북부에서 강력한 아시리아 제국(Assyrians)을 건설한 민족의 기원을 나타내며, 아시리아인들은 언어학적으로 셈어 계열에 속한다. 한편, 룻은 일부 전승에서 터키 서부, 소아시아에 존재했던 인도유럽계 고대 왕국인 리디아(Lydia)와 연관되어 해석되는데, 리디아는 기원전 7~6세기에 강성했던 왕국이다. 아람은 고대 시리아와 이스라엘 북부 지역에 거주했던 아람어계 부족들의 조상으로, 아람어는 히브리어와도 언어적으로 밀접한 관계에 있다. 또한, 아람의 후손 중 하나인 우스(Uz)는 '우스의 땅(Land of Uz)'의 이름으로 전해지며, 이는 아람과 에돔 사이의 중간 지대(현재의 시리아 남동부와 요르단 북부, 북서부 아라비아 등)에 거주했던 민족을 가리키는 것으로 여겨진다.

그러나 이러한 창세기 10장에 기반한 민족 분류는 엄청난 제한점이 있다.[36]

첫째, 구약 성서 족보와 역사적 민족 간의 직접적인 연결을 뒷받침할 만한 확실한 근거가 부족하다. 예를 들어, 셈족이 아시아, 함족이 아프리카, 야벳족이 유럽으로 이주했다는 명백한 역사적 증거는 존재하지 않는다. 실제로 고대 근동의 민족들은 수천 년에 걸쳐 복잡하게 혼합되고 이동했으며, 성서 족보는 당시 이스라엘인들이 주변 세계를 인식한 방식으로 보아야 한다. 즉, 지리적·문화적 연합체로서의 민족 구분을 반영한 문학적 산물로 이해하는 것이 적절하다.

둘째, 고대 문명과 성서에 등장하는 인물들 간의 연결성이 모호하다. 예를 들어, 야벳의 아들 고멜과 킴메르인, 야완과 이오니아인을 연결하는 주장은 확실한 역사적 증거에 기반하지 않는다. 킴메르인은 기원전 1천년기 후반 흑해 북부의 유목민 집단으로 기록되어 있는데, 일부 아시리아 문헌에서 '기멜'과 유사한 이름이 등장하기도 한다. 그러나 이러한 연결은 주로 후대의 추측과 전승에 기반한 것이며, 동시대 고고학적 증거나 명확한 언어학적 근거가 부족하다. 또한, 야벳의 후손 중 마대와 마곡의 경우도 연결성이 모호하다. 전통적으로 마대는 메대(메디아) 인들과 연관지어 해석하지만, 고고학적으로는 메대 왕국의 형성과 관련된 여러 자료가 존재하는 반면, 성서 족보에서 마대의 역할이 정확히 어느 시기에 어떻게 편집되었는지는 불명확하다. 마곡 역시 스키타이인 또는 북방 유목민으로 해석되지만, 이 역시 후대 전승과 해석의 산물일 가능성이 크다.

셋째, 성서 족보에는 중복되거나 상충하는 부분이 많다. 예를 들어, 미스라임은 고대 이집트와 직접적으로 연결되는 한편, 동시에 그 후손들 중 일부가 블레셋인의 기원으로 제시되는데, 이는 성서 편집 과정에서 여러 전승이 혼합되었음을 보여준다. 또한, 야벳의 후손 중 한 이름인 룻(Lud)은 어떤 전승에서는 리디아인(Lydia)과 연결되어 터키 서부의 고대 왕국을 대표하지만, 다른 문헌에서는 이집트의 한 지파로 해석되는 등, 동일한 이름이 서로 다른 민족적 정체성을 가리키기도 한다. 더불어, 헷(Heth)은 히타이트족(Hittites)을 나타내는 명칭으로 사용되지만, 때때로 다른 가나안 족속과 중복되어 등장하여 혼란을 일으키기도 한다.

넷째, 성서 족보는 민족의 언어적, 문화적 다양성을 충분히 반영하지 못한다. 셈족과 야벳족으로 단순히 나눈 언어적 구분은 실제로 매우 다양한 집단들을 하나로 묶어버리는 과도한 해석일 수 있다. 예를 들어, 오늘날 언어학적으로는 셈어족 내에서도 아랍어, 히브리어, 아카드어 등 여러 하위 언어군이 존재하며, 각 언어는 서로 다른 문화권과 역사적 경험을 가지고 있다. 그러나 성서 족보에서는 이 모든 다양한 집단들이 한데 묶여 단일한 '셈족'으로 분류된다. 마찬가지로, 야벳족으로 분류되는 민족들도 역사적으로는 인도유럽어족 내에서 매우 다양한 언어와 문화를 가진 여러 민족(예: 그리스인, 슬라브인, 게르만인 등)이 포함될 수 있으나, 성서는 이를 단순히 야벳의 후손으로 포괄하여 하나의 범주로 취급한다.

다섯째, 야벳족에 지나치게 많은 민족이 집중되어 있는 반면, 극동아시아, 중앙아시아(예: 한민족, 만주족, 몽골족), 사하라 이남 아프리카, 유럽 내의 켈트, 슬라브, 게르만, 노르만 등 주요 민족과 오세아니아, 아메리카 원주민 등은 성서 족보에 포함되지 않는다.

중세에는 오랫동안 셈, 함, 야벳이라는 세 조상을 인류의 기원으로 믿었으며, 이를 바탕으로 모든 인류를 셋 중 하나에 속하게끔 분류하려는 시도가 계속되었다. 특히 이 믿음은 중세 기독교적 지리관이라는 강력한 지지 기반을 가졌고, 당시 사회를 지배하던 신앙과 결부되었기 때문에 새로운 인류학적 발견이 있을 때마다 구약의 분류에 끼워 맞추려는 시도가 끊이지 않았다. 이 과정에서 민족 간 지리적 근접성에 기반하여, 역사적 자료의 공백에 수많은 상상을 도입하여 많은 민족을 억지로 셈, 함, 야벳의 후손으로 분류했다.

하지만 이러한 기독교적 분류는 고대 및 중세의 인종적, 지리적, 문화적 다양성을 충분히 반영하지 못했으며, 이를 뒷받침할 만한 역사적 증거도 대단히 부족했다. 따라서 성서 기반의 오리기네스 겐티움은 새로운 지리적, 인류학적 발견이 이루어질 때마다 심각한 충돌을 일으켰다. 특히 대항해 시대 이후 아메리카 원주민, 오세아니아인, 아프리카의 다양한 부족을 발견하면서, 성서에서 비롯된 셈, 함, 야벳 계보를 바탕으로 이들을 설명하려는 시도는 중대한 모순에 봉착했다. 이들은 그저 대척인으로 분류되기도 하였는데, 당시의 상식으로는 대척인은 아담의 자손이 아닐 수도 있었다.•

• 이러한 신학적 딜레마는 1537년에 교황 바오로 3세가 공포한 교황 칙령, 〈지고하신 하느님(Sublimis Deus)〉을 통해서 해결되었다. 교황청에서 아메리카 원주민을 영혼을 가진 인간으로 규정했기 때문이다. 구체적으로 "… 진리 자체이신 예수 그리스도께서 그 믿음을 전파할 자들을 선택하시고, 그들에게 말씀하시되, '가서 모든 민족을 제자로 삼으라'고 하셨으니, 모든 민족은 예외 없이 그 믿음을 받을 수 있음이라. 그러나 인류의 적은 모든 선한 일을 반대하여 사람들을 멸망으로 이끌고자 하며, 이를 보고 질투하여 전혀 듣지 못한 방법을 고안하여 하나님의 구원 말씀을 전하는 일을 방해하고자 하였느니라. 그 적은 그의 추종자들에게 영향을 미쳐, 그들을 기쁘게 하려고 서구와 남미의 인디언들과 우리가 최근에 알게 된 다른 민족들이 무지한 짐승처럼 취급되어야 한다고 주장하였고, 그들이 가톨릭 신앙을 받을 능력이 없다고 하였느니라. … 인디언

후대에 인류학, 고고학, 지리학이 발달함에 따라 새로운 발견과 함께 이러한 중세의 세계관은 수정될 수밖에 없었으나, 여전히 성서적 계보에 대한 믿음은 쉽게 무너지지 않고 오랜 시간 동안 학문적 논쟁의 중심에서 계속 다른 방식으로 변주되었다. 특히 단일기원설과 다지역기원설은 어떤 의미에서 이러한 변주곡의 절정이라고 할 수 있는데, 이에 대해서는 6장에서 자세히 다룬다.

아무튼, 앞서 설명한 대로 마파 문디는 세상을 대략 세 지역으로 나눈다. 그리고 이러한 세계관은 다음과 같은 성서 기반의 인종 구분과 연결되었다.

- 유럽–야벳
- 아시아–셈
- 아프리카–함

중세 이후 유럽인은 야벳의 자손이며, 아시아인은 셈의 자손이고, 아프리카인은 함의 자손이라는 믿음이 확고부동하게 지속하였다. 하지만

(앞 페이지에 이어서)

들이 진정한 인간이요, 그들이 가톨릭 신앙을 이해할 수 있을 뿐만 아니라, 우리가 알기로 그들이 그 신앙을 간절히 받아들이기를 원한다고 믿사오니 … 그 인디언들과, 후에 기독교인들에 의해 발견될 모든 민족은 예수 그리스도의 신앙을 가지지 않았다고 하여, 그들의 자유와 재산을 빼앗을 수 없으며, 그들은 자유롭고 합법적으로 그들의 자유와 재산을 누릴 권리가 있느니라. 그들이 노예가 되는 일은 있을 수 없으며, 만약 그와 반대되는 일이 생긴다면, 그것은 무효이며 효력이 없으리라…"라고 하였다. 이후 점차 T-O 지도에서 등장하는 사람과 땅에 관한 삼분위적 개념은 그대로 사분위적 개념으로 발전했다. 그리고 이는 린네가 인종을 넷으로 구분하면서 점차 확고해졌다. 그러나 이후에도 콘키스타도르의 가혹한 원주민 노예화 시도는 여전했고, 노예제에 관여하는 자를 파문하는 교황의 조치도 스페인의 카를로스 5세에 의해서 취소되었다. 영문판 전문은 다음 링크를 참고하기 바란다. https://www.papalencyclicals.net/Paul03/p3subli.htm

이는 성서의 내용과도 일치하지 않는다. 창세기 9장 20~27절(개역개정)에는 노아와 세 아들의 이야기가 다음과 같이 제시된다.

> 노아가 농사를 시작하여 포도나무를 심었더니
> 포도주를 마시고 취하여 그 장막 안에서 벌거벗은지라.
> 가나안의 아버지 함이 그의 아버지의 하체를 보고 밖으로 나가서 그의 두 형제에게 알리매
> 셈과 야벳이 옷을 가져다가 자기들의 어깨에 메고 뒷걸음쳐 들어가서 그들의 아버지의 하체를 덮었으며 그들이 얼굴을 돌이키고 그들의 아버지의 하체를 보지 아니하였더라.
> 노아가 술이 깨어 그의 작은 아들이 자기에게 행한 일을 알고
> 이에 이르되 가나안은 저주를 받아 그의 형제의 종들의 종이 되기를 원하노라 하고
> 또 이르되 셈의 하나님 여호와를 찬송하리로다 가나안은 셈의 종이 되고 하나님이 야벳을 창대하게 하사 셈의 장막에 거하게 하시고 가나안은 그의 종이 되게 하시기를 원하노라 하였더라.

가나안은 함의 아들이고, 함의 후손은 아프리카인이므로 아프리카인이 야벳의 후손, 즉 유럽인의 종이 되는 것은 하느님의 뜻이라는 해석이 널리 퍼졌다. 그러나 성서의 말을 곧이곧대로 해석하면, 저주를 받은 자는 가나안이며, 그의 아버지인 함이 아니다. 특히 가나안은 팔레스타인 지역에 정착한 민족이며, 흑인이나 아프리카인과 직접 관련이 없다. 그러나 중세 이후의 유럽인은 이 구절을 이용해 아프리카인이 유럽인의 노예가

되는 것이 신의 뜻이라는 해석을 내렸다.[39] 흑인 노예소유주에게 성서 기반의 세계관은 노예제를 정당화하는 중요한 신학적 근거로 사용되었다.[40]

노아가 그의 아들 함의 후손인 가나안을 저주하며 종으로 만들었다는 내용은 중세와 근대 유럽인 사이에서 아프리카인의 노예 상태를 신학적으로 정당화하는 근거로 왜곡되었다. 미국에서의 노예제가 본격화되기 전, 이미 아프리카인에 대한 노예무역은 아랍 세계에서 널리 퍼져 있었다. 노예무역이 유럽과 아메리카 대륙으로 확대되면서 아프리카인은 원래부터 열등한 인종으로 간주되었으며, 심지어 노예로 부리는 것이 성서적 예언의 실현이라는 주장도 대두되었다.[41] 그러나 앞서 말한 대로 함이 아니라 가나안이 저주를 받은 것이며, 설령 가나안의 형제, 즉 함의 다른 후손이 저주를 '덩달아' 받았다고 해도, 구스와 붓이 아프리카인의 조상이라는 주장의 과학적 근거는 찾을 수 없다.

아무튼, 서구 유럽의 오랜 인종적 구분과 신학적 근거를 바탕으로 한 세계관은 근대에 접어들면서도 계속해서 유지되었으며, 이는 점차 더 정교하게 발전된 인간 분류 체계로 변화했다. 이러한 변화는 점차 피부색, 풍습, 외형, 지역적 기원 등을 바탕으로 인간을 유형화하려는 시도로 나타났다. 이는 18세기와 19세기 동안 확산된 인종 이론에 상당한 영향을 미쳤다.

특히 18세기 유럽의 계몽주의 시대에 접어들면서, 인류에 대한 '과학적' 분류에 관한 여러 주장이 제시되었다. 이들 분류법은 피부색, 두개골의 형태, 신체 비율 등 체질적 특징에 지나치게 의존했으며, 과학적 방법론을 기반한다고 주장했지만, 실제로는 중세의 인종적 편견에 부응하는 자의적 연구가 많았다. 성서 기반의 인종적 계보와 소위 '과학적'이라는 분류 방법을 근거로 여러 민족을 문명화되지 못한 열등한 존재이자 처음부터 저주받은 자의 후손으로 간주했으며, 이를 통해 아프리카와 아시아, 아메리카에서의 식민지 경영과 노예제를 합리화했다. 이처럼 중세의 비과학적 세계관은 점점 더 '세련'된 형태로 발전하며, 다양한 인종과 민족을 억압하고 차별하는 사회적 구조의 형성에 기여했다. 이러한 주장은 여전히 서구 대중문화 속에 깊이 자리 잡고 있으며, 다양한 비판에도 불구하고 신학적 모순과 과학적 허구성이 널리 알려지기 시작한 것은 비교적 최근의 일이다.

▣

중세의 인종 개념은 성서적 신학과 고대 그리스-로마의 지리적 해석이 결합하면서 발전하였다. 성경은 노아의 세 아들인 셈, 함, 야벳의 후손들이 세계 각지로 퍼져 나간다고 썼는데, 이 구절에 기초하여 각 대륙의 민족 기원을 설명하였다. 그러나 성서적 계보는 역사적 근거가 부족하고, 민족 간의 지리적, 문화적 다양성을 충분히 설명하지 못했다. 그럼에도 불구하고 중세 유럽의 신학적 세계관은 이러한 분류를 바탕으로 인류를 셈, 함, 야벳의 후손으로 나누고, 이는 후에 유럽 식민주의와 노예 제도를 정당화하는 근거로 활용되었다.

18세기 계몽주의가 도래하면서, 인종에 대한 새로운 과학적 연구가 시도되었으나, 그때의 인종적 분류와 구별은 여전히 중세의 신학적 개념과 긴밀하게 연결되어 있었다. 사실 지금까지도 근근이 지속되고 있는 세계와 인간에 관한 오랜 믿음이다.

5. 요약

중세 유럽은 고대 그리스와 로마의 학문적 유산을 기독교 신학과 융합하여 자연 철학, 지리학, 생물학적 지식을 재구성했다. 특히, 기독교적 세계관과 고대 지식을 조화시키려는 시도가 이루어졌으며, 이시도루스 히스팔렌시스는 이러한 중세적 지식 체계에서 중요한 인물이었다. 그의 저서, 『어원학』은 고대 로마와 그리스의 지식을 기독교적 관점에서 재해석한 백과사전으로, 중세 학문 발전에 중추적인 역할을 했다.

T-O 지도는 기독교적 상징성을 중심으로 세계를 재구성한 중세 지도의 대표적인 형태로, 이는 마파 문디로 발전하면서 종교적, 철학적 메시지를 강조하는 지리적 상상력을 반영했다. T-O 지도는 세계의 중심에 예루살렘을 두고, 지구를 세 대륙으로 나누며 성서의 인종 구분을 바탕으로 한 지리적 이해를 강화했다. 이시도루스는 지구를 아시아, 유럽, 아프리카로 나누고, 인류를 셈, 함, 야벳의 후손으로 분류하였다. 이 과정에서 고대의 지리 및 인종 개념을 종교적 인간관과 결합시켜, 중세 유럽이 세계를 바라보는 방식에 중요한 영향을 미쳤다.

한편, 이시도루스는 인간을 묘사하는 과정에서 기이한 생명체의 존재도 포함시켜, 중세 사회가 자연과 인간의 다양성을 어떻게 인식했는지를 보여주었다. 이러한 관점은 대항해 시대에 유럽의 식민주의 확장과 맞물리며, 비유럽권 민족의 열등성에 관한 편견을 정당화하는 데 사용되었고, 과학적 인종 이론과 식민 통치의 사상적 배경이 되기도 했다.

후주

1. Grant E. *The foundations of modern science in the Middle Ages: their religious, institutional and intellectual contexts*. Cambridge: Cambridge University Press; 1996.
2. Aquinas ST. *The summa theologica: Complete edition*. Catholic Way Publishing; 2014.
3. Lindberg DC. *The beginnings of Western science: The European scientific tradition in philosophical, religious, and institutional context, prehistory to AD 1450*. Chicago: University of Chicago Press; 2010.
4. Barney SA, Lewis WJ, Beach JA, Berghof O. *The Etymologies of Isidore of Seville*. Cambridge: Cambridge University Press; 2006.
5. MacFarlane KN. Isidore of Seville on the Pagan Gods (Origines VIII. 11). *Trans Am Philos Soc* [Internet]. 1980;70(3):1–40. Available from: http://www.jstor.org/stable/1006189
6. Leech L. Etymologiae. In: World History Encyclopedia [Internet]. 2023. Available from: https://www.worldhistory.org/
7. Stevens WM. The figure of the Earth in Isidore's "De natura rerum". *Isis*. 1980;71(2):268–77.
8. Williams J. Isidore, Orosius and the Beatus map. *Imago Mundi*. 1997;49(1):7–32.
9. Hiatt A. Blank spaces on the Earth. *Yale J Crit*. 2002;15(2):223–50.
10. Plato. Timaeus. Translated by Benjamin Jowett. Cambridge, MA: The Internet Classics Archive by Daniel C. Stevenson, Web Atomics; 2023. Available from: https://classics.mit.edu/Plato/timaeus.html
11. 백민관. "대척지". 『가톨릭에 관한 모든 것』. 서울: 가톨릭대학교출판부; 2007.
12. Schaff P. *A Selected Library of the Nicene and Post–Nicene Fathers of the Christian Church*: Volume II. St. Augustine's City of God and Christian Doctrine. Grand Rapids, MI: WM. B. Eerdmans Publishing Company; 1890.
13. Wilford JN. *The Mapmakers, the Story of the Great Pioneers in Cartography – from Antiquity to Space Age*. New York, NY: Alfred A. Knopf; 1981.
14. Hiatt A. *Terra incognita: Mapping the Antipodes before 1600*. Chicago, IL: University of Chicago Press; 2008.
15. Flint VIJ. *The imaginative landscape of Christopher Columbus*. Princeton: Princeton University Press; 2017.
16. Shirley RW. *The mapping of the world: Early printed world maps, 1472–1700*. London: Holland Press; 1993.
17. Skidmore TE. *Brazil: Five Centuries of Change*. Oxford: Oxford University Press; 2009.
18. Ward RB. *The history of Australia: The twentieth century*. Oxford: Oxford University Press; 1977.
19. Blainey G. *The tyranny of distance: How distance shaped Australia's history*. Melbourne: Sun Books; 1966.

20. Flinders M. *A voyage to Terra Australis*. London: G. and W. Nicol; 1814.

21. Hoyland R. Medieval views of the cosmos: Picturing the universe in the Christian and Islamic Middle Ages. In: Talbert RJA, Raaflaub KA, editors. *Cartography in Antiquity and the Middle Ages: Fresh Perspectives, New Methods*. Leiden: Brill; 2005. p. 97–123.

22. Van Duzer C. A neglected type of medieval Mappamundi and its re-imaging in the Mare Historiarum (BNF MS lat. 4915, fol. 26v). *Viator*. 2012;43(2):277–301.

23. Edson E. *Mapping time and space: How medieval mapmakers viewed their world*. London: British Library; 1997.

24. Woodward D, Harley JB. *The history of cartography*, Volume 1: Cartography in prehistoric, ancient, and medieval Europe and the Mediterranean. Chicago: University of Chicago Press; 1987.

25. Neugebauer O. *A history of ancient mathematical astronomy*. Berlin: Springer Science; 1975.

26. Bergant D. *Genesis: In the beginning*. Collegeville: Liturgical Press; 2013.

27. McKeown J. *Genesis*. Grand Rapids, MI: Wm. B. Eerdmans Publishing; 2008.

28. Reynolds S. Medieval 'origines gentium' and the community of the realm. History. 1983;68(224):375–90.

29. Zernatto G. Nation: The history of a word. *Rev Polit*. 1944;6(3):351–66.

30. Anonymous. Gowy [Internet]. 2023 [cited 2024 Oct 29]. Available from: https://www.biblestudytools.com

31. Payne A. *Iron Age Hieroglyphic Luwian Inscriptions*. Society of Biblical Literature; 2012.

32. Milgrom J, Block DI. *Ezekiel's hope: A commentary on Ezekiel 38–48*. Eugene, OR: Wipf and Stock Publishers; 2012.

33. Block DI. *Beyond the River Chebar: Studies in kingship and eschatology in the book of Ezekiel*. Beyond the River Chebar. 2014;107.

34. Boardman J, Edwards IES, Sollberger E, Hammond NGL. *The Cambridge ancient history*. Cambridge: Cambridge University Press; 1992.

35. Gill J. *John Gill's exposition of the entire Bible*. Alabama: Baptist Standard; 1810.

36. Gmirkin R. *Berossus and Genesis, Manetho and Exodus: Hellenistic histories and the date of the Pentateuch*. New York: Bloomsbury Publishing USA; 2006.

37. Schmitz C, Burrowes RD. *Historical dictionary of Yemen*. Lanham, MD: Rowman & Littlefield; 2017.

38. Sadler JR. Put. In: *The New Interpreter's Dictionary of the Bible*. Nashville: Abingdon Press; 2006. p. 691–2.

39. Reeve WP. *Religion of a different color: Race and the Mormon struggle for whiteness*. Oxford: Oxford University Press; 2015.

40. Haynes SR. *Noah's curse: The biblical justification of American slavery*. New York: Oxford University Press; 2002.

41. Errazzouki S. Between the "yellow-skinned enemy" and the "black-skinned slave": Early modern genealogies of race and slavery in Sadian Morocco. *J North Afr Stud*. 2023;28(2):258–68.

5. 근대 초기:
체질인류학의 시작

각 민족의 생활 방식과 성향이 서로 다른 것은,
신체적 형질의 차이와 마찬가지로, 기후나 토양, 지역적 조건
그리고 그 밖의 외적 환경 요인에 크게 기인한다고 보아도 무리가 없을 것이다.
요한 프리드리히 블루멘바흐,
"인간종(種)의 자연적 다양성에 대하여(De Generis Humani Varietate Nativa)", 1775년

인종이란 여러 세대에 걸쳐 지속해서 유지되는 편차를 말하며,
이는 이주(다른 지역으로의 이동) 또는 같은 계통 내에서
다른 편차와의 교배로 인해 발생한다.
이러한 교배는 항상 혼혈 자손을 낳는다.
임마누엘 칸트, 『인류의 다양한 인종에 대하여(Von den verschiedenen Rassen der Menschen)』, 1777년

◈

17세기와 18세기에 이르러 인류를 과학적으로 분류하려는 시도가 본격적으로 이루어졌다. 이 시기에는 인간을 신체적, 지리적 특징에 기반해 다양한 인종으로 나누려 했다. 초기 인종 이론가들은 신체적 외모를 기준으로 인류를 분류하는 데 초점을 맞추었다. 오늘날의 과학적 기준과는 크게 다르지만, 당시 서구 사회에서 인종 구분을 체계적으로 시도한 첫 사례 중 하나다. 인간을 외모의 차이에 따라 몇몇 부류로 나누며, 이들 간의 신체적 차이를 분석하여 인종의 개념을 확립하려고 했다. 비과학적이고 주관적이었지만, 당시 과학적 사고의 한계를 반영하는 중요한 자료다.

18세기 중반에 이르러, 스웨덴의 박물학자 칼 린네(Carl von Linné)는 인류를 포함한 생물 분류 체계를 보다 체계적이고 과학적으로 정립하고자 했다. 린네는 처음으로 인류를 생물학적 분류의 대상에 포함하며, 인간을 네 가지 변종으로 구분했다. 그는 인종 간의 차이를 피부색, 신체적 형질,

그리고 지리적 분포를 기준으로 나누었다. 서구 사회에서 퍼진 인종적 고정관념을 반영한 것이었지만, 린네는 이러한 차이가 단순한 신체적 변종일 뿐, 인종 간의 위계적 차이라고 전제하지 않았다. 그런데도 그의 분류 체계는 이후 인종차별적 담론에 엄청난 영향을 미쳤으며, 이른바 '과학적 인종주의'의 확산을 불러왔다.•

19세기에 들어서면서, 인류의 단일기원설(monogenism)을 기반으로 한 사회적 퇴행 가설이 등장했다. 인류가 하나의 공통된 기원을 가지고 있었으나, 시간이 지나면서 사회적·환경적 요인으로 인해 퇴보했다는 가설은 '과학적 인종주의'와 결합해, 열등하다고 여겨진 인종이나 집단이 사회적으로 퇴화했다고 설명하는 근거로 사용되었다. 일부 학자는 기후 등의 환경적 요인이 인종 간의 차이를 만든 주요 원인이라고 보았으며, 이는 아프리카인과 아메리카 원주민을 열등하게 여기는 서구의 인종적 편견을 강화하는 데 기여했다. 이러한 퇴행 가설은 우생학과 사회 다윈주의와 결합하면서 인종차별적 정책을 정당화하는 논리로 발전했다.

인류를 과학적으로 분류하려는 근대 초기의 시도는 신체적 특징을 기준으로 한 외관 상의 구분에서 출발해, 점차 환경적·사회적 요인을 고려한 복합적인 인종 이론으로 발전했다. 그러나 이러한 초기 이론들은 당대의 과학적 한계와 인종적 편견을 반영하면서, 이후 과학계를 비롯하여 사회, 문화, 경제 등 여러 영역에 오랜 기간 매우 부정적인 영향을 남겼다.

참고로 5장과 6장은 근대 초기와 근대로 나누었지만, 사실 두 시기를

• 참고로 '과학적 인종주의'는 스티븐 제이 굴드가 1981년, 『인간에 대한 오해(the mismeasure of man)』에서 이른바 과학적 연구가 백인 우월주의를 어떻게 추동했는지 설명하면서 유행시킨 용어다. 따라서 여기서 말하는 '과학'은 경멸적인 용어이며, 실제로 과학적이라는 뜻이 아니다.

분명하게 나눌 수는 없다. 종종 과학사에서는 중세(middle ages)는 약 5세기부터 15세기까지, 근대 초기(early modern period)는 약 16세기부터 18세기 중반 사이로, 그리고 근대(modern period)를 18세기 중반부터 20세기 중반까지로, 현대(contemporary period)를 20세기 중반 이후로 나누곤 한다. 그러나 과학사의 시기 구분은 역사가들이 만든 구조이며, 역사 자체에 내재한 것이 아니다. 시기 구분은 주로 세기별로 이루어지지만, 과학 발전의 내부적 또는 자연스러운 진전을 반영하지 않는다. 다만, 역사적 자료를 정리하고, 분류하는 데 필요한 실용적 도구에 불과하다.[1]

이 책에서는 17세기 후반부터 19세기 중반까지 린네의 분류학에 기반한 체질인류학 연구, 특히 블루멘바흐의 인종 이론과 퇴행 가설 등을 '근대 초기: 체질인류학의 시작'으로 구분한다. 아울러 이후 19세기 초반부터 20세기 중반까지 진화이론의 등장 전후로 나타난 체질인류학적 연구를 '근대: 체질인류학의 확산'으로 나눈다.

따라서 5장에서는 중세적 관점의 인종관과 민족관을 변형·계승하는 시기를 다루며, 주로 17세기부터 19세기까지의 발전사를 다룬다. 그러나 퇴행 가설의 일부는 20세기 초까지 이어진다.

6장에서는 진화이론의 등장과 함께 다양한 체질인류학 분야가 나타나고 분화한 시기를 다룬다. 라마르크의 진화이론이 18세기 말에 등장했기 때문에, 6장의 내용은 18세기부터 20세기 중반까지의 학문사를 포괄한다. 따라서 5장과 6장은 시기적으로 엄격히 구분되지 않고, 초기 진화이론 이전과 이후의 학문적 흐름에 따라 나뉜다.

또한, 20세기 초중반부터 본격적으로 나타난 생물인류학의 여러 연구를 '현대: 생물인류학의 새로운 도약' 제하의 7장에서 다룬다. 이는 제2차 세계대전 이후 새로운 체질인류학으로서의 생물인류학이 과거의 실수를 반성하고 재정립하던 시기이다.

진화인류학의 최신 동향에 대해서는 '진화행동인류학의 현재' 제하의 8장에서 다룬다. 행동 다양성에 초점을 맞추어 현재 진행 중인 연구의 학문적 전통을 정리하고 최신 지견(知見)을 제시하고자 했다. 따라서 각 장의 내용은 시기적으로 다소 겹칠 수 있음을 밝힌다.

1. 린네 이전

17세기 프랑스 의사인 프랑수아 베르니에(François Bernier, 1620~1688)[•]는 1684년에 출판된 논문 "다양한 종 또는 인종에 따른 지구의 새로운 구분(Nouvelle division de la terre par les différentes espèces ou races qui l'habitent)"에서 인종을 네 가지로 분류하는 체계를 제안하였다.[2,3] 이는 인종을 체계적으로 구분하려는 최초의 시도 중 하나였다.

베르니에는 당시 프랑스의 대표적 철학자이자 신학자, 과학자였던 피에르 가상디(Pierre Gassendi, 1592~1655)의 제자였다. 가상디는 에피쿠로스학파의 전통에 따라 경험주의 철학을 되살린 인물이다. 데카르트의 합리주의 철학에 반대하여, 감각 경험에 기초한 지식을 강조했고, 실험적 방법론을 주장했다.[4] 가상디의 영향으로 베르니에는 자연 철학에 깊은 관심을 두었고, 철학적, 과학적 사고를 기반으로 세계를 연구하려 했다.

베르니에는 1656년부터 1669년까지 무굴 제국의 아우랑제브 황제의

• 17세기 프랑스의 의사, 여행가, 철학자로서, 파리에서 의학을 공부했다.

궁정 의사로 근무했다. 17세기는 유럽에서 동방에 관한 관심이 커지던 시기였으며, 유럽의 탐험가, 상인, 학자들은 동방의 문화와 과학, 상업에 대해 더 깊이 배우려고 했다. 당시 베르니에는 의사로서 자신의 전문성을 발휘하며 황제의 신뢰를 얻었고, 이러한 기회를 통해 인도와 그 주변 지역을 탐험했다. 다양한 인종과 민족을 접한 경험을 바탕으로 인종에 대한 나름의 분류 체계를 세우게 되었다. 당시까지 서구에서 통용되던 성서 기반의 인류 구분과 달리, 인종을 과학적으로 분류하려는 새로운 시도로, 후에 등장한 여러 인종 이론의 토대가 되었다.

베르니에는 유전적 차이와 환경적 차이를 구분했으며, 환경적 차이에서 기후와 식단의 효과를 언급했지만, 인종의 위계를 설정하지는 않았다. 하지만 유럽인을 표준 인종으로 가정하고, 유럽인의 신체적 특징을 '표준'으로 놓은 다음 다른 인종을 그 기준에 맞춰 비교하며 논의했다.[5,6]

베르니에에 따르면, 첫 번째 인종은 유럽, 사하라 이북 아프리카, 중동, 인도, 동남아시아, 그리고 아메리카에 거주하는 사람들로 구성된다. 이 분류는 주로 피부색, 얼굴 구조, 두개골 형태 등의 신체적 특징을 기준으로 유사한 그룹끼리 묶은 것이다. 특히 유럽인뿐만 아니라 북아프리카인, 인도인, 중동인이 함께 포함된 점이 특징적이다.

두 번째 인종은 사하라 이남 아프리카인 집단으로, 이들은 신체적 특징과 피부색을 기준으로 다른 인종과 구분되었다. 이는 당시 서구 사회의 아프리카인에 대한 시각을 반영한 것이다.

세 번째 인종은 동아시아와 동북아시아, 즉 현재의 중국, 일본, 한국, 몽골 등에 거주하는 사람들로 구성되었으며, 얼굴 형태와 피부색을 기준으로 분류되었다.

네 번째 인종은 사미족(Saami people)으로, 주로 그들의 거주 지역을 중심으로 분류된 그룹이다.[3] 사미족은 라플란드(Lapland, 노르웨이와 스웨덴, 핀란드 북부의 극지)에 사는 반유목 수렵채집인을 말한다.*

베르니에의 네 인종을 지역으로 나누면 다음과 같다.

- 첫 번째 인종: 유럽, 사하라 이북의 아프리카, 중동, 인도, 동남아시아, 아메리카
- 두 번째 인종: 사하라 이남의 아프리카
- 세 번째 인종: 동아시아와 동북아시아 지역
- 네 번째 인종: 북유럽

베르니에의 저작이 나온 지 불과 15년 후, 1699년 영국의 해부학자 에드워드 타이슨(Edward Tyson, 1651~1708)**이 『오랑우탄, 시베 호모 실베스트리스: 피그미의 해부학을 원숭이, 유인원, 인간과 비교하여(Orang-Outang, sive Homo sylvestris: or, the Anatomy of a Pygmie Compared with that of a Monkey, an Ape, and a Man)』 제하의 저작을 출판했다.[7] 호모 실베스트리스는 '숲의 인간'을 의미한다. 타이슨은 오늘날 침팬지로 알려진 동물과 인간을 비교하고, 이를 바탕으로 호모 사피엔스와 유인원 사이의 관계에 대한 혁신적인 주장을 펼쳤다. 이 책에서 타이슨은 이른바 '피그미'라고 불리는 생물(나중에 침팬지로 밝혀진)

---

* 연구에 따라서는 스칸디나비아의 사미족을 세 번째 집단으로, 동아시아의 민족을 네 번째 집단으로 분류하기도 한다.

** 타이슨은 영국의 과학자이자 의사로, 옥스퍼드 대학교와 케임브리지 대학교를 거쳐 의사가 되었고, 런던의 베들렘 병원(영국 최초의 정신병원)에서 일했다.

의 해부학적 특징을 원숭이, 유인원, 인간과 비교하여 상세히 설명하였다. 흥미롭게도 이 책에는 신화적 동물인 사티로스나 스핑크스에 관한 이야기도 등장한다. 사티로스는 그리스 신화에서 반인반수로, 인간의 몸에 염소의 다리와 뿔을 가진 생물로 묘사되며, 스핑크스는 여성의 얼굴, 사자의 몸, 새의 날개, 그리고 뱀의 꼬리를 가진 상상의 생물이다. 타이슨은 이러한 존재들이 유인원일 가능성이 있다고 생각했다.

사실 이러한 주장은 이미 베살리우스가 제기한 바 있으므로 완전히 새로운 생각은 아니었다.[8] 르네상스 시대의 저명한 해부학자 안드레아스 베살리우스(Andreas Vesalius, 1514~1564)는 브뤼셀 출신으로, 1543년 저서 『인체의 구조에 관하여(De Humani Corporis Fabrica)』에서 원숭이와 인간의 해부학적 차이에 대해 언급한 바 있었다.[9] 대대로 의학을 전공한 가문 출신인 베살리우스는 처음에 갈렌의 의학 이론을 충실히 따랐으나, 흑사병이 창궐한 후 갈렌의 이론에 의문을 품게 되었다. 이에 그는 이탈리아 파도바대학교에서 해부학과 외과학을 전공하며, 직접 해부학적 관찰과 실험을 통해 갈렌의 이론을 검증하려 했다. 갈렌이 영장류 간의 유사성을 강조했던 것과 달리, 베살리우스는 인간과 다른 영장류 사이의 차이점을 더욱 강조했다. 갈렌은 인간을 충분히 해부할 수 없었다. 그래서 주로 돼지와 원숭이를 통해 인간 해부학을 유추했지만, 베살리우스는 직접 사체를 해부할 수 있었기 때문에 인간과 영장류를 더 정밀하게 비교할 수 있었다. 그는 원숭이의 뼈와 근육이 인간과 어떻게 다른지를 세밀하게 기술하며, 갈렌이 저지른 여러 실수를 바로잡았다. 두개골, 척추, 늑골, 근육의 구조적 차이를 세세히 기록함으로써, 인간이 영장류와 근본적으로 다른 점을 체계적으로 설명했다.[10]

비슷한 시기 영국의 과학자 로버트 보일(Robert Boyle, 1627~1691)은 당시 유럽에 널리 퍼진 인종 이론과는 달리, 단일기원론(monogenism)에 근거한 인류 기원론을 주장했다. 17세기 영국을 대표하는 자연 철학자이자 과학자인 보일은 과학적 연구를 통해 자연의 법칙을 이해하고자 했을 뿐만 아니라, 신의 섭리를 입증하려고 시도했다. 보일은 자신이 수행한 실험과 연구가 기독교 신앙과 모순되지 않으며, 오히려 신의 창조를 증명하는 증거라고 믿었다.[11] 모든 인간은 원래 백인이었다고 생각한 보일은 시간이 흐르면서 환경적 요인, 특히 기후와 생활 방식에 따라 인간의 피부색이 변했다고 설명했다. 보일은 인간의 피부색 변화를 단지 자연적 과정으로 보았으며, 이를 인종적 우열과 연관 짓지 않았다. 흥미롭게도 보일은 신체적 아름다움의 기준으로 피부색보다 다른 신체적 특징을 중요하게 여겼다. 신장, 신체의 대칭성, 그리고 얼굴 모양을 신체적 아름다움의 주요 기준으로 보았으며, 이러한 신체적 특징이 인간의 미적 기준을 결정한다고 주장했다. 피부색은 상대적으로 덜 중요한 요소로 생각했다.[12,13] 그러나 피부색의 변화를 환경적 요인으로 설명한 것은 이후의 인종 이론에 큰 영향을 미쳤다.

한편, 18세기 초 영국의 박물학자 리처드 브래들리(Richard Bradley, 1688~1732)는 인류를 다섯 부류로 구분하는 인종 분류 체계를 제안했다. 브래들리는 식물학, 농업, 미생물학, 의학 등 다양한 분야에서 연구를 수행하였으며, 왕립학회의 회원으로 활동한 과학자였다. 브래들리는 주로 피부색, 머리카락의 형태, 수염의 유무 등 외형적 특징을 기준으로 인간을 분류하였다. 그의 인종 분류는 대략 다음과 같다.

- 수염이 없는 아메리카 원주민
- 수염이 있는 유럽인
- 구릿빛 피부, 작은 눈, 검고 곧은 머리를 가진 사람
- 검고 곧은 머리를 가진 아프리카인
- 곱슬머리를 가진 아프리카인

리처드 브래들리는 주로 신체적 특징의 외형적 차이를 기준으로 인간을 분류하였다. 먼저 아메리카 원주민을 수염이 없는 특징으로 구분했는데, 이는 당시 서양에서 아메리카 원주민을 바라보는 차별적 시각을 반영한 것이다. 유럽인에게 수염은 남성성을 상징하는 중요한 특징으로 여겨졌기 때문이다. 또한, 브래들리는 구릿빛 피부를 가지고 있고 작은 눈과 검고 곧은 머리를 가진 사람들을 하나의 인종으로 분류하였다. 현대적 관점에서 이는 동아시아인을 지칭하는 것으로 추정된다. 아프리카인에 대해서는 머리카락의 형태에 따라 두 부류로 나누었다. 검고 곧은 머리를 가진 아프리카인을 한 부류로, 곱슬머리를 가진 아프리카인을 다른 부류로 보았다.[14]

▣

린네 이전의 근대 초기 인종 분류 체계는 성서 중심의 분류를 시도한 중세와 달리 과학적 관찰을 통한 객관적 접근을 시도한 것이었다. 피부색, 머리카락 형태, 수염 유무 등 외형적 차이에 기반하여 인종을 체계적으로 나누고자 했다. 그러나 현대 인류학의 기준에 따르면 터무니없는 기준을

적용했고, 기후와 환경의 영향을 강조하면서도 여전히 유럽 중심적 시각을 강화했다는 심각한 제한점이 있다. 이는 후대의 인류학이나 생물학에 간접적 영향을 미치면서, 이후 더 '정교'한 인종 개념과 분류 체계가 등장하는 토대를 마련했다.

2. 자연의 체계

18세기 초, 당시 신세계와 구세계의 여러 지역이 탐험가들에 의해 알려지면서 유럽 과학계의 주요 주제 중 하나인 분류학이 부상했다. 익숙한 유럽의 동식물에 더해 새롭게 발견된 풍부한 생물상은 새로운 정보를 체계적으로 조직할 필요성을 느끼게 했다. 당시 동식물 분류는 많은 과학자의 주요 연구 주제였으며, 이후 19세기까지도 생물학은 거의 분류학에 집중된 분야라고 해도 과언이 아니다. 또한, 이 시기는 유럽인들에게 그전까지는 잘 알려지지 않았던 다양한 인간 집단이 소개되기 시작한 시기이기도 했다. 탐험가들이 관찰한 오지(奧地)의 인간 집단에 관한 기록은 당시의 분류학적 열정을 인간 종으로까지 확대하도록 했다. 이러한 시대적 배경 속에서 스웨덴의 박물학자 칼 린네(Carl von Linné, Carolus Linnaeus, 1707~1778)는 생물 분류에 대한 획기적인 접근을 시도했다.[8]

린네는 스웨덴 남부 지방인 뢰스훌트에서 태어났다. 부모는 목사였지만, 식물에 대한 깊은 관심이 있었으며, 이는 린네에게도 큰 영향을 미쳤다. 린네는 웁살라 대학에서 의학과 식물학을 모두 전공했는데, 당시 웁살라 대학은 의학 교육에서 식물학을 매우 중요하게 다루었다.• 의약품의

• 왕실 주치의를 지냈으며, 웁살라 대학교 총장을 역임했다.

원료가 되는 식물을 연구하는 약리학의 전통에 기인한다. 1732년, 린네는 스웨덴 북부의 라플란드 지역을 탐사하며 북부 스칸디나비아의 다양한 식물, 동물, 지질학적 특성뿐만 아니라 기후, 지리, 문화까지 세밀하게 조사하고 기록했다. 이러한 탐사 경험은 그의 학문적 시야를 넓히는 데 큰 역할을 했다.

1735년, 28세의 나이에 그의 대표작 『자연의 체계(Systema Naturae)』를 처음으로 출간했다. 전체 제목은 『자연의 체계: 자연의 세 왕국을 강, 목, 속, 종에 따라 분류한 체계적 서술(Systema Naturae: sive regna tria naturae, systematice proposita per classes, ordines, genera, & species)』이다. 이 책은 그 당시까지 지배적이었던 성서 기반의 위계질서에서 벗어나, 생물의 공통된 형질을 중심으로 자연을 체계적으로 분류하는 새로운 방법론을 제시했다.[15]

『자연의 체계』 1판은 불과 열한 페이지에 지나지 않았지만, 점차 발전하며 판마다 더 많은 내용을 담게 되었다.[16] 특히 12판은 2,400페이지에 이르러 그 규모가 방대하게 확대되었으며, 생물학 역사에 있어 기념비적인 대저(大著)로 평가받고 있다.[17]

『자연의 체계』 10판(1758년)은 생물 분류학에 있어 중요한 전환점이 되었다. 린네는 이 판에서 처음으로 동물에 이명법(binomial nomenclature)을 도입하였다.[18] 이명법은 각 생물을 라틴어 속명(genus)과 종명(species)으로 명명하는 방법으로, 린네는 이를 통해 생물 분류의 명확성과 체계성을 크게 향상시켰다. 이전에는 동일한 생물이 여러 지역에서 다른 이름으로 불리는 경우가 빈번했으나, 이명법의 도입으로 통일된 명칭 사용이 가능해졌다. 이명법은 오늘날에도 생물학에서 기본적인 분류 원칙으로 자리 잡고 있다. 또한, 12판(1766~1768)에서는 식물에도 이명법을 적용함으로써 식물학 분야에서도 체계적이고 표준화된 분류 방법을 확립하였다. 이러한 업적으로 인해 린네는 '근대 분류학의 아버지'로 불리게 되었다. 1778년 사망 이후에 13판이 출간되었지만,[16] 일반적으로 12판이 『자연의 체계』의 최종판으로 간주되고 있다.

첫 번째 판에서 칼 린네는 인간을 동물계(Kingdom Animalia)에 포함했다.* 초기 인종 분류가 인간을 그의 분류 체계에 포함하는 데 영향을 미쳤는지는 명확하지 않다. 그는 인간을 네발동물(Quadrupedia)에 속한다고 분류했으며, 이는 오늘날 우리가 알고 있는 포유류 대부분을 포함하고 있었다. 그러나 분류 체계가 정교하지 않아 일부 동물들이 부정확하게 네발동물에 포함되기도 했다. 이후 10판에서는 포유류(Mammalia, 포유강)라는 이름으로 정정되었다. 어미가 새끼에게 젖을 먹이고, 네 개의 다리가 있으며, 털을 가지고 있는 특징을 지닌다는 것이다.

특히 인간은 당시 인간류(Anthropomorpha)라는 범주에 포함되었는데, 이 범주에는 원숭이(*Simia*)와 나무늘보(*Bradypus*)도 함께 속해 있었다.[15] 인간을 동물과 같은 계열로 분류하는 혁신적인 시도였지만, 후속판에서는 인간류라는 용어를 제거하고 대신 영장류(Primates)라는 새로운 분류로 대체되었다. '영장류'라는 분류는 오늘날에도 인간을 포함하는 핵심적인 동물 분류 체계로 자리하고 있다. 린네의 방대한 분류 체계가 널리 수용됨에 따라, 당시 대중은 인간도 다른 동물들에게 적용되는 동물학적 기준을 적용할 수 있는 유기체 세계의 일원이라는 개념에 점차 익숙해지게 되었다.[8]

9판까지 린네는 인간, 즉 호모 사피엔스(*Homo sapiens*)의 특징을 '노스케 테

---

* 린네는 'Regnum Animale'이라고 지칭했다. 자연의 체계는 크게 'Regnum Animale(동물계)', 'Regnum Vegetabile(식물계)', 'Regnum Lapideum(광물계)'로 구분된다. 린네는 다양한 금속과 암석 등을 분류하려고 시도했다.

입숨(Nosce te ipsum)'으로 정의했다. 이 문구는 고대 그리스 델포이 신전의 입구에 새겨진 '너 자신을 알라'는 뜻으로, 인간이 자아를 인식하는 능력을 갖추고 있음을 상징적으로 나타낸 것이다. 린네는 인간을 생물학적 분류 체계에서 특별한 존재로 규정하면서, 자아 인식이라는 철학적 개념을 강조했다. 그러나 10판(1758)부터는 이 문구가 삭제되었고, 대신 인간을 포유류 분류 내에서 영장류에 포함했다. 린네는 인간을 영장류로 분류함으로써, 인간이 다른 영장류와 생물학적 유사성을 공유한다는 점을 강조했다. 그리고 인간의 정의를 다음과 같이 내렸다.[19]

> Homo sapiens. Diurnus; varians cultura, loco.(호모 사피엔스. 주행성; 문화와 장소에 따라 다양한 변종이 있음.)

재미있게도 린네는 인간과 원숭이, 유인원 그리고 큰박쥐(*Vespertilio*)를 함께 영장류에 넣었다.[20] 베스페르틸리오(Vespertilio)는 '저녁'을 의미하는 라틴어 단어 '베스페르(vesper)'에서 유래하였으며, 이는 박쥐의 야행성 특성을 반영한 것이다. 린네는 박쥐의 생리적 또는 신경학적 특징보다는 행동적 특징에 기초하여 이 이름을 부여하였다. 약 20년 후, 독일의 박물학자 블루멘바흐는 박쥐의 속명을 키로프테라(*Chiroptera*)로 변경하였다. 이 명칭은 그리스어에서 유래한 것으로, '손(cheir)'과 '날개(pteron)'를 결합하여 박쥐의 전형적인 신체구조, 즉 날개처럼 변형된 앞다리를 반영한 것이다.[21] 흥미롭게도 이러한 주장은 최근에 재현되기도• 하였는데,[22] 크게 지지를 받지

• 호주의 신경과학자 존 페티그루(John Pettigrew)는 1986년에 큰박쥐(Megabats)가 영장류와 유사한 신경 경로를 가지고 있다는 이른바 '비행 영장류 가설(Flying Primate Hypothesis)'을 제기했다. 페티그루

는 못했다.[23]

아무튼, 린네는 인간을 호모 사피엔스라는 종명으로 분류하면서 네 가지 변종(varietas)으로 세분화했다. 그는 이 변종을 주로 인종적 특징과 지리적 구분에 따라 나누었다. 네 가지 변종은 다음과 같다.

- Europaeus albus: 백인, 즉 유럽인을 의미하며, 주로 유럽에 거주하는 사람들
- Americanus rubescens: 붉은색 피부를 가진 아메리카 원주민
- Asiaticus fuscus: 어두운 피부를 가진 아시아인으로, 동아시아와 동남아시아의 사람들을 포함
- Africanus niger: 검은 피부를 가진 아프리카인으로, 사하라 이남 아프리카의 사람들

린네는 변종을 주로 외형적 특징에 기반하여 구분했다. 인간을 유럽인, 아메리카인, 아시아인, 아프리카인으로 나누면서 각각 백색, 홍색, 황색, 흑색이라는 피부색을 기준으로 분류했다. 이러한 분류 방식은 당시 서구에서 널리 퍼져 있던 인종적 고정관념을 반영하고 있으며, 지금의 눈으로 보면 비과학적이고 차별적으로 여겨진다. 그러나 린네의 분류는 단순히 피부색에만 의존한 것이 아니었다. 외형적 특징의 차이가 기후와 지리적 분포에 따라 발생한다고 보았으며, 인간의 신체적 차이를 기후적 요인에

(앞 페이지에 이어서)

에 따르면, 큰박쥐는 영장류와 마찬가지로 망막에서 중뇌로 이어지는 시신경 경로를 보유하고 있으며, 이는 '날아다니는 영장류'라는 가설을 뒷받침한다고 주장했다. 특히 그는 큰박쥐와 작은박쥐가 독립적으로 날개를 진화시켰으며, 큰박쥐가 영장류와의 진화적 관계를 맺을 가능성이 있다고 보았다.

의해 형성된 가변적 특성으로 이해했다. 린네에 따르면 인종적 차이는 생물학적으로 고정된 것이 아니라 환경에 따른 변종이었다.[24]

흥미롭게도 칼 린네는 인간을 분류할 때, 여러 종명을 나열하지 않고 변종들•(varietates)이라는 용어를 선택했다. 이는 린네가 인간을 단일 종으로 간주했음을 시사한다. 인류 집단 내의 차이를 고정된 하위 종으로 나누기보다는 기후와 환경에 따라 변화된 신체적 형질로 이해했던 것이다. 이러한 접근은 당시 유럽에서 널리 퍼져 있던 인종적 고정관념에서 벗어나려는 시도였다. 린네는 인류의 집단 간 차이를 고정된 인종적 구분이 아닌, 자연적이고 환경에 따른 변화로 설명하고자 했다.[14,25]

아마 처음에는 인류를 아예 단일 집단으로 생각했던 것으로 보인다. 1737년에 쓴 『식물학 비평(Critica botanica)』에서 이렇게 말했다.

> 성서에 기록된 대로 하나님은 사람을 창조했다. 사소한 차이로 사람을 분류할 수 있다면 세상에는 수천 종의 사람이 있을 것이다. 예를 들어 머리칼의 색에 따라 빨갛거나 하얗거나 까맣거나 혹은 잿빛으로 말이다. 하얀 안색, 붉은 안색, 갈색 안색, 검은 안색으로 나눌 수도 있을 것이다. 코가 곧은지, 뭉툭한지, 비뚤어졌는지, 납작한지, 비스듬한지에 따라 나눌 수도 있다. 키가 큰 사람과 작은 사람, 뚱뚱한 사람과 마른 사람, 꼿꼿한 사람과 구부정한 사람, 약한 사람과 절뚝거리는 사람도 있을 것이다. 제정신을 가진 사람이라면 이런 식으로 종을 나누는 경박한 일을 하진 않을 것이다.[26]

• varietas의 복수형은 varietates다.

린네는 당시 인간을 외형적 차이에 따라 구분하려는 경향에 대해 비판적 시각을 가졌다. 머리카락 색, 피부색, 코의 형태, 키, 체형, 정신적 상태 등 외형적 특징을 기준으로 인간을 분류하는 방식이 과학적으로 비합리적이며 불필요하다는 지적이다. 린네는 인류의 다양성을 인정하면서도, 이를 근본적인 종 간 차이로 나누기보다는 과학적·철학적 관점에서 하나의 종 내에서 발생하는 변화로 간주하려고 시도했다.

인류 분류에 대한 린네의 견해는 시간이 지남에 따라 점차 세부적이고 복잡한 방향으로 변화하였다. 미발표 원고인 『인간류(Anthropomorpha)』에서는 인류의 여러 변종을 더욱 상세하게 기술하려는 시도가 보인다. 린네는 단순히 기후와 지리적 요인에 의한 신체적 차이를 넘어, 생리적 및 문화적 요인까지 고려한 복합적 접근을 시도하였다. 린네는 인간의 다양성을 이해하기 위해 고대 그리스의 체액설을 참고하였으며, 플리니우스의 『박물지』에서 발췌한 자료를 활용했다. 이를 통해 인간의 변종을 더 구체적으로 정의하기 위한 과학적 및 역사적 자료를 통합하려 하였다.[27] 이러한 분류 시도는 당시로서는 혁신적이었으나, 현대적으로 보면 비과학적이며 인종적 편견을 강화하는 근거로 작용했다.

1758년, 10판에서 칼 린네는 인간에 관해 5페이지에 걸쳐 자세히 다루었다. 네 가지 대륙(유럽, 아시아, 아메리카, 아프리카)과 네 인종을 고대 그리스의 사상인 네 가지 원소(불, 공기, 흙, 물) 및 네 가지 체액(혈액, 황담즙, 흑담즙, 점액)과 연결하며 인종 간의 차이를 다루었다. 자연 철학적 개념을 인류 분류에 적용하여, 각 인종의 성격, 건강 상태, 도덕성, 그리고 심지어 옷차림과 사회적 특성의 차이를 설명하려고 한 것이다.[28] 정리하면 대략 〈표 4〉와 같다.

표 4 『자연의 체계』 10판에 실린 인간의 네 변종

	아메리카인	유럽인	아시아인	아프리카인
피부색	홍색	백색	황색	흑색
의학적 기질	황담즙질	다혈질	우울질,흑담즙질	점액질
신체적 자세	꼿꼿함	근육질	뻣뻣함	늘어짐
머리칼 색깔과 형태	곧고 두꺼운 검은 모발	많은 양의 노란색 모발	흑발	진한 색의 땋은 머리
동공의 색깔, 얼굴과 몸의 특징	벌어진 콧구멍, 주근깨, 턱수염이 없는 얼굴	파란 눈	진한 눈	비단 같은 피부, 평평한 코, 부푼 입술, 긴 음순을 가지고, 젖이 많이 나오는 여성
행동	불굴의 태도 쾌활함 자유로움	가벼움 현명함 혁신적	엄격함 오만함 탐욕스러움	교활함 나태함 방심을 잘하는
옷차림	자신의 몸에 붉은 색으로 미로 같은 그림을 그림	달라붙는 옷으로 몸을 감쌈	헐렁한 옷으로 몸을 감쌈	몸에 지방을 바름
사회의 지배 원리	관습	의식(rites)	의견	변덕스러운 선택

린네는 고대 그리스의 4체액설과 자연철학적 개념을 결합하여 인종 간의 신체적 특성뿐만 아니라 성격적, 도덕적 속성까지 연관 짓고자 했다. 기후와 지역적 환경이 인간의 외형적 특성뿐만 아니라 성격과 행동에도 영향을 미친다고 설명하면서, 각 인종을 독립된 성격적 특성을 지닌 존재로 묘사했다. 이러한 접근은 당시 지배적이었던 인종적 고정관념을 반영한 것으로, 비과학적이고 편견에 근거한 서술을 포함하고 있다.

린네는 아메리카 원주민을 독립적이고 불굴의 성격을 지녔으며, 강인하고 자신만의 방식에 고집스러울 정도로 충실하다고 보았다. 사회적·문화적 다양성을 간과한 단순화된 평가로 원주민에 대한 고정관념을 드러내고 있다. 반면, 유럽인에 대해서는 쾌활함과 자유로움을 가진 사람으로 묘사하며, 활발하고 혁신적인 특성, 그리고 이성적이고 창의적인 성향을 강조했다. 이러한 묘사는 서구 중심적 세계관을 반영한 것으로 유럽인을 개방적 기질을 지닌 이상화된 존재로 그려냈다.

아시아인에 대해서는 엄격함과 오만함, 그리고 탐욕스러움을 지닌 사람으로 설명하였다. 신중하고 계획적이지만, 때로는 자만하고 엄격하며 물질적 탐욕을 가진다고 묘사하였다. 아시아의 문화적 복잡성을 고려하지 않은 단편적인 시각을 보여준다. 아프리카인에 대해서는 교활함과 나태함, 그리고 방임적 성격을 강조하며, 게으르고 느긋한 성향으로 기술하였다. 이러한 설명은 아프리카인의 다양성과 여러 문화적 배경을 충분히 반영하지 못한 편견에 기초한 평가였다.[28]

린네는 네 인종을 각 대륙과 연관시키며, 동시에 체액설에 맞추려 했지만, 이 과정에서 여러 불일치가 발생했다. 먼저, 유럽인은 백색 피부를 가졌다고 설명했으나, 다혈질은 붉은색과 관련이 있다. 아시아인은 황색 피부를 가졌다고 기술했지만, 우울질은 검은색과 연관된다. 아프리카인의 경우는 모순이 더욱 명확하다. 린네는 아프리카인의 피부를 흑색으로 설명했으나, 체액설에 따르면 점액질은 흰색과 연결된다. 마지막으로 아메리카 원주민은 홍색 피부를 가졌다고 설명했지만, 황담즙은 노란색과 연관되어 있다. 이러한 점에서 린네의 분류는 중세 의학적 이론에 비추어 보더라도 터무니없다고 할 수 있다.[14]

이에 더해서, 10판에서 린네는 다섯 번째 변종(*Homo sapiens monstrosus*)을 기술하고 있다. 이 범주는 주로 환경적 영향이나 유전적 요인으로 인해 발생한 특이한 인간 유형을 포함한다. 그는 이들을 '기형적 인간'으로 분류했다. 이에 속하는 인종 또는 변종은 일반적이지 않은 신체적 특징이나 생활 방식을 가지고 있다는 것이다.

예를 들어, 알프스처럼 높은 산에 살며 체구가 작고 민첩하며 수줍음이 많은 알피니(Alpini)는 높은 산악 환경에서 살아가는 데 적응한 결과라고 보았다. 이밖에도 고환이 하나만 있어서 번식력이 낮은 남아프리카의 호텐토트(Hottentots, monorchides), 코르셋과 같은 복장 문화의 영향을 받아 인위적으로 허리를 지나치게 잘록하게 만든 유럽 소녀(Juncae puellae abdomine attenuato) 등이 있다. 또한, 매우 키가 큰 파타고니아인(Patagonians)과 키가 작은 북유럽의 라프족(Lapps, 혹은 사미족)에 관한 기술도 포함되어 있다.[28] 린네는 이러한 사례를 환경적, 문화적, 생리적 요인에 의한 변종으로 기술했다. 그러나 현대적 관점에서 볼 때, 그의 분류는 비과학적이며 당시의 인종적, 문화적 편견과 잘못된 생리학적 지식에 기초한 것이었다.[29]

린네는 중세 철학자인 성 아우구스티누스나 이시도루스와 달리, 인간을 포함한 생명체를 특정한 위계에 따라 분류하지 않았다. 중세 철학자들은 자연을 위계적으로 설명하며, 인간의 위치를 신성한 질서 내에서 정하려 했다. 반면, 린네는 더욱 체계적인 생물 분류 방법을 사용하여 생명체의 공통점과 차이점을 설명하는 데 초점을 맞추었다. 그러나 린네가 제시한 인간 분류는 예외였다. 그의 분류 기준에는 일정한 순서와 가치 판단이 내재해 있었다. 1판에서 호모 사피엔스를 네 가지 변종으로 나누었는데, 이들은 유럽인, 아메리카인, 아시아인, 아프리카인의 순서로 제시되

었다. 당시 유럽인이 가지고 있던 서구 중심적 세계관을 반영한 것이다.[15]

린네가 이처럼 분류한 이유 그리고 이 분류법이 미친 영향에 관해서는 여전히 논란이 분분하다. 법의인류학자 크리스틴 B. 퀸틴(Christine B. Quintyn)은 린네의 분류가 단순한 과학적 분류를 넘어, 사회에서 인종적 위계질서를 정당화하는 도구로 사용되었다고 지적한다. 린네는 인간을 특정한 위계로 나누지는 않았지만, 그의 분류 체계가 인종 간의 우열을 암묵적으로 시사하며, 이는 사회적 차별을 강화하는 기반이 되었다는 것이다.[30] 그러나 스티븐 제이 굴드(Stephen Jay Gould, 1941~2002)와 생물인류학자 케네스 케네디(Kenneth A. R. Kennedy, 1930~2014)는 린네의 관심이 인종적 우열에 있지 않았고, 인간의 지리적 이해에 기반한 생물학적 다양성을 강조한 것이라고 해석한다.[24,31]

사실 린네의 강의 노트와 미발표 원고 『인간류』 등을 확인해보면, 아시아인이 가장 먼저 등장하고, 그 뒤로 유럽인, 아메리카인, 아프리카인이 따라오는 순서다.[27] 이러한 순서의 변화는 린네의 분류 체계가 고정된 것이 아니라 유동적임을 보여준다. 또한, 10판부터는 아메리카인이 가장 먼저 등장하기 시작했으며, 그 뒤를 유럽인, 아시아인, 아프리카인이 따랐다.[28] 그럼에도 불구하고, 린네는 언제나 아프리카인을 마지막 순서에 배치했고, 다른 인종에 비해 상대적으로 부정적 설명을 이어갔다. 아마도 린네는 인종 간의 차이를 기후와 환경적 요인으로 설명하려 했음에도 불구하고, 여전히 아프리카인에 대한 당시 서구의 보편적 견해에서 의식적 혹은 무의식적으로 벗어날 수 없었던 것으로 보인다.

▣

린네의 진짜 의도는 명확하게 알 수 없지만, 그의 저작이 수 세기 동안 반복해서 읽히고 해석되면서, 자연스럽게 인종 위계를 암시하게 된 것은 사실이다. 체액설을 무리하게 적용한 분류 방식 또한 과학적 측면에서 문제점이 크다. 그러나 인간을 단일 종으로 간주하고 다양성의 원인을 환경에 따른 변이로 생각했다는 점에서, 위계에 기반한 신학적·전통적 해석을 넘어서려 했다는 큰 의의가 있다. 하지만 19세기와 20세기에 이르러, 그의 분류는 인종주의적 담론과 결합하여 인종차별을 정당화하는 '과학적' 근거로 오용되었고, 이는 린네가 예상하지 못한 결과였다.

3. 블루멘바흐

사회적 퇴행 가설(social degenerative hypothesis)은 18세기에서 19세기에 걸쳐 유행했던 사상이다. 인간의 단일기원설에 기반한 주장으로, 초기의 우수한 단일 인류가 시간이 지나며 여러 분파로 나뉘게 되었고, 그러면서 문화와 체질이 퇴보했다는 것이다. 사회적 퇴행 가설의 생물학적 근거로 19세기 프랑스의 생물학자 라마르크의 진화이론이 제시되곤 했다. 장 바티스트 라마르크는 생물체가 후천적인 환경 변화에 따라 특성을 획득할 수 있으며, 이러한 형질은 다음 세대에 유전된다고 믿었다. 이른바 획득형질의 유전 이론, 라마르크주의(Lamarckism)다. 사회적 퇴행 가설을 따르는 학자들은 사회적 또는 문명적 퇴보를 겪으면, 그 결과가 생물학적 퇴행으로 이어져 후손에게 유전될 수 있다고 보았다.[32] 이 이론은 당시 '과학적 인종주의(scientific racism)'와 우생학(eugenics)에 깊은 영향을 미쳤다. 퇴화한 인종이나 집단을 '개선'하거나, 열등한 인종으로 규정된 집단을 배제해야 한다는 우생학적 주장과 연결되면서, 19세기와 20세기에 걸쳐 인종차별과 우생학 정책을 정당화하는 근거로 사용되었다. 특히 서구 사회에서 비서구권 민족이나 사회를 '퇴화한' 집단으로 보고, 이들에 대한 식민주의적 지배와 억압을 합리화하는 논리로 발전했다.

프랑스의 박물학자 조르주-루이 르클레르, 콩트 뒤 뷔퐁(Georges-Louis Leclerc, Comte de Buffon, 1707~1788)은 초기의 단일 기원을 가진 생물 종이 서로 다른 지역으로 퍼져 나가면서 개선되거나 퇴화했다고 주장한 대표적 학자다. 이 시기는 인간의 '인종' 개념이 여러 방법으로 정의되고, 다양한 인종 분류 체계가 제안되던 때였다. 뷔퐁은 사회적 퇴행 가설을 지지하며, 기후 변화가 종의 진화와 퇴화를 주도하는 중요한 요소라고 보았다.[33] 뷔퐁은 동일한 환경에 있는 동식물이 서로 다른 형질을 가지는 현상을 관찰하며, 기후가 생물에 미치는 영향을 연구했다.[34,35] 예를 들어, 아메리카 대륙이 유럽보다 더 춥고 습하다는 이유로, 아메리카의 생물 종이 유럽보다 다양하지 않고, 크기도 작다고 설명했다. 이러한 환경적 요인이 생물의 퇴행을 일으켰다는 것이다. 뷔퐁의 가설은 인간에게도 적용되었다. 뷔퐁은 아메리카 원주민이 기후의 영향을 받아 열등하게 퇴화했다고 묘사했으며, 이들이 타인에 대한 감정을 느끼지 못하고, 심지어 사랑조차 할 수 없다고 주장했다. 이러한 생각은 아메리카 원주민에 대한 인종주의적 관점의 일부로, 서구의 우월성을 정당화하는 데 사용되었다.[35]

동시대 인물인 임마누엘 칸트(Immanuel Kant, 1724~1804)도 인종과 인류 진화에 대해 철학적 입장의 글을 남긴 바 있다. 『철학에서 목적론적 원리의 사용에 대하여(Über den Gebrauch teleologischer Prinzipien in der Philosophie)』에서 목적론적 원리를 철학에 적용하면서, 인간의 기원과 인류의 자연적 법칙을 설명하려고 시도했다.[36] 자연의 모든 현상에 목적이 있으며, 인간의 진화와 인종적 차이도 목적론적 관점에서 이해해야 한다는 것이다. 특히 『인류의 다양한 인종에 대하여』에서 칸트는 모든 인류가 동일한 조상으로부터 기원했다는 점에서 하나의 종이라고 주장했다.[37] 따라서 인종은 고정된 특성이 아니라, 환경적 요인에 의해 형성된다고 보았다. 기후, 음식, 생활 방식과 같은 요소가 피부색, 신체적 특성, 문화적 행동에 영향을 미쳐 점차 인종적 특성을 결정하게 되었다는 것이다. 칸트는 이 과정이 기후와 환경의 변화로 인해 촉발되었으며, 다양한 인종과 민족의 여러 특성이 이러한 변화의 결과라고 믿었다.[38]

특히 칸트는 인간이 땀을 흘리는 동물이라는 점에 주목했다. 칸트는 피부에서 일어나는 발한(땀 배출)이 인종 간의 차이를 나타내는 중요한 요인이라고 주장했다. 더불어, 피부색이 퇴행의 정도를 평가할 수 있는 지표라고 보았다. 피부색이 인간이 환경에 어떻게 적응해왔는지, 그리고 그 적응 과정에서 얼마나 '퇴행'했는지를 보여준다고 생각한 것이다. 이러한 견해에 따르면, 피부색에 따라 인류의 위계가 결정될 수 있다는 논리가 도출된다.

칸트는 인종을 영구적으로 변하지 않는 종적 특성으로 정의하지 않았다. 그는 인류의 기원을 단일한 출발점으로 보고, 환경에 따라 인간의 특성이 세대를 거치면서 변화한다고 생각했다. 그러나 동시에 한 번 형성된 특성은 불변적이라는 모순된 견해를 보였다.[36,37,39] 칸트의 이러한 이론은 당대의 인종적 편견과 결합하여, 인종 간의 우열을 논하는 데 사용되기도 했다. 그는 유럽인을 가장 우월한 인종으로, 아프리카인과 아메리카인을 덜 발달한 인종으로 분류하였다. 칸트가 단일기원설을 지지하면서도 이에 퇴행 가설을 결합하여 제시한 주장은 인류의 다양성에 대한 서구 중심의 위계적 사고를 강화하는 근거가 되었다.

이러한 배경 하에서 괴팅겐 대학을 중심으로 인류의 기원과 분류에 관한 근대적 연구가 시작되었다. 요한 프리드리히 블루멘바흐(Johann Friedrich Blumenbach, 1752~1840)는 18세기 후반 독일의 괴팅겐 대학을 중심으로 활동한 생물인류학자이자 이른바 괴팅겐 역사학파(The Göttingen School of History)의 일원이었다. 18세기 말에서 19세기 초 독일 괴팅겐 대학교•를 중심으로 형성된 학자 집단인 괴팅겐 역사학파는 주로 자연과학, 인류학, 철학 분야에서 활발한 학문적 활동을 펼쳤다.•• 고전 철학과 고대 텍스트에 관한 연구를 통해 서양 지식의 역사와 인류의 기원을 설명하는 이론을 제시했으며, 인류학적 연구를 서구적 기준으로 정리하는 작업을 수행하기도 했다. 인간의 신체적 차이뿐만 아니라, 언어와 문화 같은 비물질적 요소를 포함한 인간 다양성을 이해하는 데 초점을 맞췄다.[39]

특히 요한 크리스토프 가테러(Johann Christoph Gatterer, 1727~1799), 아우구스트 루트비히 슐뢰처(August Ludwig von Schlözer, 1735~1809), 그리고 요한 고트프리트 아이크호른(Johann Gottfried Eichhorn, 1752~1827)은 역사학의 발전에 이바지했

• 정식 교명은 게오르크 아우구스트 대학교 괴팅겐이다.

•• 괴팅겐 학파는 다양한 분야의 학자를 망라하는데, 광물학자이자 지질학자인 아브라함 고틀롭 베르너(Abraham Gottlob Werner, 1749~1817), 생리학자 알브레히트 폰 할러(Albrecht von Haller, 1708~1777), 고대사와 고전학을 전공한 크리스티안 고틀롭 하이네(Christian Gottlob Heyne, 1729~1812), 물리학자이자 풍자 작가인 게오르크 크리스토프 리히텐베르크(Georg Christoph Lichtenberg, 1742~1799) 등이다.

으며, 학문적 방법론을 체계화하는 시도를 통해 역사적 연구를 과학적으로 접근하고자 했다. 가테러는 역사적 비교 방법론을 도입한 초기 학자로서, 역사의 체계적 연구를 지향했다. 역사적 문서 비평을 중시했으며, 인류 문명의 발전 과정을 분석하는 데 기여했으나, 인류 진화나 인종적 차이를 과학적으로 분석한 기록은 없다.[40] 한편, 슐뢰처는 세계사를 지리적, 기후적 요인에 따라 설명하려 했으며, 이러한 요인이 인류의 문화와 사회 구조를 형성하는 데 중요한 역할을 한다고 주장했다. 연구는 주로 역사적 맥락에서 지리적 요인의 중요성을 강조했으며, 인종적 특성에 대한 과학적 분석보다는 환경과 문명의 관계를 중점적으로 다뤘다.[41] 아이크호른은 성서학과 역사학의 접점에서 활동하며, 구약성서를 역사적 맥락에서 비평, 분석하여 인류의 기원에 대한 자료로 활용했다. 인류 진화나 인종적 차이를 과학적으로 설명하는 것이 아니라 문헌 비평과 역사적 해석에 초점을 맞추고 있었다.[42] 이들은 모두 인류의 역사와 문화적 다양성을 연구하는 데 관심을 가졌지만, 직접 초기 인류학이나 인종적 다양성에 관한 과학적 연구에 중대한 역할을 하지는 않았다.

그러나 블루멘바흐는 인종에 관한 연구에 천착했다. 당시 독일 생물학과 인류학의 발전에 크게 기여한 학자로, 그때까지 널리 받아들여졌던 자연발생설과 모든 생명체가 이미 발달의 모든 단계를 완벽하게 갖추고 태어난다고 보는 전성설(preformation theory)을 모두 반박하고, 생물이 성장하고 발달하면서 점차 복잡한 구조를 형성해 나간다는 에피제네시스(epigenesis) 이론을 주장했다. 또한, 블루멘바흐는 비교해부학 분야에서도 큰 역할을 했다. 동물과 인간의 구조적 차이를 연구하면서, 발달과 번식을 설명하는 생명력으로서의 형성 본능(nisus formativus, Bildungstrieb)을 제안했다. 동물과 식물 등이 고유한 종의 형태를 이루고 이를 유지하려는 경향이 있으며, 손상된 경우 이를 복구하려고 노력한다는 것이다. 바로 이것이 생물을 무생물과 구분해주는 특성이며, 따라서 모든 생명체는 각자 고유의 발달과정을 거치게 된다고 주장했다.[43-45]

괴팅겐 의과대학에서 공부한 블루멘바흐는 1775년 졸업 논문으로 "인류의 자연적 다양성에 관하여"를 제출했다.[46] 이 논문은 인간의 신체적 차이를 연구하고, 인종적 다양성을 과학적으로 설명하려는 시도를 담고 있었다.[44] 두개골 형태에 따라 인류를 여러 인종으로 나누었으며, 이를 통해 다양한 인종적 차이를 과학적으로 설명하려 했다. 그래서 종종 '생물인류학의 창시자'로 불린다.[8] 블루멘바흐의 연구는 당시 '과학적 인종주의' 논의와 밀접하게 연결되었지만, 인류의 공통된 기원과 본질적인 평등성을 주장함으로써 인종차별적 이론을 경계하는 태도를 보였다.

블루멘바흐는 두개골 해부학 및 피부색에 따라 인간의 생물학적 다양성을 다섯 부류로 구분했다(〈그림 3〉).[•] 인간은 하나의 종이지만, 다음과 같은 다섯 변종으로 나뉜다고 생각했다.[47]

- 코카서스인(the Caucasian): 유럽인과 중동인, 남아시아인/백색 피부
- 몽골인(the Mongolian): 모든 동아시아인/황색 피부
- 말레이인(the Malayan): 동남아시아인 및 태평양 도서 지역 원주민/갈색 피부
- 에티오피아인(the Ethiopian): 사하라 이남 아프리카인/흑색 피부

• 블루멘바흐는 린네의 체액 이론을 폐기했지만, 각 대륙과 인종의 연결성이라는 개념은 유지했다. 처음에는 네 유형으로 분류했다가, 이후 새로 발견된 오세아니아 지역의 민족을 더하여 총 다섯 유형의 인종을 각 지역에 연결했다.

• 아메리카인(the American): 모든 아메리카 원주민/홍색 피부

먼저 유럽, 서아시아, 북아프리카에 사는 백인을 코카서스인으로 분류했다. 그러고는 코카서스인이 인류의 '원형'이며, 이들의 신체적 특징을 가장 이상적이라고 평가했다. 코카서스 지역의 지형과 기후가 인류를 위한 이상적 환경이었다고 생각한 블루멘바흐는 백인이 '원래'의 인종적 특성을 가장 잘 유지하고 있다고 주장했다. 인류의 기원은 백색 피부에서 출발했으며, 환경적 요인이 인류의 신체적 차이를 만들어냈다는 이야기다. 예를 들어, 아시아인의 황색 피부는 추운 기후와 바람에 의한 결과라는 것이다. 이처럼 블루멘바흐는 환경결정론적 시각을 가지고 있었으며, 인종 간의 신체적 차이를 기후와 생활조건에 의한 변형으로 설명하려 했다.[44]

두 번째 인종은 몽골인(Mongolian)이다. 몽골인은 동아시아와 중앙아시아에 사는 사람들로, 아시아 지역의 기후가 이들의 두개골 모양과 피부색 등 신체적 특징을 형성했다고 보았다. 세 번째 인종으로는 흑색 피부를 가진 아프리카인인 에티오피아인(Ethiopian)이다. 이들의 흑색 피부는 기후적 요인, 특히 아프리카의 높은 온도와 강한 태양 빛으로 인해 생긴 결

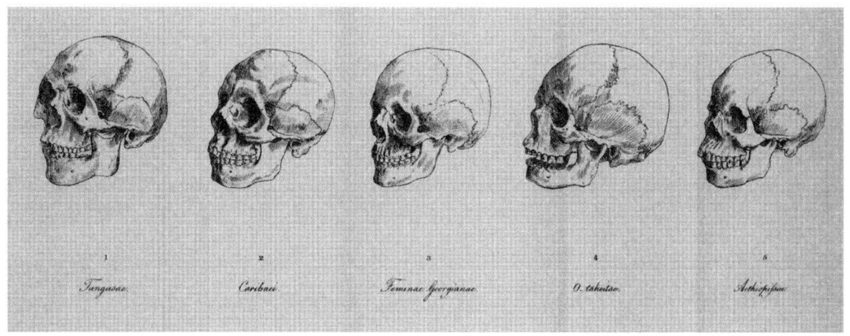

〈그림 3〉 블루멘바흐의 "인류의 자연적 다양성에 관하여(De generis humani varietate nativa)" 제하의 논문 삽화. (https://de.m.wikipedia.org/wiki/Datei:Blumenbach%27s_five_races.JPG)

과라고 생각했다. 네 번째는 아메리카인(American), 즉 아메리카 대륙의 원주민이다. 블루멘바흐에 따르면 아메리카인의 '홍색 피부'와 신체적 특성 역시 아메리카 대륙의 자연환경에서 비롯된 것이다. 마지막으로 말레이인(Malayan)을 추가하여 동남아시아와 태평양 군도에 사는 사람들을 별도의 변종으로 분류했다. 처음 네 가지 변종에서 빠졌던 이 지역 사람들을 별도의 변종으로 구분함으로써 인류의 생물학적 다양성에 대한 그의 체계를 완성했다.[44-46]

다시 말해서 블루멘바흐는 뷔퐁의 주장과 비슷하게 인류의 퇴행 가설을 발전시켰다. 인종 간의 차이를 확고부동한 유전 요인보다는 가변적인 환경 요인으로 설명하려 했지만(물론 당시에는 누구도 유전 법칙에 대해 알지 못했다), 코카서스인을 인류의 '원형'으로 보고, 해당 신체적 특징을 이상적인 것으로 평가하는 등 서구 중심적 시각을 벗어나지 못했다.[44]

그러나 블루멘바흐는 인종 간의 신체적 차이가 명확하게 구분되지 않고, 연속적인 스펙트럼을 이루고 있다고 보았다. 신체적 차이는 명확한 경계를 형성하지 않기 때문에 절대적 기준으로 인종을 구분할 수 없다는 주장이었다.[45] 블루멘바흐는 기후와 생활환경에 따라 피부색과 같은 신체적 특징이 변화할 수 있지만, 이러한 변화는 극히 점진적이며, 적절한 환경 하에서는 원래의 백색 피부로 돌아갈 수 있다고 보았다. 인간의 모든 변종이 원래 하나의 종에 속한다고 생각한 그는 집단 간의 차이가 종분화를 이루기에는 너무 작다고 여겼다.

다시 말해서 블루멘바흐는 인류의 다양한 인종적 차이가 모두 단일 인류의 다양한 퇴행적 변형(degenerative modifications)으로 설명될 수 있다고 주장했다. 비록 인종 간의 차이가 분명하지 않다고 하였지만, 특정 환경 조건에 사는 집단은 원래의 조건에 비해서 퇴행한 것으로 간주할 수 있었다. 적절한 조건을 주면, 앞서 언급한 형성 본능에 의해서 원래 모습으로 '회복'할 수 있을 것이다. 물론 그렇지 않으면 계속 퇴행한 상태로 지낼 것이다. 이러한 퇴행 가설은 인간의 행동 다양성에 대한 이론으로 발전, 정확하게 말하면 '퇴행적' 발전을 하기 시작했다.

▣

블루멘바흐의 인종 분류는 단일한 인류가 환경적 요인과 생물학적 변이를 거치며 점진적으로 '퇴행'하거나 '변형'된다는 가설 속에서, 코카서스인을 원형이자 이상으로 설정하고 나머지 인종을 그 변종으로 간주함으로써 시대적 한계를 드러냈다. 그러나 당시 기준으로 볼 때, 그의 주장은 인류 다양성을 환경과 생태적 조건에 의한 점진적 변화로 이해하고, 인종 간의 경계를 절대적이지 않은 연속체로 설명하려 시도했다는 점에서 의미 있는 전환점이었다.

4. 정신적 퇴행 가설

정신적 혹은 도덕적 퇴행 가설(mental or moral degeneration theory)은 주로 19세기 후반과 20세기 초반에 유행했던 학문적 경향이지만, 그 뿌리는 근대 초기의 사상에서도 찾아볼 수 있다. 특히 단일기원설과의 연결을 통해 이 가설을 설명하는 것은 당시의 인류학적, 생물학적 담론의 흐름을 이해하는 데 편리하다. 근대 초기의 사상가들이 인간의 기원과 변이를 설명하는 과정에서 자연스럽게 인간의 '퇴행'이나 '퇴보(regression)'라는 개념을 논의에 포함했고, 이러한 논의는 이후 20세기 초반의 '퇴행 이론'으로 발전했다. 따라서 여기서 정신적 퇴행 가설을 다루고자 한다.

먼저 베네딕트 모렐(Benedict Morel)은 프랑스의 정신과 의사로, 조발성 치매(démence précoce)라는 용어를 처음 사용한 학자다. 1809년 11월 22일 프랑스의 빈(Vienne)에서 태어났다. 인간의 정신적 퇴화를 설명하는 데 있어 퇴행 가설을 널리 적용했으며, 종종 '퇴행 가설의 아버지'로 불린다. 프랑스의 여러 정신병원에서 일하면서 정신장애의 원인과 치료에 관해 연구했다. 현대 정신의학과 유전학의 초기 발전에 중요한 이바지를 한 인물이다. 당시 프랑스에서 정신장애가 많이 증가하자 모렐은 그 원인에 관해서 퇴행 가설을 적용하여 설명하려고 시도했다. 북프랑스 루앙에 있는 생용(Saint-Yon) 정신병원의 원장으로 임명된 모렐은 임상적 관찰을 통해 많은 정신장애 환자들이 특정한 신체적 형질을 가진다는 사실을 밝혀냈다. 모렐은 특정 신체적 형질이 정신적 퇴행의 결과로 나타났으며, 세대를 거듭할수록 점진적으로 더 심각한 형태의 퇴행을 겪는다고 주장했다. 즉, 정신적 기능과 신체적 형질 간의 연관성을 통해 퇴행이 발생하고, 이는 시간이 지남에 따라 점차 심화된다는 것이다.[48]

모렐은 1857년 출간한 『인류의 신체적, 지적, 도덕적 퇴행에 관한 연구(raité des dégénérescences physiques, intellectuelles et morales de l'espèce humaine)』에서 신체적 퇴행과 정신장애의 연관성을 구체적으로 설명하며, 정신장애를 유전적으로 퇴행하는 과정으로 해석했다. 퇴행은 세대가 지날수록 심화되며, 대개 불가역적이라고 주장했다. 다양한 신체적, 정신적, 도덕적 퇴행을 입증하는 환자 12명의 사진을 담고 있는 이 저서는 정신질환뿐만 아니라 알코올 중독, 범죄 성향, 그리고 도덕적 타락 등의 현상도 환경적 요인과 유전적 요인이 결합된 결과로 설명했다.[48,49] 이는 이후에 등장한 우생학적 정신의학에서 중요한 이론적 토대가 되었으며, 특히 정신장애가 세대를 거쳐 유전될 수 있다는 개념이 널리 퍼지는 데 큰 영향을 미쳤다.

모렐은 정신장애와 행동적 문제가 비정상적인 신체적 형질의 결과라고 보았다. 처음에는 가벼운 신경증(neurosis)으로 시작하지만, 그다음 세대에는 정신적 유리(mental alienation), 그다음 세대에는 백치(imbecility)가 나타나고, 결국 불임으로 이어진다고 하였다.[49] 환경적 요인, 예를 들어 불량한 식단, 신체적 질병, 도덕적 타락 등이 퇴행을 유발하며, 세대가 지날수록 더 심각한 히스테리성 질병과 정신병으로 발전한다는 것이다. 모렐은 이 과정에서 나타나는 신체적 이상이 겉으로 드러나는 증거라고 하였다. 예를 들어 귀 모양이 비정상적이거나, 얼굴이 비대칭적이거나, 손가락이 정상보다 많거나, 입천장이 높은 형질(high-arched palate)• 등의 특징이 나타난다는 것이다.[49,50] 다시 말해 모렐은 정신장애가 단순한 환경적 요인만이 아니라 유전적 요인에 의해 세대 간에 전파될 수 있다는 주장을 펼쳤다.

이러한 주장은 19세기 정신의학과 우생학 분야에 큰 영향을 미쳤다.[50] 체형학과 성향 이론의 기초가 되었고, 체사레 롬브로소(Cesare Lombroso)의 인류학적 범죄학 이론에도 영향을 미쳤다.

• 높은 입천장 형질이 퇴행적 원시 형질(atavistic trait)로 간주된 이유는 인간 진화와 두개안면부 발달과정에서 나타나는 구개 형태의 변화에 관한 당시 연구 결과를 잘못 적용한 것이다. 인간을 포함한 영장류 조상이나 초기 인류의 구개 구조는 상대적으로 '높고 좁은' 형태를 보이는 경향이 있는데, 점차 입천장의 높이가 낮아지고 폭이 상대적으로 넓어진 편평한 형태로 진화했다. 따라서 퇴행 이론에 따르면 원시적 형질인 높은 입천장은 역행(reversion)의 증거였다. 특히 일부 유전 질환에서 이러한 경향이 나타나는 것도 이러한 주장을 뒷받침했다.

체형학(body typology, somatotype theory)은 인간의 신체적 특징을 기준으로 성격, 기질, 그리고 범죄 성향을 구분하려는 시도에서 시작된 이론이다.• 인간의 체형이 특정 성향을 반영한다고 믿는 체형학은 신체적 외모와 행동, 정신적 특징 간의 상관관계를 연구하는 학문 분과를 말한다.

윌리엄 허버트 셸던(William Herbert Sheldon, 1898~1977)은 인간의 체형을 외배엽형(ectomorph), 내배엽형(endomorph), 중배엽형(mesomorph)으로 나누었다. 그는 각각의 체형이 특정한 성격을 나타낸다고 주장했다(〈표 5〉).

자세하게 설명하면 다음과 같다. 외배엽형 인간은 날씬하고 마른 체형으로, 근육이 발달하지 않은 체형을 보인다. 대개 예민하고 내성적이며, 신경질적인 성향이 있다. 이들은 사회적 상황에서 불안해하거나 신중한 편이다. 내배엽형은 둥글고 부드러운 체형으로, 지방이 많고 체구가 큰 사람이 해당한다. 사교적이고 느긋하며, 감정적으로 안정된 성격을 가질 가능성이 크다. 이들은 친화력 있고 타인과 어울리는 것을 좋아하는 경향이 있다. 중배엽형은 근육질의 체형으로, 강인하고 활동적인 사람들을 포함한다. 셸던은 중배엽형이 자신감이 넘치고, 외향적이며, 경쟁심이 강한 성향을 가지고 있다고 주장했다. 대개 지배적이고 활동적인 생활 방식을 추구하는 경향이 있다고 보았다.[51]

셸던은 유럽에서 2년간 칼 융 밑에서 공부했고, 지그문트 프로이트와 에른스트 크레치머를 만나기도 하였다.•• 자신의 이론을 입증하기 위해

• 기원전 4세기에 히포크라테스는 두텁고 둥근 체형(habitus apoplecticus)과 가늘고 마른 체형(habitus phthisicus)의 두 가지 체형을 정의했다. 아포플렉티쿠스는 중풍을 뜻하고, 프티시쿠스는 폐결핵을 뜻한다. 사실 기질 이론이나 체액설도 넓은 의미의 체형학이라고 할 수 있다.

•• 셸던은 1925년 시카고 대학교에서 심리학 박사 학위를, 1933년 위스콘신 대학교에서 석사 학위를 받았다. 1936년 이후 셸던은 여러 대학에서 학생들의 전신 나체 사진(정면·후면·측면)을 수

표 5 윌리엄 쉘던의 체형 분류와 성격 특성

체형	신체적 특징	성격적 경향
외배엽형	날씬하고 마른 체형, 근육 발달이 적음	내성적, 예민함, 신경질적
내배엽형	둥글고 부드러운 체형, 지방이 많음	사교적, 느긋함, 감정적으로 안정
중배엽형	근육질의 강한 체형	자신감 넘침, 지배적, 활동적

여러 사람의 신체를 사진으로 기록하고, 그들의 성격적 형질에 대한 조사 결과를 결합하는 연구를 수행했다. 체형의 성격적 특성을 수량화하여 7단계 척도로 평가했으며, 이를 바탕으로 인간의 성격을 과학적으로 분석하려고 했다. 예를 들어, 한 사람이 외배엽적 성향이 매우 강하고, 중배엽적 성향이 약하며, 내배엽적 성향이 중간 정도라면, 그 사람은 각각 Ectomorph 7, Mesomorph 1, Endomorph 3(7-1-3)으로 평가했다. 세 요소의 합은 9~12 사이에서만 변동하도록 했다. 양적 데이터에 기반하여 체형을 체계적으로 분류한다는 점에서 당시 학계에서 주목받았으나, 사실 여전히 주관적 평가에 기반하고 있었다. 6장에서 언급할 어니스트 후튼은 쉘던을 적극 지지하며 체질적 체형론을 옹호했지만, 점차 전반적인 비과학성이 드러나면서 과학계에서 잊혔다.

쉘던의 연구는 표준화된 사진 측정학(photogrammetry)을 인류학에 도입했다는 의의가 있다. 쉘던의 체형론은 당시 학계에서 많은 관심을 받았고,

---

(앞 페이지에 이어서)

집하기 시작했고, 이를 바탕으로 세 가지 체형(somatotype) 구성 요소를 제시했다. 수집한 사진은 현재 스미스소니언 연구소에 보관되어 있는데, 유명 인사의 사진이 포함되어 있다는 사실이 알려지면서 열람이 금지되었다.

심리학과 범죄학, 그리고 의학 분야에서 다양하게 적용되었다. 특히 범죄심리학에서는 특정 체형이 범죄적 성향과 관련이 있다고 믿은 롬브로소의 이론과 결합하여 논의되기도 했다. 그러나 쉘던의 체형론은 시간이 지나며 많은 비판을 받았다. 과학적 검증이 어렵고, 신체적 형질이 성격을 결정한다는 주장에 관한 경험적 증거가 부족했다.[52]

한편, 쉘던의 체형학은 정신과 의사 에른스트 크레치머(Ernst Kretschmer, 1888~ 1964)의 체형학 이론과 비슷한 면이 있다. 크레치머는 체형에 따라 인간의 성격과 정신질환에 차이가 있을 수 있다고 주장하며, 이를 네 가지 유형으로 분류했다(〈표 6〉). 예를 들어 허약형(Asthenic)은 마르고 키가 큰 체형으로, 이 체형의 사람들은 조용하고 예민하며 내향적 성향을 보인다. 이 체형은 조현병(schizophrenia)과 관련이 있다고 했다. 정확하게 말하면 크레치머는 분열성 기질(schizothymic temperament)이라는 성격 유형과 관련된다고 했는데, 내향적·고립적인 성격부터 예민한 반응, 때론 망상적 성향에 이르는 스펙트럼을 포함한다. 운동형(Athletic)은 근육질이고 체격이 좋은 유형으로, 체력이 강하고 자신감이 넘치는 성향이 있으며, 이 체형도 조현병과 관련될 수 있다고 주장했다. 또한, 비만형(Pyknic)은 살집이 있는 체형으로, 사교적이고 의존적이며 친근한 성향을 보이지만, 양극성 장애(bipolar disorder)와 관련된다고 하였다.• 이형성형(Dysplastic)은 신체 비율이 불균형한 체형으로, 특정 정신질환과 강한 연관은 없으나 체형이 비정상적이라고 간주되었다.[53]

크레치머는 기질(temperament)을 두 종류로 나누었다(〈표 7〉). 분열성

• 당시에는 양극성 장애라는 용어가 없었다. 순환성 기질(cyclothymic temperament)이 이에 해당한다.

표 6 **크레치머의 체형 분류와 성격 및 관련 정신질환**

체형	신체적 특징	성격적 경향	관련 정신질환
허약형	마르고 키가 큰 체형	조용하고 예민함, 내향적	조현병
운동형	근육질, 체격이 좋음	자신감 넘침, 강인함	조현병
비만형	살집이 있는 체형	사교적, 의존적, 친근함	양극성 장애
이형성형	신체 비율이 불균형함	특정 성격 경향 없음	특정 정신질환과 강한 연관 없음

(schizothymic) 기질은 민감함과 냉담함 사이에서 균형을 이루며, 정신적 상태가 불안정하고 지속적이지 않은 특성을 보인다. 자극에 적절히 반응하지 못하고 억제되거나 경직된 모습을 보이고, 운동형, 허약형, 이형성형 또는 이들의 혼합체에서 많이 나타난다는 것이다. 반면에 순환성(cyclothymic) 기질은 즐거움과 슬픔 사이에서 균형을 이루며, 정신 운동성이 자연스럽고 자극에 적절하게 반응한다. 일반적으로 비만형에서 많이 발견되며, 들뜬 기분과 가라앉은 기분이 주기적으로 순환하는 경향이 있다.[53]

한편, 성향 이론(disposition theory)은 인간의 행동과 정신적 성향이 선천적 요인이나 유전적 형질에 의해 결정된다고 주장하는 이론이다.• 모렐의 퇴행 이론에 기초하여, 특정 성향이 세대를 거쳐 유전되고 강화된다는 개념을 포함한다. 성향 이론은 특히 특정 기질과 성격이 환경적 요인보다는 유전적, 생물학적 요인에 의해 더 강하게 결정된다는 관점을 강조했다. 이러한 접근은 19세기 후반과 20세기 초반에 인종적, 사회적 우열을 강

• 심리학에서 성향(disposition)이란 상황이 달라져도 비교적 일관되게 나타나는 성격적 경향성, 즉 안정적 형질(trait)을 말한다.

표 7 크레치머의 기질 유형과 특징

기질	특징	신체적 연관	기분 상태
분열성	민감함과 냉담함, 공상적이며 과도한 사색의 경향을 보임. 정신적 상태가 불안정	운동형, 허약형, 이형성형 또는 혼합형에서 나타남	자극에 적절히 반응하지 못하거나 과도하게 억제됨. 타인과 정서적 거리감을 느낌.
순환성	즐거움과 슬픔 사이에서 균형, 정신 운동성이 자연스러움	주로 비만형에서 나타남	기분이 상승과 하강을 반복함

조한 우생학 운동과 밀접하게 결합하였다.[54]

성향 이론에 따르면 특정한 유전적 성향을 지닌 인간이 더 나은 사회적 성공과 정신적 안정성을 가질 수 있다. 물론 반대도 성립할 것이다. 유전적 결함을 지닌 인간은 정신적, 신체적으로 퇴화할 위험이 크며, 그 결과 사회적 안정과 발전에 부정적 영향을 미칠 수 있다는 식이다. 이는 뒤에서 언급할 롬브로소의 인류학적 범죄학으로 발전하였다.

모렐은 신체 및 정신장애의 원인을 퇴행으로 설명하고, 이를 사회적 차원에서 적극적으로 대응함으로써 예방할 수 있다고 주장했다. 모렐의 퇴행 이론은 단순히 질병의 원인을 설명하는 것에 그치지 않고, 사회 변화를 통해 인류의 신체적, 지적, 도덕적 재생을 추구하는 데 중점을 두고 있었다. 그는 정신과 의사이자 사회 변혁가로서, 당대의 기독교 사회주의자나 위생학자 등 활동가들과 함께 사회적 진보를 이루고자 했다.[55] 구체적으로 모렐은 열악한 생활환경이 퇴행의 주요 원인 중 하나라고 보았으며, 도시 내 위생상태가 질병의 확산과 정신적 퇴행에 영향을 미친다고 주장했다. 이런 시각에서 도시 환경의 개선, 오염 제거, 전염병 방지를 목표로 한 공중위생 정책을 추진하려고 시도했다. 또한, 도덕적 교육을 통해 퇴행적 경향을 막을 수 있다고 보았다. 기독교적 가치에 기반한 사회 교육

운동도 주장했다. 노동 환경 개선이 사회적 진보의 필수 요소라고 생각했던 것이다.

모렐의 이론은 현재는 받아들여지지 않지만, 당시에는 범죄 심리학과 성격장애 연구, 나아가 우생학 운동과 신체적 특징을 기반으로 한 인간 분류법에도 영향을 미쳤다. 영국에서는 퇴행 이론이 우생학과 사회 다윈주의(social Darwinism) 운동을 강화했으며, 선택적 번식과 이민 제한을 통해 영국인의 퇴행을 막아야 한다고 주장하는 운동으로 이어지기도 했다. 그러나 지그문트 프로이트, 칼 야스퍼스, 아돌프 마이어 등 당대 여러 학자는 모렐의 이론을 받아들이지 않았다.[49]

프로이트는 무의식적 욕망과 심리적 충동에 기초한 복합적 정신 기전을 강조하며 모렐의 퇴행론에 반대했다. 프로이트에 관해서는 7장 3절에서 자세하게 다룬다. 칼 야스퍼스(Karl Jaspers, 1883~1969)[•]는 『일반 정신병리학(General Psychopathology)』을 집필한 정신병리학 연구의 대가로 정신장애를 생물학적 요인과 개인의 실존적 경험의 상호작용으로 이해하려고 했다. 특히 환자의 내적 경험을 통한 심리적 이해가 중요하다고 하였는데, 모렐의 유전적 퇴행 이론이 지나치게 결정론적이라고 보았다.[56,57] 아돌프 마이어(Adolf Meyer, 1866~1950)[••]는 '정신생물학(psychobiology)의 창시자'로 알려져 있는데, 정신장애를 단지 신경생물학적 요인으로만 설명하는 기존의 방식에서 벗어나, 환경적 요인과 환자의 경험을 중요하게 여기는 생태적 접근을

- • 한계 상황(Grenzsituationen)이라는 개념을 제시하고, 죽음, 고통, 실패 등의 극한 상황 속에서 진정한 자아를 발견할 수 있다고 하였다.
- •• 스위스 출신으로 미국에서 주로 활동한 정신과 의사로, 프로이트의 정신분석과 크레펠린의 생물정신의학, 그 중간 지점에서 양쪽을 통합하는 데 힘썼다.

강조했다. 실존주의에 입각해 정신장애를 유전적 소인이 아니라 개인의 생물학적, 심리적, 사회적 경험의 총합으로 이해하려고 했다. 프로이트, 야스퍼스, 마이어 등은 한결같이 정신장애의 원인을 다차원적으로 분석해야 한다고 주장하며, 모렐의 일차원적인 설명을 거부했다.

한편, 이탈리아의 의사이자 인류학자, 우생학자인 체사레 롬브로소(Cesare Lombroso, 1835~1909)는 범죄가 퇴행의 결과라고 주장하면서, 이른바 인류학적 범죄학(anthropological criminology)의 이론을 정립했다. 롬브로소는 대표작 『범죄인(L'uomo delinquente)』에서 범죄를 단순히 사회적 요인에 의한 행위로 보지 않고, 선천적이고 유전적 경향에 따라 발생하는 현상으로 이해했다. 범죄자는 퇴행의 결과물이며, 특정 신체적 특징을 통해 범죄 성향을 판별할 수 있다는 것이다.

롬브로소의 이론은 당시 유행하던 골상학(phrenology)과 '과학적 인종주의'에 입각한 인류학의 영향을 크게 받았다. 골상학은 뇌를 정신의 중심으로 가정하여, 약 30개 정도의 영역으로 나누어 성격과 감정, 정신적 능력 등을 두개골의 모양을 통해 추정하는 학문 분야를 말한다.• 롬브로소는 범죄자의 신체적 형질이 원시인이나 영장류와 닮았다고 주장하며 이를 범죄적 아타비즘(criminal atavism)으로 설명했다.•• 롬브로소는 범죄자의 신

• 오스트리아 출신 의사이자 해부학자 프란츠 요제프 갈(Franz Joseph Gall, 1758~1828)이 창시하였고, 독일의 의사이자 해부학자 요한 가스파 스푸르츠하임(Johann Gaspar Spurzheim, 1776~1832)과 스코틀랜드의 철학자 조지 콤브(George Combe, 1788~1858) 등이 널리 알렸다. 참고로 두개골 측정을 통해서 성격과 능력을 분석하는 기술을 두개경(cranioscopy)이라고 한다. 그러나 과학적 근거가 전혀 없었고, 오스트리아 출신 의사 프란츠 안톤 메스머(Franz Anton Mesmer, 1734~1815) 등이 창안한 메스머리즘(mesmerism)와 연관되면서 신뢰를 잃었다. 메스머리즘은 눈에 보이지 않는 자기(magnetism)를 조절하는 방법으로 건강을 찾을 수 있다는 사이비 의학을 말한다.

•• 아타비즘(atavism)이란 원시적으로 퇴행한 상태를 뜻하는 용어다. 생물학적으로는 진화 과정에서 한동안 발현되지 않았던 유전적 형질이 후대에 다시 나타나는 현상을 말한다. 사회과학에서는

체적 특징이 일정한 패턴을 보인다고 믿었으며, 이러한 패턴이 범죄적 성향을 예측할 수 있는 중요한 단서라고 했다.

예를 들어 '타고난 범죄자(reo nato, born criminal)'는 두개골 크기, 턱의 발달, 비대칭적인 얼굴, 긴 팔과 같은 신체적 특성이 있는데, 이는 진화적 퇴행을 경험한 결과라는 것이다. 그리고 이와 같은 신체적 특징이 세대를 거쳐 유전된다고 보았다. 그리고 이들의 범죄 성향은 정신적 문제로 이어져서 신경증, 정신질환, 환각증 등을 동반하며, 어린 시절부터 나타난다고 주장했다.[58]

또한, 롬브로소는 범죄 성향이 유전될 뿐만 아니라 타고난 범죄자는 범죄에 대한 저항력이 거의 없다고 주장했다. 범죄자가 근본적인 도덕적 결함이 있다는 뜻인데, 이는 제임스 프리처드의 도덕적 정신이상 개념을 차용한 것이다.[59] 프리처드는 범죄자들이 이성적으로 판단할 수 있음에도 불구하고, 도덕적 감각이 부족하다는 결론을 내렸다.[60] 이에 따르면 범죄자들은 선천적인 도덕적 결함을 가진 퇴행적 존재로 간주되기 때문에 교정하는 것이 거의 불가능하다. 이런 견해는 지금까지도 과학적으로 논란이 많은 사이코패스, 즉 타고난 범죄자에 관한 대중적 인식에 큰 영향을 미쳤다.

제임스 프리처드(James Cowles Prichard, 1786~1848)•는 영국의 정신과 의사이자 인류학자로, 도덕적 광기(moral insanity)라는 개념을 처음으로 제시했다. 도덕적 광기는 정신장애의 일종으로 지적 능력은 지장이 없으나, 도덕적 판단

(앞 페이지에 이어서)

이전 시대의 사고방식이나 행동 양식으로 회귀하는 경향을 말한다.

• 노인성 치매(senile dementia)라는 용어를 처음 영어권 학계에 도입한 인물이다.

력에 문제가 생기는 정신적 상태를 뜻한다.[59] 인류학적으로는 특히 인간종의 단일성을 주장한 인물로 유명하다.[61] 동시에 인간의 다양성을 설명하면서 진화이론을 제안한 몇몇 선구자 중 한 명이다. 그는 인종 간의 차이가 유전된다고 했으나, 이 차이가 환경의 산물이라는 점을 설명하는 데 있어서 자연선택의 개념을 지금처럼 정확하게 사용하지는 않았다.[62] 여하튼 프리처드는 인간의 내적, 정신적 본성이 모든 인종에서 같다고 주장하며, 인류의 조상이 아프리카의 흑인이라고 주장했다.

이러한 인류학적 범죄 이론은 사회에서 폭넓게 수용되었다. 교정도 어렵고, 치료도 어렵고, 유전까지 된다면 격리하는 것 외에는 방법이 없다는 여론이 힘을 얻었다. 범죄자를 사회로부터 격리하거나 교정하기 위한 다양한 정책이 시행되었다. 예방적 차원에서 타고난 범죄자를 조기에 식별하고, 범죄를 미연에 방지하기 위한 사회적 조처를 해야 한다는 것이다. 롬브로소는 심지어 범죄를 저지르기 전에라도 예방 격리해야 한다고 주장했다.•

아무튼, 롬브로소는 이른바 '범죄형' 얼굴이라는 대중적 믿음에 잘못된 '과학적' 근거를 제시하였다. 그는 아타비즘의 사례로 지적 장애를 뜻하는 낮고 경사진 이마, 좌우로 굴리는 눈동자, 평평하거나 너무 높은 코, 손잡이 모양의 귀, 가지런하지 않은 치아, 손처럼 물건을 잡을 수 있는 발가락, 유인원처럼 원시적인 긴 팔, 빈약한 수염과 대머리 등을 제시했다.

• 이는 이후 형법 이론이 응보형(retributive) 형법에서 예방형(preventive)·방어형(defensive) 형법으로 분화하는 계기가 되었다. 이른바 사회보호법 혹은 보호감호법은 범죄자의 책임 능력보다는 위험성을 중시하는데, 형벌보다는 격리와 감호, 치료 등의 수단에 더 집중한다. 특히 독일 등 일부 국가에서 시행하는 보안구금(Sicherungsverwahrung) 제도를 정당화하는 논리로 발전했다. 보안구금이란 재범 가능성이 큰 범죄자를 형기 만료 이후에도 무기한 구금하는 것을 말한다.

또한, 왼손잡이가 범죄 및 부도덕한 행동, 알코올 중독과 관련된다고 주장하기도 했다. 정신적 특징으로는 장황한 말 혹은 함구증, 주변에 대한 무관심, 부도덕한 마음, 충동성, 자기 의심, 높은 기억력, 독창성, 마술적 사고, 과도한 상징적 표현 등을 제안했다.[63-66] 그가 제시한 신체적 아타비즘은 대략 다음과 같다.

- 낮고 경사진 이마
- 좌우로 굴리는 눈동자
- 평평하거나 너무 높은 코
- 손잡이 모양의 귀
- 가지런하지 않은 치아
- 손처럼 물건을 잡을 수 있는 발가락
- 원시적인 긴 팔(유인원과 닮은)
- 빈약한 수염
- 대머리
- 왼손잡이(범죄 및 부도덕한 행동과 관련)

또한, 정신적 아타비즘은 대략 다음과 같다.

- 장황한 말 혹은 함구증
- 주변에 대한 무관심
- 부도덕한 마음
- 충동성

- 자기 의심
- 높은 기억력
- 독창성
- 마술적 사고
- 과도한 상징적 표현

롬브로소는 생물학적 특징 외에도 범죄자의 문화적 표현에도 깊은 관심을 가졌으며, 특히 그들이 사용하는 문신, 은어, 필체, 문학, 예술 작품 등을 연구했다. 문신이 범죄자 사이에서 널리 퍼진 이유를 아타비즘의 결과로 보았으며, 이는 원시적 행동 양식의 잔재라고 주장했다. 격세유전, 즉 오랜 세대에 걸쳐 잠재된 형질이 다시 나타나면서 원시적 행동이 재출현한다는 것이다. 마치 범죄자의 문신을 원시인의 동굴벽화처럼 생각한 것이다. 문신은 범죄자가 고통을 잘 느끼지 못하는 특성과도 연결된다고 하였다. 롬브로소의 연구에 의하면, 범죄자의 문신 내용은 주로 사랑, 전쟁, 신앙과 같은 주제를 다루는 경우가 많았고, 음란한 내용도 자주 포함되었다. 이는 법의학적으로 중요한 단서가 될 수 있으며, 범죄자들의 문신을 연구하는 것이 범죄를 해결하는 데 도움이 된다고 보았다. 문신은 범죄 조직의 구성원들이 공유하는 상징적 의미를 지니고 있기 때문이다. 롬브로소는 범죄자가 사용하는 은어에도 주목했다. 역시 은어의 사용을 아타비즘과 연결해, 은어가 원시 사회에서 사용하는 언어와 유사하다고 주장했다. 범죄자의 언어는 원시인의 언어라는 식이다. 물론 범죄자들이 은어를 사용하는 실질적 동기는 체포를 피하기 위한 것이며, 그래서 은어가 지역과 관계없이 광범위하게 사용되고 있다고 분석했다.[60]

그러나 선천적 특성이 범죄의 원인이 아니라, 열악한 환경적 조건이 범죄의 주된 원인이라는 상반된 주장도 만만치 않았다. 당시 런던을 포함하여, 급속히 성장하는 유럽의 여러 도시의 위생은 매우 열악했다. 이러한 열악한 상황을 질병과 사회적 무질서의 원인으로 여기는 학자도 많았다. 이에 따라 공공 위생 개선과 함께 범죄 예방을 목적으로 한 다양한 개혁 운동이 일어났다. 거리 청소 운동(sanitary reforms)이 도시 환경과 공공 건강을 개선하기 위한 사회 개혁 운동으로 부상했다. 주로 도시의 불결한 환경이 질병과 범죄를 유발한다고 믿었던 미아즈마(miasma) 이론에 경도된 공중보건 운동가들은 범죄를 예방하기 위해 사회적 하류 계층의 주거 환경을 개선하는 것이 필요하다고 보았다.•

이미 18세기부터 헨리 필딩(Henry Fielding, 1707~1754)은 『최근 강도 증가의 원인에 대한 조사(An Enquiry into the Causes of the Late Increase of Robbers)』에서 도시의 청결을 향상하고 공공질서를 유지함으로써 범죄를 줄일 수 있다고 주장하기도 했다. 헨리 필딩은 영국의 소설가·극작가·법조인이며, 동시에 런던 치안 판사(Justice of the Peace)로 자신의 이복동생, 존 필딩(John Fielding)과 함께 거리 범죄와 빈곤 문제에 대응하는 치안 조직 개혁에 힘쓴 인물이다. 특히 보 스트리트 러너(Bow Street Runners)를 창설했는데, 이는 현대적 경찰의 시

• 미아즈마 이론은 근대 유럽에서 크게 유행했던 질병 원인 가설로, 악취나 해로운 증기가 병을 일으킨다는 것이다. 이미 중세부터 갈렌은 프네우마(pneuma), 즉 숨을 쉴 때 몸으로 들어오는 우주의 기운이 건강을 유지하는 힘이라고 주장했다. 따라서 악취를 뜻하는 미아즈마는 이를 방해하는 나쁜 기운이었다. 인구 증가로 인해 유럽의 도시의 위생상태가 열악해지고, 악취가 심해지자 미아즈마 가설이 큰 공감을 얻었다. 19세기 중반 세균론(germ theory)이 대두하기 전까지, 보건 위생 정책(예: 도로·하수 시설 개선)과 방역 활동에 큰 영향을 미쳤다. 예를 들어 1958년 런던의 대악취(Great Stink) 사건은 런던 전역에 하수도를 건설하고, 도로와 강둑을 개선하여 혼잡도를 줄이는 방대한 조치로 이어졌는데, 이로 인해 수인성 감염병 발생률이 급감했다. 더 자세한 내용은 『감염병 인류』(창비, 2021)를 참고하기 바란다.

초가 되었다.[67] 이러한 노력은 음란물, 도박, 매춘, 만취(滿醉) 등의 사회적 부패에 맞서 싸우려는 도덕 개혁(reformation of manners) 운동과도 연결되어, 범죄 예방을 위해 더 깨끗하고 안전한 환경을 조성하려는 광범위한 움직임으로 이어졌다.

이러한 상반된 두 움직임 속에서 롬브로소는 타고난 범죄인이라는 자신의 이론을 주장하며, 이른바 이른바 사법 정신의학과 사법 정신병원(치료감호소) 설립에 중요한 이바지를 했다. 또한, 범죄를 저지른 정신장애인이 감옥이 아닌 치료 시설에서 수용되도록 만드는 계기가 되었다. 그의 이론은 당시 사회에서 널리 퍼졌지만, 생물학적 결정론과 인종차별 이론으로 이어지며 제2차 세계대전 후 큰 비판을 받았다.

물론 롬브로소도 모든 범죄자를 단순히 타고난 범죄자로만 설명하지 않았다. 그는 '크리미널로이드(criminaloid)'라는 개념을 제안하여, 환경적 기회가 있으면 범죄를 저지르는 사람도 있다고 하였다. 즉, 범죄 성향이 기질적 요인뿐만 아니라 환경적 요인(빈곤, 기회, 사회적 요인)과 만나 복합적으로 일어난다고 보았다. 크리미널로이드는 일반인과 다름없지만, 특정한 사회생태적 조건을 만나면 범죄를 저지른다는 것이다. 비정기적 범죄자, 충동적 범죄자, 또는 사회적으로 불리한 상황에 부닥친 사람이 주로 이 범주에 속했다. 따라서 범죄 연구에 있어 범죄자의 신체적, 정신적 형질 외에도 환경적 요인을 고려해야 한다고 주장했다. 롬브로소는 유전적 부도덕성과 생물학적으로 예정된 범죄 행위를 주장했음에도 불구하고, 이율배반적으로 사회주의적 사상을 강하게 믿었다. 범죄가 주로 유전적 요인에 의해 발생한다고 주장했지만, 동시에 사회경제적 불평등이 범죄를 조장할 수 있다는 것도 인정했다.[66]

흥미롭게도 롬브로소는 천재성과 광기도 밀접한 관계가 있다고 믿었다. 천재가 종종 광기나 퇴행을 보이며, 특히 예술적 천재성은 유전적 광기의 한 형태(Genio e follia)라고 주장했다. 역사적 천재의 신체적, 정신적 특징을 조사하고, 두개골과 신체 측정을 통해 그들이 보인 퇴행적 증상을 설명하려고 시도했다. 갈릴레오, 다빈치, 볼테르 등 소수의 인물을 제외하면, 셰익스피어, 플라톤, 모차르트 등의 여러 천재가 퇴행성 증상을 보였다고 주장했다. 롬브로소의 이러한 주장은 지금까지도 대중의 통속적 믿음, 즉 천재와 바보는 종이 한 장 차이라든가 너무 똑똑하면 오히려 미치게 된다는 식의 속설을 만드는 데 큰 영향을 미쳤다. 그러나 당시에도 천재성의 원인을 퇴행에서 찾는 비상식적인 주장은 과학적이지 않으며, 무리한 가정에 의존한 것이라는 비판을 받기도 하였다.[68]

한편, '현대 정신의학의 창시자'로 알려진 독일의 에밀 크레펠린(Emil Kraepelin, 1856~1826)•도 비슷한 주장을 하였다. 크레펠린은 당시의 비과학적이고 철학적인 접근에 기반한 정신의학을 개선하기 위해서, 과학적이고 객관적인 정신장애 분류 체계를 만들려고 노력했다. 철학적 가설에 기반한 정신장애 분류법에 반대하고, 임상적 관점에서 증상의 시간적 변화에 따른 증후군으로 정신장애를 분류했다. 이를 이른바 '크레펠린 분류 체계(Kraepelinian classification)'라고 한다. 정신장애는 기본적으로 생물학적 원인이나 유전적 원인에 의해 생긴다고 가정한 크레펠린은 조발성 치매(dementia praecox)••와 조울증(manic-depressive illness)을 처음으로 구분한 업적으로 유명한

• 독일 노이슈트렐리츠(Neustrelitz)에서 출생한 크레펠린은 여러 대학에서 의학을 공부했고, 라이프치히 대학교에서는 신경학과 심리학을 공부했다.

•• 조발성 치매라는 개념은 1911년, 스위스 정신과 의사 오이겐 블로일러(Eugen Bleuler, 1857~

데 오늘날 조현병 혹은 정신분열병(schizophrenia)과 양극성 장애(bipolar disorder)의 기초 개념을 정립했다.[69]

크레펠린은 모렐과 마찬가지로 퇴행 가설을 인간의 정신에 적용해 정신 기능 및 사회적 적응 능력이 세대를 거듭하며 점차 퇴행한다고 주장했다. 정신장애는 시간이 지나면서 악화되는 경향이 있으며, 초기의 신경증과 같은 가벼운 증상은 점차 우울증, 더 나아가 정신증적 장애, 그리고 최종적으로는 심각하고 만성적인 치매로 퇴행한다고 하였다.[70]

크레펠린은 이러한 퇴행 이론을 바탕으로, 교육 제도나 복지 제도 등의 사회적 부조에 반대했다. 이러한 제도가 독일인의 생물학적 퇴행을 촉진할 수 있다고 우려한 것이다. 즉, 사회적 보호가 약한 유전적 기질을 가진 사람들의 생존과 번성을 돕게 되어, 결과적으로 독일 사회의 생물학적 퇴행을 일으킬 수 있다는 것이다.[71]

독일 국민의 생존을 보호하고 강화하는 데 깊은 관심을 가진 크레펠린의 주장을 잘 살펴보면 라마르크식 진화론을 지지하는 것처럼 보이기도 한다. 문화적 악화(惡化)가 유전될 수 있으며, 따라서 문화적 퇴보가 세대를 거쳐 오래도록 악영향을 미칠 수 있다고 생각했다. 알코올 중독과 매독에 걸린 부모의 자손이 열등한 유전적 특징을 후손에게 물려준다고 믿은 그는 열등한 특징에 따른 결과에는 지적장애인, 뇌전증(간질) 환자, 정신장애인, 범죄자, 매춘부, 부랑자 등이 포함된다고 주장했다.[72]

흥미롭게도 크레펠린은 자기 가축화(self-domestication) 현상이 유대인의 신

(앞 페이지에 이어서)

1939)가 정신분열병이라는 이름을 사용하며 새롭게 정립되었고, 조울증은 1980년 『DSM-III』에서 양극성 장애라는 용어로 재정립되었다. 크레펠린의 분류 방법은 DSM이나 ICD 등의 현대적 분류 체계에 큰 영향을 미쳤는데, 이에 대해서는 8장에서 자세하게 다룬다.

경계 및 정신장애에 영향을 미쳤고, 이 과정이 정신장애와 유전자 풀의 악화를 초래한다고 주장했다.[73] 그러나 크레펠린은 퇴행 가설을 지나치게 확장하여 적용하는 것에 대해서는 신중한 자세를 취했다. 특히 롬브로소처럼 신체적 외모를 통해 퇴행 여부를 판단하는 것에는 반대했다. 크레펠린은 정신장애의 원인을 단순히 외모나 생물학적 형질에만 국한하지 않고, 임상적 경과와 정신적 기능의 변화를 통해 이해하려 했다.

여기서 자기 가축화 가설에 대해서 좀 더 살펴보자. 사실 현생 인류(*Homo sapiens*)가 가축화된 동물에서 관찰되는 변화와 유사한 변화를 겪었을 가능성은 오래도록 논의되어 온 생물학적, 인류학적 주제다. 일찍이 장 자크 루소(Jean-Jacques Rousseau, 1712~1778)는 문명화가 인간 본성에 반하는 것이라고 여겼다.[74]

다윈도 자신의 저서, 『가축화된 동물과 식물의 변이(The variation of animals and plants under domestication)』에서 몇 가지 기준을 제안하기도 하였다. 첫째, 가축화는 단순한 길들이기를 넘어서는 과정으로, 인간을 위한 목적적 과정이며, 이로 인해 가축화된 종의 변이가 야생 근연종보다 크고, 행동적 유연성과 훈육 가능성이 높아지며 뇌가 작아진다.[75] 요약하면 대략 다음과 같다.

- 단순한 길들이기를 넘는 과정
- 인간의 목적에 부합하는 의도적 과정
- 더 높은 행동적 유연성
- 더 높은 훈육 가능성
- 더 작은 뇌

그러나 다윈은 『인간의 유래와 성선택』에서 인간을 다른 가축화된 동물과 비교할 수는 있겠지만, 의도적 선택에 의해 인간이 가축화된 적은 없다고 주장했다.[76] 다윈은 인간의 뇌와 두개골 크기는 가축화된 동물과 달리 오히려 시간이 지나면서 커졌다는 점을 지적했는데, 다만 일부 측면에서만 오랫동안 가축화된 동물과 비교될 수 있다고 언급했다.

한편, 독일의 의사이자 인류학자, 우생학자로 당시 독일의 식민지였던 나미비아에서 혼혈에 관한 연구를 진행했던 오이겐 피셔(Eugen Fischer, 1847~1967)•는 "가축화의 결과로서의 인간의 인종적 특징(Die Rassenmerkmale des Menschen als Domestikationserscheinungen)"이라는 논문에서 이 주제를 광범위하게 언급했다. 그리고 이어서 식물유전학자 에르빈 바우어(Erwin Baur, 1875~1933) 및 의사이자 인종위생학자 프리츠 렌츠(Fritz Lenz, 1887~1976)와 함께 1921년 『인간 유전학과 인종위생 개론(Grundriß der menschlichen Erblichkeitslehre und Rassenhygiene)』을 출간했다.[77,78] 이들은 이후 나치 우생학을 이끌었다.

피셔는 이 책에서 인종의 거의 모든 특징이 가축화된 동물에서 발견될 수 있다고 지적하면서, 금발 머리, 푸른 눈, 밝은 피부색을 유럽인의 가축화로 인한 부분적 백색증의 징후로 간주했다. 왜소증과 거대증, 비만 경향, 그리고 기질, 성격, 지능의 인종적 차이도 가축화의 결과라고 설명하였다. 인류학자 프란츠 보아스조차도 곱슬머리, 신장 변이, 피부 색소의 증가 또는 감소를 인간의 자기 가축화의 징후로 설명한 바 있다. 그러나 보아스는 이러한 변이에 환경적 요인과 유전적 요인이 각각 얼마나 기여

• 피셔는 인종의 위계에 관한 연구를 수행했는데, 일설에 따르면 히틀러는 수감 중 피셔의 책을 읽고, 『나의 투쟁』 집필에 참고했던 것으로 알려져 있다. 그의 '순수성' 원칙은 '아리아인'과 유대인의 혼인을 제한하는 뉘른베르크 법에 큰 영향을 미쳤다. 카이저 빌헬름 인류학·인간 유전 및 우생학 연구소 소장을 지냈다.

했는지에 대해서는 결론을 내리지 않았다.[79]

이러한 주장은 19세기 후반과 20세기 초에 의학 분야로 확산하였다. 본래의 유전적 물질(Erbgut, genetic material)[•]이 퇴화하고 정신장애가 증가하는 원인을 설명하는 이론적 틀로 사용되었다. 1920년대, 동물학자이자 의사였던 막스 힐츠하이머(Max Hilzheimer, 1877~1946)는 현대의 유럽인을 가장 가축화된 인종으로, 그리고 네안데르탈인은 덜 가축화된 형태라고 주장했다.[80]

1940년대, 콘라트 로렌츠는 논문 "가축화로 인한 종 고유 행동의 장애(Durch Domestikation verursachte Störungen arteigenen Verhaltens)"에서 인간의 문명화된 생활조건을 가축화된 동물과 비교하며, 퇴화(degeneration)와 사회적 민감성 감소, 심지어 사랑이나 결혼 등 성적 본능의 감소를 설명하기도 했다. 인간의 신체 변화(비만, 근육 저하)와 인종위생을 이야기하면서 로렌츠는 인간의 가축화로 인해 팔과 다리, 두개골의 기저부가 짧아지고, 근육의 긴장감 저하와 비만이 발생한다고 주장했다.[81] 그러나 로렌츠는 이후 인간의 가축화에 관해서 호기심과 개방적 태도라는 인간 특유의 심리적 특징을 강조하는 쪽으로 방향을 바꾸기도 하였다.[82] 이는 인간이 '비(非)특화된 유연한 형질'을 고정 형질로 특화했다는 역설적 설명이기도 한데, 다양한 환경에 적응하는 문화적 능력,[••] 즉 '비특화된 유연성'을 낳았다는 아르놀트

• 여기서 말하는 에르브구트(Erbgut), 즉 유전적 물질은 부모로부터 자손에게 전달되는 유전적 형질의 총체를 의미한다.

•• 일반적으로 동물들은 특정한 환경이나 먹이, 생활 방식에 맞춰 몸과 행동이 '특화'된다. 예를 들어 기린은 목이 길어 나무 위 잎을 먹는 데 유리하고, 펭귄은 물속 생활에 맞춰 날개가 물갈퀴처럼 변했다. 그러나 인간은 뇌와 손, 언어 능력, 사회문화적 제도 등을 통해 아주 다양한 환경에 적응할 수 있는 유연함을 가지고 있다. 보통 특화(specialization)이란 한정된 환경에 최적화된 것을 뜻하는데, 역설적으로 인간은 어디서나 살아갈 수 있는 유연성을 확고부동하게 특화했다(fixed plasticity as specialization)는 뜻이다.

겔렌(Arnold Gehlen, 1904~1976)의 주장을 따른 것이다.[83] 참고로 겔렌은 독일의 철학자이자 사회학자다. 인간이 본능적으로 환경에 적응할 능력이 다른 동물보다 부족한, '결함 있는 존재(Mängelwesen)'이기 때문에 사회적 제도와 문화를 통해 자신을 보호하고 발전시킨다는 이론을 제시했다.[84]

20세기 초, 정신의학이 점차 생물학적 접근에 집중하면서 정신과 환자의 병원 입원이 급격히 늘어나는 상황에 대한 우려가 커졌다. 그러한 흐름 속에서 '자기 가축화' 가설도 널리 받아들여졌는데, 이는 문명화로 인해 인류의 유전적 자질이 악화되고 있다는 주장을 뒷받침하는 근거로 사용되었다. 또한, 당시에 유행하던 문화적 비관주의•와 우생학적 이상주의••를 통해 논리적으로 정당화되기도 하였다.[83]

앞서 말한 크레펠린과 그의 제자 에른스트 뤼딘은 퇴행 이론과 가축화 가설의 강력한 초기 옹호자였다. 크레펠린은 1908년 자신의 논문에서 '퇴행형 정신병(Entartungsirresein)'을 언급하며, 문명화된 사회에서 정신장애가 증가하고 있으며, '원시적' 인종에서는 상대적으로 정신장애가 드물다고 주장하기도 하였다.[85] 특히 유대인이 신경 및 정신장애에 대한 높은 취약성을 지니고 있으며, 이는 그들의 가축화 수준이 높기 때문이라고 설명했다. 유대인이 유럽에서 도시 중심의 밀집된 삶을 살아온 '역사적·사회적 조건'을 '가축화 과정'과 동일하게 취급했다. 농업이나 전쟁 등으로부터

• 19세기 말에서 20세기 초에 걸쳐 유럽 지식인 사회에 널리 퍼진 정서로, 현대 문명이 가져오는 급격한 변화(산업화·도시화·과학기술 발전 등)가 인간 정신과 사회 구조에 부정적 영향을 미친다고 보는 견해를 말한다. 이 견해에 따르면 인간의 문명화(=가축화)란 인류가 자연 상태의 활력을 잃고 온순·퇴행을 강요당하는 과정이다.

•• 현대 문명은 인류를 저급한 방향으로 이끌고 있으므로, 열성(劣性) 형질의 확산을 막고 이상적 인류 사회를 만들기 위해서 인위적·정책적 개입이 필요하다는 것이다. 이는 이번 절 말미에서 다시 다룬다.

상대적으로 떨어진 전문직(상업·금융·학문 등)에 종사하면서, '자연 상태의 도태 압력'을 덜 받은 결과, 극도로 문명화·온순화되었다고 하였다.

또한, 크레펠린은 복지 제도가 자연선택을 방해하고 있다고 비판하기도 하였다.[83] 1909년 자신의 저서 『정신의학: 학생과 의사를 위한 교과서(Psychiatrie: Ein Lehrbuch für Studierende und Ärzte), 제8판』에서 이렇게 말했다.•

> 현대의 복지(돌봄) 제도는 약자를 지지함으로써 자연적 선택(natürliche Auslese)을 크게 방해한다는 점은 의심의 여지가 없다. 이로 인해, 과거에는 열악한 생활조건으로 인해 걸러졌을 '퇴행적 개인(entartete Individuen)'이 더 많이 번식하게 된다. 이렇게 해서 사회는 점차 유전적 질환(Erbkranken)을 가진 자들의 부담을 계속 떠안게 되는데, 그들은 대개 자신이 도움이 필요한 존재라는 사실조차 실감하지 못한 채, 복지제도 덕분에 생존과 번식을 이어가게 된다.

특히 정신과 의사이자 인류학자였던 에른스트 뤼딘(Ernst Rüdin, 1874~1952)은 '정신유전학의 창시자'라는 악명을 가진 인물이다. 그는 정신장애인이 보호받고, 오히려 생물학적으로 큰 가치를 가진 사람이 군대에 징집되어

• 원문을 그대로 옮기면 다음과 같다. "Es ist unzweifelhaft, daß die moderne Fürsorge, indem sie die Schwachen stützt, die natürliche Auslese in hohem Maße verhindert. Hierdurch müssen notwendigerweise vermehrt entartete Individuen zur Fortpflanzung kommen, während früher eine Auswahl durch die rauhen Lebensbedingungen stattfand. Auf diese Weise erwächst der Gesellschaft allmählich eine immer größere Last von Erbkranken, welche oft selbst ihre Hilfsbedürftigkeit nicht empfinden, aber durch die Wohlfahrtseinrichtungen am Leben und an der Fortpflanzung erhalten bleiben." Kraepelin E. *Psychiatrie: Ein Lehrbuch für Studierende und Ärzte*. 8th ed. Leipzig: J.A. Barth; 1909.

제거되고 있다고 주장했다.[86] 뤼딘은 카이저 인류학·인간 유전 및 우생학 연구소(Kaiser Wilhelm Institute for Anthropology, Human Heredity and Eugenics)에서 정신유전학과 인종위생 연구를 이끌며 정신질환자에 대한 강제 불임 및 낙태법을 옹호했다.[87] 1933년에 제정된 〈유전 장애를 가진 자의 번식 방지법(Law for the Prevention of Genetically Diseased Offspring)〉 입법 과정에 관여했는데, 이 법은 정신질환자, 신체장애인, 그리고 기타 '유전적으로 열등한' 사람들에 대한 강제 불임을 정당화하는 데 사용되었다.[88] 뤼딘의 별명은 '불임의 국가대표'였다.

한편, 독일의 정신과 의사 알프레드 에리히 호헤(Alfred Erich Hoche, 1865~1943)•는 심지어 『살 가치가 없는 생명의 제거 승인(Die Freigabe der Vernichtung lebensunwerten Lebens)』이라는 책에서 정신질환자와 장애인에 대한 안락사를 주장했고,[89] 이는 나치의 T-4 프로그램(T-4 Programm)••에 직접적인 영향을 미쳤다. T-4 프로그램은 나치 독일에서 1939년부터 1945년까지 실행된 대량 학살 및 안락사 프로그램으로, 주로 장애인과 정신질환자를 대상으로 소위 열등한 사람을 제거하고 인종적 순수성을 유지하며, 국가의 재정적 부담을 줄이려는 의도로 실행되었다. 흥미롭게도 호헤의 아내는 유대인이었는데,[90] 그는 나치 정권이 집권한 후 대학교에서 물러날 수밖에 없었다. 게다가 자신의 주장이 실현되어 친척 중 한 명이 안락사되자 우울

• 베를린과 하이델베르크 대학교에서 정신의학을 공부하고, 프라이부르크 대학교에서 정신과 교수로 재직했다. 프로이트의 정신분석 이론에 대해 비판적이었다. 그의 책은 다음 영역본을 참고하기 바란다. Binding K, Hoche A. *Allowing the destruction of life unworthy of life: its measure and form*. Modak C, translator. Tacoma (WA): Suzeteo Enterprises; 2012

•• 본부가 있던 베를린의 티어가르텐 가(街) 4번지(Tiergartenstrasse 4)의 이름을 따서 T-4 프로그램으로 불린다.

증에 시달리다가 자살한 것으로 보인다.[91]

여기서 나치의 우생학(Eugenik) 및 이에 부역한 몇몇 인류학자와 정신의학자, 심리학 등을 간단하게 소개하고자 한다. 이는 다음 장에서 다룰 근대 독일의 인류학과 겹치지만, 크레펠린 학파의 여러 주장과 이어서 보는 것이 알맞으므로 여기서 간략하게 다루고자 한다.•

나치 우생학은 19세기 후반부터 20세기 초까지 발전한 국제적인 우생학 운동(eugenics movement)과 사회진화론(social Darwinism)에 뿌리를 두고 있다.[92] 뒤에서 언급할 골턴의 우생학 개념에 영향을 받아, 알프레드 플로츠(Alfred Ploetz, 1860~1940)••가 1895년에 '인종위생(Rassenhygiene)'이라는 개념을 제시했다. 철학적으로는 집단주의와 국민공동체(Volksgemeinschaft) 이념, 그리고 고대 스파르타처럼 약자를 제거하여 공동체를 강하게 유지하려는 관념이 배경에 있었다.[93] 아돌프 히틀러(Adolf Hitler)는 기형아나 허약한 아이를 유기(遺棄)한 스파르타의 관습이 현대의 위선보다 더 인간적이라고 주장하기도 했다. 심지어 나치당 부총통 루돌프 헤스(Rudolf Hess)는 '나치즘은 응용생물학(angewandte Biologie)이다'라고까지 말하며 국가 정책에 근거가 불명확한 유사과학적 생물학 이론을 광범위하게 활용했다.[94]

이들의 이론은 몇 가지로 나눌 수 있다. 첫째, 북유럽계 노르딕 민족이

• 다음 장의 영국을 다룬 절에서 골턴에 관한 내용과 미국을 다룬 절의 데번포트에 관한 내용을 같이 참고하기 바란다. 19세기 말부터 나치 이전 독일의 사회진화론·우생학 전개를 폭넓게 파악하려면 다음을 참고하기 바란다. Weindling P. Health, *Race and German Politics between National Unification and Nazism, 1870-1945*. Cambridge: Cambridge University Press; 1989. 나치 우생학의 국제적 맥락을 이해하려면 다음을 참고하기 바란다. Kühl S. *The Nazi Connection: Eugenics, American Racism, and German National Socialism*. Oxford: Oxford University Press; 1994.

•• 의사이자 경제학자로 독일인종위생학회(Rassenhygienische Gesellschaft)를 설립한 인물이다.

가장 우수하다는 노르딕주의(Nordicism)•다. 앞서 말한 3 분류 혹은 4 분류 인종학에서 더 나아가, 유럽 내 민족을 자세하게 세분했고, 두개골 측정 결과 등을 근거로 아리안족(Aryan race)•• 중에서도 노르딕 인종이 최고로 우수하다고 하였다. 둘째, 신체적 형질이 단순한 유전법칙에 따라 전달된다고 주장했고, 따라서 빈곤이나 낮은 지능, 알코올중독, 매춘 등의 형질도 유전된다고 하였다. 셋째, 열등한 민족·인종과의 교배를 차단하고, 이미 존재하는 열등한 형질의 유전을 막는 것이 국가의 발전을 위해 필요하다고 주장했다.•••

이러한 우생학 이론은 나치 정부의 강력한 지원을 받아 실질적인 정책으로 이어졌다. 우생학 정책은 크게 정적 우생학(Positive Eugenik) 정책과 부적 우생학(Negative Eugenik) 정책으로 나뉘는데, 전자는 우수한 형질(hochwertige Merkmale)을 가진 개체의 번식을 촉진하는 것이고, 후자는 열등한 형질(minderwertige Merkmale)을 가진 개체의 번식을 제한하는 것이다. 히틀러의 나치당은 두 정책을 모두 강력하게 지원했다.

먼저 1933년, 나치당은 〈유전 장애가 있는 자의 번식 방지법〉을 통과시키면서 선천성 정신박약, 조현병(정신분열병), 조울증, 유전성 간질, 헌

• 노르딕 인종(Nordic race)을 우월하지만, 자칫하면 멸종할 위험이 있는 인종으로 간주하는 이론을 말한다. 이른바 아리안족의 최상위 집단이 노르딕 인종이라는 주장으로, 고대 유럽과 지중해 문명의 지배층으로 간주했다. 추운 곳에서 살면서 강인한 의지력과 창의성이 나타났다고 주장했다.

•• 원래 고대 인도-이란(Indo-Iranian) 계열의 부족들이 자신을 일컫는 명칭이다. 산스크리트(Sanskrit)의 'Ārya'(고귀한, noble)에서 유래했다. 아리안주의(Aryanism)는 아리안족과 다른 민족과의 혼혈이 퇴보를 유발한다는 주장을 말한다. 히틀러는 게르만족(Germanic peoples)이 아리안족의 대표적 후예라고 하였다. 그러나 인류학적으로 아리안족은 허구의 개념이다.

••• 나치 시대 인종주의 정책을 전체적으로 조망하려면 다음을 참고하기 바란다. Burleigh M, Wippermann W. *The Racial State: Germany 1933-1945*. Cambridge: Cambridge University Press; 1991.

팅턴 무도병, 유전성 실명·농아, 심한 선천성 기형, 그리고 상습적 알코올중독 등 9가지 질환을 열거하고 해당 질환이 있는 자를 '강제 불임(Zwangssterilisation)'시킬 수 있도록 했다. 의사와 공무원으로 구성된 유전 건강 재판소(Erbgesundheitsgericht)가 환자 개개인의 생식 능력을 박탈할지 결정했다.[95] 첫해에만 수만 건의 단종 수술이 이뤄졌고 의사들은 할당량을 채우기 위해 경쟁적으로 환자를 등록하였다. 결국, 약 40만 명에 달하는 독일인이 유전적 이유로 강제 불임수술을 당했다.[96]

이어 1935년에는 〈독일 국민의 유전적 건강보호법(Gesetz zum Schutze der Erbgesundheit des deutschen Volkes, 약칭 Ehegesundheitsgesetz)〉•이 통과되어, 유전적으로 건강한 독일인과 유전병 보유자 간의 결혼을 금지하고, 결혼 전 반드시 건강검진 및 유전상담을 받도록 의무화하였다. 같은 해 채택된 〈뉘른베르크법(Nürnberger Gesetze)〉은 두 가지 주요 법률, 즉 〈제국시민권법(Reichsbürgergesetz)〉••과 〈독일혈통 및 명예보호법(Gesetz zum Schutze des deutschen Blutes und der deutschen Ehre, 약칭 Blutschutzgesetz)〉•••으로 구성되어 있다. 특히 후자의 법

• 〈뉘른베르크법〉을 보완하는 법이지만, 별도의 법이었다. 결혼 전, 약혼 당사자는 보건부의 결혼 적합성 증명서(Ehetauglichkeitszeugnis)를 제출해야 했다. 만약 전염병, 정신장애, 무능력자, 유전병 환자일 경우에는 결혼이 금지되었다. 그러나 모든 결혼에 의무적으로 증명서를 제출할 필요는 없었고, '합리적 의심'이 들 경우에만 요구되었다.

•• 유대인을 포함한 비(非)아시아인은 독일 시민권을 가질 수 없도록 규정했다.

••• 유대인과 독일인, 독일계 혈통자와의 결혼 및 혼외 성관계를 금지했다. 위반 시 인종 오염(Rassenschande)으로 간주하여 처벌을 받았다. 그러나 오직 남성만 처벌했다. 또한, 유대인은 45세 미만의 독일 혈통 여성(가정부)을 고용할 수 없도록 했다. 또한, 1/2의 혈통이 유대인인 경우(예를 들면 친가 및 외가 조부모 중 두 명이 유대인), 독일 혈통의 배우자나 1/4 유대인(조부모 중 한 명만 유대인)과 결혼하기 위해서 특별허가를 받도록 강제했는데, 대개 신청은 반려되었다. 독일 혈통과 결혼하는 최소 기준은 1/4 유대인까지였다. 흥미롭게도 해당 법은 집시와 흑인, 기타 비아리아계 민족과의 결혼도 금지했는데, 추축국이었던 일본인과의 결혼을 어떻게 할 것인지에 관해서 논란이 있었다. 공식적으로는 일본인과의 결혼을 허용했지만, 실질적으로는 심사를 미루는 방식으로 허용하지 않았다. 동유럽 점령 후에는 슬라브족과의 결혼도 제한했다.

은 유대인 등 비아리아인과의 혼인 및 성적 관계를 형법상 금지하여, '혈통 보호(Blutsschutz)'라는 명분 하에 아리아인의 혈통 순수성을 유지하려 하였다.[97]

또한, 1939년에는 정신장애인을 대상으로 한 T-4 프로그램이 시행되어 약 27만 명의 환자가 비밀리에 살해되었으나, 교회의 강력한 반발로 1941년에 중단되었다.[98] 한편, 레벤스보른(Lebensborn) 프로그램은 정적 우생학 정책이었는데, 체질인류학적으로 '아리아인'의 특성을 가진 아이를 강제로 독일로 입양시켰고, 우수한 형질을 가진 SS 요원과 우수한 형질을 가진 여성의 혼인과 출산을 독려했다.[99]

그러면 독일 우생학에 부역한 몇몇 학자를 간략하게 요약해보자.• 먼저 체질인류학자 한스 F.K. 귄터(Hans F.K. Günther, 1891~1968)는 '인종 교황(Rassenpapst)'이라는 별명을 얻을 정도로 당시 인종학에 권위를 가진 인물이었다. 그의 책, 『독일 민족의 인종학(Rassenkunde des deutschen Volkes, Racial Science of the German People)』은 노르딕주의(Nordicism)에 기반하여 북유럽계 민족의 우월성을 주장하고, 인종 간 혼혈을 강력히 반대하였다. 다만, 귄터는 직접적인 우생학 조치의 집행에는 관여하지 않고, 이론적 정당화와 교육적 역할에 머물렀다.[100]

오트마르 프라이헤어 폰 페르슈어(Otmar Freiherr von Verschuer, 1896~1969)는 의사이자 체질인류학자, 유전학자로 쌍둥이를 중심으로 한 질병 유전 연구로 국제적으로 명성을 얻었다. 오이겐 피셔의 뒤를 이어, 카이저 빌헬름 연구소의 소장을 역임하였으며, 아우슈비츠(Auschwitz)에서 수집된 인체 자

• 나치에 부역한 의사와 과학자에 관해서는 다음을 참고하기 바란다. Kater MH. *Doctors Under Hitler*. Chapel Hill: University of North Carolina Press; 1989.

료를 자신의 연구에 적극적으로 활용하였다.[101]

요제프 멘겔레(Josef Mengele, 1911~1979)는 의사이자 인류학자로 아우슈비츠 강제 수용소에서 잔혹한 생체 실험을 감행하며 '죽음의 천사(Angel of Death)'라는 악명 높은 별명을 얻었다. 쌍둥이나 기타 신체적 특이 사항을 가진 이를 선별하여 비과학적인 실험에 강제 동원했다. 예를 들어 동공의 색을 변화시키려고 시도하고, 쌍둥이 중 한 명을 감염시켜 다른 한 명과 비교하는 등의 연구를 진행했으며, 다양한 인체 유래물을 앞서 말한 페르슈어의 연구소로 보냈다. 전후 남미로 도피하여 처벌을 피했다.[102]

정신과 의사 파울 니체(Paul Nitsche, 1876~1948)는 나치 집권 이전부터 우생학에 적극적으로 동조한 학자였는데, 정신장애인이 사회를 위해 삶으로부터 해방되어야 한다고 주장했다. T-4 프로그램의 의료 감독자로서 환자 살해 작업을 총괄하였으며, 전후 재판을 통해 인도에 반한 범죄로 유죄 판결을 받아 1948년에 사형으로 생을 마감했다.[103]

칼 슈나이더(Carl Schneider, 1891~1946)는 하이델베르크 대학교의 정신과 교수로 T-4 프로그램에 관여하면서, 이른바 '국가 치료(Nationale Heilung)'라는 개념을 제시하였다. 불필요한 유전자를 제거함으로써 독일 민족의 건강을 유지해야 한다고 주장하였으며, 직접적인 환자 살해 및 연구 목적으로 희생자를 선별하는 임무를 수행하였다. 1946년에 수감 중 자살했다.[104]

베르너 헤이데(Werner Heyde, 1902~1964)는 정신의학자로 나치 친위대(SS)의 대령(SS-Obersturmbannführer)을 지낸 인물이다. T-4 안락사 프로그램의 주요 설계자이자 행정 책임자 중 한 명으로 병원과 강제 수용소에서 정신의학적 및 우생학적 평가 시스템을 구축하여 누가 살고 누가 죽을지를 결정하였으며, 성인 환자들을 가스실 또는 (치명적 약물을 사용하는) 주사실로 이송하

였다. 전후 도피 생활을 이어가다가 1959년 체포되었고, 1964년 자살했다.[103]

로베르트 리터(Robert Ritter, 1901~1951)는 심리학자로 독일 내 로마니/신티(Romani/Sinti),* 즉 흔히 '집시'로 불리는 인구에 관한 연구를 진행하였다. 이들은 혼혈이며 범죄 성향을 가진다고 주장했다. 이로 인해 수많은 집시가 강제 불임수술을 받거나 '제거'되었다.[105]

에바 유스틴(Eva Justin, 1909~1966)은 간호사 출신으로 인류학과 심리학을 전공했다. 한 고아원(보육원)에서 집시 아동을 대상으로 연구를 진행하며 아이들의 신뢰를 얻었으나, 연구가 끝난 후 이들을 아우슈비츠로 보냈다.[106]

지금으로서는 터무니없는 이론에 기반한 잔인무도한 정책이지만, 당시에는 큰 호응을 얻었다. 나치는 이를 시대정신(Zeitgeist)이라고 주장했다. 제1차 세계대전에서 패배한 독일의 경제적 혼란과 사회적 분열은 우생학적 정책이 인기를 끄는 요인이었다. 경제적 어려움은 바이마르 공화국에서 진행하던 다양한 복지 정책의 중단 요구로 나타났고, 장애인이나 빈민에 대한 지원을 줄이려는 여론이 높아졌다.[107] 우생학 운동은 초기에 영국이나 미국 등에서도 호응이 있었으나, 영미의 저명한 인류학자나 생물학자, 정신의학자의 과학적 비판이 이어지고, 교리상으로 병자와 빈자를 구제해야 하는 신·구교의 저항이 더해지면서 힘을 잃었고, 제2차 세계대전 발발로 인해서 서구 사회에서 완전히 발붙일 땅을 잃게 되었다.

우생학 운동은 오늘날에는 터무니없는 이론에 기반한 잔인한 정책으로

---

* 인도 아대륙에서 기원해 유럽으로 이주한 후, 독자적인 언어와 문화를 발전시킨 집단으로, 오랜 기간 동안 사회적 편견과 차별의 대상이었다. 로마니는 전체 민족을 포괄하는 말이며, 신티는 주로 서유럽, 특히 독일, 이탈리아, 프랑스 등지에 거주하는 로마니 집단을 말한다. 종종 신티는 집시로 알려져 있는데, 경멸적인 의미로 취급하는 경우도 있다.

규탄되지만, 당시에는 '시대정신'으로 받아들여졌다는 점에서 역사적 반성과 경계가 필요하다.

그러면 다시 크레펠린의 퇴행 가설로 돌아오자. 크레펠린 학파는 인간 가축화와 퇴행 가설을 통해 정신장애의 원인, 즉 행동 다양성을 생물학적으로만 설명하려 했으나, 이는 사회적, 환경적 요인을 간과한 편향된 시각이라는 비판을 받았다. 프로이트를 비롯한 상당수의 정신과 의사는 퇴행 패러다임의 과학적 결함을 지적하며 이를 반박했고, 실질적으로 정신장애인에 대한 우생학적 조치에 대한 반발도 거셌다. 당시 크레펠린의 생물학적 결정론은 인간의 다양성과 복잡성을 충분히 반영하지 못한다는 심각한 제한점이 있다.

▣

이른바 '정신적 퇴행 가설'은 환경적 요인과 사회문화적 맥락을 배제하고 개인의 문제를 오직 유전적 퇴행으로만 설명함으로써, 인류의 다양성과 정신장애의 복합적 원인을 지나치게 단순화하고, 우생학적·인종주의적 편향을 강화하는 결과를 가져왔다. 이는 인간의 행동 다양성을 단지 부정적 퇴행의 결과로 간주하게 하여, 이후 관련 연구가 크게 경색되는 원인 중 하나가 되었다.

5. 요약

17세기부터 인간을 과학적으로 분류하려는 시도가 본격적으로 이루어졌으며, 베르니에는 인종을 네 가지로 나누는 체계를 제안했다. 유럽인, 아프리카인, 아시아인, 아메리카 원주민을 신체적 외모와 지리적 특징을 기준으로 분류하며 인종적 차이에 대한 논의를 시작했다. 린네는 생물 분류 체계를 정립하며 인간을 네 가지 변종으로 나누었다. 린네는 인종 간 차이를 피부색과 신체적 특징을 기준으로 설명했지만, 당시 서구 사회에서 퍼진 인종적 고정관념을 반영한 것이었다. 그의 분류는 이후 '과학적 인종주의' 확산에 큰 영향을 미쳤다.

블루멘바흐는 두개골 형태에 따라 인류를 다섯 부류로 나누며 인종적 차이를 환경적 요인에 의한 변화로 설명하려 했다. 그는 인간이 단일한 종에서 기원했으며, 인종 차이는 환경에 의해 발생한 가변적 특성이라고 보았다. 그러나 블루멘바흐는 코카서스인을 인류의 '원형'으로 간주하며, 서구 중심적 시각을 벗어나지 못했다.

롬브로소는 범죄가 타고난 유전적 성향에 의해 발생한다고 주장하며, 범죄자를 신체적 특징으로 식별할 수 있다고 주장했다. 롬브로소의 범죄 아타비즘 이론은 퇴행한 신체적 특징을 통해 범죄 성향을 예측할 수 있다고 보았으며, 이는 범죄 예방과 형사정책에 큰 영향을 미쳤다. 롬브로소는 범죄자를 교정하기 어렵다고 보아 사회적 격리를 주장하기도 했다.

한편, 크레펠린은 정신장애를 생물학적 원인에 의한 퇴행으로 설명하며, 정신장애가 시간이 지남에 따라 악화된다고 보았다. 그는 생물학적 결정론에 근거하여 유전적 기질이 사회의 퇴행을 유발할 수 있다고 주장했다.

근대 초기의 인종과 범죄, 정신질환에 대한 과학적 논의는 인간의 다양성을 단순화하거나 고정된 범주로 분류하려는 시도로 이어졌다. 이러한 과학적 시도는 당대의 사회적 편견과 맞물려 인종주의와 생물학적 결정론을 강화하는 데 기여했다. 이로 인해 한동안 행동 다양성 연구는 지체되었지만, 현대 진화행동인류학은 이를 비판적으로 재검토하며, 인간의 복잡한 행동과 다양성을 더 깊이 이해하는 방향으로 나아가고 있다.

1. Kragh H. *An introduction to the historiography of science*. Cambridge: Cambridge University Press; 1987.

2. Bernier F. Nouvelle division de la terre par les différentes espèces ou races qui l'habitent. In: *Bernier, Linnaeus and Maupertuis: With an Introduction and Ed.* Note by Robert Bernasconi. Bristol: Thoemmes Press; 1864.

3. Bernier F. A new division of the earth. In: History Workshop Journal [Internet]. 2001;50:247–50. Available from: https://www.jstor.org

4. Osler MJ. *Divine will and the mechanical philosophy: Gassendi and Descartes on contingency and necessity in the created world*. Cambridge: Cambridge University Press; 1994.

5. Stuurman S. François Bernier and the invention of racial classification. *History Workshop Journal*. 2000;50(1):1–21.

6. Rubiés JP, Fourcade M, Zupanov I. Race, climate and civilization in the works of François Bernier. *L'Inde des Lumières: Discours, histoire, savoirs* (XVIIe–XIXe siècle). 2013:13–38.

7. Tyson E. *Orang–outang, sive Homo Sylvestris: or, The Anatomy of a Pygmie Compared with that of a Monkey, an Ape and a Man*. London: Thomas Bennet and Daniel Brown; 1803.

8. Shapiro HL. The history and development of physical anthropology. *Am Anthropol*. 1959;61(3):371–9.

9. Vesalius A. *De humani corporis fabrica* (Of the Structure of the Human Body), originally published in 1543. Basel: Ex Officina Joannis Oporini; 1950.

10. O'Malley CD. *Andreas Vesalius of Brussels, 1514–1564*. Berkeley: University of California Press; 1964.

11. Hunter M. *Boyle: between God and science*. New Haven: Yale University Press; 2009.

12. Boyle R. *Experiments and considerations touching colours*. London: Henry Herringman; 1664.

13. Boyle JE. *Anamorphosis in early modern literature: mediation and affect*. Farnham: Ashgate Publishing, Ltd.; 2010.

14. Müller–Wille S. Linnaeus and the Four Corners of the World. In: Blanco M-J, Vidal R, editors. *The Cultural Politics of Blood, 1500–1900*. London: Palgrave Macmillan; 2015. p. 43–65.

15. Linnaeus C. *Systema naturae sive regna tria naturae systematice proposita per classes, ordines, genera et species*. Leiden: Apud T. Haak; 1735.

16. Linnaeus C. *A system of vegetables: according to their classes, orders, genera, species, with their characters and differences*. 13th ed. Vol. 2. Translated by a botanical society at Lichfield. London: John Jackson; 1783.

17. Schiebinger L. Why mammals are called mammals: gender politics in eighteenth–century natural history. *Am Hist Rev*. 1993;98(2):382–411.

18. Bellows TS, Fisher TW. *Handbook of biological control: principles and applications of biological control.*

San Diego: Academic Press; 1999.

19. Koerner L. *Linnaeus: nature and nation*. Cambridge, MA: Harvard University Press; 2001.

20. Hutcheon JM, Kirsch JAW. A moveable face: deconstructing the Microchiroptera and a new classification of extant bats. *Acta Chiropt*. 2006;8(1):1–10.

21. Neuweiler G. *The biology of bats*. New York: Oxford University Press; 2000.

22. Pettigrew JD. Flying primates? Megabats have the advanced pathway from eye to midbrain. *Science*. 1986;231(4743):1304–6.

23. Eick GN, Jacobs DS, Matthee CA. A nuclear DNA phylogenetic perspective on the evolution of echolocation and historical biogeography of extant bats (Chiroptera). *Mol Biol Evol*. 2005;22(9):1869–86.

24. Gould SJ. The geometer of race. *Discover*. 1994:64–9.

25. Tawil E. *The making of racial sentiment: slavery and the birth of the frontier romance*. Cambridge: Cambridge University Press; 2006.

26. Linnaeus C. *Critica botanica*. Lugduni Batavorum: Apud Conradum Wishoff; 1737.

27. Linnaeus C. Anthromorpha (1748–1758) [Internet]. London: The Linnean Society of London; 1748 [cited 2024 Oct 29]. Available from: https://linnean-online.org/

28. Linnaeus C. *Systema Naturae per Regna Tria Naturae, Secundum Classes, Ordines, Genera, Species, Cum Characteribus, Differentiis, Synonymis, Locis*. 10th ed. Holmiae: impensis direct. Laurentii Salvii; 1758.

29. Broberg G. Homo sapiens: Linneaus classification of man. In: Frängsmyr T, editor. *Linnaeus: The Man and His Work*. Berkeley: University of California Press; 1983. p. 156–94.

30. Quintyn CB. *The existence or non–existence of race?: Forensic anthropology, population admixture, and the future of racial classification in the US*. Amherst, NY: Teneo Press; 2010.

31. Kennedy K. *Human variation in space and time* (Elements of anthropology). Iowa: W. C. Brown Company; 1976.

32. Pick D. *Faces of degeneration: a European disorder, c. 1848–1918*. Cambridge: Cambridge University Press; 1989.

33. Brace CL. *'Race' is a four–letter word: the genesis of the concept*. New York: Oxford University Press; 2005.

34. Roger J. *Buffon: Un philosophe au jardin du roi*. Paris: Fayard; 1989.

35. de Buffon GLL, B.G.E. de la Ville de Lacépède. *Histoire Naturelle*. Tours: Mame; 1870.

36. Kant I. *Über den Gebrauch teleologischer Principien in der Philosophie*. Der Teutsche Merkur. 1788;36–52.

37. Kant I. *Von den verschiedenen Rassen der Menschen*. Königsberg: Friedrich Nicolovius; 1775.

38. Sloan PR. Buffon, German biology, and the historical interpretation of biological species. *Br J Hist Sci*. 1979;12(2):109–53.

39. Lenoir T. Kant, Blumenbach, and vital materialism in German biology. *Isis*. 1980;71(1):77–108.

40. Gatterer JC. *Abriß der Universalhistorie in ihrem ganzen Umfange*. Göttingen: Vandenhoeck & Ruprecht; 1773.

41. von Schlözer AL. *Vorbereitung zur Weltgeschichte für Kinder*. Göttingen: Vandenhoeck & Ruprecht;

1800.

42. Eichhorn JG. *Einleitung ins Alte Testament/Erster Theil*. Leipzig: Weidmann & Reich; 1780.

43. Blumenbach JF. Handbuch der Naturgeschichte: Göttingen. Göttingen: Johann Christian Dieterich; 1797.

44. Rines GE. Blumenbach, Johann Friedrich. In: *The Encyclopedia Americana*. New York: Americana Corporation; 1920.

45. Rupke N, Lauer G. *Johann Friedrich Blumenbach: race and natural history, 1750–1850*. New York: Routledge; 2018.

46. Blumenbach JF. *De generis humani varietate nativa liber: cum figuris aeri incisis. Apud viduam Abr.* Vandenhoeck; 1781.

47. Gould SJ. *The mismeasure of man*. New York: W. W. Norton & Company; 1996.

48. Morel BA. *Traité des dégénérescences physiques, intellectuelles et morales de l'espèce humaine et des causes qui produisent ces variétés maladives*. Paris: J.-B. Baillière; 1857.

49. Abel EL. Benedict-Augustin Morel (1809–1873). *Am J Psychiatry*. 2004;161(12):2185.

50. Schuster JP, Le Strat Y, Krichevski V, Bardikoff N, Limosin F. Benedict Augustin Morel (1809–1873). *Acta Neuropsychiatr*. 2011;23(1):35–6.

51. Sheldon W. *The varieties of human physique*. New York: Harper; 1940.

52. Eigenberger ME. Physique, temperament and beliefs: A philosophical and empirical exploration of WH Sheldon's constitutional psychology [dissertation]. 1994.

53. Kretschmer E. *Körperbau und Charakter: Untersuchungen zum Konstitutionsproblem und zur Lehre von den Temperamenten*. Berlin: Springer; 1921.

54. Kevles DJ. *In the name of eugenics: genetics and the uses of human heredity*. Cambridge, MA: Harvard University Press; 1995.

55. 문기업. "모렐(Bénédict A. Morel: 1809–1873)의 퇴행이론과 인간과학의 기획" [dissertation]. 2022.

56. Salamun K, Villanueva M. *Karl Jaspers*. Berlin: Springer; 1985.

57. Jaspers K. *General psychopathology* (C. D. Hamilton, J. Hoenig, Trans.). Manchester: Manchester University Press; 1913.

58. Lombroso C. *L'uomo delinquente: in rapporto all'antropologia, alla giurisprudenza ed alle discipline carcerarie*. Turin: Bocca; 1876.

59. Prichard JC. *A treatise on insanity and other disorders affecting the mind*. Philadelphia: Haswell, Barrington, and Haswell; 1837.

60. 이경재. "롬브로조의 범죄학사상에 대한 재조명". 《경찰학논총》. 2010;5(1):129–55.

61. Prichard JC. *Researches into the physical history of man*. London: J. and A. Arch; 1813.

62. Prichard JC. *The natural history of man: With thirty six coloured and four plain illustrations, and ninety engravings on wood. Mit ethnographischen Karten in folio. 11 f.* London: H. Bailliere; 1843.

63. Carrà G, Barale F. Cesare Lombroso, MD, 1835–1909. *Am J Psychiatry*. 2004;161(4):624.

64. Gibson M. Forensic psychiatry and the birth of the criminal insane asylum in modern Italy. *Int J Law*

Psychiatry. 2014;37(1):117–26.

65. Kushner HI. Deficit or creativity: Cesare Lombroso, Robert Hertz, and the meanings of left-handedness. *Laterality*. 2013;18(4):416–36.

66. Gibson M. *Born to crime: Cesare Lombroso and the origins of biological criminology*. Stuttgart: Holtzbrinck; 2002.

67. Fielding H. *An enquiry into the causes of the late increase of robbers*. Toulouse: Presses Univ. du Mirail; 1989.

68. Sergi G. The man of genius [Internet]. Monist. 1899;10(1):85–115. Available from: http://www.jstor.org/stable/27899098

69. Decker HS. How Kraepelinian was Kraepelin? How Kraepelinian are the neo-Kraepelinians?—From Emil Kraepelin to DSM-III. *Hist Psychiatry*. 2007;18(3):337–60.

70. Hoff P. Kraepelin and degeneration theory. *Eur Arch Psychiatry Clin Neurosci*. 2008;258:12–7.

71. Engstrom EJ, Weber MM, Burgmair W. Emil Wilhelm Magnus Georg Kraepelin (1856–1926). *Am J Psychiatry*. 2006;163(10):1710.

72. Engstrom EJ. On the question of "degeneration" by Emil Kraepelin (1908) 1. *Hist Psychiatry*. 2007;18(3):389–98.

73. Brüne M. On human self-domestication, psychiatry, and eugenics. *Philos Ethics Humanit Med*. 2007;2:1–9.

74. Rousseau JJ. *Discours sur l'origine et les fondements de l'égalité parmi les hommes*. 1755.

75. Darwin C. *The variation of animals and plants under domestication*. London: John Murray; 1868.

76. Darwin C. *The descent of man and selection in relation to sex*. London: John Murray; 1871.

77. Baur E. *Grundriss der menschlichen Erblichkeitslehre und Rassenhygiene*. Lehmann; 1921.

78. Fischer E. Die Rassenmerkmale des Menschen als Domestikationserscheinungen. *Z Mitt Indukt Abstammungs- und Vererbungslehre*. 1915;14(1):302–3.

79. Boas F. The mind of primitive man. *Science*. 1901;13(321):281–9.

80. Hilzheimer M. Historisches und kritisches zu Bolks Problem der Menschwerdung. *Anat Anz*. 1926;62(110–121):27.

81. Lorenz K. Durch Domestikation verursachte Störungen arteigenen Verhaltens. *Z Angew Psychol und Charakterkunde*. 1940;59(1):2–81.

82. Lorenz K. Psychologie und Stammesgeschichte. *Die Evolution der Organismen*. 1954;2:131–72.

83. Brüne M. On human self-domestication, psychiatry, and eugenics. *Philos Ethics Humanit Med*. 2007;2(1):[page numbers pending].

84. Gehlen A. *Der Mensch: Seine Natur und seine Stellung in der Welt*. Berlin: Junker und Dünnhaupt; 1940.

85. Kraepelin E. Zur Entartungsfrage. *Zbl Neurheilkd*. 1908;19:745–51.

86. Rüdin E. Über den Zusammenhang zwischen Geisteskrankheit und Kultur. *Arch Rassen–Gesellschaftsbiol*. 1910;7:722–48.

87. Schmuhl HW. *The Kaiser Wilhelm Institute for Anthropology, Human Heredity and Eugenics, 1927–1945:*

Crossing Boundaries. Dordrecht: Springer Science & Business Media; 2008.

88. Weindling P. *Health, race and German politics between national unification and Nazism, 1870–1945*. Cambridge: Cambridge University Press; 1993.

89. Binding K, *Hoche A. Die Freigabe der Vernichtung lebensunwerten Lebens: ihr Maß und ihr Ziel(1920)*. BWV Verlag; 2006.

90. Hoche A, Dening RG, Dening TR, Berrios GE. The significance of symptom complexes in psychiatry. *Hist Psychiatry*. 1991;2(7):329–33.

91. Burleigh M, Boyd CE. Death and deliverance: "Euthanasia" in Germany, 1900–1945. *Hist Rev New Books*. 1995;24(1):36.

92. Weikart R. The origins of Social Darwinism in Germany, 1859–1895. *J Hist Ideas*. 1993;54(3):469–88.

93. Weiss SF. The race hygiene movement in Germany. *Osiris*. 1987;3:193–236.

94. Proctor RN. *Racial hygiene: Medicine under the Nazis*. Cambridge, MA: Harvard University Press; 1988.

95. Noakes J. Nazism and eugenics: The background to the Nazi sterilization law of 14 July 1933. In: Bullen RJ, editor. *Ideas into politics: Aspects of European history, 1880–1950*. London: Croom Helm; 1984. p. 75–94.

96. Bock G. Racism and sexism in Nazi Germany: motherhood, compulsory sterilization, and the state. *Signs*. 1983;8(3):400–21.

97. Pine L. *Nazi family policy, 1933–1945*. Oxford: Berg; 1997.

98. Burleigh M. *Death and deliverance: "Euthanasia" in Germany c.1900–1945*. Cambridge: Cambridge University Press; 1994.

99. Thompson LV. Lebensborn and the eugenics policy of the Reichsführer-SS. *Cent Eur Hist*. 1971;4(1):54–77.

100. Chapoutot J. *The law of blood: Thinking and acting as a Nazi, Germany*. Cambridge, MA: Harvard University Press; 2018.

101. Schmuhl HW. *The Kaiser Wilhelm Institute for Anthropology, Human Heredity, and Eugenics, 1927–1945: Crossing Boundaries*. Dordrecht: Springer; 2008.

102. Lifton RJ. *The Nazi doctors: Medical killing and the psychology of genocide*. New York: Basic Books; 1986.

103. Friedlander H. *The origins of Nazi genocide: From euthanasia to the final solution*. Chapel Hill: University of North Carolina Press; 1995.

104. Roelcke V, Hohendorf G, Rotzoll M. Psychiatric research and "euthanasia": the case of the psychiatric department at the University of Heidelberg, 1941–1945. *Hist Psychiatry*. 1994;5(19):517–32.

105. Lewy G. *The Nazi persecution of the Gypsies*. Oxford: Oxford University Press; 2000.

106. Benedict S, Shields L, Holmes C, Kurth J. A nurse working for the Third Reich: Eva Justin, RN, PhD. *J Med Biogr*. 2018;26(4):259–67.

107. Poore C. *Disability in twentieth-century German culture*. Ann Arbor: University of Michigan Press; 2007.

6. 근대:
체질인류학의 확산

학자들의 연구를 위한 광대한 영역이 갑자기 열렸다. 이는 블루멘바흐의 분류와 묘사를 단순히 보완하거나 수정하는 것만이 아니라, 영속적 변종, 유전적 유형, 그리고 인종을 구성하는 다양한 특성과 점진적 특징의 기원을 추구하는 일이었다. … 이를 위해 민족 간의 계보를 규명하고, 그들의 이동 및 혼합의 흔적을 찾아내며, 그들의 유적, 역사, 전통, 종교를 탐구하고, 역사적 시기를 넘어 그들의 기원까지 거슬러 올라가야 했다. 이러한 완전히 새로운 질문과 문제는 이전까지 과학에서 제기되지 않았던 것들로, 동물학, 해부학, 생리학, 위생학, 민족학, 역사학, 고고학, 언어학, 고생물학 등 여러 학문의 동시적 협력을 요구하며, 결국 인간 과학, 즉 인류학이라는 단일한 목표로 수렴되었다.

폴 브로카의 파리 인류학회(Société d'anthropologie de Paris) 발표문,
『인류학회의 연구사(Histoire des travaux de la société d'anthropologie)』, 1863년

나는 자연과학 분야 중에서 인류학만큼 철저히 탐구할 만한 가치가 있는 분야는 드물다고 생각한다. 이 학문은 순수 과학의 영역에서도 할 일이 많을 뿐만 아니라, 인간과 관련된 위대한 문제에 대해 깊이 있게 통찰하여, 다양한 방면에서 의미 있는 연결점을 만들어낼 수 있다.

토머스 헉슬리의 영국 과학진흥협회(British Association for the Advancement of Science) 강연문,
"인류학 연구에 대해서(On the Study of Anthropology)", 1869년

나는 당신에게, 비록 불완전하게라도, 다윈이 이룬 불멸의 업적으로 인한 사상의 흐름을 제시하는 데 성공했기를 바란다. 이러한 사상은 현재의 인류학을 형성하는 데 도움을 주었다.

프란츠 보아스의 강의록,
『인류학과 다윈의 관계(The Relation of Darwin to Anthropology)』, 1909년

인간을 계측하는 것에서 그치지 말고, 그것에 관한 해석 작업을 함께 해야 한다.
어니스트 후튼, 『유인원을 향해서(Up from the Ape)』, 1931년

◈

18세기에서 19세기 사이 유럽에서는 인간의 기원과 인종적 다양성을 이해하려는 과학적 연구가 본격적으로 전개되었다. 당시 자연과학적 연구는 인간을 단순한 도덕적 또는 종교적 관점이 아닌 생물학적 존재로 바라보는 새로운 관점을 제시하였다. 이러한 연구의 발전은 크게 두 갈래의 학문적 방향으로 이루어졌다.

먼저 문화인류학은 유럽 밖의 다양한 문명과 사회를 연구하면서 각 사회의 고유한 문화적 중요성을 재발견하였다. 문화인류학은 인간 사회를 비교 분석함으로써 인류가 다양한 문화적 배경을 통해 형성된다는 사실을 강조하며, 인간 존재의 문화적 상대성에 대한 학문적 인식을 확립했다.

반면, 체질인류학은 인간을 동물계의 일원으로 보고, 그 생물학적 특성을 중심으로 연구하였다. 체질인류학의 핵심 주장은 인간도 자연의 법칙에 따라 진화하며, 다른 동물 종과 동일한 법칙이 적용된다는 것이었다.

이러한 인식은 오늘날 과학적 상식으로 받아들여지고 있지만, 당시에는 매우 급진적인 개념으로 여겨졌다. 특히 18세기 이전의 유럽 사상에서는 인간이 다른 동물과 본질적으로 구분된다고 여겼으며, 인간은 이성적 존재로서 자연계에서 특별한 위치를 차지한다고 생각했다. 그러나 18세기 후반부터 점차 인류학적 연구가 활성화되면서, 인간도 다른 생명체들과 유사한 생물학적 법칙에 따라 진화한다는 생각이 확산되었다.[1]

19세기 유럽에서 인류학(anthropology)이라는 용어는 주로 체질인류학(physical anthropology)을 의미했다. 인간의 신체적 특징, 두개골 측정, 골격 분석 등을 통해 인종 간의 차이를 연구하는 학문이었다. 특히 프랑스는 인류학을 체질적 연구 분야로 이해하는 경향이 강했다. 폴 브로카 등의 프랑스 학자들은 두개골의 측정과 비교를 통해 인류의 기원을 연구하고, 이를 통해 인종 간의 신체적 차이를 설명하려 했다.

반면에 동 시기, 영국과 미국에서는 민족학(ethnology)•이라는 용어가 일반적으로 사용되었다.[2,3] 민족학은 인류의 문화적, 사회적 특성에 더 많은 관심을 두었으며, 인간의 행동, 관습, 언어, 종교 등을 연구하는 데 중점을 두었다. 대표적으로 영국의 에드워드 버넷 타일러(Edward Burnett Tylor, 1832~1917)•• 등은 민족학을 통해 인간 사회의 다양한 문화적 표현을 분석하고, 이를 통해 인류의 문화를 이해하려고 시도했다.[4] 타일러는 『원시 문화

• 민족학(ethnology)은 여러 민족의 사회·문화·언어·역사 등을 비교 연구하는 학문이다. 비슷한 용어로 민족지학(ethnography)은 특정 민족의 일상 문화 등을 현장 조사 등을 통해 심층적으로 연구하는 방법론을 말한다. 전자는 이미 축적된 자료를 토대로 종합·비교·해석하는 학문을, 후자는 현장에서 참여 관찰 등을 통해 조사하는 인류학적 연구 방법을 말한다. 종종 인류학적 민족학은 민족지학과 혼용되기도 한다.

•• 문화진화론과 애니미즘 개념을 정립한 초기 인류학자로, 1896년 옥스퍼드 대학교 인류학과의 초대 교수로 임명되었다.

(Primitive Culture)』에서 인간의 문화를 진화의 관점에서 설명하며, 문화에 관해 '지식, 신념, 예술, 도덕, 법률, 관습, 그리고 인간이 사회의 일원으로서 획득한 모든 능력과 습관을 포함하는 복합적 전체'라고 정의하였다. 아울러 원시 사회에서부터 문명화된 사회로의 발전이 보편적 원칙으로 설명될 수 있다고 주장했다. 그러면서 가장 원시적인 종교의 형태로 애니미즘(animism)을 제안했고, 애니미즘에서 다신교, 그리고 일신교로 종교가 진화한다고 하였다. 한편, 과거의 사회에서 시작되어 더 이상 기능이 없는 관습이나 사고방식을 잔재(Survivals)라고 하였다.[5]

또한, 친족 연구와 사회 구조 이론, 사회진화론 등으로 잘 알려진 미국의 루이스 헨리 모건(Lewis Henry Morgan, 1818~1881)•은 민족지 연구를 통해 원주민 사회의 문화적 특성을 연구했으며, 특히 친족 관계와 사회 조직에 많은 관심을 가졌다.[6] 모건은 인간 사회의 발전을 친족 체계의 변화로 설명하려고 하였고, 이를 통해 단일기원설을 뒷받침했다. 또한, 물질적 조건이 사회 구조와 인간 행동을 결정하는 중요한 요인이라고 주장했다. 자신의 저작, 『고대 사회(Ancient Society)』에서 인간 사회가 야만(savagery), 미개(barbarism), 문명(civilization)의 진화론적 단계를 거쳐 발전한다고 보았는데,•• 그의 연구는 미국 민족학의 중요한 기초를 마련했다.[6] 그러나 타일러와 모

• 특히 이로쿼이족(Iroquois)에 관한 민족지로 유명하다. 그의 연구는 칼 마르크스(Karl Marx), 프리드리히 엥겔스(Friedrich Engels), 찰스 다윈, 지그문트 프로이트 등에게 큰 영향을 미쳤다.

•• 타일러도 같은 주장을 하였다. 그러나 타일러는 주로 종교 발달에 맞추어 발전 단계를 제시했고, 모건은 이를 다시 세분화하여 총 7단계로 구분했다. 그리고 혼인 제도와 사회 조직, 경제 및 기술 요소 등을 포괄하는 개념으로 확장했다. 참고로 7단계는 다음과 같다. 하위 야만 단계(식물성 자원을 주로 섭취하고, 불을 사용하지 못함), 중위 야만 단계(불을 사용하고, 물고기와 조개를 섭취), 상위 야만 단계(활과 화살을 사용하여 수렵이 가능해짐), 하위 미개 단계(토기의 발명), 중위 미개 단계(농경과 가축 사육), 상위 미개 단계(철기 사용으로 도구와 무기의 개선), 문명 단계(문자의 발명과 도시화, 국가의 탄생).

건의 주장은 단선적 진화 도식을 가정했고, 지나치게 서구 중심적 시각을 반영한다는 단점이 있다.

이 시기의 인류학 학문 분과에 관한 명칭은 다소 혼란스러운 면이 있다. 기본적으로 체질인류학은 해부학, 동물학, 의학 등에서 기원하여 발전했으며, 그 과정에서 다양한 과학적 연구가 합쳐져 지금의 형태를 갖추게 되었다. 그러나 체질인류학이 현재의 인류학과 이어지게 된 기원은 다소 모호하다. 체질인류학이 형성될 당시, 문화인류학과 고고학은 아직 독립된 학문으로 자리 잡지 않은 상태였다. 문화인류학은 세부적 이론화가 이루어지기 전이었고, 고고학은 르네상스 시대 수집가들이 보물 사냥을 하던 취미의 연장선에 불과했다.[1] 각 학자나 학파에 따라 용어 선택이 달랐고, 따라서 인류학과 민족학의 경계도 명확하지 않았다.

예를 들어, 영국과 미국에서 민족학이라는 용어가 일반적으로 사용되었다고 해도, 일부 학자는 인류학이라는 용어를 사용해 사회·문화에 관한 연구를 수행하기도 했다. 유럽에서는 인류학이라는 명칭이 지금 우리가 알고 있는 체질인류학뿐 아니라, 당시 민족학의 여러 분야도 포괄하곤 했다. 시간이 지나면서 두 용어는 점차 교차하여 사용되기 시작했다. 아마도 탐험가들이 발견한 새로운 민족 집단에 관한 보고서는 체질적 특성과 사회적 관습, 문화적 행태, 언어적 특징 등을 명확하게 구분하지 않았고, 당시의 인류학자는 혼자서 여러 영역에 걸친 연구를 모두 수행하곤 했다. 이러한 과정을 겪으면서 체질인류학 및 문화인류학의 결합이 자연스럽게 이루어진 것으로 추정된다.[1]

인류학이 자리를 잡기 시작하던 근대 초기의 인류학자는 여러 영역에서 모두 깊은 관심을 가지고, 체질학적 계측 및 민족지 조사 등을 진행했다. 그리고 19세기 후반에 이르러 유럽에서 (체질) 인류학은 독립된 연구 분야로서 연구 주제와 방법론이 충분히 구체화되면서 학문적 지위를 확립하였다. 그러던 중 20세기 초에 이르러 인류학(anthropology)이라는 용어가 신체적 형질에 관한 연구뿐만 아니라 문화와 사회적 연구를 모두 포함하는 학문으로 확장되면서, 인류학과 민족학을 구분해서 얻는 개념상의 이득은 학문의 발전사를 논할 때만 유의할 정도로 거의 사라졌다. 동시에 점차 인류학이라는 용어가 체질, 문화, 언어, 고고 등 여러 영역을 포괄하는 개념으로 확장되었다.

즉 체질인류학은 새로운 연구 대상이나 연구 방법, 혹은 이론 등이 나타나면서 갑자기 등장한 것이 아니었다. 고대 그리스 시대부터 시작된 인간의 보편성과 다양성에 관한 학문적 관심이 대항해 시대와 식민지 개척의 시대를 겪으며 전방위적으로 확장되고, 기존의 학문적 개념을 새로운 데이터에 적용하는 과정에서 점진적으로 변화·통합되는 결과로 발전해 나갔다.[1] 근대 초기에는 인류를 다양한 신체적 특징에 따라 분류하고, 이를 통해 인종 간 차이를 체계적으로 연구하려 했다. 앞 장에서 언급했듯이 린네, 블루멘바흐, 뷔퐁 등은 인종을 구분하는 분류 체계를 제안하며, 인류의 변이와 기원을 설명하려고 했다. 그러나 이러한 시도는 종종 인종 간의 우열을 논하며, 인종차별적 견해를 강화하는 데 사용되기도 했다. 특히 블루멘바흐는 두개골 형태를 기반으로 인간의 지능과 인종적 특성을 설명하려 하였고, 이후 소위 '과학적 인종주의'의 토대가 되었다. 인종학에 치우쳐진 체질인류학의 학문적 정체성은 20세기 중반이 되어야 시효를 다했다.

예를 들어, 19세기 초 미국에서도 인류의 기원과 변이에 관한 연구가 본격화되었다. 새뮤얼 스탠호프 스미스와 새뮤얼 G. 몰턴 등은 유럽에서 발전한 인종 분류 체계를 토대로 독자적인 연구를 진행했으며, 두개골 측정과 같은 초기 인류학 연구 방법을 통해 인종 간 차이를 설명하려 했다. 특히 몰턴은 두개골 용적을 측정해 인종 간 지적 능력 차이를 주장하며, 다지역기원설(polygenism)을 지지했다. 단일기원설이 퇴행설로 이어졌다면, 다지역기원설도 역시 지역 기반 인종주의에 기여했다.

그러나 미국의 인류학은 유럽과 달리 오랜 학문적 전통이 없었고, 유럽의 인류학을 새롭게 이식하는 과정을 통해서 발전했다. 따라서 학문적 변화에 대한 저항이 상대적으로 강력하지 않았다. 이러한 학문적 분위기 속에서 19세기 말, 프란츠 보아스 등의 노력으로 체질인류학의 패러다임은 큰 변화를 맞이했다. 보아스는 인종적 차이를 생물학적 고정성에 기반한 것이 아니라, 환경적 요인과 역사적 맥락에서 설명하려는 입장을 취했다. 이는 기존의 인종적 고정관념을 비판하고, 문화적 다양성을 강조하는 방향으로 인류학의 흐름을 바꾸는 중요한 계기가 되었다.

무엇보다도 인류학, 특히 체질인류학의 새로운 변화를 이끈 가장 중요한 동력은 바로 다윈의 진화이론이었다. 진화론이 생물학에 근본적인 방향을 제시한 것처럼, 체질인류학도 인간 변이에 대한 기존의 체질인류학적 연구를 탈피하여 진화이론에 기반한 과학적 학문으로 방향을 틀 준비를 시작했다. 지질학의 발전과 더불어, 여러 지역에서 발견되고 있던 인간 화석에 관한 연구는 인류학자가 담당하게 되었지만, 이를 해석할 만한 이론적 틀은 부재한 상태였다. 진화이론은 고인류 화석을 인간 기원 연구의 중요한 출발점으로 재조명해주었다. 체질인류학자는 새로운 인류 화석을 발견하고 인간 진화에 관한 가설을 제시하는 일을 맡게 되었으며, 점

차 고인류학은 체질인류학의 가장 인기 있는 분야로 자리 잡게 되었다.[1]

20세기 전반의 체질인류학 연구는 여전히 인종학과 우생학에 치우쳐 있었지만, 인간의 성장 및 발달, 인류의 기원, 영장류 등 비교해부학적 연구, 고인류학, 그리고 골격 생물학 등의 주제로 확장되기 시작했다. 여전히 당시 인류학 연구에서 인종은 인간 집단의 변이를 분석하는 주요한 틀이었으나, 제2차 세계대전 이후 학문적 급변기를 겪으며 인종을 본질적 또는 유형적으로 구분하려는 시도는 대부분 '공식적으로' 폐기되었다. 특히 우생학은 골턴 등에 의해서 시작되어 1920년대 미국에서 찰스 데븐포트 등에 의해서 크게 유행했으나, 1930년대 무렵부터 사그라졌다.

흥미롭게도 인간 성장 및 발달에 관한 인류학적 연구는 보아스에 의해서 시작되었는데, 환경에 따른 체질적 차이에 관한 연구를 촉발하게 되었다. 한편 영장류 연구는 동물원에서 사육되는 개체와 집단에 관한 연구를 중심으로 초보적인 시도가 이루어졌고, 영국의 아서 키스 등은 영장류 현장 연구를 시도하기도 하였다. 고인류학은 네안데르탈인을 비롯하여 다양한 인간 화석의 발견이 대중적으로 큰 반향을 일으켰고, 고대 문명의 잔해를 발굴하던 고고학자의 일부는 고인류 화석 및 석기 발굴을 통해 선사시대에 관한 연구에 나서면서 고고학과 인류학의 밀접한 동거가 시작되었다. 또한, 골격 생물학은 의학의 한 분과인 해부학에서 전통적으로 다루던 분야였고, 수많은 인체 표본에 관한 체계적 정리와 분류, 특히 근연종의 표본이나 고인류의 표본에 관한 정리와 분류까지 확장되었다.[7]

이 장에서는 먼저 미국과 유럽에서 인종적 차이를 '과학적'으로 설명하려 했던 불행한 역사를 다룬다. 유럽과 미국의 학자들이 인종과 인간 변이에 대해 제시한 다양한 이론을 분석하며, 그 과정에서 나타난 인종주의적 편향과 과학적 논의의 발전을 살펴본다.

또한, 19세기 후반부터 진화이론이 생물학의 가장 중요한 이론적 패러다임으로 자리 잡기 시작하면서, 생물학적 연구 방법이 체질인류학에 영향을 미치게 되었다. 인종주의가 폭주하는 과정에서 진화이론이 인류학 영역에서 새로운 학문적 헤게모니를 확보해나가고, 제2차 세계대전 전후 생물인류학이라는 정체성을 가지게 된 배경에 대해서도 살펴본다.

참고로 5장 서문에서 이미 언급했지만, 여기서는 진화이론의 등장을 전후하여 나타난 새로운 형태의 체질인류학적 연구를 "근대 체질인류학의 확산"으로 간주하여 제시한다. 그러나 빅토리아 시대의 학문적 발전은 다양한 영역에서 교차하며 일어났으므로, 5장과 6장에 등장하는 학자의 활동 시기가 일부 겹칠 수 있음을 밝힌다.•

1. 프랑스

조르주 퀴비에(Georges Cuvier, 1769~1832)는 '척추동물 고생물학과 비교해부학의 창시자'로, 격변설을 주장한 인물이다. 동물계를 4부문 15군으로 나눈 분류표를 작성하였고, 비교해부학적 연구를 통해 화석을 조사했는데, 어떤 의미에서 고생물학이라는 영역을 '창시'한 학자다. 18세기 인물이므로 본격적인 체질인류학자라고 하기에는 조금 어렵지만, 인종에 관한 몇 가지 연구를 한 적이 있으므로 먼저 언급하고자 한다.

• 이 장과 다음 장에서 등장하는 브로카와 피르호, 헉슬리, 워시번에 관한 일부 내용은 "체질, 생물, 진화: 인류학 분과 명칭의 변화"(《해부·생물인류학》 2024; 37(4): 201-213) 제하의 논문으로 발표된 바 있다. 연구의 맥락이 다르지만, 체질인류학 분과가 정착되던 시기의 이야기, 그리고 생물인류학과 진화인류학으로 발전하는 학문적 경과를 알고 싶다면, 해당 논문을 참고하기 바란다.

1793년 프랑스 대혁명 시기에 설립된 국립 자연사박물관(Museum national d'Histoire naturelle)은 당대 과학계에서 중요한 역할을 했다. 프랑스 국립 자연사박물관은 1626년에 시작된 왕립 약초원(Jardin royal des plantes médicinales)을 전신으로 하는데, 나폴레옹이 크게 확장했다. 인간과 자연을 아우르는 폭넓은 분야에서 연구·교육·전시를 수행하는 것이 특징이다. 초기에는 의학적 목적(약초 연구)에서 출발했지만, 시간이 흐르면서 점차 동물학, 식물학, 지질학, 생태학 등 다양한 생물·지구 과학 분야로 영역이 확장되었다. 18~19세기에 걸쳐 유럽에서 인간 기원과 인종적 다양성에 관한 관심이 폭발적으로 증가했기 때문에 국립 자연사박물관도 인류학에 관한 다양한 연구를 수행했다.•

당시 유럽에서는 화석의 기원에 대한 논쟁이 한창이었고, 조르주 퀴비에는 나폴레옹 정부의 지지를 바탕으로 '격변설(catastrophism)'을 제시했다. 그는 대규모 자연재해가 반복적으로 발생하면서 생명체가 대거 멸종하고, 그 자리에 새로운 종이 나타났다고 주장했다. 정치적으로도 영향력을 확대한 퀴비에는 자연사박물관장과 내무부 장관을 역임하며 학계와 정치계 모두에서 입지를 다졌다. 또한, 퀴비에의 격변설은 노아의 홍수라

• 예컨대 지질학이나 고생물학적 연구는 화석 자료를 통해 '인간 이전'의 시대를 밝히는 역할을 했고, 점차 인류가 지구상에 등장하고 발전해 온 과정을 확인하기 위해 고인류 화석과 인종 분류학 등의 주제도 포섭되었다. 또한, 19세기 들어 대규모 탐사와 식민지 확장으로 세계 각지에서 수집된 표본·유물들이 대거 박물관으로 모이면서, 사람들의 두개골과 골격, 생활 도구, 의복, 미라 같은 '인간학적 자료'가 중요한 컬렉션이 되었고, 이에 대한 전시·연구가 본격화되었다. 1937년엔 파리 트로카데로 궁에 '인류 박물관(Musée de l'Homme)'이 편입·개편되면서, 체질인류학·고인류학·민족학이 더욱 독립적 학문으로 발전할 수 있는 토대를 마련했다. 다음 웹사이트를 참고하기 바란다. Muséum national d'Histoire naturelle [Internet]. Paris (France): MNHN; c2023 [cited 2025 Feb 6]. Available from: https://www.mnhn.fr/; Musée de l'Homme [Internet]. Paris (France): Musée de l'Homme; c2023 [cited 2025 Feb 6]. Available from: https://www.museedelhomme.fr/

는 성서적 개념과도 잘 부합하였다. 그는 독실한 루터교 신자로 파리성서 협회(Parisian Biblical Society)의 설립에 적극적으로 참여하여 부회장으로 활동했고, 프랑스 대학의 개신교 신학부의 대원장으로 재직하기도 했다. 당대 프랑스 학계의 거물이었다.• 퀴비에는 나폴레옹이 이집트에서 약탈해 온 미라를 조사한 뒤 이렇게 말했다.[8,9]

> 이 미라는 수천 년이 지났지만, 현대인과 전혀 다르지 않다. 즉 과거의 것은 모두 멸종하고, 이후 모든 생명체가 새로 나타난 것이다.

퀴비에는 당대 파리 자연사박물관에서 활동하던 장 바티스트 라마르크(Jean-Baptiste Pierre Antoine de Monet, Chevalier de Lamarck, 1744~1829)••와 크게 대립했다. 라마르크는 몰락한 귀족 가문에서 태어나 젊은 시절 의학을 전공했으나, 이후 생물학 연구에 전념하게 되었다. 라마르크는 오늘날 널리 쓰이는 '생물학(biology)'과 '화석(fossil)' 같은 용어를 확산·정착시키는 데에도 큰

• 나폴레옹의 신임을 받아 제국 대학 평의회 위원으로 임명되었고, 내무부 장관을 역임하고, 국무회의 위원을 지냈다. 프랑스 최고 훈장인 레종 도뇌르 훈장을 받았으며, 1831년에는 남작 작위를 받았다. 더 자세한 내용이 알고 싶으면, 다음을 참고하기 바란다. Outram D. *Georges Cuvier: vocation, science and authority in post-revolutionary France*. London: Routledge; 1984.

•• 퀴비에와 달리 매우 불우한 삶을 살았다. 퀴비에와 대립하며 학계에서 소외되었고, 말년에는 시력을 거의 잃고 두 딸의 도움을 받아 겨우 저술 활동을 이어나갔다. 그는 세 번 결혼했으나 모두 사별했고, 여덟 명의 자녀 중 다섯 명만이 그보다 오래 생존했다. 한 아들은 청각장애가 있었고, 다른 아들은 정신장애를 앓았다. 결국, 심각한 재정적 어려움을 겪으며, 외롭게 사망했다. 1829년 12월 18일 파리에서 사망했는데, 퀴비에는 그의 죽음을 애도하지도 않았다고 전해진다. 그의 저서와 가재도구는 경매로 처분되었고, 사후에는 임시 매장지에 안치되었다가 파리 카타콤으로 이장되었는데, 이는 무명인이나 빈곤층에게 취해지는 장례 절차였다. 그의 삶에 대하여 더 자세하게 알고 싶으면, 다음을 참고하기 바란다. Packard AS. *Lamarck, the Founder of Evolution: His Life and Work*. London: Longmans, Green, and Company; 1901.

공헌을 한 인물이다.

라마르크는 화석 기록을 연구해 생물들이 환경에 따라 변할 수 있다고 주장했으며, 이를 통해 오늘날 진화론과 연관 지을 수 있는 초기 형태의 이론을 제안했다. 실제로 그는 찰스 다윈의 『종의 기원』(1859년 출간)이 나오기 훨씬 전인 1809년, 자신의 저서 『동물 철학(Philosophie zoologique)』에서 생물들의 형질이 환경 변화에 맞추어 점진적으로 변한다고 언급했다. 그의 용불용설(theory of use and disuse)이나 획득형질의 유전(inheritance of acquired characteristics), 그리고 정향진화이론(orthogenesis)은 지금의 기준으로 보면 매우 거칠지만, 어떤 의미에서는 진화이론을 처음으로 제안한 학자라고 할 수 있다.[10] 그는 대표작 『동물 철학』에서 이렇게 말했다.[11]

> 살아있는 것은 무엇이든 조직과 형태가 눈에 띄지 않게 변화하고 있다. 어떤 생물 종도 진정으로 사라졌거나 멸종했다고 볼 수 없다. 생물은 의지를 가지고 자연의 계단을 기어오른다.

라마르크는 생물체가 환경에 적응하면서 형질을 획득하고, 이를 후대에 유전한다는 주장을 펼쳤다. 생물체가 특정 기관을 자주 사용하면 그 기관이 발달하고, 이를 물려줄 수 있다고 보았는데, 이를 통해 '지속적 변이'가 누적됨으로써 생물학적 다양성이 생겨난다고 설명했다. 라마르크의 주장은 퀴비에의 격변설 및 종 불변설과 대립하면 당시 별로 인정받지 못했지만, 20세기 이후 후성유전학(epigenetics) 등에서 부분적으로 재조명되었다.

퀴비에는 인류를 세 가지 주요 인종으로 분류했다. 코카서스인(Caucasian)은 유럽과 서남아시아의 주민으로 퀴비에에 따르면 가장 아름답고 지능적이며 용감하고 활동적인 인종이었다. 몽골리안(Mongolian)은 주로 동아시아인을 포함하며, 노란 피부색과 편평한 얼굴로 특징지었다. 에티오피안(Ethiopian)은 아프리카의 흑인을 포함하며, 검은 피부색, 곱슬머리, 납작한 코, 그리고 두드러진 턱을 가진 것으로 묘사했다. 퀴비에는 모든 인류가 성경에 나오는 아담과 이브로부터 유래했다고 믿는 단일기원론자(monogenist)였다. 그러나 그는 종의 고정성, 환경 영향의 제한, 변하지 않는 근본적인 유형, 해부학적 및 두개골 측정상의 인종 간 차이, 그리고 신체적·정신적 차이를 강조하며 '과학적 인종주의'에• 영향을 미쳤다.[12]

프랑스의 초기 생물인류학자 중 빼놓을 수 없는 인물은 아르망 드 카트르파주 드 브레오(Armand de Quatrefages de Bréau, 1810~1892)••다. 프랑스의 자연주의자이자 인류학자로, 체질인류학 및 자연사 연구에 기여한 인물이다. 파리 국립 자연사박물관에서 연구하며, 동물학과 인류학 영역에 걸친 폭넓은 연구로 잘 알려져 있다. 특히 그는 단일기원론자의 입장을 지지했다. 그러나 카트르파주는 다윈주의와 진화이론에 관해 복잡한 입장을 보였다. 생물학적 진화이론을 어느 정도 받아들였지만, 인간에게는 진화이론이 직접 적용될 수 없다고 주장하며, 인간은 다른 동물과는 다른 독특한 존재라

• 퀴비에는 남아프리카 출신의 코이코이족 사라 바트만(Sarah Baartman)을 해부해 그녀의 신체 특징이 원숭이에 가깝다고 결론지었다. 바트만은 당시 유럽에서 '호텐토트 비너스(Hottentot Venus)'라는 이름으로 불리며 전시되었는데, 신체적 특징, 특히 엉덩이와 생식기와 같은 부분은 '원시적'이고 '비문명적'이라는 주장을 강화하기 위한 자료로 사용되었다. 퀴비에는 사라 바트만의 사후 해부(autoposy)를 통해서 인종 간 계층적 우열을 정당화하려 했다. 바트만의 신체는 유럽의 박물관과 전시회에서 보존 및 전시되었고, 2002년에야 남아프리카 공화국으로 반환되었다. 지금의 관점에서 보면 퀴비에의 연구는 비윤리적이고 인종차별적인 과학적 행위로 간주된다. 더 자세한 내용은 다음을 참고하라. McKittrick K. Science Quarrels Sculpture: The Politics of Reading Sarah Baartman. *Mosaic: An Interdisciplinary Critical Journal*. 2010;43(2):113-30.

•• 스트라스부르 대학교에서 의학을 전공했다. 임상 의사로 활동하면서 생물학 연구에 주력했다. 생리학, 해양생물학, 인류학, 민족학, 진화론, 고생물학에 이르기까지 다양한 연구를 수행했다.

고 믿었다.[13] 생물학적 견해와 종교적 신념을 연결하려는 그의 시도는 후대에 큰 영향을 미치지 못했다. 『인종 연구 입문(Introduction à l'étude des races humaines)』과 『폴리네시아인과 그들의 이주(Les Polynésiens et leurs migrations)』, 『피그미족(Les Pygmées)』 등의 저작을 통해서 인종에 관한 분류 및 폴리네시아인의 기원과 특징, 피그미족의 신체적, 문화적 특징 등에 관한 연구를 남겼다.[14-16]

프랑스의 외교관이자 작가였던 조제프 아르튀르 드 고비노(Joseph Arthur de Gobineau, 1816~1882)•는 정식으로 교육받은 인류학자는 아니었지만, 4권으로 된 자신의 저서 『인간 종의 불평등에 관한 시론(Essai sur l'inégalité des races humaines)』에서 인종 분류와 아리안족의 우월성에 관한 주장을 펼쳤다. 이른바 '인종의 위계(hierarchie des races)'를 과학적으로 정립하려고 했다. 인종의 순수성을 강조하며, 문명의 쇠퇴는 혼혈 때문에 일어난다고 주장했다.[17] 고비노의 주장은 당시 프랑스에서는 큰 영향력을 발휘하지 못했지만, 흥미롭게도 독일의 인종주의에 상당한 영향을 미쳤다. 낭만주의 작곡가 리하르트 바그너(Wilhelm Richard Wagner, 1813~1883)와 개인적 친분을 맺고 있었는데, 고비노의 주장은 바그너의 예술적 비전과 만나 음악극에 반영되었고, 이는 이후 독일의 전체주의 사상 및 나치 이데올로기와 연결되었다.[18]

참고로 바그너는 정치·사상적으로 급진적이었고, 1850년에 익명으로 발표한 소책자 『유대 음악에 대하여(Das Judenthum in der Musik)』에 의하면 반유

• 왕당파 군 장교였던 아버지와 생도밍그 식민지(현 아이티)에서 살았던 어머니를 두었다. 어린 시절을 독일에서 보냈으며, 교육은 많이 받지 못했다. 앙시앵 레짐을 지지하며, 외교관과 저널리스트로 활동했다. 흥미롭게도 어머니와 아내가 흑인 혈통을 가지고 있을 가능성을 강박적으로 두려워했다. 그의 아내는 프랑스령 카리브해 마르티니크 출신이었다. 더 자세한 내용은 다음을 참고하라. Biddiss MD. *Father of Racist Ideology: The Social and Political Thought of Count Gobineau*. New York: Weybright and Talley; 1970.

대주의적 견해를 가지고 있었던 것으로 보인다. 아마도 고비노는 바그너가 설립한 축제극장(Festspielhaus)이 있던 바이로이트(Bayreuth)에서 바그너를 만나 자신의 인종 이론을 나눈 것으로 보인다.•

그러나 프랑스 체질인류학의 기틀을 마련한 인물 중 가장 중요한 학자는 폴 브로카(Paul Broca, 1824~1880)였다. 브로카는 외과 의사, 해부학자, 인류학자로서, 네안데르탈인 연구와 대뇌 언어 중추인 브로카 영역(Broca's area)••의 발견으로 유명하다.[19] 그의 연구는 현대 인류학과 신경과학의 기초를 놓았으며, 특히 인체계측학(anthropometry)과 두개골계측학(craniometry)을 발전시키는 데 중요한 기여를 했다. 브로카는 인류의 신체적 변이를 과학적으로 분석하기 위한 방법론을 개발했으며, 다양한 인종의 두개골 측정을 통해 당시 '과학적 인종주의'와 관련된 논의를 이끌었다. '머리둘레(head circumference)', '두개 용적(cranial volume)', '두개지수(cranial index: 머리 폭/길이 비율)', '안면 각(facial angle)', '상악 돌출 정도(prognathism)' 등을 측정하여 인종별 차이를 수치화하려 했다. 스스로 두개골측정기(craniometer) 등의 도구를 개발하기도 했다(〈그림 4〉). 이러한 연구 방법은 이후의 인류학적 연구에 큰 영향을 미쳤다.[20-22]

브로카는 1859년에 파리 인류학회(Société d'Anthropologie de Paris)를 설립하였는데, 이는 세계 최초의 인류학회로 인정된다.••• 아마도 파리 민족학회에

• 19세기 후반 및 20세기 초반 바이로이트 음악 축제에 참여한 바그너의 애호가들을 이른바 바이로이트 서클이라고 하는데, 이들 중 일부는 민족주의자였고, 나중에 아돌프 히틀러를 지지했다. 더 자세한 내용은 다음을 참고하라. Large DM, Weber W, editors. *Wagnerism in European Culture and Politics*. Ithaca: Cornell University Press; 1984.

•• 1861년, 실어증 환자 '탕'의 부검을 통해 뇌의 좌측 전두엽 특정 부위가 손상되면 언어 기능에 문제가 발생한다는 사실을 밝혀냈다. 이후 이 부위는 '브로카 영역'으로 명명되었다.

••• 파리 인류학회의 주요 활동 중 하나는 1859년부터 발행된 학술지인 《Bulletins et Mémoires de la Société d'Anthropologie de Paris(BMSAP)》의 출판이다. 세계에서 가장 오래된 생물인류학 분야의 학술지로, 현재도 인류학의 다양한 분야에서 국제적인 연구 성과를 공유하는 플랫폼 역할을 하고 있다.

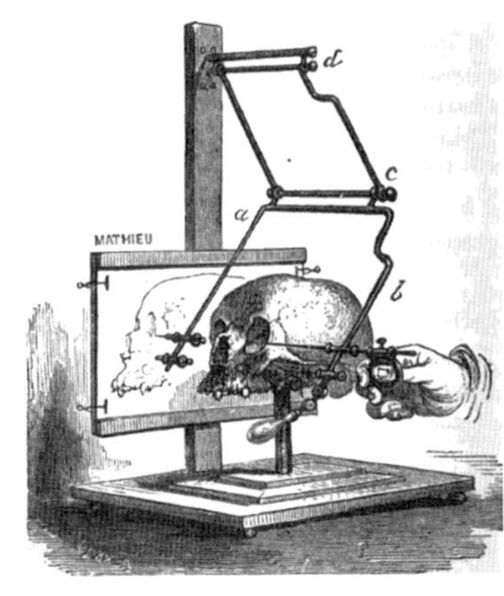

〈그림 4〉 브로카가 설계한 입체도식기(stéréographe). 두개골의 윤곽을 3차원적으로 추적하기 위해 고안된 장치.
(https://en.wikipedia.org/wiki/Paul_Broca#/media/File:Stereograph_Broca.png)

서 체질적 접근을 반기지 않자, 아예 새로운 학회를 만든 것으로 보인다. 파리 인류학회는 인류 기원, 인종적 차이, 인간의 신체적 형질에 관한 과학적 연구를 주제로 다루며, 당시 유럽 학계에 큰 반향을 일으켰다. 1872년, 브로카는 체질인류학자들이 자신의 연구를 발표할 수 있는 장을 마련하기 위해 《인류학 리뷰(Revue d'anthropologie)》를 창간했는데,• 이 저널은 당시 프랑스뿐만 아니라 유럽 전역의 인류학 연구자 사이에서 중요한 학술 교류의 장이 되었다. 또한, 1876년에는 인류학 교육과 연구를 전문적으로 수행하기 위한 기관인 에콜 드 앙트로폴로지(École d'Anthropologie)를 설립하여 인류학 발전에 기여하였다.[23-25]

브로카는 종교적 전통에 크게 의존해왔던 인류학의 기존 패러다임에 반기를 들었고, 인간의 기원과 변이에 대해 과학적 방법론을 적용하고자

• 해당 저널은 이후 다른 학술지들과 합병하여 《인류학(L'Anthropologie)》으로 개명하였다. 이에 대한 더 자세한 이야기는 저자의 다음 논문을 참고하기 바란다. "체질, 생물, 진화: 인류학 분과 명칭의 변화", 《해부·생물인류학》. 2024; 37(4): 201-213.

하였다. 찰스 다윈의 『종의 기원』이 1859년에 발표된 이후, 브로카는 진화적 관점을 체질인류학 연구에 도입하려 노력하였다.[26-28] 특히 브로카는 인류의 진화 과정에서 나타난 인종 간의 차이를 설명하기 위해 다지역기원설을 주장하였다. 동시에 단선적 진보주의에 입각하여, 여러 인종이 야만에서 문명으로 나아가는 과정에서 뚜렷한 우열이 있다고 주장했다. 브로카는 인류를 코카서스인(Caucasian), 몽골인(Mongoloid), 말레이인(Malayan), 에티오피아인(Ethiopian), 아메리카 원주민(American Indian), 호주 원주민(Australian Aboriginal) 등 여섯 개의 인종 집단으로 분류하였다. 이는 18세기 말 요한 프리드리히 블루멘바흐가 제시한 '5대 인종'(코카서스, 몽골, 에티오피아, 아메리카, 말레이)에 호주 원주민을 추가한 것이다. 브로카는 각 인종이 고유한 신체적 특성을 지니며, 이러한 특성은 단기간의 환경적 요인으로 쉽게 변하지 않는다고 보았다. 환경이 신체적 변화에 영향을 미칠 수 있음을 인정했지만, 변화는 오랜 세대를 거쳐 서서히 일어난다고 생각하였다. 이러한 견해는 당시 '과학적 인종주의'와 결합하여 인종 간의 신체적·정신적 차이가 본질적이고 고정적이라는 인식을 강화하는 데 기여하였다.[29]

특히 인종 간의 뇌 크기 차이를 강조한 브로카는 뇌의 크기가 지능과 행동에 영향을 미친다고 주장하였다. 코카서스인 중에서도 켈트족, 그리스인, 페르시아인, 아랍인 등 여러 세부 집단을 별도의 집단으로 구분하고, 이들 역시 고유한 신체적 형질을 가지고 있다고 보았다. 브로카는 자신이 개발한 두개골계측학과 인체계측학의 방법을 사용하여 인종 간의 신체적 특질, 특히 두개골 크기 및 형태의 차이를 측정하고 분석하였다. 그는 두개골이 클수록 더 높은 지능을 가질 가능성이 크다고 결론지었다. 브로카의 연구는 당대 유럽 사회의 인종적 위계 구조와 밀접하게 연관되어 있었다. 그에 따르면 코카서스인이 가장 높은 지적 능력을 갖추고 있으며, 문명화된 사회를 이끌 수 있는 인종이었다. 반면, 호주 원주민이나 아프리카계 인종은 문명화 과정에서 뒤처진 인종으로 간주되었다. 이러한 주장은 유럽의 인종적 우월성을 '과학적'으로 뒷받침하는 데 이용되었다.[29]

브로카의 이론은 당시에도 여러 논란을 불러일으켰다. 브로카의 다지역기원설은 다윈을 비롯하여 여러 학자가 지지한 단일기원설과 충돌했다. 이는 단지 가설에 관한 학문적 논란이 아니다. 다지역기원설은 흔히 인종주의로 이어지는데, 브로카의 다지역기원설과 두개골측정학에 기반한 인종 이론은 당시 유럽 제국주의를 위한 인류학적 배경 이론이 되었다. 게다가 브로카는 환경적 요인이 신체적 형질에 미치는 영향을 제한적으로 보았기 때문에 인류의 진화 과정을 고정된 위계적 구조로 해석하는 데 기여했다. 즉 여러 지역에서, 오래전부터 각 인종이 서로 다르게 진화했고, 그러한 차이는 쉽게 사라지지 않는데, 두개골 크기와 모양을 비교해보면 어느 인종이 더 우월한 인종인지 분명하다는 결론을 내린 것이다. 앞서 지적했듯 각 인종의 두개골 크기와 지능 간의 상관관계에 대한 확증편향을 가지고 연구를 진행한 것으로 추정된다. 예컨대 브로카는 남성이 여성보다, 백인이 흑인보다, 우월한 인종이 열등한 인종보다 더 큰 뇌를 가진다고 결론지었다. 그러나 굴드의 분석에 따르면, 브로카는 자료 분석 과정에서 자신의 선입견에 부합하는 자료를 선택적으로 이용한 것으로 보인다. 예를 들어 흑인의 팔뼈 비율(radius-to-humerus ratio, 요골 길이를 상완골 길이로 나눈 값, 일반적으로 원숭이가 인간보다 높은 수치를 보인다)이 백인보다 더 높아야 한다는 가설을 검증하지 못하자, 해당 기준을 폐기했다. 또한, 몽골인(특히 에

스키모족)의 두개골은 백인보다 크지만, 브로카는 문명화된 사회와의 비교에 알맞지 않다고 무시했다.[•31]

한편, 브로카는 서로 다른 인종 간의 교배로 인한 잡종(hybrid)에 관한 연구를 통해, 다양한 잡종이 겪는 운명에 대해 논의하였다. 그는 동물 연구를 인용하여, 잡종이 네 가지 운명 중 하나를 겪을 수 있다고 주장했다.

첫째, 잡종은 불임 상태에 빠질 수 있으며, 이 경우 후손을 남기지 못한다. 둘째, 잡종은 부모 집단과의 교배는 가능하지만, 잡종끼리는 불임이 되는 경우가 있다. 셋째, 잡종 간 번식은 가능하나 점차 번식 성공률이 감소하고, 결국에는 멸종하게 되는 과정인 '파라제네시스(paragenesis)' 현상을 겪을 수 있다. 마지막으로, 잡종 간 번식뿐만 아니라 잡종과 부모 집단 간의 교배도 영구적으로 유지되는 '유제네시스(eugenesis)' 현상이 일어날 수 있다. 마지막 경우는 이후 우생학(eugenics)의 근거가 되기도 하였다.

브로카는 특히 네 번째 경우를 강조하며, 프랑스인은 킴브리족(Cimbri),[••] 켈트족(Celts),[•••] 게르만족(Germanic peoples),[⁘] 노르만족(Normans)[⁘•] 등의 인종이 이 방식으로 잡종화되어 현재의 프랑스인을 이루게 되었다고 주장했다.

• 자세한 내용은 다음을 참고하기 바란다. Broca P. Sur les crânes des ethnies supérieures et inférieures. *Bulletins de la Société d'Anthropologie de Paris*. 1861;2:139–157.

•• 고대 유럽의 게르만계 민족으로, 기원전 1세기 초 로마와 벌인 킴브리 전쟁(Cimbrian War)이 잘 알려져 있다. 일반적으로 오늘날의 덴마크 유틀란트반도(Jutland Peninsula) 지역을 중심으로 거주했다고 추정된다.

••• 기원전 1200년경 중앙 유럽에서 시작된 할슈타트 문화(Hallstatt culture)에 뿌리를 두고 있으며, 현재의 오스트리아와 남부 독일을 포함하는 알프스산맥 주변 지역에서 형성되었다. 철기시대부터 로마 제국 시기까지 유럽 전역에서 널리 활동했다. 현재의 아일랜드, 스코틀랜드, 웨일스, 잉글랜드, 프랑스(갈리아), 스페인(이베리아반도), 이탈리아 북부, 그리고 동유럽까지 확산되었다. 자세한 내용은 다음을 참고하기 바란다. Cunliffe B. *The Ancient Celts*. 2nd ed. Oxford: Oxford University Press; 2018.

그러나 그는 잡종화가 항상 긍정적인 결과를 낳는 것은 아니라고 하였다. 세계 여러 지역에서 잡종화가 신체적, 정신적 기능의 퇴행을 초래한 사례를 언급했는데, 그는 다지역기원설을 주장했음에도 불구하고 5장에서 말한 단일기원설과 밀접하게 연결된 퇴행 가설의 근거로 오용되기도 했다. 브로카가 특히 혼혈 집단으로 많이 언급한 사례 중 하나는 이른바 '물라토(Mulatto, 백인+흑인 혼혈)'였다. 당시 프랑스령/영국령 카리브 식민지에서 관찰된 혼혈 집단의 높은 유아사망률이나, 열악한 건강 수준을 '퇴행'으로 해석했다. 또한, 아프리카인과 아메리카 원주민 간 혼혈 집단(브라질 지역의 '카푸소(Cafuza)', 스페인어권에서 '삼보(Zambo)' 등으로 불림)에 대해서 '이들은 신체적 특성이 고르지 못하며, 사회적·도덕적 탈선이 많다'고 하였다. 백인(프랑스계 정착민 혹은 영국계)과 아메리카 원주민(특히 캐나다 중부·서부) 간 혼혈 집단인 '메티(Métis)'를 두고, '육체적으로나 정신적으로 불안정성이 크다'고 주장했으며, 남아프리카 공화국 일대에서 백인(주로 네덜란드계 보어)과 코이산(Khoi-San) 혹은 반투어 계열 흑인 집단 간 혼혈로 형성된 '컬러드(Coloured)' 혹은 '그리콰(Griqua)' 공동체에 관해서도 부정적 내용을 담은 자료를[***] 간

[**] 기원전 2천 년경 스칸디나비아와 북유럽 저지대 지역에서 시작된 것으로 추정된다. 기원전 1천 년경부터 게르만족은 남쪽과 동쪽으로 확장하며 유럽 중부와 동유럽 지역으로 이동하기 시작했으며, 로마 제국과의 접촉 이전까지 오늘날의 독일 북부와 덴마크 지역에서 주로 거주했다. 기원후 4~5세기, 훈족의 압력으로 게르만족의 대이동(Germanic Migration)이 시작되어 로마 제국의 영토를 침략했다. 주요 게르만 부족으로는 고트족(Goths), 반달족(Vandals), 프랑크족(Franks), 앵글족(Angles), 색슨족(Saxons) 등이 있다. 자세한 내용은 다음을 참고하기 바란다. Wolfram H. *The Roman Empire and Its Germanic Peoples*. Berkeley: University of California Press; 1997.

[***] 8~11세기 스칸디나비아에서 온 바이킹이 오늘날의 프랑스 북부, 특히 노르망디(Normandy) 지역에 정착하며 형성된 민족이다.

[****] 이러한 주장은 현재는 비과학적인 것으로 평가된다. 브로카의 혼혈에 관한 연구를 좀 더 자세히 알고 싶으면, 다음을 참고하기 바란다. Broca P. *On the Phenomena of Hybridity in the Genus Homo*. Translated by Blake CC. London: Longman, Green, Longman, and Roberts; 1864.

혹 인용하였다.[26]

인종과 민족의 우열을 주장했지만, 브로카는 노예제에 반대하면서 오히려 단일기원설이 노예제를 정당화한다고 생각하였다. 유색인의 낮은 사회적 지위가 창조 이후 그들이 저지른 타락한 행동의 결과로 합리화된다는 신학적 주장에 동의하지 않았던 것이다. 다양한 인종 간의 차이는 본래의 신체적, 정신적 형질에서 비롯된 것이라기보다는, 환경적 요인이나 역사적 사건에 의해 형성된 것이라는 입장이었다. 만약 인종 간 잡종화가 성공적으로 이루어지면, 새로운 사회적, 문화적 기능이 창출될 수도 있다고 믿었다.[25] 브로카는 이렇게 말했다.

> 기원의 차이는 결코 인종의 하위성을 뜻하는 것이 아니다. 오히려 이는 각 인종이 해당 지역에서 나타났으며, 각 지역의 동물군을 대표하는 중요한 존재라는 뜻이다. 감히 자연의 의도를 짐작해본다면, 각 지역의 인종에 그 지역을 경영할 개개의 유산을 부여했다고 보는 것이 합당할 것이다. 나는 인간의 세계 시민으로서의 권리를 주장하지만, 동시에 각 인종이 해당 지역에 대해 가지는 배타적 독점성은 (그들이 신체적으로 적응한) 기후 조건으로 지지된다고 생각한다.

흥미롭게도 브로카는 네안데르탈인 화석에 대한 다윈의 이론을 어느 정도 수용하면서, 인간과 원숭이를 연결하는 진화적 사슬의 중요한 단서가 된다고 보았다. 그러나 한편으로는 진화론을 완전히 받아들이지는 않으며 다소 유보적인 입장을 취했다. 모든 인종이 궁극적으로는 단일 기원에서 유래한다는 다윈의 주장을 어느 정도 인정하면서도, 오로지 진화적 기전만으로는 각 인종의 독특한 신체적, 정신적 형질을 완전히 설명할 수 없다고 생각하여 애매한 입장을 취한 것이다. 특히 자신이 주로 연구한 두개골 크기나 형태 같은 신체적 특징은 단순한 진화적 과정으로만 설명되지 않는다는 점을 강조하면서, 다양한 인종이 오래전부터 고유한 특성을 지니고 있다고 믿었다.

이러한 입장은 다소 모순적이면서도 독특한 것인데, 진화론을 받아들이면서도 동시에 인종적 차이에 대한 고정된 믿음을 버리고 싶지 않았기 때문으로 보인다. 그래서 브로카는 네안데르탈인 화석이 현대 인류의 직접적 조상인지 아니면 별개의 종인지에 대해서는 다윈과는 약간 다른 시각을 가졌다. 네안데르탈인이 현대 인간과 밀접한 관계를 맺고 있지만, 현대 인류의 다양성을 설명하는 데 있어서 더 복잡한 기전이 작용할 것이라고 보았다.[32] 브로카는 한편으로는 다윈주의자였지만, 한편으로는 라마르크주의자였다. 전반적으로 다윈 이론을 모두 받아들이지는 않았다.

브로카의 제자인 폴 토피나르(Paul Topinard, 1830~1911)[•]는 프랑스 체질인류학 발전에 중요한 역할을 했다. 초기에는 스승을 따라서 인종 간의 신체적 차이를 두개골 크기나 비율을 통해 설명하려 했으며, 비강 지수(nasal index)를 개발하여 인종 분류에 적용하기도 했다. (코 폭÷코 길이)×100이라는 공식으로 지수를 산정해, 이 값에 따라 '협비형(좁은 코)', '중비형', '광비형(넓은 코)' 등으로 세분화했다. 당시에는 이러한 비강 지수가 열대 기후나 한대 기후 등 환경적 변인을 반영한다고 간주되었지만, 동시에 좁은

• 의사이자 인류학자로 브로카의 제자를 자처했다. 파리 인류학회의 간사(Secrétaire général)를 맡았으며, 에콜 드 앙트로폴로지에의 커리큘럼을 체계화했고, 두개골계측학과 인류측정학을 발전시켜 나갔다.

코를 가진 인종이 더 높은 지적 발달을 이루었다는 편견도 있었다. 두개골 역시, 그 크기와 형상이 지능 등의 형질과 관련이 있다고 주장했으며, 그러면서 유럽인의 두개골이 다른 인종에 비해 크다고 하였다.[33] 그러나 토피나르는 후기 연구에서 초기의 인종적 편견과 차별적 사고를 스스로 비판하며, 신체적 특성이 인종적 우열을 드러내지 않는다고 자신의 견해를 수정했다. 사회진화론에 입각한 극단적 인종주의 사상을 비판하며, 인종 간의 근본적인 차이가 외형적 특징을 통해 나타나지 않는다고 주장했다.[34]

한편, 에르네 샹트르(Ernest Chantre, 1843~1924)•는 선사고고학(Préhistoire)과 체질인류학 영역에서 중요한 역할을 한 프랑스 학자로 고고학적 발굴 작업을 주도하며, 인간의 진화와 신체적 다양성에 관한 연구를 진행했다.[35] 1873년부터 1913년까지 소아시아, 북아프리카, 아르메니아, 코카서스 지역을 대상으로 수차례 탐사를 진행했다. 이 외에도 러시아 남부, 아르메니아, 이집트, 북아프리카에서의 연구를 통해 각 지역의 고대 인류와 그들의 문화적, 신체적 특징을 분석했다. 이집트와 북아프리카(특히 알제리, 튀니지) 지역도 반복적으로 방문하여, 선사 및 고대 시대 무덤 발굴을 주도했는데, 당시 식민지 학술원과 군 당국의 지원을 받아, 인간 유골과 함께 도자기나 금속기, 석기 등 문화적 유물도 체계적으로 수집해 프랑스로 옮겼다. 사하라 지역 주변 그룹(베르베르계, 투아레그 등)의 신체 치수를 측정하여 지리적 환경과 인류 체질의 상관관계에 대한 가설을 세우기도 했다. 구체적으로 사막 지대 주민(투아레그, 일부 베르베르 그룹)에게서 (상대적으로) 좁은 코, 장

• 리옹 대학교에서 지질학을 전공했다. 리옹 지역의 자연사박물관에서 큐레이터로 재직하며, 특히 유럽과 서아시아, 북아프리카 지역에서 선사시대와 고대 인류의 신체적, 문화적 특성을 분석했다.

두 경향 등을 관찰했다고 보고했는데, 건조 기후에 적응한 결과로 해석했다. 또한, 날씬하고 활동적인 체형은 장거리 이동과 고온의 환경에 대한 적응이라고 했다.• 그는 구석기 시대와 신석기 시대의 유물과 유골을 연구하여 인류의 선사시대에 대한 이해를 넓히는 데 기여했다. 특히 코카서스 지역의 고대 인류와 그들의 문화적, 신체적 특성에 관한 연구를 집중적으로 행하였으며, 현지 민족(조지아, 아르메니아 등)과 주변 집단(튀르크, 페르시아 등) 사이의 신체적 연관성을 조사했다. 이러한 연구를 바탕으로 다수의 저서를 출판하였다.[36]

브로카의 또 다른 후계자인 르네 베르노(René Verneau, 1852~1938)••는 리구리아(Liguria) 지역에서 발굴된 그리말디인(Grimaldi man)의 복원 작업과 카나리아 제도(Canary Islands)의 관치족(Guanches) 연구로 잘 알려져 있다. 이전부터 스페인령 카나리아 제도의 선주민인 관치족은 북아프리카 베르베르인과 관련된다는 추측이 있었다. 베르노는 다양한 신체 계측 자료를 바탕으로 이러한 가설을 지지했고, 북아프리카 선사 인류의 해양 이주에 관한 견해를 제시했다. 한편, 베르노는 그리말디 동굴에서 발견된 고인골에 관한 연구를 통해 고대 인류의 신체적, 문화적 특징을 분석하며, 특히 유럽과 북아프리카의 인류학적 변화를 연구했다. 이 연구를 토대로 그리말디인이 후기 구석기(upper paleolithic) 유럽 인류 형태에 속하지만, 흑인의 특성을 가진다

• 그의 연구에 대해서는 다음을 참고하기 바란다. Chantre E. *Recherches anthropologiques dans le Caucase*. Paris: Reinwald; 1885

•• 파리 국립 자연사박물관에서 연구하며, 고인류학·체질인류학 연구를 통해 고인골 분석을 진행한 것으로 알려져 있다. 관련 학위 취득 여부는 불확실하다. 당시 프랑스 학계는 정규 박사 학위 제도가 분명하지 않았고, 학위 없이도 학문적 권위를 인정받는 경우가 종종 있었다.

고 주장하여 논란을 일으키기도 하였다.• 인류학과 고고학의 경계를 넘나들며 여러 집단에 관한 체질 연구를 진행했다.[37]

대중적으로 잘 알려진 마르셀랭 불(Marcellin Boule, 1861~1942)••은 프랑스의 고생물학자이자 생물인류학자로 네안데르탈인에 관한 연구로 잘 알려져 있다. 마르셀랭 불은 프랑스의 매시프 중앙(Massif Central) 지역에서 태어났는데, 이 지역은 화산 퇴적물이 척추동물이 포함된 퇴적층을 밀봉하여 오래도록 보존되는 곳으로 알려져 있다. 1910년에 프랑스 고인류학연구소(Institut de paléontologie humaine) 설립을 주도한 뒤, 해당 기관에서 구석기 시대 인류 연구를 체계적으로 진행했다.•••

특히 1908년에 프랑스 남부 라 샤펠오생(La Chapelle-aux-Saints)에서 발견된 네안데르탈인의 화석을 연구하며 큰 주목을 받았다. 라 샤펠오생인은 약 6만 년 전의 것으로 추정되는 노령의 남성 네안데르탈인 화석을 말한다. 마르셀랭 불은 《고생물학 연보(Annales de Paléontologie)》에 이에 관한 논문을 세 차례 발표하며, 네안데르탈인을 원시적이고 직립하지 못한 인간으로 묘사했는데,[38] 이는 오랫동안 네안데르탈인에 관한 고정관념에 영향을 미쳤다. 그는 이 화석의 주인공이 척추 후만·무거운 두개골·굽은 무릎 등을 가진 매우 원시적인 존재라고 주장했다. 오늘날엔 과도한 '원시성' 강

• 그리말디 유골은 모나코 선사인류학 박물관에 소장되어 있다.

•• 1861년 파리에서 태어나 고생물학과 지질학, 동물학 등을 공부했다. 고등연구실습원(École Pratique des Hautes Études), 인류학회 등 학술 단체에서 활발히 활동했다. 마다가스카르에서 지질도를 작성했고, 그리말디 동굴 발굴에도 참여했다.

••• 대표작으로 1921년에 쓴 『인류 화석: 인간 고생물학의 요소(Les hommes fossiles: éléments de paléontologie humaine)』가 있는데, 이후 제자 등에 의해서 4판까지 출판되었으며 당시 화석 인류학의 중요한 교과서로 쓰였다.

조의 전형적인 사례로 지적된다.• 사실 해당 개체는 관절염을 앓고 있어 골격 형태가 변형되었음에도, 그는 이를 원시적 인간의 특징으로 해석했다.[39] 마르셀랭 불은 네안데르탈인이 인류와 별개의 계통이며, 크로마뇽인을 인류의 조상으로 생각했다. 이는 나중에 프리-사피엔스 이론으로 불리게 되었다.

참고로 프리-사피엔스 이론(pre-sapiens theory)과 프리-네안데르탈 이론(pre-neanderthal theory)을 비교하면 다음과 같다(〈표 8〉). 두 이론은 모두 유럽에서 현생 인류, 특히 유럽인이 진화했다는 가설이다. 먼저 프리-사피엔스 이론은 현대 인류가 네안데르탈인과 그 직계 조상들과 완전히 별개인, 더 이른 시기의 현생 인류 계보가 있었다는 가설이다. 네안데르탈인이 사피엔스와 '혼동될 수 없다'는 극단적 분기론을 말한다. 즉 프리-사피엔스는 호모 사피엔스로, 프리-네안데르탈인은 네안데르탈인으로 각자 진화했다는 것이다. 초기 증거로 영국의 필트다운인, 입스위치(Ipswich) 화석,•• 스완스콤브(Swanscombe) 화석,••• 모나코의 그리말디인 등이 제시되었다. 불의 제자였던 앙리-빅토르 발루아(Henri-Victor Vallois, 1889~1981)⁂가 20세기 중반

• 하지만 해부학적 기술은 매우 뛰어나며, 지금도 참고할 만한 연구 사례다.

•• 잉글랜드 동부 서퍽(Suffolk) 카운티에 속하는 도시 입스위치(Ipswich) 근방의 퇴적 지층에서 발견. 파편화된 일부 화석만 발견되어 연대나 종이 확실하지 않다.

••• 영국 잉글랜드 남동부 켄트(Kent) 지방, 스완스콤브 지역의 골재 채취장에서 최초로 발견되었다. 두개골 세 부분(주로 후두골-두정부)에 해당하는 파편적 화석으로, 여성 개체로 추정되며, 중기 플라이스토세 호모 하이델베르겐시스로 분류하는 경우가 흔하다.

⁂ 발루아는 몽펠리에 대학교에서 의학 학위를, 1922년 파리에서 자연과학 박사 학위를 취득했다. 툴루즈 대학교에서 해부학 교수로 재직한 뒤, 프랑스 국립 자연사박물관, 인류박물관 및 인류고생물학연구소(Institute of Human Paleontology) 소장을 역임했다. 프리-사피엔스 이론을 옹호한 것으로 유명하다. 대표 저서로 『인류 화석 목록(Catalogue des hommes fossiles)』이 있다. Vallois HV, Movius HL, eds. *Catalogue des hommes fossiles*. 1952.

표 8 **프리-네안데르탈 이론과 프리-사피엔스 이론 비교**[•]

구분	프리-네안데르탈 이론	프리-사피엔스 이론
핵심 개념	· 초기 '진보적' 네안데르탈(리스 및 리스-뷔름 간빙기 무렵 화석)이 후대 '고전적' 네안데르탈로 특화되는 동시에, 중동에서 보다 '진보적 네안데르탈인'이 현대 인류로도 이어졌다고 보는 가설 · 즉, 네안데르탈인이 현대 인류 기원에 직·간접적으로 기여했을 수 있다는 관점	· '프리-사피엔스'라는 (당시로서는) 더 오래된 계보가 유럽 및 인접 지역에 별도로 존재해, 네안데르탈과 분리된 채 곧바로 사피엔스로 진화했다는 가설 · 현대 인류(*Homo sapiens*)는 네안데르탈 및 그 직계 조상과 완전히 별개의 계보에서 진화했다는 가설 · '네안데르탈이 현생 인류 직접 조상'이라는 주장에 반대하기 위한 대안 모델
주요 학자[••]	· 세르조 세르지(Sergio Sergi, 1878~1972), F. 클라크 하웰(F. Clark Howell) 등이 체계화 · 앙리-빅토르 발루아: 네안데르탈 단계설, 프리-네안데르탈, 프리-사피엔스 등 세 가지 이론으로 정리 · 지지자: 에밀 브라이팅거(Emil Breitinger, 1904~2004), 빌헬름 기젤러(Wilhelm Gieseler, 1900~1976), V. P. 야키모프(V. P. Jakimov, 1912~1982) 등	· 1950년대 발루아가 명명, 정식화 · '프리-사피엔스'라는 용어 자체는 게르하르트 헤베러(Gerhard Heberer, 1901~1973)가 1950년에 처음 사용 · 지지자: 마르셀랭 불, 아서 키스 등
주요 화석	· 크로아티아 크라피나(Krapina), 이탈리아 사코파스토레(Saccopastore), 독일 에링스도르프(Ehringsdorf) 화석은 이른 시기 네안데르탈로 간주('고전적' 네안데르탈보다 덜 특화된 초기 형태로 간주) · 스완스콤브(Swanscombe), 슈타인하임(Steinheim) 화석도 초기 네안데르탈 계보로 분류	· 초기에는 영국 갤리 힐(Galley Hill), 입스위치(Ipswich), 필트다운(Piltdown), 모나코 그리말디(Grimaldi) 등 · 발굴 맥락과 연대가 재검토된 뒤 스완스콤브, 퐁테슈바드(Fontéchevade) 등 다른 화석으로 대체(후자는 현재 네안데르탈인으로 분류)
현대적 평가 및 전망	· 이후 연구(고 DNA, 방사성연대 측정 등)로 네안데르탈 계보가 완전히 사피엔스 직계는 아님이 확인됨 · 다만 네안데르탈인과 호모 사피엔스 간의 '부분적 유전자 교배'가 있었음을 시사하는 증거가 발견되면서, '네안데르탈 완전 분기설'도 수정됨	· '프리-사피엔스'처럼 네안데르탈과 완전히 별개의 오래된 사피엔스 계보가 존재했다는 주장은 대체로 부정됨 · 이후 스완스콤브와 퐁테슈바드 화석은 네안데르탈인으로 재분류됨 · 필트다운인은 사기, 입스위치, 그리말디 화석 등은 연대나 분석 오류가 밝혀짐

• 자세한 내용은 다음을 참고하기 바란다. Smith FH. Pre-Neandertal theory & Pre-sapiens theory. In: Trevathan W, editor. *The International Encyclopedia of Biological Anthropology*. Hoboken (NJ): John Wiley & Sons; 2018.

에 널리 알린 이론이다. 발루아는 25개 이상의 지리적 인종을 분류하면서 오로지 공통된 신체적 형질만 반영했다. 퐁테슈바드(Fontéchevade) 화석•••이 프리-사피엔스 이론의 증거라고 여겼지만, 지금은 네안데르탈인으로 간주되고 있다. 현생 인류 형태가 초기 플라이스토세부터 이미 나타났다는

•• · 세르조 세르지: 체질인류학자 주세페 세르지(Giuseppe Sergi, 1841~1936)의 아들. 대학에서 의학을 전공하고 로마 정신병원에서 임상 의사로 일했다. 아버지를 따라 로마 인류학 연구소(Istituto di Antropologia)에서 체질인류학을 전공했다. 프리-네안데르탈 이론을 지지하였다. 영장류학과 비교해부학, 인체측정학, 고인류학 등 다양한 관심사로 연구를 확장했다. 로마 대학교 인류학과에서 교수를 지냈다. 참고로 주세페 세르지는 심리학자이자 인류학자로 볼로냐 대학교에서 인류학을 가르쳤고, 로마 대학교에 최초의 인류학 및 실험 심리학 연구소를 설립했다. 로마의 한 채석장에서 네안데르탈인 화석(Saccopastore Man)을 발견했고, 지중해 민족의 기원에 관한 가설을 제안했으며, 인류학과 심리학 연구에 천착했다.

· 에밀 브라이팅거: 뮌헨 대학교에서 인류학을 전공했다. 뮌헨 대학교와 빈 대학교에서 인류학 교수를 지냈다. 나치 친위대(Schutzstaffel) 간부를 지냈으며, SS 인종 및 정착 본부(RuSHA, Rasse-und Siedlungshauptamt)의 훈련을 담당했다. SS 요원의 인종 조사와 결혼, 정착 등을 담당하는 기관이었다.

· 빌헬름 기젤러: 하이델베르크 대학교, 프라이부르크 대학교, 뮌헨 대학교 등에서 의학과 인류학을 전공했다. 루돌프 마르틴을 사사하여 인류학 박사 학위를 받았다. 보겔헤어드 동굴(Vogelherdhöhle)과 론 계곡의 호헨슈타인(Hohlenstein)에서 출토된 두개골 연구로 유명하다. 나치당 산하의 인종정치국(Rassenpolitisches Amt) 인종생물학 연구소(Rassenbiologische Institut) 소장을 지냈다. 제2차 대전 중에는 튀빙겐 의무대에서 군의관으로 복무했다. 인종 과학 연구소(Rassenkundliche Kolonialwissenschaft)에서 연구했다. 종전 무렵 연합군에 체포되었다.

· V. P. 야키모프: 프세볼로트 페트로비치 야키모프는 모스크바 국립 대학교에서 생물학을 전공했다. 제2차 대전에 참전했고, 소련 과학 아카데미 민족학 연구소 연구원과 모스크바 대학교 인류학과 교수 및 인류학 연구소 소장 등을 지냈다.

· 게르하르트 헤베러: 할레 대학교에서 동물학과 유전학을, 헤켈의 제자인 한스 하네(Hans Hahne, 1875~1935)로부터 인류학과 인종학을 공부했다. 순다 원정대(sunda-expedition)에 참여했다. 프랑크푸르트 대학교에서 다윈 진화론을 강의했다가, 가톨릭 학생들의 반발로 인해서 정교수 임용을 거부당했다. 하인리히 힘러의 추천으로 나치 친위대 소속 SS 인종 및 정착 본부에서 연구했다. 이후 예나 대학교의 교수로 임용되어 나치 인종 이론을 연구했다. 종전 후 괴팅겐 대학교 인류학 연구소 소장 등을 지냈다. 참고로 하네는 신경과 의사로 개인 의원을 개업했으나, 선사인류학 연구에 전념하기 위해 자진 폐업한 인물이다. 할레 대학교 선사고고학 교수 및 총장을 역임했다.

••• 프랑스 서남부, 누벨아키텐(Nouvelle-Aquitaine) 지역 라 로슈푸코(La Rochefoucauld) 근방의 동굴에서 발견된 화석. 대개 중기 플라이스토세 화석으로 추정되며, 초기 네안데르탈인 혹은 호모 하이델베르겐시스로 추정된다.

이 주장은 이제 지지를 받지 못하고 있다.

반면에 프리-네안데르탈 이론은 네안데르탈인이 인류의 직계 조상이라고 주장한다. '고전적 네안데르탈'과 초기 네안데르탈을 구분하고, 중동 지역에서 네안데르탈인이 부분적으로 사피엔스화되었다는 것이다. 즉 프리-네안데르탈인이 네안데르탈인으로 진화하는 과정에서 호모 사피엔스가 분기했다는 것이다. 영국의 스완스콤브와 독일의 스타인하임(Steinheim) 화석, 이스라엘 마운트 카멜(Mount Carmel)의 스쿨(Skhūl)과 타분(Tabūn)에서 발견된 화석 등이 주요한 증거로 제시되었고, 미국의 인류학자 클라크 하웰(F. Clark Howell, 1925~2007)은 이러한 화석이 진화의 전환기(throes of evolution)를 보여준다고 주장했다. 기본적으로 뷔름 빙기 동안 고립된 환경, 추운 기후 속에서 적응하며 유럽 대륙의 현생 인류가 진화했다는 것이다. 그러나 이러한 주장은 현재 기각되었고, 아프리카 기원설로 대체되었다. 다만, 유럽이나 서아시아에서 네안데르탈인의 일부가 아프리카 유래의 호모 사피엔스와 부분적으로 교배하였다는 정도로 통합 수정되었다.

한편, 마르셀랭 불은 에오리스(eoliths)가 인간에 의해 만들어진 것이 아니라고 주장한 초기 학자 중 한 명이다. 에오리스는 자연석과 유사한 형태의 돌로, 당시에는 이 돌이 인간에 의해 만들어졌거나 사용되었다고 생각했다. 주로 영국 남부 켄트(Kent) 지역이나 프랑스 등지에서 발견된 자갈이나 돌조각을 이렇게 칭했는데, 최초의 단순 석기로 간주하곤 하였다. 19세기 후반에서 20세기 초반에 이르기까지, 에오리스는 인류의 초기 도구로 여겨졌으며, 특히 구석기 이전 시기(pre-Paleolithic) 도구로 간주되었다. 그러나 불은 에오리스가 인간의 손에 의해 만들어진 것이 아니라 자연적인 지질학적 과정, 즉 자연적으로 파괴되거나 풍화, 침식된 돌에 불과하

다는 사실을 밝혔다.[40]

또한, 마르셀랭 불은 영국의 필트다운인(Piltdown Man) 발견에 대해서도 회의적 태도를 보였으며, 1915년에는 이 화석의 턱뼈의 형태와 치아 구조가 인간이 아닌 원숭이의 것이라고 주장한 바 있다.[41]

필트다운인은 1912년 영국 이스트 서식스(East Sussex), 필트다운 커먼(Piltdown Common) 인근 바컴 매너(Barkham Manor)의 자갈 퇴적층에서 발견된 화석으로, 한때 인간 조상의 중요한 증거로 여겨졌다. 아마추어 고고학자 찰스 도슨(Charles Dawson)과 저명한 고생물학자 아서 스미스 우드워드(Arthur Smith Woodward)는 이 화석을 사람과 유인원 사이의 '잃어버린 연결 고리'라고 주장했다. 지질학적으로 초기 플리오세(early pliocene)로 추정되는 이 퇴적층에서는 여러 동물의 뼈도 함께 발견되었다. 우드워드는 해당 표본을 '도슨의 새벽 인간'이라는 의미의 에오안트로푸스 도스니(*Eoanthropus dawsoni*)로 명명하였다.

이 화석은 수십 년 이상 영국의 인류 진화 연구에서 주요 증거로 자리매김했다. 초기 측정에서는 두개강 용적이 약 1000cc로 추정되었으나, 아서 키스의 후속 연구를 통해 1400cc까지 증가했고, 영국인들은 영국이 인류 진화의 중요한 장소임을 보여주는 증거라며 자부심을 느끼기도 했다. 뒤에서 언급할 샤르댕이 1915년 인근에서 유인원 송곳니로 추정되는 화석을 추가로 발견하자, 필트다운인의 진위에 대한 의심은 한동안 사그라지는 듯 보였다. 그러나 1953년 영국 자연사박물관의 케네스 오클리(Kenneth Oakley)와 연구팀이 이 화석을 면밀히 조사한 결과, 필트다운인은 실제로 조작된 것으로 밝혀졌다. 이들은 인간 두개골 조각과 현대 오랑우탄 새끼의 턱뼈를 결합한 뒤, 고대 화석처럼 보이도록 착색 처리했으며, 치

아를 갈아낸 흔적도 확인했다.[•]

한편, 레옹스-피에르 마누브리에(Léonce-Pierre Manouvrier, 1850~1927)[••]는 폴 브로카의 또 다른 후계자다. 남성과 여성의 두개골 용량 차이가 신체 크기의 차이에 의한 것임을 입증함으로써, 당시 일반적으로 수용되었던 두개골 용량을 통한 성 간 지능 차이 이론에 도전했다. 1893년에 발표한 연구에서 당시 일반적으로 수용되었던 주장, 즉 여성은 머리가 작아서 지능이 낮다는 주장을 반박한 것이다.[43] 여성의 뇌가 작은 것은 신체 자체가 작기 때문이며, 절대적으로 작은 것은 아니라는 이야기였다.[•••] 아울러 두개골 연구와 더불어 신체 비율과 골격 발달에 관한 연구를 발전시켰으며, 오늘날에도 사용되는 골격 지표를 확립했다.[44] 한편, 마누브리에는 롬브로소가 주장한 선천적 범죄자 이론에 대해서 비판하며, 범죄자의 해부학적 특성으로 범죄 성향을 규정하는 것은 비과학적이라고 주장했다.[45]

여기서 인간의 지능에 관해, 주목할 만한 프랑스의 초기 연구를 살펴보자. 20세기 초, 심리학자 알프레드 비네(Alfred Binet, 1857~1911)[⁘]는 빅토르 앙리(Victor Henri), 테오도르 시몬(Théodore Simon)과 함께 1905년에 비네-시몬 지능검사(Binet-Simon Intelligence test)를 개발했다. 프랑스 교육부의 특별 교육을

• 자세한 내용은 다음을 참고하기 바란다. Oakley K. The Piltdown forgery. *Nature*. 1953;171:189–191.; Spencer F. *Piltdown: A Scientific Forgery*. Oxford: Oxford University Press; 1990.

•• 의학 및 해부학을 전공한 해부학자로 에콜 앙트로폴로지에 교수를 지냈다. 브로카의 계측 방법론을 따랐지만, 인종·성별 우열론에 비판적 태도를 보였다.

••• 두개골 크기는 신체 크기에 비례한다. 만약 절대 크기가 지능과 관련된다면, 몸집이 클수록 영리할 것이다. 물론 신체 크기와 지능은 비례하지 않는다.

⁘ 법학 학위를 취득했으나, 대학에서 의학이나 심리학을 전공하지는 않았다. 독학으로 심리학을 공부했으며, 살페트리에르 병원에서 심리학 실습을 받았고, 프랑스 최초의 심리학 저널(L'Année psychologique)을 창간했다.

위한 사전 연구였다. 당시 발표된 논문 제목은 "Méthodes nouvelles pour diagnostiquer l'idiotie, l'imbécillité et la débilité mentale" 즉, "바보, 천치, 그리고 멍청이를 진단하기 위한 새로운 방법"이었다.[46] 지금 기준으로는 제목이 상당히 과도하지만, 이를 통해서 당시의 사회적 분위기를 짐작할 수 있을 것이다.

사실 제목에 등장하는 단어들은 처음부터 차별적인 것은 아니었다. 각각 어려운 질문에 답하지 못하고 주의집중 능력이 부족한 학생(Moron), 그리고 물체를 식별하지 못하거나 엉뚱한 반응을 보이는 학생(Imbecile), 음식과 비(非)음식을 구분하지 못하는 수준(Idiot)이라는 뜻이다. 지금은 용어 자체가 가진 사회적 편견으로 인해서 각각 경도, 중등도, 고도 지적 장애로 부른다. 이들 용어는 원래 정신 지체(mental retardation)라고 불렸는데, 처음에는 'retardation'은 사회적 비하의 뜻이 있지 않았지만, 널리 사용되면서 사회적으로 경멸적 의미•를 가지게 되었다.[47]

아무튼, 비네는 뒤에서 언급할 골턴의 지적 능력에 관한 우생학적 시각에 반발하여, 학업 능력이 떨어지는 학생들이 아픈 것이 아니라, 느린 것에 불과하다고 주장했다. 지적 능력이 떨어지는 학생을 정신병원 부속학교가 아니라 일반 학교의 특별반에서 교육해야 한다는 것이었다. 당시 비네가 개발한 지능지수(IQ)는 정신연령을 나타내는 식으로 표현되었다.[48] 예를 들어 10세 아동이 해당 연령의 과제를 수행해내면, 정신연령이 10.0

• 사실 고대 그리스에서 'idiot'은 일반 시민을 뜻하는 말이었다. 이를 '완곡어 악순환(Euphemism Treadmill)'이라고 부른다. 특정 용어가 경멸적 의미로 변질되면, 이를 대체하기 위해 새로운 표현(완곡어)이 만들어지고, 다시 경멸적 의미를 획득하는 과정이 반복되는 현상을 말한다. 아마 지적 장애(intellectual disabilities)도 머지않아 그런 중의적 뜻을 가지게 될 것이다. 한국에서도 정신박약이라는 용어가 정신 지체로, 그리고 지적 장애로 용어 변경이 이루어졌다.

이라는 식이다.* 그러나 비네는 자신이 제시한 척도가 한계가 많다는 점을 인정하고, 다차원적이며 실용적으로 지능을 판단해야 한다고 주장했다.

기본적으로 비네-시몬 검사는 30개의 과제로 구성되는데, 점점 난도가 높아진다. 거의 모든 아동이 수행할 수 있는 쉬운 과제부터 시작하여 점차 어려워져서 신체 부위 지목, 숫자 나열, 단어 뜻, 일곱 자릿수 반복, 사물의 차이점 설명 등으로 어려워진다.[49] 이러한 비네-시몬 검사는 이후 미국의 심리학자인 스탠퍼드 대학의 루이스 터먼(Lewis Terman, 1877~1956)이 개정하여 스탠퍼드-비네 지능검사(Stanford-Binet Intelligence Scale)로 발전하였다. 스탠퍼드-비네 검사 최신판은 광범위한 연령대의 대상에 적용할 수 있다. 유동성 추론(fluid reasoning), 지식(knowledge), 양적 추론(quantitative reasoning), 시각·공간 처리(visual-spatial processing), 작업 기억(working memory) 등 5가지 인지 요인을 평가한다.** 그런데 터먼은 비네와 달리, 당시 멕시코계 미국인, 아프리카계 미국인, 그리고 원주민이 지적으로 '열등'하다고 주장하기도 했다.[48,50] 지능의 개인차에 관한 여러 논의는 8장에서 자세하게 다룬다.

피에르 테야르 드 샤르댕(Pierre Teilhard de Chardin, 1881~1955)***은 프랑스의 예수회 사제이자, 철학자, 지질학자, 그리고 인류학자로, 과학과 신학을 통합하려는 시도로 잘 알려져 있다.[51] 초기에는 주로 유럽의 에오세 무렵 포

---

* 현재는 점수 계산으로 평균을 100으로 보정하고, 표준편차를 15로 조정한 지능지수 값을 사용한다.

** 이에 반해 루마니아계 미국 심리학자 데이비드 웩슬러(David Wechsler, 1896~1981)가 개발한 웩슬러 성인 지능검사(WAIS, Wechsler Adult Intelligence Scale)는 하위척도를 '언어성(Verbal)·비언어성(Performance)'으로 이원화하여 평가한다. 아울러 몇 가지 다각적 지표도 산출한다. 학령기 아동(6~16세)을 위한 WISC(Wechsler Intelligence Scale for Children), 유아·취학 전 아동(2세 6개월~7세 7개월)을 위한 WPPSI(Wechsler Preschool and Primary Scale of Intelligence)도 개발되어 있다.

*** 예수회에서 철학과 신학을 공부했고, 파리 자연사박물관과 소르본 대학교 등에서 지질학과 고생물학 등을 공부했다. 철학과 신학, 인류학을 연결하는 독특한 작업을 수행했다.

유류 연구를 하다가 이후 플리오세 및 신생대 제4기• 포유류 연구로 관심사를 확장했다. 1923년에 중국으로 여행을 떠나 과학적 연구를 지속하면서, 이후 중국 각지의 지질학적 단면, 층서학, 그리고 고기후 연구에 깊이 관여했다. 1926년 가톨릭 교회와의 충돌로 인해 파리에서 강의가 금지되자, 중국으로 건너가 베이징 저우커우뎬(Zhoukoudian, 周口店) 원인의 발굴에 참여했으며 중국 지질조사국의 고생물학 연구소 고문 역할을 하면서 인류의 기원에 대한 과학적 증거를 수집했다. 샤르댕은 이 발견을 통해 인류가 도구를 사용하고 불을 제어했다는 증거를 제시했다. 다섯 번의 지질학적 탐사를 주도했는데, 중국 전역을 탐사하면서 인류와 지구의 진화에 대한 과학적 자료를 축적하고 지질도 제작에 참여했다.[52]

샤르댕은 자신의 저서, 『인간 현상(Le Phénomène Humain)』에서 모든 존재가 신성한 목표를 향해 발전하며, 그 마지막 단계가 오메가 포인트(omega point)라고 하였다. 신과의 완전한 통합을 말한다.[51] 하지만 이런 주장에는 인간의 진화 과정이 신의 위대한 창조 과정의 일부라는 개념이 녹아 있는데, 이를 코스모제네시스(cosmogenesis)라고 한다. 이 책은 1962년 교황청 〈교리성성(Congregation for the Doctrine of the Faith)〉에 의해 공식적으로 금서로 지정되었다.[53] 제2차 세계대전 이후, 교황 비오 12세는 교황청 과학원에 인간이 유인원으로부터 진화했는지에 대한 조사를 요청했다. 그러면 1950년에 과학적 발견과 신앙의 조화를 강조한 회칙 〈인류(人類)에 관하여(Humani Generis)〉를 발표하기도 했다. 회칙의 부제는 '가톨릭 교리의 기초를 뒤흔

• 신생대 3기는 신생대 시작부터 플리오세까지, 4기는 플라이스토세부터 현재까지를 말한다. 19세기 지질학 시대 용어가 아직 잔류한 것으로, 1기는 선캄브리아 시대, 2기는 고생대와 중생대를 포함한 시기다. 그러나 1기와 2기라는 말은 더는 쓰이지 않고, 3기와 4기라는 용어만 간혹 쓰인다.

들 수 있는 몇몇 잘못된 견해에 관하여(Concerning Some False Opinions Threatening To Undermine The Foundations Of Catholic Doctrine)'였다. 이 회칙은 교리의 해석은 오직 교회만이 교도권(教導權)을 가진다고 하였다. 그리고 합리주의, 실존주의, 주관주의 등 여러 현대 철학 및 신학의 경향(nouvelle théologie)이 전통 가톨릭 교리를 약화하거나 변형할 우려가 있음을 지적했다. 특히 진화론 자체를 전면 부정하지는 않으며, 인간 육체가 이전 생물 종으로부터 유래했을 가능성을 연구하는 것은 허용했다. 그러나 '영혼은 하느님이 직접 창조'하며, 진화이론은 아직 완전히 입증되지 않았으므로 신중한 검토가 필요하다고 하였다. 특히 다원설을 반대하고, '아담과 하와를 통해 모든 인류가 기원했다'는 일원설을 지지한다고 밝혔다. 사실 이는 원죄의 개념과 밀접하게 닿아있으므로, 포기하기 어려운 교리였다.•54

> … 진화론과 관련해서는, 인간 육체가 이전 존재에서 유래했는지를 연구하는 것은 현재 인간 과학과 신학이 허락하는 범위 내에서 자유롭게 토론해도 되며, 이를 교도권은 금지하지 않는다. 다만 영혼은 하느님이 직접 창조하신다는 신앙 교리는 유지해야 한다. … 그러나 다원설(polygenism)에 대해서는, 교회의 자녀가 자유롭게 채택할 수 없다. 아담 이외에 다른 진정한 인간들이 존재했거나, 아담이 여러 '시조(始祖)' 중 하나라는 견해는, 전통적 계시에 따른 '원죄'를 설명하기 어렵게 한다.

• 원문은 다음을 참고하기 바란다. Pius XII. Humani Generis [Internet]. Vatican City: Libreria Editrice Vaticana; 1950 [cited 2025 Feb 7]. Available from: https://www.vatican.va/content/pius-xii/en/encyclicals/documents/hf_p-xii_enc_12081950_humani-generis.html

그러나 교황청의 입장은 점차 달라졌다. 드디어 1996년, 교황 요한 바오로 2세는 〈진화론에 관한 교황청 과학 아카데미에 보낸 메시지(Message to the Pontifical Academy of Sciences: On Evolution)〉라는 성명을 통해 진화론과 가톨릭 교리의 관계를 논하며, 진화가 단순한 가설이 아닌, 과학적 연구에 의해 뒷받침되는 이론으로 자리 잡았음을 다음과 같이 인정했다.[55] 교황 베네딕토 16세와 교황 프란치스코도 테야르의 사상을 긍정적으로 언급한 바 있다.[•]

> … 종교 교육과 진화론 사이에는 아무런 대립도 없고 진화론은 가설 이상의 중요한 학설이며 이미 있던 존재(유인원)에 하느님이 생기를 불어넣어 아담이 탄생했으며, 진화론은 지동설처럼 언젠가는 정설로 인정받게 될 것….

교황 요한 바오로 2세의 진화론에 관한 메시지는 크게 네 가지 내용을 담고 있다. 첫째, 교황청 과학원은 교회에 과학적 진보를 자유롭게 보고하고, 과학과 신앙의 신뢰에 기반한 대화를 통해서 진리 탐구를 촉진하기 위해 설립되었다. 둘째, 진화론에 관한 과학적 진리와 인간의 본성과 기원에 관한 계시적 진리가 충돌하지 않으며, 겉보기에 모순처럼 보이지만 결국 조화를 이룰 수 있다. 진화론이 하나의 가설을 넘어 과학적 증거로 입증된 이론으로 발전했고, 과학적 증거의 독립적이고 상호 연결된 결과

• 샤르댕의 연구가 교황청의 입장에 어떤 영향을 미쳤는지는 알 수 없지만, 아마도 과학과 신앙의 융합이라는 독창적 시각이 구교에서 진화론을 수용하는 데 기여했을 것으로 보인다. 그러나 샤르댕의 주장은 단선론적 진화이론에 기반하고 있었고, 신다윈주의를 배격한 그의 입장은 과학의 한계를 넘었다는 비판을 받았다.

는 진화론을 강력하게 지지한다. 따라서 진화 연구는 창조주의 계획을 더 깊이 이해할 수 있도록 돕는다. 셋째, 교회는 인간의 정신을 단순히 물질의 산물로 보는 견해를 거부한다. 인간은 단순히 진화의 결과로만 볼 수 없고, 하나님의 형상으로 창조된 존재다. 인간의 영혼은 하나님에 의해 직접 창조되며, 이는 진화 과정과는 별개다. 넷째, 과학은 관찰과 데이터를 통해 진화를 설명하고, 신학은 창조와 존재의 목적을 밝힌다. 인간의 영적 특징은 철학적, 신학적 분석을 통해서 이해될 수 있다. 즉 진화론은 생명의 기원과 발전을 설명하지만, 인간 영혼의 기원과 같은 초월적 질문은 과학적 관찰 영역을 넘어선다.•

▣

프랑스의 초기 체질인류학 역사를 정리하면 다음과 같다. 브로카 등 선구자의 연구를 통해 체계적으로 발전해 나갔다. 브로카와 그의 제자들은 인류학을 과학적 기초 위에 올려놓았으며, 인종, 두개골 측정, 인간의 진화 등의 주제를 다루는 데 있어 현대적 방법론을 도입했다. 그러나 이들의 연구는 단순히 인류학적 호기심을 충족시키는 것을 넘어, 당시 유럽 사회에서 퍼지고 있던 과학적 사고와 제국주의적 담론과 밀접하게 연결되었다. 브로카가 설립한 파리 인류학회와 《인류학 리뷰》는 인류의 기원과 다양성에 대한 과학적 논의를 이끌며, 프랑스뿐만 아니라 유럽 전역에서 체질인류학이 학문적으로 자리 잡는 데 중요한 역할을 했다. 비록 이 시기의 체질인류학 연

• 더 자세한 내용은 Paul J. Message to the Pontifical Academy of Sciences. *The Quarterly Review of Biology*. 1997;72(4):381–3.을 참고하기 바란다.

구는 인종적 차이를 과학적으로 설명하는 과정에서 당시 사회적 편견과 차별을 강화하는 데 기여한 측면이 있지만, 이는 현대 체질인류학의 형성과 발전을 위한 학문적 기초가 되었다. 특히 프랑스에서는 다윈의 이론에 관해서 다소 모호한 태도를 보이거나, 신학적 관점과의 절충을 시도하면서, 인간의 고유성을 강조하는 경향이 강했다. 하지만 프랑스의 여러 학문적 전통은 이후 체질인류학이 더 넓은 학문적 범주에서 발전할 수 있는 초석이 되었다.

2. 독일

독일의 현대 체질인류학은 프랑스와 마찬가지로 의사, 즉 해부학자가 주도하는 방식으로 발전했다. 그 중심에는 루돌프 피르호(Rudolf Ludwig Carl Virchow, 1821~1902)가 있었다.* 피르호는 병리학자이자 해부학자, 인류학자, 생물학자, 정치인으로서 다양한 분야에서 활동한 다재다능한 학자였다. 어린 시절 어려운 집안에서 태어난 피르호는 무상으로 입학할 수 있었던 빌헬름 대학교**에 진학하여 의학을 배웠다.*** 무상으로 교육받는 대신 군의관으로 복무하는 조건이었다. 면허 취득 후에는 샤리테 병원에서 근

* 피르호는 종종 '비르호', '비르쇼', '비르초' 등으로 옮겨진다. 이는 'v'를 'ㅂ' 혹은 'ㅍ' 중 어떤 것으로 발음할 것인지, 그리고 'ch'를 'ㅎ' 혹은 'ㅅ' 혹은 'ㅊ'중 어떤 것으로 발음할 것인지에 따라 달라지기 때문이다. 독일어의 정확한 음가를 따르면, 피르쇼 혹은 피르호가 가장 가깝다. 의학계에서는 종종 '비르쇼'로 옮기는데, 영어권 발음의 영향으로 보인다. '비르호'라는 표기는 아마도 일본에서 'ヴィルヒョウ(Viru-hyō)'라고 표기했던 영향 때문으로 보인다. 여기서는 가장 널리 쓰이는 '피르호'로 통일한다.

** 정식 명칭은 프리드리히 빌헬름 대학교 베를린이다. 지금의 훔볼트 대학교 전신이다.

*** 프로이센 왕국의 폼메른(Pomerania) 지역(현재 폴란드 영토)에 속하는 슈베데(Schivelbein) 근교의 빈곤한 가정에서 태어났다.

무했다.[•] 1849년부터 56년까지 뷔르츠부르크대 병리·해부학 교수로 재직했다.

피르호는 '현대 병리학의 아버지'로 불리며, 특히 세포 병리학을 통해 질병이 조직(organ) 차원이 아니라 세포(cell) 수준에서 시작된다는 것을 증명해 유명세를 떨쳤다. '모든 세포는 세포에서 비롯된다(Omnis cellula e cellula)'는 혁신적 개념을 내세우며 병리학의 현대적 기초를 정립했다. 특히 백혈병(Leukämie), 혈전증(Thrombose) 및 색전증(Embolie) 등 다양한 병리 현상을 기술했는데, 이른바 혈류 정체와 혈관 내피 손상, 혈액 과응고 등으로 이어지는 혈전증의 발생 과정은 '피르호의 3대 요소(Virchow's triad)'로 불린다.[••]

또한, 1847년에는 티푸스 전염병 연구를 위해 슐레지엔(Upper Schlesien) 지역으로 파견되었는데, 이 경험을 토대로 공중보건 개혁, 사회복지 제도 마련, 교육 기회 확대 등이 질병 예방에 필수적이라는 정치적 주장을 펼쳤다. 피르호를 '사회의학(social medicine)의 창시자'로 부르게 한 배경이기도 하다. 민주주의를 도입하고, 세금을 면제하고, 도로를 개선하고, 고아원(보육원)을 설치하고, 구호기금을 만들라는, 의사로서는 과격한 주장이었다. 1848년 '3월 혁명'에 동참하였으나 혁명이 실패하자 지방에 좌천되기도 하였다. 독일 진보당(Deutsche Fortschrittspartei)을 설립하고 13년 동안 독일 제국의회(Reichstag)에서 활동하며 민주주의와 사회 개혁을 지지했다. 그뿐 아니라 고고학자, 인류학자, 정치가로 활동했다. 코카서스, 이집트, 수단

• 1810년에 설립된 샤리테 병원은 그 자체로 의과대학이면서, 베를린 훔볼트 대학교의 대학병원이고, 2003년 베를린 자유대학교의 의과대학을 통합하여 유럽 최대의 대학병원이 되었다.

•• 이 주장을 담은 저서는 1858년 2월부터 4월까지 베를린 병리학 연구소에서 진행된 20개의 강의를 기반으로 작성된 것이다. 다음을 참고하기 바란다. Virchow R. *Die Cellularpathologie in ihrer Begründung auf physiologische und pathologische Gewebelehre*. Berlin: A. Hirschwald; 1858.

등에서 인류학 현지 조사에 나섰고, 하인리히 슐리만(Heinrich Schliemann)•이 발굴하던 트로이 유적의 발굴에 참여했다.[56]

1869년, 피르호는 독일 전역의 인류학 연구를 조직적으로 통합하고 발전시키기 위해 새로운 학회를 설립했다. 초기에 독일 인류학, 민족학 및 선사고고학회(Deutsche Gesellschaft für Anthropologie, Ethnologie und Urgeschichte)라는 긴 이름을 사용했지만, 1925년에는 보다 간단한 독일 인류학회(Deutsche Anthropologische Gesellschaft, DAG)로 명칭을 변경했다. 당시 이 학회는 괴팅겐, 베를린, 뮌헨, 프랑크푸르트암마인 등 다양한 지역을 아우르는 연합 체제로 출범하여, 독일어권뿐 아니라 유럽 각지의 인류학자들이 교류할 수 있는 장을 마련했다.•• 이런 노력 덕분에 독일 인류학은 국제 학계에서 높은 위상을 얻었고, 많은 유럽 연구자들이 독일 인류학회를 통해 교류하면서 인류학은 의학·역사학·고고학의 경계를 넘나드는 종합 학문으로 발전하게 되었다.

1930년대 나치 정권은 학술 단체에 정치적 압력을 가하여, 인류학과 민족학을 비롯한 여러 분야를 인종 이데올로기를 정당화하는 수단으로 삼고자 했다. 이로 인해 많은 학회가 해산되거나 나치 체제에 맞춰 재편되는 과정을 겪었다. 과학적 자율성을 지향하던 독일 인류학회 역시 이러

• 독일의 상인이자 고고학자로, 특히 트로이 유적지 발굴로 유명한 인물이다. 독학으로 고대 언어와 고대사에 관한 지식을 쌓았고, 상업 활동으로 일군 부를 이용하여 현재의 터키 히사르릭(Hisarlik) 지역에서 트로이 유물을 발굴하고, 그리스 펠로폰네소스 반도에서 미케네 문명을 조사했다.

•• 베를린에서 활동하던 해부학자 빌헬름 폰 발데이어(Wilhelm von Waldeyer)나 빈 출신의 안드리안-베르부르크(Ferdinand Leopold von Andrian-Werburg) 등이 피르호와 함께 회장을 돌아가며 역임하면서, 체질인류학·고고학·민족학 분야에서 긴밀한 협력이 이루어졌다. 예컨대, 발데이어는 해부학적 연구를 인류학적 주제에 접목하려 했고, 안드리안-베르부르크는 선사시대 문화와 유적을 비교·연구하는 데 주력함으로써 학문의 스펙트럼을 확장했다.

한 국가 권력의 간섭과 충돌을 빚었다. 결국, 1935년 전후로 인류학·민족지학·고고학 등 각각 분리된 세 학회가 독자적으로 창설되면서, 독일 인류학회는 해체 수순을 밟았다. 독립성을 유지하려던 독일 인류학회의 방향과 나치의 정치 목적이 극도로 상반되었기 때문에, 학회의 통합 구조를 유지하기 어려웠던 것이다.[57]

한편, 1870년에 루돌프 피르호는 아돌프 바스티안(Adolf Bastian), 로베르트 하르트만(Robert Hartmann) 등과 손잡고 베를린 인류민족고고학회(Berliner Gesellschaft für Anthropologie, Ethnologie und Urgeschichte, BGAEU)를 창설했다. 인류학·민족학·고고학을 통합적으로 연구하는 새로운 학술 단체로, 독일 내 유물 조사를 비롯해 문화·생물 양 측면에서 인간 연구를 주도했다.• 제1차 세계대전 전후에는 독일 각지 박물관이 소장품을 확충하는 데에도 영향력을 행사했으며, 제2차 세계대전 이후 한때 폐쇄되었다가 1950년에 재건되어 오늘날까지 활발히 운영되고 있다.[58] 《민족학 저널(Zeitschrift für Ethnologie, ZfE)》은 독일 사회문화인류학회(Deutsche Gesellschaft für Sozial-und Kulturanthropologie, DGSKA)와 공동 발행하는 간행물로, 체질인류학·민족학·고고학·생물학 등 폭넓은 분야의 연구자가 성과를 발표하는 장으로 자리 잡았다.[59] 보아스는 이 저널에 총 19편의 논문을 발표하기도 하였고, 이외에도 당시 저명한 여러 학자가 활동한 학술지였다.••

• 피르호는 바스티안과 함께 《민족학 저널(Zeitschrift für Ethnologie, ZfE)》도 창간하여 편집자로 활동했다.

•• 해당 저널의 발표 논문을 찾아보면, 당시 유명하던 민족지학자 브루노 구트만(Bruno Gutmann), 언어인류학자 칼 스트레흘로우(Carl Strehlow), 고고인류학자 레오 프로베니우스(Leo Frobenius), 체질인류학자 펠릭스 폰 루샨, 종교인류학자 폴 라딘(Paul Radin), 사회인류학자 리처드 턴월드(Richard Thurnwald), 생태인류학자 팀 잉골드(Tim Ingold), 사회인류학자 앨런 바너드(Alan Barnard) 등의 연구를 찾아볼 수 있다.

그러나 피르호는 다윈의 진화론에 대해 비판적이었으며, 특히 인류 진화에 관해서는 매우 회의적인 입장을 보였다. 자연선택 이론에 관해서는 일부 호의적인 입장을 취했지만, 이를 여전히 실증할 수 없는 하나의 가설로 간주했다. 병리학자로서 피르호는 엄격한 경험적 증거에 기반하여 과학적 진단을 내리는 것을 중시했기 때문에, 진화론은 그러한 기준에 부합하지 않는다고 보았다. 특히 인류의 기원에 관한 다윈의 이론이 당시의 과학적 지식으로 실증할 수 없는 수준이라고 판단했다. 더 많은 경험적 증거가 필요하다는 것이었다. 인류의 기원과 같은 중요한 문제는 확고한 증거를 통해서만 논의되어야 한다고 믿었으며, 자연선택에 의한 인류 진화이론은 증거가 불충분하다고 생각했다. 이러한 이유로 그는 진화론을 학교에서 가르치는 것에 반대했다.[60,61] 그의 제자였던 에른스트 헤켈(Ernst Haeckel, 1834~1919)에 따르면, 피르호는 이렇게 말했다고 한다.[62]

> 사람이 원숭이로부터 진화한 것이 아니라는 것은 확실하다. … 이제 거의 모든 전문가가 (나와) 반대의 견해를 가지고 있음에도 불구하고 전혀 상관하지 않는다.

피르호가 다윈주의에 반대한 이유는 단순한 이념적 반대가 아니라 과학적 회의주의에 근거한 것이었다. 심지어 1856년에 독일에서 발견된 네안데르탈인 화석에 대해서도 부정적 견해를 제시했다. 원시 인류의 잔해가 아니라, 심각한 병리적 상태를 앓고 있던 현대 인간의 두개골이라고 주장했다. 네안데르탈인의 두개골에 나타난 비정상적인 형태와 구조를 관절염과 구루병 등 병리적 결과로 본 것이다. 피르호는 당대 독일 과학계의 가장 권위 있는 인물 중 하나였고, 심지어 독일 팽창주의를 밀어붙이던 오토 폰 비스마르크(Otto von Bismarck)와 결투할 뻔했다는 풍문이 돌 정도로 정치적 거물이기도 했다. 그의 강력한 권위로 인해 독일에서 네안데르탈인의 인류 진화에 대한 논의는 상당 기간 정체되었다.[63]

한편, 에른스트 헤켈과 피르호는 진화이론을 공립학교 교육과정에 포함하는 문제를 두고 강력한 논쟁을 벌였다. 헤켈은 다윈의 진화론을 강력히 지지하며, 진화론을 과학 교육의 필수 요소로 포함해야 한다고 주장했다. 인간의 기원과 진화적 발전을 설명하는 데 있어서 자연선택 이론의 중요성을 강조하며, 이를 학생에게 가르쳐야 한다는 이야기였다. 이러한 치열한 싸움은 결국 피르호의 승리로 끝났다. 1882년 프로이센은 공식적으로 자연사 수업을 커리큘럼에서 축출했다.[64-66]

헤켈은 독일의 저명한 진화론자이자 체질인류학자로, 다윈의 진화론을 독일에 도입하고 이를 체계화한 인물이다. 특히 체질인류학과 진화생물학을 결합하여 인간의 신체적 발달과정이 진화의 단계를 요약하고 반복한다는, 즉 '개체 발생은 계통 발생을 재현한다(ontogeny recapitulates phylogeny)'는 이론을 제안하며, 신체적 발달이 종의 진화 과정과 평행 관계를 가진다고 주장했다.[67] 개체 발생이 종의 진화와 연결된다는 점에서 진화적 연관성을 강조하였으며, 이를 통해 인류 진화의 복잡한 과정을 설명하고자 했다.

헤켈은 인간의 두개골과 신체구조가 진화의 산물이라고 생각했다. 신체적 형질이 진화 과정에서 어떻게 변화하는지를 연구함으로써 체질인류학적 연구에 기여했다.[68] 이를 위해 두개골계측학과 인체계측학을 사용하여 인간과 다른 생물 종 간의 신체적 특징을 비교하고, 이를 진화론적 틀에서 분석하려고 노력했다.

그러나 헤켈은 다지역기원설을 지지하며, 각 인종이 독립적으로 진화했다고 보았다. 언어학자 아우구스트 슐라이허(August Schleicher, 1821~1868)의 영향을 받은 헤켈은 인류의 다양한 언어 집단이 각각 별도의 '무언 인간(Urmenschen)'에서 진화했다고 생각했다. 언어 능력이 진화하지 않은 가상의 인류 조상을 말한다. 헤켈은 『자연창조의 역사』 제하의 책에서, 이를 두고 '피테칸트로푸스 알랄루스(*Pithecanthropus alalus*)'라고 이름 짓기도 했다.* '말 없는 원숭이-인간'을 라틴어로 작명한 것이다. 따라서 각 언어 집단이 독립적인 진화 경로를 거쳤기 때문에, 각 언어의 기원을 조사하는 방법을 통해 인종 간 차이를 설명할 수 있다고 믿었다. 이는 뒤에서 다룰 칼턴 쿤의 연구를 예견하는 것이었다. 한편, 각 인종은 본래 불평등하고, 유럽인과 유대인이 최고의 인종이라고 생각한 헤켈은 열등한 인종은 결국 모두 사라질 것이라고 보았다. 참고로 슐라이허는 언어를 생명체처럼 취급하여, 시간이 지남에 따라 언어가 진화하고 변화한다고 주장한 학자다. 주로 인도유럽어족(Indo-European languages)의 계통을 나무(tree) 모형으로 설명한 업적으로 잘 알려져 있다.[70]

헤켈은 언어와 진화의 관계를 연구하면서 동시에 다양한 신체적 형질의 기원을 연결하고자 하였다.[71] 언어가 인간의 진화에서 핵심적인 역할

---

* 다음을 참고하기 바란다. Haeckel E. *Natürliche Schöpfungsgeschichte*. Berlin: Georg Reimer; 1868. 부제를 포함하면 서명은 다음과 같다. 『자연창조의 역사: 대중이 이해하기 쉽게 구성한 과학 강연: 일반적인 진화론, 특히 다윈·괴테·라마르크의 이론에 대하여; 이를 인간의 기원과 그와 관련된 자연과학의 근본 문제들에 적용하는 방법에 관하여; 하등 및 고등 동물과 인간의 기원을 보여주는 계통표 등을 수록함.(Gemeinverständliche wissenschaftliche Vorträge über die Entwickelungs-Lehre im Allgemeinen und diejenige von Darwin, Goethe und Lamarck im Besonderen; über die Anwendung derselben auf den Ursprung des Menschen und andere damit zusammenhängende Grundfragen der Naturwissenschaft; mit genealogischen Tabellen über den Ursprung der niederen und höheren Thiere und des Menschen etc)』

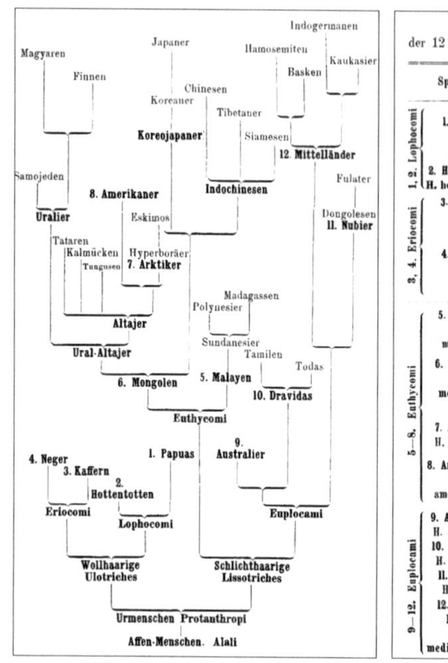

Systematische Uebersicht

der 12 Menschen-Arten und ihrer 36 Rassen. (Vergl. Taf. XX.)

	Species	Rasse	Heimath	Einwanderung von
1, 2. Lophocomi	1. Papua Homo papua	1. Negritos	Malacca, Philippinen	Westen
		2. Neuguineer	Neuguinea	Westen
		3. Melanesier	Melanesien	Nordwesten
		4. Tasmanier	Vandiemensland	Nordosten
	2. Hottentotte H. hottentottus	5. Hottentotten	Capland	Nordosten
		6. Buschmänner	Capland	Nordosten
3, 4. Eriocomi	3. Kaffer Homo cafer	7. Zulukaffern	Oestliches Südafrika	Norden
		8. Beschuanen	Centrales Südafrika	Nordosten
		9. Congokaffern	Westliches Südafrika	Osten
	4. Neger Homo niger	10. Tibu-Neger	Tibu-Land	Südosten
		11. Sudan-Neger	Sudan	Osten
		12. Senegambier	Senegambien	Osten
		13. Nigritier	Nigritien	Osten
5—8. Euthycomi	5. Malaye Homo malayus	14. Sundanesier	Sunda-Archipel	Westen
		15. Polynesier	Pacifischer Archipel	Westen
		16. Madagassen	Madagascar	Osten
	6. Mongole Homo mongolus	17. Indochinesen	Tibet, China	Süden
		18. Koreo-Japaner	Corea, Japan	Südwesten
		19. Altajer	Mittelasien, Nordasien	Süden
		20. Uralier	Nordwestasien, Nord-europa, Ungarn	Südosten
	7. Arktiker H. arcticus	21. Hyperboräer	Nordöstliches Asien	Südwesten
		22. Eskimos	Nördlichstes Amerika	Westen
	8. Amerikaner Homo americanus	23. Nordamerikaner	Nordamerika	Nordwesten
		24. Mittelamerikaner	Mittelamerika	Norden
		25. Südamerikaner	Südamerika	Norden
		26. Patagonier	Südlichstes Amerika	Norden
9—12. Euplocami	9. Australier H. australis	27. Nordaustralier	Nordaustralien	Norden
		28. Südaustralier	Südaustralien	Norden
	10. Dravida H. dravida	29. Tamilen	Vorder-Indien	Norden
		30. Todas	Nilgerri	Norden
	11. Nubier H. nuba	31. Dongolesen	Nubien	Osten
		32. Fulater	Fula-Land (Mittelafrika)	Osten
	12. Mittelländer Homo mediterraneus	33. Kaukasier	Kaukasus	Südosten
		34. Basken	Nördlichstes Spanien	Süden?
		35. Hamosemiten	Arabien, Nordafrika etc.	Osten
		36. Indogermanen	Südwestasien, Europa etc.	Südosten

〈그림 5〉 헤켈의 인종 분류. 헤켈은 자신의 책에서 총 12개의 인간 유형(Menschen–Arten)과 36개의 인종(Rasse)을 제시하였다. 그의 나무 모형에는 교배 가능한 집단 간 유전적 혼합의 개념이 없다. 자세한 내용은 다음을 참고하기 바란다.–Haeckel E. Systematische Übersicht der 12 Menschen–Arten und ihrer 36 Rassen [Abbildung]. In: *Natürliche Schöpfungsgeschichte*. 1. Aufl. Leipzig: J.A. Barth; 1868:726–727.

을 했고, 그에 따라 인류의 진화가 언어 그룹에 따라 분리되었으며, 이로 인해 인류는 독립적인 여러 종으로 나뉘었고, 이러한 종 중 일부가 더 발전된 문명을 이룩했다는 식이다. 한편, 헤켈은 아시아를 인류 언어와 진화의 중심으로 간주했다. 동남아시아의 원숭이와 인간 사이의 생물학적 유사성을 강조하며 초기 인류가 그 지역에서 진화했을 가능성이 크다고 믿었다. 헤켈은 당시 가설적 대륙인 레무리아(Lemuria)가 아시아와 아프리카를 연결하는 다리 역할을 했으며, 이 지역이 인류 진화의 중심지였다고 주장했다. 헤켈의 연구는 생물학적 결정론에 기초한 인종주의적 해석으로 이어졌는데, 이를 통해 특정 인종이 다른 인종보다 우월하다는 주장으로 나아갔다.[71] 즉 인종 간의 위계를 명확하게 제시하면서 백인, 즉 지중해 인종(*Homo Mediterraneus*)을 가장 발달한 종으로 보았다. 반대로 흑인을 진화가 덜 된 존재로 간주하고, 이들을 '네 손을 가진 유인원'과 유사하게 보았다.

헤켈은 앞서 말한 『자연창조의 역사』에서 인종을 크게 둘로 나눈다. 첫 번째 부류는 곱슬머리(Ulotriches)를 한 아프리카와 오세아니아 민족이며, 두 번째 부류는 부드러운 직모(Lissotriches)를 한 유럽과 아시아 민족 및 아메리카 원주민이다. 헤켈은 첫 번째 유형이 더 원시적이며 진화 단계상 하위에 있으며, '그러한 머리카락을 가진 나라 중 어떤 나라도 중요한 역사를 가진 적이 없다'고 했다. 헤켈은 장두형, 단두형, 중두형 등 두개골의 앞뒤 길이와 좌우 폭의 비율, 앞니가 앞으로 기울어진 정도는 일관성이 떨어져서 인종을 분류하는 좋은 지표가 아니라고 생각했다.

헤켈은 총 12개의 종(species), 36개의 인종(races)을 제안했다. 간략히 요약하면 다음과 같다(판본에 따라 다소 다르다). 파푸아인(*Homo Papuensis*)은 니그리토족, 뉴기니 원주민, 멜라네시아인, 태즈메이니아인을 포함하며, 주로 동남아시아와 태평양 섬 지역에 거주한다. 호텐토트인(*Homo Hottentottus*)은 남아프리카를 중심으로 하는 집단으로, 호텐토트족과 부시맨을 포함하는데, 주로 남아프리카의 케이프 지역에 거주한다. 카퍼인(*Homo Cafer*)은 줄루족, 베샤우나족, 콩고족과 같은 중앙아프리카 및 동남아프리카의 민족으로 구성된다. 니그로인(*Homo Niger*)은 사하라 이남 아프리카의 수단, 세네감비아, 니그리티아 지역의 민족을 포함하며, 이들은 사하라 사막 이남의 넓은 지역에 분포한다. 애버리지니(*Homo Australis*)은 북부 오스트레일리아와 남부 오스트레일리아의 민족을 포함한다. 말레이인(*Homo Malayus*)은 순다 제도, 폴리네시아, 마다가스카르 섬에 거주하는 민족을 포함한다. 몽골인(*Homo Mongolus*)은 인도-중국인, 한국-일본인(Corea-Japanesse), 알타이족, 우랄족을 포함하는데, 동아시아, 중앙아시아, 북아시아에 거주한다. 극지방에 사는 북극인은 *Homo Arcticus*로 분류하였다. 아메리카 원주민(*Homo Americanus*)은 북미, 중미, 남미, 파타고니아 지역에 거주하는 모든 원주민을 아우른다. 드라비다인(*Homo Dravida*)은 인도의 데칸 지역과 스리랑카의 싱할리인을 포함한다. 누비아인(*Homo Nuba*)은 누비아와 중앙아프리카에 분포하는 동골라족(Dongolese)과 풀라족(Fulatians)으로 구성된다. 마지막으로, 지중해인(*Homo Mediterraneus*)은 카프카스인, 바스크인, 셈족, 인도-게르만족으로 이루어져 있다. 주로 지중해 연안, 서아시아, 남유럽에 걸쳐 있으며, 헤켈은 이들을 가장 '고등한' 인종으로 묘사했다(〈그림 5〉).

이러한 헤켈의 인종 이론은 이후 사회진화론과 '과학적 인종주의'의 중요한 기반이 되었고, 20세기 초반에 정치적·사회적 이데올로기에 큰 영향을 미쳤다. 물론 아시아에서 인류가 기원했다는 주장은 이후 아프리카 기원설이 설득력을 얻으면서 20세기 중반 완전히 기각되었다.

피르호는 진화론 자체의 과학적 가치를 부정하지는 않았지만, 그 이론이 과도하게 일반화되어 사회·정치 영역에서 악용될 수 있다고 우려했다.[72] 특히 인류의 단일기원설이 일부 사상가·정치인에 의해 사회 다윈주의로 변질되면서, 인종적·민족적 순수성을 주장하거나, 국가 간이나 사회 내 불평등을 정당화하는 논리에 쓰일 위험이 있다고 보았다. 피르호의 생각으로는 다윈주의 이론이 사회정치적 담론으로 확장될 때, 집단 간 경쟁과 도태라는 기전을 정당화하고, 소위 '열등 인종'을 배제하거나 '우월 인종'을 옹호하는 극단적 주장에 근거로 동원될 가능성이 있었다.

피르호는 이른바 '과학적' 인종주의가 잘못된 과학적 근거를 바탕으로 만들어졌음을 실증적으로 반박하기 위해, 직접 두개골 계측과 인종 연구를 진행했다. 여러 민족의 두개골을 분석하며, '아리아 인종의 순수성'이나 '북유럽 혈통의 우월성'에 관한 주장이 과학적으로 타당하지 않음을 증명하고자 했다. 이를 뒷받침하기 위해 독일의 공립학교 아동을 대상으로 무려 676만 명의 신체 계측 자료를 분석했다. 조사 항목은 머리카락색, 피부색, 눈 색, 두개골 형태 등이었으며, 유대인 학생을 위한 별도의 목록이 작성되었다.

1886년에 발표된 연구 결과에 따르면, 독일 제국 내 아동의 약 31.8%는 금발, 14.05%는 흑발, 54.15%는 혼합 유형으로 나타났다. 유대인 학생 중에서는 약 11%가 금발, 42%가 흑발, 47%가 혼합 유형으로 분류되었다. 피르호는 이 연구를 통해 독일 내에 '순수한 인종'이 존재하지 않는다는 결론을 내렸다.[73] 유럽의 다양한 민족은 이미 여러 인종이 혼합된 산물이며, 아리아인과 유대인을 구분하는 것이 과학적으로 불가능하다고 주장했다. 피르호는 과학이 인류의 공공선을 위한 도구로 사용되어야 하며, 과학적 발견이 정치적 목적으로 왜곡되는 것을 강력히 경계했다.[74,75]

참고로 '미국 인류학의 아버지'로 불리는 프란츠 보아스의 사상 형성에는 독일에서의 학문적 훈련과 피르호와의 만남이 상당한 영향을 미쳤다. 특히 1881년부터 1883년까지 그는 베를린에서 루돌프 피르호의 지도를 받았고, 피르호의 시각은 훗날 보아스가 문화 상대주의를 발전시키는 데 큰 밑거름이 되었다. 당시 보아스는 생물학적 결정론과 인종 유형론을 비판하면서, 문화 다양성에 주목하는 방향으로 학문적 노선을 잡기 시작했다. 이러한 노력은 보아스가 미국에 자리를 잡은 이후 역사적 특수주의(historical particularism)로 열매를 맺었다. 인간의 행동, 그리고 사회의 문화는 그 자체의 독특한 역사적, 문화적 환경에 따라 발전한다는 것이다. 보아스는 인종에 따른 타고난 지능이나 능력 차이는 크지 않다는 견해를 강력히 옹호함으로써, 인종차별에 반대하는 인류학의 대표 주자로 자리매김하게 되었다.[76] 보아스에 대해서는 이번 장 4절에서 다시 자세히 다룬다.

한편, 구스타프 알베르트 슈발베(Gustav Albert Schwalbe, 1844~1916)는 의사이자 해부학자, 인류학자다.• 슈발베는 형태적 비교 분석의 정확성을 강조했는데, 1899년 《형태학 및 인류학 학술지(Zeitschrift für Morphologie und Anthropologie)》 제하의 학술지를 창간하여 이른바 형태 분석(Formanalyse) 연구의 토대를 마련하였다.

슈발베는 해부학적 연구뿐만 아니라 원시 인류 연구에서도 크게 기여했다. 네안데르탈인이 호모 사피엔스의 원시적 형태가 아니라고 주장하며, 별개의 종이라고 하였다. 또한, 피르호의 네안데르탈인 구루병 환자 가설에 반대하며, 네안데르탈인은 분명한 고인류라고 주장했다. 하지만 프리-사피엔스 가설을 지지한 것은 아니며, 별개의 형태적 종으로 구분되는 네안데르탈인이 초기 현대 인류로 이어졌다고 보았다.

슈발베는 칸슈타트 인종(Cannstatt race)에 대해서도 형태적 분석을 시도했다. 칸슈타트 인종이란, 독일 남서부의 칸슈타트(Cannstatt, 현재 슈투트가르트의 일부)에서 발견된 초기 인류 화석 표본의 컬렉션을 말한다. 당시 인류학자

• 베를린 훔볼트 대학교에서 의학을 전공했지만, 졸업 직후부터 해부학 및 인류학 연구에 몰두했다.

들은 이 칸슈타트 인종이 네안데르탈인과 호모 사피엔스를 잇는 중간 단계의 고인류이자 독립적인 원시 유럽 인종이라고 생각했다. 그러나 슈발베는 이 컬렉션에 네안데르탈인과 호모 사피엔스의 화석이 혼합되어 있다는 것을 밝히고, 단일 집단을 대표하지 않는다고 하였다.•

한편, 슈발베는 자바인(Java Man)을 발견한 네덜란드 고생물학자 외젠 뒤부아(Marie Eugène François Thomas Dubois, 1858~1940)••와의 논쟁으로 유명하다. 뒤부아는 1891년 인도네시아의 자바섬에서 인간과 원숭이의 특징을 모두 가진 화석을 발견했는데, 컬렉션은 두개골과 넙다리뼈 일부로 이루어져 있었다. 뒤부아는 이를 피테칸트로푸스 에렉투스(*Pithecanthropus erectus*)라 명명하고, 현대 인류의 조상 중간 단계로 간주했다.[77] 그러나 슈발베는 자바인의 화석을 형태적으로 분석한 논문에서 자바인과 네안데르탈인이 모두 현대 인류의 직접적인 조상이라고 주장했다. 특히 네안데르탈인이 인류의 조상 중에서 더 중요한 위치를 차지한다고 하였다.[78] 이는 자바인의 중요성을 더 크게 생각한 뒤부아의 견해와 충돌했다. 뒤부아는 네안데르탈인을 진화의 막다른 가지로 간주하고, 인류의 직접적인 조상이 아니라고 생각했기 때문이었다.[79]

오토 칼 프리드리히 쇼텐작(Otto Karl Friedrich Schoetensack, 1850~1912)•••은 주

• 자세한 내용은 다음을 참고하기 바란다. *Die Vorgeschichte des Menschen*. Stuttgart: Ferdinand Enke; 1906.; Über das Vorkommen fossiler Menschenreste in Cannstatt. *Zeitschrift für Morphologie und Anthropologie*. 1906;9(2):289–310.

•• 네덜란드에서 태어났고, 아버지는 벨기에 출신이었다. 어린 시절부터 자연에 관심이 많아 탐험과 채집 활동을 하였다. 암스테르담 대학교에서 의사가 되었고, 해부학자·인류학자·지질학자로 경력을 쌓았다. 헤켈의 주장에 크게 공감한 뒤부아는 네덜란드군에 군의관으로 입대하여 동인도회사에서 화석 발굴을 진행했다.

••• 독일의 저명한 인류학자이자 고생물학자로 주로 하이델베르크 대학교에서 연구 활동을 하였다.

로 독일 남서부 지역의 퇴적암 지층에서 고생물학과 인류학을 접목한 발굴 작업 및 화석 분석 연구를 진행했다. 그는 하이델베르크 인근 마우어(Mauer) 근처의 모래 채굴장에서 발견된 인류 화석을 연구해 1908년에 학계에 보고했다.• 최초로 발견된 하이델베르크인(*Homo heidelbergensis*)의 화석이다.[80] 하이델베르크인은 약 60만 년에서 20만 년 전 사이에 존재했던, 호모 에렉투스(*Homo erectus*)의 유럽 후손으로 간주되었다. 그러나 쇼텐작은 당시 인류학의 주요 연구 주제였던 인종 연구(Rassenkunde)에는 큰 관심이 없었고, 발표 이후 곧 사망하여 후속 활동이 많지는 않았다. 그러나 그의 발견은 여전히 하이델베르크인이라는 상징적 이름으로 교과서에 남아 있다.

펠릭스 리터 폰 루샨(Felix Ritter von Luschan, 1854~1924)은 의사, 인류학자, 고고학자, 민족학자이자 탐험가로, 특히 피부색 분류와 해부학적 인류학 연구로 널리 알려져 있다.•• 베를린 민족학 박물관(Museum für Völkerkunde)에서 일하면서 다양한 유물을 수집하고, 유럽 제국 내 여러 식민지에서 수천 명의 인골 및 두개골을 수집하는 대규모 연구 프로젝트를 주도했다.••• 특히 피부색을 분류하기 위해 36개의 불투명 유리 타일을 사용하여 비교하는 피부색 분류표(chromatic scale)를 개발한 것으로 유명하다. 이는 이른바 '루

• 1907년 모래 채굴장에서 한 인부가 인간의 하악골을 발견하여 쇼텐작에게 연락한 것이다. 네안데르탈인이나 호모 사피엔스, 호모 에렉투스와 구분되는 해부학적 특징을 보여 비상한 관심을 받았고, 이는 이후 유럽인이 호모 에렉투스의 후손이라는 주장을 뒷받침하는 증거로 인정받았다.

•• 빈에서 의학을 전공했고, 이후 해부학과 병리학, 인류학, 민족학 등으로 관심사를 확장해나갔다. 1911년 베를린 훔볼트 대학교에서 인류학 교수직을 맡아 독일 최초의 인류학 강좌를 개설하였다.

••• 오늘날의 시각에서 보면 식민지의 인체 유해를 무단으로 가져온 행동은 인정받기 어렵다. 그러나 당시에는 과학적 목적의 유골 수집이 일반적인 관행이었다.

샨 스케일(Luschan's chromatic scale)'으로 불리는데, 20세기 초에 널리 사용되었다. 그러나 관찰자 주관 개입과 조명 조건 등으로 인한 오차 문제가 제기되면서, 점차 반사 분광 측정(reflectance spectrophotometry) 등으로 대체되었다.

그러나 그는 인종적 우월성을 강조하는 '과학적 인종주의'에 반대하며, 인간의 평등성을 주장했다. 특히 인종적 순수성(Rassenreinheit)이라는 개념에 대해 반대하며, 인간 집단 간 유전적, 문화적 혼합이 오히려 자연스러운 현상이라는 입장을 보였다.[81-83] 문화나 환경 요인이 인간 집단의 형태나 능력을 결정하는 데 큰 역할을 한다고 보았으며, 인간 평등을 강조했던 인류학자였다.

프란츠 바이덴라이히(Franz Weidenreich, 1873~1948)는 독일 인류학에 큰 영향을 미친 인물이다. 스트라스부르(당시 독일령, 현재는 프랑스)에서 1899년 의사가 되었다. 슈발베 밑에서 해부학과 인류학을 배웠고, 1918년까지 스트라스부르 대학교에서 해부학 강사와 교수로 활동했다. 제1차 세계대전 중 알자스-로렌(Alsace-Lorraine) 지역에서 민주당 활동을 했다는 이유로 1918년 프랑스에 의해 추방당했고, 이후 1921년부터 1924년까지 하이델베르크 대학교에서 인류학 교수로, 1928년에는 프랑크푸르트 암 마인 요한 볼프강 폰 괴테 대학교에서 교편을 잡았다.

바이덴라이히는 필트다운인(Piltdown Man)이 서로 다른 종의 결합체라는 이론, 이른바 '키메라(chimera)' 이론을 초기부터 주장한 학자 중 한 명이었다. 말하자면, 가짜라는 것이다. 한편, 바이덴라이히는 호모 에렉투스에서 호모 사피엔스로 진화하는 과정에서 여러 집단이 독립적으로 진화했고, 그러면서도 동시에 유전자 흐름이 활발하게 일어났다는 다지역 가설(multiregional hypothesis) 혹은 다중심 모델(polycentric model)을 주장하였다.[84] 4절에서 다룰 칼턴 쿤이나 밀포드 울포프(Milford Wolpoff, 1942~)[•] 등의 주장과 흡사하지만, 쿤은 유전자 흐름에 대해서 중요하게 생각하지 않았다. 바이덴라이히는 상호 간 유전자 교류를 강조했다는 점에서 차별성을 보인다. 즉 장기간에 걸친 지역적 적응과 유전자 흐름의 결과로 현대 인류가 진화했다는 것이다. 특히 당시 고인류학자의 상당수는 유럽이나 아시아 지역에 집중하여 연구했지만, 바이덴라이히는 아프리카, 서유럽, 동유럽, 동아시아, 인도네시아, 호주 등 다양한 지역의 화석을 폭넓게 연구하였다. 이는 이후 다지역기원설 지지자(polygenist)에게 전 세계의 인류 진화사를 하나의 연결망으로 이해하려는 움직임으로 발전했다. 그러나 1933년 나치가 집권하자 유대계라는 이유로 교수직에서 해임되었다.[••] 그는 베이징 원인을 발견한 캐나다 고인류학자 데이비드슨 블랙(Davidson Black, 1884~1934)이 사망하자, 후임으로 중국 지질조사국의 신생대연구소(Cenozoic Research Laboratory) 명예 소장으로 임명되어 베이징 원인(Peking Man, 당시 *Sinanthropus pekinensis*)의 화석을 연구했다.[85] 지금은 호모 에렉투스(*Homo erectus pekinensis*)로 분류한다. 중일전쟁이 발발하자, 1941년 미국으로 건너가 뉴욕에 있는 미국 자연사박물관에서 연구를 이어갔다. 참고로 블랙은 캐나다 출신의 고인류학자로 토론토 대학교에서 의학을 전공했으나, 체질인류학으로 방향을 틀었다.[•••] 저우커우뎬에서 화석 발굴을 주도하며 다양한 고인골과 유물을 발견했고,

• 일리노이 주립 대학교에서 생물인류학을 전공했고, 미시간 대학교에서 교수를 지냈다. 다지역기원설의 대표적 옹호자다. 울포프는 종분화가 후기 플라이스토세 인류에게 일어나지 않았다고 주장한다.

•• 독일 사회를 아리안화(Aryanization)하기 위해서 유대인 대부분을 교사, 교수, 판사, 공무원 등에서 해임하는 〈공직재건법(Gesetz zur Wiederherstellung des Berufsbeamtentums)〉에 따른 것이었다.

••• 엘리엇 스미스로부터 해부학을 사사하고, 북경 연합 의대 해부학 교수로 임용되었다.

신생대 연구소 설립을 주도했다.

한스 바이너트(Hans Weinert, 1887~1957)는 라이프치히와 괴팅겐에서 자연과학을 공부한 후 교사로 활동하다가, 펠릭스 폰 루샨의 영향을 받아 인류학 연구에 뛰어들었다.* 앞서 슈발베가 창간한 《형태학 및 인류학 학술지》의 편집장을 맡아 다양한 연구를 진행하였다. 바이너트는 나치의 인종조사기관(Reichssippenamt)에서 생물학적 인종 연구를 수행했지만, 유대인 인종의 근거를 찾을 수 없다고 하는 등 나치에 적극적으로 부역하지는 않았다. 바이너트는 단선진화론을 주장하며, 단일기원설을 지지했다. 피테칸트로푸스—네안데르탈인—원시 현대인의 단계를 거쳐 진화했다고 주장했다.**

그러면 이 책 전반에서 등장하는 단일기원설과 다지역기원설에 대해서 용어와 개념을 정리해보자.***

먼저 일원론(一原說, monogenism)은 모든 인종(또는 인간 집단)이 공통의 조상을 가지고 있으며, 이후 지역적 환경에 따른 적응이나 퇴화를 통해 다양성이 생겼다는 가설을 말한다(《표 9》). 일원설(一原說) 혹은 인류일조설(人類一祖說)이라고도 한다. 앞서 언급한 대로 단일기원설은 고대 그리스 시대부터 지배적 가설이었고, 성서 기반의 인간 창조 가설에 부합하였다. 그런데 단일기원설은 종종 일부 인종이나 민족이 기후나 식이, 문화, 죄악 등에 의해

---

* 주로 킬 크리스티안 알브레히트 대학교에서 인류학 연구에 매진했다.

** 바이너트에 대해서 더 자세한 내용은 다음을 참고하기 바란다. Meyer B. Hans Weinert, (Rasse) Anthropologe an der Universität Kiel von 1935 bis 1955. In: Ruck M, Pohl KH, editors. *Regionen im Nationalsozialismus*. Bielefeld: Verlag für Regionalgeschichte; 2003. p. 193–203.

*** 이 책은 기본적으로 국문 용어로 단일기원설과 다지역기원설로 용어를 통일하였고, 필요한 경우에만 세분된 용어를 사용하였다.

서 퇴보했다는 퇴행 이론으로 발전했다. 모든 현생 인류가 아프리카에서 기원했다는 주장도 단일기원설이라고 할 수 있으나, 앞서 말한 퇴화 혹은 퇴행 가설과 구분하기 위해서 주로 아웃 오브 아프리카 가설(Out of Africa Hypothesis, OOA)로 부르는 경향이다. 비슷한 말로 최근 아프리카 기원 모델(Recent African Origin Model, RAO)이 있는데, 아웃 오브 아프리카 가설이 아프리카를 떠나 전 세계로 이주한 과정에 초점을 두고 있다면, 최근 아프리카 기원 모델은 현생 인류의 기원 시점이 비교적 최근 아프리카의 한 지역으로 좁아진다는 점을 강조한다.•

반면에 다원론(多原說, polygensim)은 다지역기원설(multiregional hypothesis), 다조설(多祖說), 다중심 모델(polycentric hypothesis)이라고도 하는데, 인류가 여러 지역에서 독립적으로 창조되었거나 혹은 아주 오래전에 분리되었다는 주장을 말한다(〈표 9〉). 앞서 언급한 대로 전근대 사회에서도 아담 외에 다른 인류가 이미 있었다는 가설이나 대척지에 사는 이상한 인류, 거인족이나 괴상한 종족 등에 관한 믿음이 있었다. 그리고 이러한 믿음은 흑인과 백인, 황인을 아예 다른 존재로 간주하고, 노예제를 정당화하는 이론으로 발전했으며(pre-Darwinian polygenism), 진화론이 등장한 후 여러 지역에서 인류가 독립적으로 오래전에 진화했다는 가설로 발전했다. 특히 다원론 중 다중심 모델은 바이덴라이히의 주장을 중심으로 호모 에렉투스나 그 이전의 고인

• 그밖에 지금은 거의 쓰이지 않는 몇몇 용어를 설명하면 대략 다음과 같다. 먼저 성서적 일원론(biblical monogenism)이나 아담주의(Adamism)는 전통적으로 단일한 개체로서의 아담과 하와가 모든 인류의 조상이라는 주장을 말한다. 단일창조론(unified creation, one-creation theory, one local creation theory)은 단 하나의 창조 사건만 있었다는 주장을 말한다. 최근 단일 기원 모델(Recent Single Origin Model, RSO)은 최근 아프리카 기원 모델과 비슷한데, 아프리카보다는 단일 조상집단을 강조한 개념이다.

표 9 단일기원설과 다지역기원설 비교

명칭	주요 주장	주요 배경	주요 평가
		단일기원설	
일원설, 인류일조설 (monogenism)	· 모든 인류(또는 인종)가 단 하나의 조상에서 기원 · 이후 지역적·환경적 분화나 (과거에는 '퇴행' 개념) 등을 통해 인종이 다양해졌다고 설명	· 고대 그리스 및 성서적 해석과 결합되어 오래전부터 널리 퍼짐 · 18~19세기 일부 학설에서는 특정 인종을 '퇴보'로 간주해 식민 지배, 노예제를 정당화하는 근거가 되기도 함 · 20세기 중·후반에는 유전학·화석 증거로 단일한 근연 관계 강조가 부각	· 유전자 연구에서 가설을 지지하는 결과(미토콘드리아 이브, Y염색체 아담)가 많이 나오면서 재조명 · '단일'이라는 표현도, 아프리카 내 여러 하위 집단의 복잡한 이동·혼합 과정을 충분히 반영하지 못한다는 비판이 있음
성서적 일원론 아담주의 (biblical monogenism, adamism)	· 기독교 전통에 따라, 모든 인류가 '아담과 하와'라는 단일 조상 부부로부터 기원	· 성서적 해석으로 인해 서구 사상 전반에 큰 영향을 미침 · '아담 이전에도 인간이 있었는가(pre-Adamite)' 여부를 둘러싼 신학적·인류학적 논쟁이 오래 진행됨	· 현대에는 '유신론적 진화' 등으로 성서 해석과 과학적 발견의 조화를 모색하는 학자들도 있으나, 화석이나 유전학 자료로 특정 '아담과 이브' 부부를 지목하기는 어려움
단일창조론 (unified creation, one-creation theory)	· 단 하나의 창조 사건만 있었다고 보는 이론	· 성서적·형이상학적 해석의 연장선상에서 주로 논의 · '최근 단일 기원 모델(RSO)'처럼 구체적 시공간(예: 아프리카 특정 지역)을 강조하기보다는, 창조의 단일성에 초점	· 현대 인류학과 직접적 접점은 많지 않으며, 주로 신학·철학 영역에서 다뤄짐
최근 단일 기원 모델 (Recent Single Origin Model, RSO Model)	· 현생 인류가 비교적 최근(약 20만 년 전 전후)에 단일 조상 집단에서 기원해 빠르게 전 세계로 확산되었다고 주장	· '최근 아프리카 기원 모델(RAO)'과 유사하나, 특정 지역보다는 '단일 조상'의 중요성을 전면에 내세움 · 20세기 후반, 고고학·유전학 발전으로 지지하는 학설이 많아짐	· 아프리카 내부의 고인류 화석이 다양하게 발견되면서, 아프리카 내에서조차 여러 하위 집단 간 복잡한 분화·융합 과정을 거쳤을 가능성이 제기됨 · 따라서 '단일 시점·단일 장소' 기원론은 수정·보완될 여지가 큼
아웃 오브 아프리카 가설 (Out of Africa, OOA)	· 아프리카에서 기원한 호모 사피엔스가 전 세계로 이주·확산했다고 보는 대표 가설	· 1980~90년대 미토콘드리아 DNA 연구('미토콘드리아 이브')를 통해 부상 · 네안데르탈인, 데니소반인 등 타 인류와의 혼합(교배)도 일부 인정 · 현생 인류의 기원 중에서 가장 많은 지지를 받는 전통적 학설	· 2017년 이후 제벨 이르후드(Jebel Irhoud, 모로코), 미슬리야(Misliya, 이스라엘) 등 더 오래된 화석들이 발견되어, 단순히 '20만 년 전 아프리카 기원→세계 확산'보다는 여러 차례(multiple pulse)의 아웃 오브 아프리카 가능성이 제기됨 · 아프리카 내부에서도 복합적·동시다발적으로 현생 인류의 특징이 발달했다는 최근 연구 흐름과 병행해 수정 해석되고 있음
최근 아프리카 기원 모델 (Recent African Origin, RAO)	· 현생 인류가 최근(20~30만 년 전) 아프리카 내 특정 지역에서 등장해 전 세계로 확산되었다고 보는 모델	· "아웃 오브 아프리카" 가설과 밀접하게 연결 · 구체적인 기원 시점(약 20~30만 년 전)과 아프리카 단일 지역을 더 강조하는 편	· 아프리카 각지(북·동·남·서 등)에서 다양한 호모 사피엔스 화석이 발견되고, 유전자 연구 결과도 아프리카 내 복잡한 분화·교류를 시사함 · 단 하나의 지점보다는 "아프리카 전역에 걸친 전(全) 아프리카(pan-African) 진화"가 있었다는 해석도 힘을 얻고 있어, RAO도 점차 다원적 시각과 접합 중
		다지역기원설	
다원론, 다조설 (multiregional hypothesis, polygensim)	· 인류가 여러 지역(혹은 여러 조상)에서 독립적으로 기원했거나, 매우 오래전에 분화·이주한 뒤 각 지역에서 진화했다는 주장	· 전근대에도 '아담 외의 인류', '대척지 인간' 등 믿음이 존재 · 진화론 도입 이전에는 흑인·백인 등을 서로 다른 종으로 취급해 노예제와 인종차별을 뒷받침하기도 함 · 현대 다지역기원설은 극단적 분리를 가정하기보다, 상호 유전자 흐름을 인정하는 방향으로 발전	· 20세기 중반 바이덴라이히, 칼턴 쿤 등이 주장 · 고(古) DNA 분석을 통해 네안데르탈인, 데니소반인과의 혼합이 확인되면서, 완전히 독립적 진화가 아닌 복잡한 상호작용 과정이 있었음이 드러남 · 중국·동남아 지역 화석을 근거로 지역적 연속성(중국인은 호모 에렉투스의 후손이라는 식)을 강조하는 일부 소수 학설도 있으나, 현재 다수는 '아프리카 기원+지역 혼합'을 병행

(다음 페이지에 이어서)

명칭	주요 주장	주요 배경	주요 평가
		다지역기원설	
다중심 모델 (polycentric hypothesis)	· 호모 에렉투스(또는 이전 인류)가 여러 지역으로 퍼진 뒤에도 서로 단절되지 않고 유전자 흐름이 지속하면서 지역별로 호모 사피엔스가 나타났다고 설명	· 바이덴라이히의 대표적 주장 · 극단적 분리설(촛대 모델)과 달리, 상호 교류를 강조 · 네안데르탈인·데니소반인과의 혼합 가능성을 일찍부터 인정	· 네안데르탈·데니소반 DNA가 현생 인류 게놈에 1~2%가량 섞여 있음이 밝혀져, 지역 인류 간 어느 정도 혼합이 있었음을 시사 · 아프리카에서도 서로 다른 하위 집단이 교류했을 가능성을 시사하는 연구 결과가 늘어, 점차 '아프리카 내부 다중심 모델'과 연결하여 해석되기도 함
촛대 모델 (candelabra model)	· 호모 에렉투스가 독립적으로 여러 대륙에 정착해, 지역 간 교류 없이 각자 호모 사피엔스로 진화했다는 극단적 다지역 모델	· 칼턴 쿤이 대표적 · 지역 간 유전자 흐름을 거의 부정하기 때문에, 현대 고인류학·유전학 연구와 상충 · 20세기 중반까지 일부 지지를 받았으나, 현재는 거의 수용되지 않음	· 네안데르탈인·데니소반인·고(古)아시아인 등과의 유전자 교류 증거가 계속 나오면서, 완전히 고립된 지역 진화 가설은 부정됨 · 최근 아프리카 화석 및 유전체 연구도 '하나의 뿌리' 자체를 부정하기보다, 연결된 네트워크를 강조하는 추세여서 촛대 모델은 점차 구시대적 이론으로 평가됨
아프리카 다지역 (판-아프리카) 기원론 (pan-African evolution or African multiregional)	· 아프리카 내부에서조차 여러 지역에 흩어진 하위 집단들이 상호 교류하며 점진적으로 현생 인류 특성을 획득 · '단일 지점'이 아니라 전(全) 아프리카 차원에서 진화가 이뤄졌다고 주장 · 구조적 스템 모델(structured stem model)이라고도 함	· 기존 'OOA' 모델도 최근에는 아프리카 내부의 복잡한 네트워크적 분화를 인정하는 쪽으로 수정·보완되는 추세 · 현생 인류 탄생 과정을 '단순 직선'보다는 거대한 그물망(network)으로 보는 관점	· 제벨 이르후드(약 30만 년 전) 화석, 오모 키비쉬(Omo Kibish, 에티오피아, 20~23만 년 전) 등 '현대적' 특징을 지닌 이른 시기의 화석이 아프리카 여러 곳에서 발견 · 아프리카 내에서도 집단 간 분산과 재결합이 반복되었다는 고유전학 연구 결과 증가 · 아웃 오브 아프리카 과정도 여러 번에 걸쳐 이뤄졌을 수 있음
다창조설, 다계통설 (polygenesis, polyphyletism, multiple creation)	· 여러 차례(혹은 여러 방식)로 창조가 일어났거나, 서로 다른 여러 계통에서 인종이 갈라졌다고 보는 오래된 주장	· 19세기 전반-중반 식민지 시대에 흑인·백인을 별개 창조물로 간주해 노예제·인종차별을 뒷받침한 사례가 있음 · 진화론이 정립된 이후 학계에서는 근거 부족으로 거의 폐기	· 현재는 화석이나 유전 자료로 모든 현생 인류가 기본적으로 유전적 근연이며, 네안데르탈인·데니소반인 등 멸종 인류와도 일부분 혼합된 흔적이 있다는 사실이 밝혀짐 · '완전히 분리된 기원'을 주장할 만한 증거가 없으므로 학계에서 거의 거론되지 않음
아담 이전론 (pre-Adamite theory, co-Adamism)	· 성서의 아담 창조 이전에도 이미 다른 인간(혹은 여러 '아담')이 있었다고 주장 · 일부 견해에서는 아담이 하나가 아니라 여러 명이었다고 보기도 함	· 전통적 기독교 교리와 충돌을 일으키면서도, 과거에는 특정 인종을 '아담 후손이 아니다'라고 규정해 차별을 정당화하려는 목적으로 언급되기도 함 · 신학계 내에서도 크게 비판받고, 현대에는 거의 폐기된 주장	· 화석이나 유전학적 접근에서 '단일 부부'로서 아담과 이브를 특정할 근거가 없고, '아담 이전에 이미 다른 인간이 있었다'는 가설 자체도 현재 과학적 논의의 주류와는 무관 · 성서 해석 영역 일부에서만 제한적으로 거론됨

류가 여러 지역으로 확산되어 다양한 호모 사피엔스로 진화했지만, 여전히 유전자 흐름이 지속되었다는 가설을 말한다. 또한, 촛대 모델(Candelabra model)은 칼턴 쿤의 주장을 중심으로 호모 에렉투스가 여러 지역으로 퍼져,

독립 진화하는 양상을 유대인의 전통 촛대에 비유한 모델이다. 다중심 모델 중 유전자 흐름을 거의 고려하지 않는 극단적 모델을 일컫는다.•

현재 가장 유력한 가설인 아웃 오브 아프리카 가설도 호모 사피엔스가 네안데르탈인이나 데니소반인 등과 교배했다는 사실을 인정한다. 또한, 현대적 다지역기원설은 교배를 통한 유전자 흐름을 배제하지 않으므로 사실상 강조점의 차이가 있을 뿐 두 주장 간의 질적 차이는 분명하지 않다.

각 주장 중 어떤 것이 인종차별을 지지하는 주장일까? 언뜻 보면 단일기원설이 반(反)인종주의에 가까워 보이지만, 단일기원설 지지자(monogenist)가 성서 기반의 단일기원설에 퇴행 이론을 결합하여 식민지 지배와 노예제, 인종차별을 정당화하는 경향은 오래전부터 있었다. 다지역기원설은 인종주의를 지지하는 것으로 보이지만, 현대 인류학에서는 네트워크적 유전자 교류가 일어나므로 지역에 따른 전면적 차등 진화가 일어난다는 주장을 배격하고 있다. 실제로 많은 다지역기원설 지지자(polygenist)는 유전자 교류와 혼합을 강조하는 경우가 많다. 따라서 단일기원설과 다지역기원설 중 어떤 것을 지지하느냐에 따라서 '인종에 관한 입장이 이럴 것이다'라고 넘겨짚으면 곤란하다.

그러면 다시 독일과 가까운 스위스의 근대 인류학을 살짝 살펴보자. 먼저 루돌프 마르틴(Rudolph Martin, 1864~1925)은 독일어권에 속하는 스위스 취리

• 그밖에 지금은 잘 쓰이지 않는 몇몇 용어를 설명하면 대략 다음과 같다. 먼저 다창조설(polygenesis)이나 다계통설(polyphyletism)은 여러 계통학적 조상에서 여러 인종이 분화되었다는 주장이며, 아담 이전론(pre-Adamite theory)이나 공(共)아담론(co-Adamism)은 아담의 창조 이전에 이미 다른 인간이 있었다는 주장 혹은 아담이 한 명이 아니라 여러 명이었다는 주장이다. 복수 창조론(multiple creation), 별개 창조설(separate creation)은 각각 여러 시기에 걸쳐 창조가 여러 번 일어났거나 여러 인종을 따로 창조했다는 주장이다.

히대의 체질인류학 교수였으며, 스위스·독일·프랑스 인류학계와 폭넓게 교류하면서 대규모 표본을 수집·분석했다. 마르틴의 저서 『체질인류학 교과서(Lehrbuch der Anthropologie)』는 2권으로 된 인류학 교과서로 체질인류학 분야의 고전적 참고서라고 할 수 있다.[86] 특히 뒤부아의 자바 원인 발견에 큰 영향을 받아서 다양한 진화인류학 연구를 진행했고, 수만 점 이상의 아카이브를 축적하기도 했다.[87]

아돌프 한스 슐츠(Adolph Hans Schultz, 1891~1976)는 독일 슈투트가르트(Stuttgart) 출신의 스위스 생물학자이자 영장류학자, 인류학자다.• 동남아시아의 여러 지역에서 긴팔원숭이 및 오랑우탄 등 영장류 현장 연구를 수행했다. 특히 치아와 골격 등의 자료를 통해 영장류의 성장과 발달에 관해 집중적으로 연구했는데, 이를 통해 인간의 중요한 형질로 긴 출생 후 성장 기간과 긴 수명을 제시했다. 슐츠의 법칙(Schultz's Rule)은 어금니(molars)와 영구치의 발치 순서 또는 상대적 순서가 생애사 속도와 관련된다는 주장을 말한다. 빠른 생애사를 가진 종은 어금니가 일찍 발치하며 영구치는 느리게 발치되는 데 반하여, 느린 생애사를 지닌 종은 어금니가 늦게 발치되고 영구치는 일찍 발치하는 경향이 있다는 것이다. 그러나 법칙이라고 하기에는 수많은 예외가 있다.••

• 베른 대학교와 취리히 대학교에서 학부를 이수했고, 취리히 대학교에서 오토 슐라긴하우펜(Otto Schlaginhaufen) 교수의 지도하에 인간 두개골의 인종적 분류에 관한 연구로 박사 학위를 받았다. 취리히 대학을 졸업한 후에는 미국으로 이주하여, 존스 홉킨스 대학교에서 카네기 연구소(Carnegie Institution)의 배아학(embryology) 연구원으로 활동했고, 이후 동 대학 해부학과에 인류학 교수로 임명되었다.

•• 자세한 내용은 『치아의 발달, 기능 및 진화(Development, Function and Evolution of Teeth)』 중 "슐츠의 법칙(Schultz's Rule)과 영장류 및 유제류의 치아 맹출 패턴 진화('Schultz's Rule' and the Evolution of Tooth Emergence Patterns in Primates and Ungulates)" 장을 참고하기 바란다.

슐츠는 중앙아메리카에서 영장류 표본을 수집하기도 하였고, 니카라과에서 원주민 집단을 대상으로 탐사 연구를 진행하기도 하였다. 1951년에는 다시 스위스로 귀국하여, 취리히 대학 인류학과 교수를 지내며 많은 저서를 남겼다.[88-90] 슐츠는 독일식 정밀 계측에 기반한 형태학적 연구와 미국식 생태학적 필드 연구를 접목하여 현대 영장류학의 토대를 쌓았다.

독일 근대 인류학의 역사에서 여성 체질인류학자의 역할은 제한적이지만, 언급할 만한 인물로 틸리 에딩거(Tilly Edinger, 1897~1967)가 있다.• 에딩거는 고신경학(paleoneurology)을 창시한 학자로,•• 척추동물 전반의 뇌 진화를 연구했다.••• 뇌가 단순한 직선적 경로로 진화하는 것이 아니라, 다양한 가지를 내는 방식으로 진화한다고 하였다.

향상진화(anagenesis)와 분기진화(cladogenesis)를 간단히 설명하면 다음과 같다. 향상진화는 단일 진화 계통(lineage) 내에서 분기(branching) 없이 일어나는 종분화(speciation)의 한 형태를 의미한다. 계통이 시간이 지남에 따라 변화하여 초기 단계와 후기 단계의 종으로 구분되는 경우를 설명한다. 반면에 분기진화는 계통 분기(branching)를 통해 새로운 종이 형성되는 과정이다. 종종 분기진화만이 진정한 종분화에 속한다는 주장이 있다. 향상진화는 미소 진화와 거시적 진화를 연결하고, 화석 기록을 통해 초기 및

• 하이델베르크 대학교와 루트비히 막시밀리안 뮌헨 대학교에서 동물학을 전공했고, 프랑크푸르트 괴테 대학교에서 고생물학으로 박사 학위를 받았다. 에딩거는 십대 시절부터 시작된 청각 장애로 인해 나중에는 거의 청력을 잃었지만, 굴하지 않고 최신 연구를 지속한 위대한 여성 학자였다. 나치의 유대인 박해가 시작되자 미국으로 망명해서 하버드대 등에서 연구를 이어나갔다.

•• 에딩거의 아버지 루트비히 에딩거(Ludwig Edinger)는 프랑크푸르트 최초의 신경학 연구소를 설립한 저명한 신경학자였다.

••• 자세한 내용은 마릴린 오길비(Marilyn Ogilvie)와 조이 하비(Joy Harvey)의 『과학 분야 여성 전기 사전: 고대부터 20세기 중반까지의 선구적인 삶(The Biographical Dictionary of Women in Science: Pioneering Lives From Ancient Times to the Mid-20th Century)』을 참고하기 바란다.

후기 종의 변화를 분석하는 데 유용하다. 오스트랄로피테쿠스 아나멘시스(*Australopithecus anamensis*)에서 오스트랄로피테쿠스 아파렌시스(*Australopithecus afarensis*)로의 진화가 향상진화의 전형적 사례다. 반면에 호모 사피엔스와 호모 네안데르탈렌시스가 분기하여 공존했던 경우는 분기진화의 전형적 사례다.

아무튼, 에딩거는 비교해부학과 층서학(sequence stratigraphy)을 통합해 화석 뇌 연구의 새로운 장을 열었다. 두개골(braincase), 그리고 주형(endocast)에 관한 연구를 진행하며 뇌와 두개골의 연관성을 규명했다.•

▣

독일의 체질인류학 초기 역사를 정리하면 다음과 같다. 독일 체질인류학의 시작은 피르호를 비롯한 해부학자와 병리학자에 의해 주도되었으며, 과학적 엄밀성과 경험적 증거를 강조하는 전통 속에서 발전해 왔다. 독일 인류학은 체질인류학의 학문적 기초를 세우는 데 중요한 역할을 했고, 이를 통해 인류의 신체적, 생물학적 변이를 연구하며 다양한 인류 집단에 대한 과학적 이해를 심화했다. 피르호의 사회의학적 관점은 체질인류학에 사회적 요인을 통합하는 계기가 되었으며, 이는 인류 연구를 단순히 생물학적 관점에서만이 아닌, 환경적, 사회적 맥락에서 이해하려는 시도로 이어졌다. 그러나 피르호의 다윈주의에 대한 비판적 시각과 네안데르

• 고생물학자 오스니엘 찰스 마쉬(Othniel Charles Marsh, 1831~1899)가 제안한 '뇌 성장의 일반 법칙(General Laws of Brain Growth)'을 비판하면서, 신체 크기와 뇌 크기의 비율이 계통에 따라 다르게 변화했다고 하였다. 전자는 마쉬의 법칙이라고 불린다.

탈인에 대한 회의적 입장은 인류 진화 연구의 발전에 상당한 지체를 가져오기도 했다. 독일의 체질인류학은 진화이론에 관한 소극적인 수용으로 인해, 역설적으로 과학적 진화이론이 배제된 인종 간 차이에 관한 연구가 집중적으로 진행되는 아이러니를 낳았다. 바이마르 공화국 말기(1918~1933)에는 무려 11개의 주요 체질인류학 연구소가 설립되었고, 나치즘이 부상한 1933~1945년 사이의 독일에서는 인종적 순수성, 반유대주의에 집착한 비극적인 사건이 벌어지게 되었다. 그럼에도 불구하고 피르호와 동료, 제자 등은 독일 체질인류학의 기반을 다지며, 이후 보아스 등을 통해서 미국 문화인류학과 체질인류학에 지대한 영향을 미쳤다.

3. 영국

영국의 근대 체질인류학의 역사는 존 헌터(John Hunter, 1728~1793)로 거슬러 올라갈 수 있다. 영국 체질인류학의 초석을 다진 초기 인물로, 인간과 동물의 해부학적 구조와 기능에 대한 깊이 있는 초기 연구를 진행했다. 헌터는 외과 의사였지만,* 단순한 외과적 진단과 치료를 넘어, 신체의 생리적 기능과 구조적 형질에 관한 연구에 집중하였다. 특히 인간의 성장과 발달, 태아 발달, 그리고 어린이의 신체적 변화 연구에 깊은 관심을 보였으며, 이는 체질인류학에서 인간 발달과정에 관한 초기 연구의 중요한 기

* 존 헌터의 형, 윌리엄 헌터(William Hunter, 1718~1783)도 저명한 해부학자이자 산부인과 의사였다. 어린 시절부터 존 헌터는 형의 일을 도우며 의학과 해부학에 관한 관심을 키워나갔다. 이후 세인트 조지 병원에서 외과의로 일하고, 육군 군의관으로 근무하며 부상과 절단 환자를 많이 경험하게 되었다. 그의 삶에 대해서는 다음을 참고하기 바란다. Moore W. *The Knife Man: Blood, Body-snatching, and the Birth of Modern Surgery*. New York: Broadway Books; 2005.

초가 되었다. 헌터의 연구는 대개 인간 신체의 해부학적 구조를 분석하고 이를 다른 포유류와 비교하는 체계적인 접근 방식을 바탕으로 이루어졌다. 그는 사람의 골격·장기·발달 상태를 다양한 동물 표본과 체계적으로 대조함으로써 인간이 다른 포유류와 본질적으로 유사한 해부학적 구조를 지닌 존재라고 주장했다. 특히 헌터의 연구 성과 중 중요한 부분은 방대한 해부학적 표본의 수집과 분석이었다. 생애 동안 약 14,000여 개의 인체 및 동물 표본을 수집하였으며, 이들 표본을 통해 인간의 신체구조와 동물의 구조적 차이점을 면밀히 분석하였다.•[91-93]

그러나 영국의 체질인류학, 아니 인류학뿐 아니라 생물학의 역사를 통틀어 가장 중요한 인물은 역시 찰스 다윈(Charles Robert Darwin, 1809~1882)이다. 진화론을 제안한 위대한 학자로, 체질인류학에도 매우 심대한 영향을 미쳤다. 1859년, 『자연선택에 의한 종의 기원 또는 생존 경쟁 속에서 선호되는 종족의 보존(On the Origin of Species by Means of Natural Selection, or the Preservation of Favoured Races in the Struggle for Life)』에서 자연선택을 통해 생물 종이 진화하는 과정을 설명하면서, 인간도 진화 과정의 일부라는 혁명적 주장을 펼쳤다.[94] 그러나 해당 저서에는 인간에 관한 직접적인 언급이 거의 없다. 다윈은 이 책에서 자연선택을 통한 생물 종의 변화를 설명하는 데 집중했으며, 인간에 관한 논의는 의도적으로 피하려고 했다. 하지만 마지막 장에서 인

• 헌터의 유산은 그가 설립한 헌터 박물관(Hunterian Museum)에 의해 오늘날까지도 이어지고 있다. 초창기에는 런던 레스터 필즈(Leicester Fields) 근처에서 전시되다가, 나중에 왕립외과의사협회(Royal College of Surgeons) 건물로 옮겨졌다. 헌터가 남긴 표본들(동물 골격과 인간 병리 표본 등)은 제2차 세계대전 중 약 3분의 1이 손실되었지만, 여전히 3,000점 이상이 소장·전시되어 과학사 연구에 활용되고 있다. The Hunterian Museum.[cited 2025 Feb 9]. Available from: https://hunterianmuseum.org/

간의 진화 문제를 암시적으로 언급했다.[94]

> 먼 미래에 나는 훨씬 더 중요한 연구들을 위한 열린 분야를 보게 될 것이다. 심리학은 각 정신적 능력과 역량이 점진적으로 획득된다는 새로운 기초 위에 서게 될 것이다. 인간의 기원과 그의 역사에 대해서도 빛이 밝혀질 것이다.[94]

다윈은 이러한 암시를 통해서 인간 역시 다른 생명체와 동일한 자연적 법칙에 의해 진화했음을 주장했다. 직접적 언급을 피한 이유는, 아마도 종교적, 사회적 논란을 피하기 위한 다윈의 전략적 선택으로 보인다.[95] 그러나 오히려 당시 독자들은 인간 진화에 대한 명확한 언급의 부재에 주목했다. 다윈의 진화론이 인간에게도 적용된다는 암시는 인류의 기원에 관한 진화적 연구를 촉발했고, 이는 체질인류학, 그리고 이후의 생물인류학, 진화인류학으로 이어지는 엄청난 발전을 이끌었다. 한편, 다윈의 이러한 언급은 부작용도 낳았는데, 사회진화론이나 우생학 등에서 인간 사회를 자연적 법칙에 따라 설명하려는 잘못된 시도로 이어지기도 했다.[96,97]

그러나 다윈은 1871년 『인간의 유래와 성선택(The Descent of Man, and Selection in Relation to Sex)』을 펴내며, 좀 더 직접적으로 인간의 진화에 관해 다루기 시작했다.[30] 1866년 『가축화된 동물과 식물의 변이(The Variation of Animals and Plants under Domestication)』를 집필할 당시, 다윈은 인간에 관한 내용을 함께 포함하려 했으나, 책의 분량이 너무 커지면서 인간의 조상, 성선택, 인간 형질에 대한 간략한 에세이를 따로 쓰기로 했다.[98] 이 에세이의 두 번째 부분이 『인간의 유래』로 발전하게 되었고, 이후 여러 판이 나오면서 대대적 수정이 이루어졌다.• 다윈은 이 책에서 진화이론을 인간의 진화에 적용하고, 성선택이라는 중요한 개념을 구체적으로 설명하였다. 이 책이 출판되었을 때, 다윈은 성에 관한 내용이 큰 비판을 받을 것을 걱정했지만, 예상과 달리 비판은 크지 않았다. 당시 영국 사회의 학문적 분위기가 상당히 자유로웠으며, 새로운 과학적 이론에 대한 수용성이 높았기 때문이었다. 다윈의 책은 이러한 학문적 환경 덕분에 널리 읽히게 되었고, 진화이론은 점점 더 많은 지지를 받았다. 특히 성선택에 대한 설명은 기존의 자연선택 이론과는 차별화된 생물학적 적응 기전으로 큰 주목을 받았다.

다윈은 『인간의 유래』 첫 부분에서 저술 목적이 첫째, 인간이 다른 모든 종처럼 어떤 선행된 형태로부터 유래했는지, 둘째, 변화의 방식, 셋째, 인종 간 차이의 가치를 검토하는 것이라고 밝혔다. 구체적으로 영장목의 계층적 분류 내에서 인간이 신세계원숭이보다는 구세계원숭이에 더 가깝고, 더 나아가 유인원에 가장 가깝다고 하였다. 또한, 인간 집단 간의 신체적 차이가 지리적으로 점진적으로 변화하며, 서로 다른 집단끼리 교배

• 1871년에 초판이 발간되었고, 이후 목적론적 생물학자 세인트 조지 미바트(St. George Mivart) 등 동료의 평가를 반영하여 1874년 개정판을 냈다. 초판은 2권으로 되어 있었지만, 개정판은 1권으로 묶었고, 일부 장과 절을 재배치했다. 『종의 기원』에서 자연선택에 대해 과도하게 강조한 부분을 수정하고(… In the earlier editions of my 'Origin of Species' I probably attributed too much to the action of natural selection or the survival of the fittest….), 중립적 형질(rudimentary organs or structures, … structures which appear to be … neither beneficial nor injurious …)이나 습관의 유전(the inherited effects of habit)을 더 자세하게 언급했다. 이 부분은 후성유전학을 예견한 것으로 평가되기도 한다. '야만 부족(savage tribes)'의 배우자 선택 방법을 기술하면서 성선택에 대해서 더 자세하게 기술했고, 인종(race)으로 표현된 부분의 일부를 인간의 변이(varieties of man)로 수정했다. 그리고 비교해부학, 언어의 기원 등에 대한 비평에 대해 답변을 다는 방식으로 새로운 내용을 더했다. 이후 1877년과 1879년에 약간의 교정을 거친 후속판을 출간했다. 참고로 미바트는 1871년 『종의 창세기(On the Genesis of Specie)』를 출간했다(이름에 세인트가 들어가지만, 서품을 받은 사제는 아니다).

가 일어나므로 모든 인간은 하나의 종에 속한다고 결론지었다. 또한, 다양한 인종 간의 차이(머리카락, 체형, 폐 용적 등)가 생겨난 원인에는 환경적 조건이나 유전 등 자연선택의 기전이 중요하게 작용하지 않았으며, 아마도 성 선택의 결과에 의한 것으로 생각했다.

다윈은 먼저 신체구조, 발생학, 흔적 기관과 같은 해부학적 유사성을 통해 인간이 다른 동물과 유사하다는 점을 논증하고, 이어서 정신적 특성에 대한 유사성을 제시했다. 프랜시스 골턴(Sir Francis Galton, 1822~1911)의 연구를 바탕으로, 인간의 성격과 정신적 형질이 신체적 형질과 동일한 방식으로 유전된다고 보면서, 진화이론의 맥락에서 마음과 몸의 일원론을 주장했다. 당시 인간 진화에 대한 논쟁에서 가장 큰 쟁점 중 하나는 인간의 정신적 능력이 자연선택에 의해 진화할 수 있는지에 관한 것이었다. 다윈 자신도 이에 대해 많은 고민을 했다. 진화론의 공동 발견자인 앨프리드 러셀 월리스(Alfred Russel Wallace, 1823~1913)는 인간 정신이 진화의 결과로 보기에는 너무 복잡하다고 주장하면서, 영적 세계•에서 그 해답을 찾으려고 하였다.[99]

월리스는 정규 교육을 제대로 받지 못했지만, 10대부터 현장에서 측량 조수로 일했다. 그리고 친구였던 생물학자 헨리 월터 베이츠(Henry Walter Bates, 1825~1892)••와 함께, 1848년에서 1852년 동안 남아메리카의 아마존 지역을 탐사했다. 이 연구 결과를 기반으로 박물학자로서의 입지를 다졌고,

• 월리스는 심령주의(spiritualism)에 기반해서 인간의 정신이나 의식은 자연선택으로 설명하기 어렵다고 주장했다.

•• 영국의 박물학자이자 탐험가로, 아마존 지역의 방대한 생물 다양성을 체계적으로 조사한 것으로 유명하다. 베이츠 의태(Batesian mimicry) 이론을 제안했다.

1854년부터 1862년까지는 말레이 제도(현재의 말레이시아·인도네시아·동남아 일대)를 장기간 탐사했다.•

하지만 다윈은 월리스의 주장에 반대했고, 상당한 분량을 할애해 인간의 정신적 능력도 점진적 진화 과정을 통해 발전했음을 주장하며, 단순히 신체적 특징만이 아니라 도덕적 판단력, 사회적 감정, 그리고 예술적 감각과 같은 고등 정신적 능력도 진화한다고 하였다. 또한, 마음과 신체를 분리하려는 전통적인 이원론적 사고방식을 부정하였다. 마음을 포함하는 인간성의 여러 부분이 다른 모든 생명체처럼 선행된 형태로부터 유래한다는 것이었다. 특히 다윈은 획득형질 유전 가능성을 완전히 부정하지 않았을 뿐 아니라, 인체에서 원시적 특징이 가끔 되돌아온(reverted) 사례를 언급한 바 있다. 예를 들면 날카로운 송곳니나 소두증 등인데, 이는 아타비즘의 가능성을 예견한 것으로 보인다. 또한, 인류의 조상이 아프리카에서 기원했고, 아마 인간과 유인원의 중간적 존재가 발견될 것이라고 예견하기도 했다.

여기서 다윈에 관해 더 이야기하기 전에 골턴에 관해 먼저 언급하고자 한다. 골턴은 행동유전학의 기초를 마련한 선구적 인물이자, 심리학, 통계학, 기상학, 생물학, 범죄학 등 다양한 학문에서 큰 성취를 이룬 천재 과학자다. 그러나 동시에 '과학적 인종주의'라는 심각한 폐해를 낳은 인물이기도 하다. 다윈의 사촌으로, 골턴과 다윈은 저명한 내과 의사였던

• 무려 약 125,000점의 표본(곤충류, 조류, 포유류 등)을 수집했으며, 그중 약 5,000점이 새로운 종(New Species)이었다. 당시의 연구는 이후 '월리스선(Wallace's line)' 개념으로 이어졌다. 1858년 말레이시아의 테르나테(Ternate)섬에서 자연선택에 의한 진화 아이디어를 정리해, 찰스 다윈에게 편지로 보냈는데, 이 편지가 다윈을 자극해 『종의 기원』 출간을 서두르게 했다는 사실이 잘 알려져 있다. 월리스의 연구에 대해서는 다음을 참고하라. 『말레이 제도』. 노승영 역. 서울: 지오북; 2017.

에라스무스 다윈(Erasmus Darwin)을 할아버지로 두었다.• 아마도 다윈의 『종의 기원』은 이후 골턴의 연구에 큰 영향을 미친 것으로 보인다. 골턴은 인간 집단 간에 관찰되는 변이 연구에 몰두했고, 이를 위해서 다양한 신체 혹은 정신적 형질을 측정하는 방법을 제안했다. 또한, 수집한 데이터를 분석하기 위해 상관 분석과 회귀 분석 등의 통계적 방법도 고안했다.•• 특히 지능을 비롯하여 인간의 심리적 차이를 평가하는 다양한 설문 조사와 질문지 기반의 연구 방법을 제안했다.[100-102] 그뿐 아니라 지문을 통해 신원을 확인하는 기법을 창안하는 등••• 법의학에도 공헌한 정말 다재다능한 인물이다.[103] 하지만 골턴의 연구는 비극적이게도 우수한 유전적 형질을 지닌 사람들의 '교배'를 장려하는 우생학으로 발전했다.[104,105]

골턴의 주된 관심사는 우월함이 개체 간 차이를 보이는지, 그리고 그러한 형질이 유전적인지에 관한 것이었다. 그는 만약 우월성이 유전된다면, 천재들은 친족 중심으로 군집할 것이라고 가정했다. 1869년, 위인들의 방대한 자료를 정리해 『유전적 천재: 그 법칙과 결과에 관한 탐구(Hereditary genius: An Inquiry into Its Laws and Consequences)』라는 책을 쓰기도 했다.[101] 판사, 과학자, 시인, 정치가 등의 가족 계보를 연구하여 탁월한 능력이 가족 내에서 얼마나 자주 집중되는지 조사하였는데, 그는 리더십과 과학, 문학, 예술 등에서 뛰어난 성취를 하는 경우를 천재라고 정의했다. 그러면서 천재

• 에라스무스 다윈은 당시 영국의 유명한 의사였으며, 찰스 다윈의 친할아버지이자 프랜시스 골턴의 외할아버지였다.

•• 부모와 자식의 키가 가지는 관계를 수치화하면서 상관관계에 관한 개념을 제안했다.

••• 지문의 종류를 루프(loop), 휠(whorl), 아치(arch) 등으로 분류하는 방법을 제안했고, 통계적으로 두 사람이 같은 지문을 가질 확률이 매우 낮다고 주장했다. 다음을 참고하기 바란다. Galton F. *Finger Prints*. London: Macmillan; 1892.

의 자녀 중 상당수가 평범하긴 하지만, 동시에 천재적 재능은 상당히 높은 유전성을 가진다고 주장했다. 한편, 쌍둥이 연구의 선구자이기도 했던 골턴은 연구를 통해 유전이 환경보다 더 큰 영향을 미친다는 결론을 내렸다.[106] 또한, 왕립학회 회원 190명에게 설문지를 보내 가족 구성과 출생 순서, 부모의 직업과 인종을 조사하며 과학적 관심이 타고난 것인지 환경에 의해 형성된 것인지 조사해 책으로 출간하기도 하였다. 흥미롭게도 책 제목은 『영국의 과학자들: 그들의 본성과 양육(English Men of Science: Their Nature and Nurture)』인데, 이는 '본성 대 양육(Nature vs. Nurture)'이라는 세기적 논쟁의 시작을 알린 책•이었다.[107]

골턴은 이러한 연구 결과를 바탕으로 1883년 '우생학'이라는 학문을 제안하여, 더 우수한 형질이 늘어나고 열등한 형질, 즉 퇴화를 막기 위한 선별적 결혼 정책이 필요하다고 주장했다.[104] 우생학(eugenics)은 그리스어로 '고귀한 종족, 즉 유게네스(εὐγενής, eugenēs)'을 뜻하는 말이다. 이런 입장에서 골턴은 되도록 부유한 사람과 똑똑한 사람이 서로 결혼하는 것이 바람직하다고 보았다.[101] 골턴의 주장은 정적 우생학이라고 할 수 있다.

골턴은 우생학의 연구 목표에 대해서 다음과 같이 말했다. 첫째, 유전 법칙에 관한 연구를 해야 한다. 둘째, 상류층의 출산율이 억제되는 현상이 국가의 흥망성쇠에 어떤 영향을 미치는 알기 위해서, 역사적으로 사회계층의 비율이 어떻게 나타나는지 조사해야 한다. 셋째, 번성한 가족에 관한 체계적 조사가 필요하다. 넷째, 결혼에 미치는 사회적 요소가 무엇인지 조사해야 한다. 다섯째, 유전학을 사회에 도입하고, 이를 종교적 교리처럼

• 자세한 내용은 다음을 참고하기 바란다. Galton F. *English Men of Science: Their Nature and Nurture*. London: Macmillan; 1874.

국가의 기본 원칙에 도입해야 한다.*

골턴은 인류측정 연구소(Anthropometric Laboratory)**를 설립하여 개인 정보와 가족력 기록을 시작으로, 시력, 청각, 촉각, 폐활량, 근력 측정 등 다양한 지표를 정량적으로 확보하고 이 자료를 토대로 다양한 통계적 분석을 시도하였다.[108] 골턴은 키, 체력, 청력, 시력 등 특정 신체적 특성이 부모와 자식 간에 얼마나 유사한지를 분석할 수 있었고, 이를 통해 유전이 인간의 특성 형성에 미치는 영향을 평가했다. 자손이 부모 세대보다 평균에 더 가까운 특성을 가지는 현상을 설명하면서 '평균으로의 회귀(Regression toward the Mean)' 개념을 정립했는데, 이는 선택적 교배를 통해서 유전적 형질을 조절할 수 있다는 우생학적 방법론으로 발전했다. 골턴은 부모 신장의 중간값을 예측 변수로 사용하여 회귀선을 계산했는데, 기울기는 0.65였다. 1보다 작은 기울기로 보아, 자녀의 신장은 부모보다는 인구 집단 전체의 평균에 더 가까운 경향이 있었다고 결론지었다.[109,110] 따라서 이른바 '우수한' 형질을 가진 개체의 번식을 장려하여 인류를 개선할 수 있다는 논리로 발전했다. 심지어 골턴은 우생학을 자신의 정치적, 종교적 신념으로 확고하게 주장했다. 자서전 『내 인생의 기억들(Memories of My Life)』에서 골턴은 이렇게 말했다.[111]

> 나는 우생학을 매우 진지하게 받아들이며 … 우생학 원리가 발휘할 수 있는 도덕적 영향력에는 사실상 한계가 없으며, 다른 모든 도덕적 영향

* 자세한 내용은 Galton F. Eugenics: Its definition, scope, and aims. *Am J Sociol.* 1904;10(1):1–25.를 참고하기 바란다.

** 1884년 런던 국제건강박람회(International Health Exhibition)에서 처음 개설되었다.

력을 압도하거나 적어도 나란히 설 수도 있다고 생각한다. 게다가 우생학이 실천의 지침이 될 수 있는 '정통적 종교 교리(orthodox religious tenet)'로 자리 잡을 충분한 근거가 있다고 여긴다. 우생학이 어느 정도 종교적 색채를 띨 정도로도 충분히 강력하다고 생각한다.•

하지만 골턴의 주장은 다윈의 이론과 상당한 거리가 있었다. 대표적 사례가 판게네시스 논쟁이다. 당시 다윈은 유전자의 존재를 알지 못했는데, 그래서 판게네시스(pangenesis)라는 상상의 개념을 동원해서 유전 현상을 설명하려고 했다. 즉 게뮬(gemmules)••이라는 물질이 유전적 형질의 핵심이라고 하였다. 이에 따르면 후천적 경험은 게뮬에 영향을 미쳐서 후손에게 영향을 줄 수도 있을 것이다. 이는 다윈이 후성유전학적 견해를 보인다는 근거 중 하나다. 그러나 골턴은 이러한 주장에 반대했다. 만약 게뮬이 혈액에 존재한다면, 수혈을 통해서 후천적 특성이 전파될 것이라는 가설을 세우고, 이를 기각하는 연구를 통해서 후천적 경험은 유전될 수 없다고 결론지었다.[112] 이에 대해서 다윈과 논쟁을 벌이기도 하였는데, 다윈은 게뮬이 반드시 혈액을 통해서 확산하는 것은 아니라고 《네이처》에 반박 논문을 쓰기도 하였다.[113]

1871년 3월 30일 왕립학회에서 발표되어 최근 회보에 게재된 논문에서,

• Galton F. *Memories of My Life*. London: Methuen & Co; 1908. p. 321–322.을 참고하기 바란다.

•• 현재의 영어권 발음은 젬뮬에 가깝지만, 관행적으로 게뮬로 번역되는 경우가 더 많다. 참고로 젬마(gemma)는 세포 일부가 떨어져 나가서 새로운 개체가 되는 형태의 무성생식, 즉 단편화(fragmentation) 과정에서 분리된 세포 덩어리를 일컫는 말이다. 대표적으로 이끼가 이런 방식으로 번식한다.

> 골턴은 서로 다른 품종의 토끼들 사이의 혈액 교환에 관한 흥미로운 실험 결과를 제시했다. … 하지만 나는 『(가축화된) 동물과 식물의 변이』에서 혈액이나 어떤 순환계의 특정 유체에 대해 일언반구도 않았다. … 왜냐하면 혈액이나 혈관을 가지지 않는 가장 낮은 동물인 원생동물과 식물을 예로 들었기 때문이다. 성장, 번식, 유전 등의 기본 법칙은 전체 유기체 왕국에서 매우 유사하므로, 게뮬이 있다고 가정하면 몸 전체에 퍼지는 방식이 모든 존재에서 비슷할 것이므로 혈액을 통한 확산일 가능성은 거의 없다. … 따라서 한 품종의 토끼에 다른 품종의 토끼 혈액이 많이 섞인 상태에서도 잡종의 후손을 낳지 않는다는 사실로부터 판게네시스 가설이 거짓이라는 결론을 내린 골턴의 결론은 다소 성급하다고 생각한다.

골턴은 인간의 지능에 관해서도 흥미로운 제안을 했는데, 이는 차별적 감각 능력과 지적 능력의 관계에 관한 것이었다. 즉 골턴은 지각에 빠르게 반응하는 능력이야말로 내적인 신경계의 속도, 즉 지능과 직결된다고 생각했다.* 물론 골턴은 이러한 능력이 유전에 의해 크게 좌우된다고 생각했고, 반사 속도 외에도 근력이나 두개골의 크기 등과 지능이 관련된다고 가정했다. 하지만 결과적으로 골턴은 지능과 신체적 특징 간의 상관성을 확인하지 못했다.[48,104]

반면 다윈은 소위 '야만인'의 행동에 관한 연구를 통해서 빅토리아 시대 영국 사회의 여러 측면은 더 원시적인 형태로도 나타날 수 있다고 주

---

* 골턴은 반응 시간을 측정해서 지능과의 관련성을 찾으려고 했으나 실질적인 성과는 얻지 못했다. 그러나 이후 다양한 지능 측정 도구에서 '속도'를 평가하는 경향으로 이어졌다.

장했다. 즉 사회의 도덕적 특성은 자연선택보다는 문화적 방식으로 발전한다는 것이다. 모든 문명은 야만 상태에서 발전했으며, 당대 여러 학자가 주장한 것처럼 야만 상태가 '잘못된 교배'에 의해 벌어진 퇴행의 결과라는 관점에 대해서는 강하게 반대했다.[30] 그는 이렇게 말했다.

> 생존 경쟁은 예나 지금이나 중요하지만, 인간 본성의 가장 고등한 영역에 있어서는 더 중요한 다른 요인들이 있다. 도덕적 특성은 자연선택보다는 습관이나 이성, 훈육, 종교 등을 통해서 직간접적으로 발전한다.

심지어 다윈은 이러한 정신적 형질이 다른 동물, 특히 유인원, 원숭이, 개와 유사함을 강조하였다. 동물이 보이는 다양한 행동과 감정이 인간의 것과 유사하다는 점을 여러 사례를 통해 제시하였다. 예를 들어, 유인원의 가족 사랑이나 개의 충성심은 인간의 감정과 밀접한 관련이 있다고 보았다. 다윈은 인간과 동물 간의 정신적 차이가 크다는 점은 인정하면서도, 이 차이가 본질적인 것이 아니라 단지 정도의 차이라고 하였다. 인간 정신은 초월적·본질적 위계나 존재론적 단절, 혹은 창발적 특이성의 산물이 아니라, 공통된 계통적 기반 위에서 축적된 기능적 복잡성과 점진적 정교화의 산물이라고 하였다. 이처럼 다윈은 인간의 신체적 형질뿐만 아니라 정신적 형질도 진화론적 관점에서 설명하면서, 인간이 독특한 존재가 아니라 다른 생명체와 연결된 존재임을 강력하게 주장하였다.[30]

> 인간이 정신적 능력에서 다른 모든 동물과 크게 다르므로, 이 결론에 어떤 오류가 있다고 주장할 수 있다. 이 점에서의 차이는 엄청나게 크다는

것은 의심의 여지가 없다. … 만약 인간을 제외한 어떤 유기체도 정신적 능력을 갖추고 있지 않았거나, 그의 능력이 하등 동물의 것과 전혀 다른 성질이었다면, 우리는 결코 우리의 고등 능력이 점진적으로 발전했다고 확신할 수 없었을 것이다. 그러나 이러한 종류의 근본적인 차이가 없다는 것을 보여줄 수 있다. 우리는 칠성장어나 창고기 등 가장 하등한 물고기와 고등 유인원 사이의 정신적 능력의 간격이 유인원과 인간 사이의 간격보다 훨씬 더 넓다는 것을 인정해야 한다. … 가장 높은 인종의 가장 뛰어난 인간과 가장 낮은 야만인 사이의 이러한 차이는 가장 미묘한 단계로 연결되어 있다. 따라서 그들이 서로에게 연결되고 서로의 상태로 발전될 수 있다는 가능성이 있다. 이 장의 목적은 인간과 고등 포유류가 정신 능력에서 근본적인 차이가 없다는 것을 보여주는 것이다. … 가장 낮은 유기체에서 정신 능력이 처음으로 어떻게 발달했는지, 그리고 생명 자체가 어떻게 처음으로 발생했는지에 대해 조사하는 것은 불가능한 문제처럼 보인다. 이러한 문제는 먼 미래에나, 만약 인간에 의해 해결될 수 있는 문제라면, 해결될 수 있을 것이다.[30]

한편, 다윈은 문명화된 사회에서는 자연선택이 야생 환경과 작용한다고 주장하였다. 원시 사회라면 신체적 또는 정신적으로 약한 자들이 빠르게 제거되므로 살아남은 이들은 일반적으로 더 건강하겠지만, 문명사회에서는 신체적, 정신적으로 열악한 사람을 보호하기 위한 다양한 사회적 제도가 마련되어 있다는 것이다. 예를 들어, 정신적 장애인, 부상자, 병자들을 위한 보호 시설이 운영되고, 빈민법(poor-laws)이 시행되며, 의료진은 가능한 한 모든 생명을 구하기 위해 마지막까지 최선을 다한다고 하였다.

이러한 지원과 보호는 사회적 본능인 동정심에서 비롯된 것이며, 시간이 지나면서 이 동정심은 점점 더 세밀하게 발달하고 확산되었다는 것이다. 다윈은 사회적 지원으로 인해 신체적, 정신적으로 약한 사람들이 생존하고 번식하는 결과를 피할 수 없음을 인정하면서도, 동시에 약자들이 결혼할 가능성은 상대적으로 낮아 그 영향이 제한적일 것이라고 주장하였다. 그러나 이러한 논의가 약자나 열악한 집단의 제거를 지지하는 것은 아니라고 명확히 하였다.[30] 그는 『인간의 유래와 성선택』에서 이렇게 말했다.

> 만약에 우리가 의도적으로 약하고 도움이 절실한 사람을 그대로 내버려 둔다면, 그것은 잠재적인 (미래의) 이익을 압도적인 현재의 악(惡)과 맞바꾸겠다는 것이다. 우리는 약자가 살아남아 번식하는 일이 나쁜 결과를 가져오는 것을 불평하지 말고 견뎌야 한다.[30]

다윈은 인간과 인간의 가까운 종 사이에 존재하는 차이를 멸종이라는 자연적 과정의 결과로 설명하였다.* 인류 문명이 확장됨에 따라 점차 원주민 문화가 소멸할 것이며, 그로 인해 인간과 다른 동물 사이의 간극이 더욱 커지리라 예측하였다. 하지만 다윈은 인간과 다른 고등 동물 간의 정신적 차이가 크다는 점을 인정하면서도, 그 차이는 본질적인 것이 아니라 정도의 차이에 불과하다고 주장하였다.[30]

---

* 다윈은 원시 인류가 원숭이처럼 털이 있었고, 남녀 모두 수염이 있었으며, 움직일 수 있는 뾰족한 귀를 가지고 있으며, 꼬리가 달려 있다고 생각했다. 아울러 따뜻하고 숲이 우거진 곳에서 살았으며, 남성은 큰 송곳니를 가지고 있었을 것으로 추측했다. 또한, 열대 아프리카에서 인류의 조상이 나타났을 것으로 생각했는데, 두발걷기가 다른 유인원과 달리 인간에게서만 나타났고, 원숭이의 울음에서 시작한 언어의 진화가 인류를 아주 독특하게 만들었다고 가정했다.

특히 다윈은 인종이 같은 종의 변종인지 아니면 서로 다른 종으로 간주되어야 하는지에 대한 논의에 있어 다양한 근거를 검토하였다. 먼저 인종 간 구분에 사용되는 형질이 매우 가변적이라는 점을 강조하면서, 인종을 별개의 종으로 보는 주장을 반박하였다. 다윈은 인종이 서로 서서히 이어지며 인종 간 구분이 명확하지 않다는 사실을 지적하였다.

> 인류가 한 종으로 구성되어 있는지 아니면 여러 종으로 구성되어 있는지에 대한 질문은 최근 몇 년 동안 인류학자들에 의해 많이 논의되었는데, 일원론자와 다원론자의 두 학파로 나뉜다. … 진화의 원리를 인정하지 않는 사람들은 (각) 종을 별개의 창조물로 보거나, 어떤 면에서 별개의 개체로 본다. … 반면에, 진화의 원리를 인정하는 박물학자라면—그리고 이것은 이제 대다수가 인정하고 있지만—모든 인간 종족이 하나의 원시적 혈통으로부터 내려온 후손이라는 것을 조금도 의심하지 않을 것이다. 박물학자들이 인종을 별개의 종(種)으로 명명하는 것이 적절하다고 생각하든 그렇지 않든 간에 그러한 (입장) 차이는 단지 (집단 간) 차이를 (서로 다른 정도로) 표현하려는 것에 불과하다. … 현존하는 인간 종들은 피부색, 머리카락, 두개골의 모양, 몸의 비율 등 여러 면에서 서로 다르지만, 전체 구조를 고려한다면 여러 가지 점에서 서로 매우 닮았다는 것을 발견할 수 있다. … 나는 '비글호'에서 푸에지아인들과 함께 지내면서 그들의 정신이 우리와 얼마나 비슷한지를 보면서, 수많은 미세한 성격 특성의 (유사성)에 끊임없이 감명을 받았다. … 결과적으로 모든 사람이 동일한 종으로 분류되어야 한다. … 우리는 진화론의 원리가 일반적으로 받아들여질 때—머지않아 분명히 그렇게 될 테지만—일원론자와 다원론자 사이의 논쟁은 보이지 않

> 는 곳에서 조용하게 끝나버릴 것이라는 결론을 내릴 수 있다.•

즉 기본적으로 다윈은 단일기원설을 주장했으며, 인류가 아프리카에서 기원했다고 생각했다. 이는 이후 다지역기원설과 학문적 충돌을 일으키는 중요한 원인이 되었다. 다윈은 인종이 각각 독립적으로 창조되었다는 주장, 심지어 각 인종이 다른 종류의 유인원에서 평행적으로 진화했다는 주장 등 여러 종류의 다지역기원설을 모두 부정하였다.

> 세계 각 지역에서 현재 살아있는 포유류는 그 지역에서 멸종된 종과 밀접한 관계가 있다. 그러므로 아프리카는 과거에 고릴라와 침팬지와 밀접하게 연관된 멸종된 유인원들이 살았던 곳이었을 가능성이 크다. 이 두 종이 현재 인간과 가장 가까운 친척이기 때문에, 우리 초기 조상들이 아프리카 대륙에서 살았을 가능성이 다른 곳보다 조금 더 높다.

다윈은 인종 간 차이를 설명하기 위해 기후나 환경적 요인에 의한 적응을 검토하였으나, 아직 뒷받침할 충분한 증거를 수집하지 못했다고 결론지었다.[30] 그러면서 다윈은 아마도 성선택이 인종 간 차이의 주된 원인일 가능성이 있다고 제안했다.

> 우리는 지금까지 인간 종족들 사이의 차이점을 설명하려는 모든 시도에서 좌절을 겪어왔다. 그러나 한 가지 중요한 매개체, 즉 성선택이 남아

• 다지역기원설이 머지않아 설득력을 잃을 것이라는 뜻이다.

> 있는데, 이것은 다른 많은 동물과 마찬가지로 인간에게도 강력하게 작용한 것으로 보인다. (물론) 나는 성선택이 인종 사이의 모든 차이를 설명할 것이라고 주장할 생각은 없다. … (그러나) 더 나아가 인간 종족 간의 차이는—피부색, 털의 유·무성, 이목구비의 형태 등에서—성선택의 영향 아래 있을 것으로 예상할 수 있는 종류라는 것을 알 수 있다.

한편, 다윈의 업적을 논할 때, 빼놓을 수 없는 인물이 있다. 토머스 헉슬리(Thomas Huxley, 1825~1895)는 '다윈의 불도그(Darwin's Bulldog)'라는 별명을 얻을 정도로 다윈의 이론을 열렬히 옹호했다. 어린 시절 경제적으로 어려웠으며, 수학교사와 작은 은행 지점장 등을 지낸 아버지는 정신장애를 앓고 있었다. 10살에 학교를 중퇴하고, 이후로는 독학했다. 그러던 중에 식물학 공개시험에서 2등을 하는 바람에 장학금을 받고, 런던의 시드넘 칼리지•와 채링 크로스 병원••에서 몇 년간 공부한 후 의사가 되었다.•••

• '영국 의학의 아버지'로 불리는 토머스 시드넘(Thomas Sydenham, 1624~1689)의 이름을 딴 학교였다. 시드넘은 연쇄상구균 감염 후 후유증으로 나타나는 '시드넘 무도병(Sydenham's chorea, St. Vitus' Dance)'으로 유명한 인물이다. 감염균에 대항한 항체가 수의 운동을 담당하는 뇌를 공격하여 생기는 병인데, 기묘한 춤처럼 보이는 운동 이상과 정서적 불안을 보인다.

•• 병원 자체에 부속 의과대학을 운영하고 있었고, 현재는 임페리얼 칼리지 런던 의학부에 통합되었다.

••• 헉슬리는 10살에 학교를 그만두고 독학으로 공부했지만, 식물학 공개시험에서 은메달을 땄다. 헉슬리를 제외한 다른 합격자는 모두 유니버시티 칼리지 출신으로 전해진다. 같이 시험을 치른 존 스톡스(John Stocks)는 이미 인도에서 식물학을 연구하며, 벨루치스탄 등을 탐사하고 있던 의사 출신 식물학자였다. 헉슬리는 정규 교육을 거의 받지 않았음에도 불구하고 의과대학에 장학생으로 입학할 수 있었다. 의대에서는 해부학과 생리학 수업에서 1등 상을 받았고, 의사 자격시험에서는 2등을 차지했다. 또한, 학부생 시절이던 19세에 헉슬리는 이전에 보고되지 않았던 모발의 층을 찾아냈고, 이 층은 이후 '헉슬리 층(Huxley's layer)'으로 명명되었다. 헉슬리의 삶에 대해서는, 그의 아들 레너드 헉슬리(Leonard Huxley)가 1900년에 펴낸 다음 책을 참고하라. Huxley L, editor., *Life and Letters of Thomas Henry Huxley*. London: Macmillan; 1900.

의사면허를 받은 후에는, 왕립 해군의 HMS 래틀스네이크호의 군의관 자격으로 호주와 뉴기니 탐사를 하였다. 이후 런던 왕립광업학교(Royal School of Mines)에서 자연사 교수를 지냈다.•

헉슬리는 1851년, 25살의 나이로 왕립학회 회원이 되었고, 이듬해 왕립 메달을 수상했다. 그리고 1853년에 지질학회에서 다윈을 처음 만났는데, 이후 둘 사이의 운명적 교류가 시작되었다. 그의 학문적 영향력은 다윈의 이론이 과학계와 대중에게 확산되는 데 결정적 역할을 했다. 왕립 해군 군의관으로 일했던 경험을 통해 초기에는 해양 무척추동물의 해부학과 발생학에 관한 연구를 했으나, 점차 척추동물과 영장류로 연구 범위를 확장했다. 다윈이 『종의 기원』을 출간한 이후에는 유인원과 인간에 관한 연구로 관심 영역을 확장했다.

『자연에서의 인간의 자리에 관한 증거(Evidence as to Man's Place in Nature)』는 『종의 기원』이 출판된 지 몇 년 후에 발표된 책으로, 헉슬리는 이 저작을 통해 다윈의 진화론을 더욱 확고하게 지지하고 인간 진화에 대한 과학적 증거를 종합적으로 제시했다.[115] 어떤 의미에서는 체질인류학에 관한 첫 번째 교과서라고 할 수 있다. 헉슬리는 비교해부학, 고고인류학, 영장류 인류학에서 나온 여러 증거를 면밀히 분석하며, 인간이 진화의 산물이라는 강력한 주장을 펼쳤다. 인간과 다른 동물들, 특히 유인원 사이의 해부학적, 생리학적 유사성을 체계적으로 설명하고 있다. 구체적으로 인간과 고릴라, 침팬지 사이의 두개골, 척추, 손과 발의 해부학적 구조를 비교하며 두 집단이 매우 유사한 뼈대를 공유하고 있음을 증명하였다. 이러한

• 왕립 광업 학교는 훗날 임페리얼 칼리지 런던으로 통합되었다.

비교해부학적 분석을 통해 인간이 독립적 창조물이 아니라 다른 동물들과 공통 조상을 공유하는 존재임을 확고히 주장했다. 그뿐 아니라 고고학적 발굴과 화석 연구를 통해 인간이 점진적 진화를 통해 오늘날의 형태로 발전해 왔다는 이론을 뒷받침하였다.[115]

영장류 인류학에 관한 헉슬리의 관심은 정신적인 부분에서도 인간이 유인원과 밀접한 관계를 맺고 있다는 주장으로 이어졌다. 그는 유인원의 행동과 생리적 형질을 연구하면서 인간과 유인원 간의 지능적, 사회적 유사성을 확인하였다. 이러한 분석을 통해 헉슬리는 인간이 단순히 신체적 형질뿐만 아니라 지적 형질 측면에서도 유인원과 공통된 특징을 가지고 있다는 주장을 펼쳤다.[116] 이는 신체의 진화를 수용하더라도, 정신에 관해서만은 인간이 다른 동물과 다른 독립적이고 고유한 존재로 보려는 당시의 경향을 크게 거스르는 것이었다.

특히 그는 1860년 옥스퍼드 논쟁(Oxford Debate)에서 새뮤얼 윌버포스(Samuel Wilberforce, 1805~1873) 주교와 벌인 진화론에 대한 논쟁으로 유명하다. 이 논쟁에서 헉슬리는 다윈의 진화론을 강력히 지지하며 윌버포스의 창조론적 견해를 철저히 반박하였다. 이 사건은 진화론이 대중과 학계에서 더 폭넓은 지지를 얻는 중요한 계기가 되었으며, 헉슬리의 과학적 권위가 확립되는 중요한 전환점이 되었다. 또한, 리처드 오언(Richard Owen, 1804~1892) 교수와 벌인 해마 논쟁(Great Hippocampus Question)으로도 잘 알려져 있다.* 1860년대 초반, 오언은 인간이 유인원과 구별되는 독특한 뇌 구조

* 오언은 왕립 외과 의사협회 회원이었고, 헌터 박물관에서도 일했다. 공룡을 뜻하는 'Dinosauria'라는 이름을 처음 제안한 인물이다. 해부학적 연구를 바탕으로 다양한 책을 썼고, 회충에 관한 연구도 진행했다. 그는 이른바 상동성(homology) 개념을 좋아했는데, 이는 플라톤이 말한 이데아에서 기원하는 원형적 동질성이라고 생각했다. 따라서 창조의 질서에서 가장 높은 위계를 차지

를 가지고 있으며, 따라서 인간은 진화론의 연속성에서 벗어난 별도의 창조물이라고 주장했다. 특히 인간의 뇌에서 해마가 더 복잡하게 발달했는데, 이것이 바로 인간이 다른 동물들보다 우월한 위치에 있다는 근거라고 보았다.[117,118]

이 논쟁에서 헉슬리는 인간과 유인원 간의 해부학적 차이를 주장한 오언의 견해를 반박하였다. 특히 헉슬리는 인간과 유인원 모두에게 해마가 존재한다는 증거를 제시하며, 두 생물 사이의 해부학적 유사성이 인간과 동물의 진화적 연관성을 강하게 지지한다고 주장하였다. 오언과의 오랜 논쟁, 그리고 공개 원숭이 해부학 실험을 통해서 인간만이 소해마(hippocampus minor)[••]를 가지고 있으므로 다른 영장류와 다르게 창조되었다는 오언의 주장을 기각했다.[119] 이를 통해서 인간과 다른 동물의 계통학적 연관성을 분명하게 입증했고, 동시에 생물학적 형질과 문화적 산물의 동질성에 기반해 종의 정의를 내리려는 기존 인류학회의 시도에 대해서 반대하였다.[•••]

(앞 페이지에 이어서)

하는 인간은 다른 유인원과 특별히 다른 해부학적 기관을 가질 것으로 생각했다. 그러나 아무리 찾아도 다른 구조물을 찾을 수 없었다. 그런데 다윈이 소위 고등동물과 하등동물의 상동성을 공통 조상에서 진화한 근거로 제시하자, 학문적 갈등이 시작되었다. 오언은 진화라는 개념은 수용했으나, 자연선택 이론에 대해서는 평생 인정하지 않았다.

•• 소해마는 뇌의 측두엽 내외 측 뇌실의 안쪽 벽에 있는 구조물이다. 지금은 조거(새발톱, calcar avis)라고 하는데, 시각 신호의 처리 및 공간 인식을 담당한다.

••• 당시 이 논쟁은 영국 사회의 큰 화제였는데, 성직자이자 작가였던 찰스 킹즐리(Charles Kingsley)는 자신의 동화책 『물의 아이들(The Water-Babies: A Fairy Tale for a Land-Baby)』에서 이를 풍자했다. 책에는 유인원이 뇌에 '히포포타무스 메이저(Hippopotamus major)'를 가졌는지 묻는 내용이 나온다. 당시 과학자들이 인간과 유인원 간의 해부학적 차이를 지나치게 강조하던 태도를 조롱한 것이다. 해당 부분은 다음과 같다. "(500년간 지혜를 사용하지 않아 어리석어진 나머지 멸종한 부족의 이야기 후에) … 그들은 이 사람들이 유인원이라고 생각했지만, 단순하게도 그 생물들이 뇌에 '히포포타무스 메이저'를 가졌는지 묻는 것은 생각하지 못했다. 만약 그들이 히포포타무스 메이저를 가지고 있었다면, 그들은 결코 유인원이 될 수 없었을 것이다."

앞서 말한 대로 헉슬리는 해군 군의관이자 해양 박물학자로 약 4년간 호주와 멜라네시아 일대를 탐험하며 다양한 인류학적 경험을 쌓았다. 이 시기 동안 헉슬리는 호주 북동부와 인근 지역의 원주민 주거지에서 현지 조사를 수행했다. 원주민의 신체적 형질과 문화적 관습을 관찰하고, 체질 인류학자로서 인종적 분류학에 관해 연구했다. 한편, 1862년 헉슬리는 네안데르탈인 화석 연구를 진행하면서 인간 진화에 대한 새로운 관점을 제시하기도 하였다. 즉 네안데르탈인이 현대 인간과 유사한 특징을 지닌 고대 인류임을 주장하며, 이들의 신체구조와 생활 방식에 대한 체계적 분석을 시도한 것이다.•

1870년, 헉슬리는 인종을 지리적 분포에 따라 구분하고, 신체적 형질을 중심으로 각 인종의 특성을 제시하였다.•• 이미 전작, 『자연에서의 인간의 자리』에서 인간과 유인원의 해부학적 유사성을 지적하고 인류의 다양성이 지리·환경·진화적 요인과 어떻게 결부되어 있는지 밝힌 바 있었다. 각주에 제시한 논문에서 헉슬리는 인류를 총 9개의 주요 인종으로 분류했다. 당시 인종에 관한 과학적 연구가 부족한 상황에서 체계적 분류법을 도입했으며, 이를 통해 인종 간의 차이를 과학적으로 설명하고자 하였다. 그가 제시한 인종 분류는 다음과 같다.

• 이상의 연구에 관해서는 다음을 참고하기 바란다. Desmond A. Huxley: From Devil's Disciple to Evolution's High Priest. Reading (MA): Addison-Wesley; 1994.; Huxley TH, On the Neanderthal skull. *Nat Hist Rev*. 1864;4:423–45.

•• 자세한 내용은 다음을 참고하기 바란다. Huxley TH. On the Geographical Distribution of the Chief Modifications of Mankind. *Journal of the Ethnological Society of London* (1870–1871). 1870;2(4):404–12.

- 부시맨(Bushman)[•]
- 니그로(Negro)[••]
- 네그리토(Negrito)[•••]
- 멜라노크로이(Melanochroi)[••••]
- 오스트랄로이드(Australoid)
- 잔토크로이(Xanthochroi)[•••••]
- 폴리네시안(Polynesian)
- 몽골로이드(Mongoloid)
- 에스키모(Esquimau)

• 헉슬리는 칼라하리 사막 주변 산족(San) 혹은 코이산족(Khoisan) 계열 소규모 유목·수렵채집 집단을 니그로 인종의 대부분을 차지하는 반투족(Bantu)과 분리했다. 참고로 현재는 부시맨이나 니그로라는 용어가 매우 인종차별적인 단어지만, 헉슬리가 이 용어를 쓰던 당시에는 널리 쓰이는 용어였다. 20세기 중반까지도 니그로는 미국 정부 공식 문서에서 사용되는 표현이었는데, 50~60년대 민권운동(Civil Rights Movement) 무렵부터 아프리카계 미국인(African American) 혹은 흑인(Black)으로 새롭게 부르게 되었다. 한편, 부시맨은 '덤불에서 사는 사람'이라는 뜻으로, 멸시의 의미가 있다. 그러나 현재 보츠와나 및 나미비아에서 부시맨으로 거리낌 없이 스스로 지칭하기도 한다. 그러나 일반적으로 학계에서는 산족 혹은 코이산족 등의 용어를 사용하는 경향이다. 참고로 18세기경에는 아프리카 대신 '니그리티아(Nigritia)'라는 용어로 대륙을 칭하기도 하였다. 원래 아프리카는 아프리(afre)에서 유래하는데, 북아프리카 카르타고 지역에 사는 아프리족에서 유래한다. 로마는 카르타고를 정복한 후, 해당 지역을 아프리카 속주(Provincia Africa)로 삼았다. 사실 근대 이전에 사하라 사막 이남 지역에 대해서는 잘 알지 못했으므로, 대충 에티오피아나 쿠쉬(Kush)로 불렀다. 쿠쉬는 현재의 수단 인근 지역을 말한다. 참고로 에티오피아의 그리스어 어원, 'Aethiops'는 햇볕에 그을린 얼굴을 의미한다. 15세기 이후, 탐험가들이 서아프리카에서 기니만을 발견한 이후에 서부 지역에서 기니(Guinea)라는 용어를 사용하게 되었고, 이후 대륙 내의 여러 왕국이 발견되면서 말리(Mali), 가나(Ghana), 송가이(Songhai), 하우사(Hausa) 등의 이름이 각 지역을 지칭하는 말로 쓰이다가, 점차 18세기부터 대륙 전체를 뜻하는 말로 아프리카라는 이름이 널리 쓰이게 되었다. 참고로 기니는 제네가(Zenega) 혹은 제나가(Zenagha)에서 유래한 것으로 보이는데, 베르베르계 부족을 뜻하는 말이다.

•• 사하라 이남 아프리카인을 거의 통칭하는 개념이다.

헉슬리는 블루멘바흐의 5인종 이론과 달리, 열대·건조·한대 등 다양한 기후를 상정하여 9인종 이론을 제시했다. 예를 들면 에스키모는 극지방의 한대 기후, 부시맨은 남아프리카의 사막·건조 기후 등을 반영한다. 또한, 호주와 뉴기니 등 대양으로 인해 고립된 지역도 고려하여 집단을 세밀하게 구분했다.

헉슬리의 인종 분류는 오늘날 과학적 기준에서 보면 상당히 제한적이지만, 당시로서는 인류의 다양성을 이해하는 데 중요한 이바지를 하였다. 그는 각 인종이 특정한 환경에서 어떻게 적응해왔는지를 연구하였으며, 이를 통해 인종적 형질이 진화의 산물이라는 주장을 제기하였다. 인간이 자연선택과 환경적 요인에 따라 신체적, 문화적으로 다양하게 발전했음을 설명하면서, 인류가 본질적으로 서로 연결된 진화적 존재임을 강조하였다.[119,120]

헉슬리는 『자연에서의 인간의 자리』에서 인간을 체질인류학적 기준에 따라 분류하고, 각 인종이 지리적, 환경적 요인에 따라 어떻게 다양한 신체적 형질을 가지게 되었는지를 설명하고 있다. 행동상의 특징에 대해서는 월리스의 말을 빌려 간단하게 언급했는데, 다음과 같다.[120]

> 몽골로이드는 태도의 진지함과 감정의 억제, 말의 신중함, 격렬한 몸짓의 부재, 웃음의 희귀함, 애절하고 우울한 노래로 특징지어진다. 주로 무

••• 주로 동남아시아(필리핀·말레이 반도·안다만 제도) 일대에 사는 소규모 저신장 집단을 말한다. 아에타족, 아타족, 세망족이 대표적이다.

:: 남유럽·중동·인도 일부 등지에서 짙은 피부색을 한 집단을 통칭한다.

::• 주로 금발이나 갈색 모발, 밝은 동공을 가진 북유럽 백인을 지칭한다. 잔토(xantho)는 황금빛이나 노란빛이라는 의미의 그리스어다.

관심하고 과묵한 특징을 갖고 있다. 이러한 특성은 북미 인디언과 말레이 인종의 모든 집단에서 두드러지게 나타나며, 몽골로이드 유형이 지배적인 지역에서는 다소 덜한 정도로 나타난다. 반면에, 니그로이드는 생동감과 흥분, 강한 감정 표현, 큰 소리와 빠른 말, 시끄러운 웃음, 격렬한 몸짓, 거친 시끄러운 음악이 특징이다. 그들은 주로 충동적이고 보여주기를 좋아하는 특징을 갖고 있다. 이러한 특성은 아프리카 흑인과 뉴기니의 파푸아인 등의 집단에서 가장 잘 드러난다.

한편, 당시 인류학 연구에 중점을 둔 최초의 학회는 1843년 설립된 런던 민족학회(Ethnological Society of London)였다. 이 학회는 원래 노예무역에 반대하고 복음주의 기독교에 기반을 둔 원주민 보호 학회(Aborigines' Protection Society)의 분파로 시작되었다. 주요 회원 중 하나였던 인류학자 제임스 프리처드는 성서 기반의 단일기원설을 주장했다. 즉, 모든 인간은 단일 기원으로 창조되었으며, 인종 다양성은 기후와 환경에 따라 발생한다고 보았다. 이러한 관점은 선교사와 민족학자 사이에서 널리 받아들여졌다.

참고로 5장 4절에서 이미 언급한 바 있는 프리처드는 영국의 의사이자 인류학자로 도덕적 광기를 정신장애로 정의한 것으로 유명하다. 프리처드는 두개골의 모양으로 성격이나 지능을 예측하는 골상학(骨相學, phrenology) 등 물질주의적 환원에 입각한 근대 정신의학에 반대했다. 정신·도덕·심리적 요소의 복합 작용으로 인간의 마음을 이해해야 한다고 주장했는데, 이는 영혼(Seele)을 강조하던 독일의 크리스티안 프리드리히 나세(Christian Friedrich Nasse, 1778~1851)나 도덕과 죄악, 영혼을 강조하며 도덕적 치료를 주장한 요한 크리스티안 아우구스트 하인로트(Johann Christian August Heinroth,

1773~1843), 정신병원의 개선을 주장하던 필리프 피넬(Philippe Pinel, 1745~1826)• 의 후계자이며(8장 참조), 도덕 치료(moral treatment)를 주장한 장 에티엔 도미니크 에스퀴롤(Jean-Étienne Dominique Esquirol, 1772~1840) 등의 주장과 맥을 같이 하는 것이다.

프리처드는 단일기원설의 강력한 옹호자였다. 주요 저서인 『인류의 체질적 역사에 관한 연구(Researches into the Physical History of Mankind)』••를 통해 인종 간의 차이가 환경적 요인에 의해 발생하며, 모든 인간은 동일한 정신적, 감정적 특성을 공유한다고 주장했다.[121] 즉 인간의 내적, 정신적 본성의 동일성과 인류의 통일성을 강조했다. 또한, 그는 원주민 보호학회의 초기 회원으로, 원주민의 권리 보호에 기여하기도 했다.

한편, 존 러복(John Lubbock, 1834~1913)도 1865년부터 1868년까지 런던 민족학회 회장을 지내기도 했다. 러복은 은행가, 정치인, 그리고 인류학자 등 다양한 경력을 쌓은 인물인데, 1865년에 출간한 『선사시대: 고대 유물과 현대 미개인의 풍습과 관습을 통해 밝히는(Prehistoric Times: as illustrated by ancient remains, and the manners and customs of modern savages)』이라는 제하의 저서로 잘 알려져 있다. 러복은 이 책에서 선사인의 도구와 거주 환경, 예술품 등을 상세하게 다루면서 사회문화적 발전을 진화적 관점에서 다루고 있다. 신석기

• 프랑스의 정신의학자이자 '현대 정신의학의 아버지'로 불리는 인물이다. 툴루즈 의과대학에서 의학 학위를 취득한 후, 몽펠리에 의과대학에서 추가로 4년간 학습하며 의학적 지식을 쌓았다. 파리 비세트르 병원과 살페트리에르 병원의 정신과 의사로 재직했다. 정신장애인에 대한 비인도적 대우를 개혁하기 위해 노력한 인물이다. 피넬은 인격장애에 관해서, 이른바 '망상 없는 광기(manie sans délire)'라는 개념을 제시했다. 이는 이후 제자 에스퀴롤에 의해서 '도덕적 광기(moral insanity)'라는 개념으로 발전했고, 크레펠린은 '정신병적 성격(psychopathic personality)'으로 명명했다. 현재의 반사회적 인격장애에 가장 가까운 개념이다(8장 참고).

•• 처음에는 2권으로 출판되어, 이후 5권으로 늘었다. 블루멘바흐의 5인종 이론을 채택했지만, 모든 형질을 전부 포함하여 다시 연구해야 한다고 주장했다.

시대에 반대되는 개념으로서 구석기 시대를 제안했다.•

한편, 소위 '미개 부족'의 생활양식이 선사시대 인류의 생활양식을 반영할 것이라는 가정 하에 이른바 사회문화진화론의 토대가 되는 여러 주장을 제시했다. 이 주장에 따르면 인류는 점차 단순한 단계에서 복잡한 단계로 단선적으로 진화한다. 러복은 사회가 야만에서 미개로, 그리고 문명으로 발전한다고 주장했다. 그러면서 애니미즘이 다신교, 그리고 일신교로, 혼인 관습은 난교적 군집혼에서 일부일처제로 발전한다는 식으로 인류 문화의 도식적 계보를 그리려고 시도했다. 러복의 시도는 이후 여러 인류학자가 계승하여 20세기 중반까지 지속되었지만, 유럽 문명이 우월하고, 다른 지역은 아직 '미개'한 상태라는 편견에 기반한 것이었다.•• 한

• 원래 석기 시대의 개념은 19세기 덴마크 고고학자 C. J. 톰센(Christian J. Thomsen, 1788~1865)이 제안한 석기/청동기/철기의 '세 시기 체계(three age system)'에서 유래한다. 석기 시대는 구석기(paleolithic), 중석기(mesolithic), 신석기(neolithic)로 나눈다. 또한, 구석기 시대는 다시 셋으로 나눈다. 전기 구석기 시대(lower paleolithic era)는 258만 년 전부터 약 30만 년 전, 중기(middle) 구석기 시대는 대략 4만 년 전, 후기(upper) 구석기 시대는 대략 1만 년 전까지다. 그러나 이 개념은 유럽과 아시아의 선사시대 변화 양상에 알맞게 정해진 것이므로, 아프리카에 관해서는 각각 Early Stone Age(ESA), Middle Stone Age(MSA), Later Stone Age(LSA)라는 용어를 달리 사용한다. ESA가 전기 구석기와 대략 일치하고, MSA가 중기 구석기, 그리고 LSA가 신석기 시대까지를 포괄한다. 빙하기가 끝난 이후 새로운 형태의 수렵, 어로, 소형 석기가 나타난 중석기(mesolithic) 시대는 지역에 따라 다르지만, 농경이 시작되는 대략 8000년 전까지를 말한다. 아프리카의 경우 중석기 시대라는 말을 잘 쓰지 않는다. 아프리카는 농경보다 목축이 먼저 시작되었으므로 목축 신석기(pastoral neolithic)라는 말을 쓰기도 한다. 아프리카 일부 지역은 철기시대 이후에야 농경을 시작했다. 그리고 서남아시아와 북아프리카에 대해서는 중석기보다는 최말기 구석기(epipaleolithic)라는 용어를 사용하는 경우도 있다. 이는 석기의 변화 시기와 농경의 시작 시기가 각 지역에 따라 다른 상황을 반영하는 것이다. 아울러 농경과 가축화가 본격적으로 시작되고, 마을에서의 고정 취락이 보편화되며, 간석기(polished stone tools), 토기를 사용하는 신석기 시대는 지역에 따라 대략 기원전 9000년 무렵부터 기원전 3000년 무렵까지의 시대를 일컫는다. 그러나 아프리카와 동아시아, 아메리카에는 적용되지 않을 뿐 아니라, 유럽과 서아시아에서도 여러 문화적 변화가 일률적으로 일어나지 않았다.

•• 생활양식은 생태적 조건에 따라 유연하게 달라지므로, 복잡한 문화나 사회 구조가 더 발전된 것이라는 주장은 신빙성이 낮다. 실제로 소위 전통사회에서 매우 복잡한 관습이나 제도, 문법 등이

편, 러복은 영국에서 의회 의원으로 활동하며, 원시 유적 보호를 위한 법안 제정에 힘썼다.•

반면, 언어치료사였던 제임스 헌트(James Hunt)는 런던 인류학회(Anthropological Society of London, ASL)를 이끈 인물인데, 각 인종 간의 차이는 고정불변한다고 주장하였다. 헌트는 1863년 비유럽 인종이 도덕적, 문화적으로 열등하다고 보는 이념을 바탕으로 기존의 런던 민족학회에 대항하는 런던 인류학회를 창립하였다. 헌트는 인종 차이를 과학적으로 증명하려 했으며, 두개골의 해부학적 측정을 통해 흑인과 유인원이 더 밀접한 친척 관계에 있다고 주장하였다. 이러한 주장은 인종 간의 문화적, 지적 차이를 과학적으로 정당화하려는 시도였다. 헌트의 인종에 관한 견해는 "자연에서의 흑인의 자리(The Negro's Place in Nature)"•• 제하의 논문에서 가장 두드러지게 나타난다.[122] 헌트는 흑인을 고등 문명으로 발전할 수 없는 개별 종으로 간주했으며, 일설에 의하면 노예제를 지지하던 미국 남부연합(Confederate States of America)으로부터 재정적 지원을 받아 런던 인류학회를 창립한 것으로 보인다.[123]

헌트의 주장은 당시 영국 학계 및 대중에게 일정 부분 지지를 받았다. 빅토리아 시대의 대표적 작가이자 사회비평가였던 토머스 칼라일(Thomas Carlyle, 1795~1881)은 1849년 『흑인 문제에 관한 직업적 담론(Occasional Discourse

---

(앞 페이지에 이어서)

나타나기도 하고, 소위 문명사회에서 기존의 복잡한 사회적 구조가 오히려 단순한 형태로 바뀌기도 한다. 따라서 이러한 단선론적, 단계론적 문화진화주의는 문화를 서열화하고, 유럽 중심주의에 빠져 있다는 비판을 받아 점차 학계에서 힘을 잃었다.

• 1900년에 'Baron Avebury of Avebury in the County of Wiltshire'라는 귀족 작위를 받았는데, 러복은 영국 윌트셔(Wiltshire)의 선사시대 유적인 애브버리 돌무지(Avebury Stone Circle) 보존에 중요한 역할을 했다.

•• 창립 연설에서 한 강연을 정리한 것이다.

on the Nigger Question)』•이라는 제하의 글에서 서인도제도(카리브)에서 노예 해방 이후 흑인 노동자의 게으름이 심해졌다면서 흑인을 열등 인종으로 취급하는 인종차별적 시각을 옹호했고,[124] 의사이자 인종주의자였던 로버트 녹스(Robert Knox)는 『인류의 인종(The Races of Men)』이라는 책에서 생물학적 범주로서의 인종, 그리고 그러한 인종에 따른 행동의 차이를 인종차별적 시각으로 기술했다.[125]

1864년, 제임스 헌트는 영국 과학진흥협회(British Association for the Advancement of Science, BAAS)••에서 인류학을 위한 독립 섹션을 신설하려고 했으나, 헌트의 극단적 인종주의·다원론에 질색한 기존 '지리학 및 민족학 섹션(Geography and Ethnology Section, Section E)' 회원의 강력한 반대에 부딪혔다. 이러한 저항에도 불구하고, 헉슬리의 지원을 받아 1866년 '생물학 섹션(Biology Section, Section D)' 내에 인류학 하위 섹션을 설립할 수 있었다. 이후 1869년, 협회의 지리학 및 민족학 섹션에서는 '민족학'이라는 명칭이 공식적으로 제거되었다.[126]

아무튼, 헉슬리는 이러한 분열을 종결하고, 인종주의에 경도된 인류학을 바로잡기 위해 노력했다. 그는 1868년부터 1871년까지 런던 민족학회 회장을 역임하면서 두 학회의 재통합을 주도하였다. 헌트가 1869년 지병으로 사망하면서, 헉슬리의 합병 중재는 순조롭게 진행되었다. 1871년, 두 학회는 합병하여 '왕립 영국 아일랜드 인류학연구소(Royal Anthropological

---

• 처음 《Fraser's Magazine》에 기고할 때는 'Nigger Question'으로 표현했다가 1853년 소책자로 내면서 'Negro Question'으로 수정했다.

•• 참고로 영국 과학진흥협회는 2009년 영국 과학협회(British Science Association, BSA)로 이름을 변경했고, 더는 알파벳으로 구분하지 않는다. 해당 섹션은 고고학 및 인류학(Archaeology and Anthropology)으로 수정되었다.

Institute of Great Britain and Ireland)'•를 설립하였고, 헉슬리는 이러한 과정에서 중추적 역할을 하였다.[127]

주요 회장으로 선사고고학의 기초를 닦은 존 러복, 체계적 고고학적 발굴 방법을 도입한 어거스터스 피트 리버스(Augustus Pitt Rivers, 1827~1900), '현대 문화인류학의 창시자'인 에드워드 버넷 타일러(Edward Burnett Tylor, 1832~1917), 우생학과 통계학을 발전시킨 프랜시스 골턴, 민족지 현장 연구의 선구자 앨프리드 코트 해돈(Alfred Cort Haddon, 1855~1940), 인간 진화와 두개골 연구로 유명한 아서 키스, 사회인류학의 주요 이론적 틀을 확립한 E. E. 에번스-프리처드(E. E. Evans-Pritchard, 1902~1973), 경제인류학의 선구자인 레이먼드 윌리엄 퍼스(Raymond William Firth, 1901~2002), 구조주의적 인류학과 상징주의 연구를 주도한 에드먼드 로널드 리치(Edmund Ronald Leach, 1910~1989), 중국과 동아시아 연구에 기여한 모리스 프리드먼(Maurice Freedman, 1920~1975), 인종 관계와 민족주의 연구의 권위자인 마이클 밴튼(Michael Banton, 1926~2018), 국가와 민족주의 연구로 유명한 어니스트 겔너(Ernest Gellner, 1925~1995), 생태인류학 연구에 공헌한 로이 엘렌(Roy Ellen, 1947~), 초기 인류의 이동과 정착 연구를 심화한 클라이브 갬블(Clive Gamble, 1951~)•• 등이 있다.[128]

• 참고로 영국 아일랜드 인류학연구소는 1907년 왕립 칭호를 사사하였고, 현재 《Journal of the Royal Anthropological Institute》를 발간하고 있다.

•• · 어거스터스 피트 리버스: 영국의 군인이자 고고학자로 스톤헨지 인근 및 영국 남부 지역 유적 발굴을 통해, 유물 분류와 진화론적 관점을 결합한 전시 기법(피트 리버스 박물관 등)으로 유명하다.

· 에드워드 버넷 타일러: 1871년, 『원시 문화: 신화, 철학, 종교, 예술, 그리고 관습의 발달에 관한 연구(Primitive Culture: Researches into the Development of Mythology, Philosophy, Religion, Art, and Custom)』에서 문화(culture) 개념과 애니미즘 이론을 정립했다. '야만-미개-문명'의 단선 진화론을 제시하고, 문화상대주의 씨앗을 심은 중요한 이론가로 평가된다.

· 앨프리드 코트 해돈: 영국의 생물학자이자 민족지학(ethnography) 선구자로, 1898년 토레스 해협 일대에서 실시한 현지 조사(Cambridge Anthropological Expedition)로 필드워크 방법을 확립

특히 헉슬리는 인류학 연구를 인간 생물학의 영역으로 확장하는 큰 역할을 하였다.[129] 그는 단지 문화적 성취에 기반하여 인종을 나누려는 시도에 대해 이렇게 비판했다.[130]

(앞 페이지에 이어서)

했다. 케임브리지 대학교 인류학과에서 체계적 현장 연구를 진행하며, 현장 연구가 문화인류학에 정착될 수 있도록 노력했다. 다음을 참고하기 바란다. Haddon AC, editor. *Reports of the Cambridge Anthropological Expedition to Torres Straits*. 6 vols. Cambridge: Cambridge University Press; 1901–1935.

- E. E. 에번스-프리처드: 구조기능주의의 틀을 확립했다. 누어(Nuer) 족 연구로 친족·정치 조직 등 사회인류학 핵심 개념을 제시했고, 해석 인류학 및 현장 중심 연구를 선도했다. Evans-Pritchard EE. *Witchcraft, Oracles and Magic among the Azande*. Oxford: Clarendon Press; 1937.
- 레이먼드 윌리엄 퍼스: 뉴질랜드 출신 영국 사회인류학자로, 경제인류학의 기틀을 세웠으며, 1936년에 『티코피아 경제체제(We, the Tikopia: A Sociological Study of Kinship in Primitive Polynesia)』를 통해 폴리네시아 사회의 자급경제·교환체계 분석에 핵심적 기여를 했다. Firth R. *We, the Tikopia: A Sociological Study of Kinship in Primitive Polynesia*. London: G. Allen & Unwin; 1936.
- 에드먼드 로널드 리치: 구조주의적·상징주의 인류학자이며, 버마(미얀마) 카친족 연구로 유명하다. 레비-스트로스의 구조주의와 영국 사회인류학의 전통을 결합해 상징, 의례, 친족 등을 다층적으로 분석했다. Leach ER. *Political Systems of Highland Burma: A Study of Kachin Social Structure*. London: G. Bell and Sons; 1954.
- 모리스 프리드먼: 중국 및 동아시아 인류학 연구의 선구적 학자로, 전통 중국 사회조직(친족, 결혼, 시장 경제) 연구로 큰 성과를 얻었다. Freedman M. *Lineage Organization in Southeastern China*. London: Athlone Press; 1958.
- 마이클 밴튼: 인종 관계(race relations)와 민족주의, 편견 등을 다뤄온 권위자다. '인종'이 사회적 구성이라는 점을 역설했다. Banton M. *Race Relations*. London: Tavistock Publications; 1967.
- 어니스트 겔너: 체코 출신 영국 사회인류학자·철학자로, 국가·민족주의 연구의 고전 이론가다. 근대화와 교육 시스템, 언어 표준화가 민족주의를 형성한다는 논리를 제시했다. Gellner E. *Nations and Nationalism*. Oxford: Basil Blackwell; 1983.
- 로이 엘렌: 문화·생태인류학자로, 동남아시아(특히 말루쿠 제도) 현장 연구를 통해 인류학적 환경·생태 지식 체계를 분석했고, 전통 생태 지식(ethnobiology)과 생태인류학 방법론을 결합하는 작업을 진행했다. Ellen R. *The Cultural Relations of Classification: An Analysis of Nuaulu Animal Categories from Central Seram*. Cambridge: Cambridge University Press; 1993.
- 클라이브 갬블: 선사고고학자로, 구석기 시대 인류 이동·정착 연구에 주력했다. 인간의 선사적 행동·문화를 광범위한 시공간 맥락에서 재해석해, 초기 인류의 '사회적 삶' 모형화를 시도했다. Gamble C. *Origins and Revolutions: Human Identity in Earliest Prehistory*. Cambridge: Cambridge University Press; 2007.

> 관습의 동일성에서 계통의 동일성을 추론할 때는 언제나 다음과 같은 어려움이 생긴다. 즉 인간의 마음은 어디에서나 같으며, 비록 질과 양이 다를지라도 능력의 종류는 다르지 않다는 것이다. 따라서 같은 환경 조건은 같은 방식의 해결책을 만들어내기 마련이다. 적어도 아주 단순한 문제를 해결해야 하는 경우에는 말이다.

헉슬리의 리더십 아래 영국 체질인류학은 인간의 기원과 진화를 보다 과학적으로 접근하게 되었으며, 진화론의 원리에 입각하여 인류의 다양성을 분석하는 중요한 연구를 이끌었다. 그의 연구와 활동은 당시 영국 학계에서 체질인류학을 인간 생물학의 일부로 확립하는 데 크게 기여했다.

한편, 윌리엄 헨리 플라워(Sir William Henry Flower, 1831~1899)는 영국의 외과의사이자 박물관 큐레이터, 비교 해부학자로서 포유류, 특히 영장류 뇌에 관한 여러 연구를 하였다. 해마 논쟁에서 헉슬리의 편을 들어준 인물이다. 헉슬리의 공공 강연에서 플라워는 원숭이의 뇌를 사용하여 인간과 영장류 뇌의 유사성을 직접 시연하였다. 이를 통해 뇌의 소해마 구조가 인간과 유인원 모두에게 존재한다는 것을 눈으로 증명함으로써 오언의 주장을 강력히 반박하였다.[131]

영국 체질인류학 역사에서 빼놓을 수 없는 인물은 바로 아서 키스 경(Sir Arthur Keith, 1866~1955)•이다. 영국의 해부학자이자 인류학자로서, 특히 인류

• 애버딘 대학교에서 의학을 전공했다. 1884년 학부 1학년 수료 당시 해부학 수업에서 최우수 성적을 받아, 장학금과 『종의 기원』 한 권을 상으로 받았다. 영국 왕립인류학회(Royal Anthropological Institute)의 회장을 역임했고, 말년에는 애버딘 대학교 총장을 지냈다.

진화 연구와 집단 선택(group selection) 이론의 옹호자로 잘 알려져 있다. 인류 화석 연구의 선도적인 인물이다.

졸업 후에는 태국 방타판(Bangtaphan)에 있는 한 광산 회사 의무실에서 일했는데, 그곳에서 런던의 큐(Kew) 식물원에 보낼 식물 표본을 수집했고, 말라리아 치료법을 찾기 위해 긴팔원숭이를 해부했다. 키스는 이때의 경험을 통해, 긴팔원숭이가 다른 영장류에 비해 인간과 유사하다는 것을 알아냈다. 키스는 긴팔원숭이가 팔을 이용해 나뭇가지 사이를 매달려 이동하는 동작에서 착안하여, 인간의 두발걷기가 나무에 매달려 이동하는 자세에서 시작되었을 것이라고 추정했다(brachiationist theory).•

키스는 런던 병원 의대••에서 일하며, 영장류의 비교해부학, 비인간 영장류와 인간의 고생물학, 영장류의 이동 방식, 인간 진화 등을 연구했다.[132] 영국의 동물학자 솔리 주커먼(Sir Solly Zuckerman, 1904~1993)•••의 저서, 『원숭이와 유인원의 사회생활(The Social Life of Monkeys and Apes)』이 출간되기 이전,[133] 영장류 행동 연구는 키스가 1890년 태국에서 긴팔원숭이를 관찰한 사례가 거의 전부였다.

해부학과 발생학, 형태학 등 의학과 인류학을 넘나들며 다양한 연구를

• 그러나 지금은 사바나 가설 등 환경 변화에 따른 선택압, 에너지 효율성 등에 초점을 둔 다른 가설이 더 지지받는다.

•• 영국에서 가장 오래된 의과대학 중 하나다. 현재는 퀸 메리 런던대 소속의 바츠 앤 더 런던 의과 치과 대학이 되었다.

••• 남아공 출신으로 런던의 유니버시티 칼리지 병원에서 의사가 되었고, 같은 대학에서 해부학 교수로 일했다. 해부학에서 시작해 생물학, 생리학, 행동학, 분자생물학, 내분비학, 심리학까지 다양한 분야에서 선구적 연구를 수행했고, 런던 동물원 운영에 큰 역할을 하였다. 특히 영장류 행동 연구 분야를 개척한 것으로 유명하다. 제2차 세계대전 중 국방부에서 발주한 폭격 및 운송 계획 관련 연구 등에도 참여했다.

하고 여러 저서를 출간했지만,• 키스의 가장 유명한 책은 『인류 진화의 새로운 이론(A New Theory of Human Evolution)』이다. 이 책에서 키스는 집단 선택 이론을 주장했는데, 물리적 분리가 서로 다른 집단의 진화적 경로를 촉진한다는 기존 이론과는 상당히 다른 것이었다. 그는 문화적 차이가 정신적 장벽을 형성하여 집단 간의 교배를 막는 중요한 역할을 한다고 주장하였다. 인간의 진화가 작은 경쟁 집단 속에서 이루어졌으며, 이는 주로 인종적 차이에 의해 결정된다고 보았다. 흥미롭게도 유대인이 고향을 잃은 상황에서도 강한 공동체 의식을 유지할 수 있었던 것은 문화적 관행에 기반한 것이며, 박해를 받으면서도 그들의 결속과 우월감을 더욱 강화한 것이라고 주장하였다.[134]

키스는 영국의 인류학자 그래프턴 엘리엇 스미스(Sir Grafton Elliot Smith, 1871~1937)와 함께 인류가 유럽에서 기원했다는 가설을 지지하고, 아시아나 아프리카에서의 인류 기원 가능성에 회의적인 입장을 취했다.•• 두 인물은 당시 영국 인류학계를 이끌며 인류의 기원이 유럽에서 비롯되었다는 가설을 중심으로 인류 진화의 여러 가지 문제에 관한 권위적 주장을 강하게 내세웠다. 특히 유럽에서 발견된 네안데르탈인과 같은 고대 인류 화석

• 의학 분야의 대표적인 저서로 『인간 발생학과 형태학(Human Embryology and Morphology)』이 있는데, 20세기 중반까지 영국의 여러 의대에서 교과서로 읽혔다. 또한, 키스는 심장 박동을 조절하는 동방 결절(sino-atrial node)을 발견했다.

•• 키스는 자신의 저서에서 필트다운인을 중요 화석으로 제시하고, 영국에서 발견된 필트다운인이 현생 인류와 오랑우탄 사이를 연결하는 고리라고 주장했다. 주로 유럽 대륙에서 발견되는 네안데르탈인보다 더 중요한 화석이라는 것이다. 그러나 30년대 이후 다양한 인류 화석이 발견되면서, 필트다운인의 발견 장소나 형태 등이 너무 뜬금없다는 지적이 계속 제기되었다. 많은 인류학자가 필트다운인의 진위에 대해서 회의적인 반응을 보였지만, 키스는 고집을 꺾지 않았다. 결국, 1953년 정밀 검증을 통해 필트다운인이 조작된 화석이라는 것이 밝혀지자 마지못해 키스는 이를 인정했다. 여든이 넘은 키스는 자신이 40년 넘게 속아왔다고 술회하였다.

을 주된 증거로 활용하며 유럽 기원설을 뒷받침했다.[134] 그러나 레이먼드 다트가 1925년 남아프리카 타웅 지역에서 오스트랄로피테쿠스 아프리카누스(*Australopithecus africanus*) 화석을 발견하면서 세기적 논쟁이 시작되었다.[135] 다트에 대해서는 뒤에서 다시 다룬다.

당시 다트의 발표는 학계에 큰 파장을 일으켰고, 아프리카에서의 인류 기원설이 점차 주목받기 시작했다. 앞서 언급한 대로 다윈은 이미 인류의 조상이 아프리카에서 기원했을 가능성에 대해 시사한 적이 있었다. 그러나 키스는 다트의 발견에 대해 맹렬하게 반대하고, 단지 어린 유인원 화석에 불과하다고 비난하였다. 아프리카의 기후와 환경은 인간 진화에 불리하다고 주장하며, 아프리카에서 발견된 화석이 인간 진화사를 추정하는 데 필수적인 단계와는 거리가 멀다고 보았다. 하지만 키스의 주장은 점차 힘을 잃었다. 아프리카에서 발견된 화석, 특히 로버트 브룸이나 루이스 리키 등의 연구 결과는 아프리카 기원설을 더욱 확고히 하였다.[136] 브룸이나 리키 가문에 대해서는 뒤에서 다시 다룬다.

키스는 당시 여러 지식인과 함께 유럽 중심적 인종 이론을 밀고 나갔다. 골턴주의(Galtonism)에 입각한 '과학적 인종주의'로, 이는 앞서 설명했듯이 동물 교배에 관한 논리를 인간의 혼혈에 적용한 것이었다.[105] 이에 따르면 인종의 교배는 열등한 자손을 만들 수 있기 때문에 인종을 분리해야 한다. 특히 여러 인종 중에서, 코카소이드, 몽골로이드, 니그로이드 간의 교배가 불리하며, 인종 간의 혼인은 유전적 열등성을 초래할 수 있다고 보았다. 키스는 인종적 순수성을 유지하는 것이 인류의 진화를 위해 필수적이라는 견해를 고수하였다. 또한, 인종 간 혼합이 단순한 생물학적 문제를 넘어 사회적 불안정과 갈등을 일으킬 수 있다고 주장하였다. 인종 간의 문화적 차이가 혼합 과정에서 충돌을 일으킬 수 있으며, 이로 인해 혼란이 생길 수 있다는 것이다.[137] 심지어 말년의 키스는 전쟁이 '자연의 가지치기 도구'라고 언급하기도 하였다. 키스의 인종 분리 주장은 오늘날 인종차별적 관행과 관련하여 크게 비판받고 있으며, 그의 인종 이론은 현대 인류학과 생물학계에서는 기각되었다.[138]

엘리엇 스미스는 호주에서 태어나 영국에서 활동한 저명한 해부학자이자 이집트학 연구자였다.• 백 개가 넘는 뇌 해부를 통해서 일차 시각 피질(Brodmann의 17번 영역)의 경계에 초승달 모양의 이른바 월상구(달모양고랑, lunate sulcus)이 있다는 사실을 밝혔다. 이는 레이몬드 다트가 타웅 아이의 두개골에서 확인한 고랑과 일치하는 것이었다. 또한, 프레더릭 우드 존스(Frederic Wood Jones, 1879~1954)와 함께 침수 위기에 처한 누비아 유적지를 보존하기 위한 고고학 조사에서 자문 역할을 맡았으며, 이집트 미라의 뇌를 연구하는 과정에서 방사선 촬영 기법을 최초로 사용하여 미라를 비파괴적으로 분석하는 성과를 거두기도 하였다.[139]

엘리엇 스미스는 선사시대의 과확산설(hyperdiffusionism)을 강력하게 주장한 인물이다. 과확산설이란 문화적 혁신은 단 한 번 단일 출처에서 발생하고, 이후 지리적으로 확산된다는 주장이다. 과확산설에 따르면 세계 여러 지역, 특히 신대륙의 문화와 관습은 궁극적으로 이집트, 혹은 경우에 따라 아시아에서 기원한 것이다. 이집트 중심적 과확산설(Egyptocentric hyperdiffusionism)에 의하면, 이집트 문명이 시리아, 크레타, 동아프리카, 남부

• 시드니 대학교에서 의학박사를 받았지만, 주로 인류학자와 고고학자로 활동했다. 그래프턴 앨리엇 스미스는 그래프턴이 이름이지만, 흔히 앨리엇 스미스로 부른다. 엘리엇은 중간 이름이지만, 더 간결하므로 앨리엇을 선호했다. 종종 영어권에서 중간 이름을 선호하는 때도 있다.

아라비아, 수메르로 직접 퍼졌으며, 다른 지역은 2차 확산의 영향을 받았다고 설명한다. 이집트의 비옥한 토양은 풍부한 여가를 보장해 예술과 공예가 발달할 수 있었고, 농업이 시작되었으며, 이후 메소포타미아로 전파되었다는 식이다.[140] 반면에 엘리엇 스미스는 지중해 지역에 살았던 인종을 현대 인류의 조상으로 간주했다. 지중해 인종이 레반트, 이집트, 서유럽, 그리고 영국 제도를 포함한 넓은 지역을 차지했다는 것이다.[141,142] 크로마뇽인(Cro-Magnon)을 비롯해 대뇌가 발달한 화석이 주로 유럽에서 발견되는 점이 유럽기원설의 근거라고 보았다. 한편, 스미스는 이집트에 이른바 태양·거석(heliolithic) 문화가 있었다고 주장했다. 거석을 사용하여 건축하고, 태양을 숭배하는 문화가 다양한 지역에서 나타나는데, 이는 해양을 통해 이집트의 문화가 전파된 결과라고 생각했다.•

참고로 위에서 언급한 프레더릭 존스는 박물학자이자 해부학자, 인류학자로 수상 인류 가설(arboreal man hypothesis)을 제안한 인물이다.[143] 인류가 나무 위에 살면서 자유로운 양손과 유연한 사지, 그리고 시각 및 감각 운동 능력의 발달 등 신체적·행동적 특징이 형성되었다는 가설이다. 또한, 안

• 지금 주류 고고인류학계에서는 과확산설을 유사고고학(pseudo-archaeology)으로 간주한다. 다양한 문화에서 비슷한 유물이나 관습이 관찰되는 이유는 수렴 진화의 결과로 보는 것이 더 합리적이다. 사실 과확산설의 가장 극단적인 형태는 외계문명기원설(directed panspermia 혹은 ancient astronaut hypothesis)이다. 외계인이 생명체와 문명을 지구로 보냈다는 주장인데, 놀랍게도 DNA 이중나선 구조를 발견하여 노벨의학상을 수상한 프랜시스 크릭(Francis Crick)도 이 가설을 신봉했다. 이를 우주적 가역성(Cosmic Reversibility) 이론이라고 하는데, 인류가 탐사선 등으로 다른 행성에 인공물을 보낼 수 있다면, 다른 외계 문명도 역시 같은 행동을 했을 수 있다는 것이다. 이러한 기상천외한 주장이 늘 큰 인기를 얻는 이유는 다분히 심리적이다. 미지의 고대사에 관한 낭만적 호기심, 단순한 일괄 설명에 관한 선호, 기존 학계에 대한 불신과 회의감, 자신만이 진실을 알고 있다는 우월감, 자신의 문명이 가장 오래되었고, 가장 위대한 문명이라는 자문화 중심주의와 민족주의적 자부심, 특별한 혈통에 관한 토테미즘적 선망 등의 주된 원인일 것이다. 지금도 고인류학이나 진화인류학에 관한 대중적 관심의 상당 부분은 이러한 심리적 동기에 의한 것인데, 막상 이들은 주류 인류학이나 고고학을 접하면 급속도로 흥미를 잃어버린다.

경원숭이 가설(tarsian hypothesis)로도 유명하다. 인간이 다른 영장류와의 공통 조상에서 분기한 것이 아니라 안경원숭이 등의 원원류에서 진화했다는 것이다. 지금은 받아들여지지 않는다. 아울러 존스는 인간과 다른 영장류의 유사성은 수렴 진화에 의한 결과라고 하였다.[144,145] 기본적으로 존스는 다윈주의를 따르지 않았고, 자연 뒤에 존재하는 우주적 목적에 관한 신념을 바탕으로 다윈의 진화론을 비판하기도 하였다.

아무튼, 앨리엇 스미스는 문화적 확산이 특정 인종과 반드시 연결되어 있지 않다고 보았고, 문명의 확산은 주로 아이디어의 확산이지, 특정 부족이나 민족의 확산이 아니라고 주장했다. 이러한 주장은 간단하고 명쾌하여 큰 인기를 끌었고, 식민주의자가 문명을 전파하여 미개한 부족을 계몽하고 있다는 식으로 식민주의의 도덕적 타당성을 부여하기도 하였다. 그러나 이후 다양한 지역에서 자생적 문명의 근거가 발견되면서 지금은 학계에서 거의 기각되었다.

흥미롭게도 스미스는 인간이 충분한 인지적 능력을 발달시킨 후에야 직립했으며, 그 이전에는 네 발로 걸었다고 주장하기도 하였다.[142] 지금은 두발걷기가 인지 능력의 진화에 선행하였다고 간주된다.

이러한 큰 실수에도 불구하고 스미스는 영장류 뇌 진화 연구를 선도한 훌륭한 인류학자다. 스미스에 따르면 뇌의 진화는 단계적으로 진행되었다. 먼저, 초기 영장류 조상은 후각이 발달한 뒤쥐류 등 곤충을 먹는 동물로부터 진화했으며, 이후 뇌의 대뇌피질이 확장되어 시각에 의존하는 동물로 진화했다. 다음 단계로 시각이 예리해지고 손재주가 뛰어난 동물이 등장했으며, 원숭이 단계에서는 시각과 손의 능력이 더욱 발달하였고, 사회적 행동과 도구 사용 능력이 발달했다. 마지막 단계에서 손을 사용해 도구를 만들고 사용하는 능력을 갖춘 동물이 나타났다는 이야기다.[146,147] 이러한 주장은 구체적인 세부 사항에서는 다소 오류가 있지만, 전반적인 진화적 과정을 설명하는 데는 아직도 유용하게 활용되고 있다.

레이먼드 아서 다트(Raymond Arthur Dart, 1893~1988)는 호주 출신의 해부학자이자 인류학자로 영국에서 체질인류학 교육을 받았다.• 1922년 다트는 앨리엇 스미스와 아서 키스의 권유로 남아프리카 공화국 요하네스버그에 있는 위트워터스랜드 대학교의 신설 해부학과 교수로 임용되었다. 1924년 다트는 남아프리카 북서부 타웅(Taung)에서 최초의 오스트랄로피테쿠스 아프리카누스, 즉 타웅 아이(Taung Child) 화석을 발견했다.[135] 다트의 학생이었던 조제핀 샐먼스(Josephine Salmons)••는 치과의사 친구였던 E. G. 셔틀워스(E. G. Shuttleworth)의 집 벽난로 위에 장식된 개코원숭이의 화석을 보고, 이를 다트에게 알렸다. 이후 다트가 해당 화석의 출처인 채석장에서 표본을 구해 달라고 요청한 것이 계기가 되어, 세기의 대발견으로 이어지게 되었다.

그러나 이 발견은 강력한 반대에 직면했다. 당시 유럽기원설이나 아시아기원설과 배치되는 발견이었기 때문이다. 특히 스승이었던 앨리엇 스미스와 아서 키스의 반대가 격렬했다. 하지만 다트의 이론은 로버트 브룸에 의해서 강력하게 지지받았다. 이후 브룸은 스테르크폰테인(Sterkfontein)을 비롯한 고고학적 유적지에서 추가적인 오스트랄로피테쿠스 화석을 대거

• 어린 시절 호주의 농장에서 성장했다. 형편이 어려워 장학금을 받고 퀸즐랜드 대학교에 입학해서 생물학을 공부했고, 다시 시드니 의대에 진학하여 의학 학위를 받았다. 제1차 세계대전 후 앨리엇 스미스의 권유로 유니버시티 칼리지 런던에서 수석 강사로 1920년부터 근무했다.

•• 일설에 따르면, 샐먼스는 위트워터스랜드 의과대학의 유일한 여학생이었다.

발굴하였고, 다트의 연구를 실증적으로 지지할 수 있었다. 결국, 키스는 다트의 연구가 옳았음을 인정하게 된다. 이러한 흥미진진한 이야기는 로버트 아드레이(Robert Ardrey, 1908~1980)의 대중서를 통해서 세상에 크게 알려지게 되었다. 아드레이는 『아프리카 창세기(African Genesis)』라는 저서를 통해 다트의 이론을 일반 대중에게 소개하며, 인류 진화에 관한 관심을 확산시킨 인물이다.[148] 브룸과 아드레이에 대해서는 뒤에서 다시 다룬다.

물론 다트의 이른바 '킬러 에이프(Killer Ape)'* 이론은 나중에 반박되기도 했지만, 다트의 타웅 아이 발견은 고인류학의 역사를 바꾼 기념비적 연구다.[149,150] 다트는 동굴 퇴적물에서 발견된 뼈와 뿔 등을 근거로 초기 인류의 조상이 주로 사냥과 싸움을 통해 생존했다는 가설을 제시하며, 이들이 공격적 행동을 통해 다른 종과의 경쟁에서 우위를 점했다고 주장했다.[151]

앞서 말한 로버트 브룸(Robert Broom, 1866~1951)은 영국-남아프리카 출신의 산부인과 의사이자 고생물학자로서, 인류 진화 연구에 중요한 이바지를 한 학자다.** 브룸은 독실한 신자였으며, 진화 현상에 신의 설계가 반영되어 있다고 생각했다. 브룸은 특히 남아프리카 지역에서 발견된 파충류에 가까운 고대 포유류 화석에 관한 연구를 통해 널리 알려졌다. 그의 연

---

* 킬러 에이프 이론은 인간의 진화 과정에서 폭력과 공격성이 중요한 역할을 했다는 주장이다(살인 유인원, 살해 유인원 등의 번역어가 적당하지 않아 그대로 썼다).

** 글래스고대 의과대학에서 의학을 전공했다. 당시 남아공으로 이주하게 된 계기는 해리 고비어 실리(Harry Govier Seeley, 1839~1909)의 조언이었는데, 실리는 공룡을 조반류(Ornithischia)와 용반류(Saurischia)로 나눌 것을 제안한 인물이다. 하지만 실리는 공룡이 새로 진화했다는 주장에 대해서는 회의적이었고, 이로 인해 토머스 헉슬리와 대립하기도 하였다. 남아프리카 공화국 스텔렌보스 대학교에서 1903년부터 1910년까지 동물학 및 지질학 교수로 재직한 것을 시작으로 고생물학자, 고인류학자로 활동했다.

구는 남아프리카의 독특한 지질학적 환경에서 발생한 고생물학적 현상을 규명하는 데 중요한 역할을 하였다. 브룸은 1892년에 결핵에 걸릴 것을 걱정하여 호주로 이주해서 유대류와 단공류에 관한 해부 연구를 하며, 시골 의사로 지내기도 했다. 그러던 중 남아프리카의 포유류에 관심을 두게 되어, 아예 이주했다. 타웅 아이의 발견 이후 인류 조상의 화석 연구에 깊은 흥미를 느꼈고, 남아프리카 북서부 요하네스버그 인근의 돌로마이트(Dolomite)• 동굴에서 더 최근의 화석을 연구하기 시작했다.

브룸은 68세의 나이에 트란스발 박물관(Transvaal Museum)의 큐레이터로 임명되었고, 스테르크폰타인 동굴에서 다수의 포유류 화석을 발견했으며, 적지 않은 오스트랄로피테쿠스 화석을 발견했다.[152] 초기에는 플레시안트로푸스 트란스발렌시스(*Plesianthropus transvaalensis*)로 명명되었지만, 이후 오스트랄로피테쿠스 아프리카누스의 성체로 재분류되었다. 그중에서도 가장 주목할 만한 것은 1947년에 발견한, 두개골 화석이다. 약 260만 년 전에 살았던 초기 인류의 두개골로, '플레스 부인(Mrs. Ples, Sts 5)'이라는 별명을 가지고 있다. 처음에는 여성의 두개골이라고 생각했지만, 지금은 확실하지 않은 것으로 생각된다. 두개골 하부 대공(foramen magnum)의 위치를 통해서 오스트랄로피테쿠스가 직립 보행을 했음을 밝혀낼 수 있었다. 말년의 브룸은 이른바 '인류의 요람(Cradle of Humankind)'이라는 별명이 붙은 남아공의 여러 지역에서 인류의 기원을 찾는 데 엄청난 이바지를 하였다. 1937년, 가장 중요한 발견을 했는데, 바로 강건형 인류인 파란트로푸스 로부스투스(*Paranthropus robustus*)다. 브룸은 크롬드라이(Kromdraai)와 스와트크란스

• 돌로마이트 동굴은 주로 탄산칼슘과 탄산마그네슘으로 구성된 퇴적암에서 생기는 동굴로, 한반도에 흔한 석회암 동굴과 비슷하다.

(Swartkrans) 등의 유적지에서도 중요한 화석을 발견하였으며, 이를 통해 오스트랄로피테쿠스와 파란트로푸스가 서로 다른 진화적 경로를 통해 인류의 진화 과정에 기여했음을 증명하였다. 이러한 연구 결과를 바탕으로 브룸은 존 탈보트 로빈슨(John Talbot Robinson, 1923~2001)•과 함께 식단 가설(dietary hypothesis)을 제안했다. 오스트랄로피테쿠스와 파란트로푸스 혹은 강건한 오스트랄로피테신의 차이는 두 집단의 주된 식단에 기인한다는 주장이다. 즉 파란트로푸스는 섬유질이 많은 딱딱한 식물성 음식을 먹었고, 오스트랄로피테쿠스는 잡식을 했다는 것이다. 그리고 이러한 잡식 성향은 다양한 생태적 환경에 적응할 수 있도록 도왔다는 주장이다. 지금은 식단만으로 진화적 분기를 설명하는 것은 과도한 단순화라는 지적을 받고 있다.

그뿐만 아니라 브룸은 오스트랄로피테쿠스 계열의 다양한 화석을 조사하여,[153] '분리주의자(splitter)'로 불릴 만큼 다양한 종을 세심하게 구분하고 자세히 연구하였다.[154] 이러한 연구 성과는 인류학계 내에서 점차 인류의 아프리카 기원설을 지지하는 강력한 증거로 작동하였다.

또한, 토머스 윙게이트 토드(Thomas Wingate Todd, 1885~1938)도 빼놓을 수 없는 영국 인류학자이다.•• 포유류와 인간의 차이에 관한 다양한 연구를 진행했다. 3,000개 이상의 인간 골격과 수백 개의 영장류 골격이 포함된 해

• 로빈슨은 남아공 출신의 고인류학자다. 브룸의 조수로 일하며 '플리스 부인' 화석을 발견하고, 식단 가설, 파란트로푸스, 오스트랄로피테쿠스, 텔란트로푸스(*Telanthropus*) 등의 분류에 관한 가설을 제시했다. 텔란트로푸스는 완성이라는 그리스어 'telos'에서 따온 것이지만, 더 이상 사용하지 않는 분류군이다. 지금은 호모 에렉투스로 분류한다.

•• 맨체스터대 의과대학을 수석으로 졸업한 토드는 북미로 이주하여 웨스턴 리저브 대학교 해부학 교실 및 클리블랜드 자연사박물관(Cleveland Museum of Natural History)의 큐레이터를 지냈다. 미국 과학진흥협회(AAAS) 인류학 섹션의 의장을 두 번 지냈고, 미국 체질인류학회(American Association of Physical Anthropologists, AAPA) 창립에 중요한 역할을 하였다.

먼-토드 골학 컬렉션(Hamann-Todd Osteological Collection)을 클리블랜드 자연사박물관에 설치했다.[•] 특히 골격 연령과 발달에 관한 연구를 진행하면서 뼈를 통해 연령을 추정하는 방법을 제안했다. 초기에는 유전의 중요성을 강조했으나, 골격의 가소성(plasticity)을 연구하면서 점차 고정불변의 인종결정론에 반대하는 입장을 취했다. 4절에서 언급할 윌리엄 몬터규 콥, 그리고 루스 소텔 월리스(Ruth Sawtell Wallis)[••] 등 초기 여성 인류학자를 지도하기도 하였다.[155,156]

한편, 호주 출신의 저명한 고고학자 비어 고든 차일드(Vere Gordon Childe, 1892~1957)는 주로 거시적 관점에서 선사시대의 변화 양상을 연구했다.[•••] 그는 역사적 유물론에 입각하여 고고학적 데이터를 해석했으며, 기술 혁신과 경제적 발전을 통해서 인류 사회가 발전한다고 하였다. 하지만 사회 변화를 설명하면서 계급투쟁의 역할을 과소평가했다는 비판을 받았다. 또한, 문화가 중심지에서 주변으로 전파된다는 확산주의를 지지했으나, 이 이론은 내적 변화 요인을 간과했다는 점에서 이후 학계의 비판을 받았다. 특히 그가 말하는 '혁명(revolution)'이 실제로는 여러 지역에서 수천 년이

• 칼 어거스트 해먼(Carl August Haman, 1860~1942)은 웨스턴 리저브 대학교 해부학 교수였다.

•• 래드클리프 칼리지를 졸업하고 컬럼비아 대학교에서 보아스의 지도를 받아 연구했다. 햄린 대학교에서 근무하던 중 대공황이 터지자 부부가 모두 교수라는 것은 있을 수 없다는 이유로 사직했다. 남편은 미네소타대의 인류학자 윌슨 달람 월리스(Wilson Dallam Wallis)였다. 전시에는 국방부에서 군인을 위한 일본어와 일본문화 훈련에 개입했고, 종전 이후 애너허스트 칼리지에서 교수를 지냈다.

••• 시드니 대학교를 졸업하고 옥스퍼드 대학교에서 고고학을 전공했다. 마르크스 이론을 신봉하며 사회주의 운동에 동참했고, 이로 인해 호주에서 경력을 계속 유지할 수 없었다. 영국에서 왕립인류학연구소의 사서로 일하며 연구를 이어나갔고, 이후 에든버러 대학교와 런던 고고학연구소(Institute of Archaeology, London) 등에서 다양한 발굴 작업을 지휘했다. 선사학회(The Prehistoric Society)의 초대 회장을 지냈다. 1956년 연구소장직을 그만두고 호주로 돌아간 그는 블루마운틴의 한 절벽에서 투신자살했다.

넘는 기간 동안 서서히 지속되었기 때문에, 혁명이라는 용어가 적당하지 않다는 비판을 받았다. 실제로 서아시아와 동아시아, 아프리카, 아메리카 등은 유럽과 상이한 '혁명'의 시기를 보이므로, 차일드의 주장처럼 단일한 '혁명'이 인류 사회에 일어났다고 하기는 어렵다. 그러나 신석기 혁명(Neolithic Revolution)과 도시 혁명(Urban Revolution)이라는 개념을 처음 도입했고, 이는 다양한 제한점에도 불구하고 인간 행동을 진화적, 고고학적 관점에서 설명하는데 유용한 이론적 틀로 활용되고 있다.

참고로 신석기 혁명은 신석기 시대가 시작될 무렵, 작물 경작과 가축 사육, 토기 사용, 간석기, 안정된 식량 공급, 인구증가, 정착 생활, 마을 형성 등의 여러 현상이 한 번에 일어났다는 뜻이다.• 또한, 도시 혁명은 청동기와 철기시대가 시작될 무렵, 더 큰 정착지, 전문 장인, 비실용적인 거대건축물, 잉여 생산물과 사회적 불평등, 문자의 발명, 교육 증가 등의 여러 현상이 한 번에 일어났다는 것이다. 이는 앞서 말한 인류학자 루이스 모건의 주장이 반영된 것이다.••

한편, 리키 가문(Leakey family)은 20세기와 21세기에 걸쳐 고고학과 인류학, 영장류학 분야에서 엄청난 이바지를 한 영국, 그리고 케냐의 저명한 가문이다. 루이스 리키(Louis Leakey, 1903~1972)는 케냐에서 어린시절을 보냈는데 현지 키쿠유족(Kikuyu)과 함께 생활하며 언어를 배웠고, 자연을 탐험하며 다양한 동식물을 수집하는 활동에 깊은 흥미를 느끼게 되었다. 리키는

• 그러나 서남아시아에서는 토기 사용 이전부터 농경과 정착이 일어나서 이른바 토기 없는 신석기(pre-pottery neolithic)라는 개념이 도입되기도 하였다.

•• 그러나 이러한 여러 현상이 한꺼번에 일어나지는 않았다. 예를 들어 안데스 문명은 문자가 없었고, 괴베클리 테페와 스톤헨지는 도시 형성 이전에 생겨난 거대건축물이다.

케임브리지 대학교에서 인류학과 고고학 등의 교육을 받은 후 동아프리카로 돌아와 케냐, 탄자니아 등지에서 고인류학 연구를 본격적으로 시작했다. 초기 발굴은 탕가니카에서 진행했는데, 이른바 카남 하악(Kanam jaw)과 칸제라 두개골(Kanjera skulls)을 발견했다.• 아내였던 고고학자 메리 리키(Mary Leakey, 1913~1996)도 루이스 리키와 함께 활동했다. 특히 올두바이 협곡(Olduvai Gorge)에서 발견한 호모 하빌리스(*Homo habilis*) 화석은 인류 진화 연구에서 중대한 발견으로 평가받는다.

루이스 리키는 고인류학뿐만 아니라 동물 행동 연구에도 기여했다. 침팬지 연구로 유명한 제인 구달(Jane Goodall), 고릴라 연구의 다이앤 포시(Dian Fossey), 오랑우탄 연구의 비루테 갈디카스(Biruté Galdikas) 등 세계적 영장류 학자를 젊은 시절부터 발굴하고 후원하여, 그들의 연구가 성공적으로 이루어질 수 있도록 지원했다. 리키는 애칭으로 이들을 '삼총사(trimates)'라고 불렀다.•• 리키 가문의 업적은 이후 루이스와 메리의 자녀에 의해 이어졌다. 아들인 리처드 리키(Richard Leakey)와 며느리인 마에브 리키(Maeve Leakey), 그리고 손녀인 루이즈 리키(Louise Leakey)도 모두 고인류학자로 활동했다.[157-159]

루이스 리키는 당시 널리 알려져 있던 올두바이 협곡의 지질학적 특성에 주목했다. 해당 지층이 중기 플라이스토세 시대로 거슬러 올라간다는 주장을 처음으로 제기한 독일의 지질학자 한스 렉(Hans Reck, 1886~1937)의 이론에 따라 발굴을 결심했다. 렉은 이미 1913년에 탄자니아 올두바이 협곡

• 탕가니카라는 이름은 아프리카에서 가장 오래된 담수호 중 하나인 탕가니카 호수(Lake Tanganyika)에서 유래한다. 19세기 후반부터 독일령 동아프리카로 통치되었고, 1961년 탕가니카의 독립 및 1964년 잔지바르(Zanzibar)와의 통합을 통해 탄자니아(Tanzania)가 탄생했다. 탕가니카와 잔지바르를 합친 말이다. 카남과 칸제라는 발굴 현장의 지명이다.

•• 혹은 리키의 천사들(Leakey's Angels)로 불리기도 한다.

에서 제2 지층(Bed II)에서 완전한 인간 해골을 발굴한 바 있으며, 이 해골을 약 60만 년 전의 것으로 추정했다. 당시에는 매우 이른 연대로 간주하였고, 학계에서는 인류의 초기 진화가 유럽이나 아시아에서 일어났다는 주류 이론에 더 무게를 두고 있었기 때문에 리키의 발견을 쉽게 받아들이지 않았다.[160,161] 이러한 상황에서 루이스 리키는 아프리카 대륙이 인류 진화의 중요한 중심지일 수 있다는 확신을 두고 발굴 작업을 추진했다.

1931년 11월, 루이스 리키는 렉과 함께 올두바이 협곡에서 본격적인 탐사를 시작했다. 그러나 초기 탐사는 여러 어려움에 직면했다. 리키가 사용한 장비와 연대 측정 방법에 대해 많은 의구심이 제기되었고, 당시 학계는 리키의 연구 결과에 회의적인 반응을 보였다.[162-164] 명성을 잃은 리키는 경제적 어려움을 겪으며 영국으로 돌아와 궁핍한 생활을 이어갔으나, 포기하지 않고 연구를 계속했다. 경찰 및 큐레이터 등 다른 직업을 병행하며 연구를 지속하던 끝에, 1959년 가문의 미래를 바꿀 결정적인 전환점을 맞이하게 된다. 아내와 함께 올두바이 협곡에서 중요한 화석, 즉 화석화된 두개골 OH 5를 발견한 것이다. 당시 이 화석은 진잔트로푸스(*Zinjanthropus*)로 명명되었으나,• 후에 파란트로푸스 보이세이(*Paranthropus boisei*)로 재분류되었다.[165] 이후 리키 가문은 탄자니아 올두바이 협곡에서 호모 하빌리스(*Homo habilis*)를 추가 발견하고, 케냐 투르카나 호수에서 호모 에렉투스와 호모 루돌펜시스(*Homo rudolfensis*)를 발견했다. 특히 투르카나 호수에서 발견한 호모 에렉투스는 투르카나 소년(Turkana Boy, KMN-WT 15000)이라는 별명이 있는데, 거의 완전한 형태로 골격이 발견되어 인류의 진화를 이

• 아랍어에서 'Zinj'는 동아프리카 해안 지역 혹은 흑인들의 땅을 의미한다. 메리 리키는 탄자니아 북부, 올두바이 협곡 응고롱고로 분화구(Ngorongoro Crater) 근처에서 이 화석을 발견했다.

해하는 데 크게 이바지하였다. 한편, 1948년 빅토리아 호수의 루싱가 섬에서 프로콘술 아프리카누스(*Proconsul*) 두개골을, 1961년, 포트 테르난(Fort Ternan)에서 케냐피테쿠스(*Kenyapithecus*) 화석을 발굴했다.•

이러한 발견은 아프리카가 인류 진화의 중심지였을 가능성을 강력하게 뒷받침하는 증거로 인정받게 되었다. 리키 가문은 아프리카 대륙에서 인류의 기원을 연구하는 데 평생을 바쳤으며, 현대 인류학과 고고학에 지대한 영향을 미쳤다. 리키의 업적은 단순히 화석을 발견한 것에 그치지 않고, 당시 학계에서 논란이 되었던 아프리카에서의 인류 기원 이론을 설득력 있게 지지한 것이다.

리키의 제자는 체질인류학의 확산기 인물이라고 하기는 어렵지만, 리키 가문의 연구와 연결되므로 여기서 간략히 소개한다. 먼저 제인 구달(Jane Goodall, 1934~)은 영국의 동물학자, 영장류학자, 체질인류학자로, 60년 동안 야생 침팬지의 사회적, 가족적 상호작용을 연구해온 세계적인 침팬지 연구의 권위자이다. 고등학교를 졸업하고 비서, 웨이트리스 등으로 지내던 구달은 1960년, 케냐 화이트 고지대(White Highlands)에 살던 고등학교 시절 동창의 농장에 방문했다. 그리고 나이로비의 코린던 박물관(Coryndon Museum)••에서 리키를 만나 곰베 스트림(Gombe stream) 국립공원에서 침팬지 연구를 시작하게 되었다. 리키는 침팬지 행동 연구가 인류의 조상을 추정하는 데 중요하리라 생각했지만, 마땅한 연구자를 찾지 못하던 상황이었

• 리키 가문의 발자취에 관한 더 자세한 이야기는 다음을 참고하기 바란다. Morell V., *Ancestral Passions: The Leakey Family and the Quest for Humankind's Beginnings*. New York: Simon & Schuster; 1995.

•• 현 케냐 국립 박물관

다. 구달은 이후 평생에 걸쳐 인간과 침팬지 간의 진화적 유사성을 밝히는 엄청난 발견을 이어나갔다.•

구달의 가장 유명한 연구는 바로 침팬지의 도구 사용 연구다. 인간만이 도구를 사용한다고 여겨졌던 당시의 기존 가설에 도전하며, 침팬지가 나뭇가지 등을 이용해 흰개미를 사냥하는 장면을 생생하게 기록했다.[166] 또한, 구달은 침팬지 사회에서 다양한 감정적, 사회적 행동을 관찰하였다. 침팬지들이 서로를 껴안고, 키스하고, 웃으며, 친밀한 관계를 맺는 행동을 목격했다. 이는 인간 사회에서 볼 수 있는 정서적 유대와 유사했다.[167] 구달은 인간과 침팬지 간의 사회적 행동과 가족 구조가 진화적으로 얼마나 유사한지를 확인했고, 인간의 사회적 행동이 진화 과정에서 어떻게 발전했는지에 관한 중요한 단서를 찾았다. 한편, 구달은 침팬지의 사회적 계층 구조를 조사하고, 그들이 사회적 경쟁을 통해 지위를 확보하는 과정을 연구하여 인간 행동의 진화적 연구에 크게 이바지하였다.

다른 중요한 발견은 침팬지의 사냥 행동에 관한 것이다.[168,169] 조직적 사냥 행위를 벌이는 침팬지의 행동을 통해서 인간의 조상이 수렵과 식육을 통해 지적 능력과 사회적 협동을 발전시켰을 가능성을 제시했다.[170] 침팬지 사이에서 영토를 둘러싼 충돌, 그리고 지배적 암컷이 다른 암컷의 자손을 죽이는 현상을 관찰하고, 이를 통해서 공격성과 폭력성의 기원에 관한 새로운 시각을 제시했다. 구달은 1977년, '제인 구달 연구소(The Jane Goodall Institute)'를 설립하였고, 온 여생을 바쳐 침팬지 보호와 연구를 진행하고 있다.

• 이러한 업적으로 케임브리지 대학교에서 동물행동학자 로버트 하인드로부터 학사와 석사 학위 없이 박사 학위를 받았다.

다이앤 포시(Dian Fossey, 1932~1985)는 원래 미국 출신으로 작업치료사로 활동했던 인물이다. 그러다 루이스 리키를 만나 삶의 행로가 바뀌게 되었고, 구달처럼 로버트 하인드로부터 박사 학위를 받았다. 산악 고릴라 연구와 보존에 평생을 바친 인물로 1966년부터 1985년까지 르완다와 콩고, 우간다 접경의 비룽가(Virunga)산맥에서 고릴라의 사회적 행동과 가족 구조를 연구하였다. 특히 해발 3,000미터를 넘나드는 곳에 연구 기지 '카리소케(Karisoke)'•를 세우고, 산악 고릴라의 생활 방식을 관찰하여 그들이 복잡한 사회적 관계를 맺고 있다는 것을 밝혀냈다.

포시는 고릴라가 가족 단위로 강력한 유대 관계를 맺으며, 그들 사이에서 감정 표현과 상호작용을 통해 협력하고 보호하는 행위를 관찰하였다. 또한, 고릴라의 다양한 소리와 신체 언어를 분석하여, 이들이 단순한 본능적 반응을 넘어 감정적이고 지능적인 상호작용을 한다는 점을 밝혔다. 특히 포시는 고릴라 개체 간의 식별을 위해 각 고릴라의 '코 무늬(nose print)'를 기록하여 개별 고릴라를 식별하는 방법을 개발하였다. 이러한 개체 식별 기술은 체질인류학적 연구에서 고등 유인원의 개체 구분과 행동 연구에 중요한 이바지를 하였으며, 이를 통해 각 고릴라 개체의 행동 패턴을 장기적으로 추적할 수 있게 되었다.[171,172] 안타깝게도 포시는 1985년, 카리소케 기지에서 살해된 채 발견되었다. 아마도 고릴라 밀거래 등을 둘러싼 주변 주민과의 갈등이 원인이었던 것으로 보인다. 포시가 생전에 설립한 '디지트 펀드(Digit Fund)'••를 발전시킨 '다이앤 포시 고릴라 펀드 인터내셔널(Dian Fossey Gorilla Fund International)'은 지금도 카리소케 연구 센터를 운영하

• 르완다 북서부에 있는 두 화산 '카리심비(Karisimbi)'와 '비소케(Bisoke)'의 이름을 합성하여 만든 것.

•• 포시가 가장 좋아하던 고릴라의 이름을 딴 것이다.

며 고릴라 보존 활동을 지속하고 있다.

한편, 비루테 갈디카스(Birutė Galdikas, 1946~)는 오랑우탄 연구와 보존에 있어 세계적인 권위자다. 원래 캐나다 출신이지만,• 조상은 리투아니아계로, 리키의 지도를 받아 인도네시아에서 오랑우탄을 연구했다. 1971년부터 시작된 연구는 오랑우탄을 대상으로 한 최초의 장기 연구 중 하나로, 당시까지 거의 알려지지 않았던 오랑우탄의 행동 양식, 생활 습관, 그리고 서식지에 대한 과학적 이해를 크게 확장했다. 오랑우탄의 생리적, 행동적 형질을 연구함으로써, 이들이 인간과 유사한 행동 형태를 보임을 밝히는 데 기여했다.

갈디카스는 보르네오섬, 인도네시아령 칼리만탄에 있는 탄중 푸팅(Tanjung Puting) 보호구역에 캠프 리키(Camp Leakey)로 명명한 캠프를 설치하고, 40년 이상 현장에서 오랑우탄을 연구했다. 오랑우탄이 복잡한 사회적 관계를 형성하며, 특정한 행동 양식을 통해 집단 내에서 의사소통하고, 자원을 공유하며, 생존 전략을 구사한다는 사실을 밝혀냈다. 이전에는 오랑우탄이 고립되어 단독 생활을 한다고만 알려져 있었다. 또한, 오랑우탄의 식단, 이동 경로, 번식 행태,•• 그리고 그들이 어떻게 서식지 내에서 상호작용하는지를 체계적으로 분석하였다.[173-175] 이러한 연구는 오랑우탄의 진화적 역할뿐만 아니라 인류의 조상들이 자연환경에 적응하며 생존한 방식에 관한 중요한 학문적 힌트를 주었다. 1986년, 갈디카스는 오랑우탄 보전과 서식

• 브리티시컬럼비아 대학교(UBC)에서 심리학을, UCLA에서 인류학을 전공했다.

•• 오랑우탄은 유인원 중에서도 가장 긴 모자 유대 기간을 보인다. 어미가 새끼를 6~8년(또는 그 이상) 정도 돌보는데, 이로 인해 개체군 크기가 쉽게 커지지 않는다. 이 때문에 오랑우탄 보존이 매우 어렵다.

지 보호, 재활 프로그램 등을 위한 NGO, '오랑우탄 파운데이션 인터내셔널(Orangutan Foundation International, OFI)'을 설립했다.

한편, 근대 영국의 여성 체질인류학자는 손에 꼽는다.• 도로시 개러드(Dorothy Garrod, 1892~1968)는 옥스퍼드 대학교에서 인류학을 전공한 여성 고고학자다.•• 지브롤터의 데빌스 타워(Devil's Tower)에서 네안데르탈인 두개골을 발견했고, 팔레스타인의 카멜산, 스쿨 동굴과 케바라 동굴에서 고인류 화석 발굴을 지휘했다.••• 케임브리지 대학교에 처음으로 임용된 여성 교수로 유명하다.

▣

영국의 체질인류학 초기 역사를 정리하면 다음과 같다. 영국 체질인류학의 태동기에는 헌터, 다윈, 헉슬리 등 여러 학자의 획기적인 기여가 있었다. 헌터는 인간과 동물의 해부학적 구조를 비교하는 선구적인 연구를 통해 체질인류학의 기초를 다졌으며, 다윈의 진화론은 체질인류학의 학문적 기반이 되어 인간이 자연적 과정에서 진화한 종임을 과학적으로 설명하는 데 기여했다. 헉슬리는 다윈의 진화론을 지지하고 이를 확산시키는 데 중요한 역할을 했으며, 인간의 해부학적 유사성과 진화적 연속성을 입증하는 연구를 통해 체질인류학의 발전에 기여했다.

• 리키의 삼총사는 근대 체질인류학자로 분류하기에는 좀 곤란하다.

•• 개러드의 아버지, 아치볼드 개러드(Sir Archibald Garrod)는 의사이자 생화학자로 옥스퍼드 의대 교수를 지냈다. 선천성 대사 이상증 등 멘델 법칙을 따르는 유전 장애를 연구한 것으로 유명하다.

••• 다음을 참고하기 바란다. Garrod DAE. *Excavations at the Cave of Shukbah, Palestine*. London: Council of the British School of Archaeology in Jerusalem; 1928.

이후 플라워, 키스, 다트, 브룸 그리고 리키 가문 등에 이르기까지 영국의 체질인류학자들은 인간과 영장류, 그리고 고대 인류 화석을 연구하며 인류 진화에 대한 이해를 넓혔다. 신체적, 사회적 행동을 연구함으로써 인류의 기원과 진화 과정을 더욱 명확히 밝혀냈고, 그 과정에서 진화론을 바탕으로 인류의 다양성과 공통된 기원을 설명했다. 또한, 토드와 후튼• 등은 미국의 체질인류학자를 양성하는 데도 큰 역할을 하였다. 영국 체질인류학의 연구 성과는 인류의 진화와 행동을 이해하는 데 있어 중요한 토대를 마련했으며, 오늘날 진화인류학 연구에 지대한 영향을 미치고 있다.

4. 미국

18세기부터 미국에서도 인간의 기원과 인류 변이에 관한 연구가 점차 시작되었다. 유럽에서의 자연철학적 연구가 신대륙으로 전파되며, 다양한 학문적 논의의 장이 열리게 되었다. 새뮤얼 스탠호프 스미스(Samuel Stanhope Smith, 1751~1819)는 인류학 연구의 중요한 선구자 중 한 명이었다.•• 인류의 기원에 관한 라마르크주의적 입장을 수용하였다. 새뮤얼 스미스는 인류가 단일 기원을 가지며, 인종 간 차이는 본질적이지 않고 단지 환경에 의해 나타난 연속적인 변이에 불과하다는 입장을 견지했다.[176]

새뮤얼 스미스는 흑인의 검은 피부색이 열대 지방에서 담즙의 분비가

• 후튼은 4절에서 다룬다.

•• 프린스턴 대학교(당시 뉴저지 대학교)의 교수로서 자연 철학을 연구한 장로교 목사였다. 스미스는 칼뱅주의 개혁 신학자이자 프린스턴 대학교 총장이었던, 존 위더스푼(John Witherspoon)의 영향을 받아 상식적 실재론(common-sense realism)과 경험주의에 입각한 철학적 입장을 가지고 있었다.

많아지면서 생기는 색소 침착의 결과라고 설명했다. 흑인의 피부색과 같은 생물학적 특징은 세대를 거듭하면서 특정한 환경에 적응한 결과일 뿐, 근본적인 인류의 본질적 차이를 나타내는 것은 아니라는 이야기다. 시간이 지나면서 다양한 환경에 적응한 결과 인간의 다양성이 나타났다고 설명하며, 서로 다른 인종이 별도의 기원을 가졌다고 주장하는 다지역기원론에 반대하였다. 특히 그는 린네, 뷔퐁, 블루멘바흐 등이 제안한 인종 분류에 반대하였다.[177]

스미스는 인간의 생물학적 형질과 사회적 지위 사이의 연관성을 강조한 당시 유럽의 지배적 견해와 달리, 환경이 인류에게 미치는 영향을 중심으로 논의를 전개함으로써, 현대적 의미에서의 환경적 적응과 생물학적 다양성에 관한 더 나은 이해로 나아가는 길을 열었다. 모든 인종이 본질적으로 평등하며, 인종 간의 차이는 단지 외부 조건에 의해 형성된 겉모습일 뿐, 타고난 열등성이나 우월성을 나타내는 것이 아니라고 주장하며, 특히 노예제에 반대했다. 특히 피부색, 얼굴 구조, 신장 등의 신체적 형질도 세대에 걸쳐 이동과 환경적 노출로 인해 변화할 수 있다고 믿었다.[177]

본격적으로 미국 체질인류학의 문을 연 인물은 새뮤얼 G. 몰턴(Samuel G. Morton, 1799~1851)이다. 종종 '미국 체질인류학의 아버지'로 불리는 몰턴은 의사이자 과학자로서 당시 과학계에 큰 영향을 끼쳤으며, 지질학, 해부학, 그리고 두개골 인류학에 여러 가지 중요한 공헌을 하였다. 블루멘바흐의 5분류 인종 체계를 바탕으로 총 900여 개 이상의 두개골을 수집하여 연구를 진행했다.* 각각의 인종을 더 세분해 여러 '군(families)'으로 구분했다. 예를 들어, 아메리카 원주민은 아메리칸과 톨텍(Toltecan) 군으로 나누었고, 말레이 인종은 말레이 및 폴리네시안 군으로 나누었다.[178] 이 연구는 당시로서는 가장 방대한 두개골 수집과 분류 작업 중 하나였다.[179]

몰턴은 이러한 방대한 자료를 바탕으로 아메리카 원주민의 두개골에 관한 책인 『아메리카인의 두개골(Crania Americana)』을 펴냈다.[180] 몰턴의 가장 유명한 저서 중 하나인 이 책에서 아메리카 원주민, 아프리카인, 유럽인 등 다양한 인종의 두개골을 비교하면서 인종 간의 차이를 과학적으로 설명하려고 했다. 두개골 용적을 측정하는 여러 방법을 개발했으며, 이를 통해 인종 간의 지적 능력 차이를 주장하는 이론을 제시했다. 당시 과학계에서 몰턴은 인종 연구의 선구자로 여겨졌지만, 다른 한편으로 그의 연구는 당시 사회적 편견을 반영하는 동시에 선입견을 강화하는 역할을 하였다. 특히 몰턴은 유럽인의 두개골이 다른 인종의 두개골보다 크다고 결론지었고, 이를 근거로 유럽인이 지적으로 우월하다고 주장했다. 이러한 연구는 이후 브로카와 알레시 흐르들리치카의 연구에 큰 영향을 미쳤다. 흐르들리치카에 대해서는 뒤에서 다룬다.

몰턴의 두개골 연구는 수십 년 후 굴드를 포함한 여러 학자에 의해 비판받았는데, 특히 굴드는 몰턴이 데이터를 의도적으로 왜곡하여 유럽인의 우월성을 주장했다고 비판했다.[31] 몰턴의 연구는 그가 발전시킨 과학적 방법론과 그로 인해 형성된 인종적 편견이 서로 얽혀 있음을 보여주는 중요한 사례다.

아무튼, 몰턴은 이른바 미국 학파 민족학(American School Ethnology)을 시작하면서, 다지역기원설을 지지했다. 성서적 세계관을 바탕으로, 각 인종이

• 몰턴이 평생 모은 두개골 컬렉션은 현재도 펜실베이니아 대학교 인류고고학 박물관(Museum of Archeology and Anthropology)에 남아있으며, 여전히 중요한 인류학적 연구 자원으로 사용되고 있다.

개별 창조되어 각각 고유·불변하는 형질을 부여받았다는 것이다. 짧은 시간 안에 인종 분화가 발생할 수 없다고 생각했고, 따라서 인종 간의 차이는 처음부터 존재했던 분리된 창조의 결과라고 보았다. 물론 노아의 세 아들에 기반한 고리타분한 주장을 곧이곧대로 받아들이지는 않았다. 하지만, 결과적으로는 성서 기반의 인종관을 나름의 방식으로 확장한 것에 불과했다.[31]

몰턴은 두개골을 측정하여 지능을 추정할 수 있다고 하였다. 몰턴에 따르면 인종 중에서 평균 두개강 용적이 1426cc로 가장 큰 백인이 지능이 가장 높으며, 두개강의 평균 용적이 1278cc로 가장 작은 흑인이 지능이 가장 낮다.[181] 몰턴의 연구는 과학적 근거를 가장한 인종주의적 이데올로기에 악용되었다. 심지어 고대 문명에 대해서도 인종적인 관점을 가지고 편파적으로 해석했다. 고대 이집트에 살았던 흑인의 존재가 고고학적 연구를 통해 밝혀지자, 몰턴은 막연하게 사회적 위계의 하위층, 즉 주로 노예였을 것이라고 주장했다.[182] 이집트 문명의 문화적, 기술적 성취가 흑인에 의해 이루어졌다는 가정을 인정할 수 없었던 것이다. 몰턴은 각 인종의 행동 형질에 대해서 이렇게 말했다.[183]

> 코카서스인은 가장 높은 지적 능력을 발휘할 수 있다. 아메리카 원주민은 농사를 꺼리고, 지식습득이 느리며, 불안과 복수심이 심하고, 전쟁을 좋아하며, 바다로 나가는 것을 꺼린다. 아프리카인은 유쾌하고, 유연하며, 나태하다.

몰턴의 연구는 인종 간의 지적 능력 차이를 강조했지만, 그의 연구가 왜곡되었다는 주장은 오랫동안 논란이 되었다. 앞서 말했듯이 굴드는 몰턴이 자신의 인종적 편견에 맞춰 데이터를 의도적으로 조작했다고 주장했다. 그러나 몰턴의 연구에 대한 재분석이 이루어지면서 굴드의 비판이 과장되었거나 정확하지 않을 수 있다는 의견도 제시되었다. 인류학자 제이슨 루이스(Jason E. Lewis) 등이 2011년에 발표한 연구에 의하면, 몰턴은 데이터를 왜곡하지 않았다. 분석 결과도 정확했다. 몰턴의 두개골 측정 방식이 당시로서는 합리적이었으며, 오히려 굴드의 비판이야말로 몰턴의 연구 방법론을 잘못 해석한 결과라는 것이다.[184,185]

또한, 인류학자 앨런 만(Alan Mann)도 몰턴의 연구가 왜곡되었다는 주장이 과연 타당한지 의문을 제기했다. 굴드가 몰턴의 두개골 컬렉션을 직접 조사한 기록이 없으며, 단지 몰턴이 제시한 데이터 세트를 바탕으로 이루어진 것이라고 비판했다. 아프리카계 두개골을 의도적으로 작은 것을 선택해 아프리카인의 두개골 용적을 더 작게 보이도록 했다는 굴드의 비판에 대해서도 회의적으로 보았다.[186]

한편, 인류학자 에밀리 렌슐러(Emily Renschler)는 몰턴이 사용한 아프리카계 두개골 표본에 대한 재검토를 통해 몰턴이 분석한 두개골이 대부분 청소년기 및 20대 초반의 아프리카계 사람이며, 이 표본이 쿠바로 보내진 노예무역의 희생자라는 점을 확인했다. 즉 두개골의 왜소한 크기는 단지 당시 노예무역과 관련된 특정 집단의 인구학적 특성을 반영한 것이라는 지적이다.[187] 인류학자 C. 로링 브레이스(C. Loring Brace)는 몰턴의 연구가 인종적 편향을 내포하지 않았다고 주장했는데, 몰턴이 개발한 측정 기법의 과학적 중요성을 높이 평가하며, 두개골을 측정하고 다양한 인종의 두개골 크기 차이를 비교하는 과정에서 수치적 접근을 효과적으로 도입했다고 보았다. 즉 인종차별적 주장에 악용된 측면과는 별개로, 몰턴의 인류학적 기여를 인정해야 한다는 것이다.[178] 몰턴의 연구는 비록 일부 사소한 계산 오류와 누락이 발견되었지만, 의도적으로 조작되지는 않은 것으로 보인다.

그러나 연구 방법의 정확성을 차치하고, 두개강의 크기가 지능을 예측할 수 없다는 사실은 분명하다. 즉 방법이 옳았어도, 가설이 틀린 것이다. 지능은 매우 복잡한 인지적 능력으로, 두개골 크기 등의 단순한 신체적 형질로는 측정할 수 없다. 현대 신경과학의 여러 연구에 따르면 지능은 여러 요인에 의해 영향을 받는 복합적인 형질로,[188] 몰턴이 비록 의도적으로 데이터를 조작하지는 않았던 같지만, 연구의 결과는 과학적으로 큰 가치가 없다.

한편, 조사이어 클라크 노트(Josiah Clark Nott, 1804~1873)는 19세기 미국의 외과 의사이자 인종 이론가로, 다지역기원설을 강력히 지지한 인물 중 하나다. 몰턴과 마찬가지로 인종 간의 생물학적 차이가 고정불변한다고 보았다. 고고인류학자 조지 R. 글리든(George R. Gliddon, 1809~1857)과 함께 『인류의 유형들(Types of Mankind)』을 공동 저술했다. 이 책은 다지역기원설을 체계적으로 설명하고 '과학적 인종주의'의 기초를 마련한 저서로 평가된다.[189] 노예 소유주였던 노트는 백인이 다른 인종에 비해 지적으로 우월하며, 다른 인종은 본질적으로 하위적이라는 주장을 '과학적'으로 증명하려고 했다. 그는 흑인의 신체적, 도덕적 완전성은 노예 상태일 때 가장 잘 발휘할 수 있으며, 따라서 흑인들은 노예로 지내야 장수할 수 있다는 주장을 펼쳤다. 심지어 성서에 등장하는 아담은 백인일 것이라는 해석을 내놓기도 하였다. 그러나 성서에서 마음에 들지 않는 부분은 비판하면서, 사도행전

17장 26절의 '한 혈통'이라는 구절은 잘못된 것이라고 하였다.[190] 『개역개정 성경』에 의하면 해당 구절은 다음과 같다.

> 인류의 모든 족속을 한 혈통으로 만드사 온 땅에 살게 하시고, 그들의 연대를 정하시며 거주의 경계를 한정하셨으니.

글리든은 고고학자이자 인종 이론가로 인류학적 유적과 인류 기원을 연구하며, 인종차별적 이론을 정당화하기 위해 인류의 문화적, 신체적 다양성을 연구한 인물이다.[189] 다윈은 『인간의 유래』에서 노트와 글리든의 다지역기원설을 반박하기도 하였다.[30]

알레시 흐르들리치카(Aleš Hrdlička, 1869~1943)•는 체코(당시 보헤미아) 출신의 미국 인류학자이자 의사로, 20세기 초 미국 체질인류학을 대표하는 인물 중 하나다. 뉴욕에서 의학을 전공했지만, 앞서 말한 토피나드, 마누브리에, 샤를 자크 부샤르(Charles Jacques Bouchard)•• 등의 지도하에 파리에서 체질인류학을 공부하고, 프랑스 학파의 학문적 원칙과 전통을 미국 학계에 도입했다. 스미스소니언 자연사박물관에서 일하며 체질인류학 분야를 발전시켰으며, 현생 인류의 두개골과 인류 화석 연구를 통해 인류 진화와 이주에 관한 중요한 연구를 진행했다. '현대 인류학의 아버지' 중 한

• 뉴욕 미들턴의 주립 동종요법 정신병원(State Homeopathic Hospital for the Insane)에서 1894년부터 2년간 인턴으로 일하며 인류측정학에 관심을 두게 되었다. 흐르들리치카는 대체의학 중 하나인 동종요법 대학교(Homeopathic Medical College)에서 공부했지만, 의사면허 시험에 합격하여 정식 의사가 되었다.

•• 부샤르는 병리학과 생리학 영역에서 중요한 연구를 수행한 프랑스의 저명한 의학자이다. 또한, 프랑스 법의학의 토대를 세운 인물이기도 하다.

명으로 불리며, 1918년에는 《미국 체질인류학회지(American Journal of Physical Anthropology)》를 창간하기도 했다. 1930년에 미국 체질인류학회(AAPA)를 설립하며 초대 회장을 역임했다. 미국 최초의 전문 체질인류학자로 평가받는 인물이다.

흐르들리치카는 자신의 논문에서 체질인류학을 인간 변이 연구로 정의하면서, 인간의 신체적, 생리학적 차이를 비교 연구하는 것을 이 학문의 주요 목표로 설정했다. 그는 인류 진화 연구가 체질인류학에서 중요한 역할을 하지만, 인간 변이 연구에 비하면 부차적 주제에 해당한다고 보았다. 그의 연구는 진화론적 입장을 거의 반영하지 않았으며, 심지어 다윈도 거의 언급되지 않는다.[191] 퀴비에의 이론에 영감을 받아 세 가지 주요 인종 그룹(백인, 흑인, 황갈인)을 주장했다. 특히 아프리카 지역 및 비유럽지역을 함께 묶어서 황갈인(the yellow-brown)이라는 분류를 만든 것이 이채롭다.[192]

흐르들리치카는 인류의 유럽 기원설을 주장했다. 당시에는 점점 아시아 기원설이 득세하고 있었는데, 그는 라마피테쿠스(*Ramapithecus*)가 단지 영장류 화석에 불과하다고 하면서,• 인류의 최초 화석은 중앙 유럽에서 발견되었다고 하였다.

또한, 아시아에서 아메리카 대륙으로의 인간 이주 경로를 연구하면서, 아메리카 원주민이 약 3,000년 전에 베링해협을 통해 아시아에서 이주해

• 라마피테쿠스 화석은 1934년 인도 펀자브에서 발견된 치아와 하악골 등을 말한다. 한때, 라마피테쿠스는 초기 인류 조상으로 간주되어, 인류의 분기 시점이 1,500만 년 전으로 올라가기도 하였다. 그러나 1970년대 말, 라마피테쿠스와 현대 유인원, 다른 화석 유인원의 치아와 턱을 정량적으로 비교한 결과, 라마피테쿠스의 특징이 현대 인간과 유사하다는 초기 해석이 잘못되었으며, 같은 시기의 유인원인 시바피테쿠스(*Sivapithecus*)와 유사한 것으로 밝혀졌다. 한때는 케냐피테쿠스를 라마피테쿠스로 분류하기도 하였다.

왔다고 주장했다.[193] 이 주장은 현재 기각되었지만, 흐르들리치카는 아시아와 알래스카 지역에서 인류의 유골과 해부학적 연구를 통해 당시로서는 상당히 설득력 있는 주장을 하였다. 그는 19세기 말 학살된 미국 원주민의 유해를 샘플로 삼아 유골 컬렉션을 만들었는데, 심지어 아직 부패가 완전히 진행되지도 않은 유골을 허락 없이 수집하여 이후 심각한 논란을 낳았다.[181,194]

한편, 윌리엄 Z. 리플리(William Z. Ripley, 1867~1941)는 경제학자이자 인류학자였는데, 유럽인을 세 가지 인종으로 분류했다. 노르딕(Nordic), 알파인(Alpine), 그리고 지중해인(Mediterranean)이다. 이 분류 체계는 각 인종이 서로 다른 능력과 자질을 갖추고 있다는 가정을 기반으로 하였다. 특히 두개골의 형태, 피부 색소, 신장 등을 인종을 구분하는 지표로 삼았으며,* 두개골 형태를 측정하는 두개지수(cephalic index)**를 사용해 유럽인을 분류했다.[195]

리플리는 두개지수가 80 이상인 단두형(brachycephalic), 75에서 79 사이인 중두형(mesaticephalic), 그리고 두개지수가 75 이하인 장두형(dolichocephalic)이라는 기준을 통해서 알파인 인종을 단두형으로, 노르딕 인종을 장두형으로, 지중해 인종을 중두형으로 분류했다.[195]

리플리는 두개지수를 사용하여 행동상의 특징도 정의하려고 시도했다

---

* 두개학(craniology)은 척추동물의 두개골(cranium) 크기와 형태를 연구하는 학문으로, 한때는 인종 분류와 지능 연구에 이용되었다. 스웨덴의 의사이자 해부학자였던 안데르스 레치우스(Anders Retzius)는 두개골 길이와 너비의 비율을 계산하는 두개골 지표(Cranial Index)를 개발했고, 이를 통해 장두형과 단두형의 두개골을 분류했다. 두개지수와 두개골 지표는 거의 같은 의미로 쓰이지만, 대개 두개지수는 살아있는 사람의 머리를 대상으로, 두개골 지표는 해부학적 두개골을 대상으로 한다.

** 두개지수는 머리의 가로 길이(최대 너비)와 세로 길이(최대 길이) 사이의 비율을 백분율로 나타낸 값으로, 19세기와 20세기 초 인류학 및 인종 분류에서 자주 사용된 지표다.

(〈표 10〉). 노르딕 인종을 자연스러운 통치자와 행정가로, 알파인 인종은 농민 기질에 민주주의적 성향을 지니면서도 권위에 순종하는 경향이 있는 집단으로, 지중해 인종은 알파인보다 지적 능력에서 우월하지만, 문학과 과학 연구에서는 노르딕에 비해 뒤처진다고 평가했다. 이러한 인종적 편견은 당시 시대상과 맞물려 유럽 내 인종 서열화를 정당화하는 데 악용되었다.[196,197]

두개지수는 앞서 언급한 브로카에 의해 제안된 것으로 초기 인류학자에 의해 인종적 차이를 설명하는 주요한 방법으로 사용되었다. 그러나 인간 집단 간의 차이를 설명하는 데 있어 두개지수는 전혀 신뢰할 수 없다.[198,199] 특히 이를 강력하게 반대한 초기 인물이 보아스였다.

프란츠 보아스(Franz Boas, 1858~1942)는 독일 멘덴(Minden)의 유대인 가정에서 태어났다. 현대 문화인류학과 체질인류학의 선구자로, 인종적 차이에

표 10 리플리의 두개지수에 따른 행동 유형

	두개지수	행동과 성향
알파인	80 이상 (단두형, brachycephalic)	· 농민 기질 · 민주주의적 성향 · 권위에 순종하는 경향 · 낮은 지능 · 고등 문화(문학·철학·과학)에서 크게 두각을 나타내지 못함
지중해	75~79 (중두형, mesaticephalic)	· 알파인보다 지적 능력 우수 · 노르딕보다는 뒤처진다고 평가 · 예술성과 상업 능력이 우수 · 로마·그리스·페니키아 등 고대 문명을 예로 들어 문화와 상업 교류가 발달했다고 평가
노르딕	75 이하 (장두형, dolichocephalic)	· 탁월한 통치자와 행정가 · 지적·문화적 우월성 · 문학·과학 등에서 가장 높은 성취 · 바이킹과 게르만의 전통과 연결하여 혁신적이고 모험심이 강한 민족으로 묘사

대한 생물학적 설명에 반대하며 환경적 요인이 인간의 신체적, 정신적 발달에 더 큰 영향을 미친다고 주장했다. 보아스는 역사적 특수주의(historical particularism)와 문화 상대주의(cultural relativism)로 유명하지만, 원래 물리학과 지리학을 연구했고,• 두개골 연구에 매진하기도 했다.

역사적 특수주의란 각 사회(혹은 문화)는 고유한 역사적 과정을 거쳐 형성되었으며, '보편적' 진화 단계(한 문화가 인류 보편의 발전 단계를 대변한다는 사고방식)로 쉽게 환원할 수 없다는 것으로, 미국 인류학계에서 20세기 초반 주류 패러다임이 되었다. 그러나 역사적 특수주의는 각 문화를 설명할 때, 지나치게 사례별·맥락별로만 접근하기 때문에 분석적·이론적 일반화가 어려운 단점이 있다. 즉 민족지적 서술은 풍부하나, 왜 그 문화가 이렇게 형성되었는지에 대한 인과적·구조적 설명은 소홀하다는 것이다. 그래서 이후 문화생태학, 구조주의, 해석인류학 등 다양한 관점이 보아스 전통을 계승하면서도, 비교 문화 연구를 통해 이론화를 시도했다.

문화 상대주의란 어떤 문화를 이해할 때, 그 문화를 그들의 고유한 맥락과 가치 체계 속에서 판단해야 하며, 외부(특히 연구자 개인의 문화)의 기준으로 우열이나 도덕적 평가를 해서는 안 된다는 학문적 태도다. 그러나 보편적 도덕 가치를 무시하고, 사회정치적 부조리를 정당화하며, 과도한 주관주의에 이른다는 비판도 있다. 현재는 방법론적 문화 상대주의를 여전히 강조하되, 윤리적 상대주의는 제한적으로 보거나, 이를 보편 규범과 조화시키려고 한다.

한편, 보아스는 고고학, 체질인류학, 민족학, 언어학 등으로 인류학의

• 킬 크리스티안 알브레히트 대학교에서 물리학 박사 학위를 받았다. 박사 학위 논문 제목은 '물의 색채에 관한 인식의 기여(Beiträge zur Erkenntnis der Farbe des Wassers)'였다.

네 하위 분과를 구성해야 한다고 주장하여, 이후 인류학의 분과 체제에 큰 영향을 미치기도 하였다.[200] 인류학을 네 가지 분야로 보는 폭넓은 시각을 지녔으며, 본인 스스로 각 분야에 직접적인 학문적 기여를 했다.

보아스는 피르호의 해부학 연구에 참여한 적이 있는데, 앞서 언급한 대로 피르호는 다윈의 진화론을 강력하게 반대하는 인물이었다.[201] 피르호가 견지한 라마르크주의는 보아스의 사상을 형성하는 데 큰 영향을 미쳤다.

독일의 인류학자 아돌프 바스티안(Adolf Bastian, 1826~1905)•도 보아스에 영향을 주었는데, 바스티안은 모든 인간이 동일한 지적 능력을 잠재하고 있다고 주장했다. 즉 전 세계의 문화가 기본적으로 동일한 정신적 요소에서 비롯되었다고 주장하며, '인류의 단일성(unity of mankind)'을 강조했다. 바스티안에 따르면 인간의 문화적 관습은 모든 인간이 공유하는 보편적 사상(Elementargedanken)과 각 문화가 역사적, 환경적 요인에 따라 만들어간 고유한 사상(Volkergedanken)으로 나뉠 수 있다.[202,203] 따라서 문화는 환경과 역사적 조건에 의해 각기 다르게 발전한다. 문화적 차이는 오직 역사적 특수성과 환경적 조건에 의해 발생한다는 것이다.[204-206]

심리학자이자 인류학자인 테오도어 바이츠(Theodore Waitz, 1821~1864)••도 보아스에 영향을 준 인물로 알려져 있다. 1859년부터 1872년에 이르기까지 총 6권으로 구성된 『자연민족의 인류학』 제하의 책을 출간했다(마지막 2권

• 독일의 인류학자이자 민족학자로 베를린 민족학 박물관(현 독일 민족학 박물관)을 설립하고 이를 세계적인 민족학 연구의 중심지로 발전시킨 인물이다.

•• 라이프치히 대학교, 예나 대학교 등에서 철학과 언어학, 수학 등을 전공했고, 마르부르크 대학교에서 재직했다. 심리학이 모든 철학의 기초라고 주장하며, 관념론을 비판했다. 인류학적 차원에서 인간의 마음과 문화의 관련성을 규명하려고 시도했다.

은 다른 이가 정리했다). 이 저작에서 바이츠는 인간의 정신적 능력이 인종 간에 차이가 없으며, 모든 인간은 문화적 및 역사적 요인에 의해 형성된다고 생각했다.* 라마르크주의에 따라 생물체가 환경 변화에 따라 형질을 획득하고 이를 후대에 전달할 수 있다는 획득형질의 유전을 옹호했다.[207] 바이츠는 자신의 책에서 이렇게 말했다.

> 최근 민족지학과 인류학 분야의 저명한 학자들이 강조하는 바와 같이, 인종(race)은 단순히 해부학적 형질만으로 정의될 수 없으며, 동일한 대륙 내에서도 '미개한 종족(roh)'과 '문명화된 종족(gebildete Völker)'을 구분하는 것은 점진적 변화와 논리적 정합성 측면에서 적절하지 않다고 본다.

보아스는 몰턴과 노트 등의 '과학적 인종주의'에 도전하면서, 문화적 다양성을 주장하며 인종차별적 이론을 비판했다. 두개골 연구를 통해 인종 간의 신체적 차이가 환경적 요인에 의해 달라질 수 있음을 보였고, 인종이 고정된 생물학적 범주가 아니라는 점을 강조했다. 특히 인간 행동의 다양성은 선천적인 생물학적 요인에 의해 결정되는 것이 아니라, 사회적 학습을 통해 습득된 문화적 차이에 의해 형성된다고 하였다.[200] 따라서 인종은 단지 유전적 형질의 비율 차이로 구분된다고 주장하면서, 인종적 위계(hierarchy of races) 개념에 크게 반대했다. 오해의 소지가 많은 인종이라는 단어 대신 민족 집단(ethnic group 혹은 ethnies)이라는 용어를 사용하자고 하였다.

• 다음을 참고하기 바란다. Waitz T, Gerland G. *Anthropologie der Naturvölker*. 6 vols. Leipzig: F. A. Brockhaus; 1859-1872. (여기서 '자연민족(Naturvölker)'이란 비유럽 민족을 뭉뚱그려 '자연에 가까운 민족'이라는 의미로 지칭한 것이다.)

보아스는 문화 발전 단계를 진화적 과정에 따라 나누고, 서구 유럽 문화가 가장 발전된 문화라는 식의 정향진화론(orthogenesis)에도 비판적인 입장을 보였다. 문화는 다양한 상호작용을 통해 형성되므로 고등 문화와 하등 문화를 나눌 수 없다는 것이다. 대신, 다윈주의를 지지하며 자연선택 현상과 마찬가지로 비의도적 과정에 따라 문화적 패턴이 나타난다고 생각했다. 특히 정신적 능력은 목적 없이 나타나는 변이로서, 자연선택에 의해 지속되었다는 다윈의 주장•을 지지하였다. 하지만 동시에 문화와 역사적 현상에 관해서는 다윈 진화론을 그대로 적용하기 어렵다고 생각했다.[208]

보아스는 자신의 저서에서 원시인(또는 전통문화와 부족 문화를 유지하는 사람들)의 정신이 문명화된 인간의 정신과 본질적으로 다르지 않다고 하였다. 인간의 정신적 능력은 인종적 차이에 의한 것이 아니라, 역사와 문화에 의해 형성된다고 보았다. 소위 야만인과 문명인의 타고난 인종적 차이를 강조하는 대신, 모든 인간에게 공통적인 본성을 논의의 중심으로 삼았다. 타고난 인종적 차이라는 말 대신에, 모든 인간에게 '공통으로 나타나는 개별 본성'이라는 개념을 사용해야 한다는 것이다.[209]

보아스는 다윈주의를 지지했다. 앞서 언급한 대로 생물학적 진화이론은 민족학 연구에도 도움이 된다고 하였다.[210] 즉 보아스는 행동주의 심리학자 존 왓슨••과 달리 극단적 환경결정론자가 아니었다. 환경이 인간의 행동에 큰 영향을 미치지만, 유전적 요소도 함께 고려해야 한다는 점을 인정하였다. 그러나 당시 유행하던 신체 계측을 통한 체질 형질의 변

• 3절에서 제시한 다윈의 견해를 참고하라.

•• 왓슨에 대해서는 7장에서 자세하게 다룬다.

이 연구가 과연 타당한지에 대해서 강한 의문을 품었다. 인종 집단 내의 변이가 너무 크기 때문에, 인종이라는 개념이 과학적으로 유용하지 않다는 것이다. 게다가 당시에는 유전학이 충분히 발달하지 않았고, DNA도 발견되지 않은 시대였으므로 형질의 변이에 미치는 유전적 영향과 환경적 영향을 구분하는 것이 매우 어려웠다. 아마도 보아스는 다윈주의를 지지하면서도, 인간의 행동 양상이나 문화, 관습 등에 관해서는 라마르크주의에 더 가까운 태도를 보였던 것 같다.

보아스의 가장 유명한 생물인류학 관련 연구는 뉴욕 이민자 자녀의 신체 변화에 관한 것이다.[211] 기존에는 주로 이민자 간의 신체적 차이(예: 키, 두개골 크기)를 출신 지역에 따라 관찰하고, 이를 인종 간의 고유한 생물학적 차이로 설명했다. 그러나 보아스는 변화의 과정을 연구하며 환경적 요인이 신체에 미치는 영향을 조사하려고 시도했다. 시계열적 분석을 통해서 어머니가 미국에 도착한 지 10년 이내에 태어난 아이와 그 후에 태어난 아이 간에 체구의 차이가 있음을 확인했다. 이를 통해 신체적 특징이 유전되지만, 동시에 환경이 신체적 특징에 영향을 준다는 점을 밝혔는데, 이는 인종 간 차이가 불변한다는 기존의 믿음과 대립하는 것이었다.[212]

보아스의 이 연구는 현재까지도 논란이 지속되고 있다. 일부에서는 보아스의 연구 자료 재분석을 통해서 보아스가 내린 결론이 잘못된 것이라고 주장하고 있으며,[213] 다른 몇몇 연구에서는 데이터 분석이 대체로 옳았다고 주장하고 있다.[214-216] 의도적으로 보아스가 특정 데이터만 선택한 것은 아닌 것 같지만, 환경이 두개골 모양에 미치는 영향은 다소 과대평가되었을 가능성이 있다. 아무튼, 이에 관해서는 훗날 체질인류학자 윌리엄 W. 하웰스(William W. Howells, 1908~2005)•의 연구에 의해서 두개골 형태에 기반한 인종 분류 연구의 비과학성이 더욱 분명하게 입증되었다. 하웰스는 다변량 분석을 통해 두개골의 형태적 차이가 인종적 구분을 더 복잡하게 만든다는 사실을 밝혔다. 하웰스는 약 2,100개의 두개골(50명 남녀, 28개 집단)의 약 170,000개 측정치를 분석하며, 현대 인간 집단 간의 차이가 미미하다는 결론을 도출했다. 또한, 다변량 통계 분석을 활용하여 윌리엄 셸든의 체형론(somatotyping)을 비판했다. 체형은 단지 체구와 지방량으로 단순화해야 한다고 하였다. 간단히 말해서 두개골 형태는 단일한 인종적 형질로 고정된 것이 아니라, 인류 집단 내에서 상당한 변이를 보인다는 것이다.[198,199]

그러던 중, 1920년대 미국에서 우생학 열풍이 불었다. 찰스 베네딕트 데븐포트(Charles Benedict Davenport, 1866~1944)가 대표적 인물이다.•• 1904년 콜드 스프링 하버 연구소(Cold Spring Harbor Laboratory)•••의 소장으로 임명된 데븐포트는 우생학기록소(Eugenics Record Office, ERO)를 설립하며, 우생학 이론을 실질적 프로그램으로 확산시키려고 하였다. 데븐포트는 카네기 재단과 록펠러 재단 등의 지원을 받아 전국적 규모의 가족 계보, 유전 형질(특히 정신적 특성)에 관한 데이터베이스를 구축했다. 주로 인간 성격과 정신적

• 하웰스는 제2차 세계대전 이후 미국 체질인류학을 인구 기반 생물학으로 전환하는 데 중요한 역할을 한 인류학자다. 하버드 대학교에서 어니스트 후튼을 사사하여 박사 학위를 취득했다. 이후 미국 자연사박물관에서 연구원으로 일하다, 위스콘신 대학교 매디슨과 하버드 대학교에서 연구 활동을 이어나갔다. 미국 체질인류학회(AAPA) 초대 회장을 지냈다. 제2차 세계대전 이후, 유전학과 분자생물학 연구, 특히 암 연구에 주력했다.

•• 하버드 대학교에서 생물학을 전공했다.

••• 1890년에 설립된 연구소로 처음에는 브루클린 인문학 및 과학 연구소(the Brooklyn Institute of Arts and Sciences, BIAS)의 산하 생물학 연구실로 시작되었다.

특성의 유전을 연구했으며, 구체적으로 알코올 중독, 정신질환, 범죄 성향, 그리고 인종 간 교배의 생물학적 영향에 관한 다양한 연구를 진행했다. 우생학적 입장을 바탕으로 혼혈은 생물학적 혹은 문화적으로 열등한 자손을 낳는다는 연구를 발표했고, 이를 바탕으로 차별적 이민 정책을 주장하기도 하였다. 1911년 작, 『우생학과 관련된 유전성(Heredity in Relation to Eugenics)』에서 이른바 우생학의 과학적 기초를 제시했다. 데븐포트는 인간을 '정상(normal)'과 '정신적으로 열등한(feeble-minded) 집단'으로 나누었는데, 후자가 사회적 문제의 주원인이라고 하였다. 정신장애와 범죄 성향은 유전되므로, 단종과 격리 조치를 해야 하며, 남유럽이나 동유럽 출신 이민자가 더 열등하고 범죄를 저지를 가능성이 크므로 이민을 제한해야 한다고 하였다.•

그러나 자메이카인을 대상으로 한 연구는 심지어 당시에도 과학적 근거가 부족한 연구라는 비판을 받기도 하였다. 인류학자이자 유전학자 모리스 스테거다(Morris Steggerda, 1900~1950)••와 함께 진행한 연구에서, 흑인과 백인 혼혈이 신체적, 정신적으로 더 열등한 자식을 낳는 잡종열세(hybrid degeneracy)를 보인다고 하였다. 특히 인간의 행동은 인종이 주로 결정한다고 주장하면서, 일부 집단에 관한 불임 시술, 즉 강제단종법(forced sterilization)••• 등을 주장하기도 하였다.[217-219] 미국의 우생학은 1930년대 이후 점차 사그

• 실제로 이러한 주장은 1924년 이민법(Immigration Act of 1924) 제정에 영향을 주었다. 다음을 참고하기 바란다. Davenport CB. *Heredity in relation to eugenics*. New York (NY): Henry Holt and Company; 1911.

•• 참고로 스테거다는 콜드 스프링 하버 연구소의 연구원이었고, 1941년부터 사망 시까지 하버드 대학교 인류학과에서 재직했다. 주로 집단 간 유전적 변이를 연구했다.

••• 1907년 인디애나주를 비롯하여 수많은 주에서 강제단종법이 시행되었다.

라졌다. 흥미롭게도 대공황이 일어나자 수많은 부자가 파산했고, 부유층이 유전적으로 우월하다는 주장이 설득력을 잃었다. 그리고 1935년 잠재적 적국이었던 독일이 미국의 우생학 정책을 본떠 뉘른베르크 법을 제정하자, 정치적으로 우생학이 설 자리를 잃게 되었다. 데븐포트의 주도로 설립된 ERO는 한때 우생학 연구를 주도했으나, 1939년 문을 닫았다. 그러나 데븐포트를 비롯한 우생학자의 연구는 이후 나치 제3 제국의 우생학에 영향을 미쳤다.•

데븐포트는 나치의 여러 출판물을 편집했고. 독일의 인류학자 오토 레체(Otto Reche, 1879~1966)••와 밀접하게 교류하며 인종적 순수성에 관한 연구를 진행하기도 하였다. 레체는 독일의 인류학자이자 민족학자로 이른바 '과학적 인종주의'와 우생학에 크게 관여한 인물이다. A형, B형, O형 혈액형이 각각 유럽, 아시아, 아메리카 원주민 인종과 연관되어 있다고 주장했고, 폴란드인 학살을 공개적으로 지지하기도 하였다. 유대인과 슬라브족을 열등한 인종이라고 주장하기도 하였다.[220] 데븐포트가 설립한 국제우생학연맹(International Federation of Eugenics Organizations, IFEO)을 통해서 같이 활동하며 서로 영향을 주고받았다.[221]

주목할 만한 미국 생물인류학자로 레이먼드 펄(Raymond Pearl, 1879~1940)•••을

• 데븐포트와 ERO, 그리고 미국 우생학과 나치 우생학의 교류 등에 관해서는 다음을 참고하기 바란다. Kevles DJ. *In the name of eugenics: Genetics and the uses of human heredity*. Cambridge (MA): Harvard University Press; 1985.; Kühl S. *The Nazi connection: Eugenics, American racism, and German national socialism*. New York (NY): Oxford University Press; 1994.; Allen GE. The Eugenics Record Office at Cold Spring Harbor, 1910–1940: An essay in institutional history. *Osiris*. 1986;2:225-264.; Black E. *War against the weak: Eugenics and America's campaign to create a master race*. New York (NY): Four Walls Eight Windows; 2003.

•• 종전 후 미군에 의해 체포되어 1년 넘게 구금되었으나 전범 재판을 받지는 않았다.

••• 다트머스 대학교에서 동물학을 전공한 그는 미시간 대학교에서 생리학과 행동학을 연구하여 박

빼놓을 수 없다. 인간의 인구 변동과 관련된 생물학적 현상을 수리적 방법을 통해 분석하는 데 주력했으며, 출산율(fertility), 사망률(mortality), 노화(aging), 생애주기(life cycle) 등의 개념을 인류학에 도입한 인물이기도 하다. 인구생물학(population biology)과 생물통계학(biostatistics) 분야의 선구자라고 할 수 있다. 1926년 《계간 생물학 리뷰(Quarterly Review of Biology)》를 창간했고, 다양한 생물학적 연구 주제를 다루는 저널로 활용했다. 또한, 1929년에는 《인간 생물학(Human Biology)》을 창간했는데, 생물인류학에 초점을 둔 저널이었다. 초기에는 우생학에 관심을 가졌지만, 나중에는 이를 강하게 비판했다.[222] 그러면서 8장에서 소개할 수용 능력(carrying capacity) 개념을 제시하기도 하였다. 또한, 생애사 이론에도 기여했는데, 이른바 생명 속도 가설(Rate of Living Hypothesis)을 제시하며, 유기체의 대사 속도와 수명이 반비례한다는 가설을 제시하기도 하였다.[223]

참고로 당시는 생물학 영역에서 생체측정학과 멘델주의가 갈등하고 있었다. 앞서 말한 골턴이나 생물학자 W. F. R. 웰던(Walter Frank Raphael Weldon),• 칼 피어슨 등은 이른바 생체측정학(biometry) 그룹으로 분류되는데, 생물학적 형질은 주로 연속 변이(continuous variation)로 나타나므로 분산이나 상관, 회귀 등의 개념을 통한 확률적 통계 분석이 가장 중요하다고 생각했다. 멘델주의가 이산 형질에만 집중하고, 복잡한 연속 변이(예: 신장이나 지능, 성격 등)를 제대로 설명하지 못한다고 비판했다. 반면에 윌리엄 베이트슨(William

---

(앞 페이지에 이어서)

사 학위를 받았다. 이후 독일과 런던에서 골턴의 제자인 칼 피어슨(Karl Pearson)으로부터 통계학을 배웠다. 존스홉킨스 대학교 공중보건학부에서 교편을 잡고 생물통계학을 연구했다.

• 유니버시티 칼리지 런던, 케임브리지 대학교 등에서 생물학을 전공했다. 주로 해양생물학을 연구했다.

Bateson, 1861~1926),• 레지널드 C. 퍼넷(Reginald C. Punnett, 1875~1967)•• 등 멘델주의(Mendelism) 그룹은 분명한 유전적 요소로 나뉜 형질을 우열의 법칙이나 독립의 법칙 등 멘델의 이론을 통해 분석해야 한다고 주장했다. 생체측정학적 방법(예를 들면 골턴-피어슨식 통계)이 연속적 변이만 강조하고, 유전의 본질적 단위를 놓친다고 비판했다.•••

생물인류학자 어니스트 후튼(Ernst Hooton, 1887~1954)은 미국 체질인류학회의 창립 구성원 중 한 명으로 당시 비교생물학적 관점에서 여러 성과를 거두었으나,[224,225] 지금은 인종적 편견에 기반한 연구로 비판받고 있다. 후튼은 인종을 주요 인종(primary races)과 다양한 하위 유형(subtypes)으로 나누었다. 주로 두개골 크기와 모양, 얼굴 비율, 코의 모양, 피부색 등 신체적 형질에 기초하여 주요 인종으로 코카소이드(Caucasoid), 몽골로이드(Mongoloid), 네그로이드(Negroid)의 세 인종을 제안했고, 이를 바탕으로 각 인종에서 북유럽이나 남유럽, 동아시아와 중앙아시아, 서아프리카와 동아프리카, 남아프리카 등 인구 집단 간 신체적 차이를 구분하는 연구를 진행했다.[226]

하지만 후튼은 정신적 능력과 인종적 변이 사이에는 과학적 상관관계

• 케임브리지 대학교에서 생물학을 전공했다. 유전학(genetics)이라는 용어를 처음 제안했다.

•• 케임브리지 대학교에서 동물학을 전공했다. 1910년, 베이트슨과 함께 《유전학 저널(Journal of Genetics)》을 창간했다. 멘델 유전 법칙을 시각적으로 표현한, 퍼넷 사각형(Punnett square)으로 잘 알려져 있다.

••• 앞서 말한 칼 피어슨은 생체측정학 그룹에 속했는데, 피어슨에게 통계학을 배우던 레이먼드 펄이 점차 멘델주의에 기울면서 갈등했다. 생체측정학 그룹과 멘델주의 그룹은 이후 R. A. 피셔(Ronald A. Fisher)가 1919년, "멘델 유전에 기반한 친족 간 상관관계" 제하의 논문을 통해서 두 주장을 통합하면서 타협했고, 이는 30년대 이후 멘델 유전학과 생체측정학, 그리고 자연선택 이론을 아우르는 현대적 종합(Modern Synthesis)으로 발전했다. Fisher RA. The correlation between relatives on the supposition of Mendelian inheritance. *Trans R Soc Edinb*. 1918;52(2):399-433.

가 없다고 주장했다. 우생학적 입장에서 정신적 질병, 범죄성을 가진 사람을 불임시킬 것을 주장했지만, 이를 인종과 연관 짓는 것은 정당하지 않다고 언급하기도 했다.[227] 단순한 인종 분류 방식을 유지하면서도 근거 없는 인종적 편견과 유사 과학을 제거하려고 했는데, 이러한 의도에도 불구하고 그의 연구는 인종적 고정관념을 강화하게 한 심각한 폐해가 있었다. 흥미롭게도 후튼은 나치 독일 국민의 민족주의를 약화시키기 위해, 독일 군인을 연합국 피해지역에 노동자로 20년 이상 거주하게 하면서 현지 여성과 결혼하는 방식으로 독일인의 민족성을 희석하자는 우생학적 제안을 하기도 하였다.[228] 여러 면에서 그의 주장은 일관성이 없는데, 한편으로는 인종과 정신적 능력이 관련 없다고 하면서도, 동시에 호주 원주민이 영국인보다 훨씬 덜 지능적이라고 언급하기도 하였다.[197]

후튼은 과가 많지만, 공도 있다. 보아스와 흐르들리치카를 비롯한 여러 인류학자가 체질인류학 연구를 진행하고 있었지만, 미국은 체질인류학 교육을 위한 중심지가 없었다. 그러나 후튼이 1913년 옥스퍼드에서 돌아와 하버드에서 인류학 교수로 합류하면서 상황이 바뀌었다. 당시 하버드에 처음으로 체질인류학 교육을 위한 장이 열렸고, 많은 제자를 양성했다. 1913년부터 하버드에서 근무한 그는 28명의 박사과정생을 지도하며 체질인류학을 발전시키는 데 중요한 역할을 했다.[•] 이러한 성공적인 교육 덕분에 오늘날 생물인류학자의 활발한 학문 공동체가 형성되었다.[1] 후튼의 제자들은 1970~80년대 생물인류학 분야에서 크게 활약했다. 미국 중심

• 첫 학생은 해리 라이오넬 샤피로(Harry Lionel Shapiro, 1902~1990)였는데, 당시 미국 내 유일한 체질인류학 프로그램이었다. 후튼도 체질인류학을 영국의 아서 키스로부터 배웠다. 참고로 샤피로는 이후 태평양 섬 주민의 생물학적 형질과 유전적 다양성을 연구하면서 문화적 맥락과 생물학적 맥락을 연결하여 인간 다양성의 복잡한 현상을 이해하려고 하였다.

의 체질인류학, 그리고 생물인류학 연구가 본격화된 것이다.

칼턴 스티븐스 쿤(Carleton Stevens Coon, 1904~1981)은 후튼의 제자 중 한 명으로 후튼의 인종적 계층 구조 이론을 확장했다. 쿤에 따르면 다섯 인종은 서로 다른 호모 에렉투스 집단에서 각기 다른 시기에 호모 사피엔스로 진화했다. 그러면서 진화의 순서를 임의로 나누었는데, 가장 먼저 호모 사피엔스로 진화한 인종은 코카서스인과 몽골로이드이고, 가장 나중에 진화한 인종은 아프리카와 호주 원주민이었다. 이러한 진화의 순서는 인종의 우열에 관한 입장으로 해석되었다.[229] 사실 쿤은 흔히 다지역기원설을 제안한 인물로 알려졌지만, 앞서 언급한 대로 다원론의 역사적 기원은 매우 오랜 과거로 올라간다. 특히 쿤의 모델은 바이덴라이히의 다중심 모델에서 파생된 것이다. 그러나 바이덴라이히는 인종 집단이 서로 완전히 분리된 적이 없고, 유전자 흐름이 발생해 서로 교류가 있었으며, 쿤처럼 지역에 따른 독립적 진화를 주장하지 않았다.[178] 쿤의 주장은 따로 촛대 가설(candelabra hypothesis)로 부른다. 유대인이 사용하는 촛대 모양처럼, 여러 인종이 독립적으로 진화했다는 주장을 은유한 것이다.•

20세기 초, 미국에서 우생학이 득세하면서 지능검사가 잘못된 방향으로 오용되기 시작했다. 원래 프랑스의 비네가 개발한 지능검사는 지적 장애가 있는 아동에게 정상적인 교육 기회를 제공하려는 의도로 만들어졌

• 쿤은 위계적 인종 이론을 주장하지 않았다고 주장했지만, 한편으로는 사촌인 칼턴 푸트넘(Carleton Putnam, 1901~1998)의 인종 분리 정책을 지지하다가 체질인류학회 회장을 사임하기도 하였다. 칼턴 푸트넘은 델타 항공의 회장을 지낸 바 있는 기업인이자 아마추어 학자로 1961년 『인종과 이성: 한 양키의 시각(Race and Reason: A Yankee View)』 제하의 책에서 인종 분리(segregation) 정책을 옹호했다. Putnam C. *Race and reason: a Yankee view*. Washington (DC): Public Affairs Press; 1961.

지만, 미국에서는 정반대의 결과를 낳았다. 심리학자 헨리 허버트 고다드(Henry Herbert Goddard, 1866~1957)는 지능검사를 통해 인간의 유전적 형질을 평가하고, 우생학적으로 개선할 수 있다고 믿었다.• 그래서 비네-시몬 지능검사를 미국에 도입하였으며, 이를 단순한 교육적 선별 도구가 아니라 과학적 수단으로 활용하고자 하였다. '정신박약(feeble-minded)'이라는 진단 범주를 통해서 지적으로 열등한 개인을 조기에 판별할 수 있다고 믿었다. 즉, 학교, 법정, 이민국 등에서 지능검사를 활용하여 '정신박약자'를 가려내고, 유전적 원인에 기인한 지적 열등을 우생학적으로 조절해야 한다고 생각했다. 고다드는 강제단종 프로그램 시행을 주장했는데, 실제로 미국에서 6만 명 이상이 단종 처리되는 어두운 결과를 낳았다.[31,230,231]

그러나 아이러니하게도 지능검사는 입대 군인 선별 과정에서 높은 효율성을 보였다. 제1차 세계대전 참전을 위해 징집된 백만 명이 넘는 신병을 분류하는 데 활용되었는데, 특히 병사와 장교 자원을 가려내기 위해 적용되었다. 하지만 효율성에도 불구하고, 이러한 분류 방법은 미국 문화나 영어에 익숙하지 않은 신병에게 불리했고, 사회적 경험과 교육 수준에 따라 크게 좌우된다는 단점이 있었다. 이를 개선하기 위해 고다드는 비언어적 검사를 추가했지만, 인종 혹은 민족에 따른 편견을 확대재생산 하는 부작용을 낳았다. 고다드는 당시 입대 군인에 관한 연구 결과를 통해서 남유럽 및 동유럽 출신 이민자들이 북유럽 출신보다 지능이 낮으며, 흑인 미국인이 백인보다 지능이 낮다는 결론을 내렸다. 특정 인종이 낮은 점수

• 지적 장애 아동 교육에 관심이 많았던 고다드는 미국 뉴저지주 트레이닝 스쿨(The Training School at Vineland)에서 오랜 기간 근무했다. 고다드는 지능검사 점수를 근거로, 1910년경 'idiot', 'imbecile' 등 기존 정신연령 분류를 더 세분화했고, 'moron'이라는 범주를 추가했다. 각각 최중증, 중증, 경도 지적 장애와 대략 일치한다. 지금은 더 순화된 용어로 수정되었다.

를 받았다는 사실은 1924년 〈이민제한법(Immigration Restriction Act)〉이 통과되는 데 주요한 역할을 했다.•

아무튼 고다드의 검사 방법은 타당성을 떠나서, 일단 입대한 인원을 빠른 속도로 분류하려는 군대의 요구에 부응했기 때문에 널리 쓰이게 되었다. 또한, 학교 교육이 보편화하면서 지능검사는 학교에서 학생의 적성을 평가하는 도구로, 그리고 산업이 고도화되면서 공장이나 사무실에서 신입 직원을 선발하고, 채용된 인원을 배치하는 도구로 널리 보급되었다.[31,232-234]

한편, 윌리엄 몬터규 코브(William Montague Cobb, 1904~1990)는 미국 최초의 아프리카계 인류학자다.•• 평생 흑인 인권 향상을 위해 노력했고, 인종의 과학적 정당성 문제를 비판했다.[235] 미국 체질인류학회에서 회장을 역임했으며, 전국 유색인지위향상협회(National Association for the Advancement of Colored People, NAACP) 회장을 지내기도 했다.[236] 1936년, 코브는 "인종과 달리기(race and runners)" 제하의 논문에서 당시 육상선수 제시 오언스(Jesse Owens)의 성공을 단순히 그의 인종적 배경으로 설명하려는 주장을 철저히 비판했다.••• 당

• 1924년에 통과된 〈이민제한법(Johnson-Reed Act)〉은 1890년 인구조사를 기준으로 국가별 할당량을 설정하여, 동유럽, 남유럽, 아시아에서 온 이민자를 제한하려는 목적으로 제정되었다. 1917년 이미 문해시험(Literacy Test) 등으로 이민을 제한했으나, 더 강력하게 이민을 막은 법이었다. 이에 미국에 정착한 인구가 많은 집단은 이민이 용이했지만, 인구 비중이 낮은 집단은 새로운 이민이 거의 불가능해졌다. 예를 들어 이탈리아, 폴란드, 러시아, 유대인, 일본인, 중국인 등의 이민은 매우 어려워졌다. 1965년 〈이민 및 국적법(Hart-Celler Act or Immigration and Nationality Act of 1965)〉 개정으로 할당제가 폐지되면서 제한이 완화되었다. 새 이민법은 출신국 기준이 아니라, 가족의 재결합과 기술 및 전문성을 기반으로 이민의 우선권을 부여했다.

•• 앰허스트 대학교에서 생물학을, 하워드 의대에서 의학을 전공했다. 그리고 케이스 웨스턴 리저브 대학교에서 후튼의 동료였던 토드의 지도로 체질인류학 박사 학위를 취득했다.

••• 제시 오언스는 20세기 중반 미국 육상계를 대표하는 흑인 운동선수로 1936년 베를린 올림픽에서 100m, 200m, 멀리뛰기, 400m 계주에서 금메달을 획득했다.

시 나치 독일의 아리아인 우월주의를 직접 반박하는 상징적 의미를 지니고 있었지만, 오언스는 올림픽에서의 엄청난 성공에도 불구하고 귀국 후에도 미국에서 여러 차별적 대우를 경험해야 했다. 코브는 아프리카계 미국인 운동선수의 해부학적 특징을 자세히 분석하여, 그들의 운동 능력은 특정 인종의 유전적 우월성 때문이 아니라 훈련과 동기에 의해 이루어진 것이라고 주장했다.[237,238] 그는 하워드 대학교에 약 700개 이상의 인간 골격 컬렉션(Cobb Human Skeletal Collection)을 만들었고, 코브 연구소(Cobb Research Laboratory)를 설립했다.

종전 이전의 미국 상황을 정리해보자. 미국의 초기 체질인류학자들은 신체적 특징을 근거로 인종을 분류하려고 시도했으나, 이러한 연구는 종종 '과학적 인종주의'를 정당화하는 논리에 이용되기도 했다. 몰턴과 쿤 등은 인종 간 차이를 본질적이고 고정된 생물학적 형질로 간주하고 연구했다. 반면, 보아스와 그의 제자들을 포함한 많은 인류학자는 인간의 신체적 특징이 단일한 유전적 요인에 의해 결정되지 않으며, 환경적, 역사적, 문화적 요인이 복합적으로 작용한다는 점을 강조했다.

1940년대 중반부터 체질인류학계에서 인종에 관한 개념이 점차 변화하기 시작했다. 인류학자 애슐리 몬터규(Ashley Montagu, 1905~1999)•는 당시의

• 런던 이스트엔드에서 태어난 몬터규는 청소년 시절 템스강 변에서 발견한 두개골을 아서 키스에게 보여준 것을 계기로 체질인류학에 깊은 관심을 가지게 되었다. UCL에서는 엘리엇 스미스, 칼 피어슨 등으로부터 체질인류학을, 런던 정경대에서는 브로니스와프 말리노프스키(Bronisław Malinowski) 등으로부터 문화인류학을 배웠다. 그리고 미국으로 이주하여, 컬럼비아 대학교에서 보아스와 루스 베네딕트(Ruth Benedict)의 지도를 받아 박사 학위를 취득했다. 그의 인종에 대한 입장은 다음을 참고하기 바란다. Montagu MFA. *Man's most dangerous myth: the fallacy of race*. New York (NY): Columbia University Press; 1942.; Montagu MFA. *The natural superiority of women*. New York (NY): Macmillan; 1952.

인류학이 멘델 유전학 이전의 사고방식을 유지하고 있다고 비판하며, 인종 개념이 생물학적 분류와 인종차별의 산물이라고 주장하였다.[239] 몬터규는 유전학을 통해서 인종에 관한 기존 개념을 전면적으로 재검토해야 한다고 주장했다. 그는 하버드 대학교에서 후튼을 사사하여 박사 학위를 받았지만, 후튼과 달리 사회생물학적 인종 개념을 비판하고, 인종이 과학적으로 정당화될 수 없는 사회적 구분임을 주장했다. 『인간의 가장 위험한 신화: 인종이라는 오류(Man's Most Dangerous Myth: The Fallacy of Race)』 제하의 저작에서 인종 분류가 생물학적 차이를 과장하고, 그 차이를 사회적 우열로 환원하였다고 비판했다. 인종적 차이는 외관상의 차이에 불과하고 본질적으로 인간 모두가 동일한 종에 속하기 때문에 환경적 요인과 문화가 인간 행동의 다양성을 형성하는 주요 요소라는 것이다. 또한, 『여성의 자연적 우월성(The Natural Superiority of Women)』 제하의 책에서 성별에 따른 역할 분담이 문화적 산물임을 지적하기도 했다.[240]

한편, 미국 체질인류학회의 초기 역사에는 주목할 만한 몇몇 여성 학자도 있었다. 밀드레드 트로터(Mildred Trotter, 1899~1991)•는 제2차 세계대전 이후 미 육군 중앙식별소(Central Identification Laboratory, CIL) 소장으로 활동하며 법의학적 연구를 하였다. 워싱턴 대학교의 첫 여성 교수였고, 미국 체질인류학회의 첫 여성 회장이었으며, 바이킹 기금(Viking Fund) 메달••을 수상한 최초의 여성이었다.

• 마운트 홀리오크 대학교를 졸업하고, 워싱턴 대학교에서 모발 성장에 관한 연구로 박사 학위를 받았다. 옥스퍼드 대학교에서 연구 방향을 골격 생물학으로 전환하였다.

•• 바이킹 펀드 메달은 인류학 연구에 뛰어난 공헌을 한 학자들에게 수여하는 상으로, 바이킹 펀드가 웬너-그렌 재단(Wenner-Gren Foundation for Anthropological Research)으로 바뀌면서 지금은 웬너-그렌 메달이라는 이름으로 수여되고 있다.

또한, 앨리스 M. 브루스(Alice M. Brues, 1913~2007)•는 R. A. 피셔와 J.B.S. 홀데인의 연구를 명시적으로 적용하며, 유전학적 이론이 인종 연구에 중요한 역할을 할 수 있음을 주장했다.[241] 피셔와 홀데인에 대해서는 7장에서 다시 다룬다. 브루스는 인간의 생물학적 차이를 연구하면서 인종, 자연선택, 적응 등의 주제에 천착했다. 그리고 환경적 요인이 두개골을 비롯한 신체적 형질에 어떤 영향을 미치는지를 연구했다. 인종을 고정된 생물학적 개념이 아닌, 환경적 요인과 유전자 간 상호작용의 결과로 보았는데, 이는 당시 '과학적 인종주의'를 비판하는 주요 이론적 근거가 되었다.[242] 특히 유전적 다양성과 자연선택이 체질적 형질에 미치는 영향에 관해 깊은 연구를 진행했다.

흥미롭게도 미국 인류학의 초기에 흑인 여성으로 인류학 학위를 받은 인물이 있다.•• 캐럴라인 본드 데이(Caroline Bond Day, 1889~1948)•••는 후튼의 지도하에서 "미국 내 일부 흑백 가정 연구(A Study of Some Negro-White Families in the United States)" 제하의 석사 논문을 발표한 바 있다.⁘ 흑인·백인 혼혈 가족을 포함한 실제 계보 자료를 체질인류학적 방법(신체 지표 측정, 혈통 기록)으로 수

• 브루스는 하버드 대학교의 곤충학자, C. T. 브루스(C. T. Brues)와 아마추어 식물학자 베른 바렛 브루스(Beirne Barrett Brues) 사이에서 태어났다. 브린 모어 여자 대학교를 우등으로 졸업하고, 하버드 대학교에서 후튼의 지도 아래 형제자매 간 피부색, 모발 색, 동공 색의 유전에 관한 연구로 인류학 박사 학위를 취득했다. 콜로라도 대학교 인류학과에서 유전학, 인체측정학, 생체역학, 고병리학, 생물고고학, 법의학 등 다양한 연구를 진행했다. 미국 체질인류학회의 두 번째 여성 회장이었다.

•• 일설에는 자신의 절반이 백인이고, 16분의 7은 흑인이며, 16분의 1은 아메리카 인디언이라고 하였다. Jackson FT. Caroline Bond Day: Pioneer in physical anthropology. *Transforming Anthropology*. 1992;3(1):20–30.

••• 애틀랜타 대학교와 래드클리프 칼리지에서 공부했다.

⁘ 다음을 참고하기 바란다. Day CB. "A Study of Some Negro-White Families in the United States" Cambridge (MA): Peabody Museum of Harvard University; 1932.

집하여, 인종 간 차이에 대한 편견과 단선적 유전 설명을 비판적으로 검토했다.

▣

미국의 체질인류학 초기 역사를 정리하면 다음과 같다. 18세기부터 19세기 초반까지 미국 체질인류학의 역사는 유럽의 사상적 영향을 받으며 점차 독자적인 전통을 만들어나갔다. 새뮤얼 스미스 등의 초창기 학자는 인류의 단일 기원과 환경적 적응을 강조했지만, 몰턴과 노트 등은 다지역기원설과 '과학적 인종주의'를 통해 인종 간 차이를 고정된 생물학적 형질로 설명하려고 시도했다. 데븐포트는 이러한 잘못된 가정을 바탕으로 미국 내 우생학 운동을 주도하기도 하였다. 이들 연구는 사회적, 정치적 맥락에서 인종차별을 정당화하는 데 활용되었지만, 보아스 등 여러 학자의 비판적 연구가 제시되면서, 미국 체질인류학은 인간 변이에 관한 새로운 관점을 형성하게 되었다. 문화적 다양성과 환경적 요인에 관한 천착은 이후 미국 체질인류학의 발전에 중요한 전환점이 되었다. 그리고 유전학과 진화이론이 결합된 현대적 체질인류학의 기초를 마련하는 데 큰 역할을 했다. 제2차 세계대전이 끝난 후, 전 세계 체질인류학을 주도하게 된 미국의 체질인류학은 현대적 종합에 의거한 진화이론을 바탕으로 이른바 '신(新) 체질인류학'의 시대로 서서히 나아가고 있었다.

5. 요약

18세기에서 19세기에 걸쳐 유럽과 미국에서 인간의 기원과 인종적 다양성에 관한 과학적 연구가 활발하게 전개되었다.

프랑스의 체질인류학 초기 역사는 브로카와 그의 제자들이 인류학을 과학적 기초 위에 구축하고, 인종, 두개골 측정, 인류 진화 등을 현대적 방법론으로 연구하며 크게 발전시켰다. 이들의 연구는 당시 유럽 사회의 제국주의적 담론에 이바지하였고, 파리 인류학회와 《인류학 리뷰》를 통해 유럽 전역에서 근대 체질인류학이 자리 잡는 데 중요한 역할을 했다. 이들의 연구는 인종 간 차이를 과학적으로 정당화함으로써 사회적 편견과 차별을 강화하는 데 기여한 측면이 있지만, 동시에 현대 체질인류학의 형성과 발전에 중요한 기초가 되었다. 전반적으로 프랑스 학계는 다윈 이론에 대해 분명한 입장을 취하지 않은 채 신학적 해석과의 절충을 시도하면서 인간의 독특성을 강조하고자 했다.

독일 체질인류학은 피르호를 비롯한 다양한 학자의 기여를 통해 발전했다. 피르호는 진화론에 회의적이었으나 인류학과 병리학, 생물학을 결합하여 학문적 교류를 촉진했다. 헤켈은 진화론을 독일에 소개하고 인간의 신체적 발달과 진화의 관계를 연구했으며, 바이덴라이히는 다지역기원설을 주장하며 인류 진화에 대한 복잡한 기전을 설명했다. 독일 체질인류학은 과학적 엄밀성을 기반으로 수많은 자료를 분석하는 기법을 발전시키는 데 중추적 역할을 했다.

영국 체질인류학은 다윈의 진화론적 토대 위에 헉슬리를 비롯한 탁월한 초기 학자들이 다양한 가설을 제안하고, 실증적 증거를 쌓으면서 발전했다. 골턴이 통계학적 방법을, 월리스가 정신적 요소를 진화이론에 통합하려고 시도했다. 20세기에는 다트와 브룸이 아프리카에서 인류의 조상과 관련된 중요한 화석을 발견하여 인간 진화의 아프리카 기원을 주장했으며, 리키 가문의 기념비적 발견이 이어지면서 체질인류학이 크게 발전할 수 있었다.

미국 체질인류학은 18세기부터 유럽의 자연철학적 연구의 영향을 받으며 시작되었다. 새뮤얼 스미스는 인류가 단일한 기원을 가지며 인종 간 차이는 환경적 요인에 따른 적응의 결과라고 주장했다. 그러나 이후 몰턴과 노트는 두개골 형태에 대한 연구를 바탕으로 인종 간의 고정된 생물학적 차이를 강조하며, 인류가 지역별로 독립적으로 기원했다는 다지역 기원설을 지지했다. 이들은 인종적 편견을 과학적으로 정당화하려 했지만, 보아스는 환경적 요인과 문화적 다양성을 강조하며 인종적 차이를 비판했다. 보아스의 연구는 체질인류학이 인류학의 네 분과 중 하나로 자리잡는 데 기여했다. 비록 데븐포트의 우생학 운동이라는 어두운 역사가 있었지만, 이후 미국 체질인류학은 유전학과 진화이론을 결합해 인간 변이에 대한 현대적 관점을 형성해 나갔고, 제2차 대전 이후 체질인류학 연구를 주도하는 데 중요한 기반이 되었다.

1. Shapiro HL. The history and development of physical anthropology. *Am Anthropol.* 1959;61(3):371–9.

2. Stocking GW. *Race, culture, and evolution: Essays in the history of anthropology.* Chicago: University of Chicago Press; 1982.

3. Stocking GW. *Bones, bodies and behavior: Essays in behavioral anthropology.* Madison: University of Wisconsin Press; 1990.

4. Broca P. Instructions relatives à l'étude anthropologique du système dentaire. *Bull Mem Soc Anthropol Paris.* 1879;2(1):128–63.

5. Tylor EB. *Primitive culture: researches into the development of mythology, philosophy, religion, art, and custom.* London: John Murray; 1871.

6. Morgan LH. *Ancient Society: Or, Researches in the Lines of Human Progress from Savagery, Through Barbarism to Civilization.* New York: Henry Holt and Company; 1877.

7. Little MA, Buikstra JE. Foundation and history of biological anthropology. In: *A Companion to Biological Anthropology.* 2023:14–38.

8. Outram D. *Georges Cuvier: vocation, science and authority in post–revolutionary France.* London: Routledge; 2022.

9. Coleman W. *Georges Cuvier, zoologist: A study in the history of evolution theory.* Cambridge, MA: Harvard University Press; 1964.

10. Corsi P, Mandelbaum J. *The age of Lamarck: evolutionary theories in France, 1790–1830.* Berkeley: University of California Press; 1990.

11. de Lamarck JB de M. *Philosophie zoologique, ou exposition des considérations relatives à l'histoire naturelle des animaux.* Paris: Dentu; 1809.

12. Kidd C. *The forging of races: race and scripture in the Protestant Atlantic world, 1600–2000.* Cambridge: Cambridge University Press; 2006.

13. de Quatrefages A. *Les émules de Darwin.* Paris: Alcan; 1894.

14. de Quatrefages A. *Les pygmées.* Paris: Librairie Germer Baillière; 1887.

15. de Quatrefages A. *Les Polynésiens et leurs migrations.* Paris: Didier et Cie; 1866.

16. de Quatrefages A. *Histoire générale des races humaines: Introduction à l'étude des races humaines. Avec 441 gravures, 6 planches et 7 cartes.* Paris: Germer Baillière; 1861.

17. Gobineau A. *Essai sur l'inégalité des races humaines.* Paris: Librairie de F. Didot frères; 1853.

18. Bridgham F. Richard et Cosima Wagner/Arthur Gobineau: Correspondence 1880–1882, edited by Eric Eugène. *Modern Language Review.* 2003;98(1):207–8.

19. Anonymous. Dr. Paul Broca [Internet]. Science. 1880;1(8):93. Available from: http://www.jstor.org/stable/2900242

20. Oyserman D, Coon HM, Kemmelmeier M. Rethinking individualism and collectivism: evaluation of theoretical assumptions and meta-analyses. *Psychol Bull.* 2002;128(1):3.

21. Hofstede G. *Culture's consequences: Comparing values, behaviors, institutions and organizations across nations.* Thousand Oaks, CA: Sage Publications; 2001.

22. Gelfand MJ, Bhawuk DPS, Nishii LH, Bechtold DJ. Individualism and collectivism. In: *Culture, leadership, and organizations: The GLOBE study.* 2004;62:437–512.

23. Broca P. *Revue d'anthropologie.* Paris: C. Reinwald; 1872.

24. Van Wyhe J. *Phrenology and the origins of Victorian scientific naturalism.* London: Routledge; 2017.

25. Ashok SS. The history of race in anthropology: Paul Broca and the question of human hybridity. *History.* 2017;4:26–?

26. Broca P, Blake CC. *On the phenomena of hybridity in the genus Homo.* London: Anthropological Society of London; 1864.

27. Brabrook E. Memoir of Paul Broca [Internet]. J Anthropol Inst Great Britain and Ireland. 1881;10:242–61. Available from: http://www.jstor.org/stable/2841526

28. Van Wyhe J. *Phrenology and the origins of Victorian scientific naturalism.* London: Routledge; 2017.

29. Broca P. *On the phenomena of hybridity in the genus Homo.* London: Anthropological Society of London; 1864.

30. Darwin C. *The Descent of Man and Selection in Relation to Sex.* London: John Murray; 1871.

31. Gould SJ. *The mismeasure of man.* New York: W.W. Norton & Company; 1996.

32. Schiller F. *Paul Broca: Founder of French anthropology, explorer of the brain.* New York: Oxford University Press; 1979.

33. Topinard P. *Éléments d'anthropologie générale.* Paris: A. Delahaye et É. Lecrosnier; 1885.

34. Topinard P. *L'homme dans la nature.* Paris: F. Alcan; 1891.

35. Chantre E. *Études paléoethnologiques dans le bassin du Rhône: ptie. Industries de l'âge du bronze.* Paris: J. Baudry; 1875.

36. Chantre E. *Recherches anthropologiques dans le Caucase.* Paris: Reinwald; 1885.

37. Goodrum MR. René Verneau. In: *Biographical Dictionary of the History of Paleoanthropology.* 2016.

38. Boule M. L'homme fossile de La Chapelle-aux-Saints. In: *Annales de paléontologie.* 1911; p. 111–72.

39. Hammond M. The expulsion of the Neanderthals from human ancestry: Marcellin Boule and the social context of scientific research. *Soc Stud Sci.* 1982;12(1):1–36.

40. Boule M. *L'origine des éolithes.* Paris: Masson; 1905.

41. Boule M. *La paléontologie humaine en Angleterre.* Paris: Masson; 1915.

42. De Groote I, Flink LG, Abbas R, Bello SM, Burgia L, Buck LT, et al. New genetic and morphological evidence suggests a single hoaxer created 'Piltdown man'. *R Soc Open Sci.* 2016;3(8):160328.

43. Hecht JM. A vigilant anthropology: Léonce Manouvrier and the disappearing numbers. *J Hist Behav Sci.* 1997;33(3).

44. Spencer F. Manouvrier, Léonce Pierre (1850–1927). In: Spencer F, editor. *History of American Physical Anthropology: An Encyclopedia.* New York: Garland Press; 1997. p. 642–3.

45. Dunnage J. The work of Cesare Lombroso and its reception: Further contexts and perspectives. *Crime, Histoire & Sociétés.* 2018;22(2):5–8.

46. Binet A, Simon T. Méthodes nouvelles pour diagnostiquer l'idiotie, l'imbécillité et la débilité mentale. In: *Atti del V congresso internazionale di psicologia*, Roma; 1905. p. 507–10.

47. Muthukrishna M. *A Theory of Everyone: Who we are, how we got here, and where we're going.* London: Hachette UK; 2023.

48. Fancher RE. *The intelligence men: Makers of the IQ controversy.* New York: W.W. Norton & Company; 1985.

49. Binet A, Simon T. *Les enfants anormaux: guide pour l'admission des enfants anormaux dans les classes de perfectionnement.* Paris: Librarie A. Colin; 1907.

50. Terman LM. *The measurement of intelligence.* Boston: Houghton Mifflin Company; 1916.

51. Teilhard de Chardin P. *Le phénomène humain.* Paris: Éditions du Seuil; 1955.

52. King U. *Spirit of fire: The life and vision of Pierre Teilhard de Chardin.* Maryknoll, NY: Orbis Books; 2015.

53. O'Leary T. How Teilhard de Chardin's hidden response to Vatican censure finally came to light. *America Magazine.* 2018.

54. Pope Pius XII. Humani Generis. Vatican; 1950.

55. Pope John Paul II. Message to the Pontifical Academy of Sciences: On Evolution. Vatican; 1996.

56. Ackerknecht EH. *Rudolf Virchow: doctor, statesman, anthropologist.* Madison: University of Wisconsin Press; 1953.

57. Pusman K. *Die "Wissenschaften vom Menschen" auf Wiener Boden (1870–1959): Die anthropologische Gesellschaft in Wien und die anthropologischen Disziplinen im Fokus von Wissenschaftsgeschichte, Wissenschafts- und Verdrängungspolitik.* Wien: LIT Verlag Münster; 2008.

58. Schier W. Restitution von menschlichen Überresten aus den Sammlungen der Gesellschaft für Anthropologie, Ethnologie und Urgeschichte (BGAEU) an zwei Fallbeispielen: Vorbereitung, Durchführung und Medienecho. *Mitteilungen der Berliner Gesellschaft für Anthropologie, Ethnologie und Urgeschichte.* 2020;41:71–81.

59. Silver GA. Virchow, the heroic model in medicine: health policy by accolade. *Am J Public Health.* 1987;77(1):82–8.

60. Kelly A. *The descent of Darwin: The popularization of Darwinism in Germany, 1860–1914.* Chapel Hill: University of North Carolina Press; 2012.

61. Kuklick H. *New history of anthropology.* Chichester: John Wiley & Sons; 2009.

62. Smithsonian Institution. *Annual Report of the Board of Regents of the Smithsonian Institution.* Washington, D.C.; 1899.

63. Kuper A. *The chosen primate: Human nature and cultural diversity*. Cambridge, MA: Harvard University Press; 1994.

64. Weiss SF. *Race hygiene and national efficiency: The eugenics of Wilhelm Schallmayer*. Berkeley: University of California Press; 1987.

65. Boak AER. Rudolf Virchow—Anthropologist and archeologist [Internet]. Sci Mon. 1921;13(1):40–5. Available from: http://www.jstor.org/stable/6581

66. Weindling P. *Health, race and German politics between national unification and Nazism, 1870–1945*. Cambridge: Cambridge University Press; 1993.

67. Haeckel E. *Generelle Morphologie der Organismen: Allgemeine Grundzüge der organischen Formen–Wissenschaft, mechanisch begründet durch die von Charles Darwin reformierte Descendenz–Theorie*. Vol. 1: Allgemeine Anatomie; Vol. 2: Allgemeine Entwicklungsgeschichte. Berlin: Georg Reimer; 1866.

68. Gould SJ. *Ontogeny and phylogeny*. Cambridge, MA: Harvard University Press; 1985.

69. Haeckel E. *Anthropogenie: oder, Entwickelungsgeschichte des Menschen, Keimes-und Stammesgeschichte*. Leipzig: W. Engelmann; 1877.

70. Schleicher A. *Compendium der vergleichenden Grammatik der indogermanischen Sprachen: Kurzer Abriss einer Laut- und Formenlehre der indogermanischen Ursprache, des Altindischen, Alteranischen, Altgriechischen, Altitalischen, Altkeltischen, Altslawischen, Litauischen und Altdeutschen*. Weimar: H. Böhlau; 1871.

71. Haeckel E. *Anthropogenie oder Entwickelungsgeschichte des Menschen*. Leipzig: W. Engelmann; 1874.

72. Hawkins M. *Social Darwinism in European and American thought, 1860–1945: Nature as model and nature as threa*t. Cambridge: Cambridge University Press; 1997.

73. Mosse GL, Burau E, Holl HG. *Die Geschichte des Rassismus in Europa*. Hamburg: Europäische Verlagsanstalt; 1990.

74. Silberstein LJ, Cohn RL. *The other in Jewish thought and history: Constructions of Jewish culture and identity*. New York: NYU Press; 1994.

75. Zimmerman A. Anti–Semitism as skill: Rudolf Virchow's Schulstatistik and the racial composition of Germany. *Cent Eur Hist*. 1999;32(4):409–29.

76. Massin B. From Virchow to Fischer: Physical anthropology and "modern race theories" in Wilhelmine Germany. In: Stocking GW, editor. *Volksgeist as method and ethic: Essays on Boasian ethnography and the German anthropological tradition*. Madison: University of Wisconsin Press; 1996.

77. Dubois MEFT. *Pithecanthropus erectus: Eine menschenähnliche Übergangsform aus Java*. Landesdruckerei; 1894.

78. Schwalbe G. *Studien über Pithecanthropus erectus Dubois*. Verlag von Erwin Nägele; 1899.

79. Spencer F. The Neandertals and their evolutionary significance. In: *The origins of modern humans*. 1984:1–49.

80. Schoetensack O. Der Unterkiefer des Homo heidelbergensis: Aus den Sanden von Mauer bei Heidelberg. DigiCat; 2022.

81. Zimmerman A. *Anthropology and antihumanism in imperial Germany*. Chicago: University of Chicago Press; 2010.

82. Von Luschan F. *Anthropologie, Ethnographie und Urgeschichte*. Hannover: Helwingsche Verlagsbuchhandlung Jänecke; 1905.

83. Von Luschan F. *Beiträge zur Völkerkunde der deutschen Schutzgebiete*. Berlin: D. Reimer; 1897.

84. Weidenreich F. Facts and speculations concerning the origin of Homo sapiens. *Am Anthropol*. 1947;49(2):187–203.

85. Weidenreich F. The skull of Sinanthropus pekinensis; a comparative study on a primitive hominid skull. *Palaeontol Sin*. 1943;10:1–298.

86. Martin R, Saller K. *Lehrbuch der Anthropologie in systematischer Darstellung mit besouderer Berücksichtigung der anthropologischen Methoden*. Jena: Gustav Fischer; 1914.

87. Morris–Reich A. Anthropology, standardization and measurement: Rudolf Martin and anthropometric photography. *Br J Hist Sci*. 2013;46(3):487–516.

88. Schultz AH, Spitzer G, Vogt D, Schilling A, Petter JJ. *Die Primaten*. Loewit: Editions Rencontre; 1972.

89. Schultz AH. *Growth and development of the chimpanzee*. Washington: Johns Hopkins Press; 1940.

90. Schultz A. *Anthropologische Untersuchungen an der Schädelbasis*. Braunschweig: Vieweg; 1917.

91. Paget S. *John Hunter, man of science and surgeon (1728–1793)*. London: T. Fisher Unwin; 1897.

92. Moore W. *The Knife Man: Blood, Body Snatching, and the Birth of Modern Surgery*. New York: Random House; 2010.

93. Kapp KA, Talboy GE. John Hunter, the father of scientific surgery. *Bull Surg Hist Group*. 2017:34–41.

94. Darwin C. *On the origin of species by means of natural selection*. London: John Murray; 1859.

95. Moore J, Desmond A. *Darwin: The life of a tormented evolutionist*. New York: Norton & Company; 1991.

96. Bowler PJ. *Theories of human evolution. A century of debate, 1844–1944*. ERIC; 1986.

97. Ruse M. The Darwinian revolution, as seen in 1979 and as seen twenty–five years later in 2004. *J Hist Biol*. 2005;38:3–17.

98. Darwin C. *The variation of animals and plants under domestication*. London: John Murray; 1868.

99. Wallace AR. *Contributions to the theory of natural selection: a series of essays*. London: Macmillan; 1871.

100. Pearson K. The life, letters and labours of Francis Galton. In: *Scientific and Medical Knowledge Production, 1796–1918*. London: Routledge; 2023. p. 311–8.

101. Galton F. *Hereditary genius: An inquiry into its laws and consequences*. New York: D. Appleton; 1870.

102. Gillham NW. *A life of Sir Francis Galton: From African exploration to the birth of eugenics*. Oxford: Oxford University Press; 2001.

103. Forrest DW. *Francis Galton: The life and work of a Victorian genius*. New York: Taplinger; 1974.

104. Galton F. *Inquiries into human faculty and its development*. London: J. M. Dent; 1883.

105. Galton F. Eugenics: Its definition, scope, and aims. *Am J Sociol*. 1904;10(1):1–25.

106. Galton F. The history of twins, as a criterion of the relative powers of nature and nurture. *J R Anthropol Inst Great Britain*. 1876;5:391–406.

107. Galton F. *English men of science: Their nature and nurture*. London: Macmillan; 1874.

108. Galton F. *Natural inheritance*. London: Macmillan; 1889.

109. Stigler SM. *The history of statistics: The measurement of uncertainty before 1900*. Cambridge, MA: Harvard University Press; 1990.

110. Stigler SM. *The history of statistics: The measurement of uncertainty before 1900*. Cambridge, MA: Harvard University Press; 1990.

111. Galton F. *Memories of my life*. London: Methuen; 1908.

112. Galton F. Experiments in pangenesis. *Proc R Soc Lond*. 1871;19:393–410.

113. Darwin C. Pangenesis [Internet]. *Nature*. 1871;3(78):502–3. Available from: https://doi.org/10.1038/003502a0

114. Bowler PJ. *Evolution: The history of an idea*. Berkeley: University of California Press; 1989.

115. Huxley TH. *Evidence as to man's place in nature*. London: Williams and Norgate; 1863.

116. Huxley TH. *On the relations of man to the lower animals*. London: William and Norgate; 1863.

117. Owen R. *On the Anatomy of Vertebrates*. Vol. 3. London: Longmans, Green, and Co.; 1866.

118. Rupke N. *Richard Owen: Biology without Darwin*. Chicago: University of Chicago Press; 2009.

119. Desmond A. *Huxley: from devil's disciple to evolution's high priest*. Massachusetts: Perseus Books; 1999.

120. Huxley TH. On the geographical distribution of the chief modifications of mankind. *J Ethnol Soc Lond*. 1870;2(4):404–12.

121. Prichard JC. *Researches into the physical history of mankind*. London: Sherwood, Gilbert & Piper; 1841.

122. Hunt J. *The Negro's place in nature: a paper read before the London Anthropological Society*. London: Van Evrie, Horton & Company; 1864.

123. Desmond A, Moore J. *Darwin's sacred cause: How a hatred of slavery shaped Darwin's views on human evolution*. Boston, MA: Houghton Mifflin Harcourt; 2014.

124. Carlyle T. Occasional discourse on the Negro question. *Frazer's Magazine*. 1849.

125. Knox R. *The races of men: A fragment*. London: H. Renshaw; 1850.

126. Anonymous. Anthropology and the British Association [Internet]. *Anthropol Rev*. 1865;3(11):354–71. Available from: http://www.jstor.org/stable/3024895

127. Stocking GW. *Victorian anthropology*. New York: Free Press; 1987.

128. Anonymous. Presidents [Internet]. Royal Anthropological Institute; 2017 [cited 2024 Dec 1]. Available from: https://therai.org.uk/photographs/presidents/

129. Smith GE. The place of Thomas Henry Huxley in anthropology. *J R Anthropol Inst Great Britain and Ireland*. 1935;65:199–204.

130. Huxley TH. On the methods and results of ethnology. *Fortnightly*. 1865;257–77.

131. Cornish CJ. *Sir William Henry Flower, KCB, LL.D., DCL, late director of the Natural History Museum, and president of the Royal Zoological Society*. London: Macmillan and Company, Limited; 1904.

132. Spencer F. Keith, Sir Arthur (1866–1955). In: Spencer F, editor. *History of physical anthropology: An*

encyclopedia. New York: Garland; 1997. p. 560–2.

133. Zuckerman S. *The social life of monkeys and apes*. London: Routledge; 1932.

134. Keith A. *A new theory of human evolution*. London: Watts & Co.; 1948.

135. Dart RA, Salmons A. Australopithecus africanus: The man–ape of South Africa. In: *A Century of Nature: Twenty–One Discoveries that Changed Science and the World*. 1925:10–20.

136. Leakey MD. *Olduvai Gorge: Excavations in Beds I and II, 1960–1963*. Cambridge: Cambridge University Press; 1971.

137. Schaffer G. *Racial science and British society, 1930–62*. London: Springer; 2008.

138. Gregory JW. *Race as a political factor*. 1931.

139. Smith GE. *The ancient Egyptians and the origin of civilization*. New York: Harper & Bros.; 1923.

140. Elliot Smith G. *The ancient Egyptians and their influence upon the civilization of Europe*. London and New York: Harper & Brothers; 1911.

141. Crook P. Grafton Elliot Smith, *Egyptology and the diffusion of culture: A biographical perspective*. Brighton: Sussex Academic Press; 2012.

142. Corbey R, Roebroeks W. *Studying human origins: Disciplinary history and epistemology*. Amsterdam: Amsterdam University Press; 2001.

143. Jones W. *Arboreal man*. London: E. Arnold; 1916.

144. Christophers BE. Frederic Wood Jones: His major books and how they were reviewed. *Aust NZ J Surg*. 1997;67(9):645–59.

145. Gros Clark WE Le. Frederic Wood Jones, 1879–1954. Biographical Memoirs of Fellows of the Royal Society [Internet]. 1955;1:119–34. Available from: https://doi.org/10.1098/rsbm.1955.0009

146. Smith GE. The morphology of the retrocalcarine region of the cortex cerebri. *Proc R Soc Lond*. 1904;73(488):59–65.

147. Macmillan M. Evolution and the neurosciences Down–under. *J Hist Neurosci*. 2009;18(2):150–96.

148. Ardrey R. *African genesis: A personal investigation into the animal origins and nature of man*. New York: Atheneum; 1961.

149. Tobias PV. *Images of humanity: The selected writings of Phillip V. Tobias*. Johannesburg: Wits University Press; 1991.

150. Dart RA, Craig D. *Adventures with the missing link*. London: H. Hamilton; 1959.

151. Dart RA. *The predatory transition from ape to man*. Leiden: Brill; 1953.

152. Robinson JT. *Sterkfontein Ape–man Plesianthropus*. Pretoria: Transvaal Museum; 1950.

153. Broom R. The Pleistocene anthropoid apes of South Africa. *Nature*. 1938;142(3591):377–9.

154. Broom R, Schepers GWH. *The South African fossil ape–men: The Australopithecinae*. Pretoria: Transvaal Museum; 1946.

155. Shapiro HL. Thomas Wingate Todd. *Am Anthropol*. 1939;41(3):458–64.

156. Keith A. Thomas Wingate Todd (1885–1938). *J Anat*. 1939;73(Pt 2):350.

157. Morell V. *Ancestral passions: The Leakey family and the quest for humankind's beginnings*. New York: Simon and Schuster; 2011.

158. Leakey R, Lewin R. *People of the Lake: Mankind & its beginnings*. New York: Anchor Press/Doubleday; 1978.

159. Leakey L. *Adam's ancestors: The evolution of man and his culture*. New York: Doubleday; 1960.

160. Tobias PV. Encore Olduvai. *Science*. 2003;299(5610):1193–4.

161. Leakey MD. Olduvai Gorge 1911–75: A history of the investigations. *Geol Soc London Spec Publ*. 1978;6(1):151–5.

162. Boswell PGH. Human remains from Kanam and Kanjera, Kenya Colony. *Nature*. 1935;135(3410):371.

163. Bishop LC, Plummer TW, Ferraro JV, Braun D, Ditchfield PW, Hertel F, et al. Recent research into Oldowan hominin activities at Kanjera South, western Kenya. *Afr Archaeol Rev*. 2006;23:31–40.

164. Morton GR. *Adam, apes and anthropology*. New York: Lulu.com; 2017.

165. Leakey L. A new fossil skull from Olduvai. *Nature*. 1959;184(4685):491–3.

166. Goodall J. Tool–using and aimed throwing in a community of free–living chimpanzees. *Nature*. 1964;201(4926):1264–6.

167. Goodall J. *The chimpanzees of Gombe: Patterns of behaviour*. Cambridge, MA: Belknap Press of Harvard University Press; 1986.

168. van Lawick–Goodall J. The behaviour of free–living chimpanzees in the Gombe Stream Reserve. *Anim Behav Monogr*. 1968;1:161–IN12.

169. Goodall J. Feeding behaviour of wild chimpanzees: A preliminary report. In: *Symp Zool Soc Lond*. 1963. p. 39–48.

170. Goodall J. *Through a window: My thirty years with the chimpanzees of Gombe*. Boston: Houghton Mifflin Harcourt; 2010.

171. Fossey D. Observations on the home range of one group of mountain gorillas (Gorilla gorilla beringei). *Anim Behav*. 1974;22(3):568–81.

172. Fossey D. *Gorillas in the Mist*. Boston: Houghton Mifflin Harcourt; 1983.

173. Galdikas BMF. Orangutan diet, range, and activity at Tanjung Puting, Central Borneo. *Int J Primatol*. 1988;9:1–35.

174. Galdikas BMF. Reflections of Eden: My life with the orangutans of Borneo. Boston: Little, Brown and Company; 1995.

175. Galdikas BMF. Social and reproductive behavior of wild adolescent female orangutans. In: Nadler RD, Galdikas LKS, Rosen N, editors. *The neglected ape*. New York: Springer; 1995. p. 163–82.

176. Hudnut WH. Samuel Stanhope Smith: Enlightened conservative. *J Hist Ideas*. 1956;540–52.

177. Smith SS. *An Essay on the Causes of the Variety of Complexion and Figure in the Human Species*. Philadelphia: Robert Aitken; 1788.

178. Brace CL. *'Race' is a four–letter word: The genesis of the concept*. New York: Oxford University Press; 2005.

179. Quintyn CB. Physical anthropology and race: A reckoning for the newly renamed "biological" anthropology in 2020 and beyond. *J Sociol.* 2023;7(1):1–10.

180. Morton SG, Combe G. *Crania Americana; or, A comparative view of the skulls of various aboriginal nations of North and South America: To which is prefixed an essay on the varieties of the human species.* Philadelphia: J. Dobson; 1839.

181. Thomas DH. *Skull wars: Kennewick Man, archaeology, and the battle for Native American identity.* New York: Basic Books; 2001.

182. Morton SG. *Crania Aegyptiaca: Or, Observations on Egyptian ethnography, derived from anatomy, history, and the monuments.* Philadelphia: J. Pennington; 1844.

183. Menand L. Morton, Agassiz, and the origins of scientific racism in the United States. *J Blacks High Educ.* 2001;(34):110–3.

184. Gould SJ. *The mismeasure of man.* New York: W.W. Norton & Company; 1996.

185. Lewis JE, DeGusta D, Meyer MR, Monge JM, Mann AE, Holloway RL. The mismeasure of science: Stephen Jay Gould versus Samuel George Morton on skulls and bias. *PLoS Biol.* 2011;9(6):e1001071.

186. Mann A. The origins of American physical anthropology in Philadelphia. *Am J Phys Anthropol.* 2009;140(S49):155–63.

187. Renschler ES, Monge JM. The crania of African origin in the Samuel G. Morton cranial collection. *South Afr Archaeol Soc Goodwin Ser.* 2013;11:35–8.

188. Deary IJ, Penke L, Johnson W. The neuroscience of human intelligence differences. *Nat Rev Neurosci.* 2010;11(3):201–11.

189. Nott JC, Gliddon GR. *Types of mankind: or, Ethnological researches, based upon the ancient monuments, paintings, sculptures, and crania of races, and upon their natural, geographical, philological and Biblical history.* Philadelphia: Lippincott, Grambo & Company; 1854.

190. Meer JM, Mandelbrote S. *Nature and scripture in the Abrahamic religions: 1700–present.* Vol 2, Brill's Series in Church History and Religious Culture. Leiden: Brill; 2008.

191. Hrdlička A. Physical anthropology: Its scope and aims; its history and present status in America. *Am J Phys Anthropol.* 1918;1(2):133–82.

192. Oppenheim R. Revisiting Hrdlička and Boas: Asymmetries of race and anti-imperialism in interwar anthropology. *Am Anthropol.* 2010;112(1):92–103.

193. Hrdlička A. The Origin of Man. [Lecture]. American Association for the Advancement of Science; 1911.

194. Stocking GW. *Race, culture, and evolution.* Chicago: University of Chicago Press; 1968.

195. Ripley WZ. *The races of Europe: A sociological study.* New York: D. Appleton; 1899.

196. Wolpoff MH, Caspari R. *Race and human evolution.* New York: Simon and Schuster; 1997.

197. Quintyn CB. Anthropology in 2020 and beyond. *J Soc Sci Anthropol* [Internet]. 2023;7(1):1–10. Available from: http://pubs.sciepub.com/jsa/7/1/1

198. Howells WW. *Skull shapes and the map: Craniometric analyses in the dispersion of modern Homo.* Peabody Museum, Harvard Univ; 1989;79.

199. Howells WW. Cranial variation in man: A study by multivariate analysis of patterns of difference among recent human populations. Papers of the Peabody Museum of Archaeology and Ethnology, Harvard University. 1973;67:1–259.

200. Moore JD. Franz Boas: Culture in context. In: Moore JD, editor. *Visions of culture: An introduction to anthropological theories and theorists*. Walnut Creek, CA: Altamira Press; 2009. p. 25–40.

201. Glick TF. *The comparative reception of Darwinism*. Chicago: University of Chicago Press; 1988.

202. Bastian A. *Der Mensch in der Geschichte: Zur Begründung einer psychologischen Weltanschauung*. Cologne: Otto Wigand; 1860.

203. Stocking GW. *Volksgeist as method and ethic: Essays on Boasian ethnography and the German anthropological tradition*. Madison: University of Wisconsin Press; 1996.

204. Gossett TF. *Race: The history of an idea in America*. Oxford: Oxford University Press; 1997.

205. Cole D, Gobbett B. Franz Boas: The early years, 1858–1906. *Br Hist Canad*. 2001;34(4):38.

206. Harris M. *The rise of anthropological theory: A history of theories of culture*. Walnut Creek, CA: Altamira Press; 2001.

207. Waitz T. A*nthropologie der Naturvölker*. Leipzig: F. Fleischer; 1872.

208. Lewis HS. "The relation of Darwin to anthropology": A previously unpublished lecture by Franz Boas (1909) [Internet]. *History of Anthropology Review*. 2018. Available from: https://histanthro.org/

209. Boas F. *The mind of primitive man*. New York: The Macmillan Company; 1921.

210. Boas F. Veränderungen der Körperform der Nachkommen von Einwanderern in *Amerika. Z Ethnol.* 1913;45(1):1–22.

211. Boas F. Changes in bodily form of descendants of immigrants. *Am Anthropol*. 1940;42(2):183–9.

212. Allen JS. Franz Boas's physical anthropology: The critique of racial formalism revisited. *Curr Anthropol*. 1989;30(1):79–84.

213. Sparks CS, Jantz RL. A reassessment of human cranial plasticity: Boas revisited. *Proc Natl Acad Sci U S A*. 2002;99(23):14636–9.

214. Marks J. *What it means to be 98% chimpanzee: Apes, people, and their genes*. Berkeley: University of California Press; 2003.

215. Gravlee CC, Bernard HR, Leonard WR. Boas's changes in bodily form: The immigrant study, cranial plasticity, and Boas's physical anthropology. *Am Anthropol*. 2003;105(2):326–32.

216. Gravlee CC, Bernard HR, Leonard WR. Heredity, environment, and cranial form: A reanalysis of Boas's immigrant data. *Am Anthropol*. 2003;105(1):125–38.

217. Davenport CB. Race crossing in Jamaica. *Sci Mon*. 1928;27(3):225–38.

218. Kevles DJ. *In the name of eugenics: Genetics and the uses of human heredity*. Cambridge, MA: Harvard University Press; 1985.

219. Riddle O. *Biographical memoir of Charles Benedict Davenport, 1866–1944*. Washington, DC: National Academy of Sciences; 1947.

220. Geisenhainer K. *Rasse ist Schicksal: Otto Reche (1879–1966), ein Leben als Anthropologe und Völkerkundler*. Leipzig: Evangelische Verlagsanstalt; 2002.

221. Burleigh M, Wippermann W. *The racial state: Germany 1933–1945*. Cambridge: Cambridge University Press; 1991.

222. Little MA, Garruto RM. Raymond Pearl and the shaping of human biology. *Hum Biol*. 2010;82(1):77–102.

223. Goldman IL. Raymond Pearl, smoking and longevity. *Genetics*. 2002;162(3):997–1001.

224. Hooton EA. Apes, men, and morons. New York: G.P. Putnam's Sons; 1937.

225. Hooton E. The importance of primate studies in anthropology. Hum Biol. 1954;26(3):179–88.

226. Hooton EA. *Up from the ape*. New York: The Macmillan Company; 1942.

227. Hooton EA. Plain statements about race. *Science*. 1936;83(2161):511–3.

228. Hooton EA. Breed war strain out of Germans. [Newspaper]. 1943.

229. Coon CS. *The origin of races*. New York: Alfred A. Knopf; 1962.

230. Kevles DJ. *In the name of eugenics: Genetics and the uses of human heredity*. Cambridge, MA: Harvard University Press; 1995.

231. Goddard HH. *The Kallikak family: A study in the heredity of feeble–mindedness*. New York: Macmillan; 1912.

232. Kennedy CH, McNeil JA. A history of military psychology. In: *Military psychology: Clinical and operational applications*. 2006:1–17.

233. Kevles DJ. Testing the Army's intelligence: Psychologists and the military in World War I. *J Am Hist*. 1968;55(3):565–81.

234. Yerkes RM. *Psychological examining in the United States Army*, edited by Robert M. Yerkes. Washington, DC: US Government Printing Office; 1921.

235. Harrison BC. *African American pioneers in anthropology*. Urbana: University of Illinois Press; 1999.

236. Spady JG. Dr. W. Montague Cobb: Anatomist, physician, physical anthropologist, editor emeritus of the Journal of the National Medical Association, and first black president of NAACP. *J Natl Med Assoc*. 1984;76(7):739.

237. Watkins RJ. Knowledge from the margins: W. Montague Cobb's pioneering research in biocultural anthropology. *Am Anthropol*. 2007;109(1):186–96.

238. Cobb WM. Race and runners. *J Health Phys Educ*. 1936;7(1):3–56.

239. Montagu A. *Man's most dangerous myth: The fallacy of race*. New York: Columbia University Press; 1945.

240. Montagu A. *The natural superiority of women*. Walnut Creek, CA: Rowman Altamira; 1999.

241. Brues AM. A genetic analysis of human eye color. *Am J Phys Anthropol*. 1946;4(1):1–36.

242. Brues AM. *People and race*. New York: Macmillan Publishing Co.; 1977

7. 현대:
생물인류학의 새로운 도약

체질인류학은 더 이상 형태 상의 차이나 고정된 계측 수치만을 다루지 않는다.
이제 인간 진화의 과정과 원리를 연구하는 학문이 되었다.
쉐리 워시번, 『신(新) 체질인류학(The new physical anthropology)』, 1951년

원자와 은하, 생물과 문화 등 현실의 모든 측면은 끊임없는 진화적 변화를 겪고 있다.
줄리언 헉슬리, 『진화의 현장에서(Evolution in Action)』, 1953년

인간은 그 자신을 염두에 두지 않은 채로 진행된 비(非)목적적이며
자연적인 과정의 산물이다.
조지 게일로드 심프슨(George Gaylord Simpson, 1902-1984),•
『진화의 의미(The Meaning of Evolution)』, 1967년

행동을 이해하기 위해서는 그 기능, 원인, 발달과정,
그리고 진화적 역사를 물어야 한다.
니코 틴베르헌, 『동물행동학의 목적과 방법(On aims and methods of Ethology)』, 1963년

인간과 다른 영장류 사이의 정신적 간극은 우리가 흔히 상상하는 것보다 훨씬 좁다.
프란스 드 발(Frans de Waal),•• 『내 안의 원숭이(Our Inner Ape)』, 2005년

생물학과 환경을 서로 대립시키는 것은 오해를 불러일으킨다.
환경은 유전적 소질의 표현 양상을 형성하고,
유전자는 환경을 어떻게 인식하는지를 결정한다.
로버트 하인드,
『인간의 사회적 행동의 생물학적 기초(Biological Bases of Human Social Behavior)』, 1974년

인간동물행동학은 진화적 의미를 지닌 보편 행동 패턴을 찾아내고자 하며,
문화적 차이가 그 표현 방식을 변형할 수 있음을 고려한다.
이레나우스 아이블-아이베스펠트, 『인간동물행동학(Human Ethology)』, 1989년

• 예일 대학교에서 고생물학을 전공했다. '현대적' 종합 과정에 참여했고, 특히 다선적 진화에 관한 연구로 유명하다. 컬럼비아 대학교와 미국 자연사박물관에서 연구하면서 고생물지리학과 동물 진화 연구 전반에 걸쳐 큰 업적을 남겼다.

•• 네덜란드 라드바우드 대학교, 흐로닝언 대학교, 위트레흐트 대학교 등에서 생물학을 전공했다. 에모리 대학교 심리학과 교수로 재직하며, 여키스 국립 영장류연구소에서 연구했다. 영장류 연구를 통해 인간의 감정과 도덕성의 기원에 관한 이론을 제시한 것으로 잘 알려져 있다.

◈

1950년대부터 체질인류학의 패러다임은 급격한 변화를 맞이한다. 과거에는 주로 신체적 형태에 기반한 인종 분류와 유형론적 접근이 지배적이었으나, 새로운 체질인류학은 인종 구분보다 유전적 변이, 유전자 흐름, 자연선택과 같은 진화적 요인을 중심으로 인간의 변이와 적응을 연구하는 방향으로 전환되기 시작했다. 기존 체질인류학은 주로 신체측정학과 인종 분류에 집중하며 인종 간의 고정된 차이, 그리고 위계적 질서와 단선론적 정향진화를 강조했지만,• 신체적 특징을 통한 인종 구분이 객관적이

• 모든 생물이 같은 목적을 향해서 점차 복잡하고 고등한 형태로 진화한다는 가정은 인간의 경험칙에 의한 상식이지만(그래서 교정하기 어렵다), 과학적 진실은 아니다. 앞서 언급한 대로 고대 그리스 시절부터 생물에 관한 위계, 그리고 높은 위계를 향한 내적 원동력으로서의 진화적 동력에 관한 믿음은 중세와 근대를 거쳐 지금까지도 지속되고 있다. 심지어 1893년 독일의 동물학자 빌헬름 하케(Wilhelm Haacke, 1855~1912)는 정향진화(orthogenesis)를 제안하면서, '변이가 자유롭게 일어난다면 왜 과거의 조상으로 돌아가는 변이는 거의 일어나지 않는지'를 설명할 수 없다면서 완벽을 향한 단선적, 목적론적 진화가 옳다고 주장했다. 1940년대 진화생물학의 현대적 종합이 진행되면서, 기존의 정향진화 이론은 힘을 잃기 시작했다. 고생물학자 조지 게일로드 심프슨이나 진화학자 에른스트 마이어(Ernst Mayr) 등이 정향진화이론을 크게 비판했다.

지 않다는 비판과 함께 새로운 과학적 방법론이 도입되면서 체질인류학은 유전학과 진화생물학에 기반한 보다 동적인 학문으로 발전하게 되었다. 한편, 1941년 설립된 웬너-그렌(Wenner-Gren) 재단이 다양한 생물인류학 연구를 재정적으로 지원하면서, 학문의 급속한 발전을 뒷받침하기 시작했다.•

이러한 전환을 주도한 인물 중 하나가 셔우드 워시번(Sherwood L. Washburn, 1911~2000)이다.•• 체질인류학의 기존 인종 분류 방식을 비판한 워시번은 인간 변이에 관한 연구에서 인류 진화의 동적인 측면과 유전적 상호작용의 중요성을 주장했다. 이른바 '신(新) 체질인류학' 제안은 학계에서 큰 반향을 일으켰고, 이후 생물인류학의 발전에 중요한 기틀을 마련하게 되었다. 신 체질인류학 선언은 기존 인종 분류의 생물학적 정당성에 대한 도전을 의미했으며, 이를 계기로 형태학적 특징보다 유전적 연구에 기반을 둔 진화적 분석이 점차 우세를 점하게 되었다.

체질인류학은 인구유전학, 발달인류학, 진화의학, 영장류학, 고인류학, 법의학, 생물고고학 등 다양한 갈래로 분화하기 시작했다. 이는 1절에서 개략적으로 살필 것이다. 체질인류학에서 파생된 여러 학문 분과에 관한

• 재단은 자금을 댄 스웨덴의 기업가 악셀 웬너-그렌(Axel Wenner-Gren)에서 유래한 이름이다. 초기 이름은 바이킹 펀드(Viking Fund)였다.

•• 워시번에 관한 일부 내용은 "체질, 생물, 진화: 인류학 분과 명칭의 변화", 《해부·생물인류학》. 2024; 37(4): 201-213.에서 발표된 바 있다. 워시번은 어니스트 후튼의 지도하에 하버드 대학교에서 인류학 박사 학위를 받았다. 태국과 보르네오에서 영장류 현지 조사를 진행했고, 긴팔원숭이를 조사했다. 컬럼비아 의대에서 해부학을 가르쳤고, 유전학자 테오도시우스 도브잔스키(Theodosius Dobzhansky), 에른스트 마이어, 조지 게일로드 심프슨 등과 교류했다. UC 버클리 인류학과로 자리를 옮긴 워시번은 점차 영장류 행동 연구에 주력했는데, 그는 자신의 연구실에서 영장류, 수렵채집인, 아프리카 생태학, 인류 진화사, 생애사 이론 등을 주제로 제자를 양성했다. 어빈 드보어, 리처드 리, 니컬러스 블러튼-존스 등을 지도했다. 흔히 별명인 '쉐리(Sherry)'로 불렸다.

이야기는 매우 흥미롭지만, 본서의 범위를 넘어서므로 이 정도로 줄인다. 2절부터는 이 책의 핵심 주제에 맞춰서, 행동 다양성에 관한 진화인류학적 연구의 발전 양상에 소개한다.

인간 행동에 관한 진화인류학적 연구 분야는 크게 네 영역으로 나누어 볼 수 있다. 인간동물행동학과 진화심리학, 인간행동생태학, 유전자-문화 공진화 이론이다. 이어지는 절에서 각각 자세하게 다룬다(〈표 11〉).

먼저 인간동물행동학(Human Ethology)은 인간 행동을 동물 행동과 비교하여 진화적 관점에서 설명하려는 학문으로, 인간의 복잡한 사회적 행동과 본능을 환원적으로 해석하는 데 크게 기여했다. 콘라트 로렌츠, 니콜라스 틴베르헌 등은 동물 행동 연구를 통해 인간의 공격성, 사회성, 번식 전략을 포함한 다양한 행동이 진화적 맥락에서 어떻게 형성되었는지를 설명했다. 이에 더해서 인간동물행동학은 인간이 다른 동물과 공유하는 보편적 행동 패턴을 강조하는 동시에, 인간이 어떻게 이러한 행동을 독특한 환경과 문화 속에서 적응적으로 발전시켰는지에도 관심을 가진다. 이후 진화심리학과 인간행동생태학의 발전에 큰 영향을 미쳤다.

진화심리학(Evolutionary Psychology, EP)은 인간의 행동과 사회적 상호작용을 진화론적 관점에서 연구하는 학문으로, 1960년대 이후 본격적으로 발전하기 시작했다. 특히 집단 선택과 이타주의를 둘러싼 논쟁은 인간의 사회적 행동을 이해하는 중요한 틀을 제공했으며, 친족 선택 이론과 포괄적합도 개념을 통해 이타적 행동을 설명하려는 시도로 이어졌다. 윌리엄 해밀턴과 로버트 트리버스는 이러한 이론을 발전시켜, 인간과 다른 생명체의 사회적 행동이 유전자와 환경적 요인에 의해 어떻게 진화했는지에 대한 새로운 통찰을 제공했다.

한편, 인간행동생태학(Human Behavioral Ecology, HBE)은 인간의 생리적, 신체적 변이가 환경적 요인에 어떻게 적응하는지를 연구하는 학문으로 발전했다. 다양한 환경에서 인간이 어떻게 생리적, 행동적, 발달적 변화를 경험하는지에 관한 연구가 진행되었고, 이를 통해 인간의 적응 기전을 설명하는 새로운 이론적 틀이 마련되었다. 이러한 연구는 수렵채집 사회를 비롯한 다양한 인간 집단의 생태적 적응과 행동 전략을 이해하는 데 중요한 기여를 했다.

유전자-문화 공진화(gene-culture coevolution, GCC) 이론 혹은 이중 유전 이론(Dual Inheritance Theory, DIT)은 인간의 행동이 유전적 요인과 문화적 요소가 상호작용하며 진화해왔다고 가정한다.* 피터 리처드슨과 로버트 보이드 등의 연구가 유명하다. 이 이론은 인간이 환경에 적응하는 과정에서 형성된 특정한 문화적 행동이 새로운 선택 압력으로 작용하며, 이를 통해서 관련된 유전적 기전의 변화가 일어날 수 있다고 본다. 식이와 기후, 질병에 따른 문화적 적응과 생물학적 진화, 그리고 협력이나 호혜적 행동, 도덕규범 등에 관한 여러 연구를 진행한다. 여기서는 밈 이론도 포괄해서 설명할 것이다.

한편, 진화인지고고학(Evolutionary Cognitive Archeology, ECA)은 고고학적 증거를 통해 인간의 인지 발달과 그 기원을 연구하는 학문이다. 행동 다양성보다는 인지적 보편성에 초점을 둔 접근 방법이기는 하지만, 이러한 연구를 통해서 다양한 행동 발현에 관한 실증적인 고고학 근거를 제시하기도 한다. 일반적으로 원시 인류와 그 조상의 유물이나 유적을 분석하여, 인

---

* 두 하위 분야는 비슷해 보이지만, 사실 접근 방식의 차이가 상당하다. 이에 대해서는 뒤에서 다시 다룬다.

표 11 인간 행동 다양성 관련 진화인류학의 다섯 가지 분야 비교

항목	인간동물행동학	진화심리학(EP)	인간행동생태학(HBE)	유전자-문화 공진화 이론 (GCC or DIT)	진화인지고고학(ECA)
주요 가정	· 인간 행동은 진화적 뿌리를 가지며, 동물행동학적 비교를 통해 그 뿌리를 이해할 수 있다고 가정 · 관찰·기술적 접근을 중시하며, 자연 상태에서의 직접 관찰과 보편적 행동(표정·몸짓 등)의 비교를 통해 진화적 기원을 추적 · 동물행동학 연구 기법을 인간에게 적용하여 행동의 생물학적 기반과 보편성 탐색	· 마음은 자연선택의 결과로 진화한 '도메인 특수적 모듈'의 집합이라는 관점 · EEA에서 형성된 심리 기전이 현대에도 영향을 미친다고 가정 · 대뇌의 대량모듈성을 상정하며, 인류 보편적 심리 기전을 강조	· 인간은 생존·번식 적합도를 극대화하기 위해 행동 전략을 조정한다고 가정 · 다양한 환경·생태 압력에 대한 '적응적 반응'이 행동에 반영됨 · 최적화 모델과 비용-편익 분석을 통해 인간 행동 다양성을 해석	· 인간은 유전적 진화와 더불어 문화적 학습(전이) 과정을 통해 적응한다고 가정 · 문화와 유전자가 상호 영향을 주는 공진화 모델 가정 · 유전자와 문화(학습·규범·기술)의 양방향 상호작용 및 문화적 집단 선택 가능성을 강조	· 고고 기록(석기·예술품·유물 등)을 통해 과거 인류 인지 능력의 진화를 추정할 수 있다는 관점 · 뇌·인지 변화가 물질문화 변동과 연결되어 있으며, 이를 통해 언어·상징 등 고등 인지 능력의 기원을 이해 · 도구나 예술·장신구가 갖는 상징성과 추론능력을 재구성함
주요 연구 대상 및 주제	· 비언어적 소통(표정, 몸짓, 자세) · 부모-자식 상호작용, 공격성·영역성 등 동물행동학적 주제의 인간 사례 연구 · 애착 행동, 본능적 반응, 의사소통 등의 횡문화적 보편성과 문화 간 변이	· 인간의 인지·정서·행동 전반(짝짓기 전략, 부모 투자, 협력과 갈등, 언어·도덕 등) · 성차(짝 선택 전략, 질투·공격성 등)에 대한 진화적 기원 · 번식 전략, 가족·친족 관계, 협력과 호혜성 등 현대 인간의 심리·행동 패턴을 옛 적응환경과 연결해 해석	· 주로 소규모 사회(사냥-채집, 농경 사회)의 실제 행동(자원 확보, 결혼·가족 구조, 생존 전략 등)에 주목 · 최적 채집 전략, 생존과 번식 성공 극대화를 위한 자원 분배·육아 투자·협동·사회 네트워크 등 · 개인·집단이 환경 조건에 따라 어떤 행동 방식을 하는지 관찰	· 문화적 변이(언어·규범·기술 등)와 그 전이 양상 · 특정 문화 관습이 어떻게 집단 내·집단 간에서 확산·소멸하는지 연구 · 집단 경쟁, 제도·규범이 인구유전학적 변화에 미치는 영향 · 대규모 인간 집단의 학습 편향(모방·명성 효과 등) 연구	· 선사시대 유물(석기·동굴벽화·장신구)과 뇌·두개골 화석 분석 · 도구 제조 기술과 추론·계획 능력의 관계 · 언어와 상징의 기원, 예술·의례 등 사회적 학습과 인지 발달 · 현생 인류·영장류 행동 비교를 통해 고고학적 자료의 진화적 해석
주요 연구 방법	· 주로 현장 관찰과 행동 코딩(녹화·영상분석 등)을 통해 자료를 획득 · 문화권 간 비교 연구를 통해 보편적·개별적 행동 패턴 식별 · 동물행동학의 관찰 기법을 인간에게 적용하여 비언어적 행동이나 공격성·영역성 등을 파악 · HRAF 등 인류학적 데이터베이스 활용 · 실험실보다는 실제 생활환경에서 일어나는 행동에 주목	· 실험심리·인지과학적 설문·행동 실험으로 가설 검증 · 교차문화 비교를 통해 특정 심리 기전이 문화권을 초월해 나타나는지 평가 · 진화적 가설(예: 짝 선택, 질투 등)에 관한 자료수집 후 통계적·양적 분석(상관 분석, 회귀 분석·메타분석 등) · 진화적 프레임을 적용한 심리측정 도구 개발 및 검증	· 현장 민족지 조사를 통한 실증 자료수집(HRAF 등) · 수리 모델(비용-편익, 최적화)과 행위자 기반 모델, 통계적 검증을 통해 개념적 가설 검증 · 장기적 현지연구(사냥-채집민 집단 등) 진행, 실제 생애사(생존율, 출산율 등)와 행동 양식의 비교·상관 분석 · 수리생물학·생태학·인류학적 조사 기법 병행	· 수리·계산 모델을 이용한 이중 유전(dual inheritance) 시스템 시뮬레이션(EBM 혹은 ABM) · 문화 전파 실험으로 특정 관습·정보가 어떻게 전이되는지 관찰 · 역사·고고학·인류학 자료의 장기 비교 분석으로, 문화·유전 상호작용 실증 · 집단 간 비교 연구(예: 제도 변화, 기술 혁신 등)를 통해 집단 수준 선택이나 문화 편향을 평가	· 고고학 자료 분석(유물·유적, 유물 제작흔 등)으로 인지·행동 단서 파악 · 실험고고학적 연구(예: 석기·도구 제작·사용 재현)를 통해 해당 기술 활용에 필요한 인지 능력 추정 · 계통학적 뇌 용적·구조(화석 기록) 비교, 화석 계측 데이터를 현대 인류·영장류의 인지 실험 결과와 대조 · 상징적 표현(벽화·장신구 등)에서 문화·언어·의례의 기원을 간접적으로 추론

(다음 페이지에 이어서)

항목	인간동물행동학	진화심리학(EP)	인간행동생태학(HBE)	유전자-문화 공진화 이론 (GCC or DIT)	진화인지고고학(ECA)
주요 하위 분야●	· 아동 행동 발달학 · 애착 및 사회적 유대 연구 · 짝짓기 전략(동물과 인간의 배우자 선택 비교) · 비언어적 행동학(신체 언어 및 표정) · 인간-동물 비교행동학, 동물의 전(前)문화 연구 · 본능·초기 학습 연구 · 인간-동물 상호작용(자기 가축화, 가축과 인간의 공진화)	· 진화발달심리학(영유아기 행동의 적응적 가치) · 진화언어학(언어의 기원과 발전) · 진화도덕심리학(적응적 형질로서의 도덕적 판단) · 진화사회심리학(협력과 경쟁) · 진화미학(미적 감각의 진화) · 진화임상심리학·진화정신의학 · 진화적 인지신경과학(진화인지고고학과 유사)	· 진화인구학(생식 전략·가족 구성 연구) · 생계 전략 연구(사냥·채집·농경 등) · 사회 네트워크 분석 · 진화적 의사결정 연구(진화행동경제학) · 인간 번식 생태학(혼인, 출산, 양육 등) · 가정(家政) 경제학(가내 자원 분배와 생산, 소비) · 최적 채집 이론(식량 탐색과 획득, 운반) · 취약·극한 환경 적응 연구(극지방, 사막, 고산 지대 적응) · 행동 면역 반응: 감염병 인류학	· 문화 집단 선택 이론 · 문화 적소 구축(인간의 문화적 환경 구성 능력) · 밈 이론(관습의 집단적 채택과 전파) · 문화 유전학과 문화 선택 이론(문화가 선택압에 따라 진화하는 과정) · 계산 문화학(문화적 현상의 시뮬레이션 모델링) · 이중 유전 모델링(유전자와 문화 요소의 상호작용) · 문화 역학(疫學): 사회적 학습 편향, 문화 혁신과 전파	· 신경고고학(고고학적 유물을 통해 원시 인류의 인지 능력 재구성) · 기호고고학(원시 기호 분석을 통해 초기 의사소통의 특징을 해석) · 도구·기술 진화 연구(도구와 기술의 적응적 가치) · 언어 기원 고고학(초기 언어 재구성) · 실험고고학(원시 기술을 재현) · 고(古)신경학(고인골 두개골 분석과 뇌 진화 연구) · 상징·의례 연구(고고학적 의례 연구) · 시공간적 인지연구(이주와 수렵, 정착 등에 관한 시공간 개념 진화 연구)
주요 제한점	· 자연 관찰에 의존하므로 복잡한 사회·문화 맥락을 깊이 다루기 어려움 · 장기간의 실험 통제가 어려워 인과관계 규명이 제한적 · 현대 사회의 학습·제도적 영향(교육, 법, 미디어 등)을 과소평가할 위험	· 모듈성 가정에 따라, 문화·역사적 맥락이 간과될 위험성 · EEA 가정이 구체적·실증적으로 검증되기 어려움 · 복합적 사회·문화 요인을 충분히 설명하기 힘들어, 현대 행동을 '과거의 진화적 적응 환경'에만 치중해 해석할 수 있다는 비판	· 연구 대상이 소규모 공동체 중심이라 현대 대규모 사회 연구에 적용 어려움 · 모든 행동을 '적응적 최적화'로 해석할 위험(역사·문화·제도의 복합 요인 축소) · 산업화·국제화된 사회 맥락에서 행동 생태학적 접근이 제한될 수 있음	· 모델 기반 연구가 많아, 실제 문화의 복잡성이 단순화될 우려 · 유전자-문화 상호작용을 미시적으로 추적하기 어려움(장기·대규모 샘플 필요) · 역사적·사회적 요인이 복합적으로 작용하므로, 모델 검증 과정에서 다인과적 해석의 어려움 · 문화와 유전의 '실증적' 분리를 증명하기 어려운 경우가 많음	· 고고 자료 해석의 불확실성(보존 상태나 발굴 편차가 큼) · 뇌/인지 기능은 직접 관찰 불가능하므로, 간접 추론에 의존해야 함 · 현대적 재현(실험고고학)에도 한계가 있어 과거 맥락을 완전히 복원하기 어려움 · 사회·문화적 요인이 복합적이라, 물질 증거만으로 인지적 변화를 단정하기 쉽지 않음

● 각 하위 분야는 분명하게 나뉘지 않으며, 여러 영역에 걸쳐 서로 겹치는 경우가 많다. 예를 들어 진화발달심리학은 인간행동생태학에서도 중요하게 다룬다. 자기 가축화와 인간-동물 상호작용은 동물행동학, 고고학, 인간행동생태학 등에서 고루 다룬다.

간이 어떻게 사고하고 문제를 해결했는지를 연구한다. 구석기 시대의 석기 제작 방식이나 동물 사냥 전략을 비롯한 여러 유물 분석을 통해 초기 인류의 인지적 적응 및 사회적 활동, 집단행동, 상징, 언어 등의 양상을 역추적한다.

이 장에서는 신 체질인류학, 인간동물행동학, 진화심리학, 인간행동생태학, 진화인지고고학이 인간의 진화와 변이를 이해하는 데 어떤 역할을 했는지, 그리고 이 과정에서 유전학과 진화생물학이 어떻게 연결되었는지 살펴본다. 이미 논의한 대로 인간의 행동에 관한 개체 및 집단 수준의 관심은 그리스 시대로 거슬러 올라가지만, 이른바 구(舊) 체질인류학에 따른 위계적 설명에 초점이 맞추어져 있었거나 퇴행 가설 등 비과학적 주장을 통해서 일부 행동 양상을 죄악이나 정신장애로 타자화하고, 특정 인종을 차별하는 근거로 오용되었다. 그러나 20세기 중반부터는 새로운 인류학이 제시하는 진화적 틀에 기반하여 인간의 사회적 행동과 문화적 관습을 논의하려는 시도가 본격화되었다. 이번 장에서는 진화행동과학(evolutionary behavioral science)에 집중하여 핵심 이슈를 논의하고자 한다.

사실 학문의 분과 간 경계는 명확히 구분되지 않으며, 많은 연구자가 다양한 학문 영역을 넘나드는 경향이 있다. 신 체질인류학, 인간행동생태학, 진화심리학과 같은 학문은 각기 독립적인 학문적 전통과 방법론을 가지고 발전해 왔지만, 실제로는 서로 밀접하게 연관되어 있으며 공통된 연구 주제를 다루는 경우가 많다. 특히 인류 진화와 개체 및 집단 변이에 관한 연구는 유전학, 생태학, 심리학, 인류학 등 여러 분야에서 교차적으로 이루어지고 있으며, 학문 간 융합적 연구가 점차 증가하고 있다. 따라서 이 장에서 각 절로 구분한 것은 학문의 발전 과정을 이해하기 위한 편의적 구분일 뿐이며, 실제 연구 분야를 인위적으로 분리할 수는 없다.

이러한 한계에도 불구하고, 이번 장에서는 현대 생물인류학의 역사를 인간 행동에 관한 연구를 중심으로 자세하게 정리하고자 한다. 이를 통해 체질인류학이 개체와 집단의 행동 변이를 위계적 인종 모델이나 퇴행 모델로 접근하던 과거의 관점을 어떻게 극복했는지, 나아가 체질인류학이 인간의 행동 다양성을 과학적으로 분석하는 통섭적 학문으로 거듭난 과정을 논의할 것이다.

1. 신 체질인류학

1950년대는 인종 분류의 생물학적 객관성에 대한 논쟁이 체질인류학의 변화를 상징하는 시기였다. 구(舊) 체질인류학과 신(新) 체질인류학 간의 갈등이 오랜 기간 이어졌으나, 시간이 흐르면서 '현대적 종합'에 대한 이해가 확산되면서 점차 신학문이 우세를 점하게 되었다. 새로운 영역을 개척하려고 시도한 인류학자들은 형태학적 형질을 유전적 형질로 대체하여 인종 분류에 적용하려 했지만, 유전자 흐름(gene flow), 유효 집단 크기(effective population size), 유전적 부동 혹은 표류(genetic drift, 浮動 혹은 漂流) 등 인구 유전학 핵심 개념에 관한 이해가 부족했다. 그래서 여전히 칼턴 쿤이나 스탠리 가른(Stanley Garn, 1922~2007),• 조지프 버드셀(Joseph Birdsell, 1908~1994)•• 등은 새로운

• 하버드 대학교에서 어니스트 후튼 지도하에 인류학 학위를 취득했다.

•• 호주 애버리지니 연구로 유명한 미국 인류학자다. 매사추세츠 공과대학교(MIT)에서 항공공학을 전공했고, 재무분석가로 일하다가 하버드 대학교에서 후튼의 지도로 인류학 박사를 취득했다. 제2차 세계대전 중에는 육군 항공대에서 복무한 독특한 이력을 가지고 있다. UCLA에서 인류학을 가르쳤다.

진화유전학적 기술을 사용하여 기존의 인종 분류를 정당화하려고 시도했다.[7,8] 그러나 인류유전학자 윌리엄 C. 보이드(William C. boyd, 1903~1983)[•]는 인류 집단 내·집단 간 유전적 형질, 특히 혈액형에 관해서 무작위 변동과 선택 사이의 균형이라는 인구 유전학의 개념에 기초하여 새로운 분석을 시도했다.[9] 인종을 외형적 특성에 따라 구분하던 기존 방식에서 벗어나, 유전 정보와 인구통계학적 자료를 바탕으로 인류 집단을 분석하는 새로운 접근을 도입했다.

각 연구자의 핵심 주장을 요약하면 다음과 같다. 먼저 가른은 처음에는 모발, 관상동맥 질환, 치아, 영양, 비만 등에 관한 연구를 진행했다. 아동 성장에 관한 종단 연구, 그리고 과영양과 저영양이 미치는 지방 축적에 관한 연구로 유명하다. 한편, 기존의 인종 분류 체계를 세분화하여, 지리적 인종(geographical race), 지역적 인종(local race), 미세 인종(micro-race)이라는 세 가지 개념을 제시하였다. 지리적 인종은 대륙처럼 넓은 지역에서 지리적 장벽에 의해 오랜 시간 분리된 큰 규모의 집단을 의미하며, 지역적 인종은 환경적·사회적 장벽 등으로 인해 형성된 중간 규모의 집단을 가리킨다. 미세 인종은 주로 가까운 지역 내에서 혼인 등으로 인해 형성된 작은 규모의 집단이다. 가른은 이러한 기준에 따라 약 32개의 지역적 인종을 구분하였다.[••] 버드셀은 호주 애버리지니가 총 3번에 걸쳐 도착했다는 3중 하이브리드(tri-hybrid) 이론을 제기했지만, 지금은 기각되었다. 그러나 그

• 하버드 대학교에서 생물학을 전공하고, 보스턴 대학교에서 면역학을 전공했다.

•• 그의 연구는 다음을 참고하기 바란다. Garn SM. *Human races*. 3rd ed. Springfield (IL): Charles C Thomas; 1971.; Garn SM, Clark DC, Guzman MA. Problems in the nutritional assessment of populations. *Am J Public Health Nations Health*. 1972;62(10):1315–1321.

는 이 이론을 통해서 교잡(admixture), 분산(dispersion), 고립(isolation) 등이 인종적 다양성에 미치는 영향을 제안하면서, 인종을 단일한 고정적 실체가 아니라 비교적 독립된 번식 집단(breeding population)으로 간주했다.* 보이드는 세계 여러 지역의 혈액형 분포를 조사해 인류 집단의 유전적 차이와 이동 경로를 분석했다. 인종은 고정된 유형이라기보다 역사적·지리적·유전적 흐름에서 부분적으로 형성된 집단이라는 관점을 강조했지만, 동시에 여전히 ABO 혈액형에 따른 인위적 경계라는 제한점도 스스로 인정했다.**

사실 19세기부터 이미 체질인류학의 연구 범위는 꾸준히 확장되고 있었다. 그 시기에 영장류 연구가 체질인류학의 핵심 분과로 포섭되었으며, 인간의 성장과 발달, 골격의 기능적 측면, 나아가 브로카가 시도한 인간 잡종(hybrid) 연구 등 다양한 주제에서 인간 생물체라는 개념이 더 폭넓게 인식되기 시작했다.

오늘날에도 '체질인류학'이라고 하면 일부 사람들은 19세기 초반 인종주의적 편견에 기반한 구(舊) 체질인류학만을 떠올리는 경향이 있다. 그러나 1950년대 이후 셔우드 워시번의 신(新) 체질인류학 제창을 계기로, 체질인류학은 분자유전학·생태학·영장류학 등 다양한 분야와 융합하며 이전과 전혀 다른 학문적 성격을 갖게 되었다. 인종을 고정된 범주로 바라

* 더 자세한 내용은 다음을 참고하기 바란다. Birdsell JB. The recalibration of a paradigm for the first peopling of Greater Australia. In: Kirk RL, Thorne AG, editors. *The origin of the Australians.* Canberra (Australia): Australian Institute of Aboriginal Studies; 1976. p. 113-167.; Birdsell JB. Microevolutionary patterns in Aboriginal Australia. *Hum Biol.* 1968;40(2):111-148.

** 더 자세한 내용은 다음을 참고하기 바란다. Boyd WC. *Genetics and the races of man: an introduction to modern physical anthropology.* Boston (MA): Heath & Company; 1950.; Boyd WC, Asimov I. *Races and people.* New York (NY): Abelard-Schuman; 1955. (후자의 책은 아이작 아시모프와 같이 쓴 책이다.)

보는 낡은 관점은 크게 약화하였고, 그 대신 인간의 생물학적 다양성과 진화 과정을 여러모로 해석하는 방향으로 발전하였다.

이 무렵 학문적 변화를 주도한 워시번의 시대적 역할에 주목할 필요가 있다. 그는 자연 상태에서 영장류를 관찰·연구하는 방법론을 인류학에 도입하여, 인간 기원에 관한 이론과 영장류 행동을 비교·분석하는 연구를 주로 수행했다. 말레이시아·스리랑카·태국 등지에서 폭넓은 영장류 표본을 수집하고, 직접 현장에서 영장류의 행동 패턴을 관찰함으로써 독자적인 연구 기반을 쌓았다. 워시번은 인간 진화의 핵심 변화를 기존 학계가 주로 주장하던 '대뇌화(encephalization)'가 아니라, '두발걷기(bipedalism)'라고 제안함으로써 학계에 큰 반향을 일으켰다. 또한, 하악골 진화를 통합적·적응적 관점에서 설명하였으며, 나아가 수렵채집인 연구에서도 탁월한 공헌을 남겼다.[10]

워시번은 기존 체질인류학이 인종 분류와 정적인 신체 계측에 치중하고 있다고 비판하며, 인간 진화와 변이를 이해하려면 보다 역동적이고 통합적인 접근이 필요하다고 역설했다.[11] 진화한 신체적 형질이 개체의 생존에 기여하고, 자연선택 과정에서 점차 변화한다고 보았다. 따라서 이전까지 독립적으로 다루던 신체적 특성을 전체적인 생리적 기능과 적응적 중요성의 관점에서 종합적으로 분석해야 한다고 주장했다. 워시번의 논문 "신(新) 체질인류학(The New Physical Anthropology)"은 콜드 스프링 하버 연구실(Cold Spring Harbor Laboratory)에서 열린 심포지엄에서 발표한 내용을 정리한 것으로, 생물학적 진화와 생물인류학 간의 긴밀한 연계를 구축하고 진화생물학의 틀 안에서 체질인류학을 재정립하려는 시도였다.

그는 기존 체질인류학에서 다루던 인종 분류 연구를 지양하고, 인구 집단을 중심으로 한 새로운 접근을 도입해야 한다고 주장했다. 영장류 연구를 인간 진화와 긴밀히 연결하며, 다윈 진화론을 인간 변이를 해석하는 이론적 배경으로 적극적으로 활용하자고도 했다. 워시번은 인간의 신체적 변이를 고정된 인종 범주로 보지 않고, 시간과 환경에 따라 변화하는 유전적 상호작용의 결과로 파악해야 한다고 보았으며, 유전자 흐름·돌연변이·선택압 등을 체계적으로 분석하는 통합적 연구 방법을 제안했다. 또한, 그는 가설 기반 연구가 인류학을 한층 과학적이고 분석적인 학문으로 발전시키리라 전망했다.[11]

이러한 발표는 신(新) 체질인류학이 필요하다는 획기적인 주장이었다. 워시번은 단순히 측정과 기술에 머무르던 기존 관행에서 벗어나, 진화 과정과 그 인과관계를 규명하는 데 중점을 둬야 한다고 강조했다.[12] 다시 말해, 인종 구분이나 지역적 골격 차이 같은 정태적 분류에서 나아가, 진화적 관점에서 인류의 기원과 변이의 원인을 연구하는 생물인류학으로 발전해야 한다는 것이다.[13] 이를 다시 정리하면 대략 다음과 같다.

- 인종 구분과 지역적 골격 차이에 초점을 둔 접근에서 나아가, 진화적 관점에서 인류의 진화 과정과 원인을 연구하는 학문으로 발전
- 인류 진화와 변이에 대한 동적이고 통합적인 접근
- 영장류 연구와 인류 진화의 연결
- 인종 분류 연구 중단 및 인구 집단에 초점을 둔 연구
- 유전학의 통합적 활용
- 가설 기반 연구의 중요성 주장
- 측정과 기술에 집중했던 관행에서 벗어나, 진화 과정과 인과관계의

이해에 중점

이런 맥락에서 1960년대와 1970년대에는 인구유전학이 신체 인류학에서 중요한 하위 분야로 자리 잡았다. 제임스 반 군디아 닐(James van Gundia Neel, 1915~2000)[•]과 프랭크 리빙스턴(Frank Livingstone, 1928~2005)[••]은 겸상적혈구빈혈(sickle cell anemia)과 말라리아 내성에 관한 연구를 통해 인간 유전학과 진화의학의 중요한 방향성을 제시했다. 닐은 히로시마, 나가사키 원폭 생존자의 돌연변이 등을 이형접합자 균형 등을 통해서 연구했으며, 남미의 원주민 집단을 장기간 현지 조사했다. 대표적으로 베네수엘라와 브라질 접경의 야노마뫼족(Yanomami) 연구가 유명하다. 소규모 집단의 일부 남성이 번식을 독점하면 유효 집단 크기가 감소하여 유전적 부동이 열성 돌연변이를 더 효과적으로 제거한다고 하였다.[•••]

닐은 절약 유전자형 가설(thrifty genotype hypothesis)[••••]을 제안하면서 인간이 적응적 환경에서 섭취한 에너지를 최대한 절약하여 생존을 도모하는 유전자형을 발달시켰다고 주장했다.[1]

리빙스턴은 평생 말라리아에 대한 유전적 적응을 연구했다. 그는 컴퓨

• 로체스터 의대를 졸업했고, 미시간 의대 인간 유전학과에서 주로 유전자 인류학 연구를 진행했다.

•• 하버드 대학교에서 수학을 전공했고, 미시간 대학교에서 인류학으로 박사 학위를 받았다.

••• 더 자세한 내용은 다음을 참고하기 바란다. Neel JV, Schull WJ. *The effect of exposure to the atomic bombs on pregnancy termination in Hiroshima and Nagasaki*. Washington (DC): National Academy of Sciences-National Research Council; 1956.; Neel JV, Weiss KM. The genetic structure of a tribal population, the Yanomama Indians: a comparison of methods of estimation. *Am J Phys Anthropol*. 1975;42(1):25-51.; Neel JV. Lessons from a 'primitive' people. *Science*. 1970;170(3959):815-822.

•••• 현재는 인정되지 않는 주장이다. 생애사 전략 및 후성유전학적 기전, 발달적 가소성 기전을 포함한 절약 표현형 가설(thrift phenotype hypothesis)로 발전하였다.

터 시뮬레이션을 이용한 진화 분석의 선구자였고, 자연선택과 유전적 부동에 의해 유전적 다형성이 빠른 속도로 제거되어야 한다고 주장했다.• 말라리아가 유행하는 지역에서 겸상적혈구증이 어떻게 자연선택의 결과로 나타났는지를 설명했다. 겸상적혈구증은 낫 모양의 적혈구로 인해 산소 운반 능력이 떨어지지만, 이 변이 유전자를 보유한 사람은 말라리아에 대한 내성이 생기기 때문에 생존에 유리하다. 따라서 말라리아 원충과의 공진화를 통해 유전적 돌연변이가 널리 퍼졌다••는 것이다.[2]

인류 진화, 유전학, 임상의학, 병리학, 그리고 바로 다음에 언급할 성장과 발달인류학 등의 학제적 연구 영역은 점차 진화의학이라는 새로운 학문 분과로 발전하였다.

성장과 발달에 대한 연구는 원래 의학의 한 분야였으나 제2차 세계대전 이후 인류학적 접근이 더해지면서 연구의 범위와 깊이가 크게 확대되었다. 제임스 모릴리언 태너(James Mourilyan Tanner, 1920~2010)•••와 윌턴 메리언 크로그만(Wilton Marion Krogman, 1903~1987)⁘ 등은 청소년의 신체 성장과 발달 과정에 관한 장기 연구를 진행하며 중요한 성과를 이루었다. 특히 태너는

• 그러나 실증적으로는 여전히 인간 집단에서 높은 수준의 광범위한 유전적 다형성이 관찰되는데, 이는 아직 명쾌하게 풀리지 않은 문제다.

•• 자세한 내용은 다음을 참고하기 바란다. Livingstone FB. *Frequencies of hemoglobin variants: thalassemia, the glucose-6-phosphate dehydrogenase deficiency, G6PD variants, and ovalocytosis in human populations*. Oxford: Oxford University Press; 1985.

••• 영국 출신의 태너는 청소년 시절 허들 선수였는데, 세인트 메리 의대를 다녔다. 장학금을 받는 조건으로 학생들에게 운동을 가르쳤다. 록펠러 재단 지원으로 펜실베이니아 의대에 전학한 후 의사가 되었다. 생물인류학의 영역을 인간의 성장과 발달 연구로 확장하는 큰 역할을 했으며, 1958년 '인간생물학 연구학회(Society for the Study of Human Biology)'를 창립했다.

⁘ 시카고 대학교를 졸업하고, 아서 키스, 윙게이트 토드 등과 함께 연구했다. 펜실베이니아 대학교 등에서 인류학 교수로 활동하며, 법의학과 아동 성장, 두개·안면 발달, 치과 인류학 등 여러 방면에서 큰 성과를 거두었다.

전후 영국의 고아에 관한 정부 연구에 참여했는데, 영양실조가 성장에 미치는 영향을 조사했다. 개별 소아의 성장은 유전적 요인이 결정적이지만, 집단 규모에서 소아 성장 양상은 환경적 요인이 더 중요하다고 하였다. 1960년대에 청소년 성장곡선을 수립하여 신체 발달의 표준적 경로를 제시했으며, 이는 의학과 교육에서 청소년 발달을 이해하는 데 매우 유용하게 활용되었다. 성장 속도 곡선(tanner growth curve)을 개발해 성장 평가를 표준화하고 청소년기 발달을 정확하게 평가하는 방법을 제시했다.•

크로그만은 1947년 펜실베이니아 대학교에서 청소년 성장연구센터(Philadelphia Center For Research In Child Growth And Development)를 설립해 아동과 청소년의 신체 성장에 관한 종단 연구를 진행했다.[3] 그의 저서, 『법의학에서의 인간 골격』은 법의학 인류학의 교과서로 널리 활용되었다.•• 그는 두개골과 골격 자료를 통해서 해당 개체의 연령과 성별, 신장, 조상 등을 추정하는 방법을 정립했다.

영장류 연구 역시 이 시기에 크게 확장되었다. 전술한 워시번은 비비(狒狒), 즉 개코원숭이(baboon) 관한 관찰 연구로 유명하다. 워시번은 비비의 지상 생활, 큰 무리 사회, 잡식성 등이 초기 인류와 상사점을 보일 수 있다는 가정 하에 장기간의 현장 관찰(fieldwork)을 통해 야생 비비의 행동을 연구했다. 기존의 계측 위주 인류학에 야생 영장류 현장 연구를 도입한 선구적 시도라고 할 수 있다.

• 다음을 참고하기 바란다. Tanner JM. *Foetus into man: Physical growth from conception to maturity*. Revised and enlarged ed. Cambridge, MA: Harvard University Press; 1978.

•• 다음을 참고하기 바란다. Krogman LR, Ubelaker DH. *The Human Skeleton in Forensic Medicine*. 2nd ed. Springfield, IL: Charles C. Thomas; 1989.

어빈 드보어(Irven DeVore)•는 영장류 및 수렵채집사회 연구를 통해서 인간과 영장류 행동의 공통점을 조사했고, 인간이 영장류로서 가지는 적응 전략에 관한 초기 연구를 진행했다. 클라렌스 레이 카펜터(Clarence Ray Carpenter, 1905~1975)••는 현장 실험·관찰 기법을 도입하여 사육되는 영장류 연구에서 벗어나 자연 또는 준(準) 자연 서식지의 관찰 연구를 강조했다. 그가 진행한 '카요 산티아고(Cayo Santiago)' 프로젝트는 훗날 영장류 행동·유전 연구의 주요 자료가 되었다.••• 텔마 E. 로웰(Thelma E. Rowell, 1924~2015)⁘은 아프리카 우간다·케냐 등에서 비비 집단을 장기 관찰하여, 전통적 서열(dominance) 중심의 영장류 행동 분석이 과도하게 단순화된 해석이라고 비판했다. 현장 연구 및 사육 동물 연구 등을 통해서 영장류 사회가 다른 포유류 사회와 근본적으로 다르다는 기존의 관점과 다른 주장을 하였다. 로웰은 다양한 상황과 상호작용을 포함한 역학적 행동 분석의 필요성을 주장했고, 이는 인간의 사회적 계층과 권력 관련 행동 분석에도 시사점을 주었다.

한편, 50년대 이후 다양한 영장류 현장 조사가 진행되면서, 밀렵이나 서식지 파괴 등의 문제가 널리 알려졌고, 야생 영장류 보존 운동이 시작되는 계기가 되었다. 이전 장에서 언급한 리키의 삼총사를 비롯하여 현장

• 영장류 연구보다는 수렵채집사회의 행동 연구로 유명하다. 그의 연구에 대해서는 뒤에서 자세하게 다룬다.

•• 듀크 대학교와 스탠퍼드 대학교 등에서 동물행동학으로 박사 학위를 받았다.

••• 여키스 영장류연구소(Yerkes Primate Research Laboratories)에서 영장류 행동을 주로 연구했는데, 파나마에서 시행한 고함원숭이(howler monkeys) 연구, 푸에르토리코에서 진행한 붉은털원숭이 방사 연구(카요 산티아고 프로젝트) 등을 진행했다. 덕분에 카요섬에는 붉은털원숭이가 천 마리 넘게 살고 있다.

⁘ 영국 출신 영장류학자로, UC 버클리에서 영장류학을 주로 연구했다.

영장류 연구자는 대개 순수 연구와 더불어 영장류 서식지 보존을 위한 다양한 실천적 노력을 병행했다. 아무튼 전후 인류학계에서 영장류 행동·생태 연구는 인간 진화와 행동 양상을 진화적 관점에서 이해하기 위한 핵심 자료로 널리 활용되었다.[4]

이밖에 존 러셀 네이피어(John Russell Napier, 1917~1987)•와 일본의 이마니시 킨지(Imanishi Kinji, 今西錦司, 1902~1992)•• 등의 연구가 유명하다. 네이피어는 특히 손과 발의 동작과 기능에 관한 연구를 진행했다. 쥐기와 매달리기 등을 체계적으로 분류했다. 구체적으로 뼈, 근육, 관절 등의 기초 해부학을 설명하며, 손이 어떻게 정교한 움직임과 힘을 동시에 구현할 수 있는지 구조적 기전을 제시했다. 특히 엄지(thumb)가 만들어내는 대립(opposition) 동작을 분석하고, 인간의 손동작을 크게 정밀 악지(精密 握持, precision grip)와 강력 악지(強力 握持, power grip)로 구분했다. 손이 의사소통과 기술, 문화의 발명으로 이어지는 중요한 기관이라고 주장했다.•••

킨지는 동물의 사회적 학습과 전(前) 문화(pre-culture) 등의 개념을 제안했다. 동물의 사회적 학습(social learning)은 개체 간 모방·관찰·전수를 통해 이루어진다고 했는데, 이를 통해 동물도 집단 내부에서 공유·전달되는 행동

• 런던 세인트 바톨로뮤 병원 의대에서 의학 학위를 받았다. 영국의 여러 대학병원에서 교육 및 진료, 연구를 병행하면서 로열 프리 의대와 퀸 엘리자베스 칼리지 런던에서 영장류학 연구 유닛을 만들었고, 스미스소니언 연구소에 영장류 생물학 프로그램(Primate Biology Program)을 설립했다. 참고로 그의 아내, 프루던스 히어로 네이피어(Prudence Hero Napier, 1916~1997)는 정식 인류학 교육을 받지 않았지만, 남편과 같이 연구하며 영장류 분류학을 크게 발전시켰다.

•• 이마니시 킨지(이마니시가 성이다)는 교토 제국대학 농학부에서 생물학을 전공했다. 처음에는 곤충 연구를 하다가, 이누야마에 일본원숭이센터(Japan Monkey Centre)를 설립했다. 1967년에는 교토 대학에 영장류연구소(Primate Research Institute)를 설립했다.

••• 자세한 내용은 다음을 참고하기 바란다. Napier J. *Hands*. Princeton (NJ): Princeton University Press; 1993

전통(behavioral tradition)을 만들 수 있다고 주장했다. 이를 전(前) 문화 혹은 원시문화(proto-culture)라고 하는데, 인류의 문화보다는 낮은 수준에서 집단 차원의 행동 규범이 계승되는 것을 말한다. 예컨대 코시마섬 원숭이들의 고구마 씻기, 밀 뿌리 물에 띄워 먹기 등이 그 예시로 언급된다. 기존 서구 중심의 동물행동학(ethology)에서는 동물 행동을 주로 유전적·본능적 관점으로 해석했으나, 이마니시는 일본 고유의 야외 연구(장기 관찰) 전통 속에서 사회적 맥락과 학습·전승 과정에 집중한 연구로 차별성을 보였다.•

여기서 잠깐 전후의 일본 체질인류학에 관해 요약하면 대략 다음과 같다. 일본의 체질인류학 연구는 19세기 말~20세기 초, 일본인의 기원을 찾으려는 노력에서 시작되었지만, 메이지(明治) 시대와 다이쇼(大正) 시대에는 인류학에 관한 일본의 학문적 수준이 부족했고, 중일전쟁 이후로는 모든 사회적 자원이 전쟁에 집중되면서 충분한 연구가 이루어지지 못했다. 전후 국책 지원으로 교토 대학, 도쿄 대학, 국립 과학박물관 등을 중심으로 화석 발굴이 이루어졌지만, 미나토가와인(Minatogawa Man, 皆渡川人) 등 호모 사피엔스에 속하는 조몬인(繩文人) 정도에 한정되었다. 도쿄 대학 인류학과 하니하라 가즈로(埴原和郎, 1927~2004)는 미나토가와인 발굴을 참여했고, 이른바 이중구조모델(dual structure model)을 통해, 일본인이 원시 조몬인과 야요이(弥生) 시대 이후의 동북아시아 이주민의 혼합으로 형성되었다는 가설을 제시했다.••

• 다음을 참고하기 바란다. Imanishi K. *A Japanese view of nature: the world of living things*. New York: Taylor & Francis; 2013; 2002. (일어로 된 초판은 1960년에 출간되었다.)

•• 일러두기 각주에 일본 체질인류학사에 관해 참고할 만한 도서를 제시했다. 일본인 기원에 관한 하니하라 가즈로의 연구는 다음을 참고하기 바란다. 『일본인의 기원』. 배기동 역. 서울: 학연문화사; 1992.

한편, 서구 인류학자는 전후에도 아프리카와 아시아, 유럽 등지에서 지속적으로 오스트랄로피테쿠스와 호모 에렉투스 등의 고인류 화석을 발굴하였다. 사실 '최초'로 발견된 화석은 19세기나 20세기 초로 거슬러 올라가는 경우가 많지만, 실제로 당시에는 제대로 된 발굴 경험이 부족했고 인력과 자금의 부족으로 충분한 연구가 이루어지지 못했다. 대개 채석장이나 동굴 등에서 우연히 발견된 화석이 대부분이었다. 전후, 방사선 연대 측정법, 과학적 발굴 기법의 보급, 지질학자와의 협력, 인력과 자금의 확대 등에 힘입어 대규모 국제 협력 조사가 광범위하게 이루어졌고, 논픽션 다큐멘터리 등의 보급을 통해서 대중적 관심이 크게 높아졌다.

고인류학(paleoanthropology)은 이미 체질인류학(physical anthropology)의 하위 분야였는데, 인간의 진화적 기원을 다뤘다는 점에서 자연선택 이론과 밀접하게 연계되어 있었다. 화석 중심의 고인류학은 인류의 조상을 연구하는 호미닌(hominin) 계통 분류에 주력하며, 인간의 신체적·생리적 특징이 자연선택을 통해 어떻게 형성되었는지를 다각도로 연구하고 있었다. 1950년대와 1960년대에 걸쳐, 진화생물학자인 에른스트 마이어(Ernst Mayr, 1904~2005)•와 테오도시우스 도브잔스키(Theodosius Dobzhansky, 1900~1975)••가 주창한 '개체군 사고'는 인류 고생물학 분야에서 중요한 이론적 패러다임으

• 독일 태생의 미국 생물학자로 종 개념(species concept)을 발전시키며, 종분화(speciation)의 여러 개념을 정립한 학자다. 베를린 대학교에서 동물학 박사 학위를 취득하고, 뉴기니와 솔로몬 제도에서 조류 연구에 뛰어들었다. 미국 자연사박물관에서 새 표본을 다루는 연구자로 근무했다. 1953년부터 하버드 대학교 생물학과에서 교수로 재직하며, 분류학의 기틀을 구축했다.

•• 러시아 출신의 진화생물학자이자 유전학자로 키예프 대학교에서 곤충학(entomology)을 전공했다. 이후 레닌그라드(현 상트페테르부르크)에서 초파리 연구를 진행했다. 컬럼비아 대학교와 캘리포니아 공과대학교 등에서 연구하며 종분화와 자연선택에 관한 진화이론을 발표했다. 한편, 유신론적 진화(theistic evolution)를 지지한 도브잔스키는 진화라는 기전을 통해 신의 계획이 실현되었다고 주장하였다.

로 자리 잡기 시작하였다.[14]

마이어는 테오도시우스 도브잔스키, 조지 게일로드 심프슨 등과 현대적 종합을 진행했고, 지리적 격리(allopatric speciation) 개념을 정립했으며, 고인류 분류에도 크게 이바지한 인물이다. 도브잔스키는 현대적 종합에 크게 이바지했으며, 생식 격리(reproductive isolation)를 통한 종분화 개념을 정립한 인물이다.

개체군 사고(population thinking)란, 집단 내에서 발생하는 유전적 변이가 진화의 근본 동력임을 강조하며, 이러한 변이가 자연선택과 상호작용하는 과정을 통해 집단이 변형·적응하는 양상을 설명하는 개념이다.[15] 과거 유형론적 사고(typological thinking)는 종을 고정된 생물학적 실체로 보고, 외형적 차이에 따라 지나치게 세분된 종 구분을 시도했다. 반면 개체군 사고는 집단 내 유전자 흐름과 변이를 중심에 두어, 종의 경계 또한 가변적이고 연속적이라고 해석한다. 다시 말해, 이전에는 특정 집단의 고정된 속성을 강조하며 집단 간 차이를 분류하는 데 집중했다면, 이제는 집단 내 개체 차이와 유전적 유동성을 통해 진화의 역동적 과정을 설명하고자 하는 것이다. 이러한 관점에 따르면 인류 진화는 정태적 결과가 아니라, 환경적 요인과 선택압에 따른 유전자 빈도 변화가 누적됨으로써 새로운 신체 형태와 적응을 만들어내는 점진적이고 동태적 과정이다.[16,17]

다변량 통계 분석(multivariate statistical analysis) 기법이 체질인류학의 형태계측학(morphometrics)에 도입됨에 따라, 복잡한 형태적 형질을 보다 정교하게 측정하고 분류할 수 있게 되었다. 이는 여러 변수 간의 관계를 동시에 분석함으로써, 단일 변수에만 의존하던 전통적 방식이 포착하지 못했던 복잡한 패턴과 상호작용을 밝혀내는 데 유용하다. 주요 다변량 분석 기법으로는 주성분 분석(principal component analysis),• 판별분석(discriminant analysis),•• 군집 분석(cluster analysis)••• 등이 있다.[18,19]

전통적인 단일 변수 분석은 각 변수만 개별적으로 평가하기 때문에, 다차원적 상관관계를 동시에 살피기 어려웠다. 반면 다변량 분석을 통해 두개골 형태, 치아 구조, 신체 비율 등 여러 변수를 종합적으로 고려하면, 미묘한 변이와 패턴을 더 정확하게 포착할 수 있다.[20] 이러한 변화에 힘입어 기존 분기학적 분류법(cladistic approach)의 타당성에 대한 논쟁이 활발하게 이어졌고, 집단 변이를 바라보는 여러 학문적 견해와 논쟁을 촉발했다.[13]

앞서 언급한 리키 연구팀은 1950~60년대 케냐의 올두바이 협곡과 탄자니아의 라에톨리 지역에서 호모 하빌리스(*Homo habilis*) 화석 및 석기, 발자국 화석 등을 발견했고, 두발걷기와 석기 사용에 관한 실증적 증거를 확보할 수 있었다. 리처드 리키는 1960년대 후반 케냐 북부의 투르카나 호수 근처에서 호모 에렉투스로 분류되는 투르카나 소년(Turkana boy) 화석을 발견했으며, 수렵보다는 약취를 했다는 가설을 뒷받침하는 여러 증거를 수집할 수 있었다. 1974년에는 도널드 요한슨(Donald Johanson, 1943~)⁘ 등이 동아프리카에서 '루시(Lucy)'를 발견하면서 대중의 비상한 관심을 불러일

• 다수의 변수 간 상관관계를 토대로, 저차원 공간으로 데이터를 투영하여 핵심 패턴을 추출하는 차원 축소 기법이다. 변수 간 중복 정보를 제거하고, 최대한 적은 정보 손실로 데이터 전반의 중요한 변동성을 포착할 수 있다.

•• 사전에 정의된 그룹(범주)이 있는 데이터를 대상으로, 각 샘플이 어느 그룹에 속하는지를 예측한다. 그룹 간 차이를 통계적으로 평가해, 집단을 분류하는 과정에서 결정적인 변수가 무엇인지 파악할 수 있다.

••• 데이터에 대한 그룹(범주)을 사전에 설정하지 않고, 유사성을 기준으로 자동으로 묶는 비지도 학습 기법이다. 군집 내 유사성을 극대화하고, 군집 간 차이를 부각해 데이터를 분류한다.

⁘ 일리노이 대학교를 졸업하고, 시카고 대학교에서 석사와 박사를 마쳤다. 케이스 웨스턴 리저브 대학교 인류학과에 재직 중이던 1974년에 발견한 루시는 인류학 역사상 가장 잘 알려진 화석이 되었다.

으켰다.[5] 요한슨은 에티오피아 하다 지역 아파 삼각지대(Afar Triangle)에서 대학원생 톰 그레이(Tom Gray)와 함께 오스트랄로피테쿠스 아파렌시스 한 개체의 40%에 해당하는 화석을 발견하여 크게 유명해졌다. 이후 팀 D. 화이트(Tim D. White, 1949~)• 등의 연구팀이 에티오피아에서 아르디피테쿠스 라미두스(*Ardipithecus ramidus*)를 발견하며, 이른바 '미싱 링크' 논란을 잠재웠다. 일명 '아르디'는 약 440만 년 전에 살았는데, 이는 침팬지와 인간의 공통 조상과 오스트랄로피테쿠스를 잇는 중간 단계의 인류다. 두발걷기와 나무 타기를 병행했을 것으로 추정된다. 화이트는 컴퓨터 시뮬레이션과 정밀 형태학적 분석 기법을 통해 초기 인류 진화 과정의 복잡성을 해석하고, 인류 진화에 미친 자연선택과 유전적 부동의 역할을 연구했다. 구체적으로 고해상도(high-resolution) 마이크로 CT 스캔을 통해서 데이터를 정량화하고, 표준화된 랜드마크(landmarks)를 설정하여, 해부학적 구조와 기능적 특성을 연결했다. 그리고 이러한 변화에 어떤 선택압이 작용했는지, 아니면 단지 유전적 부동에 의해 계통학적 변화가 일어난 것인지 추정했다.

또한, 단지 고인류 화석의 발굴을 통해 인종적 계통수 구성에 주력하던 기존 체질인류학의 고인류 연구의 한계를 넘어서, 글린 아이작(Glynn Llywelyn Isaac, 1937~1985)••과 루이스 빈포드(Lewis Binford),••• 찰스 킴벌린 브레인

• UC 리버사이드와 미시간 대학교에서 인류학을 전공했다.

•• 남아공에서 태어나 케이프타운 대학교에서 인류학과 지질학 학위를 받았고, 케임브리지 대학교에서 박사 학위를 받았다. UC 버클리에서 재직했다.

••• 뒤에서 자세히 다룬다.

(Charles Kimberlin Brain),[*] 샐리 맥브리어티(Sally McBrearty),[**] 앨리슨 브룩스(Alison Brooks)[***] 등은 초기 호미닌 유적에서 석기와 동물 뼈 패턴을 분석하며 집단 사냥, 식량 공유, 주거지 형성, 행동적 현대성(Behavioral Modernity)의 진화 등 원시 인류의 행동 양상에 관한 더 의미 있는 연구 주제로 고인류학의 영역을 크게 확장했다.

아이작은 리키와 함께 케냐에서 연구했는데, 아슐리안 석기의 제작과 집적 과정을 분석했다. 케냐 쿠비포라(Koobi Fora) 유적지 연구 결과를 바탕으로 제안한, 본거지(home base) 가설과 성적 노동 분업을 강조한 식량 공유 가설(food-sharing hypothesis)로 유명하다.[****]

브레인은 트란스발 박물관을 중심으로 평생 스와트크란스(Swartkrans) 동굴 발굴 작업을 진행하며, 퇴적학(taphonomy)에 기반한 연구를 진행했다. 20만 개 이상의 화석이 발굴된 동굴로, 불의 사용, 파란트로푸스와 오스트랄로피테쿠스의 공존, 포식자와의 경쟁에 의한 선택압이 지능에 미친 영향 등 다양한 가설이 스와트크란스의 데이터를 통해 제안되었다.[*****]

맥브리어티는 중석기 시대에 관한 연구로 유명한데, 현대적 행동이 유럽의 후기 구석기 시대에 갑자기 등장했다는 가설을 비판하고, 이미 아프

---

[*] 지금은 잠비아에 속하는 북로디지아(Northern Rhodesia)에서 태어났다. 위트워터스랜드 대학교에서 동물학과 지질학 등으로 박사 학위를 받았다. 흔히 '밥(Bob)' 브레인으로 알려져 있다.

[**] UC 버클리와 일리노이 대학교 등에서 인류학을 전공했다. 코네티컷 대학교에서 주로 활동했다.

[***] 하버드에서 인류학 박사 학위를 받고 조지 워싱턴 대학교에서 활동하고 있다.

[****] 자세한 내용은 다음을 참고하기 바란다. Isaac GL. The food-sharing behavior of proto-hominids. *Sci Am*. 1978;238(4):90-108.

[*****] 자세한 내용은 다음을 참고하기 바란다. Brain CK. *The hunters or the hunted? An introduction to African cave taphonomy*. Chicago (IL): University of Chicago Press; 1981.; Brain CK, editor. *Swartkrans: A cave's chronicle of early man. Pretoria* (South Africa): Transvaal Museum; 1970.

리카에서 중기 구석기 시대에 관련 행동이 나타났다고 주장했다. 브룩스는 맥브리어티와 마찬가지로 중기 구석기 시대의 유물이 상당히 높은 수준의 기술을 보여준다고 주장한다. 이는 이른바 행동적 현대성의 혁명 모델(Revolution Model of Behavioral Modernity)을 반박하는 중요한 가설이다.•

한편, 분자시계(molecular clocks) 개념은 1960년대에 도입되어, 영장류 및 고인류학의 분류학적 연구에 큰 영향을 미쳤다.[22] 상대적으로 일정한 속도로 축적되는 중립적 유전 변이가 존재한다는 가정 하에, 현존 종의 계통도를 구성하고 분기 시점을 추정하는 방법이다. 특정 유전자의 변이 속도가 일정하다고 가정하고, 이를 근거로 각 종이 공통 조상으로부터 갈라져 나온 시기를 예측한다. 분자시계는 진화생물학자 기무라 모토오(Kimura Motoo, 木村資生, 1924~1994)••가 제안한 중립 진화이론(neutral theory of evolution)에 기반을 두고 있다.[23] 기무라의 이론은 유전적 변이 대부분이 자연선택의 영향 없이 우연히 축적되는 '중립적 변이'라는 가설에 기초하여, 시간의 흐름에 따라 일정한 비율로 변이가 누적된다고 상정한다.

이러한 접근은 화석 기록이 불완전하거나 정확한 연대 측정이 어려운 상황에서도, 종 간 진화적 관계와 분화 시점을 비교적 객관적으로 추정할 수 있게 해주었다. 기존에는 형태학적 특징과 화석 연대에 주로 의존해 분류학적 계통도를 구성해왔으나, 유전적 유사성에 바탕을 둔 분자시계 기법이 등장하면서, 형태학적 분류만으로는 설명하기 어려운 사례들이

• 자세한 내용은 맥브리어티와 브룩스가 쓴 다음 논문을 참고하기 바란다. McBrearty S, Brooks AS. The revolution that wasn't: a new interpretation of the origin of modern human behavior. *J Hum Evol.* 2000;39(5):453–563.

•• 교토 제국대학에서 식물학과 유전학을 전공했다. 전후 일본 유전학연구소와 위스콘신 대학교 등에서 연구했고, 유전자 부동이 진화의 중요한 원인이라는 중립 이론을 제안했다.

드러났다. 예컨대 겉보기로 유사한 종이 실제로는 유전적으로 크게 달랐다거나, 겉보기로는 다른 종이 예상보다 가까운 유전적 관계를 지니는 경우도 확인된 것이다. 전통적 계통 분류 방식과 분자시계를 통한 연대 추정 간에 강력한 논쟁이 일어났으며, 결과적으로 고인류학 연구가 새롭게 도약하는 계기가 되었다.[13]

실제로, 분자시계 이론에 따르면 인간과 침팬지가 약 500만~700만 년 전 공통 조상으로부터 분기했다고 보지만,[24] 기존의 형태학적 연구는 그보다 더 이른 시점에서 이미 인류 조상이 갈라졌다고 추정해왔다.[25] 형태학적 분류학은 주로 화석 기록에 기반하여, 치아나 골격 구조 등 외형적 특징을 분석함으로써 진화적 관계를 해석했다. 그러나 이러한 방식은 유전적 거리와 형태학적 유사성이 불일치할 수 있다는 점에서 한계를 드러냈다. 분자시계를 도입함으로써, 고인류학에서 오랫동안 풀리지 않았던 여러 논란이 빠른 속도로 재정리되기 시작했다.

물론 분자시계가 무조건 정답은 아니다. 모든 유전자가 같은 변이 속도를 가지는 것은 아니며, 만약 자연선택이 일부 유전자에 강하게 작용한다면 변이 속도가 가변적일 수 있다. 특히 진화적 분기 시점을 추정할 때 사용하는 분자적 표준화율(molecular calibration rate)의 선택이 중요한 문제로 주목받았다.[26] 표준화율이란 특정 유전자가 일정 기간 축적하는 변이량을 '단위 시간당 변이율'로 환산한 것으로, 연구 대상 유전자가 빠르게 진화하는지(변이가 많이 일어나는지), 보존된 유전자처럼 변이가 적은지 등을 판단해 적절한 속도를 적용해야 한다.[27] 예를 들어, 보존된 유전자(conserved genes)는 돌연변이가 일어날 가능성이 낮으며, 이러한 유전자에서의 표준화율은 매우 느릴 수 있다. 빠르게 진화하는 유전자는 그 반대다. 따라서 진화적 분기 시점을 정확히 추정하기 위해서는 연구 대상 유전자의 특성을 고려한 적절한 표준화율을 선택해야 한다. 또한, 분자적 표준화율을 적용하기 위해서는 참조 시점(calibration point)이 필요하다. 만약 참조 시점 자체가 불확실하다면 분자시계로 추정된 연대 역시 오차가 커질 수 있다.[28,29] 최근에는 분자시계 기법과 화석 및 형태학적 데이터를 결합하여 더욱 종합적인 계통도를 구성하는 추세다.

법의인류학도 이 시기에 크게 발전했다. 전통적으로 법의학은 임상병리학·해부학에 근거하여, 부검(autopsy)·조직 검사(biopsy) 등을 통해 사망 원인, 시신 신원 등을 추적하는 병리학의 한 분야였다. 그러나 장기간 매장되어 부패하거나 백골화된 화석의 체질인류학적 골격 계측을 통한 신원 확인은 이미 수 세기 이상 신체 계측(anthropometry)의 노하우를 확보하고 있었고, 여러 집단에 관한 신체 계측 데이터를 확보하고 있었던 체질인류학의 도움이 필요했다. 또한, 고고인류학자들의 유골 및 유물 발굴 노하우도 광범위하게 동원되어야 했다. 점차 법의학은 고고학 유물과 유해를 통해 고인류의 병리적 상태를 연구하는 인류학적 법의학으로 발전했다. 특히 제2차 세계대전과 한국전쟁, 베트남 전쟁 등에서 대규모 전사자가 발생하면서, 신원 미상의 유해에 관한 식별의 필요성이 제기되었다. 기존의 병리학이나 법의학만으로는 시신의 신원 확인이 어려웠다. 해부학적 지식을 바탕으로 체질인류학에 기반한 법의인류학자들이 전사자 신원 확인 작업에 참여했고, 1947년 하와이 호놀룰루에 미 육군 중앙식별소(CIL) 등이 설립되어 전사자 유해 식별을 주도했다. 이러한 실질적인 경험은 이후 고고학적 유물에 관한 고병리학적, 생물고고학적 연구로 확장·발전하게 되었다.[6]

6장에서 언급한 밀드레드 트로터를 비롯하여 윌튼 M. 크로그만(Wilton M. Krogman, 1903~1987), 골딘 C. 글레서(Goldine C. Gleser, 1915~2004),• 토머스 데일 스튜어트(Thomas Dale Stewart, 1901~1997),•• 리처드 L. 잔츠(Richard L. Jantz, 1941~)••• 등이 법의인류학의 발전을 주도했다. 미국 국방성 산하의 국방 전쟁포로·실종자 확인국(DPAA, Defense POW/MIA Accounting Agency)⁘은 의학이나 체질인류학을 전공한 법의인류학자를 고용하여 실종자·전사자 신원 확인을 국가 차원에서 진행하고 있다. 또한, 일부 법의인류학자는 전통적으로 해부병리과 의사가 담당하던 과학 수사 영역에도 진출하고 있다.

또한, 고고인류학적 발굴 조사 기법은, 해부병리학을 전공한 체질인류학자가 주도하던 병리 조직의 진단 능력과 결합하면서 고병리학(paleopathology) 및 생물고고학(bioarchaeology)의 발전으로 이어졌다. 도널드 J. 오

• 원래 심리학과 수학, 통계학을 전공한 학자로, 신시내티 대학교 교수 및 신시내티 종합병원 정신과에서 근무했고, 6장에서 언급한 밀드레드 트로터와 함께 신장 추정을 위한 법의학적 인류학 연구에도 기여한 독특한 이력의 학자다.

•• 스미스소니언 국립 자연사박물관에서 알레스 흐르들리치카의 조수로 체질인류학자의 경력을 시작했다. 평생 박물관에서 연구하며, 골격을 통한 법의학적 증거 조사 및 질병 흔적 분석 등 법의인류학과 고병리학의 기초를 쌓았다.

••• 캔자스 대학교에서 인류학으로 학위를 받았고, 테네시 대학교 인류학연구소(Anthropological Research Facility) 소장을 지냈다. 사후 부패 현상을 연구하것으로 유명하다. 이른바 신체 농장(Body Farm)이라는 별명이 붙은 연구소로, 사후 부패 현상을 자연 상태에서 관찰, 연구한 것으로 유명하다. 현재는 법의 인류학 센터(Forensic Anthropology Center)로 확장되었다. 아메리카 원주민 신체 변이 연구와 법의학적 인류학 데이터베이스를 구축했다. 2002년 보아스의 이민자 두개골 연구 자료를 재평가하여, 환경이 두개골 형태에 미치는 영향은 미미하다고 주장했다.

⁘ POW는 Prisoner of War, 즉 적군에 의해 포획·억류된 전쟁 포로를 말하고, MIA는 Missing in Action, 즉 전투 중 행방불명되었거나 시신이 확인되지 않는 경우를 말한다.

트너(Donald J. Ortner, 1938~2012),• 제인 E. 부익스트라(Jane E. Buikstra, 1945~),•• 클라크 스펜서 라르센(Clark Spencer Larsen, 1952~)••• 등이 대표적이다. 특히 부익스트라는 1977년에 처음으로 생물고고학이라는 용어를 제안하고, 인간 유골을 통해 과거 인간의 삶과 건강, 환경에 대한 적응을 밝히는 분야로 정의했다. 전후 고고학에 관한 각국의 관심이 높아지면서 세계 각지에서 발굴되는 고대 유적에서 화석과 유물이 쏟아지기 시작했다. 과거에는 인골이 나와도 사학적 문헌 중심 해석이나 파편적 관찰에 그치는 경우가 흔했다. 그러나 점차 고고학, 인류학, 병리학, 유전학, 지질학 등 다학제 팀의 일괄 조사 관행이 일반화되면서, 화석 등에서 나타난 질병 흔적, 골절·변형 등에 관한 자료가 분석되기 시작했다. 매장 유물, 장례 관습, 근골격계의 부상이나 퇴행성 변화 등을 통해서 당시의 노동 환경이나 생태적 조건, 사회적 분업, 전쟁이나 형벌 등에 관한 증거 기반의 연구가 이루어졌다. 고고학적 유적지에서 발굴된 유골을 분석하여 과거 인류의 건강과 영양, 생활양식을 분석하는 연구로 유명한 라르센은 특히 수렵채집 사회에서 농경 사회로의 이행 과정에서 벌어진 여러 현상에 관한 실증적 연구를 진행했다.:: 지층 단위별 정밀 발굴, 현장 보존 처치, 다양한 연대 측정 기

• 국립 자연사박물관에서 연구한 체질인류학자로, 인골의 감염·질병·영양결핍 징후를 체계적으로 분류했다. Ortner DJ. *Identification of pathological conditions in human skeletal remains*. 2nd ed. Washington (DC): Smithsonian Institution Press; 2003.

•• 드포 대학교와 시카고 대학교 등에서 인류학을 전공했다. 현재는 애리조나 주립 대학교의 인류진화 사회변동학부(School of Human Evolution and Social Change, SHESC) 교수이자, 생물고고학 연구소(Center for Bioarchaeological Research) 소장을 맡고 있다.

••• 캔자스 주립대학교, 미시간 대학교 등에서 생물인류학 학사 및 석박사를 취득했다.

:: 자세한 내용은 다음을 참고하기 바란다. Larsen CS. *Bioarchaeology: interpreting behavior from the human skeleton*. 2nd ed. Cambridge (UK): Cambridge University Press; 2015.; Larsen CS. *Our origins: discovering physical anthropology*. 4th ed. New York (NY): W.W. Norton & Company; 2018.

법, 미시 자료의 수집과 분석 등 고고학적 발굴 기법을 동원하면서, 과거에는 부장품의 발견이나 거시적·역사적 연구를 위한 보조 수단에 불과했던 고고인류학적 발굴은 점차 체계적인 과학적 학문 영역으로 발전하였다.

▣

신(新) 체질인류학, 즉 현대 생물인류학(biological anthropology)은 20세기 중반 이후 인간의 생물학적 특성에 관한 연구를 대폭 확장했다. 기존 체질인류학이 외형적 신체 계측에 주로 의존했던 데 비해, 현대 생물인류학은 유전적 변이, 적응, 그리고 환경적 요인을 정밀하게 분석하고, 인간을 단순한 해부학적 대상이 아니라 진화론적·생태적·문화적 맥락에서 끊임없이 변이하고 적응하는 복합적 존재로 이해한다.[21]

이를 위해 현대 생물인류학은 크게 세 가지 접근을 통합한다. 첫째, 시간적 분석이다. 시간의 흐름에 따른 진화 과정을 추적하여, 인류가 환경 압력에 어떻게 신체적·행동적으로 반응하고 변화했는지를 규명한다. 둘째, 장소적(지리적) 분석이다. 전 세계 여러 생태환경 안에서 인간 집단이 보이는 다양한 적응 양상을 조사한다. 셋째, 문화적 분석이다. 식습관, 생활 방식, 문화적 관습 등 사회·문화 요인이 어떻게 유전적 선택압으로 작용하는지를 연구함으로써, 생물학적 변이가 문화적·역사적 맥락과 어떻게 맞물리는지 살핀다.

전후 체질인류학계는 인종 분류의 생물학적 객관성을 둘러싼 논쟁이 펼쳐지는 동시에, 학문 전반에 걸쳐 큰 변화를 불러온 중요한 전환점을 맞았다. 전통적으로 형태학적 분석에 의존하던 체질인류학에 유전학적 접근을 도입하려는 시도가 나타났지만, 여전히 인구 유전학의 주요 개념에 대한 이해는 부족했다. 워시번을 비롯한 여러 학자는 인종 구분에 기초한 연구가 지닌 한계를 지적하며, 인류의 진화와 변이를 동적이고 통합적으로 이해해야 한다고 주장했다. 이를 통해 체질인류학은 '신(新) 체질인류학'으로 발전하게 되었고, 점차 인간의 시간적, 공간적, 문화적 변이와 진화 양상을 유전적·생태적 관점에서 다루는 '생물인류학'이라는 명칭이 널리 쓰이게 되었다. 이와 더불어, 분자시계 이론과 각종 유전적 분석 기법이 도입되면서, 형태학적 자료와 유전적 데이터를 결합한 새로운 계통학적 접근이 자리 잡기 시작했다.

2. 인간동물행동학

에톨로지(Ethology)는 그리스어 '에소스(êthos)', 즉 '습성 혹은 행태(character)'에서 유래한 용어로, 일반적으로 동물행동학이라고 번역된다.• 동물 행동의 목적을 주관적으로 해석하기보다는, 자연 상태에서 동물을 관찰하고 이를 객관적으로 기술하는 데 중점을 두고 있다.[30] 동물행동학에서는 동물 행동을 이해하기 위해 다음의 세 가지 주요 접근 방법을 활용한다.

첫째, 개념적 접근은 실험이나 직접적인 관찰 없이 이론적 틀을 바탕으로

• 동물 행동에 관한 진화적·생태학적·비교심리학적 접근을 포함하는 폭넓은 학제적 연구 분야다. 한국 및 일본에서는 공식적으로 '동물행동학(animal behavior studies)'으로 번역하지만, 일부에서는 행태(行態)학이나 행동(行動)학, 품성(稟性)학 등으로 옮기기도 한다. 그런데 'human ethology'는 인간동물행동학으로 번역되는데, 원어 명칭의 뜻을 모르면 '인간도 동물인데, 왜 굳이 인간동물행동학이라고 하는지? 혹시 인간과 동물의 상호 행동을 다루는 학문인지?' 혼동될 수 있다. 서울대학교 인류학과 진화인류학 교실은 종종 '에톨로지'라는 용어를 써서 혼란을 피하고 있다.

동물 행동을 설명하려는 것이다. 이러한 개념적 착상은 실험적 자료가 아닌 이론적 사고에 의존하지만, 자연사(natural history)와 실험, 관찰 등에서 얻은 풍부한 지식에 기반을 두고 있다. 대표적 예는 친족 선택 이론이나 포괄적합도 이론 등이 있다.

둘째, 행동과 자연선택 간의 관계를 수학적 모델을 통해 연구하는 것이다. 행동생태학자가 선호하는 연구 방법으로, 최적 섭식 이론이나 포식자-피식자 상호작용 모델 등이 대표적이다. 특히 이론 연구에 주력하는 진화행동생태학자들은 자연 세계의 복잡성을 정확히 모사하기보다는, 여러 변수와 요소를 고려해 특정 행동 가설을 제시하고, 이를 일반화된 가설로 확장하려고 시도한다. 이렇게 구축된 모델은 자연 세계에서 관찰되는 행동 패턴을 설명하고 예측할 이론적 틀을 제공한다. 이는 동물행동학과 행동생태학이 얼마나 가까운지 알려주는 사례라고 할 수 있는데, 후자는 뒤에서 다시 다룬다.

셋째, 관찰 혹은 실험적 접근이다. 초기의 동물행동학자는 자연 상태에서의 행동을 관찰하거나, 실험적 환경에서 특정 조건을 조작하여 행동을 연구했다. 이를 통해 동물의 본능적 행동, 학습 과정, 사회적 상호작용 등이 밝혀져 왔다. 사실 이는 고대 그리스 시대부터 존재해온 가장 오래된 연구 방법이기도 하다.

동물행동학의 핵심은 특히 세 번째 접근 방법, 현장 연구(field study)에서 가장 잘 드러난다. 이를 상징적으로 보여주는 선구적 예시로 아리스토텔레스를 들 수 있다. 2장에서 언급한 대로 아리스토텔레스는 최초의 생물학자이자 동물행동학자라고 할 수 있다. 연체동물이나 갑각류, 어류에 관한 세밀한 관찰 기록을 남겼으며, 물고기의 호흡 구조와 생리적 특성까지도 상세하게 기술했다. 꿀벌의 사회적 행동을 관찰한 내용도 전해지는데, 이처럼 그는 무려 581종에 달하는 동물을 직접 연구했다. 아리스토텔레스는 직접 관찰을 토대로 개념적 설명을 시도하기도 했는데, 동물의 구조가 그 기능에 부합한다거나, 한 배 크기가 체적에 반비례한다는 주장, 재태 기간은 체적에 비례한다는 주장, 그리고 동물의 번식과 발달과정에서 체구와 시간이 결정적인 역할을 한다는 통찰 등을 제시했다.[31,32]

하지만 본격적인 동물행동학의 발전은 비교적 최근의 일이다. 주로 동물에 대한 깊은 애정을 가진 연구자에 의해 시작되었는데, 침습적 실험보다는 자연 상태에서의 관찰을 선호했다. 이 분야의 선구자 중 한 명인 찰스 휘트먼(Charles O. Whitman, 1842~1910)•은 비둘기의 행동을 통해 본능적 행동 개념을 발전시켰다. 특히 비둘기의 짝짓기와 의사소통 행동을 관찰하여, 종 특이적 행동이 본능적 기전에 의해 어떻게 발현되는지 체계적으로 분석했다.[33,34]

동물행동학자는 동물을 '정말' 사랑하는 것 같다. 휘트먼의 사례를 들어보자. 휘트먼은 마지막 남은 여행비둘기(passenger pigeon, *Ectopistes migratorius*)의 번식을 시도했다. 한때 수천만 마리에 달하던 여행비둘기가 멸종 직전이었기 때문이다. 안타깝게도 1902년, 신시내티 동물원에 있던 마지막 여

• 매사추세츠의 작은 예비학교 교장이었는데, 서른 중반이라는 비교적 늦은 나이에 동물행동학을 공부하기로 결심했다. 이후 독일에서 박사 학위를 취득한 뒤 일본으로 건너가 도쿄 제국대학에서 생물학을 가르쳤다. 비록 재직 기간은 길지 않았지만, 당시 일본 학계에 커다란 영향을 끼쳐 '일본 동물학의 아버지'라는 별칭을 얻기도 했다. 1888년에는 우즈홀 해양생물학연구소(Marine Biological Laboratory)의 초대 소장이 되어, 700종 이상의 비둘기를 연구하며 표현형 변이와 유전의 상관관계를 탐색했다. 그에 관한 더 자세한 이야기는 다음을 참고하기 바란다. Riddle O. Charles Otis Whitman. *Biol Bull.* 1911;20(2):86–117.; Whitman CO. *Posthumous works of Charles Otis Whitman*. Vol. 1–3. Washington (DC): Carnegie Institution of Washington; 1919–1921.

행비둘기인 '마사'를 떠나보내기도 했다. 그런데도 끝까지 노력을 멈추지 않았다. 휘트먼은 시카고 대학교 및 록펠러 재단에 지원을 요청하여, 온 곳을 뒤져 살아남은 여행비둘기를 찾아 헤맸다. 위스콘신주 밀워키에 살던 취미 사육자(aviculturist), 데이비드 휘태커(David Whitaker)로부터 여러 마리의 여행비둘기를 구해 부화를 시도했으나 번식에 실패했고, 1907년에는 마지막 두 마리의 암컷마저 죽고 남은 수컷들은 불임 상태여서 더는 종을 유지하지 못했다.[35,36]

아무튼, 휘트먼의 연구는 이후 동물행동학의 객관적 관찰 전통을 확립하는 데 중요한 기반이 되었다. 그는 행동의 기능적 설명보다는 구조와 발생에 초점을 맞추었고, 이는 훗날 로렌츠와 틴베르헌 등 다음 세대의 학자에게도 큰 영향을 주었다. 이들은 동물이 환경과 상호작용하며 어떻게 진화해왔는지를 연구하면서, 자연 상태의 동물 행동에 대한 과학적 이해를 한층 넓혔다. 이렇게 비침습적이고 객관적인 관찰 방법을 선호하는 전통은 오늘날 동물행동학의 핵심 원칙으로 자리 잡았다.

그러나 휘트먼은 다윈주의, 라마르크주의, 돌연변이설을 모두 거부하고 정향진화설을 지지한 비(非)다윈주의적 진화론자이기도 했다.• 앞서 말한 대로 진화가 일정한 방향성 혹은 목적성을 가지고 진행된다는 개념이다. 물론 이러한 주장은 학계에 큰 영향을 미치지는 못했다.[33]

사실 뒤에서 다룰 행동생태학의 기원은 동물행동학에서 비롯되었다고 할 수 있다. 동물행동학의 학문적 전통과 마찬가지로, 행동생태학자들도 상상이나 주관적 해석에 기반한 과도한 추론을 경계하며, 객관적 관찰과

• 아마도 독실한 유니테리언(기독교 자유주의 교파) 가정에서 태어나 자란 배경이 영향을 미친 것으로 보인다.

과학적 방법을 통한 분석을 중시한다. 특히 동물의 행동에 대한 내적 심리 과정이나 인지구조에 대해서는 거의 관심을 두지 않는다. 이는 검증이 매우 어렵거나 거의 불가능한 심리적 과정을 연구 범위에서 제외하는 학문적 경향으로 이어졌다. 실제로 동물의 마음속에서 어떤 일이 일어나고 있는지, 내적 사고를 명확히 파악하는 것은 매우 어렵기 때문이다. 이러한 접근은 동물행동학도 마찬가지다. 행동의 외적 표현과 그에 따른 결과를 연구하는 데 초점을 두는 것이 일반적이다.[37]

행동생태학자는 보통 동물의 행동을, 다양한 생태적 조건에서 생존과 번식을 최적화하기 위한 전략으로 간주한다. 적합도(fitness)를 높이는 행동 전략은 시간이 흐름에 따라 유전자 풀 내에서 빈도가 점차 늘어난다. 다양한 환경에서는 서로 다른 행동 전략이 경쟁하며 공존하는데, 이러한 전략들은 제한된 자원을 둘러싼 경쟁, 포식자와의 군비 경쟁, 단독 생활과 집단생활의 이점과 손실, 짝짓기 성공을 위한 성적 전략 등으로 나타난다. 특히 포괄적합도(inclusive fitness)를 증진하는 행동 전략은 생태적 맥락과 상호작용하며 개체나 집단의 생존 및 번식에 큰 영향을 미치는데, 여기에는 양육이나 친족 간 협력과 갈등, 집단 내 비친족 간 협력과 갈등, 그리고 다양한 신호 전달 등이 포함된다.

좀 더 자세히 살펴보자. 서로 다른 내·외적 환경 조건에서 살아가는 동물들은 고유한 종 특이적 행동(species-specific instinctive actions)을 나타낸다. 이러한 행동은 해당 종이 적응적 생존 전략을 어떻게 구축했는지 보여주며, 형태적 특징만큼이나 뚜렷하게 드러난다. 예컨대, 종마다 짝짓기 의식이나 먹이 찾기 방식, 방어 행동이 생태적 지위와 밀접하게 연결되어 있어, 동일 서식지에서 비슷한 구실을 하는 종 사이에도 뚜렷한 차이가 나타난다.

우선, 양육 혹은 친족 간 협력이나 갈등은 포괄적합도의 핵심적 개념이다. 포괄적합도란 개체가 직접 남긴 자손뿐만 아니라, 친족(kin) 개체의 생존과 번식을 돕는 과정을 통해서도 향상될 수 있다는 개념이다. 유전적으로 연관된 개체 간 협력은 더 많은 자손을 남기거나 생존율을 높이도록 유도하며, 이는 자원 공유나 공동 양육 등으로 나타나기도 한다. 예를 들어, 일부 조류 종에서는 형제자매가 더 많은 먹이를 얻기 위해 함께 노력하는 행동이 관찰된다. 그러나 협력과 갈등은 늘 같이 다니는 행동 전략이다. 부모와 자식 간 자원 배분 문제에서 나타나는 갈등이나 형제자매 간 경쟁 등이다. 부모가 한정된 자원을 여러 자식에게 어떻게 나눌 것인가의 문제는 친족 간, 부모-자식 간 갈등으로 이어질 수 있다.[38]

한편, 비친족 간의 협력과 갈등도 중요한 행동 전략이다. 비친족 개체 간의 협력은 집단생활에서 필수적이다. 사회성 곤충이나 포유류의 경우, 비친족 간 협력은 먹이 탐색, 포식자 회피, 자원 공유 등 생존과 번식에 도움이 되는 다양한 상황에서 나타난다. 반면, 비친족 간에는 이해관계가 충돌하기 쉬우므로 먹이 자원, 짝짓기 기회, 서열 경쟁 등을 둘러싼 갈등이 흔하게 발생한다. 때로는 지배-복종 관계 형성이나 물리적 충돌로 이어지기도 하지만, 궁극적으로는 상호 이익을 주고받으며 협력하는 전략이 널리 관찰된다.[39]

신호 전달은 이러한 상호작용을 조정하는 중요한 수단이다. 동물들은 생태적 맥락에서 행동을 조절하기 위해 다양한 신호를 사용한다. 동물들은 시각, 청각, 화학적 신호 등을 사용해 의사소통함으로써 협력을 촉진하거나 경쟁 상황에서 우위를 확보한다. 예를 들어, 영장류는 음성 신호로 위협이나 경고를 전달하고, 짝짓기 경쟁에서는 과시 행동으로 상대를 견제하거나 유혹한다. 이러한 신호 전달 체계는 집단의 사회적 관계를 조정해 안정성을 유지하고, 개체의 생존과 번식 성공을 높이는 핵심 역할을 담당한다.[40]

19세기와 20세기 초, 유럽 박물학자들은 주로 형태적 특징을 근거로 생물 종을 분류하고 진화적 계통을 파악하려 했다. 그러나 동물 행동에 주목해 이를 진화적 해석의 중요한 단서로 간주한 연구자들도 있었다. 바로 동물행동학자들이다. 미국에서 휘트먼이 동물행동학의 문을 연 인물이라면, 독일에서는 오스카 하인로트(Oscar Heinroth, 1871~1945)•가 그랬다. 하인로트는 '동물행동학의 창시자'로 불리는데, 동물 행동에 비교형태학적 방법을 최초로 적용한 독일의 생물학자다. 하인로트는 동물 행동에 관한 연구를 통해, 행동이야말로 진화적 계통을 이해하는 중요한 도구가 될 수 있다고 주장했다. 베를린 수족관에서 일하며 다양한 조류와 물고기의 행동을 관찰한 하인로트는 행동이 종마다 고유하고 일관되며, 이러한 행동이 진화적 계통과 관련이 있다는 결론에 이르렀다. 그는 조류, 특히 오리와 거위의 행동을 체계적으로 연구하면서, 본능적 행동과 형태적 형질이 이들의 생애사와 밀접하게 연결되어 있음을 알아차렸다.[41]

그러나 하인로트는 학문적 성취를 추구하기보다는 동물에 대한 애정을 바탕으로 연구를 이어갔다. 덕분에 저술이나 학회 발표도 드물었고,

• 베를린의 프리드리히 빌헬름 대학교(현 훔볼트 대학교) 의과대학을 졸업한 의사였으나, 동물학을 다시 전공하면서 일생 동물행동학자로 지냈다. '인간보다는 동물을 더 좋아했다'고 자주 언급했는데, 어릴 때부터 닭장 앞에서 걸음마를 배우고 닭 울음을 흉내 내며 성장했다고 밝힌 것만 보아도 그의 동물에 대한 사랑을 엿볼 수 있다. 심지어 의사가 되었지만, 무급으로 베를린 동물원에서 조수로 오랫동안 일했다. 1904년 베를린 동물원의 조수로 일하면서 물오리와 거위의 행동을 연구하기 시작했고, 1911년 베를린 수족관의 관장으로 임명되어 30년 이상 그 직책을 유지했다.

연구 성과는 주로 그의 아내들을 통해서야 겨우 외부에 알려졌다. 첫 번째 아내인 마그달레나 비베(Magdalene Wiebe)는 조류 사육사이자 박제사로서 남편의 연구를 함께 수행했고, 두 번째 아내인 카타리나 뢰쉬(Katharina Berger Rösch)는 제2차 세계대전 종전 후 베를린 동물원장이 된 파충류학자로, 남편의 연구를 대중에게 알리기 위한 역할을 했다.[36]

또한, 하인로트는 19세기 더글러스 스팔딩(Douglas Spalding, 1841~1877)•이 처음 보고한 각인(imprinting) 현상을 재발견했는데,[42] 하인로트의 각인 연구는 그의 제자인 로렌츠에 의해 널리 알려졌다.[33]

1910년, 하인로트는 '에톨로지(ethology)'라는 용어를 처음 도입했으며, 동물의 행동 연구를 주로 하는 새로운 학문 분야로 자리 잡게 했다.[43] 다양한 종이 보여주는 본능적 행동을 체계적으로 기록하면서, 이를 통해 종들 사이의 진화적 관계를 추론할 수 있다고 제안했다. 행동 역시 종 정체성을 규정하는 중요한 요소라는 신선한 주장이었다.[43]

하인로트는 조류의 짝짓기 의식, 먹이 섭취 방식, 둥지 만들기 등의 행동을 상세히 관찰했고, 행동이 단순히 유전적 본능의 산물만이 아니라 환경적 조건에 따라 변형·조정될 수 있다는 '행동적 유연성(behavioral plasticity)' 개념을 제안했다.[44] 예컨대, 조류의 발성 행동이나 짝짓기 춤, 먹이 획득 전략 등이 환경 및 생태적 맥락에 따라 달라질 수 있으며, 이런 행동적 유연성 역시 진화적 성공을 이루는 하나의 핵심 형질이라는 것이다.[45]

흥미롭게도 초기 동물행동학자는 연구 대상으로 새를 선호했다. 동물

• 동물이 선천적으로 환경에 적응하는 능력을 갖추고 있다고 주장했으며, 실험을 통해 닭과 같은 동물들이 생후 얼마 지나지 않아 시각과 청각을 포함한 여러 감각을 학습하게 된다는 점을 밝혀낸 인물이다.

행동학자의 새 사랑은 유명하다. 하인로트, 휘트먼, 로렌츠, 틴베르헌 모두 마찬가지이다.

새 사랑의 대표적 사례가 바로 토를레이프 셸데룹-에베(Thorleif Schjelderup-Ebbe, 1894~1976)다. 쪼기 서열(pecking order) 연구로 유명한 노르웨이 출신의 동물행동학자다. 일정 시간 함께 사육된 개체들 사이에 공격 양상이 나타나고, 이를 통해 고정된 지위 질서가 형성된다는 사실을 발견했다. 이는 이후 인간 사회의 사회적 지배성이 서열 구조로 어떻게 나타나는지 설명하는 실증적 토대가 되었다.* 셸데룹-에베는 어린 시절, 집에서 닭을 키웠는데, 열 살도 되기 전에 닭이 서로 쪼는 행동을 관찰하여 이를 기록에 남기기 시작했다. 그리고 십대 시절 내내 개체 수와 공격 횟수, 승패, 부상 여부 등을 체계적으로 조사했다.**

특히 하인로트는 오리와 거위를 집중적으로 연구하며, 회색기러기(greylag goose)의 새끼가 부화 직후 자신을 부모로 인식하는 현상을 발견했다. 이는 동족(conspecific)에 대한 인식 능력이 생득적이지 않음을 보여준 연구였다. 뒤에 로렌츠가 1930년대에 확립한 각인 개념으로 이어졌다. 하인로트는 인간과 동물의 공통점을 연구하는 데 관심이 컸으며, 이를 위해 독특한 양방향 접근법을 취했다. 인간 정신생활에서 유추한 개념을 동물 연구에 적용해 동물의 행동과 심리를 해석하고, 그 결과를 다시 인간 이해에 재적용함으로써 인간 행동과 정신세계를 설명하고자 했다. 이는 단순히

---

* 자세한 내용은 다음을 참고하기 바란다. Hailman JP. Pecking orders and paradigms: The early history of social dominance. *Behav Processes*. 1990;21(2-3):183-202.

** 심지어 자신은 박사 논문을 열 살 때부터 준비했다고 농담을 했다는 말도 있다. 자신은 인간보다 동물이 더 좋다고 했다. 그러나 셸데룹-에베의 연구는 잘 알려지지 않았고, 심지어 박사 학위를 취득했는지 여부도 불확실하다.

인간 행동을 동물에게 투영하는 것을 넘어, 동물 연구 결과를 바탕으로 인간을 재해석하려는 시도였다. 로렌츠는 이를 '하인로트의 접근법(Heinroth's approach)'이라 부르며, 동물행동학 발전에 크게 기여했다고 평가했다.[36,41]

에톨로지는 이후 여러 천재적인 학자에 의해 발전하기 시작했다. 특히 로렌츠와 틴베르헌은 동물행동학의 초석을 다진 중요한 인물로, 이들은 인간행동생태학의 발전에도 큰 영향을 미쳤다.

콘라트 자카리아스 로렌츠(Konrad Zacharias Lorenz, 1903~1989)•는 동물의 본능적 행동과 그 진화적 기원을 연구하며, 생존 및 번식에 최적화된 유전적(본능적) 행동이 있다는 점을 입증했다. 특히 갓 태어난 동물이 특정한 시기에 시각적 자극에 의해 특정 대상을 부모로 인식하고 이를 따르는 각인 현상을 규명함으로써, 학습과 유전적 본능의 상호작용을 설명하였다.

로렌츠는 동물 행동이 단순히 후천적 학습에만 의존하는 것이 아니라, 진화 과정에서 유전적으로 결정된 본능이 생존과 번식에 큰 역할을 한다는 이론적 틀을 확립했다. 이 관점은 곧 인간에게도 적용될 수 있었다. 진화 과정을 거치면서 형성된 본능적 행동이 인간의 생존 및 번식 전략에 영향을 미친다는 가설을 뒷받침했다.[46] 특히 생물학적 본능이 인간의 생존과 번식에 중요한 역할을 한다는 점을 주장하면서, 인간행동생태학에서 인간의 적응적 행동을 연구하는 데 필수적인 개념적 틀을 마련하였다.[47]

한편, 로렌츠는 생물학에서 자연선택의 개념이 빠르게 수용된 것에 비

• 오스트리아 출신으로 외과 의사 아돌프 로렌츠(Adolf Lorenz)와 역시 의사였던 어머니 엠마 로렌츠(Emma Lorenz) 사이에서 태어났다. 빈 대학교에서 1923년부터 의학을 전공했고, 1933년 동물학 박사 학위를 받으면서 주로 임상 진료보다는 동물 행동 연구에 평생을 바쳤다. 1938년 나치당에 가입했고, 인종위생 정책을 지지하는 글을 쓰기도 했다. 1941년 징집되었으나, 소련군의 포로가 되어 4년간 억류되기도 하였다. 1973년 노벨의학상을 받았다.

해서, 심리학이나 행동과학에서는 더디게 받아들여지는 이유에 의구심을 가졌다. 로렌츠는 그 원인이 바로 이념 논쟁(ideological dispute) 때문이라고 주장했다. 목적론적 심리학(purposive psychology)과 행동주의 심리학(behaviorist psychology)의 갈등을 언급하면서, 동물의 행동을 초자연적 원인에 의한 것으로 설명하는 전자의 학파와 모든 행동에 인과적 설명을 요구한 후자의 학파가 싸우면서 이도 저도 아니게 되었다는 것이다. 이 과정에서 후자가 점차 승리하게 되었지만, 그러면서 타고난 행동 패턴(innate behavior patterns)에 대해서 아예 무시해버리는 결과를 낳았다고 지적했다.• 이에 대해서는 다음 절에서 자세하게 다룬다.

특히 로렌츠는 동물행동학이 인간에 적용될 경우, 인간의 독창성을 간과한다는 인류학자의 비판에 대해서 인간과 동물의 행동 중 상당수는 유사성(analogy)을 가지고 있다고 반박했다. 아울러 유사한 행동은 기능적 공통점을 추론할 수 있도록 돕지만, 인간과 동물 사이에는 본질적인 차이(essential difference)가 있다고 주장했다. 예를 들면, 개념적 사고(conceptual thought)와 문법적 언어(syntactic language) 등이다. 그리고 인간은 지식의 축적을 통한 문화적 진화를 하므로 이른바 '문화 동물행동학(cultural ethology)적 연구'가 가능하다고 보았다. 로렌츠는 이렇게 말했다.

> 동물행동학자들이 자주 듣는 가장 흔하고 낡은 반론 중 하나는 인간이 유일하다는 것이며, 인간 본성을 동물행동학적 접근으로 이해하려는 모든 시도가 실패할 뿐만 아니라 위대한 인간성에 대한 경멸적인 맹목성

• 자세한 내용은 다음 책의 부록을 참고하기 바란다. Lorenz K. *The foundations of ethology*. New York (NY): Springer; 1981.

을 드러낸다는 것이다. … 동물행동학자는 가장 고등한 동물과 인간 사이의 차이를 과소평가하고 있는가? 반대로, 인류학자는 이 차이를 올바르게 평가하고 있는가? … 문화는 다른 모든 생명 시스템과 마찬가지로 살아있는 체계이다. … 두 경우 모두에서, 성공적으로 입증된 것을 유지하려는 '보수적' 요인과 아직 입증되지 않았지만, 발전을 암시할 수 있는 것을 시도하려는 '혁신적' 경향 사이의 동일한 요동치는 평형, 즉 균형 상태를 발견할 수 있다.

한편, 니콜라스 틴베르헌(Nikolaas Tinbergen, 1907~1988)•은 동물행동학에서 로렌츠와 함께 큰 공헌을 한 학자로, 특히 '행동의 네 가지 질문'으로 잘 알려져 있다. 그는 동물 행동을 이해하기 위해서는 기원(원인), 발생, 기능, 그리고 진화적 역사라는 네 가지 차원에서 분석이 필요하다고 주장했다.[48] 이러한 접근은 인간행동생태학에도 큰 영향을 주었는데, 틴베르헌은 동물 행동이 환경적 맥락에서 생물학적 적합도를 높이는 방향으로 진화해왔듯이, 인간의 행동 역시 유사한 진화적 기전에 의해 형성되었을 가능성을 제시했다.[49]

1963년에 발표한 "동물행동학의 목적과 방법(On Aims and Methods of Ethology)" 제하의 논문에서 틴베르헌은 동물의 행동을 이해하기 위해 네 가

• 흔히 니코(Nikko) 틴베르헌으로 불린다. 네덜란드 헤이그 출신으로, 다섯 형제 중 하나인데, 그의 형 얀 틴베르헌(Jan Tinbergen)은 1969년 최초의 노벨 경제학상을 수상했다. 레이던 대학교에서 생물학을 전공했다. 제2차 세계대전 중 나치 독일에 의해 신트 미힐스게스텔(Sint-Michielsgestel) 수용소에 억류된 경험이 있었는데, 이로 인해서 처음에는 나치당에 부역한 로렌츠와 사이가 별로 좋지 않았다. 노년에 우울증을 심하게 앓아, 뒤에서 다룰 존 볼비로부터 치료를 받기도 하였다. 1973년 로렌츠와 함께 노벨의학상을 수상했다.

표 12 틴베르헌의 네 가지 질문

질문	설명	예시
원인 (causation)	· 행동을 일으키는 직접적인 원인, 근접(근연) 기전. · 신경, 호르몬, 유전적 요인 등 생리적 과정이 포함됨.	· 언어 행동은 베르니케 영역과 브로카 영역, 그리고 이를 잇는 궁상속 등이 조절한다. · FOXP2 유전자에 의해 매개된다.
발달 (ontogeny)	· 개체의 생애 동안 특정 행동이 어떻게 발달하는지 설명. · 유전적 요인과 학습 과정 포함.	· 언어는 영아기 부모의 언어 자극에 의해서 습득된다. · 결정적 시기(critical period)를 지나면 습득되기 어렵다. · 이후 다양한 원천에서 양방향 학습을 통해서 발달한다.
기능 (function)	· 특정 행동이 생존과 번식에 주는 적응적 이점을 설명. · 궁극 기전에 초점.	· 언어는 사회적 신호를 전달하고, 협력과 경쟁, 기만을 위한 의사소통에 관여한다. · 짝짓기를 위한 구애에 사용된다. · 정보의 수평적, 수직적 전달을 위한 매개체로 기능한다.
계통발생 (phylogeny) / 진화 (evolution)	· 행동이 진화적으로 어떻게 발달해 왔는지 설명. · 계통발생적 변화를 연구.	· 언어는 200만 년 전, 오스트랄로피테쿠스가 호모 하빌리스로 분기하면서 도구의 사용과 더불어 진화했다. · 언어는 30만 년 전, 호모 하이델베르겐시스가 호모 사피엔스로 진화하면서 친족 군집성 변이를 통해서 진화했다. · 언어는 4만 년 전, 행동적 현대성이 나타나면서 진화했다(아직 논란이 분분함).

지 상보적인 질문이 필요하다고 주장했다(〈표 12〉).

첫째, 원인(causation)이다. 행동을 일으키는 직접적·근연적 기전에 대한 설명으로, 신경 회로나 호르몬 작용 등 해부·생리학적 과정을 포함하여 행동이 어떻게 유발되는지를 해명한다. 예를 들어, 특정 자극이 동물의 신경계에 어떤 영향을 미쳐 행동을 유발하는지에 대한 설명이 포함된다. 이는 신경생리학적 기전이나 감각 정보 처리와 관련이 깊다.

둘째, 발달(ontogeny)이다. 한 개체의 생애 동안 특정 행동이 어떻게 발달하는지에 대한 질문이다. 행동이 유전적으로 결정되는 것인지, 아니면 학습의 결과인지를 분석한다. 예를 들어, 새끼 동물이 성체로 성장하는 과정에서 습득하는 행동 패턴, 학습과 경험을 통한 행동의 변화 등을 설명하는 데 사용된다.

셋째, 기능(function)이다. 특정 행동이 생존과 번식에 어떤 적응적 이점을 제공하는지 설명하는 질문이다. 이 질문은 궁극적 기전에 초점을 맞추며, 행동이 종의 생존과 적합도에 어떻게 기여하는지 해명한다. 예를 들어, 새의 이주 행동이 먹이 자원과 번식 성공에 어떻게 이바지하는지 설명하는 것이다.

넷째, 계통발생(phylogeny), 즉 진화(evolution)다. 특정 행동이 종 간 계통 발생적 관계에서 어떻게 변화하고 발전해 왔는지를 연구한다. 예를 들어, 다양한 조류 종에서 관찰되는 번식 행동이 어떻게 진화적으로 분화했는지, 선조로부터 이어진 본능적 행동이 어떤 과정을 거쳐 변형되었는지 설명하는 것이다.[49]

로렌츠와 틴베르헌의 연구는 인간동물행동학과 인간행동생태학이 발전하는 데 매우 중요한 기초 개념을 제공했다. 특히, 생물학적 본능이 생태적 맥락에서 어떤 적응적 구실을 하는지 설명함으로써, 인간 행동을 이해할 때도 생물학적 기반이 필수적이라는 점을 널리 알렸다.[50]

동물행동학의 초기 학자 중 또 다른 중요한 인물로는 월리스 크레이그(Wallace Craig, 1876~1954)•와 윌리엄 휠러(William Wheeler, 1865~1937)••가 있다. 이들

• 현대 동물행동학의 창시자 중 한 사람으로 평가된다. 캐나다 출신으로 일리노이 대학교와 시카고 대학교에서 동물학으로 학위를 받았다. 휘트먼의 지도를 받아 박사 학위를 받았다. 과학 교사 및 대학 강사를 지내다가 매사추세츠 우즈홀 해양생물학 연구소에 합류했다. 그리고 나중에 메인 대학교와 하버드 대학교, 뉴욕주립 대학교 박물관 등에서 연구했다.

•• 고등학교 졸업 후, 독학으로 곤충학과 박물학 등을 공부했다. 그러다가 학사와 석사 과정을 뛰어

은 각각 동물 행동의 생리적 기초와 사회적 행동의 진화라는 주제를 연구하면서, 동물행동학의 학문적 기반을 다지는 데 크게 기여했다.

먼저 크레이그는 휘트먼의 지도를 받아, 비둘기 행동에 관한 연구로 박사 학위를 받았다. 그는 동물의 본능적 행동이 단순히 고정 패턴이 아니라, 환경적 자극에 따라 유도되고 조정될 수 있다고 주장했다. 즉, 행동을 진화·동기·사회·생태 등 여러 요인이 상호작용하는 통합적 과정으로 보았는데, 이는 현대 행동과학의 기초를 형성하는 데 중요한 역할을 했다. 크레이그는 행동의 생리학적 기전을 고려하는 다층적 분석을 시도함으로써, 동물의 행동을 단순한 자극-반응 모델이 아니라 생리적 상태와 밀접히 연관된 체계로 인식했다. 예컨대, 새가 특정 소리를 내거나 노래를 할 때 신경학적·생리학적 기전이 어떻게 작동하는지 살펴보고, 그런 소리가 어떤 진화적 적응을 의미하는지 분석했다.[51,52] 본능적 행동과 생리적 기전의 연관성을 주장한 그의 관점은 동물행동학에서 행동의 유연성과 적응성을 폭넓게 이해하는 길을 열었다.

크레이그는 각인 이론을 발전시켜, 이른바 '크레이그-로렌츠 삼단계 구조(Craig-Lorenz schema)'를 확립했다. 행동의 삼단계 구조(three-step organization of behavior)란, 동물 행동을 세 단계로 구분하여 탐색→감각적 탐지→완결 행동 순으로 설명하는 모델이다(〈표 13〉). 이 모델의 핵심은 행동이 단순한 자극-반응 구도가 아니라, 자극을 찾고 탐색하는 과정에서 조직화된다는 관점에 있다.

(앞 페이지에 이어서)

넘어, 클라크 대학교에서 배아학으로 박사 학위를 받았다. 시카고 대학교와 독일 뷔르츠부르크 대학교, 나폴리 동물학 연구소(Stazione Zoologica di Napoli) 등에서 연구했다. 이후 텍사스 대학교 동물학 교수, 하버드 대학교 생물학 교수 등을 지냈다.

표 13 크레이그-로렌츠 삼단계 구조(Craig-Lorenz schema)

단계	설명	예시
탐색 행동	· 동물이 목표 자극(예: 먹이, 짝짓기 상대, 안전한 은신처 등)을 찾기 위해 비교적 무작위적이거나 비지향적으로 움직이는 초기 단계 · 이 시점에서 동물은 자극의 부재로 인해 심리적·생리적으로 긴장 혹은 불안정 상태에 놓여 있음	· 비지향성: 구체적 자극 위치를 모르는 상태에서 주변 환경을 두리번거리거나 돌아다님 · 불안정 및 긴장: 목표를 발견하지 못해 동요하거나 초조해함 · 탐색의 다양성: 후각·시각·청각 등 여러 감각 수단을 활용하여 자극 단서를 찾음
감각적 탐지	· 목표 자극을 발견하거나 인지한 후, 동물의 행동이 지향적 혹은 목표 지향적 패턴으로 바뀌는 단계 · 이 과정에서 학습과 경험이 중요한 역할을 하며, 동물은 과거 경험이나 환경 단서를 토대로 자극을 추적하고 접근 방법을 최적화함	· 지향성 강화: 자극이 있는 방향으로 집중력·이동 속도·정밀도가 높아짐 · 학습 및 경험 반영: 이전 시도에서 얻은 정보나 시행착오가 행동 패턴 결정에 작용 · 감각 집중: 시각·청각·후각 등 특정 감각이 두드러지게 활성화되어 목표에 접근
완결 행동	· 목표 자극에 실제로 도달하거나 접촉한 뒤, 동물이 최종 행위(예: 먹이 섭취, 짝짓기, 위험 요소 제거 등)를 수행하는 단계 · 행동이 목표 달성으로 이어짐에 따라 동물은 상대적 안정 상태로 접어들며, 긴장과 탐색이 일시적으로 해소됨	· 목표 달성: 먹이를 섭취하거나 짝짓기를 완료하는 등, 탐색 행동의 목적을 달성 · 안정 혹은 포만 상태: 생물학적 동기(배고픔, 번식 욕구 등)가 충족되어 일시적 휴식 및 안정 상태로 전환 · 행동 중단 및 전환: 목적이 사라짐으로써 탐색 관련 행동이 멈추고, 새로운 동기를 찾기 전까지 상대적 휴지기

우선 탐색 행동(appetitive behavior)이 일어난다. 이는 동물이 특정 목표 자극(예: 먹이)을 찾기 위한 비지향적 탐색 활동을 의미한다. 이 단계에서는 동물이 자극의 부재로 인해 불안정한 상태에 있다. 포식자가 먹이를 찾기 위해 주변을 두리번거리거나, 짝을 찾기 위해 소리 및 냄새 등을 더듬으며 움직이는 행동 등이다.

둘째, 감각적 탐지(sensory detection)다. 목표 자극이 발견되면 동물은 해당 자극을 추적하기 위해 지향적 행동으로 전환한다. 학습·경험을 통해 자극을 추적하는 효율성을 높이며, 구체적인 동작(접근·추적·호출 등)을 수행한다.

셋째, 완결 행동(consummatory behavior)이다. 목표 자극을 발견하고 나서 일어나는 행동으로, 동물이 탐색 행동을 중단하고 목표를 달성한다. 이 단계에서는 주로 먹이를 섭취하거나 짝짓기를 완료하는 등 최종 목표 행동이 이루어진다. 이후 동물은 상대적 안정 상태에 접어든다.[46,51,53]

한편, 휠러는 개미학의 선구자로 불리는데, 개미의 사회적 조직과 역할 분담, 계층 구조, 협력, 다른 종과의 공생, 군집 행동, 의사소통 방식, 계통분류학 등에 관한 연구의 토대를 마련했다. 휠러는 사회성 곤충 연구를 통해 협력과 경쟁이 진화적으로 얼마나 중요한 의미가 있는지 보여주었으며, 사회적 행동이 종(種)의 생존과 번식에 어떤 영향을 미치는지를 체계적으로 설명했다. 또한, 사회적 행동을 단순한 본능의 집합이 아니라, 개체 간 상호작용을 통해 형성되는 복잡한 사회적 시스템이라고 주장했다.[54]

한편, 고전 동물행동학의 이러한 핵심 기조는 점차 비판에 직면했다. 행동을 단순히 본성과 양육으로 나누려는 시도가 지나치게 단순화된 접근이라는 것이다. 기존 동물행동학에서 주장하는 자연적 행동이라는 개념에 학습과 환경적 요인이 충분히 고려되지 않았다는 반론이었다. 초기 동물행동학자들은 동물 개체를 사회적 맥락에서 격리하여 '순수한 본성'을 찾아내려고 했지만, 이는 현실적으로 불가능한 시도였다. 동물을 물리적 환경에서 분리한다고 해서 학습(개인적 경험·사회적 상호작용 등)의 영향을 배제할 수 없기 때문이다. 더 나아가 개체는 자신의 행동을 통해 주변 환경을 바꾸고, 달라진 환경이 다시 개체 행동에 영향을 미치는 되먹임 과정을 거친다.[55,56] 예를 들어, 폭력적인 성향을 지닌 사람은 자신의 성향에 맞는 사회적 환경(폭력 집단에 가입)을 만들어내고, 그 결과 다른 이와 달리 적대적 환경의 부정적 피드백을 받게 된다. 이렇게 행동과 환경은 서로 영향을 주고받는 관계이며, 이를 단순히 '본성 대 양육'이라는 이분법적 틀로만 해석하기에는 한계가 있다.

한편, 윌리엄 호만 소프(William Homan Thorpe, 1902~1986)•는 동물의 행동 기전과 개체 발생에 관한 연구로 널리 알려져 있다. 소프는 고전적 동물행동학의 본성 중심적 접근을 넘어서, 행동의 생물학적 학습 기전을 잘 설명했다. 대표적 업적 중 하나는 새의 노래 학습 연구다. 소프는 새의 노래가 단순히 선천적 본능이 아니라, 환경적 자극과 상호작용하며 학습된다고 보았다. 이를 통해 동물의 행동이 유전적 요소뿐만 아니라, 개체가 성장하는 과정에서 겪는 환경적 요인과 경험에도 크게 좌우된다는 것을 밝혔다.[57,58]

소프는 행동의 기전과 발생을 통합적으로 설명하려고 노력했다. 즉, 행동이 유전적 요인에만 의해 결정되는 것이 아니라, 학습과 적응을 통해 변화될 수 있음을 실험적으로 입증한 것이다. 정교한 연구를 위해서 음향 스펙트로그래프(sound spectrograph)를 처음 도입해, 조류의 노래를 분석하는 정량적 방법을 개발했다. 소리의 주파수 변화를 시간 축과 함께 시각화하여, 복잡한 음성 구조를 세밀하게 파악하는 방법이다. 이를 통해 소프는 유년기에 학습한 경험이 성체기 생존과 번식 전략에 어떤 영향을 미치는지 구체적으로 설명했다.[59]

또한, 중요한 인물로 패트릭 베이트슨(Patrick Bateson, 1938~2017)••을 언급하

• 케임브리지 대학교에서 농학과 곤충학을 전공했다. 이후 케임브리지 조류학 필드 스테이션 소장(Cambridge Ornithological Field Station)을 지냈다. 기계론적 유물론을 비판했으며, 자연에서 존재의 목적을 찾을 수 있다고 주장하며 신학과 과학의 조화를 위해 노력했다.

•• 케임브리지 대학교에서 동물학을 전공했다. 주로 케임브리지 대학교에서 교수로 재직하면 새의 각인 현상, 기억의 신경학, 동물 복지 등을 연구했다. 런던 동물학회 회장, 케임브리지 킹스 칼리지 학장 등을 지냈다.

지 않을 수 없다. 베이트슨은 케임브리지 대학교에서 하인드의 지도 아래에 동물학을 전공한 후, 동물 행동의 발달을 중심으로 연구를 진행하였다. 유전적 요인과 환경적 요인이 동물 행동의 발달에 어떻게 영향을 미치는지에 대해 폭넓은 연구를 진행했으며, 특히 새들의 각인(imprinting) 현상에 관한 실험으로 잘 알려져 있다. 소프와 마찬가지로, 베이트슨은 하인드와 공동으로 저술한 『동물행동학의 최근 관심사(Growing Points in Ethology)』에서 동물의 행동이 단순한 본능에 의해 고정되는 것이 아니라, 환경적 요인과의 상호작용을 통해 발달한다는 사실에 주목했다. 새의 각인 현상이 단순히 선천적 기전에 의해 고정되는 것이 아니라, 초기 생애의 경험에 의해 상당 부분 결정된다는 사실을 실험적으로 입증했다. 이를 통해 동물이 지닌 학습 능력과 행동 발달이 환경적 자극 때문에 조절될 수 있음을 제시하였고, 이는 곧 기억의 신경적 기초(neural basis of memory)를 이해하는 데에도 기여했다. 더 나아가, 행동 발달과 진화적 적응 간의 관계를 설명할 수 있는 개념적 틀을 마련했다.[59-61]

로버트 오브리 하인드(Robert Aubrey Hinde, 1923~2016)•는 엄격한 객관적 관찰과 양적 자료수집 방법을 동물 행동 연구에 도입하여, 이후 발달심리학 연구에서도 널리 사용되도록 이바지하였다. 흥미롭게도 하인드는 정신

• 케임브리지 대학교에서 동물학을 전공했고, 케임브리지 조류 서클 회장을 지냈다. 옥스퍼드 대학교에서 데이비드 랙과 틴베르헌의 지도로 박사 학위를 받았다. 제2차 세계대전 중 영국 공군에서 복무했고, 이후 소프와 함께 매딩글리 필드 스테이션(Madingley Field Station)에서 다양한 조류 연구 및 붉은털원숭이 연구를 수행했는데, 비교행동학, 각인, 동기 부여와 습관화, 그리고 카나리아의 둥지 짓기 행동 등 여러 분야에서 큰 성과를 거두었다. 또한, 6장에서 언급했듯이 제인 구달과 다이앤 포시를 지도하기도 하였다. 특히 틴베르헌의 행동학적 방법론은 하인드의 연구에 큰 영향을 미쳤다. 케임브리지 대학교에서 왕립학회 연구 교수로 재직하며, 동물 행동 연구와 인간 발달심리학을 통합한 학제적 연구 접근을 발전시켰다. 또한, 객관적 관찰과 양적 자료수집 기법을 동물 행동 연구에 도입해, 이후 발달심리학 영역에서도 폭넓게 활용할 수 있도록 했다.

과 의사인 존 볼비와 협력하여 애착 이론(attachment theory) 발전에 중대한 영향을 미쳤다.[62] 볼비는 하인드의 행동학적 접근법을 아이들의 관찰에 적용하고 싶어 했고, 이는 애착 이론을 정립하는 데 큰 영향을 미쳤다. 이에 대해서는 뒤에서 다시 다룬다.

하인드의 연구는 영장류 연구로도 확장되었다. 매딩글리에서 붉은털원숭이 집단을 연구하여 모자(母子) 상호작용과 사회적 관계의 중요성을 강조하였다. 특히 하인드는 원숭이 어미와 새끼를 분리한 실험에서, 그들의 행동이 사회적 집단의 맥락에 크게 좌우됨을 발견하여, 초기 대인관계가 발달에 미치는 영향을 확인했다. 이는 곧 인간 발달심리학에 적용되어, 아동 발달에서 초기 사회적 상호작용의 중요성을 설명하는 이론적 틀이 되었다. 하인드는 개체 간 상호작용이 이전 경험에 따라 다르게 전개된다는 점에 주목했고, 사회적 관계의 질이 행동에 지속적 영향을 미친다는 사실을 밝히는 데 기여했다. '반복적 상호작용(repeated interactions)'이 관계의 안정성 및 관계 발전에 핵심적 요인이라고 주장하며, 궁극적으로 종의 사회적 구조 및 개체 발달 양상을 이해하는 데 필수적 요소임을 역설했다.[63,64]

하인드는 매딩글리에서의 연구 경험을 바탕으로, 1960~70년대 아프리카에서 대형 유인원 연구를 위한 현지 조사 거점 구축에도 힘썼다. 리키와 협력하여, 구달을 비롯한 여러 젊고 유망한 학자를 훈련했고, 연구를 위한 중요한 필드를 제공했다. 아울러 구달과 함께 영장류 현지연구를 위한 정량적 기록 방법을 발전시켰다.[65,66] 포시로 하여금, 르완다의 산악 고릴라를 연구하게 하기도 했다.[67] 이러한 활동 덕분에, 영장류학과 행동생태학 분야에서 현지 관찰을 통한 장기 연구 전통이 자리 잡게 되었으며, 인간과 유인원 간의 진화적 연관성에 관한 이해가 한층 깊어질 수 있었다.

한편, 다방면에서 활동한 줄리언 헉슬리(Julian Huxley, 1887~1975)•는 동물의 의사결정 과정을 진화적 관점에서 연구하며, 행동생물학의 기초를 다졌다. 동물 행동이 단순히 생리적 기전뿐 아니라 환경적 맥락에 따른 적응적 전략으로 이해될 수 있다고 주장하여, 인간행동생태학이 발전하는 데도 큰 영향을 미쳤다. 물새의 구애 행동을 체계적으로 연구하기 시작했는데, 1914년에 발표한 논문 "뿔논병아리의 구애 습성(The Courtship Habits of the Great Crested Grebe(*Podiceps cristatus*)"은 성선택의 관점에서 구애 행동을 진화적 적응으로 본 연구로, 초기 동물행동학의 대표적 업적으로 꼽힌다.[68]

헉슬리는 진화가 큰 도약이 아닌 작은 단계를 통해 이루어진다고 주장하며 자연선택에 의한 점진적 진화를 지지했다. 특히 현대적 종합의 주요 설계자 중 한 명으로, 제2차 세계대전 전후로 이뤄진 생물학의 통합적 패러다임 형성에 중요한 역할을 했다. 헉슬리는 이 시기에 진화론과 관련한 여러 논문을 발표하며 다윈의 성선택 이론을 재조명했고, 성선택을 짝짓기 관련 형질에 작용하는 자연선택의 한 유형으로 간주하여 진화 과정에서 성선택의 중요성을 부각했다.[69] 1942년에 출판된 헉슬리의 저서, 『진화: 현대적 종합(Evolution: The Modern Synthesis)』은 이러한 진화론적 관심사를 집대성한 중요한 저작으로, 현대 진화생물학의 방향을 제시한 업적으로 높

• 이튼 칼리지 재학 중이던 시절부터 조류학에 관심이 많았고, 옥스퍼드 대학교에서 동물학을 전공하여 최우등으로 졸업하였다. 헉슬리는 어떤 의미에서 보면 동물행동학자라기보다는 르네상스형 지식인이었다. 진화생물학자, 우생학자, 국제주의자였으며, 유네스코 사무총장을 지내기도 했다. 세계야생생물기금(WWF)의 공동 창립자 중 한 명이다. 조부는 유명한 진화론자이자 인류학자인 토머스 헉슬리다. 헉슬리의 친부, 레너드 헉슬리는 작가이자 편집자였으며, 『멋진 신세계(Brave New World)』를 쓴 올더스 헉슬리(Aldous Huxley)와 노벨 생리의학상을 수상한 앤드루 헉슬리(Andrew Huxley)가 형제다.

이 평가받고 있다.[70]

여기서 잠깐, 오토 쾨니히(Otto Koenig, 1914~1992)•를 언급하고자 한다. 로렌츠의 제자로서, 로렌츠가 가장 오래된 비공식적 제자라고 했던 인물이다. 제대로 된 정규 교육이나 학위 과정은 밟지 않았지만, 동물을 향한 애정에 기반해서 일생 동안 동물행동학과 문화행동학 연구를 하였다. 대중 활동 및 야생 동물 보호 운동, 그리고 동물의 진화적 행동 양상을 인간 문화에도 적용할 수 있다는 문화행동학(Kulturethologie) 개념을 제안했다.

이레니우스 아이블-아이베스펠트(Irenäus Eibl-Eibesfeldt, 1928~2018)••는 '인간 동물행동학(human ethology)의 창시자'라고 할 수 있는 인물이다. 그는 동물행동 연구의 비교 접근 방식을 통해 인간의 본능적 행동 패턴을 분석하고, 인간 사회에서 나타나는 보편적 행동을 진화적 관점에서 설명하였다.[71]

아이블-아이베스펠트는 포유류 행동 발달과 척추동물의 의사소통 행

• 여러 김나지움을 전전했지만, 정규 교육을 제대로 받지 못했다. 자퇴 후 동물 전문 사진작가가 되기로 하였다. 그러던 중에 서른이 넘은 나이에 빈 대학교에서 직업 자격시험의 형식으로 졸업할 수 있었다. 이후에도 심리학, 철학, 고고학, 민족학 등 여러 수업을 청강했지만, 학위는 받지 않았다. 아내 릴리 쾨니히와 함께 빌헬르미넨베르크 성(Schloss Wilhelminenberg)의 군용 막사를 개조한 '비공식적' 비교행동학 연구소(Biologische Station Wilhelminenberg)를 만들었다. 제대로 된 곳이 아니었지만, 다양한 연구원이 이곳을 찾아 동물행동학 연구를 진행했다. 이 연구소는 이후 공식적으로 오스트리아 과학아카데미(Österreichische Akademie der Wissenschaften) 소속 '비교행동연구소(Institut für Vergleichende Verhaltensforschung)'로 발전했다. 그에 관해 자세한 것은 다음을 참고하기 바란다. Otto Koenig Gesellschaft: Available from https://www.ottokoenig.at/

•• 오스트리아의 귀족 가문, 아이블 폰 아이베스펠트(Eibl von Eibesfeldt)에서 태어났다. 아버지는 식물학자, 어머니는 미술사학자였다. 빈 대학교에서 생물학 등을 전공했고, 오토 쾨니히의 '연구소'에서 연구했다. 해당 연구소는 전후에 콘라트 로렌츠 비교행동학연구소(Konrad Lorenz Institute for Comparative Ethology)로 발전했다. 그는 1948년, 로렌츠를 만나 그의 지도하에 동물행동학을 공부했고, 이후에는 막스 플랑크 해양생물학 연구소(Max-Planck-Institut für Meeresbiologie) 등에서 연구원으로 활동했다. 루트비히 막시밀리안 뮌헨 대학교에서 교수로 임용되었고, 1970년에는 막스 플랑크 연구소에 인간동물행동학 그룹(Arbeitsgruppe für Humanethologie)을 설립했다. 1991년에는 루트비히 볼츠만 도시동물행동학 연구소(Ludwig Boltzmann Institute for Urban Ethology)를 설립했다.

동에 관한 실험 연구를 진행하며, 해양 어류의 다양한 행동 양상에도 관심을 기울였다. 그러나 1960년대에 접어들면서 인간의 행동과 감정 표현으로 연구 초점을 옮겨, 여러 문화권을 대상으로 보편적 행동 패턴을 분석하기 시작했다. 아프리카, 남미, 동아시아 등 다양한 지역을 직접 탐사하여, 인간 사회의 표정과 행동을 관찰·기록함으로써 분노·슬픔·놀라움·당혹감·기쁨 등 감정 표현이 문화적 배경을 초월해 공통으로 나타난다는 사실을 발견했다. 이를 근거로, 이러한 보편적 행동이 인류의 진화적 과정에서 비롯된 선천적 특성이라고 주장했다.[72,73]

당시 주류 사회과학은 인간 행동을 주로 문화적 산물로 해석하는 경향이 강했다. 이에 반해 아이블-아이베스펠트는 행동의 생물학적 기전을 강조하며, 동물행동학적 분석을 인류학적 연구에 적용하고 진화이론을 인간 문화에 관한 이론적 틀로 도입하고자 했다.•[74-76] 1970년부터 막스 플랑크 행동 생리학 연구소에서 인간행동학 연구 그룹을 이끌며, 다양한 문화에서 나타나는 인간 행동의 보편성을 연구하고, 인간행동학의 이론적 토대를 다지는 데 주력했다. 특히 그의 중요한 업적 중 하나는 인간 행동에서 보편적인 특징(Universalien)을 찾아내고, 이를 전 세계적으로 비교해 방대한 영화 자료로 남긴 것이다.

아이블-아이베스펠트는 인간 행동 연구에서 비언어적 의사소통에 큰

• 대표 저서 『사랑과 혐오(Love and Hate: The Natural History of Behavior Patterns)』와 『인간동물행동학(Human Ethology)』에서 아이블-아이베스펠트는 동물 행동과 인간 행동을 비교 분석함으로써, 인간의 복잡한 사회적 행동과 감정 표현이 자연선택과 진화적 적응의 결과라는 이론적 틀을 제시했다. 더 자세한 내용은 다음을 참고하기 바란다. *Human Ethology*. New York: Aldine de Gruyter; 1989; 『야수인간』. 서울: 휴먼앤북스; 2005. 그리고 그의 전기는 다음을 참고하기 바란다. 『생명의 나무야 푸르러라』. 서울: 사계절; 1999

비중을 두었으며, 인간의 사회적 상호작용이 부분적으로 본능적 행동에 기반한다고 주장했다. 인간 사회에서 비언어적 의사소통이 맥락에 따라 어떻게 달라지는지를 관찰함으로써, 사회적 규범과 의례를 체계적으로 분석했다. 예컨대 주고받기(giving and taking), 교환 의례, 인사 의례, 친밀감 형성, 인위적 친족 체계, 그리고 갈등과 두려움을 극복하기 위한 다양한 전략 등에 대해 심층적으로 연구했다.

또한, 인간 사회에서 위계질서와 지배 욕구가 어떻게 사랑과 돌봄 행동과 상호작용하는지 주목하며, 이를 사회적 행동의 주요 축으로 간주했다. 아이블-아이베스펠트에 따르면, 인간의 협력과 친사회적 행동은 단순히 사회화 과정을 통해 습득된 결과물이 아니라, 진화적 유산이다. 즉, 인간은 생물학적 적응 과정을 거치며 협력·배려·정서 교류 등 친사회적 행동을 형성해왔다는 것이다.[72]

한편, 인간동물행동학의 발전을 논할 때 반드시 언급해야 할 인물 중 하나는 존 볼비(John Bowlby, 1907~1990)•다. 볼비는 케임브리지 대학교 재학 중 아동 발달과 발달심리학에 관심을 두게 되었다. 이후 프라이어리 게이츠(Priory Gates) 학교에서 부적응 아동을 돕는 자원봉사 활동을 하면서, 발달과정에서 아동이 겪는 문제를 깊이 연구하기 시작했다.[77,78] 왕실 주치의를 지낸 아버지를 따라 케임브리지 대학교에서 의학을 전공하였으나, 발달

• 영국의 정신과 의사이자 정신분석학자인 볼비의 어린 시절은 겉으로는 유복했으나, 정서적으로는 고립감을 겪었다. 상류층 가정에서 태어나 주로 유모에 의해 양육되었고, 당시 영국 사회의 전형적인 관습에 따라 어머니와의 접촉은 하루 한 시간에 불과했다. 이러한 부모와의 정서적 단절은 볼비의 삶에 깊은 영향을 미쳤다. 유모 '미니'와의 이별을 어머니를 잃은 것과 같은 비극으로 기억하기도 했다. 또한, 제1차 세계대전 중 아버지가 군 복무를 하면서 볼비는 아버지와의 상호작용도 거의 없었다. 그러던 중 7세에 기숙학교에 보내졌다. 이러한 개인적 경험은 후일 볼비의 연구에서 아동과 보호자 간의 분리 경험을 연구하는 중요한 동기가 되었다.

심리학에 관한 관심이 커지면서 심리학으로 전공을 바꾸었고, 이후 다시 UCL에서 정신의학을 전공했다.•

제2차 세계대전 동안 볼비는 런던 아동지도클리닉(London Child Guidance Clinic)에서 근무하며 비행 청소년과 부적응 아동을 연구하였다. 이 시기의 연구는 첫 저서인 『44명의 청소년 도둑들(Forty-four Juvenile Thieves)』에 집대성되었다. 비행 아동을 대상으로 한 연구를 통해, 보호자와의 장기적 분리가 아동의 후속 발달에 미치는 부정적 영향을 분석하고, 보호자와의 애착 결손이 아동의 정서적·사회적 발달에 심각한 결과를 초래한다는 사실을 규명했다.[79] 1949년에는 유럽 노숙 아동의 정신 건강을 주제로 한 세계보건기구(WHO) 보고서를 작성하게 되었는데, 그 결과물인 『모성 양육과 정신 건강(Maternal Care and Mental Health)』에서 영유아가 따뜻하고 친밀하며 지속적인 관계를 어머니(또는 영구적 어머니 대체자)와 맺지 못할 경우, 심각하고 되돌릴 수 없는 정신 건강 문제가 발생할 수 있다고 주장했다.[80,81]

이 보고서는 당대의 정신분석학계에서 큰 논쟁을 불러일으켰다. 볼비는 기본적으로 전통적 정신분석학의 이론에서 벗어나, 아동의 내적 삶이 무의식적 판타지가 아니라 실제 생활 사건에 의해 결정된다고 보았다. 그러나 영국의 많은 정신분석가는 '모성애가 정상적 발달을 위한 필수 조건'이라는 주장에 동의하지 않았고, 자녀와 지속적 관계를 형성하는 부모 역할에 관해서도 반대했다.[82,83] 이는 볼비와 기존 정신분석학계 사

• 볼비는 처음에 케임브리지 대학교에서 의대 예과를 다니다가, 심리학을 전공했다. 그러다가 다시 UCL 소속의 유니버시티 칼리지 병원(University College Hospital, UCH)에서 의학을 전공했다. 1933년부터는 영국 정신분석학회(British Psychoanalytic Institute)에서 분석가 훈련을 받았고, 1937년 정신분석가(psychoanalyst) 자격을 취득했다. 제2차 세계대전 중에는 영국군에서 군의관으로 복무하기도 했다.

이에 큰 갈등을 초래했는데, 특히 정신분석가 멜라니 클라인(Melanie Klein, 1882~1960)•과의 이견이 두드러졌다.

클라인은 대상관계 이론(object relations theory)을 정립했고, 좋은 대상과 나쁜 대상의 통합 및 내면화 등의 과정에서 편집-분열 위상(paranoid-schizoid position)과 우울 위상(depressive position)이 일어난다고 주장한 정신분석가다. 그녀는 전통적인 정신분석의 관점에 따라, 소아의 심리적 문제를 주로 무의식적 환상과 내부 갈등에서 비롯된다고 보았다. 소아가 어머니와의 관계에서 경험하는 초기 갈등과 관련된 무의식적 환상이 이후 심리 발달에 큰 영향을 미친다고 주장했으며, 영아기 환상이 외부 현실이 아닌 내면에서 자율적으로 구성되는 것이라고 해석했다.[84]

반면 볼비는 클라인이 소아의 실제 경험을 충분히 고려하지 않는다고 비판했고, 소아 발달은 주요 보호자와의 실제 상호작용에 기반한다고 보았다.[78,85] 소아의 초기 경험과 부모와의 애착 관계가 정서적 안정성과 사회적 발달에 결정적으로 중요하다는 것이다.

볼비의 주장은 클라인 학파와 갈등을 일으켰을 뿐 아니라, 프로이트 학파와도 상당한 의견 차이를 드러냈다. 안나 프로이트(Anna Freud, 1895~1982)••는

• 오스트리아 빈의 유대인 집안에서 막내로 태어났다. 남편과 세 아이를 두었으나, 셋째 출산 후 심해진 우울증 등으로 인해 이혼했다. 이후 헝가리 부다페스트로 이주하여 산도르 페렌치(Sándor Ferenczi)의 분석을 받으며 정신분석학에 입문했다. 1921년 베를린으로 이주하여 칼 아브라함(Karl Abraham)의 지도하에 베를린 정신분석학회(Berlin Psycho-Analytic Society)에 가입했고, 놀이 치료 기법을 통해 아동의 무의식적 갈등과 욕망을 해석하는 작업을 진행했다. 1926년 영국으로 이주했고, 아동 정신분석 기법을 두고 안나 프로이트와 대립했다. 안나 프로이트는 놀이를 통해 무의식적 갈등이 표출되며, 성인의 자유연상에 준한다는 클라인의 주장에 반대했다. 안나는 아동 분석이 교육적 개입과 동반되어야 한다고 생각했다. 이는 이후 영국 정신분석학회가 클라인파(Kleinian), 프로이트파(Freudian), 독립파(Independent)로 분리되는 계기가 되었다.

•• 지그문트 프로이트의 딸이다. 교사로 활동하다가 결핵으로 인해 사직했다. 이후 아버지 권유로 정신분석학을 공부하기 시작했다. 벌링햄과 협력하여 빈에서 소아 정신 발달에 관한 정신분석

아버지의 정신분석학 전통을 계승하며 아동 발달을 무의식적 갈등과 방어 기전으로 설명하려고 했다.[86] 따라서 소아가 겪는 불안과 스트레스는 무의식적 갈등의 표현으로 부모와의 분리가 반드시 심리적 손상을 일으키는 것은 아니며, 아동은 스스로 적응할 수 있는 능력을 갖추고 있다고 주장했다.

안나 프로이트와 미국의 정신분석가 도로시 벌링햄(Dorothy Burlingham, 1891~1979)•은 제2차 세계대전 동안 햄스테드 전쟁 보육원에서 부모와 떨어진 아동을 대상으로 심리적·정서적 영향이 어떻게 일어나는지 연구했다. 이들은 보고서에서, 전쟁의 혼란과 공포 속에서도 많은 아이가 강한 적응력을 보이며, 심리적 방어 기전을 통해 자신을 보호할 수 있다고 결론지었다. 즉, 안나 프로이트와 벌링햄은 부모와의 장기적 분리가 소아에게 부정적 영향을 줄 수는 있으나, 새로운 보호자와 관계를 맺거나 심리적 지원을 받으면 이를 완화할 수 있다고 보았다. 이는 볼비의 애착 이론과는 다소 다른 시각으로, 새로운 환경에서도 적응할 수 있는 내부 심리 자원을 강조한 것이다.[87] 다시 말해, 볼비는 실제 경험과 보호자와의 친밀하고 지속적인 관계가 아동에게 필수적이라고 하였지만, 안나 프로이트는

(앞 페이지에 이어서)

연구를 진행했다. 1938년 나치의 오스트리아 합병으로 인해 런던으로 피신했고, 1941년 햄스테드 전쟁 보육원(Hampstead War Nursery)을 설립했다. 1952년, 햄스테드 아동 치료 강좌 및 클리닉(Hampstead Child Therapy Course and Clinic)을 세웠다.

• 미국의 소아 정신분석가이자, 안나 프로이트의 평생지기였다. 뉴욕의 유복한 가정에서 태어난 그녀는 1914년 외과 의사 로버트 벌링햄(Robert Burlingham)과 결혼했으나, 1921년 남편의 정신장애로 인해 별거를 시작했다. 아들의 정신과적 피부 장애를 치료하기 위해 오스트리아 빈으로 이주했고, 지그문트 프로이트의 분석을 받으며 안나 프로이트와 인연을 맺었다. 프로이트의 런던 이주에 함께 했으며, 안나 프로이트와 같은 집에서 살며 긴밀한 협력자로 연구에 동참했다. 특히 시각장애 소아 연구로 유명하다.

부모와 떨어진 아동이 애착 부재 속에서도 살아남을 수 있는 내적 방어 기전 등의 심리적 구조를 강조했다.

볼비의 애착 이론은 1950년대를 거치며 더욱 정교해졌다. 생애 초기 애착이 인간 발달에서 핵심적 역할을 한다는 사실을 실증적으로 입증해나갔고, 1969년 『애착과 상실(Attachment and Loss)』에서 이론적 얼개를 완성했다. 여기서 볼비는 진화생물학, 동물행동학, 발달심리학, 인지과학 등 다양한 분야의 지식을 통합하여, 유아의 애착 기전이 진화적 압력을 통해 형성되었다는 혁신적 가설을 제안했다. 이는 기존의 정신 에너지 모델(프로이트의 관점)을 대체하고, 애착 행동이 인간 발달에 필수적 요소임을 주장하는 새로운 패러다임으로 자리 잡았다.[62] 볼비는 인간의 애착 행동을 진화적 생존 전략으로 보았는데, 아동이 부모(또는 보호자)와 밀착함으로써 안전과 보호를 확보하고, 이를 통해 발달과정에서 신체적·정서적 안정감을 형성한다는 것이다.

메리 딘스모어 에인스워스(Mary Dinsmore Ainsworth, 1913~1999)•는 애착 이론을 확장한 대표적인 학자다. 에인스워스는 '낯선 상황 실험(Strange Situation Experiment, SSP)'을 고안해, 아동과 보호자 간 애착 유형이 서로 다르게 나타날 수 있음을 실증적으로 입증했다.[88] 낯선 상황 실험은 아동이 새로운 환경에서 보호자와의 분리 및 재결합을 경험하는 동안 아동의 반응을 관찰하는 것을 목표로 한다. 낯선 상황 실험의 구성은 단계별로 이루어진다.

• 토론토 대학교에서 심리학을 전공했다. 여성으로서 제2차 세계대전 중 캐나다 육군의 여군 부대(Canadian Women's Army Corps)에서 복무하며, 소령으로 전역했다. 이후 토론토 대학교에서 성격심리학을 연구하다가, UCL과 타비스톡 클리닉(Tavistock Clinic) 등에서 볼비의 연구팀 일원으로 모자 애착에 관해 연구했다. 볼비의 제안으로 우간다 현지 조사를 진행했고, 횡문화적 애착 행동을 조사했다. 이후 미국으로 이주하여 존스홉킨스 대학교 심리학과에서 활동했다.

실험은 약 20분 동안 진행되는데, 12~18개월 된 유아와 어머니(또는 주요 보호자)가 함께 실험실 방에 들어가는 것으로 시작된다. 방에는 여러 장난감이 놓여 있어 유아가 자유롭게 탐색할 수 있다. 실험은 어머니가 유아와 상호작용하는 상황, 낯선 사람이 들어와 상호작용을 시도하는 상황, 어머니가 방을 떠나 유아가 낯선 사람과 남아있는 상황, 그리고 어머니가 다시 돌아오는 상황 등으로 구성된다. 이러한 단계별 변화에서 유아의 행동을 관찰하여, 보호자와의 분리 및 재결합에 대한 반응이 어떻게 나타나는지를 분석하였다.[89]

- 에피소드 1: 어머니(보호자)와 아이가 실험실 방에 함께 들어옴. (실험자 동반)
- 에피소드 2: 어머니는 의자에 앉아 있고, 아이는 장난감을 자유롭게 탐색(어머니는 아이가 주도적으로 탐색하도록 유도)
- 에피소드 3: 낯선 사람이 들어와 어머니와 대화, 아이에게 말을 걸거나 놀잇감을 제시(이후 어머니가 조용히 방을 떠남)
- 에피소드 4: 첫 번째 분리: 아이는 낯선 사람과만 남게 됨. 낯선 사람이 아이를 달래거나 상호작용 시도
- 에피소드 5: 첫 번째 재결합: 어머니가 돌아오고, 낯선 사람은 조용히 물러감(방을 떠남). 어머니-아이 상호작용 관찰
- 에피소드 6: 두 번째 분리: 어머니가 다시 아이를 남기고 방을 떠나, 아이는 완전히 혼자 남음
- 에피소드 7: 낯선 사람이 다시 들어와, 아이와 상호작용 및 달래기 시도(어머니 없이 낯선 사람과만 있음)
- 에피소드 8: 두 번째 재결합: 어머니가 돌아오고, 낯선 사람은 물러감.

아이-어머니의 재결합 반응을 관찰해 실험 종료

에인스워스는 이 실험을 통해 아동의 애착 유형을 크게 세 가지로 구분하였다(〈표 14〉). 첫 번째는 안정 애착(secure attachment)이다. 안정 애착을 형성한 아동은 보호자가 방을 떠났을 때 분리 불안을 느끼지만, 보호자가 다시 돌아왔을 때 빠르게 안정을 되찾고 탐색 활동을 재개하는 모습을 보인다. 보호자를 '안전 기지(secure base)'로 사용하며, 보호자가 있을 때 더 자유롭게 환경을 탐색하고 낯선 사람과 상호작용할 수 있다.

표 14 메리 에인스워스의 애착 유형

애착 유형	아동의 행동 특징	보호자에 대한 반응	낯선 사람에 대한 반응	애착 형성의 가능성
안정 애착(B형)	보호자가 떠날 때 분리 불안을 느끼지만, 보호자가 돌아오면 빠르게 안정을 찾고 탐색 활동을 재개함	보호자를 '안전기지'로 사용하여 보호자가 있을 때 더 자유롭게 환경을 탐색하고 낯선 사람과 상호작용함	보호자가 있을 때는 낯선 사람과 상호작용 가능, 보호자가 없을 때는 불안한 반응을 보일 수 있음	보호자로부터 일관된 정서적 지원을 받으며, 여러 대상과 안정적 애착을 형성할 수 있음
불안-회피 애착(A형)	보호자가 떠나거나 돌아와도 큰 반응을 보이지 않으며, 보호자와 낯선 사람 간의 차이를 구분하지 않음	보호자가 있어도 큰 관심을 보이지 않으며, 보호자가 떠나거나 돌아와도 무관심한 태도를 보임	낯선 사람에 대해서도 큰 반응을 보이지 않으며, 보호자와 마찬가지로 무관심한 태도를 유지	정서적 유대감이 부족하거나 친밀한 관계를 맺지 못하는 경우가 흔함
불안-저항 애착(C형)	보호자가 떠날 때 극심한 불안을 느끼고, 보호자가 돌아와도 쉽게 진정되지 않으며, 보호자에게 접근하면서도 거부하는 이중적 반응을 보임	보호자가 떠났을 때 극심한 불안을 보이며, 보호자가 돌아왔을 때도 안정을 찾기 어려워함. 보호자에게 저항적이거나 의존적인 태도를 보일 수 있음	낯선 사람에게도 불안을 느끼며, 보호자가 있을 때도 불안한 상태가 지속됨	일관성이 부족한 대인관계를 보이며, 친밀한 대상(친구, 연인 등)과 복잡하고 혼란스러운 불안정한 관계를 보일 수 있음
혼란형 애착(D형)	혼란스럽고 예측 불가능한 행동	보호자에게 접근하면서도 동시에 피하는 행동을 보이거나, 어머니가 돌아왔을 때 기뻐하기보다는 두려워하는 모습	낯선 사람에게도 비슷한 혼란스러운 반응을 보일 수 있음	성인기 조현병 등 심각한 정신장애 발병의 높은 가능성

두 번째 유형은 불안-회피 애착(avoidant attachment)으로, 보호자가 방을 떠나도 큰 반응을 보이지 않으며, 보호자가 돌아왔을 때도 크게 기뻐하거나 다시 접근하려는 행동을 보이지 않는다. 낯선 사람이 있을 때도 마찬가지로 무관심한 태도를 유지하는 경향이 있으며, 보호자와 낯선 사람 간의 차이를 뚜렷하게 구분하지 않는 모습을 보인다. 이는 아동이 정서적 유대감을 형성하지 못하거나 보호자로부터 정서적 지원을 충분히 받지 못한 결과일 수 있다.

세 번째로는 불안-저항 애착(ambivalent/resistant attachment)이다. 보호자가 방을 떠났을 때 극심한 불안을 느끼며, 보호자가 돌아왔을 때도 쉽게 진정되지 않고 저항적인 행동을 보인다. 보호자에게 접근하면서도 동시에 거부하는 이중적 반응을 보이는 것이 특징이다. 보호자와의 상호작용에서 일관성 없는 반응을 경험했을 수 있으며, 따라서 보호자가 돌아왔을 때도 안심하지 못한다.[89,90]

나중에 심리학자 메리 메인(Mary Main, 1943~)•과 주디스 솔로몬(Judith Solomon, 1952~)에 의해 네 번째 애착 유형이 제안되었다. 이른바 혼란형 애착(disorganized attachment)은 주로 극심한 스트레스나 불안정한 가정환경에서 자란 아동에게서 발견된다. 보호자가 일관된 돌봄 전략을 제공하지 못하

• 존스홉킨스 대학교에서 에인스워스의 박사과정생으로서 연구를 시작했다. 이후 UC 버클리 심리학과에서 평생 애착 이론을 연구했다. 이른바 D형 애착으로 불리는 혼란형 애착을 제안했고, 성인 애착 면담(Adult Attachment Interview, AAI)을 개발했다. 약 20개의 질문을 통해서 성인의 애착 경험을 평가하고, 인터뷰 중 기억의 일관성과 감정 반응을 통해서 애착 유형을 분류하는 것이다. AAI에서는 자율-안정형(Secure-Autonomous, F), 해리-회피형(Dismissing, D), 집착형(Preoccupied, E), 해결되지 않은 와해형 애착(Unresolved/Disorganized, U), 분류 불가능(Cannot Classify, CC) 등으로 나눈다. 흥미롭게도 부모의 AAI 결과는 자녀의 SSP 결과와 높은 상관도를 보인다.

거나, 보호자가 아동에게 위협이 되기도 하는 경우(학대 등) 발생한다. 혼란형 애착은 보호자와의 상호작용에서 일관된 애착 전략을 보이지 않는 것이 특징이다. 보호자를 안전한 대상으로 인식하면서도, 동시에 두려움 또는 위협으로 느끼는 모순적 태도를 보인다. 낯선 상황 실험에서 혼란스럽고 예측 불가능한 행동이 자주 관찰된다. 보호자가 돌아왔을 때 어디로 갈지 모르고 혼란스러운 방식으로 움직이거나, 심지어 갑작스레 멈춰서 행동이 중단되는 예도 있다.[91] 성인기의 심각한 정신장애를 예측하는 요인 중 하나다.

에인스워스의 연구는 애착 유형이 아동의 정서적 발달과 사회적 관계 형성에 큰 영향을 미친다는 점을 강조했다. 특히 안정 애착을 형성한 소아는 성인이 되어서도 자신감 있고 독립적이며, 긍정적인 사회적 관계를 맺는 경향이 크다. 반면 불안-회피나 불안-저항 애착을 형성한 소아는 성인기에 대인관계에서 불안정성을 보일 가능성이 크며, 연애 등 중요한 대인관계에도 부정적 영향을 미칠 수 있다.[92,93] 이는 애착이 유아기의 발달과정에 그치지 않고, 성인기까지 지속되는 정서적 발달의 기초임을 뜻한다.

아무튼, 볼비는 자신의 이론을 발전시키면서 정신분석학의 전통적 견해와 결별하고자 하였다. 애착 행동이 진화적 생존 전략이라는 가설을 세우고, 구체적 적응 기전을 연구했다. 볼비는 당시 정신분석학에서 지배적이었던 애착에 대한 '찬장 사랑 이론(cupboard love theory)'을 비판하고, 인간 애착 행동을 설명하는 새로운 가설을 제시했다. 찬장 사랑 이론은 아동이 보호자와의 관계에서 주로 기본적 욕구 충족, 즉 음식 제공과 같은 생리적 필요가 가장 중요하다는 주장이다. 즉 어머니의 유방은 단지 음식이 들어있는 찬장이라는 것이다. 그러나 볼비는 이 이론이 인간의 복잡한 정서적 상호작용을 충분히 설명하지 못한다고 보았다. 보호자와의 애착은 신체적 안전뿐 아니라 정서적 안정감을 얻기 위한 진화적 장치이며, 이는 기존 정신분석학이 주장해 온 내적 환상만으로 설명하기 어렵다는 것이다. 덕분에 볼비는 오랫동안 정신분석학계에서 소외되어 지내야 했다. 하지만 볼비는 틴베르헌, 로렌츠, 하인드 등과 교류하며, 인간 행동을 진화인류학적 관점에서 재해석하는 데 중대한 이바지를 했다.

줄리언 헉슬리는 볼비에게 동물행동학을 깊이 연구하고, 특히 동물의 본능적 행동과 인간의 복잡한 행동 간의 유사성에 주목하라고 제안했다. 볼비는 종(種) 특유의 유전적 경향성과 환경적 변동성의 결합을 통해 개체 간 애착 차이가 발달할 수 있음을 밝히며, 동물행동학의 연구 영역을 인간 발달에 관한 영역으로 확장했다. 이는 틴베르헌, 하인드, 그리고 해리 프레더릭 할로우(Harry Frederick Harlow, 1905~1981)• 등 동물행동학 연구자에게 상당한 영향을 미쳤다. 할로우의 제자로 동물행동학자이자 영장류 발달 심리학자인 스티븐 수오미(Stephen Suomi, 1945~)••는 볼비가 동물 행동 연구자에게 애착 행동의 장기적 영향을 연구하도록 귀한 영감을 주었다고 말했다. 볼비는 '비록 공식적으로 정신분석가였지만, 본질적으로는 동물행동학자'였다고 평가했다.[94,95]

• 원래 성은 이스라엘(Israel)이었지만, 반유대주의 분위기를 피하고자 개명했다. 스탠퍼드 대학교에서 영문학을 전공했으나, 성적이 좋지 않아서 심리학으로 전과했다. 스탠퍼드-비네 지능검사를 개발한 터먼의 지도를 받았고, 위스콘신 대학교 매디슨 심리학과에서 교수를 지냈다. 대학에서 연구 공간을 주지 않아, 스스로 붉은털원숭이를 사육하는 공간을 만들어 연구했다. 애착 연구 및 접촉 위안(Contact Comfort) 연구, 사회적 박탈 및 고립 연구 등으로 유명하다.

•• 스탠퍼드 대학교에서 심리학 학사, 위스콘신 대학교 매디슨에서 해리 할로우의 지도하에 박사를 취득했다. 절망의 구덩이 실험에 참여했다. 미국 국립 아동건강 발달 연구소(NICHD)에서 비교행동학 연구실 책임자로 활동했다. 영장류의 사회적 행동과 적응, 초기 발달, 유전자-환경 상호작용 등에 관한 연구로 유명하다.

할로우는 영장류를 대상으로 한 애착 연구로 잘 알려져 있다. 가장 유명한 실험 중 하나는 새끼 원숭이를 대상으로 한 '철사 어머니'와 '천으로 덮인 어머니' 실험이다. 두 '어머니' 중 철사 어머니는 원숭이에게 먹이를 제공했지만, 새끼는 먹이를 제공하지 않는 천 어머니에게 강한 애착을 보였다. 아동이 단순히 생리적 필요를 충족시키기 위해 보호자에게 애착을 형성하는 것이 아니라, 정서적 안정과 심리적 위안을 받기 위해 애착을 원한다는 사실을 실증한 실험이었다.[96,97]

할로우는 원숭이를 3개월에서 최대 1년 동안 사회적 고립 상태에서 기른 실험도 진행했다. 오랜 기간 방에 가두고, 다른 원숭이 또는 성인 원숭이와 만나지 못하도록 하였다. 고립을 겪은 원숭이는 심각한 정서적, 사회적 결핍을 겪으며 정상적인 사회적 상호작용 능력을 상실했다. 고립 기간이 6개월 이상일 경우, 사회적 상호작용의 영구적 손상을 입었다. 개체 간 애정, 사회적 접촉이 정서 발달과 사회성 발달에 필수적이라는 점을 밝힌 연구였다.[98] 이른바 '절망의 구덩이(pit of despair)' 연구는 원숭이에게 어떤 자극이나 사회적 교류도 주지 않는 실험이었는데, 이후 비윤리적 동물 연구라는 비판을 받았다.

아무튼, 볼비는 인간 애착 행동을 진화생물학적 관점에서 재해석함으로써 동물행동학과 정신분석학을 통합하는 중요한 역할을 했다. 그의 연구는 애착 행동이 단순한 심리적 현상이 아니라, 진화적 적응의 산물이라는 점을 강조하였고, 애착 이론과 동물행동학 간의 상호 교류를 촉진하며, 정신분석과 진화이론을 연결하여, 인간 발달에 대한 진화심리학적 접근을 예견하는 데 중요한 역할을 했다. 여담이지만 볼비는 마지막 저서로 다윈의 전기를 남겼다. 이 저서에서 다윈의 가족관계를 분석하며, 어린 시절 어머니의 죽음을 경험한 다윈이 이에 대한 심리적 반응을 잘 다루지 못했다는 주장을 하기도 하였다.[99]

▣

이처럼 인간동물행동학은 동물행동학의 원리를 인간 행동에 적용하여, 인간의 사회적 행동과 감정 표현을 진화적 관점에서 분석하는 학문이다. 초기에는 휘트먼과 하인로트 등 동물행동학자들의 연구가 인간의 본능적 행동을 이해하는 토대를 마련했으며, 이후 로렌츠와 틴베르헌은 인간의 사회적 행동 역시 자연선택과 적응 과정을 통해 형성되었다는 통찰을 제시했다. 아이블-아이베스펠트는 인간 행동의 보편성과 비언어적 의사소통에 주목하며, 인간 사회에서 나타나는 협력, 갈등, 의례 등의 행동이 진화적 적응을 통해 형성되었음을 주장했다. 볼비는 인간 애착 행동의 진화에 관해서 기존의 정신의학적 관점에서 벗어나 동물행동학의 접근 방법을 개체 발달과정에 적용함으로써 인간동물행동학의 영역을 확장했다. 이처럼 인간동물행동학은 인간의 다양한 행동이 단순히 문화적 산물이 아니라, 생물학적 본능과 진화적 과정, 생태학적 조건의 상호작용이며, 개체의 발달적 결과임을 강조한다.

3. 진화심리학

초기 신 체질인류학은 인간과 그 조상의 신체적 변화에 대한 깊이 있는 연구를 통해 종의 다양성, 식이 적응, 적소 분할과 같은 새로운 영역을 개척했다. 이 시기의 연구자들은 인간의 치아 구조, 두개골 변화, 그리고 골격 적응이 각기 다른 환경에서 어떻게 생존에 유리한 진화적 이점이 될 수 있었는지를 주로 연구했다. 1950년대에서 1970년대에 걸쳐, 현대적 종합이 체질인류학에 통합되기 시작했고, 진화생물학 영역에서 행동 진화(behavioral evolution)와 생애사 이론(Life History Theory, LHT) 연구가 빠르게 발전하였다.[13] 이러한 흐름은 집단 선택 이론과 이타주의(altruism) 문제를 둘러싼 논쟁을 거치며 더욱 세분되었고, 이후 진화심리학(Evolutionary Psychology, EP)을 위한 이론적 기반이 되었다.

그러나 이러한 연구 성과가 쌓이기 이전에도 인간의 마음에 관한 연구가 전혀 없었던 것은 아니다. 사실 그 반대였다. 1960년대 이전의 심리학은 무수히 많은 이론과 학파가 공존했으나, 일관된 패러다임을 확립하지 못했다. 다양한 심리학적 접근들이 저마다 인간의 정신 현상을 다루었지만, 인간 행동을 통합적으로 설명할 수 있는 일관된 이론적 틀은 부재했다.[100]

예를 들어, 행동주의는 관찰 가능한 행동에만 초점을 맞추며 학습 원리를 규명하려 했으나, 인간의 내면적 사고와 정서 과정을 제대로 설명하지 못했다. 반면, 정신분석은 무의식적 동기와 갈등을 강조하면서 인간의 심리적 문제를 이해하려 했지만, 과학적 검증이 어려운 추상적 개념에 의존해 실험적 증거 확보에 제약이 컸다. 또한, 이후에 등장한 인본주의 심리학은 인간의 주관적 경험과 자기실현을 강조했지만, 이 역시 경험적 데이터에 기초하지 못해 심리학을 보다 과학적인 학문으로 발전시키는 데 별로 기여하지 못했다. 인지심리학이 등장하기 전까지 심리학은 주로 행동주의와 정신분석의 이분법적 대립 속에 있었고, 인간 행동과 마음을 종합적으로 이해할 수 있는 통합적인 이론적 접근이 결여된 상태였다.[101]

행동주의 심리학에 관해 조금 더 자세하게 살펴보자. 그 시작은 이반 페트로비치 파블로프(Ivan Petrovich Pavlov, 1849~1936)•로 거슬러 올라간다. 그의 유명한 실험은 개에게 음식을 주는 과정에서 종소리를 반복적으로 들려주어, 개가 결국 종소리만으로도 침을 흘리게 되는 현상을 발견한 것이다. 이는 본래 무조건 자극(음식)과 무조건 반응(침 분비) 사이에 중립 자극(종소리)을 반복적으로 결합해, 중립 자극이 곧 조건 자극으로 전환되는 과정을 입증한 연구다. 이를 고전적 조건화(classical conditioning)라고 한다. 파블로프는 동물의 행동을 객관적으로 연구하고자 하였으며, 동물의 내적 정신 상태보다는 관찰 가능한 행동에 초점을 맞춤으로써 실험 방법의 엄격함과 객관성을 강조했다.[102] 파블로프는 주로 생리학자로 분류되지만, 동물 실험에서 보여준 객관적 연구 방법은 로렌츠, 틴베르헌 등 동물행동학자들에게도 적지 않은 영감을 주었다. 파블로프의 연구는 인간의 복잡한 심리 현상을 완전히 설명하지는 못했으나, 실험적 방법을 강조함으로써 이후 심리학이 객관성에 기반한 과학으로 발전하는 데 초석을 놓았다.

한편, 존 브로더스 왓슨(John Broadus Watson, 1878~1958)••은 파블로프의 고전

• 아버지는 러시아 정교회 신부였다. 어린 시절 건강이 좋지 않아 정규교육을 받지 못했는데, 신학교를 다니다가 과학에 관심을 보여 상트페테르부르크 대학교에서 자연과학을 전공했다. 이후 제국 군사 의학아카데미에서 의사가 되었고, 독일에서 소화기관에 관한 연구를 수행했다. 귀국 후 제국 군사 의학아카데미에서 약리학 교수를 지냈다. 1904년 노벨의학상을 수상했다. 스탈린의 대숙청에 반대했으나, 소련 정부는 이를 탓하지 않고 그의 연구를 지원했다. 파블로프가 국제적으로 저명한 과학자였으며, 소련의 과학적 위상을 높이는 데 필수적인 인물이었기 때문으로 보인다. 게다가 점차 파블로프는 소비에트의 정책에 찬성했고, 이른바 '스탈린 헌법' 초안을 읽고, 앞으로 더 자유롭고 민주적인 세상이 가능하리라 생각했다. 그의 삶에 관해서는 다음을 참고하기 바란다. Todes DP. *Ivan Pavlov: a Russian life in science*. New York: Oxford University Press; 2014.

•• 왓슨의 아버지는 알코올 중독자로 집을 버리고 떠났다. 어머니는 독실한 기독교 신자였는데, 왓슨은 이러한 어머니의 종교적 강요에 큰 반감을 품었다. 퍼먼 대학교에서 심리학 석사 학위를 받았으나, 학업에 충실하지 않았고 심지어 무기 소지 및 폭력 등으로 체포되기도 하였다. 이후 시

적 조건화 이론에 큰 영향을 받은 초기 행동주의의 대표적 학자다. 왓슨은 인간의 행동이 유전적 본성보다 학습된 반응의 결과라고 주장하며, 특히 환경적 조건화가 행동을 형성하는 결정적인 요인이라는 환경결정론(environmentalism)을 강하게 지지했다. 그는 인간의 행동이 타고난 유전적 성향보다는 주어진 환경 자극에 따라 형성된다고 보며, 인간과 동물의 모든 행동은 자극-반응(Stimulus-Response, S-R) 관계로 설명 가능하다고 주장했다. 이러한 주장은 당시 심리학계에서 지배적이었던 의식 중심의 연구를 넘어, 관찰 가능한 행동에 중점을 두는 새로운 연구 방법론을 제시한 것이다. 특히 그의 유명한 실험인 어린 앨버트 실험(little Albert experiment)은 두려움과 같은 감정조차도 환경적 자극에 의해 학습될 수 있음을 보여주었다.[103]

어린 앨버트 실험은 다음과 같이 진행되었다. 9개월 된 유아 앨버트에게 처음에는 흰쥐, 토끼 등 다양한 자극을 보여주었다. 처음에는 공포 반응을 보이지 않았다. 그러나 흰쥐를 보여줄 때마다 큰 소리와 같은 무서운 자극을 반복적으로 함께 제시하자, 앨버트는 흰쥐를 보기만 해도 공포 반응을 보이게 되었다. 이러한 실험은 윤리적으로 상당한 비판을 받았지만, 왓슨의 행동주의 이론을 더욱 강화하는 근거가 되었다.

제1차 세계대전 이후 미국에서는 군인들의 정신적 상태를 객관적으로 평가·관리할 필요가 대두되었고, 이에 적합한 실용적 과학으로 행동주의

(앞 페이지에 이어서)

카고 대학교에서 심리학 박사를 취득했다. 존스홉킨스 대학교 심리학과에 임용된 후, 이른바 '행동주의 선언(Psychology as the Behaviorist Views It)'을 발표했는데, 내관과 의식에 관한 연구를 배제하고 오로지 관찰 가능한 행동만 연구하자는 주장이었다. 한편, 그는 인간 행동을 마케팅에 응용하여 광고 전략을 제안하기도 하였다. 대표적으로 맥스웰 하우스의 '커피 브레이크(coffee-break)' 슬로건이 있는데, 이 광고 전략이 크게 성공하여 미국을 포함 여러 나라에서 업무 중 커피를 마시며 휴식하는 문화가 자리 잡도록 하였다. 그의 삶에 관해서는 다음을 참고하기 바란다. Buckley KW. *Mechanical Man: John B. Watson and the Beginnings of Behaviorism*. New York: Guilford Press; 1989.

심리학이 각광받았다. 이러한 흐름 속에서 행동주의는 미국 학계에서 주요 학파로 자리 잡게 되었다.

행동주의는 교육 분야에서도 큰 영향을 미쳤다. 적절한 환경만 주어진다면, 누구든지 특정한 방식으로 학습하고 행동할 수 있다는 긍정적 관점은 당시의 미국 교육 시스템과 맞물리면서 널리 수용되었고, 오늘날까지도 교육학 분야에서 행동주의의 유산이 큰 영향을 미치고 있다.[104]

행동주의의 대표적 학자로 벌허스 스키너(Burrhus Frederic Skinner, 1904~1990)• 가 있다. 스키너는 파블로프와 왓슨의 이론을 바탕으로, 특정 행동에 대해 보상을 제공함으로써 동물이 스스로 '조작'하는 행동의 빈도를 증가시키는 조작적 조건화(operant conditioning)의 원리를 연구하였다. 그의 실험에서 비둘기는 특정 행동을 했을 때마다 보상을 받았고, 그 결과 해당 행동이 점차 더 자주 발생하는 양상을 보였다. 즉 스키너는 강화(reinforcement)의 원칙이 동물의 행동을 설명할 수 있는 핵심 원리라고 생각했다.[105]

스키너는 행동주의를 더욱 강력하게 밀어붙여서, 심리학이 관찰 가능한 행동과 경험적 데이터를 바탕으로 구축되어야 한다고 주장했다. 추론적 이론을 배제하고 실험적 관찰에만 집중해야 한다는 것이다. 또한, 정적 강화(positive reinforcement)와 부적 강화(negative reinforcement)를 통해 원하는 행동

• 해밀턴 칼리지에서 영문학을 전공했고, 하버드 대학교에서 심리학 박사 학위를 받았다. 박사 과정 중에 이른바 '스키너 상자'를 고안했다. 몇몇 대학을 거쳐 하버드 대학교 심리학과 교수로 임용되었다. 행동 분석(behavior analysis)과 급진적 행동주의(radical behaviorism), 강화 이론(reinforcement theory), 강화 스케줄 등의 연구로 유명하다. 흥미롭게도 전시에 비둘기 유도 미사일을 제안하기도 하였다. 자신의 딸을 위해서 온도 조절 및 공기 정화 기능을 갖춘 이른바 에어 크립(air crib)을 고안했는데, 스키너가 자신의 딸을 스키너 상자에 넣었다는 풍문이 돌기도 하였다. 재미있게도 할머니가 지옥에 관해 무섭게 이야기한 것이 싫어 무신론자가 되었다고 한다. 한편, 그는 자유의지가 환상에 불과하며, 행동은 환경에 의해서 빚어질 뿐이라고 주장했다. 그의 삶에 관해서는 다음을 참고하기 바란다. Bjork D. *B.F. Skinner: A Life*. New York: Basic Books; 1993.

을 마음대로 만들어갈 수 있다고 하였다. 각각 특정 행동 이후 즐거운 자극을 제공하거나, 불쾌한 자극을 제거하는 것을 말한다. 또한, 처벌은 특정 행동 이후 불쾌한 자극을 가하거나, 즐거운 자극을 제거하는 것을 말한다. 이러한 행동주의적 학습을 점진적으로 제공하여(연속적 강화, successive approximation), 복잡한 행동도 조성할 수 있다고 하였다. 아울러 강화 제공 시기와 방식을 고정 간격(fixed interval), 변동 간격(variable interval), 고정 비율(fixed ratio), 변동 비율(variable ratio) 등의 강화 스케줄(schedules of reinforcement)을 통해 더 강력하게 행동을 유도할 수 있다고 주장했다. 예를 들어 매주 치르는 쪽지 시험은 고정 간격 스케줄, 불시 소지품 검사는 변동 간격 스케줄, 실적에 따라 보너스를 주는 것은 고정 비율 스케줄, 복권이나 슬롯머신은 변동 비율 스케줄의 전형적 사례다. 스키너의 이론은 행동 치료(behavior therapy)와 토큰 경제(token economy), 행동 수정(behavior modification) 프로그램의 중요한 기초가 되었고, 심리학과 교육학 분야에서 널리 활용되고 있다. 그러나 스키너의 이론은 유전적 및 생물학적 요인을 충분히 고려하지 않았다는 비판을 받았다. 또한, 주관적 경험이나 내적 심리 상태를 배제하는 접근을 취함으로써 인간의 복잡한 심리적 현상을 충분히 설명하지 못한다는 한계도 있다.[104]

한편, 유럽에서는 정신분석학이 큰 인기를 끌었다. 앞서 언급한 대로 볼비의 새로운 시도가 있었지만, 여전히 정신분석은 19세기 말 프로이트에 의해 제안된 대강의 이론적 프레임에서 크게 벗어나지 못하고 있었다. 지그문트 프로이트(Sigmund Freud, 1856~1939)•는 히스테리 환자를 보며, 그들

• 프로이트는 오스트리아 제국 모라비아(현재는 체코령)의 유대계 가정에서 태어났다. 어린 시절 빈으로 이주하여, 레오폴트슈타트 실업학교를 최우등으로 졸업했다. 이후 빈 대학교에 입학하여

의 증상을 신경학적 이론만으로는 설명하기 어렵다고 판단했고, 무의식(unconsciousness)이라는 심리적 영역을 적극적으로 활용하기 시작했다. 의식적으로 자각하지 못하는 갈등, 억압된 감정, 그리고 과거의 경험이 현재의 행동과 정신적 문제에 큰 영향을 미친다고 생각했다. 프로이트는 자아(Ego), 초자아(Superego), 이드(Id) 등의 정신적 구조를 통해 인간의 심리적 발달과 갈등을 설명하려 했으며, 성적 충동과 공격적 충동을 인간 행동의 근본적 원인으로 보았다.[106]

정신분석학은 주로 환자와의 장기적 관계를 통해 내담자의 무의식적 갈등을 해소하고, 억압된 감정을 표면화함으로써 증상을 완화하려고 시도했다. 전이(transference) 개념은 환자가 과거의 중요한 인물과 얽힌 감정을 치료자에게 그대로 재현한다는 사실을 가정한 것이다. 정신분석학은 임상 환자를 대상으로 하여 발전하였으므로, 진단과 치료라는 측면에서는 상당한 성과가 있었다.

그러나 정신분석은 과학적 검증이라는 측면에서 여러 한계를 지적받았다. 자아·이드·초자아 같은 추상적 구조는 실험실에서 직접 관찰하거나 측정할 수 없었고, 무의식적 갈등을 실증하기도 쉽지 않았다. 설령 임상 사례로 이론을 뒷받침하는 듯 보여도, 유사한 사례가 정반대의 결론을 이끌 가능성이 있는 등 검증성 측면에서 문제를 안고 있었다. 스키너를

(앞 페이지에 이어서)

생리학과 의학을 전공하여 의사가 되었다. 빈 종합병원에서 진료하며, 코카인 연구와 최면 연구를 진행했다. 개인 클리닉을 개원한 후, 요제프 브로이어(Josef Breuer)와 함께 『히스테리아 연구(Studies on Hysteria)』를 집필했다. 1896년 정신분석(psychoanalysis)이라는 용어를 처음 제안했고, 이후 다수의 저서를 집필했다. 1902년 빈 대학교의 준(準) 교수(Extraordinarius Professor)로 임용되었고, 1910년 국제정신분석학회(International Psychoanalytical Association, IPA)를 창립했으며, 말년에는 나치를 피해 런던으로 망명하여 사망했다. 그의 정신분석 이론은 정신의학뿐 아니라, 철학, 심리학, 문학, 인류학, 종교학, 사회학 등 다양한 분야에 심대한 영향을 미쳤다.

비롯한 행동주의 심리학자는 정신분석이 너무 형이상학적이고 모호하며, 과학적 근거가 빈약하다고 비판했다.[107]

참고로 프로이트 심리학은 인류학과 깊은 관련이 있다. 특히 『토템과 터부(Totem and Taboo)』는 정신분석학과 인류학을 연결하는 중요한 저작이다. 프로이트는 '원시 사회'에서의 토템 숭배(totemism)와 근친상간 금기가 무의식적 갈등 및 욕망의 표현이라고 해석했다.[108] 프로이트는 오세아니아와 호주 애버리지니에 관한 자료는 당시 저명한 인류학자였던 제임스 프레이저(James George Frazer, 1854~1941),• 그리고 볼드윈 스펜서(Baldwin Spencer, 1860~1929),•• 프랜시스 제임스 길렌(Francis James Gillen, 1855~1912) 등의 저작을 참고했다. 예컨대, 부족의 토템 신앙과 특정 동물을 숭배하는 관습은 무의식적으로 억압된 욕망과 두려움을 집단적·종교적 방식으로 표현하는 행위라고 보았다. 프로이트는 다윈이 언급한 '원시 군집(primal horde)' 개념을 인용했다. 다윈은 원시 인간 사회에서 강력한 단일 수컷이 암컷을 독점했다는 가설을 제안한 바 있는데, 프로이트는 이를 확장하여 근친상간 금기와 토템 숭배가 나타났다고 하였다. 토템은 종종 곰이나 호랑이, 늑대, 사자, 뱀 등이다. 사냥하여 먹을 수 있는 동물이지만, 동시에 역으로 사냥당할 위험이 있는 존재다. 이러한 토템을 통해서 살부(殺父) 충동이 반전되어 위협적인 부성 상징을 부족의 토템으로 추앙하고, 부계의 권위를 내면화

• 프레이저는 스코틀랜드 출신의 사회인류학자, 비교종교학자다. 『황금가지(The Golden Bough)』를 통해 마술이 종교, 그리고 과학으로 발전하는 모델을 제시했고, 토테미즘과 희생양 의례(희생제의), 죽어가며 부활하는 신 등의 개념을 제안했다.

•• 스펜서는 호주 멜버른 대학교에서 생물학 교수를 지냈고, 애버리지니 현지 조사를 비롯한 인류학 연구로 더 유명하다. 길렌과 함께 호주 중앙부 원주민(특히 아란타족(Aranda), 카다이치족(Kadaitcha) 등)의 토템 신앙, 의례, 생활 방식을 조사했다.

했다는 것이다. 이 과정에서 아버지 같은 권위적 존재가 신(神)으로 표상되고, 인간이 느끼는 죄책감과 두려움은 무의식적 욕망을 억제하고 정당화하기 위해 종교적 상징과 신화적 서사의 형태로 표현된다. 또한, 프로이트는 개인의 본능과 문명의 규범 사이에서 벌어지는 파열음을 인류학적 시각에서 자세하게 논한 바 있다.• 인간 사회가 일궈온 '문명(Kultur)'이라는 체계가 개인의 행복과 본능적 욕구 충족을 방해한다는 것이다. 한편, 『미래의 한 환상(Die Zukunft einer Illusion, The Future of an Illusion)』에서는 종교의 무용론을 주장하기도 하였다. 프로이트는 종교가 개인에게 위로를, 집단에 질서를 부여하지만, 동시에 자유를 억압하는 부작용이 있다고 하였다. 그러면서 인간이 소망 충족을 위해 만들어낸 믿음으로서의 환상이 종교로 나타났다고 하였다.

그러나 현대 진화인류학에서는 원시 군집 가설을 신빙성 높은 가설로 간주하지 않으며, 근친상간 금제(禁制)는 '웨스터마크 효과(Westermarck effect)'로 설명한다. 또한, 프로이트의 여러 인류학적 주장은 각 사회의 종교 의례와 상징을 다양한 생태적·역사적 맥락 속에서 분석하기보다는 개인 심리(오이디푸스적 갈등) 도식을 일방적으로 투사했다는 점에서 한계가 있다.

아무튼, 프로이트의 종교와 신화에 대한 해석은 인류학 연구에 상당한 영향을 미쳤다. 특히 브로니스와프 카스퍼 말리노프스키(Bronislaw Kasper

• 『문명 속의 불만(Civilization and Its Discontents)』을 참고하기 바란다. 원제는 독일어로 'Das Unbehagen in der Kultur'이다. 독일어로 'Kultur'는 문화라는 개념에 더해 개인의 내면적 성장과 도덕적 발전, 역사적 전통, 민족정신(Volksgeist) 등으로 연결된다. 막스 베버(Max Weber)는 '문화(Kultur)'를 인간이 의미를 부여하는 사회적·역사적 과정으로 보았다. 기술적 발전에 초점을 둔 '문명(Zivilisation)'과는 종종 비교·대조된다. 여기서 말하는 '불만(Unbehagen)'은 문명사회에서 인간이 겪는 심리적 괴로움을 뜻한다. 특히 '죄책감'이 가장 심각한 '불만'이라고 하였다. 다음을 참고하기 바란다. 『문명 속의 불만』. 김석희 역. 서울: 열린책들; 2020.

Malinowski, 1884~1942)•를 비롯한 많은 인류학자는 프로이트의 근친상간 금기와 가족 구조 이론을 비판적으로 검토하면서도,•• 그의 심리학적 접근이 문화 현상을 이해하는 새로운 관점을 열었다고 평가했다.[109,110] 프로이트 정신분석은 원시 종교와 인간 본능을 통합적으로 해석하려 한 최초의 야심 찬 학문적 교량 역할을 했다. 비록 현대 인류학 및 진화생물학의 연구에 비하면 많은 한계를 가지고 있지만, 종교·도덕·문명 기원을 무의식 관점에서 재구성하며 인류학 및 사회학, 철학 분야에까지 유의미한 학제 간 담론을 촉발했다는 의의가 있다.

또 한 가지 주목할 부분은, 프로이트가 다윈의 진화론을 심리학 이론에 통합하려고 시도했다는 사실이다.••• 그는 인간의 본능과 무의식적 충동을 자연선택 이론의 틀에서 설명하면서, 성적 욕구 등의 본능이 진화 과정을 통

• 오스트리아-헝가리 제국의 크루쿠프(현재 폴란드령)에서 대학교수였던 아버지와 지주 가문의 딸이었던 어머니 사이에서 태어났다. 야기엘로니아 대학교에서 수학과 자연과학을 전공하다가 철학으로 전공을 바꾸어 박사 학위를 받았다. 이후 라이프치히 대학교에서 심리학자 빌헬름 분트(Wilhelm Wundt) 밑에서 연구했고, 그러면서 민족학자 하인리히 슈르츠(Heinrich Schurtz)나 인류학자 제임스 프레이저(James Frazer) 등의 연구에 관심을 두게 되었다. 런던 정경 대학교에서는 의사이자 민족학자였던 C.G. 셀리그먼(Charles Gabriel Seligman), 인류학자 에드워드 웨스터마크(Edvard Westermarck) 밑에서 연구했다. 제1차 세계대전 후에는 런던 정경 대학교 교수로 경제인류학의 기초를 다졌다. 참여관찰 방법의 확립, 기능주의 인류학, 트로브리안드 제도 및 오세아니아 현장 연구로 유명하다.

•• 그는 『야만사회의 섹스와 억압(Sex and Repression in Savage Society)』에서 프로이트의 오이디푸스 콤플렉스를 비판했다. 트로브리안드 사회는 모계사회(matrilineal society)이며, 자녀 양육의 핵심 인물이 아버지가 아니라 어머니의 형제라는 점, 따라서 아버지는 권위상이 아니라 놀이 친구와 비슷하다는 것을 제시하며 프로이트의 이론이 서구 핵가족 구조에 지나치게 국한되어 있다고 주장했다. 다음을 참고하기 바란다. 『야만사회의 섹스와 억압』. 김성태 역. 파주: 비천당; 2017.

••• 미발표 원고인 『Phylogenetic Fantasy』에서는 개체 발생(ontogenesis)과 계통 발생(phylogenesis)을 연결하고, 원시적 환상(primal fantasy)이 유전된다고 주장하였다. 에이도스에서 국역판 출간 예정이다. *A Phylogenetic Fantasy: overview of the transference neuroses*. Grubrich-Simitis I, editor. Hoffer A, Hoffer PT, translators. Cambridge (MA): Belknap Press of Harvard University Press; 1987.

해 형성된 것이며, 억압될 경우 정신병리로 이어질 수 있다고 주장했다. 프로이트는 무의식에 자리한 성적 충동 역시 진화적 맥락에서 생겨난 본능적 욕구라는 관점을 제시했다.[111]

아무튼, 프로이트가 창시한 정신분석은 이후 여러 후계자에 의해서 다양한 분파로 발전해 나갔다. 앞서 언급한 안나 프로이트는 『자아와 방어기제(The Ego and the Mechanisms of Defense)』를 통해 자아가 무의식적 갈등과 외부현실 사이에서 스스로를 보호하기 위해 다양한 방어 기전을 활용한다고 하였다. 또한, 아동에게 맞는 분석 기법을 개발함으로써 정신분석학을 확장했다.[112] 클라인은 유아의 초기 심리 상태가 '좋은 대상'과 '나쁜 대상'을 분리해 지각하는 양상으로 나타나며, 이러한 내적 대상 관계가 이후 성격 형성에 큰 영향을 미친다고 보았다. 클라인의 주장은 아동이 어린시절 부모(특히 어머니)와 맺는 내적 관계가 자아 구조를 결정짓는다는 점을 강조했고, 이는 곧 대상관계 이론으로 이어졌다.[113] 대상관계 이론은 프로이트가 중시했던 리비도(성적 에너지) 개념에서 벗어나, '관계' 그 자체를 인간 심리 발달의 핵심 요인으로 본다는 점이 특징이다.

소아과 의사이자 정신분석가였던 도널드 위니코트(Donald Winnicott, 1896~1971)•는 충분히 좋은 부모, 진정한 자기(true self)와 거짓 자기(false self), 전이 대상(transitional object) 등의 개념을 제시한 것으로 유명하다. 그중 '충분히

• 부유한 집안에서 태어났지만, 어머니의 우울증으로 불우한 어린 시절을 보냈다. 자신을 어머니를 돌보면서 생존하려고 애쓴 아이로 표현하기도 했다. 케임브리지 대학교에서 생물학과 해부학을 전공했고, 제1차 세계대전 중에는 영국 해군(Royal Navy) 군의관으로 복무했다. 종전 후 세인트 바솔로뮤 병원에서 학업을 마쳐 의사가 되었다. 이후 평생 런던 패딩턴 그린 어린이 병원에서 소아 환자를 돌보았고, 프로이트의 저작을 영역한 것으로 유명한 제임스 스트레이치(James Strachey)의 분석을 받아 정신분석가가 되었다. 볼비와 마찬가지로 영국 정신분석학회에서 독립파로 분류된다.

좋은 어머니(good enough mother)'라는 개념은 대략 이렇다. 유아가 자신의 정체성을 형성하는 데 있어 양육자의 안정적이고 일관된 보살핌이 중요하다는 것인데, 이는 어떤 면에서 볼비의 '안전기지' 주장과 연결된다.[114] 하지만 엄마가 완벽할 필요는 없고, 종종 견딜 수 있는 수준의 결핍도 필요한데, 다만 아이가 안전하게 자기 경험을 탐색할 수 있도록 지지해주는 수준의 돌봄이 매우 중요하다고 주장했다. 즉 완벽하거나 최상의 어머니가 필요한 것이 아니라, '발달에 필요한 만큼을 충분히 채울 수 있는 정도'의 어머니가 필요하다는 것이다.

한편, 정신분석학의 전통적 리비도 이론에서 벗어나 자아의 기능과 역할을 더욱 부각한 학문적 흐름을 자아 심리학(ego psychology)이라고 부른다. 정신과 의사 하인츠 하르트만(Heinz Hartmann, 1894~1970)•은 이 영역을 대표하는 학자 중 하나로, 자아가 단순히 이드(Id)의 본능적 충동을 중재하는 소극적 역할에 머무르지 않고, 환경에 적응하고 현실 문제를 적극적으로 해결하는 능동적·적응적 역할을 한다고 보았다. 자아의 '갈등 없는 영역(conflict-free sphere)' 개념을 제시하며, 인간이 사회적·물리적 환경에 적응하기 위해 발달시키는 여러 심리 기능이 존재한다고 주장했다.[115] 즉 모든 자아가 이드와의 갈등에서 형성되는 것이 아니라, 어떤 심리 기능은 갈등 없

• 오스트리아 출신의 정신분석가. 빈 의대를 졸업한 후, 빈의 바그너-야우레크(Wagner-Jauregg) 클리닉에서 연구 및 정신의학 훈련을 받았다. 산도르 라도(Sándor Radó)와 프로이트로부터 분석을 받았는데, 심지어 프로이트는 하르트만이 미국으로 가는 것을 막기 위해서 무료로 분석을 해줄 정도였다. 나치를 피해 미국으로 이주했고, 어니스트 크리스(Ernst Kris, 1900~1957), 루돌프 뢰벤슈타인(Rudolph Loewenstein, 1898~1976)과 함께 자아 심리학의 세 거물로 인정받는다. 각각 오스트리아 출신의 정신분석가이자 미술사학자, 폴란드 출신의 정신분석가인데, 모두 나치를 피해 미국으로 이주했다. 참고로 뢰벤스타인은 프랑스에서 라캉의 정신분석을 담당하기도 하였다. 그러나 라캉은 자아 심리학이 무의식을 경시한다면서 비판했다. 자아 심리학은 이후 인지심리학으로 통합, 발전하였다.

이 발달할 수 있다는 뜻이다. 대표적으로 지각, 사고, 기억, 학습, 운동 기능 등이다. 이런 식으로 자아 심리학은 정신분석학을 더 넓은 범위의 학문으로 확장했다.

일부 정신분석가는 인간의 사회적·문화적 요소를 더 강조하는 방향으로 이론을 발전시켰다. 카렌 호나이(Karen Horney, 1885~1952)•는 프로이트의 남근 선망(penis envy) 이론에 반대하며, 역으로 자궁 선망(womb envy) 개념을 제안하기도 하였다. 남성은 출산 능력이 없으므로 대신 사회적 업적을 통해 보상받으려 한다는 것이다. 여성이 부러워하는 것은 남성의 생물학적 남근이 아니라, 남성이 누리는 사회적 기회와 권리라고 하였다. 또한, 인간의 심리적 문제의 기저에는 성적 욕구뿐만 아니라 부모의 비일관적 태도, 사회적 경쟁, 사회문화적 기대 등이 있다고 주장하였다.[116] 그러면서 인간의 신경증적 욕구를 총 10개로 제안했는데, 애정과 승인, 파트너, 안전, 권력, 착취, 명성, 성취, 독립, 완벽, 편협한 제한(비웃음을 피하고자 타인과 거리를 둠) 등이다. 그리고 이러한 욕구에 대처하기 위해 타인에게 순응하거나, 타인을 공격하거나, 타인을 회피하는 등의 세 가지 전략을 활용한다고 하였다.

• 1906년 독일 최초로 여학생의 입학을 허용한 프라이부르크 대학교에 입학했다가, 1908년 괴팅겐 대학교가 여학생의 입학을 허용하자 전학했고, 이후 다시 베를린 대학교로 옮겨 의학을 전공했다. 독일에서 대학교육을 받은 초기 여성 중 한 명이다. 베를린 정신분석연구소(Berlin Psychoanalytic Institute)를 창립하여 활동하던 중에 프로이트와의 갈등 및 나치의 위협 등으로 미국으로 이주했다(호나이는 유대인이 아니었지만, 나치는 정신분석학을 '유대인의 심리학(Jüdische Psychologie)'이라며 폄하했다). 또한, 비슷한 시기 남편의 파산 및 성격 차이로 인해 별거를 거쳐, 이혼하게 되었다. 미국에서 시카고 정신분석연구소(Chicago Psychoanalytic Institute) 및 뉴욕 의대 교수를 지내며, 뉴욕 정신분석연구소(New York Psychoanalytic Institute)를 중심으로 설리번, 프롬 등과 함께 이른바 '문화학파(Cultural School of Psychoanalysis)'를 형성했다. 또한, 프로이트의 여러 주장에 반박하며 여성 심리학(feminine psychology)을 발전시켰다. 그러나 자아 심리학과 인본주의 요소가 섞여 있으며, 명확하게 자신만의 이론을 제시하지 못했다는 비판도 있다.

또한, 에리히 프롬(Erich Fromm, 1900~1980)•은 인간의 정신적 문제를 개인적 차원에서 벗어나 사회적·역사적 맥락에서 이해해야 한다고 주장하였다.[117] 자본주의가 심화하는 과정에서 사람들은 타인과 진정한 유대감을 맺지 못하고 물질적 가치에 종속되며, 그 결과 '자유로부터의 도피(escape from freedom)'와 같은 심리 현상이 나타난다고 주장했다. 인간이 자유를 추구하면서도, 동시에 두려워하므로, 결국 권위주의적 성향을 지니게 되고 이는 사회적으로 전체주의를 낳는다는 것이다. 프롬은 신경증이나 불안을 치료하려면 개인의 과거만 추적할 것이 아니라, 사회 구조와 문화적 제도가 어떻게 개인에게 영향을 미치는지도 살펴야 한다고 주장했다. 또한, 5대 성격 유형을 제시한 것으로 유명한데, 이를 간략하게 설명하면 다음과 같다.

- 수용 지향(receptive orientation): 자신이 원하는 것을 외부에서 '받아들여야만' 만족을 얻는 성격 유형
- 착취 지향(exploitative orientation): 필요한 자원이나 정서적 만족을 '스스로 창출'하기보다, 타인을 활용하거나 착취해서 얻으려는 성격 유형

• 유대인 가정에서 태어나 엄격한 유대교 교육을 받았다. 프랑크푸르트 대학교와 하이델베르크 대학교 등에서 법학으로 학위를 받았다. 하이델베르크 정신분석연구소(Frieda Reichmann's Psychoanalytic Sanatorium)에서 정신분석을 받아 정신분석가가 되었고, 프랑크푸르트 사회연구소(Frankfurt School)에서 비판이론(critical theory)과 사회심리학 연구를 진행했다. 나치를 피해 미국으로 망명했고, 컬럼비아 대학교와 벤닝턴 칼리지, 멕시코 국립 자치 대학교(UNAM) 등에서 학생을 가르쳤다. 사랑 이론(love theory), 성격 유형(character orientation) 이론 등으로 유명하다. 프롬의 책은 국내에 많이 소개되어 있으므로 여러 역서를 참고하기 바란다.『자기를 위한 인간(Man for Himself: An Inquiry into the Psychology of Ethics)』,『건전한 사회(The Sane Society)』, 『사랑의 기술(The Art of Loving)』,『마르크스와 프로이트를 넘어서(Beyond the Chains of Illusion: My Encounter with Marx and Freud)』 등.

- 저장 지향(hoarding orientation): 이미 가진 것을 '내부에 저장·축적'하면서 안정과 안전을 추구하는 성격 유형
- 시장 지향(marketing orientation): 자기 자신을 '상품'처럼 포장하여 '교환 가치'를 극대화하려는 성격 유형
- 생산 지향(productive orientation): 스스로 삶의 의미와 가치를 창출하며, 타인과 상호 존중에 바탕을 둔 자율적 관계를 맺는 '건강하고 성숙한' 성격 유형

프롬의 지향들은 상호 배타적이지 않으며, 동일인도 시간·상황에 따라 다른 지향을 부분적으로 보일 수 있다. 진화인류학적 관점에서 볼 때, 이러한 행동 다양성은 인간이 환경·사회 구조·문화적 신념에 맞추어 유연하게 행동 전략을 조정하기 때문이라고 해석할 수 있다. 예를 들어 농경사회나 계절성이 분명한 환경에서는 저장을 지향하고, 수렵채집사회나 취약한 개체는 수용을 지향하며, 산업사회나 짝짓기 경쟁에서는 교환을, 불안정하거나 수용력 한계에 도달한 사회는 착취를, 그리고 호혜적 이타성이 가능한 친사회적 환경에서는 생산을 지향한다고 할 수 있을 것이다.

해리 스택 설리번(Harry Stack Sullivan, 1892~1949)•은 대인관계 이론과 자아 체계(self system) 개념, 언어와 의사소통에 관한 연구로 유명하다. 특히 즉각적·감각적·일시적 경험으로 나타나는 정신병적 프로토탁식 경험(prototaxic experience), 개인적 경험에서 나온 왜곡된 사고, 유사 연관성을 기반으로 한 잘못된 신경증적 파라탁식 경험(parataxic experience), 논리적이고 사회적으로

• 미국 출신으로 시카고 의대에서 의학을 전공했다. 메릴랜드 주립 병원에서 근무하며, 워싱턴 정신의학 학교, 윌리엄 앨런슨 화이트 연구소(William Alanson White Institute) 등을 설립했다.

공유되는 의미 있는 의사소통인 건강한 신택틱 경험(syntactic experience) 등 의사소통에 관한 언어적 이론을 제시하기도 했다. 그는 인간의 성격이 대인관계 경험을 통해 형성된다고 주장하며, 인간의 심리적 갈등을 이해하는 데 있어 사회적 관계의 중요성을 강조하였다. 설리번의 대인관계 이론(interpersonal theory)은 정신분석학이 주로 개인의 내면적 갈등에 초점을 맞춘 것에서 벗어나, 대인관계와 환경적 맥락이 심리 발달에 미치는 영향을 분석하는 데 기여하였다.[118] 그는 정신장애를 치료하기 위해서는 사회적 상호작용을 개선하는 것이 핵심이라고 주장했다.

호나이와 프롬, 설리번은 인간의 사회·문화적 측면과 대인관계 차원을 강조했으나, 몇 가지 비판점이 있다. 첫째, 사회적 상호작용에만 초점을 맞추면 내면적 본능을 놓칠 수 있다. 둘째, 사회결정론에 입각한 정신사회학에 가깝다. 셋째, 개념적 틀이 학문적으로 검증되지 않은 '제안'이나 '아이디어'에 불과하다. 특히 '여성의 심리 문제는 대개 문화적 탄압에서 비롯'한다는 호나이의 주장은 원초적 본능을 무시한, 너무 편향된 주장이며, '사랑하고 협력하자'라는 프롬의 주장은 철학적 선언에 불과하여 실제로 해결할 수 있는 일이 별로 없으며, 설리번의 모델은 너무 단편적이며, 검증을 받지 않았다는 단점이 있다.

프로이트 정신분석학의 또 다른 주요 분파는 자크 라캉(Jacques Lacan, 1901~1981)•이 이끈 라캉주의(Lacanianism)다. 라캉은 프로이트의 무의식을 '언

• 파리 의대를 졸업하고, 생트안 병원에서 정신의학 레지던트 과정을 밟았다. 파리 정신분석학회에서 분석가 교육을 받았고, 제2차 세계대전 중에는 군의관으로 복무했다. 『에크리(Écrits)』 출판 후 크게 유명해졌는데, 그의 글은 난삽한 문체로 유명하다. 1953년 프랑스 정신분석학회(Société Française de Psychanalyse, SFP)를 창립했는데, 국제정신분석학회와 큰 갈등을 겪었다. 라캉은 정해진 시간의 정신분석 원칙을 지키지 않았고(라캉은 이를 변동 시간 세션(session à durée variable)

어적·구조적 기전'으로 간주했다. 즉, 무의식은 단순한 욕동 충돌의 장소가 아니라, 언어적 상징체계에 의해 구성된다는 관점이다. 이는 언어학, 특히 페르디낭 드 소쉬르(Ferdinand de Saussure, 1857~1913)의 구조주의 언어학이나 레비스트로스의 구조주의 인류학 영향을 강하게 받은 해석이다. 라캉은 분석 상황에서 환자의 언어를 관찰 분석함으로써, 무의식적 욕망이 어떤 언어적 짜임을 갖추고 표현되는지를 포착하고자 했는데, 그는 인간의 심리적 갈등이 상징적 질서(symbolic order)에서 비롯된다고 주장하였다.[119]

라캉의 임상적 작업에서 중요한 역할을 하는 개념은 상상(imaginary), 상징(symbolic), 실재(real) 등으로 나뉘는 세 가지 체계다. 상상계는 주로 이미지와 자아 인식을 기반으로 하며, 환자가 자신의 자아와 세계를 어떻게 상상하고 있는지를 다루는데, 아동의 거울 단계(mirror stage)에서 이러한 자아가 형성된다고 하였다. 거울 단계란 생후 6~18개월 사이의 영아가 자신의 이미지를 인식하면서 '하나의 완전한 대상'이라는 환상을 만드는 단계를 말한다. 즉 거울 단계 경험은 아동이 '자아(ego)'라는 개념을 형성하지만, 이는 타자의 이미지를 통해 생겨난 허구/분열된 정체성이라고 보았다. 자아란 실체라기보다 이미지와 언어로 만들어진 환상적 구조라는 것이다.

상징계는 언어와 사회적 규범이 작동하는 차원이다. 여기서 개인은 언어·법·금기를 통해 사회적 질서에 편입된다. 인간이 욕망을 표현하고 관

(앞 페이지에 이어서)

을 통해 무의식을 활성화하는 것이라고 하였다), 구조주의에 입각한 이론이 프로이트주의와 결을 달리했으며, 국제정신분석학회의 승인 없이 정신분석가를 양성하려 했기 때문이었다. 이러한 갈등으로 인해 SFP는 라캉을 제명했다. 1964년 라캉은 파리 프로이트 에콜(EFP, École Freudienne de Paris)을 창립했다.

계 맺는 방식을 결정짓는 주요 무대가 바로 상징계라는 것이다. 라캉은 인간 욕망이 자신 고유의 소망이라기보다, '타자가 원하는 것을 욕망한다(desire of the Other)'고 설명했다. 즉 개인의 욕망은 타인과 상호작용하고, 사회적 언어 체계 속에서 재구성되기 때문에, 욕망의 본질은 상징적 질서에 종속된다는 뜻이다.

한편, 실재계는 상징화, 언어화될 수 없는 차원의 경험이나 충격, 트라우마, 죽음, 무의식적 낯섦 등을 의미한다. 라캉은 환자들의 심각한 외상, 정신증적 경험이 이 '실재' 차원과 맞닿아 있다고 보았다. 상징계로 완전히 환원되거나 해석될 수 없는 것이 실재이며, 상징질서가 붕괴하거나 작동에 문제가 생길 때 비로소 실재가 드러난다는 것이다. 라캉은 상징계에 순응하면서도 갈등을 느끼면 신경증이 발병하고, 상징계가 붕괴하면 정신증이 발병하며, 상징계를 조작하며 쾌락을 느끼면 도착증이 발병한다고 하였다.

라캉은 정신분석 임상 현장에서, 환자의 발화(말하기)를 해체적으로 분석했다. 언어 속에 드러나는 무의식적 말실수, 즉 라프스(lapsus), 중의적 표현, 침묵 등에서 무의식적 욕망의 단서를 찾으려 했다. 그는 짧은 분석 시간(세션)을 통해 상징적 구조의 틈을 환자가 스스로 자각하도록 유도했다. 라캉의 이론은 언어학, 철학, 문학 등의 분야에서 큰 영향을 미쳤으며, 특히 프랑스와 유럽 전역에서 정신분석학적 담론을 주도했다. 그러나 라캉의 이론은 매우 복잡하고, 지나치게 추상적이어서 이해하기 어려웠다. 구조주의 언어학, 수학(집합론), 철학(특히 헤겔, 사르트르 등), 인류학(레비스트로스) 등을 참조하여 매우 난해하고 추상화된 개념을 전개했다. 난해함보다 더 큰 문제는 무엇보다도 검증할 수 없다는 것이다. 라캉 이론은 과학적 실험이나 통계적 검증에 근거하기보다는, 임상 해석과 철학·언어학 논리에 기반했다. 실제로 라캉식 정신분석은 효과가 입증되지 않았고, 영미권에서는 증거 기반 치료(evidence-based treatment)가 아니라며 비판하고 있다.[120,121]

프로이트의 초기 협력자이자 제자였지만, 나중에 결별한 칼 구스타프 융(Carl Gustav Jung, 1875~1961)•에 대해서 조금 자세하게 언급하고자 한다. 스위스 출신의 정신과 의사 칼 융은 초기에는 프로이트와 의기투합하여 인간의 무의식을 연구하였다. 융은 프로이트가 개척한 무의식 이론과 정신분석 임상에 매료되어, 1907년경부터 긴밀히 교류했다. 초기에는 『무의식의 심리(Wandlungen und Symbole der Libido)』 등의 저작에서 리비도(libido) 개념을 프로이트와 유사하게 쓰기도 했다. 프로이트는 융을 일종의 '왕세자'로 여기면서 국제정신분석학회를 이끌 차세대 리더로 기대했으나, 둘의 이론적 견해 차이가 점차 심화하였다. 1913년경, 융이 프로이트의 성욕 중심(libido theory) 무의식 모델에 이견을 제시하면서부터 갈등이 극명해졌다. 융은 무의식이 단지 성적 본능이나 억압적 충동만이 아니라, 더 광범위한 원형(archetypes)과 상징적 구조를 포함한다고 주장했다. 프로이트는 이를 정신분석 핵심에서 벗어난 이단적 견해라고 간주한 것이다.

융은 개인의 과거 경험에서 비롯된 '개인 무의식(personal unconsciousness)'을 넘어, 인류가 공유하는 선천적이고 보편적인 '집단 무의식(collective

---

• 바젤 대학교에서 의학을 전공했고, 취리히 대학교 부속 병원인 부르크휠츨리 정신병원에서 진료와 연구를 병행했다. 취리히 대학교에서 박사 학위를 취득했고, 수년간 대학병원에서 강사 생활을 하다가 개인 클리닉을 개설했다. 1910년 프로이트의 추천을 받아 국제정신분석학회 초대 회장이 되었지만, 이론적 갈등으로 인해 몇 년 후 결별하고 분석심리학(analytical psychology)을 창시했다. 1921년 『심리 유형(Psychological Types)』을 출간했고, 이후 동아프리카와 인도 등을 조사했다. 1948년 융 연구소(C. G. Jung Institute)를 설립했다.

unconsciousness)' 층위가 있다고 주장했다. 이는 개인을 초월해 인류 보편 경험이 누적된 심층 구조로, 원시 사회나 고대 문명의 신화와 상징에서 그 흔적이 보인다고 하였다. 융에 따르면 집단 무의식 내부에는 '원형(archetype)'이라 불리는 보편적 심리 패턴이 존재하며, 이를 통해 인류는 대대로 공통적인 상징이나 이미지를 경험한다. 대표적인 원형으로 어머니(mother), 영웅(hero), 노현인(wise old man, 老賢人), 그림자(shadow) 등이 있으며, 세계 각지 신화·민담에 반복적으로 나타난다. 이 원형이 바로 '인간 정신의 근본 구조'를 이루며, 특정 문화·개인의 차이를 뛰어넘는 보편적 심층 심리라는 것이다. 1924~25년, 뉴멕시코 지역을 방문해 푸에블로 (Pueblo) 인디언의 종교·의례를 관찰한 융은 이들의 태양 숭배에서 보편적 원형이 존재한다고 보았다. 또한, 1925년경 동아프리카 마사이족 등을 직접 관찰하면서,• 그들의 상징체계와 의례가 서구 사회와 다른 문화적 맥락에도 불구하고 동일한 원형적 표현을 나타낸다고 주장했다.

융의 '집단 무의식' 개념은 고대 문화나 원시 사회의 신화·전설·종교적 의례 등을 보편적 심리 구조로 해석할 길을 열었다.[124] 이는 문화인류학(특히 구조주의)에서 신화 연구나 상징 해석에 융 이론이 많이 인용된 배경이 되었다. 예컨대 클로드 레비-스트로스(Claude Lévi-Strauss, 1908~2009)••는 신화의

• 이때의 이야기는 다음을 참고하기 바라다. 칼 융. 『회상, 꿈 그리고 사상』(개정판). 야훼 A. 편. 이부영 역. 서울: 집문당; 2012.; Burleson BW. 『융과 아프리카』. 이도희 역. 서울: 학지사; 2014.

•• 벨기엘 브뤼셀에서 태어났다. 알자스 지역 출신의 유대계 집안이었으며, 외할아버지는 랍비였다. 소르본 대학교에서 법학과 철학을 전공했다. 젊은 시절에 상파울루 대학교 초청을 받아 브라질에서 과이쿠루족(Guaycuru), 보로로족(Bororó), 남비콰라족(Nambikwara), 투피-카와히브족(Tupi-Kawahib) 등을 조사했다. 제2차 세계대전 중에는 마지노선에서 장교로 복무했고, 비시 프랑스에서 반유대인법으로 인해 미국으로 도피했다. 종전 후에는 소르본 대학교에서 박사 학위를 취득했고, 콜레주 드 프랑스(Collège de France) 사회인류학 교수가 되었다.

구조를 융의 원형적 시각으로 재해석하기도 했다.[126-129] 레비-스트로스는 구조주의 인류학(Structural Anthropology)의 창시자이며, 비교 신화학과 친족 구조 연구로 유명하다. 인간 사고가 보편적으로 이항대립(binary opposition)을 통해 구조화된다고 주장했다. 융의 이론은 특히 종교적 상징이나 신화의 보편성을 설명하는 데 유용했으며, '인간 정신은 유전적으로 선험적(a priori) 조건'을 갖는다고 하면서 진화적 개념을 도입하기도 했다. 그러나 융은 생물학적 진화론에 대해서 프로이트만큼 많이 언급하지는 않았다. 신화나 종교, 상징 등 문화적 관점에서 진화적 유산을 설명하려고 했다.•

융은 개인이 내면의 무의식 요소, 특히 집단 무의식에 포함된 원형이나 '그림자' 측면을 의식적으로 통합함으로써 온전한 '자아'에 가까워지는 과정을 '개성화(individuation, 개별화)'라고 불렀다. 이는 자아실현과 유사 개념으로, 인간이 '자기 자신이 진정 누구인지'를 탐색, 통합해가는 정신적 성장 과정을 말한다. 특히 인간이 본질적으로 '자아'와 '그림자', '아니마(anima)'와 '아니무스(animus)' 같은 상반된 측면을 가지고 있으며, 이를 통합해가는 과정에서 정신적 성장을 이룬다고 보았다.[122-125] 외부로 보이지 않는 심리적 양면을 받아들이고 조화시키며, 그림자를 무조건 억압하기보다는 이를 인식하고 통합해야 한다는 것이다. 융은 심리학과 신화를 접목하여 연금술, 영지주의(Gnosticism), 도교와 불교 등 다양한 문화적 전통에 등장하는 상징을 연구했다. 또한, 종교적·영적 체험도 심리학적 분석의 대상이라 보았고, 무의식이 삶의 신성(神聖)이나 초월성에 대한 갈망을 상징적으로 표현한다고 해석했다. 인간의 행동 다양성이라는 측면에서 융의

• 파스칼 보이어 등은 융의 종교적 원형 개념을 보편주의 심리 모형으로 간주한다.

표 15 칼 융의 외향형, 내향형 구분

구분	외향형(extraversion)	내향형(introversion)
에너지 방향	외부 세계로 에너지가 향함	내부 세계로 에너지가 향함
에너지 원천	외부 자극과 사람들과의 상호작용에서 에너지를 얻음	내적 경험과 사색에서 에너지를 얻음
특징	사회적 상호작용을 중요시함 외부 환경과의 관계에서 활력을 찾음	자기 성찰과 내적 세계에 집중 고독한 사색을 통해 자신을 이해
중요 요소	사람들과의 관계, 새로운 경험	내적 경험, 감정, 자아 탐구
대인 관계	외향적이고 사교적인 관계를 맺으며 사회적 활동을 선호	깊은 관계를 선호하며 친밀한 관계를 맺는 데 집중
자극 반응	외부 자극에 빠르게 반응하며, 변화와 새로운 자극을 선호	외부 자극보다 내적 자극에 더 민감하며, 고요한 환경을 선호

이론은 영적·상징적 세계의 적응적 가치를 설명하는 데 유용하다.•

흥미롭게도 융은 인간 정신을 구분하는 성격유형론을 제안하며, 이를 통해 인간의 성격을 보다 체계적으로 이해하고자 했다. 융은 '인간의 정신적 에너지가 어디로 향하는가?'에 따라 외향과 내향을 구분했다(〈표 15〉). 외향형은 외부 자극, 사회적 상호작용을 통해 에너지를 얻고, 외부 환경과의 관계 속에서 활력을 찾으며, 사회적 관계나 새로운 경험을 중요시한다. 반면에 내향형은 내적 세계의 사고·반성을 통해 에너지를 충전하며, 자기 성찰과 고독한 사색을 통해 자신을 이해하고 성장한다.[130]

• 더 자세한 내용은 다음을 참고하기 바란다. Jung CG. Seven Sermons to the Dead (Septem Sermones ad Mortuos). 1916. In: Adler G, Hull RFC, editors. *The Collected Works of C. G. Jung, Volume 18: The Symbolic Life*. Princeton (NJ): Princeton University Press; 1977.

또한, 융은 인간의 성격을 설명하면서 네 가지 심리적 기능을 제안했다(〈표 16〉). 이 기능들은 사고(thinking), 감정(feeling), 감각(sensation), 직관(intuition)으로 구성되며, 각각 인간이 세상을 인식하고 처리하는 방식을 나타낸다. 각각을 간략하게 살펴보자.

첫째, 사고는 논리적이고 분석적인 과정을 중시하는 기능으로, 객관적 사실과 데이터를 바탕으로 결정을 내리는 경향이 있다. 이성적인 판단을 중시하며, 문제 해결 시 논리적인 접근 방식을 선호한다. 둘째, 감정은 주관적 가치를 기반으로 결정을 내리는 기능으로, 인간관계와 감정적 요인에 민감하게 반응한다. 타인의 감정과 자신의 감정을 중시하며, 결정을 내릴 때 감정적 조화를 추구하는 경향이 있다. 셋째, 감각은 실제 감각과 구체적인 정보에 집중하는 기능으로, 현실적이고 실질적인 데이터를 바탕으로 세상을 지각한다. 사실과 물리적 경험을 중시하며, 현실 세계에서의 경험을 통해 결정을 내린다. 마지막으로 직관은 미래의 가능성이나 잠

표 16 칼 융이 언급한 네 가지 심리적 기능

심리적 기능	설명	주요 특징
사고	논리적이고 분석적인 과정을 통해 세상을 이해하며, 객관적인 사실과 데이터를 바탕으로 결정을 내리는 기능.	· 이성적 판단 · 논리적 접근 · 객관적 사실 중시
감정	주관적인 가치와 감정을 바탕으로 결정을 내리는 기능으로, 인간관계와 감정적 요인을 중시함.	· 감정적 조화 추구 · 타인의 감정에 민감 · 가치 중심
감각	실제 감각과 구체적인 정보를 중시하며, 현실적이고 실질적인 데이터를 바탕으로 세상을 지각하는 기능.	· 현실적 경험 중시 · 물리적 사실에 기반 · 현재 상황에 집중
직관	미래의 가능성이나 잠재적 의미를 중시하며, 상황의 전체적인 의미를 직관적으로 파악하는 기능.	· 창의적 사고 · 가능성 탐구 · 장기적 관점 중시

재적 의미를 중시하며, 상황의 전체적인 의미를 직관적으로 파악하는 기능이다. 즉각적인 정보보다는 그 정보가 의미하는 바와 그것이 내포하는 가능성을 고려하며 결정을 내린다. 이들은 종종 창의적 비전을 가지고, 당장의 사실보다는 장기적 가능성에 더 큰 가치를 둔다.

융은 이 네 가지 기능 중에서 각 개인이 주로 사용하는 하나의 기능을 주(主) 기능(dominant function)으로 설정하고, 그 기능을 보조하는 보조 기능(auxiliary function)이 있다고 보았다. 주 기능은 개인의 성격에서 가장 두드러지는 역할을 하며, 그 사람이 세상을 어떻게 인식하고 반응하는지를 결정한다. 반면, 보조 기능은 주 기능을 보완하며, 더 균형 잡힌 성격 발달을 가능하게 한다. 이 두 가지 기능의 조합에 따라 개인의 성격적 형질이 더욱 세분된다. 융은 이러한 기능들이 상호작용하여 개인의 성격이 형성된다고 주장하면서, 다양한 기질이 존재한다는 것을 설명하고자 했다.[130]

사실 성격유형론은 당대 심리학의 두 주요 학파, 프로이트와 알프레드 아들러(Alfred Adler, 1870~1937)• 간의 이론적 갈등에서 기인한 것이었다. 프로이트는 인간 본능의 외향적 표현, 즉 성적 욕구 등 본능의 방출을 강조한 반면, 아들러는 내향적 자아를 보호하기 위한 자기방어 기전을 강조했다. 융은 이러한 두 가지 접근이 인간 정신의 상호보완적인 측면을 반영한다고 보고, 한쪽 이론이 다른 쪽보다 우월한 것이 아니라, 인간의 복잡한 심리 구조를 이해하는 데 두 이론이 모두 필요하다고 했다.[130]

프로이트와 아들러 간의 갈등은 1920년대 초반, 특히 성적 본능과 공격

• 오스트리아 출신으로 빈 대학교에서 의학을 전공했고, 안과의사로 활동하다가 정신분석학에 관심을 두게 되었다. 1902년 프로이트의 초청으로 빈 정신분석학회(Wiener Psychoanalytische Vereinigung, WPV), 이른바 수요회(Wednesday Society)에 참여했다.

적 본능에 대한 이론적 차이로 인해 심화되었다. 프로이트는 초기 이론에서 성적 본능(리비도)이 인간 행동의 핵심 동력이라고 주장했으나, 후에 이를 수정하여 공격적 본능도 중요한 역할을 한다는 이중 본능 이론(dual drive theory)을 제시했다.[131] 한편, 아들러는 이미 1908년에 성적 본능과 별도로 공격적 본능의 중요성을 강조하는 논문을 발표한 바 있었다.[132] 그러나 프로이트는 이 논문을 인정하지 않고, 자신의 이론을 독립적으로 발전시켰다. 이 사건으로 인해 두 학자는 결별하게 되었고, 아들러는 개인심리학(individual psychology)이라는 독자적 학파를 만들었다.

아들러의 이론은 인간의 심리적 발달을 사회적 관계와 연결 지어 설명했으며, 열등감과 우월감이 사회적 성취와 연관된다고 하였다. 즉, 누구나 스스로 부족하다고 느끼는 열등감을 경험할 수 있는데, 이를 긍정적으로 극복하면 '자기-창조(self-creation)'로 발전하는 반면, 부정적으로 해소하면 '열등감 콤플렉스(inferiority complex)'나 '우월감 콤플렉스(superiority complex)'를 야기한다는 것이다. 융은 이러한 아들러의 이론이 나온 배경에 그의 내향적 성향이 자리한다고 해석했으나, 역설적으로 아들러는 외부 세계와의 상호작용을 중요하게 다루었다. 아들러는 공동체 감각(Gemeinschaftsgefühl, social interest)이라는 개념을 통해서 사회적 존재로서의 인간성을 강조했다. 이를 정리하면 〈표 17〉과 같다.•

흥미롭게도 아들러는 각 개인이 유년기부터 만드는 행동 패턴이 출생 순서와 부모 양육 방식, 초기의 기억 등에 의해 결정되며, 이를 네 가지

• 더 자세한 내용은 다음을 참고하기 바란다. *The Practice and Theory of Individual Psychology*. New York: Harcourt, Brace & Co.; 1927.; *Understanding Human Nature*. New York: Greenberg; 1927.

표 17 아들러의 열등감, 우월감 콤플렉스 비교

	열등감 콤플렉스	우월감 콤플렉스
핵심 개념	개인이 스스로 무가치하다고 느끼는 열등감을 부정적으로 고착	내면의 열등감을 왜곡해, 겉으로 과시적 우월함을 드러내려는 심리 상태
주요 특징	자존감 부족, 불안·위축, 실패 회피, 타인 도움에 소극적	과장된 자존감, 타인 비하·경시, 경쟁적 태도, 거짓 자부심
주된 동기	결핍·약점을 노출하지 않으려는 소극적 방어	열등감을 잊으려는 공격적·과시적 방어
결과	대인관계의 위축, 우울·불안 등 심리 문제 악화, 자발적 성장 기회 상실	인간관계 갈등, 내부 스트레스 지속, 진정한 자존감 형성 실패
해결 방안	건설적 보상, 공동체 감각 강화, 협력·공감 훈련(creative compensation)	공동체 감각 확장, 왜곡된 허구적 우월 보상 탈피, 사회적 협력과 긍정적 자존감 회복(mature compensation)

유형으로 구분할 수 있다고 하였다.•

- 지배형(ruling type): 자기주장적이고 타인을 지배·통제하려는 성향이 강함. 공격적·독단적으로 행동할 위험이 있음
- 기생형(leaning type): 타인에게 의존적이고, 스스로 문제를 해결하기보다는 도움을 기대함
- 회피형(avoiding type): 문제나 도전에 맞서는 대신, 책임을 회피하거나 갈등 상황을 회피함으로써 불안을 줄이려는 성향
- 사회적 유익형(socially useful type): 공동체 감각이 지배적이며, 타인에게 긍

• 그러나 아들러의 유형론은 너무 포괄적이고, 실제 개개인의 복합적·유동적 행동을 설명하기에는 너무 단순화한 것이라는 비판을 받는다. 그의 유형론에 대해서는 다음을 참고하기 바란다. Ansbacher HL, Ansbacher RR, editors. *The Individual Psychology of Alfred Adler: A Systematic Presentation in Selections from His Writings*. New York: Harper & Row; 1956.

정적으로 기여하고 협력하는 태도를 보이려 노력함. 책임감, 적응력이 높음

정리하면 프로이트는 외향적 성격이었지만, 그의 연구는 무의식과 본능 등 내향적 주제를 향했고, 유년기 경험 등 과거의 사건이 지금의 행동을 좌우한다는 결정론적 입장을 보였다. 반면에 아들러는 내향적 성격이었지만, 그의 연구는 사회와 공동체, 성취 등 외향적 주제를 향했고, 미래의 목표가 지금의 행동을 결정한다는 목적론적 태도를 보였다. 아무튼, 프로이트와 아들러의 이론적 갈등 속에서, 융은 외향성과 내향성의 모순적 성격을 명확히 하고자 하였다. 인간은 외향적이면서도 내면에 관한 관심을 가질 수 있고, 내향적이면서도 외부 세계에 대한 호기심을 가질 수 있는 이중적 성격 구조로 되어 있다는 것이다.[133]

그러나 융은 자신의 성격유형론이 과학적 근거보다는 철학적 영감에서 비롯되었음을 알고 있었다. 특히 프리드리히 니체(Friedrich Nietzsche, 1844~1900)•의 철학적 사유에 많은 영향을 받았다. 니체가 제시한 그리스 철학의 아폴론(Apollo)과 디오니소스(Dionysus) 간 대립 구도는 융의 성격유형론

• 니체는 프로이센 작센주의 성직자 가문에서 태어났다. 본 대학교에서 신학을 공부하다가, 라이프치히 대학교로 전학하여 문헌학에 집중했다. 니체는 아르투어 쇼펜하우어(Arthur Schopenhauer)의 영향을 받았고, 리하르트 바그너와도 교류가 잦았다. 바젤 대학교 고전문헌학 교수로 임용된 니체는 쇼펜하우어의 비관주의를 역전시킨 '힘에의 의지' 개념과 바그너의 음악적 이상을 결합하려 시도했다. 건강 문제로 학교를 떠난 니체는 이후 각지를 방랑하며 여러 저작을 남겼다. 한편, 바그너가 훗날 독일 민족주의, 기독교 신비주의, 반유대주의로 흐르자, 데카당스(decadence)라고 하며 강력하게 비판했다. 나치는 니체의 사상을 왜곡해서 아리안주의를 지지한다고 오독하기도 했다. 정신장애로 인해 예나 정신병원 등에서 치료받다가 이른 나이에 사망했다. 융은 니체가 말년에 정신적으로 쇠퇴한 것을 염두에 두고, 자신이 니체의 주장에 너무 의존하는 것은 아닌지 우려하기도 했다.

에 암묵적으로 반영되었다고 볼 수 있다. 아폴론적 태도는 이성·질서·형식을, 디오니소스적 태도는 감정·혼돈·창조적 파괴를 상징한다. 니체는 기독교를 '노예의 도덕', '비이성적 체계'라고 강도 높게 비판하면서, 인간은 자신의 감각과 논리를 통해 현실을 파악해야 한다고 주장했다.

흥미롭게도 니체는 인간을 몇 가지 유형으로 구분했다. 힘(권력), 자존, 창의성, 귀족적 태도를 가진 강자의 도덕(주인 도덕, Herrenmoral)과 원한(ressentiment), 시기, 질투, 열등감으로부터 '선/악'의 평가를 도출하는 약자의 도덕(노예 도덕, Sklavenmoral)이다. 노예의 도덕은 겸손·순종·평등을 미덕으로 내세우지만, 사실상 삶을 부정하고 수동적 복수심에 차 있다는 것이다. 또한, 전통 도덕이나 기존 가치에 속박되지 않고, 자기 힘을 극대화하여 새로운 가치를 창조하는 초인(Übermensch)과 안락·안정·평등만 추구하며 권태와 만족감 속에 머무르는 마지막 인간(Der letzte Mensch) 유형을 대립시키기도 하였다. 한편, 사회·전통·권위가 짊어지게 한 무거운 짐을 묵묵히 수용하는 낙타(camel) 단계, 기존 가치·권위에 반항하는 사자(lion) 단계, 스스로 놀이와 창조를 통해 새로운 가치를 긍정하는 어린아이(child) 단계를 제안하기도 하였다.•

이러한 관점은 융의 심리적 기능 분류에서도 영향을 미쳤다. 기본적으로 니체는 '느낌(Feeling, F)'과 '직관(Intuition, N)' 같은 측면을 일종의 '비이성'으로 간주하여 의심스럽게 바라보았지만, '감각(Sensation, S)'과 '사고(Thinking, T)'를 더 현실적이고 객관적인 것으로 높이 평가했다.[134,135] 니체는 외향·

• 자세한 내용은 다음을 참고하기 바란다. 『도덕의 계보(zur genealogie der moral)』. 박찬국 역, 서울: 아카넷; 2021; 『차라투스트라는 이렇게 말했다(also sprach zarathustra)』. 장희창 역, 서울: 민음사; 2004.

내향이라는 개념을 직접 사용하지 않았으나, 앞서 말한 대로 융은 프로이트(무의식적 리비도 이론)와 아들러(열등감·권력 의지 이론)의 갈등 양상을 관찰하며, 이러한 개념을 추가했다.

여기서 참고로 마이어스-브릭스 유형 지표(Myers-Briggs Type Indicator, MBTI)를 살펴보자. 흔히 융의 성격유형론에서 발전했다고 알려졌지만, 심각한 견강부회다. 1917년, 미국의 한 가정주부였던 캐서린 쿡 브릭스(Katharine Cook Briggs, 1875~1968)•는 인간의 성격이 네 가지 주요 유형으로 분류될 수 있다고 보았다. 처음에는 각각 사고적(meditative), 본능적(spontaneous), 실천적(executive), 사교적(social) 특성으로 정의되었다. 이러한 구분은 이론적 근거와 통계적 자료 없이 만들어진 주관적 분류였다.[136,137] 그러던 중, 융이 저술한 심리 유형에 관한 책을 읽고 총 16개의 성격 지표를 개발했다.

- 외향(E)/내향(I): 외향적인 사람은 외부 자극과 사회적 상호작용을 통해 에너지를 얻고, 내향적인 사람은 자기 성찰을 통해 에너지를 얻는다.
- 감각(S)/직관(N): 감각형은 현재의 구체적인 정보에 의존하며, 직관형은 미래의 가능성이나 의미를 중시, 보이지 않는 패턴을 탐색한다.
- 사고(T)/느낌(F): 사고형은 논리적 분석을 통해 결정을 내리고, 느낌형은 감정과 가치관, 타인의 평가에 따라 좋고 나쁨의 기준으로 결정을

• 자신의 딸, 이사벨 브릭스 마이어스(Isabel Briggs Myers)가 만난 남자친구 클라렌스 마이어스(Clarence Myers)의 성격이 자기 집안의 분위기와 사뭇 다르다는 것을 알고 실망했다. 캐서린은 학문적 배경이 없었음에도, 거실에서 성격 연구를 시작했다. 그녀는 다양한 인물의 전기를 통해 인류의 성격 특성을 분석했다. 그러다가 1923년에 캐서린과 이사벨은 칼 융의 『심리 유형』을 읽고, 크게 공감했다. 그래서 융이 제안한 심리 유형에 판단(Judging, J)과 인식(Perception, P)을 추가해서 총 16가지 성격 유형을 제안했다.

내린다.

- 판단(J)/인식(P): 판단형은 구조화된 환경을 선호하며 계획적으로 생활하는 반면, 인식형은 유연하게 상황에 적응하는 개방적 성향을 보인다.

MBTI는 같은 사람에게 반복적으로 실시했을 때 일관된 결과가 나오지 않는 경우가 많은데, 어떤 경우는 무려 절반의 피험자가 매번 다른 결과를 얻는다. 또한, 성격을 이분법적으로 나누는 방식으로 구분하는데, 실제로 성격은 연속적인 스펙트럼 상에 위치한다. 실험적 검증이 부족하고, 신뢰성 있는 예측력을 보여주지 못한다. 특히 미래의 행동이나 직업적 적합성을 추정하는 데 유의성이 없다. 사실 융 자신도 자신의 심리 유형 이론에 관해서 실증적, 임상적 개념이 아니라, 철학적 분류라고 하였다.[138,139] 융은 자신의 연구 전반에 걸쳐서 인간 정신의 복잡성과 연속성을 중시했다. 결론적으로 말해서, MBTI 이론은 유사 과학이다.

아무튼, 융의 집단 무의식과 심리적 원형 개념은 자칫 세대를 거듭하면서 축적된 경험이 직접 유전된다는 라마르크주의와 유사하게 해석될 소지가 있다. 그러나 그는 인간의 무의식적 원형은 생물학적 유전과 문화적 적응이 상호작용한 결과이지, 단순히 개인 경험이 유전자 수준에 그대로 찍혀 대물림된 것은 아니라고 생각했다. 오히려 융의 주장은 제임스 마크 볼드윈(James Mark Baldwin, 1861~1934)•이 제안한 볼드윈 효과, 콘웨이 로이드 모

• 프린스턴 대학교에서 신학을 공부하다가 철학으로 전향했다. 라이프치히 대학교에서 빌헬름 분트(Wilhelm Wundt) 밑에서 실험심리학 연구했고, 베를린 대학교에서도 공부했다. 이후 프린스턴 대학교에서 박사 학위를 받았다. 프린스턴 대학교와 존스 홉킨스 대학교에서 심리학 및 철학 교수를 역임했다. 볼드윈 효과로 유명하며, 발달심리학 및 사회심리학, 실험심리학의 토대를 쌓았다.

건(Conway Lloyd Morgan, 1852~1936)•의 주장과 더 가까운 편이다.

볼드윈 효과(Baldwin effect)란, 개인의 심리적·행동적 학습(적응 능력)이 진화 속도를 촉진할 수 있다는 이론으로, '행동적 유연성이 환경 변화에 대응하고, 그에 적합한 형질이 자연선택에서 유리해지는 경로'를 설명한다. 볼드윈은 심리적 적응과 학습이 진화 과정에 영향을 미친다고 주장하며, 생물학적 진화가 단순히 유전적 변이와 자연선택에 의해서만 이루어지는 것이 아니라, 행동적 유연성과 학습이 진화 속도에 영향을 줄 수 있다고 하였다.[140] 쉽게 말해서 유기체가 환경 변화에 대응해 학습 등의 행동적 적응을 발휘함으로써 진화의 속도가 촉진되는 현상을 말한다. 볼드윈은 이를 유기체적 선택(organic selection)이라고 불렀다. 자연선택 과정에 유기체가 유연하게 개입한다는 것이다.

대략 이런 식으로 진행한다. 먼저 갑작스러운 환경 변화(기후 변화, 새로운 포식자 등장, 식물군 변화 등)가 일어났을 때, 일부 개체는 뛰어난 학습 능력이나 문제 해결 능력 덕분에 새로운 생존 방식을 발견한다. 만약 이러한 능력을 뒷받침하는 유전적 변이가 있다면, 그러한 변이를 가진 개체가 더 빨리 적응한다. 학습은 후천적이지만, 이를 추동하는 학습 능력은 선천적이다. 이는 단지 학습 형질에만 작용하는 것은 아니다. 예를 들어 기아가 닥쳤을 때, 가축의 젖을 먹는 방법으로 대응한 개체가 있었다고 하자. 해당 개체는 아마 생존과 번식에서 유리했을 것이다. 그런데 유당 내성(lactase

---

• 모건은 왕립 광업학교에서 토머스 헉슬리의 지도를 받았다. 브리스톨 대학에서 지질학 및 동물학을 가르쳤고, 이후 심리학 및 교육학 교수로 자리를 옮겼다. 본능과 학습을 구분하는 실험을 진행했으며, '동물의 행동을 설명할 때 불필요하게 복잡한 심리적 설명을 피하고, 가장 단순한 설명을 우선해야 한다'는 모건의 법칙(Morgan's Canon)과 창발적 진화(emergent evolution) 개념으로 유명하다.

persistence)을 보이는 개체는 이러한 과정에서 훨씬 유리했을 것이다. 따라서 점차 유당 내성 유전자를 가진 개체가 늘어나고, 동물의 젖을 사용한 음식 문화가 빠르게 진화한다. 이러한 진화적 기전은 라마르크주의가 아니라, 신다윈주의(neo-Darwinism)로 분류된다.

비슷한 개념으로 발달생물학자 콘래드 해럴드 와딩턴(C. H. Waddington, 1905~ 1975)•이 제시한 유전적 동화(genetic assimilation)가 있는데, 이는 발생가소성(developmental plasticity)이나 학습 등의 후천적 적응이, 여러 세대를 거치며 유전적 기반을 통해 더욱 쉽게 표현(발현)되도록 자연선택에 의해 안정화되는 과정을 말한다. 이후에는 환경의 자극이 없이도, 혹은 환경 변화에도 불구하고 해당 형질이 강력하게 표준 발현(canalization, 협량화)한다.

한편, 모건도 동물 행동이 진화 과정에서 어떻게 습관(habit)과 본능(instinct)으로 정착되는지 연구하면서, 학습과 행동 변이가 유전적 적응과 상호작용한다고 주장했다.[141]

융의 여러 주장은 볼드윈이나 모건의 다윈주의적 설명과 비슷한 측면이 있다. 아마도 융의 집단무의식 및 원형 이론은 단지 정신 내적 설명에 국한하지 말고, 생물학적·문화적 적응과 연동해서 해석하는 편이 유리할 것이다.

프로이트에서 시작된 정신분석학은 이러한 과정을 통해 다양한 갈래로 분화되었고, 그 결과 정신분석학은 여러 학파와 이론이 서로 다른 방향으로 발전하는 복잡한 지형을 형성하게 되었다. 프로이트의 초기 이론은 성

• 케임브리지 대학교에서 자연과학으로 학위를 받았고, 에든버러 대학교에서 재직했다. 후성유전학적 랜드스케이프(epigenetic landscape), 유전적 협량화, 유전적 동화 등의 개념을 제안했다. 그의 연구에 관해서는 다음을 참고하기 바란다. Waddington CH. *The Strategy of the Genes: A Discussion of Some Aspects of Theoretical Biology*. London: George Allen & Unwin; 1957.

적 본능과 무의식에 대한 초점으로 시작되었지만, 이후 융의 분석심리학, 아들러의 개인심리학, 멜라니 클라인의 대상관계론, 카렌 호나이의 사회문화적 심리 분석, 자크 라캉의 언어·상징 이론 등 다양한 학파가 등장했다. 정신분석학의 춘추전국시대는 학문적으로는 매우 풍성한 지적 담론을 만들어냈지만, 풍성함의 정도가 너무 심했다. 현대에 이르러서도 이러한 다양화는 더욱 극대화되어, 정신분석학 내에서 통일된 학파나 이론 체계는 여전히 형성되지 않고 있다.

21세기 들어, 신경정신분석(neuropsychoanalysis)처럼 뇌 과학과 정신분석을 연결하려는 시도나, 트라우마 이론, 애착 이론과의 접목 등 새로운 흐름이 나타났지만, 여전히 학파 간 통합은 이루어지지 못하고 있다. 이러한 혼란은 인간 정신 자체의 복잡성과 다층성에 기인한 것이지만, 한편으로는 너무나 다양한 견해가 공존하는 탓에 도무지 제대로 된 학문적 대화가 이루어지기 어렵다는 문제가 있다.[100] 여전히 이론과 실증 사이에는 간극이 크고 학제 간 교류가 제한적이다. 인간 행동에 관한 수많은 정신분석 분파의 이론을 대강이라도 전부 섭렵하려면 한 사람의 생애로는 불가능할 것이다.

한편, 인본주의 심리학은 행동주의와 정신분석학이 인간 행동을 기계적이거나 결정론적 관점에서 이해하려 했던 것에 반발하여, 인간의 긍정적 잠재력과 성장 가능성을 연구하는 데 중점을 두고 발전하였다. 개인이 자신의 삶을 주체적으로 이끌어가는 능동적 존재임을 강조하며, 개인의 경험과 주관성을 중요시한다.[142]

인본주의 심리학의 가장 중요한 선구자 중 한 명인 에이브러햄 매슬로

(Abraham Maslow, 1908~1970)•는 인간의 욕구를 위계적으로 정리한 욕구 5단계 이론을 제시했다. 그는 인간이 기본적인 생리적 욕구(physiological needs)와 안전 욕구(safety needs)를 충족시킨 후, 상위 단계의 욕구인 소속감, 사랑(love/belonging needs)을 충족하고, 존중 욕구(esteem needs)를 만족하려고 하며, 최종적으로 자아실현(self-actualization)을 추구한다고 보았다. 자아실현은 자신의 잠재력을 최대한 발휘하는 상태로, 매슬로는 이를 인간이 궁극적으로 도달해야 할 목표로 제시했다.[143]

또 다른 인본주의 심리학자 칼 로저스(Carl Rogers, 1902~1987)••는 내담자 중심 치료(client-centered therapy)를 제안한 인물이다. 그는 인간이 스스로 자신의 문제를 해결할 수 있는 능동적·창조적 역량을 갖추고 있다고 믿었다. 본질적으로 긍정적 실현 경향(actualizing tendency)을 가지고 있으며, 진정성(congruence), 조건없는 긍정적 존중(unconditional positive regard), 공감(empathy) 등의 세 가지 핵심 태도를 가지고 대하면, 내담자는 결국 자아실현을 향해 나아간다고 보았다.[144] 치료자와 내담자 간의 평등한 관계를 중시하며, 내담자가 스스로 문제를 해결할 수 있는 능력을 갖추고 있음을 강조했다.

한편, 롤로 메이(Rollo May, 1909~1994)•••는 인본주의 심리학의 철학적, 실존주의적 측면을 발전시킨 학자로, 실존주의 심리학(Existential Psychology)을 주

• 뉴욕 시립 대학교와 위스콘신 대학교 매디슨 등에서 심리학을 전공했다. 그의 지도 교수는 해리 할로우였다. 이후 컬럼비아 대학교와 브루클린 칼리지, 브랜다이스 대학교 등에서 심리학을 가르쳤다.

•• 위스콘신 대학교 매디슨과 컬럼비아 대학교에서 심리학을 전공했다. 로체스터 대학교, 오하이오 주립 대학교, 시카고 대학교, 위스콘신 대학교 등에서 활동했다.

••• 미시간 주립 대학교, 유니언 신학교, 컬럼비아 대학교 등에서 영문학과 신학, 심리학을 전공했다. 아나톨리아 대학교, 컬럼비아 대학교, 세이브룩 대학교 등에서 실존주의 심리치료를 연구하고 교육했다.

창했다. 그는 인간의 불안, 죽음, 고통, 외로움을 피할 수 없는 실존 조건으로 인식해야 하며, 그런 한계 상황에서 자유와 책임을 행사하는 과정이 심리 발달의 핵심이라고 주장했다.[145] 인본주의의 긍정성과 실존주의의 불안과 초월 노력 사이를 결합한 관점이다. 내담자가 삶의 수동성과 절망에서 벗어나 능동적으로 선택하도록 돕고, 과거 트라우마를 다루는 정통 정신분석과 달리 현재의 실존적 고민에 집중한다.

이외에도 빅터 프랭클(Viktor Frankl, 1905~1997),• 앞서 언급한 프롬, 프리츠 펄스(Fritz Perls, 1893~1970)•• 등의 인본주의 분석가가 있다. 프랭클은 '로고테라피(logotherapy)의 창시자'로, 인간이 고통과 역경 속에서도 삶의 의미를 찾는 능력을 중요시했다. 프랭클은 인간이 본질적으로 의미를 추구하는 존재라고 보았으며, 이는 자아실현의 한 형태라고 주장했다. 그의 철학은 강제 수용소에서의 경험에서 비롯된 것으로, 어려운 상황에서도 자신의 삶에 의미를 부여하는 것이 인간의 근본적 동력임을 주장하였다.[146] 펄스는 '게슈탈트 치료(gestalt therapy)의 창시자'로, 인간이 자신의 경험을 통합적

• 빈 의대를 졸업하고, 정신과 의사가 되었다. 젊은 시절에 프로이트, 아들러 등과 교류했고, 빈 슈타인호프 정신병원에서 근무했다. 나치 지배가 이루어진 후, 유일하게 유대인을 진료할 수 있었던 로스차일드 병원에서 유대인 정신장애인을 나치의 안락사 프로그램에서 보호하려고 애썼다. 1942년 가족과 함께 테레지엔슈타트(Theresienstadt) 유대인 수용소로 강제 이송되었고, 이후 44년에 아우슈비츠(Auschwitz) 수용소와 카우페링 III(Kaufering III) 수용소로 이동되었다. 아버지는 수용소에서 질병과 기아로 사망했고, 어머니와 형제는 학살당했으며, 아내는 티푸스로 사망했다. 전후에는 빈 일반 병원 신경과장, 빈 대학교 정신의학 교수 등을 지냈다. 다음을 참고하기 바란다. 『죽음의 수용소에서』. 이시형 역, 서울: 청아출판사; 2020; 『빅터 프랭클』. 박상미 역. 서울: 특별한서재; 2021

•• 베를린 대학교에서 의학을 전공했고, 예나 대학교에서 박사 학위를 취득했다. 빈 정신분석 연구소에서 정신분석을 받았다. 이후 빌헬름 라이히(Wilhelm Reich) 및 카렌 호나이(Karen Horney) 등과 교류했다. 나치 치하에서 유대인 핍박을 피해 네덜란드로 망명했으며, 이후 남아공으로 이주해 군의관으로 복무했다. 군의관 복무 후에는 뉴욕으로 이주하여 게슈탈트 연구소(Gestalt Institute)를 설립했다. '빈 의자 기법(the empty chair technique)'으로 유명하다.

으로 인식하는 능력을 중요시했다. 지금-여기(here and now) 경험에 초점을 맞추어 자신의 감정, 생각, 행동을 통합적으로 경험할 때 진정한 자아실현에 도달할 수 있다고 주장했다.[147] 펄스는 자아실현이 단순히 하위 욕구 충족이나 목표 달성이 아니라, 자신이 '무엇을 느끼고 생각하고 있는지'를 전인격적으로 자각하는 것이라고 하였다.

그러나 인본주의 심리학은 정성적 사례·주관적 보고에 의존해, '실험이나 통계적 연구가 부족하다'는 비판을 받는다. 또한, 자아실현, 의미 추구, 자유 등의 개념이 명확히 조작적으로 정의되기 어려워, 실증성이 부족하고 재현성이나 측정 가능성 등이 제한적이다. 대체로 서구적 개인주의 가치를 전제하며, 사회·문화 맥락이 다른 지역(집단주의 문화)에서 이론 적용이 어렵다는 단점이 있다. 인간성의 긍정적·능동적 면을 강조하는 대신, 인간의 공격성이나 이기주의, 권력 욕구 등 '부정적 측면'을 간과한다는 비판도 있다. 특히 심각한 정신병리(정신증, 심각한 인격장애 등)에 적용할 때 치료 효과가 별로 없다.[142]

이렇듯이 행동주의 심리학과 정신분석 이론, 인본주의 심리학 등은 통합된 패러다임을 이루지 못한 채, 여전히 학문의 무대에서 동일한 발언권을 얻고 무한 논쟁 중이다. 각 학파는 서로 다른 가정과 방법론을 발전시키며, 이론 간 충돌이나 상호 보완보다는 독립적인 노선을 걷는 경향이 컸다. 토머스 쿤(Thomas Kuhn, 1922~1996)•은 과학이 특정 패러다임(paradigm) 하에서 발전한다고 주장했다.[148] 패러다임은 연구자들이 공통으로 받아들

• 하버드 대학교에서 물리학을 전공하여 박사 학위를 받았다. 박사 과정 중 과학철학과 과학사로 연구 방향을 전환했다. 하버드 대학교와 UC 버클리, 프린스턴 대학교, MIT 등에서 교수를 지냈다. 『과학 혁명의 구조(The Structure of Scientific Revolutions)』에서 제시한 패러다임이라는 개념으로 잘 알려져 있다.

이는 가정, 방법, 이론적 틀을 말하는데, 이를 통해 학문적 진보가 이루어진다. 그러나 심리학은 오랫동안 일관된 패러다임을 확립하지 못한 상태로, 각기 다른 학파들이 다양한 이론과 방법론을 주장하며 독립적으로 파편화되어 발전해 왔다. 이러한 패러다임의 부재는 연구 대상을 과학적 방법으로 명확히 분석하는 데 어려움을 초래하였다. 특히 인간의 행동과 마음이라는 복잡한 주제를 연구하면서도 자연선택과 같은 생물학적 원리를 충분히 고려하지 않은 점이 근본 원인이었다.

진화심리학자 마틴 데일리(Martin Daly, 1944~)•는 공통된 패러다임을 구축하지 못한 이유를 자연선택에 관한 이해 부족에서 찾았다. 다윈 진화론을 알고 있었다면, 프로이트의 오이디푸스 콤플렉스나 죽음 본능처럼 비과학적 이론을 남발하지 않았을 것이라고 하였다.[100,149] 뒤에서 이야기할 웨스터마크 효과에 의하면, 근친상간은 진화적 맥락에서 회피하도록 빚어진 적응적 형질일 가능성이 크다. 생존이나 번식에 도움이 되지 않는 '죽음을 향한 본능'이 아예 진화할 수 없는 것은 두말할 나위가 없다. 그러나 20세기 말까지도 심리학은 인간 행동의 근본 원인을 다루는 데 있어, 일부 예외를 제외하면 진화적 배경이나 생물학적 기전을 거의 고려하지 않았다.[100]

다행히도, 진화생물학적 견지에서 이루어진 행동 진화에 관한 연구가 인간의 사회적 행동에 대한 이해를 넓히면서, 인간의 심리와 행동이 생물학적 기초에 뿌리를 두고 있다는 관점이 점차 관심을 받기 시작했다. 선

• 맥길 대학교와 토론토 대학교에서 공부했고, 맥마스터 대학교에서 재직했다. 살인의 진화와 '신데렐라 효과(Cinderella effect)'에 관한 연구로 잘 알려져 있다. 진화심리학자 마고 윌슨(Margo Wilson, 1942~2009)의 남편이다.

구적인 연구가 조금씩 축적되면서 진화심리학이 탄생할 기틀이 마련되었다. 진화심리학은 인간의 심리와 행동이 오랜 진화 과정에서 형성된 적응적 형질이라고 주장하며, 인간의 복잡한 행동을 이해하는 데 진화적 관점을 적용하는 새로운 접근법으로 자리 잡기 시작했다.

그러면 집단 선택 이론에 관한 논쟁과 생애사 이론, 발달과 진화에 관한 연구 등을 통해서 진화심리학의 발전 과정을 알아보자.

진화학자 조지 C. 윌리엄스(George C. Williams, 1926~2010)•는 1966년 출간한 자신의 저서, 『적응과 자연선택(Adaptation and Natural Selection)』에서 당시 학계에 만연해 있던 집단 선택 가정에 대해 강력하게 반대하고, 자연선택이 주로 개체 수준에서 일어나며, 개체의 적응이 진화의 주요 동력이라고 주장했다.[150]

개체 선택은 자연선택이 개체 수준에서 일어나며, 개체가 생존하고 번식하는 데 유리한 형질이 선택되어 진화가 이루어진다는 개념이다. 윌리엄스는 '개체'가 생존과 번식 적합도(fitness)를 달성하는 과정이 곧 자연선택의 기전이라며, 개체 간 변이와 경쟁이 진화적 적응(evolutionary adaptation)을 이끈다고 보았다.

반대로 집단 선택(group selection)은 자연선택이 집단 전체의 이익을 위해 작용하며, '집단'이 진화의 주요 단위라는 이론이다. 집단 선택 이론에 따르면, 개체의 희생이 집단의 생존에 이바지할 수 있으며, 이런 희생적 행

• UCLA에서 생물학으로 박사 학위를 받았다. 뉴욕 주립 대학교 스토니브룩 생물학 교수를 지냈다. 집단 선택 비판, 적응에 관한 엄격한 적용, 노화의 진화, 성의 진화 등에 관해 중요한 개념을 제시했다. 자연선택이 모든 것을 설명할 수 없다고 생각하면서, 말년에는 진화의 장기적 경향(클레이드 선택, 계통군 선택)에도 관심을 가졌다. 리처드 도킨스가 『이기적 유전자(The selfish gene)』를 쓸 때 큰 영향을 준 인물로, 도킨스가 존경하는 생물학자 중 한 명이다.

동이 집단 전체의 번식 성공을 높일 수 있다.

그러나 윌리엄스는 집단 선택 이론을 비판하며, 희생적 행동은 개체의 번식 성공을 낮추는 경향이 있어서 자연선택이 주로 개체의 이익에 따라 작용한다고 하였다. 첫째, 개체가 자신을 희생하여 집단 이익을 높인다면, 그러한 이타적 행동 유전자는 경쟁에서 도태될 공산이 크다. 둘째, 진화가 개체 수준에서 작용하므로, 개체 간의 경쟁이 자연선택을 주도한다. 셋째, 진화적 적응은 개체의 생존과 번식 성공을 최적화하기 위한 선택의 결과로 발생한다.[150]

비슷한 시기, 진화생물학자 존 메이너드 스미스(John Maynard Smith, 1920~2004)•도 이에 관한 논쟁을 다룬 논문 "집단 선택과 친족 선택(Group Selection and Kin Selection)"을 발표했다.[151] 스미스는 개체 선택에 비해 집단 선택은 매우 비효율적이며, 개체의 이익을 해치면서까지 집단의 생존을 위해 행동하는 개체는 자연선택으로 제거될 가능성이 크다고 하였다.

다만 존 메이너드 스미스는 이타주의가 완전히 불가능한 게 아니라, 친족 선택(kin selection)으로 충분히 설명될 수 있다고 보았다. 친족 선택이란, 개체가 유전적으로 가까운 친족을 도와 그들의 번식을 지원함으로써, 결국 자신과 같은 유전자를 퍼뜨리는 이점을 얻는다는 개념이다. 예컨대 형제·자매가 자신의 유전자 일부를 공유한다면(보통 50%), 그 형제를 돕는 행위는 자신의 유전적 이익을 증진할 수 있다. 친족 간의 선택은 개체 수준

• 케임브리지 대학교에서 항공공학을 전공했지만, 전투기가 '시끄럽고 낡았다'며 유전학으로 전향했다. UCL에서 J.B.S. 홀데인 밑에서 유전학을 연구했고, 서식스 대학교에서 생물학 교수를 지냈다. 진화적 게임이론과 성의 진화, 주요 진화적 변화(Major Transitions in Evolution) 등을 제안한 것으로 유명하다. 제2차 세계대전 당시 안경을 써서 징집을 피할 수 있었던 덕분에 나쁜 시력이 자신을 살렸다고 농담하기도 했다. 연구 업적만큼이나 유머 감각이 뛰어났다.

에서 발생하는 선택의 한 형태로, 집단 선택이 아닌 개체 선택의 연장선에서 이해하는 것이 바람직하다. 그는 개체 선택이 주된 진화적 기전임을 주장하면서도, 집단 선택 이론이 설명하지 못했던 이타적 행동의 진화적 원리를 친족 선택으로 설명하려고 했다.[151]

한편, 진화학자 윌리엄 D. 해밀턴(William D. Hamilton, 1936~2000)•은 포괄적합도(inclusive fitness) 개념을 명확하게 정의하여 유전적 관련성을 기반으로 이타적 행동을 설명하였다. 1964년에 발표한 논문 "사회적 행동의 유전적 진화(The Genetical Evolution of Social Behaviour)"를 통해 개체 적합도에 간접적합도(indirect fitness)를 추가한 포괄적합도를 체계화했다[152] 전통적으로 적합도는 개체가 직접 남기는 자손의 수, 즉 개체의 직접적합도(direct fitness)를 중심으로 설명되었다. 그러나 해밀턴은 이 개념을 확장해, 개체가 자신과 유전자를 공유하는 친족의 생존과 번식에 기여하는 간접적합도(indirect fitness)도 고려해야 한다고 보았다. 포괄적합도는 다음 공식으로 나타낼 수 있다.

$$\text{포괄적합도}=\text{직접적합도}+(r\times\text{간접적합도})$$

- 직접적합도: 개체가 직접 남기는 자손의 수.
- r: 유전적 근연계수(coefficient of relatedness), 개체가 다른 개체와 얼마나 많

• 케임브리지 대학교, 런던 정경대, UCL 등에서 공부했고, 임페리얼 칼리지와 미시간 대학교, 옥스퍼드 대학교 교수를 지냈다. '해밀턴의 법칙'과 '붉은 여왕 가설', 사회적 행동의 진화에 관한 연구로 유명하다. 어린 시절 폭발물을 다루다가 손가락 일부를 잃기도 했고, HIV의 기원을 연구하기 위해(해밀턴은 경구용 소아마비 백신이 HIV의 기원이라는 음모론을 믿었다), 아프리카로 탐사 여행을 떠났다가 말라리아에 걸려 결국 합병증으로 사망하였다. 리처드 도킨스가 『이기적 유전자』를 쓸 때 영향을 준 인물 중 하나다. '자연은 순수를 혐오한다'는 명언을 남겼다. 그의 장례식은 도킨스가 주관했다.

은 유전자를 공유하는지를 나타냄.

- 간접적합도: 개체가 자신의 유전자를 공유하는 친족의 생존과 번식에 기여하는 정도.

이를 통해 해밀턴은 이타적 행동이 유전적 관련성(r)에 따라 진화할 수 있음을 설명했다. 개체가 자신의 자손뿐만 아니라, 유전자를 공유하는 친족을 도울 때, 그 친족이 번식하고 자손을 남기면 자신의 유전자가 간접적으로 다음 세대로 전달된다는 것이다.

이타적 행동이 진화할 수 있는 수학적 조건을 제시했는데, 바로 해밀턴의 법칙(Hamilton's Rule)이다. 다음과 같다.

$$rB > C$$

- r: 공여자와 수혜자의 유전적 근연계수
- B: 수혜자의 적합도(번식 성공) 이득
- C: 행동을 수행하는 개체(공여자)의 적합도 비용.

이타적 행동의 비용(C)이 수혜자에게 돌아가는 이익(B)에 유전적 관련성(r)을 곱한 값보다 작을 때, 이타적 행동이 자연선택에 의해 선택될 수 있다. 해밀턴은 유전적 연관성과 이타성 간의 관계를 구체적으로 설명하면서, 왜 이타적 행동이 개체 수준에서 진화할 수 있는지를 논리적으로 설명했다.[153] 해밀턴의 이론은 사회적 행동이 개체 수준에서 어떻게 자연선택을 받을 수 있는지 설명했고, 근친상간 회피, 형제협력, 사회성 곤충(벌,

개미) 등의 협동, 일부 포유류의 번식 협력 등 다양한 동물 행동을 이해하는 핵심 이론이 되었다.

한편, 로버트 트리버스(Robert Trivers, 1943~)•는 호혜적 이타주의(reciprocal altruism)와 부모-자식 간 갈등(parent-offspring conflict) 이론을 통해 생물학적 적응과 행동의 진화를 설명하는 데 크게 이바지했다. 1971년 트리버스는 '어떤 개체가 남에게 이익을 주는 이타적 행동을 할 때, 나중에 그 보답을 기대할 수 있는 반복적 상호작용 상황이라면, 이타주의가 진화적으로 안정화될 수 있다'고 주장했다.[154]

이는 종종 비혈연 사이에서 일어나는 이타적 행동의 진화적 원리를 설명하려는 시도였다. 예컨대 당장은 비용(*C*)을 부담하지만, 미래에 상대방이 상응하는 이익(*B*)을 돌려줄 것으로 예상한다면, 이타적 행동이 양쪽에 장기 이득을 준다는 것이다. 이는 친족이 아닌 개체 간 이타적 행동의 진화적 기전을 설명하며, 게임이론(진화적 안정 전략 등)과 결합해 '협동의 진화'를 더 풍부하게 그려냈다.

특히 1974년, 트리버스는 부모와 자식이 자원 분배를 둘러싸고 갈등을 일으킬 수 있음을 지적했다.[155] 부모는 여러 자식에게 자원을 균등하게 분배하여 종합적 번식 성공을 극대화하려는 전략을 취한다. 하지만 자식은 자신만의 생존이나 성장을 위해 최대 자원 투자를 끌어오려는 전략을 취한다. 부모-자식, 형제자매 간에도 유전자 공유도가 늘 50%인 것은 아니며, 다양한 조건(건강, 생애 주기, 생태적 조건 등)에 따라서 서로 완전히 협력적이

• 하버드 대학교에서 생물학으로 박사를 취득했고, 이후 하버드 대학교와 UC 산타크루즈, 럿거스 대학교 등에서 연구했다. 호혜적 이타성 이론과 부모 투자 이론, 선택적 성비 결정, 부모-자식 갈등 이론 등으로 유명하다. 트리버스는 자메이카에서 오랜 기간 현장 연구를 진행하였으며, 스스로 '자메이카 영혼을 가진 사람'이라고 언급하기도 했다. 거의 자메이카에서 시간을 보낸다.

지 않을 수도 있다. 이는 형제·자매간 경쟁(sibling rivalry), 수유 기간 연장, 부모의 양육 전략 등을 진화적으로 설명하는 토대를 제공했다.

트리버스의 여러 이론은 '이기적 유전자' 관점에서 다양한 사회적 행동과 갈등을 해명하는 데 활용되어, 인지과학·진화심리학이 인간 가족관계를 연구하는 이론적 기반이 되었다.

이러한 여러 선행 이론은 리처드 도킨스(Richard Dawkins, 1941~)•가 유전자 선택(gene selection) 개념을 발전시키는 데 기여했다.[156] 도킨스는 자신의 저서, 『이기적 유전자』에서 유전자 선택을 진화의 핵심 동력으로 설명하며, 개체가 아닌 유전자가 진화의 단위라는 주장을 제시했다. 존 메이너드 스미스나 윌리엄 D. 해밀턴 등의 친족 선택 이론을 더욱 확대·대중화한 것이며, 개체 수준이 아닌 유전자 수준에서 이타성, 공격성, 협동 등을 설명하려는 개념이다. 특히 개체의 행동이 이기적이든 이타적이든, 궁극적으로는 유전자의 생존과 전파에 이바지한다는 점에서 이기적이라고 설명했다. 개체란 유전자가 만든 생존 기계(survival machine)에 불과하며, 궁극적으로 자연선택의 대상은 유전자 수준에서 일어난다는 주장이다.••

예를 들어, 도킨스는 벌집에서 일벌이 직접 번식하지 않고 여왕벌을 돕는 사례를 들며, 이는 친족 선택(kin selection)으로 해석 가능하다고 하였다. 일벌이 여왕벌을 돕는 것은, 여왕벌이 자신과 많은 유전자를 공유하기 때

• 영국령 케냐의 수도 나이로비에서 태어났다. 아버지는 영국 식민지 행정관이었다. 옥스퍼드 대학교에서 동물학을 전공했는데, 니콜라스 틴베르헌으로부터 지도를 받았다. UC 버클리와 옥스퍼드 대학교에서 동물학 교수를 지냈고, 동시에 대중에게 과학을 알리는 역할에 앞장섰다. 독설적 문체와 직설적 태도로 유명한데, 특히 종교에 대한 강한 반감, 진화론에 관한 강력한 옹호는 늘 논란을 불러일으킨다.

•• '이기적'이 곧 '잔인함'이나 '개체 이기주의'를 의미하는 것은 아니며, 도킨스의 이론에 따르면 친족 간·비친족 간 이타주의도 유전자의 이익에 들어맞으면 진화할 수 있다.

문에, 여왕벌의 번식 성공을 도와 곧 자신의 유전자를 간접적으로 전수하기 때문이라는 것이다. 이러한 도킨스의 유전자 수준의 이타성은 스미스의 친족 선택 이론에서 파생되었지만, 도킨스는 이를 더 일반화하여 개체의 모든 행동이 궁극적으로 유전자의 자기 복제를 위한 수단이라고 하였다. 이를 '유전자 중심의 선택 관점(gene-centered view of selection)'이라고 한다.[156,157] 도킨스의 저작은 학술적으로도 파장을 일으켰지만, 대중적으로도 '이기적 유전자'라는 개념을 널리 알렸다. 동시에 다수준 선택(multi-level selection)을 지지하는 학자들과 치열한 논쟁을 야기했고, 오늘날도 '유전자 수준 vs. 개체 수준 vs. 집단 수준'이 어떻게 상호작용하는지를 둘러싸고 다양한 견해가 경합하고 있다.

이 시기에는 대중 담론에서도 진화적 사고가 널리 퍼지기 시작했다. 앞서 언급한 로버트 아드레이는 극작가이자 시나리오 작가 출신으로, 인류학적·동물행동학적 아이디어를 대중서로 전파하여 큰 논쟁을 일으켰다. 그는 공격성이나 영토성 같은 행동을 '진화론적 본성'으로 설명하려 시도했고, 종종 집단 선택 논리를 섞어 인간이 공격성과 영토 방어를 통해 집단 성공을 도모한다고 주장했다. 이러한 주장은 과학적 근거가 부족하지만, 대중에게 집단 선택 이론이 크게 알려지는 역할을 했다.[158,159]

과학적 타당성 외에도 아드레이의 이론은 당시 많은 논쟁을 불러일으켰다. 인간의 행동이 본질적으로 유전자에 기반한 결정론적 관점으로 해석될 수 있었기 때문에 환경적 요인이나 문화적 요인을 간과할 수 있다는 우려가 있었다. 그러나 아드레이는 대중에게는 강한 호소력을 발휘해 집단 선택 이론이 큰 인기를 얻게 하였다. 이는 이후 윌슨과 도킨스의 연구가 대중으로부터 왜곡된 인기와 비난을 한 몸에 받게 하는 밑거름이 되었다.

진화심리학의 발전에 빼놓을 수 없는 인물이 에드워드 오스본 윌슨(Edward O. Wilson)•이다. 1975년 출간한 『사회생물학: 새로운 종합(Sociobiology: The New Synthesis)』은 행동 진화와 사회생물학(sociobiology)의 개념을 체계화하며 학계에 지고심대한 논의를 촉발시켰다.[160] 이 저서에서 윌슨은 생명체의 사회적 행동이 자연선택 같은 진화적 압력에 의해 형성된다고 주장하며, 특히 인간의 복잡한 사회적 행동도 이러한 진화적 과정을 통해 설명할 수 있다고 보았다. 인간 행동의 상당 부분이 유전적 기초에 뿌리를 두고 있다는 것이 그의 핵심 입장이었다. 윌슨은 모든 생명체의 사회적 행동이 대개 유전자와 환경의 상호작용을 통해 진화한다고 보았고, 이후 저서인 『인간 본성에 대하여』에서 더 직접적으로 인간 행동에 관한 의견을 개진했다.[161] 윌슨의 이론적 틀은 크게 세 가지로 요약할 수 있다.

첫째, 인간을 포함한 모든 생명체의 사회적 행동은 자연선택에 의해 형성된다. 인간의 복잡한 사회적 행동 역시 개체가 자신의 유전자를 성공적으로 전파하기 위해 생존 전략을 진화시키는 과정에서 동일 원리에 의해 형성되었다. 다시 말해 사회적 행동에 진화적 기초가 있다고 가정한다.

둘째, 인간 행동은 유전적 요인과 환경적 요인의 상호작용 때문에 형성된다. 윌슨은 유전자가 인간 행동의 근본 동기를 제공하지만, 환경적 요

• 미국 앨라배마주 버밍햄에서 태어났다. 시골에서 자란 윌슨은 일곱 살 때 낚시를 하다 물고기의 지느러미에 오른쪽 눈을 다쳤는데, 시력이 나빠진 그는 이후 작은 생물, 특히 개미를 포함한 곤충에 관심을 보이게 되었다. 앨라배마 대학교에서 학사 학위를 취득한 후, 하버드 대학교로 옮겨 박사 학위를 받았다. 이후 하버드 대학교에서 교수를 지내며 개미의 미소 진화를 연구했다. 사회생물학 혁명을 일으킨 장본인으로 유명하며, 생명 다양성 보전을 위해 노력하여 '생명 다양성의 아버지'로 불리기도 한다. 인간이 자연을 사랑하는 본성이 있다는 바이오필리아(biophilia) 가설을 제안하기도 하였다. 그의 저서 중, 『인간 본성에 대하여(On Human Nature)』, 『개미(The Ants)』는 퓰리처상을 받았다. 베르트 횔도블러, 에드워드 윌슨. 『개미 세계 여행』. 이병훈 역. 서울: 범양사; 2015; 『인간 본성에 대하여』. 이한음 역. 서울: 사이언스북스; 2011년

인도 이 과정에서 중요한 역할을 한다고 주장하면서 행동생태학과 유전학을 통합해 인간의 사회적 행동을 분석하고자 했다. 즉 유전자와 환경의 상호작용을 강조했다.

셋째, 인간과 동물의 사회적 행동은 생존과 번식에 기여하는 적응적 기능을 갖는다. 이런 시각에서 윌슨은 친족 선택이나 호혜적 이타주의 같은 진화적 기전이 다양한 사회적 행동을 형성했음을 설명한다. 사회적 행동을 적응주의 관점으로 파악한 것이다.

윌슨은 인간의 성, 공격성, 이타성, 도덕성 등 사회적 행동이 유전적 기반에 뿌리를 두고 있다고 주장했다. 이 이론은 인간 행동을 생물학적 기초로 환원하는 생물학적 결정론을 강조하며, 인간 행동이 주로 유전자에 의해 결정된다는 생물학적 환원주의(biological reductionism)라는 비판을 야기했다. 학계 전반에서 다양한 논쟁이 벌어졌는데, 마셜 살린스(Marshall Sahlins, 1930~2021)[•]를 비롯한 많은 인류학자는 윌슨의 주장이 인간 행동의 복잡성과 사회적 변화를 충분히 설명하지 못한다고 주장했다. 인간 행동을 지나치게 단순화하고 결정론적으로 해석한다는 것이다.[162] 살린스는 문화적 규범, 언어, 상징적 사고가 인간 행동의 주요 형성 요인이며, 이를 무시하고 유전자만을 행동의 원인으로 간주하는 것은 매우 단편적인 분석이라고 비판했다.

• 시카고에서 러시아계 유대인 이민자 가정에서 태어났다. 아버지는 의사였고, 어머니는 평범한 가정주부였다. 미시간 대학교에서 인류학 학사와 석사 학위를 취득한 후, 컬럼비아 대학교에서 박사 학위를 받았다. 시카고 대학교에서 교수로 재직하며 하와이와 피지의 문화와 역사를 연구했다. 주요 저서로 『석기시대 경제학(Stone Age Economics)』이 있다. 종종 반전운동의 참여나 윌슨과의 대립이 주목받아 마치 까다로운 성격의 학자일 것 같지만, 실제로는 아주 유머러스한 인물이었다. 『석기시대 경제학』. 박종환 역. 서울: 한울; 2023

윌슨의 이론은 과학적 논쟁을 넘어서 사회적, 윤리적 논란으로 확산되었다. 사회생물학은 인간의 사회적 불평등, 인종차별, 성차별을 생물학적으로 정당화할 수 있다는 우려를 낳았다. 굴드는 윌슨의 이론이 우생학의 부활을 일으킬 것이라며 비판했다.[163] 나치 독일의 우생학 정책이 불러온 비극이 생생하던 시기였기에, 사회생물학이 우생학 같은 위험한 담론을 부활시키는 도구로 악용될 수 있다는 우려가 컸다. 생물학적 결정론은 인간이 처한 사회적 문제를 개인의 유전자나 생물학적 형질로 환원함으로써, 사회적 불평등이나 범죄를 구조적 문제로 보기보다는 개인의 유전적 결함으로 인식할 가능성도 있었다. 생물학자 리처드 르원틴(Richard Lewontin, 1929~2021)•은 윌슨의 이론이 과학적 근거가 부족하다고 강하게 비판하며, 인간의 복잡한 사회적 행동을 생물학적 요인으로만 환원하려는 시도는 지나치게 단순화된 접근이라고 지적했다.[164]

하지만 윌슨의 이론을 지지하는 측에서는 진화론적 접근이 인간 행동을 설명하는 강력한 도구임을 입증했다고 변호한다. 인간 사회의 행동이 자연선택과 같은 진화적 기전에 의해 설명될 수 있으며, 생물학적 기초를 이해하는 것이 인간 본성에 대한 중요한 통찰을 제공할 수 있다는 것이다.[165] 윌슨은 수많은 비판에 대응하면서, 인간 행동이 생물학적 요인과 환경적 요인의 상호작용을 통해 나타나는 복잡한 현상이라는 점을 강조했다.[161] 사회생물학 이론은 생물인류학뿐만 아니라 사회과학 전반에 걸쳐 중요한 논쟁을 일으켰으며, 이러한 와중에 1978년 미국 과학진흥회

• 하버드 대학교에서 박사 학위를 받았고, 이후 시카고 대학교, 로체스터 대학교, 하버드 대학교 등에서 교수로 재직했다. 주로 진화생물학과 생물통계학을 연구했다. 상당히 위트가 넘치는 인물로 알려져 있다.

(American Association for the Advancement of Science, AAAS)에서는 약 10여 명이 단상을 점거해 윌슨에게 인종학살주의자라고 욕설을 퍼붓고, 한 사람이 그의 머리에 물을 끼얹는 사건이 벌어지기도 했다. 그러나 윌슨은 1979년 퓰리처상을 받았고, 동시에 사회생물학은 이러한 비판을 수용하며 변증법적 과정을 거쳐 진화심리학과 인간행동생태학으로 점점 발전해 나가기 시작했다.[100] 사회생물학과 행동생태학은 모두 동물과 인간의 행동을 진화적 관점에서 설명하지만, 연구 초점과 접근 방식 면에서 차이가 있다.

먼저 사회생물학은 인간과 동물을 포함한 사회적 행동의 진화적 기원을 연구하며, 포괄적합도 개념으로 친족을 돕는 이타적 행동을 설명한다. 이 학문은 행동생태학·집단생물학·사회동물행동학의 융합적 접근을 취하며, 특히 인간행동생태학과 밀접한 연관성을 지닌다.

그러나 행동생태학은 자원 분배 등 구체적인 생태적 문제에 더 깊은 관심을 기울이고, 주로 동물 행동 분석을 핵심 초점으로 삼는다. 개체가 주어진 자원과 제약 아래서 어떤 행동으로 최적화된 결과를 만들어내는지를 설명하며, 게임이론과 최적화 이론을 적극적으로 활용한다. 먹이나 번식지, 짝을 구하는 과정에서 어떤 전략을 구사하는지가 주요 관심사다. 특히 인간행동생태학에서는 인간 행동을 환경적 조건과 자원 분배의 맥락에서 설명하려는 시도가 두드러지며, 이를 통해서 인간 사회의 협력, 갈등, 생존 전략을 연구한다.

요약하자면 사회생물학이 인간과 동물을 아우르며 사회적 행동 전반을 논한다면, 행동생태학은 동물의 자원 활용과 적합도 최적화 문제에 비교적 구체적으로 접근한다.

아무튼, 고전적인 체질인류학 영역에 속하는 연구자도 이러한 행동 진화에 관한 새로운 연구 흐름에 큰 영향을 받았다. 특히 세라 블래퍼 허디(Sarah Blaffer Hrdy, 1946~)•는 1977년 발표한 연구에서 새끼 살해(infanticide)가 하누만 랑구르(Hanuman langur) 집단에서 나타나는 주요 행동 양상임을 규명하였다.[166] 허디는 새끼 살해가 단순히 잔혹한 행위가 아니라, 수컷과 암컷 간 생식 전략의 충돌을 반영하는 적응적 행동일 가능성을 제기했다.

좀 더 자세하게 설명하면 다음과 같다. 하누만 랑구르 집단에서 새로운 수컷이 집단을 장악할 때, 이전 수컷의 자손인 새끼를 살해하는 경향이 높아진다. 이러한 새끼 살해는 수컷의 생식 전략의 일환으로 간주되는데, 새롭게 집단을 장악한 수컷이 암컷을 보다 빨리 임신시키기 위해 기존 새끼를 적극적으로 제거하여 번식 기회를 극대화하는 것이다. 이는 수컷이 자신의 유전자를 다음 세대로 전파하기 위해 자원의 최적 분배를 추구하는 행동으로, 자손이 생존할 가능성을 높이기 위해 자원을 재배분하려는 성적 갈등의 결과다.

반면, 암컷은 이러한 수컷의 전략에 다양한 대응 행동을 전략적으로 구사한다. 예를 들어, 집단 내에서 수컷 간 동맹을 형성하거나, 혹은 다른 수컷과 교미해 새 수컷이 그 자손이 자기 것일 수도 있다고 생각하도록 유도한다. 어떤 때는 새끼 살해에 대응하기 위해 살해를 저지른 수컷과 얼른 교미를 시도해, 더는 살해가 일어날 필요가 없게끔 만든다. 허디의 연구는 트리버스의 부모 투자 이론을 이론적 근거로 삼아,[167] 성 간 투

• 여자 대학인 웰즐리 칼리지에 입학한 후, 훗날 하버드 대학교에 합병된 래드클리프 칼리지로 편입했다. 래드클리프를 수석 졸업한 후, 스탠퍼드 대학교에서 공중보건 영화를 제작하는 과정을 수강하였으나 실망하고 다시 하버드 대학교에서 영장류 연구로 인류학 박사 학위를 취득했다. UC 데이비스 인류학과 교수로 재직했고, 번식 및 육아 행동에 관한 진화인류학적 연구의 지평을 넓힌 것으로 유명하다. 지금은 남편과 함께 호두 농장을 운영하고 있다.

자 차이가 생식 행동과 생태적 적응에 어떻게 영향을 미치는지를 실증적으로 보여줬다는 점에서 큰 의미가 있다.

비슷한 견지에서 인류학자 리처드 랭엄(Richard Wrangham, 1948~)•과 바버라 스머츠(Barbara Smuts, 1950~)••는 암컷 결합 침팬지 그룹(female-bonded chimpanzee groups)을 연구하면서, 암컷이 환경적 압력에 대응하는 방식을 인류학적으로 분석했다. 이들은 암컷 침팬지가 환경적 자원의 가용성에 따라 집단 내에서 다양한 생식 전략을 사용하는 것을 확인했다.

예를 들어 암컷은 자원을 확보하고 생존을 도모하기 위해 사회적 동맹을 형성하는 경향이 있으며, 이를 통해 수컷으로부터의 생식적 압력과 유아 살해 같은 위협에 대응할 수 있다. 암컷 간의 동맹은 단순한 협력이 아닌, 생식 성공을 극대화하기 위한 적응적 행동이라는 것이다. 또한, 암컷의 전략이 생태적 요인에 따라 환경 가변성을 가진다는 점을 밝혔다. 예컨대 자원의 밀도가 높은 환경에서는 암컷이 더 독립적으로 행동하기 쉽지만, 자원 가용성이 낮은 환경에서는 협력과 연대를 통해 생존 가능성을 높이는 전략이 효과적이다. 생태적 요인이 암컷의 생식 전략에 큰 영향을 미치며, 생식 전략이 고정된 것이 아니라 환경에 따라 동적으로 변화한다는 이야기였다.[168]

• 옥스퍼드 대학교에서 동물학 학사 학위를 취득한 후, 케임브리지 대학교에서 하인드의 지도 아래 동물행동학으로 박사 학위를 받았다. 구달의 탄자니아 곰베 스트림 국립공원 연구 센터에서 연구를 시작했고, 미시간 대학교와 하버드 대학교 등에서 교수로 재직했다. 요리와 인간 진화의 관련성, 그리고 인간 폭력성의 기원에 관한 연구로 유명하다.

•• 하버드 대학교에서 인류학 학사 학위를 취득한 후, 스탠퍼드 의대에서 신경 및 생물 행동 과학 분야의 박사 학위를 받았다. 미시간 대학교 심리학과에 재직하면서, 구달과 함께 탄자니아의 곰베 국립공원에서 침팬지를 연구했다. 연구 중에 마르크스주의 혁명 그룹에 의해 납치되는 일도 있었다. 암수의 성적 활동 이전에 친밀한 상호작용이 선행한다는 연구로 잘 알려져 있다.

앞서 말한 몇 가지 사례를 통해 알 수 있듯이, 점차 진화심리학이라는 학문 분야가 부상하기 시작했다. 간결하게 말해서 진화심리학은 생물학적 근거에 기반을 두고 인간 행동의 진화적 기원을 연구하는 것을 목표로 한다. 이런 진화심리학은 사회생물학의 후신이라고 해도 크게 틀리지 않는다. 이름이 바뀐 이유는, 한편으로는 1980년대에 있었던 격렬한 논쟁에서 벗어나기 위한 것이며, 다른 한편으로는 새롭게 부상하는 주장과 다양한 접근 방식을 포섭하기 위한 것이다.[100] 사회생물학은 백가쟁명 하던 심리학의 세계에 오래도록 지속되던 전(前) 패러다임적 혼란을 해결해줄 일관된 진화적 패러다임을 제시할 것으로 기대되었고, 여러 면에서 현재의 진화심리학과도 상당한 공통점을 지닌다. 그러나 이미 40년이 흘렀으므로 초기 사회생물학이 제시했던 거칠고 단정적인 입장은 현재는 훨씬 정제된 형태로 논의된다.

다시 정리해보자. 진화심리학은 현대 진화론과 인지과학의 융합을 통해, 인간 행동과 심리를 진화생물학적 토대 위에서 해석하려는 접근이다. 이 학문은 사회생물학의 후신으로 간주되지만, 사회생물학이 1980년대에 격렬한 논쟁에 휩싸인 이후 명칭과 이론적 색채가 달라졌다. 사회생물학은 본래 인간과 동물의 사회적 행동을 자연선택의 틀로 종합하려는 거대 패러다임으로 등장했으나, 인간 행동을 유전자 중심으로 환원하는 경향이 지나치다는 비판을 받았다.

이미 동물 행동에 관심이 많던 학자 집단은 점차 에톨로지 전통을 이어받은 연구 집단 및 행동생태학 연구 집단과 함께 점차 인간행동생태학으로 발전해 나갔다. 이들은 주로 야생 환경이나 수렵채집 사회 등을 찾아나섰다. 인간이 자신에게 당장 주어진 시공간적 환경 속에 유연하게 적응적 행동을 할 수 있다고 했지만, 흥미롭게도 자연 속에서 살아가는 수렵 채집 사회 등 오지의 전통 마을이나 영장류 서식지로 향했다.

반면 진화심리학은 사회생물학의 적응주의적 시각을 이어받되, 심리학에 좀 더 근접한 연구 집단, 그리고 인지 혁명으로부터 탄생한 정보 처리 모델에 익숙한 연구 집단을 중심으로 발전해 나갔다. 이들은 인간이 구석기 생태환경, 즉 진화적 적응환경(EEA, Environment of Evolutionary Adaptedness)•에 적응한 마음 구조를 가지고 있다고 했지만, 흥미롭게도 주된 연구 대상을 현대 서구 산업사회의 도시인으로 삼았다. 물론 이러한 구분은 독자의 이해를 돕기 위한 것으로, 의도적으로 과장한 것이다.

사회생물학 혁명(sociobiology revolution) 외에도 현재의 진화심리학에 영향을 미친 다른 중대한 사건이 있다. 바로 인지 혁명이다. '인지 혁명(cognitive revolution)'은 1950년대와 1960년대에 걸쳐 발전한 과학적 패러다임 전환으로, 인간의 심리적 과정을 기계적 정보 처리 시스템에 비유하며 설명하려는 시도에서 출발하였다.

인지과학은 인간의 인지 과정을 일종의 정보 처리 체계로 이해할 수 있다는 견해를 제시하며, 심리학 연구에 있어 중요한 이론적 도약을 끌어냈다. 특히 컴퓨터의 작동 원리를 인간 두뇌의 정보 처리와 비교하면서, 행

• 존 볼비는 1969년에 발표한 『애착(Attachment)』, 즉 『애착과 상실(Attachment and Loss)』(3부작 1권, 47쪽)에서 진화적 적응 환경(Environment of Evolutionary Adaptedness, EEA)이라는 용어를 처음 도입했다. 그는 이렇게 말했다. "이 환경을 나는 '적응 환경(environment of adaptedness)'이라고 부를 것을 제안한다. 오직 그 환경 내에서만 시스템이 효율적으로 작동할 수 있을 것이다." 또한, 같은 책에서 이렇게 말했다. "애착 행동은 진화 과정 동안 많은 종에서 나타난 특징인데, 이는 보호자와의 접촉을 유지함으로써 개체가 위험에 노출되는 것을 줄여 생존에 기여하기 때문이다… 특히 인간의 진화적 적응 환경(man's environment of evolutionary adaptedness)에서, 포식자로부터의 위협을 줄이는 데 유리했다."

동주의가 다루지 못했던 내부적 인지 과정을 체계적으로 연구할 수 있는 기초가 마련되었다.[169]

이러한 인지 혁명의 배경에는 제2차 세계대전 당시 복잡한 군사 장비와 기계의 효율적인 운영을 위해 인간-기계 간 상호작용을 연구하려는 노력이 크게 작용했다. 군사적 필요 때문에 발전된 다양한 정보 처리 이론은 인간의 인지 과정을 기계적 모델로 해석하려는 심리학적 접근의 밑바탕을 마련했다. 인지 혁명은 인간 뇌가 단순한 자극-반응 체계가 아니라 복잡한 계산적 정보 처리 과정을 수행한다는 인식을 심화시켰다.[169,170]

진화심리학은 이러한 인지 혁명의 정보 처리 관점을 적극적으로 받아들여, 인간 뇌가 진화적 맥락에서 특정 문제를 해결하기 위해 진화한 정보 처리 장치라는 견해를 발전시켰다. 심리학자들은 인간 뇌가 생존과 번식에 유리한 다양한 과제(사회적 교류, 효율적 자원 확보, 육아 등)에 맞추어 여러 독립적 모듈로 구성되어 있다고 주장했다.[171,172] 뒤에서 논할 모듈성 이론에 따르면 뇌는 각기 다른 목적을 위한 여러 하위 시스템으로 나뉘어 있으며, 각각의 모듈이 특정 생존과제를 처리하기에 적합하도록 특화되어 있다고 본다. 즉 뇌는 단순히 컴퓨터처럼 보이는 것이 아니라, 실제로도 컴퓨터와 유사하거나 그 자체에 가깝다는 것이다. 이러한 기계적 정보 처리 모델은 인간의 심리적 기전을 설명하는 데 중요한 도구로 활용되었다.

인지 혁명이 몰고온 변화는 행동주의 심리학을 대체하여, 인간의 정신적 과정과 뇌의 기능을 보다 복잡하고 정교하게 이해하려는 심리학의 여러 시도로 이어졌다. 행동주의는 관찰 가능한 행동에 초점을 맞추었고, 내적 정신 과정을 과학적 분석의 대상에서 배제하였으나, 인지심리학은 이를 극복하고 인간의 사고, 기억, 문제 해결과 같은 복잡한 내부의 인지적 정보 처리 과정을 연구의 중심으로 삼았다. 따라서 인간의 정보 처리 시스템이 어떻게 진화했는지에 관한 관심이 높아지게 되었다.

반복해서 말하지만, 인지 혁명은 행동주의가 외면한 내부적 심리 과정을 연구하도록 심리학의 범위를 확장했으며, 이를 진화론적 관점과 결합한 것이 진화심리학이다. 진화심리학은 인간 뇌가 수많은 진화적 압력에 대응하기 위해 특화된 정보 처리 장치로 구성되어 있다고 보고, 모듈성 개념을 토대로 의사결정·문제 해결 과정에서 나타나는 다양한 인지적 현상을 해석한다. 이 같은 시각은 아직도 논쟁이 많지만, 사회생물학으로부터 이어진 진화론적 연구들이 인지 혁명의 방법론적 성과와 결합한 데 의미가 있다.[173]

진화심리학의 핵심 개념 중 하나는 인간의 뇌가 특정 진화적 맥락에서 적응 문제를 해결하기 위해 진화한 정보 처리 장치라는 것이다. 진화심리학의 선구자인 인류학자 존 투비(John Tooby, 1952~2023)와 심리학자 레다 코스미데스(Leda Cosmides, 1957~)•는 인간의 뇌가 다양한 환경적 도전에 적응하기 위해 특화된 여러 모듈로 구성되어 있다고 주장했다. 이들은 뇌의 기능이 단순히 정보 처리 기전일 뿐만 아니라, 진화적 환경에서 생존과 번식을 위한 특정 과제를 해결하기 위해 진화한 복잡한 시스템이라고 하였다.[174]

이들은 인간의 뇌가 다양한 진화적 도전과제를 해결하기 위해 여러 개의 독립적이고 특수화된 모듈로 구성되어 있다는 '모듈성(modularity)' 이론

• 존 투비는 하버드 대학교에서 생물인류학 박사 학위를 받았으며, UC 산타바바라에서 인류학과 교수로 재직했다. 레다 코스미데스는 하버드 대학교에서 생물학 및 인지심리학을 전공했다. UC 산타바바라에서 심리학 및 뇌 과학 교수로 재직했다. 1992년에 제롬 바코우(Jerome Barkow)와 함께 『적응된 마음: 진화심리학과 문화의 생성(The Adapted Mind: Evolutionary Psychology and the Generation of Culture)』을 편집하여 진화심리학의 토대를 쌓았다. UC 산타바바라에 진화심리학 센

을 발전시켰다.[175] 이 이론은 인간의 뇌가 하나의 통합된 시스템이 아니라 각각 특정한 환경적 문제를 해결하기 위한 독립된 기능적 하위 시스템들의 집합체라는 가설을 중심으로 한다. 이러한 모듈은 각각의 기능적 요구에 맞게 독립적으로 작동하며, 인간이 진화 과정에서 겪은 다양한 생존 및 번식 과제들을 효율적으로 해결할 수 있도록 돕는다.

예를 들어, 가임기 배우자를 찾기 위한 인지적 기전은 자연스럽게 다른 문제, 예컨대 영양가 있는 음식을 찾거나, 위험한 포식자에서 벗어나기 위한 기전과 독립적으로 작동한다는 것이다. 사회적 교류를 위한 모듈은 언어 처리, 거짓말 탐지, 그리고 집단 내 협력과 경쟁을 다루는 기능적 요구에 적응해왔고, 공간적 탐색과 관련된 모듈은 인간이 새로운 환경을 탐험하고, 도구를 만들고, 자원을 효율적으로 배분하는 데 도움을 주었다는 식이다. 이처럼 뇌의 모듈 각각은 생존과 번식에 필수적인 다양한 과업들을 처리하기 위해 서로 다른 방식으로 각각 진화한 것으로 간주한다. 또한, 모듈성 이론은 뇌의 기능적 분리가 인간이 적응해야 했던 환경적 도전의 다양성에 대한 해답이라고 주장한다. 인간이 경험한 환경적 도전은 매우 다양했지만, 주로 플라이스토세의 사바나 환경이라고 가정한다.[174]

이러한 진화심리학의 주장은 신경과학과 밀접한 관련이 있다. 신경과학은 뇌의 특정 영역이 특정 기능을 담당하는 기능적 분화(functional specialization) 혹은 뇌 기능의 국재화(局在化, localization of function)를 규명하는 데 중요한 기여를 해왔다. 진화심리학과 신경과학은 각각 독립된 학문적 전

(앞 페이지에 이어서)

터(Center for Evolutionary Psychology)를 공동 설립했다. 흥미롭게도 코스미데스는 그리스계 혈통을 가지고 있는데, 부모는 메릴랜드주에 그리스 정교회 교회를 세웠다. 둘은 평생 부부로서 함께 연구하며, 인류학과 심리학을 진화적 관점에서 연결하는 업적을 세웠다.

통을 가지고 발전했지만, 두 분야의 학제적 협력은 인간 행동을 진화적 기전과 신경생물학적 기전을 포괄하는 상보적 관점에서 통합적으로 이해할 수 있는 이론적 틀을 제공하고 있다. 이러한 연구의 초기 전통은 19세기 후반 브로카와 칼 베르니케(Carl Wernicke, 1848~1905)•의 연구로 거슬러 올라간다.

브로카는 1861년에 발표한 연구에서, 언어 기능이 뇌의 좌측 전두엽 하부에 위치한 특정 영역에 국한된다는 사실을 밝혔다. 실어증(aphasia)을 보이는 환자를 대상으로 뇌를 부검한 결과, 환자 대부분에서 좌측 전두엽 하부에 손상이 발생했다는 사실을 발견했다. 브로카는 이 영역이 언어 생성에 필수적인 역할을 한다고 주장하였으며, 이후 '브로카 영역(Broca's area)'으로 명명되었다.[176] 브로카의 연구는 뇌의 좌우 반구가 동일한 기능을 수행하지 않으며, 언어 기능과 같은 고차원적인 인지적 과정이 특정한 뇌 영역에 국재화되어 있다는 가설을 뒷받침했다. 또한, 언어 기능이 좌반구에서 더 우세하게 처리된다는 좌반구 우성(hemispheric dominance) 개념을 확립하는 데 중요한 이바지를 했다.

한편, 정신과 의사이자 해부학자인 베르니케는 1874년에 발표한 연구에서, 언어 이해 능력이 뇌의 좌측 측두엽 상부에 국재화되어 있다는 사

• 현재 폴란드에 속하는 프로이센의 타르노비츠에서 태어났다. 브레슬라우 대학교, 베를린 대학교, 빈 대학에서 의학을 공부하며 언어 및 실어증에 관한 연구를 수행했고, 브레슬라우 대학에서 박사 학위를 받았다. 알러하일리겐 병원에서 일했고, 프로이센-프랑스 전쟁 기간 동안 군의관으로 복무했다. 1875년 베를린의 샤리테 병원에서 신경과 및 정신과 부교수로 근무했다. 참고로 샤리테 병원은 칼 융, 에밀 크레펠린 등이 연구했던 곳으로, 정신의학 분야에서 역사적으로, 세계적으로 권위 있는 의료 기관이다. 베를린 자유 대학교와 훔볼트 대학교의 부속 병원이다. 1885년에는 브레슬라우 대학에서 신경과와 정신과 부교수로 임용되었다. 뇌 기능의 지역화에 관한 연구로 유명하며, 특히 감각성 실어증을 발견한 공로가 크다.

실을 발표했다. 감각성 실어증은 브로카의 운동성 실어증과는 뚜렷이 구별되는데, 무질서한 언어, 언어 이해 장애, 무음 독해의 어려움 등의 증상을 보인다. 이 영역은 이후 '베르니케 영역(Wernicke's Area)'으로 명명되었다.[177] 또한, 운동 및 감각 영역이 상호작용하며, 이들 사이의 연결이 손상될 경우 언어 처리에 문제가 발생한다고 보았다. 감각 영역이 기능하더라도 브로카 영역과의 연결이 단절되면, 구체적인 언어 산출 과정에 문제가 생길 수 있음을 제시하였다.

이러한 브로카와 베르니케의 연구는 이후 '베르니케-리히트하임 모델(Wernicke-Lichtheim model)'로 발전했다. 루드비히 리히트하임(Ludwig Lichtheim, 1845~1928)•은 독일의 신경학자로 실어증에 관한 연구를 통해 언어 처리에 관한 뇌 기능 설명을 제시한 인물이다. 리히트하임에 따르면 언어의 생산과 이해는 서로 다른 뇌 영역에 의해 처리되며, 이러한 영역이 상호작용함으로써 정상적인 언어 기능을 가능하게 한다. 예를 들어, 두 영역을 이어주는 궁상속(弓狀束, arcuate fasciculus)이 손상되면 전도성 실어증이 발생한다. 말하기와 이해는 비교적 유지되지만, 말을 되풀이하거나 문장 구조를 교정하는 능력에 문제가 생기는 것이다.[178,179]

노먼 게슈윈드(Norman Geschwind, 1926~1984)••는 브로카와 베르니케의 연구를 계승하여 언어 처리와 뇌 기능 간의 관계를 연구한 신경과학자다. '게슈윈드 모델(Geschwind model)'로 잘 알려진 이론을 제시했는데, 이 모델은 언어 처리에 있어 뇌의 여러 영역 간 상호작용을 더욱 강조한 것이다. 게슈

• 베를린 대학교에서 의학을 전공하였으며, 이후 마르틴 루터 할레-비텐베르크 대학교에서 교수로 재직하였다. 신경언어학의 기초를 다지는 데 중요한 역할을 하였다.

•• 미국의 신경학자로, 하버드 의대에서 신경과 교수로 재직하였다.

윈드는 기존의 언어 기능 국재화 이론에서 한 걸음 더 나아가, 언어 생성과 이해가 단순히 좌측 반구의 특정 부위에 국한되지 않으며, 뇌의 다양한 부위들이 네트워크 형태로 연결되어 협력적으로 작동한다고 주장했다. 게슈윈드 모델은 베르니케-리히트하임 모델을 확장한 것으로, 뇌의 국소적 기능 외에도 여러 영역이 상호작용하여 복잡한 인지적 기능을 수행하는 과정을 체계적으로 설명한다.[180,181] 또한, 게슈윈드는 신경학적 불균형 이론을 제안하여, 특정 뇌 기능이 좌우 반구에 어떻게 분포하는지에 관한 연구를 발전시켰다. 그는 좌뇌가 언어 등의 고차원적 인지 기능을 담당하지만, 우뇌가 사회적 인식과 감정적 처리에 더 크게 기여한다고 주장하였다.

한편, 와일더 펜필드(Wilder Penfield, 1891~1976)•는 뇌 수술 중 전기 자극을 통해 뇌의 특정 부위를 활성화하고, 이에 따른 인지적 변화를 관찰한 연구로 유명한 신경외과 의사다. 펜필드는 간질 환자의 발작 원인을 찾기 위해 뇌를 자극하여 발작의 경로를 찾아내는, 정위(定位) 수술(stereotactic surgery) 기법을 도입했다. 그런데 이러한 수술 방법을 이용하여 뇌 수술 중 전기 자극을 이용해 환자의 뇌 특정 부위를 활성화하고, 이에 따른 감각, 운동, 언어 및 기억과 관련된 인지적 변화를 실시간으로 관찰하는 방법을 고안하였다.

가장 유명한 업적 중 하나는 '펜필드 호문쿨루스(Penfield Homunculus)'다. 펜필드는 뇌의 운동 피질(motor cortex)과 감각 피질(sensory cortex)의 특정 부위가

• 미국 태생의 캐나다 신경외과 의사로, 프린스턴 대학에서 학사 학위를, 존스홉킨스 의대에서 의학 학위를 취득하였다. 몬트리올 신경학연구소(Montreal Neurological Institute)를 설립하였으며, 뇌 수술 중 전기 자극을 통해 뇌의 기능적 지도를 작성하는 작업으로 유명하다.

신체의 각 부분과 대응한다는 사실을 발견하고, 이를 시각적으로 표현하였다. 펜필드의 호문쿨루스는 뇌의 일차 운동 영역과 일차 감각 영역이 신체의 각 부위와 비례적으로 대응하는 지도를 제공하였으며, 특히 신체의 특정 부위가 뇌에서 차지하는 비율이 감각적 또는 운동적 중요도에 따라 달라진다는 점을 밝혔다.[182] 이러한 펜필드의 연구는 기억과 의식에 관한 연구로 확장되었다. 뇌를 자극함으로써 환자가 특정한 과거의 기억을 생생하게 회상하거나, 심지어 환각을 경험하는 현상을 관찰하였다. 이런 식으로 기억의 국재화와 관련된 새로운 개념을 제시하였고, 이는 나중에 다른 연구자들이 뇌의 해마(海馬, hippocampus)가 기억 형성과 관련이 깊다는 사실을 밝혀내는 데 기여했다.

해마가 장기 기억 형성에 필수적인 역할을 한다는 사실을 확인한 신경과학자는 바로 브렌다 밀너(Brenda Milner, 1918~)•다. 밀너는 뇌 손상 환자를 대상으로 한 실험을 통해 해마가 새로운 기억을 형성하는 데 핵심 역할을 한다는 점을 입증하였다. 유명한 환자 H.M.을 연구하면서 해마가 절제된 이후 새로운 기억을 형성하지 못하는 현상을 관찰하였으며, 이를 통해 해마와 기억의 상관성을 처음으로 명확히 밝혀냈다.[183]

한편, 스티븐 코슬린(Stephen Kosslyn, 1948~)••은 시각 정보 처리에 관한 연구로 잘 알려져 있는데, 뇌의 시각 피질이 시각적 정보를 어떻게 처리하고,

---

• 영국 태생의 캐나다 신경심리학자로, 케임브리지 대학에서 학사 학위를 취득한 후, 몬트리올의 맥길 대학교에서 박사 학위를 받았다. 몬트리올 신경학 연구소에서 진행한 환자 H.M.에 대한 연구로 유명하다.

•• 미국의 인지심리학자로, UCLA에서 학사 학위를, 스탠퍼드 대학에서 박사 학위를 취득하였다. 하버드 대학교와 스탠퍼드 대학에서 교수로 재직하였으며, 정신적 이미지와 시각적 인지에 관한 연구로 유명하다.

이 과정이 다른 인지 기능과 어떻게 상호작용하는지를 밝혀냈다. 코슬린의 연구는 뇌의 시각 피질이 공간적 정보와 시각적 이미지를 처리하는 데 매우 중요한 역할을 한다는 것을 입증하였고, 시각적 정보 처리의 기능적 국재화에 대한 새로운 관점을 제시하였다.[184,185] 이 연구는 시각 피질이 어떻게 공간적 정보를 구성하고, 이를 기억, 의사결정 및 문제 해결 과정과 통합하는지에 대한 이해를 확장했다.

흥미롭게도 이러한 신경과학의 모듈 연구는 '감정' 국재화에 관한 보다 '인간적'인 능력에 관한 연구로 이어졌다. 안토니오 다마지오(Antonio Damasio, 1944~)•는 감정과 의사결정 과정에서 뇌의 역할을 연구한 신경과학자이자 신경과 의사로, 감정과 인지적 기능의 관계를 연구하였다. 특히 다마지오는 전두엽이 감정 처리와 의사결정에서 중요한 역할을 한다는 점을 밝혔으며, 감정이 단순한 생리적 반응을 넘어, 고차원적 인지 기능과 밀접하게 연결되어 있음을 입증하였다.[186]

다마지오는 감정과 이성적 판단이 서로 독립적이지 않고, 상호작용하면서 인간의 의사결정에 큰 영향을 미친다는 사실을 보여주었다. 이른바 '체성 표지 가설(somatic marker hypothesis)'은 다마지오의 주요 이론 중 하나로, 감정이 의사결정에 있어 중요한 신호로 작용하며, 전두엽에서 감정 신호가 처리되어 다양한 선택지의 결과를 예측하는 데 도움을 준다는 주장이다.

예를 들어, 위험한 상황에서 겪은 두려움이 체성 표지로 남을 수 있으며, 비슷한 상황에 다시 처했을 때, 뇌는 과거의 경험과 관련된 체성 표지를 활성화해 즉각적으로 감정적 신호를 발생시킨다는 것이다. 복내측 전

• 포르투갈 태생의 미국 신경과학자로, 리스본 대학교에서 의학 학위를 취득하였다. 서던캘리포니아 대학교에서 교수로 재직하였으며, 감정과 의사결정, 그리고 자아 의식에 관한 연구로 유명하다.

전두엽(ventromedial PreFrontal Cortex, vmPFC)은 이러한 체성 표지를 처리하여, 다양한 선택지의 결과를 예측하고 감정적 신호를 통해 빠르고 직관적인 결정을 내리는 데 영향을 미친다. 따라서 전두엽에 손상을 입은 환자가 논리적 사고와 기억 능력이 손상되지 않았음에도 불구하고 일상적인 의사결정에 큰 어려움을 겪는 현상을 설명할 수 있었다. 이를 통해 다마지오는 뇌의 특정 부위가 감정과 의사결정의 복잡한 과정에서 어떻게 협력적으로 작동하는지를 보여주었다.[187]

뇌 국재화에 초점을 둔 새로운 방향의 연구 노력은 머지않아 큰 인정을 받게 되었다. 1981년에는 로저 스페리(Roger Sperry, 1913~1994),• 데이비드 허블(David Hubel, 1926~2013),•• 그리고 토르스텐 위즐(Torsten Wiesel, 1924~)••• 등이 인간의 뇌 기능과 관련하여 노벨의학상을 수상하였다. 과거 19세기에 유행하던 골상학이라는 터무니없는 국재화 이론을 감안하면, 정말 믿을 수 없는 수준의 발전이었다.

이들은 각각의 연구에서 인간 뇌의 특정 기능이 어떻게 분화되고 조직되는지에 대한 중요한 발견을 이루었으며, 이들의 연구는 진화심리학 및 신경과학 연구에 중요한 이론적 기반을 마련하였다. 스페리는 뇌의 좌우 반구의 분할 기능을 규명하는 데 중대한 이바지를 하였다. 그는 뇌량(腦梁,

---

• 미국의 신경생리학자로, 시카고 대학교에서 심리학 석사와 동물학 박사 학위를 취득하였다. 캘리포니아 공과대학에서 교수로 재직하며, 좌우 뇌 반구의 기능적 분리에 관한 연구로 1981년 노벨 생리의학상을 수상하였다.

•• 캐나다 태생의 미국 신경생리학자로, 맥길 대학에서 의학 학위를 취득하였다. 하버드 의대에서 교수로 재직하며, 시각 시스템의 정보 처리에 관한 연구로 노벨 생리의학상을 수상하였다.

••• 스웨덴의 신경생리학자로 카롤린스카 연구소에서 의학을 전공했다. 동 연구소의 생리학과에서 강의하며 카롤린스카 병원의 소아정신과에서 근무했다. 이후, 존스홉킨스 의대와 하버드 의대, 록펠러 대학교 등으로 자리를 옮겨, 허블과 함께 시각신경 처리에 관해 연구했다.

corpus callosum)이 절단된 환자를 연구함으로써, 좌뇌와 우뇌가 서로 다른 인지 및 행동 기능을 담당한다는 사실을 밝혀냈다. 특히 스페리는 좌뇌가 언어적 기능과 논리적 사고에 더 밀접하게 연관되어 있고, 우뇌가 시공간적 인식과 창의적 활동에 더 관련이 있다는 것을 입증하였다.[188,189]

허블과 위즐은 시각 정보 처리의 신경학적 기전 연구로 주목받았다. 이들은 고양이와 원숭이를 대상으로 한 실험을 통해 시각 피질 내에서 개별 뉴런이 특정 시각 자극에 반응한다는 사실을 발견하였다. 허블과 위즐은 시각 피질이 선형 자극, 즉 빛의 방향과 모서리 같은 자극에 반응하는 뉴런들을 조직화하는 방식을 설명하였으며, 이를 통해 시각 정보가 단계적으로 처리되는 과정을 규명하였다.[190-193]

또한, 2014년에는 해마의 위치 세포(place cells)와 주변의 그리드 세포(grid cells)에 관한 연구로 존 오키프(John O'Keefe, 1939~)•와 에드바르 모세르(Edward Moser, 1962~),•• 마이-브리트 모세르(May-Britt Moser, 1969~) 등이 노벨의학상을 받았다. 이들은 공간 내비게이션과 관련된 뇌의 특정 세포가 어떻게 작용하는지를 규명하며, 인간의 기억 및 인지 기능에 대한 이해를 심화시켰다.[194,195]

• 미국 태생의 영국 신경과학자. 뉴욕 시립 대학교에서 학사 학위를 취득한 후, 맥길 대학교에서 심리학 석사와 박사 학위를 받았다. UCL에서 평생 연구했다.

•• 모세르 부부는 노르웨이의 저명한 신경과학자 부부다. 두 사람은 노르웨이 오슬로 대학교에서 심리학을 전공하며 만나, 1995년에 공동으로 박사 학위를 취득하였다. 에든버러 대학교와 독일의 막스 플랑크 연구소에서 연구를 진행한 후, 노르웨이로 돌아와 트론헤임에 있는 노르웨이 과학기술대학교에서 교수로 재직하며, 카블리 시스템 신경과학연구소(Kavliinstitutt for systemnevrovitenskap)를 설립하였다.

▣

이렇듯 진화심리학은 인간 행동과 심리적 특성을 진화론적 관점에서 이해하려는 학문으로, 생물학적 기초 위에서 인간의 적응 기전을 설명한다. 특히 1950년대부터 1970년대에 걸쳐 진화생물학의 연구 성과가 체질인류학에 통합되면서 행동 진화와 생애사 이론이 발전하였고, 친족 내 이타주의, 호혜적 이타주의, 그리고 의견이 분분하지만, 집단 선택 이론 등이 인간 행동을 이해하는 핵심 틀로 자리 잡았다.

투비와 코스미데스는 인간의 뇌가 진화 과정에서 특정한 생존 및 번식 과제를 해결하기 위해 특화된 정보 처리 장치로 구성되어 있다는 '모듈성' 개념을 도입하였으며, 인간의 심리적 기전을 분석하는 새로운 접근법을 제시했다. 동시에 뇌 기능 국재화에 관한 신경과학의 연구 성과 그리고 인지과학의 혁명적 발전으로 인해서 진화심리학은 인간의 생존과 번식을 위한 적응적 전략을 설명하는 이론적 틀로서 자리매김했다. 진화심리학은 인간 행동의 생물학적 기반을 밝혀내는 데 기여했고, 특히 사회적 협력, 갈등, 생식 전략과 같은 주제를 다루며 진화적 사고가 심리학의 중요한 패러다임으로 자리 잡게 하였다.

4. 인간행동생태학

앞서 언급한 대로 인간행동생태학(Human Behavioural Ecology, HBE)의 원류는 동물행동생태학에서 출발했다. 그러면 먼저 동물에 관한 행동생태학의 최근 역사를 시대순으로 간략하게 살펴보자.[196,197]

행동생태학은 약 90년 전, 비교적 최근에 시작된 신생 학문이다. 인간 행동을 진화적 관점에서 연구하며 환경과의 상호작용을 통합적으로 설명하려고 시도하는 행동생태학은 1930년대에서 1950년대에 걸쳐 본격적으로 발전하기 시작했다. 이 시기에는 생태학적 현상을 수리적 모델을 통해 설명하려는 노력이 본격적으로 시작되었다. 초창기의 주요 연구자로는 알프레드 로트카, 비토 볼테라, G. 에벌린 허친슨, 게오르기 가우제, 그리고 개럿 하딘 등이 있다.[197]

알프레드 로트카(Alfred Lotka, 1880~1949)•는 인구생태학과 생물학적 상호작용을 수학적 모델로 분석하는 데 기여한 학자로, 개체군 동역학을 설명하는 로트카-볼테라 모델(Lotka-Volterra model)을 제안했다. 개체군의 변화가 포식과 같은 생태적 요인에 의해 어떻게 영향을 받는지를 설명하는 핵심 이론이다.[198]

비토 볼테라(Vito Volterra, 1860~1940)••는 원래 수학자로, 개체군 생태학에서 포식자-피식자 관계를 설명하는 동역학 모델을 발전시켰다. 개체군의 수가 시간이 지남에 따라 어떻게 변하는지를 설명하며, 생태적 상호작용이 어떻게 종의 생존과 번식에 영향을 미치는지를 수학적으로 분석하는 데

• 폴란드계 미국인으로 오스트리아-헝가리 제국의 르부프(Lwów, 현재 우크라이나 리비우)에서 태어났다. 버밍엄 대학교와 라이프치히 대학교, 코넬 대학교 등에서 공부했다. 흥미롭게도 로트카는 화학회사, 특허청, 국립표준국, 과학잡지 편집자, 보험회사 계리통계학자, 존스홉킨스 대학교 등 여러 영역에서 연구와 실무를 병행했다. 연구 논문을 많이 발표하는 과학자는 소수이며, 연구자 대부분은 적은 수의 논문을 발표한다는 로트카의 법칙(Lotka's law)은 서지 계량학(bibliometrics)으로 이어졌다.

•• 교황령(현재 이탈리아) 안코나(Ancona)의 유대인 가정에서 태어났다. 피사 대학교에서 수학을 전공했고, 토리노 대학교, 로마 라 사피엔차 대학교 등에서 연구했다. 흥미롭게도 이탈리아 왕국 상원의원을 지냈고, 제1차 세계대전 중에는 자원입대하여 비행선 개발에 참여하기도 했다. 무솔리니 정권에 충성 서약을 거부한 단 12명의 교수 중 하나였고, 이로 인해 교수직을 잃었다.

기여했다.[199]

로트카-볼테라 방정식(Lotka-Volterra equations)은 포식자와 피식자 두 종의 상호작용을 설명하는 비선형 1차 미분방정식 쌍이다. 피식자는 무한한 식량 공급을 가지고, 포식이 없으면 지수적으로 증가하며, 포식자의 성장률은 피식자의 개체 수에 비례하고, 환경은 변화하지 않으며, 종의 유전적 적응은 무시되고, 포식자는 무한한 식욕을 가지는 등의 가정 하에서 포식자와 피식자 개체 수가 주기적으로 변동하는 경향을 보여준다. 앞서 말한 로트카는 화학 반응 이론에서, 볼테라는 물고기의 생태학을 연구하던 중에 각자 독립적으로 발견하였다.

$$\frac{dx}{dt} = \alpha x - \beta xy$$

$$\frac{dy}{dt} = \delta xy - \gamma y$$

- α : 피식자의 자연 증가율 (포식자가 없을 때의 성장률)
- β : 피식자와 포식자가 만날 확률에 따른 피식자 감소율 (포식에 의한 사망률)
- δ : 포식자가 피식자를 먹었을 때 번식에 기여하는 효율
- γ : 포식자의 자연 사망률

즉 피식자는 포식자가 없을 때는 α에 따라 지수적으로 증가하고, 포식자와의 상호작용(βxy)에 의해 감소하며, 포식자는 피식자를 통해 번식(δxy)하고, 자연 사망률 γ에 의해 감소한다.

게오르기 가우제(Georgii Gause, 1910~1986)[•]는 경쟁 배타 원리(competitive exclusion principle)로 잘 알려져 있으며, 유사한 생태적 지위를 차지하는 두 종이 같은 자원을 놓고 경쟁할 때 한 종이 결국 다른 종을 배제하는 현상을 연구하였다.[200] 때로는 가우제의 법칙(Gause's Law)으로도 불리는데, 역사적으로 오랜 논란이 있던 주제다. 즉, 두 종이 공존하려면 다른 적소를 가져야 할 것이라는 예측이었다. 그러나 자연 생태계에서는 경쟁 배제가 드물게 관찰되며, 많은 생물학적 군집이 가우제의 법칙을 위반하는 것처럼 보인다. 아마도 공간적 이질성, 상호작용, 다중 경쟁 등이 이를 가능하게 하는 것으로 보인다. 그런데 이는 역설이다. 만약 이러한 식으로 공존할 수 있다면, 사실상 무한한 수의 종이 공존할 수 있을 것이다. 가우제는 이러한 논쟁을 수리적으로 정리하였다. 수학적으로 이를 표현하기 위해 흔히 사용하는 모델 중 하나는 로트카-볼테라 경쟁 모델이다. 다음과 같다.

$$\frac{dx}{dt} = \gamma_1 x[1 - \frac{(x + \alpha x)}{K_1}]$$

$$\frac{dy}{dt} = \gamma_2 x[1 - \frac{(x + \beta y)}{K_2}]$$

- γ_1 와 γ_2 는 각각 종 x와 y의 내재적 성장률
- K_1 와 K_2 는 각 종의 환경 수용력
- α와 β는 경쟁 계수

• 모스크바 출신으로 아버지는 모스크바 국립대학교의 건축학 교수였다. 모스크바 국립대학교에서 수학과 생물학, 물리학을 전공했다. 경쟁 배제 원리와 포식-피식 동역학, 다종 공존(multiple species coexistence) 연구로 유명하다. 흥미롭게도 항생제 연구를 통해 그라미시딘 S(Gramicidin S)를 찾아냈고, 이 공로로 스탈린상(Stalin Prize)을 받았다.

만약 두 종이 동일한 자원을 완전히 공유하며 경쟁하는 경우(예: α와 β의 값이 크고, 두 종의 K 값이 비슷한 경우), 한 종이 다른 종을 완전히 배제하는 결과를 낳는다. 예를 들어,

$$a > \frac{K_1}{K_2} \text{ 또는 } \beta > \frac{K_2}{K_1}$$

와 같이 경쟁 압력이 매우 강하면, 하나의 종이 다른 종을 경쟁에서 밀어내어 결국 한 종만 생존한다. 그렇지 않은 경우에는 공존할 수 있다.

개럿 하딘(Garrett Hardin, 1915~2003)•은 주로 인구생태학과 자원의 지속 가능성에 관한 연구로 알려져 있다. 특히 인간이 자연 자원을 얼마나 지속해서 이용할 수 있는지를 생태적 맥락에서 분석하였다.[201] 하딘은 1968년 《사이언스》에 공유지의 비극(The Tragedy of the Commons)에 관한 논문을 발표했는데, 이는 개인의 합리적 행동이 집단 전체에는 해를 끼칠 수 있다는 개념을 제시하며, 공공 자원이 과도하게 사용되는 문제를 생태학적 입장에서 제시했다. 하딘은 수리 모델을 제안하지는 않았지만, 이를 풀어서 설명하면 대략 다음과 같다.

$$\frac{dR}{dt} = \gamma R(1-\frac{R}{K})-cNR$$

• 미국 텍사스주 출신으로 시카고 대학교, 스탠퍼드 대학교 등에서 동물학과 미생물학을 전공했으며, UC 산타바바라에서 인간 생태학을 가르쳤다. '공유지의 비극' 주장으로 유명하다. 자연에 대한 개입은 항상 다수의 예측 불가한 결과를 초래한다는 하딘의 제1법칙(Hardin's first law of human ecology)도 잘 알려져 있다. 그는 생태학적 입장에서 출산 제한과 이민 제한을 주장하여 논란이 되기도 하였다. 말년에는 심장질환으로 고생했고, 루게릭병을 앓는 아내와 함께, 죽을 권리를 주장하며 안락사를 선택했다.

- R : 공유 자원의 양
- γ : 자원의 자연 재생률
- K : 자원의 최대 수용량
- c : 개인(또는 집단)당 자원 소비율
- N : 자원을 사용하는 인구 또는 이용자 수

위의 모델은 자원 재생과 소비에 관한 것으로, 첫 번째 항은 로지스틱 방정식에 의한 재생, 두 번째 항은 자원 소비 정도를 나타낸다.

$$\frac{dN}{dt} = N(\beta\frac{R}{R + R_0} - \mu)$$

- β : 자원 이용에 따른 인구 성장 효과
- R_0 : 자원 이용 포화 상수(자원 양에 따른 성장 반응의 비선형성을 조절)
- μ : 인구의 자연 사망률 또는 기타 감소 요인

이 모델은 자원 가용량에 의해 인구가 성장하지만, 자원이 부족하면 인구증가율이 감소하는 상황을 말한다. 만약 cN(전체 소비율)이 재생률 γ보다 크면, 자원의 고갈이 진행되고 결국 R이 0에 수렴할 수 있다. 자원이 고갈되면 인구 N의 성장률도 낮아져 인구 붕괴로 이어질 수 있다.

그러나 이 주장은 엘리너 오스트롬(Elinor Ostrom, 1933~2012)에 의해 반박되었는데, '공유지의 비극' 이론에도 불구하고 소규모 지역 공동체가 장기적으로 자원을 지속할 수 있게 관리할 수 있는 규칙(예: 자원 사용 규제, 공동 감시, 분쟁 해결 기구 등)을 설정할 수 있다고 주장했다. 오스트롬은 이 공로로 노

벨 경제학상을 받았다.* 그러나 오스트롬의 주장은 주로 소규모 지역 공동체를 대상으로 한 연구에 기반한 것이고, 대규모 집단에서는 작동하기 어렵다. 특히 대기 오염이나 온난화, 공해상 자원 남획 등의 문제에는 적용할 수 없다.

G. 에벌린 허친슨(George Evelyn Hutchinson, 1903~1991)**은 생태적 적소(niche) 개념을 발전시켰는데, 적소를 단순한 서식지가 아닌, 종이 생태계 내에서 차지하는 위치와 자원 사용 방식으로 생각했다. 이에 대해서는 8장에서 다룬다.

또한, 유명한 '허친슨의 역설(Hutchinson's Paradox)'은 제한된 수자원 환경 속에서 다양한 플랑크톤이 공생하는 상황이 어떻게 일어날 수 있는지에 관한 논쟁이다. 이러한 현상은 앞서 가우제가 이야기한 경쟁 배타 원리와 상충하는 것처럼 보인다. 두 종이 동일한 자원을 이용하는 경우 하나의 종이 결국 우위를 점하여 다른 종을 밀어내야 하기 때문이다. 허친슨은 환경이 시간에 따라 끊임없이 변동한다는 점을 강조하며, 이러한 환경적 변동이 플랑크톤을 공존할 수 있게 한다고 제안했다. 환경의 이질성과 자원 가용성의 주기적 변화가 플랑크톤 간의 경쟁 균형을 유지하는 중요한 요소이며, 이를 통해 각 종이 자원을 적소 분할(niche partitioning)을 통해 공유한다는 것이다.[203] 예를 들어 두 종 x_1과 x_2의 개체 수가 환경의 주기적 변

* 자세한 내용은 다음을 참고하기 바란다. 엘리너 오스트롬. 『공유의 비극을 넘어(Governing the Commons: The Evolution of Institutions for Collective Action)』. 윤홍균, 안도경 역. 서울: 랜덤하우스 코리아; 2010.

** 아버지가 케임브리지 대학교 광물학 교수였고, 어린 시절부터 다윈의 아들과 친분이 있었다. 케임브리지 대학교에서 학사 학위를 받았으나, 이후 박사 학위는 취득하지 않았다. 스스로 이를 자랑스럽게 여겼고, 박사 학위 없이 예일 대학교 교수로 임용되었다. 남아공에서 담수학(limnology)을 연구했고, 생태적 적소 연구로 유명하다. 1940년대부터 지구 온난화 가능성을 경고했다.

화에 따라 성장률이 달라진다고 가정할 수 있다. 각 종에 대해 시간에 따른 성장률을 다음과 같이 정의하자.

$$r_i(t) = r_{i0} + A_i cos(wt + \phi_i)$$

- r_{i0}: 종 i의 기본 내재 성장률
- A_i: 종 i에 대한 환경 변화의 영향 크기
- w: 환경 변동의 주기(각속도)
- ϕ_i: 종 i에 대한 위상 차이(환경 변화에 대한 반응의 시차)

이러한 환경 변동을 포함한 경쟁 모델은, 로트카-볼테라 경쟁 모델의 형태를 변형하여 다음과 같이 쓸 수 있다.

$$\frac{dx_1}{dt} = x_1\left(r_{10} + A_1 cos(wt + \phi_1\right) - \alpha_{11}x_1 - \alpha_{12}x_2$$
$$\frac{dx_2}{dt} = x_2\left(r_{20} + A_2 cos(wt + \phi_2\right) - \alpha_{21}x_1 - \alpha_{22}x_2$$

- α_{ij}는 종 j가 종 i의 성장에 미치는 경쟁 효과

이 모델에서 환경이 시간에 따라 주기적으로 변동하므로, 어느 한 시점에서는 한 종에게 유리한 조건이, 다른 시점에서는 다른 종에게 유리한 조건이 될 수 있다. 이러한 '시간적 이질성(temporal heterogeneity)'은 플랑크톤과 같이 서로 비슷한 자원을 이용하는 종들이 일정 기간 번성할 기회를 제공하여, 경쟁 배타 원리가 예측하는 단일 종 우위를 피하고 공존을 가

능하게 한다. 여기서 핵심은 시간에 따른 변동 $\cos(wt + \phi i)$ 항이다. 이러한 원리는 생태적 적소 분할과 동적 평형 모델로 발전했다.[204]

1950년대에 이르러, 동물행동생태학은 더 복잡하고 추상적인 모델을 도입하기 시작했다. 이 시기의 대표적인 학자로는 로버트 맥아더와 데이비드 랙이 있다.[197]

로버트 맥아더(Robert MacArthur, 1930~1972)•는 최적 이론(optimality theory)을 제시하며, 동물의 행동이 자원을 어떻게 최적으로 이용하는지를 설명했다. 그는 생물다양성 및 생물군집의 상호작용에 중점을 두었으며, 경쟁 균형(competitive equilibrium)과 포식 전략(predation strategy)에 대한 모델을 개발하여 동물의 서식지 선택과 자원 분포를 수리적으로 분석했다. 가우제의 초기 실험적 연구와 허친슨의 이론적 틀에 기반한 경쟁 배제 원리는 맥아더에 의해 정교해졌다. 후자는 이후 최적 포식 이론(Optimal Foraging Theory, OFT)으로 발전했다. 이는 뒤에서 다시 다룬다.[205]

경쟁 균형 모델에 관해 좀 더 살펴보면 다음과 같다. 맥아더는 자원 이용과 종 간의 경쟁을 설명하기 위해, 각 종이 자신의 자원 활용 곡선(resource utilization curve)을 갖는다고 보았다. 예를 들어, 환경 변수 x에 대해 종 i의 자원 활용 함수 $u_i(x)$를 다음과 같이 가우스 함수로 나타낼 수 있다.

$$u_i(x) = exp[\frac{-(x-\mu_i)^2}{2\sigma^2}]$$

• 말버러 칼리지, 브라운 대학교 등에서 수학을 전공했고, 예일 대학교에서 허친슨의 지도하에 생태학으로 박사 학위를 받았다. 펜실베이니아 대학교와 프린스턴 대학교 등에서 연구했다. E. O. 윌슨과 섬 생물지리학(Island Biogeography) 연구를 진행했고, 적소 이론과 경쟁 배제 원리(Competitive Exclusion Principle)를 제안했다. 내성적인 성격으로 대중에 나서는 것을 꺼렸고, '현대 생태학의 조용한 혁명가'라는 별명을 얻었다.

- u_i는 종 i가 가장 많이 이용하는 자원의 특성(예, 온도, 먹이의 종류 등)
- σ는 그 활용 범위의 폭(분산), 클수록 더 다양한 환경 속에서도 먹이를 얻을 수 있음

또한, 환경 내 자원의 분포를 $R(x)$로 나타내면, 종 i의 순증가율(순수익)은 자원 이용에 따른 총이익과 사망률 m_i의 차로 표현할 수 있다.

$$\frac{dN_i}{dt} = N_i[\int_{-\infty}^{\infty} u_i(x)R(x)dx - m_i]$$

- N_i는 종 i의 개체 수
- $\int u_i(x)R(x)dx$는 해당 종이 환경에서 얻을 수 있는 총 자원 이용 이익

경쟁적 균형은 각 종에 대해 $\frac{dN_i}{dt} = 0$이 되는 상태, 즉

$$\int_{-\infty}^{\infty} u_i(x)R(x)dx = m_i \text{ (for each species } i)$$

가 성립할 때 가능해진다. 이때 각 종은 자신만의 적소를 가지고 안정적으로 공존할 수 있다.

또한, 섬이라는 고립된 환경에서 종 풍부도(species richness), 멸종률(extinction rate), 이입률(immigration rate) 등이 어떻게 균형을 이루는가를 설명하는 모델을 개발했다. 이 연구를 다룬 『섬 생물지리학 이론(The Theory of Island Biogeography)』은 생태학에서 가장 영향력 있는 저서로 꼽힌다.*

---

* 특히 이는 단일한 대형 보호 구역(Single Large)이 바람직한지 혹은 여러 개의 소형 보호구역(Several Small)이 바람직한지에 관한 논쟁인 SLOSS 논쟁(SLOSS Debate)을 촉발했다. 최근에는 상황에 따라서 혼합 접근법을 취한다. 대형 보호구역을 핵심 지역에 설정하고, 주변에 작은 보호구역을 배치하는 식이다.

섬 생물지리학 이론은 섬(고립된 환경)에서의 종 수(S, species richness)가 두 가지 주요 과정, 즉 이입(immigration)과 멸종(extinction)의 균형에 의해 결정된다고 가정한다.

$$\frac{dS}{dt} = I(S) - E(S)$$

- 섬에 새로운 종이 들어오는 속도: 이입률 $I(S)$
- 섬에서 종이 사라지는 속도: 멸종률 $E(S)$

따라서 이입률은 섬에 종이 하나도 없을 때 가장 높고(주변 대륙에서 들어올 수 있는 종들이 많음), 섬에 종이 많아지면 남은 종들이 이미 섬에 자리 잡아 이입률은 점점 낮아진다. 반대로 멸종률은 섬에 종이 거의 없을 때 낮고, 종 수가 많아지면 경쟁이나 기타 요인으로 인해 멸종률이 증가한다.

$$I(S) = I_0(1 - \frac{S}{P})$$
$$E(S) = E_0\frac{S}{P}$$

- I_0는 섬에 종이 전혀 없을 때의 최대 이입률
- P는 대륙(또는 주변 지역)에 존재하는 전체 종 수
- E_0는 섬에 종이 아주 많을 때의 최대 멸종률

섬의 종 수가 안정된 상태, 즉 $\frac{dS}{dt} = 0$일 때, 이입률과 멸종률이 같아진다.

$$I_0\,(1 - \frac{S^*}{P}) = E_0\frac{S^*}{P}$$

이를 섬의 평형 종 수 S^*에 대해서 풀면,

$$I_0\,(1-\frac{S^*}{P})=E_0\frac{S^*}{P}\ \Rightarrow$$

$$I_0\,(1-\frac{S^*}{P})\ I_0(1+E_0)\ \Rightarrow$$

$$S^*=P\frac{I_0}{I_0+E_0}$$

따라서 단순 선형 모델에서는 $S^*=P\frac{I_0}{I_0+E_0}$로 나타낼 수 있다.

데이비드 랙(David Lack, 1910~1973)[•]은 행동생태학에서 가설연역법(hypothetico-deductive method)의 중요성을 주장한 인물이다. 니코 틴베르헌, 메이너드 스미스 등도 이러한 접근법을 강조했다. 가설연역법은 가설을 세우고 이를 실험이나 관찰을 통해 검증하는 과정을 말하는데, 행동생태학적 연구에서 가설연역법(HD)은 특정 행동이 특정 환경 조건에서 왜 진화했는지 설명하는 데 사용된다. 칼 포퍼(Karl Popper)의 포퍼식(式) 과학 연구 모형을 반영한 것이다. 예를 들어, 개체 간 행동 차이가 특정한 자원 경쟁이나 사회적 상호작용에 의해 어떻게 발생하는지를 알아내기 위해 연구자는 먼저 이론에 기반한 가설을 세우고, 이를 실험이나 야생에서의 관찰을 통해 검증하는 방식으로 진행한다.[206] 대략 다음과 같은 방식으로 진행한다.

- 관찰 및 문제 인식: 자연이나 생태계에서 특정한 행동이나 현상을 관

• 케임브리지 대학교에서 자연과학을 전공하였으며, 옥스퍼드 대학교의 에드워드 그레이 필드 조류학연구소(Edward Grey Institute of Field Ornithology) 소장으로 재직하였다. 갈라파고스 제도의 핀치새들을 연구하여 다윈의 주장을 지지했다.

찰한다.

- 가설 설정: 관찰된 현상을 설명하기 위해 이론에 기반한 가설을 세운다.
- 예측 도출: 가설이 참일 경우 어떤 결과가 나타나야 하는지를 논리적으로 도출한다.
- 실험 또는 관찰: 도출한 예측을 검증하기 위해 야생에서의 관찰이나 실험을 진행한다.
- 결과 해석: 관찰이나 실험 결과가 예측과 일치하는지 판단한다.

이에 반해서 귀납법(inductive method)은 개별 관찰에서 일반 법칙을 도출하는 방법이며, 연역법(deductive method)은 이미 확립된 원리로부터 구체적인 결론을 도출하는 방법, 유비 추론(abductive reasoning)은 여러 가능한 설명 중 가장 그럴듯한 가설을 선택하는 방법, 실험적 방법(experimental method)은 통제된 조건 하에서 실험을 통해 특정 가설을 검증하는 것, 비교 방법(comparative method)은 여러 종이나 집단의 특성을 서로 비교하여 공통된 패턴이나 차이를 분석하는 것, 수리적 모델링(mathematical modelling) 및 시뮬레이션(simulation studies)은 복잡한 생태 시스템의 동태를 수리적으로 분석하는 방법, 정량적 분석(quantitative analysis)은 통계 기법을 이용하여 대량의 데이터를 분석하고, 가설을 검증하는 것이다. 각 연구 방법은 배타적이지 않고, 상호보완적으로 사용된다(〈표 18〉).

가설연역법은 먼저 이론에서 구체적 예측을 도출하기 때문에 연구 질문이 명확해지고, 연구자가 무엇을 측정해야 하는지 분명해지는 장점이 있다. 그리고 실험이나 현장 관찰을 통해 명확하게 검증할 수 있는 예측을 제안하므로, 결과의 신뢰성과 일반화 가능성이 커진다. 특히 구체적

표 18 **몇 가지 과학적 연구 방법 비교**

연구 방법	사례
가설연역법 (hypothetico-deductive)	문화적 가치관의 변화가 경제발전과 민주주의에 영향을 미친다는 가설을 세우고, 다양한 국가의 설문 조사 자료를 통해 그 예측을 검증한다.
귀납법 (inductive method)	사모아 현지에서 청소년과 성인의 행동, 의례, 사회적 관계 등을 관찰하고, 이를 토대로 서구와 다른 청소년기의 특징과 문화적 역할에 관한 일반적인 결론을 도출한다.
연역법 (deductive method)	진화생물학의 친족 선택 이론(kin selection theory)을 전제로, 다양한 문화에서 친족 금기의 존재와 그 정도를 예측한다.
유비 추론 (abductive reasoning)	인도네시아의 미나카바우족에서 모계사회 구조가 예기치 않게 나타나면, 다른 곳에서도 높은 생산성을 가진 환경이 모계성과 연결된다는 연구가 있으므로, 주변 환경과 경제적 요인(예: 농업 생산성, 주거 형태 등)에 따른 적응적 결과로 설명할 수 있다는 가설을 세우고, 추가 현장 조사와 문헌 자료를 통해 그 가설의 타당성을 검증한다.
비교 방법 (comparative method)	전 세계 여러 부족의 신화와 결혼 제도를 비교함으로써, 인간 사고의 구조적 유사성과 차이를 분석한다.
실험적 방법 (experimental method)	하드자족(Hadza)이나 치마네족(Tsimane)과 같은 소규모 사회 집단을 대상으로 경제 게임(독재자 게임, 공공재 게임 등)을 실시하여, 협력과 이타주의의 정도를 실험적으로 검증한다.
수리적 모델링 및 시뮬레이션 (mathematical modeling & simulation)	행위자 기반 모델을 사용하여 문화적 특성이 시간에 따라 어떻게 전파되고 변형되는지 시뮬레이션한다. 기후 변화와 자원 분포를 변수로 하여 선사시대 인류의 이동 경로와 정착 패턴을 예측한다.
정량적 분석 (quantitative analysis)	대규모 횡문화 데이터베이스를 활용하여, 다양한 사회에서 가족 구조, 결혼 제도, 종교 의례 등 문화적 변수를 통계적으로 분석한다.

인 가설과 예측을 설정함으로써, 행동과 환경 요인 사이의 인과관계를 체계적으로 분석할 수 있다. 처음 세운 가설이 실제 관찰과 다를 경우 이를 수정하거나 새로운 가설을 도출하는 순환 과정을 촉진한다. 이를 통해 점차 정교한 이론과 모델이 발전하게 된다.

랙은 이른바 랙의 원리(Lack's Principle)로 유명한데, 이는 조류의 한배수 크기(clutch size)가 집단 선택이 아니라 개체 선택의 결과로 진화했다는 것이다. 과도한 산란이 부모에게 부담을 주어 새끼들의 생존율을 떨어뜨릴 수 있으므로, 자연선택이 이를 조절하여 적절한 산란 크기를 유지하게 된다는 것이다.

$$F(x) = x \times S(x)$$

- 부모가 낳는 알 수(한배수 크기, x)와 각 새끼의 생존 확률 $S(x)$ 사이의 곱, 즉 적합도 $F(x)$를 최대화하는 방향으로 자연선택이 작용
- 자연선택은 $F(x)$가 최대가 되는 $x=x^*$를 선택

$$\frac{dF}{dx} = S(x) + x \cdot S'(x) = 0$$

즉 최적의 한배수 크기 x^*는 다음 조건을 만족한다.

$$S(x^*) = -x^* \cdot S'(x)$$

개체군의 밀도 의존성(density dependence)을 고려하면, 개체군 밀도 N이 증가함에 따라 $S(x, N)$가 달라진다고 가정할 수 있다.

$$S(x,N) = S_0 \cdot e^{-ax} \cdot e^{-bN}$$

- S_0: 기저 생존 확률
- a: 산란 크기에 따른 생존율 감소율
- b: 개체군 밀도에 따른 생존율 감소율

이 경우 적합도는 다음과 같다.

$$F(x,N) = x \times S_0 \cdot e^{-ax} \cdot e^{-bN}$$

또한, 랙은 성비(sex ratio)와 번식 전략(reproductive strategy)에 관한 연구를 통해 행동생태학의 이론적 틀을 확장하였다. 그는 새의 번식 생태에 관한 연구를 통해 개체군의 조절 기전을 연구하며, 번식과 생존율 간의 상관관계를 규명하려고 했다. 특히 밀도 의존성(density dependence)에 따라 개체군의 크기와 번식 성공률이 어떻게 변화하는지 연구하였다.[207]

1960년대에 들어서면서 행동생태학은 상당한 학문적 성장을 이루기 시작했다. 주요 연구자로는 리처드 레빈스, 에드워드 윌슨, 에릭 피앙카, 고든 오리안스, 존 크룩 등이 있다.

리처드 레빈스(Richard Levins, 1930~2016)•는 생태학과 진화생물학 영역에서 환경 변화에 따른 적응을 연구한 대표적인 학자이다. 과거의 집단유전학은 일정한 환경 조건을 가정했고, 수리생태학은 유전적 조건을 동일하게 가정했다. 그러나 환경이 지속해서 바뀌고, 그 과정에서 유전적 진화가 일어나는 상황을 모델링하면, 놀랍게도 적응 수준이 극대화되지도 않으며, 심지어 일부 종은 멸종으로 갈 수도 있다는 사실을 발견했다.

$$\overline{W}(t) = f(E(t), G)$$

- 평균 적합도 $\overline{W}(t)$
- G는 유전적 구성
- $E(t)$는 시시각각 변화하는 환경 변수

• 우크라이나계 유대인 가정에서 태어났으며, 코넬 대학교에서 수학과 농학을, 그리고 컬럼비아 대학교에서 생물학으로 박사 학위를 받았다. 푸에르토리코 대학교, 시카고 대학교, 하버드 대학교 보건대학원에서 연구했다. 푸에르토리코 독립운동에 참여한 마르크스주의 생물학자다. 그의 주장은 『변화하는 환경에서의 진화(Evolution in Changing Environments)』를 참고하라.

예를 들어, 단순화된 모델로 환경 변화에 따른 적응 상태를 나타내는 함수를 다음과 같이 가정할 수 있다.

$$W(x,E) = e^{-a(x-E)^2}$$

- a: 선택 강도(parameter)
- $e^{-a(x-E)^2}$: 지수 함수 형태로, x와 E 사이의 차이가 클수록 $(x-E)^2$가 커지고, 이에 따라 $W(x, E)$는 0에 가까워진다. 반면, $x=E$일 때 $(x-E)^2=0$가 되어 $W(x, E)=e^0=1$에 가까워진다.

한편, 레빈스는 메타개체군 생태학(metapopulation ecology) 개념을 통해, 개체군이 고립된 채로 존재하는 것이 아니라, 상호작용하는 여러 소규모 집단으로 이루어져 있다고 하였다. 쉽게 말해서 작은 개체군 집단으로 이루어진 '집단의 집단'을 상정한 것이다.[208] 이러한 이론은 이후 공간 생태학에서 유용하게 적용되었다. 예를 들어 전체 환경 내에서 개체군이 차지하는 패치의 비율 p에 대해, 다음 미분방정식으로 기술할 수 있다.

$$\frac{dp}{dt} = cp(1-p) - ep$$

- p: 전체 패치 중 개체군이 점유된 패치의 비율
- c: 패치 간 식민화(colonization) 속도(새로운 패치로 확산되는 비율)
- $cp(1-p)$: 개체군이 이미 점유한 패치에서 미점유 패치로 확산되는 과정 (상호작용을 통한 식민화)
- ep: 점유된 패치에서 개체군이 사라지는 멸종 과정

여기서 안정 상태(steady state)는 $\frac{dP}{dt}=0$일 때다. 말하자면 이는, $p=0$, 즉 멸종했거나 $c(1-p)-e=0$, 즉 $p^*=1-\frac{e}{c}$일 때다. 따라서 $c>e$이면, $p^*>0$으로 일정 비율의 패치가 점유되는 메타개체군 상태가 유지된다.

앞서 언급한 바 있는 윌슨은 '사회생물학의 창시자'로도 유명하지만, 생물다양성과 군집의 구조가 환경과 어떻게 상호작용하는지를 설명하는 섬 생물지리학 이론(Island Biogeography Theory, IBT)을 로버트 맥아더와 함께 발전시켰다. 섬과 같은 고립된 환경에서 종의 이주, 멸종, 군집 형성 과정을 설명하며, 생물 종의 분포와 다양성이 환경적 요인에 의해 어떻게 변화하는지를 밝혔다.[209]

에릭 피앙카(Eric Pianka, 1939~)•는 맥아더와 함께 최적 포식 이론(Optimal Foraging Theory, OFT)을 연구하였다. 이 이론은 유기체가 제한된 자원에서 최대의 이익을 얻기 위해 행동을 최적화한다는 원리로, 동물의 먹이 선택이 어떻게 진화적 적응의 결과인지를 설명한다. OFT는 동물이 가장 낮은 비용으로 가장 큰 이익(에너지)을 제공하는 포식 전략을 채택하여 적합도를 극대화하려고 한다고 가정한다.[210] 이에 대해서는 뒤에서 자세하게 다룬다.

고든 오리언스(Gordon Orians, 1932~)••는 짝짓기 행동과 번식 전략에 관해

• 칼턴 칼리지와 워싱턴 대학교 등에서 공부했다. 주로 도마뱀 연구에 주력했다. 어린 시절 앞마당에서 폭발물이 터져 장애를 얻었지만, 북미와 아프리카, 호주 등 여러 대륙에서 사막 생태계를 광범위하게 연구했다.

•• 위스콘신 대학교 매디슨에서 조류의 생태적 행동을 주제로 박사 학위를 받았다. 워싱턴 대학교에서 평생 학생을 가르치며, 서식지 선호와 짝짓기 체계 결정 요인, 철새의 이동 경로 등에 관해 연구했다. 늘 현장 연구를 중요하게 여기며 평생 전 세계에서 탐사 활동을 벌였다. 흥미롭게도 인간이 특정한 풍경(사바나 등)을 선호하는 경향이 있다고 주장했다. 다음을 참고하기 바란

연구하였다. 그는 짝짓기 시스템(mating system)을 연구하며, 짝 선택과 짝짓기 행동이 유기체의 번식 성공도와 어떻게 연결되는지를 설명했다. 동물이 서식지 선택을 할 때, 참조하는 환경적 요인에 관한 연구, 그리고 레빈스의 메타개체군 개념을 확장하여 여러 서식지 패치에 분포하면서 소집단이 상호작용하는 상황에 관해 이른바 레빈스 모델을 제안하였다.[211] 존 휴렐 크룩(John Hurrell Crook, 1930~1999)•은 침팬지와 베짜는새(weaverbird)를 비교 연구하면서, 유기체의 사회적 행동과 그 진화적 기원을 분석하였다. 크룩의 연구에 대해서는 뒤에서 다시 다룬다.[212]

1970년대에 이르러 행동생태학은 하나의 확고한 독립적 학문 분야로 자리 잡기 시작하였다. 이 시기에는 종 내 또는 종 간의 진화적 반응을 국소적인 사회생태적 맥락에서 분석하는 연구가 활발히 이루어졌다. 예를 들어, 제럼 L. 브라운(Jerram L. Brown, 1931~2002)••은 조류의 영토 시스템에서

(앞 페이지에 이어서)

다. Orians G. Habitat selection: general theory and applications to human behavior. In: Lockard JS, editor. *The evolution of human social behavior*. Chicago: Elsevier; 1980. p. 49–66.

• 옥스퍼드 대학교에서 학부 과정을 마쳤으며, 케임브리지 대학교에서 소프와 하인드의 지도하에 박사 학위를 받았다. 브리스톨 대학교에서 재직하며, 조류뿐 아니라, 겔라다개코원숭이(Gelada Baboon), 바르바리마카크(Barbary Macaque) 등 영장류 행동 연구도 진행했다. 로렌츠와 틴베르헌의 동물행동학을 한 단계 발전시킨 것으로 평가받는데 이를 인간 행동 연구로 확장하였다. 흥미롭게도 스탠퍼드 대학교 행동과학 고등연구센터(Center for Advanced Study in the Behavioral Sciences)에서 인간 심리를 연구했으며, 은퇴 후에는 뉴욕의 다르마 드럼 리트리트 센터(Dharma Drum Retreat Center)에서 선불교(Chan Buddhism) 수행에 힘썼다. 1993년에는 중국의 성엄(聖嚴, Sheng-yen) 스님으로부터 법맥(法脈)을 전수하였다.

•• 코넬 대학교와 미시간 대학교에서 동물학으로 학위를 마쳤다. 재학 중에 군 복무를 했다. 로체스터 대학교와 스미스소니언 열대연구소(Smithsonian Tropical Research Institute, STRI), 뉴욕 주립대학교 올버니 등에서 연구했다. 현장 연구를 중시하여 파나마를 비롯한 여러 열대 지방에서 장기 연구를 진행했다. 협동 번식 연구로 유명하다. 그리고 크게 유명하지는 않으나, 행동생태학의 여러 진화적 연구를 종합한 『행동의 진화(The Evolution of Behavior)』를 1975년에 출간했다. 다음을 참고하기 바란다. Brown JL. *The evolution of behavior*. New York: W.W. Norton & Co. Inc; 1975.

나타나는 행동적 다양성의 진화를 분석했다. 다양한 환경적 요인이 조류의 행동 전략에 어떻게 영향을 미치는지를 설명하면서, 조류의 영토 행동이 단순한 본능적 행동이 아니라, 환경의 자원 분포와 밀접하게 연결되어 있다는 점을 밝혔다. 예를 들어, 자원이 풍부한 지역에서는 영토의 크기가 작아지는 반면, 자원이 희소한 지역에서는 개체들이 넓은 영역을 차지하는 경향이 있다.[213,214]

그런데 동물행동학의 기초가 동물에 대한 깊은 애정에서 출발한 것처럼, 인간행동생태학 역시 인간 본성에 대한 흥미에서 시작된 것일까? 그러나 인간행동생태학자는 인간 심리의 내적 과정에 큰 관심을 두지 않는다. 동물의 심리적 과정을 파악하기 어려운 것과 마찬가지로, 인간의 정신적 과정 역시 직접적인 연구의 대상이 되기에는 복잡하고 모호하다고 보기 때문이다. 단지 동물의 행동을 생태적 조건에서 연구하는 동물행동학의 방법론을 인간 사회에 적용하여, 인간 행동의 적응적 형질을 연구하는 것이다.

사실 인간이 의식적으로 내관할 수 있는 정신 영역은 전체의 극히 일부분에 불과하다. 마음을 들여다보는 작업 자체가 에너지를 요구하는 고도의 인지적 활동이기 때문에, 인간은 필요할 때에만 의식적으로 자신의 마음을 반추할 수 있도록 진화해왔다. 그 외의 수많은 정신적 과정은 무의식적·자동적이다. 따라서 '상식'과 달리 인간 심리의 여러 내적 과정을 알게 되어도, 겉으로 드러나는 인간 행동을 설명하는 데는 큰 도움이 되지 않을 수 있다.

아무튼, 이미 큰 성과를 거두고 있었던 동물행동학자나 동물행동생태학자의 여러 연구 결과는 인간행동생태학의 토대를 제공했다. 특히 인간 행동생태학 발전의 중요한 이정표 중 하나는 1973년 로렌츠, 틴베르헌, 칼 폰 프리슈의 노벨의학상 수상이다. 앞서 언급한 대로 이들은 동물 행동의 본능적 기반을 과학적으로 조명함으로써 행동생물학 분야에 크게 이바지하였다. 참고로 칼 폰 프리슈(Karl von Frisch, 1886~1982)•는 오스트리아 출신의 동물행동학자로, 동물의 감각 생리학과 의사소통 기전에 관한 연구로 잘 알려져 있다.

프리슈의 가장 주목할 만한 연구는 꿀벌(*Apis mellifera*)의 의사소통 체계에 관한 것으로, 특히 꿀벌이 춤 언어를 사용해 먹이 위치를 동료 꿀벌에게 전달한다는 사실을 발견하였다. 꿀벌의 원형 춤과 8자 춤(waggle dance)을 분석함으로써 먹이의 방향과 거리를 동료에게 전달하는 방식을 구체적으로 규명하였다. 꿀벌의 이러한 의사소통은 환경 정보의 정확한 전달을 가능하게 하며, 이는 꿀벌 군집의 생존과 번영에 중요한 역할을 한다. 프리슈는 이러한 연구를 통해 꿀벌이 단순한 본능적 행동을 넘어 복잡한 사회적 의사소통을 수행한다는 사실을 과학적으로 입증하였다.[190,215]

한편, 인류학자 윌리엄 아이언스(William Irons, 1941~)••와 나폴리언 섀그넌(Napoleon Chagnon, 1938~2019)•••은 인간행동생태학을 본 궤도로 올려놓은 개척

• 빈 대학교와 뮌헨 대학교에서 공부했다. 처음에는 의학을 공부하다가 동물학으로 방향을 바꾸었다. 이후 뮌헨 대학교, 로스토크 대학교, 브레슬라우 대학교 등에서 연구했다. 나치 치하에서 외할머니가 유대인이라는 이유로 교수직에서 해임되었다. 그러나 그의 꿀벌 노제마병(Nosema disease) 연구의 군사적 가치로 인해 다시 복직했다.

•• 흔히 빌 아이언스(Bill Irons)로 부른다. 미시간 대학교에서 인류학을 전공했다. 노스웨스턴 대학교에서 교수를 지냈다.

••• 미시간 대학교에서 인류학을 전공했다. 펜실베이니아 주립 대학교, UC 산타바바라, 미주리 대학교, 미시간 대학교 등에서 재직했다. 베네수엘라·브라질 국경지대 야노마뫼 연구로 유명한데, 1960년대부터 수십 년간 지속했다. 자세한 내용은 다음을 참고하기 바란다. 『고결한 야만인: 아마존 야노마뫼족과 인류학자들, 두 위험한 부족과 함께한 삶』. 강주헌 역. 서울: 생각의힘; 2014

자라고 할 수 있다. 이들은 인간 행동이 진화론적 관점에서 어떻게 적응적으로 발달했는지에 관한 연구를 통해 인간 사회의 복잡한 행동 패턴을 설명하려 했다. 특히 인간 행동이 생물학적 요인뿐만 아니라 생태적 요인과 밀접하게 연관되어 있음을 강조하며, 생태적·문화적·사회적 맥락에서 인간 행동을 분석하는 접근법을 발전시켰다. 아이언스는 인간 사회에서 관찰되는 행동 패턴이 그 사회가 처한 생태적 맥락에 따라 달라질 수 있으며, 그 맥락 속에서 행동의 진화적 기원을 이해할 수 있다고 보았다. 예를 들어 이란 북부에 거주하는 요무트(Yomut) 투르크멘 유목민 사회에서는 남아 선호(son preference)가 관찰되는데, 이는 재산 분배와 결혼 전략에서 아들이 더 유리한 문화적 상황에 따른 것이다.

이는 트리버스-윌라드 가설(Trivers-Willard hypothesis, TWH)과 일치하는 사례다. 해당 가설은 트리버스와 댄 윌러드(Dan Willard)가 제안한 것으로, 암컷 포유류는 자신의 상태(건강, 영양 상태, 사회적 지위 등)에 따라 자손의 성비(수컷 vs. 암컷)를 조정하여 생식 성공률을 극대화한다. 마카크원숭이 등 여러 동물에서 관찰되었고, 집시 연구 등 인간 사회에서도 여러 증거가 확인되었다.

특히 아이언스는 부족 사회에서 자원 관리 등의 집단적 행동이 어떻게 조절되는지 연구했다. 예컨대 유목 생활 방식은 국가 권력에 대한 대응, 자원 획득 및 충돌 회피를 위한 일종의 정치적, 경제적 적응 전략의 일환일 수 있다. 이와 관련하여 아이언스는 종교와 도덕적 규범이 집단 내 협력과 응집력을 어떻게 형성하는지도 진화적으로 분석했다. 그는 종교가 집단의 협동을 강화하고 배신을 억제하는 장치일 수 있다고 주장했다.[216]

(앞 페이지에 이어서)

년; 『야노마모: 에덴의 마지막 날들』. 양은주 역. 서울: 파스칼북스; 2003년 아이언스는 문화인류학자이자 진화인류학자로, 문화적 다양성을 존중하는 한편, 진화생물학적 모형을 인간 사회에 적용함으로써, 가설연역적 연구와 장기 현지 조사의 결합이 큰 성과를 거둘 수 있다는 것을 보여주었다. 사회생물학 논쟁 속에서도 아이언스는 문화가 완전히 자율적 창조물일 수 없고, 진화적으로 부여된 심리적 기전과 적응적 환경의 상호작용에 따른 산물이라고 주장했다.

섀그넌은 남미의 야노마뫼(Yanomamö) 부족 마을 60여 곳을 현지 조사하여 인간 사회의 갈등과 공격성의 진화적 기원을 연구한 인류학자다. 사회생물학 및 진화인류학적 관점을 문화인류학 조사에 도입해 큰 파란을 일으켰다. 계보학적 방법(genealogical method)을 활용하여, 개체와 친족의 혼인, 관계, 갈등, 협력 등을 조사했다. 특히 폭력과 공격성이 사회적 구조와 연관되어 어떻게 발전했는지를 잘 설명했다. 섀그넌은 원시 인류가 홉스가 말한 '만인의 만인에 대한 투쟁' 상태에 더 가까웠다고 주장했다. 섀그넌은 야노마뫼 부족이 거주하는 열대우림이라는 특수한 환경 속에서 부족 간의 갈등과 자원 경쟁이 빈번하게 발생한다는 점에 주목했다. 그에 따르면, 야노마뫼 사람의 공격성은 단순한 폭력 행위가 아니라, 그들이 속한 생태적 환경 속에서 생존과 번식을 위한 전략적 선택이다.

섀그넌은 '사람을 죽여본 남성(Unokais)'의 사례를 들어, 공격성과 폭력이 인간 사회에서 권력 구조와 사회적 지위를 형성하는 데 중요한 역할을 한다는 점을 지적했다. 사회적 지위의 획득과 생식 성공이 공격적 행동과 밀접하게 연관되어 있다는 사실을 밝혀냈으며, 이를 통해 사회적 구조와 행동 양식이 어떻게 진화할 수 있는지를 설명하였다. 야노마뫼 부족에서 공격적인 남성은 높은 지위에 오르고, 그에 따라 생식 기회가 늘어난다는 것이다. 물론 살인이나 전쟁은 단지 '공연한' 공격성 때문에 벌어지는 것이 아니라, 혼인 기회나 식량, 토지 등을 둘러싼 경쟁에서 벌어진다.[217,218]

앞서 언급한 바 있는 크룩은 인간과 동물 사회에서의 협력과 갈등을 비교 연구하며, 인간 행동의 진화적 기초를 설명하려 했다. 동물 사회에서 나타나는 행동 패턴과 인간 사회에서 관찰되는 행동이 진화적 관점에서 서로 유사하다고 보았으며, 공통으로 나타나는 협력과 갈등이 생태적 요인에 의해 조절된다고 주장했다. 특히 침팬지와 베짜는새의 행동을 비교 연구하였다. 침팬지는 인간과 가장 유전적으로 가까운 영장류로, 크룩은 이들의 사회적 구조가 인간 사회와 비슷한 방식으로 형성된다고 보았다. 예를 들어, 침팬지의 집단 간 갈등은 생태적 자원의 분포와 밀접하게 연관되어 있다. 자원이 풍부한 환경에서는 협력적 행동이 촉진되는 반면, 자원이 부족한 환경에서는 갈등과 경쟁이 더욱 빈번하게 나타난다. 크룩은 이를 통해 인간 사회에서도 환경적 조건이 사회적 행동의 전략적 선택에 큰 영향을 미친다고 유비 추론했다. 또한, 베짜는새는 복잡한 집단생활을 하는 계통으로, 크룩은 이들의 집단 조직과 협력적 행동이 환경에 따라 어떻게 변화하는지를 연구하였다. 먹이가 풍부한 환경에서는 베짜는새 집단 내부의 협력적 행동이 증가하지만, 자원이 고갈될 경우 서열과 권력 구조가 나타나며, 경쟁이 촉진된다.[219,220]

한편, 생물학자 에릭 샤노브(Eric Charnov, 1947~)•는 자원의 분배와 선택이 어떻게 행동 전략을 결정하는지를 설명하는 자신만의 최적 포식 이

• 미시간 대학교와 워싱턴 대학교에서 진화생태학을 전공했다. 뉴멕시코 대학교와 유타 대학교 생물학과 교수로 재직하였고, 임계치 정리와 생애사 이론을 수학적 모델로 풀어낸 것으로 유명하다.

론(OFT)을 제안했으며, 인간의 행동이 자원을 효율적으로 사용하려는 진화적 동기에 의해 결정된다고 보았다.[221] 또한, 임계치 정리(Marginal Value Theorem, MVT)로도 잘 알려져 있다. 이는 최적 포식 이론을 더 발전시킨 것으로 동물이 특정 장소에서 자원을 계속 채취하는 데 드는 시간과 새로운 장소로 이동하는 데 소모되는 시간을 비교하여 행동을 결정한다고 설명한다. 이 모델에 따르면, 동물은 특정 서식지에서 더 이상 자원이 충분하지 않을 때, 새로운 자원을 찾기 위해 이동하는 것이 최적의 전략이 될 수 있다. 최적 포식 이론에 대해서는 뒤에서 좀 더 자세하게 다룰 것이다.

인류학자 크리스틴 호크스(Kristen Hawkes, 1944~)•는 진화인류학 분야에서 인간의 생애주기와 수명의 진화를 연구한 학자로, 특히 할머니 가설(grandmother hypothesis)을 통해 인간 사회에서 노년층의 역할에 대한 독창적인 관점을 제시하였다. 호크스는 할머니의 존재가 인간 사회에서 포괄적합도를 증가시키는 중요한 역할을 한다고 주장하며, 이를 통해 인간의 독특한 생애주기와 사회적 구조의 진화적 기원을 설명하려 했다. 긴 인류사 내내 점진적으로 인간의 수명이 길어지면서, 인간의 수명이 점차 길어지면서 할머니가 자녀와 손주를 돌보는 과정이 포괄적합도를 높이는 중요한 요소로 작용했다고 추정한 것이다.

호크스는 이를 설명하기 위해 하드자족(Hadza)을 비롯한 현대 수렵채집 사회를 분석하여, 할머니가 손주의 양육과 식량 공급에 기여한다는 사실을 밝혀냈다. 부모는 더 많은 시간을 생산적인 활동에 할애할 수 있었고,

---

• 아이오와 주립 대학교와 워싱턴 대학교에서 인류학을 전공했다. 유타 대학교 인류학과에서 교수로 재직했다. 탄자니아 하드자족 연구를 통해 할머니 가설을 제안했고, 식량 공유, 협력 양육, 생애사 전략 등 진화인류학적 해석을 수리 모델과 현장 데이터로 결합했다.

이는 자녀의 생존 가능성을 크게 높였다. 또한, 할머니의 돌봄은 어머니가 더 빨리 다음 자녀를 출산할 수 있는 여유를 제공했으며, 가족 전체의 번식 성공률을 높이는 결과로 이어졌다. 아울러 침팬지나 고릴라와의 비교 연구를 통해 여성의 폐경이 단순한 생물학적 현상이 아니라, 인간의 독특한 사회적 구조와 관련이 있다고 주장했다.[222, 223] 예를 들어 다음과 같이 풀어볼 수 있다.

할머니의 도움 없이 어머니가 평생 낳을 수 있는 자손의 수는 다음과 같다.

$$N=\frac{L}{I}$$

- L: 어머니의 번식 수명(reproductive Lifespan, 생애 동안 번식 능력을 유지하는 전체 기간)
- I: 출산 간격(inter-birth interval)

이때, 각 자손의 생존 확률이 s라고 하면, 어머니의 포괄적합도(inclusive fitness)는 다음과 같다.

$$F=\frac{L}{I}\times s$$

그런데 만약 할머니의 도움을 받을 경우, 어머니는 출산 간격이 $I+\delta$로 단축되고, 자녀의 생존 확률은 $s+\epsilon$로 증가한다고 가정하자. 그러면 자손의 수는 다음과 같이 구할 수 있다.

$$N'=\frac{L}{I-\delta}$$

그리고 포괄적합도는 다음과 같다.

$$F' = \frac{L}{I-\delta} \cdot (s+\epsilon)$$

여기서 할머니 효과, 즉 추가적인 적합도 상승이 존재하는지 여부는 다음과 같이 풀 수 있다.

$$\frac{F'}{F} = \frac{I}{I-\delta} \cdot \frac{s+\epsilon}{s}$$

이를 R이라고 하면, $R>1$일 때 할머니 효과가 발생한다고 할 수 있다.

물론 최근에는 이러한 가설이 도전받고 있다. 여성 경쟁 가설(female competition hypothesis)은 여성들 사이의 번식 경쟁이 인간의 생식 능력 중단에 중요한 역할을 했다고 가정한다. 즉, 폐경은 나이가 든 여성들이 번식 경쟁에서 젊은 여성들과 직접 경쟁하지 않기 위한 전략적 적응이라는 것이다.[224]

인류학자 어빈 드보어(Irven DeVore, 1934~2014)•와 리처드 보르셰이 리(Richard Borshay Lee, 1937~)••는 수렵채집 사회를 연구하며 인간 행동의 진화적 적응을

• 텍사스 대학교와 시카고 대학교 등에서 인류학을 전공했다. UC 버클리와 하버드 대학교 인류학과 교수를 지내며, 개코원숭이의 행동을 야생에서 관찰하고, 칼라하리 사막의 !쿵족, 자이르(현재 콩고민주공화국) 이투리 숲의 수렵채집 부족인 에페족(Efe)과 인근에서 농경을 영위하는 레세족(Lese)을 연구했다. 초등학교나 중학교 학생을 위한 생물 교육 프로그램, 'Man: A Course of Study, MCOS'를 개발했다. 프로그램에서는 개코원숭이와 이누이트족 등 인류학적 사례를 많이 제시했다.

•• 토론토 대학교와 캘리포니아 대학교 버클리에서 학업을 마치고, 버클리에서 박사 학위를 취득하였다. 토론토 대학교에서 인류학 교수로 재직했다. 1963년부터 남아프리카의 칼라하리 사막에 거주하는 !쿵산족과 함께 생활하며 현지 조사를 진행하였다. 대표 저서는 다음을 참고하기 바란다. Lee RB. *The !Kung San: Men, Women and Work in a Foraging Society*. New York: Harcourt Brace Jovanovich; 1979.

연구했다. 기본적으로 인간이 수렵채집 사회에서 생활하던 시절의 행동 패턴이 오늘날 인간 사회에서 나타나는 경제적 구조와 사회적 관계의 형성에 큰 영향을 미쳤다고 보았다. 이들은 인간 사회에서 나타나는 다양한 경제적 구조와 사회적 관계가 진화적 관점에서 어떻게 적응해왔는지 설명했다. 드보어는 비교 영장류 연구를 통해서 수렵채집을 통한 행동 양상은 협력적 사냥과 자원 공유를 발전시켰으며, 이는 인간 사회에서의 협력과 사회적 상호작용의 기초가 되었다고 주장했다.[225]

리는 수렵채집 사회에서 자원이 개별적으로 소유되지 않고, 공동체가 자원을 공유하며 협력하는 방식이 인간 사회의 근본적인 사회적 관계를 형성했다고 설명했다. 수렵채집 사회에서 자원이 공동으로 분배되는 방식이 오늘날의 사회적 평등과 협력의 기초가 되었으며, 이러한 시스템이 인간이 공동체 중심의 생활 방식을 발전시키는 데 중요한 역할을 했다는 것이다.[226] 이 둘은 1966년에 개최된 '사냥꾼 남자(Man the Hunter)' 학술회의를 통해 인간의 수렵채집 사회에 대한 새로운 통찰을 제시하였는데,[227] 이에 대해서는 뒤에서 좀 자세히 다룰 것이다.

행동생태학자 에릭 스미스(Eric Smith, 1953~)•와 브루스 윈터홀더(Bruce Winterhalder, 1949~)••는 인간의 자원 분배와 전략적 행동을 연구하며 인간행동생태학의 이론적 기초를 더욱 확립했다. 그들은 주로 인간 사회에서 자

• 리드 대학교, 뉴멕시코 대학교, 코넬 대학교 등에서 인류학을 전공했고, 북극권 캐나다 이누이트(Inujjuamiut) 공동체의 수렵채집 전략 등을 연구하였다. 최적 수렵 이론 및 문화전파이론(cultural transmission theory)과 협동, 사회규범 형성, 부모 투자의 차이 등에 대해 연구했다.

•• 토론토 대학교, 매니토바 대학교, 코넬 대학교 등에서 인류학을 전공했고, 캐나다 북부 크리족(Cree) 등 수렵채집민을 대상으로 현지연구를 진행했다. 노스캐롤라이나 대학교, 미네소타대학교, UC 데이비스 등에서 교수를 지냈다. 최적 수렵 이론, 위험 관리, 사회적 협력 등에 관해 수리생태학 모델을 사용하여 분석했다.

원의 제한성과 경쟁이 어떻게 행동 전략을 형성하는지를 연구했다. 에릭 스미스는 자원 획득과 분배 전략을 연구하는 데 있어 선도적 역할을 한 인류학자이다. 특히 수렵채집 사회를 통해 인간이 어떻게 자원 획득을 최적화하고 이를 공동체 내에서 배분하는 전략을 선택하는지 분석하였다. 최적 포식 이론을 인간 사회에 적용하여 인간이 자원을 획득하는 방식이 단순히 생존에만 국한되지 않고, 사회적 지위와 협력을 강화하는 전략적 행동임을 강조했다. 또한, 인센티브 구조와 사회적 규범이 자원 분배에 어떻게 영향을 미치는지를 다루었다.[196]

윈터홀더는 위험 회피 전략 개념을 통해, 인간이 자원을 분배할 때 미래의 불확실성을 고려하여 행동을 조절한다고 주장했다. 그는 인간이 환경적 불확실성에 대처하기 위해 자원을 공동체 내에서 분배하거나, 교환 네트워크를 통해 위험을 분산시키는 전략을 사용한다고 보았다. 예를 들어, 수렵채집 사회에서 자원이 부족할 때, 개인은 협력적 관계를 구축하여 자원을 서로 나누고, 미래에 닥칠 자원의 부족에 대비하는 방식으로 행동한다는 것이다. 이들은 함께 인간 사회에서 자원 분배와 경쟁 전략이 생태적 압력과 사회적 맥락에 따라 어떻게 조절되는지를 연구하며, 인간 행동이 환경 적응의 산물임을 체계적으로 전개했다. 수렵채집 사회와 농경 사회 모두에서 인간이 생태적 불확실성에 직면했을 때 어떻게 자원을 효율적으로 관리하고 분배하는지를 설명하는 데 중점을 두었다.[228-231] 이에 대해서는 뒤에서 좀 더 자세히 다룰 것이다.

점차 인간의 생리적, 행동적 변이 연구에도 중대한 변화가 일어나기 시작했다. 기존의 집단 변이에 관한 인종주의적 우열 논쟁에서 벗어나 환경에 따른 신체적, 정신적 형질의 변화를 수용 능력(carrying capacity), 피드백 및 인구 압력(population pressure) 등 생태학적 개념을 통해서 유연하게 설명하려고 시도했다.[13] 간략하게 설명하면 다음과 같다.

- 수용 능력: 한 지역이 유지할 수 있는 생물 집단의 최대 규모를 의미한다. 즉, 생태계가 인구 집단에 필요한 자원을 공급할 수 있는 한계치다. 인간 변이 연구에서 이 개념은 특정 인구 집단이 자원을 효율적으로 사용할 수 있는 방법과 환경적 제약이 신체적, 정신적 형질에 미치는 영향을 설명하는 데 중요한 역할을 한다. 예를 들어, 극지 에스키모인들은 최대한 높은 열량을 획득·활용하는 적응적 대사 활동을 발달시켰다.

- 피드백: 인간과 환경 간의 상호작용을 설명하는 중요한 개념으로, 인간의 활동이 환경에 변화를 초래하고, 그 변화가 다시 인간에게 영향을 미치는 순환적 과정을 의미한다. 예를 들어 농업 혁명 이후 인류의 인구가 급격히 증가하면서, 농업 생산성을 높이기 위한 다양한 기술적 변화가 이루어졌다. 일부 지역에서는 식량이 풍족해지면서 신체적 발달이 촉진되었지만, 동시에 자원 고갈이나 기후 변화로 인해 다시 피드백 효과가 발생해 새로운 적응이 일어나기도 했다.[232]

- 인구 압력: 인구 증가로 인해 제한된 자원에 대한 경쟁이 심화되는 현상을 설명하는 개념이다. 압력이 가해지면 생존 경쟁이 심화되며, 이는 인간의 신체적, 정신적 변이에 큰 영향을 미친다. 인구 압력 아래에서는 생존에 유리한 형질이 선택되기 쉬우며, 그 결과 인간 집단 내

> 에서 적응적 변이가 발생할 수 있다. 예를 들어 농업 생산에 의존하는 사회에서 신체적 노동 강도가 증가함에 따라, 근육 발달이나 체력과 같은 신체적 특성이 발달하기도 했다.[233-235]

한편, 발달과 변이의 관계를 연구하려는 시도도 시작되었다. '인간 적응성 프로젝트(Human Adaptability Project, HAP)'는 1960년대와 70년대에 걸쳐 세계 여러 지역에서 인간이 다양한 환경에 어떻게 적응하는지를 체계적으로 연구했다.[236] 프로젝트의 목표는 인간 집단이 다양한 생태적 압력에 직면했을 때 나타나는 '인체 반응 규범(human norms of reaction)'을 연구하는 것이었다.[237]

이들은 고산 지대, 극지방, 건조한 사바나 등 다양한 극한 환경에서 인간이 생리적, 행동적, 발달적 수준에서 어떻게 적응하는지를 조사하는 것을 핵심 목표로 삼았다. 예를 들어, 고산 지대에서는 산소 부족에 대한 신체적 반응과 순환기 시스템의 적응을, 극지방에서는 추위에 대한 피부 및 신체 보온 기전을, 사바나에서는 극한 온도와 건조한 환경에서 수분 보존과 관련된 적응을 집중적으로 연구했다.[238-240] 이를 통해서 인간이 극한 환경에서 생존하고 번성할 수 있었던 것은 유전적 변이와 더불어, 문화적 적응과 행동적 변화가 큰 역할을 했음을 보여주었다.[241] 이들 연구는 생물학적 관점에서 인간의 생존 전략이 단순히 유전적 요소에만 국한되지 않고, 다양한 생리적, 사회적 요인이 결합된 복합적 기전에 의해 형성된다는 인식을 확산시켰다.

한편, 생태학적 입장에 기반한 인간 변이 연구는 진화행동과학의 여러 연구와 결합하면서 '수렵채집인 연구(hunter-gatherer studies)'로 확장되었다. 앞서 언급한 캐나다 출신의 진화인류학자 리처드 리와 생물인류학자 어빈 드보어가 1966년에 조직한 학술회의인 '사냥꾼 남자'에서 시작된 움직임은 현생 수렵채집인 집단을 연구 대상으로 삼아 진화생물학적 생태 연구의 새로운 장을 열었다.[227] 플라이스토세(Pleistocene) 인류의 삶을 이해하기 위한 이러한 시도는 하버드 칼라하리 프로젝트(Harvard Kalahari Project)와 유타 아체 프로젝트(Utah Ache Project) 등 장기 현지연구로 발전되었다.[13]

하버드 칼라하리 프로젝트는 1960년대부터 1970년대까지 리와 드보어의 지도 아래 진행되었으며, 남아프리카 칼라하리 사막의 주호안시족(Ju/'hoansi) 혹은 !쿵산족(!Kung San) 수렵채집인을 연구 대상으로 삼았다. 이 연구는 칼라하리 주민기금(Kalahari Peoples Fund)이라는 사회적 옹호 기구의 탄생을 끌어내면서 학문적 연구와 사회적 옹호가 결합된 중요한 모델로 자리 잡았다.[242]

유타 아체 프로젝트는 파라과이에 거주하는 아체(Ache) 수렵채집인을 대상으로 진행된 연구로, 킴 힐(Kim Hill, 1956~)•과 마그달레나 후르타도(Magdalena Hurtado, 1964~)••가 주도하였다. 이 프로젝트는 아체 사회의 인구통계, 생애사 전략, 생태적 적응 등을 연구하며 인간 진화생물학과 행동생태학 분야에 크게 기여했다. 예를 들어, 아체 여성은 자녀를 양육하는 동안 출산을 지연시키는 경향이 있다. 자원의 불안정성이 높은 환경에서 부

• 뉴멕시코 대학교, 에모리 대학교, 유타 대학교, 미시간 대학교, 애리조나 주립 대학교에서 인류학 교수를 지냈다. 이론적 관심사는 인간진화생태학으로, 주된 연구 분야로는 포식 이론, 시간 배분, 식량 공유, 생애사 진화, 부모 투자, 협력, 문화와 인지 등이다. 파라과이의 아체(Ache), 베네수엘라의 히위족(Hiwi), 페루의 마쉬코-피로족(Mashco-Piro), 마치겐가족(Matsiguenga) 및 요라족(Yora) 등을 대상으로 거의 30년간의 현장 연구를 수행했다.

•• 유타 대학교에서 인류학을 전공했고, 현재 애리조나 주립대학교에서 인간진화생태학을 가르치고 있다.

모가 자녀에게 충분한 자원을 투자하기 위한 것으로 긴 출산 간격이 유리한 생식 전략임을 보여준다.[243] 이는 부모의 자원 분배와 생존 전략의 균형을 반영한다. 특히 생애사 이론과 생식 전략, 자원 분배와 관련된 진화적 과정을 설명하는 중요한 경험적 증거다.[244, 245]

이러한 관찰 결과에서 비롯된 최적 출산 간격 가설(optimal birth spacing hypothesis)은 인간의 생애사 전략과 생식 행동을 설명하는 진화생태학 이론이다. 이 가설은 부모의 자원 할당이 자녀의 생존 가능성에 어떻게 영향을 미치는지를 생태인류학적 관점에서 연구한다. 예를 들어보자.

> 부모의 전체 생식 기간을 T라고 하고, 출산 간격을 B(time units)라고 가정하면, 부모가 낳을 수 있는 자손 수는 다음과 같다.

$$N(B)=\frac{T}{B}$$

그러나 자손 생존율 $S(B)$는 출산 간격 B가 길어질수록 증가하는 경향이 있다.

$$S(B)=1-e^{-kB}(k>0)$$

- k: 출산 간격에 따른 생존율 증가 속도를 나타내는 상수

부모의 전체 적합도는 다음과 같이 나타낼 수 있다.

$$F(B)=N(B)\times S(B)=\frac{T}{B}(1-e^{-kB})$$

$F(B)$를 B에 대해 미분하고 0이 되는 지점을 찾아 최적 출산 간격 B^*를 도출하려면, 다음을 만족하는 B를 구하면 된다(자세한 식은 생략).

$$1-e^{-kB}=kBe^{-kB}$$

특히 최적 출산 간격을 달성하는 근연 기전으로 인간의 모유 수유 행동과 관련된 생물학을 제안했다. 멜빈 J. 코너(Melvin J. Konner, 1946~)[•]와 캐럴 M. 워스만(Carol M. Worthman, 1950~)[••]의 연구에 의하면, 모유 수유 기간은 여성의 생식 활동을 생리학적으로 억제하는 데 중요한 역할을 한다. 모유 수유 중에는 배란이 억제되므로, 출산 간격이 자연스럽게 조절된다.[246]

이러한 생리적 기전은 부모가 자녀 양육에 집중할 시간을 늘리고, 자녀가 충분히 성장하여 독립적 생존 능력을 갖출 때까지 부모의 자원을 최적화하는 데 기여한다. 인간은 오랜 유아기 의존 기간(prolonged infancy dependency period)을 가지는 종으로서, 부모가 자녀에게 많은 양의 에너지를 장기간 투자해야 한다. 출산 간격이 너무 짧으면 자녀가 충분한 자원을 받지 못해 생존 가능성이 낮아질 수 있다. 반면, 출산 간격이 너무 길어지면 부모가 남은 생애 동안 출산할 수 있는 자녀의 수가 줄어들어, 유전자 전파의 기회가 감소할 수 있다. 따라서 최적의 출산 간격(optimal inter-birth interval)은 부모의 자원 투자와 자녀 생존의 균형을 맞추는 방식으로 진화했을 가능

• 뉴욕 시립 브루클린 칼리지(CUNY)와 하버드 의대를 졸업했다. 에모리 대학교에서 인류학 및 신경과학, 행동생물학 교수로 재직 중이다. 구석기 다이어트 연구로 유명하다.

•• 뉴욕 주립대학교-퍼체스, 컬럼비아 대학교, 유타 대학교 등에서 인류학을 전공했다. 그의 지도교수는 에릭 샤노브였다. 모유 수유가 영아 생존율과 출산 간격에 미치는 영향, 아동 돌봄이 아동 생존과 성장에 미치는 영향, 성별에 따른 돌봄이 사춘기 시기에 미치는 영향, 그리고 생식 생애사가 만성 건강 위험에 미치는 영향 등을 연구했다. 다양한 문화권을 대상으로 횡문화 연구를 진행했고, 지금은 에모리 대학교에 재직 중이다.

성이 크다.

한편, 낸시 하웰(Nancy Howell)•은 남아프리카 칼라하리 사막에서 생활하는 도베 !쿵족(Dobe !Kung) 수렵채집인을 조사했다.[247] 하웰도 출산 간격이 생태적 요인에 의해 조절되는 적응적 전략임을 보여주었다. !쿵족 여성은 긴 출산 간격을 유지하는 경향이 있으며, 이는 자녀에게 충분한 양육 자원을 제공하고 자녀의 생존 가능성을 높이기 위한 전략이다. 하웰은 모유 수유가 이러한 긴 출산 간격을 유발하는 생리적 기전으로 작용한다고 추정했다. 또한, 하웰은 !쿵족 사회에서의 성장 및 발달 속도가 생태적 압력에 의해 조절된다는 점도 강조했다. 자원의 제한된 가용성, 환경적 위험 요소, 그리고 부모의 자원 투자 능력은 자녀의 성장 패턴에 영향을 미치며, 이로 인해 !쿵족 개체의 발달 속도는 환경적 압력에 적응된 형태로 나타난다는 것이다.

수렵채집인에 관한 인간행동생태학적 연구는 기본적으로 생태적 적응, 사회적 활동, 생계 유지 전략, 인구 동태, 성장과 발달, 물질 문화 등 여러 측면을 체계적으로 분석하기 위해서 수리적 이론 및 정량적 자료 분석 방법론을 도입했다. 특히 최적 포식 이론과 같은 생물학적 진화이론은 수렵채집인의 행동과 생계 전략을 설명하는 데 중요한 역할을 했다.

그러면 최적 포식 이론에 관해 알아보자. 앞서 말한 대로 자원 탐색 등의 행동에서 에너지와 시간의 효율적 사용을 설명하는 핵심 이론이다.[248] 개체가 제한된 시간과 에너지를 사용하여 포식 활동을 최적화하려고 한다는 가정에 기초하며, 주로 먹이 선택과 포식 전략을 진화적 관점에서

• 토론토 대학교를 졸업하고, 토론토 대학교에서 연구하고 있다. 수렵채집 사회에 관해 주로 연구하고 있다.

분석한다. 원래 다양한 생물 종에서 관찰되는 행동적 적응을 설명하기 위한 모델로 제안되었으며, 인간 행동 연구에서도 널리 사용되고 있다. 다음과 같은 주요 구성 요소를 가진다(해당 요소는 HBE 연구 전반에서 널리 사용된다).

- 통화(currency): 동물이 최적화하려는 단위로, 예를 들어 단위 시간당 가장 많은 먹이를 얻는 것
- 제약조건(constraints): 환경의 요인으로, 동물이 통화를 극대화하는 능력을 제한하는 요소. 예를 들어, 이동 시간, 먹이를 운반할 수 있는 최대 개수, 인지적 제한 등
- 최적 결정 규칙(optimal decision rule): 제약조건 하에서 통화를 최대화하는 동물의 최적 포식 전략

이 이론의 핵심은 포식자가 먹이를 선택할 때 에너지 수익률을 최대로 하는 전략을 택한다는 것이다.[249] 이를 위해 포식자는 두 가지 주요 요소를 고려한다.

첫째, 먹이의 에너지 가치와 그 먹이를 획득하는 데 드는 시간과 노력을 비교하여, 최대한의 에너지를 효율적으로 얻을 수 있는 특정 먹이를 선호한다.

둘째, 포식자는 먹이 획득을 위해 소모되는 시간과 에너지를 최소화하고, 먹이를 먹는 동안 소모되는 에너지도 고려하여 가장 효율적인 전략을 선택한다.

이렇게 먹이 선택을 통한 에너지 획득의 효율성을 높이고, 시간과 에너지의 최적 분배를 고려하는 행동 전략을 가정한 이론을 활용하면, 수렵채

집 사회에서 실증적 데이터를 얻을 수 있으며, 따라서 비용-편익 분석을 통해 정교한 수리생태학적 실증 모델을 구축할 수도 있다.

대략 두 개의 고전적 모델이 잘 알려져 있는데, 첫 번째 모델은 식단 폭 모델(Diet Breath Model, DBM)이다. 이 모델은 포식자가 어떤 먹이를 선택할 것인지를 설명하는 데 사용된다. 포식자는 각각의 먹이가 제공하는 에너지 수익률을 고려하여 가장 높은 수익을 제공하는 먹이에 초점을 맞춘다.

먼저 포식자가 여러 종류의 먹이 중에서 선택할 때, 각 먹이의 수익성(profitability)을 고려할 것이다. 여기서 수익성은 먹이 i의 에너지 함량 E_i를 처리 시간(handling time) i로 나눈 값이므로 다음과 같다.

$$P_i = \frac{E_i}{h_i}$$

포식자는 평균 에너지 섭취율 R을 최대화하기 위해, 현재 섭취 중인 먹이 집합 D에 대해 다음과 같이 전체 에너지 섭취율을 계산한다.

$$R = \frac{\sum_{j \in D} \lambda_j E_j}{1 + \sum_{j \in D} \lambda_j h_j}$$

- λ_j: 먹이 조우(遭遇)율을 의미
- $1+\sum_{j \in D} \lambda_j h_j$: 탐색 시간과 처리 시간의 총합(즉, 포식자가 먹이를 취급하는 데 걸리는 시간)

새로운 먹이 i를 식단에 포함하려면, 먹이 i의 수익성 P_i가 현재의 평균 에너지 섭취율 R보다 높아야 한다.

$$\frac{E_i}{h_i} > R$$

위의 모델에 의하면 포식자는 이 방정식을 통해 각 먹이의 에너지 수익률을 계산하여, 상대적으로 더 높은 에너지 수익을 제공하는 먹이를 선택할 가능성이 크다. 만약 어떤 추가 먹이가 있더라도 그것이 전체 섭취율을 낮추면, 식단에서 배제한다.

종종 수렵채집인을 포함한 전통사회는 주변 생태환경의 식량을 완전히 고갈시키지 않는데, 흔히 이를 '자연과의 공생'을 추구하는 전통사회의 지혜이라는 식으로 낭만적으로 해석한다. 그러나 식단 폭 모델에 의하면, 특정 식량 자원을 완전히 소진하는 것보다, 그 식량의 처리 시간과 에너지 수익률을 종합적으로 고려할 때, 다른 식량으로 전환하는 전략이 전체적인 에너지 효율을 높일 수 있다. 즉, 한 가지 식량에 집착하기보다는 다양한 식량원을 적절히 활용하는 것이 장기적으로 이익이다. 만약 수렵채집인이 이러한 원칙에 따라서만 행동한다고 가정하면, 처리 시간이 증가하지 않는 식단에 계속 접근할 수 있는 환경, 예를 들면 도시의 슈퍼마켓을 접하게 될 경우 가장 '양질'의 식량(가장 저렴하고 열량이 높은 음식)만을 끝없이 소비할 것이다.

두 번째 모델은 패치 탐색 모델(patch foraging model)이다. 이 모델은 먹이가 고르게 분포하지 않은 환경에서 포식할 때, 특정 장소(패치)에서 얼마나 오랜 시간 동안 머무를 것인지에 대한 결정을 설명한다. 포식자는 한 지역에서 얻을 수 있는 자원의 한계수익률이 떨어질 때까지 그 지역에 머무르며, 한계수익률이 떨어지면 다른 패치로 이동한다. 이때 포식자는 다음 패치로 이동하는 데 걸리는 탐색 시간을 고려하여 패치에 머무는 최적의

시간을 계산한다.[221]

패치에 머무르는 동안 포식자가 축적하는 먹이양을 $G(T)$라 하자. 보통 $G(T)$는 T가 증가할수록 증가하지만, 점점 수확률이 감소하는 감쇠 함수(diminishing returns)를 따른다. 한 패치에서 머무르는 시간 T와, 다음 패치로 이동하는 데 걸리는 탐색 시간 λ를 고려할 때, 전체 평균 먹이 섭취율 R은 다음과 같다.

$$R=\frac{G(T)}{T+\lambda}$$

최적의 체류 시간 T^*는 패치 내에서의 한계 수확률 $G'(T)$가 전체 평균 수확률 R과 같아지는 지점에서 결정된다.

$$G'(T^*)=\frac{G(T^*)}{T^*+\lambda}$$

즉 더 이상 패치 내에서 머무르는 것이 평균 섭취율을 높이지 못할 때 다른 패치로 이동하는 것이 유리하다.

원래 최적 포식 이론은 조류의 포식 행동 연구에서 자주 사용되었다. 조류는 먹이 획득에서 제한된 자원을 효율적으로 사용하기 위해, 특정 먹이 패치에서 머무르는 시간과 이동 시점을 최적화하는 경향을 보인다.[250, 251] 또한, 해양 포유류의 포식 행동 연구에서도 이론에서 제시된 패치 선택과 이동 전략을 따르는 경향이 관찰되었다.[252] 이러한 생태학적 이론은 인간행동생태학으로 발전하여 수렵채집인의 행동 전략을 이해하는 데도, 그리고 현재는 현대인의 다양한 행동 전략을 이해하는 데도 활용되고 있다.

그러나 과연 식단 선택 및 이동 시점 최적화 행동 양상이 다음 세대로 전승될 수 있는지, 그리고 다른 활동이 포식 활동과 경합하므로 포식 행위만 따로 떼어 최적 행동이라고 할 수 있는지에 관해 논란이 있다. 현실적으로 여러 조건이나 패치의 정의, 먹이의 유형 등을 규정하고 조사하는 것이 어렵다는 제한점도 있다. 오늘따라 영양가가 낮은 버섯이 먹고 싶을 수도 있고, 아침에 커피를 마셨더니 괜히 두근두근해서 일찍 자리를 뜨고 싶을 수도 있을 것이다.

한편, 니컬러스 G. 블러튼-존스(Nicholas G. Blurton-Jones, 1931~2020)•와 로버트 M. 시블리(Robert M. Sibly, 1940~)••는 이 가설을 확장하여, 부모가 자녀와 함께 수렵할 때 발생하는 물리적 부담을 고려한 모델을 제안했다. 이들은 자녀를 동반한 수렵 생활에서 자녀가 부모의 이동 능력과 효율성에 미치는 영향을 분석하며, 출산 간격을 조절하는 생태적 요인들을 제시했다. 수렵채집 사회에서는 부모가 자녀를 데리고 이동하면서 자원을 획득하는 과정에서 추가적 에너지와 노력을 소비하게 되며, 이러한 부담은 부모의 생존과 다음 자녀의 양육 가능성에 영향을 미칠 수 있다. 따라서 부모는 자녀가 어느 정도 자립할 수 있을 때까지 출산을 지연시키는 것이 더 유리한 생식 전략일 수 있다고 주장했다.[253] 이 연구는 특히 이동성이 중요한 생존 전략인 수렵채집 사회에서 출산 간격이 중요한 역할을 할 수 있음을

• 영국 레딩 대학교와 옥스퍼드 대학교에서 심리학과 동물학을 전공했다. 브리스톨 대학교, 존스 홉킨스 의대, 런던 대학교 소아건강연구소 등에서 연구했고, UCLA 정신과 및 인류학과에서 오랫동안 활동했다. 아동 발달, 부모 투자, 사회적 행동을 진화론적 관점에서 연구했고, 보츠와나의 !쿵산족 등 수렵채집민 사회에 대한 현지 조사를 수행했다.

•• 에든버러 대학교에서 동물학을 전공했다. 영국 레딩 대학교 생물과학부 교수를 지냈고, 대사 생태학 연구를 주로 진행했다.

의미하며, 현대 사회에서 초기 양육과 직장 생활을 병행하는 경우의 트레이드-오프에도 적용할 수 있을 것이다.

앞서 논의한 대로 부모가 출산 간격 B를 선택할 때, 전통적 최적 출산 간격 가설에서는 다음과 같이 설명한다.

$$F(B)=\frac{T}{B}\cdot S(B)$$

부모가 자녀를 동반하여 이동할 때 추가적인 에너지 비용이 발생하며, 이 비용은 자녀가 어릴수록, 즉 출산 간격 B가 짧을수록 더 크게 나타날 것이다. 이를 효율성 계수 $E(B)$로 정의하자.

$$E(B)=1-de^{-rB}$$

- $d(0<d<1)$: 자녀 동반으로 인한 상대적 부담의 최댓값
- r: B가 증가함에 따라 자녀 부담이 완화되는 속도. B가 0에 가까울수록 $E(B)\approx 1-d$이며, B가 ∞로 증가하면 $E(B)\approx 1$.

이를 포괄적합도로 모델링하면 다음과 같다.

$$F(B)=\frac{1}{B}\cdot S(B)\cdot E(B)=\frac{1}{B}(1-e^{-kB})(1-de^{-rB})$$

이를 최적화하면 다음을 만족하는 B를 구할 수 있다.

$$\frac{dF(B)}{dB}=0$$

그러나 수렵채집인 연구는 적지 않은 비판을 받아왔다. 앞서 언급했듯이, 진화심리학적 및 생물학적 결정론적 관점을 강조함으로써 인간 행동의 복잡성을 지나치게 환원론적으로 설명하려는 경향이 있다는 비판이다.[162] 인간 사회는 단순히 생물학적 적응을 통해서만 설명될 수 없으며, 정치적, 경제적, 문화적 요인도 인간 행동에 깊이 영향을 미친다는 것이다. 또한, 이러한 요인들을 모두 생태적 요인으로 포섭한다고 하더라도, 단순히 인간 행동을 생태적 요인에 의해 결정된다고 주장하는 생태결정론적 입장에 대한 비판도 있다. 이는 환경 조건에 따라 일방적으로 행동이 결정된다는 가정을 바탕으로 하고 있는데, 사실 그 반대다. 오히려 인간은 환경을 능동적으로 조절하고 창의적으로 적응하는 존재다.

문화인류학자 쉐리 오트너(Sherry Ortner, 1941~)•는 생태결정론이 인간의 자율성을 축소하며, 문화적 선택과 사회적 변화를 이해하는 데 한계가 있다고 주장했다. 물론 수렵채집 사회의 행동 양식이 주어진 생태적 압력에 의해 형성되었을 수는 있지만, 이와 더불어 이들이 주어진 환경에 어떻게 능동적으로 대응하며 삶의 조건을 변형해왔는지를 고려해야 한다는 것이다.[254]

그뿐 아니라 행동생태학은 성 역할에 대한 고정관념을 재생산했다는 비판도 받았다. 초기 수렵채집인 연구는 남성의 역할, 특히 수렵 활동에 지나치게 중점을 두었다. 이는 남성을 사냥꾼으로, 여성을 채집자로 이분화하는 성 역할 고정관념을 강화했다는 비판을 받았다. 생물인류학자 오

• 브린 마 칼리지와 시카고 대학교에서 문화인류학을 전공했다. 미시간 대학교, UC 버클리, 컬럼비아 대학교, UCLA 등에서 교수를 지냈다. 네팔 셰르파(Sherpa) 공동체에 관한 민족지 연구 및 인류학적 실천 이론(practice theory)으로 유명하다.

드리 질먼(Audrey Zihlman, 1939~)•이나 문화인류학자 엘리너 리콕(Eleanor Burke Leacock, 1922~1987)••도 비슷한 비판을 했다. 여성의 채집 활동이 생존에 필수적인 자원 제공을 담당했음에도 불구하고, 초기 연구는 이러한 기여를 과소평가했다고 주장했다.[255, 256] 최근에는 이러한 비판을 반영하여 여성의 채집 활동이나 모계 의사결정 등 경제적, 사회적 역할에 관해 좀 더 집중하는 연구가 많이 진행되고 있다.

또 다른 비판도 있다. 수렵채집인 연구는 현대 수렵채집인을 선사시대 인간의 대리 모델로 사용하고 있다는 것이다. 영국의 인류학자 제임스 우드번(James Woodburn, 1931~)•••은 현대 수렵채집인이 식민주의, 경제적 변화, 기술 발전 등 외부적 요인에 의해 이미 영향을 받았기 때문에, 이들을 원시 사회의 순수한 표본으로 간주하는 것은 곤란하다고 비판했다.[257] 현대 사회의 수렵채집인은 구석기인의 잔재가 아니기 때문이다.

하지만 비록 이런 비판들이 갖는 논지의 핵심을 인정하더라도, 생태적 환경에 따른 행동 다양성에 관한 이론적 설명을 무효로 할 수 있을까? 이미 1956년, 유전학자이자 진화생물학자인 J. B. S. 홀데인은 서로 다른 환경에서 살아가는 대조적 인간 집단에서 관찰되는 행동 차이가 해당 환경에 대한 적응적 반응의 결과라고 주장하였다. 인간의 유전적 구성이 대체

• UC 버클리에서 생물인류학을 전공했다. 이후 UC 산타크루즈에서 인류학을 가르쳤다. 여성 채집자(Woman the Gatherer) 가설을 주장했다.

•• 버나드 칼리지와 컬럼비아 대학교에서 문화인류학을 전공했고, CUNY에서 교수로 재직했다. 캐나다 라브라도(Labrador, Canada)에서 몽타그네-나스카피(Montagnais-Naskapi) 사회를 연구했고, 프리드리히 엥겔스의 저작을 중심으로 마르크스주의와 페미니즘에 입각한 인류학을 연구했다.

••• 런던 정경대 인류학과에서 재직하며 주로 탄자니아의 하드자족(Hadza)을 연구했다. 아프리카의 하드자족과 같은 전통적인 수렵채집 사회를 연구하며 이들의 사회 구조, 경제체제, 시간 개념 등을 주로 연구했다. 특히 수렵채집 사회가 즉각적 반환 경제(immediate return economy)를 기반으로 높은 평등주의적 구조를 유지하는 양상을 밝힌 연구로 잘 알려져 있다.

로 동일하더라도, 특정한 환경적 조건에서는 각기 다른 행동 패턴이 나타날 수 있다는 것이다. 이러한 논리는 인간 행동이 환경에 의존적이며, 진화적 압력에 의해 형성된 생태적 적응 전략의 일환이라는 개념을 제시하는 데 중요한 역할을 했다.[258]

참고로 홀데인은 R. A. 피셔, 시월 라이트(Sewall Wright, 1889~1988)와 함께 집단유전학(population genetics)과 진화의 수리적 이론(mathematical theory of evolution)의 기초를 확립한 위대한 진화학자다. 홀데인, 라이트, 피셔는 서로 다른 관점과 방법론을 통해 진화의 기전을 규명하려 했다. 이들은 모두 자연선택과 유전의 변동을 중심으로 진화 과정을 설명하려 했으나, 각각 수학적 모델링, 인구 유전학, 통계적 접근 등 다양한 방법을 동원하였다. 행동생태학자는 아니지만, 여기서 피셔와 홀데인, 라이트에 대해 간략하게 소개하고자 한다.

R. A. 피셔(Ronald Aylmer Fisher, 1890~1962)•는 현대 종합설과 수리생태학, 집단유전학의 기초를 마련한 영국의 통계학자, 유전학자, 진화생물학자이다. 멘델과 다윈의 개념을 완벽하게 결합한 인물이다. 최대우도법(maximum likelihood), 분산분석(ANOVA), 가설 검정 및 실험 설계에서의 무작위 배정(randomization), 유의확률(p-value) 개념, F-분포(F-distribution), t-분포(t-distribution), 피셔 선형 판별 분석(Fisher's linear discriminant analysis, LDA) 등 현대 통계학 기법을 발전시켰다. 유전학 관련한 연구로는 성비가 1대 1로 유지되는 이유에 관

• 케임브리지 대학교에서 수학과 천문학을 전공했다. 졸업 후 런던시의 통계학자로 일하며 성적 선호와 성선택에 관한 연구를 발표하기도 했다. 로담스테드 연구소(Rothamsted Research Station)에서 다양한 통계학적 기법을 발표했다. 이후 런던의 골턴 연구소(Galton Laboratory), 런던 대학교 유전학부, 케임브리지 대학교 교수 등을 지냈다. 흥미롭게도 통계적 분석을 통해 담배가 폐암을 유발한다는 연구 결과에 대해서 강하게 반박했는데, 피셔는 골초로 유명했다.

한 '피셔의 원리(Fisher's principle)', 성선택 현상에 관한 '피셔의 줄달음(Fisherian runaway)' 및 '매력적인 아들 가설(sexy son hypothesis)', 포괄적합도에 관한 '부모 투자 가설(parental investment hypothesis)' 등이 있다.• 리처드 도킨스는 피셔를 다윈 이후 가장 위대한 후계자라고 평하기도 했다. 그러나 피셔는 우생학을 지지했고, 자신의 통계적 분석 결과를 제시하면서 인종 간의 지적·정서적 발달 능력의 차이가 있다고 주장하기도 했다.••

J. B. S. 홀데인(John Burdon Sanderson Haldane, 1892~1964)•••은 자연선택과 돌연변이의 역할을 수학적으로 설명하여 신다윈주의를 형성하는 데 중요한 역할을 했다. 다양한 주제의 연구를 기발한 통찰로 진행한 천재적 인물이다. 예를 들어 1915년에 포유류에서 유전적 연결(genetic linkage) 현상을 실험적으로 증명하였다. 특정 형질들이 염색체상에서 서로 인접하게 위치하여 함께 유전되는 이유를 설명하였고, 이후 유전자 지도 작성의 기초를 제공하였다. 또한, 1929년 원시 수프(primordial soup, Oparin-Haldane 가설)를 처음 제안한 바 있다. 1924년부터 1934년 사이에, 멘델 유전학을 기반으로 자연선택의 속도와 방향을 수학적으로 기술하는 다양한 연구를 발표했다. 돌연변이, 선택, 이주(유전자 흐름) 등의 요소가 개체군 내에서 유전자 빈도

• 피셔의 진화 연구에 관해서는 다음을 참고하기 바란다. Fisher RA. *The Genetical Theory of Natural Selection*. Oxford: Clarendon Press; 1930.

•• 1950년, 인종 간 지능 차이가 없다고 주장한 과학자들의 '유네스코(UNESCO)의 인종 개념에 관한 성명서(The Race Concept: Results of an Inquiry)'에 강하게 반대했다.

••• 옥스퍼드에서 공부했고, 제1차 세계대전에 참전하여 전장에서도 자신의 몸을 대상으로 산소 포화도나 감압, 이산화탄소 노출 실험을 진행한 괴짜 연구자였다. 주로 케임브리지, 옥스퍼드, UCL에서 교수로 재직했다. 인도 통계연구소(Indian Statistical Institute, Calcutta) 교수를 지내기도 했다. 1961년에는 영국 국적을 버리고 인도 시민이 되었다. 인도 부바네스와르(Bhubaneswar)에 유전학 및 생체측정 연구소(Genetics and Biometry Laboratory)를 설립했다.

에 미치는 영향을 정량적으로 분석한 선구적 연구다.•

홀데인의 연구 범위는 이에 그치지 않는다. 1932년에는 X-연관 혈우병과 같은 유전질환의 돌연변이율을 추정하는 방법을 제시하였으며, 이를 통해 인간 유전자 변이율을 최초로 수리적으로 추정하였다.•• 아울러 효소 동역학(enzyme kinetics) 분야에서도 G. E. 브릭스(G. E. Briggs)와 함께 효소-기질 복합체의 농도가 거의 일정하다고 가정하는 준(準) 정상 상태 가설(Briggs-Haldane kinetics)을 통해, 마이클리스-멘텐 방정식(Michaelis-Menten equation)의 수학적 기반을 재정립하였다. 한편, 홀데인은 인도 남부의 사촌혼과 유전 장애의 발병 가능성에 관한 연구도 진행했다. 그뿐만 아니라 생물학적 다양성이 질병에 대한 저항성과 관련된다는 통찰적 연구도 진행했다.

홀데인의 이름이 붙은 몇 가지 개념은 아직도 유용하다. 정리하면 다음과 같다. '홀데인의 법칙(Haldane's Rule)'은 잡종에서 불임이나 생식 능력 저하가 주로 이질적 성염색체(예: XY 체계의 수컷 혹은 ZW 체계의 암컷)에서 나타난다는 것이다. '홀데인의 체(Haldane's Sieve)'란 유익한 우성 돌연변이가 유익한 열성 돌연변이보다 자연선택에 의해 고정될 가능성이 크다는 것이다. '홀데인의 딜레마(Haldane's Dilemma)'란 자연선택이 유익한 돌연변이를 고정하는 데에는 '선택 비용'이 따른다는 것이다. 그래서 진화의 속도에는 한계가 있으며, 너무 빠른 변화는 오히려 해를 끼칠 수 있다는 주장이다.

• 홀데인의 집단유전학 모델은 독립적인 단위로서의 유전자를 가정한, 멘델 법칙에 따른 모델이었다. 그러나 에른스트 마이어는 이를 두고 '콩주머니 유전학(beanbag genetics)'이라면서 비판하기도 하였다.

•• 그의 진화 모델에 관해서는 다음을 참고하기 바란다. Haldane JB. *The Causes of Evolution.* London: Longmans, Green and Co; 1932.

시월 라이트(Sewall Wright, 1889~1988)•는 근교계수(inbreeding coefficient), F-통계량(F-statistics), 거리에 따른 격리 모델(isolation by distance model) 등을 제안했다. 자연선택을 강조한 피셔와 달리, 유전적 부동을 강조하여 논쟁을 벌이기도 했다. '균형 이동 이론(shifting balance theory)'을 통해 유전적 지형(landscape)에서 적합도 봉우리(adaptive peaks)와 적합도 골짜기(adaptive valleys)를 넘나드는 과정으로 진화를 설명했다. 이는 작은 개체군(소집단, deme) 내의 유전적 부동, 선택, 그리고 집단 간 이동(migration)이 상호작용하여 전체 집단이 복잡한 적합도 지형(fitness landscape)을 이동하며 최적화되는 과정을 말한다. 자세한 논의는 이 책의 범위를 넘어서므로 생략한다.••

아무튼 행동생태학의 입장에서 본다면, 인간의 복잡한 문화 역시 단순한 생태적 적응의 산물일 뿐이며, 궁극적으로는 다른 동물들과 마찬가지로 생존과 번식에 최적화된 행동 패턴을 따르고 있다는 결론을 내릴 수 있다. 이러한 시각에서 크룩은 '사회 체계는 생태적 적응의 결과'라고 주장하며, 인간의 사회적 구조와 행동 양식이 환경적 요인에 의해 결정되고 조정된다는 점을 강조하였다. 인간 사회의 복잡성과 다양성이 단순히 우월하거나 특별한 것이 아니라, 자연적 선택 과정에서 필연적으로 나타난 결과에 불과하다는 것이다.[259] 인간 사회의 복잡성과 정교함은 특정한 진화적 선택압에 의해 형성된 결과로, 인간의 본질적 '우월성'이나 추상적인 '창의성'에서 비롯된 것이 아니다.

• 미국 롬바드 칼리지, 일리노이 대학교, 하버드 대학교 등에서 학위를 마쳤다. 미국 농무부(US Department of Agriculture)와 시카고 대학교 등에서 연구했다. 그는 근교계수에 관한 수리적 설명을 제시했는데, 흥미롭게도 라이트의 부모는 사촌 결혼을 했다.

•• 다음을 참고하기 바란다. Wright SW. The shifting balance theory and macroevolution. *Annu Rev Genet*. 1982;16:1-19.

한편, 생애사 이론은 동물진화생태학의 중요한 분과였는데, 진화인류학자에게도 점차 큰 영향을 미치기 시작했다. 생애사 이론은 개체의 생애주기 동안 자원(시간, 에너지)을 어떻게 할당할지를 설명하는 이론적 틀이다. 이 이론은 생물체가 성장, 생식, 유지, 그리고 생존과 같은 필수적 과정에 자원을 배분하면서 경험하는 트레이드-오프를 설명한다. 특히 출산율과 사망률 사이에서의 필수적 균형 현상에 주목한다. 사실 생애사 이론의 기원은 R. A. 피셔의 연구로 거슬러 올라간다.[260] 피셔는 자연선택과 인구유전학을 결합하여 생명체의 진화적 전략을 분석했으며, 특히 생명체의 출산 패턴과 생존 전략 간의 상관관계에 관한 통찰을 제시했다. 이후 수학적 인구통계학과 결합하여 1960년대와 70년대에 이르러 생애사 이론은 진화생태학의 중요한 분과로 발전하였다.

생애사 이론에서 가장 중요한 개념 중 하나는 유기체가 직면하는 트레이드-오프다. 이에 따르면 생애주기 동안 한정된 에너지를 어떻게 할당하느냐에 따라 생식, 성장, 생존 간의 균형을 맞추어야 한다. 예를 들어, 개체가 성장에 더 많은 에너지를 투자한다면, 그만큼 생식에 투자할 에너지가 줄어들 수 있다. 반대로 생식에 너무 많은 에너지를 투자하면, 생존을 위해 필요한 자원을 충분히 확보하지 못해 사망률이 증가할 수 있다. 특히 샤노브의 연구는 생애사 이론에서 첫 생식 시기의 최적 시점, 즉 언제 생식을 시작하는 것이 진화적으로 유리한지를 설명하는 데 중요한 이바지를 했다. 그는 개체가 생애 초기에 충분한 자원을 축적한 후 생식을 시작하는 것이 장기적으로 더 많은 자손을 남길 수 있음을 수학적 모델을 통해 분석했다.[261] 이러한 이론적 성과는 인간의 생리적 발달과정에서 성장과 생식 간의 트레이드-오프를 분석하는 데 중요한 틀이 되었다. 수리적으로 설명하면 대략 다음과 같다.

개체는 생애 동안 한정된 에너지 E_{total}을 보유하며, 이 에너지는 성장(E_G), 생식(E_R), 생존(E_S)에 할당된다.

$$E_{total} = E_G + E_R + E_S$$

개체는 생애 초기에 에너지를 축적(즉, 성장에 투자)하다가, 어느 시점 t에서 첫 생식을 시작한다. 시간 t까지 축적된 에너지는 다음과 같다.

$$E(t) = E_0 + rt$$

- r: 에너지 축적률
- E_0: 초기 에너지

생존 확률 $S(t)$는 다음과 같이 나타낼 수 있다.

$$S(t) = e^{-dt}$$

- d: 생존에 영향을 주는 위험 계수

첫 생식 이후에 얻을 수 있는 자손 수(또는 생식 잠재력)는 축적된 에너지에 의존할 것이다. 이를 선형함수로 가정하면, 다음과 같다.

$$R(t) = k(E_0 + rt)$$

- k: 에너지를 생식 산출량으로 전환하는 상수

따라서 전체 생애 기간 중의 적합도는 다음과 같다.

$$W(t)=e^{-dt}\cdot k(E_0+rt)$$

최적의 생식 시점 t^*는 $W(t)$를 최대화하는 t로 결정되므로, $W(t)$를 t_t에 대해 미분하여 최적화하면 다음과 같다.

$$\frac{dW}{dt}=ke^{-dt}[r-d(E_0+rt)]$$

이 값을 0으로 하는 값은 다음과 같다.

$$r-d(E_0+rt)=0$$

이를 t에 대해서 풀면 다음과 같다.

$$t^*=\frac{1}{d}-\frac{E_0}{r}$$

즉 최적 번식 시점은 환경의 위험 정도 d와 에너지 축적 속도 r, 그리고 초기 에너지 수준 E_0에 의해서 결정된다. 즉, 위험이 높을수록 생식 시점을 앞당기고, 에너지 축적이 빠르거나 초기 에너지가 높으면 좀 더 늦게 생식을 시작하는 전략이 유리하다.

생애사 이론의 또 다른 장점은 인간 여성의 생리적 발달과정을 설명할 수 있다는 것이다. 생리학자 로즈 E. 프리쉬(Rose E. Frisch, 1918~2015)• 등은 여

• 스미스 칼리지, 컬럼비아 대학교, 위스콘신 대학교 매디슨 등에서 동물학과 유전학 등을 전공했다. 하버드 보건대학원에서 재직하였다. 지방 조직이 생애사에 미치는 영향을 주로 연구했다. 홍

성의 초경(menarche) 시기를 연구하면서, 초경을 위한 최소 체중이 필요하다는 가설을 제시했다. 이들은 여성이 최소한의 체지방을 확보해야만 초경이 발생할 수 있으며, 생리적 발달이 에너지와 밀접한 관계가 있다고 주장했다.[262] 이후 이 연구는 여성의 폐경과 출산 조절에 대한 논쟁을 촉발했다. 따라서 폐경은 생리적 자원의 제한된 가용성에 따른 결과로, 여성의 생식 능력을 최적화하려는 진화적 적응으로 설명되었다.

인도의 생태학자 마드하브 개질(Madhav Gadgil, 1942~)•과 미국 생물학자 윌리엄 보서트(William H. Bossert, 1937~),•• 그리고 샤노브와 생물학자 윌리엄 M. 쉐퍼(William M. Schaffer, 1945~2021)의 연구는 생리적 범주 간의 에너지 할당 방식이 어떻게 결정되며, 이를 통해 개체의 생애 전략이 어떠한 방식으로 최적화되는지를 설명하는 데 중대한 이바지를 했다. 개체가 생애주기 동안 사용할 수 있는 유한한 에너지를 생식, 성장, 유지라는 상이한 생리적 범주 간에 어떻게 분배하는지를 수학적으로 모델링했으며, 이러한 에너지 할당의 핵심 조절 기전으로 대사 과정을 제시하였다.[263,264] 즉, 유기체는 자신의 생리적 요구에 따라 가변적 환경 속에서 에너지 자원을 효율적으로 배분하는 방향으로 진화해왔으며, 이는 자연선택의 필연적 결과라는 점을 강조하였다. 이러한 접근법은 이후 생식 생리학, 성장과 발달, 면

(앞 페이지에 이어서)

미롭게도 남편은 물리학자 데이비드 H. 프리쉬(David H. Frisch)인데, 둘은 로스앨러모스에서 원자폭탄 프로젝트에 함께 참여했다.

• 퍼거슨 칼리지와 하버드 대학교에서 진화생물학을 전공했다. 인도 과학연구소(Indian Institute of Science, IISc) 생태학부 교수를 지냈다.

•• 하버드 대학교에서 수학을 전공했다. 하버드 대학교 생물학 및 응용수학 교수를 지냈고, E. O. 윌슨과 개체군 생물학 교재 『집단생물학 입문』을 펴내기도 했다. *A Primer of Population Biology*. Cambridge: Harvard University Press; 1971

역 기능, 노화 등 개체 수준에서 나타나는 다양한 생애 과정의 기저를 이해하는 데 필수적인 이론적 기반을 제공하였다. 이를 통해 생물인류학과 진화생물학 간의 접점을 만드는 데 중요한 역할을 하였다.

흥미롭게도 생애사 이론은 고인류학에서도 중요한 역할을 했다. 예를 들어 B. 홀리 스미스(Bennett Holly Smith, 1951~)•는 멸종된 호미닌 생애사를 재구성하는 연구에서 생애사 이론을 사용해, 이들이 어떻게 자원을 배분하고 생애주기를 최적화했는지를 분석했다. 호미닌의 성장 패턴, 치아 발달 및 뇌 크기 등의 자료를 통해 생애사 이론을 적용해 과거 인류의 생애사 전략을 설명하였다.[265] 특히 호미닌 생애주기에서 뇌 발달이 중요한 에너지 비용을 차지했다는 사실을 밝혔고, 이러한 현상이 성장과 생식에 미친 영향을 가늠할 수 있도록 하였다.

또한, 생애사 이론은 영장류 연구에서도 널리 활용되었다. 영장류학자 수전 C. 앨버트(Susan C. Alberts, 1960~)•• 등은 영장류의 생식 전략, 성장과 발달, 그리고 사회적 상호작용이 어떻게 생태적 조건에 따라 조정되는지를 분석하며, 인간과 영장류 간의 공통된 생애사 패턴을 밝히기도 했다.[266] 인간의 생애사 전략이 다른 영장류와 유사한 방식으로 생태적 압력에 의해 진화했다는 것이다.

이러한 연구는 '비싼 조직 가설(expensive tissue hypothesis)'로 발전했다. 영국

• 텍사스 대학교에서 인류학 학사 학위를, 미시간 대학교에서 박사 학위를 받았다. 조지 워싱턴 대학교의 인간고생물학 고등연구센터 연구 교수이자 미시간 대학교 인류고고학 박물관의 방문 연구 교수다. 그녀의 연구는 주로 치아 발달과 인간 및 초기 인류의 생애사 진화에 중점을 두고 있다.

•• 리드 칼리지와 시카고 대학교에서 생태진화학을 전공했다. 듀크 대학교 생물학 및 진화인류학 교수를 지냈다. 케냐에서 개코원숭이 연구 프로젝트를 진행했다.

의 생물인류학자 레슬리 아이엘로(Leslie C. Aiello, 1946~)•와 영국의 생물학자 피터 휠러(Peter Wheeler)는 뇌 발달과 장기 조직 사이에서 에너지적 트레이드-오프를 분석하여 인간이 상대적으로 큰 뇌를 발달시키기 위해서는 에너지를 다른 신체 기관, 특히 소화기에서 절약해야 한다는 개념을 제시했다.[267] 인간의 진화 과정에서 고에너지 음식(예: 육식, 조리 음식)의 섭취가 뇌 발달에 중요한 역할을 했음을 밝혔다.

한편, 생물인류학자 카렌 로젠버그(Karen R. Rosenberg, 1957~)••와 진화인류학자 웬다 트레바탄(Wenda R. Trevathan, 1948~)•••은 출산의 진화를 설명하는 데 생애사 이론을 적용했다. 이들은 호미닌의 출산이 다른 영장류에 비해서 점점 더 오랜 시간이 걸리며, 심지어 다른 이의 도움이 필수적인 과정으로 진화했다는 사실을 밝히고, 이러한 형질이 인간 진화 과정에서 생리적 에너지 분배와 깊은 관련이 있다고 하였다.[268] 특히 인간이 어떻게 출산에 필요한 자원을 효율적으로 할당하는지를 설명하면서, 다른 영장류와 구별되는 독특한 생애사 전략을 형성했음을 밝혔다는 점에서 학문적 의미가 크다.[269]

▣

인간행동생태학은 동물행동생태학에서 출발하여, 인간의 행동이 생태적

• UCLA와 런던 대학교에서 인류학을 전공했다. UCL 인류학과 교수를 지냈고, 주로 고인류학과 인간 진화학을 연구했다.

•• 미시간 대학교에서 인류학을 전공했고, 델라웨어 대학교 인류학과 교수를 지냈다. 고인류학과 진화의학 연구를 주로 진행했다.

••• 콜로라도 대학교에서 인류학 박사 학위를 받았다. 뉴멕시코 주립 대학교 인류학과 교수를 지냈고, 주로 여성의 번식에 관한 진화의학 연구를 수행했다. 그녀의 연구는 다음을 참고하기 바란다. 『여성의 진화(Ancient Bodies, Modern Lives)』. 박한선 역. 서울: 에이도스; 2017

조건에서 어떻게 적응적으로 발전했는지를 연구하는 학문이다. 인간행동생태학자는 인간의 정신적 과정보다는 환경적 압력과 자원 분배가 인간 행동에 미치는 영향을 분석하는 데 중점을 둔다. 아이언스, 섀그넌, 크룩 등은 인간 사회의 갈등, 협력, 생식 전략 등을 진화적 관점에서 설명하며, 인간 행동이 환경에 따라 변화하는 적응적 전략임을 밝혔다. 수렵채집인 연구를 통해 인간의 생존 전략이 생태적 요인에 의해 어떻게 진화해왔는지 설명했으며, 이를 바탕으로 생애사 이론과 자원 분배, 최적 포식 이론 등을 발전시켰다. 주로 현장 조사를 통한 관찰 연구, 그리고 최적화 모델이나 게임이론 등 수리 모델을 통한 가설 도출 및 이를 통한 예측 검증을 연역하는 식으로 연구한다.

반면에 사회생물학에서 시작한 진화심리학은 행동생태학과 상당한 차이를 보인다. 두 학문 모두 유기체의 행동을 진화론적 맥락에서 설명하려는 공통점을 가지지만, 접근 방식에서 차이가 있다. 전자는 유기체의 사회적 행동을 유전자 전달의 관점에서 설명하려고 시도한다. 즉 유전적 상속 체계(genetic inheritance system)에 의존하여 선형적이고 일관된 예측(uniform prediction)을 얻을 수 있다고 가정하며, 이를 통해서 인간을 포함한 유기체의 행동을 높은 수준에서 일반화할 수 있도록 시도한다. 주로 심리학적 실험과 설문 조사 등을 사용하여, 횡문화적 연구를 진행한다.

그러나 진화심리학은 생태적 변수를 고려하지 않는다는 단점이 있다. 환경적 맥락을 적용하지 않고 행동을 유전자 중심으로만 설명하려는 경향은 행동의 과도한 일반화로 이어질 수 있다. 특히, 인간과 같은 행동적 다양성과 표현형 가소성(plasticity)이 높은 종을 설명하는 데 있어 전통적인 사회생물학과 진화심리학의 역할은 제한적일 수 있다.

이에 반해 행동생태학은 유기체의 행동을 설명할 때 환경적 요인(지역적, 시간적 맥락)에 더 많은 복잡성을 부여한다. 진화생태학(evolutionary ecology)은 유기체의 행동이 주변 환경에 반응하여 발생한다는 전제를 기반으로 하며, 행동의 다양성은 환경적 조건의 다양성에 기인한다는 입장을 취한다. 즉, 환경 변화에 적응하고 반응하는 다양한 행동 전략을 이해하는 데 유리하며, 인간 행동의 다양성과 복잡성을 설명하는 데 있어 더 유연한 분석 틀로 기능한다.

이처럼 인간행동생태학 연구는 단순히 인간의 생물학적 적응을 설명하는 데 그치는 것이 아니라, 인간 사회의 행동적 진화와 문화적 적응을 통합적으로 설명하는 데 초점을 맞춘다. 특히, 수렵채집인 연구를 통해 인간 사회가 생태적 도전에 직면했을 때 어떠한 행동적, 생리적, 사회적 적응을 통해 생존 전략을 발전시켰는지를 분석하는 데 기여했다. 이러한 연구는 생태학적 생물인류학(ecological biological anthropology)의 연구와 결합하면서, 인간 행동의 진화적 기초에 대한 폭넓은 이론적 및 경험적 근거를 제시하는 데 중요한 역할을 했다.

5. 유전자-문화 공진화

인간동물행동학은 동물행동학에서 출발하여 인간 행동을 진화적 과정의 산물로 분석하는 학문이다. 인간의 행동을 생태적 맥락과 적응적 관점에서 설명하며, 점차 사회적·문화적 요소를 포함하는 방향으로 발전해 왔다. 진화심리학은 사회생물학에서 기원하여, 인간 행동의 보편적 심리적 기전을 규명하는 데 중점을 둔다. 초기에는 생물학적 관점에서 출발했으나, 심리학·인류학·경제학 등과 교차 연구를 통해 학제적 성격을 띠게 되었다. 인간행동생태학은 인간과 환경 간의 상호작용을 중점적으로 연구하며, 자원 분배와 생태적 적응을 중심으로 인간 행동을 분석한다. 특히, 문화적 차이를 생태적 요인과 연결하여 설명하며, 현지 조사를 통한 자료 분석을 통해 인간 사회의 행동 패턴을 연구하는 데 주력한다.

이러한 전반적인 흐름 속에서 좀 더 문화인류학에 가까운 진화적 연구 분야가 등장하기 시작했는데, 그 대표적인 예가 유전자-문화 공진화 이론(Gene-Culture Coevolution Theory, GCC)이다. 이 이론은 인간 행동의 진화에 관해서 단순히 유전적 요인에 국한하지 않고, 문화적 요소가 유전적 진화와 상호작용하여 행동을 형성하는 과정에 주목한다. 유전자-문화 공진화 이론은 생물학적 진화와 문화적 진화가 독립적 과정이 아니라 서로 깊이 얽혀 있으며, 이 둘의 상호작용이 인간의 행동적, 인지적 차이를 설명하는 중요한 기전이라는 점을 강조한다.

유전자-문화 공진화 이론은 인간 행동의 진화적 기원을 설명하는 데 있어 매력적 도구로 자리 잡고 있다. 생물학적 진화와 문화적 진화가 상호작용하며 발전해 왔다는 관점에서 다양한 사회문화적 현상을 설명할 수 있기 때문이다. 그러나 이론적 측면에서 공진화 이론은 여전히 뜨거운 논의의 대상이며, 그 타당성에 대한 근본적인 의문이 제기되고 있다.

특히 사회문화적 현상을 생물학적 진화와 연결하는 과정에서 과도한 단순화나 편향된 해석을 초래할 수 있다는 비판을 받고 있다. 자칫 과학적 엄밀성을 잃고 '팡글로스의 설명'•과 같은 낙관적, 만능적 해석으로 빠질 수 있

• 팡글로스는 그리스어로 '모든'을 뜻하는 'pan'과 '혀'를 가리키는 'gloss'의 합성어인데, 즉 무슨 질문을 받아도 어떻게든 대답해내는 만물박사, 척척박사를 말한다. 잘못된 낙관주의나 근거 없

는 위험성이 있다. 프랑스 철학자 볼테르(Voltaire, 1694~1778)•의 풍자 소설 『캉디드(Candide)』에 등장하는 낙관적인 철학자 팡글로스에서 유래한 은유다.[270]

공진화 이론이 가진 가장 큰 한계 중 하나는 생물학적 진화와 문화적 진화를 연결하는 과정에서 발생하는 이론적 모호성이다. 생물학적 진화는 유전적 변이와 적응, 자연선택 등에 의해 일어나므로, 비교적 명확한 과정을 거친다. 그러나 문화적 진화는 그 자체로 복잡하고, 다층적인 요인이 얽혀 있어 유전적 진화와 비교하는 것이 쉽지 않다. 예를 들어, 사회적 규범이나 제도, 기술 발전 등은 단순한 복제나 선택의 과정이 아닌, 인간의 의도적 선택, 학습, 사회적 상호작용에 의해 형성된다. 이러한 점에서 문화적 진화를 유전적 진화와 같은 방식으로 설명하는 것은 현실을 과도하게 단순화하는 위험이 있다.

이러한 제한점을 염두에 두고, 밈 이론과 이중 유전 이론, 공진화 이론을 중심으로 비교적 체계적 이론화가 이루어진 몇몇 주장을 살펴보자.

먼저 밈 이론(meme theory)은 문화적 정보가 유전자와 유사하게 다윈주의적 선택을 통해 진화할 수 있다는 가설이다. 물질적 유전자가 아닌, 인간의 생각(idea)이 독립체로서 복제되고 변형되며 진화할 수 있다는 것이다. 다윈주의적 진화가 작동하려면 복제가 가능한 독립체가 존재하고, 복제 과정에서 변형이 발생하며, 복제 성공률이 환경과의 상호작용에 따라 달라지고, 자원의 제한으로 인해 개체 간 번식 성공률에 차이가 있어야 한다.

(앞 페이지에 이어서)

는 해석을 경고할 때 사용되며, 특히 과학적 이론에서 모든 현상을 특정한 방식으로 해석하려는 경향을 비판할 때 흔히 쓰인다.

• 본명은 프랑수아-마리 아루에(François-Marie Arouet)이다. 기독교(특히 가톨릭교회)와 노예제에 대한 비판, 언론·종교의 자유와 정교분리를 옹호한 작가, 철학자, 풍자가였다.

즉 '생각'도 진화할 수 있다고 본다.

밈은 물리적 실체가 아닌, 뇌 사이를 이동하며 복제되는 문화적 단위로 정의된다. 도킨스가 처음으로 이러한 문화적 단위를 '밈(meme)'이라 명명하며, 인간의 뇌 안에서 복제되고 변이되는 과정을 다윈주의적 용어로 설명하였다. 노래, 아이디어, 패션, 기술 등 인간의 문화적 산물이 유전자처럼 복제되고 변이하며, 이를 통해 진화한다는 것이다. 유전자가 생물학적 진화의 기본 단위인 것처럼, 도킨스는 밈이 문화적 진화의 기본 단위라고 보았다. 그러나 밈은 생물학적 유전자와 달리 물리적 실체가 없으며, 순수한 정보의 단위로 존재한다. 게다가 밈은 부모로부터 수직적으로 전달되기도 하지만, 사회적 상호작용을 통해 수평적으로 전달될 수도 있다. 도킨스는 이러한 과정이 비록 유전자와는 별개로 작동하지만, 유사한 선택압과 변이 과정을 거치며 진화한다고 보았다.[271]

흥미롭게도 종종 밈은 단독으로 작동하지 않으며, 다른 밈들과 결합하여 '밈 복합체(memeplex)'를 형성한다. 영국의 심리학자이자 과학 저술가 수전 블랙모어(Susan Blakmore, 1951~)•는 밈 복합체를 상호작용하는 밈들의 집합체로 설명하며, 종교나 이념 시스템을 그 예로 들었다. 블랙모어는 종교, 문화, 관습, 규범 등의 문제를 진화적 관점에서 해석하려 시도하고 있는데, 밈이 독립적으로 작동하는 것이 아니라 상호 의존적인 방식으로 결합하여 더 복잡한 구조와 시스템을 형성한다고 주장한다.[272]

• 옥스퍼드 대학교에서 심리학과 생리학을 전공했고, 서리 대학교에서 환경심리학과 초심리학(parapsychology)을 전공했다. 영국 서부 잉글랜드 대학교 교수를 지냈다. 처음에는 유체 이탈 등 초능력을 연구했으나, 점차 이에 실망해서 회의론자가 되었다. 무신론자이며 세속적 영성을 주장한다. 선 수련을 받았지만, 불교 신자는 아니다. 다음의 책으로 유명하다. *The Meme Machine*. New ed. Oxford: Oxford University Press; 2000

블랙모어에 의하면 밈 복합체는 여러 밈이 모여 상호 의존적으로 작동하는 밈들의 집합체를 의미한다. 예를 들어, 종교는 여러 개의 밈이 결합한 전형적인 밈 복합체로 볼 수 있다. 어떤 밈은 다른 밈의 전파를 촉진하거나 저해하는 역할을 할 수 있으며, 복합체 안의 밈들이 서로 협력적으로 작동하여 더 안정적으로 생존하고 전파될 수 있다. 심지어 '셀프렉스(selfplex)'라는 개념도 제안하였다. 인간의 자아와 의식(현상적 자아)도 역시 여러 밈이 결합한 복합체라는 것이다.• 자아는 자신을 구성하는 밈들이 유지되도록 하는 기전으로 작용하며, 자기 복제와 생존을 위해 자신을 방어하거나 강화하는 역할을 한다는 개념이다.[272]

밈 이론은 문화적 진화와 정보 전파를 다윈주의적 틀로 설명한 과감한 시도로서 큰 의의를 지닌다. 유전자와 달리 비물질적인 정보 단위가 진화의 단위로 작동할 수 있다는 점에서, 이 이론은 문화인류학, 사회학, 심리학 등 다양한 분야에서 논의의 중심이 되었다.

그러나 밈 이론은 여전히 몇 가지 중요한 한계를 지닌다. 첫째, 밈은 유전자와 달리 명확한 물리적 실체가 없다는 점에서 과학적으로 측정하거나 검증하기 어려운 개념이다. 둘째, 밈이 어떻게 정확히 복제되고 변형되는지에 대한 구체적 기전이 모호하다. 또한, 도킨스가 제안한 밈의 개념은 지나치게 광범위하게 적용될 수 있어, 모든 문화적 현상을 단일한 틀로 설명하려는 과도한 확장주의로 이어질 위험성도 있다.

• 블랙모어는 기본적으로 의식에 관해 환상주의(Illusionism)의 입장을 가지고 있다. 대니얼 데닛(Daniel Dennett)이나 키스 프랭키시(Keith Frankish)와 비슷한 입장인데, '의식이 있다'는 감각 자체가 신경 활동에서 비롯된 허구적 산물이며 질적 경험(qualia)은 존재하지 않는다는 것이다. 현상적 감각에 관하여 자세한 것은 다음을 참고하기 바란다. 박한선. "현상적 감각의 진화". 《명상의학》. 2024;4(2):74–82.

반면에 이중 유전 이론(Dual Inheritance Theory, DIT)은 좀 더 논리가 명확한데, 인간 진화가 두 가지 선택적 과정에 의해 이루어졌다고 설명한다. 첫 번째는 유전자에 작용하는 자연선택이며, 두 번째는 문화적 변이에 작용하는 선택적 과정이다. 가장 영향력 있는 이론 모델은 피터 J. 리처슨(Peter J. Richerson, 1943~)•과 로버트 보이드(Robert Boyd, 1948~)••에 의해 제안되었다. 인간의 문화적 적응은 급격한 환경 변화에 대응하기 위한 적응적 진화였으며, 문화적 지식의 전달과 학습 기전이 유전자와 공진화했다고 주장한다. 인간이 진화하는 과정에서 생물학적 유전자뿐만 아니라, 문화적 지식과 행동 역시 중요한 역할을 했다는 것이다.[273-275]

예를 들어 아마존 지역의 여러 아메리카 원주민은 카사바(cassava)를 주요 식량 자원으로 활용해왔다. 카사바는 풍부한 열량을 제공하지만, 적절하게 가공하지 않으면 치명적인 독성을 유발할 수 있다.[276] 이러한 독성에도 불구하고, 아마존 원주민은 수천 년 동안 카사바를 안전하게 섭취하기 위한 다양한 가공 기술을 발전시켰다. 카사바의 독성을 제거하기 위한 전통적 가공법은 카사바를 장시간 물에 담그거나 햇빛에 말려서 청산가리를 제거하는 것이다.[277] 최근 연구에 따르면, 이들 원주민 집단에서 청산가리 저항성과 관련된 유전자 변이가 발견되었는데, 이는 문화적 가공법과 함

• UC 데이비스에서 곤충학과 동물학을 전공했다. 동 대학교에서 환경과학 교수를 지냈다. 인간 생태학 및 응용 열대 담수학을 연구했고, 특히 사회문화적 진화 연구로 유명하다.

•• UC 샌디에이고와 UC 데이비스에서 물리학, 생태학 등을 전공했다. 듀크 대학교와 에모리 대학교 등에서 환경과학 및 인류학과 교수를 역임했고, 애리조나 주립 대학교에서 인류사회변동학부 교수를 지내고 있다. 학습 편향(learning biases), 사회적 학습(social learning), 집단 선택(group selection) 등 문화가 진화하는 다양한 기전을 연구한 것으로 유명하다. 조지프 헨릭(Joseph Henrich), 리처드 맥엘리스(Richard McElreath)가 그의 제자다. 참고로 아내 조앤 실크(Joan B. Silk)는 같은 대학교에서 영장류학을 가르치고 있다.

께 유전적 적응이 진화했다는 뜻이다. 이러한 유전적 변이는 청산가리 독성에 대한 생리적 저항성을 제공하여, 카사바 가공법과 함께 상호보완적으로 작용했을 가능성이 크다.

즉, 원주민은 독성 식물의 가공 기술을 통해 생존할 수 있었을 뿐만 아니라, 장기적으로는 청산가리에 대한 유전적 적응도 일어났다는 것이다. 문화적 기술 개발은 카사바 섭취량을 늘렸고, 이는 신체적으로 카사바 독성 내성을 진화시켰으며, 이는 다시 카사바 처리법을 개선하는 식으로 유전자와 문화가 이중의 진화를 겪었을 수 있다. 어떤 면에서는 유전자-문화 공진화 이론과 유사한 면이 있다.

두 이론의 차이점을 살펴보자. 일반적인 유전자-문화 공진화 이론에서는 유전자와 문화가 상호 의존적으로 동시에 진화하며, 서로 영향을 미친다는 점을 강조한다. 즉, 문화적 변화가 유전적 선택 압력을 만들어내고, 그에 따라 유전적 변이가 발생하며, 반대로 유전적 형질이 문화적 진화에 영향을 미친다는 것이다. 이에 비해서 이중 유전 이론은 유전적 진화뿐만 아니라, 문화적 정보(지식, 규범, 기술 등)를 모방과 학습을 통해 전파하는 문화적 진화도 같이 일어난다고 주장한다. 이중 유전 이론은 유전자와 문화가 독립적으로 작동하면서도 상호작용하는 방식('따로, 또 같이')을 설명한다.[100, 278] 그러나 이는 편의상 나눈 개념적 분류이며, 실제로 특정 문화적 현상에 대해서 어떤 이론이 더 옳다는 식으로 분류하는 것은 거의 불가능하다. 다만, 이중 유전 이론은 유전자와 문화의 독립성을 좀 더 강조하고, 유전자-문화 공진화 이론은 양쪽의 복잡한 공진화 과정을 더 강조한다는 점이 다소 다를 뿐이다.

리처슨과 보이드는 특히 인간이 모방과 사회적 학습을 통해 문화적 지식을 빠르게 전파하고, 집단 내에서 성공적 개체의 행동을 선택적으로 모방하는 편향을 지니고 있다고 설명했다. 이러한 모방은 문화적 진화를 촉진하지만, 지나치게 모방만이 지배하면 집단의 혁신이 저하될 위험도 있다. 따라서 집단 내에서 혁신자(innovators)와 모방자(imitators)가 균형을 이루는 상태가 진화적으로 유리하다는 점을 수학적 모델을 통해 설명하였다. 이 이론은 부적응적인 문화적 변이가 발생할 수 있다고 주장한다. 특정 전통이나 믿음은 시간이 지나면서 일어나는 환경 변화를 따라잡지 못할 수 있다는 것이다.[279]

사실 이러한 시각은 최근에 등장한 개념이 아니다. 문화가 환경적 조건에 따라 생존과 번식에 유리한 영향을 미치며, 문화적 변이가 지속해서 일어나고 있다는 주장은 아마도 인간이 문화를 형성한 이래로 늘 있었을 것이다. 이미 약 한 세기 전부터 인류학자 줄리언 스튜어드(Julian Steward, 1902~1972)•는 이러한 맥락에서 생태인류학(ecological anthropology) 분야를 개척한 바 있다. 그는 문화생태학(cultural ecology)이라는 개념을 중심으로 인간 사회가 환경과의 상호작용을 통해 진화하고 적응하는 과정을 설명하였다. 인간의 문화적 적응이 환경적 제약과 자원 이용에 대한 대응 전략으로 발

• UC 버클리에서 알프레드 크뢰버(Alfred Kroeber, 1876~1960), 로버트 로위(Robert Lowie, 1883~1957)에게 인류학을 배웠다. 크뢰버는 캘리포니아 원주민을 연구했고, 문화 영역(Culture Area) 개념을 제안했다. 로위는 아메리카 원주민의 사회 조직과 정치 시스템을 연구한 인류학자다. 이후 코넬 대학교에서 동물학 학위를 받았고, 다시 UC 버클리에서 인류학 박사를 취득했다. 미시간 대학교에 인류학과를 설립하였고, 스미스소니언 연구소(Smithsonian Institution) 인류학 연구원을 지냈다. 컬럼비아 대학교, 일리노이 대학교 어바나-샴페인 교수를 역임했는데, 시드니 민츠(Sidney Mintz, 1922~2015), 에릭 울프(Eric Wolf, 1923~1999), 마빈 해리스(Marvin Harris, 1927~2001) 등의 제자를 두었다. 민츠는 식민지 경제를 연구한 경제인류학자로 푸에르토리코 프로젝트에 참여했다. 울프는 마르크스주의를 인류학에 적용하여 계급과 권력, 세계 체계 이론(world-systems theory)을 연구했다. 해리스는 문화유물론자로 환경과 경제가 문화를 어떻게 만들어내는지 연구했다.

전한 것임을 주장한 것이다. 인간 사회의 기술, 경제, 사회 구조는 환경적 조건에 의해 형성되며, 특히 인간의 생존 전략이 이러한 환경적 압력에 맞추어 변화한다. 스튜어드는 환경이 사회의 중요한 결정 요인으로 작용한다고 보았으며, 문화적 적응이 환경 변화에 대응하여 진화하는 과정에 주목했다.[280,281]

스튜어드의 이론에서 중요한 것은 인간 사회가 환경의 제약 속에서 이를 극복하기 위해 문화적 해결책을 마련해 왔다는 점이다. 자연환경은 인간의 기술 발전과 사회 구조 형성에 강력한 영향을 미치며, 이를 통해 인간 집단이 생존하고 번성할 수 있었다. 특히 문화 진화가 단일 경로를 따라 이루어지는 것이 아니라, 각 사회가 처한 특정한 환경적, 사회적 조건에 따라 다양한 경로로 발전할 수 있다고 보았다. 문화적 단선진화론(unilinear evolution)에 대응하는 다선진화론(multilinear evolution)이다.[281] 이러한 문화적 적응은 이후 인간행동생태학에서 말하는 적소 구축의 개념으로 이어진다. 그러나 스튜어드가 활동하던 시기에는 유전적 기전에 대한 이해가 부족했기 때문에 환경, 사회, 문화 간의 상호작용에 초점을 맞추었으며, 인간의 적응을 생물학적 요소보다는 문화적 차원에서 설명하는 데 더 큰 비중을 두었다.

스튜어드 이후, 로이 라파포트(Roy A. Rappaport, 1926~1997) 등은 스튜어드의 환경-문화 상호작용 아이디어를 확장해, 사회 생태 시스템을 상호 피드백을 주고받는 '적응 체계(adaptive system)'로 파악했다. 라파포트는 뉴기니 고지대 주민들의 의례와 돼지 사육이 생태계 안정과 자원 관리에 깊이 관련됨을 입증했다. 민츠와 울프 등은 식민주의, 세계 자본주의, 지역 간 불균등 교환 같은 구조적 요소에 주목하고, 환경이 문화와 기술을 결정한다는 도식에서 발전하여 자원 분배의 불평등, 권력 관계, 역사적 맥락을 포함하는 복합적 과정을 연구했다. 특히 현대 사회에서 벌어지는 초지역적 흐름(인구 이동, 자본, 문화상품 교류 등)의 원인과 결과에 관해서 입체적 연구가 진행되고 있다. 개럴 크럼리(Carole L. Crumley, 1944~), 윌리엄 발레이(William Balee, 1955~) 등은 특정 지역의 과거 토지 이용, 숲 관리, 수로 개조 등을 분석하여 장기적 역사 과정의 측면에서 인간과 환경의 관계를 규명하는 역사생태학(Historical Ecology) 분야를 개척했다. 현대 문화 진화 연구는 뇌 과학, 인지과학, 분자유전학 등과 접목해, 인간의 행동 및 문화 학습, 기술 혁신이 어떤 신경학적, 유전적 기반에 의해 일어나는지 여부까지 다루고 있다.•

이중 유전 모델에 대한 몇 가지 비판이 제기되고 있다. 첫 번째 비판은 문화 진화가 다윈주의 진화와는 별개의 과정이라는 것이다. 그러나 문화 진화도 변이, 선택, 유전이라는 다윈주의적 원리를 따르며 유전적 진화와 유사하게 작동한다고 반박할 수 있다. 문화적 요소는 모방, 학습, 사회적 전파 등을 통해 전달되며, 이 과정에서 자연선택과 유사한 방식으로 선택적 압력을 받는다.

두 번째 비판은 문화적 변화가 유전적 진화에 영향을 미치지 않는다는 것이다. 그러나 유전자-문화 공진화 이론은 문화가 유전적 변화를 유도할

• 자세한 내용은 다음을 참고하기 바란다. Steward JH. *Theory of Culture Change: The Methodology of Multilinear Evolution*. Urbana: University of Illinois Press; 1955.; Rappaport RA. *Pigs for the Ancestors: Ritual in the Ecology of a New Guinea People*. New Haven: Yale University Press; 1968.; Rappaport RA. *Ecology, Meaning, and Religion*. Richmond (CA): North Atlantic Books; 1979.; Mintz SW. *Sweetness and Power: The Place of Sugar in Modern History*. New York: Viking Penguin; 1985.; Wolf ER. *Europe and the People without History*. Berkeley: University of California Press; 1982.; Crumley CL., editor. *Historical Ecology: Cultural Knowledge and Changing Landscapes*. Santa Fe (NM): School of American Research Press; 1994.Balée W. Advances in *Historical Ecology*. New York: Columbia University Press; 1998.

수 있음을 보여준다. 예를 들어, 농업의 발달과 유제품 소비의 증가는 유당 분해 효소 지속성(Lactase Persistence, LP)이라는 유전적 변이가 선택되는 결과를 낳았으며, 이는 문화적 변화가 생물학적 진화를 촉발한 사례로 들 수 있다.

세 번째 비판은 문화적 진화가 매우 느리게 진행되며 진화적 압력에 신속하게 반응하지 않는다는 것이다. 그러나 문화적 변화는 오히려 유전적 진화보다 더 빠르게 일어날 수 있으며, 사회적, 경제적, 기술적 변화에 따라 빠르게 적응할 수 있다.

네 번째 비판은 문화가 적응적이지 않다는 주장이다. 하지만 문화적 진화는 환경에 대한 중요한 적응 기전이며, 기후에 맞는 의복이나 도구 사용과 같은 문화적 요소는 집단의 생존을 돕는 적응적 특징으로 작용한다.

마지막으로 문화적 변이가 무작위적이고 비합리적이라는 비판이 있다. 그러나 문화적 변이는 단순한 우연의 산물이 아니라 선택적 과정과 학습 기전을 통해 형성되며, 사회적 학습과 모방을 통해 부적응적인 행동은 걸러지고, 생존에 유리한 형질이 선택된다.[282]

문화적 적응이 가능하다면, 왜 인간만이 높은 수준의 문화를 가지게 되었을까? 그리고 왜 수억 년의 역사 속에서 비교적 최근에야 이러한 일이 발생했을까? 리처슨과 보이드는 문화적 적응이 특정 환경적 조건에서만 효과적으로 작동했기 때문이라고 주장한다. 문화 진화는 생물학적 진화보다 상대적으로 빠르고 복잡한 방식으로 이루어졌으며, 마침 문화 진화에 적당한 속도로 변화하는 환경이 이러한 문화적 적응을 촉진했다는 것이다.

환경 변화가 너무 느리다면 생물학적 진화가 그 변화를 따라잡을 수 있지만, 반대로 너무 급격하게 변화하면 기존의 문화적 지식이 무용지물이 되어 문화적 적응이 효과적으로 이루어지지 못한다. 플라이스토세(Pleistocene) 후기의 기후 변화는 생물학적 적응 진화가 일어나기에는 너무 현란했고, 반면에 문화적 적응이 힘을 잃을 정도로 과도하게 현란하지는 않았다는 주장이다. 특히, 이 시기의 호미닌은 이미 상대적으로 큰 뇌를 가지고 있었기 때문에, 이러한 환경에서 문화적 적응이라는 새로운 형질이 쉽게 진화할 수 있는 굴절적응(exaptation)이 일어났다고 설명한다. 실제로 플라이스토세의 기후 변동은 약 23,000년에서 100,000년 주기로 반복되는 밀란코비치 순환(Milankovitch cycles)에 따라 발생했으나, 80,000년 전부터는 다양한 이유로 더 빠르고 작은 규모의 기후 변동이 끊임없이 일어났다.[273]

하지만 이러한 주장만으로는 어떻게 인간만이 거의 유일한 수준의 거대한 문화적 형질을 형성하게 되었는지 완전히 설명하기 어렵다.

기후 스트레스와 진화에 관해서는 다양한 주장이 경합하고 있다.* 일단 기후 변화와 무관하게 호미닌 진화가 일어났다는 '붉은 여왕 가설(Red Queen hypothesis)'과 '어릿광대 가설(Court Jester hypothesis)'이 있다. 전자는 생물은 끊임없는 경쟁·상호작용 속에서 진화하며, 기후 변화와 직접적으로 무관하게 진화가 일어난다고 가정한다. 후자는 장기간의 기후·지질학적 대격변("어릿광대")이 생태계 전반에 충격을 주어 진화를 일으킨다고 주장한다.**

---

* Maslin MA, Brierley CM, Milner AM, Shultz S, Trauth MH, Wilson KE. East African climate pulses and early human evolution. *Quaternary Science Reviews*. 2014;101:1–17.

** 자세한 내용은 다음을 참고하기 바란다. Barnosky AD. Distinguishing the effects of the red queen and court jester on Miocene mammal evolution in the northern Rocky Mountains. *J Vertebr Paleontol*. 2001;21(1):172–185.

이소성 종분화(allopatric speciation) 가설은 환경 변화(예: 지형 분할, 오랜 기간의 기후 변화)로 인해 집단이 지리적으로 분리되고, 그 결과 종분화가 일어난다는 이론이다. 이를 확장하여 고생물학자 엘리자베스 브르바(Elisabeth Vrba, 1942~)는 회전율-펄스 가설(turnover-pulse hypothesis)•을 제안했다. 이 가설은 환경 변화에 따라 호미닌 등 일반종(generalist)이 널리 퍼지고, 전문종(specialist)은 각 지역에서 빠른 속도로 종분화 했다고 본다.

레이먼드 다트가 처음 언급했던 가설, 즉 아프리카 숲이 건조화·개방화되면서, 사바나 환경이 등장하고, 이를 통해 인류가 진화했다는 사바나 가설(Savannah hypothesis), 그리고 이를 확장하여 지구 전반의 건조화 추세(특히 아프리카 대륙 동부)로 인해 삼림 지대가 축소되고, 새로운 건조 환경에 적응할 수 있는 형태로 진화가 일어났다는 건조화 가설(aridity hypothesis)도 제안되어 있다.••

불안정하고 다양한 환경 변동(습-건 기복, 온난-한랭 변동)이 잦을수록, 광범위 환경 적응을 갖는 형태(예: 일반종, 큰 뇌, 문화적 유연성)가 선택된다는 변동성 선택 가설(variability selection hypothesis),••• 기후 변동성이 주기적(pulsed)으로 급증하는 시점들이 있었고, 그 시점들에 호미닌 진화의 주요 사건(예: 종분화, 이동, 문화 혁신)이 발생했다는 기후 변동성 급증 가설(pulsed-climate variability hypothesis)도 있다.⁘

• Vrba ES. Turnover-pulse, the Red Queen, and all that: Do we need a new vocabulary? *Paleobiology*. 1993;19(3):352–353.

•• Reed KE. Early hominid evolution and ecological change through the African Plio-Pleistocene. *J Hum Evol*. 1997;32(2–3):289–322.

••• Potts R. Environmental hypotheses of hominin evolution. *Yearb Phys Anthropol*. 1998;41:93–136.

⁘ Maslin MA, Trauth MH. Plio-Pleistocene East African pulsed climate variability and its influence on

그러나 인간의 복잡한 문화적 적응은 플라이스토세 이전에도 나타났기 때문에, 단순히 기후 변화만으로 설명할 수 없다. 특히, 밀란코비치 주기가 결정적 역할을 했다고 보기에도 불확실한 부분이 많다. 기후 변화가 문화적 진화에 영향을 미쳤다는 점은 타당하지만, 문화적 적응이 반드시 특정한 기후 주기와 연관된 것만은 아니다. 예를 들어, 인류의 농업 발달은 후기 플라이스토세 이후에 발생했으며, 이는 밀란코비치 순환과 직접적인 관련이 없는 요인에 의해 촉발되었다.

또한, 뇌 크기의 증가가 문화적 적응을 가능하게 했다는 주장은 설득력이 있지만, 뇌 크기만이 유일한 변수는 아니다. 네안데르탈인은 현대 인류보다 더 큰 뇌를 가지고 있었고, 기후 변화의 영향을 더 많이 받았음에도 불구하고, 인간과 같은 수준의 문화적 진화를 이루지 못했다.

물론 이러한 비판에 대한 다양한 반박과 재반박이 가능할 것이다. 그러나 수없이 쏟아지는 관련 논의를 살펴보면, 결국 팡글로스의 이야기—즉, 모든 것이 어떤 목적을 위해 필연적으로 그렇게 된 것이라는 해석—가 떠오른다.

▣

공진화 이론은 생물학적 진화와 문화적 변화가 서로 긴밀하게 얽혀 있으

(앞 페이지에 이어서)

early human evolution. In: Grine FE, Fleagle JG, Leakey RE, editors. The First Humans-Origin and Early Evolution of the Genus Homo: Contributions from the Third Stony Brook Human Evolution Symposium and Workshop October 3–October 7, 2006. Dordrecht: Springer Netherlands; 2009. p. 151–8.

며, 한쪽의 변화가 다른 쪽에 새로운 선택 압력을 가해 상호보완적으로 발전했다고 주장한다. 문화적 혁신은 유전자 선택에 영향을 미치고, 동시에 유전적 기반은 문화의 전파와 수용에 결정적인 역할을 하여, 인간 행동의 복잡한 양상을 형성하는 데 기여했다고 본다. 반면, 이중 유전 이론은 유전자와 문화가 서로 독립적인 경로를 통해 진화하면서도, 두 체계가 상호작용하며 인간의 행동과 인지구조를 만들어낸다고 설명한다. 이 두 이론은 모두 인간 행동의 기원을 단순한 유전적 변이만으로 설명할 수 없으며, 사회적 학습, 모방, 그리고 문화적 전파 과정이 결정적인 역할을 한다는 점을 강조한다.

6. 진화인지고고학

진화인지고고학(Evolutionary Cognitive Archaeology, ECA)은 인간의 인지적 특성과 그 진화적 발달과정을 고고학적 증거를 통해 연구하는 학문 분야이다. ECA는 인류의 사고방식과 문제 해결 능력, 그리고 문화적 적응의 기원과 발전을 연구하며, 특히 초기 인류가 환경에 어떻게 적응하고, 복잡한 사회적·기술적 과제를 해결했는지에 주목한다. 비슷한 분야로 관념인지고고학(ideational cognitive archaeology)이 있는데, 이는 주로 홀로세(Holocene) 이후 등장한 상징체계(symbolic systems)의 의미를 해석하는 데 연구의 초점을 맞춘다. 예를 들어, 종교적 의례, 신화, 문자의 기원 등을 연구하는 것이 여기에 해당한다. 반면, 진화인지고고학은 훨씬 더 오랜 기간에 걸쳐 인간의 인지적 변화와 진화를 연구하며, 신석기 시대 이전부터 시작된 사고 능력과 적응의 발전 과정에 주목한다.

ECA는 주로 고고학적 방법과 기법을 사용하지만, 인지심리학, 신경심리학, 인지신경과학을 포함한 인지과학의 이론적 틀을 차용하여 학제 간 연구를 수행한다. 주로 다음의 다섯 주제를 연구한다.

첫째, 석기나 뼈 도구의 발전 과정을 분석하여 문제 해결 능력과 계획적 사고(planning ability)의 진화를 추적하고, 석기 제작의 복잡성이 증가하는 과정에서 운동 조절 능력과 인지적 통합 능력이 향상되었음을 입증한다.

둘째, 초기 인류가 동굴벽화, 조각상, 장신구 등을 제작한 증거를 통해 상징적 표현(symbolic representation)의 등장과 확산을 연구한다. 특히 언어 발달과의 연관성을 분석하여, 언어적 사고(verbal cognition)가 어떻게 인간 사회에서 중요하게 작용했는지를 조사한다.

셋째, 집단생활과 협업의 필요성이 인지 능력의 발달을 촉진했다는 점에 주목하여, 사회적 학습(social learning)과 모방 학습(imitation learning)이 어떻게 문화를 형성하는 데 기여했는지 연구한다. 이는 유전자-문화 공진화 이론과 연결된다.

넷째, 기후 변화와 환경적 스트레스가 인류의 적응적 행동 전략과 기술 혁신을 어떻게 촉진했는지 분석한다. 또한, 환경 적응과 인류의 이주가 어떻게 연관되는지 연구한다. 이는 인간행동생태학과 연결된다.

다섯째, 고인류 화석 연구를 통해서 인간 두뇌의 구조와 기능이 어떻게 발달했는지, 어떻게 현대 인류의 복잡한 사고 과정이 형성되었는지에 큰 관심을 보인다. 전통적인 화석 인류학 중에서 고신경학에 초점을 둔 학문 분야라고 할 수 있다. 과거에는 직접 캘리퍼스나 자를 이용해 두개골을 측정하고, 모래나 씨앗으로 두개골 용적을 추정하고, 납이나 석고로 두개 내 주형을 뜨는 식으로 연구를 진행했지만, 지금은 CT나 MRI 등을 활용하여 두개골과 뇌 구조를 3D로 재구성한 뒤, 이를 바탕으로 정밀한 정량 분석을 수행하고 있다. 즉 ECA는 인류학, 심리학, 고고학, 신경학, 진화학의 교차점에 있는 학문 분야라고 할 수 있다.[283]

랠프 홀로웨이(Ralph Holloway, 1935~)•는 인간과 유인원의 두뇌 차이를 비교 연구하며 인간 고유의 문화적 전수 능력에 관한 초기 연구를 많이 진행했다. 두개 내 주형 연구를 통해 뇌의 구획(전두엽, 후두엽 등), 뇌회·뇌량(gyri/sulci) 위치 등을 파악하고, 영장류 행동과 두개 내 구조의 성차, 초기 인류가 보유한 인지 능력의 진화를 추론하는 등 여러 연구를 했다. 인간 두뇌의 특정 영역이 문화 전수 및 사회적 학습에 중요한 역할을 하며, 이는 인간의 복잡한 사회적 행동과 밀접하게 연관되어 있다고 보았다. 특히 타웅 아이 표본에 관한 분석을 통해서, 이미 200만 년 전부터 후두엽 비율이 줄어들고, 상대적으로 고등 인지 기능과 관련된 영역이 확장되었다고 지적하면서 시기적으로 뇌 크기의 증가보다 뇌 구조의 재편성(structural reorganization)이 먼저 일어났다는 연구를 발표하기도 했다.[284-288]

루이스 빈포드(Lewis Binford, 1930~2011)••는 1970년대에 등장한 과정주의 고고학(processual archaeology)의 대표 학자로 고고학적 해석이 과학적 이론에 기반해야 한다고 주장했다.

기존 고고학이 주로 서술적이고 정성적인 접근에 머물렀다면, 과정주의 고고학은 과학적, 실증적 방법론을 도입하여 유물과 인류 행동 사이

• UC 버클리에서 생물인류학 박사 학위를 취득했다. 컬럼비아 대학 인류학과에서 체질인류학을 가르쳤다.

•• 처음에는 야생 동물에 관심을 가졌으나, 제2차 세계대전에 참전하여 군 복무를 마친 후 고고학으로 방향을 틀었다. 노스캐롤라이나 대학교와 미시간 대학교에서 인류학을 전공했다. 시카고 대학교를 비롯하여 여러 대학에서 교수로 재직했다.

의 관계를 설명하려 한다. 가설 연역법을 사용하며, 양적 분석과 통계적 방법을 적극적으로 활용한다. 인간이 어떻게 환경에 적응하고, 그 결과로 어떤 유물과 문화적 특징이 나타나는지에 관심을 가진다. 여기서 문화는 인간이 환경에 적응하기 위한 기능적 수단으로 간주된다. 신고고학(new archaeology)이라고도 한다.

빈포드는 문화 변화가 환경적, 경제적, 기술적 요인의 상호작용을 통해 이루어지는 과정이며, 원시 사회도 이러한 적응적 시스템의 결과라고 생각했다. 인간의 행동이 환경에 적응하는 생물학적 과정이라는 점을 강조한 것이다. 이전의 문화사적 고고학을 비판하며, 문화 유물 분석이 인간 행동과 문화 체계와의 연관성을 연구하는 방식으로 전환될 필요가 있다고 보았다.[289]

특히 빈포드는 민족고고학(ethnoarchaeology) 분야에서도 큰 업적을 남겼다. 알래스카의 누나미우트(Nunamiut) 수렵채집인을 대상으로 현장 연구를 수행하며 행동과 물질문화 사이의 상관관계를 확립하기 위한 연구 방법을 제시했다.•

빈포드는 이들의 생활 방식을 조사하면서 고고학적 현장에서 발견되는 뼈나 석기, 쓰레기 분포 등을 통해서 사람들의 행동 양상의 구조적 규칙을 찾아내려고 하였다. 그래서 사냥과 사냥감 해체, 조리, 폐기에 이르는 전 과정을 계절과 날씨, 이동 패턴 등에 따라서 체계적으로 기록했다. 특히 뼈가 어디에 쌓여 있는지가 거주 및 경제 활동 패턴을 추론하는 열쇠가 된다고 생각했는데, 이러한 현지 조사를 통해서 사람들의 '행동'이

• 민족고고학의 방법론적 토대를 마련한 대표 저작이다. *Nunamiut Ethnoarchaeology*. New York: Academic Press; 1978.

어떤 식으로 '물질문화'에 축적되는지를 분석했다. 이는 전통적인 고고학 연구와 인류학 현지 조사를 결합한 것이다.

빈포드의 객관적 데이터에 근거한 과학적 고고학 연구는, 인간의 주관적 경험, 사회적 의미, 권력 관계 등을 강조하며, 다층적 해석을 중시한 후기 과정주의 고고학(post-processual archaeology), 인간의 종교, 의례, 신념 체계 등 문화적·심리적 요소를 해석의 핵심으로 삼으며, 사회 구성원들의 상징체계가 문화 형성에 중요한 역할을 한다고 가정한 상징 고고학(symbolic archaeology) 및 객관적 진리나 보편적 해석보다는 다양한 관점과 내러티브의 공존을 강조하고 주관적 해석, 권력 관계, 그리고 문화 간의 다양성을 중시하며, 하나의 단일한 해석보다는 여러 가능성을 인정하는 탈근대적 고고학(postmodern archaeology)을 비롯한 다양한 학파의 반발을 사기도 했으나, 빈포드는 고고학이 과학이 되어야 한다는 주장을 굽히지 않았다.*

그는 중범위 이론(middle range theory)을 통해 고고학 자료에서 인간의 과거 행동을 해석하는 방법론적 틀을 확립했다. 중범위 이론은 경험적 현상에서 출발하여 데이터로 검증할 수 있는 일반 명제를 추출하는 연구 방법으로, 추상적이고 포괄적인 수준의 거대 이론과 대비되는 개념이다. 중범위 이론은 특수 이론을 먼저 검증하고, 이러한 특수 이론을 모아서 점점 일반적인 이론으로 확장한다. 즉 너무 거대한 이론(grand theory)과 단순한 경험적 연구(empirical research) 사이에 중간 수준의 이론이 필요하다는 것이다.** 원

---

* 고고학적 사상의 역사에 대해서는 다음을 참고하기 바란다. Trigger BG. *A History of Archaeological Thought*. 2nd ed. Cambridge: Cambridge University Press; 2006.

** 빈포드의 주장에 대해서는 다음을 참고하기 바란다. *Working at Archaeology*. New York: Academic Press; 1983.; For theory building in archaeology. In: Binford LR, Binford SR, editors. *New Perspectives in Archaeology*. Chicago: Aldine; 1968. p. 1–18.

래 사회학자 로버트 K. 머튼(Robert K. Merton, 1910~2003)• 등이 제안한 사회학적 이론 접근 방법인데, 빈포드는 이를 고고학에 성공적으로 적용했다.

한편, 빈포드는 문화를 신체 외부로 발현된 적응적 수단이자 생태적 적소에서의 생존을 위해 만들어낸 비유전적 적응이라고 주장했는데, 이는 레슬리 화이트(Leslie White, 1990~1975)••의 주장과 일맥상통한다.[289]

화이트는 기술, 사회 조직, 이념 등 세 가지 요소로 구성된 문화 개념을 주장하면서, 특히 기술이 가장 중요한 핵심 동력이라고 생각했다. 이는 루이스 모건의 『고대 사회』에서 등장하는 단선론적 진화론의 기술 결정론을 계승한 것이다. 화이트의 신진화주의는 스튜어트의 주장과 다소 다르다. 화이트는 보편적 진화를 주장했지만, 스튜어트는 다선적 진화를 주장했다. 화이트의 주장에 따르면, 에너지와 기술이 가장 중요하고, 모든 사회는 결국 유사한 경로로 발전한다. 그러나 스튜어트의 주장에 따르면 환경과 문화의 상호작용이 가장 중요하고, 여러 사회는 환경 조건에 따라 다르게 발전한다.

화이트는 기술이 인간이 자연으로부터 에너지를 얻고 이를 사용하는 능력과 바로 연결되기 때문에 가장 중요하다고 하였다. 이를 '에너지 이용의 법칙(law of energy utilization)'으로 발전시키기도 했다. 한 사회가 문화를 발전시키기 위해 이용할 수 있는 에너지의 양과 효율성이 증가할수록, 문

• 머튼은 사회적 수준에서 자기충족적 예언이나 유명한 과학자가 과도한 인정을 받는 매튜 효과(Matthew Effect), 준거 집단 효과 등을 제안한 학자다. 그의 중범위 이론 관련 저서는 다음을 참고하기 바란다. Merton RK. *Social Theory and Social Structure*. New York: Free Press; 1949.

•• 제1차 세계대전 중에 미 해군에서 복무했고, 종전 후 루이지애나 주립 대학교, 컬럼비아 대학교, 시카고 대학교 등에서 심리학 및 인류학을 전공했다. 미시간 대학교에서 줄리언 스튜어드의 후임으로 임용되어 신진화주의와 문화진화론 연구를 이끌었다. 화이트는 빈포드의 스승이기도 했다.

화의 복잡성과 발전 수준도 증가한다는 주장이다. 인간 사회가 근육 에너지, 가축 에너지, 농업을 통한 식물 에너지, 천연자원(석탄, 석유 등) 에너지, 그리고 원자력 에너지의 단계를 거쳐 진화해왔다고 하였다.[290]

한편, 화이트는 초기에는 보아스의 영향을 받았으나, 후에 역사적 특수주의(historical particularism)에 반대하며 진화론적 접근을 자신의 연구에 도입했다. 문화를 과학적 방법으로 연구해야 한다고 줄곧 주장했는데(그는 진화주의가 그 방법이라고 생각했다), 이로 인해 보아스의 주장을 배격하기도 하였다.[289,291]

아무튼, 빈포드는 특히 자신의 책에서 수렵채집 사회의 행동 양식과 생태적 적응을 코드화하고 정리하여 이를 통해 기후와 생태적 맥락이 수렵채집사회의 여러 문화와 어떻게 연결되는지 제안했다.• HRAF(Human Relations Area Files)를 통해서 고고학적 유물과 현대 수렵채집사회에 관한 연구를 결합하고 이를 통해서 비교문화적 연구를 진행하기도 하였다.

참고로 HRAF는 조지 피터 머독(George Peter Murdock, 1897~1985)•• 등이 주도해 설립된 국제 비영리조직을 말한다. 예일 대학교에 본부를 두고 1949

• 자세한 내용은 그의 저서를 참고하기 바란다. 빈포드는 339개 이상의 수렵채집 집단에 대한 대규모 데이터베이스를 구축하고, 환경(기후·지형)과 생계 전략(수렵·채집·이동성 등) 사이의 연관성을 체계적으로 분석했다. Binford LR. *Constructing Frames of Reference: An Analytical Method for Archaeological Theory Building Using Ethnographic and Environmental Data Sets*. Berkeley: University of California Press; 2001.

•• 예일 대학교에서 미국사를 전공했다. 하버드 대학교에서 로스쿨을 다니다 그만두고, 세계 여행을 하다가 인류학에 관심을 두게 되었다. 예일 대학교에서 인류학 박사 학위를 취득했다. 이후 예일 대학교 인류학과를 창설하고, 교수로 재직했다. 피츠버그 대학교 앤드루 멜런 교수를 지냈다. 경험적이고 실증적인 접근을 통해 문화 및 친족 구조를 비교 연구한 것으로 유명하며, 『에스노그래픽 아틀라스』와 SCCS를 개발했다. 제2차 세계대전 중에는 해군 장교로 복무하면서 오키나와 군정 업무에 참여했고, 태평양 지역에 관한 민족지 정보를 통해 미군의 민사 작전을 도왔다. 참고로 공산주의 사상을 가진 인류학자를 FBI에 보고한 것으로 알려졌다.

년에 창설되었다. eHRAF World Cultures와 eHRAF Archaeology라는 두 가지 주력 데이터베이스를 통해 문화적 다양성과 공통성을 조사할 수 있는 자료를 제공하고 있다. 특정 주제에 대해 문화를 비교할 수 있도록, 문서들을 지리적 위치 및 문화적 특성에 따라 분류한다. 확률 표본 파일(Probability Sample Files, PSF)과 표준 교차문화 표본(Standard Cross-Cultural Sample, SCCS)을 통해 과학적 표본을 기반으로 가설 검증 연구를 수행하도록 설계되어 있다. PSF는 무작위적인 방식으로 전 세계의 여러 문화를 대표할 수 있는 데이터 세트를 제공한다. 전 세계를 약 60개의 거시문화 구역으로 나누고, 각 구역에서 하나의 문화를 무작위로 선택하여 표본을 구성한다. 이를 통해서 인간의 사회적, 문화적 행동과 관련된 이론을 검증하고, 교차문화 연구에서 일반화된 결론을 도출할 수 있도록 자료를 제공하는 것이다. SCCS는 머독과 더글러스 R. 화이트(Douglas R. White)•가 함께 개발한 데이터 세트로 전 세계 186개의 문화를 포함한다. 머독의 판단에 따라 각 문화 구역에서 대표적 문화를 선정했다.[292]

머독이 저술한 『에스노그래픽 아틀라스(Ethnographic Atlas)』는 전 세계 1,200여 개의 전 산업사회에 대한 자료를 취합한 것으로 사회 구조, 친족, 결혼 형태, 경제 활동 등 다양한 변수를 코드화하여 사회적 패턴과 규칙성을 찾는 연구에 필수적인 자료다.[293] 그는 이러한 연구를 통해서 HRAF의 설립에 주도적 역할을 하였다.

문화 비교 연구를 위한 일반 법칙 발견을 추구한 머독은 사회적 변화가

• 미시간 대학교와 컬럼비아 대학교, 미네소타 대학교 등에서 인류학을 전공했다. 피츠버그 대학교와 UC 어바인 등에서 교수를 지냈다. 사회 네트워크 분석(social network analysis)과 복잡성 연구 및 수학적 모델링(complexity research & mathematical modelling) 연구로 유명하다.

일정한 순서에 따라 진행된다고 주장했다. 첫째, 거주 규칙의 변화다. 여기서 말하는 거주 규칙이란 신혼부부가 어느 가족과 함께 거주할 것인지 결정하는 규칙을 말한다. 모계 거주(matrilocal residence) 혹은 부계 거주(patrilocal residence) 등에 관한 것인데, 거주 규칙의 변화는 친족 계통의 변화를 유발한다. 친족 계통의 변화는 부모로부터 자녀에게 어떻게 친족이 이어지는지를 규정한다. 예를 들어 부계 거주 사회가 부계 사회로 진행하며, 이는 상속과 지위, 의무, 역할 등의 큰 변화를 유발한다. 그리고 이러한 변화는 마지막으로 친족 용어의 변화를 유발한다. 가족관계 및 사회적 역할, 의무 등이 조정되는 것이다.[294]

아무튼, 빈포드의 과정주의 고고학은 고고학적 접근법의 새로운 방향을 제시했지만, 1980년대 후기 과정주의 고고학이 유행하면서 학문적 갈등을 빚었다. 전술한 대로 후기 과정주의 고고학은 고고학적 해석이 본질적으로 주관적이라고 가정하고, 과거를 이해할 때 특정 고고학자의 시각이 자료에 반영될 수밖에 없다고 주장했다. 따라서 해석의 다원성을 인정하고 물질주의에 치중했던 과거 고고학적 연구 방법에 관념주의를 결합해야 한다고 하였다. 일부 후기 과정주의 고고학자는 구조주의 이론을 도입하여 고고학적 자료에서 상징의 의미를 파악하려고 시도했는데, 이는 레비-스트로스 등의 영향을 받은 것이다. 하지만 이러한 주장은 너무 상대주의적이고, 주관적이며, 구체적인 방법론이 부재하다는 비판을 받았다.

그러면 인간 행동 다양성에 초점을 두고 진화인지고고학의 발전사를 살펴보자. 기본적으로 ECA는 과정주의 방법론에 근거하여 고고학적 연구 결과를 통해 고인류의 인지적 진화 과정을 재구성하려고 시도한다. 토머스 G. 윈(Thomas G. Wynn, 1937~)•이 인지고고학의 선구자로 인정받고 있는데, 심리학자 프레더릭 L. 쿨리지(Frederick L. Coolidge, 1948~)••와 협력하여 석기 등의 진화 양상과 인지적 진화의 관련성에 관한 다양한 연구를 진행했다. 윈은 주로 석기 제작기술 변화와 인지 진화의 관계를 연구했고, '향상된 작업기억 가설(Enhanced Working Memory Hypothesis, EWMH)'을 제안했다. 작업기억의 작은 유전적 변화가 호모 사피엔스의 생존과 번식에 크게 기여했다는 주장이다.

이들은 1974년, 장 피아제(Jean Piaget, 1896~1980)•••의 아동 발달 이론을 통해 석기 제작의 변화가 인류의 인지 발달을 설명할 수 있다는 주장을 제기했다. 피아제는 인지 발달 이론과 '유전적 인식론(genetic epistemology)'이라는 분야의 창시자다. 유전적 인식론은 인지구조가 환경과 생물학적 성숙의 상호작용을 통해 발달한다는 주장이다. 즉 발견되기를 기다리는, 내적 변화가 유아의 경험을 통해서 점진적으로 구성된다는 이론이다. 그래서 구성주의(constructivism)라고도 부른다. 0~2세경의 감각운동기(sensorimotor stage), 2~7세경의 전조작기(preoperational stage), 7~11세경의 구체적 조작기(concrete operational stage), 11세 이후의 형식적 조작기(formal operational stage)로 나누어 인지

• 일리노이 대학교에서 인류학 박사 학위를 받았다. 콜로라도 대학교에서 교수로 재직했다. 콜로라도 대학교에서 인지고고학연구소(Center for Cognitive Archaeology)를 설립했다.

•• 플로리다 대학교에서 심리학 박사 학위를 받았다. 이후 임상 신경심리학을 전공했고, 콜로라도 대학교에서 교수를 지냈다. 쿨리지는 다양한 성격 평가 및 신경 심리 평가 도구를 개발했다.

••• 스위스의 심리학자로 네샤텔 대학교에서 생물학을 전공했고, 취리히 대학교와 소르본 대학교에서 연구했다. 제네바 대학교 심리학 교수를 지냈다. 스키마 이론(schema theory)과 구성주의 교육법으로 유명하다. 그의 연구는 소수의 사례(피아제의 자녀)에 기반했고, 서구 사회에 주로 알맞으며, 사회적·언어적 맥락을 충분히 고려하지 않았고, 반드시 단계에 따라 발달이 일어나는 것은 아니라는 비판을 받았다.

발달이 이루어진다고 주장했다.•

토머스 윈은 이러한 이론적 틀을 사용하여 올도완 석기가 사용되던 약 1.9~1.7백만 년 전의 인지적 능력은 위상적 개념(topological concepts), 즉 전조작기의 지능에 해당한다고 하였다. 또한, 약 30만 년 전의 아슐리안 석기 수준은 구체적 조작기에 해당한다고 주장했다.[295]

또한, 심리학자 윌리엄 노블(William Noble)••과 함께 '부다페스트 프로젝트(Budapest Project)'를 통해 언어의 기원과 인지 발달을 연구했다. 인간과 침팬지 간의 '의미 역할' 비교를 통해 동물 인지에서도 언어의 전구 형태가 나타난다는 가설을 연구하고, 필립 J. 바나드(Philip J. Barnard)•••의 상호작용 인지 시스템 모델(Interacting Cognitive Systems, ICS)을 확장하려는 시도였다. ICS란 인간의 인지 발달을 아홉 개의 하위 시스템(시각, 청각, 신체 상태, 공통 감각, 조작 하위, 공간 프락시스, 발성, 음운, 명제)으로 나누어 설명하는 이론적 틀이다. 윈은 부다페스트 모델에 따라서 네안데르탈인도 일부 상징적 행동을 했을 것으로 추정했다. 이 모델은 네 단계의 진화 과정을 거친다고 주장하는데, 대략 다음과 같다.[296]

- 초기 포유류 인지 시스템: 시각적, 청각적, 신체적 상태 정보를 다루

• 자세한 내용은 다음을 참고하기 바란다. 『발생적 인식론(Genetic Epistemology)』. 홍진곤 역. 서울: 신한출판미디어; 2020.

•• 맨체스터 대학교에서 심리학을 전공했다. 호주 뉴잉글랜드 대학교에서 재직했으며, 언어 기원, 인간 인지 진화, 고고학적 기록과 심리학적 해석을 결합하는 연구로 주목받았다.

••• 케임브리지의 인지 및 뇌 과학 연구소(Medical Research Council(MRC) Cognition and Brain Sciences Unit)에서 주로 활동했는데, 임상심리학자 존 D, 티스데일(John D. Teasdale) 등과 함께 개발한 ICS 모델은, 심리적 처리 과정을 서로 다른 수준이나 유형의 인지 하위 시스템이 동시적·상호작용적으로 수행한다는 모델을 말한다. 원래는 우울장애의 인지 치료 기법을 개발하려는 이론이었지만, 복합적 인지 작용에 관한 것으로 확장되었다.

는 멀티모달 통합 시스템(multimodal integration system). 이 단계에서는 감각(sensation)→멀티모달(multimodal)→신체 효과(physical effect) 순서로 정보가 순차 처리됨

- 초기 인류: 조작적(manipulatory) 하위 시스템과 공간-실행적(spatial-praxis) 하위 시스템이 진화. 공간-실행 하위 시스템은 멀티모달 시스템과 상호작용
- 음성과 언어의 진화: 음성-음운 하위 시스템(phonological subsystem)과 발성 하위 시스템(articulatory subsystem)의 발달. 음성-음운 하위 시스템은 멀티모달 시스템과 상호작용
- 명제-의미론적 처리 능력: 명제적-의미론적 하위 시스템(propositional subsystem)과 묵시적 하위 시스템(implicational subsystem)이 진화. 묵시적 하위 시스템은 명제적 의미 시스템과 상호작용

한편, 윈은 인류의 도구 제작과 인지 발달의 단계를 다음과 같이 다섯 단계(A~E)로 구분했다.[297]

- A: 절단 단계(약 3.5백만 년 전): 가장 기초적인 절단 도구 사용
- B: 석기 제작 단계: 두 개의 객체(원재료와 떨어진 파편)를 구분하여 도구를 제작
- C: 육식으로 인한 두뇌 발달: 도구 사용이 육식과 관련되어 두뇌 발달을 추동
- D: 석기 제작의 응용: 기억에 의존하지 않고 반복할 수 있는 작업 능력
- E: 작업의 분리와 재조합: 이 단계에서는 복잡한 도구 제작이 가능해짐

윈의 주장에 따르면 복잡한 인지적 능력은 후기 아슐리안 석기가 나오는 초기 구석기 후반부, 혹은 중기 구석기 초반부에야 진화했다고 할 수 있다. 그러나 이러한 주장에 관해서 마크 W. 무어(Mark W. Moore)* 등은 이견을 보이며 초기 석기 제작 시기부터 복잡한 인지적 능력이 진화했다고 주장한다. 무어의 주장에 따르면 도구 진화와 뇌 발달은 다음과 같은 단계로 나뉜다.[298,299]

- 1단계: 올도완 석기(Oldowan tools). 약 260만 년 전부터 나타나며, 초기 호미닌(hominins)들이 단순한 석기를 제작하고 사용한 시기를 반영. 시각-공간적 인지 능력의 기초가 두정엽 내구(IntraPareital Sulcus, IPS)의 기본 경로에 의해 조정
- 2단계: 초기 아슐리안 도구(early Acheulean tools). 초기 아슐리안(약 170만 년 전)에서는 전두엽 피질과 두정엽 내구 간의 연결이 더욱 강화됨으로써 시각-공간적 인지 경로가 발전. 도구의 형태와 목적에 대한 인지적 인식이 강화되었으며, 석기를 대칭적이고 정밀하게 제작할 수 있는 기초적 인지 능력이 진화
- 3단계: 후기 아슐리안 도구(late Acheulean tools). 후기 아슐리안(약 60만 년 전~30만 년 전) 단계에서는 두정엽 내구와 전(前) 운동 영역 및 하부 두정엽 영역 간의 연결이 더욱 강화되어 복잡한 대칭 구조와 정교한 형태를 요구하는 도구 제작이 가능. 대칭성을 인식하고 이를 도구에 반영하는 능력이 발달

---

* 뉴잉글랜드 대학교 고고학 및 고인류학과 소속으로 석기 제작 기술과 인류의 인지 진화(hominin cognitive evolution) 간의 관계를 주로 연구하고 있다.

- 4단계: 복합 도구와 개념적 사고(composite tools and conceptual thinking). 두정엽 내구와 하부 두정엽 사이의 새로운 기능적 연결이 발생하며, 이를 통해 추상적 개념과 논리적 사고가 가능. 뇌의 연결성과 기능이 복잡해지며 인간이 고차원적 문제 해결과 추론에 더욱 능숙해짐

정리하면 다음과 같다. 윈의 EWMH 모델은 작업 기억에 초점을 맞추어, 올도완 석기는 전조작기, 아슐리안 석기는 구체적 조작기, 후기 구석기는 형식적 조작기에 해당한다고 추정한다. 노블과 윈의 ICS 모델은 다중 하위 시스템의 상호작용에 초점을 맞추어 초기 사고(감각 통합)가 조작과 공간 기능, 언어, 추상적 사고 등으로 진화했다고 가정한다. 무어의 4단계 모델에 따르면, 올도완 석기를 쓸 무렵부터 이미 시공간 인지 능력이 상당히 발달했다고 가정하며, 올도완 석기, 초기 아슐리안 석기, 후기 아슐리안 석기, 복합적 도구와 개념적 사고 출현 등으로 인지적 진화의 시기를 나눈다.

▣

진화인지고고학은 고고학 자료(유물·유적)와 인류학·심리학·생물학 등의 접근을 종합해, 인간의 인지와 행동이 어떤 진화적 과정을 거쳐 발달했는지를 추적하는 분야다. 1960년대에 대두된 과정주의 고고학의 전통에 크게 기대고 있으며, 1980년대 이후 심리학·인류학·인지과학 등과의 학제간 연구를 통해서 발전하고 있다. 본서에서는 다루지 않지만,* 스티븐 미

* 신경인류학에 대해서 다루지 못해 아쉽지만, 이는 앞으로 별도의 책으로 소개할 수 있기를 희망한다.

슨(Steven Mithen, 1960~)•이나 메를린 도널드(Merlin Donald, 1939~),•• 테런스 디컨(Terrence Deacon, 1950~)••• 등도 비슷한 관점으로 연구를 진행한 바 있다.

그러나 ECA는 제한된 양의 유물을 기초로 인간 정신의 진화라는 거대한 이론을 만들어나가기 때문에, 고고학적 유물의 해석을 둘러싼 논란은 영원히 끝나지 않을 것이다. 따라서 고고학적 유물이나 고인골 자료에 의존하여 통시적 차원에서 인지 진화를 추정하는 방식보다는 빈포드 등이 제안한 인류학적 현지 조사 자료의 비교문화적 데이터 분석과 결합하여 다양한 생태적 환경에서의 인간 적응을 공시적 차원에서 접근하는 연구 방법이 현실적으로 더 타당할 것으로 보인다. 진화인지고고학은 앞으로도 해석의 다양성에 관한 학술적 논쟁을 불러일으키겠지만, 역설적으로 그러한 점이 고고학에 기반한 인간 행동 연구의 매력이기도 하다.

7. 요약

1950년대는 체질인류학(physical anthropology)이 기존의 인종 구분에 치중했던 정태적이고 유형학적인 전통에서 벗어나, 인류 진화와 변이를 유전학이나 생태학적 관점에서 재검토하기 시작한 전환점이었다. 기존의 형태학적 접근에서 벗어나 유전학적 개념을 도입하려는 시도가 있었지만, 여전

• 케임브리지 대학교 출신 고고학자로 현재 레딩 대학교 고고학과 교수를 지내고 있다. 인지고고학을 개척한 인물이다.

•• 맥길 대학교 출신으로 예일 의대와 퀸스 대학교 등에서 재직했다. 인지 진화와 문화, 심리 등을 연구한 신경인류학자이자 인지심리학자다. 모방 문화(Mimetic Culture) 연구로 유명하다.

••• 하버드 대학교에서 생물인류학으로 박사 학위를 받았고, UC 버클리 교수로 재직 중이다. 신경인류학자로, 인류학·생물학·인지과학의 융합 연구를 주로 했다. 언어의 기원이나 상징, 기호 등을 인지 진화의 차원에서 연구했다.

히 인구 유전학의 주요 개념에 대한 이해는 부족했다. 워시번은 '인종'을 경직된 범주로 보는 대신, 인간 집단 간 변이가 동적이고 연속적이라는 사실을 강조하면서, 해부학·형태학 위주의 연구를 유전학과 결합해야 한다고 주장했다. 이는 '신(新) 체질인류학'으로 발전해 인간의 변이를 유전적, 생태적 관점에서 연구하는 생물인류학으로 이어졌고, 분자시계 이론과 유전적 분석 방법이 도입되면서 새로운 계통학적 접근이 정립되었다.

동물행동학은 동물의 행동이 생존이나 번식에 어떻게 기여하는지를 자연환경 속에서 관찰하고, 과학적으로 기술·분석하는 분야다. 동물의 행동을 자연 상태에서 관찰하고 객관적으로 기술하는 데 중점을 두고 있으며, 개념적 분석, 수학적 모델링, 관찰 및 자연 실험을 통해 동물 행동을 설명한다. 20세기 초 휘트먼과 하인로트가 처음으로 학문적 토대를 만들었고, 로렌츠와 틴베르헌은 동물 행동이 생존과 번식에 최적화된 본능적 행동임을 보여주었다. 특히 틴베르헌은 행동을 이해하기 위해 '원인(causation), 발달(ontogeny), 기능(adaptation), 진화(phylogeny)'의 네 가지 핵심 질문을 제안해, 동물행동학 연구 방법론을 정립했다. 이들의 연구는 점차 인간 행동에 관한 연구로 확장되었고, 아이블-아이베스펠트는 인간동물행동학을 통해 인간의 사회적 행동이 생물학적 본능과 진화의 결과임을 강조했다. 한편, 존 볼비는 애착이론을 발전시키며 동물행동학과 정신분석학을 통합해 중요한 이바지를 하였다.

진화심리학은 인간의 뇌가 플라이스토세의 진화적 적응 환경에서 반복적으로 맞닥뜨린 생존 및 번식 과제를 해결하기 위해 형성된, 상호 독립적이고 기능적으로 특화된 정보 처리 모듈들로 구성되어 있다고 가정한다. 다시 말해, 인간의 심리 체계는 다양한 적응 문제에 대응하여 진화한 수많은 하위 기전들의 집합이라는 대량 모듈성 가설에 기반한다. 이러한 관점 아래, 사기꾼 탐지 기전, 병원체 회피 기전, 친족 인식 기전, 짝짓기 전략의 성차에 대한 이론 등 다양한 세부 이론이 발전했다. 또한 심리 기전의 보편성뿐만 아니라 문화 간 변이를 통합적으로 설명하려는 시도 역시 점차 확대되고 있다. 최근에는 신경과학 및 인지과학과의 연계를 통해 특정 두뇌 영역의 활성과 행동 패턴 간의 상호작용을 규명하려는 연구도 활발히 이루어지고 있다.

인간행동생태학은 인간의 행동을 생존과 번식에 유리한 방향으로 적응해온 결과로 해석하며, 구체적인 생태환경적 요인이 행동에 어떻게 영향을 미치는지를 중시한다. 초기 연구는 수렵채집 사회를 중심으로 이루어졌으며, 자원 분배, 협력, 갈등, 생식 전략 등 인간의 다양한 행동 양식이 생태적 조건에 따라 어떻게 변화하고 적응하는지를 조사했다. 여성의 생식 전략, 부모 투자, 가계 구조, 협력·분쟁 패턴 등 다양한 주제가 생태학적 변수와 연동되어 연구되었다. 또한, 생애사 이론, 최적 포식 이론 등 진화 생태학적 개념을 바탕으로 인간 행동을 정량적으로 분석하는 틀을 제시했고, 행동 다양성에 관해서 생태적 기반 위에서 수리 모델이나 행위자 기반 모델로 연구하려고 시도하고 있다.

유전자-문화 공진화 이론은 문화가 유전적 진화에 영향을 미치고, 동시에 유전적 요인이 문화 변동의 양상에 작용한다고 주장한다. 인간의 행동이 단순히 유전적 요인이나 문화적 요인에 의해서 전적으로 결정되는 것이 아니라, 복잡한 상호작용을 통해 발전한다는 관점을 제시하고 있다. 특히 문화적 진화가 생물학적 진화와 다르게 더 빠른 속도로 일어나며, 따라서 인간이 시간적으로 급변하고, 공간적으로 다양한 환경에 유연하게 적응할 수 있는 중요한 진화적 기전이라고 가정한다.

진화인지고고학은 인간의 사고 과정, 기술·문화의 기원, 복잡한 문제 해결 능력이 어떻게 진화했는지 고고학적·인지심리학적 증거로 재구성하려는 분야다. 공시적 차원에서 고고학적 자료와 민족지 데이터의 비교문화적 연구를 통해 분석하기도 하고, 통시적 차원에서 플라이스토세 이후 인지 능력의 발달을 석기를 비롯한 유물과 고신경학적 연구 결과를 바탕으로 설명한다. 전자는 행동생태학에 더 가깝고, 후자는 고고학과 인지과학에 더 가깝다. 신경과학과 심리학, 인지과학, 진화인류학, 고고학 등을 통합한 신경인류학도 각광받고 있다.

다양한 연구 방법은 나름의 장단점이 있다. 인류의 진화, 특히 행동 다양성을 연구하기 위해서는, 연구 방법에서도 다양성을 폭넓게 인정하여 연구 영역이나 분과의 전통보다는 연구 주제에 알맞은 연구 방법을 광범위하게 동원하는 목표 지향적 연구가 바람직하다. 그러면 다음 장에서는 행동 다양성 연구의 현재 상황에 관해서 최신 이론이나 주장을 중심으로 자세하게 살펴보자.

1. Neel JV. Diabetes mellitus: a 'thrifty' genotype rendered detrimental by "progress"? *Am J Hum Genet.* 1962;14(4):353.

2. Livingstone FB. Anthropological implications of sickle cell gene distribution in West Africa. *Am Anthropol.* 1958;60(3):533–62.

3. Krogman WM. *The human skeleton in forensic medicine.* Springfield, IL: Charles C. Thomas Publisher; 1970.

4. Washburn SL, DeVore I. The social life of baboons. *Sci Am.* 1961;204(6):62–71.

5. Johanson D, Edey M. *Lucy: The beginnings of humankind.* New York: Simon and Schuster; 1990.

6. Pearson OM, Buikstra JE, Beck LA. *Bioarchaeology: The contextual analysis of human remains.* New York: Academic Press; 2006.

7. Garn SM, Birdsell JB. *Races: A study of the problems of race formation in man.* Washington, DC: Library of Congress Photoduplication Service; 1950.

8. Boyd WC. *Genetics and the races of man.* New York: Blackwell Oxford; 1950.

9. Glass B. On the evidence of random genetic drift in human populations. *Am J Phys Anthropol.* 1956;14(4):541–55.

10. Zihlman AL. *The Human Evolution Coloring Book.* New York: Collins Reference; 2001.

11. Washburn SL. *The New Physical Anthropology.* Trans N Y Acad Sci. 1951;13(7 Series II):298–304.

12. Washburn SL. The New Physical Anthropology ¡1951¡. In: Erickson PA, Murphy LD, editors. *Readings for a history of anthropological theory.* Toronto: University of Toronto Press; 2021. p. 455–67.

13. Ellison PT. The evolution of physical anthropology. *Am J Phys Anthropol.* 2018;165(4):615–25.

14. Mayr E. *Systematics and the origin of species, from the viewpoint of a zoologist.* New York: Columbia University Press; 1942.

15. Ariew A. Population thinking. In: Ruse M, editor. *The Oxford handbook of philosophy of biology.* Oxford: Oxford Academic; 2009.

16. Dobzhansky T. *Genetics and the origin of species.* New York: Columbia University Press; 1982.

17. Mayr E. *Systematics and the origin of species, from the viewpoint of a zoologist.* Cambridge, MA: Harvard University Press; 1942.

18. Johnson RA, Wichern DW. *Applied multivariate statistical analysis.* Upper Saddle River, NJ: Prentice Hall; 2002.

19. Anderson TW, Anderson TW, Anderson TW, Anderson TW. *An introduction to multivariate statistical analysis.* New York: Wiley New York; 1958.

20. Elewa AMT, Elewa AMT. *Morphometrics for nonmorphometricians*. Berlin: Springer; 2010.

21. Shapiro HL. The history and development of physical anthropology. *Am Anthropol*. 1959;61(3):371–9.

22. Zuckerkandl E. Molecular disease, evolution, and genic heterogeneity. *Horizons in Biochemistry*. 1962;189–225.

23. Kimura M. *The neutral theory of molecular evolution*. Cambridge: Cambridge University Press; 1983.

24. Sarich VM, Wilson AC. Immunological time scale for hominid evolution. *Science*. 1967;158(3805):1200–3.

25. Smith FH, Spencer F. *The origins of modern humans: A world survey of the fossil evidence*. New York: Alan R. Liss; 1984.

26. Bromham L, Penny D. The modern molecular clock. *Nat Rev Genet*. 2003;4(3):216–24.

27. Lindell Bromham DP. The modern molecular clock. *Nat Rev Genet*. 2003;4(3):216–24.

28. Ho SYW, Phillips MJ. Accounting for calibration uncertainty in phylogenetic estimation of evolutionary divergence times. *Syst Biol*. 2009;58(3):367–80.

29. Benton MJ, Donoghue PCJ. Paleontological evidence to date the tree of life. *Mol Biol Evol*. 2007;24(1):26–53.

30. Eibl-Eibesfeldt I. *Ethology: The biology of behavior*. New York: Holt, Rinehart and Winston; 1970.

31. Aristotle. *History of animals*. Cambridge, MA: Harvard University Press; 1991.

32. Lennox JG. The complexity of Aristotle's study of animals. In: *The Oxford handbook of Aristotle*. Oxford: Oxford University Press; 2012. p. 287–305.

33. Burkhardt RW. *Patterns of behavior: Konrad Lorenz, Niko Tinbergen, and the founding of ethology*. Chicago: University of Chicago Press; 2005.

34. Whitman CO. *The behavior of pigeons*. Washington, D.C.: Carnegie Institution of Washington; 1919.

35. Schorger AW. *The passenger pigeon: Its natural history and extinction*. Madison, WI: University of Wisconsin Press; 1955.

36. Podos J. Early perspectives on the evolution of behavior: Charles Otis Whitman and Oskar Heinroth. *Ethol Ecol Evol*. 1994;6(4):467–80.

37. Park H. Considerations about evolutionary ecological study of psychiatry. *Korean Journal of Cognitive Science*. 2019;30(4):199–217.

38. Bourke AFG. *Principles of social evolution*. Oxford: Oxford University Press; 2011.

39. Krebs JR, Davies NB. *Behavioural ecology: An evolutionary approach*. Hoboken: John Wiley & Sons; 2009.

40. Smith JM, Harper D. *Animal signals*. Oxford: Oxford University Press; 2003.

41. Schulze-Hagen K, Birkhead TR. The ethology and life history of birds: The forgotten contributions of Oskar, Magdalena and Katharina Heinroth. *J Ornithol*. 2015;156:9–18.

42. Spalding D. Instinct, with original observations on young animals. *Macmillan's Mag*. 1873;27:282–93.

43. Heinroth O. Beiträge zur Biologie, namentlich Ethologie und Psychologie der Anatiden. *Journal für Ornithologie*. 1911;59:1–198.

44. Schleidt W, Shalter MD, Moura–Neto H. The hawk/goose story: The classical ethological experiments of Lorenz and Tinbergen, revisited. *J Comp Psychol.* 2011;125(2):121.

45. Gräfe S, Stuhrmann C. Histories of Ethology: Methods, Sites, and Dynamics of an Unbound Discipline. *Ber Wiss.* 2022;45(2).

46. Lorenz K. *The foundations of ethology.* New York: Springer; 1981.

47. Lorenz K, Leyhausen P, Tonkin BA. *Motivation of human and animal behavior: An ethological view.* New York: Van Nostrand Reinhold; 1973.

48. Tinbergen N. *The study of instinct.* Oxford: Clarendon Press; 1951.

49. Tinbergen N. On aims and methods of ethology. *Z Tierpsychol.* 1963;20(4):410–33.

50. Lorenz KZ. The evolution of behavior. *Sci Am.* 1958;199(6):67–82.

51. Craig W. Appetites and aversions as constituents of instincts. *Biol Bull.* 1918;34(2):91–107.

52. Craig W. Why do animals fight? *The Int J Ethics.* 1921;31(3):264–78.

53. Lorenz K. The comparative method in studying innate behavior patterns. *Symp Soc Exp Biol.* 1950;4:221–68.

54. Wheeler WM. *Ants: their structure, development and behavior.* New York: Columbia University Press; 1910.

55. Lehrman DS. A critique of Konrad Lorenz's theory of instinctive behavior. *Q Rev Biol.* 1953;28(4):337–63.

56. Archer J. *Ethology and human development.* Lanham, MD: Rowman & Littlefield; 1992.

57. Thorpe WH. *Duetting and antiphonal song in birds: its extent and significance.* Leiden: Brill Archive; 1972.

58. Thorpe WH. *Learning and instinct in animals.* London: Methuen & Co.; 1956.

59. Bateson P. *Behaviour, development and evolution.* Cambridge: Open Book Publishers; 2017.

60. Bateson PE. *The development and integration of behaviour: Essays in honour of Robert Hinde.* Cambridge: Cambridge University Press; 1991.

61. Humphrey NK, Bateson PPG, Hinde RA. *Growing points in ethology.* Cambridge: Cambridge University Press.; 1976.

62. Bowlby J. *Attachment and loss: Vol. 1. attachment.* New York: Basic Books; 1969.

63. Hinde RA. Ethology: Its nature and relations with other sciences. In: Lehrman DS, Hinde RA, Tobach E, editors. *Advances in the Study of Behavior.* New York: Oxford University Press; 1982. p. 1–51.

64. Hinde RA. *Biological bases of human social behaviour.* New York: McGraw–Hill; 1974.

65. Goodall J. *Through a window: My thirty years with the chimpanzees of Gombe.* Boston: Houghton Mifflin Harcourt; 2010.

66. Peterson D. *Jane Goodall: The woman who redefined man.* Boston: Houghton Mifflin Harcourt; 2008.

67. Fossey D. *Gorillas in the Mist.* Boston: Houghton Mifflin Harcourt; 1983.

68. Huxley JS. The Courtship□habits of the Great Crested Grebe (Podiceps cristatus); with an addition to

the Theory of Sexual Selection. In: *Proc Zool Soc Lond.* Wiley Online Library; 1914. p. 491–562.

69. Cronin H. *The ant and the peacock: Altruism and sexual selection from Darwin to today.* Cambridge: Cambridge University Press; 1991.

70. Huxley J. *Evolution: The Modern Synthesis.* London: Allen & Unwin; 1942.

71. Eibl–Eibesfeldt I. 『생명의 황금나무야 푸르러라』. 박여성 역. 서울: 사계절; 1999.

72. Eibl–Eibesfeldt I, Lang A. *Die Biologie des menschlichen Verhaltens.* Verlag nicht ermittelbar; 1986.

73. Eibl–Eibesfeldt I. *Der vorprogrammierte Mensch: Das Ererbte als bestimmender Faktor im menschlichen Verhalten.* Vienna: F. Molden; 1973.

74. Eibl–Eibesfeldt I. *Human ethology.* Routledge; 1989.

75. Eibl–Eibesfeldt I. *Love and hate: The natural history of behavior patterns.* New York: Routledge; 1971.

76. Eibl–Eibesfeldt I. 『야수인간』. 이경식 역. 서울: 휴먼앤북스; 2005.

77. Van Dijken S. *John Bowlby. His Early Life. A Biographical Journey into the Roots of Attachment Theory.* London: Free Association Books; 1998.

78. Karen R. *Becoming attached: First relationships and how they shape our capacity to love.* Oxford: Oxford University Press; 1998.

79. Bowlby J. Forty–four juvenile thieves: Their characters and home–life. In: *The Mark of Cain.* London: Routledge; 2013. p. 35–41.

80. Bowlby J. Child care and the growth of love. In: *Cuidados maternos e saúde mental.* 1988. p. 225.

81. Bowlby J. *Maternal care and mental health.* World Health Organization Geneva; 1951.

82. Rutter M. *Maternal deprivation reassessed.* London: Penguin Books; 1972.

83. Schaffer HR, Emerson PE. The development of social attachments in infancy. *Monogr Soc Res Child Dev.* 1964;1–77.

84. Klein M. *The psycho–analysis of children.* London: Random House; 1997.

85. Holmes J. *John Bowlby and attachment theory.* London: Routledge; 2014.

86. Freud A. *Normality and pathology in childhood: Assessments of development.* London: Routledge; 1965.

87. Freud A, Burlingham DT. *War and children.* London: Medical War Books; 1943.

88. Bretherton I. The origins of attachment theory: John Bowlby and Mary Ainsworth. In: *Attachment Theory.* London: Routledge; 2013. p. 45–84.

89. Ainsworth MDS. Object relations, dependency, and attachment: A theoretical review of the infant–mother relationship. *Child Dev.* 1969;969–1025.

90. Ainsworth MDS, Blehar MC, Waters E, Wall SN. *Patterns of attachment: A psychological study of the strange situation.* New York: Psychology Press; 2015.

91. Main M, Solomon J. Procedures for identifying infants as disorganized/disoriented during the Ainsworth Strange Situation. In: Greenberg MT, Cicchetti D, Cummings EM, editors. *Attachment in the Preschool Years: Theory, Research, and Intervention.* Chicago: University of Chicago Press; 1990. p. 121–60.

92. Sroufe LA. Attachment and development: A prospective, longitudinal study from birth to adulthood.

Attach Hum Dev. 2005;7(4):349–67.

93. Ainsworth MS. Attachments beyond infancy. *Am Psychol*. 1989;44(4):709.

94. Suomi SJ. Influence of attachment theory on ethological studies of biobehavioral development in nonhuman primates. In: *Attachment Theory*. London: Routledge; 2013. p. 185–201.

95. Van der Horst FCP, LeRoy HA, Van der Veer R. "When strangers meet": John Bowlby and Harry Harlow on attachment behavior. *Integr Psychol Behav Sci*. 2008;42:370–88.

96. Harlow HF, Zimmermann RR. Affectional response in the infant monkey: Orphaned baby monkeys develop a strong and persistent attachment to inanimate surrogate mothers. *Science*. 1959;130(3373):421–32.

97. Harlow HF. The nature of love. *Am Psychol*. 1958;13(12):673.

98. Harlow HF, Suomi SJ. Social recovery by isolation-reared monkeys. *Proc Natl Acad Sci*. 1971;68(7):1534–8.

99. Bowlby J. *Charles Darwin: A new life*. New York: WW Norton & Company; 1992.

100. Cartwright J. 『진화와 인간 행동』. 박한선 역. 서울: 에이도스; 2019.

101. Schultz D. *A history of modern psychology*. 10th ed. San Diego, CA: Academic Press; 2013.

102. Pavlov I. Conditioned reflexes: An investigation of the physiological activity of the cerebral cortex. *Ann Neurosci*. 2010;17(3):136.

103. Watson JB, Rayner R. Conditioned emotional reactions. *J Exp Psychol*. 1920;3(1):1.

104. Schneider SM, Morris EK. A history of the term radical behaviorism: From Watson to Skinner. *Behav Anal*. 1987;10:27–39.

105. Skinner BF. *The behavior of organisms: An experimental analysis*. Cambridge, MA: BF Skinner Foundation; 2019.

106. Brenner C. *An elementary textbook of psychoanalysis*. New York: Anchor Books; 1974.

107. Skinner BF. *Science and human behavior*. New York: Simon and Schuster; 1965.

108. Freud S. *Totem and taboo: Resemblances between the psychic lives of savages and neurotics*. New York: Moffat, Yard and Company; 1913.

109. Malinowski B. *Sex and repression in savage society*. London: Routledge; 1927.

110. Malinowski B. Culture as a determinant of behavior. *Sci Mon*. 1936;43(5):440–9.

111. Ritvo LB. *Darwin's influence on Freud: A tale of two sciences*. New Haven, CT: Yale University Press; 1990.

112. Freud A. *The ego and the mechanisms of defense*. New York: International Universities Press; 1936.

113. Greenberg J. *Object relations in psychoanalytic theory*. Cambridge, MA: Harvard University Press; 1983.

114. Winnicott DW. *The maturational processes and the facilitating environment: Studies in the theory of emotional development*. New York: International Universities Press; 1965.

115. Hartmann H. Ego psychology and the problem of adaptation. In: *Organization and pathology of thought: selected sources*. New York: Columbia University Press; 1951. p. 362–98.

116. Horney K. *The neurotic personality of our time*. London: Routledge; 2013.

117. Fromm E. *Escape from Freedom*. New York: Farrar & Rinehart; 1941.

118. Sullivan HS. *The interpersonal theory of psychiatry*. New York: W.W. Norton & Company; 1953.

119. Lacan J. The function and field of speech and language in psychoanalysis. In: *Ecrits: A Selection*. London: Routledge; 1953. p. 33–125.

120. Fink B. *A clinical introduction to Lacanian psychoanalysis: Theory and technique*. Cambridge, MA: Harvard University Press; 1999.

121. Evans D. *An introductory dictionary of Lacanian psychoanalysis*. New York: Routledge; 2006.

122. Goss P. *Jung: A Complete Introduction: Teach Yourself*. London: Hachette UK; 2015.

123. Hopcke RH. *A guided tour of the collected works of CG Jung*. Boulder, CO: Shambhala Publications; 2013.

124. Jung CG. *Memories, dreams, reflections*. New York: Vintage; 1963.

125. Stevens A. *Jung: A very short introduction*. Oxford: Oxford University Press; 2001.

126. Segal RA. *Introduction. Jung on Mythology*. Princeton, NJ: Princeton University Press; 1998.

127. Campbell J. *The hero with a thousand faces*. Novato, CA: New World Library; 2008.

128. Lévi-Strauss C. *Structural anthropology*. New York: Basic Books; 1958.

129. Jung CG. *Symbols of transformation*. New York: Pantheon Books; 1956.

130. Jung CG. *Personality types*. New Jersey: Princeton University Press; 1921.

131. Freud S. *Beyond the Pleasure Principle*. London: Hogarth Press; 1920.

132. Adler A. Der Aggressionstrieb im Leben und in der Neurose. *Heilen und Bilden: Ein Buch der Erziehungskunst für Ärzte und Pädagogen*. 1908;33–42.

133. Jung CG. *Letters of CG Jung: Volume I, 1906–1950*. London: Routledge; 2015.

134. Jung CG. *Nietzsche's Zarathustra: Notes of the Seminar given in 1934–1939 by CG Jung*. London: Routledge; 1988.

135. Huskinson L. *Nietzsche and Jung: The whole self in the union of opposites*. London: Taylor & Francis Group; 2004.

136. Block M. *How The Myers–Briggs Personality Test Began In A Mother's Living Room Lab*. National Public Radio. 2018;23.

137. The Myers & Briggs Foundation. *The Story of Isabel Briggs Myers*. The Myers & Briggs Foundation. 2024.

138. Furnham A. The big five versus the big four: the relationship between the Myers-Briggs Type Indicator (MBTI) and NEO-PI five factor model of personality. *Pers Individ Dif*. 1996;21(2):303–7.

139. Pittenger DJ. Measuring the MBTI… and coming up short. *J Career Plan Employ*. 1993;54(1):48–52.

140. Baldwin JM. A new factor in evolution. *Diacronia*. 2018;7:1–13.

141. Arnet E. Conwy Lloyd Morgan, methodology, and the origins of comparative psychology. *J Hist Biol*. 2019;52(3):433–61.

142. Schneider KJ, Pierson JF, Bugental JFT. *The handbook of humanistic psychology: Theory, research, and practice*. 2nd ed. Thousand Oaks, CA: Sage Publications; 2014.

143. Maslow AH. A theory of human motivation. *Psychol Rev*. 1943;2:21–8.

144. Rogers CR. *Client–centered therapy: Its current practice, implications, and theory, with chapters*. Oxford, United Kingdom: Houghton Mifflin; 1951.

145. May R, Angel E, Ellenberger HF. *Existence: A New Dimension in Psychiatry and Psychology*. New York: Basic Books; 1958.

146. Frankl VE. *Man's search for meaning*. New York: Simon and Schuster; 1946.

147. Perls FS. *Gestalt therapy: Excitement and growth in the human personality*. New York: The Julian Press; 1951.

148. Kuhn TS. *The structure of scientific revolutions*. Chicago: University of Chicago Press; 1962.

149. Bock GR, Cardew G. *Characterizing human psychological adaptations*. New York: John Wiley & Sons; 2008.

150. Williams GC. *Adaptation and natural selection: A critique of some current evolutionary thought*. Princeton, NJ: Princeton University Press; 1966.

151. Smith JM. Group selection and kin selection. *Nature*. 1964;201(4924):1145–7.

152. Hamilton WD. The Genetical Evolution of Social Behaviour, I and II. *J Theor Biol*. 1964;7(1).

153. Grafen A. Evolutionary theory: Hamilton's rule OK. *Nature*. 1985;318(6044):310–1.

154. Trivers RL. The evolution of reciprocal altruism. *Q Rev Biol*. 1971;35–57.

155. Trivers RL. Parent–offspring conflict. *Am Zool*. 1974;14:249–64.

156. Dawkins R. *The selfish gene*. Oxford: Oxford University Press; 1976.

157. Dawkins R. Twelve misunderstandings of kin selection. *Anim Behav*. 1979;200(2):184–200.

158. Ardrey R. *African genesis: A personal investigation into the animal origins and nature of man*. New York: Atheneum; 1961.

159. Ardrey R. *The hunting hypothesis: a personal conclusion concerning the evolutionary nature of man*. London: Fontana/Collins; 1977.

160. Wilson EO. *Sociobiology: The new synthesis*. Cambridge, MA: Harvard University Press; 1975.

161. Wilson EO. *On human nature*. Cambridge, MA: Harvard University Press; 1978.

162. Sahlins M. *The use and abuse of biology: An anthropological critique of sociobiology*. Ann Arbor: University of Michigan Press; 1976.

163. Gould SJ. *The mismeasure of man*. WW Norton & Company; 1996.

164. Lewontin RC. Sociobiology as an adaptationist program. *Behav Sci*. 1979;24(1):5–14.

165. Tooby J. The psychological foundations of culture. In: Barkow J, Cosmides L, Tooby J, editors. *The Adapted Mind: Evolutionary Psychology and the Generation of Culture*. New York: Oxford University Press; 1992.

166. Hrdy SB. *The langurs of Abu: female and male strategies of reproduction*. Cambridge, MA: Harvard

University Press; 1980.

167. Trivers RL. Parental investment and sexual selection. In: *Sexual selection and the descent of man.* London: Routledge; 2017. p. 136–79.

168. Wrangham RW, Smuts BB. Sex differences in the behavioural ecology of chimpanzees in the Gombe National Park, Tanzania. *J Reprod Fertil Suppl.* 1980;13–31.

169. Gardner HE. *The mind's new science: A history of the cognitive revolution.* New York: Basic Books; 2008.

170. Miller GA. The cognitive revolution: a historical perspective. *Trends Cogn Sci.* 2003;7(3):141–4.

171. Cosmides L, Tooby J. *Evolutionary psychology: A primer.* Santa Barbara: Center for Evolutionary Psychology, Santa Barbara; 1997.

172. Tooby J, Cosmides L. The evolutionary psychology of the emotions and their relationship to internal regulatory variables. In: Lewis M, Haviland-Jones JM, Barrett LF, editors. *Handbook of Emotions.* New York: Guilford Press; 2008. p. 114–37.

173. Neisser U. *Cognitive psychology.* New York: Appleton-Century-Crofts; 1967.

174. Barkow JH, Cosmides L, Tooby J. *The adapted mind: Evolutionary psychology and the generation of culture.* Oxford University Press, USA; 1992.

175. Fodor J. *The Modularity of Mind: An essay on faculty psychology.* Cambridge, MA: MIT Press; 1983.

176. Broca P. Remarks on the Seat of the Faculty of Articulate Language Followed by an Observation of Aphemia (trans. G. von Bonin)-Original work published 1861. In: G. von Bonin, editor. *Some Papers on the Cerebral Cortex.* IL: Charles C. Thomas; 1861.

177. Wernicke C. *Der aphasische Symptomencomplex: Eine psychologische Studie auf anatomischer Basis.* Breslau: Cohn & Weigert; 1874.

178. Benson DF. *Aphasia: A clinical perspective.* Oxford: Oxford University Press; 1996.

179. Lichtheim L. *On aphasia.* Oxford: Oxford University Press; 1885.

180. Geschwind N. The Organization of Language and the Brain: Language disorders after brain damage help in elucidating the neural basis of verbal behavior. *Science.* 1970;170(3961):940–4.

181. Geschwind N. Disconnexion syndromes in animals and man. *Brain.* 1965;88(3):585.

182. Milner B. Memory and the medial temporal regions of the brain. *Biology of Memory.* 1970;23:31–59.

183. Milner B, Corkin S, Teuber HL. Further analysis of the hippocampal amnesic syndrome: 14-year follow-up study of HM. *Neuropsychologia.* 1968;6(3):215–34.

184. Kosslyn SM. *Image and brain: The resolution of the imagery debate.* Cambridge, MA: MIT Press; 1996.

185. Kosslyn SM, Thompson WL, Ganis G. *The case for mental imagery.* Oxford: Oxford University Press; 2006.

186. Damasio AR, Tranel D, Damasio H. Individuals with sociopathic behavior caused by frontal damage fail to respond autonomically to social stimuli. *Behav Brain Res.* 1990;41(2):81–94.

187. Damasio AR. *Descartes' error: Emotion, reason, and the human brain.* New York: Grosset/Putnam; 1994.

188. Sperry R. Some effects of disconnecting the cerebral hemispheres. *Science.* 1982;217(4566):1223–6.

189. Sperry RW. Hemisphere deconnection and unity in conscious awareness. *Am Psychol.* 1968;23(10):723.

190. Hubel DH, Wiesel TN. *Brain and visual perception: The story of a 25–year collaboration.* Oxford: Oxford University Press; 2004.

191. Wiesel TN, Hubel DH. Single–cell responses in striate cortex of kittens deprived of vision in one eye. *J Neurophysiol.* 1963;26(6):1003–17.

192. Hubel DH, Wiesel TN. Ferrier lecture–Functional architecture of macaque monkey visual cortex. *Proc R Soc Lond B Biol Sci.* 1977;198(1130):1–59.

193. Hubel DH, Wiesel TN. Receptive fields, binocular interaction and functional architecture in the cat's visual cortex. *J Physiol.* 1962;160(1):106.

194. O'Keefe J, Dostrovsky J. The hippocampus as a spatial map: Preliminary evidence from unit activity in the freely–moving rat. *Brain Res.* 1971;34(1):171–5.

195. Moser EI, Kropff E, Moser MB. Place cells, grid cells, and the brain's spatial representation system. *Annu Rev Neurosci.* 2008;31(1):69–89.

196. Smith EA, Winterhalder B. *Evolutionary ecology and human behavior.* New York: Aldine de Gruyter; 1992.

197. Winterhalder B, Smith EA. Analyzing adaptive strategies: Human behavioral ecology at twenty–five. *Evol Anthropol.* 2000;9(2):51–72.

198. Lotka AJ. *Elements of physical biology.* Baltimore: Williams and Wilkins; 1925.

199. Volterra V. Fluctuations in the abundance of a species considered mathematically. *Nature.* 1927;119(2983):12.

200. Gause GF. Experimental analysis of Vito Volterra's mathematical theory of the struggle for existence. *Science.* 1934;79(2036):16–7.

201. Hardin G. The tragedy of the commons: the population problem has no technical solution; it requires a fundamental extension in morality. *Science.* 1968;162(3859):1243–8.

202. Hutchinson GE. Concluding remarks. In: *Cold Spring Harbor Symposia on Quantitative Biology.* 1957. p. 415–27.

203. Hutchinson GE. The paradox of the plankton. *Am Nat.* 1961;95(882):137–45.

204. Chesson P. Mechanisms of maintenance of species diversity. *Annu Rev Ecol Syst.* 2000;31(1):343–66.

205. MacArthur RH. *Geographical ecology: patterns in the distribution of species.* Princeton University Press; 1984.

206. Medawar PB. *Pluto's republic incorporating the art of the soluble and induction and intuition in scientific thought.* Oxford: Oxford University Press; 1982.

207. Lack D. *The natural regulation of animal numbers.* Oxford: Clarendon Press; 1954.

208. Levins R. *Evolution in changing environments: some theoretical explorations.* Princeton: Princeton University Press; 1968.

209. Wilson EO, MacArthur RH. *The theory of island biogeography.* Princeton, NJ: Princeton University Press; 1967.

210. Pianka ER. *Evolutionary ecology.* 7th ed. Sunderland, MA: Sinauer Associates; 2011.

211. Orians GH. On the evolution of mating systems in birds and mammals. *Am Nat.* 1969;103(934):589–603.

212. Crook JH. The evolution of social organisation and visual communication in the weaver birds (Ploceinae). *Behaviour Suppl.* 1964;10:1–178.

213. Brown JL. The evolution of diversity in avian territorial systems. *Wilson Bull.* 1964;160–9.

214. Brown JL. Territorial behavior and population regulation in birds: a review and re-evaluation. *Wilson Bull.* 1969;293–329.

215. Frisch K von. *The dance language and orientation of bees.* Cambridge, MA: Harvard University Press; 1993.

216. Irons W. Adaptively relevant environments versus the environment of evolutionary adaptedness. *Evol Anthropol: Issues, News, and Reviews.* 1998;6(6):194–204.

217. Chagnon NA. *Evolutionary biology and human social behavior: An anthropological perspective.* North Scituate, MA: Duxbury Press; 1979.

218. Chagnon NA. *Yąnomamö, the fierce people.* New York: Holt, Rinehart and Winston; 1968.

219. Crook D, Gartlan JS. Evolution of primate societies. In: *Foundations of Tropical Forest Biology: Classic Papers with Commentaries.* 2002;210:457.

220. Hall KRL, Crook JH. *Social behaviour in birds and mammals: essays on the social ethology of animals and man.* London: Academic Press; 1970.

221. Charnov EL. Optimal foraging, the marginal value theorem. *Theor Popul Biol.* 1976;9(2):129–36.

222. Hawkes K. Grandmothers and the evolution of human longevity. *Am J Hum Biol.* 2003;15(3):380–400.

223. Hawkes K, O'Connell JF, Blurton Jones NG. Hadza women's time allocation, offspring provisioning, and the evolution of long postmenopausal life spans. *Curr Anthropol.* 1997;38(4):551–77.

224. Cant MA, Johnstone RA. Reproductive conflict and the separation of reproductive generations in humans. *Proc Natl Acad Sci USA.* 2008;105(14):5332–6.

225. DeVore I. *Primate behavior: field studies of monkeys and apes.* New York: Holt, Rinehart and Winston; 1965.

226. Lee RB. *The! Kung San: Men, women and work in a foraging society.* Cambridge University Press; 1979.

227. DeVore I, Lee RB. *Man the hunter.* Aldine: Atherton; 1968.

228. Winterhalder B. Environmental analysis in human evolution and adaptation research. *Hum Ecol.* 1980;8:135–70.

229. Winterhalder B. Social foraging and the behavioral ecology of intragroup resource transfers. *Evol Anthropol: Issues, News, and Reviews.* 1996;5(2):46–57.

230. Winterhalder B, Goland C. An evolutionary ecology perspective on diet choice, risk, and plant domestication. In: Gremillion KJ, editor. *People, Plants, and Landscapes: Studies in Paleoethnobotany.* Tuscaloosa: University of Alabama Press; 1997. p. 123–60.

231. Winterhalder B. Diet choice, risk, and food sharing in a stochastic environment. *J Anthropol Archaeol.* 1986;5(4):369–92.

232. Frisancho AR. *Human adaptation and accommodation.* Ann Arbor: University of Michigan Press; 1993.

233. Larsen CS. Biological changes in human populations with agriculture. *Annu Rev Anthropol.* 1995;24(1):185–213.

234. Bocquet–Appel JP. When the world's population took off: the springboard of the Neolithic Demographic Transition. *Science.* 2011;333(6042):560–1.

235. Zeder MA. The origins of agriculture in the Near East. *Curr Anthropol.* 2011;52(S4):S221–35.

236. Collins KJ, Weiner JS. *Human adaptability; a history and compendium of research in the International Biological Programme.* London: Taylor & Francis; 1977.

237. Baker PT, Weiner JS. *The biology of human adaptability.* Oxford: Clarendon Press; 1966.

238. Milan FA. *The human biology of circumpolar populations.* Cambridge: Cambridge University Press; 1980.

239. Shephard RJ. *Human Physiological Work Capacity.* Cambridge: Cambridge University Press; 1978.

240. Baker PT. *The biology of high–altitude peoples.* Cambridge: Cambridge University Press; 1978.

241. Harrison GA. The role of the Human Adaptability International Biological Programme in the development of human population biology. In: Ulijaszek SJ, Huss–Ashmore R, editors. *Human Adaptability: Past, Present, and Future.* Oxford: Oxford University Press; 1997. p. 0.

242. Lee RB. Hunter–gatherers in process: The Kalahari Research Project, 1963–76. In: Richard B. Lee, Irven DeVore, editors. *Kalahari Hunter–Gatherers: Studies of the !Kung San and Their Neighbors.* New York: Academic Press; 1979.

243. Hill K, Hurtado AM. *Ache life history: The ecology and demography of a foraging people.* New York: Routledge; 1996.

244. Fincher CL, Thornhill R. Parasite–stress promotes in–group assortative sociality: The cases of strong family ties and heightened religiosity. *Behav Brain Sci.* 2012;35(2):61–79.

245. Thornhill R, Fincher CL. The parasite–stress theory of sociality, the behavioral immune system, and human social and cognitive uniqueness. *Evol Behav Sci.* 2014;8(4):257.

246. Konner M, Worthman C. Nursing frequency, gonadal function, and birth spacing among! Kung hunter–gatherers. *Science.* 1980;207(4432):788–91.

247. Howell N. Ache Life History: The Ecology and Demography of a Foraging People. *Am J Sociol.* 1996;101(4):1134–6.

248. MacArthur RH, Pianka ER. On optimal use of a patchy environment. *Am Nat.* 1966;100(916):603–9.

249. Stephens DW, Krebs JR. *Foraging theory.* Princeton, NJ: Princeton University Press; 1986.

250. Krebs JR, Ryan JC, Charnov EL. Hunting by expectation or optimal foraging? A study of patch use by chickadees. *Anim Behav.* 1974;22:953–64.

251. Zach R. Shell dropping: decision–making and optimal foraging in northwestern crows. *Behaviour.* 1979;106–17.

252. Williams TM, Estes JA, Doak DF, Springer AM. Killer appetites: assessing the role of predators in ecological communities. *Ecology.* 2004;85(12):3373–84.

253. Blurton–Jones N. Testing adaptiveness of culturally determined behaviour: do bushmen women maximize their reproductive success by spacing births widely and for aging seldom? *Hum Behav*

Adaptation. 1978;135–57.

254. Ortner SB. Is female to male as nature is to culture? *Feminist Stud*. 1972;1(2):5–31.

255. Leacock EB. *Myths of male dominance: Collected articles on women cross–culturally*. New York: Monthly Review Press; 1983.

256. Zihlman AL. Women in evolution, Part II: Subsistence and social organization among early hominids. *Signs: J Women Cult Soc*. 1978;4(1):4–20.

257. James W. Egalitarian Societies. *Man*. 1982;17(3):431–51.

258. Haldane JBS. The argument from animals to men: an examination of its validity for anthropology. *J R Anthropol Inst Great Br Ireland*. 1956;86(2):1–14.

259. Crook JH. *Social behaviour in birds and mammals*. London: Academic Press; 1970.

260. Fisher RA. *The Genetical Theory of Natural Selection*. Oxford: Clarendon Press; 1930.

261. Charnov EL. *Life history invariants: some explorations of symmetry in evolutionary ecology*. Oxford: Oxford University Press; 1993.

262. Frisch RE, McArthur JW. Menstrual cycles: fatness as a determinant of minimum weight for height necessary for their maintenance or onset. *Science*. 1974;185(4155):949–51.

263. Gadgil M, Bossert WH. Life historical consequences of natural selection. *Am Nat*. 1970;104(935):1–24.

264. Charnov EL, Schaffer WM. Life–history consequences of natural selection: Cole's result revisited. *Am Nat*. 1973;107(958):791–3.

265. Smith BH. Dental development and the evolution of life history in Hominidae. *Am J Phys Anthropol*. 1991;86(2):157–74.

266. Alberts SC, Altmann J, Wilson ML. Mate guarding constrains foraging activity of male baboons. *Anim Behav*. 1996;51(6):1269–77.

267. Aiello LC, Wheeler P. The expensive–tissue hypothesis: the brain and the digestive system in human and primate evolution. *Curr Anthropol*. 1995;36(2):199–221.

268. Rosenberg K, Trevathan W. Bipedalism and human birth: The obstetrical dilemma revisited. *Evol Anthropol: Issues, News, and Reviews*. 1995;4(5):161–8.

269. Travathan W. 『여성의 진화』. 박한선 역. 서울: 에이도스; 2017.

270. Voltaire F. *Candide, ou l'Optimisme*. Geneva: Cramer; 1759.

271. Dawkins R. *The selfish gene*. Oxford University Press; 2016.

272. Blackmore SJ. *The meme machine*. Oxford: Oxford Paperbacks; 2000.

273. Boyd R, Richerson PJ. *The origin and evolution of cultures*. Oxford: Oxford University Press; 2005.

274. Richerson PJ, Boyd R. *Not by genes alone: How culture transformed human evolution*. Chicago: University of Chicago Press; 2008.

275. Boyd R, Richerson PJ. *Culture and the evolutionary process*. Chicago: University of Chicago Press; 1988.

276. Ernesto M, Cardoso AP, Cliff J, Bradbury JH. Cyanogens in cassava flour and roots and urinary thiocyanate concentration in Mozambique. *J Food Comp Anal*. 2000;13(1):1–12.

277. Mlingi NL V, Nkya S, Tatala SR, Rashid S, Bradbury JH. Recurrence of konzo in southern Tanzania:

rehabilitation and prevention using the wetting method. *Food Chem Toxicol.* 2011;49(3):673–7.

278. Laland KN, Brown GR. *Sense and nonsense: Evolutionary perspectives on human behaviour.* Oxford: Oxford University Press; 2011.

279. Boyd R, Richerson PJ. Transmission coupling mechanisms: cultural group selection. *Philos Trans R Soc B Biol Sci.* 2010;365(1559):3787–95.

280. Steward JH. Native peoples of South America. *Science.* 1960;132(3420):110.

281. Steward JH. *Theory of culture change: The methodology of multilinear evolution.* University of Illinois Press; 1955.

282. Henrich J, Boyd R, Richerson PJ. Five misunderstandings about cultural evolution. *Hum Nat.* 2008;19:119–37.

283. Wynn T, Coolidge FL. Evolutionary Cognitive Archaeology. In: Wynn T, Coolidge FL, editors. *An Introduction to Evolutionary Cognitive Archaeology.* London: Routledge; 2022.

284. Holloway RL. Culture, a human domain. *Curr Anthropol.* 1969;10(1):395. Available from: http://www.jstor.org.www2.lib.ku.edu:2048/stable/pdfplus/2740553.pdf

285. Holloway RL. The evolution of the primate brain: some aspects of quantitative relations. *Brain Res.* 1968;7(2):121–72.

286. Holloway RL. Human brain evolution: a search for units, models and synthesis. *Can J Anthropol.* 1983;3(2):215–9. Available from: http://www.columbia.edu/~rlh2/1983humbrevolCanadJAnth.pdf

287. Holloway RL. Human paleontological evidence relevant to language behavior. *Hum Neurobiol.* 1983;2(3):105–14.

288. Holloway RL. Evolution of the human brain. *Nature.* 1959;1777.

289. Binford LR. *Constructing frames of reference: an analytical method for archaeological theory building using ethnographic and environmental data sets.* University of California Press; 2019.

290. White LA. *The science of culture, a study of man and civilization.* New York: Grove Press; 1949.

291. White LA. *Ethnological Essays: Selected Essays of Leslie A. White.* University of New Mexico Press; 1987.

292. Roe SK. A brief history of an ethnographic database: The HRAF collection of ethnography. *Behav Soc Sci Libr.* 2007;25(2):47–77.

293. Murdock GP. Ethnographic atlas: a summary. *Ethnology.* 1967;6(2):109–36.

294. Murdock GP. *Social Structure.* New York: Macmillan Company; 1949.

295. Wynn T. Piaget, stone tools and the evolution of human intelligence. *World Archaeol.* 1985;17(1):32–43.

296. Barnard PJ, Teasdale JD. Interacting cognitive subsystems: A systemic approach to cognitive–affective interaction and change. *Cogn Emot.* 1991;5(1):1–39.

297. Overmann KA, Coolidge FL. *Squeezing minds from stones: Cognitive archaeology and the evolution of the human mind.* Oxford University Press; 2019.

298. Moore MW. The design space of stone flaking: implications for cognitive evolution. *World Archaeol.* 2011;43(4):702–15.

299. Moore MW. Hominin stone flaking and the emergence of 'top–down' design in human evolution. *Camb Archaeol J.* 2020;30(4):647–64.

8. 행동 다양성: 진화인류학의 현재

역사가 서로 다른 민족에게 서로 다른 궤적을 그리게 된 것은,
그 민족들 자체의 생물학적 차이 때문이 아니라, 각기 상이한 환경 때문이었다.
재레드 메이슨 다이아몬드(Jared Mason Diamond),•
『총, 균, 쇠: 인간 사회의 운명을 바꾼 힘(Guns, Germs, and Steel: The Fates of Human Societies)』, 1997년

우리가 질병을 연구하면 해부학·생리학·생물학에 대한 지식을 얻는다.
그러나 질병을 가진 '사람'을 연구할 때 비로소 '삶'에 대한 통찰을 얻게 된다.
올리버 울프 색스(Oliver Wolf Sacks),••
『아내를 모자로 착각한 남자(The Man Who Mistook His Wife for a Hat)』, 1985년

모든 개인은 고유한 생물학적 존재이며, 독특한 경험이 뇌의 구조와 기능을 변화시킨다.
그 고유함 속에 우리의 창의성과 다양성의 근원이 자리한다.
에릭 리처드 캔들(Eric Richard Kandel),••• 『기억을 찾아서(In Search of Memory)』, 2006년

이런 형태의 '광기'에는 독특한 고통, 환희, 외로움, 공포가 따르지만,
동시에 심각하게 달라진 시각, 마치 깨어 있는 꿈 같은 황홀 속에서
놀라운 창작물이 탄생하기도 한다.
케이 레드필드 재미슨(Kay Redfield Jamison),
『조울병, 나는 이렇게 극복했다(An Unquiet Mind)』, 1995년

정신의학적 상태에서 보이는 정신 과정과 행동 양상의 다양성은
인간 뇌가 얼마나 복합적인지를 보여준다.
각 환자의 여정은 우리가 모두 공유하는 생물학과
개별적 특성의 복잡성을 엿볼 수 있는 창이다.
토머스 R. 인셀(Thomas R. Insel),
〈국립 정신 건강 연구소(NIMH), 새로운 정신장애 치료 개발 촉진(Accelerating the Development of New Therapeutics for Mental Disorders) 워크숍 기조발표〉, 2013년

• 하버드 대학교와 케임브리지 대학교에서 역사학, 생화학, 생리학 등을 전공했다. UCLA 의대에서 생리학 교수를 지내다가 전공을 옮겨 동 대학교 지리학 교수로 재직했다. 인류 문명의 기원과 발전에 관한 연구와 저술 활동으로 유명하다.

•• 옥스퍼드 대학교에서 의학을 전공했고, 미국으로 건너가 몬테피오레 병원과 알베르트 아인슈타인 의대에서 신경과 전공의 과정을 밟았다. 베스 에이브러햄 병원에서 재직했다. 신경학·심리학·인류학까지 아우르는 임상 사례 기반의 저술 활동으로 유명하다.

••• 하버드 대학교와 뉴욕 대학교를 거치며 의학을 전공했다. 하버드 대학교 부속 매사추세츠 정신건강센터(Massachusetts Mental Health Center)에서 정신의학 수련을 받았다. 보스턴 정신분석학회(Boston Psychoanalytic Society and Institute)에서 정신분석 훈련을 받았다. 컬럼비아 의대에서 정신과 교수로 재직했다. 2000년 기억에 관한 연구로 노벨의학상을 수상했다.

◈

진화인류학은 인간의 보편성과 다양성 간의 상호관계를 진화론적 맥락에서 탐구하는 학문이다. 개체·집단 차이와 적응의 문제를 중심으로 다양한 이론적 관점을 제시해 왔다. 집단 간 차이에 집중한 과거 체질인류학의 역사를 뒤로하고, 지금은 개체 간 생물학적·심리적 다양성이 진화 과정에서 중요한 구실을 했다고 상정한다. 진화적 역사 속에서 나타난 개체 차이는 각기 다른 전략적 선택을 가능케 한다. 이러한 차이가 생존과 번식 성공에 필수적인 적응적 의미를 지닌다고 간주한다.[1,2]

현대 진화인류학은 더 나아가, 생태적 및 사회적 요인이 인간과 다른 동물의 행동과 심리에 어떻게 영향을 미치는지에 대한 관심을 더욱 깊게 확장하고 있다.[3] 개체 차이를 단순한 유전적 변이의 산물로 바라보는 수준을 넘어서, 환경과의 상호작용에서 나타나는 생존과 번식의 전략적 적응의 맥락에서 이해하려는 시도다. 이러한 요인에는 사회적 상호작용, 성선택, 자원 경쟁, 그리고 생태적 적응성이 포함된다. 이 요인들이 개체의 행동적 형질에 어떻게 영향을 미쳐 진화적 변화를 이끌어왔는지에 관한 연구가 현대 진화인류학의 연구 중심에 있다.

체형이나 피부색, 골격 등의 차이에 집중하던 체질인류학의 시대는 이미 저물었고, 신체 발달과 번식, 노화 등의 차이에 집중하던 생물인류학은 상당 부분 의학의 영역으로 넘어갔다. 개체와 집단 간의 유전적 차이를 연구하는 유전자 인류학(genetic anthropology),• 그리고 행동의 진화를 연구하는 신경인류학(neuroanthropology)••과 진화행동인류학(evolutionary behavioral anthropology)이 과거의 체질인류학, 지금의 생물인류학, 그리고 미래의 진화인류학이 나아갈 길이라고 믿는다.

간략하게 설명하면 다음과 같다. 유전자 인류학은 인간의 유전적 구조와 인구 유전학적 변동을 통해 인간의 기원과 진화, 그리고 문화적 적응을 설명하며, 분자생물학적 기법을 주로 활용한다. 신경인류학은 인간 뇌와 신경 체계가 문화와 인지, 사회적 행동에 미치는 영향을 연구하는 데 초점을 맞추며, 주로 신경과학적 방법을 활용한다. 진화행동인류학은 인간 행동의 진화적 적응 전략을 분석하고, 환경과 사회적 압력 하에서 행동이 어떻게 최적화되는지를 연구한다(〈표 19〉).

• 이 책은 유전자 인류학에 관해서는 다루지 않는데, 이는 해당 분야의 내용만으로도 또 다른 별도 책이 필요하기 때문이다. 행동유전학(behavioral genetics)에 관해서는 다음 책을 참고하기 바란다. Anholt RRH, Mackay TFC. *Principles of Behavioral Genetics*. 1st ed. Chichester: Wiley-Blackwell; 2009. 또한, 행동 다양성의 유전학적 설명에 관해서는 다음을 참고하기 바란다. Hanson Park, MD. Evolutionary genetic models of mental disorders. *Korean J Biol Psychiatry*. 2019;26(2):33-38.;

•• 신경인류학에 관해서는 다음의 교재를 참고하기 바란다. Lende DH, Downey G. *The Encultured Brain: An Introduction to Neuroanthropology*. Cambridge, MA: MIT Press; 2012

표 19 유전자인류학, 신경인류학, 진화행동인류학 비교

비교 항목	유전자인류학(genetic anthropology)	신경인류학(neuroanthropology)	진화행동인류학(evolutionary behavioral anthropology)
유의어	분자인류학(molecular anthropology) 인류학적 유전학(anthropological genetics) 인간 집단유전학(human population genetics)	문화 신경과학(cultural neuroscience) '비공식적' 뇌 인류학(brain anthropology)	인간 행동생태학(human behavioral ecology) 인간 동물행동학(human ethology) 진화심리학(evolutionary psychology)
연구 초점	· 인간 집단의 유전적 다양성과 인구 구조, 유전자 흐름, 기원 및 진화 과정을 분자 및 통계적 유전학적 방법으로 연구한다. · 인류의 유전적 변이가 문화와 사회적 적응에 어떤 역할을 하는지 연구한다.	· 인간의 뇌와 신경 체계가 문화, 인지, 사회적 행동에 미치는 영향을 규명한다. · 문화적 경험과 환경이 뇌의 구조와 기능에 미치는 신경생리학적 변화를 밝히는 데 초점을 맞춘다.	· 인간 행동의 진화적 기원과 적응 전략, 즉 환경 및 사회적 압력이 인간 행동(생식, 협력, 경쟁, 이동 등)에 미치는 영향을 분석한다. · 생태적·사회적 요인에 의한 인간 생애 전략의 최적화 과정을 연구한다.
방법론	· DNA 시퀀싱, 유전체 분석, 고대 DNA 복원, 통계적 유전학, 컴퓨터 시뮬레이션 등 분자생물학 및 계산 유전학적 방법을 사용한다. · 인구유전학적 데이터를 통해 인류의 기원 및 분포를 분석한다.	· 뇌 영상기술(fMRI, PET, EEG 등) 및 신경심리학적 실험을 활용한다. · 문화적 관찰과 현장 연구 결과를 신경과학적 데이터와 결합하여 분석한다.	· 현장 조사, 민족고고학, 행동 관찰, 실험실 실험, 수리 모델(최적화, 게임이론) 등을 활용하여 다양한 문화권에서의 행동 패턴을 비교 분석한다. · 진화적 시뮬레이션을 통해 가설을 검증한다.
이론적 배경	· 집단 유전학, 분자 진화, 인구 유전학 및 고대 인류학적 연구를 토대로 삼는다. · 멘델-다윈 원리를 현대 유전체 분석과 결합하여 인간의 유전적 기원과 적응 기전을 설명한다.	· 신경과학, 인지과학, 문화인류학이 융합된 학제적 접근을 기반으로 한다. · 문화적 경험과 사회적 상호작용이 뇌 발달 및 인지 처리에 미치는 영향을 설명하는 이론들을 포함한다.	· 진화생물학, 행동생태학, 사회생물학, 인류학 등의 이론을 토대로 한다. · 자연선택, 성선택, 친족 선택 등 진화이론을 인간 행동에 적용하여 생태적·사회적 요인이 인간 생애 전략에 미치는 영향을 분석한다.
적용 범위	· 인류 전체의 유전적 구조, 인구 이동, 기원 및 진화, 문화와의 상호작용 등 인류 역사의 유전적 측면을 다룬다. · 인간과 다른 종 사이의 유전적 유사성과 차이를 분석하여 인간 진화의 근본 원리를 탐구한다.	· 주로 인간의 뇌와 인지, 사회적 행동에 집중한다. · 다양한 문화권에서 뇌 구조와 기능의 차이를 분석하여 인간 인지의 보편성과 다양성을 이해하는 데 활용된다.	· 인간 행동 전반(생애 전략, 짝짓기, 협력, 경쟁, 이동 등)을 다룬다. · 다양한 생태·사회적 환경에서 나타나는 행동 적응 전략과 생애 전략의 최적화 과정을 설명한다. · 인간뿐 아니라 다른 동물의 행동 진화에도 비교 적용할 수 있다.
주요 질문	· 인간의 유전적 다양성과 집단 구조는 어떻게 형성되었는가? · 이러한 유전적 변이가 인류의 기원과 문화적 적응에 어떤 역할을 하는가?	· 문화와 경험이 뇌의 구조와 기능에 어떤 영향을 미치는가? · 이것이 인간의 인지와 사회적 행동을 어떻게 형성하는가?	· 인간 행동은 환경 및 사회적 압력에 의해 어떻게 변화하고 적응하는가? · 다양한 환경 조건에서 인간의 생애 전략과 행동 패턴은 어떻게 최적화되는가?
관련 학문 분야	· 집단유전학 · 분자생물학 · 진화생물학 · 유전체학 · 생물정보학 · 체질인류학 · 고인류학 · 분자의학	· 인지신경과학 · 정서신경과학 · 정신의학 · 신경생물학 · 실험심리학 · 문화신경과학 · 인지심리학 · 문화인류학	· 진화생물학 · 행동생태학 · 동물행동학 · 진화심리학 · 수리적 모델링 · 민족지학 · 민족고고학 · 행동경제학
연구자의 주요 전공	· 생물학 · 유전학 · 체질인류학 · 의학 · 해부학	· 의학 · 신경과학 · 심리학 · 인류학 · 생물학	· 인류학 · 생물학 · 심리학 · 경제학 · 수학
단 한마디로!	· DNA	· BRAIN	· BEHAVIOR

8장에서는 진화행동인류학 분야에 초점을 두고, 개체 차이를 설명하는 여러 이론적 모델을 바탕으로 인간과 동물의 성격, 행동 전략, 그리고 생애주기 동안 나타나는 발달적 행동 변화를 깊게 분석할 것이다.

그런데 인간의 복잡다단한 행동, 그리고 행동의 개체 혹은 집단 차이에 대해서 진화적 접근이 가능할까? 먼저 이를 설명하기 위해서는 행동 형질이 가진 다음의 다섯 가지 요인을 고려할 필요가 있다.[4]

첫째, 동물의 성격은 인간의 성격과 진화적 연속성을 지닌다. 이는 인간 행동 형질이 오직 인간만의 독특한 특성이 아니라, 진화 과정에서 여러 동물 종에서 발달해 온 형질임을 시사한다. 예컨대, 원숭이나 코끼리 등의 동물에서도 사회성, 신중성, 탐구심, 공격성 등과 같은 성격 형질이 관찰되며, 이는 인간 성격과 유사한 행동 양상을 보인다. 이처럼 동물 성격의 일관성은 인간 성격의 진화적 기원을 이해하는 데 중요한 단서를 제공한다. 동물 성격 연구는 인간 성격이 어떠한 진화적 압력 속에서 형성되었으며, 생존과 적응 과정에서 어떠한 역할을 하는지에 관해 유용한 통찰을 제공한다.[5]

둘째, 개인의 행동 형질은 시간, 상황, 그리고 문화적 차이를 넘어 비교적 일관되게 나타난다. 특정 순간이나 환경에서만 드러나는 것이 아니라, 다양한 환경에서 지속적으로 유지된다는 의미다. 예를 들어, 높은 개방성을 지닌 사람은 새로운 경험을 추구하고 창의적인 아이디어를 수용하는 경향을 보이며, 이는 여행 중이든 직장에서든 일관되게 나타난다. 반면, 보수적 성향을 지닌 사람은 익숙함에 안주하고 변화를 회피하는 행동을 꾸준히 보이는 경향이 높다. 이런 행동 형질의 상당수는 생애 전반에 걸쳐 지속적으로 유지된다는 사실이 보고되었다.[6-8]

셋째, 행동 형질은 개체의 적합도(fitness)와 밀접히 관련되며, 생존과 번식에 큰 영향을 미친다. 예컨대, 무리 내 협력 행동은 개체 간 유대감을 강화하고 자원을 효율적으로 분배함으로써 생존 가능성을 높인다. 반대로 지나치게 공격적인 행동은 갈등을 유발하고 사회적 자원을 소모하여 생존과 번식에 부정적 영향을 줄 수 있다. 협력적 행동은 무리 내에서 자원 확보와 번식 성공률을 높이는 데 기여하므로, 진화적 관점에서 적응적 의미를 지닌다.[9-11]

넷째, 행동 형질은 특정 상황에서 개체가 어떤 행동을 할지를 예측하는 데 중요한 단서를 제공한다. 특히 행동 형질이 적응적이라면, 이와 연관된 성격 형질 또한 적응적일 가능성이 높다. 예를 들어, 높은 성실성을 가진 개인은 장기적 목표를 달성하거나 어려운 문제를 해결할 때 계획적이고 체계적인 행동을 보일 확률이 높다. 이러한 행동은 자원 관리와 문제 해결 능력을 향상하여 생존과 번식 성공에 기여할 수 있다. 따라서 적응적 행동과 관련된 성격은 개체가 진화적 도전에 대응해 생존과 번식을 위한 전략을 선택하는 데 핵심적 역할을 한다.[12]

다섯째, 성격을 포함한 행동 형질은 중등도의 유전성을 지닌다. 성격 형질의 약 40~60%가 유전 요인으로 설명되며, 쌍둥이 연구나 가족 연구 결과는 유전적으로 밀접한 개인 간에 성격 형질이 더욱 유사하게 나타난다는 점을 뒷받침한다. 그러나 행동 형질이 전적으로 유전적 요인에 의해 결정되는 것은 아니며, 환경적 요인과의 상호작용을 통해 각 개체의 독특한 성격이 형성된다.[13]

이미 진화행동인류학에서는 개체 행동 차이를 설명하기 위해 다양한 모델과 이론적 틀이 활용되고 있다. 해당 분야는 빠르게 발전하고 있고,

여러 연구와 다양한 이론이 교차하는 만큼 각 개념을 명확히 구분하기는 쉽지 않다. 그런데도 이 책에서는 독자의 이해를 돕기 위해 다음 다섯 가지 개념—비교동물행동학, 성격 요인, 발달 및 생애사, 행동생태학적 다양성, 행동적 유연성—으로 분류하여 설명하고자 한다. 이러한 분류는 진화행동인류학의 복잡한 연구 분야를 간소화한 편의적 접근에 불과하다. 연구자마다 구분 방식이 다를 수 있으며, 각 개념은 서로 중첩되거나 다른 방식으로 해석될 가능성이 크다. 따라서 이 책에서 제시하는 분류는 독자의 이해를 돕기 위한 하나의 틀일 뿐, 절대적 기준으로 받아들이지 말기를 바란다.

첫째, 비교동물행동학(comparative ethology)이다. 비교동물행동학은 인간과 동물의 행동을 비교 연구하는 학문으로, 진화 과정에서 서로 다른 종과 개체가 환경에 어떻게 적응하는지를 살펴본다. 이를 통해 여러 종의 행동적 차이가 진화적 적응의 산물임을 입증하고, 인간과 다른 종 간의 공통점과 차이점을 규명한다. 환경과의 상호작용 속에서 드러나는 행동의 변화를 분석하고, 생물학적 유사성에 기반한 진화적 패턴을 설명한다. 예컨대, 인간과 침팬지의 사회적 협력 행동을 비교한 연구는 침팬지가 집단 내에서 협력과 연대 행동을 통해 먹이를 분배하고 집단을 방어한다는 사실을 제시한다. 인간 사회의 협력적 행위와 유사한 침팬지의 행동을 비교 연구함으로써 사회적 협력이 진화 과정에서 어떻게 발달했고, 인간과 동물 간 행동 차이가 어떻게 형성되었는지를 구체적으로 분석할 수 있다.

둘째, 성격 형질(personality traits)이다. 성격 요인 모델은 개체의 성격 형질이 유전적 기초와 환경적 요인 간 상호작용을 통해 형성된다는 관점에서 행동을 설명한다. 성격은 개체 행동을 예측하는 중요한 지표로 기능하며,

특정 성격 형질이 생존과 번식에 유리할 경우 자연선택에 의해 진화적으로 선택된다. 예를 들어, 공격성이나 협력성과 같은 성격 특성은 개체의 생존 가능성을 높일 수 있다. 위험하고 자원이 부족한 환경에서는 공격적 성향이 생존에 유리할 수 있으나, 안정된 사회 구조에서는 협력적 성향이 더 적합할 수 있다. 이 책에서는 성격 요인 모델과 병리학적 성격 모델에서 제시되는 행동 다양성을 각각 자세히 설명하고, 지능의 다양성에 관해서도 따로 절을 나누어, 총 3개의 절에서 이에 관해 자세하게 다룰 것이다.

셋째, 발달 및 생애사(development and life history)다. 발달 및 생애사 이론은 개체가 생애주기 동안 자원을 어떻게 할당하고 번식과 생존을 최적화하는지에 대해 설명한다. 각 개체는 자신의 생존과 번식 성공을 극대화하기 위해 전략적 선택을 하며, 생태적 및 사회적 요인과의 상호작용 속에서 자원을 배분한다. 예를 들어, 어떤 개체는 자원을 번식에 더 많이 할당하여 짧은 시간 내에 많은 후손을 낳는 전략을 선택할 수 있지만, 다른 개체는 더 오랜 시간 동안 생존을 위해 자원을 보존하고 번식 시기를 늦추는 전략을 선택할 수 있다.

넷째, 행동생태학적 다양성(behavioral ecological diversity)이다. 행동생태학적 다양성은 개체가 자신이 속한 환경 내에서 생존 전략을 어떻게 조정하는지를 설명한다. 개체는 환경적 자원의 가용성, 생존 압력, 사회적 상호작용 등을 고려하여 자신의 행동을 유연하게 변화시킨다. 예를 들어, 자원의 밀도가 높은 환경에서는 경쟁보다는 협력을 통해 자원을 공유하는 전략을 선택할 수 있다. 반면, 자원이 부족한 환경에서는 개체 간 경쟁이 강화되어 생존을 위한 공격적 행동이 나타날 수 있다.

다섯째, 행동적 유연성(behavioral flexibility)이다. 행동적 유연성은 개체가 변화하는 환경에 능동적이고 유연하게 대응하는 능력을 의미한다. 예기치 않은 변화나 새로운 도전에 직면했을 때, 개체는 자신의 행동을 적절히 수정하거나 조정하여 생존 가능성을 극대화한다. 이는 불안정하고 변화무쌍한 환경에서 특히 유리하게 작용한다. 예를 들어, 식량이 풍부할 때는 에너지를 축적하고 번식에 집중하다가, 식량이 부족해지면 에너지를 절약하고 방어적 전략을 취한다. 이러한 행동적 유연성은 단순히 환경 변화에 수동적으로 반응하는 것이 아니라, 진화적 적응을 위한 핵심적 인지·행동 기전이며, 개체의 장기적 생존과 번식 성공을 보장하는 중요한 요소다.

이러한 다섯 가지 접근 방법은 서로 복잡하게 얽혀 있어, 학제적 연구의 필요성이 더욱 두드러지고 있다. 전통적인 학문 간 경계가 점차 사라지는 추세이며, 젊은 연구자들은 분과 학문의 오랜 도그마에 구애받지 않고, 연구 질문에 대한 답을 제시할 수 있는 이론과 가설, 그리고 방법론을 과감히 받아들이고 있다. 이번 장에서는 이러한 흐름에 맞추어, 인간 개체 차이에 대한 진화인류학적 연구를 주로 행동적 측면에서 살펴보고자 한다.•

1. 동물의 성격

동물 행동에 대한 관심은 고대 그리스 시대로 거슬러 올라가지만(2장 참조),

• 이 장의 내용은 2023년에 출간된 『휴먼 디자인: 진화가 빚어낸 인간의 뇌, 마음, 행동, 그리고 사회와 문화』 제8장 "행동: 인간의 행동은 왜 이렇게 다양한가"를 토대로 하지만, 역사적 내용을 보완하고 세부 사항을 대폭 새로 작성하였다. 특히, 책의 성격에 따라 진화유전학 이론 관련 부분은 제외하였으며, 대신 DSM 및 지능에 관한 장을 추가하였다. 전체적인 구성과 내용을 전면 재편하고, 기존 부족했던 부분을 보강하여 대부분 새롭게 집필했음을 밝힌다.

본격적인 체계적 연구는 비교적 최근에 이루어졌다. 고대 철학자들, 특히 아리스토텔레스는 동물의 본성과 행동을 관찰·기록하며, 동물이 인간과 공유하는 본능적 행동을 연구하였다.[14] 그러나 이러한 초기 관찰은 주로 철학적 성찰이나 윤리적 논의로 한정되어, 과학적 연구로 발전하지는 못했다. 동물 행동에 대한 과학적 연구가 본격적으로 시작된 것은 19세기 말에서 20세기 초에 이르러서다.

동물 행동에 관한 초기 연구는 다윈의 진화론에서 큰 영향을 받았다. 다윈은 『인간과 동물의 감정 표현』에서 인간과 동물의 감정 표현이 유사함을 지적하며, 동물 행동 연구의 중요성을 강조하였다.[15] 다윈 진화론은 인간과 동물이 연속적인 진화 과정에서 밀접하게 연결되어 있음을 시사하여, 동물 행동을 진화적 맥락에서 고찰하도록 하는 기틀을 마련하였다.

20세기 초, 동물 행동에 대한 보다 구체적인, 그러나 미약한 수준의 연구가 진행되기 시작했다. 미국의 비교심리학자 앨버트 킨나만(Albert John Kinnaman, 1867~1949)•은 붉은털원숭이(Rhesus monkeys)의 행동 특성을 연구하여, 원숭이가 학습과 문제 해결에서 보이는 개체 차이를 관찰하였다.[16]

영국의 사회학자이자 심리학자인 레너드 T. 홉하우스(Leonard T. Hobhouse,

• 에드워드 손다이크(Edward L. Thorndike, 1874~1949)나 존 왓슨, 로버트 여키스(Robert M. Yerkes, 1876~1956) 등의 문헌에 킨나만의 연구가 제시되어 있지만, 킨나만의 다른 연구나 경력에 대해서는 거의 확인되지 않는다. 참고로 손다이크는 하버드 대학교와 컬럼비아 대학교에서 심리학을 전공했고, 시행착오 학습(trial-and-error learning) 및 연합주의(Associationism) 이론을 주장한 심리학자다. 그리고 여키스는 어사이너스 칼리지 졸업 후, 하버드 대학교에서 박사 학위를 받았고, 군대에 지능검사(Army Alpha, Army Beta)를 도입했으며, 영장류 연구소를 설립한 인물이다(해당 연구소는 1965년 에모리 대학교로 이전되어 여키스 지역 영장류 연구 센터로 바뀌었다가, 2002년 에모리 국립 영장류 연구 센터로 개명하였다). 동료였던 존 D. 돕슨(John D. Dodson)과 함께 발표한 여키스-돕슨 법칙(Yerkes-Dodson law)으로 유명한데, 이는 너무 각성이 높거나 너무 낮으면 주의력이 떨어지고 적당한 각성 수준이 가장 최적이라는 법칙을 말한다.

1864~1929)•도 고양이의 사회성에 대해 연구하면서, 내성적이고 비사회적 경향을 보일 수 있음을 관찰하였다.[17] 이들은 동물 행동에서 내성적 및 사회적 성향을 관찰하고, 동물도 인간처럼 개체 간 차이를 지닐 수 있다는 점을 주장한 초기 사례로 평가된다.

동물 연구에 성격 개념을 본격적으로 도입한 최초의 인물은 이반 파블로프이다(6장 참조). 파블로프는 개의 소화 기능과 조건반사 등에 관한 연구를 진행하면서, 각 개체가 보이는 반응 특이성을 목격하였다. 어떤 개는 실험에 잘 참여한 반면, 다른 개는 곧 잠에 빠지거나 심한 불안을 보이기도 했다. 파블로프는 이러한 반응 차이를 흥분-억제(excitation-inhibition)의 차원으로 분류하였으며,[18] 이를 바탕으로 갈렌의 체액설(4장 참조)에 근거하여 크게 네 가지 성격 유형으로 나누었다.[19]

첫 번째로, 다혈질(sanguine) 유형의 개는 신속하게 흥분하고 빠르게 억제되는 특징을 보이며, 새로운 자극에 즉각 반응하는 경향이 있다.

두 번째로, 우울질(melancholic) 유형의 개는 두려움과 신중함이 두드러지며, 특정 상황에서 빠르게 운동 반응(예: 몸을 움츠리거나 도망치는 행동)을 보이지만 이후에는 억제 상태를 유지할 수 있다.

세 번째로, 점액질(phlegmatic) 유형의 개는 드물게 나타나며, 전반적으로 행동이 억제되어 무관심한 인상을 준다. 이들은 친근하거나 적대적이지 않지만, 억제 상태가 깨지면 극단적인 흥분을 보일 수 있는 잠재력을 지닌다.

• 옥스퍼드 대학교에서 고전 문학과 철학 등을 공부했다. 런던 대학교에서 사회학 교수로 재직했는데, 알려진 바로는 런던 대학교 최초의 사회학 교수였다. 그의 동물 개체 행동에 관한 연구는 고양이가 개나 원숭이보다 내성적이며 독립적이라는 관찰 결과를 정리한 수준이다. 홉하우스는 생물학적 진화 원칙에 따라 사회도 진화한다고 생각했다.

마지막으로, 담즙질(choleric) 유형의 개는 억제 반응이 일관되지 않고 불안정하여, 흥분 상태와 억제 상태 사이에서 변동적인 반응을 나타낸다.[20]

한편, 심리학자 메레디스 크로퍼드(Meredith Crawford)•는 최초로 동물 성격에 관한 경험적 연구를 수행하고, 이를 '새끼 침팬지를 위한 행동 평가척도(a behavior rating scale for young chimpanzees)'로 발표하였다. 평가 항목은 인간과의 상호작용, 다른 침팬지와의 상호작용, 실험 중 행동, 개별 특성, 기질 평가 등이었으며, 각 항목은 행동 지표(예: 운동 활동량, 자위 빈도)와 내적 상태에 대한 평가(예: 관찰자에 대한 자신감, 관찰자를 기쁘게 하려는 욕구)로 구성되었다. 또한, 지능이나 친근함 같은 일반적 특성에 대한 평가도 포함되었다. 최종적으로, 22개의 항목으로 구성된 평가척도가 만들어졌다. 동물 성격 연구의 기초적 개념을 제시한 거의 최초의 체계적 연구로 평가된다.[21]

동물의 성격적 변이에 관한 연구는 쥐를 대상으로 한 것도 있다. 여러 쥐 품종의 성격 변이에 관한 연구에서, 총 다섯 가지 '분명한 개별성(salients of individuality)'이 제안되었다.[20,22]

- 활동성(activity): 쥐가 집안 우리의 쥐 바퀴를 얼마나 많이 돌리는지를 통해 측정. 더 많이 돌릴수록 더 활동적
- 문제 해결 능력(problem-solving ability): 쥐가 두 가지 작업을 얼마나 잘 수행하는지를 통해 측정. 음식을 찾기 위해 종이 장벽을 찢어내거나 입이 닿지 않는 음식을 찾기 위해 발을 사용하는 것
- 공격성(aggression): 쥐가 벌이는 싸움의 양 혹은 실험자가 부여하는 바람

• 텍사스 대학교에서 심리학을 전공했다. 제2차 세계대전 중에 육군 항공대(Army Air Forces) 내에서 항공심리(Aviation Psychology) 프로그램에 참여했다. 종전 후에도 군에서 활동했다.

자극에 대한 반응으로 평가

- 소심함-사나움(timidness-Savageness): 새로운 개활 환경에 대한 반응으로 평가
- 신경성(neuroses): 개활된 곳에서 보이는 배뇨와 대변 빈도로 측정

흥미로운 것은 감정성이 높은 쥐(emotional rats)가 덜 공격적이고, 낮은 신경성을 보이며, 더 소심하고 활동적인 경향을 보였다는 점이다. 이는 개체 간 감정적 차이가 다른 성격적 특성과 어떻게 상호작용하는지를 보여주는 초기 연구 결과다.[22]

그러나 20세기 중반, 행동주의가 심리학을 지배하면서 동물의 성격 연구는 상대적으로 정체되었다(6장 참조). 행동주의는 동물의 행동을 자극-반응(S-R) 패턴으로 설명하며, 개체 간 성격 차이보다는 환경적 자극과 학습으로 인한 행동 변화에 초점을 맞추었다. 이 시기 동물 행동 연구는 주로 실험실에서 이뤄졌고, 동물의 학습 능력, 조건화, 강화 등과 같은 주제에 집중하였다. 야생 동물이나 가축의 개체 행동 차이에 관한 연구는 부족했고, 성격과 같은 복잡한 내적 요인은 연구 대상에서 배제되기 일쑤였다.

그럼에도 불구하고, 1950년대 이후 비교심리학과 동물행동학의 발전은 동물 행동 연구에 새로운 전기를 마련하였다. 예를 들어, 앞서 6장에서 언급한 할로우의 연구는 1950~60년대에 걸쳐 동물의 애착과 사회적 상호작용이 단순한 자극-반응 관계로 설명될 수 없음을 보여주었다. 할로우는 어린 붉은털원숭이를 대상으로 한 일련의 실험을 통해 애착 행동이 사회적 발달과 정서적 안정에 중요한 역할을 한다는 사실을 입증했다.[23] 또한, 일명 '절망의 구덩이' 실험이라고 불리는 고립 사육 실험에서, 사회적 상호작용이 완전히 배제된 어린 원숭이들은 이후 심각한 사회적 결핍을 보

이며, 불안하고 공격적인 성향을 나타냈다. 이는 사회적 상호작용이 성격 형성에 필수적임을 입증한 대표적 연구로 평가된다.[24]

한편, 로렌츠와 틴베르헌은 동물의 본능적 행동과 학습된 행동을 비교하는 연구를 수행하였다(6장 참조). 대표적인 업적 중 하나는 회색기러기(greylag geese)를 대상으로 한 자연 실험으로, 새끼 기러기가 알에서 깨어난 뒤 처음으로 본 대상을 어미로 인식하는 각인 행동을 발견했다.[25] 로렌츠는 새끼 기러기들이 자신을 어미로 인식하도록 유도한 뒤, 새끼들이 어미(자신)를 뒤따르는 모습을 직접 확인했다.

한편, 틴베르헌은 고정 행동 패턴(Fixed Action Pattern, FAP) 개념을 제시하여 동물의 본능적 행동을 설명하였다. 그는 특정 자극이 주어지면 동물이 일관된 방식으로 행동을 시작하고, 외부 간섭 없이 해당 행동을 끝까지 수행한다고 주장했다. 예컨대, 나나니벌(digger wasps)은 먹이를 사냥하는 과정에서 고정된 행동 패턴을 보이는데, 이는 학습이나 변형 없이 본능적으로 이루어진다.[26]

그러나 할로우, 로렌츠, 틴베르헌의 연구는 개체 간 성격 차이보다는 종 차원의 본능적 행동 패턴을 주로 다루었다. 이들의 연구에서 개체 차이에 관한 고찰은 상대적으로 부족하였다. 다만, 로렌츠가 자신의 에세이에 애완동물의 행동과 성격을 언급한 기록•이 일부 있을 뿐이다.[27]

> 개의 주요 매력 중 하나는, 각 개체가 우리처럼 성격 면에서 완전히 다르다는 점이다. 이 정도로 개체마다 뚜렷한 차이가 나타나는 동물은 극히

• Lorenz K. 『인간, 개를 만나다(Man Meets Dog)』. 구연정 역. 서울: 사이언스북스; 2006(원서 1954).

드물다.

1960년대부터 시작된 구달의 침팬지 연구는 동물 성격 연구에 새로운 전기를 마련하였다(5장 참조). 구달은 1960년대부터 탄자니아 곰베 국립공원에서 야생 침팬지를 장기간 관찰하면서, 이들의 사회적 상호작용과 성격 차이를 정밀하게 기록하였다. 단순히 집단 차원의 일반적 행동 양상을 분석하는 데 그치지 않고, 각 개체가 지닌 고유한 성격적 특성과 이에 따른 행동 차이를 면밀히 파악함으로써 동물 성격 연구에 새로운 지평을 열었다.

구달이 진행한 연구의 핵심 의의는 침팬지 개체마다 독특한 성격을 보인다는 사실을 입증했다는 점이다. 예를 들어, 일부 침팬지는 공격적이고 지배적인 성향을 나타낸 반면, 다른 개체는 보다 온순하고 협력적인 경향이 있었다. 이러한 성격 차이는 개체 간 상호작용 방식과 집단 내 지위를 형성하는 데 큰 영향을 미쳤다. 구달은 특히 플로(Flo), 피피(Fifi), 데이비드 그레이비어드(David Greybeard) 등 특정 개체에 이름을 부여하여, 각 개체의 성격 차이가 실제 행동으로 어떻게 드러나는지를 구체적으로 설명하였다.[28]

구달의 침팬지 개체 행동 다양성 연구에 대하여 좀 더 자세히 살펴보자(〈표 20〉). 제인 구달은 곰베 국립공원에 서식하던 네 개의 친족 집단을 주로 연구하였는데, 그중 F 패밀리가 가장 잘 알려진 침팬지 집단이었다. 이 집단의 중심에는 암컷 침팬지 플로가 있었고, 강한 모성애와 보호적 성향을 지닌 어미로서 자손들의 성격 형성에 큰 영향을 미쳤다.

플로의 딸인 피피는 어릴 때부터 어머니와 밀접한 관계를 유지하며 성장했다. 플로의 보호 아래 자라난 피피는, 성체가 되어서도 다른 암컷과 협력적 관계를 맺으며 집단 내 입지를 점차 강화했다. 피피의 자손 중 프로도(Frodo)와 피건(Figan)은 알파 수컷으로 성장했는데, 특히 프로도는 공격적이고 지배적인 성향을 통해 높은 사회적 지위를 획득했다. 이로써 피피는 자식들을 통해 집단에서 꾸준한 영향력을 행사할 수 있었다.

한편, 플로의 막내아들인 플린트(Flint)는 어머니에 대한 의존도가 매우 높았다. 플로가 사망하자 플린트는 심각한 충격을 받고 결국 목숨을 잃었다. 또 다른 아들인 프로도 역시 공격적이고 지배적인 성격을 바탕으로 알파 수컷 자리를 차지했는데, 강한 성격은 높은 지위를 유지하는 핵심 요인이 되었다.[29,30]

G 패밀리는 데이비드 그레이비어드와 그레고르(Gregor)를 중심으로 한 집단이다. 데이비드 그레이비어드는 온화하고 지능적인 침팬지로, 제인 구달이 처음으로 도구 사용을 확인한 개체다. 침착하고 신중한 성격으로 구달이 각별한 애정을 느꼈던 침팬지이기도 했다. 반면 그레고르는 고립적 성향을 보이며 사회적 상호작용이 드물고, 집단 내에서 중립적 위치를 유지하려고 했다.

K 패밀리는 수컷 침팬지 캐스퍼(Kaspar)를 중심으로 형성된 집단이었다. 캐스퍼는 지적이고 차분한 성품을 지닌 개체로, 가급적 갈등을 피하면서 늘 온화한 태도를 유지했다. 집단 내에서 균형 잡힌 위치를 지켰다.

M 패밀리는 수컷 침팬지 매튜(Matthew)를 중심으로 이루어진 가족으로, 집단 내 지배적 역할을 수행했다. 매튜는 자주 다른 수컷들과 경쟁하며 높은 지위를 공고히 했다. 자손들도 대체로 지배적 성향을 물려받았는데, 특히 수컷 후손들은 아버지의 기질을 강하게 이어받은 모습을 보였다.[29,30]

표 20 곰베 공원 주요 침팬지 개체의 성격

패밀리	중심 개체	특징	대표적 자손	주요 성격적 특징
F 패밀리	플로(Flo)	강한 모성애와 보호적 성향, 자식들의 성격에 큰 영향	파벤 (Faben)	· 한쪽 팔이 마비되었지만 높은 지위를 유지
			피건 (Figan)	· 지능적 지도력 발휘 · 알파 수컷
			피피 (Fifi)	· 협력적인 관계 유지 · 지배적 암컷 · 아홉 명의 자식 중 프로도(Frodo), 프로이트(Freud) 등은 모두 알파 수컷으로 성장
			플린트 (Flint)	· 어머니에 대한 의존성 강함 · 플로의 사망 후 정서적 충격으로 추정되는 죽음
			플레임 (Flame)	· 플로의 막내 딸 · 어릴 때 사망
G 패밀리	데이비드 그레이 비어드(David Greybeard)	온화하고 지능적인 성격, 도구 사용 능력 보여줌	그레고르 (Gregor)	· 고립적 성향 · 사회적 상호작용이 적고 중립적 위치 유지
K 패밀리	캐스퍼 (Kasper)	지적이고 차분		· 온화한 태도 · 갈등 회피
M 패밀리	매튜 (Matthew)	지배적 성향 강함, 높은 지위 유지, 자주 경쟁		· 자손들도 지배적 성향을 이어받음
S패밀리	스패로우 (Sparrow)	나이든 암컷, 여러 자손들 양육	셸던 (Sheldon)	· 지배적 알파 수컷
			신배드 (Sinbad)	· 온화한 성격
			샌디 (Sandi)	· 소심한 성격

구달의 연구는 인간과 동물 간의 성격적 연속성을 보여준다는 점에서 중요한 의미가 있다. 침팬지의 성격은 본능적 생존 행동을 넘어 감정과 사회적 복잡성을 드러내며, 사회 구조 내에서 중요한 역할을 수행한다. 구달은 동물 성격 연구가 진화심리학 및 행동생태학의 핵심 분야로 자리 잡는 데 크게 기여하였다.

1980년대 이후, 행동생태학이 발전하면서 동물의 개체 차에 관한 연구가 다시 활발해졌다. 행동생태학자들은 동물의 성격 형질이 단순한 유전적 분산의 결과가 아니라, 생존과 번식 전략에서 중요한 역할을 하는 형질이라고 주장하였다. 개체 간 행동 차이가 환경적 맥락에서 어떻게 적응적 선택을 받는지, 그리고 이러한 행동이 생존 가능성과 번식 성공률에 어떻게 영향을 미치는지에 관한 여러 연구가 발표되었다.[20]

인간 정신에 관한 이론적 패러다임이 하나로 통일되어 있지 않은 것처럼, 동물의 성격 연구 또한 여러 가설이 경합을 벌이고 있다. 특히 특정 개체의 행동이 기질에 의한 본능적 표현인지, 아니면 환경적 요인에 대한 반응인지를 두고는 오랜 논쟁이 이어져 왔다. 이를 흔히 사람-상황 논쟁(person-situation debates)이라고 하는데, 인간과 동물의 행동이 고유한 성격적 형질에서 기인하는지, 아니면 주어진 상황에 따른 반응인지를 놓고 벌어진 철학적 논의를 말한다. 핵심 질문은 다음과 같다.

- 개체의 행동은 고정된 성격적 형질에 의한 것인가?
- 개체의 행동은 주어진 조건에 따라 달라지는 상황적 반응인가?

전자는 행동이 타고난 성격적 형질에 의해 규정되며, 그 성향이 평생 비교적 일관되게 유지된다고 주장한다. 반면 후자는 행동이 외부 자극·사회적 맥락·환경 조건에 더 크게 좌우된다고 주장한다.[31] 이렇게 대립하는 두 관점은 1960~70년대 심리학계에서 활발하게 논의되었다. 대표적으로, 마시멜로 검사로 잘 알려진 오스트리아 출신 미국 심리학자 월터 미셸

(Walter Mischel, 1930~2018)•은 성격 일관성이 행동 예측에 그다지 유효하지 않다고 지적하며, 상황적 요인이 개체 행동을 더 잘 설명할 수 있다고 주장했다.[32] 반면, 다른 성격 연구자들은 개체의 행동이 여전히 성격적 일관성을 띤다고 주장하고, 특정 상황에서도 이러한 일관성이 드러난다는 증거를 제시했다. 예를 들어 데이비드 펀더(David C. Funder)•• 등은 성격과 상황이 상호작용하여 결정된다는 입장을 강조했다.[33]

이러한 논쟁은 결국 본성 대 양육(nature vs. nurture)의 문제와도 연결된다. 즉, 개체의 성격과 행동이 선천적인 유전적 기질에 의해 주로 형성된다는 입장(본성), 그리고 환경적 경험이나 학습에 의해 결정된다는 입장(양육) 사이에서 벌어지는 오랜 대립이라 할 수 있다.[34]

동물 행동 연구는 본질적으로 외부 관찰에 의존한다. 이 때문에 연구자가 동물 행동을 직접 경험하는 대신, 행동의 표면적 양상만 보고 해석하게 되면서 다양한 편향이나 오해가 생길 가능성이 있다. 예컨대 특정 행동의 다양성이 관찰자의 시각에 따라 달리 해석될 수 있는데, 이를 가리켜 '의미적 환상(semantic illusion)'이라고 부른다. 관찰자가 자신의 언어나 문화적 배경에 근거하여 행동을 과대 해석하거나 오해하는 현상을 말한다. 또한, 동물 행동은 통계적 변동성—기저율 오류(base-rate fallacy)에 따른 확률적 분산—에 의해 나타난 결과일 수 있다는 견해도 있다. 개체별로 독특

• 오스트리아 빈 출신으로 유대계 가정에서 태어났다. 나치를 피해 1938년 미국으로 이주했다. 뉴욕 시립대학교와 오하이오 주립대학교에서 심리학을 전공했고, 이후 하버드, 컬럼비아, 스탠퍼드 등 여러 대학에서 학생을 가르쳤다. 마시멜로 실험(Marshmallow Test)으로 유명하다. 1968년 『성격과 평가(Personality and Assessment)』에서 사람-상황 논쟁(Person-Situation Debate)을 제시했다.

•• 스탠퍼드 대학교에서 심리학을 전공했다. UC 리버사이드 심리학 교수로 있다. 성격에 관한 여러 연구를 진행했다.

해 보이는 행동이 사실은 통계적으로 일정 비율에서 자연스레 나오는 '변동성 표본'일 뿐, 성격적 특성에서 비롯된 것은 아닐 수 있다는 뜻이다. 아울러 동일 개체의 행동을 여러 연구자가 관찰·소통하는 과정에서 결과가 미묘하게 수정되거나 왜곡될 여지도 있다. 나아가, 동물의 개별 행동은 상황적 맥락에 즉각적·적응적으로 대응한 결과일 수 있으며, 이는 성격적 형질이라기보다 환경적 요구에 대한 일시적 반응일 가능성도 있다. 예컨대 포식자가 자주 출몰하는 환경에서는 거의 모든 개체가 비슷한 회피 행동을 보일 수 있다.[31]

심리학자 더글러스 켄릭(Douglas T. Kenrick)•과 펀더는 관찰자 편향이나 실험자 효과, 기저율 오류, 사후 해석 오류, 의사소통 오류, 선택적 기억 오류, 상관과 인과 혼동 등 일곱 가지 편향이 관찰 결과의 수집, 기술, 해석에 영향을 미칠 수 있다고 하였다.[31] 하지만 그러한 편향 위험성이 존재하더라도, 성격이 행동에 미치는 영향 또한 무시하기 어렵다. 실제로 최근 많은 연구가 성격적 형질이 행동의 중요한 결정 요소임을 보여주고 있으며, 행동이 단순한 상황적 반응을 넘어 개체 고유의 성격적 차이에서 기인한다는 증거가 누적되고 있다.[4]

그러면 용어에 관해 잠시 이야기해보자. 과거에는 동물이 다양한 환경적 자극에 어떻게 반응하는지 설명하는 개념으로 '대처 유형', '행동 증후

• 뉴욕 시립대학교를 졸업하고, 애리조나 대학교에서 박사 학위를 받았다. 애리조나 대학교 심리학과에서 연구하고 있다. 사회심리학과 진화심리학을 접목해, 전통적 사회심리학 연구(태도, 편향, 협동 등)에 진화생물학적 시각을 추가했다. 다음의 책을 저술한 바 있다. Kenrick DT. *Sex, Murder, and the Meaning of Life: A Psychologist Investigates How Evolution, Cognition, and Complexity are Revolutionizing our View of Human Nature*. New York: Basic Books; 2011. 국내에는 『인간은 야하다: 진화심리학이 들려주는 인간 본성의 비밀』 제하의 역서로 출간되어 있다.

군', '기질' 등의 용어가 주로 사용되었다.

대처 유형(coping styles)이라는 용어는 스트레스 상황에서 동물들이 보이는 행동 패턴을 일컫는데, 이를 주로 '적극적 대처(active coping)'와 '소극적 대처(passive coping)'로 구분한다. 포식자와 대면 상황에서 어떤 개체는 도망가거나 싸우는 등 적극적인 대응을 보이는 반면, 다른 개체는 몸을 웅크리거나 움직이지 않는 등 소극적 대응을 보여 개체 간 행동 양상이 달라질 수 있다.

한편, 행동 증후군(behavioral syndromes)이라는 개념은 서로 다른 맥락에서 유사한 행동을 보이는 개체의 행동 패턴을 설명할 때 사용된다. 이는 다양한 상황에서 관찰되는 행동적 일관성을 강조하며, 한 가지 행동 형질이 여러 상황에서 다른 행동 형질과 함께 나타날 수 있음을 시사한다.

또한, 기질(temperament)은 생애 초기 행동 특성을 설명하기 위해 사용되던 용어로, 타고난 생물학적 요인에 의해 나타나는 행동 패턴을 가리킨다. 기질은 변화보다는 안정성을 강조하는데, 초기 생애 동안 관찰되는 고정된 행동 성향이 시간이 지나도 크게 변하지 않는다는 의미를 담고 있다.

그러나 이러한 기존 개념들은 동물과 인간의 행동을 포괄적으로 설명하기에는 여러 한계가 있었다.[4]

최근에는 인간 행동 연구에서 주로 사용되던 '성격(personality)' 개념이 점차 동물 연구에도 도입되고 있다. 성격이라는 용어는 다양한 맥락에서 나타나는 행동 패턴의 차이를 설명할 수 있는 보다 포괄적이고 일관된 이론적 틀을 제공한다.[4,35-38] 개체의 행동적 일관성을 강조함과 동시에, 환경적 요인과 상호작용하며 나타나는 개체 고유의 행동 패턴을 설명하는 데 유연성을 부여한다. 결과적으로, 대처 유형이나 기질보다 더 복합적이고 다차원적인 접근을 가능하게 한다.

1970년대 들어, 인간과 비인간 동물의 성격을 연속적인 스펙트럼에서 평가하는 과감한 연구가 시도되었다. 특히 임상심리학자 피터 뷰어스키(Peter Buirski)• 등은 '감정 프로필 지수(Emotions Profile Index, EPI)'를 제안하여 인간뿐만 아니라 올리브개코원숭이, 침팬지, 돌고래 등 비인간 동물의 성격을 평가하고자 했다. 대략 다음의 12개 성격 특성 개념을 포함한다.[39]

- 모험을 좋아하는(adventurous)
- 호감을 표현하는(affectionate)
- 고민이 많은(brooding)
- 신중한(cautious)
- 우울한(gloomy)
- 충동적인(impulsive)
- 순종적인(obedient)
- 논쟁을 좋아하는(quarrelsome)
- 원한을 품은(resentful)
- 자아의식이 강한(self-conscious)
- 내성적인(shy)
- 사회성 있는(sociable)

그리고 이러한 성격 특성은 다시 8개의 기본적 감정 상태와 연결된다.

• 임상심리학자로 동물행동학 관점에서 EPI를 제안했지만, 크게 알려진 학자는 아니다.

- 두려움(fear)
- 분노(anger)
- 기쁨(joy)
- 슬픔(sadness)
- 수용(acceptance)
- 혐오(disgust)
- 기대(expectancy)
- 놀람(surprise)

초기 연구에서 뷰어스키는 3마리의 돌고래를 대상으로 행동 양상을 분석한 결과, 각 개체가 서로 다른 성격적 특성을 보인다는 것을 확인하였다. 이후 7마리의 올리브개코원숭이와 23마리의 야생 침팬지 등으로 대상을 넓혀서, 동물 개체 간 성격을 평가하고, 종 간 비교를 통해 행동적 차이를 관찰했다.[39-41] 비교심리학적 분석을 통해서 높은 수준의 종 간 상관관계가 있음이 확인되었다. 서로 다른 종 사이에서도 성격적 형질이 일관되게 나타날 수 있다는 가능성을 보여주었다.

비슷한 시기, 인간 성격 연구에서 주로 사용되던 요인 분석(factor analysis)이 동물 행동 연구에도 적극적으로 활용되기 시작하였다. 요인 분석은 변수 간 상관관계를 바탕으로 공통된 특성을 가진 변수들을 집단으로 묶어, 변수가 실제로 측정하는 최소한의 요인을 도출하는 통계적 기법이다. 이 방법은 데이터의 중복성을 줄이고, 관찰된 행동 간의 복잡한 상관관계를 보다 간소화하여 핵심적인 행동 특성을 설명하는 데 유리하다. 동물 행동 연구에 요인 분석을 적용함으로써, 연구자들은 다양한 행동 변이 속에서 공통된 성격적 특성을 도출할 수 있었다. 1973년에 진행된 영장류 동물 행동학자 아놀드 차모브(Arnold Chamove),• 성격심리학자 한스 아이젠크(Hans Eysenck),•• 그리고 할로우의 연구는 요인 분석을 동물 행동 연구에 적용한 초기 사례 중 하나로, 총 168마리의 어린 붉은털원숭이(*Macaca mulatta*)를 대상으로 진행되었다. 원숭이의 행동을 다양한 상황에서 관찰하여 성격적 특성을 분석하려는 목표를 가지고 연구를 진행하였다.[42]

이를 위해 세 가지 주요 상호작용 조건에서 원숭이들의 행동을 관찰했으며, 각 조건에서 나타난 행동을 통해 원숭이의 성격적 형질을 평가하였다.

첫 번째 조건은 연구자와의 상호작용이었다. 인간 연구자와 접촉하거나 상호작용할 때 원숭이가 보이는 행동을 관찰했다. 탐색성, 호기심, 두려움 등 다양한 감정적 반응을 어떻게 표현하는지 기록했다.

두 번째 조건은 또래와의 접촉 반응이었다. 원숭이들이 같은 연령대의 또래 원숭이와 어떻게 상호작용하는지 관찰하였다. 사회적 성향, 협력성, 공격성 등의 행동을 측정한 것이다.

세 번째 조건은 온순한 성체 수컷과의 반응이었다. 새끼 원숭이들이 성체 수컷과 접촉할 때 보이는 행동을 통해 지배-복종 관계에서 어떤 반응을 보이는지 조사하였다.

이러한 세 가지 조건을 바탕으로 원숭이의 성격적 형질을 평가할 수 있

• 영국 스털링 대학교 심리학과에서 동물행동학을 연구했다. 스스로 환경을 탐색·조작할 수 있도록 장치나 놀이도구를 제공했을 때, 동물의 공격성·정형행동(stereotypic behavior) 등이 감소한다는 사실을 밝혔다.

•• 독일 베를린 출신으로 나치 정권이 들어서자 영국으로 망명했다. UCL에서 심리학을 전공했다. 런던의 모슬리 정신병원에서 임상심리학자로 재직했고, 런던 대학교 심리학과에서 교수를 역임했다. 성격 3요인 이론(외향성, 신경증성, 정신증성)과 아이젠크 성격검사(EPQ, Eysenck Personality Questionnaire)로 유명하다.

는 열 가지 행동 변인을 도출해냈다.[42] 먼저 요인 분석을 통해서 각 동물은 적대적 행동(hostile behaviors), 두려운 행동(fearful behaviors), 사회적 행동(social behaviors) 등 세 가지 핵심 행동을 보인다는 것을 확인하였다. 이는 아이젠크가 이미 인간 대상의 성격 모델에서 주장한 세 가지 주요 성격 요인, 즉 신경성(neuroticism)-안정성(stability), 외향성(extraversion)-내향성(introversion), 정신병적 성향(psychoticism)과 상응하였다.[43]

- 적대적 행동: 정신병적 성향
- 두려운 행동: 신경성-안정성 성향
- 사회적 행동: 외향성-내향성 성향

비록 연구자는 이러한 연구 결과를 과도하게 확대해석하지 않도록 주의해 달라고 하였지만, 진화적 관점에서 인간과 동물의 성격적 유사성을 뒷받침하는 의미심장한 결과였다.

최근까지의 동물 행동 연구에 따르면, 대략 14가지 정도의 주요 행동 경향이 제안되었다. 이들 행동 경향은 다양한 동물 종에서 관찰되며, 성격적 형질에 관한 연구에서 중요한 역할을 한다. 가장 흔히 조사되는 행동 경향은 앞서 언급한 사회성, 확신/공격성, 두려움 등이지만, 이외에도 다음과 같은 행동 경향이 동물 행동 연구에서 중요하게 다뤄진다.[4,44]

- 충동성(impulsiveness): 즉각적인 반응을 보이며, 충동적인 행동 경향을 나타내는 특성
- 지배성(dominance): 사회적 상호작용에서 우위를 점하거나 지배적인 위

치를 확보하려는 행동

- 순응성(submissiveness): 상위 개체에 순종적인 태도를 보이며 복종하는 행동
- 과민성(irritability): 자극에 민감하게 반응하고, 쉽게 짜증을 내거나 신경질적인 반응
- 호기심(curiosity): 새로운 환경이나 자극에 대해 탐색적이고 적극적으로 반응하는 특성
- 지능(intelligence): 문제 해결 능력, 학습 속도 등과 관련된 인지적 특성
- 독립성(independence): 다른 개체에 의존하지 않고 독립적으로 행동하는 성향
- 활동성(activity level): 움직임의 빈도와 에너지 수준을 나타내는 행동 특성
- 흥분성(excitation): 자극에 대해 빠르고 강한 반응을 보이는 특성
- 불안(anxiety): 불안정한 상황에서 보이는 신경질적 반응. 긴장감과 불안감을 반영
- 유쾌함(cheerfulness): 긍정적인 감정 상태와 관련된 행동 특성. 낙천적이고 활발한 성향을 반영

이러한 행동 경향은 단순한 일시적 반응이 아니라, 유전적 요인에 의해 크게 영향을 받는 성격적 특성이다. 동물의 성격은 대체로 유전적으로 결정되는 경향이 강하며 장기간에 걸쳐 일관성을 유지하는 경향이 있다. 또한, 생애 초기의 학습과 경험이 중요한 역할을 한다. 물론 환경적 영향에 의해 강화되거나 수정될 수도 있다.[4,35,45-49]

한편, 동물의 행동을 평가하는 매딩글리* 질문지(Madingley questionnaire)가 개발되었다. 질문지를 개발한 조앤 스티븐슨-하인드(Joan Stevenson-Hinde)**는 소아 및 가족 심리학 연구자이자, 행동의 개체 차이에 관해서 연구한 심리학자로 붉은털원숭이를 비롯한 동물 성격 연구에서 의미 있는 성과를 거둔 인물이다.[50,51] 매딩글리 질문지는 앞서 언급한 감정 프로필 지수(EPI) 관련 연구와 달리, 모든 동물이 동일한 기본 감정을 공유한다는 가정에서 출발하지 않는다. 자극을 부여하는 환경 변수 및 인간의 성격 연구를 정립하려는 목적으로 설계되었다.[52] 총 33개 문항(7점 척도)으로 만들어져 있으며, 세 명의 평가자가 점수를 매긴다. 세 축의 스펙트럼을 제안했는데, 하나는 공포(fearful)부터 안정(confident)이고, 다른 하나는 느림(slow)부터 활동성(active)이다. 그리고 세 번째 스펙트럼은 독립성(solitary)부터 사회성(sociable)이다(〈표 21〉). 스티븐슨-하인드는 이 척도를 사용하여 각 종의 평균 점수와 분산을 구하고, 이를 통해서 각 개체의 행동 양상을 정량하려고 시도했다.[52] 매딩글리 질문지는 높은 유연성과 적용 가능성이라는 장점이 있어 널리 사용되고 있다.[53]

일차적으로 동물 행동은 주로 환경에서 주어지는 자극에 대한 반응으로 평가할 수 있다. 이 과정에서 나타나는 자극 추구(sensation seeking)와 행동 억제(behavioral inhibition)는 각각 대담성(boldness)과 소심성(timidity)으로 불린다(〈표 22〉).[54]

• 매딩글리는 영국 케임브리지에 위치한 한 마을로 케임브리지 대학의 동물행동학 연구소가 있다.

•• 동물행동학자 로버트 하인드의 두 번째 아내이기도 하다. 모계(母系) 돌봄 방식, 또래 간 상호작용 등이 영장류 성장 과정에 미치는 영향을 주로 연구했다. 또한, 애착 이론을 동물행동학적으로 뒷받침하는 연구도 수행했다.

표 21 매딩글리 질문지의 세 축

평가 스펙트럼	설명	관련 요인
공포(fearful) ~ 안정(confident)	· 공포: 위험 상황에서 불안과 두려움을 보이며, 위험 회피 행동이 두드러짐 · 안정: 위협 상황에서도 침착하게 대응하며, 위험을 도전의 기회로 받아들임	· 개체의 사회적 지위 · 번식 성공 · 포식자·위협 회피 · HPA(시상하부-뇌하수체-부신) 축 반응성
느림(slow) ~ 활동성(active)	· 느림: 신체 활동이 둔하고, 에너지 소비를 최소화하는 보수적 전략을 취함 · 활동성: 높은 에너지와 빠른 반응으로 환경 탐색 및 자원 획득에 유리함	· 포식자 회피 · 자원 경쟁 · 에너지 관리 전략 · 수렵채집(수렵은 활동성, 채집은 느림)
독립성(solitary) ~ 사회성(sociable)	· 독립성: 개체가 혼자 있는 것을 선호하며, 타인과의 상호작용이 제한적임 · 사회성: 다른 개체와의 상호작용 및 협동을 선호하며, 집단 내 유대감과 협력 행동이 뚜렷함	· 계급·위계 · 군집 생활(스트레스 완화와 사회적 지원) · 영장류의 분산 전략 (예: 수컷 이주)

대담성은 동물이 낯선 상황이나 위험한 환경에서 위험을 감수하고 새로운 자극에 맞설 준비가 되어 있는 성향을 의미한다. 대담한 동물은 포식자가 출현할 가능성이 있는 상황에서도 탐험을 시도하거나 새로운 환경에서 적극적으로 행동하는 경향이 있다. 이는 자원을 빠르게 확보하거나 환경에 신속히 적응하는 데 유리할 수 있다. 대담성은 공격성이 아니라 새로운 기회나 자원을 찾기 위해 위험을 감수하는 능력으로 정의된다.

반면에 소심성은 동물이 위험을 피하고 생존을 위해 새로운 시도를 자제하는 경향을 의미한다. 소심한 동물은 포식자를 감지하면 즉시 도망치거나, 안전이 보장되지 않는 환경에서는 거의 움직이지 않는다. 이는 높은 포식압이 존재하는 환경에서 생존 가능성을 높이는 중요한 전략이다. 소심한 동물은 낯선 환경에서 신속한 탐색이나 자원 확보 능력이 떨어질 수 있으나, 위험에 대한 민감성이 높아 위협 상황에서 빠르게 대응한다.[54-56]

표 22 동물 행동에 관한 일차적 접근

항목	대담성(Boldness)	소심성(Timidity)
정의	· 낯선 상황이나 위험한 환경에서 새로운 자극에 맞서고, 위험을 감수할 준비가 되어 있는 성향	· 위험 상황에서는 탐색보다는 회피하며, 위협 신호를 감지하면 즉시 반응하여 위험을 최소화하려는 성향
행동 특성	· 적극적으로 환경을 탐색 · 포식자가 있을 가능성에도 불구하고 자원 확보나 새로운 기회 탐색에 나섬	· 낯선 환경에서는 탐색 활동이 둔함 · 포식자나 위협 상황 감지 시 신속하게 도망치거나 움직임을 최소화함
위험에 대한 반응	· 위험을 도전의 기회로 인식 · 공격적이지 않고 기회 탐색을 위해 위험 요소를 감내함	· 위험 신호에 대해 높은 민감성을 보이며, 즉각 회피 · 생존을 위해 불필요한 위험 상황을 피하는 데 집중함
환경 적응	· 새로운 자극에 대한 개방성과 탐색 행동을 통해 빠르게 자원을 확보하고 환경 변화에 적응	· 높은 포식압이나 위협이 많은 환경에서 생존에 유리 · 탐색보다는 안정된 환경 유지와 위험 회피 전략으로 생존 확률을 높임

한편, 동물 행동 연구에서는 자원 획득과 관련된 행동 다양성을 빈도 의존적 선택(frequency-dependent selection)의 관점에서 자주 다룬다. 빈도 의존적 선택은 특정 행동 전략의 성공 여부가 해당 전략을 채택한 개체의 빈도에 따라 달라지는 선택 기전을 의미한다.[57] 이 이론은 자원 획득 과정에서 개체들 사이에 나타나는 다양한 행동 패턴을 설명하는 데 유용하며, 생산자와 약탈자, 지도자와 추종자, 대담한 개체와 소심한 개체 등으로 구분되는 행동 유형을 다룰 수 있다.[58-60]

예를 들어, 대담한 지도자와 소심한 추종자의 행동 패턴은 빈도 의존적 선택의 대표적 사례로 꼽힌다. 대담한 지도자(bold leader)는 새로운 자원에 먼저 접근해 큰 이익을 얻을 수 있지만, 포식자나 기생충과 같은 위험도 감수해야 한다. 이는 자원을 빠르게 확보하는 데 유리하나, 그만큼 비용이 크다는 단점이 뒤따른다. 반면, 소심한 추종자(timid follower)는 대담한 개체가 먼저 자원을 확보할 때까지 기다리면서 위험을 회피하고, 그 결과 상대적으로 적은 이익을 얻는다. 대신 포식 위협에 덜 노출되고 자원 획득 과정에서 겪는 비용이 낮은 이점이 있다.[61] 각각의 이득은 전체 집단에서 동일한 전략을 사용하는 개체의 비율에 따라 달라지며, 개체는 자신의 성격적 형질과 위험 감수 성향을 바탕으로 자원 획득 전략을 선택한다. 그러나 그 결과는 다른 개체들의 전략적 행동에 따라 상대적으로 결정된다.

한편, 스트레스 반응에 관한 개체 다양성 연구도 진행되었다. 앞서 언급한 수오미 등은 붉은털원숭이의 행동을 통해 행동 반응성(behavioral reactivity)을 면밀히 조사하여, 환경적 스트레스에 대한 다양한 행동 패턴을 도출하였다. 연구 결과, 원숭이의 스트레스 반응은 크게 다음 세 가지 유형으로 분류되었다.[62-64]

- 일관된 공포, 스트레스, 회피 반응(uptight): 낯선 환경에서 높은 수준의 불안과 긴장을 경험하며, 그 결과로 두려움이 지속되고 스트레스 반응이 과도하게 지속되었다.
- 호기심과 탐색 반응(laid-back): 낯선 환경에서도 호기심을 보이며, 적극적으로 탐색하려는 경향이 있었다.
- 부적절하고 부적응적인 반응(jumpy): 부적절하고 과민한 행동을 자주 보이며, 스트레스 요인에 과도하게 반응하고 불안정한 행동 패턴을 나타냈다.

수오미는 이러한 붉은털원숭이의 반응 경향이 인간 소아에서 관찰되는 반응적 행동(reactive behavior)과 유사하다고 주장했다. 예를 들어, 공포와 스트레스, 회피 반응을 보이는 원숭이는 불안 수준이 높은 아이와 비슷하고,

부적절하고 부적응적인 행동을 보이는 원숭이는 공격적인 성향이 두드러지는 아이와 닮았다는 것이다. 더 나아가, 부적응적 행동 양식을 보이는 개체는 사회적 고립, 번식 실패, 그리고 조기 사망 등 부정적인 결과로 이어질 가능성이 크다고 지적하였다.[65]

동물의 성격을 확인하기 위해서 빅 파이브 모델을 사용한 경우도 있다. 빅 파이브 플러스 지배성 모델(big five plus dominance model)은 침팬지 등 비인간 동물의 성격을 설명하기 위해 개발된 확장된 성격 이론이다. 이 모델은 인간 대상의 5요인 모델(Five-Factor Model, FFM)을 기반으로 하며, 외향성(Extraversion), 순응성(Agreeableness), 정서성(Neuroticism), 개방성(Openness), 성실성(Conscientiousness) 등 다섯 가지 주요 성격 요인에 지배성(Dominance)을 추가로 포함한다. 지배성은 인간에게 적용되지 않지만, 침팬지와 같은 사회적 동물에서 특히 중요한 성격 요소로, 개체 간 사회적 위계질서와 권력 관계를 설명하는 핵심 특성이다.

먼저 침팬지의 성격을 평가하기 위해 일차적으로 매딩글리 질문지를 사용했다. 사육 상태의 침팬지 100마리를 대상으로 수행되었으며, 53명의 평가자가 각 침팬지의 행동을 7점 척도로 기록하였다.[66-68] 이를 통해 여섯 가지 성격 요인이 도출되었으며, 지배성 요인을 제외한 나머지 다섯 요인은 인간의 5요인 모델과 유사하게 나타났다. 특히 개체마다 고유한 성격적 특성을 지니고 있음이 확인되어, 비인간 동물의 성격 연구에 새로운 시사점을 제공했다.

동물행동생태학에 기반한 행동 다양성 연구는 최근 들어 많은 주목을 받고 있다. 이러한 연구는 객관적 관찰과 평가를 할 수 있다는 중요한 장점이 있으며, 인간 연구에서 발생할 수 있는 주관적 편향이나 자기보고 오류를 줄일 수 있다는 점에서 유용하다. 연구자들이 동물 행동을 외부에서 직접 관찰·평가할 수 있으므로, 행동 결과에 대한 해석 차이가 상대적으로 적다. 또한, 다양한 환경 조건이나 개체 구성 비율을 조정한 실험이 가능하여, 특정 행동이 환경적 요인이나 개체 간 상호작용으로 인해 어떻게 변화하는지 체계적으로 분석할 수 있다. 진화적 관점에서 행동의 기원과 변화를 추정할 수 있는 비교생물학적 접근 역시 동물 행동 연구의 중요한 강점 중 하나다. 이를 통해 동물의 성격 형질과 행동 패턴이 어떤 생태적 조건에 적응해왔는지를 이해할 수 있다.[4,61]

동물 행동 연구는 현재 영장류뿐 아니라 물고기, 새, 거미, 도마뱀, 하이에나, 고릴라, 문어 등 다양한 종으로 확대되고 있다. 예를 들어, 문어가 자신감·사회성·호기심이라는 세 가지 성격 요인을 지닌다는 사실이 밝혀졌으며, 하이에나, 붉은털원숭이, 고릴라 등에서도 자신감, 흥분성, 융화성, 사회성, 호기심 등의 성격 경향이 보고되었다.[4,5,69,70]

그러나 동물 성격 연구에는 여전히 한계가 있다. 동물의 의도나 내면적 동기를 직접 파악하기 어려워, 연구자는 외부 행동만으로 성격을 평가해야 하며, 이에 따른 해석상의 논란이 발생할 수 있다. 또한, 특정 상황에서만 발현되는 반응적 특성을 과도하게 일반화해 개체의 성격으로 단정짓는 데에도 무리가 따를 수 있다.

▣

동물의 성격 연구는 다윈의 진화론과 파블로프의 조건반사 연구에서 출발해, 비교심리학자·동물행동학자들의 기여로 조금씩 체계를 갖추었다.

초기에는 개체 간 행동 차이가 학습이나 자극-반응(S-R)으로 환원될 수 있다는 행동주의적 입장이 지배적이었으나, 영장류를 포함한 여러 연구를 통해 동물도 사회적 환경과 상호작용하며 개체 고유의 성격을 형성한다는 사실이 확립되었다. 동물행동학의 여러 연구 방법도 개체 간 차이에 관한 연구로 확장될 수 있는 토대를 만들었고, 실제로 구달은 침팬지 개체마다 다른 기질과 성향이 있음을 장기간 관찰로 입증하였다.

이후 행동생태학과 비교심리학이 발전하면서 동물 성격에 대한 다양한 분석 기법과 이론적 틀이 마련되었다. 요인 분석을 통해 동물에서도 인간의 외향성·신경성·지배성 같은 성격 요인이 드러났으며, 빈도 의존적 선택이나 스트레스 반응 유형 등 진화론적 관점에서 설명하는 시도도 활발해졌다. 비록 관찰 편향이나 상황적 반응을 성격으로 과도하게 일반화할 위험이 존재하지만, 최근 연구들은 여러 종(種)에 걸쳐 일관된 행동 다양성 관련 특성을 확인하고 있다. 이는 동물의 성격 형질이 환경적 맥락과 유전적 요인이 복합적으로 작용하는 중요한 진화적 전략일 수 있음을 시사한다.

2. 성격 요인의 다양성

20세기 초 심리학에서 성격 연구의 틀을 형성한 것은 심리학자 고든 올포트(Gordon Allport, 1897~1967)•의 성격 이론이었다. 올포트는 성격심리학(personality psychology)의 기반을 닦은 심리학자다. 인간은 공통 특질과 개별 특

• 하버드 대학교에서 경제학과 심리학을 전공했다. 다트머스 대학교 및 하버드 대학교 교수를 지냈다.

질이 있다는 특질 이론(Trait Theory), 그리고 특질은 주 특질(Cardinal Trait), 중심 특질(Central Traits), 이차적 특질(Secondary Traits)이 있다는 특질 위계 이론으로 유명하다. 또한, 행동의 동기가 초기 이유와 독립적으로 발전할 수 있다는 기능적 자율성 이론(Functional Autonomy of Motives)과 편견 연구, 신앙과 성격에 관한 연구로 유명하다. 올포트는 성격을 행동의 일관된 패턴으로 정의하며, 개인이 다양한 상황에서 보이는 지속적이고 일관된 성향을 강조하였다.

이후 레이먼드 캐텔(Raymond Cattell, 1905~1998)[•]은 올포트의 이론을 확장하면서 성격의 구조적 분석을 시도하였다.[71] 캐텔은 성격 특성을 보다 체계적으로 분류하기 위해 요인 분석을 활용하였고, 이를 통해 16개의 성격 요인(16PF; Sixteen Personality Factor)을 도출하였다.[72] 먼저 성격 특성 기술어를 분류하고, 이들을 기반으로 응답자에게 설문을 하여 데이터 세트를 만들고, 이 데이터를 요인 분석을 통해 처리하는 방식으로 연구를 진행했다. 더 나아가, 성격의 다차원적 구조를 탐색하였는데, 이는 후속 연구에서 빅 파이브 성격 요인 모델의 발전에 영향을 미쳤다.[73]

16개의 성격 요인은 각각의 성격을 양극단으로 나누어 설명하는 방식인데, 다음과 같다(〈표 23〉).[74]

• 킹스 칼리지 런던에서 화학과 심리학을 전공했다. 엑서터 대학교, 클라크 대학교, 하버드 대학교, 일리노이 대학교 등에서 교수를 지냈다. 하버드에서는 올포트와 함께 연구했다. 16가지 성격 요인 모델(16PF), 유동성 지능과 결정성 지능(fluid & crystallized intelligence)으로 유명하다. 흥미롭게도 문화공정 지능검사(Culture Fair Intelligence Test, CFIT)를 개발하여 비언어적 지능 평가를 통해 문화 및 언어와 무관한 지능을 평가하려고 시도했다. 한편, 캐텔은 비욘디즘(Beyondism)을 제안했는데, 이는 진화론적 원칙을 사회적·윤리적 가치 체계에 적용하려는 시도다. 세상이 경쟁과 적응을 통해서 더 나은 형태로 발전해야 한다고 주장했는데, 일부에서는 이를 사회 다윈주의나 우생학의 변형이라고 비난했다. 하지만 캐텔은 사후에 모든 유산을 캄보디아의 소외된 아동을 위한 학교(The Professor Raymond B. Cattell School) 설립에 기부했다.

표 23 16개의 성격 요인

성격 요인	스펙트럼	
따뜻함(warmth)	따뜻하고 다정한	냉담하고 거리감 있는
추론능력(reasoning)	높은 지적 능력	낮은 지적 능력
정서 안정성(emotional stability)	차분하고 침착한	신경질적이고 불안한
지배성(dominance)	주도적이고 단호한	온순하고 순종적인
생기발랄함(liveliness)	활기차고 에너지 넘치는	차분하고 조용한
규칙 준수(rule-consciousness)	규범을 중시하고 규칙을 따르는	자율적이고 자유로운
사회적 대담성(social boldness)	사교적이고 대담한	수줍음 많고 내향적인
감수성(sensitivity)	감성적이고 예민한	현실적이고 감정적이지 않은
경계심(vigilance)	의심 많고 경계하는	신뢰하고 관대한
추상적 사고(abstractedness)	공상적이고 창의적인	실용적이고 현실적인
사적 경향(privateness)	신중하고 비밀스러운	개방적이고 솔직한
불안(apprehension)	자기 비판적이고 걱정 많은	자신감 있고 긍정적인
변화에 대한 개방성 (openness to change)	변화에 유연한	전통적이고 보수적인
자립성(self-reliance)	독립적이고 자율적인	타인에게 의존하는
완벽주의(perfectionism)	조직적이고 계획적인	무질서하고 충동적인
긴장성(tension)	긴장하고 불안한	이완되고 느긋한

1960년대와 1970년대를 거치면서 성격 연구는 더욱 간결하고 효율적인 분류 체계를 갖추게 되었다. 특히 심리학자 폴 코스타(Paul Costa)와 로버트 맥크래(Robert McCrae)가 제안한 '빅 파이브(Big Five)' 성격 모델은 인간 성격을 다섯 가지 주요 차원으로 설명하며 널리 받아들여졌다. 이 모델은 외향성, 개방성, 신경성, 성실성, 그리고 우호성으로 구성되며, 성격 특성을 간결하고 체계적으로 설명하는 데 유용했다. 2000년대에는 심리학자 마이클 애쉬튼(Michael Ashton)과 이기범 교수가 기존의 빅 파이브 모델에 정직-겸손(Honesty-Humility)을 추가하여 '헥사코(HEXACO)' 모델을 제안했다. 이 모

델은 여섯 가지 차원으로 성격을 설명하며, 특히 정직성과 도덕적 행동에 대한 이해를 보완하였다.[6,75]

빅 파이브 모델과 헥사코 모델은 높은 재현성(replicability)과 타당성(validity)을 보여주어 심리학적 연구에서 신뢰할 수 있는 방법론으로 자리 잡았다.[6,7] 수많은 연구에서 개인의 행동 패턴 예측에 활용되었을 뿐 아니라, 다양한 문화권에서도 적용 가능성을 입증하였다. 예를 들어, 56개국에 걸친 연구에서 빅 파이브 요인은 여러 문화권에서 일관되게 관찰되었다.[76]

빅 파이브 모델은 다섯 개의 차원으로 성격 구조를 제시하며, 각 차원은 여러 하위 요인(facets)을 통해 행동 특성과 심리적 경향을 폭넓게 포괄한다.[77] 또한, 각 차원은 개인의 적응력과 관련된 다양한 이점과 비용을 내포하므로, 이를 통해 개인의 행동 특성을 보다 심층적으로 이해할 수 있다.[4]

- 외향성(Extraversion): 외향성은 개인이 사회적 상호작용과 지위를 통해 자원을 확보하고 성적 파트너를 얻는 능력을 측정하는 차원이다. 외향적인 사람은 사교적이고 활기차며, 긍정적인 정서를 강하게 표현하는 경향이 있다. 이들은 높은 야망, 경쟁심, 사회적 탐색 경향을 보이며, 이러한 특성은 개인의 지위 상승과 성적 성공에 기여할 수 있다. 그러나 외향성은 동시에 사고나 질병, 사회적 갈등 등 위험을 증가시킬 수 있는 요소로 작용할 수 있다. 구체적으로, 외향성의 하위 측면으로는 따뜻함, 사교성, 자신감, 자극 추구, 긍정적 정서 등이 있으며, 이는 개인이 사회적 맥락에서 더 적극적으로 행동하도록 만든다.
- 신경성(Neuroticism): 신경성은 개인이 위협이나 위험에 얼마나 민감하게 반응하는지를 나타내는 차원이다. 신경성이 높은 사람은 불안, 우울,

자의식 등 부정적 정서를 자주 경험하며, 이는 그들이 위험에 신속히 대응할 수 있도록 돕지만, 동시에 스트레스 관련 질병을 초래하거나 대인관계에 부정적인 영향을 미칠 수 있다. 신경성은 신체적 위협과 사회적 위협에 대한 주의, 질병에 대한 인지된 취약성, 분노의 공격성 등과 연관되며, 이를 통해 불안, 적대감, 자의식, 충동성, 스트레스 민감성 등의 측면이 드러난다. 신경성은 개인이 위험을 경계하고 대응하는 능력을 높일 수 있지만, 지나친 경계심으로 인해 사회적 적응에 어려움을 겪을 수 있다.

- 성실성(Conscientiousness): 성실성은 개인이 과제나 목표를 수행하는 데 있어 얼마나 계획적이고 책임감 있게 행동하는지를 나타내는 차원이다. 성실성이 높은 사람은 체계적이고 조직적이며, 자기 통제와 목표 달성에 대한 높은 동기를 지닌다. 성실성은 직업적 성취와 성공에 기여할 수 있지만, 지나친 완고함이나 환경 변화에 적응하는 능력이 떨어질 수 있다는 단점도 있다. 성실성의 하위 측면으로는 능력, 질서, 책임감, 성취 추구, 절제, 숙고 등이 포함되며, 이를 통해 개인은 장기적인 목표를 계획하고 성취하는 데 중요한 성격적 기반을 제공받는다.
- 우호성(Agreeableness): 우호성은 개인이 사회적 관계에서 얼마나 협력적이고 타인과의 조화를 중시하는지 측정하는 차원이다. 우호적인 사람은 신뢰와 협력성을 바탕으로 다른 사람들과 관계를 유지하며, 이는 개인 간의 협력과 조화를 증진하는 역할을 한다. 그러나 우호성이 지나치게 높으면 개인적 이익을 희생하는 상황이 발생하거나, 타인에게 이용당할 가능성이 커질 수 있다. 우호성의 하위 측면으로는 신뢰, 정직, 이타성, 순종, 겸손, 부드러움 등이 있으며, 이러한 특성은 사회적

상호작용에서 긍정적인 역할을 하지만, 개인이 자신을 방어하지 못하는 상황을 초래할 수도 있다.

- 경험에 대한 개방성(Openness to Experience): 경험에 대한 개방성은 개인이 새로운 아이디어와 경험을 얼마나 수용하고 탐구하는지를 나타내는 차원이다. 이 차원은 창의성, 상상력, 감성, 지적 호기심을 포함하며, 새로운 경험과 창의적 사고를 추구하는 경향을 나타낸다. 개방성이 높은 사람은 예술적, 철학적, 그리고 지적인 관심사가 풍부하고, 문제 해결과 창의적 사고에서 유리하다. 그러나 때로 비현실적인 사고나 정신증적 경향을 초래할 위험도 있다. 개방성의 하위 측면으로는 상상, 미학, 감성, 아이디어, 가치 등이 있으며, 이러한 특성은 특히 창의적이고 지적 활동에서 중요한 역할을 한다.

그러면 진화적 관점에서 각각의 차원을 살펴보자.

첫째, 외향성은 개인이 사회적 활동과 개인적 성취를 추구하는 정도를 나타내는 성격 차원으로, 진화적 관점에서 중요한 적응 형질로 간주된다. 외향적인 개인은 활발한 사회적 상호작용을 통해 친구·가족·동료로부터 사회적 지지를 확보하며, 이를 통해 협력과 동맹을 형성함으로써 생존과 번식 성공에 기여할 수 있다.[78,79] 또한, 외향성이 강한 사람은 에너지가 넘치고 적극적인 신체 활동을 선호하는 경향이 있으며, 이는 사냥이나 채집과 같은 생존 활동에 유리하게 작용할 수 있다.[10] 이들은 환경 변화를 수용하고 자원을 탐색하려는 경향이 강해, 성적 파트너나 다양한 자원을 확보하는 과정에서 이점을 얻을 수 있으며, 궁극적으로 번식 성공률을 높이는 진화적 이익을 제공할 가능성이 있다.[80]

그러나 외향성은 이득만을 보장하지 않는다. 지나친 외향성은 개인의 건강을 위협하거나 사고를 유발할 위험을 높일 수 있다. 외향적인 사람은 자극 추구 성향이 강해 위험한 상황에 노출될 가능성이 크며, 반사회적 행동이나 범죄에 연루될 위험도 있다.[81] 자원을 획득하는 과정에서 경쟁을 유발하거나 사회적 갈등을 심화하기 때문이다. 더 나아가, 외향성은 감염 위험을 증가시킬 수 있어 생존에 불리하게 작용할 수 있다.[10] 따라서 외향성이 제공하는 이점과 비용은 개인의 생리적 상태와 사회적 환경에 따라 상당히 달라진다.

진화적 관점에서 외향성은 환경 조건에 따라 생존 및 번식 성공 가능성이 변동하는 적응 전략으로 해석할 수 있다. 예를 들어, 자원이 풍부하고 이동성이 높은 사회적 환경에서는 외향적인 사람이 더 많은 성적 파트너와 광범위한 사회적 관계를 형성하기에 유리하다. 반면, 자원이 부족하고 경쟁이 치열한 환경에서는 외향성이 자원을 과도하게 소모하거나 위험한 행동으로 이어질 가능성이 높다.[4] 이는 단기적으로는 이점을 제공할 수 있지만, 장기적 생존과 번식에는 손실로 귀결될 위험이 있다.

흥미롭게도, 외향성의 진화적 효과는 개인의 신체적 건강 상태에 따라 달라진다. 건강하고 강인한 면역 체계를 보유한 개인이 외향성을 지녔다면, 더욱 폭넓은 사회적 네트워크와 환경 탐색을 통해 자원을 효율적으로 확보하고 생존 기회를 극대화할 수 있다. 그러나 면역 체계가 약하거나 신체적으로 취약한 개인에게는 외향성이 부정적 결과를 초래할 수 있다. 과도한 사회적 활동은 감염 위험을 높이고, 신체적 위험에 노출될 확률도 증가시키기 때문이다.

또한, 외향성의 진화적 적합성은 사회적 맥락과 환경적 요인에 크게 좌우된다. 예컨대, 사회적 변동성이 높고 이동이 잦은 생활양식에서는 외향적 행동이 적응적일 수 있다. 빠르게 변화하는 자원을 탐색하고 새로운 기회를 찾아 나서는 능력이 생존에 유리하기 때문이다. 반면, 인구 과밀 지역이나 이동이 제한적인 환경에서는 외향성이 오히려 부정적인 영향을 미칠 수 있다. 과도한 사회적 상호작용과 자극 추구가 사회적 갈등을 초래하거나, 자원 경쟁을 심화시킬 가능성이 있기 때문이다.[4]

둘째, 신경성은 개인이 신체적 또는 정신적 불편감에 얼마나 민감하게 반응하는지를 나타내는 성격 차원으로, 신경성이 높은 사람은 스트레스, 불안, 우울감 등 부정적 정서를 자주 경험한다.[82,83] 이들은 대인관계에서 갈등을 겪거나 사회적 상호작용에 어려움을 느껴 사회적 고립으로 이어질 가능성이 높다. 또한, 자신의 삶에 대한 불만을 자주 느끼고, 자신이 불행하다고 인식하는 경향이 있다.[4]

그러나 신경성이 반드시 부정적 결과만을 초래하는 것은 아니다. 진화적 관점에서 볼 때, 신경성은 중요한 적응적 이점을 제공한다. 신경성이 높은 개인은 위험을 빠르게 감지하고 이에 민감하게 반응하며, 잠재적 위협을 신속히 회피하는 전략을 취할 수 있다.[84] 이처럼 신경성은 과거 환경에서 육체적 위험이나 사회적 갈등을 피하는 데 도움이 되었을 가능성이 크다.[85]

또한, 경쟁적인 사회적 환경에서 신경성은 적응적 역할을 수행하기도 한다. 신경성이 높은 사람은 스트레스 상황에서 분노와 공격성을 보이기 쉬우며, 이는 치열한 경쟁 상황에서 더 높은 성과를 내는 요인으로 작용한다.[86] 이러한 성향은 사회적 도전에 직면했을 때 경계심을 높이고, 경쟁에서 우위를 점하기 위한 행동을 촉발할 수 있다.

한편, 신경성은 성별에 따라 다른 양상을 보이기도 한다. 여러 연구에 따르면, 여성은 남성보다 상대적으로 높은 수준의 신경성을 지니는 경향이 있다.[87] 여성의 임신과 양육 과정에서 안전과 자원 확보가 특히 중요했기 때문이다. 여성은 보호와 자원을 충분히 확보하기 위해 위험 회피와 안정적 환경을 중시할 필요가 있었으며, 이러한 필요가 신경성의 진화에 기여했을 것이다. 같은 맥락에서 임상적으로 여성은 남성에 비해 우울장애와 불안장애에 훨씬 취약한 경향을 보이는데, 이는 지금 당장의 사회적 조건의 차이 때문이 아니라 진화적 적응 환경에서 남성과 여성에게 서로 다른 선택압이 작용했기 때문인지도 모른다.[4]

셋째, 성실성은 목표 지향적 행동, 계획력, 그리고 꾸준함을 포함하는 성격 특성으로, 개인이 장기적 계획을 수립하고 실행하는 능력과 밀접하게 연관된다. 성실성이 높은 사람은 목표 달성을 위해 조직적이고 체계적으로 행동하며, 이러한 특성은 농경 사회나 산업화 사회에서 특히 중요하게 작용했다.[88] 농경 사회에서는 자원을 관리하고 미래를 예측하는 능력이 필수적이었고, 성실성은 이 같은 환경에서 개인의 생존과 번영을 촉진하는 중요한 형질이었다. 현대 사회에서도 성실성은 학업 성취, 직업 성과, 건강 관리 등에 긍정적 영향을 미치며, 관련 연구 결과 성실성이 높은 사람은 일반적으로 더 오래 살고 건강하게 생활하는 경향이 있다.[4]

성실성의 진화적 이점은 상대적으로 안정적인 환경에서 더 두드러지게 나타난다. 성실성이 높은 사람은 장기적 목표를 설정하고 이를 계획적으로 수행함으로써, 안정적이고 조직적인 환경에서 우수한 성과를 거둘 수 있다. 이들은 목표 달성을 위해 신중한 태도를 견지하고 체계적으로 행동하기 때문에, 삶의 여러 측면에서 긍정적 결과를 얻을 가능성이 크다. 성실성이 높은 집단에서 상대적으로 더 긴 기대수명이 관찰되는데, 이는 건강 관리 습관과 스트레스 대처 능력 등과 연관이 있는 것으로 보인다.[89]

그러나 성실성이 언제나 이점만을 제공하는 것은 아니다. 과도한 성실성은 때때로 부정적 결과를 초래할 수 있다. 성실성이 지나치게 높은 사람은 강박적 성향을 보이거나 특정 행동을 과도하게 통제하려는 경향이 있어,[90] 강박 장애(obsessive-compulsive disorder, OCD)나 식이장애 등 정신 건강 문제의 원인이 되기도 한다.[91] 또한, 지나친 계획성과 통제에 집착하기 때문에 기회주의적이고 빠르게 변화하는 환경에 적응하기가 어려울 수 있다.

진화적 관점에서 성실성은 모든 환경에서 일관되게 유리한 형질은 아니다. 성실성이 높은 사람은 장기적 목표에 집중하는 경향이 있기 때문에, 단기간에 나타나는 기회를 포착하는 능력이 상대적으로 떨어진다.[92] 예컨대, 잠재적 짝짓기 기회와 같은 상황에서는 빠른 결단과 융통성이 요구되지만, 성실성이 높은 사람은 신중히 접근하는 탓에 기회를 놓칠 위험이 크다. 원시 시대와 같이 환경이 불안정했던 시기에는, 즉각적 행동이나 기회주의적 태도가 생존을 위해 필수적이었을 것으로 추정된다.

넷째, 우호성은 타인과 협력하고 좋은 관계를 유지하려는 경향을 나타내는 성격 특성으로, 사회적 협력을 통해 상호 이익을 극대화하는 데 중요한 역할을 한다. 우호성이 높은 개인은 공감 능력과 타인을 이해하는 역량이 뛰어나며, 이를 토대로 대인 갈등을 줄이고 협력적 관계를 형성하기 유리하다.[93,94] 이러한 특징은 인간 사회에서 협력과 연대를 통해 생존과 번영을 촉진하는 진화적 적응으로 해석될 수 있고, 장기적 안정성을 추구하는 현대 사회에서는 특히 바람직한 성격 요소로 평가된다.[95,96]

우호성이 높은 사람은 타인의 요구에 민감하게 반응하며, 상호 이익이 돌아가는 관계를 추구한다. 이들은 사회적 조화를 이루기 위해 자신의 이익을 양보하거나 타인의 요구를 우선시하는 경향이 있는데, 장기적으로 안정적인 대인관계를 유지하고 공동체 내에서 신뢰를 구축하는 데 큰 도움이 된다. 흔히 이러한 성향은 '착한 성격'으로 인식되며, 성실성과 함께 현대 사회에서 사회적 성공과 적응에 기여하는 중요한 성격 요인으로 간주된다.

그러나 높은 우호성이 항상 긍정적 결과만을 가져오는 것은 아니다. 우호성이 매우 높은 개인은 협력이 잘 이뤄지지 않는 환경에서 손해를 볼 가능성이 크다. 예를 들어, 상대가 보상을 공유하지 않거나 상호 이익을 보장하지 않을 경우, 우호성이 높은 사람은 자신의 자원을 과도하게 투입함으로써 손실을 볼 수 있다. 또한, 이들은 갈등 상황을 기피하고 자신의 이익을 방어하는 경쟁을 회피하려는 경향이 있어, 자원이 제한된 경쟁적 환경에서는 불리하게 작용할 수 있다.[93,94]

아울러 우호성은 창의적 활동을 수행하는 데 제한적 요인으로 작동할 수 있다. 창의적 활동은 종종 기존 규칙과 기대를 깨뜨리고 새로운 아이디어를 시도하는 과정에서 이루어지는데, 우호성이 높은 사람들은 타인과의 조화를 중시하고 기존 규칙에 순응하려는 경향이 강하다. 따라서 이들은 과학이나 예술 등 혁신을 요구하는 분야에서 상대적으로 성과를 내기 어려울 수 있다.[97]

진화적 관점에서 성별에 따른 우호성 차이도 주목할 만하다. 여러 연구에 따르면, 여성은 남성보다 우호성이 높은 경향이 있는데, 협력적 행동이 여성의 생존과 번식에 있어 더 큰 이점을 제공했기 때문으로 보인다. 과거 사회 구조에서 여성은 자녀 양육과 공동체 내 협력의 중요성이 높았으므로, 우호성이 여성 생존 전략으로 진화했을 가능성이 크다. 반면, 현대 사회에서 우호성이 높은 여성은 갈등을 피하고 협력적 행동을 강조하는 성향 때문에 사회적 지위나 권력을 획득하기 위한 경쟁에서 상대적으로 불리한 위치에 놓일 수 있다.[98]

다섯째, 경험에 대한 개방성은 개인의 창의성, 상상력, 그리고 지적 호기심을 포함하는 성격 특성으로, 새로운 아이디어나 경험을 수용하는 능력과 밀접하게 연관된다. 경험에 대한 개방성이 높은 개인은 예술적 창의성과 혁신적 사고를 바탕으로 사회적 매력과 성적 매력을 높일 수 있으며, 이로 인해 다양한 성적 파트너를 갖는 경향이 있다는 연구도 있다.[99,100] 이는 개방적인 사고방식이 새로운 기회를 탐색하고 폭넓은 사회적 관계를 형성하는 데 유리하게 작용하기 때문이다. 또한, 이들은 복잡한 문제를 창의적으로 해결하는 능력이 뛰어나, 예술과 과학 분야에서 혁신을 주도할 가능성이 크다.[101-103]

그러나 경험에 대한 개방성이 늘 긍정적 결과만을 가져오는 것은 아니다. 개방성이 지나치게 높으면 통상적 사고방식에서 벗어난 비합리적 사고로 이어질 수 있으며, 정신 건강에 부정적 영향을 미칠 위험이 있다. 개방성이 높은 사람은 사회적 규범이나 전통을 거부하고 새로운 시도를 하려는 경향이 강하지만, 이는 때로 비현실적인 망상이나 환상에 빠질 위험을 증가시킨다.[104] 특히, 개방성은 높지만 지능이 낮은 경우에는 조현형 인격장애(schizotypal personality disorder)나 정신증(psychosis)과 같은 정신장애로 이어질 가능성이 커진다.[105,106]

여러 연구에 따르면, 경험에 대한 개방성이 지나치게 높으면 생존과 번식에 부정적인 영향을 미칠 수 있다. 개방성이 높은 사람은 현실적인 판단을 무시하고 비합리적 사고에 치중할 가능성이 있으며,[104] 이런 성향은 사회적 상호작용에서 적응적 결정을 내리기 어렵게 만들고, 위험한 상황에서 필요한 신속하고 적절한 대응을 저해할 수 있다. 이로 인해 정신적으로 불안정한 상태가 지속하면, 성적 관계나 다른 중요한 사회적 관계에도 부정적 영향을 미치며, 장기적으로 번식 성공률이 낮아질 수 있다.[107]

한편, 헥사코(HEXACO) 모델은 성격심리학에서 여섯 가지 핵심 성격 요인을 설명하는 이론적 틀로, 각 성격 요인의 첫 글자를 조합하여 명명되었다. 즉, 정직성-겸손(H, Honesty-Humility), 정서성(E, Emotionality), 외향성(X, eXtroversion), 우호성(A, Agreeableness), 성실성(C, Conscientiousness), 그리고 경험에 대한 개방성(O, Openness to Experience)으로 구성된다. 이는 기존 빅 파이브 모델에 정직성-겸손(Honesty-Humility) 요인을 추가함으로써, 성격에 대한 보다 포괄적인 이해를 제공한다.[4]

정직성-겸손 차원은 개인이 얼마나 솔직하고 겸손한지를 평가하며, 이 요인에서 높은 점수를 받은 사람은 타인을 이용하거나 조작하지 않고 도덕적 행동을 지향한다. 반면, 낮은 점수를 보이는 경우 자신의 이익을 위해 타인을 이용하거나 조작할 가능성이 높음을 의미한다.[108]

헥사코 성격 모델과 빅 파이브 성격 모델은 성격의 다양한 측면을 이해하는 데 활용되는 대표적인 이론적 틀이며, 심리학에서 성격 연구의 중요한 위치를 차지하고 있다.

두 모델 모두 개인의 성격을 설명하고 예측하는 데 유용한 도구로 활용되지만, 일부 중요한 차이가 있다. 특히 '정서성(Emotionality)'과 '우호성(Agreeableness)'이라는 두 구성 요소에서 나타나는 차이가 두드러진다.

빅 파이브 모델의 '신경성(Neuroticism)' 요인은 개인의 정서적 불안정성,

스트레스에 대한 민감성, 그리고 부정적 감정 경험의 경향을 측정한다.[73] 이는 감정적 취약성, 불안, 분노 등의 측면을 강조하며, 감정적으로 안정된 사람과 불안정한 사람 간의 차이를 구별하는 데 중점을 둔다.

반면, 헥사코 모델의 '정서성'은 빅 파이브 모델의 '신경성'과는 다른 방식으로 정의된다.[6] '정서성'은 불안과 감정적 민감성을 포괄하되, 빅 파이브 모델에서 '신경성'에 포함되는 '호전성(Hostility)' 특성을 제외한다. 이는 헥사코 모델이 부정적 감정 자체보다, 개인이 그러한 감정을 어떻게 관리하고 조절하는지에 주목하는 특징과 관련이 있다. 예를 들어, 정서성이 높은 사람은 위험을 회피하는 감정 반응을 보일 수 있지만, 공격적이거나 적대적인 태도를 보이지는 않는 경향이 강하다. 따라서 헥사코 모델의 '정서성'은 보다 부드러운 감정적 반응에 중점을 두며, 특히 대인관계에서 동정심과 감정적 지원을 강조한다.[6]

'우호성(Agreeableness)' 역시 두 모델에서 다르게 적용된다. 빅 파이브 모델에서 우호성은 개인이 얼마나 친절하고 협력적인지를 평가하는 요인으로, 갈등을 피하려는 성향과 깊은 관련이 있다.[73] 이 모델은 주로 개인의 친사회적 행동을 강조하며, 높은 우호성 점수를 보이는 개인은 타인에게 협력적이고 배려하는 경향이 크다.

그러나 헥사코 모델에서 우호성은 더 복합적인 성격 특성을 반영한다. 특히 이 모델에는 '감상성(Sentimentality)'이라는 추가적인 특성이 포함되어, 개인이 타인의 감정에 어떻게 반응하고 동정심을 느끼는지를 측정한다.[108] 따라서 헥사코 모델의 우호성은 빅 파이브에서 정의하는 친절함과 협력성 이상의 폭넓은 개념을 포괄한다. 감상성은 개인의 대인관계에서 나타나는 정서적 반응성과 공감 능력을 포함하며, 우호성 차원에서 타인을 향한 감정적 반응이 어떠한 양상으로 전개되는지를 분석하는 데 중요한 요소로 작용한다. 결과적으로, 헥사코 모델은 빅 파이브 모델과 비교해 감정적·관계적 측면에서 개인의 성격을 좀 더 세밀하게 구분하는 경향이 있다.

두 성격 모델 간 가장 큰 차이점 중 하나는 헥사코 모델의 독창적 구성 요소인 '정직성-겸손(Honesty-Humility)' 요인이다.[108] 이는 헥사코 모델과 빅 파이브 모델을 구별하는 핵심 차별화 요인이지만, 이에 대한 비판적 시각도 있다. 일부 연구자는 정직성-겸손 요인이 실제로는 '낮은 순응성(Low Agreeableness)'에 의해 충분히 설명될 수 있으며, 기존 빅 파이브 모델의 구성 요소에서 파생된 것에 불과해 독립적 요인으로 보기는 어렵다고 주장한다.[109]

반면, 정직성-겸손 요인이 독립적인 성격 요인임을 지지하는 견해도 적지 않다.[110] 이 요인을 측정함으로써 개인의 도덕적 성향과 사회적 상호작용에서의 윤리적 기준을 보다 심층적으로 이해할 수 있다는 것이다. 예컨대, 정직성-겸손 요인은 범죄 성향, 부패, 비윤리적 행동 등 사회적으로 중요한 결과를 예측하는 데 유용한 정보를 제공할 수 있다고 보고된다.

또한, 정직성-겸손 요인은 동아시아를 비롯한 특정 문화적 맥락에서 특히 중요한 성격 특성으로 여겨진다. 일부 연구에서는 이 요인이 서구 문화뿐 아니라 비서구 문화에서도 강력한 성격 예측 변수가 될 수 있음을 확인했다.[110] 전체 성격 요인 모델의 진화적 적응 이익과 비용에 관해서 〈표 24〉에 간략하게 요약했다.

표 24 성격 요인 모델의 각 요인이 가지는 적응 이점과 비용에 관한 대략의 요약

성격 요인	설명	적응적 이점	적응적 비용
외향성	· 사회적 상호작용과 활발한 활동을 통해 자원을 탐색 · 협력과 동맹을 형성	· 자원 탐색 및 성적 파트너 확보 · 지위 상승을 통한 번식 성공 가능성 증가	· 과도한 위험 추구로 건강상 손해 · 사회적 갈등 초래 · 감염병 노출 증가
신경성	· 부정적 정서에 민감하게 반응 · 위험 회피와 생존에 유리한 경향	· 위험 회피 및 위협 감지 능력으로 생존 가능성 증가	· 스트레스와 불안 · 사회적 고립 · 정신 및 신체 건강 문제 증가
성실성	· 장기적 목표 달성 · 계획력 · 꾸준함을 통한 조직적인 행동	· 미래 예측과 자원 관리 능력 · 안정적 환경에서 생존 및 번영	· 과도한 성실성 · 강박적 성향 · 변화에 대한 적응력 부족
우호성	· 타인과 협력 · 갈등을 피하며 상호 간 이익을 극대화	· 협력과 연대를 통해 신뢰를 구축 · 사회적 안정성 유지	· 비효율적 협력 환경에서 자원 손실 · 갈등 회피로 인한 경쟁에서 불리
경험에 대한 개방성	· 창의성, 상상력, 지적 호기심 · 새로운 아이디어와 경험을 수용	· 예술적 창의성 · 문제 해결 능력 · 성적 매력 · 사회적 관계 확대	· 비합리적 사고로 인한 정신적 불안정 · 조현 스펙트럼 장애
정직성-겸손	· 타인을 이용하지 않고 도덕적으로 행동 · 솔직하고 겸손한 성격 특성. (HEXACO 모델)	· 도덕적 행동을 통해 신뢰를 구축 · 사회적 지지 · 윤리적 기준	· 과도한 겸손 · 개인의 이익 방어 어려움 · 낮은 경쟁력

흥미롭게도 헥사코(HEXACO) 모델은 진화심리학적 관점에서 인간 성격이 환경과 상황적 맥락에 의해 활성화된다는 점을 강조한다. 이는 인간 성격이 고정적이고 변하지 않는 형질이 아니라, 진화 과정에서 환경에 적응하며 유동적으로 변하는 특성이라는 가정에 기반한다. 특히 '범주 특이성 상황 어포던스(Domain-Specific Situational Affordance, DSSA) 이론'은 성격이 특정 상황에서 어떤 방식으로 활성화되어 행동으로 이어지는지를 설명하는 핵심 틀로 제시된다. DSSA에서는 세 가지 활성 기전을 제시하며, 이를 상황

(Situation), 형질(Trait), 결과(Outcome) 활성(STOA: Situation-Trait-Outcome-Activation)으로 정의한다.[111]

이를 통해 성격 모델을 단순히 개인의 특성으로만 이해하는 것을 넘어, 환경적 자극과의 상호작용을 고려하는 복합적 분석 틀로 확장함으로써, 성격이 환경과 맥락에 따라 어떻게 다르게 발현되는지를 설명할 수 있게 되었다(〈표 25〉). 즉, 인간 성격은 생존과 번식에 유리하도록 환경에 적응해 왔으며, 이 과정에서 성격 특성이 그에 알맞는 상황에서 더 큰 이점을 제공하도록 진화했다고 본다.[112] 예컨대 정직성-겸손 요인은 협력과 신뢰가 중요한 사회적 환경에서 긍정적 결과를 가져오지만, 경쟁적 환경에서는 그 영향이 상대적으로 낮을 수 있다.[4,111]

첫 번째로, 상황 활성 기전(situational activation system)은 개인이 직면한 환경적 상황이 해당 성격 요인을 활성화하는 방식에 주목한다. 이는 성격 특성이 주어진 맥락에서 더욱 두드러지게 발현될 수 있음을 시사하며, 개체는 이러한 환경에서 적합한 행동을 선택한다.[113] 예를 들어, 헥사코 모델의 정직성-겸손 요인은 사회적 상호작용 과정에서 도덕적 딜레마 등을 접할 때 더욱 강하게 활성화될 가능성이 있다.

두 번째 기전인 형질 활성 기전(trait activation system)은 형질이 환경적 신호에 반응하여 활성화되는 과정을 설명한다.[114] 이 관점에 따르면, 성격 특성은 특정 환경적 자극에 의해 촉발되고, 이는 특정 행동으로 이어질 확률을 높인다. 예를 들어, 외향성(eXtroversion) 점수가 높은 개인은 사회적 상호작용의 기회가 풍부한 환경에서 자신의 외향적 성향을 더욱 강하게 드러낼 수 있다.[115]

세 번째 기전인 결과 활성 기전(outcome activation system)은 특정한 행동이 환경적 평가에 따라 어떠한 결과를 얻는지 설명한다. 이는 성격 특성이 환경적 피드백을 통해 강화되거나 억제되는 과정과 관련된다. 예컨대, 한 개인이 고유한 심리적 경향에 기반한 행동을 수행했을 때, 해당 행동의 결과는 환경적 맥락에 따라 상이하게 평가될 수 있다. 도덕적 행동이 사회적 지지를 받는 환경에서는 긍정적 평가로 이어지지만, 경쟁적인 환경에서는 비효율적으로 간주될 수도 있다.[116] 이러한 결과 활성 기전은 성격이 환경과 상호작용하며 지속적으로 변화할 수 있음을 시사한다.

상황 활성 기전과 형질 활성 기전은 얼핏 비슷해 보이지만, 중요한 차이가 있다. 전자는 '특정한 환경이 성격 특성을 깨운다'는 것이다. 반면에 후자는 '특정 성격이 환경 신호에 반응하여 드러난다'는 것이다. 예를 들어 파티가 열리면 다들 외향적으로 되는 현상은 전자에 해당하고, 외향적인 사람이 파티에서 빛을 발하는 현상은 후자에 해당한다. 그리고 파티가 끝난 후에 외향적인 사람이 다른 파티에 계속 초대받는 현상은 결과 활성 기전에 해당한다.

STOA의 세 가지 활성 기전은 '형질 활성 이론(Trait Activation Theory, TAT)'과 긴밀한 연관성을 갖는다.[4,114] TAT는 성격이 특정한 상황적 신호에 반응하여 나타나는 방식에 중점을 두며, 이러한 신호가 성격 특성을 촉발하여 행동으로 이어지는 과정을 설명한다. 이 이론에 따르면, 성격 특성은 잠재적 성향으로 존재하다가 특정 환경적 자극이 주어질 때 활성화되어 행동으로 나타난다.[117]

성격이 단순히 개인의 내재적 형질이 아니라, 환경과 상호작용하며 유동적으로 발현된다는 것이다. 예를 들어, 높은 성실성(conscientiousness) 점수를 가진 개인은 업무에서 체계적이고 규칙적인 환경에 처했을 때 그 특성

표 25 범주 특이성 상황 어포던스(DSSA) 이론의 상황(Situation), 형질(Trait), 결과(Outcome) 활성(STOA)[111,112]

기전	설명
상황 활성 기전	· 환경적 상황이 특정 성격 특성을 활성화하여, 개체가 특정한 행동을 선택하도록 유도하는 과정. · 이 기전은 상황이 성격 특성을 결정적으로 끌어내는 방식에 중점을 둠. · 상황의 강도에 따라 행동의 일관성에 변동이 생길 수 있으며, 약한 상황에서는 개인의 성격이 더욱 두드러지게 발현될 가능성이 큼.
형질 활성 기전	· 성격 형질이 특정한 환경적 신호에 반응하여 활성화되는 기전. · 이 과정에서 환경의 특성이 개인의 성격적 특성(형질)을 자극하여, 그 특성에 적합한 행동을 유도함. · 이는 형질이 환경에 따라 다르게 표현될 수 있다는 점을 강조함.
결과 활성 기전	· 개인의 특정 행동이 환경적 평가에 따라 다른 결과를 얻는 방식. · 이 기전은 성격 특성이 결과적 피드백을 통해 강화되거나 억제되는 과정에 중점을 둠. · 성격 특성이 강화되면 동일한 행동 패턴이 지속되지만, 부정적인 피드백이 있으면 성격 특성이 억제될 수 있음.

이 강하게 나타날 가능성이 높다. 성실성은 단순히 개인의 특성일 뿐만 아니라, 환경적 요인에 따라 강화되거나 억제될 수 있다.[118]

나아가, 성격 특성의 활성화는 단순히 환경적 자극에만 의존하지 않고, 개인의 내적 동기와 외부 환경의 상호작용에 의해 결정된다. 예를 들어, 높은 성실성을 가진 개인이 혼란스럽고 구조화되지 않은 환경에 놓인 경우, 해당 특성이 충분히 발현되지 않을 수 있으나, 내부적 동기에 따라 상황 개선을 위해 노력할 가능성은 여전히 남아있다. 반면, 성실성 점수가 낮은 개인은 동일한 환경에서 체계적인 행동을 보일 가능성이 낮으며, 환경을 개선하려는 노력 역시 상대적으로 적을 것이다.[119]

한편, 빅 파이브 모델을 바탕으로 성격 특성을 분석하고 복잡성을 간추리려는 다양한 시도가 있었다. 그중 두 가지 주요한 모델로는 일반 요인 성격 모델(The General Factor of Personality, GFP)과 상위 요인 성격 모델(Two Higher-

Order Factors of Personality), 즉 빅 투(Big Two) 모델이 있다.[120-122] 이들 모델은 빅파이브 성격 특성 간의 상관관계를 통해 상위 수준의 요인으로 통합하여 설명함으로써, 보다 단순화된 성격 구조를 이해하고자 한다. 또한, 각각 독특한 생물학적·진화적 근거를 제시한다.

빅 투 모델은 성격을 두 가지 상위 요인으로 나눈다. 첫 번째는 안정성(α, Stability)으로, 이는 정서적 안정성(낮은 신경성), 성실성, 순응성(우호성) 등을 포함하며, 주로 세로토닌 시스템과 관련이 있는 것으로 설명된다.[123] 두 번째 요인은 유연성(β, Plasticity)으로, 이는 외향성과 경험에 대한 개방성을 포함하며, 도파민 시스템과 강하게 연결된 것으로 간주된다.[124] 이러한 생물학적 근거는 신경 회로가 각 성격 특성의 발현과 밀접한 관계가 있음을 시사하며, 두 상위 요인이 개인의 적응과 행동 양상에 어떻게 기여하는지를 설명한다.[123]

빅 투 모델은 더 나아가 진화적 관점에서 성격 특성이 사이버네틱스 기전의 결과물이라고 설명한다.[123] 이는 생존과 번식을 위한 행동을 조절하는 신경 시스템이 순환적 인과관계를 통해 행동을 강화하고 수정한다는 설명이다. 따라서 성격은 단순히 특성들의 집합이 아니라, 진화적 적응 과정에서 형성된 복잡한 조절 기전으로 볼 수 있다. 빅 투 모델에서 α(안정성)와 β(유연성) 두 요인은 각각 안정적인 생존과 환경 변화에 대한 적응력을 반영하는 중요한 진화적 전략으로 해석될 수 있다(〈표 26〉).

그러나 이 모델은 몇 가지 중요한 한계가 있다. 예컨대, 도파민 체계가 외향성뿐만 아니라 성실성에도 연관되어 있다는 연구 결과가 있으며, 세로토닌 역시 안정성 외에 외향성과도 관련이 있을 수 있다는 보고가 있다.[125] 이러한 신경학적 중첩은 빅 투 모델이 성격 특성의 복잡성을 지나

표 26　빅 투(Big Two) 모델: 성격 요인과 신경 시스템, 진화적 관점

요인	설명	성격 요인	진화적 관점
안정성(α) 세로토닌 시스템	· 사회적 규범을 준수 · 스트레스에 내성 · 신뢰할 수 있는 행동 · 사회적 환경에서 안정감 · 관계 유지	· 낮은 신경성 · 성실성 · 우호성	· 안정적 생존을 위한 위험 회피 · 협력을 통한 생존 가능성 증대
유연성(β) 도파민 시스템	· 새로운 경험을 수용 · 환경에 적극적으로 적응 · 창의적이고 모험적인 성향	· 외향성 · 경험에 대한 개방성	· 환경의 변화에 따른 새로운 자원 탐색 · 유연하게 적응하는 생존 전략

치게 단순화하고 있음을 시사한다. 즉, 성격을 두 가지 요인으로 압축하는 방식은 성격의 다면적 복합성을 충분히 반영하지 못할 가능성이 있다.[126]

일반 요인 성격 모델(GFP)은 성격의 여러 측면을 단일 상위 요인으로 통합하려는 시도다. 이 모델은 성격 특성을 생존과 번식에 유리한 전략으로 바라보는 진화심리학적 관점에 근거하고, 생애사 이론을 활용하여 이를 설명한다. 구체적으로, 성격 특성을 빠른 전략(fast strategy)과 느린 전략(slow strategy)이라는 두 가지 전략으로 구분한다.[127]

빠른 전략은 자원을 신속하게 활용하고 생존 위협이 큰 환경에서 빠르게 번식하고자 하는 행동 경향을 반영하며, 느린 전략은 상대적으로 안정적인 환경에서 자원을 보존하고 장기적인 생존과 번식에 집중하는 전략을 뜻한다.

GFP 모델에서 성격 특성이 높은 점수를 받는 사람은 성실성, 외향성, 우호성, 낮은 신경성(정서적 안정성), 그리고 경험에 대한 개방성 등 다섯 가지 주요 성격 특성에서 긍정적 평가를 보인다. 이들은 사회적 관계에서 협력적이고 계획적이며 적응적인 행동을 보이는데, 이러한 특징은 협력·신뢰·안정성을 중시하는 환경에서 성공적인 사회적·생물학적 적응을 위한 중요한 자질로 간주된다.

두 모델 간 가장 큰 차이는, 일반 요인 성격 모델(GFP)이 성격 특성 전체를 하나의 상위 요인으로 통합하려 하는 반면, 빅 투(Big Two) 모델은 성격 특성을 안정성과 유연성이라는 두 개의 상위 요인으로 구분해 설명한다는 점이다. GFP는 모든 성격 특성이 하나의 일반적 적응 전략으로 통합된다고 보며, 상호작용을 통해 전체적 적응 능력을 형성한다고 강조한다. 반면, 빅 투 모델은 각 성격 특성이 서로 다른 신경생리학적 시스템과 연관되어 있으며, 두 가지 진화적 전략(안정성·유연성)을 반영한다는 점에서 좀 더 세분된 설명을 제공한다.

GFP는 성격의 일관성(consistency)과 사회적 바람직성(social desirability)을 설명하는 데 유용한 도구로 여겨지지만, 다음과 같은 비판도 제기된다.

첫째, 자기 보고의 신뢰성 문제다. GFP 모델은 주로 자기 보고(self-report)에 의존하는데, 응답자들이 사회적으로 바람직한 성격 특성을 더 높게 평가하는 경향이 있기 때문에, 실제 성격보다 더 긍정적인 성격을 보고할 가능성이 높다.[128] 따라서 GFP가 성격의 진정한 복잡성을 반영하지 못하고, 단순히 사회적 바람직성에 편향된 결과를 도출할 수 있다는 문제가 제기된다.

둘째, 사회적 중립성의 배제 문제다. GFP는 긍정적 성격 특성에 초점을 맞추고 있어, 사회적으로 중립적이거나 부정적일 수 있는 성격 특성은 이 모델에서 제대로 반영되지 않을 수 있다.[129]

셋째, 성격 특성 간의 모순 문제다. 성격 특성은 때때로 상호 모순적일 수 있으며, 이는 GFP 모델이 단일 요인으로 성격을 설명하는 데 어려움을 겪는 이유 중 하나이다. 예를 들어, 외향적이고 개방적인 사람은 더 많은 대인관계와 새로운 경험을 추구하므로, 일반적으로 자식의 수가 적을 것으로 예측된다. 보통 외향성이나 개방성이 높은 사람은 삶에서 느끼는 경험의 질을 중시하며, 자녀 양육처럼 자원 소모가 많은 행동을 기피하기 때문이다. 그러나 실제 데이터는 이러한 예측과 반드시 일치하지 않는다. 연구에 따르면, 외향적이면서도 많은 자녀를 가진 사람들이 있다. 아마 더 많은 짝 탐색 기회를 얻기 때문인지도 모른다.[130]

정리하면 다음과 같다. 성격 요인 모델은 진화인류학적 관점에서 인간의 성격적 다양성을 설명하는 유용한 틀이다. 각 성격 차원은 환경과 사회적 맥락에 따라 개인의 생존과 번식에 기여할 수 있는 적응적 형질로 진화했으며, 이러한 형질의 변이는 인류의 다양성을 유지하고 적응성을 높이는 중요한 요소로 작용해 왔다.

한편, 시어도어 밀론(Theodore Millon, 1928~2014)•은 성격 양상의 적응적 가치를 진화적 관점에서 세 가지 주요 축으로 설명할 수 있다고 주장한다.[61,131] 밀론은 성격장애에 대한 다차원적 접근 방식을 제안하며, 밀론

• 성격장애(personality disorders) 연구의 선구자다. 뉴욕 시립대학교에서 심리학, 물리학, 철학을 전공했다. 코네티컷 대학교에서 심리학 박사를 취득했다. 이후 하버드 대학교 의과대학과 마이애미 대학교에서 교수로 재직했다. 한편, 펜실베이니아주의 올렌타운 주립병원 이사회에 참가하며 정신장애 진단 및 치료를 개선하기 위해 노력했다. 그의 이름을 딴 '시어도어 밀론 성격심리학 어워드(Theodore Millon Award in personality psychology)'도 있다. DSM의 성격장애 분류 기준 제정과 개정에 참여했고, 특히 소극적-공격성 성격장애(passive-aggressive personality disorder)를 확장하여 '부정적 성격장애(negativistic personality disorder)'라는 개념을 제안했다. 또한, 성격장애가 환경적 스트레스나 생물학적 요인에 의해 더 심한 정신병적 상태로 발전하는 현상을 지칭하는 '비(非) 보상 성격장애(decompensated personality disorder)'라는 개념을 제안했다.

임상 다축 척도(Millon Clinical Multiaxial Inventory, MCMI)• 제하의 성격 평가 도구를 개발했다.[132] 밀론은 성격의 발달과 성격장애를 이해하기 위해, 다양한 생물학적, 인지적, 대인관계적 요인들을 통합한 이론을 제시했고, 이는 뒤에서 다룰 DSM 체계의 성격 모델에도 영향을 미쳤다. 그가 제안한 성격의 세 가지 진화적 축은 다음과 같다.

- 생존 축: 고통과 쾌락의 축(pain-pleasure polarity)으로, 특정 자극에 대한 유기체의 인식이 생존율에 어떻게 영향을 미치는지에 초점을 맞춘다. 자연선택을 통해 생존을 돕는 자극은 쾌락 반응을 유도하고, 생존에 불리한 자극은 고통 반응을 유도한다. 그러나 일부 성격 유형은 오히려 쾌락을 거부하거나 고통을 추구하는 경향을 보인다. 예를 들어, 조현형 성격은 쾌락을 회피하고, 자학적 성격은 고통을 찾는 경향이 있다.
- 번식 전략 축: 자신과 타인에 대한 축(other-self polarity)이다. 번식 지향적 행동은 자기중심적(self-oriented) 행동 양상을 유도하고, 양육 지향적 행동은 타인 중심적(other-nurturing) 양상을 나타낸다. 이 두 전략은 서로 다른 행동 양상과 성격 특성을 만들어낸다.
- 생태적 전략 축: 환경에 대한 적응 전략(passive-active polarity)으로, 수동적 적응과 능동적 적응을 구분한다. 수동적 전략은 환경에 맞추어 적응하는 것이고, 능동적 전략은 환경을 변화시키는 방식이다. 각각의 개

• 성격장애 및 임상적 정신병리 평가 도구로, DSM과 밀접하게 연결되어 있다. 자기보고식 검사로 진행하며, 정서 장애까지 포괄한다. 여러 번 개정되어 현재 MCMI-IV가 사용되고 있는데, 이는 『DSM-5』와 연결된다. 종종 미네소타 다면적 인성검사(Minnesota Multiphasic Personality Inventory, MMPI)와 비교되는데, MMPI와 달리 DSM과 연계되며, 특히 성격장애의 진단에 더 유용하다는 장점이 있다.

체는 상황에 따라 두 가지 전략을 모두 사용할 수 있지만, 각 전략이 활성화되는 역치에는 차이가 있다.

외향성, 신경성, 성실성, 우호성, 정직성-겸손, 그리고 경험에 대한 개방성은 모두 인간이 다양한 환경적 도전에 직면하면서 상이한 전략을 통해 생존과 번식에 기여한 결과라고 할 수 있다. 따라서 성격의 다차원적 구조는 인간이 변화하는 환경 속에서 성공적으로 적응해온 다양한 전략적 선택의 복합적인 결과이며, 이에 관한 진화인류학적 이해는 인간 사회에서의 협력, 경쟁, 창의성, 그리고 자원 분배 등 복잡한 상호작용의 심리적 기원과 기능, 기전을 이해하는 데 크게 이바지할 수 있다.

▣

정리하면 다음과 같다. 20세기 초 올포트와 캐텔은 인간 성격을 '지속적·일관적 행동 패턴'으로 정의하며, 이를 구조적으로 분류하기 위한 기틀을 마련했다. 올포트가 주 특질·중심 특질·이차적 특질로 성격을 위계화했다면, 캐텔은 요인 분석을 통해 16가지 성격 요인을 제시했다. 이후 빅 파이브 모델(외향성, 신경성, 성실성, 우호성, 개방성)이 등장해 성격 특성을 보다 간명하게 설명했고, 헥사코(HEXACO) 모델은 정직성-겸손 요인을 추가함으로써 도덕적 행동의 중요성을 부각했다. 이들 모델은 문화권을 초월해 높은 신뢰도를 보여주며, 개인의 행동 패턴과 대인관계 양상을 폭넓게 예측하는 이론적 틀로 자리 잡았다.

진화적 시각에서 볼 때, 인간의 성격 특성들은 자연선택의 압력 아래

서로 다른 적응 이익과 비용을 안고 분화된 결과물이다. 이러한 성격의 다양성은 인류가 수많은 생태적·사회적 압력에 직면하여 서로 다른 생존 전략이나 번식 전략을 모색해 온 기나긴 진화의 산물이다. 상이한 성격 특성이 서로 다른 맥락에서 상보적 기능을 하면서 집단 내에서 공존해 왔고, 그 결과 인간은 상황과 환경 변화에 유연하게 대응할 수 있는 성격적 다양성을 유지해왔을 것이다. 따라서 특정 개체만 가진 성격도 없고, 특정 집단만 보이는 성격 양상도 없다. 다만, 여러 시공간적 조건에 따라 각각의 요인이 발현하는 정도가 서로 다를 뿐이다.

3. 정신병리학적 성격 다양성

『정신장애 진단 및 통계 편람(Diagnostic and Statistical Manual of Mental Disorders, DSM)』은 미국 정신의학회에서 발행하는 표준화된 진단 체계로, 전 세계 의료진뿐 아니라 건강보험회사, 제약회사, 법률 시스템, 정책 입안자 등에게 통일된 참고 기준을 제공한다.[133]

그 역사는 1952년에 『DSM-I』이 처음 발행되면서 시작되었다. 『DSM-I』은 비교적 단순한 진단 기준을 적용했고, 주로 정신분석적 접근에 기반한 이론을 따라서 작성되었다.[134] 1968년 『DSM-II』에서는 정신장애의 개념이 더 확장되었지만, 여전히 정신분석 이론에 크게 의존했다.[135] 하지만 『DSM-II』가 명확한 기준이 없다는 비판이 제기되었고 이를 반영하여, 1980년 『DSM-III』가 출판되었다. 기존의 체계와 완전히 다른 방식으로 정신장애를 진단했는데, 진단 기준을 객관화하고 증상 중심의 체계로 전환하였다. 특히 다축 진단 체계를 도입해 진단의 신뢰도를 높였

다.[136,137]

다축 진단 체계는 정신장애를 진단할 때 환자의 여러 측면을 체계적으로 평가하기 위해 여러 축(axis)을 사용한 진단 방식이다. 정신질환뿐만 아니라 신체적, 심리·사회적, 환경적 요인을 함께 고려해 포괄적으로 평가한다. 대략 다음의 다섯 축으로 구성된다.

- 축 I(Axis I): 주요 정신질환(임상적 장애) 진단
- 축 II(Axis II): 인격장애 및 지적 장애
- 축 III(Axis III): 일반적인 의학적 상태
- 축 IV(Axis IV): 심리·사회적 및 환경적 문제
- 축 V(Axis V): 전반적 기능 평가

축 I은 주요 우울장애, 조현병, 불안장애, 물질 사용 장애 등 주요 임상적 장애를 다룬다. 여기에서 속하는 장애들은 내현화-외현화 모델(internalizing-externalizing model)을 통해 세분되기도 한다. 예컨대 우울장애, 범불안장애, 공황장애, 공포증 등은 정동 증상과 관련된 '내현화 스펙트럼'으로 분류되며, 약물의존증이나 품행장애 등은 탈억제적 행동과 관련된 '외현화 스펙트럼'으로 분류된다. 최근에는 내현화 장애를 정서 장애(internalizing/emotional disorder), 외현화 장애를 탈억제 장애(externalizing/disinhibitory disorder)로 지칭하기도 한다.[61,138-140]

축 II는 인격장애와 지적 장애 등을 다룬다. 인격장애는 장기간에 걸쳐 고정된 행동 패턴을 보여 광범위한 정신적·사회적 기능에 영향을 미친다. 지적 장애는 지적 발달 및 기능에 어려움이 있는 상태로, 마찬가지로

장기간에 걸쳐 지속되는 특성을 보인다.

축 III에서는 정신질환에 영향을 주거나 밀접한 관련이 있는 신체적 질환이나 의학적 상태를 다룬다. 예컨대 뇌 손상, 갑상샘 장애 등은 정신적 증상과 상호작용할 가능성이 있어 평가 시에 고려되어야 한다.

축 IV는 이혼, 실직, 가족 갈등, 재정 문제, 주거 불안정 등 심리사회적·환경적 스트레스 요인을 평가한다.

축 V는 전반적 기능평가(Global Assessment of Functioning, GAF)를 통해 환자의 전반적인 기능 수준을 측정한다. 점수가 100에 가까울수록 일상 기능이 정상 범위에 있음을 의미한다.

요컨대 다축 진단 체계는 환자를 단일 정신질환으로 한정 짓는 것이 아니라, 정신적·신체적·사회적·기능적 요인을 종합해 더 입체적이고 포괄적인 진단을 내릴 수 있도록 고안된 구조다.

1994년에 발행된 『DSM-IV』와 2000년의 『DSM-IV-TR(Text Revision)』을 통해 진단 기준이 더욱 구체화되고, 다양한 최신 연구 데이터가 반영되었다.[141] 이후 2013년에 발행된 『DSM-5』, 그리고 2022년에 출판된 『DSM-5-TR』은 최신 연구와 임상적 경험을 통합하여, 경험적 증거 기반 진단 체계를 유지하면서도 문화적 요소와 발달적 관점을 함께 고려하고 있다.[133,142]

여기서는 개체의 성격 다양성이라는 측면에서 인격장애(personality disorders)에 관해 간략하게 소개하고자 한다(〈표 27〉). 1장에서 소개한 것처럼 독특한 성격을 나누는 시도는 고대 그리스 테오프라스토스로 거슬러 올라간다. 그리고 인격장애를 처음으로 정신장애의 범주로 분류한 인물은 6장에서 언급한 필리페 피넬이다.[143] 즉 망상이나 정신착란과 같은 심각한 정신 증상이 동반되지 않는 상태에서 성격 이상과 충동 조절의 문제를 보이는 성격적 문제를 따로 분리하려는 시도였다.

과학적 진단 체계가 어느 정도 완성된 『DSM-IV』에서는 인격장애를 일정 기간 이상 지속되는 특정 행동 패턴으로 정의하며, 이러한 패턴이 사회적·직업적 기능을 심각하게 저해할 때 인격장애로 진단한다. 인격장애는 총 10가지 유형으로 분류되며, 세 가지 군(cluster)으로 구분된다.

A군(Cluster A)은 '기이하고 괴짜 같은(Odd or Eccentric)' 행동을 특징으로 하는 인격장애를 말한다.

- 편집성 인격장애(Paranoid Personality Disorder, PPD): 주변 인물에 대한 극도의 불신과 의심이 주요 특징이다. 타인의 행동을 악의적 동기로 해석하거나 원한을 쉽게 품으며, 타인을 잘 믿지 못하는 경향을 보인다.
- 분열성(조현성) 인격장애(Schizoid Personality Disorder, SPD): 사회적 관계와 감정 표현에 무관심하며, 혼자 지내기를 선호한다. 대인관계를 기피하거나 흥미를 느끼지 않고, 감정을 거의 표현하지 않는다.
- 분열형(조현형) 인격장애(Schizotypal Personality Disorder, STPD): 기이한 사고나 행동, 그리고 사회적 고립이 특징이다. 마법적 사고(비현실적 믿음)나 독특한 외모, 비정상적 사고 패턴을 보이며, 대인관계에서 어려움을 겪는다.

B군(Cluster B)은 '극적이고 감정적이며 변덕스러운(Dramatic, Emotional, or Erratic)' 행동을 특징으로 하는 인격장애를 말한다.

- 반사회적 인격장애(Antisocial Personality Disorder, ASPD): 타인의 권리를 침해하고 무시하는 행동이 특징이다. 거짓말이나 사기, 법률 위반 등이 흔하며, 죄책감이나 후회를 거의 느끼지 않는다. 충동적이고 공격적인 성향이 자주 나타나며, 타인에 대한 동정심이 부족하다.
- 경계성 인격장애(Borderline Personality Disorder, BPD): 정서적·대인관계적 불안정성과 충동적 행동이 주요 특징이다. 기분이 극단적으로 변동하고, 버림받음에 대한 두려움과 공허함을 자주 느끼며, 자해나 자살 시도 등의 위험한 행동을 보일 수 있다.
- 연극성 인격장애(Histrionic Personality Disorder, HPD): 과도한 감정 표현과 주목받으려는 행동이 특징이다. 타인의 관심을 끌기 위해 감정을 과장하고, 외모나 행동으로 타인의 관심을 끌지 못하면 불편감을 느낀다.
- 자기애성 인격장애(Narcissistic Personality Disorder, NPD): 자기 자신에 대한 과도한 자부심과 타인에 대한 공감 부족이 특징이다. 스스로 특별하고 우월하다고 여기며, 과도한 칭찬과 주목을 요구한다. 비판에 민감하게 반응하며, 타인의 감정을 고려하지 않는다.

C군(Cluster C)은 '불안하고 두려워하는(Anxious or Fearful)' 행동을 특징으로 하는 인격장애를 말한다.

- 회피성 인격장애(Avoidant Personality Disorder, AvPD): 거절에 대한 과도한 민감성과 사회적 상황에 대한 회피가 특징이다. 자신이 부족하다는 느낌이 강하여, 타인으로부터 비판받을 가능성이 있다고 판단되는 환경을 피한다. 타인과 관계를 맺고자 하는 욕구는 있지만, 거절에 대한 두려

움으로 인해 결과적으로 사회적 고립을 선택하는 경우가 많다.

- 의존성 인격장애(Dependent Personality Disorder, DPD): 다른 사람에게 지나치게 의존하며, 독립적인 의사결정을 내리는 데 어려움을 보인다. 남의 지시에 쉽게 따르며, 혼자 남는 것에 대해 극도로 불안해한다.
- 강박성 인격장애(Obsessive-Compulsive Personality Disorder, OCPD): 완벽주의와 통제 욕구가 두드러진다. 모든 일을 완벽하게 해내려는 강박적 성향을 보이고, 타인에게 일을 맡기지 못한다. 지나치게 규칙과 정리정돈에 집착하며, 융통성이 부족하고 조직화에 몰두하는 경향이 강하다.

이상의 인격장애를 진단하기 위해서는 장기간에 걸친 부적응적 행동 패턴이 존재해야 하며, 보통 청소년기나 성인 초기에 시작되어 지속적으로 나타나야 한다. 또한, 여러 상황에서 비슷한 행동 양상이 관찰되어야 하며, 사회적·직업적 기능에 심각한 손상을 유발해야 한다. 특히 이러한 패턴이 개인적 고통을 초래하거나 주변에 부정적 영향을 미치고, 특정 사건이나 일시적 상태(예: 약물 남용, 신체 질환 등)에 의한 것이 아니어야 한다.[141]

이 외에도 다음과 같은 인격장애가 추가로 제안되었으나, 현재 공식적인 진단 범주에 포함되지 않거나 독립적 진단으로 인정되지 않은 사례들이다.

- 수동공격성 인격장애(Passive-Aggressive Personality Disorder): 『DSM-III-R』까지는 진단 범주에 포함되었으나, 『DSM-IV』에서는 독립적 진단 범주에서 제외되어 '달리 분류되지 않는 인격장애(Personality Disorder Not Otherwise Specified)'로 분류되었다. 불만이나 적대감을 직설적으로 표현하기보다

는 소극적·간접적 방식으로 표출하는 것이 특징이다. 예컨대 일부러 일을 미루거나 고의로 비효율적으로 행동함으로써 타인을 좌절시키는 식이다.

- 우울성 인격장애(Depressive Personality Disorder): 『DSM-III-R』에서 추가로 제안된 인격장애로, 지속적인 비관적 사고, 낮은 자존감, 우울한 기분 등을 특징으로 한다. 우울증과 유사하나 일시적 기분 변동이 아니라, 성격적 특성으로서 장기간에 걸쳐 나타난다는 점에서 구별된다.
- 자기애적 방어성 인격장애(Narcissistic Defenses Personality Disorder): 『DSM-III』에서 일부 연구자가 제안했으나 채택되지 않았다. 자기애적 성향에 극단적 방어 기전이 더해진 상태로, 비판에 극도로 예민하게 반응하고, 비판을 공격적으로 방어하거나 타인을 경멸하는 방식으로 대응하는 특징이 있다.
- 정체감 혼란 인격장애(Identity Disturbance Personality Disorder): 자아 정체성의 불안정과 자아감 혼란을 핵심 특징으로 하며, 자신에 대한 불확실성과 역할 및 목표에 대한 혼란이 지속된다. 『DSM-IV』에서는 독립적 인격장애로 인정되지 않고, 경계성 인격장애 특성의 일부로 간주되었다.
- 병적 도박 인격장애(Pathological Gambling Personality Disorder): 강박적 도박을 인격장애로 분류하자는 제안이 있었으나, 『DSM-IV』에서는 충동조절장애 범주로 분류되었다.
- 자기패배적 인격장애(Self-Defeating Personality Disorder): 『DSM-III-R』에서 제안된 인격장애로, 환자가 지속적으로 자신을 불리한 상황에 노출시키는 행동 패턴을 보인다. 자해나 위험 행동을 넘어, 사회적·직업적·대인관계 측면에서 의도적으로 손해를 감수하는 경향이 있다. 『DSM-

IV』에서는 공식 채택되지 않았다.

- 불평불만 인격장애(Querulent Personality Disorder): 공식적인 『DSM』 진단 범주에는 포함되지 않지만, 정신의학 문헌에서 자주 언급된다. 타인이나 사회에 대한 불만을 끊임없이 제기하며, 특히 법적 절차를 통해 자신의 권리를 주장하려는 경향이 강하다. 자신을 피해자로 여기고, 과도하게 반응하거나 타인을 신뢰하지 않는 특성을 보이며, 주변 사람을 비난하고 적대감을 드러내는 모습이 특징적이다. 종종 고소광(litigious person or sue-happy person)이라고 불린다.

그러나 『DSM-5』에서는 다축 체계를 더 이상 사용하지 않는다. 다축 체계가 임상가에게 환자의 다양한 측면을 구조적으로 평가하는 장점을 제공하긴 했으나, 실제 임상 현장에서 일관되게 적용하기 어렵고 복잡하다는 단점이 지적되었다. 또한, 정신질환(축 I)과 신체 질환(축 III)을 분리하는 방식이 인위적인 이분법이라는 비판이 제기되었으며, 특히 인격장애(축 II)를 축 I 상의 기타 정신장애와 분명히 구분하기 어렵다는 문제점이 있었다.[144,145]

『DSM-5』는 기존의 열 가지 인격장애 분류를 유지하는 동시에, '인격장애에 관한 대안적 모델(Alternative Model for Personality Disorders, AMPD)'을 제시한다. 이는 인격장애를 보다 차원적(dimensional) 관점에서 평가하려는 시도로, 성격 기능과 병리적 성격 특성을 통해 인격장애의 심각성을 평가하고자 한다. 이러한 접근은 공존 질환(co-morbidity) 문제와 범주 내 이질성(heterogeneity) 문제를 해결하지 못한 기존 진단 체계에 대한 보완책으로, 이론적 토대는 올포트와 캐텔 같은 학자들의 성격 기질 연구부터 빅 파이브

표 27 주요 인격장애 및 기타 인격장애에 관한 몇 가지 층위의 설명•

분류	인격장애	정신분석학적 설명	적응주의적 설명	쉬운 설명
클러스터 A 이상하고 괴짜 같은	편집성 인격장애	용납할 수 없는 충동을 바깥으로 내던져(projection), 내면의 적을 외부의 박해자(persecutor)로 경험한다.	· 오류 관리 전략으로서 위험 신호에 민감해 생존 위험 최소화	"난 누구도 믿지 못해."
	분열성 인격장애	친밀함에 대한 갈망과 공포 사이에서(ambivalence), 환상의 내적 은둔(fantasy withdrawal)으로 물러나 자신을 지킨다.	· 자립적 생존 전략으로 갈등 회피 및 자원 소비 최소화	"난 혼자 있는 게 최고야."
	분열형 인격장애	대인관계의 불안 속에서 기이한 마술적 사고(magical thinking)를 키워내어, 내적 불안(inner anxiety)을 방어한다.	· 창의성 및 대안적 정보 처리 · 샤먼 역할로 집단 내 역할 수행	"내가 사는 세상은 너희가 상상도 못 하는 특별한 곳이야."
클러스터 B 극적이고 감정적이며 변덕스러운	반사회적 인격장애	초자아(superego)가 결여된 채 자기중심적 충동(id-driven impulse)과 공격성(aggression)에 이끌리며, 사랑이나 공감의 능력은 심각하게 위축되어 있다.	· 고위험/고보상 전략 · 기회주의적 행동으로 자원 독점 및 단기 번식	"내가 법을 어기는 건 그냥 내 방식이지."
	경계성 인격장애	분열(splitting)과 투사적 동일시(projective identification) 같은 원시적 방어로 인해, 대인관계에서 애정과 분노(love-hate)가 한 치의 중간 없이 극단으로 치닫는다.	· 빠른 생애사 전략으로서의 빠른 감정 반응과 복수 짝 선택	"내 기분은 하루가 다르게 변해. 오늘은 사랑, 내일은 미움."
	연극성 인격장애	평범한 상황마저 성적으로 치장하고(sexualization), 감정을 극적으로 연출(drama-creation)함으로써 끊임없는 주목 욕구(attention-seeking)를 채우려 한다.	· 사회적 관심 유도 및 자원 확보 · 짝 선택에서 유리한 외모 및 표현	"난 항상 모든 사람의 시선 속에 있어야 해."
	자기애성 인격장애	내면의 보잘것없는 자기를 숨기고 '거대한 자기(grandiose self)'의 환상(narcissistic illusion)에 매달린 채, 오만한 태도로 자신의 취약함을 방어한다.	· 리더십과 지위 획득을 통한 자원 확보	"내가 바로 세상에서 가장 위대한 존재야."
클러스터 C 불안하고 두려운	회피성 인격장애	거절당할 상처(fear of rejection)가 두려워, 내심 친밀함을 갈망하면서도 차라리 고독을 택한다.	· 느린 생애사 전략으로서의 위험 회피와 안전 확보	"사람들이 날 싫어할까 봐 그냥 숨어 있고 싶어."
	의존성 인격장애	타인의 보살핌(object dependency)에 대한 지나친 욕구로 인해, 작은 결정조차 남에게 맡기며 버림받지 않으려 극도로 순종적(submissiveness)으로 매달린다.	· 집단 내 안전 확보 및 보호	"난 혼자라면 아무것도 못해. 누군가 꼭 곁에 있어 줘야 해."
	강박성 인격장애	지성화(intellectualization)와 정서의 고립(isolation of affect)으로 감정을 차단하고, 취소(undoing)와 반동 형성(reaction formation) 같은 의례적 행동(ritualistic behavior)으로 내적 불안을 통제하려 한다.	· 장기계획 및 자원 관리 · 조직적 협력 촉진 · 미래를 위한 자원 축적	"모든 걸 완벽하게 해야 해. 조금이라도 틀리면 참을 수 없어."

(다음 페이지에 이어서)

• 정신분석학적 설명은 가장 원칙적이고 대표적인 경우를 제시한 것이며, 개별 환자에 관한 설명은 모두 다를 수 있다. 적응주의적 설명은 흥미롭지만, 지난 장에서 말한 팡글로스의 설명처럼 입증할 수 없는 주장이라는 점을 주의해야 한다. 사실상 이 표에서 제안된 어떤 설명도, 이러한 인격장애가 존재하는 원인을 제대로 설명하지 못한다.

분류	인격장애	정신분석학적 설명	적응주의적 설명	쉬운 설명
기타	수동 공격성 인격장애	겉으로 순응(compliance)하면서도 내면에 쌓인 분노(repressed anger)를 은근한 지연(procrastination)과 태만(negativism)으로 드러내어, 우회적으로 상대를 공격한다.	· 약자의 생존 전략으로서 직접적 대립 회피 및 은밀한 저항	"네가 바라는 것을 해줄 거야. 네가 원하지 않는 방식으로"
	우울성 인격장애	늘 우울하고 비관적인 시각(pessimistic worldview)에 사로잡혀 있고, 모든 잘못을 자기 탓(self-blame)으로 돌리며 죄책감과 무가치감(worthlessness) 속에 자신을 가둔다.	· 투항 신호를 통한 공격자 회피, 갈등 완화	"세상 모든 게 다 우울하고, 아무것도 즐겁지 않아."
	자기애적 방어성 인격장애	사소한 비판에도 과민하게 반응(hypersensitivity to criticism)하여, 현실을 부정하거나 타인을 깎아내리는 자기애적 방어(narcissistic defense)로 자신의 취약함을 가린다.	· 부족 내 사회적 지위와 평판을 지키기 위한 방어적 전략 · 긍정적 자아상을 유지	"네가 뭐라 해도 난 내 가치를 잘 알아."
	정체감 혼란 인격장애	자신과 타인에 대한 이미지가 통합되지 못해 모순된 자아 조각(fragmented self)들이 공존하는 정체성 혼란 상태(identity diffusion)에 빠져 있다.	· 변화하는 환경에 유연하게 대응하기 위한 탐색적 전략 · 다양한 역할을 시도하며 최적의 적응 방식을 모색	"내가 누구인지, 뭘 원하는지 전혀 모르겠어."
	병적 도박 인격장애	무의식 속 자기혐오(self-hatred)와 권위에 대한 분노를 해소하기 위해, 자신을 벌주려는 충동(self-punitive impulse)이 도박으로 표출된다	· 불확실한 환경에서 고위험/고보상 전략으로 자원 획득 및 짝 선택 기회를 극대화	"내 인생은 한 판 승부야. 올인 아니면 다 끝이야!"
	자기 패배적 인격장애	행복이나 성공을 스스로 무산(self-sabotage)시키며, '고통을 받아야 사랑받는다'는 무의식적 믿음 아래 자기희생(self-sacrifice)을 거듭한다.	· 직접적 대립을 피하고, 갈등 상황에서 공격자를 회피하는 방어 전략	"어차피 난 실패할 운명이야."
	불평불만 인격장애	끊임없는 불평(chronic complaining)으로 자신을 만성적인 희생자 위치에 놓으며, 모든 불운의 원인을 외부로 돌려 변화에 대한 책임(responsibility for change)을 부정한다.	· 위험 대비와 경계 강화 · 집단 내 경보 역할 및 지원 유도	"왜 항상 나한테만 이런 불행이 닥치는 거야?"

모델에 이르기까지 다양한 성격심리학적 연구를 반영하고 있다.[146]

기본적으로 『DSM-5』 대안적 모델에서는 기준 A(성격 기능의 손상)와 기준 B(병리적 성격 특성)를 사용한다. 기준 A는 자아 및 대인관계 기능의 손상 정도를 평가하는 것으로, 개인의 자아 개념과 대인관계 기능 장애의 정도를 측정한다. 기준 B는 특정 부적응적 성격 특성을 의미하며, 이는 인격장애에 기여하는 병리적 성격 요소를 포함한다.[133]

기준 A에 속하는 성격 기능은 크게 자기(self)와 대인관계(interpersonal

relationships)의 두 범주에서 평가된다. 전통적으로 이 범주에서는 자신과 타인에 대한 일관된 개념화에 관한 심리적 기전을 다루며, 주로 임상적 추론에 기반을 두어 평가한다. 이는 인격장애 판정에서 반드시 충족되어야 하는 핵심 기준이다.

자기 범주는 자아 기능을 평가하는 부분으로 자아에 대한 안정된 인식, 자아존중감, 감정의 규제 능력 등 정체감(identity)을 평가한다. 정체감이 손상된 경우, 개인은 자신을 일관되게 인식하지 못하고, 감정이 불안정하거나 혼란스러울 수 있다. 또한, 자신의 목표 설정과 자기 관리를 평가하는 자기 방향(self-direction) 요소가 있다. 자기 방향이 손상된 경우, 개인은 현실적인 목표를 설정하거나 자신의 삶을 조직적으로 계획하는 데 어려움을 겪는다.

대인관계 범주에서는 사회적 관계에서의 기능 수준을 평가하는데, 구체적으로 타인의 감정과 경험을 이해하고 이를 인식하는 공감(empathy) 능력, 그리고 가까운 인간관계를 맺고 유지하는 친밀감(intimacy) 능력을 평가한다. 전자가 손상되면, 타인의 감정을 읽는 데 어려움을 겪고, 공감적 상호작용을 하기 어렵다. 후자가 손상되면, 신뢰와 친밀한 관계를 형성하는 데 어려움을 겪으며, 대인관계에서 고립되거나 불안정한 관계를 유지한다.[146]

기준 B에 속하는 병리적 성격 특성은 다섯 가지 광범위한 성격 영역(domain)과 각 영역에 포함되는 25가지 세부 특성(facets)으로 구성된다. 환자의 자기 보고를 바탕으로 심리측정 도구를 통해 평가하는 전통을 반영한 것이다. 일반적으로 정상적인 성격 구조의 5요인 모델의 변형으로 보아도 크게 틀리지 않는다.[147] 다섯 가지 성격 영역은 다음과 같다.[146]

첫째, 부정적 정서성(negative affectivity)은 자주 불안, 두려움, 슬픔, 분노 등의 부정적인 감정을 느끼는 성향을 말한다. 정서적 불안정성, 불안, 우울감, 자기 의심, 수치심 등 여섯 특성이 포함된다. 다음과 같다.

- 정서적 불안정성(emotional lability): 쉽게 감정이 요동치고 불안정함
- 불안(anxiousness): 과도한 걱정과 불안, 불확실성에 대한 두려움
- 분리 불안(separation insecurity): 타인과의 분리를 극도로 두려워함
- 우울감(depressivity): 지속적인 슬픔과 우울한 기분
- 자기 의심(suspiciousness): 타인의 동기를 의심하고, 그들을 신뢰하지 못함
- 충동적 분노(hostility): 자주 화를 내고, 공격적이거나 적대적인 감정

둘째, 거리감(detachment)은 사회적 상호작용을 회피하거나 타인과의 정서적 거리를 두려는 성향으로, 정서적 둔감, 사회적 고립, 회피, 무감정성 등 다섯 특성을 포함한다.

- 정서적 둔감함(restricted affectivity): 감정을 잘 표현하지 않으며, 정서적 반응이 부족함
- 소외감(withdrawal): 사회적 관계를 회피하고 고립됨
- 회피적 행동(anhedonia): 활동에 대한 즐거움을 느끼지 못함
- 친밀감 회피(intimacy avoidance): 가까운 인간관계를 형성하고 유지하는 데 어려움
- 타인에 대한 불신(suspiciousness): 타인에 대한 신뢰가 부족하고 의심이 강함

셋째, 적대성(antagonism)은 타인을 무시하거나 비판하고, 사회적 규범을 따르지 않으려는 성향으로, 충동성, 무책임, 계획성 부족, 행동 통제 실패 등 다섯 특성이 포함된다.

- 오만함(grandiosity): 자신을 과대평가하고, 자신이 특별하다고 믿음
- 냉담함(callousness): 타인의 감정이나 고통에 무감각하고, 공감 능력이 부족함
- 기만성(deceitfulness): 타인을 속이거나 조작하려는 경향
- 과도한 주목 요구(attention seeking): 타인의 관심을 끌기 위한 과장된 행동
- 조종 행동(manipulativeness): 타인을 이용하거나 조종하는 경향

넷째, 탈억제(dysinhibition)는 충동을 조절하거나 행동을 통제하기 어려워하는 성향으로, 충동성, 무책임, 계획성 부족, 행동 통제 실패 등이 속한다.

- 충동성(impulsivity): 즉흥적으로 행동하고, 결과를 고려하지 않는 경향
- 무책임성(irresponsibility): 자신의 행동에 대한 책임을 회피함
- 부주의(distractibility): 집중을 유지하기 어렵고, 쉽게 주의가 산만해짐
- 위험 감수(risk taking): 장기적인 계획 없이 즉각적인 만족을 추구함
- 고집스러운 완벽주의(rigid perfectionism): 완벽을 추구하거나, 충동을 억제하지 못하는 경향

다섯째, 정신병적 성향(psychoticism)은 현실과의 연계가 약해지고, 비현실적이거나 기이한 사고 및 행동을 보이는 성향으로, 기이한 사고, 비현실

적 믿음, 이상 지각 경험 등 세 가지 특성을 포함한다.

- 엉뚱함(eccentricity): 비정상적이거나 특이한 사고방식과 행동
- 인지적 지각 부전(cognitive perceptual dysregulation): 비정상적인 지각 경험이나 현실 인식의 왜곡
- 비정상적 신념과 경험(unusual beliefs and experiences): 기이하고 비현실적인 믿음이나 환각적 사고

기준 A와 B 외에도 다섯 기준을 더 제시하고 있다. 대략 다음과 같다.

- 기준 C: 성격 기능과 병리적 특성의 경직성을 평가하며, 상황과 환경에 따라 유연하게 변화하지 않는 경우를 의미
- 기준 D: 이러한 특성들이 시간을 두고 지속적으로 나타나는지를 평가
- 기준 E: 인격장애가 다른 정신질환으로 더 잘 설명될 수 있는지를 평가
- 기준 F: 인격장애가 약물 사용 또는 의학적 상태에 의한 것이 아닌지 확인
- 기준 G: 환자의 발달 단계나 사회문화적 환경에 비추어 인격장애가 정상적인 것이 아닌지를 평가

앞서 언급한 10가지 인격장애 기준에 포함되지 않을 경우에는, AMPD에서 'Personality Disorder, Trait Specified'로 대체하여 성격 기능과 병리적 특성의 특정한 패턴을 기반으로 인격장애를 새롭게 정의할 수 있다. 예를 들어 대인관계에서 불안정하거나 감정적으로 불안정한 모습을 자

주 보이지만, 다른 증상이 진단 기준을 만족하지 않을 경우, 'PD, Trait Specified(Borderline)'로 진단하는 것이다.

지금까지 다양한 연구에 의해서 이러한 AMPD의 타당성이 인정되었다.[147] 이에 발맞추어 세계보건기구(WHO)에서 제정한 ICD-11(International Classification of Diseases-11) 역시 유사한 차원적 모델로 전환을 시도하고 있다. 기존 범주적 모델과 달리 ICD-11은 전반적인 성격 기능의 심각도(AMPD 기준 A에 해당)와 병리적 성격 특성(AMPD 기준 B에 해당)을 중심으로 인격장애를 평가하는 방식을 채택하였다.[148]

ICD-11에서는 1. 모든 인격장애를 하나의 범주로 묶은 뒤, 2. 증상의 정도에 따라 경도, 중등도, 고도로 구분한다. 그리고 1. 병리적 특성 도메인 기술자(trait domain qualifiers)들을 사용해 개인의 성격장애 양상을 기술하며, 2. 필요한 경우 '경계성 패턴' 명시자(specifier)를 추가할 수 있다(2+2단계 구조). 즉 ICD-11은 인격 기능의 연속성을 인정하여 정상 성격과 병리적 성격 간 경계가 연속선상에 있다고 가정한다. 그러나 최소한의 범주화는 유지되어, '인격장애 없음/있음' 및 심각도 등 몇 가지 범주로 나눈다는 점에서 혼합 차원-범주 모델로 볼 수 있다. ICD-11의 핵심 진단 기준은 대략 다음과 같다.[148]

- 자기(Self) 기능의 이상: 정체성의 지속적 불안정, 자기 가치감이 극도로 낮거나 과도하게 높음, 자기인식의 왜곡, 목표 설정 및 자기 지향의 어려움 등 자기 개념과 방향 설정에 만성적 문제
- 대인관계 기능의 이상: 친밀하고 상호만족적인 관계를 형성·유지하는 능력의 손상, 타인의 관점이나 감정을 이해하는 능력의 부족, 관계에

서 갈등을 관리하는 어려움 등이 지속

- 광범위한 부적응적 양상: 이러한 자기 및 대인관계의 문제는 지속기간이 길고(예: 2년 이상), 다양한 상황에서 나타나는 경향. 즉, 특정 관계나 역할에 국한되지 않고, 개인의 생활 전반에 걸쳐 인지, 정서 경험과 표현, 충동 조절 및 행동 전반에서 경직되거나 부적응적인 패턴
- 발달 및 문화적 부적합성: 이러한 성격적 패턴은 발달 단계에 적절한 범위를 벗어나는 것이어야 하며, 사회문화적 맥락으로만 설명되지 않아야 함. 특히 청소년의 경우 일시적인 자기 정체감 혼란이나 대인관계 혼란은 흔할 수 있으므로, 적어도 2년 이상 지속되고 또래의 일반적 행동 범위를 넘어서는지 신중히 평가해야 하며, 문화적·사회적 배경(예: 극심한 사회 혼란, 전쟁 상황 등)이나 현재 겪는 환경적 스트레스(예: 학대, 폭력)에 대한 정상 반응과 구별되어야 함.
- 임상적으로 유의한 고통 또는 장애: 위의 성격 기능 장애로 인해 개인이나 주변에 현저한 고통이 발생하거나 사회적, 직업적 기능 혹은 가정생활 등 중요한 기능 영역에 뚜렷한 지장이 초래되어야 함.
- 배제 기준: 이러한 성격적 어려움은 물질 남용이나 신체 질환, 약물의 직접적 효과로 인한 것이 아니어야 함.

ICD-11 인격장애 진단의 두 번째 필수 단계는 심각도(severity) 수준 평가다. 인격장애의 중증도를 3단계(경도, 중등도, 고도)로 구분하며, 추가로 완전히 진단 기준에는 미치지 않지만 성격적 어려움이 있는 경우를 '성격 곤란(personality difficulty)'으로 분류한다. 각각 다음과 같다.[148]

- 성격 곤란(Personality Difficulty): 엄밀한 의미의 인격장애는 아니지만, 성격 특성으로 인해 일상에 일부 어려움이 발생하는 수준.
- 경도 인격장애(Mild Personality Disorder): 인격 기능의 장애가 비교적 경미한 수준. 성격의 일부 측면에만 문제가 국한되어 있고, 생활 영역 중 일부(예: 직장 생활이나 친밀한 친구 관계 등)에 어려움이 나타나지만 다른 영역은 비교적 유지. 자해나 타해 등 심각한 위험성은 드문 편.
- 중등도 인격장애(Moderate Personality Disorder): 성격장애로 인한 어려움이 다수 영역에 걸쳐 나타나는 상태. 정체감, 친밀한 관계 형성, 충동 조절 능력 등 여러 핵심 기능에 문제가 발생하며, 일상생활의 많은 부분에서 부적응적인 패턴이 두드러짐. 때에 따라 자해 행동이나 타인에 대한 폭력 등 유해 행위가 나타날 수 있으며, 나타난다면 그 심각성은 중간 정도. 대인관계 문제와 기복이 현저하여, 친밀한 관계가 반복적으로 깨지거나 사회적, 직업적 기능이 상당히 저해.
- 고도 인격장애(Severe Personality Disorder): 가장 심각한 수준의 인격장애로, 자기 개념과 대인관계 기능 전반에 걸쳐 중대한 장애. 자아감의 혼란이 극심하여 자신이 누구인지 지속적으로 느끼지 못하거나, 내적 공허감이나 삶의 방향성 상실을 겪으며, 상황에 따라 자기 개념과 신념이 극단적으로 변하는 모습을 보임. 또는 정반대로 극도로 경직된 자기 이미지와 세계관을 가져 융통성 없이 행동함. 모든(또는 거의 모든) 대인관계가 심각하게 손상되어, 관계가 일방적이거나 매우 불안정하고 갈등투성이며, 때에 따라 폭력성까지 수반됨. 사회적·직업적 역할 수행 능력이 현저히 떨어져, 예를 들어 지속적인 직업 유지가 불가능하거나 기본적인 의무 이행을 못 하고 일상생활 영역 전체에서 기능이

손상됨. 자해 행동이나 타인에 대한 공격성이 빈번히 나타나며, 심각한 피해 위험을 동반함.

ICD-11 인격장애 진단의 세 번째 요소는 환자의 두드러진 성격 특성(domain) 유형이다. 필요한 만큼 복수로 적용할 수 있다. 다만 DSM과 달리 25개 세부 특질(facet)은 제시하지 않는다. 대략 다음과 같다.[148]

- 부정적 정서성(negative affectivity): 부정적인 감정을 빈번하고 강하게 경험하는 경향
- 분리/탈사회성(detachment): 사회적, 정서적 경험으로부터 분리되거나 철회되는 경향
- 반사회성(dissociality): 타인의 권리나 감정에 대한 공감이나 관심이 부족하고 냉담한 경향. DSM 체계의 적대성(antagonism) 특성과 유사
- 탈억제성(disinhibition): 충동을 통제하지 못하고 즉각적인 만족을 추구하는 경향. 충동성, 충동적 위험 행동, 책임감 부족 등의 양상.
- 강박성/완벽주의 경향(anankastia): 과도한 완벽주의와 통제 욕구, 경직된 규칙 준수를 보이는 경향. 『DSM-5』 대안 모델에는 별도의 동일 영역이 없지만, 낮은 탈억제성(low disinhibition)으로 간주될 수 있음

한편, ICD-11은 유일하게 경계성 패턴(borderline pattern) 명시자를 유지했다. ICD-10의 '정서불안정성 성격장애(경계형)'에 해당하는 것으로, 경계성 특징이 뚜렷한 경우 기존 명칭을 추가로 명시하도록 허용했다. 경계성 패턴은 『DSM-IV/5』의 경계성 인격장애(BPD) 기준 9가지 중 5개 이상을 충

족하는 경우 부여할 수 있다. 경계성 패턴이 인격장애 진단명 자체를 대체하지는 않으며, 고도 인격장애(경계성 패턴 동반)처럼 주 진단에 부가적으로 표기된다.

DSM과 ICD는 진단 기준이 점차 수렴하는 경향이지만, 아직 상당한 차이가 있다.

첫째, 『DSM-5』 AMPD는 임상가들이 선택적으로 참고하거나 연구에서만 사용하는 모델이지만, ICD-11은 전면적으로 차원 진단을 실시하고 있다.

둘째, 『DSM-5』 AMPD는 이를 '인격 기능 수준 척도(Level of Personality Functioning Scale, LPFS)'로 0(정상)부터 4(극심한 장애)까지 5단계 등급으로 세분화했는데, LPFS 점수 2(중등도 장애)부터 인격장애를 진단할 수 있다. 이에 반해 ICD는 4단계 기준(없음/성격 곤란/경도/중등도/고도)을 사용한다. 예컨대 『DSM-5』 AMPD의 '약간의 손상(Level 1)'은 ICD-11의 '성격 곤란'에, '중등도 손상(Level 2)'은 ICD-11의 '경도 인격장애'에 대응한다.

셋째, DSM은 25개 세부 특질에 연속척도의 점수를 부여할 수 있지만, ICD는 5개의 영역만 사용하고, 하위 특질은 평가하지 않으며, 각 특질의 점수도 부여하지 않는다(임상의사의 서술로 대체한다).

넷째, 『DSM-5』 AMPD에만 있는 정신병성(psychoticism) 영역은 조현형(분열형) 인격장애의 특성을 반영하기 위해 추가된 것으로, ICD-11에서는 조현형 성격장애를 아예 인격장애 범주에서 제외(조현병 스펙트럼으로 분류)함에 따라 별도의 정신병성 영역을 두지 않는다.

다섯째, ICD-11의 강박성 경향(anankastia)이 『DSM-5』에는 별도 영역으로 없는데, 『DSM-5』에서는 이를 낮은 탈억제성(높은 강박성)으로 간주할 수 있다.

여섯째, AMPD는 기존 10개 중 경계성, 반사회성, 회피성, 자기애성, 강박성, 그리고 분열형 6가지는 별도의 진단 프로토타입으로 유지했고, 나머지 4개는 성격장애-특성 지정(PD-TS) 진단으로 대체했다. 한편 ICD-11은 경계성 패턴만을 예외적으로 명시하고, 그 외 특정 유형 진단을 두지 않는다.

정리하면 DSM과 ICD는 매우 널리 사용되고 있는 진단 기준이며, 점차 장애를 넘어 일반적 성격 변이도 포괄하는 쪽으로 나아가고 있다. 그러나 여전히 제한점이 많다. 일단 장애를 자연적 범주로 간주하는 데에는 무리가 있다. 이는 기술 중심적 접근이 전체적인 신경행동학적 시스템을 충분히 고려하지 못하기 때문이다.[61]

인간의 정신 현상과 행동 반응을 간단히 표상하면, 범주 축소화와 범주 내 이질성 문제가 불가피하게 발생한다. 미국 국립 정신건강연구소(NIMH)는 이러한 한계를 보완하기 위해 두 가지 프로젝트를 진행하고 있다.

2009년 미국 국립 정신건강연구소는 기존 『DSM-5』와는 별개로 새로운 분류 체계인 연구 영역 기준(Research Domain Criteria, RDoC)을 개발하였다. RDoC 프로젝트는 기존 정신장애 진단 체계의 범주적 접근에서 벗어나, 생물학적·행동적 기초 시스템을 토대로 정신병리학을 분류하고 연구하는 것을 목표로 한다.[149] 이는 NIMH의 전략적 계획(Strategic Plan) 1.4에 따라 진행된 이니셔티브로, 관찰 가능한 행동과 뇌 기능이라는 차원을 바탕으로 정신장애를 재분류하려는 시도다.

RDoC는 임상 증상에 초점을 맞추기보다는, 인간의 정신 활동을 여러 도메인(예: 부정적 정서, 긍정적 정서, 인지, 사회적 과정, 각성/조절 등)으로 나누고, 이를 다시 세분화한 분석 단위를 설정하여 정신병리를 분류한다. 이는 정신장애의 기반에 자리 잡은 신경과학적·생리학적·유전적·행동적 시스템을 연구하는 방향으로 초점을 이동시킨 접근법이다.[61] 다시 말해, 인지적 시스템, 사회적 과정, 긍정적/부정적 정서 등 다양한 도메인에서의 뇌 기능 이상을 탐색하고, 이를 토대로 정신장애의 기전을 규명하고자 한다.

이 프로젝트는 정신장애가 뚜렷이 구분되는 범주가 아니라, 공통적 신경 및 행동 기전에 의해 영향받는 연속체(continuum)에 위치한다는 전제하에 접근한다.[150,151] 이러한 관점에서, RDoC는 정신장애 연구를 임상 증상보다는 기저 시스템과 행동적 표현 간의 상호작용에 집중하도록 유도한다. 다음과 같은 다섯 가지 핵심 도메인을 제안하고 있다.

- 부정적 정서가 시스템(negative valence systems): 스트레스, 불안, 공포 등의 부정적 감정 상태와 관련된 신경 회로
- 긍정적 정서가 시스템(positive valence systems): 보상 처리, 동기 부여, 즐거움 등 긍정적 정서 상태를 다루는 신경 기전
- 인지 시스템(cognitive systems): 주의력, 기억력, 문제 해결 능력 등 인지적 기능과 이를 조절하는 신경 구조를 연구
- 사회적 과정 시스템(systems for social processes): 사회적 상호작용, 감정 이해, 공감, 대인관계 등 사회적 행동과 관련된 신경 기전
- 각성 및 조절 시스템(arousal and regulatory systems): 수면, 각성, 생체 리듬과 같은 기본적인 신경계 조절 기전

RDoC는 행동 경향을 진화적으로 연구하는 모델이라기보다는, 인간의

전체 정신 활동을 과학적으로 체계화하기 위한 방법론적 틀이다. 주로 상향식(bottom-up) 연구에 적합하며, 진화적 연구(top-down)에는 직접 적용하기 어려운 면이 있다.[152]

그럼에도 불구하고, 연구 주제가 되는 행동 양상의 다양한 분석 유닛상의 특징에 관한 이론적 틀을 마련하는 이점이 있다.[61] RDoC에서 제안하는 여덟 가지 분석 유닛은 다음과 같다.

- 유전자(genes): 정신질환에 영향을 미치는 유전적 변이를 연구한다. 특정 유전자가 정신적 질환에 대한 취약성을 높일 수 있다.
- 분자(molecules): 신경전달물질과 호르몬 등 분자의 역할을 분석하며, 이들이 기분과 인지 기능에 미치는 영향을 연구한다.
- 세포(cells): 뉴런과 같은 세포 간 상호작용을 연구하여 뇌의 기능을 이해한다.
- 신경 회로(circuits): 특정 뇌 영역 간 신경 네트워크가 어떻게 상호작용하여 행동과 정신적 기능을 조절하는지 연구한다.
- 생리(physiology): 심박수, 혈압, 호르몬 반응 등 생리적 변화가 정신적 상태에 미치는 영향을 연구한다.
- 행동(behavior): 관찰 가능한 행동을 통해 정신장애의 발현을 연구한다. 예를 들어, 회피 행동이나 공격성과 같은 행동 패턴을 분석한다.
- 자가 보고(self-reports): 개인이 직접 보고하는 증상이나 감정 상태를 분석하여 주관적인 심리적 경험을 연구한다.
- 실험 패러다임(paradigms): 심리적 기능을 측정하는 다양한 실험 방법을 통해 특정 정신적 반응을 연구한다.

그러나 RDoC는 연구 중심 모델로 고안되었기 때문에, 임상 현장에서 진단 도구로 즉각 활용하기에는 어려움이 있다. 신경과학적·생물학적 기전에 대한 설명을 주된 목적으로 하지만, 이러한 연구 결과가 임상 진단에 실제로 얼마나 도움이 될지는 아직 불분명하다. 또한, 정신질환은 생물학적 기전만으로는 충분히 설명하기 어려운 복합 요인(심리·사회·문화적 측면 등)을 포함한다. 생물학적 측면을 지나치게 강조하면, 심리사회적 요소나 환자의 개인적 경험이 충분히 반영되지 않을 위험이 있다. 기존 진단 체계와의 접목 역시 복잡하여, 다차원적 데이터를 해석하면서 과학적 정확성과 환자 중심 접근을 동시에 만족시키기가 쉽지 않다는 점도 한계로 지적된다.

한편, HiTOP(Hierarchical Taxonomy of Psychopathology)는 정신장애의 차원적이고 계층적인 분류 체계를 정립하려는 모델로, 증상의 중첩성과 공존 질환(comorbidity) 문제를 해결하기 위해 고안되었다. 이는 정신장애를 여러 증상 클러스터로 나누어, 다양한 차원에서 상호 연관된 증상 패턴으로 이해·설명하려는 접근법이다. 즉, 정신장애가 고정된 범주가 아니라 다양한 정도의 증상 변동을 나타낼 수 있다는 점을 반영한다. 예를 들어, 정동장애와 불안장애를 독립적 진단 범주로 보지 않고, 공통된 병리적 기전을 공유하는 연속체로 간주한다.

HiTOP 모델은 계층적(hierarchical) 구조를 지니며, 상위 수준의 광범위한 증상 도메인에서부터 하위 수준의 구체적 증상까지 다양한 수준에서 정신병리학적 변이를 설명한다. 가장 상위 수준에서는 내재화(internalizing), 외현화(externalizing) 같은 폭넓은 증상 도메인이 위치한다. 내재화는 불안과 우울 등 정서적 문제를 다루고, 외현화는 반사회적 행동이나 충동 조절 문제를 다룬다. 중간 수준 차원은 더욱 세분되어, 예컨대 내재화 도메인은 불안장애, 우울장애, 외상 후 스트레스 장애 등 하위 차원으로 구분될 수 있다. 가장 하위 차원에서는 불안장애를 사회 불안, 공황 발작, 회피 행동 등 개별 증상으로 나누는 식으로 구체화한다.[153,154] 아직 개발이 진행 중인 모델이라 최종 확정된 형태는 없다.

이처럼 HiTOP의 차원적 접근은 정신장애의 복잡한 상호작용을 더욱 정교하게 반영하고자 하는 장점이 있으나, 임상 적용이 쉽지 않고, 현재까지 축적된 연구 데이터가 충분하지 않거나 일관성이 부족하다는 한계가 있다. 차원적 접근은 유연성을 제공하지만, 동시에 개념적으로 모호해질 수 있다는 비판도 있다. 따라서 아직 새로운 진단 체계가 기존의 범주형 진단 체계를 대체하지는 못하고 있다.

▣

진화적 관점에서 볼 때, 정신병리학적 성격 모델이 제시하는 다양한 '장애' 역시 인간 행동 스펙트럼의 일부로 해석할 수 있다. 극단적이고 부적응적으로 보이는 성격 특성도, 과거 특정 환경이나 사회적 맥락에서는 생존과 번식에 유리했던 행동 전략의 잔재 또는 변형일 가능성이 있기 때문이다.

이처럼 차원적·계층적 성격 모델은 정상성과 병리 사이를 연속체로 인식하여, 이미 축적된 다양한 데이터를 활용하고 극단적 성격 양상에 관한 연구를 통해 '일반적인' 성격 다양성에 대한 통찰을 얻을 수 있게 해준다. 또한, 기초 연구와 임상 연구를 긴밀히 연결함으로써 정신병리의 기저 기전을 정교하게 밝혀낼 수 있고, 진화인류학적 성과를 임상 현장에 적용해 진단과 치료 방법을 개선하는 데 기여한다는 장점도 있다.

4. 지능의 다양성

6장에서 잠시 다루었지만, 인간의 정신적 능력에 관한 가장 대중적인 지표, 그리고 과학적으로 논란이 가장 많은 지표는 바로 지능지수(Intelligence Quotient, IQ)다. 1912년 독일 심리학자 루트비히 빌헬름 슈테른(Ludwig Wilhelm Stern, 1871~1938)•이 처음으로 'Intelligenzquotient'라는 용어를 제안했지만, 이미 6장에서 언급한 것처럼 인간의 지적 능력의 개인차에 대해서는 비네와 골턴 등이 19세기부터 다양한 연구를 진행한 바 있다.[155-158]

인간의 지능이 다른 동물에 비해서 우수한 것은 자명한 사실이지만, 구체적으로 어떤 원인에 의해 어떤 형태의 지능이 진화했는지에 대해서는 여전히 논란이 있다. 대중적으로 잘 알려진 사회적 뇌 가설(social brain hypothesis)은 인간 지능이 생태적 문제 해결을 위한 도구라기보다는, 복잡하고 규모가 큰 사회 집단에서 생존하고 번식하기 위해 진화했다는 주장을 내놓는다.[159,160] 즉, 인간 특유의 호혜적 이타주의, 기만, 연합 형성, 습격

• 흔히 윌리엄 스턴으로 불린다. 베를린 대학교에서 철학과 심리학을 전공했다. 브레슬라우 대학교, 함부르크 대학교 등에서 심리학 교수로 재직했으나, 나치 정권의 반유대 정책으로 인해 해임되었다. 미국으로 이주하여 듀크 대학교에서 심리학 교수를 지냈다. 아내인 클라라 요제피 슈테른(Clara Joseephy Stern)과 함께 자녀들의 성장 과정을 18년간 기록하여 아동 발달 연구를 수행했고, 개인심리학(personalistic psychology) 개념을 제안하면서 개인의 성격과 심리적 특성이 상호작용하여 자아(self)를 형성한다고 주장했다. 이는 이후 성격 심리학과 발달 심리학의 토대가 되었다. 한편, 목격자 증언(eyewitness testimony)의 신뢰성은 다양한 이유로 인하여 상당히 낮다는 것을 밝힌 연구로 유명하다.

등의 능력이 곧 마음 이론(theory of mind)에 기반한 인간 지능의 핵심이라는 견해다. 인류학자 로빈 던바(Robin Dunbar, 1947~)•는 인간의 사회적 관계망 크기를 150명 정도로 제안하여 집단 성원의 크기가 증가하면서 다양한 사회적 지능과 언어 능력이 나타났다고 주장했다.[161] 단순한 생존과 즉각적인 문제 해결을 넘어 미래 지향적 사고(future-oriented thinking) 또는 가설적 사고(hypothetical thinking) 능력이 중요하다는 것이다.[162]

그러나 이러한 주장에 대해서는 비판이 많다. 일반적으로 영장류 뇌 크기는 사회성보다는 식단에 더 큰 영향을 받는다.[163] 또한, 작은 뇌를 가지고 있으면서 복잡한 사회적 관계를 유지하는 동물도 있으며, 일견 매우 복잡한 능력이 필요할 것으로 생각되는 마키아벨리적 지능은 사실 단순한 행동적 휴리스틱으로도 잘 작동한다는 주장도 있다.[164,165]

아무튼 이와 비슷한 주장으로 생태적 우위-사회적 경쟁(Ecological Dominance-Social Competition, EDSC) 가설이 제기된 바 있다. 진화행동학자 리처드 D. 알렉산더(Richard D. Alexander, 1929~2018)••의 연구에 기초한 것으로, 서식지에서의 지배력이 증가하고 사회적 상호작용의 중요성이 높아지면서 인

• 옥스퍼드 대학교와 브리스틀 대학교에서 심리학을 전공했다. 겔라다개코원숭이 등 영장류 연구와 진화심리학을 연결한 학제 간 연구자다. 흥미롭게도 박사 학위 취득 후, 몇 년간 프리랜서 과학 작가로 활동했다. 40대까지 학계에서 제대로 된 자리를 얻지 못했다. 케임브리지 대학교 연구원 등을 거쳐 UCL, 리버풀 대학교, 옥스퍼드 대학교 등에서 진화인류학과 심리학 등을 가르쳤다. '던바의 수'와 '사회적 뇌 가설'로 유명하지만, '보편적 종교 레퍼토리(identifying the universal religious repertoire)' 프로젝트에 참여하여 종교가 사회의 집단 응집력에 주는 기능에 대해서도 연구했다.

•• 진화생물학자이자, 동물행동학자, 곤충학자다. 인간과 동물의 사회적 행동을 진화적 관점에서 연구했다. 블랙번 칼리지와 오하이오 주립대학교에서 인문학과 생물교육학 등을 전공했다. 주로 미시간 대학교에서 학생을 가르쳤다. 처음에는 곤충 연구에서 시작하여 점차 포유류와 인간으로 범위를 확장하며, 진사회성에 관해 연구했다. 집단 선택 이론을 비판하고, 개체 선택을 통해서도 집단 수준의 적응적 현상이 나타날 수 있다고 주장했다. 은퇴 후에는 말 농장에서 말을 키우고 있다.

간의 지능이 크게 진화했다는 주장이다. 즉, 가장 중요한 선택압이 자연생태적 환경에서 주도권을 확보하는 것에서, 사회생태적 환경에서 주도권을 가지고 경쟁하는 것으로 변화했다는 것이다. 이 과정에서 친족 간 경쟁과 상호성에 기반한 연합이 중요해졌고, 이는 은폐 배란, 협력적 양육, 복잡한 사회성, 뛰어난 인지 능력 등 인간종 고유의 특성으로 이어졌다는 설명이다.[166]

반면에 문화적 지능 가설(cultural intelligence hypothesis)은 인간의 뇌 크기와 인지적 능력, 지능 등이 사회적 학습을 통한 문화적 정보 습득 과정과 맞물려 진화했다고 주장한다. 다른 종에 비해 인간의 뇌가 크게 발달한 주된 원인은 사회적 학습을 통해 문화적 기술과 생존 전략을 수용해 왔기 때문이며, 이에 따라 사회적 학습 의존도가 높은 종일수록 인지 능력이 뛰어나다는 것이다. 이는 사회적 뇌 가설과 비슷하게 보이지만, 그렇지 않다. 문화적 책략을 학습하고 전달하는 능력은 단지 사회적 관계에서 협력과 기만을 구사하는 능력보다 훨씬 많은 인지적 능력을 포괄한다. 아마도 뇌 크기와 복잡성, 적응적 지식의 양, 개체의 생존과 번식 가능성 등이 서로 연결되면서 빠른 속도로 인간 지능이 진화했을 것이다.[167-169]

질병 저항성 지능 가설(disease-resistance intelligence hypothesis)은 다양한 질병, 특히 감염성 질환이 인지 기능에 장애를 일으킬 수 있기 때문에, 높은 지적 능력이 감염 질환의 영향을 덜 받는 상태임을 나타내는 분명한 지표가 될 수 있다는 주장이다. 또한, 우수한 지능을 지닌 개체는 안전한 서식지와 음식, 물 자원을 확보할 가능성이 커, 빠른 속도의 방향성 진화가 이루어졌을 것이다. 그러나 이 주장에 대해서는 아직 연구가 많지 않다.[170,171]

인간 지능에 관한 지금까지의 연구 결과를 정리하면 대략 다음과 같

다.[166,172-176]

첫째, 인간으로 이어지는 호미닌 조상에게는 측지(側枝) 분화(side branches)나 적응 방산이 거의 없었다. 이는 지능을 바탕으로 높은 적합도를 확보했으며, 생태적 적소에 따른 미소 적응이 아니라 광범위한 환경 적응을 수행했음을 시사한다. 다른 동물 종과 구별되는 폭넓은 생태학적 적응 능력이 드러난다.

둘째, 이미 오스트랄로피테쿠스가 진화하던 시기부터 성적 이형성이 줄어들었는데, 이는 사회 구조 변화, 일부일처제, 협력적 양육 등이 초기에 등장했음을 의미한다. 초기에는 송곳니에서 나타나는 성적 이형성이 먼저 감소했고, 호모 에렉투스 이후에는 전체적인 신체 크기에서 나타나는 성적 이형성도 점차 줄어들었다.

셋째, 인간의 치아는 송곳니가 작아지고, 전반적 치아 크기가 감소하는 대신, 에나멜층이 두꺼워지는 방향으로 진화했다. 이러한 변화는 잡식성 식단, 고기 섭취, 채집 활동이 인류 진화에 중요한 역할을 했음을 의미한다. 이는 인지 능력과 도구 사용, 통속 생물학적 지식 발달에 중요한 토대를 제공했다.

넷째, 인간은 두발걷기를 통해 원거리 이동 능력을 획득했으며, 그에 따라 지리적 공간을 탐색하고 정보를 저장·활용해야 하는 인지적 부담이 커졌다. 척추 곡선과 골반 구조, 무릎, 발의 아치 등은 지상 보행에 최적화되었고, 나무를 오르는 능력을 일부 상실하는 대신 효율적 장거리 이동이 가능해졌다.

다섯째, 인간의 손은 짧아지고 손끝 감각이 발달함으로써, 도구 제작과 사용 능력이 크게 향상되었다. 이로써 감각·운동 능력에 대한 인지적 부담을 높였으며, 던지기 및 회피 기술이 특히 남성에게서 두드러지게 발달하는 계기를 마련했다.

여섯째, 인간은 언어를 통해 무한대에 가까운 구문 조합 능력을 갖추었고, 분절된 언어 사용으로 지식 전수량이 비약적으로 증가했다. 이러한 언어 능력은 문화의 축적과 공동의 목표 설정, 사회 규칙과 도덕관념 형성에 큰 역할을 했다.

마지막으로, 이러한 생물학적·행동적 변화는 협력적 양육과 족외혼 등을 통한 친족·비친족 간의 연합, 만숙성과 폐경, 수명 연장, 복잡한 사회구조 및 윤리 체계 발달로 이어졌다. 인간은 친족·비친족 간 결속과 상호의존, 법과 윤리 체계를 포함하는 폭넓은 사회 조직을 발전시켰고, 내집단·외집단 갈등을 조정하는 체계도 갖추게 되었다.

따라서 진화적 차원에서 보면 지능은 다양한 정신적 능력을 포괄할 수밖에 없다. 물론 지능검사도 마찬가지다. 지능검사는 보통 시각적 인지 능력, 언어 능력, 계산 능력, 어휘의 다양성, 일반 상식 등을 포함한다. 호미닌 계통에서 다채로운 행동 형질이 누적되며 진화한 과정을 생각해보면, 지능이 여러 요인으로 구성된다는 추론은 타당해 보인다.

그런데 영국의 심리학자 찰스 스피어만(Charles Spearman, 1863~1945)•은 이러한 여러 소(小) 검사 간의 상관성을 연구하여, 이들이 모두 하나의 근본적인 정신 능력을 반영한다고 주장하였다. 이것을 이른바 '일반 요인(general factor, g)'이라고 한다. 이와 상반되는 개념으로 특정 과제에 우수한 능력을

• 영국 육군 공병대 장교로 15년간 복무하다 퇴역한 후, 독일 라이프치히 대학교에서 빌헬름 분트의 지도 하에 심리학 박사 학위를 취득했다. 당시에는 철학적 심리학이 대세였지만, 실험과 통계 분석을 통한 심리학 연구에 전념했다. UCL에서 연구하다가, 1928년 심리학과를 창설했다.

보이는 요인을 '특수 요인(specific factor, s)'이라고 지칭했다. 예를 들어, 어휘 문제에서는 g요인과 함께 어휘력이라는 s요인이, 수학 문제에서는 g요인과 함께 수리적 사고라는 s요인이 작용하는 식이다. 특히 g요인은 추상적 사고나 논리적 추론 등 복잡한 문제 해결 과제에서 강한 영향을 미친다고 알려져 있다.[177,178]

일반 지능 요인은 대상자의 인지 능력을 일관성 있게 평가할 수 있는 단일 지표라는 이점이 있으며, 학업 성취도나 직업적 능력을 예측하는 데 유용하게 활용된다. 빠른 학습 능력과 신속한 문제 해결력, 그리고 일상적 문제 해결이나 적응 과제에서도 높은 성과를 보이는 경향이 있다. 또한 이 일반 요인은 높은 유전성을 지니는 것으로 알려져 있고, 일부 연구에서는 뇌 크기나 뇌 내부 구조와 관련이 있다고 한다. 정신장애를 앓는 개인에게서 g요인이 낮게 측정되는 경향도 관찰된다.[179-183]

흥미롭게도 지능지수의 유전성은 미국에서 부유층일수록 높게 나타난다. 통상적으로 유전율은 절반가량으로 알려졌으나, 부유층에서 70%, 빈곤층에서는 10% 수준의 유전성이 보고되고 있다.[184] 이유는 간단하다. 부유층은 교육 환경의 차이가 거의 없으므로, 지능의 상당 부분이 타고난 기질에 따라 결정된다. 반대로 환경 차이가 격심한 곳이라면 지능은 교육 기회나 가정환경, 책을 살 수 있는 여유, 도서관까지의 거리 등에 따라 크게 좌우될 것이다.

그런데 이러한 일반 요인이 정말 진화할 수 있는 것일까? 주된 설명으로 정신 에너지 이론, 표집 이론, 상호주의 이론이 있다.

첫째, 정신 에너지 이론(mental energy theory)은 스피어만이 제안한 것으로 모든 인지적 과제 수행에 필요한 '정신 에너지'가 있다는 것이다. 다른 말로 두뇌 효율성이라고도 한다. 모든 인지 과제를 해결하는 데 동원되는 가장 기본적인 기저 능력이 있다는 주장이다.[178,181] 그러나 이 이론은 구체적으로 정신 에너지가 무엇인지, 뇌의 어느 부위가 기여하는지를 명확히 제시하지 못할 뿐 아니라, 정신 기능의 모듈성(modularity) 관점과도 충돌한다.

둘째, 표집 이론(sampling theory)은 여러 정신적 과정의 중첩과 재구성을 통해, 상관관계를 분석하는 과정에서 '일반 요인'이 마치 실재하는 것처럼 나타난다는 견해다. 스티븐 제이 굴드나 에드워드 손다이크, 고드프리 톰슨(Godfrey Thomson)• 등의 주장으로, 여러 심리적 인지 과제에서 여러 능력이 필요하고, 그러다 보면 상관성을 찾는 과정에서 일종의 '재구성된 개념(reified construct)'으로서 일반 요인이 존재하는 것처럼 보인다는 것이다.[185]

셋째, 상호주의 모델(mutualism model)은 특정 과제를 해결하는 인지 능력이 발달과정에서 상호작용하며 연결된다는 주장이다.[186] 즉, 초기에는 분화된 모듈성을 보이던 인지 능력들이 점차 상호 영향을 주고받아, 종국에는 이들 능력이 결합해 '일반 요인'으로 불릴 만한 통합적 능력이 형성된다는 것이다. 그러나 이 모델은 높은 유전성(heritability)으로 보고되는 g요인을 충분히 설명하지 못한다는 한계가 있다.[182]

아무튼 단일 혹은 극소수 요인으로 지능을 설명하는 것은 진화적 타당

• 암스트롱 칼리지(현재 뉴캐슬 대학교)에서 수학 및 물리학 전공했다. 스트라스부르 대학교에서 물리학 연구를 수행했다. 이후 관심사를 바꾸어, 암스트롱 칼리지와 에든버러 대학교 등에서 심리학을 연구했다. 일반 지능 요인(g factor) 개념을 비판하며, 다요인 지능 모델을 제안해 현대 다중지능이론(multiple intelligences)에 기여했다. 스코틀랜드 정신 조사(Scottish mental survey)를 주도하여, 국가 단위의 지능 및 학업 성취 상관도 등을 분석했다. 흥미롭게도 지능이 높으면 출산율이 낮아진다는 연구를 발표했다.

성이 떨어지며, 6장에서 언급했듯이 인종이나 민족 간 지능 차이를 서열화하는 부정적 결과를 야기할 위험도 있다.

이러한 일반 지능 요인 모델은 단점이 분명하고, 진화적 타당성이 떨어진다. 그러면 다차원적 지능 이론을 살펴보자. 사실 현대 지능 이론의 주류는 다차원적 지능 이론으로, 가장 잘 알려진 이론은 캐텔-호른-캐럴(Cattell-Horn-Carroll, CHC) 이론이다. 레이먼드 캐텔과 존 호른(John L. Horn, 1928~2006),• 존 캐럴(John B. Carroll, 1916~2003)•• 등이 제안한 이론을 합친 것이다. 기본적으로 지능을 다차원적 관점에서 계층적으로 정의한다.

먼저, 캐텔과 호른은 스피어만의 일반 요인 개념에 반대하여, 지능을 두 가지 주요 요인으로 나누어 설명했다. 이 두 요인은 유동성 지능(Fluid Intelligence, Gf)과 결정성 지능(Crystallized Intelligence, Gc)이다. 유동성 지능(Gf)은 새로운 문제 상황에서 논리적 추론을 수행하는 능력으로, 추상적 사고나 문제 해결에 중요한 역할을 한다. 이러한 능력은 교육이나 경험보다는 주로 타고난 유전적 소인에 의해 결정되며, 대개 20대 전후에 최고조에 이른 뒤 나이가 들면서 감소하는 경향을 보인다. 반면, 결정성 지능(Gc)은 언어적 지식이나 사회문화적 경험을 통해 축적되는 능력이다. 따라서 노화의

• 일리노이 대학교에서 지능 연구로 박사 학위를 받았다. 덴버 대학교와 서던캘리포니아 대학교(USC) 등에서 심리학을 가르쳤다. 평생 다중 지능 연구를 수행했으며, 흥미롭게도 전미 유색인종지위향상협회(National Association for the Advancement of Colored People, NAACP)에서 활동했다.

•• 웨슬리언 대학교에서 고전학 전공으로 수석 졸업했다. 미네소타 대학교에서 심리학으로 박사 학위를 받았다. 처음에는 스키너의 지도를 받다가, 점차 대규모 자료를 분석하는 심리측정학(psychometrics)에 관심을 가지게 되었다. 하버드 대학교와 노스캐롤라이나 대학교에서 심리학 교수를 지냈다. 스피어만과 캐텔, 호른 등의 이론을 확장하여 이른바 '삼층 지능 이론(three-stratum theory of intelligence)'을 제안했는데, 이는 일반 지능, 광역 인지 능력, 특수 능력으로 나뉜 지능의 세 층을 개념화한 것이다. 이 이론은 이후 CHC 이론으로 발전했다. 흥미롭게도 캐럴은 영어 능력 평가 방법론을 제안하였는데, 나중에 TOEFL(Test of English as a Foreign Language) 개발에 큰 영향을 미쳤다.

영향을 덜 받으며, 교육이나 환경적 요인에 큰 영향을 받고, 연령이 증가하면서 높아질 수도 있다. 호른은 이에 더해 약 10개의 지능 요인을 추가로 제안하며, 유동성과 결정성 지능만으로는 지능 전체를 충분히 설명할 수 없다고 보았다.[187,188]

그리고 캐럴은 지능의 층위를 셋으로 나눈 삼층 이론(three-stratum theory)을 제안했다. 첫 번째 층(stratum i: narrow abilities)에는 특수하고 구체인 능력이 자리한다. 귀납 추론, 맞춤법 등 대략 70개에 달한다. 두 번째 층(stratum ii: broad abilities)에는 광범위한 지적 능력이 있는데, 캐럴은 기억력, 시각 처리 능력 등 총 8개의 하위 능력을 제안했다. 앞서 말한 유동성 지능과 결정성 지능도 여기에 속한다. 그리고 맨 위층(stratum iii: general ability or g)에는 스피어만이 주장한 일반 지능 요인이 존재한다.[189,190] CHC 이론에서 제안하는 두 번째 층의 광범위한 지적 능력은 대략 다음과 같다.

이해-지식(Gc: Comprehension-Knowledge)

- 습득한 지식의 깊이와 폭
- 지식을 의사소통하는 능력
- 이전 경험이나 절차를 활용하여 논리적으로 사고하는 능력
- 주로 언어와 일반 상식 기반 평가에 사용
- 해당하는 좁은 능력: 일반 언어 정보(general verbal information), 언어 발달(language development), 어휘 지식(lexical knowledge), 듣기 능력(listening ability), 의사소통 능력(communication ability), 문법 감수성(grammatical sensitivity), 구두 표현 및 유창성(oral production & fluency), 외국어 적성(foreign language aptitude)

유동성 추론(Gf: Fluid Reasoning)

- 낯선 정보를 통해 추론하고 개념을 형성하는 능력
- 문제 해결 능력
- 새로운 상황에 유연하게 대응하고 복잡한 문제를 이해하는 능력
- 해당하는 좁은 능력: 귀납적 추론(inductive reasoning), 일반 순차적 추론(general sequential reasoning), 피아제식 추론(piagetian reasoning), 수리적 추론(quantitative reasoning), 추론 속도(speed of reasoning)

수리 지식(Gq: Quantitative Knowledge)

- 수리적 개념과 관계 이해
- 숫자 기호를 조작하는 능력
- 주로 수리 능력 평가에 반영
- 해당하는 좁은 능력: 수학적 지식(mathematical knowledge), 수학 성취(mathematical achievement)

읽기 및 쓰기 능력(Grw: Reading & Writing Ability)

- 기본적인 읽기 및 쓰기 능력
- 언어적 학습 및 언어 사용 능력의 기초적 요소
- 해당하는 좁은 능력: 읽기 해독(reading decoding), 읽기 이해(reading comprehension), 읽기 속도(reading speed), 맞춤법 능력(spelling ability), 영어 사용(english usage), 쓰기 능력(writing ability), 쓰기 속도(writing speed), 빈칸 채우기 능력(cloze ability)

단기 기억(Gsm: Short-Term Memory)

- 정보를 짧은 시간 동안 기억하고 즉각적으로 사용하는 능력
- 즉각적인 인지와 반응이 필요한 과제에서 평가
- 해당하는 좁은 능력: 기억 범위(memory span), 작업 기억 용량(working memory capacity)

장기 저장 및 회상 능력(Glr: Long-Term Storage and Retrieval)

- 정보를 저장하고 필요할 때 유창하게 회상하는 능력
- 학습한 지식을 자유롭게 사용할 수 있는 능력
- 해당하는 좁은 능력: 연합 기억(associative memory), 의미 기억(meaningful memory), 자유 회상 기억(free-recall memory), 아이디어 유창성(ideational fluency), 연상 유창성(associative fluency), 표현 유창성(expressional fluency), 독창성(originality), 명칭 능력(naming facility), 단어 유창성(word fluency), 도형 유창성(figural fluency), 도형 유연성(figural flexibility), 학습 능력(learning ability)

시각적 처리(Gv: Visual Processing)

- 시각적 패턴을 지각하고 분석 및 합성하는 능력
- 시각 정보를 인지하고 기억하는 능력
- 해당하는 좁은 능력: 시각화(visualization), 속도 회전(speeded rotation), 닫힘 속도(closure speed, 일부분만 보이는 정보를 바탕으로 전체적인 이미지를 신속하게 완성하는 능력), 닫힘 유연성(flexibility of closure, 정보나 패턴을 다른 배경 속에서 식별하고 인지하는 능력), 시각 기억(visual memory), 공간 스캐닝(spatial scanning), 순차적 지각 통합(serial perceptual integration), 길이 추정(length estimation), 지각 착각(perceptual

illusions), 지각 교대(perceptual alternations), 심상(imagery)

청각적 처리(Ga: Auditory Processing)

- 청각 자극을 분석하고 구분하는 능력
- 왜곡된 상황에서도 언어적 음성을 이해하고 분별하는 능력
- 해당하는 좁은 능력: 음운 부호화(phonetic coding), 언어 음성 구별(speech sound discrimination), 청각 자극 왜곡 저항력(resistance to auditory stimulus distortion), 소리 패턴 기억(memory for sound patterns), 리듬 유지 및 판단(maintaining and judging rhythms), 음악적 구별 및 판단(musical discrimination and judgment), 절대 음정(absolute pitch), 음원 위치 구별(sound localization)

처리 속도(Gs: Processing Speed)

- 자동적 인지 과제를 신속하게 수행하는 능력
- 집중력을 유지하며 과제를 수행하는 속도
- 해당하는 좁은 능력: 지각 속도(perceptual speed), 시험 응시 속도(rate of test taking), 수치 능력(number facility), 읽기 속도/유창성(reading speed/fluency), 쓰기 속도/유창성(writing speed/fluency), 시간 추적(temporal tracking)

의사 결정/반응 속도(Gt: Decision/Reaction Time/Speed)

- 자극이나 과제에 즉각 반응할 수 있는 속도
- 몇 초 이내의 반응 속도를 반영
- 지속적인 집중력을 요구하는 처리 속도(Gs)와는 구별

이밖에 특정 분야의 지식(Gkn: Domain-specific knowledge), 정신 운동 능력(Gp: Psychomotor ability), 정신 운동 속도(Gps: Psychomotor speed) 및 촉각(Gh: Haptic abilities)이나 운동 감각(Gk: Kinesthetic abilities), 후각(Go: Olfactory abilities)도 추가해야 한다는 주장도 있다.[189]

한편, 1983년 심리학자 하워드 가드너(Howard Gardner)•는 다중지능 이론(Multiple Intelligences, MI)을 제안했다. 가드너는 인간 발달과 문화 형성에 필수적인 기술과 능력을 분류하고자 총 여덟 가지 독립적인 지능을 제안했다. 즉, 지능이란 문화적 환경 속에서 문제를 해결하고, 가치 있는 결과물을 창출해내는 능력이라는 것이다. 가드너는 기존의 지능 개념이 지나치게 추상적이고 개념적이라고 비판하며, 특정 기준을 충족해야만 '지능'으로 간주할 수 있다고 주장했다.[191]

- 생물학적 가능성(biological potential): 특정 지능이 뇌의 독립적 기능으로 존재할 수 있는지를 평가
- 진화적 역사(evolutionary history): 인류 또는 동물의 적응에서 고유한 역할을 수행했는지를 평가
- 핵심적 기능의 존재(core operations): 다른 지능과 구별되는 특정하고 고유한 기능을 가졌는지 평가
- 상징적 표현 가능성(symbolic expression): 상징이나 체계화된 형태로 표현될 수 있는지를 평가
- 고유한 발달적 과정(developmental trajectory): 각 지능이 고유한 발달 경로를

• 하버드 대학교 등에서 발달심리학으로 박사 학위를 받았다. 하버드 교육대학원에서 재직했다. 다중 지능 이론으로 유명하다.

가지는지 평가

- 천재나 서번트의 존재(existence of prodigies or savants): 해당 지능에서 매우 우수한 개체가 존재하는지 평가
- 실험적 심리학의 지지(experimental psychology evidence): 실험을 통해서 증거를 확보했는지 평가
- 심리검사상의 지원(psychometric support): 심리 검사와 통계적 분석을 통해서 타당성과 신뢰성이 입증되는지 평가

하워드 가드너는 이런 기준을 적용하여 총 여덟 개의 지능 모듈을 제안하였다. 대략 다음과 같다.[191]

- 음악적 지능(musical intelligence): 음악의 소리, 리듬, 음조에 대한 민감성을 포함하며, 곡을 연주하거나 작곡하는 능력
- 시각-공간적 지능(visual-spatial intelligence): 공간적 판단력과 시각화 능력으로, 실용적 문제 해결과 예술적 창작에 사용
- 언어적 지능(linguistic intelligence): 단어와 의미에 대한 민감성으로 글쓰기, 읽기, 이야기하기에 뛰어남
- 논리-수학적 지능(logical-mathematical intelligence): 논리적 사고와 추론, 수학적 계산에 관련된 지능. 지능(g) 요인과 밀접한 관련
- 신체-운동 지능(bodily-kinesthetic intelligence): 신체 움직임과 정밀한 운동 제어 능력. 스포츠, 연극, 춤 등에서 중요
- 대인관계 지능(interpersonal intelligence): 타인의 감정, 동기, 기질에 대한 민감성으로 리더십과 협력에 유리

- 내적 성찰 지능(intrapersonal intelligence): 자신의 감정과 생각을 이해하고 관리하는 능력
- 자연주의적 지능(naturalistic intelligence): 자연환경과 관련된 정보에 대한 민감성으로, 동식물의 분류와 생태에 대한 관심

아울러 두 가지의 잠정적 지능 후보도 제안했는데, 하나는 실존적 사고를 할 수 있는 능력(existential thinking), 다른 하나는 가르칠 수 있는 능력(pedagogical intelligence)이다.[192]

그러나 가드너의 다중지능 이론은 대중적 인기, 특히 교육 현장에서는 폭넓게 수용되었음에도 불구하고(기존의 지능검사에서 낮은 평가를 받은 자녀를 둔 부모의 지지가 상당했다), 과학적 엄밀성 측면에서 여러 제한점이 지적되었다. 먼저, 전통적인 심리학적 지능 개념을 무시하고, 예술·음악·신체 능력 등 일반적 능력이나 적성까지 모두 지능으로 간주했다는 비판이 있다. 다시 말해 지능의 범위를 지나치게 확장했다는 것이다. 심지어 일부 대중 과학자(pop scientists)는 만약 지능지수가 낮으면, 낮은 지능에도 씩씩하게 살아가는 '지능'이 우수한 것이 아니냐는 터무니없는 논리로 대중의 바람에 영합했다. 또한, 다중 지능 이론은 순환 논리에 빠질 위험도 있다. 예컨대 운동을 잘하는 것이 운동 지능이 높다는 증거인지, 아니면 운동 지능이 높아서 운동을 잘하게 된 것인지 구분하기 어렵다는 것이다.[193,194] 인간이 가진 감각, 인지, 운동 처리 능력은 반복과 연습을 통해서 향상될 수 있다. 노력을 통한 신경 처리 속도의 향상은 적응 형질이다. 예를 들어 바닷가의 아이들은 수영을 잘하지만, '해안 집단'의 '수영 지능'이 원래부터 높다는 식으로 아전인수 격의 논의는 곤란하다. 이유는 간단하다. 만날

물놀이를 하기 때문이다. 만약 해안을 코카서스로, 수영을 추론으로 바꾸어서 '코카서스 집단'의 '추론 지능'이 원래부터 우수하다고 하면 사뭇 다른 느낌일 것이다.

실제로 기존의 지능검사는 비교적 높은 통계적 신뢰도(reliability)를 보이는 것으로 알려져 있다. 즉, 검사 반복 시 큰 오차 없이 유사한 결과를 보여준다.• 그러나 신뢰도가 높다고 해서 그 결과를 무조건 '신뢰'할 수 있는 것은 아니다. 근본적으로 중요한 문제는 바로 타당도(validity)다. 즉, 현재 활용되는 다양한 지능검사 도구가 과연 지능이라는 개념을 적절히 측정하고 있는가에 관한 구성 타당도 논란은 여전히 지속되고 있다. 특히 지능검사가 다루는 특정 능력 범주는 인간 지능의 다양하고 복합적인 면모를 충분히 포착하지 못한다.[195-197]

6장에서 언급했듯이, 인종과 지능의 관련성에 대한 편견은 오랜 역사를 지니고 있다. 최근까지 흑인이 백인보다 낮은 학습 능력을 보인다는 연구 결과가 여러 차례 보고되었으나, 이러한 차이가 유전적 원인인지 사회문화적 불평등 때문인지는 여전히 뜨거운 논란거리다. 대표적 예로 미국의 교육심리학자 아서 젠슨(Arthur Jensen)••과 J. 필리프 러쉬턴(J. Philippe Rushton)•••은 흑인과 백인 간 IQ 차이를 설명하면서 유전적 요인이 작용한

• 물론 피험자의 동기 수준이나 불안감 등의 요인이 검사의 신뢰도를 낮출 수는 있다.

•• UC 버클리와 컬럼비아 대학교에서 임상심리학을 전공했다. 런던 대학교 정신의학 연구소에서 한스 아이젠크(Hans Eysenck)와 함께 연구했다. 이후 UC 버클리에서 오랫동안 학생을 가르쳤다. 자세한 내용은 다음을 참고하기 바란다. Jensen AR. *Bias in Mental Testing*. New York: Free Press; 1980.

••• 런던 대학교와 런던 정경대 등에서 사회심리학으로 박사 학위를 받았다. 웨스턴 온타리오 대학교 등에서 학생을 가르쳤다. 자세한 내용은 다음을 참고하기 바란다. Rushton JP. Race, *Evolution, and Behavior*. New Brunswick, NJ: Transaction Publishers; 1995.

다고 주장했다.[198,199] 젠슨은 스피어만의 g요인 가설을 지지하면서, 지능의 80%가 유전에 의해 결정되며, 인종 간 차이가 나타난다고 하여 큰 논란을 낳았다. 러쉬턴은 다양한 논란을 낳은 인물인데, 유전적 유사성이 이타적 행동에 영향을 미친다고 주장하거나 인종 간에 지능 차이가 나타나며(동아시아인이 가장 높고, 흑인이 가장 낮다고 하였다), 심지어 아프리카인은 r-선택, 동아시아인은 K-선택에 따라 생애사가 결정된다고 하였다. 여러 백인 우월단체 활동을 하였는데, 흥미롭게도 그는 늘 동아시아인이 가장 '우월'하다고 하였다.

『종 커브(The Bell Curve)』의 저자 리처드 헌스타인(Richard Herrnstein, 1930~1994)• 과 찰스 머레이(Charles Murray, 1943~)•• 역시 유전적 요인이 인종 간 지능 차이에 일정 부분 기여한다고 하면서, 사회적 불평등을 유전적 차이에 기인한 결과로 설명하려고 시도했다. 환경적 개입으로 인종 간 지능 차이가 해소되지 않는다는 것이다.[200] 이들은 지능지수가 유전적 요인에 의해 주로 결정되며, 사회적 성공은 지능지수와 관련이 높다고 주장했다. 심지어 머레이는 복지 정책이 노동 의욕을 줄여 빈곤을 고착화한다고 주장했고, 교육 수준의 격차에 따라 낮은 백인 노동자 계층의 몰락이 두드러지고 있다고 하였다.

그러나 이러한 주장에도 불구하고, 대체로 집단 간, 인종 간 지능지수 차이는 사회문화적 환경 차이에 기인한 것으로 보인다. 윌리엄 디킨

• 헝가리계 유대인 가정에서 태어났다. 뉴욕 시립대학교와 하버드 대학교에서 심리학을 전공했다. 스키너의 지도를 받았다. 하버드 대학교에서 심리학과 교수를 지냈다. 행동이 보상의 비율에 따라 분포된다는 '매칭 법칙(Matching Law)'으로 유명하다. 정치학자 찰스 머레이와 『종 커브』를 집필하여 큰 논란으로 낳았다.

•• 하버드 대학교에서 역사학을, MIT에서 정치학을 전공했다. 보수주의 정치학자로 활동했으며, 헌스타인과 공동 집필한 『종 커브』로 논란을 불렀다.

즈(William Dickens, 1953~)* 등에 의하면 과거에 관찰되던 집단 간 지능지수 차이도 크게 축소되었다. 플린과의 공동 연구에서 미국 내 흑백 IQ 격차가 1972년~2002년 사이 최소 25% 감소했다고 발표한 바 있다(5~6점).[201] 여러 지역에서 지난 수십 년간 지능지수가 지속적으로 상승해 왔다. 이를 처음 발표한 제임스 R. 플린(James R. Flynn, 1934~2020)**의 이름을 따서 '플린 효과(Flynn effect)'라고 한다. 아마도 교육, 영양공급, 전반적으로 지적 성취를 자극하는 문화 등을 통해서 획득된 지능이 점차 상승하는 것으로 보인다. 인종은 단일한 특성을 공유하는 집단이 아닌 데다, 플린 효과 등을 고려하면 지능에 미치는 환경적 요인이 더 분명한 것으로 보인다.

지능에 관한 연구는 늘 뜨거운 감자다. 지능에 관한 설익은 비판을 꺼내는 것이야말로 '낮은 지능'의 증거임에도 불구하고 사람들은 지능을 결정하는 요인이 본성이라거나 혹은 환경이라는 식의 연구에 매우 민감하게 반응한다. 아마도 현대 사회에서 적합도를 결정하는 가장 중요한 요인이 바로 지적 능력이며, 이러한 지적 능력을 좌우하는 '지능'이 개인의 가치를 반영한다는 믿음 때문일 것이다. 기억력이나 체력, 시력, 청력, 심지어 외모가 평균 이하라고 선선히 자인하는 사람은 쉽게 만날 수 있지만, 지능이 평균 이하라고 자인하는 사람은 지금까지 보지 못했다. 하지만 인구의 절반은 지능이 평균 이하다.

플린도 이러한 '지능 민감 세대'의 예외가 아니었다. 그는 젠슨의 연구를 반박하며, 인종 간 IQ 차이가 유전적 요인이 아니라 환경적 요인에 의

* UC 버클리 경제학과 교수로 브루킹스 연구소(Brookings Institution) 경제학 선임 연구원을 지냈다.

** 시카고 대학교에서 정치학 및 도덕철학을 전공했고, 뉴질랜드 캔터베리 대학교와 오타고 대학교 등에서 교수로 재직했다.

해 설명될 수 있다고 주장했다. 하지만 젠슨의 주장도 여전히 표현의 자유라는 차원에서 존중받아야 한다고 생각했다. 어떤 급진적 사상이라도 자유롭게 토론할 수 있어야 하며, 아예 공론에서 차단해버리는 대학의 검열 문화가 오히려 반박 연구를 통해 오류를 밝히는 과정도 불가능하게 만든다는 주장을 담은 책, 『표현의 자유를 옹호하며: 검열자로서의 대학(in defense of free speech: the university as censor)』을 쓰기도 했다. 그러나 이 책은 영국에서 출판이 거부되었다. 과거 여러 인종차별적 연구를 비판하는 내용을 책에 실었는데, 오히려 그러한 내용이 맥락 없이 읽히면 인종차별로 인정되어 출판사가 위험에 처할 수 있다는 것이 이유였다. 이 책은 이후 『출판하기엔 너무 위험한 책: 표현의 자유와 대학』이라는 재치 있는 제목으로 미국에서 출간되었다.•

흥미롭게도 일부 국가에서는 플린 효과가 둔화되거나 오히려 '역 플린 효과(Reverse Flynn Effect)'가 일어나고 있다. 개발도상국의 평균 지능은 빠르게 상승하고, 선진국의 평균 지능은 둔화하거나 오히려 감소하고 있다. 이러

• 플린은 오늘날 많은 대학이 '모욕'이나 '불쾌감'을 유발할 수 있다는 이유로 토론의 자유를 제한하고 있다고 지적한다. 특히 지능의 인종 간 차이 같은 논쟁적 주제에 대해 한 장을 할애하여 유전 대 환경 논쟁을 상세히 검토하고 있다. 그는 수십 년 전 우파에 의한 검열(매카시즘)과 현재 좌파 진영 일부에 의한 검열을 역설적으로 대비하며, 일부 인문사회과학 분야에서 허용되는 담론과 가치의 범위가 좁아지고, 반대 견해는 아예 배척되는 자기 검열 풍토가 형성되었다고 지적한다. 대학 내 진정한 자유는 때로 불편한 진실이나 싫은 소리도 감내하는 데에서 나온다고 주장한다. 스티븐 핑커(Steven Pinker)는 '출판사가 출판을 철회했다는 사실은 오늘날 표현의 자유에 대한 제약 수준을 감안해도 충격적이다. 이 책은 학문적 자유와 탐구의 자유에 대한 우리의 이해에 귀중한 기여를 하고 있으며, 표현의 자유에 관한 역사적 및 철학적 맥락을 깊이 있게 다루고 있다'라며 이 책을 추천했다. 그는 책의 말미에 조지 오웰(George Orwell)이 『동물농장』 서문에서 한 말을 인용했다. '자유가 무언가 의미를 가진다면, 그것은 사람들에게 그들이 듣기 싫어하는 진실을 말할 권리를 의미한다.' 자세한 내용은 다음을 참고하기 바란다. Flynn JR. *A Book Too Risky to Publish: Free Speech and Universities*. New York: Academica Press; 2019. 이 책,『행동 다양성: 진화인류학의 오랜 역사』도 이러한 터무니없는 비난을 받지 않기 희망한다.

한 현상도 거의 확실하게 환경적 요인에 따른 것으로 보인다. 지능이 본성이라면, 이렇게 빠르게 변할 수 없다.[202,203] 아무튼 무엇보다 지능에 대한 대중적 편견이 특정 집단에 미치는 부정적 파급효과를 고려할 때, 이 주제에 관한 논의는 매우 신중하게 접근하는 것이 현명하다.

지능의 성차에 관한 논란도 여전하다. 흥미롭게도 다윈은 여성이 남성에 비해서 지적으로 열등하다고 생각했다. 1871년, 『인간의 유래와 성선택』에서 도덕적으로는 여성이 우월하지만, 지적으로는 남성에 비해 부족하다고 단언했다.[204] 다윈은 인간의 지적 능력이 성선택의 결과라고 생각했고, 그러므로 암컷 선택(female choice)에 의해서 남성의 지능이 더 높게 진화했을 것이라고 간주했다. 다윈은 이렇게 말했다.

> 두 성(性)의 지적 능력에서 가장 두드러진 차이점은 남성이 어떤 일을 하든 여성보다 더 높은 탁월함에 이른다는 점에서 드러난다. 그 일이 심오한 사고나 이성, 상상력을 요구하든, 혹은 단순히 감각과 손을 사용하는 일이든 상관없다. … 고도의 상상력(imagination)과 이성(reason)의 힘 없이는 많은 분야에서 뛰어난 성공을 거둘 수 없기 때문이다. 이러한 후자의 능력(상상력과 이성)뿐만 아니라, 앞서 언급한 능력, 단호한 에너지(determined energy), 인내(perseverance), 용기(courage)도 부분적으로 성선택(sexual selection)의 결과로 발전해 왔다.

진화심리학자 제프리 밀러(Geoffrey F. Miller, 1965~)•는 언어, 음악, 예술 등

• 컬럼비아 대학교와 스탠퍼드 대학교에서 생물학과 인지심리학을 전공했다. 막스 플랑크 연구소 적응 행동 및 인지 연구소, UCL 경제학 및 사회진화 연구소, 뉴멕시코 대학교 심리학과 등에서

의 고급 지능이 과도한 수준의 인지적 능력이라고 주장하면서 이는 단지 성선택에 의해서 진화한 것이라고 주장한다. 인간의 미적 감각이나 이타적 행동도 비슷한 맥락에서 설명한다. 심지어 생존에 불필요한 수준의 과도한 재산이나 사회적 지위도 역시 성선택에 의해 추구된다고 할 수 있다. 이러한 가설에 따르면 지능은 남성에서 훨씬 높게 나타나야 한다.[100,205-207] 그러나 평균 지능은 남녀 공히 동일하다. 사실 작은 차이라도 나타나는 것이 생물학적으로는 더 '자연'스럽지만, 놀랍게도 남녀의 평균적인 지능 성차는 없다. 일반 지능에 관한 연구에 의하면, 지능의 성차는 유의미하지 않다.

단, 언어 능력이나 처리 속도에서는 여성이 약간 우세하고, 시공간적 능력(예: 공간 회전 능력)에서는 남성이 다소 높은 점수를 보이기도 한다. 일부 연구에서 수학이나 국어 능력의 성차, 그리고 여성이 학교 성적에서 우세함을 지적하기도 하지만,[208-211] 소위 일반 지능 요인(g)에서 의미 있는 성차는 거의 나타나지 않는다. 이는 남성이 대체로 더 큰 뇌 용적을 갖는 경향이 있음에도 불구하고 일관되게 관찰되는 현상이다. 13,000명 이상의 영국인을 대상으로 한 연구에 의하면 뇌 용적과 유동적 지능 사이의 상관관계는 0.19, 뇌 용적과 교육 성취도 사이의 상관관계는 0.12로 나타났다.[184] 유동적 지능 차이가 전혀 없다고 볼 수는 없지만, 통계적으로는 매

(앞 페이지에 이어서)

연구했다. 인간의 지능과 예술적 능력, 창의성, 도덕성, 언어 등이 성 선택의 결과라는 연구로 유명하다. 또한, 소비를 통한 사회적 지위 과시 현상에 관해 연구했다. 흥미롭게도 조현병과 기분장애의 진화적 기원에 관해서 연구하기도 했다. 중국의 한 자녀 정책을 '이상적인 우생학적 전략'으로 집단의 지능을 향상시킬 것이라고 주장하기도 했다. 자세한 내용은 다음을 참고하기 바란다. 『연애: 생존기계가 아닌 연애기계로서의 인간』. 김명주 역. 서울: 동녘사이언스; 2009.; 『스펜트: 섹스, 진화 그리고 소비주의의 비밀』. 김명주 역. 서울: 동녘사이언스; 2010.

우 미미한 수준이었다.[212-215]

한편, 지적 장애 환자 중 남성이 상당수를 차지하는 사실을 감안하면, 남성과 여성의 평균 지능이 비슷하기 때문에 상대적으로 매우 높은 지적 능력을 보이는 남성의 비율 역시 여성보다 높아야 한다. 이를 '더 큰 남성 변동성 가설(greater male variability hypothesis)'이라고 한다. 실제로 특정 인지 영역에서 일부 남성들이 매우 우수한 성취를 보이는가 하면, 다른 일부 남성들은 극도로 낮은 성취를 보이기도 한다는 관찰이 이를 뒷받침한다.[216-218] 그러나 이러한 논란은 아직 끝나지 않았다. '젠더 유사성 가설(gender similarities hypothesis)'에 의하면, 대개의 능력에서 성별 차이가 작거나 무시할 만한 수준의 차이에 불과하다. 물론 예외가 몇 개 있는데, 운동 능력(특히 던지기 능력), 성적 태도, 공격성(특히 신체적 공격성은 남성, 관계적 공격성은 여성) 등이다.[219] 특히 '매우 탁월한' 지적 능력이 큰 학문적, 직업적 성공을 결정짓는 문화에서는 '더 큰 남성 변동성 가설'이 차별의 근거로 악용될 가능성이 있다. 매우 높은 수준의 지적 전문성을 요구하는 일부 직업에서 여성의 참여를 제한하거나, 남성 후보자만 선호하는 식의 편향을 정당화할 수 있기 때문이다.

지능에 관한 다양한 논란은 집단 간 차이를 규명하려는 시도에서 비롯되었다. 그러나 '지능(intelligence)'과 '지능지수(IQ)'는 결코 동일한 개념이 아니며, 어떠한 지능검사도 지능이라는 복합적이며 다차원적인 현상을 완벽히 포착할 수 없다. 지능에 대한 정의가 학계에서 아직 합의되지 않은 상태일 뿐 아니라, 사실상 앞으로도 영원히 합의되기 어려울 것이다. 지능검사 결과가 개인이나 집단의 사회적 지위나 공동체의 자원 분배에 심대한 영향을 미칠 것이 자명하기 때문이다. 지능검사의 결과가 개인 및 집단의 사회적 지위나 자원 할당에 심대한 영향을 미칠 수 있다는 사실도 고려해야 한다.

고대 그리스 시절부터 인종 혹은 민족 간의 신체적 능력, 도덕성, 종교, 문화적 차이에 관한 논의가 끊임없이 이어져 왔다. 이러한 주장은 시대에 따라 피부색이나 두개골 크기와 같은 신체적 특성으로 옮아갔고, 이제는 인종이나 집단 간 지능 차이를 둘러싼 담론으로 반복되며 재현되는 양상을 보인다. 그러나 이와 같은 사회적 갈등을 담지한 과학 담론이 과거에 실질적 학문의 진전을 이룬 적은 거의 없었으며, 대체로 갈등과 편견을 재생산하는 데 그쳤다. 그런데도 이러한 무익한 논쟁이 현대에도 지속되는 것은, 오늘날 중요한 능력으로 간주하는 '지능'에 대한 첨예한 정치적·경제적·사회적·문화적 이해관계가 얽혀 있기 때문일 수 있다.

보다 건설적이고 유익한 대안은, 지능을 구성하는 여러 요인이 개인의 생존과 번식에 어떠한 기여를 하는지를 규명하려는 진화적·생태학적 관점에서의 접근일 것이다. 다양하고 복합적인 지능의 하위 요소들은, 사실상 특정 생태적·사회적 환경에 대한 유연한 적응적 반응으로 나타난 것이다. 따라서 집단이 '일반 지능'을 기준으로 서열화된다는 주장은 진화적으로도 타당성이 없다. 자연선택 이론에 따르면, '모든 영역에서 무차별적으로 너무 높은 지능'도 부적응적 형질이다(설령 그런 것이 존재한다고 해도 말이다).• 결국 각 개체는 자신이 처한 시공간적 맥락에 따라 최적의 행동 전략을 형성하게 되고, 이 과정에서 나타나는 다양한 능력 편차를 단선적으로 '높다 혹은 낮다'라는 식으로 무 자르듯이 구분하는 것은 비논리적이다.

• 어머니는 늘 '열두 가지 재주를 가진 사람이 저녁 끼니가 없는 법'이라고 하셨다.

예를 들어, 불과 수십 년 전만 하더라도 백 자리 이상의 숫자를 여러 개 암기하고 연산하는 능력은 매우 우수한 지능의 지표로 여겨졌다. 실제로 연산 능력과 암기 능력만으로 크게 유명해지는 경우도 있었고, 암기법 학원이나 속셈 학원이 성황을 이루기도 했다. 지금도 일부 과학고등학교는 지능지수가 높은 학생에게 조기 졸업 자격을 부여한다. 그러나 앞서 언급한 스탠퍼드-비네 검사나 웩슬러 검사에서 측정하는 지표의 우수성은 과연 현대 사회에서 어떤 실질적 가치를 가지고 있을까?

지능이라는 개념을 한 가지 축, 가령 IQ 점수로 단순 환원하기보다, 인지·문해 능력, 정서적 지능, 창의적 사고 등 여러 영역의 상호작용을 고려하는 것이 훨씬 더 적절하다. 이를 위해서는 진화적 원칙에 입각하여, 신경생물학적 기전, 인지적 기전, 사회문화적 학습 요인을 통합적으로 아우르는 다면적 접근이 필수적이다. 그러한 통합적 시각만이, 지능에 관한 유전자 결정론이나 본질주의적 해석을 극복하고, 인간의 사회생태적 행동 다양성과 발달 및 학습 환경의 중요성을 함께 주장하는 데 기여할 수 있을 것이다.

과거 인종차별적 관점과 결부된 집단 간 지능 차이 논쟁은 과학적·사회적 혼란을 일으켜 온 대표적 사례다. 고대 그리스인은 아름다움과 용기를 중요하게 여겼고, 중세 유럽인은 신앙심과 근면성을 중요하게 여겼으며, 근대 사회는 교양과 명예를 중요하게 여겼다. 모두 자신이 속한 집단이 해당 자질에서 가장 우월하다고 주장했다. 지금은 아름다움이나 용기, 신앙심, 근면성, 교양, 명예 등을 대신해서 지능지수가 집단의 우열에 관한 무익하고 소모적인 논쟁의 중심에 서 있다. 앞으로도 한동안 그럴 것이다. 이제는 인간 지능을 다차원적·상황적·진화적 관점에서 연구하여,

개인과 집단이 어떠한 환경적 자극과 학습 경험을 통해 각기 다른 적응적 역량을 발현하게 되는지를 심층적으로 고찰해야 한다. 이러한 접근은 지능에 관한 인종적·정치적·사회적 갈등을 완화할 뿐 아니라, 행동 다양성에 대한 진정한 이해를 도모할 수 있는 길이 될 것이다. 아마도 여러 접근 방법 중에서 인간행동생태학에 기반한 실증적 접근이 이를 달성할 수 있는 가장 강력한 이론적 틀을 제공하리라 생각한다.

▣

인류의 지능에 관한 논의는 단일한 IQ 수치나 일반 요인(g factor)으로 환원할 수 없는, 다차원적이며 복합적인 현상임을 알려준다. 초기 연구에서는 지능이 주로 유전적 요인에 의해 결정된다고 주장하였으나, 이후의 연구들은 환경, 사회문화적 자극, 교육 및 영양 상태 등이 지능 발달에 중대한 영향을 미친다는 점을 밝혀냈다. 또한, 집단 간, 인종 간 그리고 성별 간 지능 차이에 관한 논쟁은 단순한 유전 결정론을 넘어, 문화적, 사회적, 경제적 요인이 상호작용하는 복잡한 맥락 속에서 이해되어야 한다.

지능이라는 개념은 단순히 정량적 측정 수치로 평가될 수 있는 것이 아니라, 언어, 수리, 공간적 지각, 기억력, 처리 속도, 정서적 지능 및 창의적 사고 등 다양한 하위 요소들의 상호작용을 포괄하는 다면적 현상이다. 따라서 미래 연구에서는 신경생물학적 기전, 사회문화적 학습, 환경적 압력 등 여러 요인을 통합하는 학제적 접근이 필수적이다. 이러한 통합적 분석은 지능에 관한 기존의 유전자 결정론과 본질주의적 관점을 극복하고, 인간 행동과 적응의 복잡성을 보다 정교하게 규명할 수 있는 토대를 마련할 것이다.

5. 발달 및 생애사적 다양성

생애사 이론은 진화생물학에서 중요한 개념으로 큰 발전을 거듭했다. 생물체가 자신의 자원을 어떻게 분배하여 생존과 번식이라는 진화적 목표를 달성하는지를 설명하는 데 주안점을 둔다.[220] 원래는 동물생태학 영역에서 주로 사용되었으나, 이후 인간의 행동과 성격 차이를 해명하는 진화적 틀로도 확장되었다. 즉, 자연선택으로 형성된 다양한 생명체의 전략적 선택 과정을 통해, 각 개체가 생존·성장·번식·체력 유지 등에 자원을 어떻게 안배하는지 살피는 것이다.

생애사 모델의 발전은 20세기 중반 몇몇 주요 진화학자의 공헌에 크게 빚지고 있다. 앞서 언급한 데이비드 랙은 번식과 자원 분배 간의 관계를 강조하며 생애사 이론의 초기 개념을 정립했다.[221] 이후 조지 윌리엄스는 생명체가 자원 분배와 생존이나 번식 간의 균형을 맞추는 과정을 제시함으로써, 생애사 전략 연구에 중요한 전기를 마련했다.[222] 로버트 트리버스는 부모 투자 이론을 통해, 부모가 보유한 자원을 자손에게 어떻게 투입하느냐가 자손의 생존과 번식에 결정적인 영향을 미친다고 주장함으로써 생애사 이론의 핵심 논의를 한층 풍부하게 만들었다.[223]

에릭 샤노브가 제안한 생애사 불변량(life history invariants) 개념은, 생명체가 자원을 분배·활용하는 과정에서 나타나는 일정한 패턴이나 비율을 수학적으로 분석하기 위한 이론적 틀이다.[224] 핵심 아이디어는 서로 다른 종과 환경 조건에도 불구하고 특정 생애사 형질 간의 비율이 일정하게 유지될 수 있다는 것이다. 예를 들어, 출생 후 번식까지 걸리는 시간과 개체의 수명 간의 비율, 생존율과 번식률 간의 비율, 성장률과 사망률 간의 비율 등이 생애사 불변량에 해당한다.

가장 중요한 불변량은 다음과 같다. 첫째, 출생 후 번식에 이르는 시간과 수명의 비율이다. 이는 각 개체가 언제 번식할지, 즉 생애주기 중 번식 시점이 언제인지와 전체 수명 간의 비율을 나타낸다. 둘째, 생존율과 번식률 간의 비율이다. 개체가 번식에 많은 에너지를 투자하면 생존 확률이 낮아지며, 반대로 생존에 더 많은 에너지를 투자할 경우 번식률이 낮아질 수 있다. 이 비율은 개체가 처한 환경적 제약과 자원 가용성에 따라 최적화된다. 셋째, 성장률과 사망률 간의 비율이다. 성장 속도가 빠른 종일수록 수명이 짧고, 느리게 성장하는 종일수록 수명이 길다.

그러나 생애사 불변량 개념이 항상 옳은 것은 아니다.[225] 첫째, 모든 종이 이러한 불변량을 따르는 것은 아니다. 특정 종들은 예외적으로 생태적 상황에 따라 매우 다른 생애사 전략을 취할 수 있다. 둘째, 생애사 불변량은 주로 개체 수준에서의 자원 배분에 초점을 맞추고 있으며, 군집 수준이나 종 간 상호작용을 충분히 고려하지 못할 수 있다. 개체 간 경쟁, 상호작용, 협력과 같은 복잡한 군집 내 상호작용은 생애사 전략을 크게 좌우할 수 있으나, 불변량 개념은 이러한 집단 수준의 동역학을 설명하기에는 제한점이 많다.

이러한 생애사 이론을 종합적으로 정리하고 발전시킨 인물은 진화생물학자 스티븐 스턴스(Stephen C. Stearns, 1946~)•다. 생애사 이론을 개념적, 경험

• 예일 대학교와 위스콘신 대학교 매디슨, 브리티시컬럼비아 대학교에서 생물학으로 학위를 마쳤다. 리드 칼리지와 스위스 바젤 대학교, 예일 대학교 등에서 진화생물학 교수를 지냈다. 생애사 이론 및 진화의학 연구를 주로 진행했다. 다음을 참고하기 바란다. *The evolution of life histories*. Oxford: Oxford University Press; 1992.; *Evolutionary medicine*. Oxford: Oxford University Press; 2012.

적, 그리고 수학적 관점에서 체계화한 저서를 발표한 스턴스는 생애사 전략이 진화적 선택압에 의해 형성되었다고 설명했다. 각 개체가 처한 환경적 압력에 따라 자원을 어떻게 배분할지 결정하게 된다는 것이다. 스턴스는 생애사 형질이 환경에 적응하는 방식으로 진화했으며, 개체 간의 변이는 이 진화적 과정의 결과라고 설명했다. 특히 번식과 생존 간의 트레이드-오프를 강조했다. 개체는 번식과 생존에 동시에 많은 자원을 투자할 수 없으므로, 이 두 가지 목표 간에 균형을 맞추는 전략적 선택을 해야 한다. 예를 들어, 번식에 많은 자원을 투입하면 그만큼 생존에 투입할 자원이 줄어들게 되며, 반대로 생존에 더 많은 자원을 투자하면 번식에 쓸 자원이 줄어들게 된다. 최적점은 자연선택에 의해 조정되며, 각 개체는 환경적 조건에 따라서 최적의 자원 배분 전략을 선택하게 된다. 스턴스가 요약한 주요 생애사 형질(life history traits)은 다음과 같다.

- 생존율: 개체가 생존할 확률
- 성장 속도: 개체가 성숙할 때까지 얼마나 빠르게 성장하는가
- 번식 시기: 개체가 처음 번식할 시점
- 번식률: 개체가 한 번에 얼마나 많은 자손을 낳는가
- 번식 횟수: 개체가 생애 동안 몇 번 번식하는가
- 수명: 개체가 얼마나 오래 사는가

생애사 전략은 환경적 압력에 대한 장기적 적응 방식으로, 자원 가용성·포식 압력·경쟁 강도·기후 등의 요인에 따라 생존과 번식 간 자원 배분을 달리한다. 예컨대 자원이 풍부하고 상대적으로 안전한 환경에서는

생존에 더 많은 자원을 투자하여 장수할 수 있지만, 자원이 희박하거나 위험 요소가 많은 환경에서는 빠른 번식과 단기간 생존이 유리할 수 있다.

그렇지만 생애사 이론에도 한계가 있다. 우선 이 이론은 대체로 개체 수준의 자원 배분 결정에 초점을 맞추어, 사회적 상호작용이나 집단 내 경쟁, 협동 같은 복잡한 군집 동역학을 충분히 다루지 못한다. 또한, 주로 장기적인 진화 과정을 강조하기 때문에, 단기적인 급변 상황이나 예외적 사례를 설명하는 데 상대적으로 취약하다.

발달적 가소성(developmental plasticity)이란, 동일한 유전형(genotype)을 지닌 생물체가 다양한 환경에서 서로 다른 표현형(phenotype)을 나타낼 수 있는 능력을 의미한다. 이는 환경 변동성이 큰 상황에서 생물체가 진화적 적응을 이룰 수 있도록 돕는 중요한 기전이다.[226] 개체가 어린 시기에 접하는 환경적 신호는 발달과정 전반에 걸쳐 생애사 전략을 조정하는 데 큰 영향을 미치며,[225] 이로 인해 다양한 환경 조건에 대한 적응력이 높아진다. 실제로 생애사 전략은 주로 발달 초기에 형성되는데, 자원이 풍부하고 환경이 안정적이면 성장 속도와 수명을 늘리는 '느린 생애사 전략'을, 자원이 부족하거나 환경이 불안정하면 빠른 번식과 짧은 수명을 특징으로 하는 '빠른 생애사 전략'을 선택할 가능성이 커진다. 즉, 발달적 가소성은 특정 유전형에서 정해진 하나의 표현형만 나타나는 것이 아니라, 각기 다른 환경적 자극에 따라 표현형이 조정될 수 있음을 의미한다. 발달 가소성은 결국 개체의 생존과 번식 성공도를 높이는 적응적 형질로 진화해 온 것이다.[227]

이러한 발달적 가소성이 제대로 작동하기 위해서는 몇 가지 조건이 충족되어야 한다. 먼저, 개체가 여러 환경적 조건에 두루 대응할 수 있을 만큼 충분히 넓은 반응 범위를 지녀야 한다. 예를 들어, 특정 생물이 특정 온도 조건에서만 생존 가능한 경우에는 발달적 가소성이 낮다고 볼 수 있다. 그러나 다양한 온도 범위에서 생존하고 번식할 수 있는 생물체는 발달적 가소성이 높아, 더 폭넓은 환경 변화에 적응할 수 있는 능력을 지닌다.[227] 계절적 변화, 자원 가용성, 경쟁 압력, 포식자 유무 등은 모두 생물체의 생존과 번식에 크게 영향을 미친다. 발달적 가소성은 개체가 이러한 환경 변동성에 대응하여, 실제 환경에 적합한 표현형을 발현할 수 있도록 돕는다.

또한, 발달적 가소성이 유전적으로 완전히 고정된 형질이거나 무한한 가소성을 보이는 형질일 수는 없다. 생물체가 나타낼 수 있는 표현형의 폭은 각 종의 유전적 범위에 의해 제한되기 때문이다. 발달적 가소성은 다양한 환경 조건에 적응하기 위한 핵심 전략이지만, 그 범위가 지나치게 넓으면 특정 환경에 대한 적합도가 오히려 떨어질 수 있다. 즉, 모든 환경에 두루 적응하려다 보면, 결과적으로 어떤 환경에서도 최적의 표현형을 발현하기 어려워진다. 따라서 발달적 가소성은 적절한 범위 안에서만 작동해야 하며, 상황에 따라서는 특정 환경에 특화된 표현형이 더 유리할 수도 있다.[4,228]

발달적 가소성이 제대로 작동하기 위해서는 다음과 같은 외부적 조건들이 요구된다.[220,225,227,229]

첫째, 세대 간 생태학적 환경의 가변성이 요구된다. 발달적 가소성은 개체가 세대마다 달라지는 환경 조건에 적응하도록 돕는 기전이므로, 세대마다 환경이 어느 정도 변동해야 한다.[230] 만약 세대 간 환경이 거의 변하지 않는다면, 결국 고정된 행동 패턴이나 형질을 진화시키는 편이 더 유리하다. 다시 말해, 안정된 환경에서는 자연선택이 특정 행동 양식을 고정하기 쉽다.

둘째, 세대 내 환경의 안정성이 필요하다. 발달적 가소성으로 인해 어린 시기에 형성된 행동 특성은 성체가 되어서도 상당 기간 유지되는 경향이 있다. 따라서 세대 내 환경이 과도하게 빠르게 변동하면, 발달과정에서 획득한 특성이 성체 시점에 이미 적합성을 잃어버릴 수 있다. 반대로, 세대 내 환경이 상대적으로 안정적이라면, 발달적 가소성에 의해 형성된 특성이 오랫동안 유효하게 작동해 개체의 적합도를 높인다.

셋째, 공간적 동질성이 요구된다. 발달적 가소성은 개체가 초기 발달과정에서 마주한 환경에 맞춰 표현형을 조정하는 능력을 제공한다. 이때 초기 적소가 개체의 생애 동안 크게 달라지지 않아야 해당 특성이 장기적으로 유리하게 작용한다. 즉, 개체가 처음에 적응한 환경이 극적으로 바뀌지 않는 한, 발달적 가소성으로 인해 생긴 특성은 생존과 번식에 긍정적인 영향을 미친다.

넷째, 수명이 상대적으로 짧아야 한다. 발달적 가소성은 세대 간 변동에 반응하는 전략이기 때문에, 개체의 수명이 길수록 환경이 변화하는 속도와 맞지 않게 되어 부적응 위험이 커진다. 수명이 짧은 종은 세대 내 환경이 비교적 안정된 상태에서 발달적 가소성으로 형성된 특성을 유지할 가능성이 높지만, 수명이 긴 종은 환경 변동 속도가 발달적 변화를 상회할 수 있어 적응적 형질이 오랜 기간 유지되기 어려울 수 있다.

결국 발달적 가소성이 작동하려면, 개체가 주어진 환경에서 가장 적합한 '반응 표준(reaction norm)'•을 선택할 수 있어야 한다.[231] 이 반응 표준 덕분

• 반응 표준이란 유전형(genotype)에 내재된 잠재적 표현형(phenotype)의 범위로, 어떠한 환경 조건에서 어느 표현형이 나타날지를 결정하는 중요한 기전이다.

에 발달적 가소성은 고정된 유전적 형질이나 무한히 변동하는 특성보다 훨씬 효과적으로 생물체가 다양한 환경에 적응하도록 만든다. 즉, 주어진 환경에서 발현될 수 있는 여러 유전적 잠재성 중 가장 이익이 되는 표현형을 개체가 '선택'할 수 있게 된다는 것이다.[232]

발달적 가소성과 관련해 자주 발생하는 오해는 대체로 유전적 형질과 환경적 형질을 분리하려는 시도에서 비롯된다.[229] 첫 번째 오해는 유전적 형질과 환경적 형질이 별개로 존재한다는 전제다. 그러나 발달적 가소성이란 유전적 잠재력과 환경적 요인이 상호작용하여 표현형을 결정하는 과정이므로, 이 둘을 완전히 분리하는 것은 옳지 않다.[227] 예컨대 동일한 유전형을 갖고 있어도 환경에 따라 전혀 다른 표현형이 발현될 수 있는데, 이를 가능케 하는 핵심 기전이 바로 발달적 가소성이다. 따라서 유전형과 환경적 변수를 독립적으로 보는 대신, 이들이 어떻게 상호작용하여 표현형을 조정하는지를 살펴봐야 한다.

두 번째 오해는 행동 형질에 대한 발달적 가소성의 한계와 관련되어 있다. 물론 환경은 행동 형질에 큰 영향을 주지만, 모든 행동적 다양성을 발달적 가소성만으로 설명할 수 있는 것은 아니다. 인간과 비인간 동물 모두에서, 유전적 변이는 적합도와 관련된 핵심 형질에 상당한 다양성을 만들어낸다.[233] 가령 동일한 환경에서 자란 개체들조차 유전적 차이 때문에 서로 다른 행동 반응을 보일 수 있다. 결국 발달적 가소성은 행동 형질 변화를 설명하는 여러 요인 중 하나일 뿐, 그 자체로 모든 행동적 변이를 포괄하는 만능 기전이 아니라는 점을 유의해야 한다.

다시 말해, 발달적 가소성은 유전과 환경이 상호작용한 결과로, 개체가 특정 환경적 신호에 반응하여 발달적 스위치(developmental switch)를 통해 형질을 조정하는 과정을 의미한다. 이때 스위치의 반응 임곗값은 유전적으로 결정되는데, 이는 일정한 환경에서 특정 형질을 발현하도록 만드는 중요한 기전이다. 만약 환경이 고정적이고 스위치의 반응 임곗값이 높아지면, 유전적 순화(genetic assimilation)나 표현형 협량화(phenotypic canalization)가 촉진되어 발달적 가소성이 줄어들고 특정 표현형이 고정될 가능성이 커진다.[234]

반대로, 환경이 매우 다양하고 스위치의 반응 임곗값이 낮아지면, 개체는 여러 환경 조건에 맞춰 다양한 표현형을 발현할 수 있게 되며, 이를 통해 볼드윈 효과가 일어날 수 있다.[235] 8장에서 언급했듯이 볼드윈 효과란, 개체가 환경 변화에 대응해 행동을 바꾸고, 그러한 행동 변화가 유전적 선택을 거쳐 형질로 반영되는 진화 과정을 가리킨다.[236] 흔히 이것을 '진화의 표현형 우선 이론(phenotype-first theory of evolution)'이라고도 부르는데, 즉 학습이나 행동 적응이 시간이 지남에 따라 유전자 변화를 끌어낸다는 것이다. 최근에는 컴퓨터 시뮬레이션을 통해 환경 변화 주기와 학습 속도 간의 상호작용이 볼드윈 효과를 일으키는 데 매우 중요하다는 사실이 밝혀지고 있다.[237,238]

발달적 가소성은 단순히 환경 변화에 대한 단기적 적응 기전을 넘어, 장기적인 진화적 변화를 유도하는 중요한 역할을 한다. 이는 개체가 발달 과정에서 환경적 신호에 맞춰 생태적·생리적·행동적 특성을 조정함으로써 적응성을 높일 뿐만 아니라, 그 과정에서 유전적 선택을 촉발하여 개체군의 유전적 변이와 진화 경로를 재조정하기 때문이다.[227]

특히 생애사 이론과 밀접하게 연관된다.[220] 발달적 가소성은 빠른 생애사 전략(fast life history strategy)과 느린 생애사 전략(slow life history strategy) 양쪽 모두에 적응적 변이를 제공한다. 다시 말해, 자원이 풍부하고 환경이 안정적인 상황에서는 수명이 길고 번식 시기가 늦은 느린 생애사 전략을, 자원이 부족하거나 환경이 불안정할 때는 상대적으로 이른 번식과 짧은 수명을 선택하는 빠른 생애사 전략을 택하도록 한다.[230]

한편, 환경적 조건에 따른 적응적 반응을 예측하는 과정은 필연적으로 불확실성을 동반한다. 심리학자 에곤 브룬스윅(Egon Brunswik, 1903~1955)•은 이를 '확률적 기능주의(probabilistic functionalism)' 개념으로 설명했다. 유기체는 불완전한 환경 단서에 근거해 의사결정을 내리는데, 이러한 의사결정이 곧 환경 변화에 대한 적응 과정이라는 것이다.[239,240] 브룬스윅의 이론은 유기체가 확률적 단서를 해석하기 위해 '렌즈(lens)'라는 중개 과정을 거친다는 유비로 설명할 수 있다. 즉, 환경이 제공하는 단서는 불완전하고 불확실하기 때문에, 이를 거르는 '렌즈(지각 필터)'가 행동 결정에서 중요한 역할을 담당한다. 이런 과정을 가리켜 종종 '브룬스윅 진화 발달 이론(Brunswikian evolutionary developmental theory)'이라 한다.

좀 더 자세하게 설명해보자. 도메인 독립적 접근과 도메인 종속적 접근은 각각 여러 인지 과정에 공통으로 작용하는 범용 기전과 특정 환경·과제·적소에 특화된 기전을 강조한다. 이 둘은 한편으로 상반된 입장처럼 보이지만, 생물학적 준비도(biological preparedness)와 발달적 가소성(developmental plasticity)이라는 두 매개 변수를 통해 통합할 수 있다.[230] 즉, 종에 따라 이미 유전적으로 준비된 특정 반응 경향(생물학적 준비도)이 존재하더라도, 환경적 단서에 따라 표현형이나 행동을 탄력적으로 조정할 수 있는 발달적 가소

• 헝가리 부다페스트에서 태어나, 빈 공과 대학교에서 공학을, 빈 대학교에서 심리학을 전공했다. 빈에서 논리실증주의에 기반한 학풍의 영향을 받았다. UC 버클리 심리학과 교수를 지냈다. 인간의 지각과 판단이 환경과 어떻게 상호작용하는지에 관한 연구로 잘 알려져 있다. 또한, 심리학적 실험에서 생태적 타당성(ecological validity)의 중요성을 강조했다.

성이 함께 작동하면, 개체가 적절한 시점에 최적 반응을 유발할 수 있다는 것이다.

예컨대 불확실한 환경 단서를 '렌즈'로 거르듯이 해석함으로써, 개체는 확률적이고 다의적인 정보를 종합해 행동을 결정한다. 이는 발달적 가소성과 생물학적 준비도가 조화를 이뤄, 개체가 어느 정도 범용적 인지 과정(도메인 독립성)을 활용하면서도 필요한 경우 특정한 환경 요구(도메인 종속성)에 맞춰 세밀하게 적응하도록 해준다.

다시 말하지만, 발달적 가소성이 생애사 전략에 미치는 영향은 빠른 생애사 전략과 느린 생애사 전략이라는 두 방향으로 대표된다. 위험이 크고 자원이 제한적인 환경에서는 빠른 생애사 전략을 취해 번식률을 높이고 수명을 짧게 가져가는 방식이 선호되고, 안정적이고 자원 풍부한 환경에서는 느린 생애사 전략을 통해 번식률을 낮추고 긴 수명에 투자하는 것이 유리하다.[4,241] 이러한 맥락에서 제안된 생애 속도 증후군(Pace of Life Syndrome, PoLS) 가설은, 생리적·행동적 특성까지도 생애사 전략과 밀접하게 연결되어 있다고 가정한다.[242] 즉, 개체가 처한 환경적 조건에 따라 자원 배분 방식, 번식 시기, 성장 속도, 생존 전략 등이 조율되며, 이로 인해 개체 간 행동과 생리적 형질 전반에서 유의미한 차이가 발생한다는 것이다. 결국 도메인 독립적·도메인 종속적 접근을 잇는 다리로서 발달적 가소성 개념은, 개체가 유전적으로 미리 준비된 성향을 지니면서도 환경 신호에 따라 가장 적합한 전략을 선택·조정해 나가는 복합적 적응 과정을 폭넓게 이해하는 데 기여한다.

PoLS 가설은 생리적·행동적 형질이 서로 긴밀하게 연결되어 종이나 개체가 선택한 생애사 전략에 따라 통합적으로 조율된다는 점을 강조한다.[243] 예를 들어, 빠른 생애사 전략을 가진 개체는 상대적으로 짧은 수명에 맞춰 높은 번식률과 활발한 행동을 보이는 경향이 있으며, 그만큼 대사율이나 스트레스 호르몬 분비량 역시 높아질 수 있다. 반면, 느린 생애사 전략을 취하는 개체는 낮은 번식률·긴 수명이라는 특성과 함께, 상대적으로 여유로운 행동 양상과 안정된 생리적 지표를 나타낼 가능성이 크다.[244] PoLS 가설은 이처럼 생리적 형질(예: 스트레스 호르몬, 면역 반응, 대사율)과 행동적 특성(예: 활동 수준, 위험 감수성, 사회적 상호작용)이 동시에 조정되는 종합적 적응 과정이라고 가정한다.[245,246]

그러나 PoLS 가설에는 몇 가지 주목해야 할 한계가 있다. 첫째, 이 가설은 다양한 생리·행동 특성을 단일 축(예: '빠른 vs. 느린')으로 묶어 설명하려는 경향이 있으며, 이는 현실적으로 매우 복합적인 개체의 행동과 생리적 변이를 모두 포괄하기 어려울 수 있다.[244] 어떤 종이나 개체에서는 생애사 특성과 행동적 증후군이 환경적 요인과 상호작용하여 예측하기 힘든 양상으로 드러나기도 한다.

둘째, PoLS 가설은 개체가 처한 다양한 환경적 요인(예: 기후, 자원 분포, 사회적 맥락)을 충분히 고려하지 못할 수 있다.[247] 즉, 개체 간 행동 차이를 생리적 형질과 단순히 연결하는 과정에서 사회문화적 영향이나 외부 생태 조건이 간과될 위험이 있다. 이러한 점에서 PoLS 가설은 복합적 모델링과 세분된 연구가 병행되어야만, 보다 현실적으로 개체의 행동과 생리적 특성을 설명할 수 있다.

흥미롭게도 개체가 번식과 생존 사이에서 자원을 어떻게 배분할지 결정하는 과정은 성별에 따라 다른 양상을 보이기도 한다. 예컨대 남성(수컷)은 종종 빠른 생애사 전략을 추구하는데, 이는 높은 번식 투자, 빠른 성장, 높은 대사율과 같은 형질로 나타나며, 베이트만의 원칙(Bateman's Principle)에서 제시한 수컷의 번식 성공 극대화 경향과 맞닿아 있다.[248] 반면, 여성(암컷)은 번식 과정에 들이는 생리적 비용이 크기 때문에, 일반적으로 번식 시점을 신중히 선택하고, 자원을 보다 장기적인 생존과 자손 양육에 투입하는, 이른바 느린 생애사 전략에 가까운 패턴을 보인다.

다만, 이러한 성차가 생애사 이론만으로 완벽히 설명되기는 어렵다. 수명이나 번식 전략, 생태적 환경, 짝짓기 체계 등 복합적 요인이 성별 간 행동·생리적 차이를 함께 결정하기 때문이다. 예컨대 일부다처(polygyny) 짝짓기 체계에서는 수컷이 번식 성공을 극대화하기 위해 더 많은 짝과 교미하려는 경향을 보이는데,[249] 이는 빠른 생애사 전략과 결합해 짧은 수명·높은 대사율과 같은 특성을 촉진할 수 있다. 반면 암컷은 종종 적은 수의 자손을 안정적으로 양육·생존시키는 쪽으로 자원을 분배하며, 이는 생체 유지와 안전을 중시하는 장기적 생존 전략과 연결된다.

결국, 생애사 이론에서 성별에 따른 차이를 충분히 고려하지 않으면, 생애사 전략과 관련된 표현형 및 행동 양상을 왜곡된 방식으로 해석할 위험이 있다. 수컷과 암컷은 각기 다른 환경적·생태적 압력에 직면하며, 그 결과 나타나는 생리적·행동적 형질도 다르게 조정된다. 이를 제대로 반영해야만, 성별에 따라 나타나는 빠른 생애사 전략과 느린 생애사 전략의 상이한 패턴을 더욱 정교하게 설명할 수 있다.

생애사 이론은 개체가 생애 전반에 걸쳐 자원을 어떻게 배분하고, 번식과 생존을 위한 전략을 어떻게 결정하는지를 설명하는 유용한 틀이다. 그러나 모든 행동 차이를 완벽하게 설명하기에는 한계가 있다. 대표적으로, 신체적 매력과 같은 표현형적 특성은 생애사 전략과 직결되지 않음에도, 개체의 사회적·성적 기회를 크게 좌우하여 번식 전략에 영향을 미칠 수 있다.[250,251] 예컨대 매력적인 개체는, 안정적 유년기를 보냈더라도, 인기가 높으므로 다양한 짝짓기 기회를 확보하기 쉽다. 따라서 빠른 생애사 전략으로 전환할 유연성을 갖게 된다. 반면 신체적 매력이 낮은 개체는 낮은 사회성적지수(SociOsexuality Index, SOI)를 강요당하여, 결과적으로 느린 생애사 전략을 택할 가능성이 크다. 이는 생애사 이론이 예측하는 '안정적 환경→느린 생애사 전략' 도식과 어긋나는 것이다.

반면에 매력적 개체는 '기회가 많을수록 굳이 서둘러 번식할 이유가 없다'는 역설적 행동을 보이기도 한다.[4] 매력적 개체는 일시적으로 높은 사회성적지수를 보이면서도, 장기적 생존을 위해 자원을 보존하려는 '느린 생애사'적 특성을 동시에 보일 수 있고, 반대로 매력적이지 않은 개체는 낮은 사회성적지수를 보이다가도, 기회가 생길 경우 즉시 빠른 생애사 전략으로 전환할 것이다.[252] 게다가 이러한 역설적 결과는 성에 따라서 크게 다르게 나타날 것이다. 이처럼 생애사 전략과 표현형적 특성(특히 신체적 매력) 간의 상호작용은 개인의 번식 행동과 사회적 행동을 복합적으로 결정하는 요인이다.

또한, 사회경제적 계층 및 생태환경적 요인이 생애사 전략에 미치는 영향을 반드시 고려해야 한다. 예컨대 내전 지역 혹은 빈곤 환경에서 자란 청소년들은 제한된 선택지와 위협적인 상황 때문에 위험을 감수하는 경향이 나타난다. 이런 경향은 자원 부족과 미래 불확실성에 대한 합리적 대응일 수 있으나, 이를 곧바로 '빠른 생애사 전략'에서 비롯된 행동으로 일반화하기는 어렵다. 반면, 상류층에 속한 개인은 부와 권력을 통해 다양한 자원과 기회를 마음대로 활용할 수 있어, 높은 사회성적지수나 위험 추구 행동을 비교적 '안전'하게 시도할 수 있다. 이들은 안정된 환경에서 자원을 축적해온 탓에 전형적으로는 느린 생애사 전략에 가까운 특징을 보이지만, 부유함 자체가 새로운 가능성을 열어주어 단기적 성적 관계나 모험적 행동을 별다른 제약 없이 시도하게 만들 수 있다. 반면, 빈곤한 상황에 처한 개인은 자원 부족으로 인해 생존이나 번식 기회가 애초에 제한적이므로, 오히려 느린 생애사 전략을 강요당할 수도 있다.[253]

그러면 발달적 가소성 모델에 따른 생애사 이론에 관한 근연 기전을 살펴보자. 최근 연구에서는 생애사 전략을 신경발달적 기전과 호르몬 조절 기전을 통해 더 깊이 이해하려는 시도가 늘어나고 있다. 신경전달물질, 성호르몬, 옥시토신, 스트레스 반응 시스템 등은 개체의 생애사 전략에 영향을 미치는 주요 요소다.

첫째, 단가 아민(monoamine) 계열의 신경전달물질이 생애사 전략을 결정하는 데 중요한 역할을 한다. 세로토닌과 도파민은 생애사 이론에서 두드러진 역할을 하는 신경전달물질로, 각기 다른 경로를 통해 개체의 행동 패턴을 조절한다. 도파민은 빠른 생애사 전략과 연관되며, 충동성, 위험 감수, 성적 욕구 증가 등과 관련된다. 반면, 세로토닌은 주로 느린 생애사 전략과 관련이 있으며, 감정 조절, 사회적 안정성, 신중한 의사결정을 촉진하는 경향이 있다.[254]

도파민(dopamine)의 역할은 이처럼 충동성이나 위험 감수 행동과 강하게 연관되어 있지만, 신경생리적 효과는 단순하지 않다. 도파민은 중뇌 변연 경로(mesolimbic pathway)를 통해 보상과 쾌락을 중재하며, 이는 빠른 생애사 전략에서 단기적 보상과 즉각적 만족을 추구하는 경향을 강화한다. 이러한 경로에서 도파민의 활동은 개체가 빠른 생애사 전략을 선택하는 주요 기전으로 작용한다.

그러나 도파민은 느린 생애사 전략과도 연관될 수 있다. 도파민의 또 다른 경로인 중뇌 대뇌피질 경로(mesocortical pathway)는 집중력, 근면성, 성취 추구 등의 특성을 강화하여 개체가 장기적인 목표를 추구하고 자원을 보존하는 행동을 보일 수 있도록 돕는다.[4,255]

충동성과 도파민 간의 관계 또한 복잡하다. 도파민은 종종 충동성을 증가시킨다고 알려졌지만, 실제로는 도파민 감소가 충동성과 관련되는 경우도 흔하다. 예를 들어, 주의력 결핍 과잉행동 장애(Attention Deficit Hyperactivity Disorder, ADHD) 등에서 도파민 결핍은 충동적 행동과 연관된다. 전두엽의 도파민 경로가 억제되었기 때문이다.[256] 도파민의 수준이 행동 양상에 미치는 영향을 단선적으로 해석해서는 안 된다.

게다가 도파민 시스템의 유전적 다형성은 개체 간 행동적 차이를 설명하는 중요한 요인으로 작용한다. 특히, 도파민 수용체 D4 유전자(DRD4) 등의 유전자 다형성은 개체의 자극 처리, 위험 감수 행동, 새로운 경험 추구와 같은 행동적 경향을 조절하는 데 중요한 역할을 한다. 예를 들어 7-반복 대립유전자(7-repeat allele)는 새로운 경험 추구 행동(novelty-seeking behavior)과 강하게 연관되어 있으며, 이는 빠른 생애사 전략을 추구하는 개체에서 두드러지게 나타난다.[257-259]

도파민 전달체 유전자(DAT1)의 다형성도 도파민 신호 전달에 중요한 역할을 한다. 도파민 전달체는 시냅스에서 도파민을 재흡수하는 기능을 수행하며, 이 과정은 도파민 농도와 활동에 직접적인 영향을 미친다. DAT1 유전자의 10-반복 대립유전자(10-repeat allele)는 도파민 재흡수율을 증가시켜 시냅스에 남아있는 도파민의 양을 감소시켜 집중력 저하와 충동성 증가를 일으킬 수 있다. ADHD 환자에게서 이 유전자의 변이가 빈번하게 발견되는데, 이는 도파민 신호 전달 체계의 불균형이 충동적 행동의 주요 원인임을 시사한다.[260]

세로토닌(serotonin)은 도파민과는 다른 식으로 생애사 전략에 영향을 미친다. 세로토닌은 주로 감정 조절과 관련된 신경전달물질로, 느린 생애사 전략을 촉진하는 역할을 한다. 세로토닌 경로는 불안감 감소, 안정된 사회적 관계 유지, 장기적인 자원 배분 등의 행동을 유도해 개체가 신중하게 자원을 관리하고 장기적인 목표를 추구하는 데 기여한다. 세로토닌의 수치가 높을수록 개체는 위험을 감수하는 행동을 줄이고, 더 신중한 결정을 내릴 가능성이 높다.[261]

세로토닌 운반체 유전자(5-HTTLPR)의 다형성은 개체의 정서적 반응성과 스트레스 감수성을 조절하는 데 중요한 역할을 한다. 5-HTTLPR 유전자의 단일 뉴클레오타이드 다형성(SNP)은 짧은 변이(short allele)와 긴 변이(long allele)로 구분되며, 짧은 변이를 가진 개체는 스트레스에 더 민감하고 불안감을 더 쉽게 느끼는 경향이 있다.[262] 반면, 긴 변이를 가진 개체는 스트레스 상황에서 상대적으로 안정된 정서적 반응을 보이며, 장기적인 목표 추구에 유리한 특성을 나타낼 수 있다.[263]

또한, 세로토닌 2A 수용체 유전자(HTR2A)의 A-1438G 다형성은 사회적 행동과 위험 회피에 큰 영향을 미친다. G 대립형을 가진 개체는 불안감과 우울감 등 부정적 정서 반응을 더 자주 경험하며, 이는 위험 회피 행동과 신중한 사회적 행동 패턴으로 이어질 수 있다. 반면, A 대립형을 가진 개체는 감정적으로 더 안정된 상태를 유지하고, 위험을 감수하며 더 적극적인 사회적 상호작용을 보이는 경향이 있다.[264-266]

도파민과 세로토닌의 상호작용도 중요한 논점이다. 전통적으로 도파민은 보상과 쾌락을 중개하면서 개체가 즉각적인 만족을 추구하도록 하는 경향을 강화하고, 세로토닌은 이를 억제하면서 보다 장기적인 목표 추구와 안정적 행동을 촉진한다고 알려져 있다. 예컨대 세로토닌이 부족한 상황에서는 개체가 위험을 감수하고 충동적으로 행동하기 쉬우며, 이는 흔히 빠른 생애사 전략과 맞닿아 있다고 해석된다.[267] 그러나 특정 신경전달물질의 변화가 단순히 하나의 생애사 전략만을 지지한다고 보기는 어렵다. 도파민의 증가는 보상 추구나 충동성을 높이면서도, 중뇌 대뇌피질 경로가 활성화되면 근면성과 장기적 목표 달성에 유리한 태도를 강화할 수 있다. 세로토닌의 활성 또한 위험 회피나 충동 억제에 관여하는 동시에, 사회적 행동이나 친밀한 상호작용을 촉진하기도 한다. 결국 두 신경전달물질 간의 상호작용은 개체의 전체적 행동 양상을 복합적으로 결정하며, 환경적 변수나 발달적 경험에 따라 도파민과 세로토닌 중 어느 쪽이 우세하게 작용하느냐에 따라 생애사 전략이 빠른 쪽으로, 혹은 느린 쪽으로 기울어질 수 있다. 따라서 도파민이나 세로토닌을 각각 '단기성'이나 '장기성'과 일대일로 연결하기보다는, 이 둘이 상호작용하며 복합적으로 행동 경향을 조절한다는 관점에서 접근해야 한다.

둘째, 성호르몬의 역할도 생애사 전략의 중요한 기전으로 작용한다. 남성 호르몬인 테스토스테론(testosterone)은 남녀 모두에서 빠른 생애사 전략과 연관되며, 공격성, 위험 추구, 다수의 성적 파트너를 추구하는 행동을 촉진한다.[268] 남성의 경우, 높은 테스토스테론 수치는 주로 경쟁적 행동, 지배력 추구, 짝짓기 기회를 극대화하려는 경향을 강화하여 빠른 생애사 전략을 채택하도록 유도할 수 있다. 이러한 행동 패턴은 자원이 부족하거나

불확실한 환경에서 더 두드러지며, 번식 성공을 높일 것이다.[269]

테스토스테론의 역할은 남성의 사회적 지위 추구와도 연결된다. 테스토스테론 수치가 높은 남성은 지배적 행동을 통해 사회적 지위를 획득하고, 이를 통해 더 많은 성적 기회를 얻는 경향이 있다.[270] 흥미롭게도 여성에서 테스토스테론 수치가 증가할 경우 공격성, 경쟁적 행동, 성적 충동 등이 증가할 수 있다. 테스토스테론 수치가 높은 여성은 위험 감수 경향이 더 높아지고, 짝짓기와 관련된 행동에서도 더욱 적극적인 태도를 보일 가능성이 크다.[268]

여성의 경우, 높은 에스트로젠(estrogen) 수치는 생식 능력의 향상과 관련된다. 성적 매력을 높이고 짝짓기 기회를 증대시키는 방향으로 행동을 조절할 수 있다. 특히 여성의 배란 주기 동안 에스트로젠 수치가 증가할 때 성적 매력도가 높아지고 성적 관계를 추구하는 행동이 증가하는 경향이 나타난다.[271] 그러나 남성에게서 테스토스테론이 지속적으로 빠른 생애사 전략을 유도하는 것과 달리, 여성에게서 에스트로젠의 증가는 단지 일시적 행동 변화를 일으킬 가능성이 크다. 예를 들어, 배란 주기 동안 여성의 성적 관심과 매력은 증가하지만, 주기가 끝나면 이러한 행동적 특성은 다시 감소할 수 있다.[272] 이처럼 에스트로젠은 여성의 생리적 상태와 번식 주기에 따라 빠른 생애사 전략의 일부 요소를 촉진하지만, 이는 일관된 전략적 선택보다는 특정 시점의 생리적 반응에 더 가깝다.

한편, 남성의 경우 여성 호르몬의 증가가 빠른 생애사 전략을 촉진한다는 명확한 연구 결과는 거의 없다. 남성에서 에스트로젠의 증가는 일반적으로 테스토스테론의 상대적 감소와 연결되며, 이는 공격성이나 위험 감수 등의 행동을 감소시키는 방향으로 작용할 가능성이 높다. 따라서 남성에게서 에스트로젠의 역할은 빠른 생애사 전략을 유도하기보다는 오히려 사회적 안정성과 감정 조절을 강화하는 방향으로 작용할 수 있다.[273]

셋째, 옥시토신(oxytocin)은 느린 생애사 전략과 밀접하게 연관되는 신경조절물질로 알려져 있다.[274,275] 옥시토신은 대인관계의 유대 강화, 감정적 안정, 사회적 신뢰 및 협력과 같은 특성을 촉진하여 개체가 장기적인 사회적 관계를 형성하고, 안정적 환경에서 자원을 신중하게 배분하도록 돕는다. 특히 남성에서 높은 옥시토신 수치는 친사회적 행동과 양육 행동을 촉진하며, 개체가 안정적 장기 관계를 유지하도록 돕는 경향이 있다.

그러나 여성의 경우 옥시토신의 영향은 훨씬 복잡하고 비일관적인 경향을 보인다. 일부 연구에서는 높은 옥시토신 수치를 가진 여성이 느린 생애사 전략을 채택하는 것으로 나타나지만, 이와 반대로 높은 옥시토신 수치가 불안한 애착(anxious attachment)이나 관계적 폭력(relational aggression)과 연관이 있다는 연구도 있다. 역설적이지만, 높은 옥시토신 수치는 여성이 친밀한 관계 내에서 과도한 의존이나 불안을 경험하게 하여, 안정적 관계 유지보다는 파괴적이고 불안정한 관계를 형성할 가능성을 높이는 방향으로 작용하기도 한다.[276,277] 특히 불안정한 환경에서 여성의 애착 행동을 과도하게 증폭시켜, 장기적 안정성을 추구하기보다는 단기적 성적 관계나 파트너에 대한 강한 집착을 유발한다.[278] 이는 옥시토신이 개체가 처한 환경적 맥락에 따라 느린 생애사 전략과 빠른 생애사 전략 모두에 영향을 미친다는 것을 의미한다.

다시 말해 안정적 환경에서는 옥시토신이 신뢰와 협력을 촉진하여 느린 생애사 전략을 지지하지만, 불안정한 환경에서는 불안정한 애착이나 관계적 스트레스와 결합하여 빠른 생애사 전략으로 전환될 가능성도 있다. 예를 들어, 어린 시절 부모와의 안정적인 애착 관계를 경험한 경우, 옥시토신은 친사회적 행동과 감정적 안정성을 강화하는 방식으로 작용할 가능성이 높다. 반면, 유년기에 스트레스나 애착 결핍을 경험한 여성은 옥시토신의 작용이 더 복잡하게 나타나며, 불안정한 관계나 충동적인 행동을 촉발할 수 있다.[279]

하지만 환경적 요인이 전부는 아니다. 옥시토신이 느린 생애사 전략에 기여하는 방식은 옥시토신 수용체 유전자(Oxytocin Receptor Gene, OXTR)의 변이와도 연관된다. 일부 연구에 따르면, 옥시토신 수용체 유전자의 특정 변이를 가진 개체는 더 강한 사회적 유대감을 느끼고, 장기적 관계를 형성하는 경향이 높아지지만, 다른 변이를 가진 개체는 옥시토신이 덜 효과적으로 작용하여 친사회적 행동을 덜 유발할 수 있다.[280] OXTR 유전자는 다양한 다형성을 가지고 있는데, 이 다형성은 사람들 간의 옥시토신 수용체 기능 차이를 초래한다.

특히 많이 연구된 다형성은 rs53576과 rs2254298이다.[281-290] 전자는 A형과 G형이라는 두 가지 주요 대립유전자를 보이는데, G형 대립유전자를 가진 사람은 A형을 가진 사람보다 더 높은 공감 능력, 신뢰, 감정적 안정성을 보인다. 반면, A형 대립유전자를 가진 사람은 감정 조절에 어려움을 겪거나, 스트레스에 대한 민감도가 더 높을 수 있으며, 사회적 상호작용에서 더 불안정한 경향을 보인다. 후자도 역시 A형과 G형 대립유전자를 가지고 있는데, G형 대립유전자는 특히 모성 행동과 관련이 있으며, 사회적 애착과 신뢰 형성에 긍정적인 영향을 미치지만, A형 대립유전자를 가진 사람들은 우울증이나 불안 장애 등의 정신 건강 문제를 경험할 가능성이 더 높다. 앞서 언급한 애착 이론과 연결해서 환경과 유전, 그리고 근연

기전으로서의 호르몬 효과를 종합적으로 판단할 필요가 있다.[291]

넷째, 스트레스 반응 시스템은 생애사 전략을 조정하는 또 다른 중요한 요인으로 작용한다. 유년기부터 성인기까지 개체가 겪는 스트레스의 정도는 장기적 행동 패턴과 생애사 전략에 큰 영향을 미친다. 유년기에 경험한 스트레스는 종종 빠른 생애사 전략과 밀접하게 연관되어 있으며, 이는 개체가 불안정하고 자원이 부족한 환경에서 즉각적인 생존을 우선시하는 행동 양상을 촉발하기도 한다.[292] 스트레스 반응은 주로 시상하부-뇌하수체-부신 축(HPA 축)을 통해 조절되며, 만성적 스트레스는 이 축의 기능을 변화시켜 생리적·행동적 변화로 이어진다. HPA 축의 활성화는 코르티솔과 같은 스트레스 호르몬의 분비를 촉진하여 개체가 스트레스 상황에 신속하게 대처할 수 있도록 돕는다. 그러나 반복적인 스트레스 노출은 HPA 축의 과도한 활성화를 유발하여 신경계에 부정적 영향을 미치며, 이는 장기적으로 빠른 생애사 전략을 강화하는 방향으로 작용할 수 있다.[293]

유년기 스트레스 경험은 개체의 정신 건강에도 장기적인 영향을 미친다. 반복적인 스트레스 노출은 외상 후 스트레스 장애(Post-Traumatic Stress Disorder, PTSD), 불안 장애, 우울증 등 정신 건강 문제와 연결되어 개체가 생애사 전략을 선택하는 방식에 부정적인 영향을 미칠 수 있다. PTSD나 불안 장애를 겪는 개체는 장기적 계획을 세우기보다는 즉각적 생존에 집중하는 경향을 보이는데, 이는 빠른 생애사 전략을 채택하게 되는 주요 원인 중 하나로 작용한다. 이러한 정신 건강 문제는 사회적 지지 부족, 경제적 불안정성 등과 결합하여 더욱 심화될 수 있으며, 따라서 개체의 생리적 스트레스 반응과 생애사 전략에 복합적인 영향을 미친다.[294]

그러나 스트레스의 영향이 단순히 빠른 생애사 전략으로 기울어지는 것은 아니다. 지나치게 낮은 스트레스 수준에서도 빠른 생애사 전략이 나타나기도 한다. 예를 들어, 안전하고 예측 가능한 환경에서 스트레스 수준이 낮을 때, 일부 개체는 자원 축적보다는 기회가 많은 환경을 활용해 빠르게 번식하려는 전략을 선택한다.• 반면에 중간 수준의 스트레스는 개체가 위험을 감수하면서도 자원을 효율적으로 관리하도록 유도하며, 이는 빠른 생애사 전략과 느린 생애사 전략 간의 균형을 이루는 중요한 기전으로 작용할 수 있다.[295]

한편 지나치게 높은 스트레스 수준은 오히려 느린 생애사 전략을 촉진할 수 있다. 지나친 스트레스는 개체의 생리적 부담을 증가시켜, 스트레스 상황에서 벗어나기 위해 자원을 신중하게 관리하고 보호하는 느린 생애사 전략으로 전환하도록 할 수 있다. 쉽게 말해서 과도한 스트레스는 단기적으로 절도 행동을 늘릴 수도 있지만, 장기적으로 과도한 저축 행동을 통해 수전노 같은 느린 생애사 전략을 유발할 수도 있다는 것이다. 극단적 스트레스를 받는 개체는 지속적 생존 가능성을 보장받기 위해 자원을 보존하고 에너지를 절약하는 행동을 보인다.[293]

또한, 스트레스는 개인의 타고난 심리적 형질에 따라 다르게 작용한다. 예를 들어, 심리적으로 더 강한 회복력을 가진 개체는 스트레스 상황에서도 빠른 생애사 전략을 선택하기보다는 느린 전략을 유지하는 경향이 있다. 반면, 심리적 취약성을 가진 개체는 상대적으로 낮은 스트레스 수준에서도 빠른 생애사 전략을 채택하기도 한다.[295]

• 이를 골디락스 원리(Goldilocks principle)라고도 한다. 적정 수준의 스트레스, 즉 적응적 스트레스(adaptive stress)가 가장 바람직하다는 것이다.

생애사 이론은 생물체가 제한된 자원과 생태적 제약 속에서 평생 어떻게 행동하고 자원을 배분할지를 설명하는 데 매우 유용한 틀이다. 그러나 인간 사회의 복잡성과 사회적, 문화적 요인들을 완벽히 설명하는 데는 기존 이론에 한계가 있다. 이를 보완하기 위해 최근에는 인간 사회의 다층적 구조와 다양한 환경적, 사회적 요인을 반영한 생애사 이론의 확장 모델이 등장하고 있다.

인간의 생애사 전략은 다양한 사회생태학적 요인에 의해 결정되며, 이러한 복잡한 사회적 맥락과 맞물려 다른 동물 종과 비교할 때 훨씬 더 다층적이고 복합적인 양상을 보인다. 특히 인간의 사회생태학적 맥락에서는 신체적 지배력과 사회적 명성이라는 이중 지위 체계가 생애사 전략의 복잡성을 한층 높인다.[296] 신체적 지배력은 전통적 의미에서 개인이 물리적 힘을 바탕으로 자원이나 타인을 제압하는 능력을 가리키고, 사회적 명성은 개인이 속한 사회 내부에서 갖는 평판과 영향력을 의미한다. 이 두 가지 지위 체계는 상호작용하며, 생애사 전략 선택 과정에서 중요한 역할을 한다. 예를 들어, 신체적 지배력이 강한 개체는 자원을 빠르게 획득하고 짝짓기 기회를 극대화하기에 유리하므로, 빠른 생애사 전략을 선택할 가능성이 높다. 반면, 사회적 명성이 높은 개체는 장기적 협력 관계를 통해 자원을 안정적으로 확보할 수 있으므로, 느린 생애사 전략을 취하는 데 더 적합하다. 이러한 이중 지위 체계는 인간 사회에서 생애사 전략이 다른 동물 종보다 훨씬 더 복잡하게 나타나는 주요 원인 중 하나다.

인간 사회에서 빠른 생애사 전략은 단순히 단기적 번식 기회를 극대화하는 데 그치지 않고, 사회적 협력이나 성실성과 같은 겉보기에는 상반된 행동 패턴을 수반하기도 한다. 이는 전통적 생애사 이론에서 빠른 생애사 전략이 충동성과 즉각적 보상 추구와 연결된다는 해석과는 다소 차이가 있다. 기본적으로 신뢰가 작동하는 사회에서는 빠른 생애사 전략을 채택하는 개인이 협력성과 성실성을 통해 단기 이득을 확보할 수 있다. 반면, 느린 생애사 전략은 장기적 생존과 번식을 지향하지만, 때로 사회적 고립이나 불성실성과 명확히 구분하기 어렵다. 느린 생애사 전략을 따르는 개인은 자원을 신중하게 관리하고 장기 계획을 세우는 경향이 있지만, 그러한 과정에서 대인관계가 줄어들거나 급격한 환경 변동에 대응하는 데 어려움을 겪을 수 있기 때문이다.

또한, 자원의 분배가 불평등한 환경에서는 개체 간 자원 가용성이 현저히 달라지며, 이는 서로 다른 생애사 전략을 최적화하는 주요 요인으로 작용한다.[297] 자원이 풍족한 집단이나 개인은 자원을 장기적으로 관리하고 보존하는 느린 생애사 전략을 선택할 가능성이 크지만, 자원이 극도로 제한된 환경에 처한 개인은 즉각적 생존을 우선시하는 빠른 생애사 전략에 기울게 된다. 이러한 자원 불평등은 성별에 따른 생애사 전략 차이도 강화하는 경향을 보인다.[248] 예컨대 남성은 신체적 지배력과 같은 자원을 바탕으로 빠른 생애사 전략을 택할 가능성이 높고, 여성은 자녀 양육과 장기적 자원 관리를 목표로 느린 생애사 전략을 선택할 가능성이 크다. 이는 성적 분업과 유사한 양상으로 나타나는데, 결국 성별·자원 가용성·사회적 역할이 맞물려 특정 생애사 전략을 합리화하고 정당화하는 복합적 기전을 형성한다.

인간 사회에서 생애사 전략을 결정하는 또 다른 중요한 요인은 사회적 상호작용과 정신화 추론 능력(mentalizing ability)이다. 정신화 추론능력이란 타인의 감정, 의도, 생각을 이해하고 예상하는 능력으로, 복잡한 인간 사회에서 사회적 협력과 대인관계 유지에 유리하게 작용한다. 이러한 능력이 뛰어난 개인은 다양한 사회적 지원망을 구축할 수 있고, 자원 확보나 문제 해결을 위해 다른 사람들과 협력하는 데 유능하므로, 자원을 장기적으로 관리·보존하는 느린 생애사 전략을 택할 가능성이 높다. 반면, 기술적 전문화가 요구되는 환경에서는 기계적·분석적 추론 능력이 더 큰 비중을 차지하게 되는데, 이는 자원을 효율적으로 분배하고 복잡한 과제를 해결하는 데 직접적으로 기여함으로써 또 다른 형태의 느린 생애사 전략을 강화할 수 있다.[298,299]

흥미롭게도, 이러한 사회적 능력과 기술적 능력이 서로 대립하는 정신적 스펙트럼으로 나타난다는 주장도 있다. 대립 모델(diametrical model)에 따르면 자폐 스펙트럼 장애 특성을 보이는 개인은 낮은 충동성, 낮은 자극 추구, 제한적인 사회성적 행동을 보여 느린 생애사 전략과 상관관계를 보이는 한편, 조현병적 성향을 가진 개인은 높은 충동성, 높은 자극 추구, 과잉된 사회적 행동을 통해 빠른 생애사 전략과 밀접하게 연관된다.[299] 실제로 자폐스펙트럼장애와 조현병은 서로 다른 신경 발달 경로를 따르는 것으로 추정되며, 두 장애가 동시에 나타나는 경우는 드물다. 전두엽과 다른 뇌 영역 간 연결이 약화된 자폐는 과소연결(hypoconnectivity)과 관련되고, 조현병은 과연결(hyperconnectivity)이나 도파민 경로의 과활성화 등 신경생물학적 기전을 지니는 것으로 알려져 있다.[300] 또, 신경심리학적 관점에서 자폐 환자는 낮은 사회적 인식과 인지적 결함을 보이지만, 조현병 환자는 왜곡된 과잉 해석이나 망상에 가까운 인지적 과잉해석을 보이는 경우가 많다.[301] 이러한 연구 결과들은 인간의 생애사 전략이 타인에 대한 인식 능력뿐 아니라, 기술적 추론 능력과 신경발달적 특성 등에 의해서도 폭넓게 조절됨을 시사한다.

확장된 생애사 이론은 인간 사회의 복잡한 사회생태학적 환경을 더 잘 반영하기 위해 기존 생애사 이론을 수정·보완한 접근법으로, 단순한 자원 배분과 번식 전략만이 아니라 사회적 지위 추구나 기술적 전문성 추구 같은 요인까지 포괄하는 다양한 생애사 전략 프로파일을 제안한다. 진화 정신의학자 마르코 델 구디체(Marco Del Giudice)•는 이러한 확장된 관점을 바탕으로, 인간 사회에서 관찰되는 행동 전략을 네 가지 유형으로 구분했다.[247] 대략 다음과 같다.[243,302-304]

- 첫 번째 '적대적/착취적(antagonistic/exploitative)' 프로파일: 전통적인 빠른 생애사 전략을 반영한다. 이 프로파일에 속하는 개체는 충동성, 위험 감수, 자극 추구, 조숙성 등의 특성을 두드러지게 보이는데, 위험한 환경이나 자원 부족 상황에서 짧은 기간 내에 번식 기회를 극대화하려는 전략으로 해석된다. 이들은 높아진 사회성을 통해 다양한 관계망을 빠르게 형성하면서도, 애착이 안정적이지 않아 장기 협력보다는 단기적 이득에 집중한다.[243,302-304]

- 두 번째 '유혹적/창조적(seductive/creative)' 프로파일: 빠른 생애사 전략의 변형으로, 단순히 신체적 지배나 자원 착취에 의존하기보다 상대방의 감정과 의도를 파악·조작하여 사회적 관계를 자신에게 유리하도록 형

• 이탈리아 출신의 심리학자로, 토리노 대학교에서 학위 과정을 마친 뒤 진화심리학과 발달심리학, 정신병리학을 결합하는 학제적 연구를 수행해 왔다. 적응적 보정 모델(Adaptive Calibration Model, ACM) 등을 통해 생리적 시스템의 개체 차이를 진화적으로 설명하려고 시도하고 있으며, 다양한 정신병리를 진화의학적 관점에서 연구하고 있다.

성한다는 점이 특징적이다. 이는 높은 정신화 추론 능력, 공감, 상상력, 리더십 등을 활용해 자원을 획득하거나 영향력을 확대하는 방식으로, 현대 사회에서 정치적·사회적 명성으로 자원을 얻는 전략과 닮았다.[103,247,305]

- 세 번째 '친사회적/돌봄(prosocial/caregiving)' 프로파일: 전통적인 느린 생애사 전략에 가깝다. 낮은 충동성, 낮은 위험 감수, 낮은 자극 추구를 특징으로 하며, 만숙성과 안정적 애착 형성을 통해 자원을 보존·관리하고 장기적 생존과 번식을 도모한다. 가족 중심적이고 양육에 집중하는 태도를 보여 협력과 연대가 중요한 환경에서 유리하게 적응하며, 이는 부모-자녀 관계를 비롯한 다양한 장기적 대인관계에서 두드러진다.

- 네 번째 '기술적/생산적(skilled/provisioning)' 프로파일: 역시 느린 생애사 전략의 변형이지만, 주로 기술적 능력과 문제 해결에 중점을 둔다. 이들은 시공간 추론·지각 능력 같은 기술적 전문성을 통해 자원을 효율적으로 분배하고 생태계를 안정적으로 유지함으로써 사회적 지위를 확보한다. 사회적 상호작용이 다소 적어 고립적으로 보일 수 있으나, 장기적 관점에서 생산성과 기술적 혁신을 통해 높은 생태적 적합도를 달성할 수 있다는 점에서 중요하다. 이러한 전략은 현대의 산업 및 기술 환경에서 특히 유리하게 작용하며, 초기 번식 적합도가 낮을 수도 있지만 장기적으로는 자원 확보와 지위 향상에 큰 도움이 된다.

한편, 조금 다른 방식의 생애사 확장 모델도 제안되었다. 확장된 생애사 이론의 하나인 빠른-느린-방어(Fast-Slow-Defense, FSD) 모델은 인간의 복잡한 행동적 개인 차와 다양한 정신병리를 설명하기 위해, 기존 생애사 이론에 '방어 전략(Defense strategy, D)'을 추가한 독창적이고 통합적인 틀로서 제안되었다.[241]

FSD 모델은 인간의 행동과 정신병리를 세 가지 주요 전략으로 분류한다. 빠른 전략(Fast strategy, F), 느린 전략(Slow strategy, S), 그리고 방어 전략(Defense strategy, D)이다. FSD 모델의 핵심적인 확장은 전통적 생애사 이론에서 '방어 전략(D)'을 새롭게 설정하는 데 있다. 방어 전략은 만성적 스트레스나 외상, 위협 등에 직면했을 때 활성화되는 일종의 즉각적 생존 대응으로, 불안이나 회피, 과잉 경계 같은 심리적 반응을 유도한다. 방어 전략이 적절한 수준에서 작동한다면 생존에 유리할 수 있지만, 과도하게 활성화될 경우 불안 장애, 외상 후 스트레스 장애, 강박 장애 등 다양한 정신병리로 이어질 가능성이 높다.[298]

FSD 모델에 의하면 방어 전략이 빠른 생애사 전략(F)과 느린 생애사 전략(S) 모두에 개입하여, 각 전략과 연관된 임상적 장애를 더 세밀하게 설명할 수 있다. 예컨대 빠른 생애사 전략은 반사회적 인격장애, 품행장애, 적대적 반항장애 같은 장애와 맞물릴 가능성이 높고, 느린 생애사 전략은 식이장애, 양극성 장애, 강박성 인격장애 등과 연관될 수 있다는 것이다.[298]

흥미롭게도, FSD 모델은 방어 전략(D)이 두 전략의 양극단에서 과잉 작동할 때, 정신병리적 클러스터가 크게 두 가지 형태로 나타난다고 주장한다.[306] 하나는 우울·기분 부전·범불안장애·PTSD 등 지속적 스트레스와 만성적 불안을 특징으로 하는 '불편(distress) 클러스터'이고, 다른 하나는 공황장애·사회공포증·특정 공포증·회피성 인격장애 등 외부 위협에 대한 과도한 두려움과 회피 행동을 보이는 '두려움(fear) 클러스터'다. FSD 모델은 단지 '빠른 전략은 충동적이고 느린 전략은 안정적이다'라는 식의 단순 도식에 그치지 않고, 생존이나 번식 과정에서 발생하는 자원 분배와 활용 문제를 더욱 다층적이고 포괄적으로 다루고 있다.[4]

발달적 가소성과 생애사 모델을 통해 개체 간 행동 형질 차이를 설명하려는 시도가 늘고 있으며, 이는 환경과 유전의 상관관계를 통합적으로 반영하고, 진화생물학에서 입증된 r/K 전략에 기반한다는 장점을 지닌다. 그러나 이러한 빠른-느린 생애사 연속체(fast-slow continuum) 모델을 인간 행동 연구에 그대로 적용하기 위해서는 여러 주의가 필요하다.

우선, 이 모델은 종 간 생애사 변이 양상을 설명하는 데서 출발했으므로, 개체 차원에서의 행동 분석에 적용할 때에는 종 내에서 관찰된 트레이드-오프가 실제로 일관되게 작동하는지 면밀히 검증해야 한다. 생태적 수(生態的 手, ecological gambit)를 무리하게 확장하면 생태적 오류(ecological fallacy)에 빠질 위험이 있기 때문이다.

또한, 전통적 생애사 이론이 주로 출산율, 수명, 출산 간격, 체구 등 거시적 형질을 다뤄 온 데 반해, 인간 행동 연구에서는 미시적인 행동 양상까지 생존과 번식, 성장 등에 미치는 영향을 해석하려고 시도한다. 그러나 인간 행동은 사회적 지위 경쟁이나 짝 선호, 위험 감수 등 다양한 요인이 복합적으로 작용하는 분야라, 이를 일률적으로 생애사 전략에 대입하기는 쉽지 않다. 예를 들어 위험한 지위 경쟁을 하는 개체는 장기적으로 바람직한 짝을 찾기 위한 느린 생애사 전략을 취하는 것일까? 짝 가치가 떨어지는 개체와 안전한(성 내 경쟁에서 자유로운) 번식을 시도하는 경우는 빠른 생애사 전략일까? 느린 생애사 전략일까?

특히 개체 간 행동 차이는 단순히 발달적 가소성뿐만 아니라, 다요인적 유전 형질 및 사회생태학적 조건이 중첩적으로 작용하는 결과다. 이 때문에 환경적 신호를 바탕으로 생애사 전략을 최적화하려는 발달적 반응이 때로는 적응적일 수 있지만, 부적응적 결과를 낳기도 한다.[307]

▣

지금까지 살펴본 생애사 이론은 생물학에서 비롯된 자원 배분 전략과 발달적 가소성 개념을 결합하여, 인간 행동과 성격 차이를 설명하는 유용한 틀을 제시한다. 초기에는 종 간 비교에 중점을 두었으나 점차 인간 행동 연구에까지 확장되었다. 발달적 가소성 개념을 통해, 환경 변화와 유전적 특성이 상호작용하여 개체마다 다양한 생애사 전략을 형성한다고 가정한다. 또한, 뇌·호르몬·신경전달물질 등 근연 기전과 환경적·사회적·문화적 맥락이 복합적으로 맞물리며 개체의 행동 양상을 좌우하는 과정을 여러 확장 모델(예: FSD 모델, PoLS 가설 등)로 설명한다. 자원 배분과 위험 감수, 사회적 협력과 경쟁, 성별 차이, 정신병리 등 폭넓은 영역에 적용되며 인간의 행동 다양성을 설명하는 틀로 활용되고 있다.

그런데도 인간 사회는 자원 불평등, 성별 차이, 문화적 규범 등 복잡하고 다층적인 변수를 지니고 있어, 전통적 생애사 이론만으로는 한계가 있다. 이를 보완하고자, 발달적 가소성, 뇌신경 기전, 호르몬 등 생리 기전, 사회적 협력과 경쟁, 문화적 영향 등 다양한 관점을 통합하려는 시도가 이어지고 있다. 인간 행동의 폭넓은 스펙트럼과 예외적 사례까지 포괄할 수 있는 확장된 생애사 모델로 진화하고 있다.

6. 행동생태학적 다양성

행동생태학은 다윈의 자연선택 이론을 근간으로 하여 20세기 초 동물행동학과 생태학의 융합을 통해 체계화되었다. 맥아더와 윌슨은 자원 경쟁과 적소 분할을 통해 행동이 진화하는 과정을 설명했고, 틴베르헌과 로렌츠는 행동이 단순히 자극에 대한 기계적 반응이 아니라 진화적 적응 전략임을 강조했다. 이후 1970년대 들어 해밀턴과 트리버스가 포괄적합도 이론과 상호 이타주의 이론을 제시함으로써, 협력과 이타주의가 자연선택에 의해 진화할 수 있다는 사실을 입증했다. 이러한 통찰은 개체 간 상호작용과 생태적 적소의 관계를 수리적 모델로 분석함으로써, 다양한 행동 전략의 진화를 설명하는 데 중요한 역할을 했다.

행동생태학의 초기 연구는 주로 동물 행동에 초점을 맞췄지만, 현대 들어 인간 행동을 설명하는 영역으로도 확장되었다. 인간행동생태학은 인간이 특정 환경과 사회적 맥락 속에서 어떻게 행동 전략을 조정하고 적응하는지를 연구하며, 특히 생존과 번식을 둘러싼 행동의 진화적 기원을 살핀다. 행동생태학적 관점에서 개체 간 차이는 각 개인이 처한 생태적 조건과 자원 분배, 사회적 상호작용에 따라 상이한 행동 전략을 택하게 되는 과정을 통해 나타난다. 이는 단순한 유전적 변이가 아니라, 개체별로 상이한 환경적 요인에 대한 적응적 반응의 결과다. 다시 말해, 행동생태학적 접근은 개체 간 행동 표현형이 어떻게 다차원적 적소 공간

(multidimensional niche space)에서 발현되는지를 설명하는 이론적 틀이며, 환경적 조건에 따른 행동 전략 차이를 해명하는 데 중요한 의의를 지닌다.[4]

행동생태학적 접근은 개체의 생존과 번식 성공에 기여하는 적응적 행동이 환경과의 상호작용을 통해 어떻게 선택되고 유지되는지를 중점적으로 다룬다. 이를 통해 개체 간 행동 차이를 진화적 과정에서 발생한 선택압에 대한 반응으로 이해할 수 있다. 정량적 이론 생태학(quantitative theoretical ecology)에서는 이 같은 행동 다양성이 다차원 적소 공간에서 개체가 서로 다른 자원을 활용하고, 상이한 환경적 조건에 적응함으로써 발생하는 생태적 적소 분화(ecological niche diversification) 결과라고 가정한다. 즉, 개체가 특정 자원이나 생태적 틈새를 차지함으로써 역할 분담과 자원 경쟁의 감소를 이끌고, 그 결과 개체 간 상호작용이 강화되며 행동적·생리적 다양성이 유지된다.[308] 이런 적소 분화 과정은 종 내 행동적 다양성이 진화하고 발달하는 주요 동인이며, 다양한 행동 전략이 출현하는 근거가 될 수 있다.

또한, 계통학적 차원의 진화적 압력(phylogenetic evolutionary pressures) 역시 개체 차이를 유지하고 확장하는 데 중요한 역할을 한다. 종 내 행동적 다양성은 진화적 역사와 개체군 내부의 상호작용 양상에 의해 결정되는데, 선택압은 개체의 생리적·행동적 형질에 따라 상이하게 작용할 수 있다. 선택압은 생태적, 사회적, 환경적 요인 등 여러 요인으로부터 비롯되며, 이를 통해 개체 간 행동적 차이가 진화 과정에서 어떻게 유지되고 변화했는지를 설명할 수 있다. 결국 이러한 접근은 계통발생학적 진화 과정을 설명하는 유용한 틀을 제공한다. 개체 간 행동적 다양성은 해당 종의 진화적 역사를 반영하고, 선택압이 각 개체의 행동적·생리적 형질에 어떠한 영향을 미쳐 왔는지 이해할 수 있는 근거가 되기 때문이다.[242]

이러한 관점에서 생태적 적소(ecological niche)는 생물학적·비생물학적 차원을 포괄하는 다차원 초공간(multidimensional hypervolume)으로 정의되며, 한 종이 생존·번식하기 위해 필요한 모든 자원과 환경적 조건을 아우른다. 생물학적 차원에는 종 간 관계(포식, 피식, 기생, 공생 등)뿐만 아니라 동종 내 경쟁과 협력, 사회적 상호작용이 포함되어, 개체가 같은 종의 다른 개체들과 어떻게 자원을 공유하고 경쟁하는지를 반영한다.[308] 이런 생물학적 요인은 개체군 동태를 결정하는 중요한 요인이며, 여기에 더해 사회 환경(social environment)도 종의 적응과 생존에 지대한 영향을 미치므로, 생태적 적소 안에 포함된다. 비생물학적 차원에는 위도, 고도, 온도, 습도, 광량, 토양 조건 등 물리적·지리적 요소가 포함되어, 생존에 필요한 물리적 범위를 결정한다. 예컨대 특정 고도에서만 생존 가능한 종은 그에 맞춰 지리적 분포가 제한되며, 온도나 습도 등 물리적 요인에 따라 행동적·생리적 적응 방식을 달리하게 된다.[242]

8장에서 언급한 허친슨은 n-차원 초공간(n-dimensional hypervolume)이라는 개념을 도입하여, 종이 자원을 사용하는 여러 차원(예: 온도, 습도, 먹이 등)을 포함한 환경에서의 생존 조건을 수학적으로 설명했다.[202] 예를 들어, 각 환경 요인을 x_1, x_2, …, x_n으로 나타내고, 각 요인에 대해 종이 생존할 수 있는 허용 범위를 $[a_i, b_i]$라고 한다면, 종의 기본 적소(fundamental niche)는 단순화하여 다음과 같이 직육면체 형태의 하이퍼볼륨으로 표현할 수 있다.

$$H=[a_1,b_1]\times[a_2,b_2]\times\cdots\times[a_n,b_n]$$

- H는 n차원 공간 내에서 종이 생존할 수 있는 모든 조건의 집합

- a_i와 b_i는 각각 환경 변수 x_i에 대해 생존 가능 한곗값

더 일반적인 형태로, 종의 생존과 번식에 영향을 주는 조건을 나타내는 함수 $\lambda(x_1, x_2, \cdots, x_n)$가 있다고 할 때, 이 함수가 종의 순증가율을 나타낸다면 종이 지속 가능한 환경 조건의 집합(적소)은 다음과 같이 정의할 수 있다.

$$N=\{(x_1, x_2, \cdots, xn) \in R_n | \lambda(x_1, x_2, \cdots, xn) \geq 1\}$$

- $\lambda(x_1, x_2, \cdots, x_n) \geq 1$인 조건: 종의 개체수가 유지되거나 증가하는(즉, 생존 가능한) 환경 조건

이처럼 서식지(habitat)나 지리적 범위는 생물학적·비생물학적 요인이 함께 작용하여 형성되는데, 생태적 적소의 '표준적' 공간 차원에서 설명될 수 있다. 그러나 실제로 생태적 적소는 훨씬 복잡한 다차원 구조로, 이런 공간 차원은 그중 일부에 지나지 않는다. 이러한 다차원적 적소는 종이 생존에 필요한 모든 조건과 자원의 조합을 포함하며, 더 세분하면 종이 잠재적으로 이용할 수 있는 기본 적소(fundamental niche)와 실제로 점유하게 되는 실질 적소(realized niche)로 구분할 수 있다.[309] 기본 적소는 이론적으로 종이 생존 가능한 모든 환경 조건과 자원을 포함하지만, 실제로 종들이 이용하는 실질 적소는 종 간 경쟁·포식압 등을 고려해 종종 기본 적소보다 좁아진다.

실질 적소가 기본 적소보다 좁아지는 현상은 종 내에서도 발생할 수 있으며, 이는 개체 간 생태적 상호작용에 의해 결정된다. 같은 종 내에서 각

개체가 최적화된 실질 적소를 차지하면서, 서식지 전체가 모자이크 형태로 분화될 수 있다. 이러한 과정에서 개체 간 경쟁이 반드시 특정 형질의 소멸이나 경쟁적 배제(competitive exclusion)를 초래하는 것은 아니다. 오히려 종 내 적소 분할(niche splitting)이 이루어지면서, 각 개체는 자신이 지닌 생리적·행동적 특성에 맞춰 다차원적 생태 초공간 내에서 적절한 적소를 배정받는다.[310] 이는 개체 간 차별화된 적응 전략을 가능하게 하며, 동일 서식지 내에서 서로 다른 환경 조건에 특화된 여러 개체가 공존할 수 있도록 해준다. 이에 대해서는 7장에서 논한 바 있다.

적소 분할은 서식지 내 개체 간 자연선택에 의해 발생하는 역동적 과정으로, 동일 적소를 공유하던 다수 개체가 동일한 자원을 놓고 경쟁하게 될 경우, 각기 다른 환경적 조건에 최적화된 적소를 점유함으로써 경쟁적 배제를 피하고 생태적 분화를 이룰 수 있다. 이러한 과정에서 일부 개체는 포식자 경계나 경고 신호 같은 방어 기전을 공동으로 활용하여 경쟁적 해방(competitive release)을 경험하기도 한다. 경쟁적 해방은 종 간 경쟁이 줄어들거나 사라질 때 특정 종이 더 넓은 생태적 적소를 차지하게 되는 현상을 의미한다. 일반적으로 경쟁적 해방은 강력한 경쟁자가 사라지거나, 새로운 자원이 이용 가능해짐으로써 발생한다. 침입종(invasive species)이 새로운 서식지에 진입하여 토착종과 직접 경쟁하지 못하거나, 토착종에 비해 강력한 경쟁 상대가 없는 상황에서 급격히 번성하는 경우가 대표적 사례다.[311] 그러나 새로운 행동 패턴이나 먹이 선택을 통해서도 경쟁적 해방이 일어날 수 있다. 예컨대 동일 서식지에서 서로 경쟁하던 개체들이 각기 다른 먹이를 이용하거나 먹이를 섭취하는 시간대와 방식에서 차별화를 이룬다면, 경쟁적 자원 분배가 이루어지고, 그 결과 개체들은 서식지

내에서 자신에게 유리한 자원을 활용하며 직접 충돌을 피할 수 있다.[310]

만약 시공간적으로 겹치는 상황에서 종 내 경쟁이 발생하면, 각 개체는 적소 분할을 통해 자신의 적합도를 최적화할 수 있다. 일반적으로 최적 반응 경향(Optimal Response Disposition, ORD)이란 특정 생태학적 조건에서 생존과 번식에 가장 유리한 종 특이적 행동 및 생리적 반응을 의미하며, 같은 종의 개체가 보이는 형질 분포는 최적 반응에 수렴하는 경향을 보인다. 즉, 개체 간 행동 차이는 줄어들고, 종 내에서 구심력(convergent force)이 형성되어 일관성 있는 행동 패턴이 유지되는 것이다. 이러한 행동적 수렴은 자원 활용의 효율성을 높이고, 동일 생태적 조건에 대하여 유사한 대응을 보이게 함으로써 개체군의 생태적 적응을 촉진한다.

예를 들어 각 개체가 선택할 수 있는 행동이나 생리적 상태를 나타내는 연속 변수 x를 도입해보자. 특정 생태적 조건에서 자원 획득의 효율이 x^*에서 최대가 된다고 가정하면, 자원 획득량 $R(x)$는 아래와 같이 모델링할 수 있다.

$$R(x) = R_{max} - a(x - x^*)^2$$

- R_{max}는 최대 자원 획득량
- $a>$는 x가 x^*에서 벗어날 때의 비용(효율 감소 정도)

동일 종 내의 개체들이 비슷한 x값을 가지면 자원을 동시에 사용하게 되어 경쟁이 심화된다고 가정한다. 평균 특성 $\bar{x}$와의 차이를 경쟁 비용으로 표현하면 다음과 같다.

$$C(x,\bar{x}) = b(x-\bar{x})^2$$

- 여기서 $b>$는 경쟁 강도

개체의 총 적합도 $f(x)$는 자원 획득 혜택과 경쟁 비용의 차이로 표현할 수 있다.

$$f(x) = R(x) - C(x,\bar{x}) = [R_{max} - a(x-x^*)^2] - b(x-\bar{x})^2$$

만약 모든 개체가 동일한 생태학적 조건 하에서 최적의 자원 획득과 최소 경쟁 비용을 고려한다면, 최적화 문제는 다음과 같이 표현된다.

$$\max_x f(x) = R_{max} - a(x-x^*)^2 - b(x-\bar{x})^2$$

모든 개체가 비슷한 x값을 선택한다고 가정하면, $x=\bar{x}$가 성립한다.

이 경우 위의 최적화 함수에서 $x-x^*$일 때 최대화되므로, 최적 전략은 x^*이다. 즉, 각 개체는 자신의 행동을 x^*에 맞추게 되어, 개체 간 행동 차이가 줄어들고 ORD로의 수렴이 일어난다.

개체군 내에서 다양한 x값들이 존재할 때, 이들 분포 $p(x,t)$의 시간에 따른 변화를 복제자 동역학으로 모델링할 수 있다.

$$\frac{\partial p(x,t)}{\partial t} = p(x,t)[f(x) - \bar{f}]$$

여기서 평균 적합도 $\bar{f}$는 다음과 같다.

$$\bar{f} = \int f(x)p(x,t)dx$$

만약 x^*가 진화적으로 안정한 전략(Evolutionarily Stable Strategy, ESS)이라면, 시간이 지남에 따라 분포 $p(x,t)$는 x^* 주변에 집중되며, 결국 대부분의 개체가 x^*를 채택할 것이다.

그러나 밀도 의존 경쟁(density-dependent competition) 하에서는 이 구심력이 또 다른 양상으로 발현되어, 오히려 종 내 행동적 차이를 증가시키는 원인이 될 수 있다. 개체군 내에서 행동 반응 분포의 중심을 차지하는 개체는 동일한 자원을 두고 치열한 경쟁을 벌이게 되므로, 경쟁이 심한 환경에서는 최적 반응 경향을 보이는 개체들이 오히려 적응적 이득을 얻기 어려울 수 있다. 반면, 아(亞) 최적 반응(suboptimal response)을 보이는 개체는 경쟁이 덜한 영역을 활용함으로써 상대적으로 높은 적합도를 확보할 수도 있다. 이처럼 자원 접근 능력의 차이와 환경적 조건이 맞물려, 행동 양상의 다양성이 확대되고, 일부 개체는 적소 분할을 통해 경쟁적 해방을 누리며 생존과 번식에 유리한 위치를 차지할 수 있게 된다.[312-314]

앞서 언급한 모델을 활용하여 다음과 같이 정의하자. 특정 생태적 조건에서 자원 획득의 효율이 x^*에서 최대가 된다고 가정하면, 자원 획득 혜택 $R(x)$는 아래와 같이 동일하게 모델링할 수 있다.

$$R(x) = R_{max} - a(x - x^*)^2$$

밀도 의존 경쟁은 개체가 선택하는 행동 x에 대하여, 다른 개체들이 같은 또는 유사한 행동을 선택할 때 경쟁 비용이 증가함을 의미한다. 이를 위해 개체군 내 행동 분포를 $p(y)$라 하고, 개체 x와 y 사이의 경쟁 강도를 경쟁 커널 $a(x,y)$로 나타낸다. 경쟁 커널은 행동의 차이에 따라서 감소할 것이다.

$$a(x,y) = \beta exp[-\frac{(x-y)^2}{2\sigma^2}]$$

- $\beta>0$은 경쟁 강도의 척도
- σ는 경쟁이 얼마나 넓은 범위에 걸쳐 일어나는지를 결정하는 매개 변수

개체 x에 대한 총 경쟁 비용 $C(x)$는 개체군 전체에 걸친 경쟁 효과를 적분하여 다음과 같이 정의한다.

$$R(x)=\int_{-\infty}^{\infty} a(x,y)p(y)dy=\int_{-\infty}^{\infty} \beta exp[-\frac{(x-y)^2}{2\sigma^2}]p(y)dy$$

개체 x의 총 적합도 $f(x)$는 자원 획득 이득에서 경쟁 비용을 뺀 값으로 나타낸다. 다음과 같다.

$$\begin{aligned} f(x) &= R(x)-C(x) \\ &= R_{max}-a(x-x^*)^2-\int_{-\infty}^{\infty} \beta exp[-\frac{(x-y)^2}{2\sigma^2}]p(y)dy \end{aligned}$$

일반적인 상황에서는 자원 획득 이득이 최대인 x^*를 선택하는 것이 유리하다고 볼 수 있다. 그러나 밀도 의존 경쟁 하에서는 $p(y)$가 x^* 근방에서

집중될 경우, 해당 영역에서 경쟁 비용 $C(x)$가 많이 증가한다. 이 경우에는 위의 적합도 함수를 미분한 값이 0이 되는 x가 최적 행동이 될 것이다.

$$\frac{df(x)}{dx} = -2a(x-x^*) - \frac{d}{dx}\int_{-\infty}^{\infty} \beta exp[-\frac{(x-y)^2}{2\sigma^2}]p(y)dy = 0$$

출생 순서와 행동 다양성에 관한 연구는 개체 간 행동적 차이가 어떻게 형성되는지를 설명하는 좋은 예시로, 가족 내에서 형제자매 간의 경쟁이 어떻게 개체 간의 행동적 다양성을 촉진하는지 잘 보여준다. 출생 순서는 본질적으로 형제자매가 가족 내에서 서로 다른 '적소(niche)'를 차지하도록 유도하며, 이는 경쟁적 배제의 한 형태로 나타난다.[315-317] 그 결과, 각 형제자매는 이미 점유된 자원을 넘어 새로운 기회를 모색하거나, 기존 자원을 유지·확보하기 위한 행동 전략을 발달시키면서, 서로 다른 환경적 조건에 적응해나간다.

첫째아이는 가족 내에서 가장 먼저 태어나므로 초기 단계에 자원을 독점할 기회를 얻는다. 따라서 첫째는 가족 내 우선적 지위를 자연스럽게 차지하게 되고, 해당 지위를 방어·유지하려는 보수적이고 안정적인 행동 성향을 강화한다. 첫째는 기존 자원을 지키고 사회적 지위를 위협하는 변화를 최소화하기 위해, 권위적이고 책임감 있는 태도를 보이기 쉽다.[317] 반면, 둘째 이후의 자녀들은 이미 첫째가 확보한 자원과 적소에 맞서야 하므로, 새로운 자원과 기회를 찾기 위해 적극적으로 탐색하고 모험적인 행동 전략을 발달시킬 가능성이 크다. 이들은 기존의 질서나 규범을 탈피해 창의적인 문제 해결 방식을 시도하거나, 비전통적·혁신적 태도를 보인다.[318]

출생 순서에 따른 행동적 차이는 부모의 기대와 상호작용에도 영향을 받는다. 가령 부모는 첫째 자녀에게 더 많은 책임과 지도자적 역할을 요구하는 경향이 있어, 첫째가 더욱 안정적이고 통제 지향적 태도를 보이도록 유도한다. 이에 비해 둘째 이후 자녀는 상대적으로 부모로부터 자유로운 행동을 허락받는 경우가 많아, 탐색적이고 유연한 행동 양상을 발달시키기 쉽다.[316]

위의 모델을 사용하여 두 형제자매 i와 j 간의 경쟁 비용을 다음과 같이 정하자.

$$C(x_i,x_j) = \beta exp[-\frac{(x_i-x_j)^2}{2\sigma^2}]$$

출생 순서의 영향을 반영하기 위해, i번째 형제자매에 대해 다른 형제자매 j와의 경쟁 비용에 가중치 w_{ij}를 부여한다. 만약 $j<i$ (즉, j가 i보다 먼저 태어난 경우)에는 w_{ij}=1로 하여, 손윗 형제가 경쟁에서 우위에 있음을 반영하고, 이 값이 1보다 작으면 덜 불리한 것으로 하자. 따라서 i번째 형제자매의 총 경쟁 비용은 다음과 같다.

$$C(x_i,x_{-i}) = \sum_{j \neq i} \omega_{ij} \beta exp[-\frac{(x_i,-x_j)^2}{2\sigma^2}]$$

여기서 x_{-i}는 i번째를 제외한 모든 형제자매의 전략 벡터다.

형제자매 i의 총 적합도는 자원 획득 이득에서 경쟁 비용을 뺀 값으로 다음과 같이 정의한다.

$$f_i(x_i,x_{-i}) = R(x_i) - C(x_i,x_{-i})$$

각 형제자매는 자신의 적합도를 극대화하기 위해 전략 x_i를 선택한다.

$$\frac{\partial f_i}{\partial x_i} = \frac{dR(x_i)}{dx} - \frac{\partial C_i(x_i,x_{-i})}{\partial x_i} = 0$$

이를 풀면 다음과 같다.

$$-2a(x-x^*) - \sum_{j\neq i}\omega_{ij}\beta - \frac{(x_i-x_j)}{2\sigma^2}\,exp[-\frac{(x_i,-x_j)^2}{2\sigma^2}] = 0$$

즉 맏이는 i=1이며, x_I=x*를 선택하여 자원 획득 이득을 극대화한다. 그러나 i>1인 후순위 형제자매는 x*에서 벗어난 다른 전략 $x_i \neq x$*를 선택하여 경쟁 비용을 회피하려 한다.

아무튼 이러한 경쟁적 해방 현상은 종 내 행동적 다양성을 유지하는 주요 기전으로 작용한다. 개체군의 밀도가 높아지면 개체 간 자원 경쟁이 심화되어, 여기서 벗어나기 위한 행동적 변이가 더욱 다양해지는 경향이 나타난다. 즉, 종 특이적 행동 표준에서 다소 벗어난 행동들이 두드러지면서, 밀도가 증가할수록 행동적 다양성 또한 확대된다. 이러한 과정에서 종 특이적 형질의 '최적 반응 경향(ORD)'을 벗어난 외곽 부분에서 누리는 경쟁적 해방은, 개체가 종 내 전형적 형질과는 다른 행동을 통해 적응적 이득을 얻을 수 있는 경로를 마련한다.[4] 그 결과, 종 내 행동적 다양성은 자원 경쟁이 균형적으로 작용하는 가운데 적소 분할을 촉진하고, 이는 서식지 내에서 모자이크 형태로 배열된 다차원적 적소가 형성되도록 만든다.

이러한 행동적 다양성은 자원 경쟁뿐 아니라 협력적 상호작용도 촉진할 수 있다. 예컨대 밀도가 높은 환경에서 일부 개체는 경쟁적 해방을 경험하며 자원을 보다 효율적으로 사용할 수 있지만, 다른 개체는 공동 이익을 위해 협력적 행동을 택하기도 한다. 개체들이 경쟁하면서도 동시에 포식자 경계와 같은 공동 방어 전략을 통해 생존 가능성을 높이는 상황이 발생할 수 있는데, 이는 종 내 적소 분할을 더욱 가속한다. 결국 각 개체는 자신에게 최적화된 적소를 점유함과 동시에, 상호작용과 협력이 얽힌 다차원적 적소 공간이 형성된다.

이처럼 생태적 적소는 고정된 환경이나 유기체의 고정된 형질에 일방적으로 규정되는 것이 아니라, 어포던스(affordance)라는 상호작용적 가능성의 집합으로 이해할 수 있다. 어포던스는 개체가 주어진 환경에서 수행할 수 있는 행동의 잠재적 범위를 가리키며, 개체 차이는 해당 종이 진화해온 생태학적 맥락과 개체가 발달해온 환경적 맥락의 결합으로 형성된다. 특히 인간처럼 개체 간 변이가 큰 종에서는 분단적 선택압(disruptive selective pressure)이 작용하여 적소 다양성이 더욱 촉진되고, 그 결과 행동 표현형이 한층 폭넓고 다채롭게 분화된다.[319] 분단적 선택압이란 평균적 형질보다 극단적 형질을 지닌 개체가 더 높은 적합도를 보일 때 나타나는 상황으로, 개체군 내 행동적·생리적 다양성을 늘리고 종분화나 적응적 다양화를 가속한다.

행동 표현형의 다양성은 종 내 다차원적 적소 공간의 다양성에 비례하여 나타난다. 성격 이론이나 생애사 이론에서 사용되는 여러 차원이 생태학적 모델에서 제시하는 다차원적 사회적 공간(multidimensional social space)과 밀접하게 대응하는 것도 이 같은 이유에서다.[320] 이때 사회적 공간 내 개체들은 적소를 유지하기 위해 경쟁적 배제 과정을 거치며, 적소의 중심부에 위치한 개체는 자신의 위치를 지키려는 동기가 강해 경쟁을 심화시킨다. 반면, 주변부에 위치한 개체들은 적소에서 이탈하기 쉬워, 행동적 다양성이 높아지는 결과를 가져온다. 특히 인간은 새롭고 독특한 적소를 구성할 수 있는 능력을 갖추고 있어, 적소 다양성과 행동 양상의 다양성이 함께 증가하는 경향을 보인다. 새로운 환경에 적응하기 위해 각 개체는 자신만의 특화된 적소를 창출하고, 이에 부합하는 행동적 형질이 발현되면서 개체 간 행동 차이가 벌어진다. 이렇게 적소가 다양해질수록 개체가 선택할 수 있는 행동 범위 역시 넓어지고, 이는 종 내 행동적 다양성을 촉진한다. 일반적으로 사회적 요인은 동종 내 경쟁을 강화하면서도, 다차원적 기본 적소를 제한하는 방식으로 작용해 역설적으로 실질 적소의 다양성을 배가시킨다. 실제로 사회적 상호작용이 활발한 종에서 행동적 다양성이 크게 관찰되는 반면, 주로 단독 생활을 하는 동물들은 행동적 다양성이 상대적으로 낮다는 연구 결과도 이를 뒷받침한다.[4,321]

인류의 주요 선택압은 진화 과정에서 물리적 환경에서 생물학적 환경으로, 그리고 다시 사회적 환경으로 단계적으로 변화해 왔다.[322] 초기에는 지리적 확장을 통해 거주 가능한 지역을 넓히고, 도구 사용 등 기술적 능력의 향상을 통해 더욱 광범위한 환경으로 이주가 가능해졌다. 이 시기에 호미닌은 신규 환경에 적응하며 생존과 번식에 필요한 행동 전략을 발달시켰다. 이후 정주 생활이 시작되면서 인구 밀도 상승과 함께 동종 간 경쟁이 심화되었고, 그 결과 실질 적소가 세분되어 호미닌의 적소 분할을 촉진했다. 농업 혁신으로 자원 접근성이 높아지면서 분업화가 진행되어 사회적 복잡성이 더욱 증가했고, 이로 인해 사회적 선택압도 한층 다양해졌다. 분업화는 다양한 직무와 역할을 창출함으로써 개체가 차지할 수 있는 사회적 적소를 크게 늘렸는데, 그에 대응하는 선택압도 복합적으로 작용했다. 이러한 경향은 산업화 사회를 거치면서 극단적인 수준에 이르렀고, 사회 내 상호작용 및 적소 분할이 매우 복잡해지는 결과를 초래했다.[323,324]

지리적 분포에 따른 행동 다양성 역시 이러한 맥락에서 중요한 사례로 꼽힌다. 지리심리학은 인간 행동 다양성을 개체보다는 집단 수준에서 설명하는 경향이 있지만, 관련 연구 결과들을 살펴보면 눈여겨볼 만한 점이 있다. 집단주의와 개인주의 같은 문화적 특성은 지리적 환경과 밀접하게 연관되어 있으며, 개인이 속한 그룹 및 외집단에 대한 태도와 행동에 큰 영향을 미친다.[325] 집단주의 문화권에서는 소속된 집단(ingroup)과 외부 집단(outgroup)을 뚜렷이 구분하며, 집단의 이익을 개인의 이익보다 우선순위에 두는 경향을 보인다. 반면 개인주의 문화권에서는 개인의 독립성과 자율성을 상대적으로 중시한다.[326-328]

집단주의적 성향은 종종 특정 지리적 환경 요인과 연결된다. 예컨대 기후, 경제적 자원, 감염성 질병의 부담 등이 집단주의 문화를 강화하는 요인으로 지목된다.[329,330] 집단주의는 내부 집단에 대한 강한 유대를 형성함과 동시에 외부 집단에 대해 방어적이거나 공격적인 태도를 보인다. 이러한 태도는 정치·경제적 상황이 불안정하거나 국경 지역처럼 자원이 부족한 곳에서 특히 두드러진다. 또한 감염성 질병 부담이 높은 지역에서는 외집단과의 상호작용을 제한하고 내부 집단 결속을 중시하려는 경향이 강화되는 것으로 나타난다.

기후-경제 이론(climate-economic theory)은 경제적 자원이 기후와 결합해 집단주의 문화 형성에 영향을 미칠 수 있다는 견해를 제시한다. 이 이론에 따르면, 경제적 자원은 여름과 겨울의 극단적인 기후 조건에 대응하는 능력을 제공하며, 이러한 자원의 보유 여부에 따라 사회 구조와 문화가 달라진다.[331,332] 특히 기후적 요구가 클수록 공동체 차원의 조직적 대응이 필수적으로 요구되므로, 집단주의적 문화가 형성될 가능성이 높아진다.

인간은 온혈동물로서 적절한 체온 유지, 안정된 영양 공급, 기본적인 건강 상태를 필요로 하며, 이러한 생리적 요구로 인해 일반적으로 온대 기후를 선호한다.[333] 대략 22°C 정도의 온화한 기후는 인간의 건강과 생활에 가장 적합한 조건으로 간주된다. 반면, 극지방이나 사막과 같은 극단적 기후는 이러한 조건을 충족하기 어려워 심리적·생리적 안락함을 유지하기 어렵다.[334] 경제적 자원은 기후적 어려움에 대응하는 핵심적 수단이다. 부유한 국가는 다양한 기후 보상 상품(의류, 주택, 난방 설비 등)을 통해 이를 극복할 수 있는데, 과거 인류는 이러한 대응이 어려웠다. 현재도 빈곤 지역은 경제적 자원이 부족하기 때문에 집단주의적 사회 구조 및 문화적 경향을 통해서 이에 대응한다.[335]

또한, 기생충 질병 부담과 기후, 그리고 경제적 자원이 상호작용하여 집단주의적 경향—특히 내집단 선호와 외집단 혐오—에 큰 영향을 끼치는 것으로 알려져 있다.[330,336] 즉 열악한 기후(특히 더운 기후)와 감염병 위험은 모두 내집단 선호와 외집단 혐오를 일으키는 생태적 요인이다. 그러나 기후 상의 어려움은 감염병 위험에 비해서 재정 투입을 통해 단기적으로 해결이 가능하다. 이에 착안한 연구에 따르면, 감염병 위험에 비해 기후적 어려움이 집단주의 문화에 더 큰 영향을 미치는 것으로 보인다.

실제로 일부 저위도 지역의 자원부국은 기후 상의 어려움을 막대한 재정 투입을 통해 해결하였고, 그 결과 내집단과 외집단의 문화적 경계가 다소 완화된 양상을 보인다. 반면, 극단적 기후에 경제적 어려움이 결합된 환경에서는 집단주의적 경향이 더욱 두드러진다.[337] 아르메니아, 아제르바이잔, 이란, 모로코와 같은 국가들이 그 예로, 이들 지역에서는 기후적 어려움과 경제적 제약이 결합되어 내집단·외집단 간 심리 경계가 강화된다. 감염병 부담이 외집단 혐오에 미치는 영향도 무시할 수 없으나, 비교 연구에 의하면 기후 여건과 경제적 환경이 훨씬 강력한 예측 변수다(2장에서 히포크라테스가 한 말이 생각날 것이다).

인간 종의 생존과 번식에서 선택압의 상당 부분은 인간 자신이 만들어낸 사회적 환경에서 비롯되었다. 인간 개체는 자신이 속한 사회적 맥락을 능동적으로 창출하고, 그 속에서 적응을 도모해 왔는데, 이는 사회적 이득을 파악하고 최적의 사회적 적소를 구성하려는 노력으로 이어진다.[338] 이런 현상은 '줄달음 사회적 선택(runaway social selection)'이라 불리는 진화 과정을 촉발해, 사회적 자원을 짝짓기 기회와 유사한 제한 자원(limited resource)으로 전환한다.[9,339] 그 결과 사회적 선택압이 종 내 변이를 유발하고, 이에 따라 다양한 적응 전략이 발현되어 적소 다양성 증가와 함께 행동 양상 역시 더욱 폭넓어지게 된다.

일반적으로 개체 간 형질 변이는 집단의 기원에서 멀어질수록 감소하는 경향을 보이는데, 이를 '거리에 의한 고립 모델(isolation by distance model)'이라고 한다.[340,341] 즉, 특정 형질이 처음 발현된 지점에서 변이가 가장 크게 나타나고, 그 지점에서 멀어질수록 변이가 줄어든다는 이론이다.

예를 들어, 유전 형질의 분산 $V(d)$를 단순 지수 감소 함수로 나타내면 다음과 같다.

$$V(d)=V_0e^{-\lambda d}$$

- V_0는 기원에서의 초기 분산
- $\lambda>0$은 거리 증가에 따른 변이 감소율
- d는 기원으로부터의 지리적 거리

하지만 인간 행동과 같이 사회적 적소 형성이 관여하는 경우, 경쟁적 해방(competitive release) 및 사회적 환경의 다양성에 의해 행동적 변이는 단순한 지리적 거리 효과와는 다른 양상을 보인다. 경쟁이 심하고 자원이 풍부한 중심 지역에서는 상대적으로 변이가 억제되고, 반대로 경쟁이 덜하고 자원이 빈약한 주변 지역에서는 다양한 행동 전략이 발달할 여지가 있다. 이 효과는 거리가 멀어질수록(즉, 사회적 적소가 형성될 가능성이 커질수록) 행동적 분산이 증가하는 형태로 모델링할 수 있으며, 단순 선형 함수로 근사하면 다음과 같다.

$$V_{SN}(d)=\mu d$$

- $\mu\geq 0$: 사회적 적소 효과의 강도

행동적 변이 $V_{beh}(d)$는 두 요인의 결합이므로,

$$V_{beh}(d)=V_0e^{-\lambda d}+\mu d$$

즉, 초기에는 d가 작아 $V_0e^{-\lambda d}$항이 지배적이어서 변이가 감소하는 경향을 보이지만, 일정 거리 이상에서는 μd항이 커지면서 오히려 행동적 변이가 증가하는 패턴을 나타낼 수 있다.

실제로 아프리카를 출발점으로 설정한 거리 기반 모델을 사용해 두개골 변수를 분석한 연구에서는, 지리적 거리에 따라 고립이 심화되면서 두개골 변이가 감소하는 경향을 확인한 바 있다.[342] 그러나 인간 행동의 사회적 적소에서 비롯되는 행동적 다양성은 이와 같은 모델로는 충분히 설명하기 어렵다. 전 세계 52개 성격 샘플을 대상으로 한 분석에 따르면, 다섯 개의 성격 요인 중 네 개에서 거리에 의한 고립 모델이 적용되지 않았고, 특히 경험에 대한 개방성의 분산은 아프리카에서 멀어질수록 오히려 증가하는 양상을 보였다.[343]

이는 개체 간 행동 다양성이 단순히 중립적 변이의 축적이 아니라, 사회적 선택압에 따라 발현되는 적응적 전략의 결과임을 시사한다. 사회적 적소는 본질적으로 역동적이기 때문에, 다른 개인들을 고정된 적응 목표로 간주할 수 없다. 오히려 다양한 표현형을 가진 인구 집단이 상호작용하며 동적 균형을 형성하는 과정에서, 사회적 적소 자체가 지속적으로 변동하기 때문이다. 이처럼 진화적 적응 환경은 세대가 지날수록 달라지며, 그에 발맞추어 인간 행동의 다양성도 계속해서 재조정되고 확장되는 특징을 보인다.

인구 증가에 따른 적소 분할은 궁극적으로 빈도 의존성 선택을 유발한다. 이는 특정 형질의 적응 가치가 그 형질을 보유한 개체의 빈도에 따라 달라지는 현상으로, 개체군 내에서 희소한 형질이 더 높은 적응적 이점을 갖는 부적 빈도 의존성 선택(negative frequency-dependent selection)의 경우가 대표적이다.[344] 예컨대 특정 행동 전략이 개체군에서 드물게 나타날수록, 그 전략을 취하는 개체는 경쟁에서 유리한 위치를 차지하며, 이는 곧 개체군 전체에 빈도 의존성 선택 압력을 형성한다. 이때 밀도 의존적 선택(density-dependent selection)에 따라 특정 형질이 집단의 밀도나 경쟁 정도에 맞춰 변동하는, 이른바 '형질 이동(phenotypic shift)' 현상이 발생할 수 있다.

그런데 이러한 적소 분화와 행동 다양성의 진행 과정에서 주로 작용하는 기전은 유전적 다양성일까? 아니면 발달적 가소성에 따른 다양성일까? 환경 신호가 안정적이라면, 개체군 내 유전적 변이가 늘어나는 쪽이 적응적 이익을 높이지만, 환경이 급변하거나 불확실할수록 발달적 유연성이 이를 보완하는 역할을 담당할 수 있다.[225,345] 즉, 신호의 안정성이 높을 때는 유전적으로 특정 형질을 고착화해 다음 세대에 그대로 물려주는 편이 낫고, 신호가 불안정하고 불확실하다면 그때그때 환경에 맞춰 발달적 경로를 조정하는 가소성이 이점을 갖게 된다는 뜻이다.

이때 생태학적 신호(cue)는 '완전히 신뢰할 만한 정도(1)'와 '전혀 의미가 없는 수준(0)' 사이의 스펙트럼 위 어딘가에 놓이므로, 개체는 유전적 다양성과 발달적 가소성을 아울러 진화시키는 방식으로 위험을 분산(hedging)한다.[225] 예컨대 유성생식 자체가 하나의 위험 분산 전략이라면, 비동류(이류) 교배(disassortative mating)는 동류 교배(assortative mating)에 비해 자손이 더욱 다양한 유전자 조합을 지니게 만들어 예측 불가능한 환경 변화에 더 잘 대처하게 한다.

환경 안정성 역시 이러한 기전을 결정짓는 중요한 요인이다. 예측하기 어려운 불안정한 환경에서는 빠른 생애사 전략이 상대적으로 유리하며, 인구 밀도가 가파르게 변동할 때 그 전략을 취하는 개체가 더 많은 자손을 남길 수 있다. 이 경우 이류 교배가 활성화되어 유전적 재조합률이 증가하고, 그 결과 자손들은 한층 폭넓은 유전적 변이를 보인다. 반대로 안정적이고 예측 가능한 환경에서는 느린 생애사 전략이 선호되고, 유전적 재조합률이 낮을수록 부모가 적응한 환경에 자식도 그대로 적응하기에 유리할 수 있다. 이러한 맥락에서 동류 교배가 빈번해지며, 부모와 유사한 유전 구성을 자식에게 물려주는 이점이 커진다.[346,347] 그러나 환경이 한동안 안정되면 결국 자원 경쟁이 심화되고, 다시 적소 분할이 활성화되면서 행동 다양성이 확대될 수 있다.

다시 말해서 발달적 가소성은 두 가지 상충하는 압력—유전적 형질 고정과 환경 신호에 따른 유연성—사이에서 최적 분율을 찾으려는 위험 분산(risk hedging)의 산물이다. 외부 환경의 자원 가용성, 서식지 경쟁, 기후 변동 등 요인이 자주 변동한다면, 발달적 가소성을 어느 정도 유지하면서도 유전적 다양성을 동시에 확보해 두는 것이 장기적으로 안전한 전략이 된다. 사회적 곤충 집단에서 자원 부족이나 환경 스트레스에 대비해 특정한 '잉여' 개체를 유지하는 사례가 이를 뒷받침하는 좋은 예시다.[348] 그러나 위험 분산의 수준이나 양상은 결국 장기적인 환경 조건, 개체군 밀도, 그리고 사회적·생태적 선택압의 상호작용에 의해 동적으로 변화한다.

사회적 동물에서는 높은 개체군 밀도에서 적소를 극단적으로 특화함으로써 적합도를 높일 수 있다. 그러나 불안정한 환경에서는 발달적 가소성이나 유전적 다양성을 통한 위험 분산 전략이 유리하다. 이런 상황에서 개체별 전문화는 줄어들지만, 집단 전체에서 위험을 분산할 수 있다는 이점이 있다.

▣

행동생태학은 개체가 환경적·사회적 요인과 상호작용하며 적응적 행동이 진화하는 과정을 다룬다. 생태적 적소 안에서 각 개체는 자원 경쟁과 협력을 통해 서로 다른 '적소'를 차지하고, 이로 인해 행동 다양성이 발생한다. 인간 행동을 분석하는 인간행동생태학 역시 환경적·경제적·사회적 압력이 복합적으로 작용해 상이한 성격과 행동을 발달시킨다고 가정한다.

특히 불안정한 환경에서는 발달적 가소성이나 유전적 다양성을 활용해 위험을 분산하는 전략이, 안정적 환경에서는 특정 형질을 고착화하는 전략이 유리할 수 있다. 기후, 경제 자원, 감염성 질병 부담 등 요인에 따라 집단주의·개인주의 등이 형성되고, 이는 곧 사회적 협력과 경쟁 양상을 변화시켜 행동적 다양성을 촉진한다. 결국 인간의 행동 차이는 단순 유전 변이가 아니라, 복합적 사회생태적 맥락 속에서 발달적·생물학적 전략이 교차해 나타나는 결과다.

7. 행동적 유연성

행동적 유연성(behavioral flexibility)은 개체가 다양한 환경적·사회적 변화에 즉각적으로 대응하고 행동을 조정하는 중요한 적응 기전으로, 환경의 불확실성이나 자원 변동에 대처하는 전략으로 작용한다. 이는 발달적 가소성이나 유전적 형질에 의존하지 않고도 행동을 빠르게 수정할 수 있게 하며, 세대 내 또는 일생 동안 다양한 환경적 자극에 직면했을 때 개체의 적응성을 크게 높인다.[349]

행동주의 이론의 관점에서 볼 때, 행동적 유연성이란 개체가 반복적인 학습 경험과 조건화 과정을 통해 환경 변화에 적절히 반응하는 새로운 행동 양식을 습득하고 조절하는 능력을 의미한다. 환경적 자극에 의해 행동이 결정되고, 강화와 처벌 과정을 거쳐 특정 행동이 강화되거나 약화되므로,[350] 개체는 환경이 바뀔 때마다 학습을 통해 행동을 수정하고 유연하게 적응할 수 있다. 예컨대 긍정적 보상을 받은 행동은 반복될 가능성이 커지고, 부정적 처벌을 받은 행동은 감소하거나 사라진다.

발달적 가소성과 행동적 유연성은 상호보완적이다.[351] 발달적 가소성은 개체가 어린 시절 환경에 맞춰 형성한 행동 패턴을 비교적 안정적으로 유지하게 하지만, 행동적 유연성은 성인이 된 이후 환경이 변화했을 때 그 패턴을 수정할 수 있도록 돕는다.[31]

비슷한 개념으로 문화적 유연성도 고려해볼 수 있다. 개체가 사회적 학습과 문화적 전달을 통해 사회적 규범이나 문화적 정보를 습득하고, 이를 새로운 환경에 맞춰 조정할 수 있는 능력을 의미한다. 이는 개체의 행동이 단지 유전적 형질이나 발달적 가소성에 의해 결정되는 것이 아니라, 문화적 맥락 속에서 변화할 수 있음을 보여준다. 특히 인간 사회에서는 이러한 문화적 유연성이 유전적 변이나 발달적 가소성보다 훨씬 빠르게 행동 패턴을 수정하는 역할을 한다. 문화적 유연성은 사회적 적응성을 높이는 중요한 기전으로, 개체가 행동적 유연성과 결합하여 환경 변화에 더욱 효과적으로 적응할 수 있도록 돕는다.

예를 들어, 이주민은 새로운 국가에 정착하면서 현지 문화를 익히고 행동을 바꿀 필요가 있는데, 이때 문화적 유연성이 발휘된다.[352,353] 언어나 관습 등 사회적 규범을 학습하고 기존 문화와 통합하거나 현지 문화를 적극적으로 수용함으로써 사회적 적응성을 향상시키는 것이다.

결국 행동적 유연성과 문화적 유연성은 서로 보완적으로 작용해, 개체가 급변하는 환경에서 적응적 이점을 얻도록 돕는다. 특히 환경이 불확실하거나 빠르게 변할 때, 문화적 유연성을 통해 사회적 규범을 학습·조정함으로써 행동적 유연성만으로는 대응하기 어려운 상황에서도 효과적인 적응이 가능해진다.

일반적으로 행동 다양성을 설명하는 기존 이론들은 개체가 일생에 걸쳐 비교적 안정적인 행동 특성을 유지한다고 가정한다. 유전적 형질이나 발달적 가소성이 행동을 결정짓는 주요 요인으로 거론되며, 이에 따라 개체의 행동이 전반적으로 일관되게 나타난다고 보는 것이다. 또한, 환경 변화에 따른 일시적 행동 변동은 우연적 오차나 이상치로 취급하는데, 여기에는 개체가 고정된 행동 패턴을 유지한다는 전제가 깔려 있다. 예컨대 특정 개체가 공격성이나 사교성과 같은 특정 성격 특성을 평생 크게 바꾸지 않는다고 가정하는 관점이다.[354]

그러나 누구나 경험적으로 잘 알고 있듯이, 개체는 상황에 따라 행동을 상당히 조정할 수 있다. 같은 개체라도 어떤 맥락에서는 공격적인 행동을, 다른 맥락에서는 평온한 행동을 보일 수 있다. 이는 개체가 고정된 행동 패턴을 유지하기보다 변화하는 환경 조건에 맞춰 행동을 재조정하는 능력이 있음을 시사한다. 이러한 사실은 '사람 대 상황(person-situation) 논쟁'을 다시 불러일으킨다(7장 참조). 즉, 행동이 개체 내적 성격이나 유전적 형질에 의해 주로 결정되는지, 아니면 환경적 요인에 따라 상황마다 달라지는지를 둘러싼 논쟁이 여전히 지속되고 있다.[31]

이러한 관점에서 행동 시그니처(behavioral signature)는 인지-정서적 성격 시스템(Cognitive-Affective Personality System, CAPS) 이론에 근거한 개념으로, 특정 상황에서 개체가 보이는 행동 패턴이 일정하게 반복되는 양상을 뜻한다.[355] 앞서 언급한 월터 미셸(Walter Mischel)과 유이치 쇼다(Yuichi Shoda)[•] 등이 제안한 CAPS 모델은 행동이 고정된 성격 특성보다는 상황적 요인에 따라 달라진다고 보며, 이는 개체가 처한 상황과 개인의 내부 처리 과정(인지적·정서적 단위) 간 상호작용을 통해 행동이 형성된다는 가정에 기반한다. 여기서 인지적·정서적 단위는 과거 경험, 기대, 목표, 감정 등과 같은 개인 내적 요소를 의미한다.[••]

행동 시그니처 개념은 단순히 개체가 환경 맥락에 맞춰 행동을 변경할 수 있음을 보여줄 뿐 아니라, 이러한 변화가 특정 규칙성을 지닌다고 주장한다. 예를 들어, 한 사람이 사회적 상호작용 상황에서는 외향적으로 행동하지만, 업무 압박이 큰 상황에서는 내향적으로 변할 수 있다. 상황 강도(situational strength) 이론은 어떤 환경이나 과제가 개인의 행동을 얼마나 강하게 구속(혹은 지시)하는지 평가한다. 강도가 높을수록 개체 행동의 다양성이 제한되고, 강도가 낮을수록 행동적 유연성이 발휘될 여지가 커진다.

• 홋카이도 대학에서 물리학을 전공했고, 스탠퍼드 대학교와 컬럼비아 대학교에서 심리학을 전공했다. 워싱턴 대학교에서 심리학 교수로 재직했다. If-Then 규칙을 통해, 동일인이 다채로운 상황에서 어떻게 '다르게' 행동하면서도 일관된 패턴(시그니처)을 유지하는지 설명했다. 다음을 참고하기 바란다. Shoda Y, Cervone D, Downey G, eds. *Persons in Context: Building a Science of the Individual.* Reprint ed. New York: The Guilford Press; 2007

•• 심리학자 잭 라이트(Jack Wright)나 제럴딘 다우니(Geraldine Downey) 등도 CAPS 접근을 활용해, 상황별 행동 패턴의 안정적 형성을 입증하는 실험·사례 연구를 진행했다. Shoda Y, Mischel W, Wright J. Situational consistency in personality: Behavioral signatures across contexts. *J Pers.* 1994;62(3):439–62.; Downey G, Feldman SI. Implications of rejection sensitivity for intimate relationships. *J Soc Pers Relat.* 1996;13(1):1–18.; Mischel W, Shoda Y. A cognitive-affective system theory of personality: Reconceptualizing situations, dispositions, dynamics, and invariance in personality structure. *Psychol Rev.* 1995;102(2):246–68.

이는 왜 어떤 사람이 특정 상황에서 표준화된 행동을, 다른 상황에서는 독특한 행동을 보이는지 설명해준다. 이런 행동 변화는 무작위적이지 않고 일정한 패턴, 곧 '시그니처'를 따른다. 이를 통해 특정 상황에서 개체가 반복적으로 나타내는 행동을 파악함으로써, 비슷한 상황에서 어떤 반응을 보일지 예측할 수 있다. 예컨대 누군가가 비판을 받을 때마다 일관되게 방어적 태도를 보인다면, 유사한 상황에서도 그 태도를 유지할 가능성이 높다는 것이다. 이처럼 행동 시그니처는 상황과 개체의 특성을 함께 고려하여, 행동 개인차를 설명하고 예측할 수 있도록 하는 새로운 접근을 제시하며, 개체-상황 간 상호작용을 강조하는 연구로 이어질 잠재력을 지닌다.•

그러나 행동 시그니처에 관한 연구는 여전히 초기 단계에 머물러 있어, 이론적 체계화와 실증적 검증이 더 필요하다. 이 개념이 다양한 상황에서 나타나는 행동 패턴의 안정성을 측정하고, 이를 통해 개체 간 행동 차이를 연구할 수 있는 중요한 도구로 자리 잡을 가능성은 높다. 다만, 이를 한층 정교하게 이해하고 실증 연구로 뒷받침하기 위한 후속 노력이 아직 충분히 이뤄지지 않았다는 점이 과제로 남아있다.

• 1977년, 데이비드 매그누손(David Magnusson, 1925~2017)과 노먼 S. 엔들러(Norman S. Endler, 1931~2003) 등이 대표적으로 체계화한 상호작용주의(interactionism) 관점은 개체(person)와 상황(situation)이 상호작용하여 행동이 결정된다고 가정한다. 행동적 유연성은 개체의 내적 속성(성격, 동기, 자아 체계)과 상황 요인이 어떻게 결합하느냐에 따라 달라지며, 개체는 환경에 '반응'할 뿐만 아니라, 환경을 선택·변형할 수도 있다. 자세한 내용은 다음을 참고하기 바란다. *Personality at the Crossroads: Current Issues in Interactional Psychology*. New York: Lawrence Erlbaum; 1977

▣

결론적으로, 행동적 유연성과 문화적 유연성은 개체가 고정된 유전적 형질이나 발달적 가소성에 의해서만 결정되지 않고, 환경 변화에 민감하게 반응하여 학습과 조건화, 사회적 전달 과정을 통해 신속히 행동을 조정할 수 있는 복합적 적응 기전임을 알려준다. 이러한 유연성은 개체가 다양한 상황에서 일관된 행동 시그니처를 유지하면서도, 상황 강도와 내적 인지·정서적 처리 과정에 따라 행동 양식을 수정할 수 있도록 하여, 변화하는 사회문화적 맥락에 효과적으로 적응하도록 돕는다.

8. 요약

인류 진화사의 어느 한 장면을 상상해 보자. 오랜 세월, 크고 척박한 대륙의 한 구역에 사람들이 살아가고 있다. 이 지역은 기후가 극단적으로 춥고, 농사짓기 쉽지 않은 토양과 제한된 동식물 자원을 지닌다. 자주 몰아치는 강풍과 추위 때문에 한 사람이 혼자서 생존하기란 여간 어려운 일이 아니다. 이러한 환경적 압박 속에서, 사람들은 서로 의지하지 않으면 살아남기조차 힘들다는 사실을 절감한다. 누군가가 식량을 구해 오면 공동으로 나누어 먹고, 혹독한 추위 속에서 의복이나 장작을 마련할 때도 다 같이 힘을 모은다.

이러한 공동 대응은 점차 '우리'라는 집단적 결속을 강화한다. 서로를 보살피고, 위기에 처한 이웃에게 먼저 도움을 건네는 행동이 당연하게 여겨진다. 타인과 협동하면 생존율이 극적으로 올라가는 것을 모두가 체감하기 때문에, 사람들은 집단에 충실하고 외부인에 대해서는 경계를 늦추지 않는다. 생존에 필수적인 자원은 협동을 통해 안정적으로 확보하려는 경향이 커지고, 낯선 사람과의 접촉은 질병이나 자원의 소모를 우려해 최대한 피하려 한다. 이렇게 형성된 문화 분위기를 우리는 '집단주의'라고 부를 수 있다.

하지만 시간이 지나면서, 일부 무리가 더 따뜻한 지역으로 이동하거나, 새로운 기술을 습득해 생산력을 높이는 데 성공한다. 기후가 한결 온화하고 자원이 풍부한 곳에서는 더 이상 극단적인 협동이 생존의 필수 조건이 아니다. 사람들은 조금 더 독립적으로 행동할 수 있는 여유를 얻는다. 더 많은 먹잇감과 안락한 기후는 개인이 혼자서도 어느 정도 자급자족할 수 있는 환경을 마련한다. 주위에 감염성 질병의 위협이나 치열한 외부 경쟁자도 그리 많지 않다. 이때는 '내가 어떤 능력을 발휘하느냐'가 곧 생존과 자원 확보에 결정적이며, 가족이나 친족의 도움을 받지 않고서도 자신의 노력만으로 살아남을 수 있다는 자신감이 커진다. 그렇게 형성된 문화는 개인의 자율과 독립성을 중시하는 '개인주의'의 색채가 짙어진다.

그러다 보니, 이 지역의 사람들은 자원을 나누고 협동하는 대신, 개인적 성취와 혁신, 경쟁을 통해 더 나은 삶을 꾸려나가려 한다. 이들은 장비나 의복, 집을 짓는 기술을 발전시키고, 거래나 교환을 통해 새로운 자원을 확보한다. 누가 뛰어난 재능을 발휘하면, 그 성취를 주변이 인정하고, 더 좋은 기회를 얻는 식으로 제도가 자리 잡는다. 그 결과, '개인주의 문화'가 더욱 두드러지고, 제도나 정책도 사람들의 독립성을 보장하는 쪽으로 정비된다.

하지만 이렇게 성립된 문화적·행동적 전략도 세월이 흐름에 따라 사회생태적 조건이 다시 변하면, 새로운 변화를 맞게 된다. 기후가 다시 혹독해질 수 있고, 무역이 발달하여 전염병이 빠르게 전파될 수도 있다. 그러면 과거에는 필요 없었던 협동이 다시 절실해질 수 있을 것이다. 이렇듯 집단주의·개인주의가 맞물려 영향을 주고받으면서, 내부적으로는 분업 체계가 발달하거나, 경쟁적 제도가 생겨나는 등 사회 내부의 자원 분배와 상호작용 방식이 재편된다.

결국 이러한 상호작용을 거치면서, 같은 지역 안에서도 각기 다른 생활양식과 행동 전략이 공존하기 시작한다. 어떤 사람들은 여전히 과거부터 이어져 내려온 강한 집단 중심 행동을 유지하며 공동체 의식을 극도로 중시한다. 반면, 일부는 개인의 활동을 높이 평가하고, 자신만의 삶을 개척하려는 태도를 더 중시한다. 여기에다 또 다른 사람들은 두 문화를 교묘히 섞은 혼합 전략을 펼치기도 한다. 그 결과 행동 양상은 더욱 다양해지고, 문화와 사회생태적 조건 간의 상호작용은 계속 반복되면서 커다란 '피드백 구조'를 형성해 나간다.

이런 맥락에서, 불확실한 환경일수록 개체들은 발달적 가소성이나 유전적 다양성을 매개로 위험을 분산하려는 전략을 채택한다. 반면 안정적 환경에서는 특정 형질을 고정해 효율성을 극대화하려는 경향이 뚜렷하게 나타난다. 행동적 유연성은 이러한 양상의 핵심축이다. 환경적 요인이 빠르게 변동할 때, 개체는 학습과 조건화를 통해 새로운 행동 방식을 습득하거나 기존 행동 패턴을 수정하여 적응도를 높인다. 특히 인간은 문화적 유연성까지 갖추어, 사회적 규범과 전통 등을 빠르게 학습해 각각의 상황에 맞춰 행동을 조정할 수 있다.

동물 행동 다양성 연구는 다양한 종에서 자극 추구, 사회성, 대담성 같은 성격적·행동적 특성이 한 종 안에서도 개체별로 크게 달라지고, 이는 환경적·사회적 맥락에 따라 유연하게 변화할 수 있음을 보여주며 발전해 왔다. 생태적 적소 분할, 자원 경쟁, 협력 같은 선택압이 여러 층위에서 작동해 각 개체는 발달적 가소성과 유전적 변이를 통해 자신만의 행동 양식을 형성하고 조정한다. 더 나아가, 특정 환경에서 행동 양식이 선택을 받아 강화되는 양상이 인격장애나 성격 요인 모델(예: 빅 파이브, HEXACO)에서도 관찰되면서, 행동 다양성이 생존이나 번식과 관련된 이익과 비용을 파악하는 데 중요한 연구 대상으로 부상했다.

한편, 생애사 이론은 자원이 불안정한 환경에서 빠른 번식과 위험 감수를 택하는 '빠른 전략'과, 안정적 환경에서 신중한 자원 관리를 지향하는 '느린 전략'을 스펙트럼 관점에서 조망한다. 생애사 이론은 환경 안정성, 사회적 선택압, 발달적 가소성, 유전적 변이 등이 맞물려 행동 표현형이 결정된다는 시각이며, 인지능력과 사회적 학습 체계가 복잡할수록 행동 양식이 더욱 다채롭게 분화될 수 있다고 본다.

행동생태학적 접근은 동물과 인간 모두의 행동 다양성을 이해하는 강력한 틀을 제시한다. 개체 간 행동 차이는 고정된 성격이나 유전적 변이에만 의존하는 것이 아니라, 발달적 가소성과 사회적 선택압, 문화적 학습까지 함께 작용해 적응적 반응으로 나타난다는 것이다. 이러한 복합 요인의 작동 방식은 생태적 적소 분할과 경쟁·협력 선택압을 통해 더욱 풍부해지고, 결국 생존과 번식이라는 진화적 목표를 향해 다양한 행동 전략이 공존하게 된다. 불안정한 환경과 안정된 환경에서 각각 강점을 보이는 전략이 달라지며, 발달적 가소성과 유전적 다양성을 결합한 위험 분산이 중요한 역할을 한다. 그리고 행동적 유연성이 발휘될 때, 개체는 급격한 외부 변동에도 새로운 행동 양식을 재빨리 취할 수 있고, 문화적 유연성이 더해지면 학습·전달 과정을 통해 적응 속도를 극적으로 높여, 사회적·환경적 압력에 역동적으로 대응할 수 있다.

1. Dunbar R, Lycett J, Barrett L. *Evolutionary psychology: a beginner's guide*. London: Simon & Schuster; 2005.

2. Buss D. *Evolutionary psychology: the new science of the mind*. Routledge; 2019.

3. Krebs JR, Davies NB. *Behavioural ecology: an evolutionary approach*. Hoboken: John Wiley & Sons; 2009.

4. 박한선. "행동: 인간의 행동은 왜 이렇게 다양한가-행동 다양성의 진화". 『휴먼 디자인: 진화가 빚어낸 인간의 뇌, 마음, 행동, 그리고 사회와 문화』. 서울: 서울대학교출판문화원; 2023. p. 303-68.

5. Gosling SD. Personality dimensions in spotted hyenas (Crocuta crocuta). *J Comp Psychol*. 1998;112(2):107.

6. Ashton MC, Lee K. Empirical, theoretical, and practical advantages of the HEXACO model of personality structure. *Pers Soc Psychol Rev*. 2007;11(2):150-66.

7. Costa Jr PT, McCrae RR. Age differences in personality structure: a cluster analytic approach. *J Gerontol*. 1976;31(5):564-70.

8. Saucier G. Recurrent personality dimensions in inclusive lexical studies: indications for a Big Six structure. *J Pers*. 2009;77(5):1577-614.

9. Buss D, Greiling H. Adaptive individual differences. *J Pers*. 1999;67(2):209-43.

10. Nettle D. The evolution of personality variation in humans and other animals. *Am Psychol*. 2006;61(6):622.

11. Ozer DJ, Benet-Martinez V. Personality and the prediction of consequential outcomes. *Annu Rev Psychol*. 2006;57:401-21.

12. Fleeson W, Gallagher P. The implications of Big Five standing for the distribution of trait manifestation in behavior: fifteen experience-sampling studies and a meta-analysis. *J Pers Soc Psychol*. 2009;97(6):1097.

13. Plomin R, DeFries JC, McClearn GE, McGuffin P. *Behavioral genetics*. New York: Worth Publishers; 2008.

14. Aristotle. *History of animals*. Cambridge, MA: Harvard University Press; 1991.

15. Darwin C. *The expression of the emotions in man and animals*. London: Oxford University Press; 1872.

16. Kinnaman AJ. Mental life of two Macacus rhesus monkeys in captivity. I. *Am J Psychol*. 1902;13(1):98-148.

17. Hobhouse LT. *Mind in evolution*. London: Macmillan and Company, Limited; 1926.

18. Pavlov I. Constitutional differences and functional disturbances: experimental neuroses. In: *Essential works of Pavlov*. New York: Bantam Books; 1966. p. 261-7.

19. Stelmack RM, Stalikas A. Galen and the humour theory of temperament. *Pers Individ Dif*. 1991;12(3):255-63.

20. Whitham W, Washburn DA. A history of animal personality research. In: *Personality in nonhuman animals*. Cham, Switzerland: Springer International Publishing; 2017. p. 3–16.

21. Crawford MP. A behavior rating scale for young chimpanzees. *J Comp Psychol*. 1938;26(1):79.

22. Billingslea FY. The relationship between emotionality and various other salients of behavior in the rat. *J Comp Psychol*. 1941;31(1):69.

23. Harlow HF. The nature of love. *Am Psychol*. 1958;13(12):673.

24. Harlow HF, Suomi SJ. Social recovery by isolation-reared monkeys. *Proc Natl Acad Sci*. 1971;68(7):1534–8.

25. Lorenz K. Der Kumpan in der Umwelt des Vogels. Der Artgenosse als auslösendes Moment sozialer Verhaltensweisen. *J Ornithol*. 1935;Supplement 83(2):137–213.

26. Tinbergen N. *The study of instinct*. Oxford: Clarendon Press; 1951.

27. Lorenz K. *King Solomon's ring: new light on animal ways*. London: Methuen & Co. Ltd.; 1952.

28. Goodall J. *The chimpanzees of Gombe: patterns of behaviour*. Cambridge, MA: Belknap Press of Harvard University Press; 1986.

29. van Lawick-Goodall J. *In the shadow of man*. Boston: Houghton Mifflin; 1971.

30. Goodall J. *Through a window: My thirty years with the chimpanzees of Gombe*. Boston: Houghton Mifflin Harcourt; 2010.

31. Kenrick DT, Funder DC. Profiting from controversy: lessons from the person-situation debate. *Am Psychol*. 1988;43(1):23.

32. Mischel W. Consistency and specificity in behavior. *Perspect Psychol Assess*. 1968;13–39.

33. Funder DC. On the accuracy of personality judgment: a realistic approach. *Psychol Rev*. 1995;102(4):652.

34. Ridley M. *Nature via nurture: genes, experience, and what makes us human*. New York: HarperCollins Publishers; 2003.

35. Bell AM. Future directions in behavioural syndromes research. *Proc R Soc Lond B Biol Sci*. 2007;274(1611):755–61.

36. Dall SRX, Houston AI, McNamara JM. The behavioural ecology of personality: consistent individual differences from an adaptive perspective. *Ecol Lett*. 2004;7(8):734–9.

37. Dingemanse NJ, Réale D. Natural selection and animal personality. *Behav*. 2005;142(9–10):1159–84.

38. Réale D, Reader SM, Sol D, McDougall PT, Dingemanse NJ. Integrating animal temperament within ecology and evolution. *Biol Rev*. 2007;82(2):291–318.

39. Buirski P, Kellerman H, Plutchik R, Weininger R, Buirski N. A field study of emotions, dominance, and social behavior in a group of baboons (*Papio anubis*). *Primates*. 1973;14:67–78.

40. Kellerman H. The emotional behavior of dolphins, Tursiops truncatus: implications for psychoanalysis. *Int Ment Health Res Newslett*. 1966;8(1):1–7.

41. Buirski P, Plutchik R, Kellerman H. Sex differences, dominance, and personality in the chimpanzee. *Anim Behav*. 1978;26:123–9.

42. Chamove AS, Eysenck HJ, Harlow HF. Personality in monkeys: factor analyses of rhesus social

behaviour. *Q J Exp Psychol*. 1972;24(4):496–504.

43. Eysenck SBG, Eysenck HJ. The measurement of psychoticism: a study of factor stability and reliability. *Br J Soc Clin Psychol*. 1968;7(4):286–94.

44. Freeman HD, Gosling SD. Personality in nonhuman primates: a review and evaluation of past research. *Am J Primatol*. 2010;72(8):653–71.

45. Clark AB, Ehlinger TJ. Pattern and adaptation in individual behavioral differences. In: *Perspectives in Ethology*. New York: Springer; 1987. p. 1–47.

46. Dingemanse NJ, Wolf M. Recent models for adaptive personality differences: a review. *Philos Trans R Soc B Biol Sci*. 2010;365(1560):3947–58.

47. Pervin LA, John OP. *Handbook of personality*. New York: Guilford Press; 2008.

48. Stamps JA. Growth–mortality tradeoffs and 'personality traits' in animals. *Ecol Lett*. 2007;10(5):355–63.

49. Webster MM, Ward AJW. Personality and social context. *Biol Rev*. 2011;86(4):759–73.

50. Stevenson–Hinde J, Stillwell–Barnes R, Zunz M. Subjective assessment of rhesus monkeys over four successive years. *Primates*. 1980;21(1):66–82.

51. Stevenson–Hinde J, Zunz M. Subjective assessment of individual rhesus monkeys. *Primates*. 1978;19:473–82.

52. Stevenson–Hinde J, Hinde CA. Individual characteristics: weaving psychological and ethological approaches. In: *Personality and Temperament in Nonhuman Primates*. 2011; p. 3–14.

53. Freeman HD, Brosnan SF, Hopper LM, Lambeth SP, Schapiro SJ, Gosling SD. Developing a comprehensive and comparative questionnaire for measuring personality in chimpanzees using a simultaneous top–down/bottom–up design. *Am J Primatol*. 2013;75(10):1042–53.

54. Kagan J. The concept of behavioral inhibition to the unfamiliar. *Perspect Behav Inhib*. 1989;1–23.

55. Rödel HG, Monclús R, von Holst D. Behavioral styles in European rabbits: social interactions and responses to experimental stressors. *Physiol Behav*. 2006;89(2):180–8.

56. Wilson ADM, Stevens ED. Consistency in context–specific measures of shyness and boldness in rainbow trout, Oncorhynchus mykiss. *Ethology*. 2005;111(9):849–62.

57. Giraldeau LA, Caraco T. *Social foraging theory*. Princeton: Princeton University Press; 2018.

58. Barnard CJ, Sibly RM. Producers and scroungers: a general model and its application to captive flocks of house sparrows. *Anim Behav*. 1981;29(2):543–50.

59. Kagan J. *Galen's prophecy: temperament in human nature*. London: Routledge; 2018.

60. Kurvers RHJM, Eijkelenkamp B, van Oers K, van Lith B, van Wieren SE, Ydenberg RC, et al. Personality differences explain leadership in barnacle geese. *Anim Behav*. 2009;78(2):447–53.

61. Park H. Evolutionary model of individual behavioural variations. *Korean Journal of Psychosomatic Medicine*. 2019;27(1):1–12.

62. Suomi SJ, Chaffin AC, Higley JD. Reactivity and behavioral inhibition as personality traits in nonhuman primates. *Personality and temperament in nonhuman primates*. 2011;285–311.

63. Higley JD, Suomi SJ. Temperamental reactivity in non–human primates. In: F. A. Beach, E. A. Thorpe, editors. *Handbook of Behavioral Neurobiology*. New York: Plenum Press; 1989.

64. Suomi SJ. Parents, peers, and the process of socialization in primates. In: *Parenting and the Child's World*. Mahwah, NJ: Psychology Press; 2001. page 265–79.

65. Higley JD, Suomi SJ, Chaffin AC. Impulsivity and aggression as personality traits in nonhuman primates. *Personality and temperament in nonhuman primates*. 2011;257–83.

66. Figueredo AJ, Cox RL, Rhine RJ. A generalizability analysis of subjective personality assessments in the stumptail macaque and the zebra finch. *Multivariate Behav Res*. 1995;30(2):167–97.

67. Goldberg LR. An alternative "description of personality": the big-five factor structure. *J Pers Soc Psychol*. 1990;59(6):1216.

68. King JE, Figueredo AJ. The five-factor model plus dominance in chimpanzee personality. *J Res Pers*. 1997;31(2):257–71.

69. Bolig R, Price CS, O'Neill PL, Suomi SJ. Subjective assessment of reactivity level and personality traits of rhesus monkeys. *Int J Primatol*. 1992;13:287–306.

70. Gold KC, Maple TL. Personality assessment in the gorilla and its utility as a management tool. *Zoo Biol*. 1994;13(5):509–22.

71. Allport GW. *Personality: A psychological interpretation*. New York: Holt; 1937.

72. Cattell RB. *The description and measurement of personality*. New York: World Book Company; 1946.

73. McCrae RR, Costa Jr PT. Personality trait structure as a human universal. *American Psychologist*. 1997;52(5):509.

74. Cattell RB, Eber HW, Tatsuoka MM. *Handbook for the sixteen personality factor questionnaire*(16 PF). Champaign, IL: Institute for Personality and Ability Testing(IPAT); 1992.

75. Ashton MC, Lee K. A theoretical basis for the major dimensions of personality. *Eur J Pers*. 2001;15(5):327–53.

76. Schmitt DP, Allik J, McCrae RR, Benet-Martínez V. The geographic distribution of Big Five personality traits: Patterns and profiles of human self-description across 56 nations. *J Cross Cult Psychol*. 2007;38(2):173–212.

77. DeYoung CG, Quilty LC, Peterson JB. Between facets and domains: 10 aspects of the Big Five. *J Pers Soc Psychol*. 2007;93(5):880.

78. Ashton MC, Lee K, Paunonen S V. What is the central feature of extraversion? Social attention versus reward sensitivity. *J Pers Soc Psychol*. 2002;83(1):245.

79. Ellis L. Relationships of criminality and psychopathy with eight other apparent behavioral manifestations of sub-optimal arousal. *Pers Individ Dif*. 1987;8(6):905–25.

80. Samuels J, Bienvenu OJ, Cullen B, Costa PT, Eaton WW, Nestadt G. Personality dimensions and criminal arrest. *Compr Psychiatry*. 2004;45(4):275–80.

81. Heaven PCL, Fitzpatrick J, Craig FL, Kelly P, Sebar G. Five personality factors and sex: preliminary findings. *Pers Individ Dif*. 2000;28(6):1133–41.

82. Claridge G, Davis C. What's the use of neuroticism? *Pers Individ Dif*. 2001;31(3):383–400.

83. Neeleman J, Sytema S, Wadsworth M. Propensity to psychiatric and somatic ill-health: evidence from a birth cohort. *Psychol Med*. 2002;32(5):793–803.

84. Dingemanse NJ, Wright J, Kazem AJN, Thomas DK, Hickling R, Dawnay N. Behavioural syndromes differ predictably between 12 populations of three-spined stickleback. *Journal of Animal Ecology*. 2007;1128-38.

85. O'Steen S, Cullum AJ, Bennett AF. Rapid evolution of escape ability in Trinidadian guppies(*Poecilia reticulata*). *Evolution*(N Y) 2002;56(4):776-84.

86. Campbell A. Staying alive: Evolution, culture, and women's intrasexual aggression. *Behavioral and Brain Sciences*. 1999;22(2):203-14.

87. Costa Jr PT, Terracciano A, McCrae RR. Gender differences in personality traits across cultures: robust and surprising findings. *J Pers Soc Psychol*. 2001;81(2):322.

88. Friedman HS, Tucker JS, Schwartz JE, Martin LR, Tomlinson-Keasey C, Wingard DL, et al. Childhood Conscientiousness and Longevity: Health Behaviors and Cause of Death. *J Pers Soc Psychol*. 1995;68(4):696-703.

89. Friedman HS, Tucker JS, Schwartz JE, Tomlinson-Keasey C, Martin LR, Wingard DL, et al. Psychosocial and behavioral predictors of longevity: The aging and death of the "Termites." *American Psychologist*. 1995;50(2):69.

90. Austin EJ, Deary IJ. The 'four As': a common framework for normal and abnormal personality? *Pers Individ Dif*. 2000;28(5):977-95.

91. Claridge G. *Personality and psychological disorders*. London: Oxford University Press; 2003.

92. Schmitt DP. The Big Five related to risky sexual behaviour across 10 world regions: differential personality associations of sexual promiscuity and relationship infidelity. *Eur J Pers*. 2004;18(4):301-19.

93. Axelrod R, Hamilton WD. The evolution of cooperation. *Science*. 1981;211(4489):1390-6.

94. Boudreau JW, Boswell WR, Judge TA. Effects of Personality on Executive Career Success in the United States and Europe. *J Vocat Behav*. 2001;58(1):53-81.

95. Caprara GV, Barbaranelli C, Zimbardo PG. Understanding the Complexity of Human Aggression: Affective, Cognitive, and Social Dimensions of Individual Differences in Propensity Toward Aggression. *Eur J Pers*. 1996;10(2):133-55.

96. Suls J, Martin R, David JP. Person-Environment Fit and its Limits: Agreeableness, Neuroticism, and Emotional Reactivity to Interpersonal Conflict. *Pers Soc Psychol Bull*. 1998;24(1):88-98.

97. King LA, Walker LM, Broyles SJ. Creativity and the five-factor model. *J Res Pers*. 1996;30(2):189-203.

98. Schmitt DP, Realo A, Voracek M, Allik J. Why can't a man be more like a woman? Sex differences in Big Five personality traits across 55 cultures. *J Pers Soc Psychol*. 2008;94(1):168.

99. DeYoung CG, Peterson JB, Higgins DM. Sources of openness/intellect: Cognitive and neuropsychological correlates of the fifth factor of personality. *J Pers*. 2005;73(4):825-58.

100. Haselton M, Miller G. Women's fertility across the cycle increases the short-term attractiveness of creative intelligence. *An Interdisciplinary Biosocial Perspective*. 2006;17(1):50-73.

101. Miller GF, Tal IR. Schizotypy versus openness and intelligence as predictors of creativity. *Schizophr Res*. 2007;93(1):317-24.

102. Nettle D. Schizotypy and mental health amongst poets, visual artists, and mathematicians. *J Res Pers*. 2006;40(6):876-90.

103. Nettle D, Clegg H. Schizotypy, creativity and mating success in humans. *Proceedings Biological sciences / The Royal Society*. 2006;273(1586):611–5.

104. Green MJ, Williams LM. Schizotypy and creativity as effects of reduced cognitive inhibition. *Pers Individ Dif.* 1999;27(2):263–76.

105. Burch GSJ, Pavelis C, Hemsley DR, Corr PJ. Schizotypy and creativity in visual artists. *British Journal of Psychology*. 2006;97(2):177–90.

106. Burch GSJ, Hemsley DR, Pavelis C, Corr PJ. Personality, creativity and latent inhibition. *Eur J Pers.* 2006;20(2):107–22.

107. McCreery C, Claridge G. Healthy schizotypy: the case of out-of-the-body experiences. *Pers Individ Dif.* 2002;32(1):141–54.

108. Ashton MC, Lee K. The HEXACO model of personality structure. *The SAGE handbook of personality theory and assessment*. 2008;2:239–60.

109. De Raad B, Barelds DPH, Timmerman ME, De Roover K, Mlači录 B, Church AT. Towards a Pan-cultural Personality Structure: Input from 11 Psycholexical Studies. *Eur J Pers*. 2014;28(5):497–510.

110. Barelds DP, De Raad B. The role of word-categories in trait-taxonomy: Evidence from the Dutch personality taxonomy. *Int J Personal Psychol*. 2015;1(1):15–25.

111. de Vries RE, Tybur JM, Pollet T V, van Vugt M. Evolution, situational affordances, and the HEXACO model of personality. *Evolution and Human Behavior*. 2016;37(5):407–21.

112. Reis HT. Reinvigorating the concept of situation in social psychology. *Personality and Social Psychology Review*. 2008;12(4):311–29.

113. Rauthmann JF. You Say the Party is Dull, I Say It is Lively: A Componential Approach to How Situations Are Perceived to Disentangle Perceiver, Situation, and Perceiver × Situation Variance. *Soc Psychol Personal Sci*. 2011;3(5):519–28.

114. Tett RP, Burnett DD. A personality trait-based interactionist model of job performance. *Journal of Applied Psychology*. 2003;88(3):500–17.

115. Lievens F, Chasteen CS, Day EA, Christiansen ND. Large-Scale Investigation of the Role of Trait Activation Theory for Understanding Assessment Center Convergent and Discriminant Validity. *Journal of Applied Psychology*. 2006;91(2):247–58.

116. Ten Berge MA, De Raad B. Taxonomies of situations from a trait psychological perspective. *A review. Eur J Pers*. 1999;13(5):337–60.

117. Tett RP, Guterman HA. Situation trait relevance, trait expression, and cross-situational consistency: Testing a principle of trait activation. *J Res Pers*. 2000;34(4):397–423.

118. Meyer RD, Dalal RS, Hermida R. A review and synthesis of situational strength in the organizational sciences. *J Manage*. 2010;36(1):121–40.

119. Tett RP, Simonet D V, Walser B, Brown C. Trait Activation Theory: Applications, Developments, and Implications for Person-Workplace Fit. In: *Handbook of personality at work*. London: Routledge; 2013. page 71–100.

120. Digman JM. Higher-order factors of the Big Five. *J Pers Soc Psychol*. 1997;73(6):1246.

121. DeYoung CG, Peterson JB, Higgins DM. Higher-order factors of the Big Five predict conformity: Are

there neuroses of health? *Pers Individ Dif.* 2002;33(4):533–52.

122. Musek J. A general factor of personality: Evidence for the Big One in the five-factor model. *J Res Pers.* 2007;41(6):1213–33.

123. DeYoung CG. Cybernetic Big Five Theory. *J Res Pers.* 2015;56:33–58.

124. Colin GD. The Neuromodulator of Exploration: A Unifying Theory of the Role of Dopamine in Personality. *Front Hum Neurosci.* 2013;7.

125. Gillihan SJ, Farah MJ, Sankoorikal GM V, Breland J, Brodkin ES. Association between serotonin transporter genotype and extraversion. *Psychiatr Genet.* 2007;17(6):351–4.

126. Ashton MC, Lee K, Goldberg LR, de Vries RE. Higher Order Factors of Personality: Do They Exist? *Personality and Social Psychology Review.* 2009;13(2):79–91.

127. Figueredo AJ, Vásquez G, Brumbach BH, Schneider SMR. The K-factor, Covitality, and personality. *Human Nature.* 2007;18(1):47–73.

128. Danay E, Ziegler M. Is there really a single factor of personality? A multirater approach to the apex of personality. *J Res Pers.* 2011;45(6):560–7.

129. Bäckström M, Björklund F, Larsson MR. Five-factor inventories have a major general factor related to social desirability which can be reduced by framing items neutrally. *J Res Pers.* 2009;43(3):335–44.

130. Jokela M, Alvergne A, Pollet T V, Lummaa V. Reproductive behavior and personality traits of the Five Factor Model. *Eur J Pers.* 2011;25(6):487–500.

131. Millon T, Millon CM, Meagher S, Grossman S, Ramnath R. *Personality disorders in modern life.* John Wiley & Sons; 2012.

132. Grossman SD, Amendolace B. *Essentials of MCMI–IV assessment.* Hoboken, NJ: John Wiley & Sons; 2017.

133. American Psychiatric Association. *Diagnostic and Statistical Manual of Mental Disorders, Fifth Edition Text Revision(DSM–5–TR).* Washington, D.C.: American Psychiatric Association; 2022.

134. American Psychiatric Association. *Diagnostic and Statistical Manual of Mental Disorders(DSM–I).* Washington, D.C.: American Psychiatric Association; 1952.

135. American Psychiatric Association. *Diagnostic and Statistical Manual of Mental Disorders, Second Edition(DSM–II).* Washington, D.C.: 1968.

136. American Psychiatric Association. *Diagnostic and Statistical Manual of Mental Disorders, Third Edition(DSM–III).* Washington, D.C.: American Psychiatric Association; 1980.

137. American Psychiatric Association. *Diagnostic and Statistical Manual of Mental Disorders, Third Edition Revised(DSM–III–R).* Washington,D.C.: American Psychiatric Association; 1987.

138. Krueger RF. The structure of common mental disorders. *Arch Gen Psychiatry.* 1999;56(10):921–6.

139. Eaton NR, Krueger RF, Markon KE, Keyes KM, Skodol AE, Wall M, et al. The structure and predictive validity of the internalizing disorders. *J Abnorm Psychol.* 2013;122(1):86.

140. Krueger RF, South SC. Externalizing disorders: Cluster 5 of the proposed meta-structure for DSM-V and ICD-11: Paper 6 of 7 of the thematic section: 'A proposal for a meta-structure for DSM-V and ICD-11'. *Psychol Med.* 2009;39(12):2061–70.

141. American Psychiatric Association. *Diagnostic and Statistical Manual of Mental Disorders, Fourth Edition Text Revision(DSM–IV–TR).* Washington, D.C.: American Psychiatric Association; 2000.

142. American Psychiatric Association. *The diagnostic and statistical manual of mental disorders: DSM 5.* Washington, D.C.: American Psychiatric Publishing, Inc.; 2013.

143. Pinel P. *Traité médico–philosophique sur laliénation mentale.* Paris: J. Ant. Brosson; 1801.

144. Jones KD. Dimensional and cross□cutting assessment in the DSM□5. *Journal of Counseling & Development.* 2012;90(4):481–7.

145. Regier DA, Narrow WE, Kuhl EA, Kupfer DJ. The conceptual development of DSM–V. *American Journal of Psychiatry.* 2009;166(6):645–50.

146. Hopwood CJ, Mulay AL, Waugh MH. *The DSM–5 Alternative Model for Personality Disorders: Integrating multiple paradigms of personality assessment.* London: Routledge; 2019.

147. Krueger RF, Hobbs KA. An overview of the DSM–5 alternative model of personality disorders. *Psychopathology.* 2020;53(3–4):126–32.

148. World Health Organization. *International Classification of Diseases, 11th Revision(ICD–11).* Geneva: World Health Organization; 2019.

149. Cuthbert BN, Insel TR. Toward the future of psychiatric diagnosis: The seven pillars of RDoC. *BMC Med.* 2013;11(1):126.

150. Kozak MJ, Cuthbert BN. The NIMH research domain criteria initiative: background, issues, and pragmatics. *Psychophysiology.* 2016;53(3):286–97.

151. Insel T, Cuthbert B, Garvey M, Heinssen R, Pine DS, Quinn K, et al. Research domain criteria(RDoC): toward a new classification framework for research on mental disorders. *American Journal of psychiatry.* 2010;167(7):748–51.

152. Vaidyanathan U, Pacheco J. Research Domain Criteria Constructs: Integrative reviews and empirical perspectives. *J Affect Disord.* 2017;216:1–2.

153. Conway CC, Forbes MK, Forbush KT, Fried EI, Hallquist MN, Kotov R, et al. A hierarchical taxonomy of psychopathology can transform mental health research. *Perspectives on psychological science.* 2019;14(3):419–36.

154. Kotov R, Krueger RF, Watson D, Achenbach TM, Althoff RR, Bagby RM, et al. The Hierarchical Taxonomy of Psychopathology(HiTOP): A dimensional alternative to traditional nosologies. *J Abnorm Psychol.* 2017;126(4):454.

155. White SH. Conceptual foundations of IQ testing. *Psychology, Public Policy, and Law.* 2000;6(1):33.

156. Fancher RE. *The intelligence men: Makers of the IQ controversy.* New York: W. W. Norton & Company; 1985.

157. Galton F. *Natural Inheritance.* Macmillan; 1889.

158. Binet A, Simon T. *Les enfants anormaux: guide pour l'admission des enfants anormaux dans les classes de perfectionnement.* Paris: Librarie A. Colin; 1907.

159. Dunbar RIM. Theory of mind and the evolution of language [Internet]. In: Researchgate.Net. 1998. page 92—110. Available from: http://www.researchgate.net/profile/Robin_Dunbar/publication/235356868_Theory_of_mind_and_the_evolution_of_language/links/53dfc58b0cf2a768e49bddbd.pdf

160. Dunbar RIM. Coevolution of neocortical size, group size and language in humans. *Behavioral and Brain Sciences* [Internet] 1993;16(04):681. Available from: http://www.journals.cambridge.org/abstract_S0140525X00032325

161. Dunbar RIM. The social brain hypothesis. *Evolutionary Anthropology: Issues, News, and Reviews*. 1998;6(5):178–90.

162. Barrett L, Henzi P, Dunbar R. Primate cognition: from 'what now?' to 'what if?' *Trends Cogn Sci*. 2003;7(11):494–7.

163. DeCasien AR, Williams SA, Higham JP. Primate brain size is predicted by diet but not sociality. *Nat Ecol Evol*. 2017;1(5):0112.

164. Van Schaik CP, Burkart JM. Social learning and evolution: the cultural intelligence hypothesis. *Philosophical Transactions of the Royal Society B: Biological Sciences*. 2011;366(1567):1008–16.

165. Holekamp KE. Questioning the social intelligence hypothesis. *Trends Cogn Sci*. 2007;11(2):65–9.

166. Flinn MV, Geary DC, Ward CV. Ecological dominance, social competition, and coalitionary arms races: Why humans evolved extraordinary intelligence. *Evolution and Human Behavior*. 2005;26(1):10–46.

167. Tomasello M. *The cultural origins of human cognition*. Cambridge, MA: Harvard university press; 2009.

168. Henrich J, Gil-White FJ. The evolution of prestige: Freely conferred deference as a mechanism for enhancing the benefits of cultural transmission. *Evolution and human behavior*. 2001;22(3):165–96.

169. Muthukrishna M, Doebeli M, Chudek M, Henrich J. The Cultural Brain Hypothesis: How culture drives brain expansion, sociality, and life history. *PLoS Comput Biol*. 2018;14(11):e1006504.

170. Miller G. Mental traits as fitness indicators: Expanding evolutionary psychology's adaptationism. *Ann N Y Acad Sci*. 2000;907(1):62–74.

171. Eppig C, Fincher CL, Thornhill R. Parasite prevalence and the worldwide distribution of human personality. *Evolution and Human Behavior*. 2014;35(6):507–15.

172. Alexander RD. Evolution of the human psyche. In: Mellars P, Stringer C, editors. *The human revolution: Behavioural and biological perspectives on the origins of modern humans*. Princeton : Princeton University Press; 1989. page 455–513.

173. Alexander RD. Epigenetic rules and Darwinian algorithms: The adaptive study of learning and development. *Ethol Sociobiol*. 1990;11(4–5):241–303.

174. Alexander RD. *How did humans evolve? Reflections on the uniquely unique species*. Ann Arbor, MI: University of Michigan Museum of Zoology; 1990.

175. Alexander RD, Noonan KM. Concealment of ovulation, parental care, and human social evolution. In: Chagnon NA, Irons W, editors. *Evolutionary biology and human social behavior: An anthropological perspective*. North Scituate: Duxbury Press; 1979. page 436–53.

176. Alexander RD, Hoogland JL, Howard RD, Noonan KM, Sherman PW. Sexual dimorphisms and breeding systems in pinnipeds, ungulates, primates, and humans. *Evolutionary biology and human social behavior: An anthropological perspective*. 1979;402–35.

177. Spearman C. *The Abilities of Man–Their Nature and Measurement*. London: Macmillan; 1927.

178. Spearman C. General Intelligence, Objectively Determined and Measured. *American Journal of*

Psychology. 1904;15(2):201–92.

179. Haier RJ, Jung RE, Yeo RA, Head K, Alkire MT. Structural brain variation and general intelligence. *Neuroimage*. 2004;23(1):425–33.

180. Gottfredson LS. Mainstream science on intelligence: An editorial with 52 signatories, history, and bibliography. *Intelligence*. 1997;24(1):13–23.

181. Jensen AR. *The factor*. Westport, CT: Prager 1998.

182. Plomin R, Deary IJ. Genetics and intelligence differences: five special findings. *Mol Psychiatry*. 2015;20(1):98–108.

183. Deary IJ, Penke L, Johnson W. The neuroscience of human intelligence differences. *Nat Rev Neurosci*. 2010;11(3):201–11.

184. Muthukrishna M. *A Theory of Everyone: Who we are, how we got here, and where we're going*. London: Hachette UK; 2023.

185. Thomson GH. *The factorial analysis of human ability*. London: University of London Press; 1939.

186. Van Der Maas HLJ, Dolan CV, Grasman RPPP, Wicherts JM, Huizenga HM, Raijmakers MEJ. A dynamical model of general intelligence: the positive manifold of intelligence by mutualism. *Psychol Rev*. 2006;113(4):842.

187. Horn JL, Cattell RB. Refinement and test of the theory of fluid and crystallized general intelligences. *J Educ Psychol*. 1966;57(5):253.

188. Cattell RB. *Intelligence: Its structure, growth and action*. Elsevier; 1987.

189. McGrew KS. CHC theory and the human cognitive abilities project: Standing on the shoulders of the giants of psychometric intelligence research. *Intelligence*. 2009;37(1):1–10.

190. Carroll JB. *Human cognitive abilities: A survey of factor–analytic studies*. Cambridge University Press; 1993.

191. Gardner HE. *Frames of mind: The theory of multiple intelligences*. New York: Basic books; 1983.

192. Gardner HE. *Intelligence reframed: Multiple intelligences for the 21st century*. London: Hachette UK; 2000.

193. Nikolova K, Taneva–Shopova S. Multiple intelligences theory and educational practice. *Annual Assesn Zlatarov University*. 2007;26(2):105–9.

194. Sternberg RJ. How much Gall is too much gall? Review of Frames of Mind: The theory of multiple intelligences. *Contemporary Education Review*. 1983;2(3):215–24.

195. Neisser U, Boodoo G, Bouchard Jr TJ, Boykin AW, Brody N, Ceci SJ, et al. Intelligence: knowns and unknowns. *American psychologist*. 1996;51(2):77.

196. McGrew KS. The Cattell–Horn–Carroll theory of cognitive abilities: Past, present, and future. In: D. P. Flanagan & P. L. Harrison, editors. *Contemporary Intellectual assessment: Theories, test, and issues*(2nd ed.). New York: Guilford; 2005. p. 136-181

197. Weiten W. *Psychology: Themes and variations*. Belmont, California: Wadsworth/Thomson Learning; 2001.

198. Jensen AR. How much can we boost IQ and scholastic achievement? *Harv Educ Rev*. 1967;39(1):1–

123.

199. Rushton JP. *Race, evolution, and behavior: A life history perspective*. New Brunswick, NJ: Transaction Publ.; 1996.

200. Herrnstein RJ, Murray C. *The bell curve: Intelligence and class structure in American life*. New York: Simon and Schuster; 2010.

201. Dickens WT, Flynn JR. Black Americans reduce the racial IQ gap: Evidence from standardization samples. *Psychol Sci*. 2006;17(10):913–20.

202. Sundet JM, Barlaug DG, Torjussen TM. The end of the Flynn effect?: A study of secular trends in mean intelligence test scores of Norwegian conscripts during half a century. *Intelligence*. 2004;32(4):349–62.

203. Flynn JR. *What is intelligence?: Beyond the Flynn effect*. Cambridge: Cambridge University Press; 2007.

204. Darwin C. *The Descent of Man and Selection in Relation to Sex*. London: John Murray; 1871.

205. Miller G. *The mating mind: How sexual choice shaped the evolution of human nature*. Anchor; 2001.

206. Miller GF. Mate choice turns cognitive. Trends in cognitive sciences. *Trends Cogn Sci*. 1998;2(5):190–8.

207. Miller GF. Aesthetic fitness: How sexual selection shaped artistic virtuosity as a fitness indicator and aesthetic preferences as mate choice criteria. *Bulletin of Psychology and the Arts*. 2001;2(1):20–5.

208. Reilly D, Neumann DL, Andrews G. Gender differences in reading and writing achievement: Evidence from the National Assessment of Educational Progress(NAEP). *American Psychologist*. 2019;74(4):445.

209. Halpern DF, Benbow CP, Geary DC, Gur RC, Hyde JS, Gernsbacher MA. The science of sex differences in science and mathematics. *Psychological science in the public interest*. 2007;8(1):1–51.

210. Hyde JS, Mertz JE. Gender, culture, and mathematics performance. *Proceedings of the national academy of sciences*. 2009;106(22):8801–7.

211. Voyer D, Voyer SD. Gender differences in scholastic achievement: a meta-analysis. *Psychol Bull*. 2014;140(4):1174.

212. Nisbett RE, Aronson J, Blair C, Dickens W, Flynn J, Halpern DF, et al. Intelligence: new findings and theoretical developments. *American psychologist*. 2012;67(2):130.

213. Halpern DF. *Sex differences in cognitive abilities*. New York: Psychology press; 2000.

214. Voyer D, Voyer S, Bryden MP. Magnitude of sex differences in spatial abilities: a meta-analysis and consideration of critical variables. *Psychol Bull*. 1995;117(2):250.

215. Colom R, Juan-Espinosa M, Abad F, García LF. Negligible sex differences in general intelligence. *Intelligence*. 2000;28(1):57–68.

216. Lynn R. Sex differences in intelligence and brain size: A developmental theory. *Intelligence*. 1999;27(1):1.

217. Hedges LV, Nowell A. Sex differences in mental test scores, variability, and numbers of high-scoring individuals. *Science*. 1995;269(5220):41–5.

218. Feingold A. Sex differences in variability in intellectual abilities: A new look at an old controversy. *Rev Educ Res*. 1992;62(1):61–84.

219. Hyde JS. The gender similarities hypothesis. *American psychologist*. 2005;60(6):581.

220. Stearns SC. *The evolution of life histories*. Oxford: Oxford University Press; 1992.

221. Lack D. *The natural regulation of animal numbers*. Oxford: Clarendon Press.; 1954.

222. Williams GC. *Adaptation and natural selection: A critique of some current evolutionary thought*. Princeton, NJ: Princeton university press; 1966.

223. Trivers RL. Parental investment and sexual selection. In: *Sexual selection and the descent of man*. London: Routledge; 2017. p. 136–79.

224. Charnov EL. *Life history invariants: some explorations of symmetry in evolutionary ecology*. Oxford: Oxford University Press; 1993.

225. West–Eberhard MJ. *Developmental plasticity and evolution*. New York: Oxford University Press; 2003.

226. Scheiner SM. Genetics and evolution of phenotypic plasticity. *Annu Rev Ecol Syst*. 1993;24(1):35–68.

227. Pigliucci M. *Phenotypic plasticity: beyond nature and nurture*. Baltimore: JHU Press; 2001.

228. Lande R. Adaptation to an extraordinary environment by evolution of phenotypic plasticity and genetic assimilation. *J Evol Biol*. 2009;22(7):1435–46.

229. 박한선. "정신의학의 진화생태학적 연구 시 고려사항". 《인지과학》. 2019;30(4):199–217.

230. Figueredo AJ, Hammond KR, McKiernan EC. A Brunswikian evolutionary developmental theory of preparedness and plasticity. *Intelligence*. 2006;34(2):211–27.

231. Bateson P, Barker D, Clutton–Brock T, Deb D, D'Udine B, Foley RA, et al. Developmental plasticity and human health. *Nature*. 2004;430(6998):419–21.

232. Suzuki DT, Griffiths AJF, Miller JH, Lewontin RC. *An introduction to genetic analysis*. New York: WH Freeman and Company; 1986.

233. Houle D. Genetic covariance of fitness correlates: what genetic correlations are made of and why it matters. *Evolution*. 1991;45(3):630–48.

234. Waddington CH. Genetic assimilation of an acquired character. *Evolution*(N Y). 1953;118–26.

235. Dennett D. The Baldwin effect: A crane, not a skyhook. In: Bruce H. Weber, David J. Depew, editors. *Evolution and Learning: The Baldwin Effect Reconsidered*. Cambridge, MA: MIT Press; 2003. p. 69–79.

236. Weber BH, Depew DJ. *Evolution and learning: The Baldwin effect reconsidered*. Cambridge, MA: MIT Press; 2003.

237. Le N, Brabazon A, O'Neill M. How the "Baldwin effect" can guide evolution in dynamic environments. In: Theory and Practice of Natural Computing: 7th International Conference, TPNC 2018, Dublin, Ireland, December 12–14, 2018, Proceedings. Cham: Springer; 2018. p. 164–75.

238. Godfrey–Smith P. Between Baldwin skepticism and Baldwin boosterism. In: Weber, B.; and Depew, D.J.(eds.), *Evolution and learning: The Baldwin effect reconsidered*. Cambridge, Massachusetts: Massachusetts Institute of Technology Press. 2003;53–67.

239. Brunswik E. The conceptual framework of psychology. In: *International Encyclopedia of Unified Science*. Chicago: University of Chicago Press; 1952.

240. Tolman EC, Brunswik E. The organism and the causal texture of the environment. *Psychol Rev*. 1935;42(1):43.

241. Del Giudice M. *Evolutionary psychopathology: A unified approach*. New York: Oxford University Press;

2018.

242. Ricklefs RE, Wikelski M. The physiology/life-history nexus. *Trends Ecol Evol*. 2002;17(10):462-8.

243. Del Giudice M. An evolutionary life history framework for psychopathology. *Psychol Inq*. 2014;25(3-4):261-300.

244. Royauté R, Berdal MA, Garrison CR, Dochtermann NA. Paceless life? A meta-analysis of the pace-of-life syndrome hypothesis. *Behav Ecol Sociobiol*. 2018;72:1-10.

245. Belsky J. Childhood experiences and reproductive strategies. In: *Oxford Handbook of Evolutionary Psychology*. 2012. p. 377-88.

246. Belsky J, Pluess M. Beyond diathesis stress: differential susceptibility to environmental influences. *Psychol Bull*. 2009;135(6):885.

247. Del Giudice M. An evolutionary life history framework for psychopathology. *Psychol Inq*. 2014;25(3-4):261-300.

248. Tarka M, Guenther A, Niemelä PT, Nakagawa S, Noble DWA. Sex differences in life history, behavior, and physiology along a slow-fast continuum: a meta-analysis. *Behav Ecol Sociobiol*. 2018;72:1-13.

249. Bateman AJ. Intra-sexual selection in Drosophila. *Heredity*(Edinb) 1948;2(3):349-68.

250. Lukaszewski AW, Larson CM, Gildersleeve KA, Roney JR, Haselton MG. Condition-dependent calibration of men's uncommitted mating orientation: evidence from multiple samples. *Evolution and Human Behavior*. 2014;35(4):319-26.

251. Perilloux C, Cloud JM, Buss DM. Women's physical attractiveness and short-term mating strategies. *Pers Individ Dif*. 2013;54(4):490-5.

252. Perilloux C, Cloud JM, Buss DM. Women's physical attractiveness and short-term mating strategies. *Pers Individ Dif*. 2013;54(4):490-5.

253. Mishra S, Lalumière ML. Risk-taking, antisocial behavior, and life histories. *Evolutionary forensic psychology*. 2008;139-59.

254. Figueredo AJ, Vásquez G, Brumbach BH, Schneider SMR, Sefcek JA, Tal IR, et al. Consilience and life history theory: From genes to brain to reproductive strategy. *Developmental Review*. 2006;26(2):243-75.

255. Keltikangas□Järvinen L, Salo J. Dopamine and serotonin systems modify environmental effects on human behavior: a review. *Scand J Psychol*. 2009;50(6):574-82.

256. Volkow ND, Wang GJ, Newcorn JH, Kollins SH, Wigal TL, Telang F, et al. Motivation deficit in ADHD is associated with dysfunction of the dopamine reward pathway. *Mol Psychiatry*. 2011;16(11):1147-54.

257. Ding YC, Chi HC, Grady DL, Morishima A, Kidd JR, Kidd KK, et al. Evidence of positive selection acting at the human dopamine receptor D4 gene locus. *Proc Natl Acad Sci*. 2002;99(1):309-14.

258. Chen C, Burton M, Greenberger E, Dmitrieva J. Population Migration and the Variation of Dopamine D4 Receptor(DRD4) Allele Frequencies Around the Globe. *Evolution and Human Behavior*. 1999;20(5):309-24.

259. Ebstein RP, Novick O, Umansky R, Priel B, Osher Y, Blaine D, et al. Dopamine D4 receptor(D4DR) exon III polymorphism associated with the human personality trait of novelty seeking. *Nat Genet*. 1996;12(1):78-80.

260. Waldman ID, Rowe DC, Abramowitz A, Kozel ST, Mohr JH, Sherman SL, et al. Association and linkage of the dopamine transporter gene and attention-deficit hyperactivity disorder in children: heterogeneity owing to diagnostic subtype and severity. *Am J Hum Genet.* 1998;63(6):1767-76.

261. Cools R, Roberts AC, Robbins TW. Serotoninergic regulation of emotional and behavioural control processes. *Trends Cogn Sci.* 2008;12(1):31-40.

262. Lesch KP, Bengel D, Heils A, Sabol SZ, Greenberg BD, Petri S, et al. Association of anxiety-related traits with a polymorphism in the serotonin transporter gene regulatory region. *Science.* 1996;274(5292):1527-31.

263. Caspi A, Sugden K, Moffitt TE, Taylor A, Craig IW, Harrington H, et al. Influence of life stress on depression: moderation by a polymorphism in the 5-HTT gene. *Science.* 2003;301(5631):386-9.

264. Du L, Bakish D, Lapierre YD, Ravindran AV, Hrdina PD. Association of polymorphism of serotonin 2A receptor gene with suicidal ideation in major depressive disorder. *Am J Med Genet.* 2000;96(1):56-60.

265. Choi MJ, Lee HJ, Lee HJ, Ham BJ, Cha JH, Ryu SH, et al. Association between major depressive disorder and the-1438A/G polymorphism of the serotonin 2A receptor gene. *Neuropsychobiology.* 2004;49(1):38-41.

266. Kishi T, Kitajima T, Tsunoka T, Ikeda M, Yamanouchi Y, Kinoshita Y, et al. Genetic association analysis of serotonin 2A receptor gene(HTR2A) with bipolar disorder and major depressive disorder in the Japanese population. *Neurosci Res.* 2009;64(2):231-4.

267. Crockett MJ, Apergis-Schoute A, Herrmann B, Lieberman MD, Müller U, Robbins TW, et al. Serotonin modulates striatal responses to fairness and retaliation in humans. *J Neurosci.* 2013;33(8):3505-13.

268. Cashdan E. Hormones, sex, and status in women. *Horm Behav.* 1995;29(3):354-66.

269. Dabbs Jr JM, Morris R. Testosterone, social class, and antisocial behavior in a sample of 4,462 men. *Psychol Sci.* 1990;1(3):209-11.

270. Eisenegger C, Haushofer J, Fehr E. The role of testosterone in social interaction. *Trends Cogn Sci.* 2011;15(6):263-71.

271. Penton-Voak IS, Perrett DI. Female preference for male faces changes cyclically: Further evidence. *Evolution and Human Behavior.* 2000;21(1):39-48.

272. Haselton MG, Gangestad SW. Conditional expression of women's desires and men's mate guarding across the ovulatory cycle. *Horm Behav.* 2006;49(4):509-18.

273. Gray PB, Kahlenberg SM, Barrett ES, Lipson SF, Ellison PT. Marriage and fatherhood are associated with lower testosterone in males. *Evolution and Human Behavior.* 2002;23(3):193-201.

274. Lee DE, Choi YS. The History and Achievement of Psychosocial Treatment for Patients with Schizophrenia. *J Korean Neuropsychiatr Assoc.* 2009;48(6):411-22.

275. Quintana DS, Guastella AJ. An allostatic theory of oxytocin. *Trends Cogn Sci.* 2020;24(7):515-28.

276. Marazziti D, Dell'Osso B, Baroni S, Mungai F, Catena M, Rucci P, et al. A relationship between oxytocin and anxiety of romantic attachment. *Clin Pract Epidemiol Ment Health.* 2006;2(1):1-6.

277. Weisman O, Zagoory-Sharon O, Schneiderman I, Gordon I, Feldman R. Plasma oxytocin distributions in a large cohort of women and men and their gender-specific associations with anxiety.

Psychoneuroendocrinology. 2013;38(5):694–701.

278. Guastella AJ, Mitchell PB, Mathews F. Oxytocin enhances the encoding of positive social memories in humans. *Biol Psychiatry*. 2008;64(3):256–8.

279. Feldman R. Oxytocin and social affiliation in humans. *Horm Behav*. 2012;61(3):380–91.

280. Bartz JA, Zaki J, Bolger N, Ochsner KN. Social effects of oxytocin in humans: context and person matter. *Trends Cogn Sci*. 2011;15(7):301–9.

281. Tabak BA, McCullough ME, Carver CS, Pedersen EJ, Cuccaro ML. Variation in oxytocin receptor gene(OXTR) polymorphisms is associated with emotional and behavioral reactions to betrayal. *Soc Cogn Affect Neurosci*. 2014;9(6):810–6.

282. Tost H, Kolachana B, Hakimi S, Lemaitre H, Verchinski BA, Mattay VS, et al. A common allele in the oxytocin receptor gene(OXTR) impacts prosocial temperament and human hypothalamic–limbic structure and function. *Proc Natl Acad Sci*. 2010;107(31):13936–41.

283. Kim HS, Sherman DK, Sasaki JY, Xu J, Chu TQ, Ryu C, et al. Culture, distress, and oxytocin receptor polymorphism(OXTR) interact to influence emotional support seeking. *Proc Natl Acad Sci*. 2010;107(36):15717–21.

284. McQuaid RJ, McInnis OA, Stead JD, Matheson K, Anisman H. A paradoxical association of an oxytocin receptor gene polymorphism: early–life adversity and vulnerability to depression. *Front Neurosci*. 2013;7:128.

285. Israel S, Lerer E, Shalev I, Uzefovsky F, Riebold M, Laiba E, et al. The oxytocin receptor(OXTR) contributes to prosocial fund allocations in the dictator game and the social value orientations task. *PLoS One*. 2009;4(5):e5535.

286. Saphire–Bernstein S, Way BM, Kim HS, Sherman DK, Taylor SE. Oxytocin receptor gene(OXTR) is related to psychological resources. *Proc Natl Acad Sci*. 2011;108(37):15118–22.

287. Bakermans–Kranenburg MJ, van IJzendoorn MH. Oxytocin receptor(OXTR) and serotonin transporter(5–HTT) genes associated with observed parenting. *Soc Cogn Affect Neurosci*. 2008;3(2):128–34.

288. Chen FS, Kumsta R, Dvorak F, Domes G, Yim OS, Ebstein RP, et al. Genetic modulation of oxytocin sensitivity: a pharmacogenetic approach. *Transl Psychiatry*. 2015;5(10):e664.

289. Lerer E, Levi S, Salomon S, Darvasi A, Yirmiya N, Ebstein RP. Association between the oxytocin receptor(OXTR) gene and autism: relationship to Vineland Adaptive Behavior Scales and cognition. *Mol Psychiatry*. 2008;13(10):980–8.

290. Rodrigues SM, Saslow LR, Garcia N, John OP, Keltner D. Oxytocin receptor genetic variation relates to empathy and stress reactivity in humans. *Proc Natl Acad Sci*. 2009;106(50):21437–41.

291. Del Giudice M. Attachment in Middle Childhood: An Evolutionary–Developmental Perspective. In: *Attachment in middle childhood: Theoretical advances and new directions in an emerging field*. New Directions for Child and Adolescent Development. 2018. p. 15–30.

292. Ricklefs RE, Wikelski M. The physiology/life–history nexus. *Trends Ecol Evol*. 2002;17(10):462–8.

293. Del Giudice M, Ellis BJ, Shirtcliff EA. The adaptive calibration model of stress responsivity. *Neurosci Biobehav Rev*. 2011;35(7):1562–92.

294. McEwen BS. Brain on stress: how the social environment gets under the skin. *Proc Natl Acad Sci*.

2012;109(supplement_2):17180–5.

295. Ellis BJ, Figueredo AJ, Brumbach BH, Schlomer GL. Fundamental dimensions of environmental risk: The impact of harsh versus unpredictable environments on the evolution and development of life history strategies. *Hum Nat*. 2009;20:204–68.

296. Cheng JT, Tracy JL, Henrich J. Pride, personality, and the evolutionary foundations of human social status. *Evol Hum Behav*. 2010;31(5):334–47.

297. Powers ST, Lehmann L. An evolutionary model explaining the Neolithic transition from egalitarianism to leadership and despotism. *Proc R Soc Lond B Biol Sci*. 2014;281(1791):20141349.

298. Del Giudice M. *Evolutionary psychopathology: A unified approach*. New York: Oxford University Press; 2018.

299. Del Giudice M, Klimczuk ACE, Traficonte DM, Maestripieri D. Autistic–like and schizotypal traits in a life history perspective: Diametrical associations with impulsivity, sensation seeking, and sociosexual behavior. *Evol Hum Behav*. 2014;35(5):415–24.

300. Crespi B, Badcock C. Psychosis and autism as diametrical disorders of the social brain. *Behav Brain Sci*. 2008;31(3):241–61.

301. Sasson NJ, Nowlin RB, Pinkham AE. Social cognition, social skill, and the broad autism phenotype. *Autism*. 2013;17(6):655–67.

302. Kell DB, Lurie–Luke E. The virtue of innovation: innovation through the lenses of biological evolution. *J R Soc Interface*. 2015;12(103):20141183.

303. Spikins P. Autism, the integrations of 'difference'and the origins of modern human behaviour. *Cambridge Archaeol J*. 2009;19(2):179–201.

304. Spikins P. The Stone Age Origins of Autism. In: *Recent Advances in Autism Spectrum Disorders – Volume II*. Rijeka: InTech; 2013. p. 3–24. Available from: http://www.intechopen.com/books/recent–advances–in–autism–spectrum–disorders–volume–ii/the–stone–age–origins–of–autism

305. Johnson RT, Burk JA, Kirkpatrick LA. Dominance and prestige as differential predictors of aggression and testosterone levels in men. *Evol Hum Behav*. 2007;28(5):345–51.

306. Lienard P. Life stages and risk–avoidance: Status– and context–sensitivity in precaution systems. *Neurosci Biobehav Rev*. 2011;35(4):1067–74.

307. Del Giudice M. Rethinking the fast–slow continuum of individual differences. *Evol Hum Behav*. 2020;41(6):536–49.

308. Pianka ER. *Evolutionary ecology*. 7th ed. Sunderland, MA: Sinauer Associates; 2011.

309. May R, McLean AR. *Theoretical ecology: principles and applications*. Oxford: Oxford University Press; 2007.

310. Figueredo AJ, Wolf PSA, Gladden PR, Olderbak S, Andrzejczak DJ, Jacobs WJ. Ecological approaches to personality. *The evolution of personality and individual differences*. 2010;210–39.

311. Elton CS. *The ecology of invasions by animals and plants*. Cham: Springer Nature; 2020.

312. Begon M, Townsend CR. *Ecology: from individuals to ecosystems*. New York: John Wiley & Sons; 2021.

313. Ricklefs RE. *The economy of nature*. New York: Macmillan; 2008.

314. Molles MC, Barker BW. *Ecology: concepts and applications*. New York: McGraw-Hill; 1999.

315. Jefferson Jr T, Herbst JH, McCrae RR. Associations between birth order and personality traits: Evidence from self-reports and observer ratings. J Res Pers 1998;32(4):498-509.

316. Salmon C. Birth order and relationships. *Hum Nat*. 2003;14(1):73-88.

317. Sulloway FJ. *Born to rebel: Birth order, family dynamics, and creative lives*. New York, NY: Pantheon Books; 1996.

318. Healey D, Rucklidge JJ. An investigation into the relationship among ADHD symptomatology, creativity, and neuropsychological functioning in children. *Child Neuropsychol*. 2006;12(6):421-38.

319. Rueffler C, Van Dooren TJM, Leimar O, Abrams PA. Disruptive selection and then what? *Trends Ecol Evol*. 2006;21(5):238-45.

320. Popielarz PA, McPherson JM. On the edge or in between: Niche position, niche overlap, and the duration of voluntary association memberships. *Am J Sociol*. 1995;101(3):698-720.

321. Figueredo AJ, King JE. The evolution of individual differences. In: Paper. Jane Goodall Institute ChimpanZoo Annual Conference, Tucson, Arizona. 1995.

322. Flinn MV, Geary DC, Ward CV. Ecological dominance, social competition, and coalitionary arms races: Why humans evolved extraordinary intelligence. Evol *Hum Behav*. 2005;26(1):10-46.

323. Altman A, Mesoudi A. Understanding agriculture within the frameworks of cumulative cultural evolution, gene-culture co-evolution, and cultural niche construction. *Hum Ecol*. 2019;47(4):483-97.

324. Stutz AJ. A niche of their own: population dynamics, niche diversification, and biopolitics in the recent biocultural evolution of hunter-gatherers. *J Anthropol Archaeol*. 2020;57:101120.

325. Brewer MB. The psychology of prejudice: Ingroup love and outgroup hate? *J Soc Issues*. 1999;55(3):429-44.

326. Gelfand MJ, Bhawuk DPS, Nishii LH, Bechtold DJ. Individualism and collectivism. In: *Culture, leadership, and organizations: The GLOBE study of 2004*. 2004;62:437-512.

327. Hofstede G. *Culture's consequences: Comparing values, behaviors, institutions and organizations across nations*. CA: Sage Publications; 2001.

328. Oyserman D, Coon HM, Kemmelmeier M. Rethinking individualism and collectivism: evaluation of theoretical assumptions and meta-analyses. *Psychol Bull*. 2002;128(1):3.

329. Schaller M, Murray DR. Infectious diseases and the evolution of cross-cultural differences. *Evol Cult Hum Mind*. 2010;243-56.

330. Fincher CL, Thornhill R. Parasite-stress promotes in-group assortative sociality: The cases of strong family ties and heightened religiosity. *Behav Brain Sci*. 2012;35(2):61-79.

331. Kitayama S, Ishii K, Imada T, Takemura K, Ramaswamy J. Voluntary settlement and the spirit of independence: Evidence from Japan's "northern frontier." *J Pers Soc Psychol*. 2006;91(3):369.

332. Inglehart R, Baker WE. Modernization, cultural change, and the persistence of traditional values. *Am Sociol Rev*. 2000;65(1):19-51.

333. Rehdanz K, Maddison D. Climate and happiness. Ecol Econ 2005;52(1):111-25.

334. Fischer R, Van de Vliert E. Does climate undermine subjective well-being? A 58-nation study. *Pers Soc*

Psychol Bull. 2011;37(8):1031–41.

335. Tavassoli NT. Climate, psychological homeostasis, and individual behaviors across cultures. In: *Understanding Culture*. New York: Psychology Press; 2013. p. 211–21.

336. Thornhill R, Fincher CL. The parasite–stress theory of sociality, the behavioral immune system, and human social and cognitive uniqueness. *Evol Behav Sci.* 2014;8(4):257.

337. Berry JW. *Cross–cultural psychology: Research and applications.* Cambridge: Cambridge University Press; 2002.

338. Sugiyama LS, Sugiyama MS. Social roles, prestige, and health risk. *Hum Nat.* 2003;14(2):165–90.

339. Buss AH, Perry M. Personality processes and individual differences. *J Pers Soc Psychol.* 1992;63(3):4S9.

340. Malécot G. Consanguinité panmictique et consanguinité systématique(coefficients de Wright et de Malécot). In: *Annales de génétique et de sélection animale.* EDP Sciences; 1969. p. 237–42.

341. Wright S. Isolation by distance. *Genetics.* 1943;28(2):114.

342. von Cramon–Taubadel N, Lycett SJ. Brief communication: human cranial variation fits iterative founder effect model with African origin. *Am J Phys Anthropol.* 2008;136(1):108–13.

343. Schmitt DP, Allik J, McCrae RR, Benet–Martínez V. The geographic distribution of Big Five personality traits: Patterns and profiles of human self–description across 56 nations. *J Cross Cult Psychol.* 2007;38(2):173–212.

344. Bulmer MG. Density–dependent selection and character displacement. *Am Nat.* 1974;108(959):45–58.

345. Figueredo AJ, Hammond KR, McKiernan EC. A Brunswikian evolutionary developmental theory of preparedness and plasticity. *Intelligence.* 2006;34(2):211–27.

346. Bateson P. Sexual imprinting and optimal outbreeding. *Nature.* 1978;273(5664):659–60.

347. Charlesworth D, Charlesworth B. Inbreeding depression and its evolutionary consequences. *Annu Rev Ecol Syst.* 1987;237–68.

348. Oster GF, Wilson EO. *Caste and Ecology in the Social Insects.* Princeton, NJ: Princeton University Press; 1978.

349. Nettle D, Gibson MA, Lawson DW, Sear R. Human behavioral ecology: current research and future prospects. *Behav Ecol.* 2013;24(5):1031–40.

350. Skinner BF. *Science and Human Behavior.* New York: Simon and Schuster; 1965.

351. Stamps JA. Individual differences in behavioural plasticities. *Biol Rev.* 2016;91(2):534–67.

352. Sam DL, Berry JW. Acculturation: When individuals and groups of different cultural backgrounds meet. *Perspect Psychol Sci.* 2010;5(4):472–81.

353. Berry JW. Acculturation and adaptation. *Handbook of cross–cultural psychology.* 1997;3:291–326.

354. Martel MM. Sexual selection and sex differences in the prevalence of childhood externalizing and adolescent internalizing disorders. *Psychol Bull.* 2013;139(6):1221.

355. Mischel W, Shoda Y. A cognitive–affective system theory of personality: reconceptualizing situations, dispositions, dynamics, and invariance in personality structure. *Psychol Rev.* 1995;102(2):246.

9. 체질, 생물, 진화: 행동 다양성 연구를 향해서

인류 중에서 가장 지적이고, 상상력이 풍부하며, 활력이 넘치고,
정서적으로 안정된 상위 3분의 1을 뽑는다고 해도,
그 안에는 모든 인종이 포함될 것이다.
애슐리 몬터규, 『인간에게 가장 위험한 신화: 인종이라는 오류』, 1942년

인류학의 목표는 인간이 생물학적·심리학적·문화적으로
현재의 모습에 이르게 된 경로를 이해하는 데 있다.
… 이는 해부학적 형태, 생리학적 기능, 정신과 문화의 발달사를 모두 포함한다.
우리는 각각의 형태가 시간의 흐름 속에서 어떻게 이어져 왔는지,
그리고 이러한 변화를 유도한 조건이 무엇인지를 밝혀내야 한다.
프란츠 보아스, "The Aims of Anthropological Research", 1932년•

세상은 모든 유형의 '마음'을 필요로 한다.
메리 템플 그랜딘(Mary Temple Grandin), 『자폐적 뇌(The Autistic Brain)』, 2013년

• Boas F. "The aims of anthropological research." *Science*. 1932; 76(1983):605–613.

◈

체질인류학(physical anthropology)은 인간의 신체적 특징과 변이를 연구하는 인류학의 한 분과로서, 19세기부터 20세기 초까지 인간 집단을 측정하고 분류하는 데 주력해 왔다. 그러나 진화이론의 발전은 체질인류학의 여러 하위 분야 및 연구 주제에 지대한 영향을 미쳤다. 특히 쉐리 워시번의 혁신적 제안은 전통적 체질인류학 연구가 주로 신체 계측과 인종 분류에 의존해왔던 점을 비판하며, 인간 진화에 관한 보다 포괄적이고 역동적인 관점의 인류학 연구가 필요하다는 점을 역설하였다.[1]

최근 수십 년 사이에 여러 학자의 노력에 힘입어 현대 생물학적 사고와 진화이론을 접목한 새로운 체질인류학의 토대가 마련되었다. 이제 체질인류학은 단순히 신체적 변이의 정적 기록에 머무르는 것을 넘어서 인간 진화의 전 과정 및 그 기전에 대한 종합적·심층적 연구를 수행할 수 있도록 전환되고 있다.

더 나아가, 체질인류학은 분자생물학, 유전학, 다변량 통계학 등 최신 연구 기법들을 적극적으로 도입함으로써 획기적인 발전을 도모하고 있다. 특히, 인간의 유전적 변이와 환경적 적응에 관한 연구 과정에서 신체적 변이를 고정된 범주로 간주하지 않고, 오히려 시간의 흐름과 환경적 압력에 따른 변화 및 적응의 동적 과정으로 재해석하고 있다. 다시 말해서 체질인류학은 기존의 신체 측정에만 의존하는 한정된 연구 영역에서 벗어나, 인간과 환경 간의 상호작용을 시공간적으로 연구하는 통합적 학문 분야로 '진화'하였다.

한때 인류학 내에서 표준적으로 사용되었던 체질인류학(physical anthropology)이라는 용어는, 20세기 후반부터 점차 '생물인류학(biological anthropology)'으로 대체되기 시작했다. 지난 수십 년간 다수의 학과와 연구 프로그램이 생물학적·진화적 접근 경향을 의도적으로 반영한 '생물인류학'으로 명칭을 변경하였다. 하버드 대학교 인류학과는 1980년대 초반에, 유니버시티 칼리지 런던(UCL)의 체질인류학 프로그램 역시 1980년대 후반에서 1990년대 초반에 걸쳐 '체질인류학'에서 '생물인류학'으로 명칭을 전환하였다. 서울대학교 인류학과는 최초로 체질인류학 전공을 개설하던 시기부터 생물인류학이라는 말을 사용하였다. 이러한 변화는 인종적 분류에 초점을 맞추었던 전통적 연구 접근 방식을 탈피하고, 현대 생물학 및 진화이론의 발전을 학문에 적극적으로 반영하려는 시도다.

미국 체질인류학회(American Association of Physical Anthropologists, AAPA)는 2018년부터 토론과 투표, 이사회 결의를 거쳐 단체명을 미국 생물인류학회(American Association of Biological Anthropologists, AABA)로 공식 변경했다. 1930년에 창립된 유서 깊은 AAPA가 이제 AABA가 되었다. 이는 단순한 명칭 변경이

아니라, 학문의 정체성과 연구 방향이 변화했음을 나타내는 중요한 상징적 사건이었다. 최근에는 2024년을 기점으로 대한체질인류학회에서도 명칭 변경을 고려하고 있는 것으로 알려져 있다.*

이뿐 아니다. 1918년 알레스 흐르들리치카 등이 창간한 《미국 체질인류학회지(American Journal of Physical Anthropology)》는 2022년 1월 《미국 생물인류학회지(American Journal of Biological Anthropology)》로 명칭이 변경되었다. 한국도 1988년에 창간한 《대한체질인류학회지(Korean Journal of Physical Anthropology)》가 2019년, 《해부·생물인류학회지(Anatomy & Biological Anthropology)》로 명칭을 바꾸었다.

체질인류학 명칭 변경 과정에서 학계 내부에서는 다양한 의견이 충돌했다. 2018년 미국 오스틴(Austin, Texas)에서 열린 AAPA 연례회의에서는 "학회의 이름을 바꾸어야 하는가?(Should we rename the association?)"라는 주제로 공식 패널 토론이 열렸다. 당시 AAPA의 회장이었던 레슬리 아이엘로가 주관한 패널 토론에서, 찬성 측은 체질인류학이 과거의 인종 분류 연구나 유형학적 연구를 연상시켜, 시대착오적이라는 비판을 받을 수 있다는 점을 지적했다. 반대 측에서는 AAPA와 소속 학술지가 쌓아온 유구한 역사와 전통을 강조했다. AAPA는 1930년대부터 88년 동안 유지되어 왔으며, 학술지는 무려 100년이 넘는 전통을 가지고 있다.** 설문조사 결과, 60%

---

* 이에 관한 자세한 내용은 다음을 참고하기 바란다. "체질, 생물, 진화: 인류학 분과 명칭의 변화". 《해부·생물인류학》. 2024;37(4):201-13.

** 자세한 내용은 다음을 참고하기 바란다. Aiello L. Presidential Panel: Should the AAPA Change our Name? [Internet]. American Association of Biological Anthropologists; 2018 [cited 2025 Feb 4]. Available from: https://bioanth.org/annual-meeting-archive/87th-annual-meeting-austin-texas-2018/presidential-panel-should-the-aapa-change-our-name/

이상이 체질인류학보다 생물인류학이 더 적절한 명칭이라고 응답했다. 체질인류학을 유지하자는 회원은 약 20% 정도에 불과했다.

이는 단순한 용어상의 변화에 그치지 않고, 해당 학문 분야의 근본적 전환과 발전을 상징하는 의미를 내포하고 있다. '체질인류학'이라는 명칭은 워시번이 비판한 과거의 역사적 전통—주로 신체적 측정과 인종 분류에 의존했던 접근 방식—을 떠올리게 하며, 현대 생물인류학이 다루는 다양한 주제와 복잡성을 충분히 반영하지 못한다.

더 나아가, 최근에는 '생물인류학'이라는 용어를 넘어 '진화인류학(evolutionary anthropology)'이라는 명칭이 선호되고 있다. 인간의 기원과 변이, 적응을 연구하는 학문적 초점은 본질적으로 진화이론에 뿌리를 두고 있다는 인식이 확산되었기 때문이다. 현대 체질/생물인류학 연구가 인류 진화사 규명에 가장 큰 역할을 하고 있을 뿐 아니라, 최근 유전자 인류학의 눈부신 발전에 힘입어, 인간의 신체, 생리, 행동, 생태, 유전 현상을 진화적 관점에서 통합적으로 탐구하려는 시도가 강화되고 있기 때문이다.

하지만 생물인류학을 진화인류학으로 바꾸자는 공식적인 분위기는 없다. 생물인류학으로 명칭을 변경한 것이 불과 몇 년밖에 지나지 않았기 때문이다. 그러나 여러 학교나 연구소는 자체적으로 진화인류학이라는 이름을 선호하고 있으며, '생물인류학자'보다는 '진화인류학자'를 자처하는 연구자도 늘어나고 있다. 예컨대 듀크 대학교는 이미 '진화인류학과(department of evolutionary anthropology)'로 학과 명칭을 개편했다. 독일 막스플랑크 연구소는 1997년 '막스플랑크 진화인류학 연구소(Max-Planck-Institut für evolutionäre Anthropologie)'를 설립했다. 또한, 옥스퍼드 대학교의 일부 연구 프로그램 역시 '진화인류학'이라는 용어를 사용하여 인간 진화를 다루는 연구 중심을 강조하고 있다.

서울대학교도 2022년부터 생물인류학 실습실을 진화인류학 교실(laboratory. of evolutionary anthropology)로 변경하여 부르고 있다. 이미 2004년, 진화인류학자 박순영•은 인간보편성과 문화다양성의 '유일한' 연결 고리로 진화이론을 제안했고, 종합 과학으로서의 인류학은 진화이론에 기반하여 통합되어야 한다고 주장했다.[2]

> 규칙성의 발견은 적절한 준거틀의 존재에 달려있다. 그리고 그러한 준거틀은 진화된 종으로서 인간이 지닌 생물학적 보편성에서 찾는 것이 가장 적절할 것이다. 그중에서도 인간의 진화된 마음의 구조가 그 길잡이로서 가장 강력한 후보로 떠오르고 있다.

또한, 진화생물학자 피터 소프 앨리슨(Peter Thorpe Ellison, 1951~)••은 현재의 연구 방향과 학문적 핵심을 반영할 수 있는 가장 적합한 명칭으로 '진화인류학'을 제안한 바 있다. 앨리슨은 인간 진화 연구가 체질인류학의 본질이며, 이를 이끄는 주요 이론적 틀이 진화이론이라는 점을 강조한다. 진화이론은 인간의 신체적 변이뿐만 아니라, 행동적, 생리적, 사회적 변화까지도 설명하는 폭넓은 틀이라는 것이다.[3]

• 서울대학교 인류학과에서 학부를 마쳤고, 뉴욕 주립대학교 버팔로에서 생물인류학으로 박사 학위를 받았다. 서울대학교에 처음으로 생물인류학 연구실을 창설했고, 식민지 조선의 체질인류학사, 고인골, 유소아 발달과 영양, 인간 심리 진화 등에 관하여 연구하고 다수의 후학을 양성했다.

•• 세인트존스 칼리지에서 인문학을 전공했고, 버몬트 대학교로 편입하여 학부를 마쳤다. 매사추세츠 대학교와 하버드 대학교 등에서 대학원 과정을 밟았다. 하버드 대학교 인류학과 교수로 재직 중이다. 인간의 번식 생태학을 주로 연구하고 있다.

물론 일부 학문적 하위 분야, 예를 들어 법의인류학(forensic anthropology)이나 생물고고학(bioarchaeology)은 진화와 깊은 관련이 없다는 반론도 있을 수 있다. 법의학은 유해 신원 확인이나 사인 조사를, 생물고고학은 고대 유골을 통해 과거 인간의 생활을 연구한다. 따라서 진화이론과 직접적 관련이 없는 것처럼 보인다. 그러나 정말 그럴까? 예컨대 유골 감식에 활용하는 여러 지표는 진화적 적응의 결과이며, 지역종으로서의 인류가 가진 국소 진화의 증거는 신원 확인에 매우 유용하게 활용된다. 또한, 고고학 현장에서도 진화행동생태학적 관점에서 사회문화적 적응 양상을 연구해야 한다.

셰익스피어의 희곡 『로미오와 줄리엣(Romeo and Juliet)』에는 '이름이 무엇인가? 장미는 다른 이름으로 불려도 향기는 여전하리라'라는 유명한 구절이 나온다.[4] 사실, 명칭 그 자체는 학문의 본질을 온전히 설명하지 못할 수 있다. 이름이 달라진다고, 실체가 달라지는 것은 아니다. 그러나 학문적 목표와 비전을 상기시키고 미래의 방향성을 제시할 수 있는 명칭이라면, 굳이 과거의 이름을 고집할 이유는 없다.

고대 그리스 시절부터 근대 과학의 여명까지 지속된 인간성에 관한 날것 그대로의 원초적 관심을 포용하면서, 그리고 근대 이후 체질인류학 안팎에 드리운 인종주의와 우생학의 과거사를 극복하고, 의학이나 생물학으로부터 차별화된 생물인류학의 정체성을 분명히 하며, 오랜 세월 동안 네 분과의 인류학이 주도해온 사회, 문화, 고고, 언어 연구와의 통섭적 전통을 유지하고, 인간동물행동학이나 진화심리학, 인간행동생태학, 유전자-문화 공진화 이론 등 진화행동과학의 여러 영역을 포괄하며, 고인류학과 진화인지고고학, 영장류 인류학, 유전자 인류학을 두루 담으며, 진화

표 28 체질인류학, 생물인류학, 진화인류학 비교

항목	체질인류학 (physical anthropology)	생물인류학 (biological anthropology)	진화인류학 (evolutionary anthropology)
역사적 배경	· 고대·중세 시기의 자연 철학·의학(히포크라테스·아리스토텔레스 등) 전통을 계승 · 근대 과학 혁명과 대항해 시대의 지리적 확장 속에서 '인종' 개념이 부각 · 인간을 동물계 포유류로 체계화하며, 두개골·체형 등 신체 측정을 통해 인류 집단을 정량적으로 분류 · 18세기~20세기 초 정립되어 초기에는 인종 분류와 두개골·체형 등 신체 측정에 집중 · 인종 분류에 주력한 전통적 접근이 이어지며, 일부 학자들은 유럽 중심적 시각과 결부된 우생학·인종주의·차별 정책에 과학적 근거를 부여 · 나치 인종 정책의 폐해로 우생학·인종주의 연구 퇴조, 20세기 초·중반 전환기에는 인종 분류 위주의 관점이 서서히 약화	· 제2차 대전 종전 후, 체질인류학의 새로운 정체성 확보를 위해, '진화생물학적 접근'을 강조 · 분자생물학·유전학, 현대 종합설(진화론과 유전학 통합)의 영향으로 발전 · 1970년대 이후 분자인류학(혈액형·유전자분석)을 통해 인류 기원·이주 경로 재구성 활발 · 고인류학, 영장류학, 유전학, 생물고고학 등이 융합된 다학제 통합 학문으로 발전해, 인간 생물학적 다양성과 환경 적응을 포괄적으로 해석 · 보건·질병 연구, 생애사 분석 등으로 확장되어, 현대 인류 집단의 건강·영양·생식 전략 등을 생물학적으로 해석하려는 접근(인간생물학·진화의학) 활성화 · 상당 부분이 의학과 생물학, 유전학 영역으로 이전	· 1980년대 이후 등장 · 인간 행동과 문화까지 진화론적 틀에서 통합적으로 연구 · 인류학 내 진화생물학, 영장류학, 유전자-문화 공진화 등 다양한 분야의 성과를 결합 · 인간 고유의 사회성·행동·인지 발달, 인간성의 기원, 행동, 사회적 적응을 통합적으로 접근 · 초기 사회생물학에서 비롯된 '인간 행동의 생물학적 설명'과 '문화적 맥락' 간 대립·조정 과정을 거침 · 정교한 진화심리학, 인간 행동생태학, 문화진화론, 유전자-문화 공진화 이론 등 '생물+문화' 통합 모델이 발전 · 환경·자원, 사회 구조, 협동·갈등 등이 인간 행동에 미치는 진화적 기전을 연구하며, 현대 공중보건·정책까지 연계
주요 연구 기조	· 인종 분류·유형학적 접근이 지배적 (두개골 등 형질 측정으로 인종 구분) · '인종은 고정된 생물학적 실체'라는 도그마가 존재했으나, 보아스 등 연구로 점차 해체 · 워시번 이후 진화론적 관점이 도입되면서, 시간에 따른 변화와 적응 과정을 중시 · 현대 체질인류학은 인종보다 연속적 변이(cline)와 유전적 다양성 강조	· '인간은 진화한 생물종이며, 생물학적·환경적·문화적 요인에 의해 다양성이 형성된다'는 진화론적 패러다임 · 고정된 '인종' 개념보다는 개체군(population)과 유전적 흐름 강조 · 생물문화적 접근: 유전자·환경·문화가 상호작용하여 인간 형질·행동을 형성 · 유전자-문화 공진화, 이중유전 이론 등으로 확장	· '인간 행동·문화도 진화적 산물'이라는 인식에 기반 · 진화심리학·인간 행동생태학·유전자-문화 공진화 등 동적·통합적 접근 · 사회성과 협동, 언어와 인지 등 복잡한 인간 특성을 진화론적으로 설명 · 문화적 변이도 자연선택·유전자 흐름에 준하는 기전(문화 변이·전달)으로 해석 · 생물학적 적응주의와 문화적 맥락 강조 사이에서 균형 모색
연구 방법	· 전통적 계측학: 두개골·체형 측정, 외형 분류, 신체 치수·형태 기록, 통계 분석 · 고인류학: 화석 발굴·연대 측정·형태분석 · 영장류 해부학 ·고영장류학: 영장류 비교해부·영장류 화석 발굴 및 비교 분석 · 법의인류학: 신원 미상 유골 분석 · 생물고고학: 고대 인간 유골 건강·식생활 복원 · 3D 스캐닝, CT, 형태측정학(geometric morphometrics) · 박물관학: 호미닌 및 영장류 유골, 유물 컬렉션 분류와 전시	· 분자생물학·인구유전학: 혈액형, DNA 시료 분석으로 인간 집단 간 유선적 관계·이주 경로 파악 · 고고학·지질학과 협업해 화석 인류 발굴, 연대 측정, 고환경 복원 · 유전체학: 게놈 시퀀싱, 빅데이터·계통수 분석으로 인류 기원·분화 재구성 · 영장류학: 영장류 행동 비교 연구 · 생물고고학(동위원소 분석)·고인류병리학(면역학·고병원체) 등 다양한 세부 분야 포함 · 진화의학: 질병과 치료에 관한 생물인류학적 접근	· 비교 연구: 인간-비인간 영장류, 문화권 간 비교 · 진화적 모델링: 계통수, 시뮬레이션 · 유전자-문화 공진화 모델, 게임 이론, 수리적 모델(행위자 기반 모델링), 행동 실험 등 학제적 방법 활용 · 심리학·인지과학·언어학·고고학 등과 교차 연구 · 장기 현지 조사: 인간 행동생태학 · 실험실 연구: 유전·호르몬 분석·실험심리·설문 조사 등 · 문화 진화 연구(언어, 고어휘, 제도·예술 등)에 대한 계통학적 접근과 통계 모형

(다음 페이지에 이어서)

항목	체질인류학 (physical anthropology)	생물인류학 (biological anthropology)	진화인류학 (evolutionary anthropology)
주요 연구 주제	· 인종 분류 및 신체적 변이 기록(전통적) · 인류 화석(네안데르탈인, 호모 에렉투스 등) 연구를 통한 인류 진화사 규명 · 환경 적응 연구(체형·피부색·혈액형 등) 및 식생활·건강 조사 · 다른 영장류와 비교해 직립 보행, 두뇌 발달 등 인간 고유 특성 해부	· 인간의 유전적 다양성과 질병·건강과의 연관성 분석 · 고대 DNA·화석 자료를 결합하여 현생 인류 기원(아프리카 기원설) 및 인류 이주 경로 연구 · 고산 지대·사막 등 극한 환경에서의 생리적 적응 기전 · 생애사(성장·노화·생식)에 대한 생물학적·진화적 해석 · 생물문화적 측면에서 생활사, 보건, 영양, 질병 등을 통합적으로 접근	· 인간 행동(협력, 갈등, 번식 전략 등)의 적응적 해석 · 언어·인지·문화의 기원과 변이(문화 진화론) · 유전자-문화 공진화, 밈(meme)·문화 전달 모델 등 · 전통사회(수렵채집인 등) 현지 조사를 통한 인간 행동생태학 연구 · 사회성, 제도, 기술·예술의 진화에 관한 연구 · 진화적 행동 다양성 연구, 문화적 신경인류학 연구 등
최근 동향	· 인종 개념의 해체, 연속적 변이와 유전·환경 상호작용 강조 · 법의인류학, 고고유전학, 법의학 등 응용 분야 발전 · 3D 스캐닝, 컴퓨터 모델링 등 첨단 기술 도입, 과거 유골 컬렉션의 재분석 · 연구윤리와 지역사회 협력, 탈식민지화(유골 반환·연구 윤리 재검토) 중요성 대두 · 인류 진화사에 관한 대중 진화 교육(대중과학서, 다큐멘터리 등)	· 고대 게놈 연구(네안데르탈인·데니소바인 등과의 교배 흔적 탐구) · 유전자 빅데이터 기반으로 전 세계 인류 집단의 미세유전구조 분석 · 환경·질병·생활사(생애사) 통합 연구, 진화의학과 진화공공보건학 접목 · 인간-동물 관계 및 병원체 진화 관련 연구 · 탈식민지화, 유전체 데이터 공개, 진화적 차원에서 지역사회 보건 개선 운동 참여 등	· 통합적 접근으로 인간 행동·문화·유전·환경을 종합 모델로 해석 · 진화심리학, 행동생태학, 문화진화론 간 교류로 다학제 연구 활발 · 팬더믹 등 현대 이슈에 진화론적 시각 적용 (면역유전학, 행동면역학 등) · 자기 가축화, 사회적 적소 구축 등 진화·생물·문화를 접목하는 연구 · 게임이론, 최적화 이론, ABM 등 계산인류학 기법 도입

의학이나 진화경제학, 신경인류학 등 응용 분야를 두루 담을 수 있는 학문은, 바로 진화인류학이다(〈표 28〉).

인간 행동의 생태학적 적응 전략, 그리고 전략적 다양성에 관한 연구는 앞으로 이 매력적인 학문 분야가 나아갈 방향이라고 할 수 있다. 이러한 변화는 학문의 목표 자체를 재정의하는 과정으로 이어질 것이다. 인간성의 본질, 그리고 인류의 진화사를 이해하기 바란다면, 고정된 신체적·정신적 범주에 갇혀서는 안 된다. 생태적 환경 내 다차원적 요인과의 상호작용 속에서 빚어진 인간성의 본질, 즉 인간 정신이 어디서 기원했고, 어떻게 변화했으며, 어떻게 작동하고 있는지, 그리고 행동 다양성이라는 이름 아래, 좀처럼 헤아릴 수 없는 변이 양상은 왜, 어떻게 나타나는지에 관한 연구로 확장되어야 한다.

■

이 책의 전체 내용을 프란츠 보아스의 문장을 인용하여 요약하면 다음과 같다.

첫째, 인간의 정신은 자연선택된 진화적 적응의 산물이다. 소위 하등한 동물과 고등한 동물의 질적 차이는 없다. 물론 인구 집단 간의 차이도 마찬가지다. 프란츠 보아스는 1909년, "다윈과 인류학의 관계(the relation of Darwin to anthropology)" 제하의 글에서 이렇게 말했다.[5,6]

> 나는 비록 불완전할지라도 다윈이 이룬 불멸의 업적이 오늘날의 인류학을 형성하는 데 어떻게 기여했는지 설명하려고 했다. … 물론 다윈이 정신 능력의 발달에 대해 명확하게 설명하지는 않았지만, 그의 핵심 의도는 정신 능력이 어떤 목적을 가지고 발달한 것이 아니라, 변이에서 비롯되어 자연선택에 의해 지속되었다는 믿음을 전달하려는 것이었다고 생각한다. 이러한 생각은 앨프리드 러셀 월리스가 더욱 명쾌하게 설명했는데, 즉 겉보기로는 합리적인 (인간의) 행동이 실제로는 이성을 사용하지 않고도 나타날 수 있다는 것이다.

둘째, 기나긴 계통학적 역사와 광대한 사회생태학적 조건 하에서, 개체의 행동은 형형색색으로 분화했다. 보아스는 1920년, "민족학의 방법(the methods of ethnology)"이라는 글에서 다음과 같이 말했다.[7]

> 개인과 사회의 관계라는 중요한 문제, 이는 변화의 동적 조건을 연구할

때마다 반드시 고려해야 할 문제다. … 개인의 행동은 주로 그가 속한 사회적 환경에 의해 결정되지만, 동시에 개인의 행동도 사회에 영향을 미쳐 그 사회의 형태에 변화를 일으킬 수 있다. 이는 문화 변화를 연구할 때 반드시 고려해야 할 중요한 문제 중 하나다.

셋째, 행동 다양성은 인간성의 보편적 본질이며, 이를 이해하려면 진화생물학에 기반한 인류학적 연구가 반드시 필요하다. 자연과 사회의 다양한 생태적 환경에 따른 행동 형질의 진화, 그리고 집단 수준에서의 개체 상호작용을 다루는 인긴행동생태학 연구는 조물주에 도전하는 위대한 지혜부터 미천한 짐승만도 못한 광기에 이르기까지, 전방위로 확장된 기기묘묘한 인간 정신의 본질을 규명할 가장 확실한 첩경이다. 보아스는 1932년, "인류학 연구의 목적(the aims of anthropological research)"이라는 글에서 다음과 같이 말했다.[8]

역사적 과정을 제대로 이해하려면 생명 활동(living processes)에 대한 지식이 필수적이며, 이는 생명체 진화를 이해하기 위해서 생명 과정(life processes)에 관한 지식이 필요한 것과 마찬가지다. 현존하는 사회의 동역학(dynamics)은 인류학 이론의 가장 격렬한 논의의 장이다. 두 가지 관점에서 살펴볼 수 있다. 하나는 문화적 환경과 자연적 환경, 그리고 다양한 문화적 형태의 상호 관계에 관한 것이다. 다른 하나는 개체와 사회 간의 상호 관계에 관한 것이다.

후주

1. Washburn SL. The new physical anthropology. *Trans N Y Acad Sci*. 1951;13(7 Series II):298–304.

2. 박순영. "일제 식민통치하의 조선 체질인류학이 남긴 학문적 유산과 과제". 《비교문화연구》. 2004; 10(1):191-220.

3. Ellison PT. The evolution of physical anthropology. *Am J Phys Anthropol*. 2018;165(4):615–25.

4. Shakespeare W. *Romeo and Juliet*. New York: Penguin Classics; 2016.

5. Boas F. The relation of Darwin to anthropology. In: *Notes for a lecture, Boas Papers*. Philadelpia: American Philosophical Society; 1909.

6. Lewis HS. Boas, Darwin, science, and anthropology. *Curr Anthropol*. 2001;42(3):381–406.

7. Boas F. The methods of ethnology. In: *Race, language, and culture(1920)*. New York: Macmillan; 1940; Boas F. The methods of ethnology. *Am Anthropol*. 1920;22(3):311–322.

8. Boas F. The aims of anthropological research (1932). In: *Race, language, and culture*. New York: Macmillan; 1940; Boas F. The aims of anthropological research. *Science*. 1932; 76(1983):605–613.

찾아보기

인명

용어

표

그림

수식

가설 및 이론

4. **고인류학**

5. **유전자-문화 공진화**

행동 다양성

2025년 5월 25일 1판 1쇄 발행

지은이 박한선
펴낸곳 에이도스출판사
출판신고 제2023-000068호
주소 서울시 은평구 수색로 200
팩스 0303-3444-4479
이메일 eidospub.co@gmail.com
페이스북 facebook.com/eidospublishing
인스타그램 instagram.com/eidos_book
블로그 https://eidospub.blog.me/
표지 디자인 공중정원
본문 디자인 개밥바라기

ISBN 979-11-85415-79-6 93470